METEOROLOGIE DER STRAHLSTRÖME ⟨JET STREAMS⟩

VON

DR. ELMAR R. REITER
UNIVERSITÄTSDOZENT FÜR METEOROLOGIE UND GEOPHYSIK
UNIVERSITÄT INNSBRUCK
ASSOCIATE PROFESSOR OF ATMOSPHERIC SCIENCE
COLORADO STATE UNIVERSITY, FORT COLLINS, U.S.A.

MIT 192 TEXTABBILDUNGEN

WIEN
SPRINGER-VERLAG
1961

SOFTCOVER REPRINT OF THE HARDCOVER 1ST EDITION 1961

ISBN-13: 978-3-7091-8080-8 e-ISBN-13: 978-3-7091-8079-2
DOI: 10.1007/ 978-3-7091-8079-2

Vorwort

Die „Meteorologie der Strahlströme" soll über den Rahmen der üblichen Jet-Stream-Monographien hinausgehen. Es wird hier der Versuch vorgelegt, auf jüngsten Ergebnissen der Aerologie und der dynamischen Meteorologie fußend, von der augenfälligsten Bewegungsform der Atmosphäre — dem *Strahlstrom* — auszugehen und, gleichsam rückblickend, die Synoptik und die Klimatologie diesem Ausgangspunkt zu unterstellen. Dabei konnte ich mich auf Erfahrungen stützen, die ich während meiner Vorlesungstätigkeit in Chikago und Innsbruck gesammelt hatte.

Zum Verständnis des Textes ist die Kenntnis einiger Grundtatsachen der Meteorologie erforderlich. Ein Großteil der mathematischen Behandlungen verschiedener mit dem Jet Stream verknüpfter Probleme wird im ersten Abschnitt vorweggenommen. In den folgenden Kapiteln wird auf diesen theoretischen Teil häufig verwiesen. Soweit von einer vektoriellen Schreibweise Gebrauch gemacht wurde, geschah dies in der Form, die sich in der englischsprachigen meteorologischen Literatur weitgehend eingebürgert hat: Vektoren werden dort durch halbfette, stehende Buchstaben gekennzeichnet. Erläuternde Textteile und mathematische Ableitungen, die nicht unbedingt zum Verständnis des Folgenden erforderlich sind, wurden „Petit" gedruckt. Sie können vom Leser, der ohne viel Zeitaufwand einen Überblick zu gewinnen sucht, übergangen werden.

Von den insgesamt 1841 Literaturangaben, die allerdings nicht alle unmittelbar den Jet Stream betreffen, fallen auf den Zeitraum vor 1932 nur etwa 3,3%. Von 1932 bis 1946 sind im Jahresdurchschnitt etwa sieben Arbeiten angeführt. Ab 1947 steigt die Zahl der einschlägigen Veröffentlichungen sprunghaft an und erreicht 1956 mit 186 ein Maximum. Ab 1947 beginnt sich also deutlich eine „*Strahlstrommeteorologie*" zu entwickeln.

Der Springer-Verlag in Wien hat sich vielen Wünschen gegenüber sehr entgegenkommend gezeigt. Es ist in erster Linie das Verdienst des Verlages, daß die zahlreichen Abbildungen in einer gefälligen Form und mit deutscher Beschriftung wiedergegeben werden konnten.

Mein Dank gebührt Herrn Professor Dr. H. Hoinkes, Innsbruck, dessen reges Interesse an diesem Buche mir eine große Ermutigung bedeutete. Einen wesentlichen Bestandteil einiger Kapitel bilden Untersuchungen über die Schicht maximalen Windes, die ich im Auftrage der Marine der Vereinigten Staaten von Amerika über Vermittlung von Professor Dr. H. Riehl, Fort Collins, ausführte. Die Feinstruktur der Strahlströme, die ebenfalls in diesem Buch eine eingehende Behandlung erfährt, untersuchte ich im Auftrage des Bundesverkehrsministeriums, Bonn, und der Deutschen Lufthansa, Hamburg. Für das Zustandekommen dieses Projektes bin ich dem Geophysics Research Directorate, Air Force Cambridge Research Laboratories, Bedford, Massachusetts, sowie Herrn Professor Doktor H. Flohn, Offenbach, und Herrn Dr. H.-J. Tanck, Hamburg, zu Dank verpflichtet. Schließlich seien die Beiträge von Herrn J. Vergeiner und Frau G. Reiter bei der Reinschrift des Manuskripts dankend vermerkt.

Dieses Buch wäre wohl kaum begonnen worden ohne die Erfahrungen, die ich während dreier Jahre an der University of Chicago sammeln konnte. „Last not least" sei daher meinem Freund Professor Dr. Herbert Riehl und den übrigen Fakultätsmitgliedern des „Department of Meteorology" in Chikago sowie dem allzufrüh verstorbenen Professor Dr. C.-G. Rossby für ihren Einfluß gedankt, den sie — direkt oder indirekt — auf die Entstehung dieses Werkes nahmen.

Fort Collins, Colorado, im Sommer 1961

E. R. Reiter

Inhaltsverzeichnis

Verzeichnis der Symbole und Abkürzungen

Für etliche Größen mußten gleichartige Symbole eingeführt werden, um den Gepflogenheiten in der meteorologischen Literatur weitgehend Rechnung zu tragen. Da jedoch der Text stets entsprechende Hinweise enthält, sind Verwechslungen ausgeschlossen.

A Fläche,
Streckungsdeformation $= \frac{\partial u}{\partial x} - \frac{\partial v}{\partial y}$

ASJ Arktischer Stratosphären-Jet

B Scherungsdeformation $= \frac{\partial v}{\partial x} + \frac{\partial u}{\partial y}$

C Zirkulation,
Geschwindigkeit eines bewegten Koordinatensystems,
Schallgeschwindigkeit,
Wellengeschwindigkeit

C_E Lineare Geschwindigkeit eines Punktes der Erdoberfläche am Äquator

CAT Clear-Air Turbulence

CAV Konstante absolute Vorticity

c_p Spezifische Wärme trockener Luft bei konstantem Druck $= 1{,}0046 \times 10^7$ erg g^{-1} Grad^{-1}

c_v Spezifische Wärme trockener Luft bei konstantem Volumen $= 0{,}717 \times 10^7$ erg g^{-1} Grad^{-1}

D (Horizontale) Divergenz $= \frac{\partial u}{\partial x} + \frac{\partial v}{\partial y} \left(+ \frac{\partial w}{\partial z} \right)$,
Altimeterkorrektur,
Verlagerung von Jet-Maxima

E Entfernung Radargerät — Ballon

e Nord-Süd-Komponente des Coriolisparameters $= 2\,\Omega \cos \varphi$

F Reibungskraft,
FROUDEsche Zahl

f Vertikalkomponente des Coriolisparameters $= 2\,\Omega \sin \varphi$

ft Fuß

G^* Reziprokwert der FROUDEschen Zahl $= \frac{1}{F}$

GCT Weltzeit

g Schwerebeschleunigung $\doteq 980{,}6$ cm sec^{-2}

gpf Geopotentielle Fuß

gpm Geopotentielle Meter

H Geodynamische Länge $= \frac{g \cdot z}{10}$,
Höhe einer inkompressiblen Atmosphäre,
Wärmemenge

h Ballonhöhe,
Netzabstand bei Differenzenberechnungen (z. B. bei LAPLACE-Operator)

I Trägheitsmoment

I_M Meridionalindex

I_Z Zonalindex

IWM Inversionswindmaximum

K Krümmungsmaß $= 1/r$,
Korrekturfaktor bei Gradientwindnomogramm,
Kinetische Energie

K_S	Stromlinienkrümmung
K_T	Trajektorienkrümmung
k	Wärmeleitkoeffizient
k_M	Austauschkoeffizient für Bewegungsgröße
k_T	Austauschkoeffizient für Wärme
L	Wellenlänge planetarischer Wellen, Länge des Flugweges entlang eines Großkreises
L_S	Stationäre Wellenlänge
LLJ	Low Level Jet
l	Horizontale Entfernung des Ballons vom Radargerät, Wellenzahl (SCORER-Parameter)
M	MONTGOMERY-Potential $= (c_p\, T + g\, z)_\Theta$
MZD	Meridional-Zirkulations-Diagramm
m	Maßstabfaktor
mph	Meilen pro Stunde = 0,868391 Knoten = 0,44704 m/sec = 1,6093 km/h
N	Zahl der isobar-isosteren Solenoide
n	Koordinate normal zur Strömungsrichtung
P	Potentielle Energie
PFJ	Polarfront-Jet
p	Druckkraft
Q	Betrag der absoluten Vorticity $= q + f$
q	Betrag der relativen Vorticity
q_z	Vertikalkomponente der relativen Vorticity
R	Erdradius, etwa 6370 km, Gaskonstante $= 0{,}287 \times 10^7$ erg g^{-1} Grad^{-1}
Re^*	REYNOLDSsche Zahl
R_i	RICHARDSONsche Zahl
R_i^*	Geostrophische Form der RICHARDSONschen Zahl
Ro	ROSSBY-Zahl
Ro_T^*	Thermische ROSSBY-Zahl
Ro_j^*	ROSSBY-Zahl im Strahlstrom
r	Krümmungsradius der Strömung
S	Statische Stabilität $= \dfrac{g}{\Theta}\,\dfrac{\partial\Theta}{\partial z}$, Flugweg
S^*	Spezifische Anomalie der virtuellen Temperatur
SMW	Schicht maximalen Windes
STJ	Subtropen-Jet
s	Koordinate in Richtung der Stromlinie, Spezifische Feuchte, Maßstabfaktor
T	Temperatur
T^*	Virtuelle Temperatur, TAYLORsche Zahl
T_p	Temperatur der Standardatmosphäre
TAS	True airspeed
TJ	Östlicher Tropenjet
t	Zeitkoordinate
u	Geschwindigkeit in x-Richtung
u^*	Perturbationsgeschwindigkeit in x-Richtung
V	Betrag der Gesamtgeschwindigkeit der Strömung, Volumen
$\mathbf{v}$	Geschwindigkeitsvektor
v	Geschwindigkeitskomponente in y-Richtung
v^*	Perturbationsgeschwindigkeit in y-Richtung
$\mathbf{v}^*$	Vektor der geostrophischen Abweichung
v_λ	Zonalgeschwindigkeit in Polarkoordinaten
w	Vertikale Geschwindigkeitskomponente in z-Richtung
x	Horizontale Koordinate (Ost-Richtung)
y	Horizontale Koordinate (Nord-Richtung)
Z	Geopotentielle Länge $= g \cdot z/9{,}8$
z	Vertikale Koordinate
z_p	Höhe einer Isobarenfläche in der Standardatmosphäre

α	Spezifisches Volumen $= \frac{1}{\varrho}$
β	ROSSBY-Parameter $= 2\,\Omega \cos\varphi/R = \frac{\partial f}{\partial y}$,
	Vertikale Stabilität $= \frac{1}{\Theta}\frac{\partial\Theta}{\partial z} = S/g$
Γ	Trockenadiabatischer Temperaturgradient eines aufsteigenden Luftteilchens $= -\frac{dT}{dz}$
γ	Winkel zwischen Stromfunktion und Stromlinie, Winkel zwischen Troglinie und Nordrichtung, Vertikaler Temperaturgradient in der Atmosphäre $= -\frac{\partial T}{\partial z}$
δ	Schichtdicke der Flüssigkeit bei Modellversuchen
ε	Neigungswinkel einer Grenzfläche (Frontalzone), Kubischer Ausdehnungskoeffizient
ζ	Vertikale Auslenkung der Stromlinie aus dem ungestörten Niveau
η	Verhältnis des Radius des polaren Kühlzylinders zum Radius des Wassertankes
Θ	Potentielle Temperatur
Θ_T	Windrichtungswinkel (Kursbestimmung)
ϑ	Winkel in Zylinderkoordinaten
$\varkappa$	POISSONsche Konstante $= \frac{c_p - c_v}{c_p} = 0{,}286$
λ	Geographische Länge
μ	Dynamische Zähigkeit
ν	Kinematische Zähigkeit
ν_c	Temperaturleitfähigkeit
ϱ	Dichte der Luft
σ	Mittlere quadratische Abweichung („standard deviation")
τ	Schubspannung
τ_i	Periode der Trägheitsschwingung
Φ	Geopotential
φ	Geographische Breite, Höhenwinkel des Ballons
ψ	Winkel zwischen Strömungsrichtung und x-Richtung (Ost-Richtung), Komplementärwinkel zur geographischen Breite
$\mathbf{\Omega}$	Vektor der Winkelgeschwindigkeit der Erde $= 7{,}292116 \times 10^{-5}$ rad · sec^{-1}
ω	Vertikalgeschwindigkeit, mit p als vertikaler Koordinate $= dp/dt$, Winkelgeschwindigkeit einer Bewegung relativ zur Erdoberfläche
∇	Differentialoperator (Nabla) $= \frac{\partial}{\partial x} + \frac{\partial}{\partial y}\left(+\frac{\partial}{\partial z}\right)$
∇_d	Differenzenoperator
∇^2	LAPLACE-Operator $= \frac{\partial^2}{\partial x^2} + \frac{\partial^2}{\partial y^2}$

1. Einführung

1.1. Geschichte der Strahlstromforschung

Die Erforschung der atmosphärischen Strahlströme hat mit der Entwicklung der modernen Aerologie und Flugtechnik in den Jahren seit dem zweiten Weltkrieg derart überwältigende Fortschritte gemacht, daß es heute — trotz der von der American Meteorological Society in hervorragender Weise zusammengestellten „Meteorological Abstracts and Bibliography" (Amer. Met. Soc. 1950 bis 1959) und trotz der verschiedentlich erschienenen zusammenfassenden Monographien und Übersichten (Berggren et al. 1958, Bilancini 1950, Bracelin 1952, Due Rojo 1954, Dursi 1954, Dzhorzio 1956, 1956a, Georgii 1960, Malone 1951, Pogosian 1959, Reymann 1960, Riehl, Alaka et al. 1953, 1954, Riehl, Badner et al. 1951, Rodriguez 1955, Weber 1959, U. S. A. W. S. 1952, van der Ham 1954) — bereits sehr schwierig wird, die Literatur auf diesem Gebiet zu überblicken. Eine Geschichte der Strahlstromforschung steht in engstem Zusammenhang mit einer Geschichte der Eroberung des Raumes, in den die Wissenschaft im Internationalen Geophysikalischen Jahr 1957/58 so erfolgreich vorgestoßen ist.

Unsere Ansichten über Entstehung und Aufbau der Strahlströme sind noch stark im Fluß und alljährlich stoßen neu erforschte Tatsachen zur Fülle unserer Erkenntnisse. Um das Gebiet der Strahlstrommeteorologie zu begrenzen, wurde eine *provisorische Definition* der Strahlströme durch die Kommission für Aerologie der World Meteorological Organization (WMO) in ihrer Resolution Res. 25 (EC-IX) gegeben, wonach man unter einem „Jet Stream"

„einen starken, schmalen Strom" versteht, „der entlang einer quasihorizontalen Achse in der Troposphäre oder in der Stratosphäre konzentriert und durch starke vertikale und horizontale Gradienten der Windgeschwindigkeit charakterisiert ist sowie ein oder mehrere Geschwindigkeitsmaxima aufweist".

Als weitere kennzeichnende Kriterien werden empfohlen:

„In der Regel ist ein Strahlstrom Tausende Kilometer lang, Hunderte Kilometer breit und etliche Kilometer tief. Der vertikale Windgeschwindigkeitsgradient besitzt die Größenordnung 5 bis 10 m/sec · km und der horizontale Gradient ist von der Größenordnung 5 m/sec · 10 km. Eine willkürliche untere Grenze der Geschwindigkeit entlang der Achse eines Strahlstromes wird mit 30 m/sec festgesetzt" (Berggren et al. 1958).

Es handelt sich hierbei lediglich um eine Empfehlung, die für den Einzelfall keineswegs bindend sein muß. Wetterabläufe, die für die Anwesenheit eines Strahlstromes charakteristisch sind, können auch schon bei Windgeschwindigkeiten beobachtet werden, die unterhalb der oben angegebenen Schwelle liegen.

Außerdem erscheint es zweckmäßiger, als *untere Schwelle* für die *horizontale* Scherung die Größenordnung des *Coriolisparameters* in der betreffenden geographischen Breite anzunehmen. Die WMO-Definition wurde nämlich hauptsächlich unter dem Eindruck des verhältnismäßig schmalen Polarfront-Jet (PFJ) der gemäßigten Breiten gewonnen. Inzwischen ist jedoch wiederholt auf die Bedeutung strahlstromartiger Höhenwindsysteme in den Tropen und Subtropen hingewiesen worden, welche verhältnismäßig geringe horizontale Scherung besitzen und trotzdem charakteristische Wetterabläufe im Gefolge haben. Eine Erweiterung der Definitionsbestimmungen erscheint daher wünschenswert. Wie in Kap. 1.236 noch ausführlich gezeigt werden soll, stellt der Coriolisparameter ein kritisches Maß antizyklonaler Scherung dar, welches die dynamische Stabilität der Strömung bestimmt. Es wäre daher naheliegend, die verschiedenen Strahlströme nach dem Parameter f zu bewerten, der schließlich auch für geophysikalische Modellversuche gegeben ist.

Eine Abschätzung der *Höchstgeschwindigkeit* in troposphärischen Strahlströmen gibt nach Lettau (1948) die Möglichkeit von Winden bis 740 km/h für die irdische Atmosphäre (vgl. Kap. 4). Tatsächliche Messungen im PFJ liegen bei 500 km/h (Arakawa 1959). In der Ionosphäre wurden allerdings bereits Driftgeschwindigkeiten von 500 m/sec (1800 km/h) beobachtet, doch kann die Zuverlässigkeit dieser Messungen angezweifelt werden.

Das Phänomen der Strahlströme ist nicht allein auf die obere Troposphäre und untere Stratosphäre beschränkt. Es scheint vielmehr überall dort aufzutreten, wo großräumige Bewegungen unter dem Einfluß von quasistationären Kraftfeldern und der ablenkenden Kraft der Erdrotation stehen. So hat man z. B. in mehreren Studien die wetterwirksame Bedeutung tieftroposphärischer Strahlströme (Low Level Jet Streams) erkannt. Stratosphärische Strahlströme wurden über den polaren und äquatorialen Gebieten entdeckt, und manche Anzeichen aus ionosphärischen Driftmessungen lassen den Schluß zu, daß es sich auch hierbei um strahlstromartige Vorgänge handelt. Ozeanische Strömungen, wie etwa der Golfstrom oder der Kuroschio, zeigen ebenfalls die charakteristischen Merkmale eines Jet Stream. In Laborversuchen ist es gelungen, in rotierenden Flüssigkeitstanks Zirkulationen hervorzurufen, welche den großräumigen atmosphärischen Luftbewegungen so ähnlich sind, daß es gestattet erscheint, aus der Parallelität des Ablaufes Schlußfolgerungen auf den Mechanismus der Zirkulationen zu ziehen. Da vor allem der Coriolisparameter in diesen rotierenden Tanks breitenkonstant ist, scheint dem Rossby-Parameter β in der Bildung von Strahlströmen nur eine untergeordnete Rolle zuzufallen.

Die Strahlstromforschung stellt ein relativ junges Betätigungsfeld innerhalb der Meteorologie dar. Ihren ersten Impetus erhielt sie gegen Ende des zweiten Weltkrieges, als amerikanische Bombergeschwader über Japan und deutsche Fernaufklärer über dem Mittelmeerraum auf Geschwindigkeiten des Gegenwindes stießen, welche der Flugzeuggeschwindigkeit gleichkamen (Riehl, Alaka et al. 1954). Eine intensive Erforschung dieses Phänomens, welche vor allem an der Universität von Chikago unter Rossby (1949, und Willett 1948, Univ. of Chicago 1947) einsetzte, führte zur Entdeckung eines Bandes hoher Geschwindigkeit in etwa 10 km Höhe, welches in Wellen die ganze Hemisphäre umschließt — des „Jet Stream“.

Diese Entdeckung und die daranknüpfende systematische Erforschung der Strahlströme bezeichnete einen Wendepunkt in der synoptischen Meteorologie. Während die Zeit zwischen den beiden Weltkriegen dem Studium der Luftmassen und ihrer Grenzflächen, der Fronten, besondere Aufmerksamkeit schenkte, rückten nunmehr die dynamischen Aspekte der Höhenströmung in den Vordergrund der Betrachtungen. Es erfuhr somit die alte deutsch-österreichische Schule, welche in der oberen Troposphäre und unteren Stratosphäre den Sitz der wetterentwickelnden Ursachen suchte und durch die norwegische Polarfronttheorie vorübergehend in den Hintergrund gedrängt worden war, durch die sich rasch entwickelnde Chikagoer Schule eine überraschende Bestätigung (Baur 1936, Brunt 1930, Ertel 1939, Frankfurt 1932, Schmiedel 1937, Sutcliffe 1940).

Obwohl die Gedankengänge dieser amerikanischen Meteorologenschule gänzlich neue Richtungen wiesen, ließen sich gewisse Ansätze der Entwicklung schon verhältnismäßig früh bei anderen Autoren erkennen, ohne daß jedoch dort die beobachteten Tatsachen weiter verfolgt worden wären.

So lieferten Wolkenzugsbeobachtungen bereits vor dem ersten Weltkrieg die Unterlagen zu einem Studium der Höhenströmungen, und im Verein mit einer Betrachtung der Temperaturverteilung gelangte man zur Überzeugung, daß in gemäßigten Breiten in der Höhe eine Westwinddrift mit relativ hoher Geschwindigkeit vorhanden sei (Anonym 1938, Bassus 1906/07, Dietzius 1917, Dines 1911, Douglas 1922, 1925, Hesselberg 1913, Hildebrandsson 1898, Roth 1911, Shaw 1904, Shaw und Austin 1928, Teisserenc de Bort 1887, Walter 1927, vgl. auch Bergeron 1959).

Einzelne Beobachtungen von Ballonen (Dobson 1920, Durward 1925) und das Studium von Querschnitten bestätigten schon in den zwanziger Jahren das Vorhandensein lokal beschränkter, hoher Windgeschwindigkeiten in der oberen Troposphäre (Georgii 1950, Shaw und Austin 1928, Willett 1944), die auch in engem Zusammenhang mit Zyklonen stehen (Goldie 1937, 1939, Horrocks 1942, Palmén 1935). Auch in statistischen Bearbeitungen von Ballonaufstiegen trat das Windmaximum in der Nähe der Tropopause zutage (Carmichael et al. 1939, Durward 1921, 1936, 1937, Heywood 1933, Lunz 1943, Ockenden 1939, Zistler 1928). Seilkopf (1939) führte die Bezeichnung „*Strahlströme*" für die hochtroposphärischen Windmaxima ein, während Scherhag (1936) schon früh auf die Bedeutung der ageostrophischen Strömung und der daraus resultierenden Divergenz im „Delta" einer Frontalzone hinwies. Es blieb jedoch erst der Zeit des zweiten Weltkrieges vorbehalten, durch systematische Höhenwindbeobachtungen ein neues Bild vom Ablauf der großräumigen Strömungen zu gewinnen. Nicht zuletzt verdankt die Meteorologie diese Entwicklung den Fortschritten in der Radio- und Funkmeßtechnik, die mit Radiosonden und Radiopiloten den Raum bis etwa 15 km Höhe erschlossen (vgl. Reinhard 1951). Mit dem Anbruch des Raketen- und Satellitenzeitalters ist in dieser Entwicklung noch lange nicht das letzte Wort gesprochen.

1.2. Das Windfeld

1.21. Koordinatensysteme

Unsere Überlegungen in den folgenden Kapiteln beziehen sich, wenn nicht ausdrücklich anders angegeben, auf ein Cartesisches System, in welchem die x-Achse nach Osten, die y-Achse nach Norden und die z-Achse nach oben, senkrecht zu den Äquipotentialflächen, weist. Außerdem wird noch auf das „natürliche" Koordinatensystem zurückgegriffen, dessen s-Achse in die Strömungsrichtung zeigt und dessen n-Achse normal dazu steht, mit der positiven Richtung links von der Strömung. Näheres über verschiedene Koordinatensysteme und deren Transformationen möge meteorologischen Handbüchern entnommen werden (Godske et al. 1957, Petterssen 1956).

1.22. Die Bewegungsgleichungen

1.221. Die vollständige Bewegungsgleichung

In einem relativen Koordinatensystem, das fix mit der rotierenden Erde verbunden ist, lautet die Bewegungsgleichung

$$\dot{\mathbf{v}} = -\alpha \nabla p - 2\,\mathbf{\Omega} \times \mathbf{v} - \nabla \Phi + \alpha\,\mathbf{F}. \qquad 1.221\,(1)$$

In dieser Gleichung ist $\mathbf{v}$ der Windvektor, $\dot{\mathbf{v}} = d\mathbf{v}/dt$, $\alpha = 1/\varrho$ das spezifische Volumen, $\mathbf{\Omega}$ der Vektor der Erdrotation, Φ das Geopotential, $\mathbf{F}$ die innere Reibungskraft.

Aus Gründen der Massenkontinuität gilt für atmosphärische Bewegungen die „Kontinuitätsgleichung"

$$\nabla \cdot (\varrho\, \mathbf{v}) = \varrho\, \nabla \cdot \mathbf{v} + \mathbf{v} \cdot \nabla\, \varrho = -\,\partial\varrho/\partial t. \qquad 1.221\ (2)$$

1.222. Der geostrophische Wind

Ab etwa 800 m über dem Boden können im allgemeinen die Reibungskräfte in der Atmosphäre vernachlässigt werden (PETTERSSEN 1956). Nimmt man außerdem die Bewegung als beschleunigungsfrei an, so erhält man die geostrophische Windgleichung

$$0 = -\,\alpha\, \nabla p - 2\,\mathbf{\Omega} \times \mathbf{v} - \nabla \Phi. \qquad 1.222\ (1)$$

$\nabla \Phi$ besitzt nur eine Komponente in der Vertikalen:

$$\partial\Phi/\partial z = g. \qquad 1.222\ (2)$$

g ist die Erdbeschleunigung. Somit enthält 1.222 (1) implizite auch die *statische Grundgleichung*, wenn vertikale Strömungskomponenten vernachlässigt werden:

$$g = -\,\alpha\, \partial p/\partial z. \qquad 1.222\ (3)$$

Die in der Meteorologie verwendete „geopotentielle Längeneinheit" Z mit der Dimension einer spezifischen Arbeit (= Arbeit pro Masseneinheit) wird aus 1.222 (2) dadurch erhalten, daß g konstant mit 9,80 angenommen wird. Somit ist

$$Z = g \cdot z/9{,}8. \qquad 1.222\ (4)$$

Z ist in „geopotentiellen Metern", z in „metrischen Metern" gegeben.

Für alle Orte, an denen $g = 9{,}80\ \mathrm{m \cdot sec^{-2}}$ ist, gilt $Z = z$. An allen übrigen Orten der Erdoberfläche sind für meteorologische Zwecke die Unterschiede zwischen Z und z vernachlässigbar klein; die beiden Maßeinheiten können also *numerisch* einander gleichgesetzt werden.

In älteren Lehrbüchern findet man auch noch das von V. BJERKNES definierte „geodynamische Meter" (KOSCHMIEDER 1951),

$$H = g \cdot z/10. \qquad 1.222\ (5)$$

Das metrische Meter z ist also um den Faktor von annähernd 0,98 *kürzer* als das „dynamische" Meter H, welches dieselbe Dimension einer spezifischen Arbeit hat wie Z. Wegen dieser numerischen Verschiedenheit zwischen metrischem und dynamischem Meter gibt man heute international den „geopotentiellen" Einheiten den Vorzug (IMO Resolution No. 78, 1947; SAUCIER 1955).

Mit Hilfe der statischen Grundgleichung kann ∇z in Gl. 1.222 (1) eingeführt werden. Man erhält dann die geostrophische Windgleichung auf einer Isobarenfläche

$$\mathbf{v}_g = -\,(\alpha/f)\, \nabla p \times \mathbf{k} = -\,(g/f)\, \nabla z \times \mathbf{k}, \qquad 1.222\ (6)$$

wobei $f = 2\,\Omega \sin\varphi$ der Coriolisparameter, $\mathbf{k}$ ein Einheitsvektor in Richtung der vertikalen Koordinate und $\mathbf{v}_g$ der Vektor des horizontalen geostrophischen Windes ist.

In Komponentenform lautet obige Gleichung

$$\begin{aligned} u_g &= -\,(\alpha/f)\, \partial p/\partial y = -\,(g/f)\, \partial z/\partial y, \\ v_g &= (\alpha/f)\, \partial p/\partial x = (g/f)\, \partial z/\partial x. \end{aligned} \qquad 1.222\ (7)$$

1.223. Der Gradientwind

Im Falle einer gekrümmten Trajektorie ist die Bewegung nicht mehr beschleunigungsfrei. Handelt es sich um eine horizontale, isobare Strömung, so gilt die Gradientwindgleichung

$$-(V^2/r)\,\mathbf{r} = -\alpha\,(\partial p/\partial r)\,\mathbf{r} \pm f\,\mathbf{v} \times \mathbf{k}. \qquad 1.223\ (1)$$

Das positive Vorzeichen steht für den Fall einer zyklonalen, das negative Vorzeichen für antizyklonale Strömung. Der Term auf der linken Seite der Gleichung steht für die *Zentripetalbeschleunigung*, die entgegengesetzt der Richtung des Einheitsvektors $\mathbf{r}$ wirksam ist. Das erste Glied auf der rechten Seite von Gl. 1.223 (1) ist die Gradientkraft — im zyklonalen Fall ($\partial p/\partial r > 0$) entgegengesetzt, im antizyklonalen Fall ($\partial p/\partial r < 0$) gleichlaufend der Richtung von $\mathbf{r}$ —, $f\,\mathbf{v} \times \mathbf{k}$ ist die Corioliskraft. Als Wurzeln dieser quadratischen Gleichung erhält man

$$V = \mp\, r\, f/2 \pm \sqrt{(r^2 f^2/4 + r\,\alpha \cdot \partial p/\partial r)}. \qquad 1.223\ (2)$$

Das obere Vorzeichen gilt für zyklonale, das untere für antizyklonale Krümmung.

Bei zyklonaler Trajektorienkrümmung hat die Quadratwurzel auf alle Fälle ein positives Argument, während im antizyklonalen Fall aus der Bedingung, daß das Wurzelargument Null wird, ein *minimaler Krümmungsradius* gegeben ist durch

$$r = -\,(4\,\alpha/f^2) \cdot \partial p/\partial r. \qquad 1.223\ (3)$$

Die maximale Windgeschwindigkeit, die einer vorhandenen antizyklonalen Isobarenkrümmung noch folgen kann, beträgt

$$V_{\max} = r\, f/2. \qquad 1.223\ (4)$$

Ersetzt man in Gl. 1.223 (1) die Gradientkraft durch den geostrophischen Wind, der bei geradliniger Strömung dem gleichen Druckgradienten entsprechen würde, so erhält man

$$V = (r\, f/2)\,[\mp 1 \pm \sqrt{(1 + (4 V_g/r\, f))}], \qquad 1.223\ (5)$$

und die maximale Geschwindigkeit des Gradientwindes ergibt sich zu

$$V_{\max} = 2\, V_g. \qquad 1.223\ (6)$$

Die Vorzeichenkonvention in Gl. 1.223 (5) ist dieselbe wie in Gl. 1.223 (2). Der Gradientwind ist somit eine Funktion des geostrophischen Windes, des Krümmungsradius und der geographischen Breite und läßt sich aus Nomogrammen, welche diese Variablen berücksichtigen, berechnen.

1.224. Ageostrophische Komponente

Substituiert man in Gl. 1.221 (1) die Gradientkraft durch den geostrophischen Wind, wie dies auch oben geschehen ist, vernachlässigt man außerdem die Reibungskraft und — unter Annahme einer horizontalen Strömung — auch die Erdbeschleunigung, so erhält man

$$\dot{\mathbf{v}} = f\,\mathbf{v} \times \mathbf{k} - f\,\mathbf{v}_g \times \mathbf{k} = f\,(\mathbf{v} - \mathbf{v}_g) \times \mathbf{k}. \qquad 1.224\ (1)$$

Definiert man die „*geostrophische Abweichung*" als

$$\mathbf{v}^* = \mathbf{v} - \mathbf{v}_g, \qquad 1.224\ (2)$$

so geht aus Gl. 1.224 (1) hervor, daß der Beschleunigungsvektor senkrecht auf dem geostrophischen Abweichungsvektor steht. Dies hat zur Folge, daß sich z. B.

eine subgeostrophische Strömung den Verhältnissen des Druckfeldes dadurch anzupassen sucht, daß eine Abweichung gegen tieferen Druck hin auftritt (bzw. auf einer Isobarenfläche gegen niedrigere geopotentielle Höhen). Die strömenden Luftteilchen werden durch diese „Fallbewegung" beschleunigt. Bei supergeostrophischen Winden ist das Gegenteil der Fall — es erfolgt ein Ausweichen gegen höheren Druck. Ageostrophische Komponenten spielen besonders im Einzugs- und Deltagebiet einer Frontalzone bzw. eines Strahlstrommaximums eine Rolle.

1.225. Strömungen auf einer Isentropenfläche

Aus der POISSONschen Definitionsgleichung für die potentielle Temperatur Θ

$$\Theta = T\,(1000/p)^{\varkappa} \qquad 1.225\ (1)$$

(p in Millibar, $\varkappa = (c_p - c_v)/c_p$ die POISSONsche Konstante, c_p und c_v die spezifischen Wärmen bei konstantem Druck und konstantem Volumen) erhält man nach logarithmischer Differentiation für isentrope Vorgänge ($d\Theta = 0$)

$$(dp)_\Theta = (p \cdot c_p/T \cdot R) \cdot (dT)_\Theta = (c_p/\alpha) \cdot (dT)_\Theta. \qquad 1.225\ (2)$$

R ist die spezifische Gaskonstante für trockene Luft. Der Index Θ deutet an, daß die Differentiation auf einer Isentropenfläche durchzuführen ist.

Andererseits gilt auch

$$(dp)_\Theta = (\partial p/\partial x)\,(dx)_\Theta + (\partial p/\partial z)\,(dz)_\Theta. \qquad 1.225\ (3)$$

z_Θ ist die Höhe der Isentropenfläche. Kombiniert man die Gl. 1.225 (2) und 1.225 (3), so erhält man

$$-\alpha\,\partial p/\partial x = -c_p\,(dT/dx)_\Theta + \alpha\,(\partial p/\partial z) \cdot (dz/dx)_\Theta.$$

Durch Substitution aus der statischen Grundgleichung 1.222 (3) ergibt dies schließlich

$$-\alpha\,\partial p/\partial x = -\,(d/dx)\,(c_p\,T + gz)_\Theta. \qquad 1.225\ (4)$$

Der Ausdruck $(c_p\,T + g\,z)_\Theta = M$ wird als MONTGOMERY-Potential bezeichnet (MONTGOMERY 1937). Die Bewegungsgleichung für adiabatische Bewegungen, die eo ipso keine Vertikalkomponente durch die Isentropenfläche besitzen, lautet somit

$$\dot{\mathbf{v}} = -\nabla M + f\,\mathbf{v} \times \mathbf{k}. \qquad 1.225\ (5)$$

1.23. Abgeleitete Größen

1.231. Vorticity

Aus dem Geschwindigkeitsfeld können verschiedene Größen abgeleitet werden, die heute in zunehmendem Maße nicht nur in die theoretische Meteorologie, sondern auch in die Synoptik Eingang finden. Allen voran steht die *Vorticity*, die als der „*Rotor der Geschwindigkeit*" definiert ist.

$$\mathbf{q} = \nabla \times \mathbf{v}. \qquad 1.231\ (1)$$

Für horizontale Strömungen ist lediglich die Vertikalkomponente aus Gl. (1) maßgeblich, die im Cartesischen Koordinatensystem lautet:

$$q_z = \partial v/\partial x - \partial u/\partial y. \qquad 1.231\ (2)$$

Im „natürlichen" Koordinatensystem lautet der Ausdruck für die Vertikalkomponente der Vorticity

$$q_z = V/r_t - \partial V/\partial n. \qquad 1.231\ (3)$$

r_s ist der Krümmungsradius der *Stromlinie*, n die Normale, positiv nach links von der Strömungsrichtung. Das erste Glied auf der rechten Seite von (3) wird als *Krümmungsvorticity*, das zweite Glied als *Scherungsvorticity* bezeichnet.

Die vertikale Vorticitykomponente erhält man auch durch die Rechenoperation

$$q_z = \nabla \cdot (\mathbf{v} \times \mathbf{k}). \qquad 1.231\ (4)$$

Der Vektor $\mathbf{v} \times \mathbf{k}$ besitzt nämlich die Komponenten $(v, -u)$. Bildet man die Divergenz dieses Vektors, so erhält man die Komponente q_z.

Die mittlere Vorticity eines Flächenelements läßt sich außerdem darstellen als Zirkulation pro Flächeneinheit

$$q_z = \Delta C / \Delta A = \frac{1}{A} \oint v_t \cdot dl. \qquad 1.231\ (5)$$

v_t ist die Komponente des Windvektors tangential zu dem Linienelement dl, C die Zirkulation und A das Areal dieser Fläche.

Aus obigen Gleichungen ist zu ersehen, daß zyklonale Vorticity positives, antizyklonale dagegen negatives Vorzeichen besitzt. q ist außerdem gleich der doppelten Winkelgeschwindigkeit der Bewegung auf gekrümmter Bahn relativ zur rotierenden Erde und wird daher als *relative* Vorticity bezeichnet. Da die Vorticity ein Vektor ist, kann sie vektoriell zur Vorticity der Erdrotation, $2\,\mathbf{\Omega}$, addiert werden und man erhält dadurch die *absolute Vorticity* in bezug auf ein Inertialsystem

$$\mathbf{Q} = \mathbf{q} + 2\,\mathbf{\Omega} \qquad 1.231\ (6)$$

bzw. deren Vertikalkomponente

$$Q_z = q_z + f. \qquad 1.231\ (7)$$

Setzt man in Gl. (2) die geostrophischen Strömungskomponenten [Gl. 1.222 (7)] ein, so ergibt dies die *geostrophische Vorticity*

$$\begin{aligned} q_{zg} &= (\partial/\partial x)\left(\frac{g}{f}\,\partial z/\partial x\right) + (\partial/\partial y)\left(\frac{g}{f}\,\partial z/\partial y\right) \\ &= (g/f)\,(\partial^2 z/\partial x^2 + \partial^2 z/\partial y^2) + (1/f)\,(u \cdot \partial f/\partial y - v \cdot \partial f/\partial x). \end{aligned}$$

Sind x und y die Koordinaten eines Cartesischen Koordinatensystems der in Kap. 1.21 beschriebenen Art, so ist $\partial f/\partial x = 0$ und $\partial f/\partial y = \beta$. Der ROSSBY-Parameter β ist definiert als $\beta = (2\,\Omega \cos\varphi)/R$ (R = Erdradius). Somit ist

$$q_{zg} = (g/f)\,\nabla^2 z + u\,(\beta/f). \qquad 1.231\ (8)$$

∇^2 ist der LAPLACE-Operator

$$\nabla^2 = \partial^2/\partial x^2 + \partial^2/\partial y^2. \qquad 1.231\ (9)$$

β/f ist von der Größenordnung $10^{-9}\ \mathrm{m}^{-1}$ und $u < 10^2\ \mathrm{m} \cdot \mathrm{sec}^{-1}$. Das zweite Glied auf der rechten Seite von Gl. (8) kann also gegenüber dem ersten Glied vernachlässigt werden, so daß man als Näherungsformel für die geostrophische Vorticity erhält:

$$Q_{zg} = (g/f)\,\nabla^2 z + f. \qquad 1.231\ (10)$$

Durch Anwendung des Operators $\nabla \times$ auf die Gradientwindgleichung 1.223 (1) erhält DI BENEDETTO (1953) als Ausdruck für die *Gradientwindvorticity*

$$\nabla \times \mathbf{v} = \frac{\mathbf{v} \times \nabla f}{f \pm 2\frac{V}{r}} \pm \frac{V}{r^2}\,\frac{\mathbf{v} \times \nabla r}{\left(f \pm 2\frac{V}{r}\right)} \pm \frac{\mathbf{v} \times \nabla \frac{G}{\varrho}}{r\left(f \pm 2\frac{V}{r}\right)\left(f \pm \frac{V}{r}\right)} + \frac{\nabla \times \left(\frac{\mathbf{G}}{\varrho} \times \mathbf{k}\right)}{f \pm \frac{V}{r}}. \qquad 1.231\ (11)$$

In dieser Gleichung ist $\mathbf{v}$ der Gradientwindvektor, r der Krümmungsradius der Trajektorien und $\mathbf{G}$ der horizontale Druckgradient (von der skalaren Größe G). Der erste Term auf der rechten Seite der Gleichung gibt den Effekt der geographischen Breite an, der zweite Term den Einfluß der Krümmung der Trajektorien. Der dritte Term zerfällt in zwei Glieder mit dem Zähler

$$\mathbf{v} \times \nabla \frac{G}{\varrho} = \frac{1}{\varrho} \mathbf{v} \times \nabla G + G \left(\mathbf{v} \times \nabla \frac{1}{\varrho} \right). \qquad 1.231\ (12)$$

Das erste Glied gibt die Konfluenz bzw. Difluenz der Gradientströmung an, d. h. es handelt sich hierbei um die *Strömungskonvergenz*. Das zweite Glied in Gl. (12) enthält den Einfluß der Temperaturadvektion. Der letzte Term in Gl. (11) steht schließlich für die Wirkung der Divergenz und der isobar-isosteren Solenoide. Aus einer Untersuchung Di Benedettos geht hervor, daß in Zyklonen alle Terme dieselbe Größenordnung haben, in Antizyklonen die Difluenz die anderen Glieder um eine Größenordnung übertrifft.

1.232. Divergenz

Die Divergenz des Strömungsfeldes ist definiert als

$$D = \nabla \cdot \mathbf{v} \qquad 1.232\ (1)$$

oder in Komponentenform

$$D = \partial u/\partial x + \partial v/\partial y + \partial w/\partial z. \qquad 1.232\ (2)$$

Eine zu Gl. 1.231 (3) analoge Formel für die Divergenz in einem natürlichen Koordinatensystem lautet

$$D = \partial V/\partial s + V \cdot \partial \psi/\partial n, \qquad 1.232\ (3)$$

wobei das erste Glied auf der rechten Seite der Gleichung die sogenannte „*Geschwindigkeitsdivergenz*", d. h. die Geschwindigkeitsänderung entlang einer Stromlinie, darstellt, während das zweite Glied für die „*Richtungsdivergenz*" steht, also die fächerförmige Ausbreitung der Stromlinien beinhaltet. ψ gibt die Windrichtung als Winkel zwischen Windvektor und Bezugsstromlinie des Koordinatensystems an.

Die horizontale Divergenz kann auch als die Flächenausdehnung pro Zeit- und Flächeneinheit ausgedrückt werden, die ein stets von denselben Flüssigkeitsteilchen begrenztes Areal in einer Strömung erfährt

$$D_h = (1/A)\, dA/dt \qquad 1.232\ (4)$$

bzw.

$$D_h = (1/A) \oint v_n\, dl. \qquad 1.232\ (5)$$

dl ist ein Linienelement einer in sich geschlossenen, ebenen Kurve, v_n die Komponente des Windvektors normal zu diesem Linienelement.

1.233. Vorticitytheorem

Der Zusammenhang zwischen Divergenz und Vorticity ist aus dem Vorticitytheorem ersichtlich. Für eine beliebig orientierte Fläche gilt

$$C_a = A\, Q_n \qquad 1.233\ (1)$$

[vgl. Gl. 1.231 (5)], wobei C_a die absolute Zirkulation der Fläche und Q_n die Komponente der absoluten Vorticity in Richtung der positiven Normalen der Fläche ist. Für zyklonalen Umlaufsinn weist die positive Normale nach oben, in Richtung einer rechtsgängigen Schraube. Durch Differentiation von Gl. (1) nach der Zeit erhält man

$$\dot{C}_a = Q_n\, \dot{A} + A\, \dot{Q}_n. \qquad 1.233\ (2)$$

$\dot{C}_a$, die Zirkulationsbeschleunigung der Bewegung in einem Inertialsystem, ist jedoch gleich der Anzahl N der von der Kurve umschlossenen isobar-isosteren Solenoide (Bjerknes 1898, Petterssen 1956). Man erhält daraus unter Berücksichtigung von Gl. 1.232 (4)

$$\dot{Q}_n = -Q_n\, D + N/A. \qquad 1.233\ (3)$$

Da $N = \oint \alpha\, \Delta p \cdot dl$ ist, wobei $\Delta p \cdot dl$ die Druckänderung entlang des Linienelements dl einer geschlossenen Kurve darstellt, erhält man für isobare Flächen $N = 0$, da $\Delta p = 0$. Dasselbe gilt auch für *isentrope* Flächen.

Aus der Definitionsgleichung 1.225 (1) für die potentielle Temperatur erhält man für isentrope Bewegungen ($d\Theta = 0$)

$$(dT)_\Theta = \varkappa\, (T/p)\, dp = (\varkappa\, \alpha)\, dp/R. \qquad 1.233\ (4)$$

Durch Integration findet man

$$(\varkappa/R) \oint \alpha\, dp = \oint dT. \qquad 1.233\ (5)$$

Da jedoch das Integral eines vollständigen Differentials über eine geschlossene Kurve gleich Null ist, muß laut Gl. (5) $N = 0$ sein.

Für *isobare* und *isentrope* Flächen reduziert sich somit die Vorticitygleichung auf

$$\dot{Q} = \partial Q/\partial t + u\, (\partial Q/\partial x) + v\, (\partial Q/\partial y) =$$
$$= \partial Q/\partial t + \mathrm{v} \cdot \nabla Q = -Q\, D = -Q\, \nabla \cdot \mathrm{v}. \qquad 1.233\ (6)$$

Q ist die Komponente der absoluten Vorticity normal zur betrachteten Fläche (der Index n wird der Einfachheit halber fortgelassen) und $\boldsymbol{v}$ ist der „quasihorizontale" Windvektor in der betreffenden Fläche.

Läßt man auch Vertikalbewegungen *durch* die betreffende Fläche zu, ist also v nicht horizontal, so erhält man

$$\partial Q/\partial t + u\, (\partial Q \partial x) + v\, (\partial Q/\partial y) + w\, (\partial Q/\partial z) =$$
$$= -DQ + q_x\, (\partial w/\partial x) + q_y\, (\partial w/\partial y). \qquad 1.233\ (7)$$

w ist die Vertikalgeschwindigkeit durch die betrachtete Fläche. $w\,(\partial Q/\partial z)$ ist die vertikale Vorticityadvektion und $(q_x\, (\partial w/\partial x) + q_y\, (\partial w/\partial y))$ gibt die Umwandlung horizontaler Vorticitykomponenten in vertikale Vorticity an, die durch horizontale Gradienten in der Vertikalgeschwindigkeit verursacht wird. Es handelt sich also dabei um die Aufrichtung von ursprünglich horizontal gelegenen „Wirbelröhren", die sogenannte „Vorticityschwenkung". Wird die Bewegung auf einer isentropen Fläche als adiabatisch angenommen, so ist damit $w = 0$ und Gl. (7) reduziert sich auf die Form der Gl. (6).

1.234. Konstanz der absoluten Vorticity

Gl. 1.233 (6) kann unter Zuhilfenahme von Gl. 1.232 (4) auch in der Form

$$\dot{Q}/Q = -\dot{A}/A \qquad 1.234\ (1)$$

geschrieben werden. Durch Integration erhält man

$$A \cdot Q = A_0 \cdot Q_0 = \mathrm{const.}, \qquad 1.234\ (2)$$

d. h. die absolute Vorticity kann ihr Vorzeichen nicht ändern. Sie kann höchstens für $A \to \infty$ Null werden. Beobachtungen zeigen, daß $Q = 0$ auf die antizyklonale Seite stark ausgeprägter Strahlströme beschränkt ist. Ansonsten ist Q positiv.

Für divergenzfreie ($D=0$), „quasihorizontale" Bewegungen ist

$$\dot{Q} = \partial Q/\partial t + \mathbf{v} \cdot \nabla Q = 0, \qquad 1.234\ (3)$$

d. h. die absolute Vorticity ist für *divergenzfreie* Bewegung eine *konservative Größe*. Die lokalen Vorticityänderungen werden dann zur Gänze durch die Vorticityadvektion $\mathbf{v} \cdot \nabla Q$ verursacht; es wird also weder Vorticity erzeugt noch vernichtet. Völlig divergenzfreie Bewegungen lassen sich in der Atmosphäre nicht realisieren, wenn die Strömungsvorgänge auf Niveauflächen betrachtet werden. Ein divergenzfreies Niveau befindet sich in der Troposphäre im Mittel bei etwa 600 Millibar, doch ist die divergenzfreie Fläche im allgemeinen gegen die Niveauflächen geneigt (Cressman 1953). Landers (1955b, 1956) dagegen findet überhaupt kein divergenzfreies Niveau, sondern nur eine Fläche oder unter Umständen mehrere Flächen minimaler Divergenz, in denen Gl. (3) annähernd erfüllt ist. In erster Annäherung kann die Divergenz auf der 500-Millibar-Fläche vernachlässigt und Gl. (3) auf dieser Isobarenfläche für prognostische Zwecke angewendet werden.

Für adiabatische Strömungen in einer Isentropenfläche kann Gl. 1.233 (6) umgeformt werden in

$$\partial Q/\partial t = -\mathbf{v} \cdot \nabla Q - Q\, \nabla \cdot \mathbf{v} = -\nabla \cdot (Q\, \mathbf{v}), \qquad 1.234\ (4)$$

wobei die Divergenz in dieser Gleichung zweidimensional zu verstehen ist. Ein Vergleich mit der Kontinuitätsgleichung

$$\partial \varrho/\partial t = -\nabla \cdot (\varrho\, \mathbf{v}) \qquad 1.234\ (5)$$

läßt die Gl. (4) dahingehend interpretieren, daß die lokale Vorticityänderung pro Zeit- und Flächeneinheit auf einer isentropen Fläche gleich ist dem Vorticitytransport durch die Begrenzungen dieser Flächeneinheit. Für reibungsfreie, adiabatische Strömungen ist die isentrope Vorticity also ebenfalls konservativ, d. h. es gibt keine Vorticityquellen oder -senken. Individuelle Luftteilchen können jedoch ihre Vorticity ändern, solange nicht auch die *Geschwindigkeitsdivergenz* $\nabla \cdot \mathbf{v}$ Null wird und die Gleichungsform (3) gegeben ist.

Mit Hilfe der Gl. 1.234 (3) lassen sich Trajektorien konstanter absoluter Vorticity (CAV-Trajektorien) konstruieren. Falls die Strömung tatsächlich divergenzfrei ist, müßten die Luftmassen diesen Trajektorien folgen. CAV-Trajektorien können somit für Prognosezwecke verwendet werden, denn für das divergenzschwache 500-Millibar-Niveau dienen sie als Indikatoren für die Bewegung der planetarischen Wellen: Schreibt z. B. die CAV-Trajektorie größere Wellenlängen vor, als tatsächlich vorhanden sind, so ist mit einer Ostwärtsverlagerung der stromabwärts befindlichen langen Welle zu rechnen. Das Auftreten geringer Divergenzbeträge kann allerdings die Qualität der CAV-Vorhersagen erheblich beeinträchtigen (Hess 1953).

Für die Berechnung der CAV-Trajektorien wählt man am zweckmäßigsten einen Ausgangspunkt mit möglichst einfachen Anfangsbedingungen, wie z. B. den Wendepunkt der Strahlstromachse, obzwar eine Lösung der Gleichung auch für kompliziertere Strömungsverhältnisse möglich ist (Martin 1955). Für diesen ist laut Gl. 1.231 (3) — da $r = \infty$ und $\partial V/\partial n = 0$ ist — $Q = f_0$, wobei der Index 0 die Verhältnisse in diesem Wendepunkt andeuten möge. Es ist also wegen Gl. 1.234 (3)

$$f_0 = K_s\, V + f. \qquad 1.234\ (6)$$

$K_s = 1/r_s$ ist das Krümmungsmaß der Stromlinie in der Strahlstromachse. Bewegt sich die Luft bedeutend rascher als die Wellenstörung, was in der Regel der Fall ist (vgl. Kap. 4.221), so kann man Stromlinienkrümmung K_s und Trajektorienkrümmung K_T einander annähernd gleichsetzen und man erhält aus (6)

$$K_T\, V = f_0 - f = \beta\, y. \qquad 1.234\ (7)$$

Der ROSSBY-Parameter β kann als annähernd konstant angesehen werden. Nimmt man ferner nach ROSSBY an (vgl. ROSSBY und STARR 1945), daß die Windgeschwindigkeit V entlang der Trajektorien konstant bleibe, die Bewegung also annähernd geostrophisch verlaufe, so erhält man unter Verwendung der Gleichung für das Krümmungsmaß

$$|K| = y'' / \left(\sqrt{(1+y'^2)^3}\right) \qquad 1.234\ (8)$$

die Differentialgleichung für die CAV-Trajektorien

$$\partial^2 y/\partial x^2 = -(\beta\, y/V)\,(1 + \partial y/\partial x)^2)^{3/2}, \qquad 1.234\ (9)$$

Bei kleiner Wellenamplitude ist $(\partial y/\partial x)^2 \ll 1$ und man erhält eine vereinfachte Lösung von Gl. (9) in der Form

$$y = A_T \sin\left(x \sqrt{(\beta/V)}\right). \qquad 1.234\ (10)$$

Die Wellenlänge der Trajektorien

$$L_T = 2\pi \sqrt{(V/\beta)} \qquad 1.234\ (11)$$

ist identisch mit der Wellenlänge stationärer ROSSBY-Wellen (vgl. Kap. 3.251).

Durch Differentiation der Gl. (10) im Wendepunkt $(x=0)$ erhalten wir

$$(dy/dx)_0 = A_T \sqrt{(\beta/V)} = \tan \psi_0.$$

ψ_0 ist der Winkel, den die Strömung im Wendepunkt mit der Ostrichtung einschließt. Daraus folgt

$$A_T = \tan \psi_0 \sqrt{(V/\beta)}. \qquad 1.234\ (12)$$

Für größere Amplituden, bei denen die Vernachlässigung von $(dy/dx)^2$ in Gl. (9) nicht mehr zulässig erscheint, gibt PLATZMAN (1947) folgende Lösung an:

$$y^2 = (2\, V/\beta)\,(\cos \psi - \cos \psi_0). \qquad 1.234\ (13)$$

Aus der Bedingung, daß $\psi = 0$ für $y = A_T$, erhält man

$$A_T = \sqrt{(2\, V/\beta)\,(1 - \cos \psi_0)}. \qquad 1.234\ (14)$$

ψ_0, V und β können aus den 500-mb-Topographien abgelesen werden. Wellenlänge und Amplitude, die bei Berücksichtigung der Erdkrümmung im nördlichen Bogen der Welle kleiner sind als im südlichen, können aus Tabellen entnommen werden (BELLAMY 1945a, FULTZ 1945, PETTERSSEN 1956). Auch graphische Konstruktionsmethoden für CAV-Trajektorien sind möglich (MAINE et al. 1955).

1.235. Potentielle Vorticity

Für adiabatische Bewegungen zwischen zwei isentropen Flächen im Abstand Δp gilt

$$D_h = -(1/\Delta p) \cdot d\,(\Delta p)/dt. \qquad 1.235\ (1)$$

Die horizontale Divergenz der Strömung wird — aus Kontinuitätsgründen — durch vertikale Dehnung oder Schrumpfung der Isentropenschicht kompensiert. Gl. (1) entspricht also der Gl. 1.232 (4). Substituiert man Gl. (1) in Gl. 1.233 (6), so erhält man

$$dQ/dt - (Q/\Delta p) \cdot d\,(\Delta p)/dt = 0$$

oder

$$(d/dt)\,(Q/\Delta p) = 0. \qquad 1.235\ (2)$$

Die Größe $Q/\Delta p$, von ROSSBY als „potentielle Vorticity" bezeichnet, ist also für adiabatische Bewegungen und für ein individuelles Luftteilchen eine konservative Größe (ROSSBY 1940).

Einer Ableitung ERTELS (1942) folgend, erhält man einen Ausdruck für die potentielle Vorticity, der sich besonders zum Studium der Strömungen auf einer Isentropenfläche eignet und der folgendermaßen lautet:

$$\frac{d}{dt}(\alpha\, \nabla \Theta \cdot \mathbf{Q}) = 0. \qquad 1.235\ (3)$$

Substituiert man aus der statischen Grundgleichung und läßt man g als Konstante weg, so erhält man für die vertikale Komponente

$$\frac{d}{dt}\left(\frac{\partial \Theta}{\partial p} \cdot Q_z\right) = 0. \qquad 1.235\ (4)$$

$-\partial\Theta/\partial p$ gibt die vertikale Stabilität in der betreffenden Isentropenfläche oder Isentropenschicht an, welcher die Strömung folgt (STALEY 1957, 1960). ERTEL zeigte, daß an Stelle von Q auch andere konservative Luftmasseneigenschaften, wie z. B. die polytrope Temperatur bei polytropen Zustandsänderungen oder die spezifische Feuchte bei Luftbewegungen ohne Niederschlag, diesem Erhaltungsgesetz folgen.

Eine einfache Ableitung des Gesetzes erhält man, indem man die Kontinuitätsgleichung 1.221 (2) folgendermaßen umformt

$$\nabla \cdot \mathbf{v} = -\frac{1}{\varrho}\frac{\partial \varrho}{\partial t} - \frac{1}{\varrho}\,\mathbf{v} \cdot \nabla \varrho = -\frac{1}{\varrho}\frac{d\varrho}{dt}. \qquad 1.235\ (5)$$

Für die Transformation der Bewegung aus einer horizontalen in eine isentrope Fläche gilt die Gleichung

$$\frac{d\mathbf{v}}{dt} = \frac{\partial \mathbf{v}}{\partial t} + u\left(\frac{\partial \mathbf{v}}{\partial x}\right)_\Theta + v\left(\frac{\partial \mathbf{v}}{\partial y}\right)_\Theta + \frac{d\,\Theta}{dt}\left(\frac{\partial \mathbf{v}}{\partial \Theta}\right)$$

und analog für die Divergenz

$$\nabla \cdot \mathbf{v} = \nabla \cdot \mathbf{v}_\Theta + \nabla \Theta \cdot \partial \mathbf{v}/\partial \Theta. \qquad 1.235\ (6)$$

Durch Substitution in Gl. (5) und durch Einführung der statischen Grundgleichung erhält man

$$\nabla \cdot \mathbf{v}_\Theta = \frac{d}{dt}\ln\frac{\partial \Theta}{\partial p} - \frac{\partial}{\partial \Theta}\left(\frac{d\Theta}{dt}\right). \qquad 1.235\ (7)$$

Bei adiabatischen Bewegungen fällt der letzte Term dieser Gleichung fort und man erhält schließlich aus der Vorticitygleichung 1.233 (6) und aus Gl. (7)

$$\frac{d}{dt}\ln Q_z + \frac{d}{dt}\ln\frac{\partial \Theta}{\partial p} = 0$$

oder

$$\frac{d}{dt}\,Q_z \cdot \frac{\partial \Theta}{\partial p} = 0,$$

was der Gl. 1.235 (4) entspricht (vgl. KLEINSCHMIDT 1951). Um positive *absolute* Vorticity vorzeichenmäßig mit positiver *potentieller* Vorticity übereinstimmen zu lassen, wird letztere meist als $-Q_z\frac{\partial\,\Theta}{\partial p}$ definiert (STALEY 1960).

1.236. Hydrodynamische Labilität und Konstanz des Drehimpulses

Ein Luftteilchen sei in einem geostrophischen Grundstrom eingebettet. Wird es aus seiner Gleichgewichtslage hinausgestoßen, so führt es, falls der Ausgangszustand stabil war, Schwingungen um denselben aus. Unter der Annahme, daß alle Bewegungen adiabatisch verlaufen mögen, sind einerseits Schwingungen in der Vertikalen möglich, die von der statischen Stabilität der Atmosphäre abhängen. Auf diese Art von Schwingungen soll hier nicht näher eingegangen werden. Erfährt das Luftteilchen einen Impuls entlang seiner Isentropenfläche, jedoch quer zur Strömungsrichtung, so unterliegt es einer Geschwindigkeitsänderung. Angenommen, dieser Impuls sei gegen die Hochdruckseite der Strömung hin gerichtet — also in Richtung ∇M —, so wird das Teilchen gemäß Gl. 1.225 (5) seine Geschwindigkeit verlangsamen. Dadurch ist jedoch seine Bewegung in bezug auf das umgebende Druckfeld subgeostrophisch. Da die Gradientkraft nun größer ist als die Corioliskraft, tritt eine Beschleunigung gegen die Tiefdruckseite auf, die das Teilchen zur Ausgangslage und noch darüber hinaus bewegt. Das Teilchen vollführt nun Schwingungen um diese Ausgangslage, die der geostrophischen Grundströmung überlagert sind und die eine Periode $T = 2\pi/f = {}^1/_2$ Pendeltag besitzen (Haltiner und Martin 1957). Die Grundströmung ist in diesem Falle hydrodynamisch stabil.

Es kann jedoch der Fall eintreten, daß das in Hochdruckrichtung vorstoßende Luftteilchen einer derartig rasch abnehmenden Gradientkraft gegenübersteht, daß trotz der Verzögerung, welche die Geschwindigkeit des Teilchens erfährt, die Corioliskraft immer noch größer ist als die Gradientkraft. In diesem Fall ist die Strömung hydrodynamisch labil, denn ein einmaliger, geringer Anstoß würde genügen, um das Teilchen beliebig weit aus seiner Ausgangslage zu entfernen (Arakawa 1941, 1942, 1953a, Kleinschmidt 1941a, b, Meisinger 1958, Solberg 1939, Van Mieghem 1944a, b, 1945, 1946, 1948, 1951).

Der Einfachheit halber wollen wir annehmen, daß die Grundströmung zonal verlaufe, daß also $\partial p/\partial x = 0$ sei. Ebenso ist $\partial f/\partial t = \partial f/\partial x = 0$. Die Beschleunigung, die das Teilchen in der y-Richtung erfährt, geht aus Gl. 1.225 (5) hervor. Durch Differentiation dieser Gleichung erhält man

$$d^2 v/dt^2 = -d/dt\,(\partial M/\partial y) - d/dt\,(f \cdot u). \qquad 1.236\ (1)$$

Das Teilchen möge sich sofort an den Druck seiner neuen Umgebung anpassen. Da die Bewegung adiabatisch ist, gilt dann

$$d/dt\,(\partial M/\partial y) = v\,\partial/\partial y\,(\partial M/\partial y) = v\,(\partial^2 M/\partial y^2). \qquad 1.236\ (2)$$

Substitution in Gl. (1) ergibt

$$d^2 v/dt^2 = -v\,(\partial^2 M/\partial y^2) - u \cdot v\,(\partial f/\partial y) - f\,(du/dt).$$

Für du/dt kann man aus Gl. 1.225 (5) einsetzen — zu berücksichtigen ist dabei nur, daß $\partial p/\partial x = 0$. Es ist also $du/dt = f\,v$. Führt man schließlich noch wegen der geostrophischen Strömungsverhältnisse statt $\partial M/\partial y$ die Größe $(-f\,u)$ ein, so erhält man

$$d^2 v/dt^2 = v\,\partial\,(f\,u)/\partial y - u\,v\,(\partial f/\partial y) - f^2\,v$$

oder

$$d^2 v/dt^2 = v\,f\,(\partial u/\partial y - f). \qquad 1.236\ (3)$$

Auf der zyklonalen Seite eines zonalen Strahlstromes ist die rechte Seite dieser Gleichung immer negativ. Das Integral der Gleichung stellt eine harmonische Schwingung dar, die der geostrophischen Grundbewegung überlagert ist.

Auf der antizyklonalen Seite dagegen ist die Grenzbedingung für indifferentes hydrodynamisches Gleichgewicht gegeben durch

$$-\partial u/\partial y + f = 0. \qquad 1.236\ (4)$$

Die Schwingungsgleichung (3) besitzt für diesen Grenzfall und für alle Fälle, bei denen $\partial u/\partial y > f$ ist, keine periodische Lösung. Die linke Seite der Gl. (4) stellt die absolute Vorticity der gegebenen, zonalen Strömung dar. Wird die absolute Vorticity Null, wie dies auf der antizyklonalen Seite stark ausgeprägter Strahlströme der Fall ist, so ist die Strömung in einem *hydrodynamisch indifferenten* Gleichgewicht. Bei negativer absoluter Vorticity würden beliebig kleine Anfangsstörungen rasch sehr große Amplituden gewinnen.

Die in den Gl. 1.236 (1) bis (4) abgeleiteten Überlegungen lassen sich mit Hilfe der Vektorrechnung auch auf beliebig orientierte, horizontale, adiabatische Strömungen anwenden. Gl. (1) nimmt dann die Form an

$$d^2\,\mathbf{v}/dt^2 = -\,d/dt\,\nabla M + d/dt\,(f\,\mathbf{v} \times \mathbf{k}). \qquad 1.236\ (5)$$

Bedingung 1.236 (2) lautet in Vektorform

$$d/dt\,\nabla M = \mathbf{v}\,\nabla^2 M. \qquad 1.236\ (6)$$

Durch Substitution erhält man

$$d^2\,\mathbf{v}/dt^2 = -\mathbf{v}\,\nabla^2 M + (\mathbf{v}\cdot\nabla f)\,\mathbf{v} \times \mathbf{k} + f\,d\mathbf{v}/dt \times \mathbf{k}.$$

Die geostrophische Vorticity ist jedoch laut Gl. 1.231 (8)

$$f q_{zg} = \nabla^2 M - (v\,(\partial f/\partial x) - u\,(\partial f/\partial y)).$$

Dieser Ausdruck wird in obige Gleichung eingesetzt. Zunächst bedarf jedoch das Glied $f\,(d\mathbf{v}/dt \times \mathbf{k})$ näherer Betrachtung: Die Verzögerung oder Beschleunigung $d\mathbf{v}/dt \times \mathbf{k}$, die ein Luftteilchen parallel zur Richtung der Grundströmung erfährt, ist — da infolge der geostrophischen Bedingung kein Druckgradient in dieser Richtung wirksam ist ($\nabla M \times \mathbf{k} = 0$) — laut Gl. 1.225 (5) gleich $(-f\mathbf{v})$, also der Richtung der geostrophischen Grundströmung entgegengesetzt. Es ist daher

$$f\,(d\mathbf{v}/dt \times \mathbf{k}) = -f^2\,\mathbf{v}.$$

Somit lautet die Schwingungsgleichung in der allgemeinen Form für beliebige Strömungsrichtung

$$d^2\,\mathbf{v}/dt^2 = -\,\mathbf{v}\,f\,q_{zg} - \mathbf{v}\,f^2 = -\,\mathbf{v}\,f\,(q_{zg} + f). \qquad 1.236\ (7)$$

Die Indifferenzbedingung für den Fall einer adiabatischen, geostrophischen Strömung beliebiger Richtung lautet also

$$q_{zg} + f = Q_{zg} = 0. \qquad 1.236\ (8)$$

Diese Bedingung gilt streng genommen nur für Strömungen auf Isentropenflächen, sie kann allerdings in guter Annäherung auch auf Isobarenflächen ausgedehnt werden, falls deren Neigung nicht sehr verschieden von der der Flächen gleicher potentieller Temperatur ist und das Gebiet, für welches die absolute Vorticity Null ist, genügend große Ausdehnung besitzt.

Der Drehimpuls $\mathbf{G}_a$, den ein Luftteilchen in bezug auf ein Inertialsystem besitzt, ist gegeben durch die Gleichung

$$\mathbf{G}_a = \mathbf{r}_a \times \mathbf{v}_a = \mathbf{r}_a \times (d\mathbf{r}/dt) = r_a^2\,\boldsymbol{\omega}_a. \qquad 1.236\ (9)$$

$\mathbf{r}_a$ ist der Radius des Krümmungskreises der absoluten Trajektorie, $\boldsymbol{\omega}_a$ die Winkelgeschwindigkeit der absoluten Drehbewegung. Die Strömung sei wiederum adiabatisch und geostrophisch, und die absolute Vorticity sei auf einer Isentropenfläche im betrachteten Gebiet Null. Die Ableitung $(\partial/\partial s)$ kennzeichne eine beliebige Richtung auf dieser Isentropenfläche. Es ist dann

$$\partial \mathbf{G}_a/\partial s = 2\, r_a\, (\partial r_a/\partial s)\, \omega_a + r_a^2\, (\partial \omega_a/\partial s). \qquad 1.236\ (10)$$

Aus der Beziehung $\mathbf{Q} = 2\, \omega_a$ läßt sich die absolute Vorticity in diese Gleichung einführen und man erhält:

$$\partial \mathbf{G}_a/\partial s = (r_a\, \partial r_a/\partial s)\, \mathbf{Q} + (r_a^2/2)\, \partial \mathbf{Q}\, /\partial s. \qquad 1.236\ (11)$$

Ein Teilchen, das sich unter Erhaltung des Drehimpulses bewegt, muß der Bedingung genügen

$$\frac{d\mathbf{G}_a}{dt} = \frac{\partial \mathbf{G}_a}{\partial t} + V \frac{\partial \mathbf{G}_a}{\partial s} = 0. \qquad 1.236\ (12)$$

Dies ergibt unter Berücksichtigung der Gl. (11)

$$r_a \frac{\partial r_a}{\partial t}\, \mathbf{Q} + \frac{r_a^2}{2} \frac{\partial \mathbf{Q}}{\partial t} + V r_a \frac{\partial r_a}{\partial s}\, \mathbf{Q} + V \frac{r_a^2}{2} \frac{\partial \mathbf{Q}}{\partial s} = 0. \qquad 1.236\ (13)$$

Bei adiabatischen Strömungsverhältnissen gilt auf einer Isentropenfläche die Gl. 1.233 (6) und wir erhalten

$$Q\left(r_a \frac{\partial r_a}{\partial t} + V r_a \frac{\partial r_a}{\partial s}\right) + \frac{r_a^2}{2} \frac{dQ}{dt} = 0.$$

Diese Gleichung ist unter obigen Voraussetzungen erfüllt, wenn in einem größeren Gebiet $Q = 0$ ist. In diesem Fall ist nämlich wegen Gl. 1.234 (4) auch $\partial Q/\partial t = 0$, da $\partial Q/\partial s = 0$ ist. Somit ist auch $dQ/dt = 0$. Die geforderten Bedingungen sind meist über mehrere Breitengrade auf der antizyklonalen Seite starker Strahlströme erfüllt.

Auf einer Isentropenfläche, auf der eine adiabatische, geostrophische Strömung die absolute Vorticity $Q_z = 0$ besitzt, haben alle Luftteilchen einen konstanten Drehimpuls (Kleinschmidt 1941 a).

Ein Luftteilchen, das unter Beibehaltung des absoluten Drehimpulses aus seiner ursprünglichen Position in eine andere geographische Breite verschoben wird, muß eine zusätzliche Winkelgeschwindigkeit relativ zur Erdoberfläche erhalten, die wir mit ω bezeichnen wollen. Laut Gl. 1.236 (9) gilt dann

$$\Omega\, (R \cos \varphi_1)^2 = (\Omega + \omega)\, (R \cos \varphi_2)^2.$$

und da die Zonalgeschwindigkeit $\Delta v_\lambda = R \cos \varphi \cdot \omega$ ist, lautet die Beziehung für die in der geographischen Breite φ_2 zusätzlich auftretende, zonale Geschwindigkeitskomponente

$$\Delta v_\lambda = \frac{R\, \Omega\, (\cos^2 \varphi_1 - \cos^2 \varphi_2)}{\cos \varphi_2}. \qquad 1.236\ (14)$$

Für eine Verlagerung von 30° Nord nach 40° Nord würde die Geschwindigkeitszunahme demnach etwa 99 m/sec, also etwa 192 Knoten betragen. Zur Erzeugung von Geschwindigkeiten, wie sie in Strahlströmen beobachtet werden, bedarf es also relativ geringer meridionaler Verschiebung von Luftmassen unter Erhaltung des absoluten Drehimpulses (vgl. Kap. 4.121).

Für infinitesimale Verschiebungen können wir Gl. (14) auch in der Form

$$\partial v_\lambda = \frac{R\, \Omega\, \partial\, (\cos^2 \varphi)}{\cos \varphi} \qquad 1.236\ (15)$$

schreiben oder

$$\frac{1}{R} \frac{\partial v_\lambda}{\partial \varphi} = -2\, \Omega \sin \varphi. \qquad 1.236\ (16)$$

Dies entspricht jedoch wiederum der Bedingung $Q = 0$ für eine zonale Strömung.

1.237. Deformation

Die Deformation des Strömungsfeldes wird in der Regel nur in einer „quasihorizontalen" Fläche (Isobarenfläche, Niveaufläche usw.) betrachtet. Man unterscheidet zwei Arten der Deformation:

die Streckungsdeformation

$$A = \partial u/\partial x - \partial v/\partial y \qquad 1.237\ (1)$$

und die Scherungsdeformation

$$B = \partial v/\partial x + \partial u/\partial y. \qquad 1.237\ (2)$$

Durch geeignete Wahl des Koordinatensystems — falls x und y in die Richtung der Hauptdeformationsachsen weisen — kann die Resultante aus Streckungs- und Scherungsdeformation direkt gefunden werden. Ansonsten gilt für die Gesamtdeformation, unabhängig von der Richtung der Koordinaten,

$$def\ \mathrm{v} = (A^2 + B^2)^{1/2}. \qquad 1.237\ (3)$$

Die beiden Deformationsarten werden also vektoriell addiert.

Die Deformation des Windfeldes spielt besonders bei frontogenetischen und frontolytischen Vorgängen eine Rolle. Im Zusammenhang mit Strahlströmen wurden Deformationsfelder nur selten analysiert (PETTERSSEN 1953b). Diese Analysen deuten jedoch an, daß in scheinbar gleichmäßigen Strömungen mit einem Verlauf, wie er in der Deltaregion mancher Strahlstrommaxima anzutreffen ist, die Deformation unter Umständen beträchtliche Werte erreichen kann und durchaus nicht auf die singulären und neutralen Punkte des Strömungsfeldes beschränkt bleibt (SAUCIER 1955).

1.238. Die Zerlegung des Windfeldes

Entwickelt man die beiden Komponenten u und v einer horizontalen Strömung nach einer MACLAURINschen Reihe, so erhält man für die Umgebung des Punktes 0

$$\begin{aligned} u &= u_0 + (\partial u/\partial x)_0\, x + (\partial u/\partial y)_0\, y + \cdots \\ v &= v_0 + (\partial v/\partial x)_0\, x + (\partial v/\partial y)_0\, y + \cdots \end{aligned} \qquad 1.238\ (1)$$

Die Vernachlässigung der Glieder höherer Ordnung gründet in der Annahme, daß das Geschwindigkeitsfeld in der Umgebung des betrachteten Punktes durch einen *linearen* Geschwindigkeitsgradienten genügend genau wiedergegeben wird. Durch einfache Umformung erhält man

$$\begin{aligned} u = u_0 &+ [\tfrac{1}{2}(\partial u/\partial x + \partial v/\partial y) + \tfrac{1}{2}(\partial u/\partial x - \partial v/\partial y)]\, x + \\ &+ [\tfrac{1}{2}(\partial u/\partial y - \partial v/\partial x) + \tfrac{1}{2}(\partial u/\partial y + \partial v/\partial x)]\, y \\ v = v_0 &+ [\tfrac{1}{2}(\partial v/\partial x + \partial u/\partial y) + \tfrac{1}{2}(\partial v/\partial x - \partial u/\partial y)]\, x + \\ &+ [\tfrac{1}{2}(\partial v/\partial y - \partial u/\partial x) + \tfrac{1}{2}(\partial v/\partial y + \partial u/\partial x)]\, y. \end{aligned}$$

Setzt man in diese Beziehungen aus den Gl. 1.231 (2), 1.232 (2), 1.237 (1) und 1.237 (2) ein, so ergibt dies

$$\begin{aligned} u &= u_0 + (\tfrac{1}{2})(D_h + A)\, x + (\tfrac{1}{2})(B - q_z)\, y \\ v &= v_0 + (\tfrac{1}{2})(D_h - A)\, y + (\tfrac{1}{2})(B + q_z)\, x. \end{aligned} \qquad 1.238\ (2)$$

Das Geschwindigkeitsfeld in der Umgebung eines Punktes ist demnach zusammengesetzt aus einer rein translatorischen Bewegung (u_0, v_0), aus Divergenz (D_h), Vorticity (q_z), Streckungsdeformation (A) und Scherungsdeformation (B).

1.239. Zusammenhang zwischen Deformation, Vorticity und Divergenz

Geht man von den Bewegungsgleichungen für eine *horizontale* Strömung aus

$$\begin{aligned} \partial u/\partial t + u\,(\partial u/\partial x) + v\,(\partial u/\partial y) &= -\,\partial \Phi/\partial x + f\,v \\ \partial v/\partial t + u\,(\partial v/\partial x) + v\,(\partial v/\partial y) &= -\,\partial \Phi/\partial y - f\,u, \end{aligned} \qquad 1.239\ (1)$$

worin Φ durch Gl. 1.222 (2) gegeben ist, so erhält man unter Berücksichtigung der Gl. 1.231 (2), 1.232 (2), 1.237 (1) und 1.237 (2) und der Tatsache, daß in einem Cartesischen Koordinatensystem der in Kap. 1.21 beschriebenen Art $\partial f/\partial x = 0$ und $\partial f/\partial y = \beta$ ist,

$$\dot{A} + AD = -\partial^2\Phi/\partial x^2 + \partial^2\Phi/\partial y^2 + f\,B + u\,\beta \qquad 1.239\ (2)$$

$$\dot{B} + BD = -2\,\partial^2\Phi/\partial x\,\partial y - f\,A + v\,\beta \qquad 1.239\ (3)$$

$$\dot{Q} + QD = 0 \qquad 1.239\ (4)$$

$$\dot{D} + \tfrac{1}{2}\,DD = -\,\nabla^2\Phi + f\,q + \tfrac{1}{2}\,(q^2 - A^2 - B^2) - u\,\beta. \qquad 1.239\ (5)$$

(Die Indizes h und z bei Divergenz und Vorticity wurden der Einfachheit halber weggelassen.)

Nach Petterssen (1953b) stellen Gl. (2) und (3) ein Deformationstheorem dar, Gl. (4) ist das bereits in Kap. 1.233 abgeleitete Vorticitytheorem für eine adiabatische, reibungsfreie Strömung und Gl. (5) entspricht einem Divergenztheorem.

Da $Q = q + f$ gilt, kann letztere Gleichung auch umgeformt werden in

$$Q = (2\,\nabla^2\Phi + f^2 + A^2 + B^2 + 2\,\dot{D} + D^2 + 2\,u\,\beta)^{1/2}. \qquad 1.239\ (6)$$

Vernachlässigt man in dieser Gleichung $2\,\dot{D}$, D^2 und $2\,u\,\beta$, da diese Größen zumindest auf der 500-mb-Fläche wesentlich kleiner sind als die übrigen in der Klammer enthaltenen Terme, so erhält man

$$Q = (2\,\nabla^2\Phi + f^2 + A^2 + B^2)^{1/2}. \qquad 1.239\ (7)$$

Die übliche Annäherung für die geostrophische Vorticity [vgl. Gl. 1.231 (10)]

$$q_g = \frac{1}{f}\,\nabla^2\Phi \qquad 1.239\ (8)$$

hat also nur Gültigkeit, wenn

$$q^2 = A^2 + B^2 \qquad 1.239\ (9)$$

erfüllt ist, wie aus Gl. (5) — unter Berücksichtigung der bereits erwähnten Vernachlässigungen — ersichtlich ist.

Für Fälle, in denen $q^2 \gg A^2 + B^2$ ist, erhält man für die absolute Vorticity

$$Q = (2\,\nabla^2\Phi + f^2)^{1/2}. \qquad 1.239\ (10)$$

Ein Vergleich mit Gl. (8) ergibt

$$q + f = (2\,f\,q_g + f^2)^{1/2}$$

und daraus

$$q_g/q = 1 + q/2\,f. \qquad 1.239\ (11)$$

Aus dieser Gleichung geht hervor, daß im zyklonalen Fall die geostrophische Vorticity gegenüber der tatsächlich beobachteten Vorticity zu groß, im antizyklonalen Fall zu klein ausfällt. Die Abweichungen können mitunter ganz erheblich sein, wobei die Größe der Ungenauigkeit, die durch die Annahme geostrophischer Strömungsbedingungen eingeführt wird, laut Gl. (9) und (5) durch die Deformation des Windfeldes bestimmt wird (vgl. Vitek 1955 und Kap. 3.247).

2. Methoden der Höhenwindmessung und ihre Fehlerquellen

Die Analyse der atmosphärischen Strahlströme und das Studium ihrer Feinstruktur ist notwendigerweise an die Genauigkeit der Höhenwindmessung gebunden. Es erscheint daher zweckmäßig, eine kritische Betrachtung der verschiedenen Meßmethoden vorwegzunehmen, ohne jedoch hier auf instrumentelle Details einzugehen (vgl. hierzu KLEINSCHMIDT 1935 und MIDDLETON 1943).

Nach ihrer Methodik unterscheidet man *direkte* und *indirekte* Höhenwindmessungen, je nachdem ob der Windvektor aus seiner unmittelbaren Einwirkung auf frei bewegliche Körper berechnet wird oder erst über Größen, die in einem funktionellen Zusammenhang mit dem Windvektor stehen.

2.1. Direkte Höhenwindmessung

2.11. Pilotballone

2.111. Allgemeines

Prinzip: Die Aufstiegsbahn eines gasgefüllten Ballons mit bestimmtem Auftrieb wird durch visuelle Peilung vermessen und aus seiner Ortsveränderung Windrichtung und -geschwindigkeit als Funktion der Höhe berechnet.

Geschichte: Als Begründer der Pilotballonvisierung kann P. SCHREIBER angesehen werden. Er vermaß 1874 erstmals instrumentell die Flugbahn eines Freiballons. 1892 erreichte ein Goldschlägerhautballon von H. HERMITE und G. BESANÇON bereits eine Höhe von 7600 m und kurz darauf ein etwas größerer Ballon der gleichen Art mit Leuchtgasfüllung die erstaunliche Höhe von 16000 m. 1901 verwendete R. ASSMANN erstmals geschlossene Gummiballone für Aufstiegszwecke (KLEINSCHMIDT 1935).

Ballone: Den meteorologischen Dienststellen stehen heute je nach Verwendungszweck Ballone aus verschiedenem Material und in verschiedener Größe zur Verfügung. Um die Visierung gegen den Himmelshintergrund zu erleichtern, werden weiße Ballone bei wolkenlosem Wetter, rote bei teilweise bewölktem und dunkelblaue oder schwarze bei bedecktem Himmel verwendet. Bei Nachtaufstiegen werden Lampions mit Kerzen oder elektrischer Batteriebeleuchtung (MIDDLETON 1943) bzw. rote bengalische Lichter (IACOBI 1929) an den Ballonen befestigt.

Die Wahl des Ballonmaterials und die Größe des Ballons wird in erster Linie von der zu erreichenden Höhe des Aufstiegs bestimmt (RAND 1951). Für Pilotaufstiege stehen einerseits Gummiballone zur Verfügung, die vor allem nachts verwendet werden, da Naturgummi unter dem Einfluß der Sonnenstrahlung rasch seine elastischen Eigenschaften verschlechtert. Neoprenballone andererseits eignen sich besser für Tagaufstiege, da sie bei tiefen Temperaturen spröde werden und ebenfalls ihre elastischen Eigenschaften einbüßen. Eine Abhängigkeit der Platzhöhe von der Tropopausenhöhe, die für Gummiballone gefunden wurde (SCHULZE 1950), läßt die Vermutung zu, daß neben niedrigen Temperaturen auch der Ozongehalt der Atmosphäre einen Einfluß auf das elastische Verhalten der Ballone in großen Höhen besitzt. Ballone verschiedener Größe zeigen ebenfalls verschiedene elastische Eigenschaften, die sie für den Tag- oder Nachteinsatz besonders qualifizieren (U.S. Air Force 1948); so eignen sich z. B. 1400-g-Ballone besser untertags, während mit 500-g-Ballonen im Durchschnitt nachts größere Höhen erreicht werden.

Präpariert man Radiosondenballone mit warmem Dieselöl, so erreichen sie in der kalten Polarnacht größere Höhen. Bei Aufstiegen in eine warme Stratosphäre haben sich Tauchbäder in siedendem Wasser bzw. eine 12- bis 24stündige Lagerung in einer feuchten Klimakammer mit Temperaturen von $+55°$ C bewährt (FLOWERS 1959).

Theodoliten: Angaben über die verschiedenen registrierenden und nicht registrierenden Modelle und ihre Genauigkeit können den einschlägigen Handbüchern entnommen werden (KLEINSCHMIDT 1935, MIDDLETON 1943, TANATAR 1948).

2.112. Fehlerquellen

Der Hauptnachteil der Pilotballonmethode liegt darin, daß sich Höhenwindmessungen auf Schönwettertage beschränken müssen. Dadurch wird einerseits die Höhenwindstatistik verfälscht: Infolge der *Schönwetterauswahl* wird in der zeitlich gemittelten Windverteilung antizyklonalem Stromlinienverlauf der Vorzug gegeben. Da Strahlstromsituationen häufig mit Divergenz in der höheren Troposphäre und mit Schlechtwetter verbunden sind, ist der Pilotballon ein unzureichendes Mittel zu deren synoptischem Studium. Der entscheidende Fortschritt in der Erforschung der Strahlströme läuft somit parallel mit der Entwicklung der Radiotheodoliten.

Bei starken Höhenwinden nimmt außerdem die Entfernung zwischen Beobachtungsstandort und Ballon rasch ab, so daß dadurch eine visuelle Peilung des Objekts erschwert wird und der Aufstieg schon vor Erreichen der Platzhöhe des Ballons aufgegeben werden muß.

Neben diesem entscheidenden Nachteil, der nur durch die Billigkeit des Verfahrens aufgewogen wird, machen sich noch andere subjektive und systematische Fehler bemerkbar:

Subjektive Fehler:

1. Die Ungenauigkeit der Visierung täuscht Variationen in den Horizontalkomponenten der Windgeschwindigkeit vor.
2. Ablesefehler bei visueller Winkelablesung bewirken ebenfalls eine scheinbare „Turbulenz" der Höhenwinde.
3. Bei graphischer Auswertung (Kleinschmidt 1935, Middleton 1943) der Höhenwinde aus den Winkelmessungen entstehen Ungenauigkeiten.

In der Praxis sind diese Fehler jedoch meist gering (Väisälä 1928).

Systematische Fehler:

1. Durch die Ablesung von Azimut und Höhenwinkel in bestimmten Zeitintervallen erhält man lediglich *Mittelwerte* der Windgeschwindigkeit über vertikale Schichten bestimmter Dicke und keine *Momentanwerte.*
2. Bei sogenannten „einfachen Pilotanschnitten", bei denen zur Vermessung der Flugbahn nur *ein* Theodolit verwendet wird, muß die Steiggeschwindigkeit des Ballons als konstant angenommen werden. Daraus ergibt sich die schwerwiegendste Fehlerquelle der Höhenwindmessung mittels dieses Systems.

Der Gesamtauftrieb G eines Ballons ist gleich dem Gewicht der verdrängten Luft und daher proportional $\varrho \cdot V$ ($\varrho =$ Luftdichte, $V =$ Ballonvolumen). Vernachlässigt man den geringen Überdruck im Innern des Ballons, so ist V proportional $R \cdot T/p$ und $\varrho = p/R \cdot T$. Es ist also der Gesamtauftrieb G des Ballons in allen Höhen konstant.

Ist B das Gewicht des Ballons (einschließlich des Gewichtes des Füllgases und des Ballastes), so beträgt der freie Auftrieb

$$A = G - B = \text{const.} \qquad 2.112\,(1)$$

Nach dem Freilassen eines Gummiballons steigt dieser zunächst mit etwas zu großer Geschwindigkeit. Erst nach etwa 14 Minuten ist im Durchschnitt das Gleichgewicht zwischen freiem Auftrieb A und Luftwiderstand W hergestellt (Meurers 1952). Aus Windkanalmessungen an Kugeln konnte bestimmt werden, daß

$$W = b_1 \cdot \varrho \cdot v^2 \cdot F = A = \text{const.} \qquad 2.112\,(2)$$

($v =$ Steiggeschwindigkeit des Ballons, $F =$ größter horizontaler Ballonquerschnitt). Wird b_1 zunächst als konstant angenommen, so ergibt das Verhältnis zwischen den Werten am Boden (durch den Index 0 gekennzeichnet) und in der Höhe

$$(v : v_0)^2 = (\varrho_0 \cdot F_0) : (\varrho \cdot F) = \varrho_0\, V_0^{2/3} : \varrho\, V^{2/3} = (\varrho_0 : \varrho)^{1/3}$$

bzw.

$$v : v_0 = \sqrt[6]{\varrho_0 : \varrho}. \qquad 2.112\ (3)$$

Für gemäßigte Breiten gilt im Mittel

Höhe in km	0	2	4	6	8	10
$(\varrho_0 : \varrho)^{1/6}$	1,00	1,04	1,08	1,11	1,15	1,19.

Die geringfügige theoretische Zunahme der Steiggeschwindigkeit mit der Höhe wird in der Praxis in schwer kontrollierbarem Maße durch Diffusionsverluste an Füllgas kompensiert, so daß die Annahme einer *konstanten* Steiggeschwindigkeit als annähernd gerechtfertigt erscheint. Dies gilt jedoch nicht bei der Durchquerung stark turbulenter Schichten (LONGLEY 1956). Da F proportional $V^{2/3}$ ist und V laut Gl. (1) wiederum proportional $A + B$, folgt

$$A = b_2 \cdot v^2\, (A + B)^{2/3}. \qquad 2.112\ (4)$$

Die theoretische Steiggeschwindigkeit beträgt somit

$$v = (b \cdot A^{1/2})/(A + B)^{1/3}\ \text{m/min}. \qquad 2.112\ (5)$$

Empirisch gefundene Gesetze bevorzugen im Zähler einen Exponenten x, im Nenner einen Exponenten y (KLEINSCHMIDT 1935). Der Faktor b erweist sich in der Praxis als *nicht* konstant, sondern vom Turbulenzzustand und somit von der REYNOLDSschen Zahl

$$R = v \cdot d \cdot \varrho/\eta \qquad 2.112\ (6)$$

abhängig (d = Kugeldurchmesser, η = Reibungskoeffizient der Luft) (IMAI 1954, SINHA 1959).

Erst für Werte der REYNOLDSschen Zahl, die unterhalb eines bestimmten Grenzwertes liegen, ist es notwendig, die Veränderung von R zu berücksichtigen. Tut man dies, so können die auf diese Weise gewonnenen Formeln für die Steiggeschwindigkeit in gute Übereinstimmung mit den empirischen Formeln gebracht werden (SINHA 1958).

Da der spezifische Luftwiderstand einer Kugel, der ja laut obiger Ableitung die Steiggeschwindigkeit bestimmt, eine Funktion der REYNOLDSschen Zahl und der Temperatur ist, ergeben sich mit der jahreszeitlich verschiedenen Struktur der Atmosphäre ganz beträchtliche Schwankungen in der Vertikalgeschwindigkeit der Ballone (ERIKSON 1954, vgl. auch PRUDHOMME 1949). Auffallend ist ein Minimum der Steiggeschwindigkeit bei etwa 13 km Höhe, das besonders im Sommer ausgeprägt erscheint. Doppelanschnitte am Observatorium Lindenberg ließen für die Troposphäre etwas anders geartete Jahresgänge vermuten, zeigen jedoch ebenfalls ein stratosphärisches Minimum (REGER 1938).

Daß markante Unterschiede auch in verschiedenen Luftmassen auftreten können, wurde ebenfalls von ERIKSON (1954) festgestellt. In *Kaltluft* steigt im Mittel bis etwa 8 gkm (geopotentielle Kilometer) der Ballon *schneller* als in Warmluft; oberhalb dieses Niveaus kehren sich jedoch die Verhältnisse um.

Die Steiggeschwindigkeit wird vor allem durch Vertikalbewegungen der Luft beeinflußt, die wiederum verschiedene Ursachen haben können. Über ebenem Gelände machen sich vertikale Strömungen — bedingt durch thermische Konvektion oder Bodenrauhigkeit — bis etwa 2,5 km Höhe bemerkbar. Darüber setzt in der Regel, falls die Vertikalströmungen stark genug sind, um die Ballonvisierungen empfindlich zu stören, Wolkenbildung ein. Über hügeligem Gelände, an Küsten usw. können stehende Wellen in der Luftströmung die Steiggeschwindigkeit der Ballone unter Umständen erheblich stören (MORASCA 1953).

Zur Abschätzung der Größenordnung der vertikalen Windkomponente sind „*Doppelanschnitte*" mit zwei Theodoliten geeignet, doch liefern auch diese nur in den untersten Atmosphärenschichten, wo die Ablese- und Instrumentengenauigkeit noch wenig beeinträchtigt ist, zuverlässige Werte.

Statistische Untersuchungen ergaben, daß die Abweichungen der Steiggeschwindigkeit von den in den HERGESELL-TETENSschen Tafeln angegebenen für Gummiballone mit Steiggeschwindigkeit $v = 180$ m/min am geringsten sind. Höhere Steiggeschwindigkeiten zeigen eine Tendenz für negative Abweichungen gegenüber den theoretisch geforderten Werten, kleinere Steiggeschwindigkeiten folgen der umgekehrten Tendenz. In den Wetterdiensten sind Steiggeschwindigkeiten von etwa 1000 Fuß/min oder annähernd 300 bis 350 m/min üblich.

Atmosphärische Turbulenz kann starke Unregelmäßigkeiten in der Steiggeschwindigkeit von Ballonen hervorrufen, nicht nur durch die Wirkung vertikaler Strömungskomponenten (VOSS 1950) in den Turbulenzkörpern, sondern auch durch auftretende Pendelbewegungen, welche die Steiggeschwindigkeit verkleinern (RAETHJEN 1925). An sich jedoch ist in turbulenten Strömungen die Steiggeschwindigkeit etwas übernormal (WENGER 1917). Vergleiche zwischen Einfach- und Doppelanschnitten ergaben, daß durch die Annahme einer konstanten Steiggeschwindigkeit die Wind*richtungs*berechnungen keinen großen Fehlern unterliegen; dagegen sind die Wind*geschwindigkeiten* mit beträchtlichen Fehlern behaftet; es werden nämlich die vertikalen Komponenten der turbulenten Luftbewegung als Schwankungen in den horizontalen Geschwindigkeitskomponenten interpretiert (MILDNER 1933). Daß sich diese Fehler mit abnehmendem Höhenwinkel stärker ausprägen, ist leicht einzusehen.

Von einem Punkt T aus wird durch den Höhenwinkel φ unter Annahme einer *konstanten* Steiggeschwindigkeit die scheinbare Position A' des Ballons und seine scheinbare Höhe h' bestimmt. Seine tatsächliche Position sei jedoch — infolge nicht eingehaltener Konstanz — um Δh verschoben und daher bei A. Wir wollen annehmen, daß der Windvektor in der Visierebene liege und der Fehler Δh allein während des letzten Minutenintervalls des Aufstiegs angefallen sei. Δl gibt dann den Fehler, der in der Berechnung der mittleren Windgeschwindigkeit für dieses Minutenintervall gemacht wird.

$$\Delta l = \Delta h \cdot \operatorname{ctg} \varphi. \qquad 2.112\ (7)$$

Aus dieser Gleichung geht hervor, daß der Fehler mit kleiner werdendem Höhenwinkel — bei gleichbleibender Ungenauigkeit in der Bestimmung von h — sehr rasch zunimmt.

Meßfehler im Höhenwinkel ($\Delta\varphi$) kommen ebenfalls als Schwankungen der Windgeschwindigkeit zur Geltung:

$$\Delta l = h/(A \cdot \sin^2 \varphi + \tfrac{1}{2} \sin 2\varphi), \qquad 2.112\ (8)$$

wobei $A = \operatorname{ctg} \Delta\varphi$ bedeutet und — sieht man von subjektiven Einstellungs- und Ablesefehlern ab — von der Auflösegenauigkeit des Instruments im Höhenwinkel abhängt.

Bei starken Höhenwinden, also bei Strahlstromwetterlagen, nimmt der Höhenwinkel rasch kleine Werte an, so daß Δl laut Gl. (7) und (8) bei relativ geringen Ungenauigkeiten in der Höhen- und Höhenwinkelbestimmung sehr groß werden kann (vgl. auch ROUAUD 1957). Ein Teil der häufig registrierten Schwankungen in den vertikalen Windprofilen — besonders in und über dem Strahlstromniveau — ist weniger der Größe der tatsächlich vorhandenen Turbulenz als vielmehr den oben beschriebenen Ungenauigkeiten zuzuschreiben (Näheres hierzu vgl. Kap. 2.12).

Andere Ursachen für Unregelmäßigkeiten in der Steiggeschwindigkeit bzw. Abweichungen von den theoretisch bestimmten Normwerten sind: verschiedene Oberflächenbeschaffenheit der Ballone, Abweichungen von der Kugelgestalt, Erhöhung der Füllgastemperatur durch Sonnenstrahlung.

Unter Berücksichtigung all dieser Fehlerquellen können also Höhenwindmessungen im Strahlstrombereich in bezug auf ihre Genauigkeit nur mit großer Reserve behandelt werden. MIDDLETON (1943) gibt bereits für 5 km Höhe eine Fehlergrenze von $\pm 4°$ und ± 2 m/sec (4 Knoten) an, während Vergleiche von paarweisen Aufstiegen über Indien Fehler bis zu 20° und 5 Knoten ergaben (RAMAKRISHNAN et al. 1957). Für starke Höhenwinde, wie sie in Strahlströmen auftreten, dürften sich die Ungenauigkeiten in der Windrichtung eher bei den von MIDDLETON angegebenen Werten halten. Die Windgeschwindigkeiten dagegen können in ungünstigen Fällen völlig unbrauchbar sein (REITER 1957 c, 1958 c).

2.12. Radiopiloten

2.121. Allgemeines

Prinzip: Die Flugbahn eines gasgefüllten Ballons wird durch *Funkpeilung* ermittelt und aus seiner Ortsveränderung die Horizontalkomponente des Windvektors als Funktion der Höhe berechnet. Höhenwindmessungen dieser Art können auch bei bedecktem Himmel durchgeführt werden.

Geschichte: KLEINSCHMIDT (1935) erwähnt in seinem ,,Handbuch der meteorologischen Instrumente" die Radiopeilung von Pilotballonen, die mit Sendern ausgerüstet sind, als eine Möglichkeit der Höhenwindmessung. Allerdings wurden zu dieser Zeit die Methoden der Kurzwellenpeilung ,,von allen Seiten zunächst noch sehr zurückhaltend behandelt". Eine Vervollkommnung der Methodik wurde mit der Entwicklung der Funkmeßtechnik und des *Radar* (*ra*dio *d*irection *a*nd *r*ange finding = Radiopeilung und -entfernungsmessung) während des zweiten Weltkrieges eingeleitet.

Ballone (vgl. hierzu Kap. 2.111): Da besonders bei kleinem Höhenwinkel die Meßfehler groß, daher die mit diesem Höhenwinkel berechneten Windgeschwindigkeiten unzuverlässig werden, benützt man Ballone mit möglichst großer Steiggeschwindigkeit (1000 Fuß/min = 300 m/min).

Peilungsmethoden: Dem Prinzip nach unterscheidet man zwei Methoden:

1. Radiopeilung mit Hilfe eines Radiotheodoliten: Vom Ballon wird ein Radiosender mitgeführt (wie er gleichzeitig zur Übermittlung der Signale einer Radiosonde Verwendung findet). Der Einfallswinkel der Funksignale wird von einem Radiotheodoliten gemessen und daraus die Position des Ballons — ähnlich wie bei Pilotballonen — berechnet (MIDDLETON 1943).

2. Radiotelemetrie mit Hilfe eines Funkmeß-(Radar-)Gerätes: Gleichzeitig mit den Winkeln wird auch die Entfernung zum Ballon bestimmt. Statt eines Senders führt der Ballon einen *Reflektor* mit, der die vom Radargerät kommenden elektromagnetischen Wellen zurückwirft. Aus der Zeitspanne zwischen Emission des Impulses und Empfang des Echos kann die Entfernung zum Ballon bestimmt werden.

Als Reflektoren verwendet man entweder Systeme von Dipolen (meist die Hälfte der verwendeten Wellenlänge messend), die aufeinander senkrecht stehen, oder reflektierende Flächen (Tetraeder, Oktaeder) aus Metallfolie oder einen halbkugelförmigen Überzug aus metallbesprühtem Stoff über der oberen Hälfte des Ballons. Die Güte des Reflektors hängt ab: von seiner Größe — große Reflektoren verwendet man für weite Distanzen —, der Zahl seiner Ecken und deren Position relativ zum einfallenden Strahl (der Strahl wird parallel zu sich selbst am besten reflektiert, wenn er gegen alle Seiten, die eine Ecke umgeben, denselben Winkel einnimmt), von der Genauigkeit der Montage der neunziggradigen Ecken und der Ebenheit der reflektierenden Flächen, vom Reflexionsvermögen und der Leitfähigkeit des Reflektormaterials. Gewicht und Luftwiderstand des Reflektors sollen minimal sein, um die erwünschte hohe Steiggeschwindigkeit des Ballons nicht zu beeinträchtigen (Decca 1957, RAFTERY et al. 1957).

Methode 1 genießt den Vorzug der größeren Billigkeit der Geräte, während der Methode 2 der Vorrang der Genauigkeit gebührt, der besonders bei geringen Höhenwinkeln, also bei starken Höhenwinden, wie sie in Strahlstromwetterlagen gemessen werden, entscheidend ins Gewicht fällt.

Je nach Instrumentarium sind folgende Methoden der Ballonortung in Gebrauch:

1. Annahme einer konstanten Steiggeschwindigkeit des Ballons; Messung der Azimutwinkel an zwei oder mehreren Stationen.

2. Berechnung der Ballonhöhe aus den gleichzeitig gemeldeten Radiosondendaten (Druck, Temperatur) und gleichzeitige Messung der Azimutwinkel an zwei oder mehreren Stationen. (Britisches System: Drei Stationen, an den Punkten eines Dreiecks von etwa 30 bis 50 km Seitenlänge liegend.)

3. Annahme einer konstanten Steiggeschwindigkeit des Ballons; Messung der Azimut- und Höhenwinkel an einer Station [US-Radiotheodolit SCR 658: Er arbeitet bei einer Frequenz von 403 Megahertz und wird von Hand aus auf das „Ziel“ eingestellt (Kirkman et al. 1948)]. Bei gleichzeitig durchgeführten Radiosondenaufstiegen werden die daraus berechneten Höhenwerte der Windauswertung zugrunde gelegt. Eine neuere Entwicklung stellt der US-Radiotheodolit AN/GMD-1 dar, der eine automatische Einstellvorrichtung besitzt und dadurch die subjektiven Fehler, wie sie bei den Geräten mit Handeinstellung auftreten können, eliminiert. Die Frequenz dieses Gerätes ist groß (1680 Megahertz), was die Genauigkeit des Gerätes besonders bei niedrigen Höhenwinkeln erhöht (Ference 1951). Die Position der Antenne nach Azimut- und Höhenwinkel wird bei diesem Gerät automatisch in periodischen Abständen zahlenmäßig registriert, so daß auch Ablesefehler wegfallen. Der finnische Radiotheodolit basiert ebenfalls auf dem Prinzip der Azimut- und Höhenwinkelmessung bei bekannter Ballonhöhe: Zwei vertikale Antennen an den Enden der 125 m langen Diagonalen eines Quadrates messen den Phasenunterschied in den ankommenden Signalen. Daraus können Azimut- und Höhenwinkel auf 0,1 Grad genau berechnet werden (Väisälä 1953). Die Auswertung erfolgt graphisch (Väisälä et al. 1957).

4. Messung von Azimut- und Höhenwinkel und Entfernung zum Ballon [Amerikanisches SCR-584-Radargerät, Britisches GL-3-Radar, Decca WF 1 (Decca 1957)]. Bei einer Frequenz von 3000 bis 10000 Megahertz wird ein äußerst scharfer und wohldefinierter Strahl gegen den Reflektor emittiert und von dort zurückgeworfen. Der Vorteil dieser Geräte wird besonders bei niedrigem Höhenwinkel offenkundig. Näherungswerte der Windgeschwindigkeit können direkt aus der Ballonentfernung („slant range“) angegeben werden (Ervet 1958). Nach Untersuchungen von Robuchon und Ervet (1958) ist die Berechnung des Windvektors aus Radial- und Querkomponente der üblichen Bestimmung aus der Horizontalprojektion der Ballonbahn überlegen.

2.122. Fehlerquellen

Für Radiotheodoliten, die auf die Genauigkeit in der Messung des Höhenwinkels angewiesen sind, gelten dieselben Überlegungen, wie sie bereits für Pilotballone in Kap. 2.112 angestellt wurden, wobei die praktische Erfahrung zeigt, daß die durch das Bedienungspersonal verursachten Fehler ausschlaggebend sind (Kirkman et al. 1948). Die Fehler können bis zu 0,3 und 0,4° in den Azimut- und Höhenwinkeln betragen und einerseits durch ungenaue Einstellung am Oszilloskop, andererseits durch verzögerte Befolgung des jede Minute ertönenden Signals für die Winkelablesung hervorgerufen sein. Bei Geräten wie dem GMD-1 werden diese subjektiven Fehler durch Handeinstellung vermieden.

Bei Höhenwinkeln unter 14° machen sich Reflexionen des Signals am Erdboden störend bemerkbar (vgl. Anderson 1958), die gegenüber dem direkt aufgefangenen Signal einen Phasenunterschied aufweisen. Die Fehlerkurven sind dabei keineswegs konstant, sondern von Zeit, Aufstellungsort und Azimutwinkel abhängig (Kirkman et al. 1948).

Allmähliche Änderungen der Steiggeschwindigkeit gegenüber den theoretisch berechneten Sollwerten (vgl. Kap. 2.112) können korrekturmäßig berücksichtigt werden, falls die Druckhöhenkurve aus Radiosondenmeldungen zur Verfügung steht (Hering 1955). Turbulenzbedingte, kurzzeitige Schwankungen in der

Steiggeschwindigkeit sind dagegen nach wie vor schwer erfaßbar. Hier erweisen sich Radargeräte von Vorteil, welche die Entfernung (*slant range*) zum Ballon direkt angeben und auf keinerlei Annahmen angewiesen sind.

Als ein — leider notwendiges — Hindernis in der genauen Messung vertikaler Windprofile erweist sich die Mittelbildung über diskrete Zeitintervalle, was natürlich bei schnell steigenden Ballonen besonders hemmend in Erscheinung tritt (SHAFFER 1957). Auf Grund der dadurch verursachten Glättungen konnte bisher noch nichts Endgültiges über die Schärfe der vertikalen Windprofile im Niveau des Geschwindigkeitsmaximums ausgesagt werden.

In Anbetracht der Schwankungen, denen die Meßwerte besonders bei kleinen Höhenwinkeln unterliegen, ist eine Glättung derselben jedoch unbedingt erforderlich. Im amerikanischen Wetterdienst werden Positionsbestimmungen der Ballone in Minutenintervallen durchgeführt und bis 40000 Fuß (12 km) Höhe übergreifend über Zweiminutenintervalle, bis 70000 Fuß (21 km) über Fünfminutenintervalle und bis 100000 Fuß (30 km) über Zehnminutenintervalle gemittelt (FERENCE 1951). Trotzdem ergeben sich unter ungünstigen Bedingungen recht beträchtliche Schwankungen, die mitunter 90% und mehr der „mittleren", geglätteten Windgeschwindigkeit im betreffenden Niveau erreichten (REITER 1957c, 1958c) und von denen besonders die vertikalen Windscherungen betroffen werden (SALMELA et al. 1959).

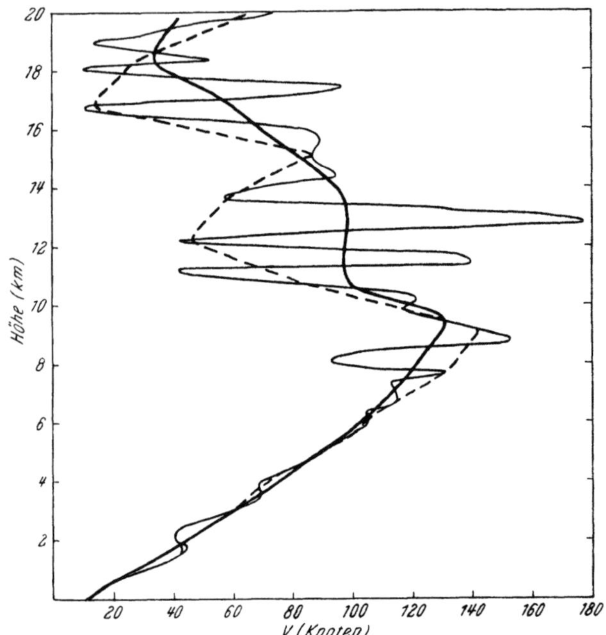

Abb. 2.122.1. Radiowindmessung, Washington, D. C., 14. März 1954, 21.00 GCT. Dünne, volle Linie: Windprofil aus der ursprünglichen Aufstiegsberechnung; dicke, volle Linie: geglättetes Profil; strichliert: Windprofil aus dem Wettertelegramm

Abb. 2.122.1 zeigt als Beispiel hierfür die ursprüngliche Berechnung des Aufstieges in Washington, D. C., am 14. März 1954, 21.00 GCT. (dünne Linie). Die dicke Linie gibt das graphisch geglättete Windprofil wieder, das durch die Methode der Flächengleichheit der Gebiete mit positiver und negativer Abweichung der Windgeschwindigkeit vom Mittelwert gewonnen wurde. Daß die Schwankungen in der gemessenen Geschwindigkeit nicht reeller Natur sind, sondern auf *Fehler im Meß- und Auswertevorgang* zurückzuführen sind, läßt sich an Hand von Abb. 2.122.2 zeigen: Die Häufigkeit der halben Perioden der Geschwindigkeitsschwankungen ist für einzelne Minutenintervalle der Aufstiegszeit wiedergegeben. Für die Berechnungen wurden Windprofile herangezogen, die über Washington, D. C., zwischen 8 und 20 km Höhe vom 11. bis 15. März 1954 gemessen wurden. Als „halbe Periode" wird der Zeitabstand zwischen Geschwindigkeitsmaxima und -minima in den vertikalen

Windprofilen definiert. Wie die Abbildung zeigt, sind am häufigsten die Schwankungen mit 1 Minute (Meßintervall) und 2 Minuten (Intervall der Mittelbildung) vertreten, während darüber hinaus die prozentuellen Häufigkeiten des Auftretens rasch abfallen.

Die Methodik des Meß- und Auswertevorganges tritt auch deutlich in einer Betrachtung der Häufigkeitsverteilung der Amplituden von Schwankungen mit verschiedener Zeitdauer in Erscheinung. Der Abb. 2.122.3 liegt dasselbe Beobachtungsmaterial zugrunde wie der vorhergehenden Abbildung. Es zeigt sich, daß die Schwankungen mit einer Halbperiode von 1 und 2 Minuten erwartungsgemäß ihre maximale Häufigkeit bei niedrigen Amplituden haben. Durch den Glättungsprozeß verschwinden die Schwankungen im Einminutenintervall ab etwa 35 Knoten gänzlich. Die Schwankungen im Zweiminutenintervall reichen jedoch — so wie die Schwankungen für die übrigen Intervalle — bis zu den größten Amplituden von über 80 Knoten. Schwankungen der Windgeschwindigkeit im Strahlstromniveau werden also durchaus nicht glaubhafter, je größer ihre Amplitude ist. RIEHL (1954a) veranlaßte ein Experiment, in dessen Verlauf die Fixpunkte der Ballonpositionen für die Rawinsonde von Norfolk, Va., alle 6 Sekunden bestimmt wurden. Dabei ergaben sich besonders im Höhenwinkel Schwankungen derselben Größenordnung wie bei den sonst üblichen Minutenintervallen. Dies muß als Beweis dafür angesehen werden, daß die große Unruhe in den vertikalen Windprofilen, wie sie etwa in Abb. 2.122.1 auftritt, nicht der atmosphärischen Turbulenz zuzuschreiben ist, sondern den Meßfehlern in der Positionsbestimmung des Ballons. Davon nicht ausgenommen sind auch die Instrumente mit automatischer Einstellvorrichtung, denn beim „Suchvorgang" sind ebenfalls Pendelungen des Theodoliten möglich, die in erster Linie von der Elektronik der Regelkreise abhängen (KIRKMAN et al. 1948). Die Genauigkeit der Winkelmessung wird mit 0,03 bis 0,05° angegeben.

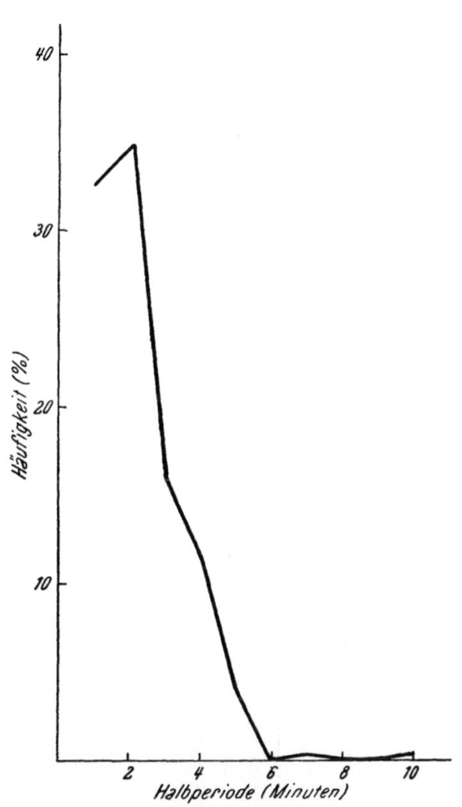

Abb. 2.122.2. Prozentuelle Häufigkeitsverteilung der Halbperioden (in Minuten) der Schwankungen in den vertikalen Windprofilen, Washington, D. C. (s. Text)

Die praktische Erfahrung aus der Aeronautik bestätigt ebenfalls die oben angestellten Überlegungen und spricht *für* die Glättung der mit unzulänglichen Methoden gewonnenen vertikalen Windprofile.

Daß die fernschriftlich übertragenen Werte, die aus derartigen Windprofilen gewonnen werden, unter Umständen ein völlig falsches Bild der atmosphärischen Strömungsverhältnisse geben können, kann an Hand der Abb. 2.122.1 leicht eingesehen werden. Falls durch internationales Übereinkommen sämtliche

Standardniveaus um 500 m höher angesetzt würden, erhielte man ein völlig anderes Profil als Resultat: Das Hauptwindmaximum erscheint nun aufgespalten in zwei Maxima, und bei 13 und 15 km Höhe liegen weitere Maxima. Es ist überflüssig, zu bemerken, daß derartige Höhenwindangaben wenig Wert besitzen, und es darf durchaus nicht verwundern, wenn Flugroutenvorhersagen, die auf derartigen Höhenwindmeldungen fußen, höchstens mit einer Zufallsquote verifiziert werden.

Vor allem werden vertikale Scherungen, welche aus diesen Windmeldungen berechnet werden, oft große Diskrepanzen gegenüber den aus der thermischen Windgleichung berechneten Winden aufweisen (COLE et al. 1958). Da derartige Windscherungswerte von großen Meßfehlern behaftet sein können, ist es unzweckmäßig, sie mit Clear-Air Turbulence zu korrelieren (CLEM 1955).

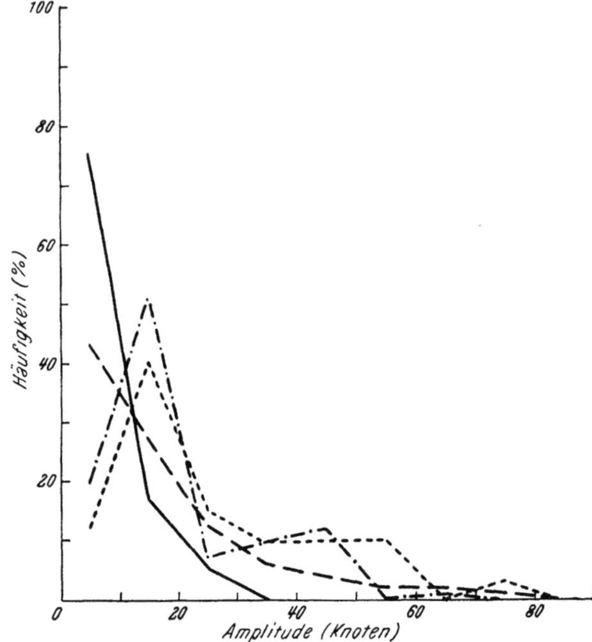

Abb. 2.122.3. Prozentuelle Häufigkeitsverteilung der Amplituden der Geschwindigkeitsschwankungen in den vertikalen Windprofilen. Volle Linie: Halbperiode der Schwankungen 1 min; strichliert: 2 min; strichpunktiert: 3 min; kleinstrichliert: 4 min (s. Text)

Solange also nicht universell auf bessere Höhenwindmeßmethoden, wie etwa Radar. zurückgegriffen werden kann, ist eine drastische Glättung der vertikalen Profile unerläßlich. Dies wird entweder durch die Wahl eines längeren Zeitintervalls der Mittelbildung oder durch größere Steiggeschwindigkeiten der Ballone erreicht (DE JONG 1958). Freilich muß damit die synoptische Erfassung der Feinstruktur atmosphärischer Strömungssysteme zunächst auf das Studium besonders günstiger Einzelfälle beschränkt bleiben.

Bei der Beurteilung klimatischer Mittelwerte ist zu berücksichtigen, daß infolge niedriger Höhenwinkel viele Windmessungen frühzeitig abgebrochen werden müssen, so daß in den stratosphärischen Durchschnittswerten eine gewisse „Schwachwindauswahl" besteht (CHARLES 1959b).

Experimente mit dem US-Radiotheodoliten SCR-658 zeigten, daß im Durchschnitt der Fehlerzuwachs $d\,(\Delta\varphi)$ in der Höhenwinkelmessung vom Beginn zum Ende des für die Mittelbildung üblichen Zweiminutenintervalls mit 0,15° angesetzt werden kann. [$d\,(\Delta\varphi)$ ist die Differenz aus den Fehlern $\Delta\varphi_1$ zu Beginn und $\Delta\varphi_2$ am Ende des Zweiminutenintervalls.] (KIRKMAN et al. 1948.)

Die mittlere vektorielle quadratische Abweichung (standard vector deviation) gibt den Radius des Fehlerkreises an, in dem die betreffende Windmessung liegt (BROOKS et al. 1953).

$$\sigma = \sqrt{(\sigma_x^2 + \sigma_y^2)} = \sqrt{(\sigma_s^2 + \overline{|V|^2\,\sigma_\alpha^2})}. \qquad 2.122\ (1)$$

σ_x und σ_y sind die mittleren quadratischen Abweichungen (standard deviation) der

Komponenten der Windgeschwindigkeit, σ_s die der skalaren Windgeschwindigkeit und σ_α die der Windrichtung. $|V|$ ist der Betrag der Windgeschwindigkeit, die vom Radiopiloten im betreffenden Niveau angegeben wird.

Bei ungünstigen Höhenwinden *ohne Richtungsumkehr* in der Höhe muß mit großen Fehlern in der stratosphärischen Windmessung gerechnet werden. Dies ist in gemäßigten Breiten vor allem bei ausgeprägten Strahlstromwetterlagen des *Winterhalbjahres* der Fall. Stratosphärische Ostwinde bringen dagegen den Ballon wieder näher zur Station zurück, so daß dadurch der Fehler in der Windmessung geringer wird. Derartige Wetterlagen lassen sich vor allem im Sommer erwarten. In der Praxis muß mit größeren Fehlern als den unten abgeschätzten gerechnet werden, da von manchen Herstellerfirmen die Genauigkeit in der Winkelablesung nur mit 0,1° angegeben wird (Decca 1957, MEURERS 1952, FERENCE 1951).

Da eine Glättung der vertikalen Windprofile durch übergreifende Mittelbildung über mehrere Minutenintervalle eine systematische Schwächung der Geschwindigkeiten im Maximalwindniveau mit sich bringt, andererseits aber eine graphische Glättung zu viel Raum für subjektive Interpretationen läßt, wurde eine halbobjektive Methode vorgeschlagen (REITER 1959e).

Auf Grund der Gl. 2.112 (8) wird der Fehler

$$\Delta V = \Delta l / \Delta t$$

in der Windgeschwindigkeit berechnet, der bei einem Meßfehler $\Delta\varphi = 0{,}075°$[1], einem Zeitintervall $\Delta t = 120$ sec und verschiedenen Höhen und Höhenwinkeln anfällt. Das Ergebnis ist in Tab. 2.122 mitgeteilt.

Tabelle 2.122. *Fehler in der Höhenwindmessung (m/sec) als Funktion von Ballonhöhe und Höhenwinkel für $\Delta t = 120$ sec und $\Delta\varphi = 0{,}075°$*

Höhenwinkel	Ballonhöhe (m)					
	5000	10 000	15 000	20 000	25 000	30 000
10,0°	1,8	3,5	5,3	7,1	8,9	10,7
9,5	2,0	3,9	5,9	7,9	9,8	11,8
9,0	2,2	4,4	6,5	8,7	10,9	13,1
8,5	2,4	4,9	7,3	9,8	12,2	14,7
8,0	2,8	5,5	8,3	11,0	13,8	16,5
7,5	3,1	6,2	9,3	12,3	15,4	18,5
7,0	3,6	7,2	10,8	14,4	18,0	21,6
6,5	4,2	8,3	12,5	16,6	20,8	25,0
6,0	4,9	9,8	14,6	19,5	24,4	29,2

Entsprechend dem beobachteten Höhenwinkel werden die möglichen Meßfehler in den vertikalen Windprofilen im entsprechenden Niveau eingetragen (Abb. 2.122.4) und graphisch von den Windgeschwindigkeitsmaxima abgezogen und zu den Minima addiert (punktierte Kurven in Abb. 4). Ist die Amplitude der Schwankungen geringer, als diesem theoretischen Fehler entspricht, so wird das Intervall zwischen den beiden punktierten Kurven auf die entsprechenden Werte aus obiger Tabelle reduziert. Die auf diese Weise erhaltene schraffierte Fläche stellt die Unsicherheit in der Windmessung dar. Das *wahrscheinlichste* vertikale Windprofil erhält man als Mittellinie dieser schraffierten Fläche (dicke Kurve). Das vertikale Windprofil kann somit durch einen glatten Kurvenzug angenähert werden. Das sekundäre Windmaximum, das in Abb. 2.122.4 in etwa 16 km Höhe aufscheint, könnte unter Umständen durch eine Gerade ersetzt werden (strichliert), die noch immer innerhalb der Meßgenauigkeit des Radargerätes in der schraffierten Fläche Platz hat.

[1] Dieser Wert basiert auf der Annahme, daß die Ablesegenauigkeit des GMD-1A-Gerätes 0,05° beträgt. Der Fehlerzuwachs, der in einem Meßintervall zustande kommt, hängt von der Genauigkeit der Winkelmessung am Anfang und am Ende des Intervalls ab und ist um etwa $\sqrt{2} = 1{,}4$ größer als die Einzelmessung, beträgt also etwa 0,075°. Ändert sich der Höhenwinkel nur langsam, so ist der Meßfehler bei aufeinanderfolgenden Messungen meist $< 0{,}05°$.

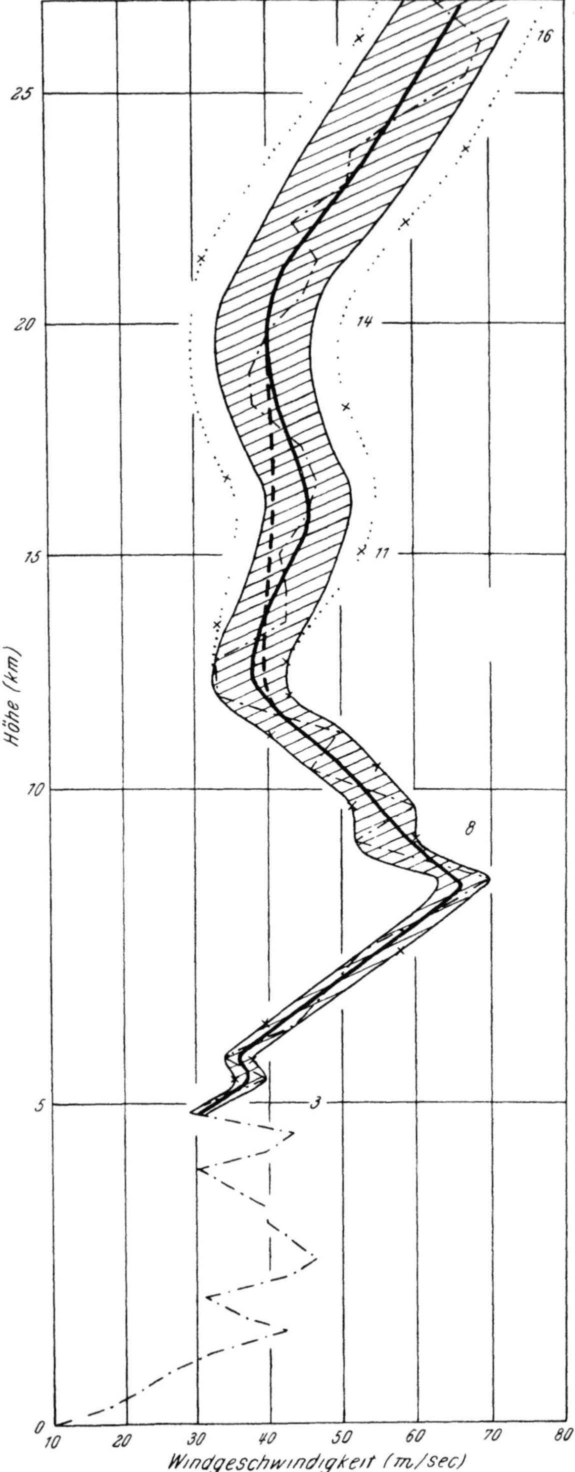

Die Fehlerquelle, die im kleinen Höhenwinkel bei starken Höhenwinden liegt, kann durch Verwendung von „Relais"-Stationen ausgeschaltet werden. Es sind dies Stationen, die ungefähr entlang einer Stromlinie des Strahlstromniveaus liegen und mit Radiotheodoliten ausgerüstet sind, die ein und dieselbe Sonde anpeilen: Während für die erste Station die Höhenwinkel kleine Werte annehmen, tritt der Ballon in bezug auf die nächste Station in einen günstigen Peilwinkel. Dieses Verfahren ist besonders in Gebieten mit quasistationären Strahlströmen ökonomisch anzuwenden. Erfolgreiche Versuche dieser Art wurden in Japan durchgeführt, wo Sondenaufstiege von Honjo (88 km westnordwestlich von Tateno) zunächst vom Radiotheodoliten Honjo, nach Erreichen einer gewissen Höhe von Tateno aus angepeilt wurden (Tateno 1954, Arakawa 1956b).

Stationen in ebenem Gelände, die innerhalb der gemäßigten Breiten im Bereich stark variabler Höhenwinde liegen, könnten sich dieses Verfahren zunutze machen, wenn die Ballonaufstiegsstelle als fahrbare Einheit ausgerüstet wird. Auf einem Lastkraftwagen müßte zu diesem Zwecke eine Eichstelle für die Radiosonde eingerichtet werden, dazu eine Füllvorrichtung für die Ballone. Eine UKW-Fernsprechanlage stellt die Verbindung mit dem fix montierten Radargerät her. Auf Grund

Abb. 2.122.4. Glättung vertikaler Windprofile. Die kleinen Zahlen entlang des Windprofiles geben die aus Tab. 2.122 bestimmten Fehlergrenzen an. Strichpunktiert: Gemessenes Windprofil, GMD-1A Wien, 21. Februar 1959, 12.00 GCT. Die übrigen Linien sind im Text erläutert

einer 12stündigen Höhenwindprognose kann ein günstiger Aufstiegspunkt etwa 10 bis 15 km stromaufwärts des Radargerätes gewählt werden, an den sich die fahrbare Aufstiegsstelle zeitgerecht begibt.

Derartige Meßmethoden würden besonders im Zeitalter des zivilen Düsenflugverkehres und der damit verbundenen Forderung nach genauen Windmessungen in der Stratosphäre mit relativ billigen Mitteln die Qualität der Höhenwindangaben erheblich verbessern.

Bei *Radargeräten* ist der Fehler in der Positionsbestimmung, wenn auch immer noch vorhanden (WERNER 1952), so doch wesentlich geringer als bei Radiotheodoliten (EWING 1949, MANTIS 1957). So weisen z. B. Winde, die mit dem britischen Radarsystem (JONES et al. 1951, JONES 1949) gemessen wurden, keine so großen Schwankungen der Windgeschwindigkeit auf, wie sie etwa in Abb. 2.122.1 auftreten. Der Grund für die größere Genauigkeit — besonders bei kleinen Höhenwinkeln — liegt vor allem darin, daß bei Theodoliten der Cotangens des Höhenwinkels in die Berechnung der Horizontalprojektion der Entfernung eingeht [s. Gl. 2.112 (7)], während für diese Berechnungen das Radarsystem den Cosinus verwendet:

$$\Delta l = \Delta E \cos \varphi. \qquad 2.122\ (2)$$

ΔE ist die mittels Radar gemessene Differenz der Entfernungen eines Ballonfixpunktes vom nächsten, Δl die Horizontalprojektion dieser Entfernung, aus der die mittlere Windgeschwindigkeit unmittelbar hervorgeht. Die vom Ballon zurückgelegte Höhe Δh geht in die Rechnung nicht ein.

Die „standard deviation“ wird von Decca-Radar für das Gerät WF 1 mit 0,13° in der Messung von Azimut- und Höhenwinkeln und mit 100 m bzw. 1% der Gesamtentfernung in der Entfernungsmessung angegeben (Decca 1957).

Experimente, die durch Doppelvisierung desselben Ballons mit zwei Radargeräten (eines in Bretigny, eines in Trappes, Frankreich) — beide vom selben Typ — durchgeführt wurden, ergaben im allgemeinen gute Übereinstimmung. Im Durchschnitt muß mit einer Ungenauigkeit in der Einhaltung des Zeitintervalls für die Winkel- und Entfernungsablesung von etwa 7% gerechnet werden, was besonders bei starken Höhenwinden unangenehm in Erscheinung tritt. Die Instrumente selbst sind bei der Bestimmung der wahren Windgeschwindigkeit mit einem Fehler von etwa 5% behaftet, so daß für durchschnittliche Verhältnisse mit einem Gesamtfehler in den Angaben der wahren Windgeschwindigkeit von maximal 10% gerechnet werden muß (BARBÉ 1957). ERVET et al. (1959) und MARC et al. (1959) geben den maximalen Fehler in der Windgeschwindigkeitsmessung mit etwa 2 m/sec, in der Windrichtungsmessung mit etwa 5° an.

Bei Radarwindmessungen in Kombination mit einer Radiosonde bestehen verschiedene Möglichkeiten der Positionsbestimmung des Ballons, die jede in verschiedenen Entfernungsbereichen verschiedene Fehlergänge aufweisen (DE JONG 1958). Für große Entfernungen, wie sie bei Strahlstromwetterlagen auftreten, erweisen sich Windgeschwindigkeitsberechnungen aus *Ballonhöhe* und *Entfernung* am günstigsten. Die Ballonhöhe kann dabei aus dem Sondenaufstieg berechnet werden. Bei schwachwindigen Aufstiegen in geringe Höhen sind Berechnungen aus *Höhe* und *Höhenwinkel* vorzuziehen. In mittleren Entfernungsbereichen ergeben Rechnungen aus *Höhenwinkel* und *Entfernung* die besten Resultate.

Pendelungen des Reflektors können störend wirken, besonders wenn das reflektierte Signal schon sehr schwach ist, was bei großen Entfernungen der Fall ist. Der Empfang wird dadurch schließlich unmöglich gemacht. Um dieser Reichweitenbegrenzung abzuhelfen, kann der passive Reflektor am Ballon durch einen aktiven Impulssender („Transponder") ersetzt werden (Jones 1949, Lyons et al. 1947), wie etwa bei der Schweizer „Echosonde" (Lugeon 1960), deren Genauigkeit in der Winkelmessung mit $\pm 0{,}1°$ und in der Entfernungsmessung mit ± 50 m angegeben wird. Ihre Reichweite ist mit >200 km für praktische Bedürfnisse unbegrenzt.

Korrektur für Erdkrümmung: Eine Korrekturgröße, die sowohl bei Radar- als auch bei Radiotheodoliten-Peilungen notwendig ist, sobald die Entfernung des Ballons von der Station eine bestimmte Schwelle überschritten hat, wird durch die Erdkrümmung verursacht.

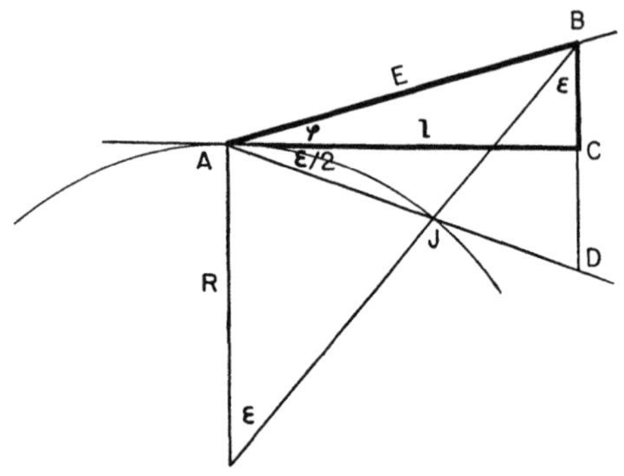

Abb. 2.122.5. Zur Berechnung der Korrektur in der Ballonhöhe, die durch die Krümmung der Erdoberfläche verursacht wird (s. Text)

Gemessen wird die Entfernung $AB = E$ vom Funkmeßgerät zum Ballon und der Höhenwinkel φ. Daraus ergibt sich, unter Vernachlässigung der Erdkrümmung, die Entfernung $AC = l$ des Ballons in der Horizontalprojektion (Abb. 2.122.5), aus deren zeitlicher Änderung die Horizontalkomponenten des Windvektors berechnet werden. $BC = h$ ist die scheinbare Höhe des Ballons. In Wirklichkeit beträgt die Höhe des Ballons über dem Boden jedoch $BJ = z$, so daß die anzubringende Korrektur lautet

$$K = z - h. \qquad 2.122\ (3)$$

Da $BJ = BD$ ist, gilt auch $K = CD$. Aus den Dreiecksbeziehungen der Abb. 5 erhält man

$$CD = l \cdot \tan \varepsilon/2 \simeq l \cdot \varepsilon/2$$

für kleine Winkel. Andererseits kann man für einen kleinen Winkel ε ohne großen Fehler schreiben

$$AC \simeq AJ \simeq \varepsilon \cdot R.$$

R ist der Erdradius. Die infolge der Erdkrümmung erforderliche Korrektur in der Ballonhöhe lautet somit in guter Näherung

$$K = l^2/2\,R. \qquad 2.122\ (4)$$

Bei einer Entfernung des Ballons in der Horizontalprojektion von $l = 80$ km beträgt K bereits 502 m.

Diese Korrektur muß besonders bei Doppelanschnitten von Radiopiloten berücksichtigt werden: Die für beide Anschnitte berechneten Ballonhöhen müssen jeweils mitsammen korrespondieren. Für zwei Stationen (Indizes 1 und 2) gilt

$$z = h_1 + z_{01} + K_1 = h_2 + z_{02} + K_2, \qquad 2.122\ (5)$$

wobei z_{01} und z_{02} die Seehöhen der beiden Stationen sind. z ist in diesem Falle als Höhe über dem Meere zu verstehen. Mit Hilfe von Gl. (5) können die Höhenberechnungen beider Anschnitte ineinander übergeführt werden (Barbé 1957):

$$h_1 = h_2 + (z_{02} - z_{01}) + (K_2 - K_1). \qquad 2.122\ (6)$$

Der Fehler, der durch Vernachlässigung der Erdkrümmung entsteht, läßt maximale Windgeschwindigkeiten unter Umständen bis zu 20 Prozent zu groß erscheinen. Dadurch werden auch horizontale Windscherungen zwischen zwei Stationen, von denen die eine sehr starke, die andere jedoch schwache Höhenwinde mißt, übertrieben dargestellt. Dies mag teilweise der Grund dafür sein, daß ab und zu auf der antizyklonalen Seite eines Strahlstromes Windscherungen zwischen Radiosondenstationen angegeben werden, welche bereits erhebliche dynamische Labilität bedingen würden. Ebenso werden vertikale Windscherungen unterhalb eines Strahlstrommaximums übertrieben.

Für die Korrektur der Radiopilotbeobachtungen bei starken Höhenwinden können Nomogramme verwendet werden (GUSTAFSON 1954, CLEM et al. 1954, KESSLER 1954).

2.123. Der repräsentative Charakter der Höhenwindmessungen

Es bleibt schließlich noch die Frage zu klären, ob die in den Kap. 2.11 und 2.12 geschilderten Meßmethoden *repräsentative* Höhenwinde liefern, die nicht nur für den Augenblick und einen Punkt in der Atmosphäre, sondern für weitere räumliche und zeitliche Bereiche Geltung besitzen. Nach den bestehenden Auswerteverfahren wird der Mittelwert des Windes über eine Minute (bzw. bei weiterer Mittelung des Ableseintervalls über zwei und mehr Minuten), das entspricht Höhenschichten von etwa 360 m (bzw. entsprechende Vielfache davon), berechnet. Die Mittelung erfolgt jedoch nur in der Vertikalen. In der Horizontalen gibt der Ballon, da er von der Horizontalströmung trägheitslos mitgeführt wird und sich nicht relativ zu ihr bewegt, nach wie vor nur einen Augenblickswert des Windvektors, jeweils nur für einen Punkt der Strömung. Es ist von vornherein zu erwarten, daß dadurch in den resultierenden vertikalen Windprofilen Züge zum Ausdruck kommen, die nicht dem großräumigen, synoptischen Charakter der jeweiligen Strömungsverhältnisse anhaften, sondern von lokalen, engbegrenzten Einflüssen geprägt werden. Es würde den Rahmen dieser Arbeit übersteigen, wollte man hier auf die Theorie der klein- und großräumigen Turbulenz eingehen (KOLMOGOROV et al. 1958). Es ist jedenfalls das Spektrum der turbulenten Bewegung, das den repräsentativen Charakter der Windmessung bestimmt. Je nach der Größe des betrachteten Maßstabes wird man daher Einschränkungen in der Zuverlässigkeit der betreffenden Messung machen müssen (vgl. auch Kap. 4.3).

Vermessungen von Aufstiegen in England (Great Britain M. O. 1940) und in den USA (ARNOLD 1956), die mit Paaren von Ballonen vorgenommen wurden, welche a) gleichzeitig mit verschiedenem Abstand und b) vom selben Aufstiegsort nach verschieden langen Zeitintervallen gestartet wurden, ließen auf die mittlere quadratische Abweichung (standard deviation) des Höhenwindes in Abhängigkeit vom räumlichen und zeitlichen Maßstab schließen. So wurden z. B. Ballone, die gleichzeitig etwa $1^1/_2$ m voneinander gestartet wurden, bis zu 1 km auseinandergetrieben und wiesen bis zu 1 Minute Unterschied im Erreichen einer bestimmten Höhe auf. Die britischen Untersuchungen bedienten sich einer Reihe von Stationspaaren, die bis 920 km voneinander entfernt lagen. In Tab. 2.123 ist eine Übersicht über die berechneten mittleren quadratischen Abweichungen der beobachteten Windgeschwindigkeit und die Größe der horizontalen und zeitlichen Skala angegeben.

Tabelle 2.123. *„Standard deviation" der Windgeschwindigkeit für verschiedene Meßskalen*

	USA		Großbritannien					
Skala K (km)	0,5	5	110	180	480	600	720	920
Standard Deviation (m/sec)	0,5	0,8	3,0	3,8	6,9	7,1	7,9	8,9

	USA		
Skala K (Minuten)	0,5	5	90
Standard Deviation (m/sec)	0,5	0,6	2,2

Die „standard deviation“ folgt bei den britischen Messungen, die im synoptisch-großräumigen Skalenbereich liegen, einem Gesetz der Form

$$\sigma = a \sqrt{K}, \qquad 2.123\ (1)$$

was in gutem Einklang mit der statistischen Theorie der Turbulenz steht (vgl. Defant und Defant 1958) (2 Teilchen trennen sich mit einer Geschwindigkeit proportional der Quadratwurzel ihres Abstandes), während die amerikanischen Messungen, die bereits im Bereich der kleinräumigen Turbulenz liegen, einen wesentlich langsameren Abfall der „standard deviation“ mit abnehmendem Maßstab zeigen.

Durst (1960) findet, daß die Korrelationskoeffizienten von Windmessungspaaren *entlang* bzw. *quer* zu einer bestimmten Strecke einen verschiedenen Gang aufweisen und außerdem bei Entfernungen $\geq$ 1200 bzw. $\geq$ 800 Seemeilen negativ werden. Dies läßt den Einfluß der planetarischen Wellen und den anisotropen Charakter der großräumigen Turbulenz erkennen.

Messungen von Landers (1957) an einem Stationsdreieck in Florida, dessen Seitenlänge 1,5 km betrug und von dessen Eckpunkten simultan Ballone gestartet wurden, zeigten an Hand der Positionsveränderungen der Ballone relativ zueinander das Vorhandensein starker vertikaler Gradienten der horizontalen Divergenz $\left(\frac{\partial}{\partial z}(\nabla_h \cdot \mathbf{v})\right)$. Die Separation der Ballone war also durchaus nicht über tiefe Schichten der Troposphäre konstant. Die oben angegebenen Zahlen sind daher nur als Mittelwerte über eine große Zahl von Beobachtungen aufzufassen, wobei einzelne Atmosphärenschichten während eines Aufstieges weit von diesen Werten abweichen können. Die Studien über die Mesostruktur der Strahlströme, über die in Kap. 4.3 noch ausführlich berichtet werden soll, bestätigen das Vorhandensein von Schichten mit stärkerer und schwächerer Divergenz bzw. Konvergenz.

An Hand von Windmessungen mittels Flugzeugen gelangt Brundidge (1956) zur Ansicht, daß die lokalen Windgeschwindigkeitsänderungen im Jet-Stream-Bereich (12 km Höhe) einerseits mit dem in Frage stehenden Zeitintervall Δt, andererseits aber mit der Windgeschwindigkeit V_0 in der Strahlstromachse korreliert sind. Die von ihm gefundene Regression beruht jedoch auf einem zu geringen Beobachtungsmaterial, um als zuverlässig gewertet werden zu können. Sie ist wie folgt angegeben:

$$|\Delta V| = 0{,}08\,\Delta t + 0{,}32\,V_0 - 27{,}6, \qquad 2.123\ (2)$$

wobei Δt in Minuten, V_0 und V in Knoten einzusetzen ist.

Radiosondenaufstiege, die in Trappes, Frankreich, im Abstand von 1 bis 2 Stunden ausgeführt wurden (Barbé 1957, 1958), zeigten, daß im Fall von schwächeren Höhenwinden die zeitliche Konstanz und damit der repräsentative Charakter der Meßergebnisse weniger gut gewahrt bleibt als bei ausgeprägten Strahlstromwetterlagen (vgl. auch Graf 1940). Besonders ausgeprägt erscheint die Konstanz der Windgeschwindigkeit oberhalb der Schicht maximalen Windes. Es sind dies die Höhenbereiche, die von den modernen Düsenflugzeugen als Operationsniveau aufgesucht werden. Höhenwindmessungen in diesem Bereich müßten also Werte liefern, die auch noch mehrere Stunden nach Beendigung des Aufstieges für Flugberatungen verwendet werden können. Abb. 2.123.1 bringt dies deutlich zur Geltung. Es sind hier *mittlere* Aufstiegskurven aus jeweils drei aufeinanderfolgenden stündlichen Sondierungen aufgetragen. Im Bereich oberhalb der Schicht maximalen Windes kann in dem untersuchten Fall das Windprofil etwa 20 Stunden lang als nahezu konstant angesehen werden. Derart lange Zeiträume mögen zwar nicht immer gegeben sein — im vorliegenden Fall lag die Station Trappes unter einem antizyklonal gekrümmten Höhenwindmaximum an der Ostflanke eines flachen Hochdruckrückens, der, langsam seine Amplitude

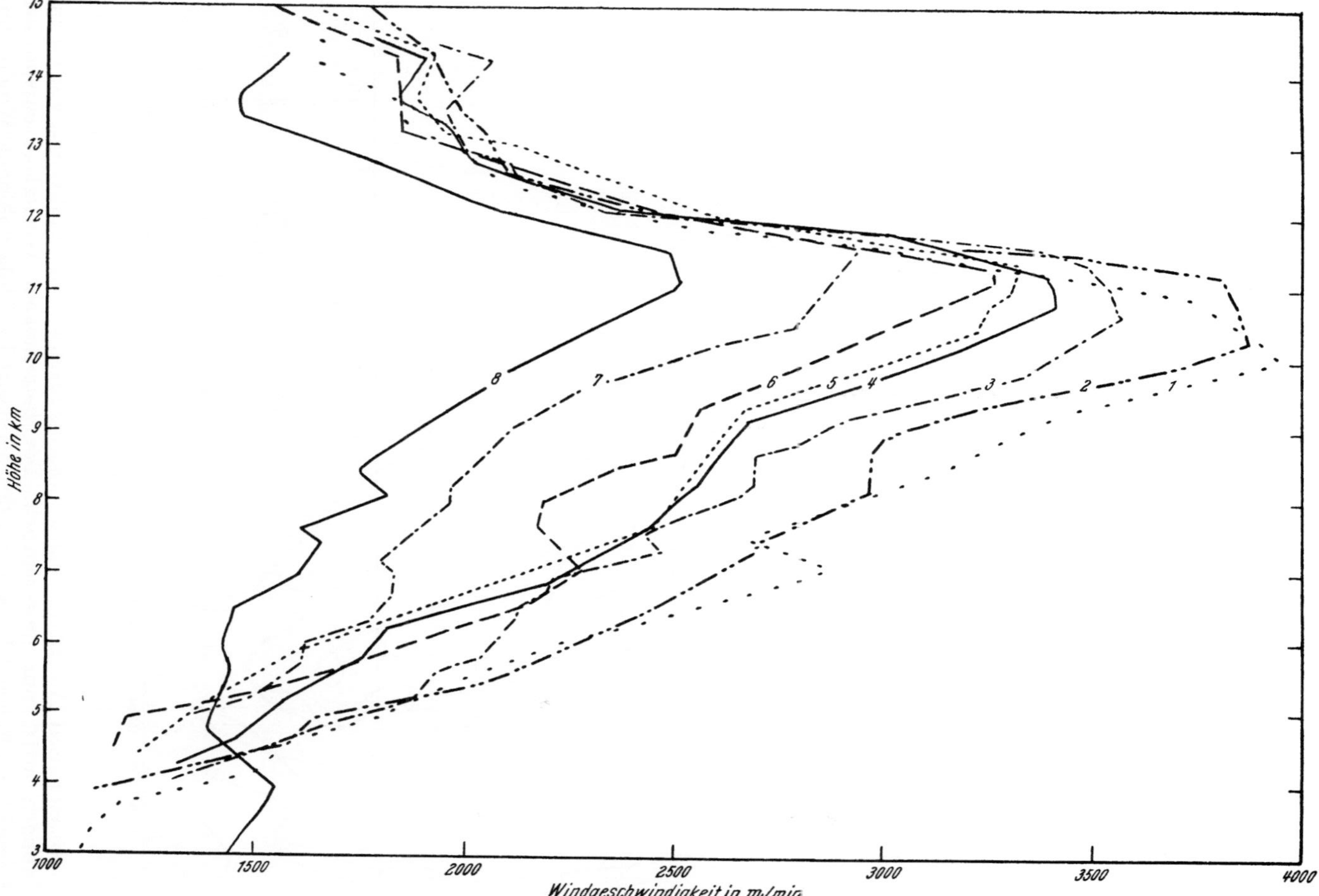

Abb. 2.123.1. Vertikale Windprofile (Mittel aus je 3 Aufstiegen), Trappes, Frankreich, 25. und 26. Januar 1956. Nr. 1: 08.15 + 09.15 + 10.05 GCT; Nr. 2: 11.10 + 12.15 + 13.25; Nr. 3: 14.05 + 15.35 + 16.35; Nr. 4: 17.15 + 18.03 + 19.00; Nr. 5: 19.40 + 20.30 + 21.15; Nr. 6: 22.10 + 23.15 + 00.15; Nr. 7: 01.40 + 02.40 + 03.45 (nur der Aufstieg um 02.40 reichte höher als 11,5 km); Nr. 8: 04.50 + 05.50 + 03.30. (Nach BARBÉ 1957)

vergrößernd, nach Osten wanderte —, in der Regel werden jedoch die Änderungen in der Höhenströmung durch zweimal täglich (00.00 Uhr und 12.00 Uhr Greenwichzeit) durchgeführte Aufstiege mit für die Praxis genügender Genauigkeit erfaßt werden können — vorausgesetzt, daß sich die Meßfehler in erträglichen

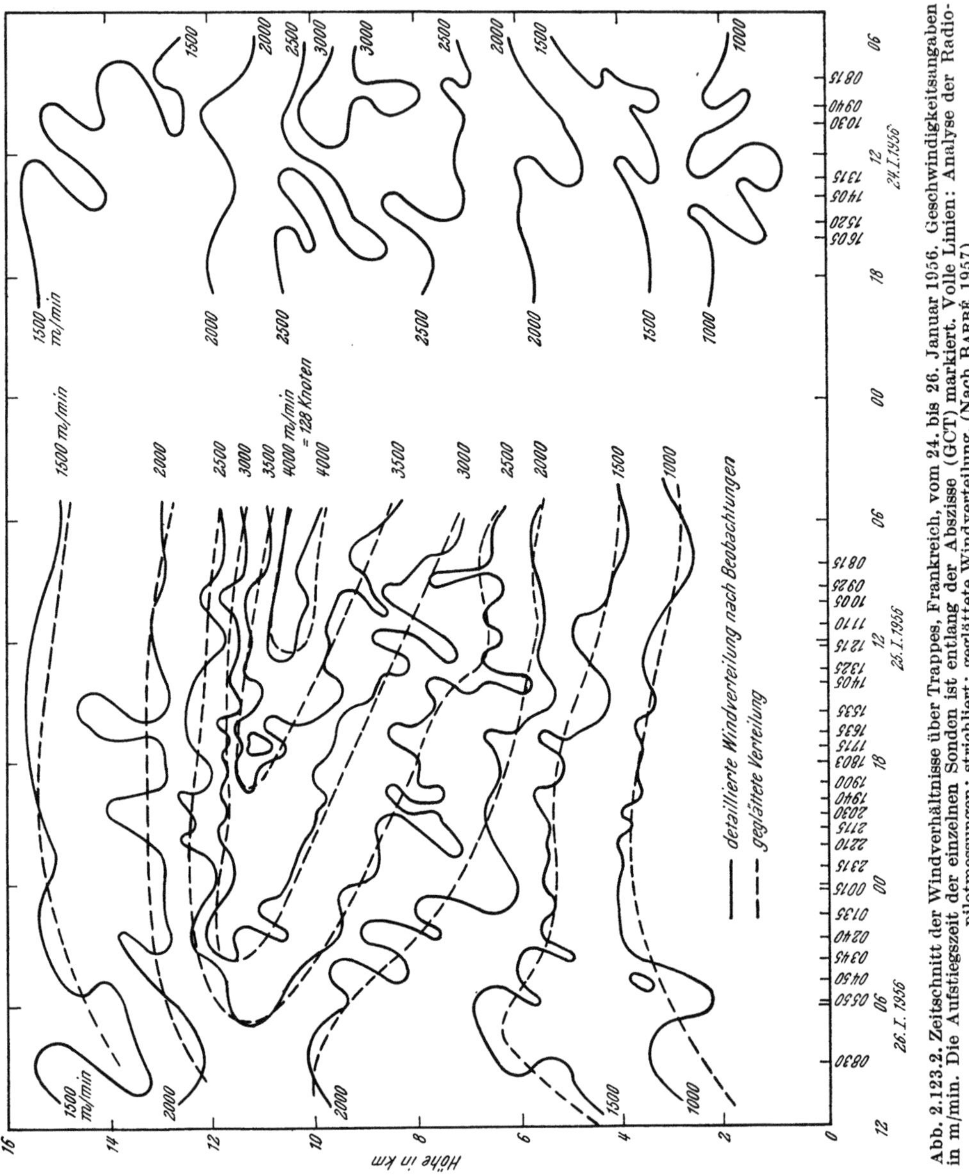

Abb. 2.123.2. Zeitschnitt der Windverhältnisse über Trappes, Frankreich, vom 24. bis 26. Januar 1956. Geschwindigkeitsangaben in m/min. Die Aufstiegszeit der einzelnen Sonden ist entlang der Abszisse (GCT) markiert. Volle Linien: Analyse der Radiopilotmessungen; strichliert: geglättete Windverteilung. (Nach BARBÉ 1957)

Grenzen halten. Auch die *Windrichtungen* ändern sich über Zeiträume von etlichen Stunden meist nur unwesentlich. Der betreffenden Wetterlage entsprechend herrschte im Beispiel der Abb. 2.123.1 bis etwa 6 km Höhe zyklonale Winddrehung vor. Im Strahlstromniveau — verbunden mit dem Vorrücken eines antizyklonal gekrümmten Höhenwindmaximums — trat antizyklonale Winddrehung mit der

Höhe auf, im 200-mb-Niveau machte sich dagegen wiederum eine zyklonale Winddrehung bemerkbar.

Abb. 2.123.2 gibt schließlich einen Zeitschnitt für die Station Trappes vom 24. bis 26. Januar 1956 wieder. In dieser Abbildung ist die Zeitachse von rechts nach links aufgetragen, so daß dadurch der räumliche West-Ost-Ablauf des Wettergeschehens zum Ausdruck kommt (vgl. Kap. 3.23). Die großräumigen Veränderungen in der Höhenströmung treten deutlich in Erscheinung und sind durch die strichlierten Linien gekennzeichnet. Wie schon an Hand der Abb. 2.123.1 bemerkt wurde, herrscht oberhalb der Schicht maximalen Windes eine auffallende zeitliche Konstanz der Höhenströmung. Der großräumigen Strömungsänderung sind kleinräumige Schwankungen überlagert, die — soweit sie sich in sukzessiven Aufstiegen bemerkbar machen — als durchaus reell angesehen werden müssen und nicht auf Meßfehler zurückzuführen sind. Die in Tab. 2.123 angegebene „standard deviation" von 2,2 m/sec für einen Zeitmaßstab von 90 Minuten scheint angesichts der vorliegenden Abbildung gerechtfertigt. Für größere Zeitmaßstäbe, etwa von der Größenordnung mehrerer Stunden, wäre besonders für die Strömungsverhältnisse der mittleren Troposphäre mit einem weiteren Anwachsen der „standard deviation" zu rechnen.

2.13. Transosonden

2.131. Allgemeines

Prinzip: Ein Ballon wird so austariert, daß er bei seinem Flug ein bestimmtes Druckniveau erreicht und dieses dann beibehält. Aus der Trajektorie des Ballons werden mittlere Windvektoren berechnet.

Geschichte: Austarierte Ballone wurden schon früher für verschiedene Zwecke verwendet. Mit ihrer Hilfe wurden u. a. mit Erfolg Leewellen in der Föhnströmung studiert (KANITSCHEIDER 1932—1939). ARAKAWA (1952, 1956a) berichtet über die Verwendung derartiger Ballone im Kriegswinter 1944/45 als Bombenträger („Ballonbomben") von Japan nach den USA. Als günstigste Drifthöhe erwies sich das 10- bis 12-km-Niveau. Im Strahlstrom erreichten diese Ballone die USA innerhalb von 2 bis 3 Tagen. Die „Skyhook"-Ballone und die „Transosonden" (= Transozean-Sonden), die in den USA entwickelt wurden, folgen den Erfahrungen aus diesen früheren Anwendungen (ANDERSON 1952, ANGELL 1959a, 1960a, DROUILHET 1958, MASTENBROOK et al. 1953, 1954, SMITH 1958, U. S. Air Force 1956, VAN MIEGHEM 1959). Bei Transosonden-Experimenten im Januar und Februar 1956 erreichten 2 von insgesamt 20 in Japan gestarteten Ballonen nach Überquerung von Pazifik, nordamerikanischem Kontinent und Atlantik beinahe die europäische Küste (MASTENBROOK 1956, ANGELL 1957). Ein Flug im November 1957 erreichte vier Tage nach seinem Start in Japan die Küste von Irland (ANGELL 1958a). Ein anderer Transosondenflug am 31. Oktober 1957 verlief mit einer mittleren Geschwindigkeit von 81 Knoten offensichtlich im Bereich eines starken Strahlstromes und stürzte schließlich nordwestlich von Irland ab. Die günstigen Möglichkeiten, die sich aus dieser Meßmethode zur Beobachtung großräumiger Zirkulationssysteme ergeben, werden an Hand der noch näher zu besprechenden Abb. 2.132 eindrucksvoll beleuchtet.

Ballone: In der Regel werden Polyäthylen- oder Neopren- (Plastik-) Ballone verwendet, die sich nur bis zu einem bestimmten Volumen ausdehnen und dieses dann annähernd beibehalten (BARFORD et al. 1954, HAIG 1954, Anonym 1950, MOORE et al. 1948, Great Britain, P. O. 1955, RINK 1957). Aus der Zustandsgleichung eines idealen Gases

$$p\,\alpha = R\,T \qquad 2.131\,(1)$$

kann man sehen, daß p konstant bleibt, solange sich die Temperatur des Füllgases nicht ändert. Die Konstanz des Füllgasdruckes kann auch durch ein Ventil erzielt werden (HOPPER et al. 1960, 1960a).

Manche der in Verwendung stehenden Ballone besitzen über 20 m Durchmesser und können Nutzlasten bis zu 40 kg befördern (Droessler 1950). Das vorzeitige Absinken der Ballone infolge Auftriebsverlustes wird durch automatischen Ballastabwurf kompensiert, der durch ein Aneroid betätigt wird (Murray et al. 1950, Moore et al. 1954).

Peilung: Die Funksignale, welche die mitgeführte Radiosonde ausstrahlt, werden von mehreren Radiotheodoliten angepeilt (Anderson 1955b, Anderson, Mastenbrook et al. 1955, 1956) und aus den Winkelablesungen wird der jeweilige Standort des Ballons bestimmt. Die Windvektoren können aus den Ballonpositionen mittels Nomogrammen berechnet werden (Gaalswyk 1958). Um auch über den Ozeanen die Trajektorien der Ballone noch mit genügender Genauigkeit bestimmen zu können, sind Sender notwendig, die auch über große Entfernungen (4500 km) eine verläßliche Übertragung ermöglichen. Bei den Transosonden-Experimenten wurden 50-Watt-Sender mit den Frequenzen 6420 und 12855 Kilohertz mit Erfolg verwendet (Anderson 1955a, Anderson, Mastenbrook et al. 1955).

In früheren Experimenten wurde aus vertikalen Bodenphotographien der Ballonweg und daraus der Windvektor ermittelt (Brombacher 1936, Mastenbrook 1956). Die Bewegung der Ballone kann auch von Begleitflugzeugen aus vermessen werden (Moore et al. 1954, 1955).

Das Wesentliche an der Transosonden-Methode ist die Messung der meteorologischen Parameter in einem Lagrangeschen Koordinatensystem, das sich mit der Strömung mitbewegt. Allerdings sind die Stromlinien der Luft und die Trajektorien der Transosonden nur in erster Annäherung identisch, denn einerseits führen Strahlungseffekte zu unkontrollierbaren Temperatur- und Flughöhenschwankungen, andererseits folgt die Ballonfahrt unter idealen Bedingungen einer Isobarenfläche, während die atmosphärischen Strömungen entlang *isentroper* Flächen verlaufen.

2.132. Fehlerquellen

Da die Basisstrecke zwischen den Theodolitenstationen lang sein darf, können auch Stratosphärenwinde mit diesem Meßsystem mit einiger Zuverlässigkeit bestimmt werden (Anonym 1951), besonders wenn es sich um *mittlere* Windvektoren über längere Flugstrecken handelt. Die Positionsbestimmung hängt ja im wesentlichen von der Genauigkeit der Druckhöhenangaben und der zwei oder mehr Azimutmessungen ab. Das Problem der kleinen Höhenwinkel bei starken Winden fällt weitgehend weg. Allerdings ist dafür mit einer relativ großen Entfernung des Ballons von der Peilstation zu rechnen. Über den USA ist nach dem gegenwärtigen Stand der Empfangs- und Peiltechnik mit einem mittleren Fehler in der Positionsbestimmung von etwa 33 km zu rechnen (Anderson 1955b).

Die Ortsbestimmung der Ballone über dem Ozean wird in der Regel von Küstenstationen aus vorgenommen. Mit zunehmender Distanz machen sich dabei Fehler in der Messung der Azimutwinkel unangenehm bemerkbar (Neiburger et al. 1956). Mißt man jedoch die mittleren Windvektoren (aus den Trajektorien) über längere Zeiträume, so fallen diese Ungenauigkeiten in der Positionsbestimmung weniger ins Gewicht.

Positionsbestimmungen durch Radiopeilung zeigen außerdem wegen des schlechteren Empfanges während der Nachtstunden einen gewissen Tagesgang der Genauigkeit. Dies wird besonders bei Flug Nr. 993 über den USA deutlich (Abb. 2.132).

In der Regel ist die Positionsbestimmung bei Radiopeilung ungenauer, als die theoretische Instrumentengenauigkeit angibt. Ohnsorg (1957) entwickelte eine Methode, mit der die „standard deviation“ σ_e des Fehlers e in der Entfernungsabschätzung direkt aus den Trajektorienberechnungen ermittelt werden kann.

$$\sigma_{v'(t)}^2 - \sigma_{v'(2t)}^2 = \sigma_{v(t)}^2 - \sigma_{v(2t)}^2 + 3\,\sigma_e^2/2\,t^2. \qquad 2.132\,(1)$$

Abb. 2.132. Zweistündige Transosondenpositionen bei 4 Flügen im 300-mb-Niveau. Die Kreise geben die Fehler in der Positionsbestimmung an (E = geschätzte Positionen). Flugstrecken, die tags zurückgelegt wurden, sind durch volle Linien, solche, die nachts zurückgelegt wurden, durch strichlierte Linien angedeutet. (Nach NEIBURGER und ANGELL 1956)

$v_{i(t)}$ ist die wahre Geschwindigkeit, die im i-ten Intervall vorhanden ist, während $v'_{i(t)}$ die im gleichen Intervall *gemessene* Geschwindigkeit darstellt, welche noch mit dem Fehler e der Positionsbestimmung behaftet ist. t ist das Zeitintervall der Ortsbestimmung, σ ist die „standard deviation" der im Index bezeichneten Größen. Die Varianz der tatsächlichen Geschwindigkeit ist in der Regel klein, so daß die Fehler in der Positionsbestimmung aus der Näherungsbeziehung

$$\sigma_e^2 \cong \frac{2t^2}{3}\left(\sigma_{v'(t)}{}^2 - \sigma_{v'(2t)}{}^2\right) \qquad 2.132\ (2)$$

abgeschätzt werden können. In der Praxis wird dabei so vorgegangen, daß für das kleinstmögliche Zeitintervall t der Wert für σ_e^2 aus obiger Gl. (2) berechnet wird. Aus den Beziehungen

$$\sigma_{v\,(\text{Fehler})} = \frac{\sqrt{2}}{t}\,\sigma_e$$
$$\sigma_{a\,(\text{Fehler})} = \frac{\sqrt{6}}{t^2}\,\sigma_e \qquad 2.132\ (3)$$

(σ_v = „standard deviation" des Fehlers in der Geschwindigkeitsberechnung, σ_a = „standard deviation" des Fehlers in der Beschleunigungsberechnung auf Grund fehlerhafter Positionsbestimmungen) läßt sich nun das Meßintervall berechnen, das notwendig ist, um die Fehler innerhalb bestimmter Grenzen zu halten. Ist z. B. $\sigma_e = 30$ km und soll $\sigma_v = 8$ km/h sein, so muß t von der Größenordnung 5 Stunden sein. Tatsächliche Auswertebeispiele zeigen, daß für Transosonden mit einer Flughöhe von 40000 Fuß (12 km), deren Position durch Radiopeilung bestimmt wurde, σ_e bei etwa 30 km liegt. Beträgt das Zeitintervall der Messungen $t = 3$ Stunden, so ist σ_a ungefähr gleich 0,06 cm/sec², also von derselben Größenordnung wie die großräumigen, horizontalen Beschleunigungen in der Atmosphäre. Radiopeilungen mit dieser Fehlergröße und diesem Zeitintervall wären also ungeeignet, Beschleunigungen in der synoptischen Größenklasse direkt zu messen.

2.133. Der repräsentative Charakter der Transosondenwinde

Ebenso wie an den Radiosondenballonen sind auch an den Transosonden Meso- und Mikrostruktur des Windfeldes wirksam. Es ist allerdings von vornherein zu erwarten, daß wegen der verhältnismäßig langen Zeitintervalle zwischen den Beobachtungen die Mikrostruktur wenig Einfluß auf die Windmessung besitzt. Da jedoch die Trajektorien die Summe aller Feinstruktur darstellen, bieten sie eine ideale Möglichkeit, deren Wirkung zu studieren. Dies wurde erfolgreich durch den gleichzeitigen Start mehrerer Ballone demonstriert (Moore et al. 1954). Aus dem Abstand der Ballone und dessen zeitlicher Änderung können Schlüsse auf den kleinräumigen Austausch im Flugniveau gezogen werden. Zu beachten ist allerdings, daß in den seltensten Fällen das Flugniveau der beiden Ballone des betrachteten Ballonpaares tatsächlich identisch ist. Die durch die vertikale Windscherung vorgetäuschten Divergenzen sind jedoch nur dann groß, wenn Scherung und Unterschied im Flugniveau beträchtlich sind. Moore et al. finden für etliche Ballonpaarflüge, die vom Flugzeug aus geortet wurden, bei etwa 30 000 Fuß (9,1 km) Höhe die in Tab. 2.133 angegebenen Resultate.

Tabelle 2.133. *Meßergebnisse paarweiser Transosondenflüge*

Flugstrecke (km)	Flugdauer (Stunden)	Abstand der beiden Ballone am Ende der Trajektorie (km)	Abstand in Prozenten der Flugstrecke	Abstand der Ballone normal zur Trajektorie (km)
1368	14,5	32	2,3	12,9
1247	18,0	21	1,7	9,7
1930	20,2	1,6	0,08	1,6
1930	20,2	8	0,4	1,6
1930	20,2	8	0,4	1,6
2640	27,5	29	1,1	8,1

Der geringe Abstand der Ballone voneinander nach dieser großen Flugstrecke beweist, daß die Höhenwinde sehr regelmäßig sind und relativ wenig Feinstruktur aufweisen. MOORE et al. berechnen aus obigen Daten Austauschkoeffizienten der Größenordnung 0,035 bis 20×10^7 cm²/sec, während MILLER (1948b) und GRIMMINGER (1941) mit anderen Methoden Koeffizienten der Größenordnung 10^{10} cm²/sec erhielten.

Diese Diskrepanz mag ihre Ursache darin haben, daß die Wirkung kleinerer Turbulenzkörper über den großen Querschnitt eines Transosondenballons integriert und dadurch teilweise aufgehoben wird. Durch die Betrachtung der Separierungsgeschwindigkeit zweier großer, abgeschlossener Volumina (Ballone) kommen dann andere Austauschkoeffizienten zustande als etwa bei der Messung der Diffusionsgeschwindigkeit einer Rauchwolke, bei der auch kleinere Austauschelemente des Turbulenz„spektrums" wirksam sind und sich nicht gegenseitig aufheben.

An systematischen Geschwindigkeitsschwankungen konnte ANGELL (1958c) Gezeiteneinflüsse nachweisen. Trägheitsschwingungen sind dagegen statistisch schwieriger festzustellen (ANGELL 1958b).

2.134. Vergleich der Transosondenwinde mit konventionellen Meßmethoden

Nach DURST und GILBERT (1950) ist

$$\mathbf{v} - \mathbf{v}_g' = \frac{1}{f}\, \mathbf{k} \times \frac{d\mathbf{v}}{dt} \qquad 2.134\ (1)$$

[vgl. Gl. 1.224 (1)], wobei $\mathbf{v}_g'$ der aus den Transosondenmessungen berechnete, geostrophische Wind ist. $\mathbf{v}$ ist der tatsächlich vorhandene Windvektor. Außerdem gilt

$$\frac{d\mathbf{v}}{dt} = \frac{d\mathbf{v}_h}{dt} + w\, \frac{\partial \mathbf{v}}{\partial z} \qquad 2.134\ (2)$$

$d\mathbf{v}_h/dt$ ist die horizontale Beschleunigung des Ballons, die aus zwei aufeinanderfolgenden Windmessungen bestimmt werden kann. Die Vertikalgeschwindigkeit w und die Windscherung $\partial \mathbf{v}/\partial z \simeq \partial \mathbf{v}_g/\partial z$ kann aus Radiosondenmessungen mit genügender Genauigkeit berechnet werden (Berechnung von w, z. B. mittels der Adiabatenmethode, vgl. Kap. 3.248).

Theoretisch müßte $\mathbf{v}_g'$ aus den Transosondenmessungen und $\mathbf{v}_g$ aus den Höhenwetterkarten übereinstimmen. Nach Untersuchungen von GILES und PETERSON (1957, 1956) ist dies jedoch nicht der Fall. Im *Mittel* über 10 Ballonflüge betrug $|\mathbf{v}_g' - \mathbf{v}_g| = 10$ Knoten. Der Grund hierfür liegt offensichtlich in der Verschiedenheit der Meßmethoden: $\mathbf{v}_g'$ reagiert viel empfindlicher auf begrenzte, mesostrukturelle Beschleunigungen, welche im Konturenabstand einer Höhenwetterkarte noch nicht zum Ausdruck kommen (vgl. auch Kap. 4.3).

Die mittleren Winkelabweichungen zwischen $\mathbf{v}$ und $\mathbf{v}_g$ lagen bei 0,5° (positiv, wenn gegen tieferen Druck gerichtet). Die „standard deviation" σ betrug 10,7°. Der mittlere Unterschied zwischen $\mathbf{v}_g'$ und $\mathbf{v}_g$ betrug −2,2° und die „standard deviation" $\sigma = 12{,}9°$. Der mittlere Winkelunterschied lag also noch innerhalb der Meßungenauigkeit, so daß aus diesen Zahlen keine weiteren Schlüsse gezogen werden können.

ANGELL (1959) erhält unter Berücksichtigung der Reibung in folgender Gleichung

$$\frac{d\mathbf{v}}{dt} + w\, \frac{\partial \mathbf{v}}{\partial z} = f\,(\mathbf{v} - \mathbf{v}_g) \times \mathbf{k} + \mathbf{F} \qquad 2.134\ (3)$$

für die Komponente F_s in der Richtung von **v** — 1,4 Knoten/Stunde, für F_n normal zur Richtung von **v** — 0,2 Knoten/Stunde. (Das Minuszeichen deutet an, daß die Reibungskraft rechts der Strömungsrichtung weist.) Wegen der unterschiedlichen Genauigkeit in der Auswertung der verschiedenen Terme in obiger Gleichung kann der Zuverlässigkeit dieser Berechnung von **F** als Residuum der Gl. (3) keine zu große Bedeutung beigemessen werden.

Vergleichen wir jedoch die Größenordnung von **F** mit der Beschleunigung, welche die Transosonde im unteren Teil der Abb. 4.123.1 erfährt (etwa 6 Knoten/Stunde), so ist ersichtlich, daß durch Vernachlässigung der Reibung Fehler in den Gliedern der „reibungsfreien" Bewegungsgleichung auftreten können, die in manchen extremen Fällen 20% und mehr betragen.

2.14. Höhenwindmessung vom Flugzeug aus

2.141. Allgemeines

In der Jet-Stream-Forschung nach dem zweiten Weltkrieg fanden in zunehmendem Maße Flugzeuge Verwendung. Insbesondere sind es schnell- und hochfliegende Düsenmaschinen, welche bevorzugt zum Einsatz gelangen, da sie das Strahlstromniveau ohne Schwierigkeiten erreichen und übersteigen können (Murgatroyd 1956) und ihnen auch stärkste Gegenwinde noch einen genügend großen Operationsradius zur Verfügung lassen. Der Vorteil der Flugzeugmessungen liegt vor allem darin, daß sie uns Aufschluß über die Windverteilung in der Horizontalen geben. Außerdem kann durch häufige Ortsbestimmungen die Meso- und Mikrostruktur der Strahlströme einer näheren Untersuchung unterzogen werden. Das Flugzeug bietet auch als Instrumententräger mehr Möglichkeiten als ein Ballon, und schließlich sind die Flugberichte der Piloten und Beobachter eine wertvolle Ergänzung zu den instrumentellen Aufzeichnungen. So verdanken wir die Beobachtungen über Turbulenz und Bewölkung in der Strahlstromregion fast ausschließlich derartigen Flugzeugaufstiegen.

2.142. Fehlerquellen

Ähnlich wie bei den Ballonsondierungen hängt die Höhenwindmessung mittels Flugzeuges von der Genauigkeit der verwendeten Navigationsmethode ab. In der Regel wird zur Ortsbestimmung der Azimutwinkel zweier Radiostrahlen (radio beacons) herangezogen, wie etwa bei der VOR-Navigation („Very High Frequency Omnidirectional Radio Range", operiert bei 112 bis 118 Megahertz [I. C. A. O. 1956]). Fehlanzeigen in dieser Winkelbestimmung führen natürlich zu Fehlern in der Flugzeugortung. Für das VOR-System wird die Winkelgenauigkeit mit 2° angegeben. In der Praxis hält sie sich meist zwischen 1 und 1,5° (U.S. Bureau of Aeronautics 1953a). Dies gilt allerdings für die absolute Winkelmessung, der „incremental error" oder „Fehlerzuwachs" zwischen zwei aufeinanderfolgenden Positionsbestimmungen, welcher ja eigentlich die Genauigkeit der Höhenwindmessung bestimmt, kann dagegen wesentlich kleiner angenommen werden. Versuchsflüge über den USA ergaben einen Fehlerzuwachs des Systems von 0,3° über ein Bogenstück von 10° (U.S. Bureau of Aeronautics 1953a).

Der prozentuelle Fehler in der Geschwindigkeitsberechnung nimmt im allgemeinen mit wachsender Windgeschwindigkeit ab (U.S. Bureau of Aeronautics 1953a). Der oben erwähnte Fehler von 2° in der Genauigkeit einer VOR-Station macht sich in seinem vollen Umfang lediglich beim Umschalten von einer Station zur nächsten bemerkbar. Die Projektion der Flugroute, die auf der Karte durch die Schnittpunkte der Azimutwinkel erhalten wird, weist an diesen Umschaltestellen unter Umständen einen diskontinuierlichen Sprung auf, so daß die Windberechnungen hier unbrauchbar werden und die Messungen vor und nach der Sprungstelle aufeinander angeglichen werden müssen (RIEHL, MAYNARD 1954, RIEHL et al. 1955, RUTHERFORD 1954, SAUCIER, RIEHL 1956).

Während die Ortung nach Azimutwinkeln über dem Festland bei großer Stationsdichte keine Schwierigkeiten bereitet, ist sie über den Ozeanen in der Regel zu unzuverlässig, um daraus genaue Windberechnungen durchführen zu können (LEE 1955). Dagegen ist die absolute Höhenbestimmung über dem Meere durch Radarlotung wesentlich erleichtert.

Eine zusätzliche Fehlerquelle kann bei der Windberechnung in der Messung der Fluggeschwindigkeit (air speed) und der Kompaßrichtung (heading) entstehen, aus der ja durch vektorielle Subtraktion der Geschwindigkeit über Grund (ground speed) der Windvektor errechnet wird (RUTHERFORD 1956). Da das Staurohr für die Fluggeschwindigkeitsanzeige unter Umständen anfällig gegen Vereisung ist, muß bei Windmessungen innerhalb von Wolken besonders kritisch vorgegangen werden. Manche Flugzeuge sind bereits mit einem automatischen Windanzeigegerät ausgerüstet, welches die Driftberechnungen maschinell ausführt (SAUCIER 1956b).

Eine von HURST (1955) und anderen (HARDING 1955) erfolgreich angewendete Meßmethode besteht in einer photographischen Aufnahme des überflogenen Geländes in regelmäßigen Abständen, die zusammen mit der Fluggeschwindigkeit eine Berechnung des Windvektors gestattet. Der Nachteil dieser Methode besteht darin, daß sie sich auf Schönwetterlagen beschränken muß. Andererseits besitzt sie relativ hohe Zuverlässigkeit. Fehlerquellen liegen in den Eigenbewegungen des Flugzeuges um die Längs- und Querachse, die — falls sie nicht in entsprechenden Korrekturen berücksichtigt werden — auf der Luftphotoserie eine Änderung des Windvektors vortäuschen.

Vertikale Windscherungen können durch Verfilmung von Rauchspuren, die einer Wurfbombe entströmen, sichtbar gemacht werden. Versuche dieser Art wurden in England durchgeführt (POTHECARY et al. 1953).

In den USA wurden seit etwa 1953 Höhenwinde erfolgreich aus Driftgeschwindigkeiten ermittelt, welche mit einem Radar-Bombenzielgerät gemessen wurden (U. S. Air Force 1954, TULL 1957) und in der Literatur als „K-Winde“ bezeichnet sind. Der Nachteil des Systems besteht darin, daß es nur über Festland angewendet werden kann, doch sind die damit gemessenen Winde denen aus dem VOR-System weit überlegen.

Ein Vergleich dieser Windmessungen mit den üblichen meteorologischen Meßmethoden (Ballone) ergab, daß die mittels GMD-1A gemessenen Werte im Vergleich zu den „K-Winden“ im Mittel um etwa 10 Knoten zu hoch lagen, wohl infolge der Vernachlässigung der Korrektur für die Erdkrümmung (vgl. Kap. 2.122). Die Übereinstimmung zwischen „K-Winden“ und „meteorologischen“ Winden verschlechtert sich in der Reihenfolge der Geräte SCR-584, SCR-658, GMD-1A und Pilotballone mit Theodolit-Visierung, wobei in 80% der Fälle die Vektordifferenz zwischen den Flugzeugwinden und den meteorologischen Winden für die einzelnen Geräte in der oben angegebenen Reihenfolge kleiner als 22, 27, 30 und 37 Knoten war. Ein Vergleich zwischen „K-System“ und GMD-1A ergab außerdem, daß erst bei einem Zeitunterschied der Messungen von mehr als 2 Stunden die Vektordifferenz zwischen den zwei Arten der Windmessung signifikante Größen annimmt. Die Radiosonden geben also für einen Zeitraum von ungefähr 2 Stunden durchaus repräsentative Höhenwindwerte (vgl. dazu Kap. 2.123).

LANDERS (1955a) berichtet, daß Geschwindigkeiten, die mit Flugzeugen des Typus B-29 über den USA gemessen wurden, bis etwa 60 Knoten um etwa 12 Knoten zu hoch lagen. Bei größeren Windgeschwindigkeiten gaben die Pilotierungen höhere Werte, was ebenfalls der vernachlässigten Erdkrümmung zugeschrieben wird. Die Diskrepanzen in niedrigen Geschwindigkeitsbereichen werden auf ungenaue Kalibration des Fahrtgeschwindigkeitsanzeigers zurückgeführt (U. S. A. W. S. 1954a).

Rutherford (1955) findet eine gute Übereinstimmung zwischen meteorologischen und Flugzeugwinden, ebenso Brundidge (1956; vgl. auch Reiter 1961a) an Hand von Project-Jet-Stream-Messungen, besonders wenn der Zeitpunkt berücksichtigt wird, in dem der Ballon das Flugniveau erreicht. Die Lage der Strahlstromachse kann unter Umständen nach Flugmessungen und Ballonmessungen erheblich verschieden sein. Dies ist auf die horizontale Mesostruktur des Windfeldes zurückzuführen, welche den Ballonmessungen infolge des großen Stationsabstandes entgeht, in den Flugmessungen dagegen deutlich zum Ausdruck kommt.

Höhenwind*vorhersagen* aus Ballonmessungen geben in der Regel zu niedrige Windgeschwindigkeiten („standard deviation" je nach Gebiet 11,5 bis 13,5 Knoten). Dies ist wohl auf die horizontale Glättungstendenz zurückzuführen, die den meisten quasigeostrophischen Windanalysen aus Isobarenkarten, seien sie aktuell oder prognostisch, zugrunde liegt und um so stärker in Erscheinung tritt, je weniger Beobachtungsstationen zur Verfügung stehen (Durst 1954).

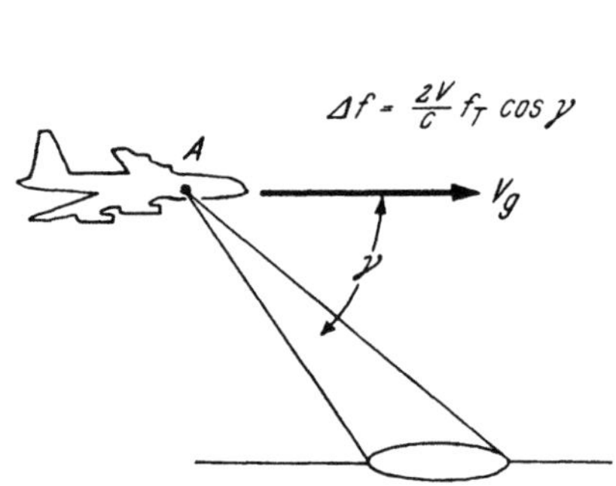

Abb. 2.142.1. Funktionsweise des Doppler-Radar (s. Text). (Tull 1957)

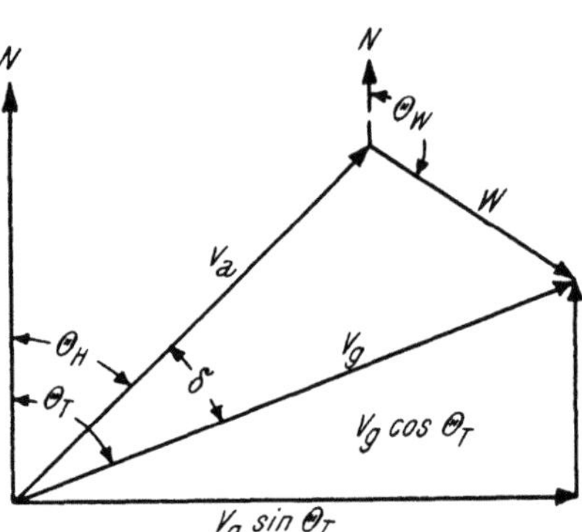

Abb. 2.142.2. Kursbestimmung mittels Doppler-Radar (s. Text). (Tull 1957)

Ein neues Navigationssystem, das von der Verwendung von Bodenstationen völlig unabhängig ist und daher auch über den Ozeanen brauchbare Windmessungen liefern kann, beruht auf der Anwendung des Doppler-Effektes (Tull 1957). Abb. 2.142.1 zeigt schematisch die Funktionsweise des Prinzips. Von einem Sender A wird ein Signal im Winkel γ gegen die Flugrichtung $\mathbf{v}_g$ ausgestrahlt und innerhalb einer Ellipse am Boden reflektiert. Die Frequenzänderung Δf des Strahles infolge des Doppler-Effektes beträgt

$$\Delta f = \frac{2\,V}{C}\, f_T \cos\gamma. \qquad 2.142\,(1)$$

V ist die Fluggeschwindigkeit, f_T die Frequenz des ausgestrahlten Signals und C dessen Fortpflanzungsgeschwindigkeit.

Sind im Flugzeug zwei Sender in Betrieb, deren Strahlenbündel in einer horizontalen Ebene den Winkel Θ mitsammen einschließen, so kann aus dem Winkel zwischen $\mathbf{v}_a$ (Flugrichtung oder „heading") und $\mathbf{v}_g$ (Geschwindigkeit über Grund oder „ground speed“) die Abdrift errechnet werden, die durch den Höhenwind W verursacht wird (Abb. 2.142.2). Aus dem Winkel Θ_T, den $\mathbf{v}_g$ mit der Nordrichtung einschließt, lassen sich die West-Ost- und die Nord-Süd-Komponenten der Flugroute bestimmen, und daraus kann eine vollständige Kursberechnung (dead reckoning) durchgeführt werden.

In den USA sind bereits Apparate in serienmäßiger Verwendung (AN/ASN-7, APA-95, APN-66), welche diese Berechnungen vollautomatisch und laufend durchführen.

Über die Genauigkeit dieser Doppler-Geräte liegen Angaben des „Project Jet Stream“ vor (Project Jet Stream 1959, Endlich, Rados 1959), wonach die Absolutgenauigkeit der Positionsbestimmung etwa 0,8% der Entfernung von einem bekannten Fixpunkt beträgt. Die Windgeschwindigkeit ist auf 3 Knoten genau bestimmbar [nach Murgatroyd (1957) auf etwa <5 Knoten genau]. Die Genauigkeit der Windrichtungsmessung hängt von der Geschwindigkeit ab, sie beträgt bei 15 Knoten etwa 12°, bei 200 Knoten dagegen 1°. Da der Fehlerzuwachs („incremental error“) kleiner als die oben angegebenen Zahlen ist, ist die Messung von Gradienten wesentlich genauer: in der Entfernung beträgt der Fehler etwa 1,5 km, in der Geschwindigkeit 1 Knoten und in der Richtung 1°.

Es bleibt somit kein Zweifel, daß das Doppler-System die bisher zuverlässigsten Windwerte liefert und überdies weder an Flughöhe noch an Fluggeschwindigkeit bei den gegenwärtigen Flugzeugtypen irgendwelchen Beschränkungen unterliegt. Größere Ungenauigkeit der Messungen wird allerdings aus den subtropischen Ozeanen berichtet, wo bei schwachen Bodenwinden die glatte Meeresoberfläche nur ein geringes Reflexionsvermögen für einen schrägen Strahl besitzt. Man muß sich in diesem Fall mit einem steileren Strahl behelfen, doch ist dann, laut Gl. (1), die Frequenzverschiebung und damit die Meßgenauigkeit geringer.

Es steht nur zu hoffen, daß die Doppler-Windmessungen allmählich auch auf kommerzielle Luftverkehrslinien ausgedehnt werden können und — etwa unter Verwendung eines Speichergerätes, ähnlich dem in künstlichen Satelliten (National Academy of Sciences 1958b) — auf Abruf an die Wetterdienstzentralen eine nahezu kontinuierliche Windmeßreihe liefern werden. Auf diese Weise würde die hohe Troposphäre und untere Stratosphäre bald mehr Meßdaten zur Verfügung stellen können, als dies bisher die bodennahen Luftschichten vermochten.

Segelflugmessungen. Für Detailstudien der Strahlstromstruktur, besonders im Hinblick auf Turbulenz und Leewellen über Gebirgen wurden mit Erfolg Segelflugzeuge eingesetzt (Kuettner 1955). Erfahrungen auf diesem Gebiet liegen besonders aus den Rocky Mountains (Sierra Wave Project) und den Alpen (Georgii 1956, et al. 1957, Gerbier 1959) vor. In Deutschland (Deutsche Forschungsanstalt für Segelflug, München) plant man, Segelflugzeuge mit Düsenantrieb in das Strahlstromniveau zu bringen und dort Meßflüge ohne Antriebswerk durchzuführen. Das Ortungsproblem und damit das Problem der Windberechnung ist dasselbe wie bei den Motorflugzeugen (Neuber 1959).

2.15. Weitere Methoden der direkten Höhenwindmessung

2.151. Wolkenzugsbeobachtungen

Mit der Entwicklung der modernen Radiosondentechnik werden Wolkenzugsbeobachtungen heute kaum mehr systematisch angestellt. Man läßt sich dadurch ein billiges, nichtsdestoweniger wertvolles aerologisches Hilfsmittel entgehen. Auf den Zusammenhang zwischen Strahlstrom und Wolkenformen soll in Kap. 6.3 noch ausführlich eingegangen werden. Es sei hier lediglich darauf hingewiesen, daß Zuggeschwindigkeit und -richtung der hohen Wolken einen verläßlichen Anzeiger der

Höhenwinde darstellen (Jenkinson 1954). Eine gewisse Unsicherheit besteht allerdings meist in der Abschätzung der Wolkenhöhe, so daß unter diesen Umständen selbst Nephoskopbeobachtungen die Windgeschwindigkeit nur größenordnungsmäßig angeben können.

Die Struktur der hohen Wolken läßt vielfach auch Aussagen über den vertikalen Aufbau des Windfeldes zu. So geben Virga aus Cirren oft ein anschauliches Bild der vertikalen Windscherung. Für Cirren, die unterhalb des Niveaus maximaler Winde auftreten, ist $\partial V/\partial z$ positiv und die Fallstreifen biegen unter diesen Umständen nach rückwärts ab. Die Wellenstruktur an Cirrocumuli und Altocumuli weist auf eine Diskontinuität im vertikalen Gradienten der Temperatur und der Windgeschwindigkeit hin (Schaefer 1953c).

Möglichkeiten zur Windbestimmung im Bereich der Meso- und Ozonosphäre bietet die Beobachtung leuchtender Nachtwolken in etwa 70 bis 90 km Höhe (Wörner 1935), die sich in einem Niveau minimaler Temperatur an der Obergrenze der Ozonosphäre (Mesopause) zu bilden scheinen (Chapman 1950, Nicolet 1950, Paton 1949, 1953, Wares 1953). Sie bestätigen den jahreszeitlich verschiedenen, „monsunalen" Charakter der Winde in diesem Höhenbereich, worauf in Kap. 4.415 noch näher eingegangen werden soll. Leuchtende Nachtwolken scheinen nur im Sommer aufzutreten (Ludlam 1957, Spangenberg 1949). Es wurden Windgeschwindigkeiten von über 200 m/sec beobachtet (Malzev 1926, Störmer 1935, Chvostikov 1952).

2.152. Beobachtung künstlicher „Wolken"

Driftbeobachtungen künstlicher Wolken bieten den Vorteil, daß die Wolkenhöhe in der Regel bekannt ist. Außerdem ist ein eindeutiges Ziel gegeben, das auch mit Doppelanschnitten (2 Wolkenspiegel oder 2 Theodoliten) vermessen werden kann. Stewart (1924) berichtet über den Abwurf von Rauchbomben aus Flugzeugen zur Feststellung der Höhenwinde. Durst (1948) gibt ein ähnliches Verfahren zur Erforschung der Turbulenz der Höhenströmung an. In der Stratosphäre wurde aus den Driftgeschwindigkeiten und der Diffusion von Schrapnellwolken die Windgeschwindigkeit bestimmt und auf Turbulenzkomponenten der Geschwindigkeit in der Größenordnung von 4 bis 10 cm/sec geschlossen (Kellogg 1952, Johnson 1946).

In diesem Zusammenhang muß auch die Möglichkeit erwähnt werden, aus der Deformation von Kondensstreifen Schlüsse auf die Turbulenz und Feinstruktur der Höhenströmung zu ziehen (U. S. A. W. S. 1956b).

An Stelle von Rauchwolken werden neuerdings auch Aluminiumfolien („window") verwendet, die aus Flugzeugen, Ballonen oder Raketen abgeworfen und mit Radar angepeilt werden (Aufm Kampe 1956, 1960, Barr 1960, Jenkins et al. 1959, Rapp 1960, Smith 1960). Diese Methode scheint sehr zuverlässig zu sein, denn zwischen Ballonpeilung (GMD-1A) und Folienpeilung ergeben sich nur geringe Unterschiede in den ermittelten Windvektoren (im Mittel $<3{,}4$ Knoten und $<14{,}4°$). Die Diskrepanz nimmt mit zunehmender Fallzeit zu, wohl hauptsächlich deshalb, weil sich das Windfeld in der Zeit zwischen Ballonaufstieg und Absinken der Folien tatsächlich geändert hat (Anderson 1956). Gerade bei starken Höhenwinden, wenn Ballone rasch in den Bereich geringer Höhenwinkel abdriften und die Messungen ungenau werden, bieten Raketen und Folienabwürfe entscheidende Vorteile in Höhen oberhalb 12 km.

Da die Folien„wolken" rasch diffundieren und dann den Radarstrahl nicht mehr reflektieren, wird die Verwendung kleiner, metallüberzogener Ballone vorgeschlagen, welche von Raketen abgeworfen werden und sich automatisch füllen (Anderson 1957, Armstrong et al. 1960; über den Abwurf von Sendern vgl. Cline 1957).

Photographische (Liller et al. 1954) und Radarmessung (Robertson et al. 1953, Kaiser 1954, Duncan 1951) der Drift von *Meteorschweifen* läßt ebenfalls eine Berechnung der Windgeschwindigkeiten in etwa 90 km Höhe zu (Ekhart 1940, Hughes 1959). Auch die Bewegung der Helligkeitsgebiete des leuchtenden Nachthimmels („air glow") geben Anhaltspunkte über Windgeschwindigkeiten in der hohen Atmosphäre (Roach 1959).

Für Windgeschwindigkeitsmessungen in hohen Schichten (> 50 km) verwendet man mit Erfolg Wolken metallischen Natriumdampfes, die von Raketen abgeblasen und nach ihrem Aufleuchten in der 5890-Å-Linie optisch angepeilt werden können (EDWARDS et al. 1956).

Auch Blitzlichtentladungen, die zur Markierung der Raketentrajektorie gedacht sind, können die Höhenwindverhältnisse anzeigen (WOODBRIDGE 1959).

Ionosphärische Winde werden aus der Driftgeschwindigkeit elektrisch geladener Partikelwolken berechnet. Eine übersichtliche Zusammenfassung derartiger Messungen gibt MURGATROYD (1957).

2.153. Höhenwindmessung mit akustischen Methoden

Die Schallgeschwindigkeit ist gegeben durch (GUTENBERG 1932, 1946)

$$C = 20{,}1\,\sqrt{T}. \qquad 2.153\ (1)$$

Sie hängt also lediglich von der Lufttemperatur ab, allerdings unter Voraussetzung adiabatischer Verhältnisse und Windstille. Eine Temperaturzunahme in der oberen Stratosphäre bedingt die Umkehr der Schallbahnen gegen die Erdoberfläche hin (REGULA 1934, 1949). Durch die Wirkung der Höhenwinde und der vertikalen Windgradienten wird die Symmetrie der Schallausbreitung beeinträchtigt. Um den Temperatureffekt vom Windeffekt trennen und Schlüsse auf beide Größen ziehen zu können, müssen Azimut und Abstand der Empfangsstation in bezug auf den Explosionsherd variiert werden.

Nach modernen Verfahren (CRARY 1950a, b, 1952, WHIPPLE 1935), die sich Explosionen auf dem Boden zunutze machen, wird an den Empfangsstationen eine Anzahl von Mikrophonen ausgelegt, welche eine genaue Ermittlung der Ankunftszeit sowie — aus dem Vergleich der einzelnen Registrierungen — eine Bestimmung des Höhen- und Azimutwinkels des einfallenden Schallstrahles gestatten. Diese Winkelberechnungen stellen allerdings an die Genauigkeit der Mikrophonregistrierungen und vor allem an deren Synchronisation hohe Ansprüche, die nicht immer erfüllt werden.

Folgende Größen werden gemessen: Laufzeit (= Zeit zwischen Explosion und Registrierung), Entfernung des Explosionsherdes, Azimut und scheinbare Schallgeschwindigkeit C_a. Letztere ist definiert als die Geschwindigkeit der einfallenden Schallwelle, während sie über das horizontale Gelände am Aufstellungsort der Detektoren hinwegstreicht. Die Auswertung erfolgt nach Methoden, die auch in der Reflexionsseismik üblich sind, nur daß als zusätzliches Glied in jeder Schicht die Windgeschwindigkeit auftritt:

$$\frac{C_1}{\cos\alpha_1} + u_1 = \frac{C_2}{\cos\alpha_2} + u_2 = C_n + u_n = C_a. \qquad 2.153\ (2)$$

α_i ist der Winkel zwischen der Normalen zur Wellenfront und der Horizontalen, u_i sind die Komponenten der Windgeschwindigkeit in der Ausbreitungsrichtung der Schallwelle in der i-ten Schicht. Der Index n gibt die Verhältnisse in der höchsten Schicht an. Die Schichtungsverhältnisse in der Troposphäre und unteren Stratosphäre wurden bei den Versuchen von CRARY (1950a, b, et al. 1955) den Radiosondenaufstiegen entnommen. Der Höhenwinkel der einfallenden Schallstrahlen wurde aus dem Verhältnis zwischen scheinbarer Schallgeschwindigkeit C_a und horizontaler Schallgeschwindigkeit berechnet. Letztere wurde durch Schüsse innerhalb des Mikrophonnetzes bestimmt.

Die Meßverhältnisse gestalten sich, je nach der Struktur der Atmosphäre, oft sehr schwierig. So wurden z. B. im Winter 1948 in Alaska an einer einzigen Station von einer einzigen Explosion 20 bis 30 Einsätze registriert. Die scheinbaren Schallgeschwindigkeiten lagen zwischen 320 und 400 m/sec. In derartigen Fällen bedarf die Entfernung des Explosionsherdes (meist Bombenwürfe) einer weiten Variation, um die Abhängigkeit der scheinbaren Schallgeschwindigkeit von der Höhe mit einiger Sicherheit feststellen zu können (KENNEDY et al. 1954, Denver 1951).

Die Ergebnisse werden in Laufzeitkurven eingetragen, ähnlich wie sie die Seismik verwendet. Aus ihnen kann man auf die Diskontinuitäten im vertikalen Aufbau der Atmosphäre schließen. Der Einfluß der Höhenwinde läßt sich durch Messung der Schallausbreitung bei verschiedenem Azimutwinkel feststellen und unter der Annahme, daß Wind- und Temperatureffekt additiv sind, aus folgender Gleichung bestimmen, die nach der Methode der kleinsten Quadrate ausgewertet wird:

$$C = C_T + u \cos (b - c). \qquad 2.153\ (3)$$

C ist die Schallgeschwindigkeit, welche aus Schallgeschwindigkeits-Höhenkurven abgelesen wird, C_t ist die allein durch den Temperatureffekt bestimmte Ausbreitungsgeschwindigkeit und u stellt die maximale Geschwindigkeit dar, die entlang des Azimuts b auftritt, während c der geographische Azimutwinkel ist (geographische Richtung des Explosionsherdes in bezug auf den Aufstellungsort der Mikrophone).

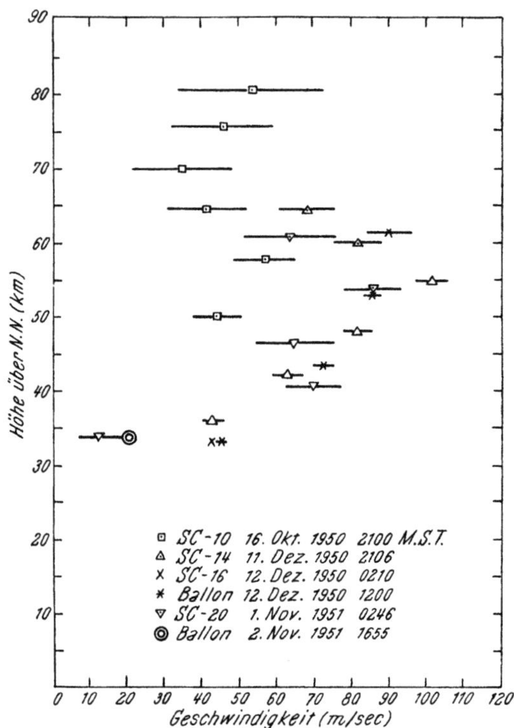

Abb. 2.153. Akustische Höhenwindmessungen mit Aerobee-Raketen und Vergleichsmessungen mit Ballonen, White Sands Proving Grounds, New Mexico. Die Länge der Striche gibt den wahrscheinlichen Meßfehler an. (Nach Weisner 1956)

Die Windkomponente quer zur Ausbreitungsrichtung des Schalles läßt sich auch aus der *Azimutverschiebung* berechnen, d. h. aus der Winkeldifferenz zwischen der geographischen Lage des Explosionsherdes und der Richtung, aus welcher die Schallwellen an der Meßstelle eintreffen (Denver 1953, Kennedy et al. 1953).

Werden Sprengladungen in der hohen Atmosphäre zur Explosion gebracht, so ist in der Regel die Bestimmung der Windvektoren zuverlässiger, da der aufsteigende Ast der Schallausbreitung (vom Boden in die Stratosphäre) in der Auswertung wegfällt und nur der absteigende Ast berücksichtigt werden muß. Als Schallquelle dienen Granaten, welche von Raketen aus abgefeuert werden („Rocket-Granade"-Experiment) (Jones et al. 1956, Newell 1955, Hammond 1955). Zur Berechnung der Windvektoren in den einzelnen Atmosphärenschichten müssen die Positionen der explodierenden Granaten, die Laufzeit des Schalles zur Empfangsstation und die Winkel, unter denen die Schallwellen einfallen, bekannt sein. Liegt die Empfangsstation möglichst senkrecht unter dem Explosionspunkt, gewinnt die Höhenwindberechnung an Zuverlässigkeit (Groves 1956b). Die mittlere Schichtdicke, für welche je ein Windwert angegeben werden konnte, betrug nach einem Bericht von Weisner (1956) 6,5 km. Eine Überprüfung der akustisch gemessenen Winde durch Ballonpeilungen und — bei Raketenflügen untertags — durch optische Peilung der Rauchwolken, die bei der Explosion der Granaten entstehen, gaben gute Übereinstimmung. Abb. 2.153 zeigt die Ergebnisse einer Reihe von Raketenaufstiegen (Weisner 1956). Die horizontalen Striche geben die Größe des wahrscheinlichen Fehlers an. Wie dieser Abbildung entnommen werden kann, nimmt die Größe des Fehlers mit der Höhe zu. Trotzdem kann aus derartigen Messungen noch sehr deutlich auf den Verlauf der vertikalen Windprofile bis in große Höhen geschlossen werden. So zeigen die über den White Sands Proving Grounds, New Mexico, gemessenen Winde ein deutliches Maximum in etwa 55 km Höhe (Spitzengeschwindigkeiten am 11. Dezember 104 m/sec ± 5 m/sec bei einer Windrichtung von 272° ± 3°).

Die Fehler in der Windberechnung sind hauptsächlich auf Ungenauigkeiten in der Bestimmung des Zeitunterschiedes zurückzuführen, mit dem die Schallwellen an den einzelnen Mikrophonen eintreffen (Weisner 1956). Andere Fehlerquellen von meist untergeordneter Bedeutung treten in der Temperaturmessung im Gelände bei den Mikrophonen (mindestens vier an der Zahl) auf, wodurch die Schallgeschwindigkeit verfälscht wird, ferner in fehlerhaften Positionsbestimmungen der explodierenden Granaten, in der Höhen- und Positionsbestimmung der einzelnen Mikrophone und schließlich in der Annahme ebener statt sphärischer Schallwellenfronten. Durch eine günstige Postierung der Mikrophone können die Fehler erheblich herabgesetzt werden (in der Windmessung ± 1 m/sec) (Groves 1956a, b). Näheres über die Höhenwindmessung nach der Rocket-Granade-Methode möge der bereits zitierten Arbeit von Weisner (1956) entnommen werden (vgl. auch Groves 1956c, Michigan 1955/56, Thuronyi 1959).

2.2. Indirekte Höhenwindmessung

Die indirekte Höhenwindmessung aus der Druckanalyse hat in den letzten Jahren mit der Verbesserung der *direkten* Meßmethoden stark an Bedeutung eingebüßt. Über Gebieten, wo infolge fehlender Höhenwindmessungen die Topographien der Isobarenflächen den einzigen Anhaltspunkt für die Strömungsverhältnisse geben würden, ist in der Regel auch die Druckanalyse mit großen Fehlern behaftet (Murray 1951).

Nach wie vor kommt jedoch der indirekten Höhenwindbestimmung eine wissenschaftliche Bedeutung zu. Sie gestattet nämlich aus einem Vergleich mit direkten Windmessungen eine Berechnung der *ageostrophischen* bzw. *nichtgradientischen* Strömungskomponenten, die in der Dynamik der Strahlströmung eine wichtige Rolle spielen.

Im folgenden sei auf einige Fehlerquellen aufmerksam gemacht, welche zu einer falschen Abschätzung der Druckgradienten und damit der Windvektoren führen.

2.21. Meßfehler der Radiosonden

In die Berechnung der Höhe einer Isobarenfläche geht die Druck- und Temperaturmessung der Radiosonde ein. Durch mangelhafte Eichung bzw. durch Strahlungs- und Trägheitseffekte können Fehlanzeigen entstehen, die bei verschiedenen Radiosondentypen zu verschieden starken, systematischen Abweichungen führen können. Dieses Problem spielt besonders über dem europäischen Raum bei der Vielzahl der verwendeten Radiosondentypen eine gewisse Rolle und ist einer der Gründe, warum für detaillierte wissenschaftliche Analysen das nordamerikanische Radiosondennetz den Vorzug genießt.

Internationale Radiosondenvergleiche (z. B. Payerne 1950 und 1956) versuchten, die systematischen Abweichungen der einzelnen Radiosondentypen festzustellen. Besonderes Augenmerk wurde dabei auf die verschieden großen Strahlungsfehler gerichtet, denen die einzelnen Typen bei Tagaufstiegen unterliegen. Die Ergebnisse dieser Vergleiche mögen der Fachliteratur entnommen werden (z. B. Beelitz 1958, Bessemoulin 1956, Hooper 1957, Intern. Met. Organiz. 1951, Molet 1954, 1955, Väisälä 1957; vgl. auch Teweles, Finger 1960).

2.22. Genauigkeit der Windberechnung

Die Berechnung des geostrophischen und des Gradientwindes erfolgt meist mit Hilfe von Nomogrammen (vgl. Kap. 3.243), die eine einfache Ablesung der Windgeschwindigkeit aus den Konturlinienabständen und aus der Stromlinienkrümmung gestatten (AMBLE 1945, DIETRICHS 1952, LAMP 1958, MATTHEWS 1956, SHOWALTER 1956, U.S.A.W.S. 1950a, VIALAR 1950).

Während in der unteren Troposphäre kein merklicher Unterschied in der Genauigkeit von direkten Windbeobachtungen und Gradientwindberechnungen festzustellen ist (HARTMANN 1950, MATSUHASHI et al. 1954) — die bodennahe Reibungsschicht sei hier ausgenommen (AUBERT und WINSTON 1951a), ebenso die Strömungsverhältnisse in niederen Breiten (TRELOAR 1954, MORLEY 1953) —, nimmt der vektorielle Fehler der letzteren in der oberen Troposphäre und in der Stratosphäre rascher zu (GODSON 1952, 1955a). Dies ist wohl in erster Linie darauf zurückzuführen, daß nichtlineare und verhältnismäßig große Gradienten in der Höhe zwischen weit auseinanderliegenden Stationen in der Analyse falsch interpoliert werden.

NEIBURGER et al. (1948) stellten fest, daß subjektive Fehler bei der Windberechnung Schwankungen bis zu 25% hervorrufen können (vgl. dazu PRIMAULT 1951). Der Gradientwind ist dem geostrophischen nur dann überlegen, wenn die *Trajektorienkrümmung* und nicht die Isohypsenkrümmung berücksichtigt wird, wenn also die Eigenbewegung des Drucksystems in die Rechnung eingeht (vgl. Kap. 3.243). Die Abweichung des Gradientwindes vom geostrophischen kann bei starker Krümmung sehr erheblich sein (>50% [VÄISÄNEN 1954, vgl. ZOBEL 1958]). Der mittlere quadratische Fehler des geostrophischen Windes wurde von CROSSLEY (1956a) für eine mittlere Windgeschwindigkeit von 39 Knoten zu 5 bis 6 Knoten berechnet (vgl. KUKHTO 1956). Nach ENDLICH und McLEAN (1960, 1960a) sind in zyklonal gekrümmten Strahlströmen auf Grund von Flugmessungen die Windgeschwindigkeiten im Mittel um 27,5 Knoten subgeostrophisch (= 18,4% der mittleren Windgeschwindigkeit). Die „standard deviation" der geostrophischen Abweichung betrug 20 Knoten. Die Abweichungen vom Gradientwind waren dagegen im Durchschnitt Null, und ihre „standard deviation" betrug 6 Knoten. Diese wenn auch nicht sehr großen Abweichungen machen *geostrophische* Trajektorien schon über kurze Zeiträume unzuverlässig (DURST und DAVIS 1957). Dabei besitzt die antizyklonale Krümmung einen nachhaltigeren Effekt als zyklonale; Krümmungsradien <1000 km sind auf alle Fälle in Rechnung zu stellen (HARTMANN 1950).

Neben Instrumentenfehlern spielen Analysenfehler bei der indirekten Höhenwindmessung eine dominierende Rolle. Letztere werden in starkem Maße von der Dichte des Stationsnetzes bestimmt (BESSEMOULIN et al. 1960).

3. Strahlstromanalyse

3.1. Allgemeines

Die Frage, welche die „geeignetste" Analysenmethode für Strahlströme sei, läßt sich schwer beantworten. Die Problematik liegt darin, daß das Windfeld ein vierdimensionales Kontinuum darstellt, während eine Analyse nur in der zweidimensionalen Fläche gemacht werden kann. Es müssen somit aus den vier Koordinaten, entlang welcher der Windvektor variieren kann, zwei für die Analyse ausgewählt werden. Daraus ergeben sich bereits sechs Kombinationsmöglichkeiten. Es wird somit ganz vom Zweck der entsprechenden Analyse abhängen, welcher dieser Koordinatenkombinationen der Vorzug gegeben wird. Für das gründliche Studium einer Strahlstromwetterlage wird man also kaum mit einer einzigen Kombination auskommen, sondern mehrere verwenden müssen, um somit den vierdimensionalen Ablauf des Wettergeschehens zumindest näherungsweise integrieren zu können.

Schließlich ist zu berücksichtigen, daß die zweidimensionale Analyse des Windfeldes — bedingt durch die Vektornatur des Windes — einerseits nach Richtung (Isogonen) und Geschwindigkeit (Isotachen) erfolgen kann, andererseits nach der Größe der Geschwindigkeitskomponenten in den drei Raumrichtungen.

Wie bereits in Kap. 1.23 besprochen wurde, sind besonders die abgeleiteten Größen, Divergenz und Vorticity, dazu angetan, Einblick in die Kinematik des Strömungsfeldes zu geben. Da eine Differentiation bei graphischer Auswertung in eine Differenzenbildung übergeführt wird, gilt es, praktische Verfahren zur feldmäßigen Bestimmung dieser abgeleiteten Größen zu erörtern.

3.11. Gebräuchliche Analysensysteme

Es steht aus den in Kap. 1.21 beschriebenen Koordinatensystemen eine Reihe von Koordinatenpaaren zur Verfügung, die sich für eine Analyse des Windfeldes eignen.

1. Analyse in der yz-Ebene bzw. φz-Ebene (x und t konstant): *Meridionalschnitt.* In der nz-Ebene wird die Analyse dementsprechend als *Querschnitt* bezeichnet.

2. Analyse in der xz-Ebene bzw. λz-Ebene (y und t konstant): *Longitudinalschnitt.* In der sz-Ebene bezeichnet man die Analyse als *Längsschnitt.*

3. Analyse in der tz-Ebene (x und y bzw. λ und φ konstant): *Zeitschnitt* für eine Station.

4. Analyse in der xy-Ebene (z und t konstant): *Höhenwindkarten.*

5. Analyse in der yt-Ebene (x und z konstant): *Trenddiagramme.* Zur Darstellung wird meist die φt-Ebene gewählt.

Analyse in der nt-Ebene: *Zeit-Querschnitt* (space-time section).

6. Analyse in der xt-Ebene bzw. λt-Ebene (y und z konstant): *Kontinuitätsdiagramme.*

3.2. Analysenmethoden

3.21. Querschnitte durch die Atmosphäre

3.211. Allgemeines

In Abb. 4.221.2 werden etliche Querschnitte durch eine Strahlstromwetterlage vom 3. April 1950, 15.00 GCT, gezeigt. Dicke Linien geben in diesen Abbildungen die Grenzen der Frontalzone und die Tropopause an. Dünne Linien stehen für die Isotachen und die dünn strichlierten Linien markieren die Isothermen. Soll der Querschnitt zum Studium einer Strahlstromwetterlage dienen, so empfiehlt es sich, zunächst an Hand einer Höhenwindkarte — womöglich aus dem Strahlstromniveau (300 oder 250 mb) — die Achse des Schnittes so festzulegen, daß sie möglichst *normal* zur Windrichtung in der Strahlstromachse liegt (vgl. Abb. 4.221.1). Der Vorteil einer derartigen Wahl liegt darin, daß aus dem Isotachenabstand in der vollendeten Analyse direkt der maximale horizontale Windgeschwindigkeitsgradient (Windscherung) entnommen werden kann, der ja in der Richtung normal zur Strömung am größten ist. In der Regel wird die Wahl der Schnittachse durch die Verteilung der aerologischen Stationen prädestiniert. Besonderes Augenmerk ist darauf zu richten, daß der Normalenabstand *Station—Querschnittachse* nicht zu groß ist und größtmögliche Parallelität mit der Richtung der Höhenströmung aufweist. Besonders wichtig ist letzterer Punkt für Stationen in der Nähe der Strahlstromachse deshalb, weil die horizontalen Gradienten *normal* zur Strömungsrichtung in den Zustands- und Bewegungsgrößen der Atmosphäre diejenigen *in* der Strömungsrichtung ihrer Größenordnung nach bei weitem übertreffen. Bei Querschnitten, die durch stark gekrümmte Strahlströme führen (etwa durch die Spitze eines Tiefdrucktroges oder den Scheitel eines Hochdruckrückens), sollen die für den Schnitt verwendeten Stationen überhaupt *auf* der Schnittachse liegen oder — wenn dies nicht möglich ist — nicht *normal* auf die Schnittachse projiziert werden, sondern entlang der Stromlinien der Strahlströmung. Die Projektionspunkte der verwendeten aerologischen Stationen werden nun in geeignetem Maßstab auf ein Querschnittdiagramm aufgetragen, das $\ln p$ bzw. z als vertikale Koordinate enthält.

Soll der Querschnitt nur übersichts- und routinemäßig gezeichnet werden, genügt es, die markanten Punkte und Standardniveaus für Temperatur, Feuchte und Wind direkt aus den Wettertelegrammen in den Querschnitt einzutragen. Für genauere Analysen empfiehlt es sich jedoch, den Aufstieg für jede der verwendeten Stationen — soweit es sich um Radiosonden handelt — zunächst in ein thermodynamisches Diagrammpapier (z. B. Stüve-Diagramm oder Tephigramm) zu übertragen. Aus den so gewonnenen Aufstiegskurven können in den diskreten Intervallen der beabsichtigten Analyse (etwa alle 5° der Temperatur oder potentiellen Temperatur) die dazugehörigen Druckwerte abgelesen und diese Punkte nun in das Querschnittdiagramm übertragen werden. Die Analyse des Querschnitts besteht dann lediglich in einem Verbinden dieser Punkte durch glatte Kurven. Die Genauigkeit der Analyse wird dadurch wesentlich erhöht, denn man ist der Interpolation in der Vertikalen enthoben. Um die Struktur von Inversionen und isothermen Schichtungen richtig zu erfassen, ist es allerdings notwendig, die Werte für die markanten Punkte ebenfalls in das Querschnittdiagramm einzutragen oder zumindest bei der Analyse die Aufstiegskurven im thermodynamischen Diagramm zu konsultieren. Bei Detailanalysen wäre es überdies wünschenswert, wenn die ursprünglichen Aufstiegsregistrierungen zur Verfügung stünden, denn die Verschlüsselung des Aufstieges bedingt bereits eine willkürliche Glättung, die sich besonders bei Tropopausenanalysen unter Umständen empfindlich störend bemerkbar macht.

Auf einen Fehler, der häufig bei Querschnittanalysen gemacht wird, sei hier noch verwiesen. Werden Isothermen und Isoplethen der potentiellen Temperatur analysiert, so ist darauf zu achten, daß infolge der Gl. 1.225 (1) durch eine Analyse der Temperatur bereits die Analyse der potentiellen Temperatur *eindeutig* vorgegeben ist, daß also Isothermen und Isoplethen von Θ sich nur in *den* Druckniveaus schneiden dürfen, die durch die Gl. 1.225 (1) gegeben sind.

Soweit sie für das Studium von Strahlströmen von Bedeutung sind, werden *Querschnitte* meist nach Isotachen der absoluten Windgeschwindigkeit analysiert. Aus dem thermischen Aufbau der Atmosphäre im Querschnitt können jedoch auch *geostrophische* Windgeschwindigkeiten berechnet werden (Kaufmann 1958). Die Windrichtung ist nur selten Gegenstand der Analyse. Bei der Analyse von *Meridionalschnitten* wird dagegen meist nur die Geschwindigkeitskomponente normal zur Schnittfläche, also die *Zonal*geschwindigkeit, angegeben. Vielfach handelt es sich bei derartigen Schnitten auch um die Wiedergabe *mittlerer* Strömungsverhältnisse, wie etwa in Abb. 3.211, welche einer klassischen Studie von Palmén und Newton (1948) entnommen ist. In dieser Abbildung ist die zonale Komponente des geostrophischen Windes analysiert, die in bezug auf die Position der Polarfront für 12 Fälle im Dezember 1946 gemittelt wurde. Die Schnittfläche verläuft entlang des Meridians 80° W.

Zur Erfassung der mittleren Struktur eines Strahlstromes werden vielfach mittlere Querschnitte gezeichnet, denen ein „*natürliches*" Koordinatensystem (n und z als Koordinaten) zugrunde liegt, das mit der Geschwindigkeit der Strahlstrommaxima fortbewegt wird (Reiter 1957a).

Zur Darstellung jahreszeitlicher Mittelwerte in einem Meridionalschnitt erfolgt die Mittelung in bezug auf die geographische Breite (vgl. Kap. 4.21). Infolge der stark *schwankenden Position* des Strahlstromes erscheinen in derartigen Darstellungen die Windgeschwindigkeitsmaxima wesentlich schwächer ausgeprägt, als dies in Abb. 3.211 der Fall ist. Auf diese Weise gewonnene Schnitte geben also nicht so sehr ein Maß für die in den einzelnen Strahlströmen vorhandenen mittleren Windgeschwindigkeiten, sondern sie spiegeln den mehr oder weniger stationären Charakter dieser Ströme wider. Einer sorgfältig durchgeführten Querschnittanalyse können folgende Größen entnommen werden:

1. Der thermische Wind normal zur Querschnittebene,
2. das isopyknische Niveau und das Niveau maximalen Windes,
3. die vertikale Windscherung.

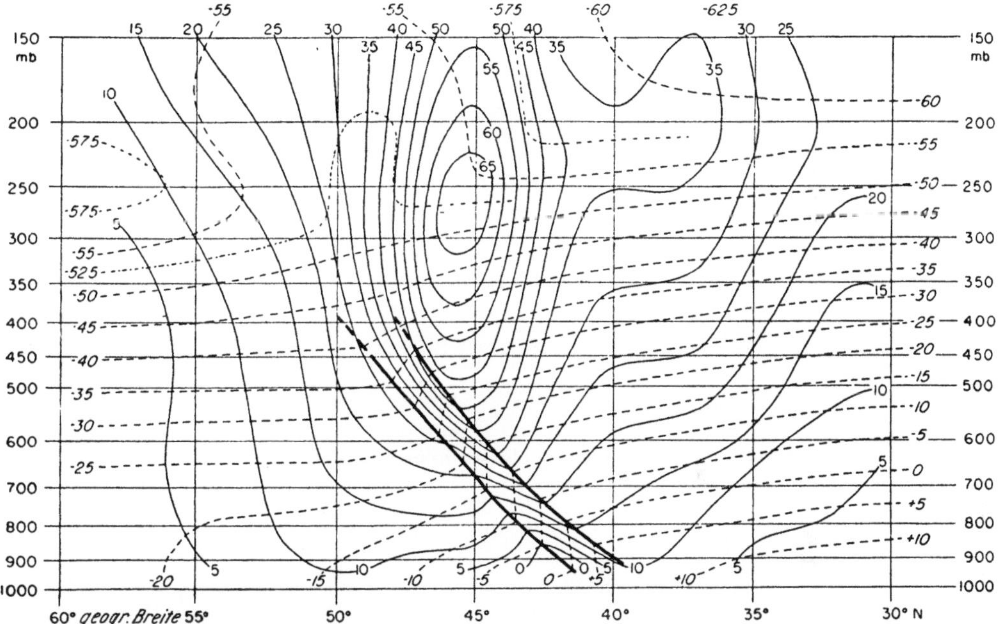

Abb. 3.211. Mittlerer Querschnitt für 12 Strahlstromwetterlagen im Dezember 1946, entlang 80° West. Strichliert: Temperatur (° C); volle Linien: Isotachen der geostrophischen Windgeschwindigkeit (m/sec). Dicke Linien deuten die Frontalzone an. Die Mittelwerte wurden in bezug auf die Lage der Polarfront berechnet. (PALMÉN und NEWTON 1948)

3.212. Der thermische Wind normal zur Querschnittfläche

Aus der geostrophischen Windgleichung und der statischen Grundgleichung erhält man durch geeignete Umformung:

$$u = u_0\,(T/T_0) - (T g/f) \cdot \int_{z_0}^{z} (1/T^2)\,(\partial T/\partial y)\,dz. \qquad 3.212\ (1)$$

u und u_0 sind die Windkomponenten senkrecht zum Querschnitt im Niveau z und z_0; T und T_0 sind die beiden Temperaturen in diesen Niveaus, gemessen in Absolutgraden. Näherungsweise gilt $T/T_0 \simeq 1$. Nimmt man außerdem $\partial T/\partial y$ für eine relativ dünne Schicht als höhenkonstant an und ist $\overline{T}$ die Mitteltemperatur dieser Schicht, so erhält man die Näherungsformel für die *thermische Windkomponente* normal zum Querschnitt

$$u - u_0 = \Delta u = (-g/f\bar{T})\,(\partial T/\partial y)\cdot \Delta z. \qquad 3.212\,(2)$$

Für $\partial T/\partial y = 0$ wird auch $\Delta u = 0$, d. h. ein Niveau extremer Windgeschwindigkeit ist erreicht. Sowohl $\bar{T}$ als auch $\partial T/\partial y$ können dem Querschnitt entnommen werden. $\partial T/\partial y$ ist durch die Neigung der Isothermen gegen die Horizontale gegeben. f ist eine Funktion der geographischen Breite und kann einem Tabellenwerk entnommen werden. Die vertikale Windscherung $\Delta u/\Delta z$ ist somit auf geostrophischer Grundlage berechenbar (Bielinski 1960). Eine graphische Methode der Berechnung aus der Neigung der Isoplethen der virtuellen potentiellen Temperatur wird von Mattewman (1950) angegeben. Eine direkte Berechnung des geostrophischen Windes aus der Neigung der Isobaren in einem Querschnitt ist nicht zu empfehlen, da die Bestimmung des Neigungswinkels stark von Analysenungenauigkeiten abhängt (Radok et al. 1951).

Die Diagramme für Temperaturquerschnitte enthalten meist $-\ln p$ als vertikale Koordinate. Es müßte also die thermische Windgleichung für ein Koordinatensystem dieser Art abgeleitet werden. Ausgehend von der Bewegungsgleichung 1.222 (7)

$$u_g = (-g/f)\,(\partial z/\partial y)$$

und der statischen Grundgleichung erhält man für

$$\begin{aligned} \partial u/\partial(-\ln p) &= -\frac{g}{f}\,\frac{\partial}{\partial(-\ln p)}\left(\frac{\partial z}{\partial y}\right) = \\ &= -(g/f)\cdot \partial/\partial y\,(\partial z/\partial(-\ln p)) = \qquad 3.212\,(3) \\ &= -(R/f)\cdot(\partial T/\partial y) \end{aligned}$$

und durch Integration nach dem Logarithmus des Druckes — unter der Annahme, daß $\partial T/\partial y$ für eine relativ dünne Schicht höhenkonstant ist —

$$\Delta u = -(R/f)\,(\partial T/\partial y)\cdot \ln(p_0/p_1). \qquad 3.212\,(4)$$

3.213. Das isopyknische Niveau

Tritt in der Querschnittdarstellung ein Niveau auf, in dem Isothermen und Isobaren parallel (in der Darstellung also horizontal) verlaufen, so bedeutet dies, daß für $p = \text{const.}$ auch $T = \text{const.}$ und zufolge der Zustandsgleichung auch $\varrho = \text{const.}$ ist. Dieses Niveau läßt sich für begrenzte Gebiete auch auf einer Fläche gleichen Druckes (etwa der 300-mb- oder 250-mb-Fläche) feststellen, nämlich überall dort, wo in einer derartigen Topographie der horizontale Temperaturgradient gleich Null ist. Im allgemeinen folgen die isopyknischen Flächen keiner Niveaufläche. Aus Analysen des isopyknischen Niveaus lassen sich Wellenstörungen in der Strahlströmung gut erkennen (Doporto et al. 1947, 1951).

Ist $T = \text{const.}$, so gilt $\partial T/\partial y = 0$, also muß zufolge Gl. 3.212 (2) für geostrophische Strömungsverhältnisse auch $\partial u/\partial z = 0$ sein. Das Niveau maximalen Windes fällt also, soweit *geostrophische* Verhältnisse realisiert sind, mit dem isopyknischen Niveau zusammen (vgl. Harsány 1960).

Isopyknische Niveaus sind manchmal auch in tieferen Atmosphärenschichten anzutreffen, wo sie entweder in dem oben beschriebenen Zusammenhang mit niedertroposphärischen Strahlströmen (low level jet stream) stehen können oder ein Niveau minimaler Windgeschwindigkeit kennzeichnen.

3.214. Die vertikale geostrophische Windscherung

Die vertikale geostrophische Windscherung läßt sich nach dem oben Gesagten in ihrer Komponente normal zur Ebene des Querschnittes aus diesem berechnen. Da die ageostrophischen Strömungskomponenten — wie später noch gezeigt werden soll — im Strahlstromniveau ihr Maximum erreichen, ist mit Diskrepanzen zwischen geostrophischen und tatsächlich gemessenen Winden und Windscherungen zu rechnen.

3.22. Längsschnitte und Longitudinalschnitte

Längsschnitte durch Strahlströmungen (s und z als Koordinaten) findet man in der meteorologischen Literatur verhältnismäßig selten; hauptsächlich wohl deshalb, weil geringe räumliche Differenzen zwischen Stationsposition und Schnittachse bereits zu großen Unregelmäßigkeiten in der Analyse führen, denn $\partial/\partial s$ der meteorologischen Parameter ist bedeutend geringer als $\partial/\partial n$ (Reiter 1957c, 1958c).

Longitudinalschnitte dagegen werden erfolgreich zum Studium des meridionalen Drehimpuls- und Massenaustausches angewendet (Palmén et al. 1958).

3.23. Der Zeitschnitt

Ein Beispiel für einen Zeitschnitt wurde bereits in Abb. 2.123.2 angeführt. Sollen auch Temperaturen und potentielle Temperaturen analysiert werden, so müssen die in Kap. 3.21 angeführten Hinweise befolgt werden, sowohl was die Konsistenz der beiden Analysen miteinander als auch die zweckmäßige Übertragung der Aufstiege aus thermodynamischen Diagrammen anbelangt. Windrichtungen und -geschwindigkeiten werden entweder als Zahlenpaare eingetragen oder — falls der Zeitschnitt für Routinezwecke (z. B. Flugberatung) zur Verfügung stehen soll — durch die üblichen Pfeile angedeutet. Für genaue Analysen empfiehlt es sich, lieber die erstere Methode der Zahlenpaare zur Eintragung der beobachteten Werte zu verwenden, da sonst leicht Zeichenfehler in der Windrichtung gemacht werden und die Geschwindigkeit auf 5 Knoten auf- oder abgerundet wird.

Die Zeitachse wird in gemäßigten Breiten vorteilhaft von rechts nach links gelegt. Auf diese Weise entsprechen *qualitativ* die lokalen zeitlichen Änderungen des Witterungsablaufes direkt dem synoptischen Ablauf in der vorzugsweise westöstlichen Richtung der Höhenströmung.

Wäre die Höhenströmung ein rein advektives Phänomen, d. h. würden individuelle Teilchen in der Strömung nicht beschleunigt, so würde gelten

$$\dot{\mathbf{v}} = \partial\mathbf{v}/\partial t + \mathbf{v}\cdot\nabla\mathbf{v} = 0 \qquad 3.23\ (1)$$

oder

$$\partial V/\partial t = -V\,(\partial V/\partial s). \qquad 3.23\ (2)$$

Die räumliche Änderung von V entlang der Stromlinien s könnte also direkt durch $\partial V/\partial t$ dargestellt werden, falls t- und s-Achse einander entgegengesetzt gerichtet sind. Dies wird für gemäßigte Breiten eben durch einen Verlauf der t-Achse von rechts nach links erreicht.

Für Analysen in Tropengebieten, in denen die Störungen von Ost nach West ziehen, wählt man die t-Achse zweckmäßig von links nach rechts. Die damit erzielte Transformation der zeitlichen in die räumliche Koordinate hat allerdings nur *qualitativen* und *nicht quantitativen* Wert, denn die in Gl. (1) gemachte Annahme $\dot{\mathbf{v}} = 0$ trifft in Wirklichkeit nicht zu.

3.24. Höhenwindkarten

3.241. Allgemeines

Die im täglichen Gebrauch am weitesten verbreiteten Höhenwindkarten stellen *Analysen auf Flächen gleichen Druckes* dar. Für die Darstellung des Strahlstromniveaus in gemäßigten Breiten (Polarfront-Jet) eignen sich am besten die 300- und 250-mb-Flächen. Zur Erfassung des subtropischen Strahlstromes muß auch die 200-mb-Fläche herangezogen werden. Das 100-mb-Niveau ist für die Analyse des tropischen Strahlstromes von Bedeutung.

Um der Aeronavigation entgegenzukommen, schlägt BELLAMY (1945b, 1951) vor, statt der absoluten geopotentiellen Höhen deren Anomalie gegenüber der Standardatmosphäre

$$D = z - z_p \qquad 3.241\ (1)$$

zu analysieren. D ist die „Altimeterkorrektur", d. h. der Betrag, um den der Höhenmesser eines Flugzeuges korrigiert werden muß, um eine Fehlanzeige zu vermeiden. z ist die geopotentielle Höhe der betreffenden Isobarenfläche und z_p die Höhe derselben Fläche in der N. A. C. A.-Standardatmosphäre (N. A. C. A = National Advisory Committee of Aeronautics). Diese Atmosphäre wird auch als US-Standardatmosphäre bezeichnet. Mit der spezifischen Temperaturanomalie S^* für virtuelle Temperatur

$$S^* = (T^* - T_p)/T_p \qquad 3.241\ (2)$$

ergibt sich folgender Zusammenhang:

$$dD/dz_p = S^*. \qquad 3.241\ (3)$$

T^* ist die beobachtete virtuelle Temperatur im betreffenden Niveau, T_p die Temperatur der Standardatmosphäre.

Der Vorteil dieser Parameter liegt vor allem darin, daß der normale vertikale Druck- und Temperaturgradient eliminiert wird und aus den Anomalien der Aufbau der Wellenstörungen zu den jeweiligen synoptischen Terminen besser studiert werden kann. Dies wird besonders in der Querschnittanalyse deutlich.

Aus den in D-Isoplethen analysierten Isobarenflächen lassen sich geostrophischer Wind und Gradientwind in üblicher Weise berechnen. Für Flugberatungen ist der Vorteil dieser Methode offenkundig. Der Nachteil der D-Analyse besteht darin, daß die Tropopause der Standardatmosphäre (bei $-55{,}0°$ C in 10769 m Höhe bzw. bei einem Druck von 234,53 mb) eine Diskontinuität einführt, die bei Interpolationen berücksichtigt werden muß.

Das der D-Analyse korrespondierende thermodynamische Diagramm ist das sogenannte Pastagramm (*p*ressure *a*ltitude *s*pecific *t*emperature *a*nomaly dia*gram*) mit S^* und z_p als Koordinaten. Dieses Diagramm ist für Energieberechnungen flächentreu und eignet sich besonders zur Konstruktion von Zeitschnitten.

Nach dem Radiosondenschlüssel werden für kombinierte Radiosonden- und Windmessungen Windrichtung und -geschwindigkeit in den Standarddruckniveaus gemeldet. In Gebieten, die über ein sehr dünnes Radiosondennetz verfügen, insbesondere in den Tropen, wo auch die geostrophische Windgleichung ihre Gültigkeit verliert, ist es leichter, Stromlinienkarten nach den Standardniveaus der Pilotballone zu analysieren. Für bodennahe Schichten wird auch in Gebieten, die relativ dicht mit Beobachtungen belegt sind, eine Windanalyse auf Niveauflächen einer Analyse auf Flächen konstanten Druckes vorgezogen, weil dadurch eine bessere Vergleichsmöglichkeit der Strömungsverhältnisse in einer bodennahen Schicht konstanter Dicke gewährleistet ist. Da die Höhe einer Isobarenfläche zeitlich und örtlich großen Schwankungen unterliegt, würde sich die Höhenabhängigkeit des Windes besonders in der reibungsbeeinflußten bodennahen Luftschicht in der Analyse unliebsam bemerkbar machen. Anders jedoch in der freien Atmosphäre, wo die Gleichungen für den geostrophischen Wind und den Gradientwind annähernd erfüllt sind. Hier überwiegt die Bedeutung der horizontalen Druckgradienten die der Höhenabhängigkeit des Windfeldes.

Obzwar die Dichte des Beobachtungsnetzes auf den Kontinenten der Nordhemisphäre — besonders im Strahlstromgebiet der gemäßigten Breiten — für die großräumige Aerologie nur wenig zu wünschen übrig läßt, sollte der forschende Synoptiker doch bemüht sein, in eine gediegene Analyse möglichst alle verfügbaren Beobachtungen einzubauen. Dies schon allein aus dem Grund, da die in Kap. 2 besprochenen Meßfehler, die notwendigerweise zu Diskrepanzen mit benachbarten Stationen führen müssen, nur durch kritischen Vergleich mit möglichst vielen zur Verfügung stehenden Daten entdeckt werden können. In der Regel steht dem Analytiker an einer Wetterdienststelle die 500-mb-Karte zur Verfügung. Dieses Niveau soll zum Vergleich mit der Strahlstromanalyse herangezogen werden. Ebenso soll die Bodenwetterkarte des betreffenden synoptischen Termins konsultiert werden.

Die Analyse der Höhenwindkarte wird durch übersichtliche Eintragung der Daten wesentlich erleichtert (U. S. A. W. S. 1950, U. S. O. N. O. 1952). Im Routinewetterdienst wird der Höhenwind durch Pfeil markiert, dessen Spitze in der Beobachtungsstation liegt, dessen Richtung die Windrichtung und dessen Fiederung die Windstärke angibt: ein schwarzes Dreieck für je 50 Knoten, ein langer Strich für je 10 Knoten, ein kurzer Strich für 5 Knoten. Es wird jeweils auf die nächsten 5 Knoten auf- oder abgerundet. Da die Windangabe in den Wettertelegrammen auf ganze Knoten genau erfolgt, wird durch diese Art der Darstellung eine zusätzliche Unsicherheit von 4 Knoten eingeführt. Die Praxis zeigt, daß den technischen Zeichnern in der Abschätzung der Windrichtung bei der Eintragung der Beobachtungsdaten oft Fehler unterlaufen, die unter Umständen bis zu 20° ausmachen können — wenn man von rein zufälligen Fehlern durch psychische Fehlleistungen absieht, die oft 90° oder 180° betragen und in der Analyse leicht entdeckt werden können. Routinemäßige Eintragung und Analyse an einer Wetterdienstzentrale unterliegen meist großem Zeitdruck. Derartige Wetterkarten sollen daher, obwohl sie einen guten Überblick über die Wetterlage vermitteln, nicht zum wissenschaftlichen Detailstudium der Strahlströme herangezogen werden.

Für wissenschaftliche Analysen ist die Wahl des Kartenmaßstabes und der Projektion wichtig. An den Wetterdienststellen der gemäßigten Breiten sind meist LAMBERTsche konforme Kegelprojektionen (längentreu in 30° und 60° Breite) in Verwendung. Für hemisphärische Analysen, wie sie gerade für das Studium der Strahlströme und der allgemeinen Zirkulation häufig gebraucht werden, stehen stereographische Projektionen zur Verfügung. Analysen der Tropengebiete werden am besten auf Zylinderprojektionen gemacht. Auch für gemäßigte Breiten können Zylinderprojektionen (= Mercatorprojektionen) vorteilhaft angewendet werden, denn Stromlinienanalysen mit Hilfe von Isogonen lassen sich auf ihnen besonders einfach ausführen, wie noch weiter unten gezeigt werden soll. Außerdem besitzt der geostrophische Wind in gemäßigten Breiten auf diesen Karten nur eine relativ geringe Breitenabhängigkeit, denn der zunehmende Coriolisparameter wird teilweise kompensiert durch die Verzerrung eines Längenelementes auf der Karte; da der Maßstab der Projektion mit der geographischen Breite zunimmt, wird ein Element $\Delta y'$ von konstanter Länge einem mit der Breite abnehmenden Längenelement Δy auf der Erdoberfläche entsprechen (vgl. Kap. 3.247).

Der Kartenmaßstab bietet optimale Möglichkeiten für die Analyse, wenn der durchschnittliche Abstand zwischen benachbarten aerologischen Stationen etwa 3 bis 5 cm beträgt. Zu kleine Maßstäbe verwischen die Detailstruktur, zu große

Maßstäbe dagegen tun der Übersichtlichkeit starken Abbruch. Im Stationsgebrauch stehen meist Karten mit 1:10000000 zur Verfügung.

Für genauere Analysen empfiehlt es sich, unbedingt die zahlenmäßigen Werte für Windgeschwindigkeit und -richtung in der zu analysierenden Karte festzuhalten, um sich in Zweifelsfällen zeitraubendes Suchen in den Wettertelegrammen zu ersparen. Über Gebieten mit einem *dichten* Beobachtungsnetz ist es vorteilhaft, die Fiederung des Windpfeils wegzulassen, da besonders bei hohen Windgeschwindigkeiten das Bild eher verworren als übersichtlich wird. Es genügt, wenn die Windrichtung durch den einfachen Strich des Pfeiles markiert wird, da dieser schon den Verlauf der Stromlinien andeutet. Isogonen und Isotachen können direkt aus den Zahlenwerten analysiert werden.

Wird der Verlauf der Stromlinien direkt aus den Windpfeilen — ohne Isogonenanalyse — skizziert, so ist besonderes Augenmerk auf die Genauigkeit der Eintragung der Windrichtung zu legen (Reiter 1957a).

Je schütterer das Beobachtungsnetz, desto mehr bedarf es verschiedener Kunstgriffe, um sich alles verfügbare Material zunutze zu machen. Auf alle Fälle sind die Höhenwinde aus Pilotballonbeobachtungen und Radiopilotierungen heranzuziehen. Dem Polarfront-Jet entspricht im Durchschnitt das 30000-Fuß-Niveau (9 km), dem subtropischen Strahlstrom das 40000-Fuß-Niveau (12 km). Windmessungen dieser Art, die ohne gleichzeitigen Radiosondenaufstieg gemacht wurden, sind in der Eintragung durch die Angabe der Höhe in Kilometern oder in Tausenden von Fuß kenntlich zu machen, und zwar aus folgenden zwei Gründen:

1. Diese Messungen sind meist mit Hilfe einer anderen Meßmethode gewonnen worden, die anderen, zumeist (— mit Ausnahme von Radar —) größeren Fehlern unterliegt (vgl. Kap. 2).

2. Da besonders in stark baroklinen Strömungen — wie etwa im Strahlstrom einer Frontalzone — die vertikale Windscherung groß sein kann, verursachen die Höhendifferenzen zwischen dem Standardniveau des Piloten und der Isobarenfläche einen systematischen Fehler, dem man jedoch bei der Analyse leicht Rechnung tragen kann: Ist auf der betreffenden Isobarenfläche ein Temperaturgefälle im Sinne einer Windgeschwindigkeitszunahme mit der Höhe vorhanden [vgl. thermische Windgleichung 3.212 (2)], so ist die Geschwindigkeitsangabe eines *unterhalb* der Isobarenfläche gelegenen Standardniveaus zu gering. Ein oberhalb der Isobarenfläche gelegenes Niveau meldet zu starke Winde, außer es wird in der dazwischenliegenden Höhenschicht bereits das *isopyknische* Niveau durchstoßen (vgl. Kap. 3.213). Um die Unterschiede zwischen den Windgeschwindigkeiten auf Isobarenflächen und benachbarten Niveauflächen richtig abschätzen zu können, empfiehlt es sich, die Meldungen 5000 Fuß oberhalb sowie 5000 und 10000 Fuß (1500 bis 3000 m) unterhalb des 30000-Fuß-Niveaus (9 km) zusätzlich einzutragen.

Bei Strahlstromanalysen über Gebieten mit weit verstreutem Beobachtungsnetz, wie etwa über großen Teilen Asiens (Indien), tut man gut daran, Beobachtungen aus anderen Niveaus und von anderen Beobachtungsterminen heranzuziehen. Da sich die Windrichtung im Bereich des Strahlstromes nur wenig mit der Höhe ändert, sollen alle Pilotaufstiege in die Karte eingetragen werden, die zumindest das 20000-Fuß-Niveau (6 km) erreichen. Für eine Stromlinienanalyse geben diese Meldungen noch einigermaßen verläßliche Anhaltspunkte. Einer Isotachenanalyse im Bereich einer baroklinen Zone muß dagegen — falls sie sich vorwiegend auf derartige Beobachtungen stützen muß — mit Reserve begegnet werden (Reiter 1959a). Berücksichtigt man Geschwindigkeit und Richtung, mit denen Störungen im Druck- und Windfeld voranschreiten, so lassen sich mit

Vorteil Meldungen des 6 bzw. 12 Stunden früher liegenden synoptischen Termins verwenden.

Über den weiten Gebieten der Ozeane stehen uns die Höhenwindbeobachtungen etlicher Wetterschiffe zur Verfügung, die ihrerseits nur in den verkehrsmäßig bevorzugten Gebieten der gemäßigten Breiten der Nordhemisphäre kreuzen. Dazu kommen noch etliche Wettererkundungsflüge im 500-mb-Niveau im atlantischen, pazifischen und nordpolaren Bereich, die mit Wurfsonden den thermischen Aufbau tieferliegender Schichten der Atmosphäre messen. Die Windbeobachtungen dieser Erkundungsflüge sind jedoch aus navigatorischen Gründen meist unzuverlässig. Höhenwindbeobachtungen über den Ozeanen der Tropen und der Südhemisphäre sind äußerst spärlich. Für weite Gebiete stehen überhaupt nur Messungen von Expeditionen (z. B. „Meteor"-Fahrten und verschiedene Südpolexpeditionen) zur Verfügung. Erst im Internationalen Geophysikalischen Jahr 1957/1958 wurden diese Breiten genaueren Untersuchungen unterzogen.

Da ein schütteres Beobachtungsnetz der Phantasie des Analytikers zu viel Spielraum lassen würde, bedient man sich für die Konstruktion von Höhenwetterkarten der Methode der „*Differenzenanalyse*" (differential analysis):

1. Schritt: Die Bodendruckverteilung ist durch Schiffs- und Inselbeobachtungen verhältnismäßig gut belegt und daher einigermaßen zuverlässig. Sie kann ohne Schwierigkeit in die absolute Topographie der 1000-mb-Fläche (AT 1000) umanalysiert werden.

2. Schritt: Die relative Topographie 850 über 1000 mb (RT 850/1000) ist bereits durch bedeutend weniger Beobachtungspunkte gegeben, doch kann sie — unter empirischer Berücksichtigung der Bodendruck- und -temperaturverteilung — gezeichnet werden.

3. Schritt: Durch graphische Addition zur AT 1000 erhält man die AT 850, wobei gewisse Unebenheiten in der Analyse unter Zuhilfenahme der tatsächlichen Radiosondenmessungen der Küstenstationen und Wetterschiffe geglättet werden. Die so gewonnene AT 850 ist wesentlich zuverlässiger, als wenn die Analyse lediglich aus den paar vorhandenen Aufstiegen gezeichnet worden wäre, denn es ist nun die Mitteltemperatur der Schicht 850 bis 1000 mb und die Bodendruckverteilung gebührend berücksichtigt worden. Die Analyse der höheren Schichten erhält man sinngemäß aus: RT 700/850 addiert zu AT 850 ergibt AT 700. RT 500/700 addiert zu AT 700 ergibt AT 500 usw. Die Analyse wird durch die Tatsache erleichtert, daß sich die Richtung der Temperaturgradienten in der mittleren und oberen Troposphäre bis zum isopyknischen Niveau nur wenig ändert und die Atmosphäre über weite Gebiete beinahe barotrop ist, so daß also die Konfiguration der Konturlinien in den verschiedenen relativen Topographien sehr ähnlich ist.

Diese Methode der „Differenzenanalyse" mag zwar auf den ersten Blick unökonomisch und mühsam erscheinen, sie wirkt aber vor allem einem Fehler entgegen, der sich bei allen graphischen Analysen einstellt: Bei der Interpolation zwischen benachbarten Stationen besteht die Tendenz, der Analyse einen *linearen* Gradienten zu unterlegen, d. h. das bestehende Intervall (Druck oder Temperatur) durch äquidistante Konturlinienabstände (Isobaren oder Isothermen) zu überbrücken. Wird aus dem Konturenabstand der geostrophische Wind berechnet, so sind die daraus resultierenden Windprofile *stark* geglättet. Vor allem erscheinen die Spitzengeschwindigkeiten stark reduziert. Wie später (Kap. 4.122) noch gezeigt werden soll, sind die Geschwindigkeitsprofile zu beiden Seiten der Strahlstromachse *nicht* linear. Mit dem dürftigen Stationsnetz über den Ozeanen wäre somit eine Strahlstromanalyse völlig unmöglich. Die Analyse der einzelnen relativen Topographien unterliegt zwar derselben glättenden Tendenz, doch werden die *vorhandenen* Gradienten nunmehr *addiert*. Vor allem aber wird der Aufbau der beobachtungsmäßig besser belegten tieferen Troposphäre in den höheren Niveaus gebührend berücksichtigt.

Für die sinnvolle Analyse von Höhenwetterkarten der ozeanischen und tropischen Gebiete ist die Anfertigung von *Zeitschnitten* für die vorhandenen aerologischen Stationen unerläßlich (vgl. 3.23). Aus ihnen kann der Durchzug von Wellenstörungen und Strahlstrommaxima an stromaufwärts gelegenen Stationen fixiert und sinngemäß als horizontaler Wetterablauf interpretiert werden. Dabei können von Namias (1947a) statistisch gefundene Geschwindigkeiten der Wellenstörungen berücksichtigt werden (Petterssen 1956).

Tabelle 3.241. *Ostwärtsverlagerung von Trögen in der Höhenströmung*

Jahreszeit	Mittlere geostr. Windgeschw. auf 700 mb in 35 bis 55° N (° Länge/Tag)	Kurzwellengeschw. (° Länge/Tag) in 40° N	Langwellengeschw. (5-Tagemittel) (° Länge/Tag) in 40° N
Winter	12,3	11,8	1,2
Frühling	9,3	10,4	2,0
Sommer	7,0	8,0	1,5
Herbst	10,7	9,9	0,8

Die Position der Langwellentröge kann man also, ohne einen großen Fehler zu machen, konstant halten, während die Kurzwellentröge mit jahreszeitlich verschiedener Geschwindigkeit ostwärts wandern. Kontinuitätsdiagramme, wie sie in Kap. 3.26 beschrieben werden, erleichtern die Positionsbestimmung von Wellenstörungen.

Die obere Troposphäre und die untere Stratosphäre könnten durch die Interkontinentalflüge der Luftverkehrsgesellschaften viel dichter mit Beobachtungen belegt sein, als dies tatsächlich der Fall ist. Hier bedarf es wohl noch besserer internationaler Zusammenarbeit, um einen synoptischen Beobachtungsdienst, ähnlich dem für Schiffsbeobachtungen, einzurichten. Statistische Studien über dem Pazifik (Serebreny 1951, 1955, et al. 1953, 1954a, b, 1957) ergaben, daß die Position der Strahlströme mit der Lage der Zone maximaler Temperaturkonzentration (ZOMCOT = *z*one *o*f *m*aximum *c*oncentration *o*f *t*emperature) — gleichbedeutend mit der Frontalzone — im 500-mb-Niveau ungefähr übereinstimmt. Das Gebiet mit maximalem horizontalem Temperaturgradienten läuft parallel mit einer Zone starker horizontaler Windscherung, wobei die höheren Windgeschwindigkeiten auf der Warmluftseite der Frontalzone zu finden sind. Unter der Annahme, daß das Geschwindigkeitsfeld im 300-mb-Niveau annähernd parallel dem Feld bei 500 mb ist, kann durch Addition des thermischen Windes (gewonnen aus der relativen Topographie 300/500 mb) zu den 500-mb-Isotachen ein annäherndes Bild der Strahlströmung im 300-mb-Niveau gewonnen werden (McClellan 1954). Eine vektorielle Addition der Winde kann, falls es sich als notwendig erweisen sollte, mittels eines Nomogramms ausgeführt werden (Sieland 1951).

3.242. Analyse des Geschwindigkeitsfeldes

Die Wind*geschwindigkeit* weist die charakteristischen Züge eines skalaren Feldes auf (U. S. A. W. S. 1951). *Maxima* und *Minima* der Windgeschwindigkeit treten als *singuläre Punkte* in Erscheinung. Als *Strahlstromachse* wird die Linie maximaler Windgeschwindigkeit bezeichnet. Linien minimaler Windgeschwindigkeit werden in der Analyse nicht eigens markiert, außer sie trennen Gebiete mit entgegengesetzter Windrichtung voneinander, wie dies in Abb. 3.242.1 der

Fall ist (strichlierte Linie). Derartige Linien bezeichnet man als *Scherungslinien*; sie fallen in scharf ausgeprägte, stark elongierte Tiefdrucktröge.

Für die Analyse des Windfeldes nach Isotachen sind folgende Gesichtspunkte zu beachten:

1. Isotachen können sich — ähnlich wie Isobaren — weder kreuzen noch berühren, denn jedem Punkt der Atmosphäre ist ein eindeutiger Wert der Windgeschwindigkeit zugeordnet.

2. Je dichter die Drängung der Isotachen, desto größer ist die Windscherung $\partial u/\partial n$. Im allgemeinen ist die Scherung auf der zyklonalen Seite eines Strahlstromes größer als auf der antizyklonalen (vgl. Kap. 4.122). Wie ebenfalls später noch

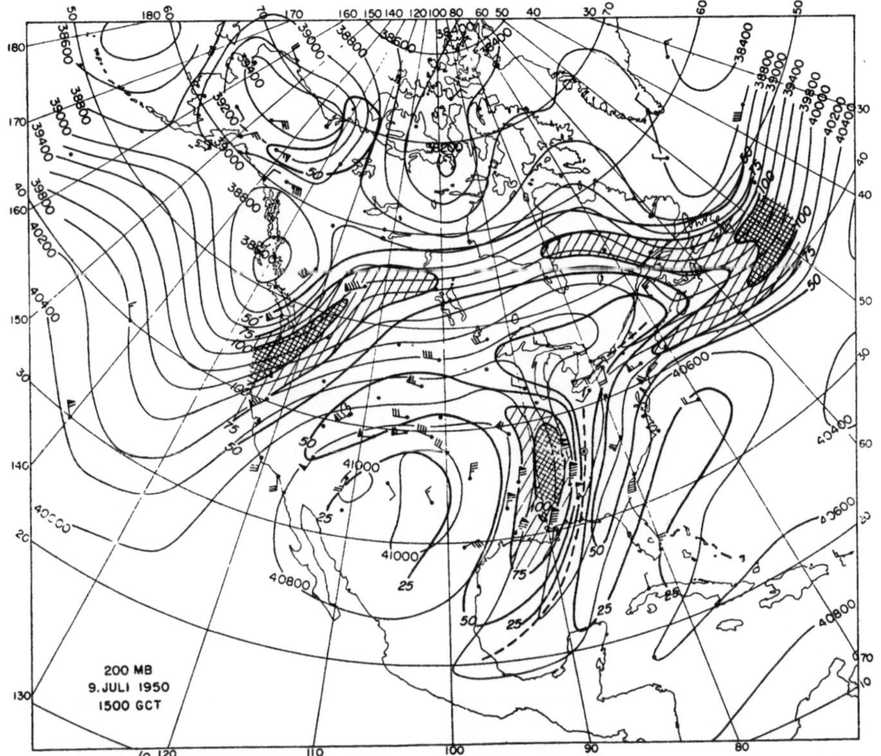

Abb. 3.242.1. Scherungslinie (strichliert) im Windfeld der 200-mb-Fläche (9. Juli 1950, 15.00 GCT). Dünne Linien: Isohypsen (Fuß); dicke Linien: Isotachen (Knoten). (Aus ROSSBY 1951b, nach NEWTON et al. 1951)

gezeigt werden soll, ist die Scherung nicht konstant. Bei ausgeprägten Strahlströmen ist — abgesehen von Gebieten in unmittelbarer Nähe der Strahlstromachse — $\partial^2 V/\partial n^2$ auf der zyklonalen Seite positiv und auf der antizyklonalen negativ, d. h. die Scherung nimmt von einem Maximum in der unmittelbaren Umgebung der Stromachse nach beiden Seiten hin ab. Man soll daher nicht versuchen, eine Analyse mit gleichförmigem Isotachenabstand zu erzwingen.

3. Auf der antizyklonalen Seite eines Strahlstromes ist — von kleineren Gebieten abgesehen — die maximal mögliche Scherung durch die Bedingung gegeben, daß die vertikale Komponente der absoluten Vorticity $Q_z = 0$ wird. Stärkere Scherung würde die Strömung dynamisch labil machen (vgl. Kap. 1.236).

Der Isotachenabstand ist also durch die Gleichung

$$V/r_s - \partial V/\partial n + f = 0 \tag{3.242 (1)}$$

bestimmt.

Diese Gleichung wird am zweckmäßigsten graphisch gelöst. Da das Gebiet, für welches die absolute Vorticity Null ist, kaum 5° Breite übersteigt, können f und r_s als konstant angesehen werden, mit dem Wert, den sie im Zentrum des Intervalls Δn besitzen. Somit ist

$$\Delta V = (V/r_s + f)\,\Delta n = \Delta V_1 + \Delta V_2, \tag{3.242 (2)}$$

wobei

$$\Delta V_1 = f \cdot \Delta n \tag{3.242 (3)}$$

$$\Delta V_2 = (V/r_s)\,\Delta n. \tag{3.242 (4)}$$

ΔV_1 hängt von der Scherung ab, ΔV_2 von der Krümmung. In der Praxis wird so vorgegangen, daß man ΔV_1 unter der Annahme einer geradlinigen Strömung berechnet und ΔV_2 als krümmungsbedingte Korrekturgröße an dieses Ergebnis anbringt.

Abb. 3.242.2 zeigt ein Nomogramm für eine LAMBERTsche konforme Projektion (Standardbreiten 30° und 60°), das auf einer durchsichtigen Plexiglasfolie im Maßstab der jeweils verwendeten Karte eingetragen wird. Mit diesem Nomogramm kann einerseits der Isotachenabstand im Gebiet $Q_z = 0$, andererseits die Geschwindigkeit in der Strahlstromachse berechnet werden, falls deren Position bekannt ist und eine Windbeobachtung im Gebiet $Q_z = 0$ zur Verfügung steht. Das Nomogramm enthält in der Ordinate die Abstände Δn (am rechten Rand und an den vertikalen Linien durch kleine horizontale Striche markiert). Die Abszisse gibt die in Gl. (3) ausgedrückte Abhängigkeit von der geographischen Breite, die durch den Coriolisparameter verursacht wird. Zur Bestimmung der Isotachenabstände wird das Nomogramm — die untere Kante parallel zur Höhenströmung — mit dem durch die *geographische Breite* und die *Windgeschwindigkeit in der Strahlstromachse* bestimmten Punkt auf die Achse gelegt: Der Isotachenabstand auf dem Nomogramm kann dann direkt auf die Karte übertragen werden.

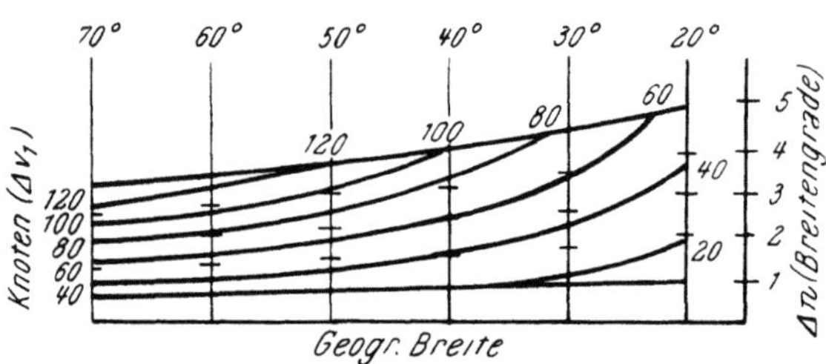

Abb. 3.242.2. Nomogramm (als Plexiglasauflage) zur Berechnung des Windgeschwindigkeitsgradienten bei geradliniger Strömung auf der antizyklonalen Seite eines Strahlstromes im Gebiet $Q = 0$ (s. Text). (RIEHL, ALAKA et al. 1953)

Umgekehrt verfährt man bei der Bestimmung des Windmaximums aus einer Station im Gebiet $Q_z = 0$: Das Nomogramm wird mit der unteren Kante — diese wieder parallel zur Höhenströmung — bei der betreffenden geographischen Breite auf die Station mit Höhenwindbeobachtung gelegt. Der Abstand Δn zwischen Station und Strahlstromachse gibt dann unmittelbar aus dem Diagramm die Windgeschwindigkeitsdifferenz ΔV_1.

Die Krümmungskorrektur kann prozentuell aus Gl. (4) bestimmt werden, wenn man diese in der Form

$$\Delta V_2/V = \Delta n/r_s \tag{3.242 (5)}$$

schreibt. V ist die mittlere Geschwindigkeit im Intervall Δn und an sich unbekannt. Man bestimmt V am besten durch einen iterativen Rechenvorgang. Für zyklonale Krümmung ist die Korrektur positiv, für antizyklonale negativ. Abb. 3.242.3 zeigt ein Nomogramm, das für diese Berechnungen herangezogen werden kann. Die Abszisse dieses Nomogramms gibt den Radius des Krümmungskreises, die Ordinate Δn, beide Größen in Einheiten von 111,2 km (= 1° Breite). Interpolation zwischen den

Isoplethen ergibt die prozentuelle Korrektur, die an ΔV_1 angebracht werden muß. Für zyklonal gekrümmte Strömung genügt meist eine einzige Korrekturrechnung, angewendet auf die Windgeschwindigkeit in der Strahlstromachse, bei antizyklonaler Krümmung bedarf es dagegen einer iterativen Rechnung, angewendet auf die mittlere Geschwindigkeit des Intervalls Δn (RIEHL et al. 1954). Der Krümmungsradius r_s wird durch den tangierenden Krümmungskreis bestimmt, der ebenfalls mittels geeigneter Plexiglasfolien gemessen werden kann. Das folgende numerische Beispiel mag zur Erläuterung des Gesagten dienen:

Der Abstand Δn zwischen einer Station und der Strahlstromachse sei 3° Breite, gemessen in 40° Breite. Aus Abb. 3.242.2 erhält man für $\Delta V_1 = 60$ Knoten. Der Isotachenabstand ist längs der 40°-Linie in dieser Abbildung gegeben. Wird an der Station also eine Windgeschwindigkeit von 75 Knoten gemeldet, so ist die Windgeschwindigkeit in der Strahlstromachse 135 Knoten. Bei einem Radius der *zyklonalen* Stromlinienkrümmung von 10 Breitengraden (= 1112 km) beträgt die Korrektur 30% von 135 Knoten, also ungefähr 40 Knoten. Die Windgeschwindigkeit in der Strahlstromachse ist somit 175 Knoten.

Bei gleich großer antizyklonaler Krümmung ist die mittlere Windgeschwindigkeit im Intervall Δn $(135 + 75)/2 = 105$ Knoten. Eine Korrektur von 30% ergibt etwa 30 Knoten und die Windgeschwindigkeit in der Strahlstromachse wäre somit in erster Annäherung $135 - 30 = 105$ Knoten. Für eine zweite Annäherung wird der Rechenvorgang noch einmal wiederholt: $(105 + 75)/2 = 90$ Knoten wäre demnach die mittlere Geschwindigkeit im Intervall Δn. 30% davon sind annähernd 25 Knoten. Die Windgeschwindigkeit in der Achse beträgt somit $135 - 25 =$ *110 Knoten.*

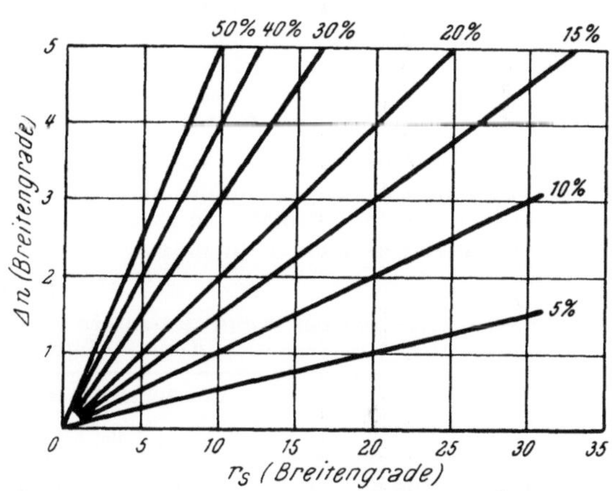

Abb. 3.242.3. Nomogramm zur Berechnung der prozentuellen Korrektur an der mittels Abb. 3.242.2 berechneten maximalen Windgeschwindigkeit (s. Text). (RIEHL, ALAKA et al. 1953)

Natürlich muß der für geradlinige Strömung aus dem Nomogramm berechnete Isotachenabstand den Krümmungsverhältnissen angepaßt werden. Bei antizyklonaler Krümmung ist die Windscherung im Vergleich zu geradliniger Strömung herabgesetzt, im zyklonalen Fall verstärkt.

4. Isotachenabstände auf der zyklonalen Seite einer Strahlströmung können aus den Erkenntnissen, die über die mittlere Struktur des Jet Stream gewonnen wurden, berechnet werden (LEE 1954). Näheres hierüber ist in Kap. 4.122 berichtet. Da es sich hierbei um statistisch gefundene Zusammenhänge handelt, ist die Zuverlässigkeit der Ergebnisse nicht so groß wie bei dem oben geschilderten Verfahren für $Q_z = 0$. Trotzdem kann, falls je eine Windbeobachtung auf der zyklonalen und auf der antizyklonalen Seite des Strahlstromes vorliegt, die Position der Achse mit einiger Zuverlässigkeit unter Annahme *mittlerer* Scherungsverhältnisse bestimmt werden.

3.243. Geostrophischer Wind und Gradientwind

Reichen die direkten Windbeobachtungen nicht zur Analyse des Höhenwindfeldes aus, so muß die Windgeschwindigkeit aus der Druckverteilung berechnet werden. Bei geradliniger Strömung gilt die Gl. 1.222 (7), bei gekrümmter Strömung die Gl. 1.223 (2). Es ist jedoch zu beachten, daß die Gleichungen für den geostrophischen Wind und den Gradientwind nur im Falle einer horizontalen, isobaren Bewegung erfüllt sind. Strömungen im Einzugs- und Deltagebiet eines Strahlstrommaximums können mittels dieser Gleichungen nur mangelhaft erfaßt werden, da in diesen Gebieten die ageostrophische Beschleunigung bzw. Verzögerung einen wesentlichen Anteil am Aufbau des Windfeldes hat.

Wie aus Gl. 1.223 (5) hervorgeht, ist der Gradientwind als eine Funktion des geostrophischen Windes aufzufassen. Letzterer muß also auch im Falle gekrümmter Isobaren zunächst bestimmt werden[1]. Man geht dabei so vor, daß man in einigem Abstand voneinander *Normalen* zu den Isobaren (Isohypsen) zeichnet. Aus dem Abstand benachbarter Konturlinien kann für die betreffende geographische Breite der geostrophische Wind aus einem Nomogramm berechnet werden. Die Ergebnisse dieser Rechnung werden links neben der betreffenden Normalen notiert. Mittels einer durchsichtigen Auflage, welche Kreisbögen mit verschiedenen Radien enthält (in Breitengraden für die betreffende Kartenprojektion angegeben), wird hierauf der Krümmungsradius der Trajektorien gemessen und dann die Korrektur berechnet, die am geostrophischen Wind angebracht werden muß, um den Gradientwind zu ergeben. Das Resultat wird rechts neben den Normalen auf der Karte vermerkt. Die Isotachenanalyse kann nunmehr nach den oben angeführten Gesichtspunkten 1 bis 4 durchgeführt werden.

Geostrophische Windnomogramme

Auf einer durchsichtigen Plexiglasfolie wird als Abszisse der Konturenabstand für ein bestimmtes Analysenintervall (z. B. 200 gpf oder 100 gpm) *im jeweiligen Kartenmaßstab*, in der Ordinate die geographische Breite aufgetragen. Linien gleicher Windgeschwindigkeit können in diesem Nomogramm mittels Tab. 3.243 gezeichnet werden.

Tabelle 3.243. *Abstand der Konturlinien (in Breitengraden) auf der Karte (100 gpm Konturenintervall)*

Geogr. Breite	Windgeschwindigkeit in Knoten									
	5	10	20	30	40	60	80	100	150	200
10°	135,66	67,83	33,92	22,61	16,96	11,31	8,48	6,78	4,52	3,38
20°	68,83	34,42	17,21	11,47	8,60	5,73	4,30	3,44	2,29	1,72
30°	47,00	23,50	11,75	7,83	5,88	3,92	2,94	2,35	1,57	1,18
40°	36,60	18,30	9,15	6,10	4,58	3,05	2,29	1,83	1,22	0,92
50°	30,82	15,41	7,70	5,14	3,85	2,57	1,93	1,54	1,03	0,77
60°	27,20	13,60	6,80	4,53	3,40	2,27	1,70	1,36	0,91	0,68
70°	25,00	12,50	6,25	4,17	3,13	2,09	1,56	1,25	0,83	0,63
80°	23,88	11,94	5,97	3,98	2,99	1,99	1,50	1,19	0,80	0,60

Die mittlere geostrophische Windgeschwindigkeit kann auch planimetrisch aus der Fläche bestimmt werden, welche von zwei Isohypsen und zwei Meridianen eingeschlossen wird, und zwar ist die Windgeschwindigkeit verkehrt proportional dieser auszuplanimetrierenden Fläche (Robertson et al. 1952).

Der Gradientwind wird aus Gl. 1.223 (5) berechnet. Die Werte für (rf) können für verschiedene geographische Breiten und verschiedene Krümmungsradien aus Tabellenwerken entnommen werden (List 1958), ebenso die Gradientwindgeschwindigkeit V als Funktion von V_g, der geostrophischen Windgeschwindigkeit, und (rf) (vgl. Silvester 1955). Zweckmäßiger werden jedoch die Rechnungen graphisch auf einem Rechenpapier ausgeführt: Ein derartiges Nomogramm wird von Bellamy (1945b) angegeben, welches sich durch seine Übersichtlichkeit und die Einfachheit des Rechen-

[1] Ein Nomogramm zur direkten Berechnung des Gradientwindes ohne Zuhilfenahme des geostrophischen Windes wird von Fortak (1960) angegeben.

vorganges auszeichnet. Es wird jedoch darin *nicht* die Eigengeschwindigkeit der Tröge und Rücken in der Höhendruckverteilung berücksichtigt. Es unterliegt also der Annahme, daß Stromlinien und Trajektorien identisch sind. Aus der Höhenwetterkarte kann unmittelbar nur die Krümmung der Isohypsen — bei Gradientwindverhältnissen gleichbedeutend mit der Stromlinienkrümmung — abgelesen werden. Den Berechnungen muß jedoch die Krümmung der *Trajektorien* zugrunde gelegt werden. Aus Tab. 3.241 kann entnommen werden, daß sich die Kurzwellentröge im Durchschnitt etwa 11° Länge pro Tag nach Osten bewegen. Dies entspricht in mittleren Breiten einer Geschwindigkeit von annähernd 20 Knoten, d. h. ein Westwind von 20 Knoten Geschwindigkeit würde selbst bei beliebiger Krümmung der Stromlinie eine geradlinige Trajektorie aufweisen und daher — trotz der Stromlinienkrümmung — geostrophischen Verhältnissen unterliegen.

An der Universität Chikago wurde je ein Nomogramm für zyklonale und für antizyklonale Strömung konstruiert (Hughes et al. 1952), das der Eigengeschwindigkeit des Systems Rechnung trägt (Abb. 3.243b und a). Zunächst wird der Krümmungsradius r_s der Stromlinie mit einer Plexiglasauflage bestimmt. In die Abszisse wird mit $K r_s$ eingegangen; der Faktor K entspricht dem Coriolisparameter mal 10^4.

Breite	25	35	45	55	65	75°
K	0,6	0,8	1,0	1,2	1,3	1,4.

Die beiden Nomogramme sind für eine mittlere Eigengeschwindigkeit der Wellenstörungen von 20 Knoten *in Richtung der Windgeschwindigkeit* konstruiert. Trifft diese Annahme zu, was in mittleren Breiten im Strahlstrombereich meist der Fall ist, so kann aus dem Schnittpunkt der $K r_s$-Linie mit den horizontalen Linien für den geostrophischen Wind (Bezeichnung am linken Rand der Diagramme) an den hyperbolisch gekrümmten Linien direkt die Gradientwindgeschwindigkeit abgelesen werden. Ist die Geschwindigkeit der Drucksysteme in der Höhenwetterkarte verschieden von der oben angegebenen, so muß dies durch eine eigene Korrektur berücksichtigt werden. Ist V_c der in bezug auf die Geschwindigkeit c des Systems korrigierte Gradientwind und V der unkorrigierte Gradientwind, so gilt annähernd:

$$V_c = V + \alpha \Delta V. \qquad 3.243\,(1)$$

Der Wert des Korrekturfaktors α kann folgender Tabelle entnommen werden:

c	−20	0	20	40	60 Knoten
α zyklonal	−2	−1	0	1	2
α antizyklonal	2	1	0	−1	−2

Die Werte für ΔV können durch Interpolation aus den strichlierten Geraden in den beiden Nomogrammen entnommen werden.

Beispiel: Bei einem Krümmungsradius von 8° in etwa 60° Breite ist $K r_s = 10$ (Breitengrade · sec^{-1}). Für einen geostrophischen Wind von 160 Knoten ist der Gradientwind im zyklonalen Fall 112 Knoten. Für ein stationäres Druckfeld ($c = 0$) hat der Faktor α den Wert −1, und $\Delta V = 5$. Der für die Eigenbewegung des Systems korrigierte Gradientwind hat also eine Geschwindigkeit von 107 Knoten.

Gl. (1) stellt nur eine Näherungsformel dar, denn ΔV ist streng genommen nicht direkt proportional c_s, sondern auch vom Winkel abhängig, den der Vektor $\mathbf{V}$ mit dem Vektor $\mathbf{c}$ einschließt. Im nichtschattierten Teil der beiden Diagramme ist der Fehler, der dadurch in der Berechnung des geostrophischen Windes gemacht wird, kleiner als 10%.

Wird die Eigengeschwindigkeit des Systems überhaupt nicht berücksichtigt — was also der Verwendung des Bellamy-Nomogramms entsprechen würde —, so ist der Fehler rechts der dünn strichlierten Kurve im zyklonalen Fall bzw. rechts des schattierten Gebietes im antizyklonalen Fall kleiner als 10%.

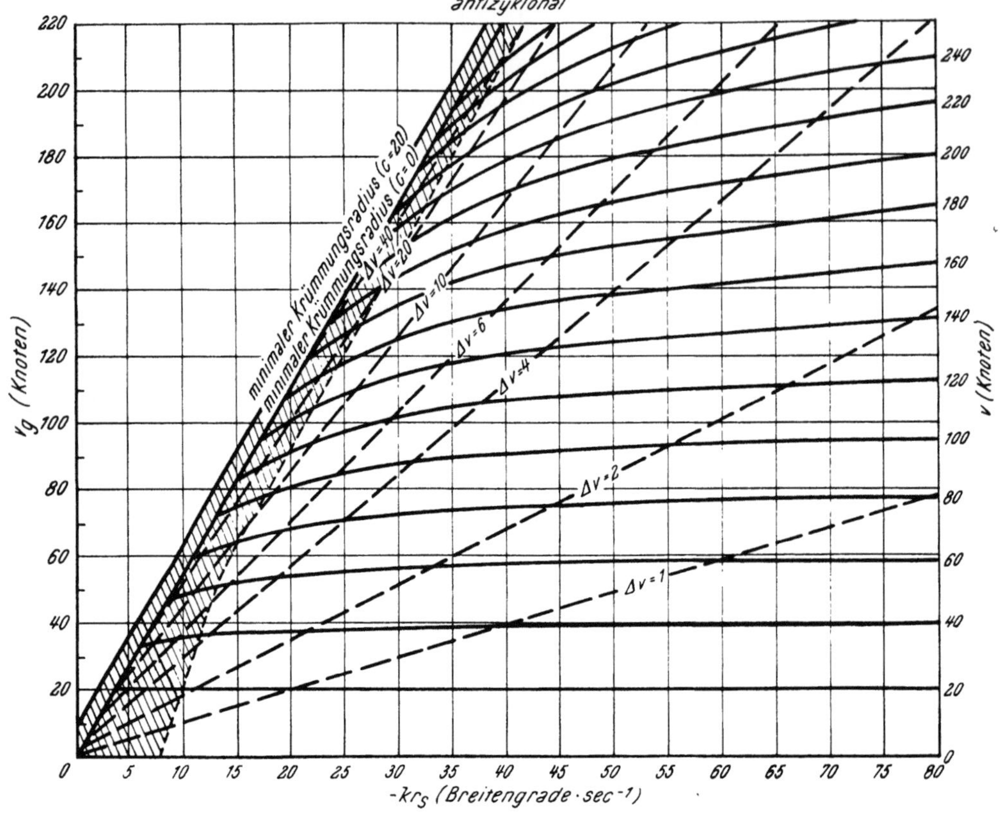

Abb. 3.243 a

3.244. Isogonen, Stromlinien und Trajektorien

Isogonen (= Linien gleicher Windrichtung) werden als Vorstufe für eine detaillierte *Stromlinienanalyse* gezeichnet. Stromlinien sind Kurven, die in allen Punkten des Raumes tangential zum *momentan* gemessenen Windvektor verlaufen. $d\mathfrak{s}$ sei ein Linienelement einer Stromlinie mit den Komponenten (dx, dy). Den analytischen Ausdruck für eine Stromlinie erhält man aus der Tangentialitätsbedingung

$$\mathfrak{v} \times d\mathfrak{s} = 0 \qquad 3.244\,(1)$$

oder für einen Punkt mit den Koordinaten (x, y)

$$dy/dx = v_{(x,y)}/u_{(x,y)}. \qquad 3.244\,(2)$$

Bei Bewegungen, wie sie durch geostrophischen Wind und Gradientwind gegeben sind, verlaufen die Stromlinien parallel zu den Konturlinien (Isohypsen oder Isobaren). Wie bereits früher erwähnt wurde, sind jedoch Windgeschwindigkeitsmaxima entlang der Strahlstromachse mit Beschleunigungen (Verzögerungen) verbunden, die laut Kap. 1.224 in einer ageostrophischen Komponente resultieren und eine Ablenkung gegen tieferen (höheren) Druck hin bewirken. Aus der Verschiedenheit zwischen *Konturlinienverlauf* und *Stromlinienverlauf* können also wertvolle Schlüsse auf die Existenz derartiger Beschleunigungen gezogen werden.

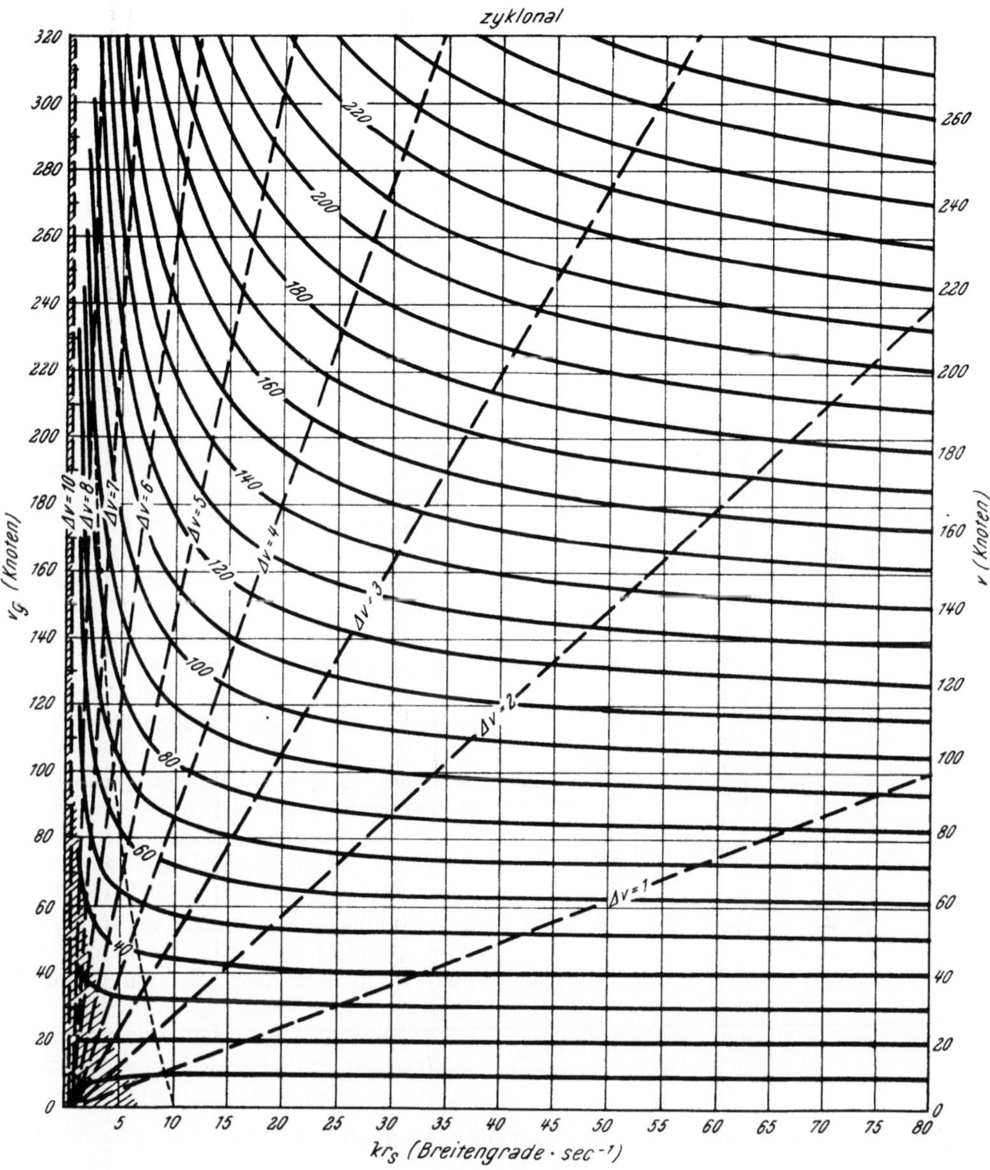

Abb. 3.243 b

Abb. 3.243. Gradientwindnomogramme: a) antizyklonale, b) zyklonale Strömung. Erläuterung s. Text. (RIEHL, ALAKA et al. 1953)

Meist ist jedoch der Abweichungswinkel zwischen den beiden Kurvenscharen sehr gering, bei starken Winden kaum 10° überschreitend. Beide Analysen müssen also äußerst sorgfältig durchgeführt werden.

Wird die Stromlinienanalyse unmittelbar aus den Windbeobachtungen gemacht, so ist man unwillkürlich versucht, Tangenten an die Windpfeile der einzelnen Stationen zu „erzwingen“. Um dies zu verhindern, dient eine Isogonenanalyse als Interpolationshilfe, die der kontinuierlichen Änderung der Richtung im Höhenwindfeld Rechnung trägt und die Zahl der Windrichtungs„beobachtungen" vervielfältigt.

Für die Isogonenanalyse ist folgendes zu beachten:

1. In den singulären Punkten des Windfeldes konvergieren jeweils *alle* Isogonen.

2. Je nach dem Drehsinn ihrer Bezifferung rings um einen singulären Punkt und je nach der Achsenorientierung markieren die Isogonen (Abb. 3.244.1)

a) Konvergenzpunkte,
b) Divergenzpunkte,
c) zyklonale Rotationszentren,
d) antizyklonale Rotationszentren,
e) hyperbolische Punkte.

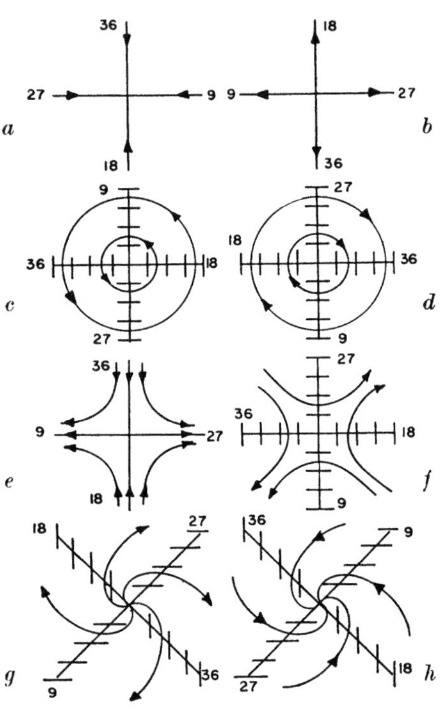

Abb. 3.244.1. Isogonen- und Stromlinienverlauf: a) reine Konvergenz; b) reine Divergenz; c) reine zyklonale Rotation; d) reine antizyklonale Rotation; e) und f) hyperbolischer Punkt; g) antizyklonale Rotation mit Divergenz; h) zyklonale Rotation mit Konvergenz

Kombinationen entstehen durch Drehung der Hauptachsen um weniger als 90°. So zeigt Abb. 3.244.1g z. B. antizyklonale Rotation und Divergenz, Abb. 3.244.1h zyklonale Rotation mit Konvergenz. Ist die Strömung divergenzarm, also nahezu geostrophisch, so sind die Isogonen in der Nähe der singulären Punkte annähernd den Abb. c und d entsprechend angeordnet. Dies gilt natürlich vor allem in der Nähe des divergenzfreien Niveaus.

3. Dichte Drängung der Isogonen kennzeichnet stark ausgeprägte Tröge oder Rücken in der Höhenströmung. In sich geschlossene Isogonen zeigen ein Gebiet maximaler oder minimaler Windrichtung an und markieren einen *Wendepunkt* im Strömungsverlauf. Bringt man an den Isogonen kleine Hilfsstriche in der jeweiligen Windrichtung an (wie in Abb. 3.244.1), so fällt die Stromlinienanalyse nicht schwer. Ist der Anfall an Isogonenkarten größer, so empfiehlt es sich, sie auf durchscheinendem Detailpapier zu analysieren und die Hilfsmarken mittels eines „*Isogonenbrettes*" anzubringen.

Als „Isogonenbrett" dient eine kommerziell erhältliche, parallel gerippte Glastafel mit möglichst scharfen Rippen (in etwa 0,5 cm Abstand). Markierungen am Rande dieser Tafel geben die Orientierung der Karte relativ zu den Rippen für die verschiedenen Windrichtungen an. Eine Lage Pauspapier wird unter die mit Hilfsmarken zu versehende Karte eingelegt und mit einem stumpfen, breiten Gegenstand die Isogone der Windrichtung, für welche die Karte auf der Tafel orientiert wurde, nachgezogen. Auf der Rückseite der Karte entstehen auf diese Weise lauter kleine, parallele Striche, die nun für die Stromlinienanalyse herangezogen werden können. Durch diese sehr einfache Anordnung wird eine Arbeitsersparnis in der Anbringung der Strichmarken von etwa 90% erzielt.

Besonders einfach ist dieses Verfahren, wenn für die Analyse eine Mercatorprojektion mit *parallelen Meridianen* zur Verfügung steht, da gleiche Himmelsrichtung in dieser Projektion gleichbedeutend mit gleicher Kartenrichtung ist.

Für andere Kartenprojektionen muß — falls der Mehraufwand an Arbeit gerechtfertigt erscheint — ein *relatives* Isogonenfeld analysiert werden, das die Drehung der Meridiane relativ zu den Kartenkoordinaten berücksichtigt.

Durch die Analyse von Isogonen (Stromlinien) und Isotachen ist das Vektorfeld des Windes vollständig bestimmt. Für Berechnungen der Divergenz erscheint es manchmal zweckmäßig, das Windfeld in West-Ost- und Süd-Nord-Komponenten zu zerlegen. Eine Isotachenanalyse jeder dieser beiden Komponenten würde ebenfalls das Vektorfeld vollständig bestimmen. Da diese Form der Analyse jedoch abstrakter und unanschaulicher ist, wird in der Strahlstromanalyse der ersten Methode der Vorzug gegeben.

Zum Unterschied von den *Stromlinien*, welche den *augenblicklichen* Strömungszustand charakterisieren, stellen die Trajektorien die Bahnen dar, denen die einzelnen Luftteilchen unter Berücksichtigung der Verlagerung der Druckgebilde tatsächlich folgen. Unter der Annahme, daß in der Höhenströmung *adiabatische* Strömungsverhältnisse vorherrschen, ist eine Trajektorienberechnung nur auf einer Isentropenfläche sinnvoll. Trajektorien auf Isobarenflächen gründen auf der Annahme, daß die Strömung isobar verläuft. Da jedoch gerade im Bereich der Strahlströme, die zyklogenetisch aktiv sind, großräumige Vertikalbewegungen im Gange sind, ist unter Umständen mit beachtlichen Unterschieden zwischen isobaren und isentropen Trajektorien zu rechnen.

Konstruktionsmethoden für Trajektorien werden in verschiedenen Lehrbüchern angegeben (PETTERSSEN 1956, SAUCIER 1955). Eine verfeinerte Methode, die sich besonders für Analysen auf Isentropenflächen eignet, sei im folgenden kurz beschrieben. Das zur Zeit $t = 0$ in A befindliche Luftteilchen wird mit der dort gemessenen Windgeschwindigkeit (z. B. 80 Knoten) nicht entlang einer Geraden, sondern *entlang einer Stromlinie* (= Linie konstanter Stromfunktion M) in den nächsten 6 Stunden nach B verlagert. Von der Isentropenkarte $t = 12$ Uhr berechnet man in analoger Weise rückwärts schreitend das Stück BC. Erfolgt längs der Trajektorien eine Geschwindigkeitsänderung, so ist dies nach Gl. 1.225 (5) zu berücksichtigen. Es ist dann

$$V = -\,(1/f)\,(\partial M/\partial n) \qquad 3.244\,(3)$$

und

$$\dot{V} = -\,\partial M/\partial s = \nabla M \cdot \sin\beta. \qquad 3.244\,(4)$$

β ist der Winkel, den Stromfunktion und tatsächlich beobachtete Stromlinie mitsammen einschließen (REITER, DANIELSEN 1960). Die Trajektorie wird in diesem Fall nicht bei konstanter Stromfunktion verlaufen, sondern — bei Verlangsamung der Strömung — gegen höhere Werte hin abschwenken, und zwar um einen Betrag, der obiger Gleichung genügen muß.

Tab. 3.244 gibt einen Überblick über die Größe der Windgeschwindigkeitsänderung bei verschieden starken Abweichungen von der geostrophischen Windrichtung.

Tabelle 3.244. *Geschwindigkeitsabnahme innerhalb 6 Stunden für eine Windgeschwindigkeit von 80 Knoten in 35° Breite* (REITER, DANIELSEN 1960)

Abweichung von der geostr. Windrichtung (β in Graden)	10°	9°	8°	7°	6°	5°
Geschwindigkeitsabnahme (Knoten)	24,2	22,0	19,6	17,1	14,8	12,2

Da die Windrichtung durch den Aufrundungsprozeß bei der Verschlüsselung nur auf etwa 5° genau bestimmbar ist, kann die Trajektorie nur näherungsweise angegeben werden. Es empfiehlt sich, bei Berechnungen, welche größere Genauigkeit erfordern, auch die Fehlergrenzen anzugeben, etwa durch Konstruktion der extrem möglichen Trajektorienlagen. Das zwischen diesen beiden Trajektorien gelegene Gebiet kann dann als *wahrscheinliche Trajektorienposition* angesehen werden. Ein Beispiel für die Konstruktion von isentropen Trajektorien nach dieser Methode ist in Abb. 3.244.2

für die Isentropenfläche $\Theta = 45°$ C am 8. Januar 1953, 15.00 GCT gezeigt. Als Prüfungskriterium für die Richtigkeit der Trajektorienkonstruktion bei *Absinkbewegungen* kann die Konstanz der spezifischen Feuchte eines Luftquantums angesehen werden. Gewisse Schwankungen sind jedoch wegen der Fehler in der Feuchtemessung zu erwarten (KLEINSCHMIDT 1959, 1960, REITER und DANIELSEN 1960).

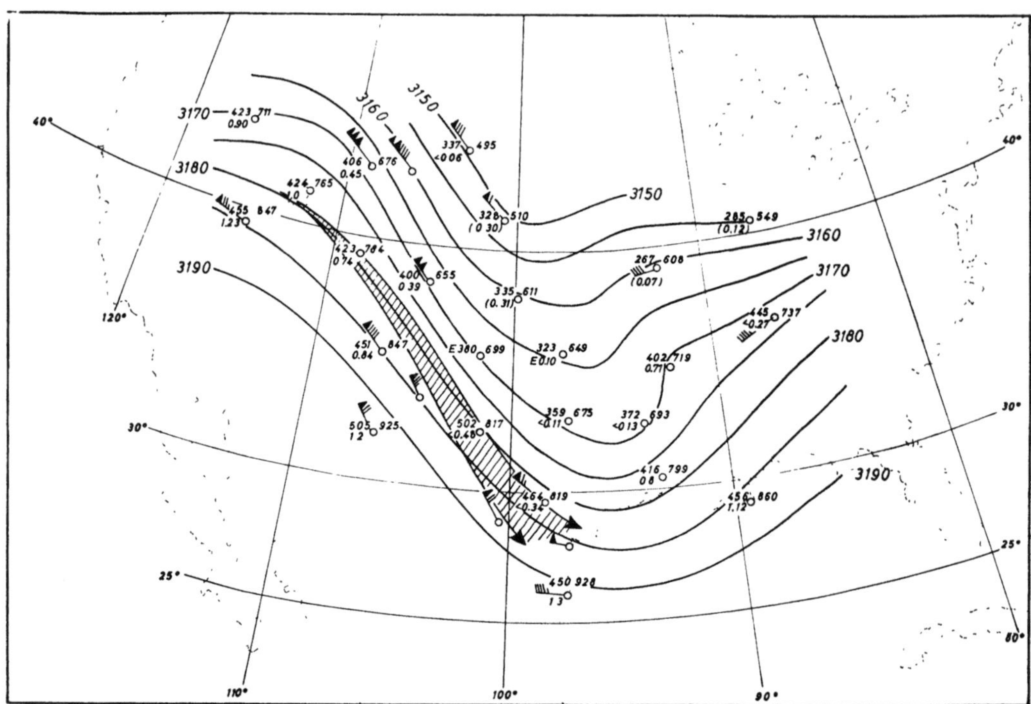

Abb. 3.244.2. Isentrope Stromfunktion (MONTGOMERY-Funktion) der Isentropenfläche $\Theta = 45°$ C, am 8. Januar 1953, 15.00 GCT. Die schraffierte Fläche gibt die möglichen Positionen der Trajektorie an, die um 03.00 GCT am Großen Salzsee beginnt. An den einzelnen Stationen stehen links oben der Luftdruck (mb), rechts oben die letzten drei Stellenwerte der Stromfunktion, unten die spezifische Feuchte. (Eingeklammerte Zahlen bedeuten Sättigungsfeuchte bei Temperaturen $< -40°$ C. Das „<"-Zeichen steht vor maximalen Feuchtewerten bei „motorboating" der Radiosonde, d. i. wenn infolge großer Trockenheit das Radiosondensignal so niedrige Frequenzen annimmt, daß es dem Geräusch eines Motorbootes ähnlich wird.) (REITER und DANIELSEN 1960)

3.245. Isentropenanalyse

Eine Isentropenfläche stellt in bezug auf adiabatische Strömungen eine „substantielle" Fläche dar, d. h. die Luftteilchen, die sich zu einem gegebenen Zeitpunkt auf dieser Fläche befinden, verharren in dieser Fläche, solange die Strömung adiabatisch ist. Diese Tatsache kann dazu benützt werden, Vertikalbewegungen in der Atmosphäre abzuschätzen (SAUCIER 1955). Vergleicht man nämlich die Stromlinien und Isotachen auf einer Isentropenfläche mit dem Isohypsenverlauf, so können Absinkbewegungen direkt in Einheiten der Vertikalgeschwindigkeit (cm/sec) berechnet werden.

V sei die mittlere (horizontale) Windgeschwindigkeit entlang einer Stromlinie auf einer Isentropenfläche, die zwischen zwei benachbarten Isohypsen (A, B) in der Horizontalprojektion das Segment Δs bildet. Δh ist der Höhenunterschied, der durch das Analysenintervall der Isohypsen bestimmt ist. Es ist also, da $V = \Delta s/\Delta t$ und $w = \Delta h/\Delta t$ ist, die Vertikalgeschwindigkeit

$$w = (\Delta h/\Delta s) \cdot V. \qquad 3.245\,(1)$$

Aufsteigende Luftströmungen sind in der Atmosphäre meist mit Kondensationsprozessen verbunden, die nicht mehr isentrop verlaufen. Abschätzungen der Vertikalgeschwindigkeiten mittels obiger Methode sind also nur in Gebieten mit Konvergenz im Strahlstromniveau und absinkender Luftbewegung *quantitativ* brauchbar. [Aufsteigende Bewegungen müßten entlang Flächen konstanter pseudopotentieller Temperatur analysiert werden (PONE 1953), doch würde durch die Fehler in der Feuchtemessung die Unsicherheit in der Analyse ziemlich groß.] *Qualitativ* ergeben jedoch Isentropenanalysen auch für pseudoadiabatische Zustandsänderungen aufschlußreiche Ergebnisse: Abb. 3.245.1 zeigt den Isohypsenverlauf der 340° K-Isentropenfläche zum selben synoptischen Termin wie die Strahlstromanalyse der Abb. 3.242.1. Wie aus diesen beiden Karten deutlich hervorgeht, ist der Winkel zwischen Stromlinien und Isohypsen auf einer Isentropenfläche im Bereiche eines Strahlstromes verhältnismäßig klein. Da jedoch die Windgeschwindigkeiten groß sind, können bereits geringe Ungenauigkeiten in der Analyse zu großen Fehlern in der Abschätzung der Vertikalgeschwindigkeit führen.

Die Höhendifferenz zwischen zwei Isentropenflächen gibt ein Maß für die statische Stabilität der Atmosphäre.

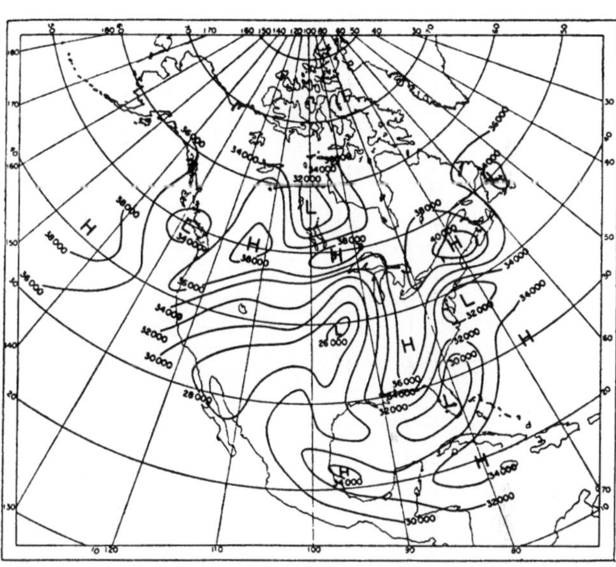

Abb. 3.245.1. Isohypsen (Fuß) der Isentropenfläche 340° K für den in Abb. 3.242.1 dargestellten synoptischen Termin. (NEWTON et al. 1951)

Die statische Stabilität S einer Luftmasse läßt sich definieren als die negative vertikale Beschleunigung $-dw/dt$, die ein Luftteilchen pro Höheneinheit erhält:

$$S = -(1/\Delta z)\,(dw/dt). \qquad 3.245\ (2)$$

Nach dem Archimedischen Prinzip ist $dw/dt = g\,(\varrho - \varrho')/\varrho'$. ϱ' ist die Dichte des vertikal bewegten Luftteilchens, ϱ die Dichte der ungestörten Umgebung. $-\Delta T^*/\Delta z = \gamma$ sei der vertikale Temperaturgradient der Umgebung, $-\Delta T^{*\prime}/\Delta z = \Gamma$ der adiabatische Temperaturgradient des bewegten Luftteilchens — trocken- oder feuchtadiabatisch, je nachdem, ob die Vertikalbewegung ohne oder mit Kondensation stattfindet. Unter der Annahme, daß überall $p' = p$ ist, daß sich also der Druck des Luftteilchens unmittelbar an den Druck der Umgebung angleicht, ist $dw/dt = (g/T^*)\,(\gamma - \Gamma)\cdot\Delta z$. Setzt man diesen Ausdruck in Gl. (2) ein, so ergibt dies für die statische Stabilität den Ausdruck

$$S = g\,\beta = (g/T^*)\,(\Gamma - \gamma). \qquad 3.245\ (3)$$

β ist der Stabilitätsparameter in der Terminologie von SCORER (vgl. Kap. 4.323).

Aus Gl. 1.225 (1) erhält man

$$\partial\Theta/\partial z = (\Theta/T)\,(\partial T/\partial z + g/c_p). \qquad 3.245\ (4)$$

Da jedoch $\Gamma = g/c_p$ ist, was aus Gl. (4) für die adiabatische Bedingung $\partial\Theta/\partial z = 0$ hervorgeht, kann die statische Stabilität auch ausgedrückt werden durch

$$S = g\,\beta = (g/\Theta)\,(\partial\Theta/\partial z) = g\cdot\partial\,(\ln\Theta)/\partial z. \qquad 3.245\ (5)$$

Wird der Abstand zweier Isentropenflächen ($\Delta\Theta = \text{const.}$) für die Beurteilung der Stabilitätsverhältnisse herangezogen, so ist laut Gl. (5) die statische Stabilität gering, wenn Δz, der Abstand zwischen den beiden Flächen, groß ist.

Abb. 3.245.2 zeigt die Dickeverteilung der Schicht zwischen 340 und 360° K zum selben Termin wie die vorhergehende Karte. Relativ stabile Gebiete sind durch S (= seicht), labile Gebiete mit D (= dick) gekennzeichnet.

Ein Vergleich dieser Abbildung mit Abb. 3.242.1 zeigt die bemerkenswerte Tatsache, daß die Luftmassen unterhalb des westlich von der Scherungslinie gelegenen Strahlstromes große Stabilität besitzen. Es ist dies ein Gebiet vorherrschender Absinkbewegung, wie auch ein Vergleich zwischen Stromlinie (Abb. 3.242.1) und isentropen Konturlinien (Abb. 3.245.1) lehrt.

Für die Stabilitätsverhältnisse zwischen zwei Isentropenflächen ist die Gleichung der potentiellen Vorticity in der ERTELschen Form [Gl. 1.235 (4)] maßgeblich. Eine Abnahme der Vorticity, also ein antizyklonales Ausscheren der Strömung, bedingt eine Zunahme der statischen Stabilität. Zunehmende zyklonale Vorticity bedeutet dagegen wachsende Labilisierung. Es ist nicht zuletzt dieser Prozeß, welcher die Wetterverschlechterung im Bereich von Höhentrögen zu erklären vermag.

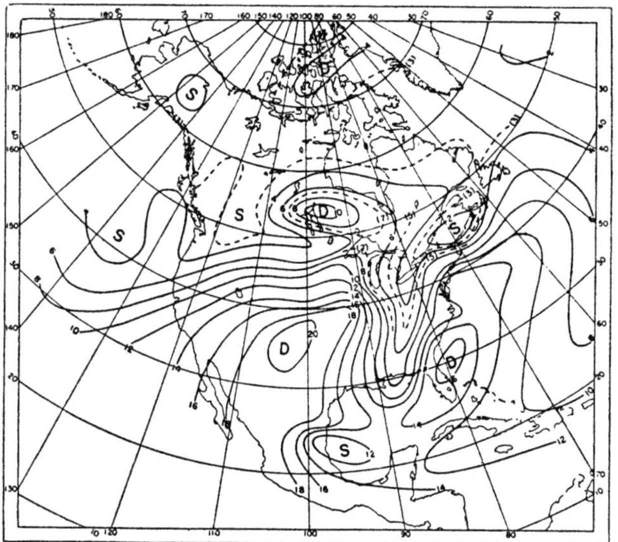

Abb. 3.245.2. Dicke der Schicht zwischen den Isentropenflächen 340° und 360° K für den in Abb. 3.242.1 und 3.245.1 dargestellten synoptischen Termin. S = seicht, D = dick. (NEWTON et al. 1951)

Die Bedeutung, welche die Isentropenanalyse im amerikanischen Wetterdienst vorübergehend innehatte, ist inzwischen abgeflaut. Heute werden im Routinewetterdienst keine Isentropenkarten mehr analysiert. Einer der Gründe hierfür ist wohl der, daß die Luftfahrt — gegenwärtig eine der Hauptnutznießerinnen der Höhenwettersynopsis — mehr an den Strömungsverhältnissen auf Isobarenflächen interessiert ist, da die Höhenmesser in den Flugzeugen dem Prinzip eines Barometers gehorchen. Isentropenflächen überstreichen dagegen — besonders in den baroklinen Gebieten der Strahlströme — große Höhenunterschiede, so daß also für eine Flugroutenplanung mehrere Isentropenflächen analysiert werden müßten. Vom Standpunkt der Aeronavigation sind Isentropenanalysen also unpraktisch.

Für die Erforschung der dreidimensionalen Windstruktur in der freien Atmosphäre stellt die Isentropenanalyse jedoch nach wie vor ein unschätzbares Hilfsmittel dar. Erschwert wird die Anwendung dieser Analysenart nur dadurch, daß die potentielle Temperatur aus den Wettertelegrammen in deren gegenwärtig gesendeter Form nicht unmittelbar erhalten wird, sondern erst aus den Aufstiegskurven im thermodynamischen Diagramm abgelesen werden kann.

Wie DANIELSEN (1959) zeigte, ist eine Isentropenanalyse nur dann brauchbar, wenn bei der Berechnung der Stromfunktion

$$M = c_p\, T_\Theta + g\, z_\Theta \qquad 3.245\ (6)$$

die größte Sorgfalt aufgewendet wird. z_Θ kann man durch Integration der statischen Grundgleichung [1.222 (3)] auch in der Form

$$z_\Theta = z_p + \frac{R\bar{T}}{g} \ln \frac{p_p}{p_\Theta} \qquad 3.245\ (7)$$

erhalten. z_p und p_p bedeuten Höhe und Druck des Standardniveaus, das der betreffenden Isentropenfläche Θ = const. am nächsten liegt.

Substituieren wir (7) in (6), so erhalten wir durch Differentiation folgende Fehlerabschätzung:

$$\Delta M = g\, \Delta z_p + R \ln \frac{p_p}{p_\Theta} \Delta \bar{T} + R\bar{T} \frac{\Delta p_p}{p_p} + \left[c_p\, \Delta T_\Theta - R\,\bar{T} \frac{\Delta p_\Theta}{p_\Theta} \right]. \qquad 3.245\ (8)$$

Die Berechnung des Geopotentials einer Isobarenfläche unterliegt dagegen folgenden Fehlern:

$$\Delta \Phi = g\, \Delta z_p + R \ln \frac{p_p}{p} \Delta \bar{T} + R\bar{T} \frac{\Delta p_p}{p_p}. \qquad 3.245\ (9)$$

Die Fehlerquellen in der Berechnung der MONTGOMERY-Funktion sind also gegenüber den Fehlern in der Geopotentialberechnung um den in Gl. (8) in eckigen Klammern stehenden Betrag vermehrt. Bei den amerikanischen Isentropenanalysen der letzten Kriegsjahre wurden T_Θ und p_Θ unabhängig voneinander aus den aerologischen Diagrammen abgelesen. Diese Ablesungen sind jedoch ungenau und verursachen Fehler, die als starke Irregularitäten in der Analyse der Stromfunktion M in Erscheinung treten. Es ist nämlich zu beachten, daß die Stromfunktion auf vier Stellen genau bestimmt werden muß, sollen die daraus berechneten geostrophischen Winde zuverlässig sein (vgl. Abb. 3.244.2). Es muß zu diesem Zwecke die Temperatur auf Zehntelgrade und die Höhe auf zehn Meter genau bestimmt sein. Dies wird erreicht, indem Druck und Temperatur *nicht* unabhängig voneinander abgelesen werden. Man berechnet vielmehr T_Θ aus der POISSONschen Gleichung 1.225 (1). Dadurch wird der Fehler innerhalb der eckigen Klammern in Gl. (8) auf eine einzige Ablesung reduziert:

$$\left[(T_\Theta - \bar{T})\, R \frac{\Delta p_\Theta}{p_\Theta} \right]. \qquad 3.245\ (10)$$

Beträgt z. B. der Fehler in der Druckablesung bei 500 mb etwa 2 mb, so ergibt sich bei einer Temperaturdifferenz von 10° C ein Fehler in der Stromfunktion von $1{,}15 \cdot 10^5\ \mathrm{cm^2\, sec^{-2}}$. Andererseits würde eine Ungenauigkeit der Temperaturablesung von 0,2° C zusammen mit einer Ungenauigkeit in der Druckbestimmung von 2 mb einen Fehler von $5 \cdot 10^6\ \mathrm{cm^2\, sec^{-2}}$ in der Stromfunktion verursachen. ($6 \cdot 10^6\ \mathrm{cm^2\, sec^{-2}}$ entspricht einem Höhenunterschied der Isobarenfläche von etwa 200 ft. = 61 m.)

Die Fehler, welche aus einer Berechnung des Ausdruckes (10) entstehen, sind durchaus tragbar und tun der Zuverlässigkeit der Analyse keinen Abbruch. Dieses kleine numerische Beispiel illustriert deutlich, warum die routinemäßigen Isentropenanalysen der Kriegsjahre zum Scheitern verurteilt waren.

Es ist überdies darauf zu achten, daß für g und c_p keine Näherungswerte verwendet werden, sondern die Werte, welche dem benützten aerologischen Diagrammpapier zugrunde liegen. (In der Regel sind dies $g = 980{,}6\ \mathrm{cm\, sec^{-2}}$ und $c_p = 1{,}0046 \cdot 10^7\,\mathrm{erg\, g^{-1}\, Grad^{-1}}$.)

3.246. Die Schicht maximalen Windes

In der Praxis des Flugwetterdienstes muß danach getrachtet werden, die Analyse und Prognose des Windfeldes im Strahlstrombereich möglichst unabhängig von Meßfehlern und von unrepräsentativen Schwankungen zu machen (vgl. Kap. 2.123). Statt der Topographie einer Fläche wird daher vorgeschlagen, *vertikal integrierte Parameter* für die Analyse zu verwenden. Die *erforderliche Glättung* der Meßwerte ist dabei nicht erst in der Analyse der Karte, sondern bereits an den vertikalen Windprofilen der einzelnen Stationen vorzunehmen.

Experimente (Reiter et al. 1957, Reiter 1957c, 1958c, U. S. Navy 1959) ergaben, daß die „Schicht maximalen Windes“ (SMW, englisch LMW = Layer of Maximum Wind) diesen Anforderungen der Praxis genügt. Seit Ende 1958 werden derartige Analysen täglich vom US-Marinewetterdienst auf Faksimile ausgestrahlt (Riehl: persönliche Mitteilung).

Definition der Schicht maximalen Windes:

Der *mittlere Wind* der SMW ist definiert als 90% des Windmaximums im vertikalen Windprofil.

Die *Schicht maximalen Windes* ist die Schicht der Atmosphäre, in welcher die Windgeschwindigkeit um weniger als 10% vom mittleren Wind (oder ungefähr 20% vom maximalen Wind) differiert.

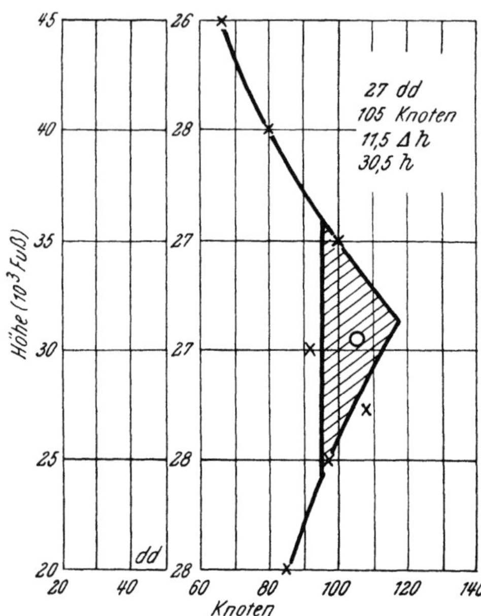

Abb. 3.246.1. Berechnung der Parameter der SMW: Windrichtung dd in Zehnergraden, Geschwindigkeiten durch Kreuze markiert, und auf 5 Knoten genau angegeben. Dicke, volle Linie gibt das geglättete Windprofil an. SMW durch Schraffur gekennzeichnet. Δh = Schichtdicke, h = Höhe der SMW

Es wurde bereits früher darauf hingewiesen (Kap. 2.123), daß die Höhenwindmessungen nur einen Augenblickswert des Windvektors liefern. Ganz abgesehen von Meßfehlern muß also mit turbulenten Schwankungen der Höhenströmung gerechnet werden, die — wie ein Vergleich mit der Tab. 2.123 zeigt — den tatsächlich gemessenen Wert nur zu etwa 90% für die großräumige Strömungsverteilung repräsentativ erscheinen lassen (Endlich et al. 1954). Die SMW nach obiger Definition schließt also einen Sicherheitsfaktor ein, der einen Vergleich der Augenblicksmessung mit den zeitlich und räumlich integrierten Verhältnissen gestattet, wie sie längs einer Flugroute angetroffen werden.

Für die Untersuchungen der Strahlströmung über Nordamerika, die im folgenden kurz beschrieben werden sollen, wurde als obere Grenze der Dicke der SMW 5 km (15000 Fuß) und als untere Grenze der mittleren Windgeschwindigkeit 60 Knoten festgelegt. Schichtdicken und Windgeschwindigkeiten, die außerhalb dieser Grenzen lagen, kennzeichneten die „quasibarotropen“ Gebiete zu beiden Seiten des Strahlstromes, in denen die vertikale Windscherung keine für die Aeronavigation nennenswerten Größen erreichte. Diese Grenzwerte stellen natürlich keine feste Gesetzmäßigkeit dar, sondern sind lediglich gewählt worden, um den örtlichen Gegebenheiten am besten Rechnung zu tragen. Bei Analysen der subtropischen Strahlströme ist wahrscheinlich die Grenze für die Schichtdicke etwas hinaufzusetzen.

Bei einer SMW-Analyse sind folgende Parameter zu berücksichtigen:

1. Mittlere Windgeschwindigkeit der Schicht,
2. Dicke der Schicht,
3. Höhe des Schichtmittelpunktes,
4. mittlere Windrichtung in der Schicht.

Vorbereitende Analyse

Zunächst müssen für jede Station mit Höhenwindmessungen die vier das Windfeld bestimmenden Parameter ausgewertet werden. Dies geschieht am einfachsten dadurch, daß die Aufstiege in ein kleines Diagramm (Abb. 3.246.1) eingetragen werden. Als Ordinate ist die Höhe zwischen 20 000 und 45 000 Fuß aufgetragen. Im Europäischen Wetterdienst ist das Höhenintervall zwischen 6 und 14 km zu verwenden. Für die Tropen empfiehlt sich ein Bereich von 30 000 bis 60 000 Fuß. Die Abszisse gibt die Windgeschwindigkeit zwischen 20 und

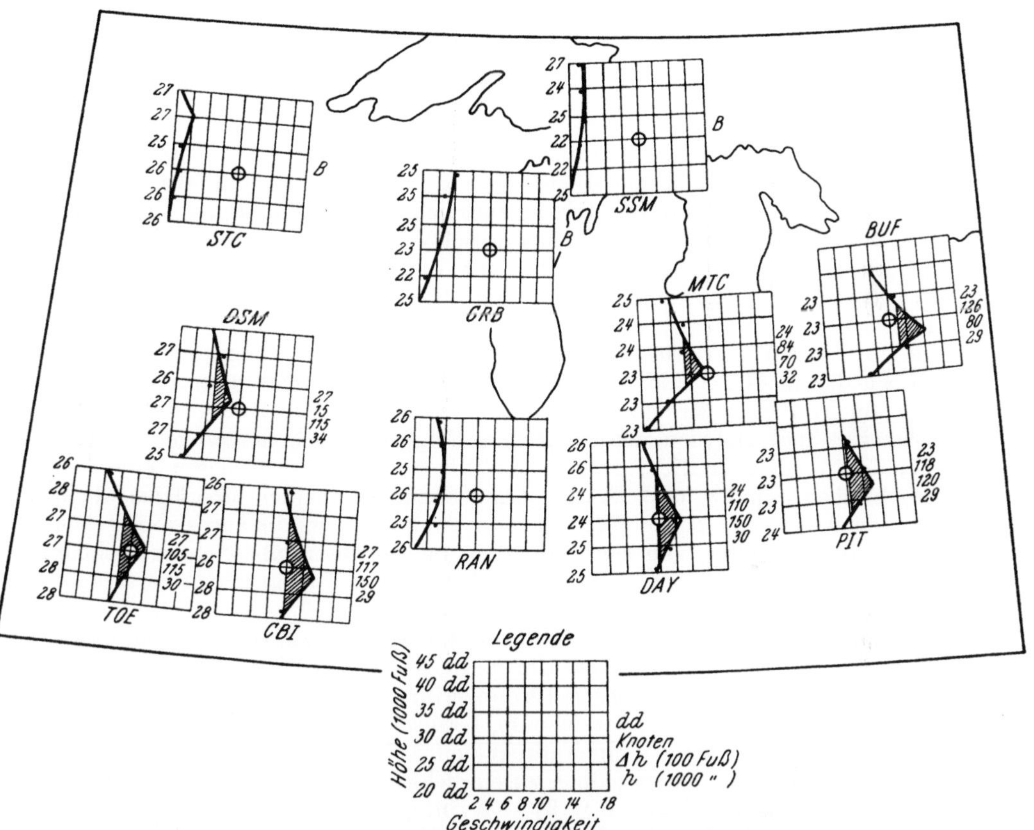

Abb. 3.246.2. Ausschnitt (USA) der für die Eintragung der Windprofile verwendeten Karte. (Stationsmodell in Abb. 3.246.1 angegeben.) Zahlen am rechten Rand der Diagramme geben die Windrichtung an. B = „quasibarotrope" Gebiete. Die kleinen Kreise deuten die Position der Stationen an

140 Knoten an (in Abb. 3.246.2 zwischen 20 und 180 Knoten). Bei höheren Windgeschwindigkeiten kann die Skala entsprechend verschoben werden.

Die Kreuze in Abb. 1 bezeichnen die Windgeschwindigkeitswerte aus den Wettertelegrammen. Die dazugehörigen Windrichtungen werden links neben dem Aufstieg markiert. Als nächster Schritt wird ein *geglättetes* Windprofil gezeichnet (dicke Linie) — unter der Annahme, daß unregelmäßige Schwankungen der Windgeschwindigkeit auf Meßfehler oder Feinstruktur zurückzuführen sind (vgl. Kap. 2.12 und 4.3). Die im neuen Wetterschlüssel (Januar 1955) angeführte Höhe und Geschwindigkeit des maximalen Windes mag für die Konstruktion des geglätteten Profils als Hinweis dienen. Diese Werte unterliegen jedoch, da sie den ungeglätteten Aufstiegskurven entnommen wurden, ebenfalls den in Kap. 2.122 besprochenen Fehlern (Reiter 1959e).

Es empfiehlt sich, die Profile nach Möglichkeit spitz zu zeichnen wie in Abb. 1 und 2, da auf diese Weise bei den relativ wenigen Meßpunkten, die aus den Wettertelegrammen entnommen werden können, eine Kontinuität der Methode gewahrt bleibt.

Abb. 3.246.2 zeigt einen Ausschnitt aus einer Karte der USA, die für derartige Analysen angefertigt wurde und sich bestens bewährte. Jede Station mit Radiopiloten ist mit einem kleinen Diagramm der in Abb. 1 gezeigten Art ausgestattet. Die Analyse der geglätteten Windprofile kann bei Benützung einer solchen Karte bereits räumliche und zeitliche Kontinuität berücksichtigen.

Als nächster Schritt wird die *mittlere Geschwindigkeit* in der Schicht bestimmt, indem man vom maximalen Wind 10% abzieht. Die Dicke der Schicht erhält man durch die Höhendifferenz der Schnittpunkte des Windprofils mit einer Vertikalen, die im Abstand 20% vom Maximalwind gezeichnet wird (Abb. 1 und 2). Es erleichtert den Überblick über die Karte, wenn die Schicht maximalen Windes, die so gewonnen wurde, mit Rotstift gekennzeichnet wird (in Abb. 1 schraffiert, in Abb. 2 punktiert). Die *mittlere Höhe* der SMW erhält man aus dem arithmetischen Mittel der Höhen der beiden oben erwähnten Schnittpunkte. Die *mittlere Windrichtung* der Schicht kann leicht aus den angeschriebenen Werten abgeschätzt werden.

Die auf diese Weise erhaltenen Größen werden in den Diagrammen eingetragen, wie dies in Abb. 1 und 2 gezeigt ist. „Quasibarotrope" Windprofile werden mit dem Buchstaben *B* bezeichnet. Eine Karte von der in Abb. 2 dargestellten Art kann bereits ohne Analysen zur praktischen Flugberatung herangezogen werden. Die Winde, die sich für die verschiedenen Niveaus entnehmen lassen, sind den geostrophischen Winden und Gradientwinden an Genauigkeit überlegen, denn in den tatsächlich gemessenen Windvektoren sind einerseits die ageostrophischen Komponenten enthalten, die sich besonders im Strahlstrombereich bemerkbar machen; andererseits werden die durch die Analyse der Topographien verursachten Glättungen vermieden.

Um eine möglichst gute zeitliche Kontinuität der Analyse zu erreichen, sollen SMW-Karten zweimal täglich (00.00 Uhr und 12.00 Uhr GCT) analysiert werden. Stationen, die 6 Stunden vor diesen Terminen ihre Aufstiege durchführen, sollen ebenfalls unter besonderer Kennzeichnung berücksichtigt werden.

Die einzelnen Parameter können direkt von Abb. 2 auf einer Pauspapierauflage analysiert werden. Es ist jedoch zu empfehlen, die numerischen Werte der Parameter in eine Karte kleineren Maßstabes zu übertragen, die eine bessere Übersicht gestattet. Es kann dabei folgendes „Stationsmodell" verwendet werden: Über dem Stationskreis steht die Windrichtung (in Zehnergraden), die außerdem noch durch die Richtung des „Windpfeiles" angedeutet ist, unter dem Stationskreis ist die mittlere Windgeschwindigkeit der SMW angeschrieben, rechts deren Höhe und links deren Dicke (in 1000-Fuß-Einheiten). Die Windrichtung in der Höhe des Windmaximums wird auch für die Stationen mit „quasibarotropem" Windprofil angegeben, um eine bessere räumliche Kontinuität für Stromlinienanalysen zu gewährleisten.

Als Beispiel einer SMW-Analyse mögen folgende Abbildungen dienen: Abb. 3.246.3 zeigt die Windgeschwindigkeitsanalyse der SMW über den Vereinigten Staaten am 28. Februar 03.00 Uhr GCT. Die Geschwindigkeiten sind an den einzelnen Stationen in Knoten angegeben. Abb. 3.246.4 gibt die Höhenanalyse in Kilometern zum betreffenden synoptischen Termin wieder und Abb. 3.246.5 die

Schichtdicken in Kilometern. Auf charakteristische Einzelheiten der Analyse soll in Kap. 4.13 noch näher eingegangen werden. Es sei hier nur darauf verwiesen, daß Strahlstrommaxima an ihrer zyklonalen Flanke von einer Rinne minimaler Höhe und minimaler Dicke der SMW begleitet werden. Diese empirisch gefundene Tatsache erleichtert die Konstruktion der Isoplethen der Höhe und Dicke der SMW.

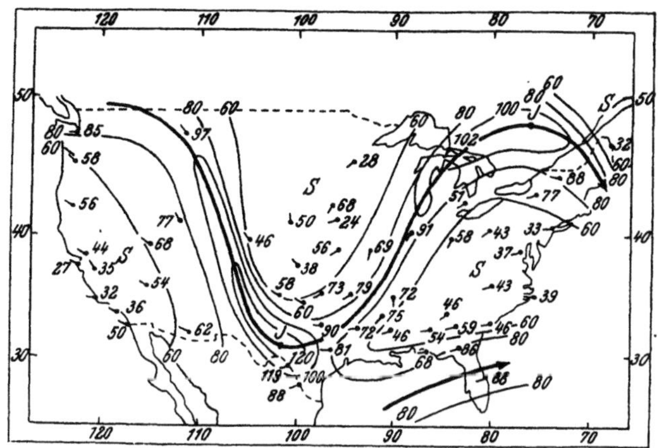

Abb. 3.246.3. Isotachen der SMW (Knoten), 28. Februar 1954, 03.00 GCT. J = Strahlstrommaximum. Die dicke Linie zeigt die Position der Strahlstromachse. S = windschwache Gebiete

Eine Analyse der Maximalgeschwindigkeiten allein wird von Lee et al. (1958) zur Vorhersage von Böenlinien und Tornados herangezogen. Im amerikanischen Air Weather Service (U. S. A. W. S. 1956d) wird dagegen das *Niveau* maximalen Windes zusammen mit den vertikalen Scherungen ober- und unterhalb dieses Niveaus analysiert. Diese Methode beschreibt, ähnlich wie die SMW, das dreidimensionale Höhenwindfeld durch vier Parameter (Maximalgeschwindigkeit, Höhe des Maximalwindniveaus, Scherung ober- und unterhalb desselben), jedoch wird auf eine Glättung der Meßwerte verzichtet (vgl. Cole et al. 1958, Johannessen 1956a).

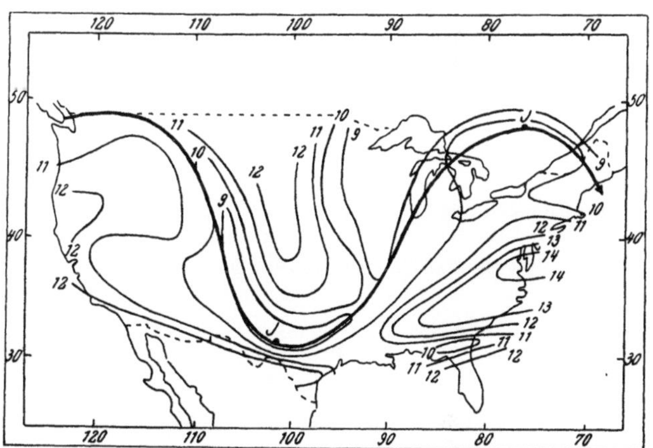

Abb. 3.246.4. Mittlere Höhe der SMW (km), 28. Februar 1954, 03.00 GCT

3.247. Vorticity- und Deformationsanalysen

Geostrophische Vorticity: Am leichtesten läßt sich die feldmäßige Verteilung der geostrophischen Vorticity nach

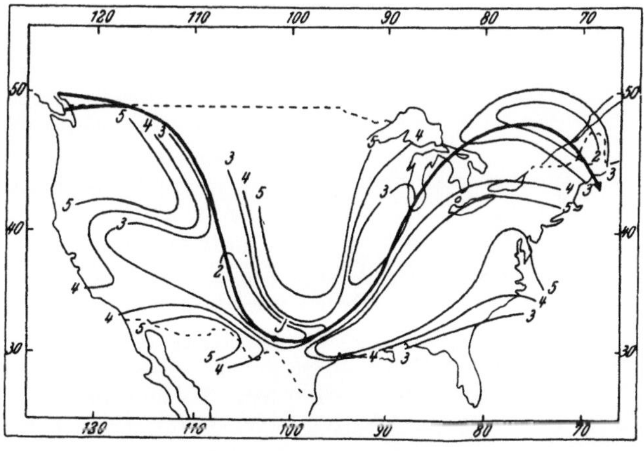

Abb. 3.246.5. Dicke der SMW (km), 28. Februar 1954, 03.00 GCT

Gl. 1.231 (10) berechnen. Man unterteilt zu diesem Zweck die Kartenfläche in ein Netz von Quadraten, deren Seitenlänge einerseits nicht zu groß sein soll, da die Mittelbildung über eine weite Fläche die Detailstruktur des Vorticityfeldes verwischt. Andererseits würde zu kleine Seitenlänge den Analysen- und Ablesefehlern zu großes Gewicht beimessen. Im allgemeinen wird man wohl, wie in gewissen Netzen, die in der numerischen Wetterprognose verwendet werden, mit einer Seitenlänge von etwa 300 km das Auslangen finden. Es sei jedoch gleich hier vorweggenommen, daß in der Nähe der Strahlstromachse, wo große Vorticitygradienten vorhanden sind, andere Methoden der Vorticityberechnung herangezogen werden müssen, die eine geringere Glättung bewirken.

Statistische Untersuchungen (PETERSON 1956, 1957) ergaben, daß die Netzweite auf die Vorticityberechnungen nicht ohne Einfluß ist. So wurden über den Vereinigten Staaten im Raume zwischen Wyoming und Missouri in einer Anzahl von Fällen (n) die geostrophischen Vorticities aus einem Netz von 600 km (q_g) und 300 km (q_g') Seitenlänge miteinander verglichen. σ_g und σ_g' bedeuten die „standard deviation" der beiden Meßreihen, r ist der lineare Korrelationskoeffizient, $S_g{}^*$ ist der mittlere quadratische Fehler (standard error), der in einer Abschätzung von q_g aus q_g' gemacht wird, und S_g' der analoge Fehler bei einer Abschätzung von q_g' aus q_g.

Tabelle 3.247.1

	n	$\bar{q}_g$	$\bar{q}_g'$	σ_g	σ_g'	r	$S_g{}^*$	S_g'
Winter	141	0,97	5,52	3,55	7,16	0,726	2,43	4,93
Sommer	244	1,16	7,44	2,69	7,44	0,740	1,81	5,01
Jahr	385	1,09	6,74	3,03	7,39	0,723	2,09	5,11

Das kleinere Netz gibt also einerseits größere Mittelwerte der Vorticity, andererseits auch größere Schwankungen, die in der „standard deviation" ihren Ausdruck finden. Dies hat seinen Grund darin, daß sich kleinere Unregelmäßigkeiten in der Topographie, die in nichtlinearen Gradienten ihren Niederschlag finden, in einem kleineren Netz viel deutlicher ausprägen. Der Fehler, der bei einer Abschätzung der Vorticity des großen Netzes aus dem kleinen Netz gemacht wird, ist geringer als bei einer Schlußführung in umgekehrter Richtung.

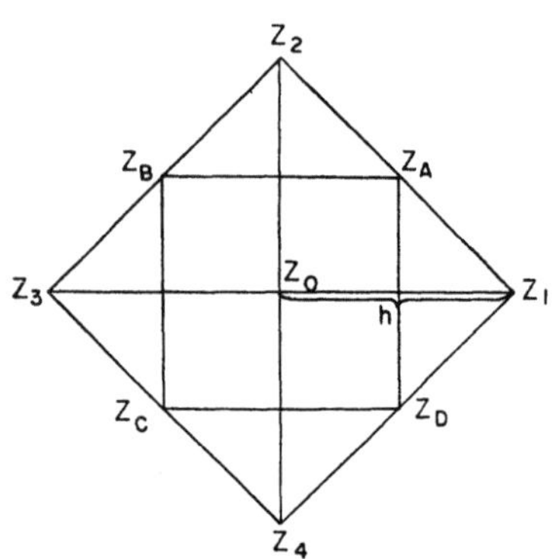

Abb. 3.247.1. Netz mit der Netzweite h zur Berechnung von LAPLACE-Operator und Deformation (s. Text)

Die Methode für die Berechnung der geostrophischen Vorticity läuft im wesentlichen darauf hinaus, den Differentialoperator ∇^2 in Gl. 1.231 (10) durch einen Differenzenoperator $\nabla_d{}^2$ zu ersetzen. Die Höhenwerte der Isobarenfläche seien mit $z_1 \ldots z_4$ bezeichnet. z_0 ist der Höhenwert im Mittelpunkt des Flächenstückes, für das die Berechnung vorgenommen werden soll. h ist der Netzabstand (Abb. 3.247.1). Das Differential $\partial^2 z/\partial x^2$ läßt sich auflösen in $(1/h^2)(z_1 - z_0) - (1/h^2)(z_0 - z_3) = (1/h^2)(z_1 + z_3 - 2z_0)$. Analog erhält man für $\partial^2 z/\partial y^2$ die Differenzenform $(1/h^2)(z_2 + z_4 - 2z_0)$. Der Ausdruck für die geostrophische Vorticity lautet demnach

$$Q_g = (g/f)(\nabla_d{}^2 z) + f = (g/f \cdot h^2)(z_1 + z_2 + z_3 + z_4 - 4z_0) + f \qquad 3.247\ (1)$$

In Gl. (1) ist der Differenzenoperator $\nabla_d{}^2$ für ein Cartesisches Koordinatensystem der in Kap. 1.21 beschriebenen Art definiert; da jedoch bei Berechnungen über größere Flächenausdehnungen die Erdkrümmung bereits eine Rolle spielt, müßte ein sphärisches Koordinatensystem herangezogen werden, für das jedoch die Rechnungen sehr kompliziert werden. Die Verwendung *winkeltreuer* (konformer) Kartenprojektionen schafft hier eine einfache Abhilfe: Da der Maßstab dieser Karten nur eine Funktion m der geographischen Breite ist, kann jede der Karte entnommene Länge in eine korrespondierende Länge auf der Erde umgerechnet werden. x' und y' seien Cartesische Koordinaten auf einer konformen Karte der Erde. Da die *Winkel* bei einer Projektion erhalten bleiben (Konformitätsbedingung), hat eine geschlossene Kurve K' in der Karte dieselbe Figur wie auf der Erde, erscheint jedoch um den dimensionslosen Maßstabfaktor m verkleinert. Ein Linienelement dl' dieser Kurve hat also die Länge

$$dl' = m \cdot dl. \qquad 3.247\ (2)$$

dl ist das korrespondierende Linienelement auf der Erde. Für ein Flächenelement gilt

$$dA' = dx' \cdot dy' = m^2\, dx \cdot dy = m^2\, dA, \qquad 3.247\ (3)$$

für die Geschwindigkeit

$$u_g' = -(g/f)\,(\partial z/\partial y') = -(g/m\,f)\,(\partial z/\partial y) = (1/m) \cdot u_g \qquad 3.247\ (4)$$

und für den Operator $\nabla'^2 = \partial^2/\partial x'^2 + \partial^2/\partial y'^2 =$

$$= (1/m^2)\,(\partial^2/\partial x^2 + \partial^2/\partial y^2) - (1/m^2)\,\nabla^2. \qquad 3.247\ (5)$$

Der Zusammenhang zwischen der Vorticity in der Kartenebene und der auf der Erde ist — unter Berücksichtigung der Gl. (1) bis (5) — gegeben durch

$$Q_g = (g\,m^2/f)\,(\nabla'^2 z) + f = (g\,m^2/f)\,(\partial^2 z/\partial x'^2 + \partial^2 z/\partial y'^2) + f =$$
$$\cong (g\,m^2/f)\,(\nabla'_d{}^2 z) + f = (g\,m^2/f\,h'^2)\,(z_1 + z_2 + z_3 + z_4 - 4\,z_0) + f \qquad 3.247\ (6)$$

oder — da die Analysen in geopotentiellen Metern durchgeführt sind, unter Berücksichtigung von Gl. 1.222 (4) —

$$Q_g = (9{,}80\ \mathrm{m}^2/f\,h'^2)\,(Z_1 + Z_2 + Z_3 + Z_4 - 4\,Z_0) + f. \qquad 3.247\ (7)$$

h' ist der auf der Kartenprojektion verwendete Netzabstand.

φ_1 und φ_2 seien die geographischen Breiten, für welche die betreffende Projektion *längentreu* ist, ψ_1 und ψ_2 die Komplementärwinkel dieser Breiten und s der *Reduktionsfaktor*, der für die betreffende Karte angegeben ist (z. B. 1 : 10000000). Bei Kegel- und Zylinderprojektionen (Mercator) wird vom Erdmittelpunkt aus projiziert, bei der polarstereographischen Projektion vom gegenüberliegenden Pol aus. Es ist dann für die *Lambertsche konforme Kegelprojektion* (SAUCIER 1955).

$$m = s\,(\sin\psi_1/\sin\psi)\left[\left(\tan\frac{\psi}{2}\right)\Big/\left(\tan\frac{\psi_1}{2}\right)\right]^n =$$
$$= s\,(\sin\psi_2/\sin\psi)\left[\left(\tan\frac{\psi}{2}\right)\Big/\left(\tan\frac{\psi_2}{2}\right)\right]^n. \qquad 3.247\ (8)$$

wobei n eine Konstante ist, welche die Lage des Projektionskegels angibt

$$n = (\log\sin\psi_1 - \log\sin\psi_2)\Big/\left(\log\tan\frac{\psi_1}{2} - \log\tan\frac{\psi_2}{2}\right).$$

Für eine in den Standardbreiten 30° und 60° längentreue Projektion ist $n = 0{,}716$.

Für die *Mercatorprojektion* mit zwei vom Äquator äquidistanten Standardbreiten ist $n = 0$ und

$$m = s\,(\sin\psi_1/\sin\psi). \qquad 3.247\ (9)$$

In einer *polarstereographischen Projektion* mit der Standardbreite φ_0 ist $n = 1$ und

$$m = s\,(1 + \sin\varphi_0)/(1 + \sin\varphi). \qquad 3.247\ (10)$$

Aus Gl. (8), (9) und (10) ist ersichtlich, daß in den Standardbreiten $m = s$ ist.

Mittels Gl. 3.247 (6) und des oben beschriebenen Netzes läßt sich folgendes einfache Auswerteschema zurechtlegen: Der Faktor $g\,m^2/f\,h'^2$ hängt lediglich von der geographischen Breite ab und kann für die verwendete Kartenprojektion und das betreffende Netz ein für allemal bestimmt werden. Für jeden Netzpunkt — mit Ausnahme der am Rand gelegenen Punkte — wird die Größe $(z_1 + z_2 + z_3 + + z_4 - 4 z_0)$ bestimmt und dieses Feld analysiert. Graphische Multiplikation mit den Isoplethen des Ausdrucks $g\,m^2/f\,h'^2$ ergibt die relative geostrophische Vorticity. Es ist darauf zu achten, daß die Isolinien so zu wählen sind, daß die Vorticity unmittelbar in Einheiten 10^{-5} sec^{-1} hervorgeht.

Für eine polarstereographische Projektion im Maßstab $s = 10^{-7}$, längentreu auf 60° Breite und mit einer Netzweite $h' = 3$ cm, erhält man aus Gl. 3.247 (10) und 3.247 (7)

$$q_z = A \cdot B_{(\varphi)} \cdot C. \qquad 3.247\ (11)$$

In dieser Gleichung bedeutet

$$A = (g\,s^2/2\,\Omega\,h'^2)\,(1 + \sin\varphi_0)^2 = 0{,}2601 \cdot 10^{-5}\ (\mathrm{m^{-1}\,sec^{-1}}),$$
$$B_{(\varphi)} = (1/\sin\varphi)\,(1 + \sin\varphi)^{-2},$$
$$C = (z_1 + z_2 + z_3 + z_3 - 4\,z_0) \quad (\text{Meter}).$$

Tabelle 3.247.2

Geogr. Breite (Grad)	B	$A \cdot B \cdot 10^{-5}$ ($\mathrm{m^{-1}\ sec^{-1}}$)	$A \cdot B \cdot 10^{-5}$ ($\mathrm{m^{-1}\ sec^{-1}}$)	Geogr. Breite
10	4,181	1,088	1,0	10,2
20	1,623	0,422	0,9	11,0
30	0,889	0,231	0,8	12,1
40	0,576	0,150	0,7	13,5
50	0,419	0,109	0,6	15,3
60	0,331	0,086	0,5	17,6
70	0,283	0,074	0,4	20,8
80	0,258	0,067	0,3	25,4
90	0,250	0,065	0,2	33,0
			0,1	53,3

Aus Tab. 3.247.2 geht hervor, daß geostrophische Vorticityanalysen äquatorwärts von etwa 20° Breite unzuverlässig sind, da sich der Faktor $A \cdot B$ mit der Breite zu stark ändert.

Dies hat seinen Grund darin, daß in Äquatornähe die geostrophische Windgleichung 1.222 (7) ihre Gültigkeit verliert, denn f nähert sich dem Wert 0. Für äquatoriale Breiten muß die Vorticity daher mittels anderer Methoden aus direkten Windbeobachtungen berechnet werden. Analysiert man C in 10-gpm-Intervallen, so kann an den Schnittpunkten mit der breitenkreisparallelen Kurvenschar $A \cdot B$ die Vorticity in Einheiten 10^{-4} berechnet werden.

Graphische Addition des q_z-Feldes zum f-Feld, das aus einer Schar breitenparalleler Kreise besteht, ergibt die Verteilung der absoluten Vorticity Q_z. In Abb. 3.247.2 ist die Topographie der 500-mb-Fläche vom 26. November 1952, 03.00 GCT, wiedergegeben, und Abb. 3.247.3 zeigt die aus dieser Topographie mittels des oben angegebenen Verfahrens errechnete absolute geostrophische Vorticity (Petterssen 1953 b).

Berechnung der Vorticity aus den Windbeobachtungen

Für die Berechnung der Vorticity aus den tatsächlichen Windbeobachtungen steht eine Reihe von Methoden zur Verfügung. $\bar{u}$, $\bar{v}$, $(\bar{u} + \Delta\bar{u})$ und $(\bar{v} + \Delta\bar{v})$ seien die mittleren Geschwindigkeitskomponenten entlang den Seiten einer quadratischen Fläche in der Höhenwindkarte. Wird die Seitenlänge nicht zu groß gewählt, so kann man näherungsweise schreiben (vgl. Abb. 3.247.1)

$$\bar{u} = (u_C + u_D)/2.$$

Für die übrigen Mittelwerte der Geschwindigkeit gilt Analoges. Gl. 1.231(2) lautet dann in Differenzenform

$$\bar{q}_z = \Delta v/\Delta x - \Delta u/\Delta y. \qquad 3.247\ (12)$$

$\bar{q}_z$ ist die mittlere Vertikalkomponente der Vorticity dieser Fläche.

In der Praxis geht man dabei so vor, daß die Felder u und v analysiert und die Gradienten von u und v entlang der Seiten des verwendeten Netzes aus dieser Analyse bestimmt werden. Die Felder $\partial v/\partial x$ und $\partial u/\partial y$ werden nun wiederum analysiert und graphisch voneinander subtrahiert. Das resultierende Feld ist die Vorticity in Einheiten, die durch die verwendete Netzgröße und die Maßeinheit der Geschwindigkeit bestimmt sind.

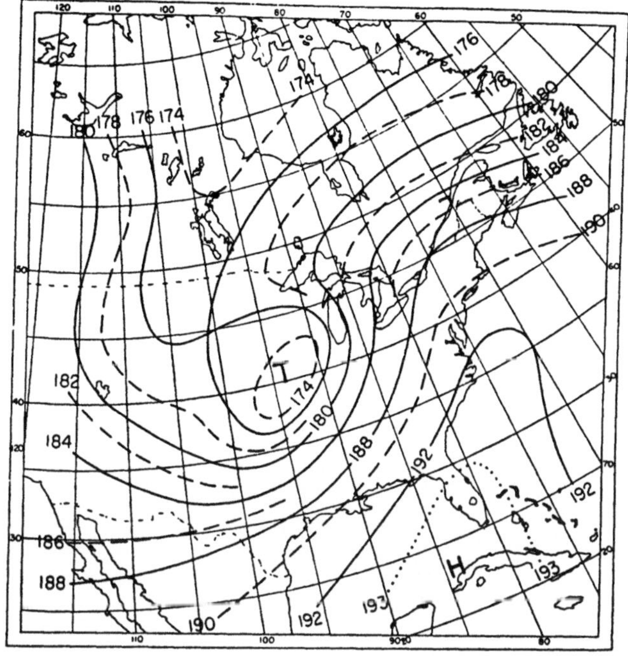

Abb. 3.247.2. Absolute Topographie (10^2 gpf) der 500-mb-Fläche am 26. November 1952, 03.00 GCT. (PETTERSSEN 1953b)

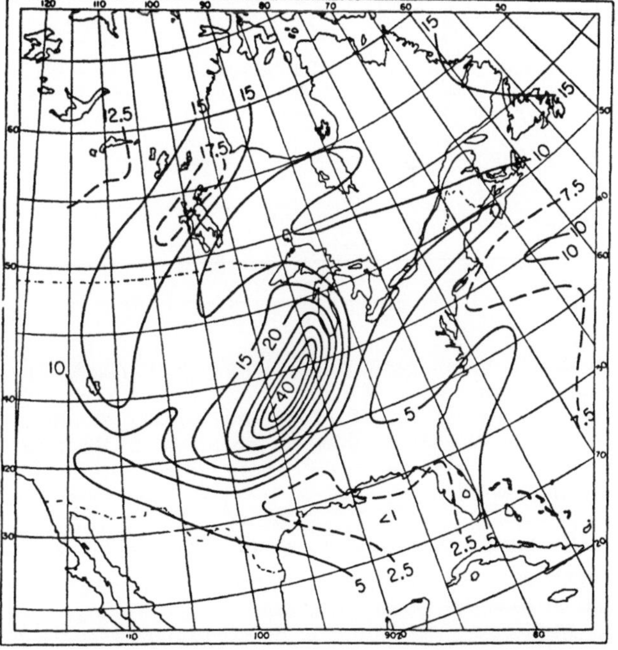

Abb. 3.247.3. Absolute geostrophische Vorticity (Einheiten $10^{-5}\,\mathrm{sec}^{-1}$) der in Abb. 3.247.2 dargestellten Topographie. (PETTERSSEN 1953b)

Wird die y- und x-Achse mit Meridianen und Breitengraden identifiziert, so muß wegen der Konvergenz der Meridiane ein Korrekturglied berücksichtigt werden, das jedoch nur in Polnähe von Bedeutung ist, und die Gleichung lautet dann

$$q_z = \partial v/\partial x - \partial u/\partial y + (u/R) \cdot \tan\varphi. \qquad 3.247\ (13)$$

R ist der Erdradius. Diese Gleichung geht aus der Transformation von Cartesischen in sphärische Koordinaten hervor und kann ebenso wie (12) in eine Differenzenform übertragen werden (SAUCIER 1955).

Für Vorticityberechnungen in der Nähe der Strahlstromachse benützt man am vorteilhaftesten Gl. 1.231 (3). Beide Terme können aus Nomogrammen bestimmt werden.

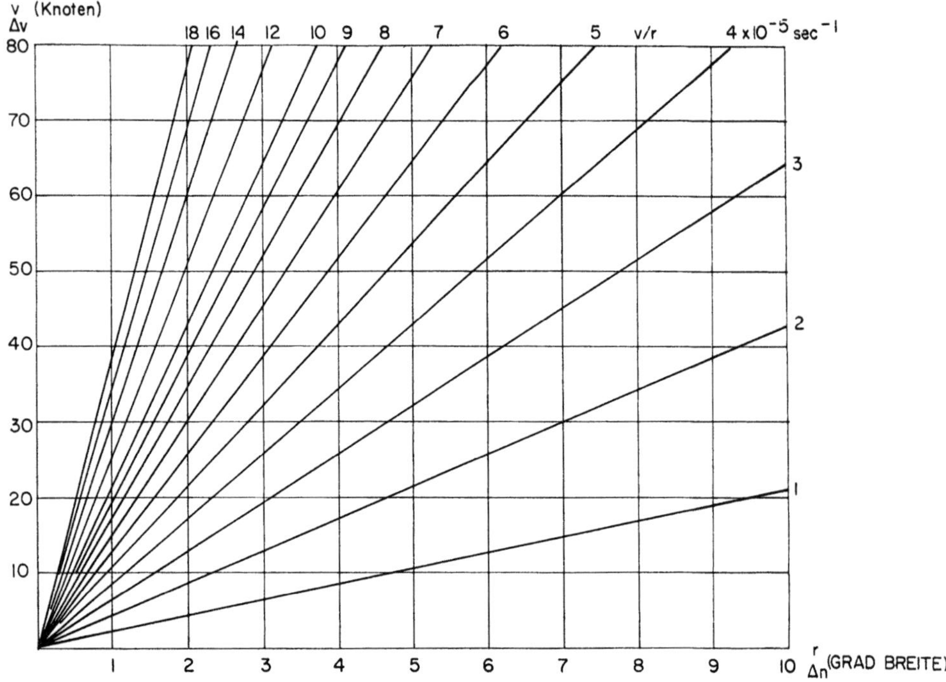

Abb. 3.247.4. Nomogramm zur Berechnung von Krümmungs- und Scherungsvorticity (s. Text)

Der Krümmungsradius wird mit einer Plexiglasauflage in Einheiten von Breitengraden ermittelt. Wird v in Knoten angegeben, so kann V/r ($\sec^{-1}$) aus Abb. 3.247.4 abgelesen werden. Dasselbe Diagramm kann für die Berechnung des Quotienten $\Delta V/\Delta n$ herangezogen werden, falls Δn ebenfalls in Breitengraden gemessen wird. Durch einfache Umnumerierung der Koordinaten kann der Bereich des Diagramms beliebig erweitert werden.

Zu beachten ist, daß der erste Term für den Mittelpunkt der Strecke Δn ausgewertet werden muß, bzw. falls V/r stark variiert, ein Mittelwert über die Strecke Δn zu nehmen ist.

Steht eine Stromlinien- und Isotachenanalyse zur Verfügung, so kann die Vorticity mittels Gl. 1.231 (5) bestimmt werden: n_1 und n_2 seien Normale zu der Stromlinie s. Das Kreisintegral reduziert sich auf $\overline{V}_1 \cdot \Delta s_1 - \overline{V}_2 \cdot \Delta s_2$. Die Fläche

A kann ausplanimetriert werden. Ist ψ der im positiven Sinn gemessene Winkel zwischen der Tangente an die Stromlinie im Punkt P und der Stromlinie selbst, so gilt auch

$$q_z = \partial V/\partial n - V\,(\partial \psi/\partial s). \qquad 3.247\,(14)$$

Aus Gl. 1.231 (4) ist ersichtlich, daß sämtliche Methoden der Divergenzberechnung auch auf die Vorticity anwendbar sind, wenn das Feld des horizontalen Windvektors um 90° nach rechts gedreht wird.

Vergleich zwischen beobachteter und geostrophischer Vorticity

Ein Vergleich zwischen der geostrophischen Vorticity q_g und der aus tatsächlichen Windbeobachtungen berechneten relativen Vorticity zeigt, daß erstere im zyklonalen Fall zu große, im antizyklonalen Fall zu kleine Werte liefert. Die Unterschiede können beträchtlich sein, wenn die Größenordnung von Q und Q_g diejenige des Coriolisparameters übersteigt (vgl. Kap. 1.239) (Petterssen 1953b). Abb. 3.247.5 zeigt die absolute Vorticity für die in Abb. 3.247.2 wiedergegebene 500-mb-Topographie. Graphische Subtraktion dieser Abbildung von Abb. 3.247.3 gibt den Unterschied $Q_g - Q$. Diese Differenz ist in Abb. 3.247.6 repro-

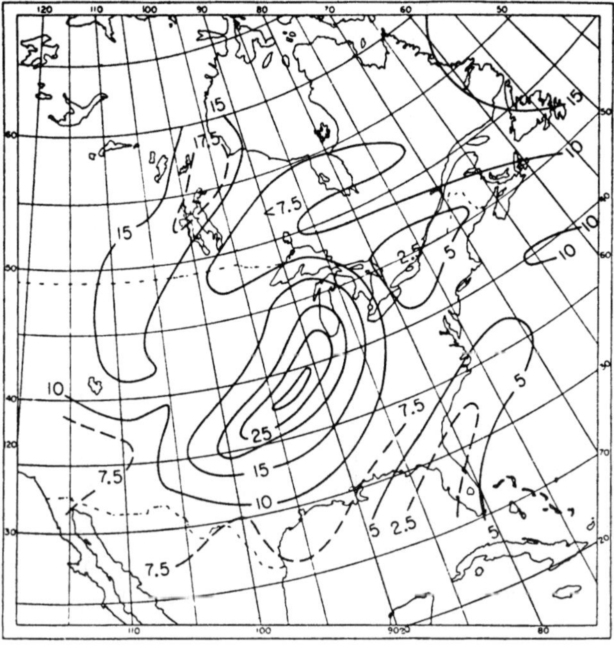

Abb. 3.247.5. Absolute Vorticity (10^{-5} sec^{-1}) der in Abb. 3.247.2 dargestellten Topographie, nach Gl. 1.239 (7) berechnet. (Petterssen 1953b)

Abb. 3.247.6. Differenz zwischen Abb. 3.247.3 und 3.247.5. (Petterssen 1953b)

duziert. Es drängt sich hier die Frage auf, ob die Methoden der numerischen Wetterprognose, welche sich auf die *geostrophische* Vorticity stützen, auf Grund dieser Diskrepanz nicht revisionsbedürftig wären (LANDERS 1956).

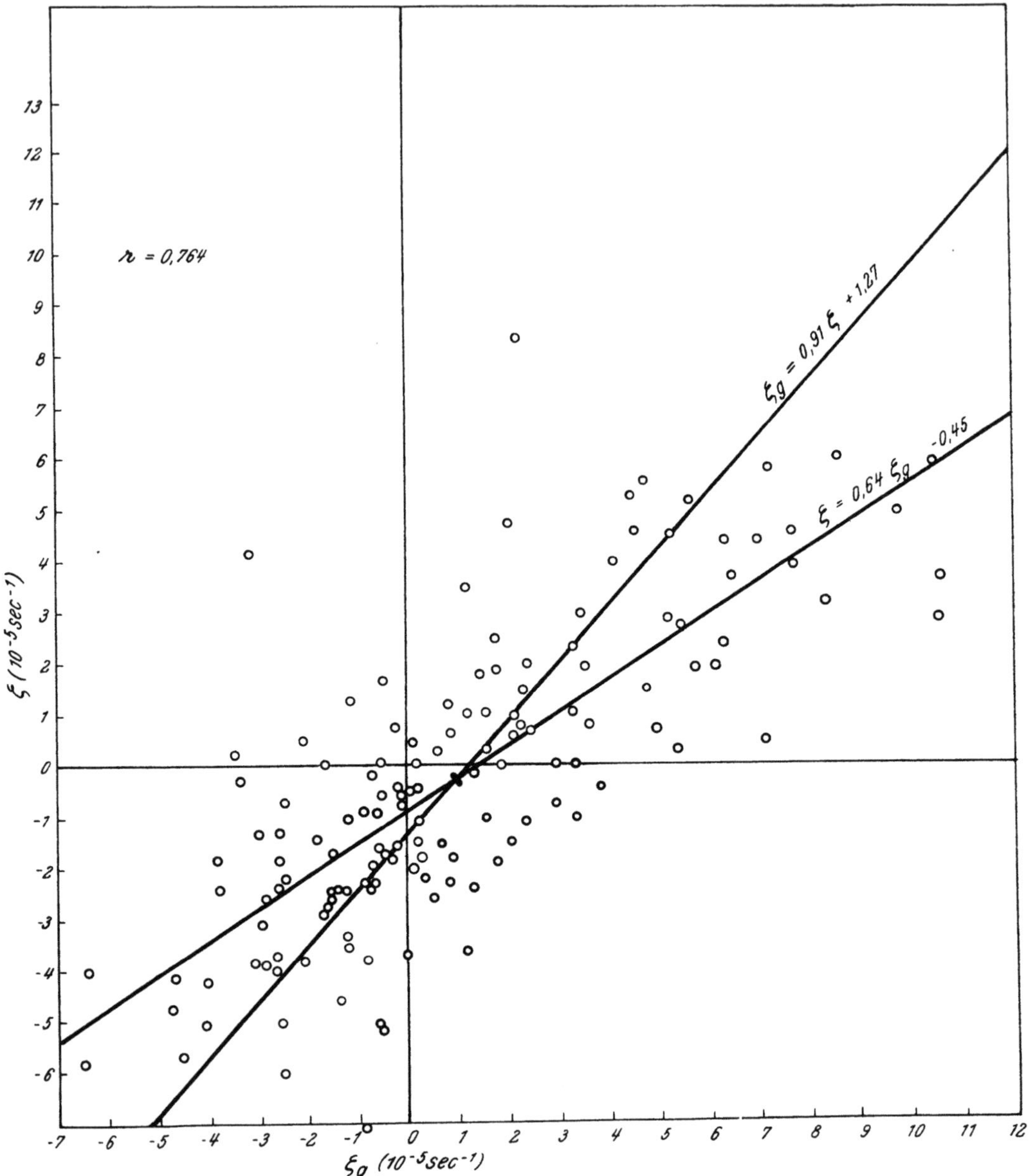

Abb. 3.247.7. **Korrelation zwischen tatsächlicher (ζ) und geostrophischer Vorticity (ζ_g) (Winter). (PETERSON 1957)**

Ähnliche Ergebnisse zeigten statistische Untersuchungen im 500-mb-Niveau über den Vereinigten Staaten bei einer Netzweite von 600 km (PETERSON 1956, 1957). Abb. 3.247.7 zeigt ein Streuungsdiagramm, das die relative geostrophische

Vorticity q_g mit der aus Windbeobachtungen ermittelten Vorticity q vergleicht. (Die relative Vorticity ist in diesem Diagramm mit ξ bezeichnet.) In folgender Tabelle sind die Meßergebnisse einander gegenübergestellt. n ist die Zahl der beobachteten Fälle, σ_g und σ die „standard deviation" der jeweiligen Vorticity-reihe, r der lineare Korrelationskoeffizient, S_g der „standard error" für eine Abschätzung von q_g aus q und S der „standard error" für eine Abschätzung von q aus q_g. R gibt die Wurzel der mittleren quadratischen Abweichung der Differenzen der beiden Vorticities an:

$$R = \sqrt{\left(\frac{1}{n}\sum_{1}^{n} |q_{gi} - q_i|^2\right)}$$

	n	q_g	q	σ_g	σ	r	S_g	S	R
Winter .	141	0,97	−0,33	3,55	2,98	0,764	2,28	1,92	2,65
Sommer	244	1,16	−1,25	2,69	2,60	0,653	2,04	1,97	3,26
Jahr . . .	385	1,09	−0,91	3,03	2,78	0,689	2,20	2,02	3,05

Die Korrelation zwischen geostrophischer und tatsächlich beobachteter Vorticity scheint demnach im Winter besser zu sein als im Sommer. Im Durchschnitt der beobachteten Fälle ergeben sich für die geostrophische Vorticity höhere Werte als für die beobachtete. Schwankungen im Windfeld und Ungenauigkeit in der Windbeobachtung wirken sich natürlich auf die Berechnung der beobachteten Vorticity aus. Aber auch die geostrophische Vorticity verdankt einen Teil ihrer Schwankungen den Analysenungenauigkeiten. Es ist anzunehmen, daß — je kleinmaschiger das verwendete Stationsnetz ist — die Ungenauigkeiten in der Berechnung der geostrophischen Vorticity diejenigen der beobachteten überwiegen.

Deformationsanalyse

Die gesamte Deformation erhält man durch vektorielle Addition der Streckungsdeformation und der Scherungsdeformation [Gl. 1.237 (1) und (2)]. Sie ist unabhängig von der Orientierung des Koordinatensystems. Für die Auswertung aus Analysen der u- und v-Komponenten des unmittelbar beobachteten Windfeldes gilt Analoges wie bei Vorticity und Divergenz.

Unter Annahme geostrophischer Strömungsverhältnisse und unter Vernachlässigung der Variation des Coriolisparameters mit der geographischen Breite erhält man — ähnlich wie bei der Berechnung der geostrophischen Vorticity — die beiden Deformationskomponenten

$$A_g = -(2g/f)(\partial^2 z/\partial x\, \partial y) \quad 3.247\ (15)$$

$$B_g = (g/f)(\partial^2 z/\partial x^2 - \partial^2 z/\partial y^2). \quad 3.247\ (16)$$

Für ein Netz der in Abb. 3.247.1 gezeigten Art erhält man:

$$\partial^2 z/\partial x \partial y = (1/H^2)(z_A - z_B + z_C - z_D) \quad 3.247\ (17)$$

$$\partial^2 z/\partial x^2 - \partial^2 z/\partial y^2 = (1/H^2)(z_1 + z_3 - z_2 - z_4). \quad 3.247\ (18)$$

Berücksichtigt man den Maßstabfaktor m, der bei Entnahme der Werte z_i aus einem Cartesischen Koordinatensystem auf einer ebenen Karte in Erscheinung tritt, so erhält man

$$A = -(2\, g m^2/f h'^2)(z_A - z_B + z_C - z_D) \quad 3.247\ (19)$$

$$B = (g m^2/f h'^2)(z_1 + z_3 - z_2 - z_4). \quad 3.247\ (20)$$

In Abb. 3.247.8 ist eine Analyse der geostrophischen Deformation auf der 500-mb-Fläche wiedergegeben, die dem synoptischen Termin der Abb. 2, 3, 5 und 6 entspricht. Ein Vergleich mit Abb. 5 zeigt, daß die Deformation von derselben Größenordnung ist wie die aus den Windbeobachtungen bestimmte Vorticity. Die geostrophische Vorticity (Abb. 3) zeigt dementsprechend starke Abweichungen (Abb. 6), was ganz den theoretischen Überlegungen in Kap. 1.239 entspricht.

3.248. Analyse von Divergenz und Vertikalbewegung

Die Divergenz der Höhenströmung läßt sich nur aus einer Analyse des tatsächlich beobachteten Windfeldes berechnen. Die Divergenz des geostrophischen Windes besteht nämlich nur aus einem einzigen Glied, das auf die Änderung des Coriolisparameters mit der geographischen Breite zurückzuführen ist. Durch partielle Differentiation der Gl. 1.222 (7) nach x bzw. y und anschließende Summation erhält man

$$\Delta \cdot \mathbf{v}_g = -(g\beta/f^2)(\partial z/\partial x) = -(v_g/R)\cdot \cot\varphi. \qquad 3.248\ (1)$$

In 45° Breite hat g die Größenordnung 10^3 cm sec^{-2}, β etwa 10^{-13} cm^{-1} sec^{-1}, f^2 etwa 10^{-8} sec^{-2} und $\partial z/\partial x$ für 170 Knoten etwa 10^{-3}. Somit besitzt die Divergenz des geostrophischen Windes maximal die Größenordnung 10^{-5} sec^{-1}, die jedoch nur bei äußerst starken, in der Praxis kaum vorkommenden Meridionalkomponenten der Höhenströmung erreicht wird. Zonale geostrophische Strömungen sind vollkommen divergenzfrei. Bei den atmosphärischen Strahlströmen überwiegt in der Regel die zonale Komponente, so daß die geostrophische Divergenz in den meisten Fällen vernachlässigbar ist.

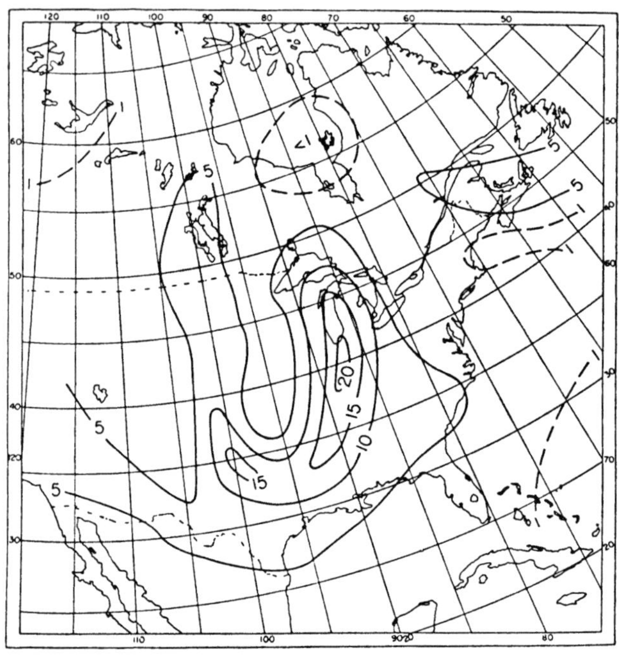

Abb. 3.247.8. Geostrophische Deformation $(A^2 + B^2)^{1/2}$, in Einheiten 10^{-5} sec^{-1}, der in Abb. 3.247.2 dargestellten Topographie. (PETTERSSEN 1953b)

Mit den in Kap. 1.232 angeführten Gleichungen kann die Divergenz aus den Windbeobachtungen auf verschiedene Weise berechnet werden. Daß bei Divergenzberechnungen der Kartenmaßstab keine Rolle spielt, geht aus einem Vergleich der Gl. 3.247 (3) mit Gl. 1.232 (4) hervor:

$$D_h' = (1/A')\,(dA'/dt) = (1/A)\,(dA/dt)\,(m^2/m^2) = D_h,$$

denn $dm/dt = 0$ für nicht zu lange Trajektorien auf der Karte. Die auf der Karte bestimmte Divergenz entspricht also der Divergenz auf der sphärischen Erde[1].

[1] Eine leichte Abhängigkeit der Divergenz vom Maßstabfaktor m (HOLLMANN 1958) wird in den Modellen der numerischen Wetterprognose meist unterdrückt.

Soll die feldmäßige Verteilung der Divergenz bestimmt werden, so bedient man sich am besten der Gl. 1.232 (2), wobei das Glied $\partial w/\partial t$ bei *horizontalen* Strömungen wegfällt. In Differenzenform lautet der Ausdruck für die mittlere Divergenz eines Rechteckes mit den Seitenlängen Δx bzw. Δy

$$D_h = \Delta \bar{u}/\Delta x + \Delta \bar{v}/\Delta y, \qquad 3.248\ (2)$$

wobei näherungsweise für nicht zu große Seitenlänge $\bar{u} = (u_B + u_C)/2$ ist (vgl. Abb. 3.247.1). Für die übrigen Geschwindigkeitsmittelwerte gilt Analoges. In der Praxis folgt man dabei einem graphischen Analysen- und Additionsschema, ähnlich dem für die Vorticity geschilderten.

Werden y- und x-Achse mit Meridianen und Breitenkreisen identifiziert, so gilt wegen der Konvergenz der Meridiane (SAUCIER 1955, GODSKE et al. 1957)

$$D_h = \partial u/\partial x + \partial v/\partial y - (v/R) \cdot \tan \varphi. \qquad 3.248\ (3)$$

Das Korrekturglied ist nur in Polnähe von Bedeutung.

In einem natürlichen Koordinatensystem reduziert sich das Kreisintegral in Gl. 1.232 (5) auf $\bar{V}_2 n_2 - \bar{V}_1 n_1$. n_1 und n_2 sind Normale zu den Stromlinien, $\bar{V}_1$ und $\bar{V}_2$ die mittleren Geschwindigkeiten auf diesen Normalen. Die Fläche A kann ausplanimetriert werden. Ist ψ der Winkel, den die Richtungen der zwei die Fläche begrenzenden Stromlinien einschließen, so kann die Divergenz bestimmt werden aus

$$D_h = \partial V/\partial s + V\ (\partial \psi/\partial n).$$

[vgl. Gl. 1.232 (3)]

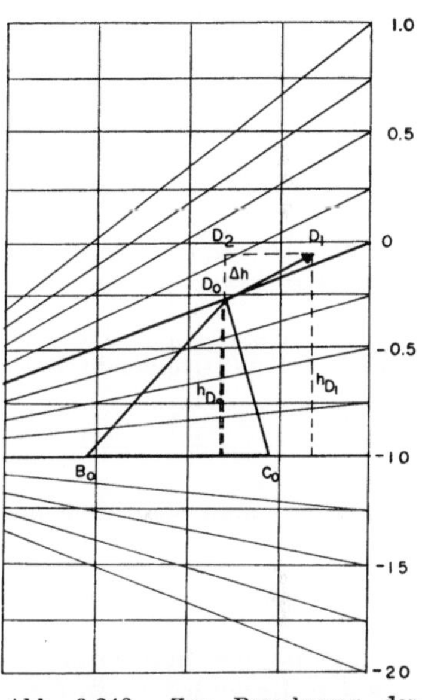

Abb. 3.248. Zur Berechnung der Divergenz aus den Höhenwindbeobachtungen an 3 Stationen B_0, C_0 und D_0 (s. Text). (Nach BELLAMY 1949)

Aus den Windbeobachtungen an drei Stationen kann die Divergenz aus der Flächenänderung pro Zeiteinheit [Gl. 1.232 (4)] berechnet werden. A_0 ist die Fläche des Dreiecks B_0, C_0, D_0; die Eckpunkte der Windvektoren in diesen drei Punkten bilden das Dreieck $B_1\,C_1\,D_1$, dessen Fläche wir mit A_1 bezeichnen wollen. (In Abb. 3.248 ist vom Dreieck A_1 nur der Punkt D_1 eingetragen.) Unter der Annahme, daß die Windänderung zwischen den Stationen linear sei und daß die Länge der Vektoren $ds = \mathrm{v}\Delta t$ ist, gilt dann für die mittlere Divergenz der Fläche des ursprünglichen Dreiecks

$$D_h = (A_1 - A_0)/A_0 \cdot \Delta t. \qquad 3.248\ (4)$$

Die Flächen A_0 und A_1 können planimetrisch bestimmt werden. Eine graphische Methode wurde von BELLAMY (1949) angegeben.

D_h wird aufgeteilt in die Beiträge, welche die Windvektoren an den einzelnen Stationen liefern, also

$$D_h = D_B + D_C + D_D.$$

Die Fläche des ursprünglichen Dreiecks ist $(\overline{B_0\,C_0}/2) \cdot h_{D_0}$, die des Dreiecks, das unter Berücksichtigung des Windvektors in D_0 entsteht, $(\overline{B_0\,C_0}/2) \cdot h_{D_1}$. Es ist also

$$D_D = (1/\Delta t)\ (\Delta h_D/h_{D_0}),$$

wobei $\Delta h_D = h_{D_1} - h_{D_0}$ (Abb. 3.248).

Analoges gilt für die übrigen Punkte. In einem Nomogramm, das Isoplethen für $\Delta h/h$ enthält (schräge Linien in Abb. 3.248), kann D_D wie folgt bestimmt werden:

Das Nomogramm wird derart auf das Stationsdreieck gelegt, daß die Basis des Dreiecks mit der Geraden $-1{,}0$ zusammenfällt und die Spitze D des Dreiecks auf der Geraden 0 liegt. $\Delta h/h$ kann unmittelbar als der Abstand $\overline{D_2 D_0}$ an den schrägen Linien abgelesen werden. Den Punkt D_2 erhält man als Schnittpunkt einer Horizontalen durch D_1 und einer Vertikalen durch D_0, wie dies auch in Abb. 3.248 skizziert ist.

Die *Größenordnung* der Divergenz hängt von der Länge des Zeitintervalls ab, das zur Mittelbildung herangezogen wurde, und damit auch vom Witterungsablauf, der für das Auftreten der Divergenz charakteristisch ist. PETTERSSEN (1956) gibt folgende Zahlen als charakteristische Divergenzwerte an:

D (sec^{-1})	Δt	Wirkungsbereich des Strömungsfeldes
$1{,}9 \cdot 10^{-4}$	1 Stunde	*subsynoptische* konvektive Vorgänge, Tornados, Hurrikane usw.
$3{,}2 \cdot 10^{-5}$	6 Stunden	*intensiv synoptisch:* stark entwickelte Höhentröge, Zyklogenese im Meeresniveau
$0{,}8 \cdot 10^{-5}$	1 Tag	*mittelmäßig synoptisch*
$0{,}4 \cdot 10^{-5}$	2 Tage	*schwach synoptisch*
$1{,}1 \cdot 10^{-6}$	1 Woche	*planetarische Wellen*

Für die Entwicklung und Aufrechterhaltung von Strahlströmen sind demnach Divergenzbeträge in der Größenordnung 1 bis $4 \cdot 10^{-5}$ maßgeblich. Selbst diese geringen Divergenzbeträge würden, falls sie sich über die ganze Atmosphärentiefe erstreckten, enorme Bodendruckänderungen zur Folge haben.

Aus der statischen Grundgleichung 1.222 (3) erhält man unter Berücksichtigung von Gl. 1.222 (2) folgende Beziehung für die Bodendruckänderung:

$$(\partial p/\partial t)_0 = \int_0^\infty (\partial \varrho/\partial t)\, d\Phi. \qquad 3.248\ (5)$$

Substituiert man aus der Kontinuitätsgleichung 1.221 (2), so ergibt dies

$$(\partial p/\partial t)_0 = -\int_0^\infty \nabla_h \cdot (\varrho\, \mathbf{v})\, d\Phi + (g\, \varrho\, w)_0. \qquad 3.248\ (6)$$

$\nabla_h \cdot (\varrho \mathbf{v})$ ist die horizontale Massendivergenz. Für die horizontale Erdoberfläche ist $w = 0$. Da außerdem in der Regel $\varrho\, (\nabla \cdot \mathbf{v})$ den Ausdruck $\mathbf{v} \cdot \nabla \varrho$ um eine Größenordnung überwiegt, kann man näherungsweise schreiben

$$(\partial p/\partial t)_0 = -\int_0^\infty \varrho\, (\nabla_h \cdot \mathbf{v})\, d\Phi. \qquad 3.248\ (7)$$

Führen wir aus der statischen Grundgleichung den Druck als vertikale Koordinate ein, so erhalten wir

$$(\partial p/\partial t)_0 = +\int_{p_0}^0 (\nabla_h \cdot \mathbf{v})\, dp. \qquad 3.248\ (8)$$

Eine mittlere Divergenz der gesamten Luftsäule von $2 \cdot 10^{-5}$ würde demnach für $\int_{p_0}^0 dp = -1000$ mb eine Bodendruckänderung von etwa $2 \cdot 10^{-2}$ mb $\cdot$ sec^{-1} zur Folge haben. Dies entspricht einer Drucktendenz von etwa 72 mb pro Stunde. Die tatsächlich beobachteten Drucktendenzen im Meeresniveau sind jedoch fast zwei Größenordnungen kleiner. Es sind in der Atmosphäre also *mindestens* zwei Schichten übereinander gelagert, in denen die Divergenz ihr Vorzeichen ändert. Dies geht bereits aus Untersuchungen von SCHEDLER (1917), DINES (1912, 1919, 1925) und in jüngerer Zeit aus Arbeiten von SUTCLIFFE (1939, 1947) hervor.

REUTER und HUBER (1956) betrachten die Anteile verschiedener Druckniveaus am Zustandekommen der Bodendruckänderung, indem sie statt der Divergenz $\nabla_h \cdot \mathbf{V}$ in Gl. (8) die lokale Änderung und die Advektion der reziproken absoluten Vorticity betrachten. Starker Bodendruckfall setzt ein, wenn beide Terms dasselbe Vorzeichen besitzen.

Das Strahlstromniveau ist durch ein Maximum an Divergenz bzw. Konvergenz ausgezeichnet (vgl. auch FAUST 1953, 1954a, b, 1955a, b). Die Vertikalgeschwindigkeit $\omega = dp/dt$ zeigt dagegen ein Maximum im divergenzfreien Niveau. Die Bodendruckänderung setzt sich zusammen aus den Wirkungen der positiven und negativen Divergenzen ober- und unterhalb des divergenzfreien Niveaus p_D und ist somit ein kleines Residuum zweier größerer, einander entgegengesetzter Beträge.

$$(\partial p/\partial t)_0 = \int_{p_0}^{p_D} (\nabla_h \cdot \mathbf{v})\, dp + \int_{p_D}^{0} (\nabla_h \cdot \mathbf{v})\, dp. \qquad 3.248\ (9)$$

Der Zusammenhang zwischen Vertikalgeschwindigkeit $\omega = dp/dt$ und Divergenz ergibt sich aus Gl. 1.235 (1) für lim $\Delta p \to 0$

$$\partial\omega/\partial p = -D. \qquad 3.248\ (10)$$

Gl. (10) beinhaltet die Tatsache, daß für $D = 0$ ω ein Extremum ist, dessen Art durch das Vorzeichen von

$$\partial D/\partial p = -\partial^2\omega/\partial p^2$$

bestimmt ist: Für gegen den Boden hin zunehmende Divergenz $\partial D/\partial p > 0$ ist $\partial^2 \omega/\partial p^2 < 0$, die Vertikalgeschwindigkeit dp/dt erreicht also hier ein Maximum und beschreibt eine *Absinkbewegung*. Boden*konvergenz*, die mit der Höhe abnimmt, besitzt im divergenzfreien Niveau ein Minimum der Vertikalgeschwindigkeit, beschreibt daher eine aufsteigende Bewegung.

Für das Extremum der Divergenz bei etwa 300 mb gilt $\partial D/\partial p = -\partial^2 \omega/\partial p^2 = 0$, die zweite Ableitung der Vertikalgeschwindigkeit nach der vertikalen Koordinate muß also Null sein. Im selben Niveau ist jedoch $D = -\partial\omega/\partial p \neq 0$, d. h. die Kurven der Vertikalgeschwindigkeiten besitzen bei etwa 300 mb, also ungefähr im Strahlstromniveau, einen *Wendepunkt*. Die Vertikalgeschwindigkeiten selbst müssen jedoch *nicht* Null sein (REITER 1959f).

Die Vertikalgeschwindigkeit kann nach verschiedenen Methoden berechnet werden (PANOFSKY 1951). Durch stufenweise Integration der Kontinuitätsgleichung in der Form der Gl. 3.248 (10) kann unter Zuhilfenahme der Grenzbedingung $\omega = 0$ für das Meeresniveau die Vertikalgeschwindigkeit direkt aus den Divergenzanalysen berechnet werden, ohne daß irgendwelche Annahmen über den Mechanismus der Strömung notwendig sind. Mittels BELLAMYS (1949) „Dreiecksmethode“ der Divergenzberechnung kann man die Vertikalgeschwindigkeit nach der Formel bestimmen:

$$w_2 = \frac{\varrho_1}{\varrho_2} w_1 + \tfrac{1}{2}\left(\frac{\varrho_1}{\varrho_2} D_1 + D_2\right) h. \qquad 3.248\ (11)$$

w_2 und w_1 sind die Vertikalgeschwindigkeiten an der Ober- und Untergrenze einer Schicht von der Dicke h. ϱ_2 und ϱ_1 sind die Dichten und D_2 bzw. D_1 die horizontalen Divergenzen in den beiden Begrenzungsflächen. Da jedoch die Windbeobachtungen und -analysen äußerst genau sein müssen, kommen diese Methoden in der Praxis nur selten in Betracht. Besonders im Bereich der Strahlströme ist mit Fehlern zu rechnen.

Unter der Annahme, daß die Strömung adiabatisch verlaufe, daß also $d\Theta/dt = 0$ sei, erhält man

$$\partial\Theta/\partial t + \mathrm{v}_h \cdot \nabla\Theta + \omega\,(\partial\Theta/\partial p) = 0$$

oder

$$\omega = -\,(1/(\partial\Theta/\partial p)) \cdot [\partial\Theta/\partial t + V\,(\partial\Theta/\partial s)]. \qquad 3.248\ (12)$$

V ist der Betrag der horizontalen Windgeschwindigkeit. $\partial\Theta/\partial t$ die lokale Änderung der potentiellen Temperatur pro Zeiteinheit und $\partial\Theta/\partial s$ die Änderung der potentiellen Temperatur pro Längeneinheit entlang der Stromlinie [vgl. hierzu ARIZUMI (1950)]. Aus Gl. 1.225 (1) und der statischen Grundgleichung kann man in (12) einsetzen und man erhält für die Vertikalgeschwindigkeit mit z als vertikaler Koordinate

$$w = -\,(1/(\Gamma - \gamma)) \cdot [\partial T/\partial t + V(\partial T/\partial s)]. \qquad 3.248\ (13)$$

Γ ist der trockenadiabatische vertikale Temperaturgradient

$$\Gamma = \varkappa_d/R_d = 1/c_{p\,d} = 0{,}00996^\circ\ \mathrm{C/gpm} \qquad 3.248\ (14)$$

und γ der tatsächlich vorhandene vertikale Temperaturgradient. Gl. 3.248 (13) kann auch aus den Aufstiegskurven und Hodogrammen einer einzelnen Station ausgewertet werden, doch leidet die Zuverlässigkeit der Berechnungen unter der Annahme geostrophischer Strömungsverhältnisse.

G. (13) kann umgeformt werden, wenn die horizontalen und vertikalen Strömungskomponenten gesondert in Rechnung gestellt werden.

$$w = -\frac{1}{\Gamma - \gamma}\left(\frac{\partial T}{\partial t} + V_h\left(\frac{\partial T}{\partial s}\right)_h + \frac{dz}{dt}\cdot\frac{\partial T}{\partial z}\right)$$

oder

$$w = -\frac{1}{\Gamma - \gamma}\left[\frac{\partial T}{\partial t} + V_h\left(\frac{\partial T}{\partial s}\right)_h - \gamma\,\frac{\partial z}{\partial t} - \gamma\,V_h\left(\frac{\partial z}{\partial s}\right)_h\right].$$

Für feuchtadiabatische Prozesse muß in Gl. (13) Γ durch den feuchtadiabatischen vertikalen Temperaturgradienten ersetzt werden (PETTERSSEN 1956).

Bezeichnet man mit C die Geschwindigkeit, mit der sich eine Isotherme entlang einer Stromlinie bewegt, so gilt

$$\partial T/\partial t = -\,C\,(\partial T/\partial s) \qquad 3.248\ (15)$$

und

$$w = -\,(1/(\Gamma - \gamma)) \cdot (V - C) \cdot (\partial T/\partial s). \qquad 3.248\ (16)$$

Die Nachteile dieser Methode bestehen darin, daß wegen der annähernden Parallelität von Stromlinien und Isothermen — besonders wenn der Windanalyse Gradientwindverhältnisse zugrunde gelegt wurden und die Stromlinien identisch mit den Isohypsen sind — Schnittpunkte der beiden Kurvenscharen schwer zu fixieren sind, die Bestimmung von w daher in starkem Maße von der Analysengenauigkeit abhängt. Außerdem wirken sich feuchtadiabatische und nichtadiabatische Vorgänge erschwerend auf die Berechnung aus, da man mit dem einfachen Wert für Γ nicht mehr auskommt.

Eine weitere Methode zur Berechnung der Vertikalgeschwindigkeit ergibt sich aus Gl. 1.233 (7). Die beiden letzten Glieder auf der rechten Seite dieser Gleichung können zumeist vernachlässigt werden (sie geben die Aufrichtung horizontaler Wirbelröhren an), außer in Gebieten mit stark ausgeprägten horizontalen Gradienten der Vertikalgeschwindigkeit. Durch Einführung von p als Vertikalkoordinate erhält man

$$\partial Q/\partial t + V\,(\partial Q/\partial s) + \omega\,(\partial Q/\partial p) = (\partial\omega/\partial p)\,Q \qquad 3.248\ (17)$$

oder durch einfache Umformung

$$\partial Q/\partial t + V\,(\partial Q/\partial s) = Q^2 \cdot \partial/\partial p\,(\omega/Q).$$

Integration dieser Gleichung ergibt

$$\omega_1/Q_1 - \omega_0/Q_0 = \int_0^1 (1/Q^2) \cdot [\partial Q/\partial t + V\,(\partial Q/\partial s)] \cdot dp.$$

Da ω_0 am horizontalen Erdboden Null ist, kann man durch stufenweise Integration die Vertikalgeschwindigkeit in beliebigen Niveaus erhalten

$$\omega_1 = Q_1 \int_0^1 (1/Q^2) \cdot [\partial Q/\partial t + V\,(\partial Q/\partial s)]\, dp. \qquad 3.248\,(18)$$

Für Vorticitywerte kleiner als $0{,}4 \cdot 10^{-4}$ empfiehlt PETTERSSEN (1956), die rechte Seite von Gl. (17) zu vernachlässigen. Man erhält in diesem Fall als Näherungsformel für die Vertikalgeschwindigkeit

$$\omega = -\,[\partial Q/\partial t + V\,(\partial Q/\partial s)]/(\partial Q/\partial p). \qquad 3.248\,(19)$$

Die Auswertung des Gliedes $\partial Q/\partial s$ bereitet in der Regel keine Schwierigkeiten, denn die Isoplethen für Q ergeben wohldefinierte Schnittpunkte mit den Isohypsen und den Stromlinien (vgl. Abb. 3.247.2 und 3.247.3). $\partial Q/\partial t$ ist schwieriger zu berechnen, da Höhenwindkarten nur im Abstand von 12 Stunden verfügbar sind. PETTERSSEN empfiehlt, die Vorticityänderungen $\delta Q/\delta t$ zu berechnen, und zwar relativ zu einem Koordinatensystem, das mit dem Störungszentrum am Boden, dessen Geschwindigkeit mit C bezeichnet sei, mitwandert. Es ist dann

$$\partial Q/\partial t = \delta Q/\delta t - C\,(\partial Q/\partial S), \qquad 3.248\,(20)$$

wenn S die Fortpflanzungsrichtung der Störung angibt.

Im Bereich der Strahlströme, wo sich die Luftmassen mit großer Geschwindigkeit durch das Isohypsenfeld bewegen, ist $\partial Q/\partial t \ll \partial Q/\partial s$, so daß die Vorticitygleichung annähernd lautet

$$V\,(\partial Q/\partial s) = -Q \cdot D. \qquad 3.248\,(21)$$

Im Bereich starker *Advektion positiver Vorticity* ($\partial Q/\partial s < 0$) ist also mit ausgeprägter *Höhendivergenz* und mit *aufsteigenden* Luftbewegungen im darunter befindlichen Teil der Troposphäre zu rechnen. Ist die Möglichkeit für Bodenkonvergenz gegeben, so erhält man unter Umständen Zyklogenese.

Berücksichtigt man, daß ausgeprägte Aufwärtsbewegungen in der Atmosphäre meist zum Zustand der Sättigung führen und feuchtadiabatisch verlaufen, Absinkbewegungen dagegen einer Trockenadiabate folgen und sich vom Sättigungszustand entfernen, so kann man durch Betrachtung der Differenz zwischen Taupunkt (T_d) und Trockentemperatur (T), die ja ein Maß für den Sättigungsgrad angibt, ein *qualitatives* Bild der Vertikalbewegungen erhalten. Diese äußerst einfache Methode eignet sich vor allem für die Analyse von Querschnitten und Zeitschnitten (vgl. Abb. 6.2.3, REITER-HEUBERGER 1961, VUORELA 1953, 1954, 1957a). Gebiete mit geringer Differenz $T - T_d$ lassen auf Aufgleitvorgänge schließen. Ist $T - T_d$ groß, so handelt es sich um Gebiete mit Absinkbewegungen. Der Nachteil dieser Methode besteht darin, daß die Feuchtemessungen bei tiefen Temperaturen ($< -40°$ C) und geringen Wasserdampfmengen unzuverlässig werden, so daß brauchbare Messungen aus dem Strahlstromniveau nicht gerade häufig sind.

HOLLMANN und WEGNER (1958) geben eine Näherungsformel an, die es gestattet, die Vertikalgeschwindigkeit im 700-mb-Niveau in einem Zentralpunkt aus Werten der relativen Topographie 500/850 mb an umgebenden Netzpunkten ähnlich dem in Abb. 3.247.1 gezeigten Schema zu berechnen.

$$w_7 = \frac{p_{10} - p_7}{g\, f^2\, p_7} R\, T_7 \left\{ \frac{\partial}{\partial y} (\Phi_5 - \Phi_{8,5}) \frac{\partial Q_{8,5}}{\partial x} - \frac{\partial}{\partial x} (\Phi_5 - \Phi_{8,5}) \frac{\partial Q_{8,5}}{\partial y} \right\}. \quad 3.248\,(22)$$

w_7 ist die Vertikalgeschwindigkeit im 700-mb-Niveau, $p_{10} = 1000$ mb, $p_7 = 700$ mb, T_7 ist die absolute Temperatur im 700-mb-Niveau, $Q_{8,5}$ die absolute Vorticity im 850-mb-Niveau und $(\Phi_5 - \Phi_{8,5})$ die relative Topographie des Geopotentials zwischen 850 und 500 mb. In Differenzenform lautet diese Gleichung für eine Maschenweite von 300 km in 60° Breite auf einer stereographischen Projektion

$$w_0 = 2{,}02 \frac{1 - 0{,}0037\, t_0}{f_0^2} \{(D_2 - D_4)\,(Q_1 - Q_3) - (D_1 - D_3)\,(Q_2 - Q_4)\}. \quad 3.248\,(23)$$

Die Indizes beziehen sich auf die Netzpunkte der Abb. 3.247.1. t_0 ist die Temperatur im Punkt 0 in Celsiusgraden. D_i sind die Schichtdicken der relativen Topographie 500/800 mb und Q_i die Werte der absoluten *geostrophischen* Vorticity im 850-mb-Niveau. Q und f sind in Einheiten (6 Stunden)$^{-1}$ einzusetzen. w erhält man dann in cm/sec.

Wiin-Nielsen (1959) gibt eine graphische Näherungsmethode zur Berechnung des ω-Feldes an, welche sich an die Fjørtoft-Methode (1952) der graphischen Integration der Vorhersagegleichungen anlehnt und im wesentlichen auf die Temperaturadvektion im (isobaren) Feld der relativen Vorticity zurückgreift.

Im Einzelfall wird sich die Wahl der Berechnungsmethode für Divergenz und Vertikalbewegung einerseits nach der Qualität und dem Umfang der vorliegenden Daten, andererseits nach dem Zweck, zu dem die Berechnungen durchgeführt werden sollen, richten müssen. Die Zuverlässigkeit der Berechnungen wird erhöht, wenn mehrere Methoden gleichzeitig herangezogen und die Ergebnisse verglichen werden.

3.249. Tropopausen- und Frontenanalyse

Zwischen Höhe und Temperatur der Tropopause einerseits und Lage des PFJ und STJ andererseits besteht ein markanter Zusammenhang, der dazu ausgenützt werden kann, auf dem Umweg über eine Tropopausenanalyse die Strahlstromachse zu identifizieren. Während die polare Tropopause in der Nähe der 300-mb-Fläche — vielfach auch darunter — zu finden ist, hält sich die tropische Tropopause in der Nähe des 100-mb-Niveaus (Abb. 4.412.1). Zwischen diesen beiden extremen Tropopausenlagen ist eine Zone zu finden, in welcher eine Tropopause bei etwa 200 mb anzutreffen ist (vgl. Raethjen 1951).

Der Übergang zwischen den einzelnen Tropopausenlagen erfolgt nicht kontinuierlich, sondern über „Bruchzonen", in denen sich aus den Aufstiegskurven keine wohldefinierten Tropopausen angeben lassen. Es sind gerade diese Sprungstellen, in welchen die beiden Strahlströme, der PFJ und der STJ, ihren Sitz haben (Nagai et al. 1949). Somit läßt sich aus einer Topographie der Tropopausenfläche oder — was den aerologischen Diagrammen einfacher zu entnehmen ist — aus einer Isobaren- oder Isothermenanalyse der Tropopausenfläche die Lage der Strahlströme bestimmen. Sie fallen mit außergewöhnlich starken Temperatur- oder Druckgradienten zusammen, wie sie auch in Abb. 4.141 deutlich in Erscheinung treten.

F. Defant (1958, vgl. auch Defant und Taba 1958c) führt innerhalb der subtropischen Tropopause noch eine sekundäre Bruchzone ein, in welcher die Tropopause von etwa 250 auf 200 mb übergeht und die nach seiner Ansicht von einem Arm des STJ begleitet ist. Dieser Feineinteilung kann jedoch keine zu große Bedeutung beigemessen werden, wenn wir uns die Unzulänglichkeiten vor Augen führen, denen die Definition der Tropopause unterworfen ist.

Nach dem internationalen Wetterschlüssel ist die Tropopause als die Untergrenze der Schicht definiert, in welcher der Temperaturgradient ≤ 0,2° C/100 m wird, wobei diese Schicht mindestens 2 km dick sein muß. Studien von ENDLICH (1954), die von anderen Autoren (F. DEFANT 1958, HAVENS et al. 1956) bestätigt wurden, ergaben, daß die aus den Wettertelegrammen entnommenen Tropopausenhöhen ausgesprochene Häufigkeitsmaxima bei 300, 200, 150 und 100 mb haben. Schwächere Maxima liegen dazwischen bei Niveaus mit ganzzahligen Vielfachen von 10 mb. Abb. 3.249.1 zeigt eine derartige Häufigkeitsverteilung für 2500 Sondenaufstiege der Nordhemisphäre (Januar 1956). Markante Häufigkeitsmaxima treten bei 300 und 200 mb auf, dazwischen ist ein Maximum bei 250 mb zu finden. Da letzteres ebenfalls nach dem neuen Radiosondenschlüssel (seit Januar 1955) auf einem Standardniveau liegt, ist der Schluß auf die Existenz eines sekundären „Tropopausenbruches" zwischen 250 und 200 mb nicht unbe-

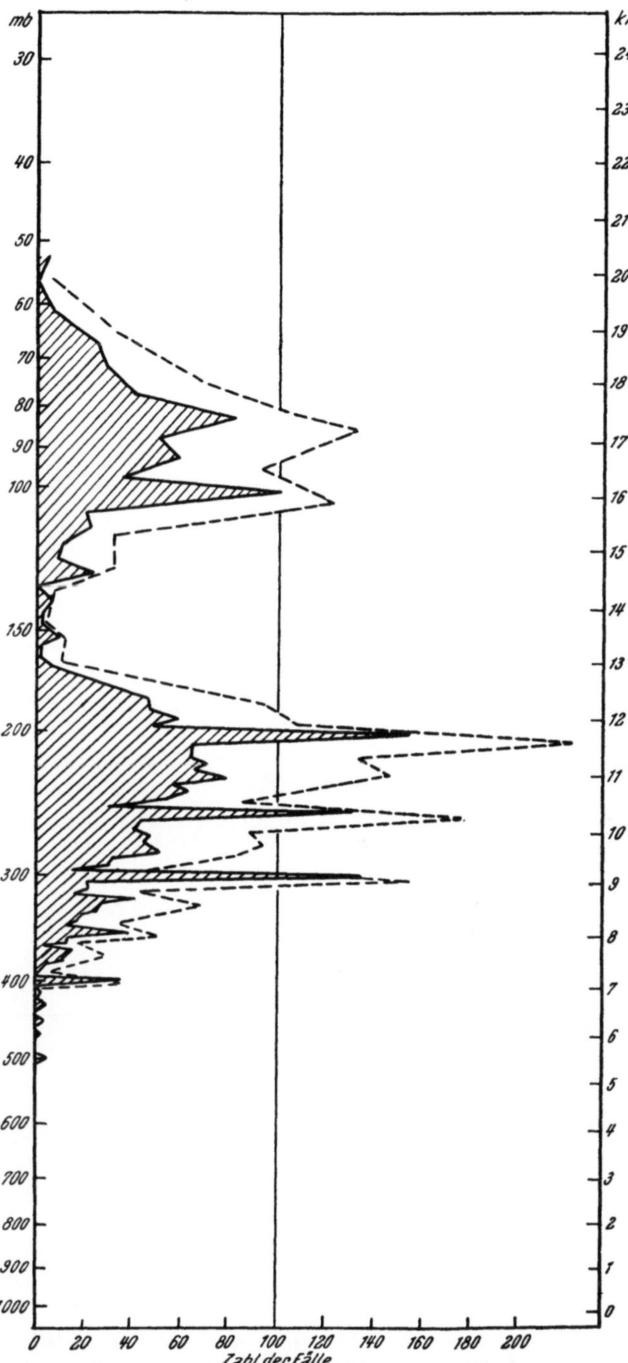

Abb. 3.249.1. Häufigkeitsverteilung der Tropopausenlagen, Januar 1956, für 2500 Sondenaufstiege über der Nordhemisphäre. Schraffiert: Frequenzverteilung für 5-mb-Intervalle; strichliert: Frequenzverteilung für 10-mb-Intervalle. (Nach DEFANT 1958)

dingt beweiskräftig. Sehr augenfällig ist das Häufigkeitsminimum bei 150 mb und das neuerliche Maximum zwischen 100 und 80 mb.

Die Bevorzugung der Standardniveaus ist sicherlich nicht auf eine Laune der Tropopause zurückzuführen, sondern auf die Verschlüsselungsmethode. Markante Punkte werden in der Aufstiegskurve oberhalb 500 mb meist nur dann berichtet, wenn eine geradlinige Verbindung der Temperaturwerte in den Standardniveaus zu einem Fehler gegenüber den tatsächlichen Temperaturmessungen von mehr als 2° C führen würde (Endlich 1954). Die Beobachter sind auf Grund dieser Bestimmung also bestrebt, markante Änderungen im vertikalen

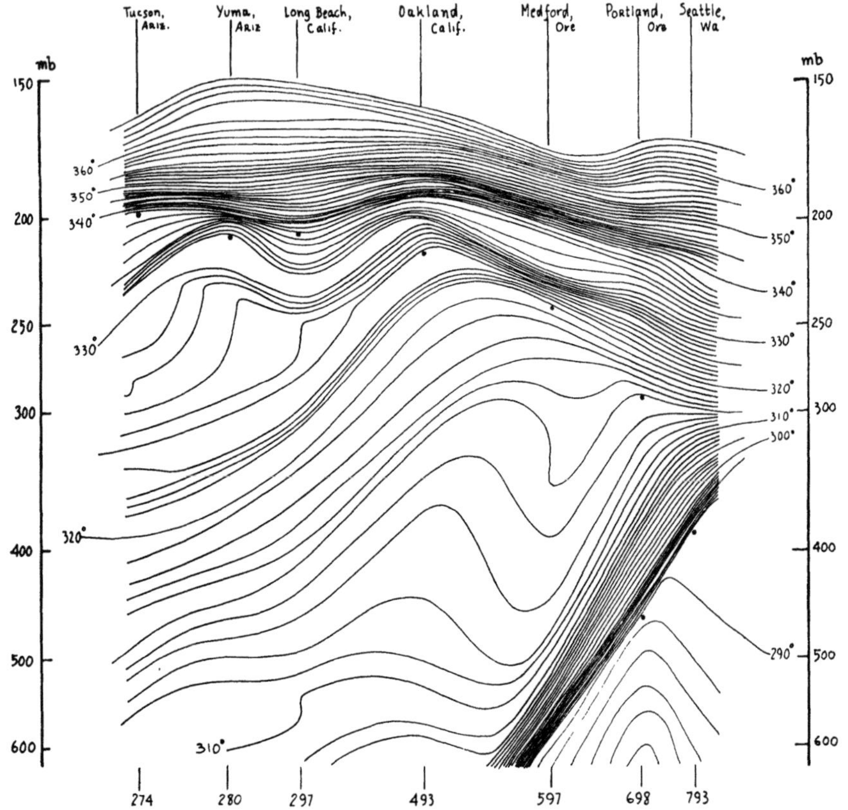

Abb. 3.249.2. Querschnitt durch die Atmosphäre von Tucson, Arizona, bis Seattle, Washington, 27. März 1956, 03.00 GCT. Die Punkte geben die Tropopausenlage nach den Wettertelegrammen an. (Danielsen 1959)

Temperaturgradienten in die Standardniveaus zu verlegen, wenn der Fehler 2° C nicht übersteigt.

Eine weitere Schwierigkeit in der Tropopausenanalyse ergibt sich dadurch, daß Teile von stabilen Schichten, die bei manchen Stationen als Tropopause verschlüsselt werden, durch Absinkbewegungen in die obere und mittlere Troposphäre gelangen und nunmehr als stabile Schichten, Inversionen oder Frontalflächen geführt werden, während eine neue Tropopause in einem höheren Niveau verschlüsselt wird. Liegt dieses neue Niveau wesentlich höher als das alte, so wird die Höhendiskrepanz als „Tropopausenbruch" interpretiert. In Wirklichkeit „blättern" jedoch innerhalb dieses „Bruches" stabile Schichten in die Troposphäre ab und gehen, falls die Temperaturänderung innerhalb der Schicht weniger als 2° C ausmacht, bei der Verschlüsselung gänzlich verloren. Sie machen sich höchstens noch durch einen etwas stabileren vertikalen Temperaturgradienten zwischen den zwei benachbarten Standardniveaus bemerkbar. Dies ist auch der Grund dafür, warum sich kleinere Inversionen und stabile Zonen in Querschnitten nur schlecht analysieren lassen, denn bei manchen Stationen sind sie dem Verschlüsselungsprozeß zum Opfer gefallen, obwohl sie in den ursprünglichen Temperaturregistrierungen der Radiosonden vorhanden waren (Danielsen 1959).

Abb. 3.249.2 zeigt einen detaillierten Querschnitt von Tucson (Arizona) bis Seattle (Washington) vom 27. März 1956, 03.00 GCT. Aus der Drängung der Isentropen sind deutlich die stabilen Schichten zu erkennen. Die Punkte geben die jeweilige Tropopausenlage aus den Wettertelegrammen an. Die Lage des PFJ wäre oberhalb der Frontalzone im rechten Teil der Abbildung zu suchen, dort, wo die Tropopause durch ihre ausgeprägte Höhenänderung eine Bruchzone andeutet. Wie aus dieser Abbildung deutlich hervorgeht, sind gerade *die* Gebiete der Tropopause auf der antizyklonalen Seite des Strahlstromes, die sich durch geringe Höhendifferenzen in der Lage der verschlüsselten Punkte auszeichnen, durch zahlreiche Abfälle stabiler Zonen in die Troposphäre gekennzeichnet. Man müßte also eher in diesem Gebiet von „Brüchen" bzw. von einer „blättrigen" Struktur der Tropopause sprechen, wo eine Tropopausenanalyse der in Abb. 4.141 gezeigten Art dies am wenigsten vermuten ließe. Es ist an Hand dieser Darstellung auch leicht einzusehen, daß durch diese blättrige Struktur Stratosphärenluft in die Troposphäre gelangen kann und umgekehrt, ohne daß die Tropopause ihre Lage verändern müßte. Die Tropopause ist also *keine substantielle Fläche* (vgl. Ertel 1936, Lowell 1951).

Besitzt die Tropopause dennoch advektive Charakteristika (Sawyer 1951b), so deshalb, weil sie auch nach dem derzeit üblichen Verschlüsselungsschema über weite Gebiete ein und derselben Isentropenfläche folgt. Die blättrige Struktur offenbart sich erst in den scheinbar anisentropen Tropopausenverlagerungen, wie sie häufig im Bereich eines Strahlstromes auftreten (Bildung von „Tropopausentrichtern" usw.).

Selbst beim Einbruch von Stratosphärenluft in die Troposphäre, von dem in Kap. 6 noch eingehender die Rede sein wird, überwiegt die Horizontalkomponente der Strömung die vertikale Komponente um Größenordnungen; die Strömung kann also — trotz der Bedeutung der Vertikalbewegung — für praktische Zwecke der Flugmeteorologie als quasihorizontal angesehen werden.

Für vertikale Austauschvorgänge stellt die Tropopause wegen der stabilen Struktur der Stratosphäre eine Sperrschicht dar. Bei Flügen in großer Höhe ist sie daher unter Umständen als Dunstschicht zu erkennen (Stevens 1936).

Um den Übelständen, die in dem willkürlichen Verschlüsselungsprozeß begründet sind, abzuhelfen, schlägt Danielsen vor, die Tropopause in *den* Punkt zu verlegen, in dem die Isentropenflächen ihre größte Höhe erreichen und gleichzeitig einen Bereich großer und geringerer Stabilität voneinander trennen. An dieser neu definierten Tropopausenfläche ändert somit die Baroklinität ihr Vorzeichen. Wendet man diese Definition der Tropopause auf die Abb. 2 an, so wird nahegelegt, die Oberseite der stabilen Frontalzone mit der Tropopause der antizyklonalen Seite des Strahlstromes durch einen kontinuierlichen Linienzug zu verbinden, die Unterseite der Frontalzone dagegen mit der Tropopause über der Kaltluft. Dieses „Wasserhosenmodell" (Reed, Danielsen 1959) der Tropopause über einer Frontalzone und dem dazugehörigen Strahlstrom vermeidet also die Andeutung eines „Bruches", der in Hinblick auf die oben erwähnte blättrige Struktur der Atmosphäre zu einem irreführenden Begriff geworden ist.

Flugzeugmessungen des „Project Jet Stream" ergaben, daß gerade in der „Bruchzone" zwischen polarer und subtropischer Tropopause die Trennung zwischen Stratosphäre und Troposphäre durch die Existenz einer stabilen und baroklinen Zone — der „oberen Jet-Stream-Front" — besonders deutlich ausgeprägt erscheint. Diese Frontalzone wird jedoch erst durch Messungen in einer horizontalen Ebene deutlich. Ein einziger Radiosondenaufstieg an einer Station allein kann dagegen über den Charakter einer stabilen Schicht in der Aufstiegskurve keinen Aufschluß geben.

Diese Flugmessungen ergaben ferner, daß in den meisten Fällen südlich der Strahlstromachse eine deutliche Aufwölbung der Isentropenflächen — der sogenannte „Isentropenbuckel" — auftritt (Reiter 1960d, e, 1961e, Partl und Tanck 1960). Würde man nach Danielsens Vorschlag die Tropopause mit der Achse dieses Isentropenbuckels identifizieren, so treten nach dieser Definition die maximalen Windgeschwindigkeiten in den meisten Fällen in der Stratosphäre auf. Dieser Befund würde die weiter unten angeführten statistischen Ergebnisse stark verschieben.

Wird auf die Unzulänglichkeiten der bisherigen Definition und Kenntlichmachung der Tropopause Rücksicht genommen (Janz 1954), so stellt eine Analyse der Tropopausen„fläche" ein wertvolles Hilfsmittel für die Jet-Stream- und Bodenwetter-Diagnose und -Prognose dar (Badner et al. 1957, Culkowsky 1956, Hughes et al. 1954, James et al. 1954, Sawyer 1951a, 1954, U. S. A. W. S. 1952a).

Der Zusammenhang zwischen dem Niveau maximalen Windes und der Tropopausenhöhe ist nicht sehr markant ausgeprägt. Im Mittel liegt die SMW etwa 1 km (40 mb) unterhalb der Tropopause (Bannon et al. 1953, Faust 1953, Gold 1953), doch unterliegt dieser Abstand großen, teils systematischen Schwankungen (Austin et al. 1952, Reiter 1958a).

Coudron (1952) findet aus einer Höhenwindstatistik für Brest und Trappes, daß das Windmaximum im Bereich von Strahlströmen zwischen 1 km oberhalb und 4 km unterhalb der Tropopause liegen kann.

Auf der antizyklonalen Seite des Strahlstromes verläuft die Tropopause in der Regel oberhalb des Maximalwindniveaus, während auf der zyklonalen Seite in der unmittelbaren Nähe des Strahlstromes die größten Windgeschwindigkeiten meist in der Stratosphäre angetroffen werden, eine Tatsache, auf die bereits Peppler (1914) hinwies.

In ähnlicher Weise wie der räumliche Verlauf der Tropopause kann auch die Lage der *Fronten* durch eine Darstellung ihrer Schnittlinie mit verschiedenen Isobaren- bzw. Niveauflächen veranschaulicht werden. Diese Art der Analyse wurde von Palmén (1951a, Bjerknes, Palmén 1937) erfolgreich zum Studium von Kaltlufttropfen angewendet (vgl. Abb. 6.124.2) und auch im kanadischen Wetterdienst praktiziert (R. Anderson et al. 1955, Crocker 1949, et al. 1947, Galloway 1958, Godson 1950). Nach der Margulesschen Formel 6.11 (1) für die Neigung einer Grenzfläche wird deren Steilheit durch die horizontale Windscherung zwischen den beiden aneinandergrenzenden Luftmassen bestimmt und gibt somit ein Maß für die Stärke des PFJ, der in der Warmluft verläuft.

Der STJ ist, wie später noch gezeigt werden soll, durch das Fehlen einer ausgeprägten Frontalzone in der mittleren und unteren Troposphäre gekennzeichnet. Die barokline Zone, in welcher er verwurzelt ist, erstreckt sich nur durch die obere Troposphäre. Eine Frontenanalyse ist daher hier nicht möglich.

3.25. Trenddiagramme und Zeitquerschnitte

3.251. Zonalindex und Trenddiagramm

Um die Intensität der zonalen Strömung und deren zeitliche Schwankungen im Mittel über die ganze Hemisphäre in einfacher Weise ausdrücken zu können, bedient man sich des *Zonalindex* (KATS 1955). Dieser ist nichts anderes als die Differenz der mittleren geopotentiellen Höhen einer Isobarenfläche entlang zweier Breitenkreise und stellt somit ein Maß für den mittleren geostrophischen Wind in dieser Breitenzone dar. Bei der Berechnung des Zonalindex bedient man sich meist der für diskrete Intervalle der geographischen Länge (z. B. alle 5 Grade) tabellierten Werte der geopotentiellen Höhe für die betreffende Isobarenfläche.

$$I_z = (1/n) \cdot \sum_{i=1}^{n} \left(z^{(i)}_{\varphi_1} - z^{(i)}_{\varphi_2}\right). \qquad 3.251\ (1)$$

I_z ist der Zonalindex, n die Zahl der verwendeten Netzpunkte und $z^{(i)}_{\varphi_1}$ bzw. $z^{(i)}_{\varphi_2}$ sind die Höhenwerte an diesen Netzpunkten in der geographischen Breite φ_1 bzw. φ_2.

Vielfach wird auch als Zonalindex die mittlere Geschwindigkeit der zonalen Strömung angegeben, die sich aus (1) folgendermaßen berechnen läßt:

$$I_z' = u = -(g/\bar{f}) \cdot (1/n) \cdot \sum_{i=1}^{n} \left(z^{(i)}_{\varphi_1} - z^{(i)}_{\varphi_2}\right). \qquad 3.251\ (2)$$

$\bar{f}$ ist der mittlere Coriolisparameter im Breitenband $(\varphi_1 - \varphi_2)$. Für tropische Gebiete ist I_z der Verwendung von u vorzuziehen, da wegen des gegen Null gehenden Coriolisparameters die geostrophische Windgleichung ihre Bedeutung verliert.

RUDLOFF (1951) schlägt zur Charakterisierung des Zonalindex den Drehimpuls d eines Luftteilchens in bezug auf die Erdachse vor.

$$d = \varrho \cdot u \cdot R \cdot \cos\varphi.$$

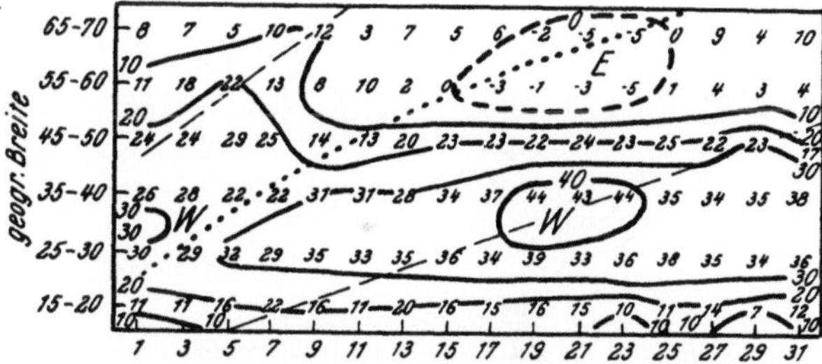

Abb. 3.251.1. Trenddiagramm der Nordhemisphäre zwischen 20° und 110° Ost (ohne Asien), im 300-mb-Niveau, Dezember 1945. Zahlen wurden nur für jeden zweiten Netzpunkt eingetragen und geben die zonale Windgeschwindigkeit in m/sec an. Strichlierte Linien deuten den Trend der relativen Windgeschwindigkeitsmaxima an, punktierte Linien den Trend der Minima. (Nach RIEHL, LA SEUR et al. 1952)

Daraus leitet er die „Driftzahl" D her, die im wesentlichen dem zonalen Mittel des Drehimpulses für einzelne Breitenzonen entspricht.

Werden die Berechnungen laut Gl. (1) und (2) täglich durchgeführt, so erhält man die sogenannten Trenddiagramme; ein Beispiel ist in Abb. 3.251.1 gegeben (RIEHL, BADNER et al. 1952, NAMIAS 1947a). Als Ordinate wird die geographische Breite, als Abszisse die Zeit aufgetragen. Im Diagramm werden Isoplethen der zonalen Windgeschwindigkeit analysiert. Besitzt I_z' große Werte, die in einem Maximum in mittleren Breiten konzentriert sind, so spricht man von einer „*High-Index*"-Lage (vgl. Abb. 3.251.4). Ist das mittlere Maximum der zonalen Windgeschwindigkeit schwach und diffus, eventuell in zwei kleinere Maxima im Norden und Süden aufgespalten, so entspricht dies einer „*Low-Index*"-Lage. In diesem Fall besitzen die planetarischen Langwellen große Amplituden. In den Scheiteln der Wellen (Hochdruckrücken und Tiefdrucktröge) tragen die dort vorhandenen zonalen Windkomponenten in der Mittelbildung über die ganze Hemisphäre zum Vorhandensein zweier Maxima im Trenddiagramm bei.

Den Übergang von High in Low Index und wieder zurück in High Index bezeichnet man als *Indexzyklus*. Bemerkenswert ist, daß die Impulsgröße der zonalen Strömung beim Durchlaufen eines Indexzyklus erhalten bleibt (NAMIAS 1950): Trägt man die geographische Breite entsprechend der Fläche auf, die von zwei Breitenkreisen eingeschlossen ist (also $\cos \varphi$ als Ordinate), so sind die Flächen mit Geschwindigkeitsabnahme und -zunahme einander annähernd gleich.

Abb. 3.251.2 zeigt schematisch Zirkulationstypen, die einem Indexzyklus entsprechen (NAMIAS et al. 1951). In Stadium 1 (Low Index) besitzen Tröge und Rücken eine stark geneigte Achse. Der Strahlstrom ist in zwei Bänder aufgespalten, deren eines weit im Norden, das andere in subtropischen Breiten verläuft. Im Zuge einer Verlagerung der Langwellen (s. weiter unten) werden an der Ostseite dieser stark geneigten Trogachse warme und kalte Luftmassen aneinandergeführt. Durch diese Konfluenz wird das meridonale Temperaturgefälle stark vergrößert und die zonale Windgeschwindigkeit nimmt zu (vgl. Kap. 4.142). Stadium 2: Der High Index ist erreicht. Eine Vertiefung der Tröge führt schließlich zu einer Neueinstellung der Trogachsen und zu deren Bruch (Stadium 3), so daß sich wiederum separierte Strahlstrombänder in hohen und niedrigen Breiten bilden. Der Low Index erreicht seinen Höhepunkt (Stadium 4) durch die Bildung blockierender Hochdruckgebiete und abgeschnittener Kaltlufttropfen (Cut-off Lows).

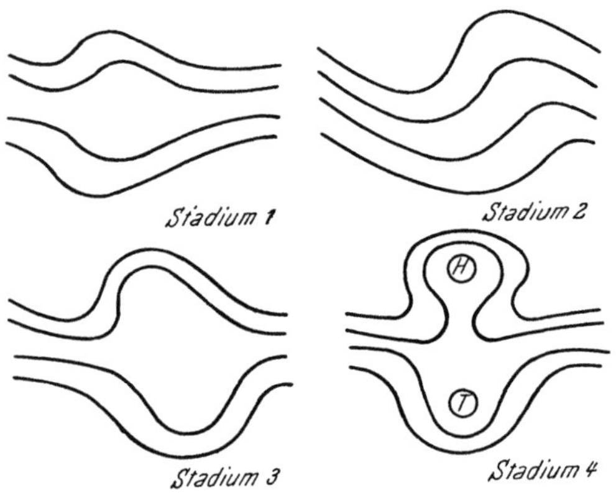

Abb. 3.251.2. Schematische Darstellung des Verlaufes der Höhenströmung während eines Indexzyklus. Zeitintervall von Stadium 1 bis Stadium 4 etwa 2 Wochen. (Nach NAMIAS und CLAPP 1951)

Auf die prognostische Anwendbarkeit der Trenddiagramme wurden mancherorts übertriebene Hoffnungen gesetzt. Wie schon aus Abb. 2 hervorgeht, ist wegen der Spaltung und Konfluenz von Strahlstrombändern eine *gleichmäßige Verlagerungstendenz* des mittleren zonalen Windmaximums über einen längeren Zeitraum nur selten zu erwarten. SHAPIRO und WARD (1960) konnten an Hand von FOURIER-Analysen der Meridionalkomponente der kinetischen Energie im 500-mb-Niveau keine signifikanten und anhaltenden „Indexzyklen" erkennen. Trotzdem lassen sich — bei richtiger Interpretation — wertvolle Hinweise aus dem Diagramm gewinnen. Allein die Feststellung eines Low- oder High-Index-Stadiums läßt bereits Schlüsse auf die zu erwartenden Wettertypen zu (vgl. Abb. 2 und Untersuchungen von WILLETT 1950).

Auf Grund des Zusammenhanges zwischen Jet Stream, Frontalzonen, Zyklonenzugbahnen und Wetterablauf, der in Kap. 6 noch eingehend besprochen werden soll, können dem Trenddiagramm Hinweise auf den hemisphärischen Witterungscharakter entnommen werden (RIEHL, LA SEUR et al. 1952). Nordwärts gerichtete Trends lassen auf Warmluftvorstöße aus dem Subtropenraum schließen, die im Low-Index-Stadium ihr größtes Ausmaß erreichen. Umgekehrt sind südwärts gerichtete Trends meist von arktischen Kaltluftvorstößen begleitet.

Entgegen den ursprünglichen Erwartungen lassen sich diese Trends selten lange verfolgen, hauptsächlich wohl deshalb, da Kaltluft- und Warmluftvorstöße meist an verschiedenen Stellen der Hemisphäre gleichzeitig erfolgen. Ein bevorzugtes Gebiet für erstere ist im Lee der Rocky Mountains und des Himalaja zu suchen, während nicht weit östlich davon — an der Westflanke der subtropischen Hochdruckkerne — die Warmluftvorstöße ihren Ausgang nehmen.

Etwas besser fundiert sind die typischen Wetterabläufe für High und Low Index. Eine High-Index-Lage ist meist von einer raschen Folge von Bodenzyklonen begleitet, die in West-Ost-Richtung wandernd in den gemäßigten Breiten wechselhaftes Wetter verursachen. Bei Low-Index-Lagen ist dagegen die Störungstätigkeit in mittleren Breiten gering. Im europäischen Raum ist diese Indexlage meist durch die Anwesenheit eines blockierenden Hochs gekennzeichnet, wie dies bereits in Abb. 3.251.2 schematisch angedeutet wurde. Die Tiefdrucktätigkeit ist einerseits in das Nordmeer, andererseits in den Mittelmeerraum verlagert. Je nach der Position der Langwellentröge können Low-Index-Lagen über dem östlichen Mitteleuropa zu den Vb-Zyklonen Anlaß geben, die wegen der anhaltenden Niederschläge und den damit verbundenen Überschwemmungen im Donauraum gefürchtet sind.

Es lassen sich auch Übergangsperioden während eines Indexzyklus, in denen die allgemeine Zirkulation größere Umstellungen erfährt, auf Trenddiagrammen meist gut erkennen. Allerdings ist dabei auf zwei Punkte zu achten, die unter Umständen zu erheblichen Fehlinterpretationen führen können:

1. Durch die hemisphärische Mittelung und die Nichtberücksichtigung der Exzentrizität des Zirkumpolarwirbels (La Seur 1954) gelangen die zonalen Windmaxima im Trenddiagramm nur „verwaschen" zur Abbildung.

2. In verschiedenen Teilen der Hemisphäre können Warm- bzw. Kaltlufteinbrüche, welche die Verlagerungstendenzen des Windmaximums hervorrufen, verschieden weit fortgeschritten sein, und man erhält daher im hemisphärischen Mittel ebenfalls nur ein dürftiges Bild des tatsächlich wirksamen Zonalindex.

Um dem Übelstand Nr. 1 abzuhelfen, müßte man zunächst die Wellenzahl 1 nach Phase und Amplitude bestimmen. So würde eine Fourier-Analyse der mittleren Höhendruckverteilung in einem Breitenband ein Maß für die Exzentrizität des Zirkumpolarwirbels ergeben (Graham 1955). Daraufhin müßte ein neues sphärisches Koordinatensystem festgelegt werden, das auf den Rotationspol dieses Wirbels bezogen ist und in bezug auf welches die mittlere quasizonale Windgeschwindigkeit berechnet wird. Zu berücksichtigen wäre dabei, daß in diesem Koordinatensystem der Coriolisparameter auch eine Funktion der geographischen Länge ist. Da derartige Berechnungen jedoch mit einem erheblichen Arbeitsaufwand verbunden sind, können sie wohl kaum für Routinearbeiten in Frage kommen, außer es stehen automatische Rechenanlagen zur Verfügung. Es zeigt sich jedoch gerade bei starker Exzentrizität des Zirkumpolarwirbels, daß deren Berücksichtigung ein völlig anderes Bild der Indexlage schaffen kann. Abb. 3.251.3 zeigt die mittleren Profile der Zonalkomponente am 12. Oktober (*a*), 18. Oktober (*b*) und 24. Oktober (*c*) 1951 in einem auf den *Erdpol* zentrierten Koordinatensystem. Abb. 3.251.4 enthält dieselben Windprofile in einem *exzentrischen* Koordinatensystem. Während das Profil *b* ohne Berücksichtigung der Exzentrizität eine Low-Index-Lage vortäuscht, zeigt Abb. 4, daß es sich um einen wohlausgeprägten High-Index handelt.

Punkt 2 kann dadurch berücksichtigt werden, daß man Zonalindizes für Hemisphärensektoren berechnet (Berry et al. 1954, F. Defant 1954, Univ. of Chicago 1947). Diese Sektoren sollen allerdings nicht zu klein sein, denn sonst sind die Verlagerungstendenzen nichts anderes als eine Abbildung der durch den Sektor ziehenden planetarischen Langwellen. Für den europäischen Raum wird wohl in der Regel ein Ausschnitt von der amerikanischen Westküste bis zum

Ural genügen, während für den nordamerikanischen Vorhersageraum das pazifische Gebiet, inklusive Ostasien, ausschlaggebend ist.

Detaillierte Studien über den Mechanismus, dem die Verlagerungstendenzen des zonalen Windmaximums unterliegen, zeigten, daß der Übergang vom High zum Low Index und umgekehrt *nicht* auf der ganzen Hemisphäre gleichzeitig erfolgt. Für den Zusammenbruch einer Zirkulationsperiode scheinen vielmehr *bevorzugte Gebiete* zu existieren, von denen aus die Indexänderung stromabwärts Platz greift (F. Defant 1954, 1956a, Sanders, Kessler 1955, Hoinkes 1940). So scheinen Drucksteiggebiete, die mit Warmluftvorstößen verbunden sind und einen Nordwärtstrend einleiten, besonders im subtropischen Westatlantik und Westpazifik bevorzugte Ursprungsgebiete zu haben. Der Übergang vom Low zum High Index ist gleichzeitig mit einer Kontraktion des Zirkumpolarwirbels verbunden, das heißt mit einer Verkleinerung des vom hemisphärischen Jet-Stream-Gürtel eingeschlossenen Areals. Kaltluftausbrüche, die zu einer neuerlichen Amplitudenvergrößerung der planetarischen Langwellen führen, erfolgen, wie bereits er-

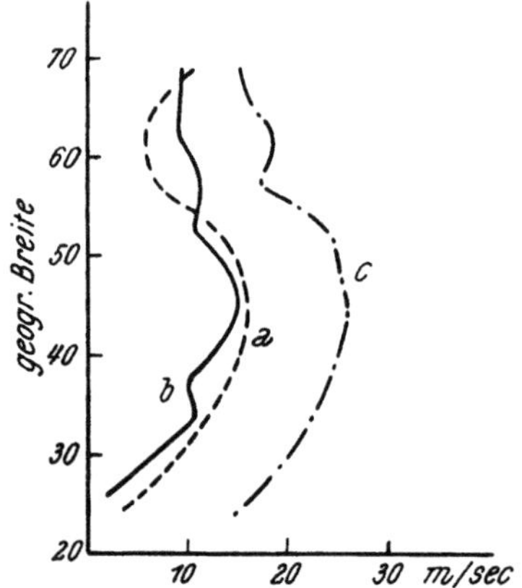

Abb. 3.251.3. Zonale Windprofile, 500 mb. *a* 12. Oktober 1951, *b* 18. Oktober, *c* 24. Oktober. (Nach Riehl, La Seur et al. 1952)

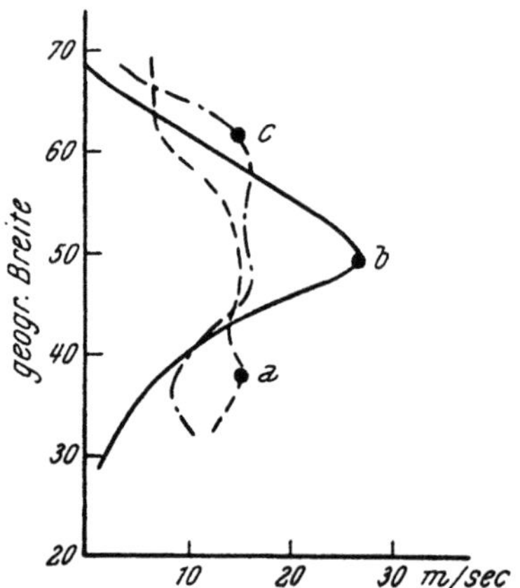

Abb. 3.251.4. Zonale Windprofile, 500 mb, für dieselben Tage wie in Abb. 3.251.3, jedoch unter Berücksichtigung der Exzentrizität des Zirkumpolarwirbels. (Nach Riehl, La Seur et al. 1952)

wähnt, mit Vorliebe im Lee der Rocky Mountains und an der Ostküste Asiens (Hoinkes 1940). Auf die orographisch bedingten Ursache dieser Ausbruchstellen soll in Kap. 7.3 eingegangen werden.

Sind ausgeprägte Trends auch nicht immer deutlich festzustellen, so lassen sich einem Trenddiagramm doch einige wertvolle Parameter entnehmen. So kann aus der Stärke der zonalen Windgeschwindigkeit unmittelbar auf die Wellenlänge der planetarischen Wellen unter stationären Bedingungen geschlossen werden (Forsdyke 1951).

Die grundlegenden Ableitungen stammen von Rossby (1940, 1945a et al. 1939). Für eine gleichförmige zonale Strömung ohne horizontale Windscherung leitete er die Beziehung ab

$$A_T/A_S = u/(u - C). \qquad 3.251\ (3)$$

A_T ist die Amplitude der Isothermen, A_S die der Stromlinien, u die zonale Windgeschwindigkeit und C die Phasengeschwindigkeit der Rossby-Wellen. Aus Gl. (3) kann man unmittelbar ersehen, daß diese Langwellen progressiv sind ($C > 0$), wenn die Amplitude der Isothermen die der Stromlinien übertrifft ($A_T > A_S$). Ist das

Umgekehrte der Fall, so sind die Wellen retrograd. Ist $A_T = A_S$, so sind die Wellen stationär (vgl. auch PALMÉN 1948a).

Für eine Strömung mit *konstanter absoluter Vorticity* erhält man die Wellengeschwindigkeit auch in der Form

$$C = u - (\beta L^2/4\pi^2). \qquad 3.251\ (4)$$

β ist der ROSSBY-Parameter und L die Wellenlänge der langen Wellen. Die Länge stationärer Wellen erhält man für $C = 0$ zu

$$L_S^2 = (4\pi^2/\beta) \cdot u. \qquad 3.251\ (5)$$

L_S ist lediglich eine Funktion der zonalen Windgeschwindigkeit und der geographischen Breite (wegen β). Man erhält für die Wellengeschwindigkeit

$$C = (\beta/4\pi^2)(L_S^2 - L^2). \qquad 3.251\ (6)$$

In dem Nomogramm von BYERS (Abb. 3.251.5), das eine graphische Lösung der Gl. (4) bzw. (6) darstellt, ist in der Abszisse die Wellenlänge (in Längengraden), in der Ordinate die geographische Breite aufgetragen (BYERS 1959). Die Schar gekrümmter Kurven gibt die zonale Windgeschwindigkeit in Längengraden pro Tag an. Aus dem Trenddiagramm kann der Wert für u_{max} und dessen geographische Breite entnommen werden. Dieses Wertepaar ergebe beispielsweise im Nomogramm Abb. 5 den Punkt A für die stationäre Wellenlänge. Die auf den Höhenwetterkarten festgestellte Wellenlänge entspreche jedoch dem Punkte B. Ist die tatsächliche Wellenlänge gegenüber der stationären zu kurz (wie dies in obigem Beispiel der Fall ist, so besitzt die Langwelle eine Tendenz zur Progression, die durch den Unterschied der u-Isoplethen in B und A gegeben ist. Man kann sich dabei auf die Annahme stützen, daß der Trog im Lee des Himalaja — durch orographische Verhältnisse bedingt — stationär („verankert") bleibt, und sich nur die stromabwärts liegenden Tröge und Rücken entsprechend Gl. (6) verlagern. Für die Retrogression gilt Analoges. Kontinuierliche Retrogression ist dabei seltener als diskontinuierliche (CRESSMAN 1948, NAMIAS et al. 1944), d. i. wenn sich ein neuer Trog stromaufwärts bildet und dort stationär wird (vgl. PETTERSSEN 1956). Im Fall einer stabilen Anordnung stationärer Wellen müßte die Wellenlänge (in Längengraden) aus Gl. (5) mal der Anzahl der planetarischen Wellen 360° ergeben. Diese Bedingung ist in den seltensten Fällen erfüllt; trotzdem erlaubt diese Gleichung wertvolle Schlüsse: Ist z. B. die tatsächlich vorhandene Wellenzahl im Hinblick auf die Zonalgeschwindigkeit u zu gering, d. h. die mittlere Wellenlänge L zu groß, so ist mit einem Zusammenbruch des Zirkulationssystems und mit der Neubildung von Wellen zu rechnen. Es würde sich also bereits im voraus ein Übergang vom High- zum Low-Index abzeichnen. Das Gegenteil ist der Fall, wenn die Zonalkomponente u eine kleinere Wellenzahl erfordern würde. Es besteht dann die Tendenz zur Umgruppierung der Langwellen und zur Verminderung der Wellenzahl, oft über einen „Cut-off"-Prozeß unter Bildung von Kaltlufttropfen.

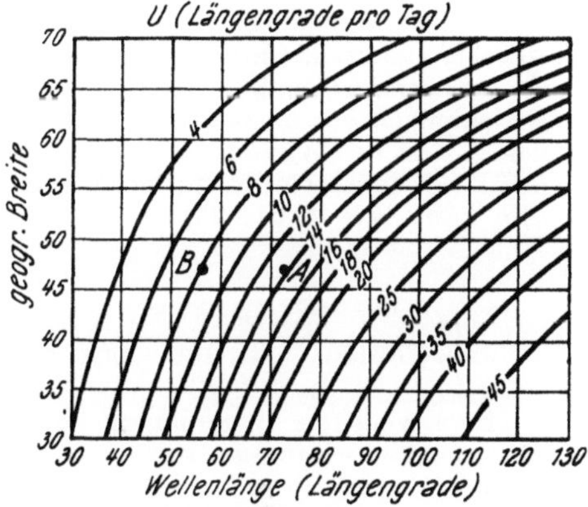

Abb. 3.251.5. Nomogramm zur Berechnung der Verlagerung der planetarischen Langwellen. (Nach BYERS 1959)

Da die ROSSBYsche Wellengleichung streng genommen nur im divergenzfreien Niveau bei etwa 600 mb gilt, muß bei Berechnungen aus dem Zonalindex der 500-mb-Fläche eine empirisch zu bestimmende, negative Korrektur angebracht werden.

PETTERSSEN (1952, 1956) gibt folgende Wellengleichung für quasihorizontale Strömungen an, welche die horizontalen Windscherungen und die Divergenz D berücksichtigt:

$$C = u - \frac{\beta \cos \gamma + u/B^2 + (1 + f/u\,K_s)\,(\partial D/\partial x)}{(2\pi/L)^2 + 1/B^2 - (3/u)\,(\partial D/\partial x)}. \qquad 3.251\ (7)$$

Hierin bedeutet B die Halbwertsbreite der Strahlströmung (= Breite, innerhalb der die Windgeschwindigkeit auf die Hälfte des Maximalwertes abnimmt) als Maß für die Windscherung. γ ist der Winkel zwischen Trog- und Rückenlinien und der Nordrichtung (Meridian) und K_s die Krümmung der Stromlinien im Trog oder Rücken.

Vernachlässigt man die Divergenz, so erhält man

$$C = \frac{u - \beta \cos \gamma\,(L/2\pi)^2}{1 + (L/2\pi B)^2}. \qquad 3.251\ (8)$$

Für scharf ausgeprägte Windmaxima, wie sie etwa in den Trenddiagrammen für einzelne Hemisphärensektoren auftreten, oder bei Betrachtung von einzelnen Wellen in der Strahlströmung, ist die PETTERSSENsche Gleichung (8) der ROSSBYschen Gleichung (4) vorzuziehen. Der Hauptunterschied zwischen diesen beiden Gleichungen liegt — da der Winkel γ meist klein ist — in der Einbeziehung der Windscherung in Gl. (8), deren Einfluß auf die Wellengeschwindigkeit unter Umständen beträchtlich sein kann, wie Tab. 3.251 zeigt (PETTERSSEN 1956).

Tabelle 3.251

L/B	2	4	6	8	10	12	14	16
$1 + (L/2\pi B)^2$	1,1	1,4	1,9	2,6	3,5	4,6	5,9	7,4

Eine Welle, die 16mal länger als ihre Halbwertsbreite ist, schreitet demnach mehr als siebenmal so langsam voran, als einer ROSSBY-Welle laut Abb. 3.251.5 entsprechen würde.

Die stationäre Wellenlänge ist von der Strombreite unbeeinflußt

$$L_s = 2\pi \sqrt{(u/\beta \cos \gamma)}. \qquad 3.251\ (9)$$

Somit ist

$$C = \frac{(\beta \cos \gamma/4\pi^2)\,(L_s^2 - L^2)}{1 + (L/2\pi)\,B^2}. \qquad 3.251\ (10)$$

Führen wir aus Gl. (6) die Geschwindigkeit der ROSSBY-Wellen mit C_R ein, so erhalten wir

$$C = \frac{\cos \gamma\, C_R}{1 + (L/2\pi B)^2}. \qquad 3.251\ (11)$$

Die aus dem Nomogramm Abb. 3.251.5 bestimmte Pro- und Retrogressionsgeschwindigkeit der langen Wellen ist also bei scharf ausgeprägten Windmaxima durch die in obiger Tabelle angeführten Faktoren zu vermindern. Die Bewegung stark barokliner Langwellen ist somit wesentlich langsamer als die der Wellen in einer barotropen Strömung.

In den Tropen gibt die ROSSBY-Gleichung keine brauchbaren Werte, während die PETTERSSENsche Formel noch angewandt werden kann. Zweckmäßigerweise verwendet man dort ein Koordinatensystem, dessen positive x-Achse nach Westen weist. In diesem System ist $\beta < 0$.

Für eine horizontale, divergenzfreie Strömung in einer *autobarotropen* Atmosphäre berechnet Kao (1958) Jet-Stream-Wellen, deren Phasengeschwindigkeit mit abnehmender Strahlstrombreite zunimmt.

3.252. Meridionalindex

Der Meridionalindex wird — analog zum Zonalindex — als die mittlere geostrophische Meridionalströmung in einem Breitenkreis definiert. Dabei ist jedoch zu beachten, daß der *geostrophische* Massentransport pro vertikale Flächeneinheit, über einen Breitenkreis integriert,

$$\oint \varrho\, v_g\, d\lambda = (1/f) \cdot \oint (\partial p/\partial x)\, d\lambda$$

Null sein muß, denn da $dx = R \cdot \cos\varphi\, d\lambda$ ist (λ = geographische Länge, R = Erdradius), lautet die Gleichung für den geostrophischen Massentransport

$$\oint \varrho\, v_g\, d\lambda = (1/f R \cdot \cos\varphi) \cdot \oint dp = 0. \qquad 3.252\ (1)$$

Schwankungen der Masse innerhalb einer hemisphärischen Kalotte können somit nur durch ageostrophische Komponenten bewerkstelligt werden.

Um eine brauchbare Größe für den Meridionalindex zu erhalten, müssen die *absoluten Beträge* der Druckdifferenzen benachbarter Netzpunkte auf einem Breitenkreis gemittelt werden:

$$I_M = (1/n) \sum_{i=0}^{n-1} \left| z_\varphi^{(\lambda i + 1)} - z_\varphi^{(\lambda i)} \right| \qquad 3.252\ (2)$$

oder

$$I_M' = (g/f)\, (1/n) \sum_{i=0}^{n-1} \left| z_\varphi^{(\lambda i + 1)} - z_\varphi^{(\lambda i)} \right|. \qquad 3.252\ (3)$$

Infolge der Existenz ageostrophischer Strömungskomponenten kann für ein bestimmtes Niveau $\oint \varrho\, v\, d\lambda \neq 0$ sein, denn

$$\oint \varrho v\, d\lambda = \oint \varrho\, (v_g + v_a)\, d\lambda = \oint \varrho v_a\, d\lambda\,.$$

Postuliert man jedoch, daß die Gesamtluftmasse einer Hemisphäre zeitlich konstant bleibt, so gilt

$$\int_{z=0}^{\infty} \oint \varrho\, v_a\, d\lambda\, dz = 0, \qquad 3.252\ (4)$$

d. h. der durch die vorhandenen ageostrophischen Geschwindigkeitskomponenten bewirkte Massentransport hat in verschiedenen Höhen verschiedene Richtung. Der Massenausgleich erfolgt durch großräumige Vertikalbewegungen (Vuorela 1957b).

In der Atmosphäre ist auch Gl. (4) nicht genau erfüllt, denn es existiert ein jahreszeitlicher Massentransport zwischen den Hemisphären.

In der routinemäßigen Praxis wird der Meridionalindex selten bestimmt, wohl deshalb, weil es zu seiner Berechnung eines wesentlich größeren Arbeitsaufwandes bedarf, als dies für den Zonalindex der Fall ist. Trotzdem könnten Trenddiagramme beider Indizes wertvolle Hinweise für die mittlere Impulsgröße der Atmosphäre und deren zeitliche Änderung im betreffenden Druckniveau geben. Eine Abnahme des Zonalindex ist mit einer Zunahme des Meridionalindex gekoppelt, d. h. die Amplituden der planetarischen Wellen vergrößern sich gleichzeitig mit der Zunahme der meridionalen Komponente der Windgeschwindigkeit. Da der Zusammenbruch bzw. der Aufbau einer Indexlage, wie bereits erwähnt, *nicht* gleichzeitig auf der ganzen Hemisphäre erfolgt, sondern in bevorzugten Gebieten seinen Ausgang nimmt und sich stromabwärts fortpflanzt, könnte eine sektorenweise Betrachtung der Zonal- und Meridionalindizes wertvolle prognostische Hinweise geben.

3.253. Zeitquerschnitte

Um die Änderung einer Größe relativ zu einem bewegten Koordinatensystem graphisch darzustellen, bedient man sich eines Zeitquerschnittes (space-time section). Abb. 5.33 zeigt einen derartigen Zeitquerschnitt für die mittlere Windgeschwindigkeit der Schicht maximalen Windes vom 26. Februar bis 2. März 1954. Dieser Schnitt wurde auf folgende Weise gewonnen: Zu jedem synoptischen Termin wurde an Karten, wie sie in Abb. 3.246.3 gezeigt sind, im Windmaximum (durch den Buchstaben „*J*" und einen Punkt in der Analyse gekennzeichnet) eine Normale zur Strahlstromachse gelegt. Diese Normalen wurden mitsamt ihren Schnittpunkten mit den Isotachen in Abb. 5.33 übertragen und durch Isolinien verbunden. Aus einer derartigen Analyse ist sofort ersichtlich, wie sich die Windgeschwindigkeit im Strahlstrommaximum mit der Positionsverschiebung desselben ändert und welche Schwankungen die horizontale Windscherung $\partial V/\partial n$ erleidet. Analoge Analysen können auch für die übrigen, die Schicht maximalen Windes bestimmenden Parameter durchgeführt werden.

3.26. Kontinuitätsdiagramme

Um die Änderung der Struktur und Anordnung der planetarischen Wellen längs eines Breitenkreises oder Breitenbandes als Funktion der Zeit übersichtlich zu erhalten, benützt man die sogenannten Kontinuitätsdiagramme. In ihrer einfachsten Form ist in der Abszisse die geographische Länge aufgetragen und in der Ordinate die Höhe in gpm oder gpf der 500- oder 300-mb-Fläche. Zur Erkennung der Wellenstruktur wird die 500-mb-Fläche meist bevorzugt, da in ihr die kurzen, wetterwirksamen Wellen deutlicher in Erscheinung treten (California 1948). Abb. 3.26.1 zeigt ein derartiges Kontinuitätsdiagramm (vgl. auch Cressman 1948). Für die einzelnen Tage werden die Analysen in der angegebenen Art aneinandergefügt und die Position der Wellenrücken und -tröge durch Linien verbunden. Dabei ist zu achten, daß sowohl Rücken- als auch Trogposition auf die *Basislinie* jedes Diagramms zu projizieren ist und erst diese Projektionspunkte durch Linien zu verbinden sind. Um kleinere Schwankungen auszufiltern, wird in den Diagrammen meist die *mittlere Höhe* der 500- oder 300-mb-Fläche über ein *Breitenband* aufgetragen (z. B. zwischen 45° und 60° N). Diese mittlere Höhe wird durch Bildung des arithmetischen Mittels aus den Isohypsenwerten entlang eines Meridians in Abständen von je 5° Breite errechnet.

Wie Abb. 3.26.1 zeigt, ist durch die Überlagerung der kurzen und langen Wellen die eindeutige Position der letzteren schwer zu bestimmen. Dies wirkt sich nachteilig auf die Berechnung der Wellengeschwindigkeit nach einer der unter 3.251 gegebenen Formeln aus. Es wurden daher verschiedene Methoden zur Herausfilterung der Langwellen vorgeschlagen. Eine zeitliche Glättung durch Berechnung von Pentadenmitteln (Namias 1947a, Willett et al. 1940) hat den Nachteil, daß die dadurch bestimmte Wellenposition bereits zweieinhalb Tage alt ist. Wolff (1955) schlägt die Berechnung eines Flächenmittelwertes vor. Experimente zeigten, daß besonders übergreifende Rechtecke mit 20 Längen- bzw. Breitengraden als Diagonalen befriedigende Resultate ergaben.

Ein etwas einfacheres und zeitsparenderes Schema besteht darin, daß man an Stelle der geopotentiellen Höhe die *geographische Breite* als Ordinate wählt und eine bestimmte Konturlinie, die der Strahlstromachse am nächsten gelegen ist, in diesem Diagramm abbildet. Mehrdeutigkeiten können sich bei dieser Art der Darstellung im Fall von blockierenden Hochdruckgebieten oder Kaltlufttropfen ergeben, wo ein und derselbe Isohypsenwert mehrmals in einem Meridian auftreten kann. Derartige Fälle können jedoch mit einigem Geschick zufriedenstellend behandelt werden, und unter Umständen kann die Eintragung von Hoch- und Tiefdruckwirbeln, die sich vom Band maximaler Westwinde losgetrennt haben, zur übersichtlichen Darstellung der Wetterlagenentwicklung beitragen.

Ein etwas übersichtlicheres Diagramm wird von Hovmöller angegeben (Hovmöller 1949, vgl. auch Riehl, Yeh et al. 1950). Dieses „*Trog-Rücken-Diagramm*" enthält als Abszisse die geographische Länge, als Ordinate die Zeit. Die Werte der mittleren Höhen der 500- oder 300-mb-Fläche in einem 15° bis 20° breiten Band werden bei der jeweiligen geographischen Länge eingetragen und daraufhin Isohypsen analysiert (Abb. 3.26.2). Aus einem derartigen Diagramm können sehr übersichtlich die ostwärts wandernden kurzen Wellen und die quasistationären, nur langsam vorrückenden, ab und zu auch diskontinuierlich rückschreitenden Langwellen entnommen werden. Es wurde vorgeschlagen, dieses Diagramm mit Linien für mittlere Wellen- und Gruppengeschwindigkeit zu versehen, welche die Extrapolation erleichtern sollen (Reiter 1958a).

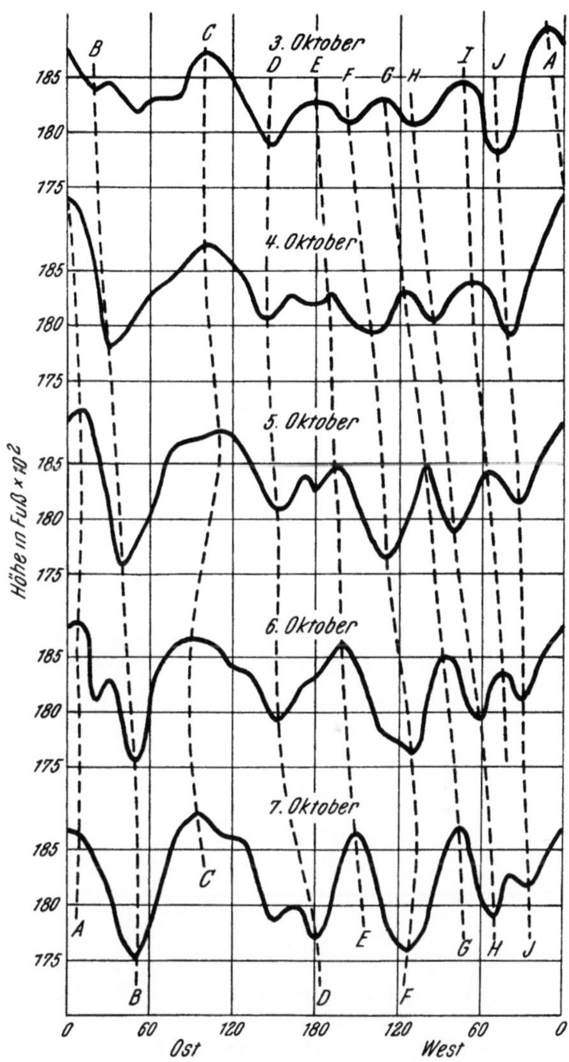

Abb. 3.26.1. Kontinuitätsdiagramm der 500-mb-Fläche (3. bis 7. Oktober 1949, Mittel zwischen 45° und 60° Nord). (Nach Petterssen 1950)

Die Geschwindigkeit der Rossby-Wellen ist durch Gl. 3.251 (4) gegeben. Rossby (1945b) konnte zeigen, daß für eine Kette derartiger Wellen, welche in eine Westwinddrift von konstanter Geschwindigkeit u eingebettet sind und deren Geschwindigkeit laut Gl. 3.251 (4) lediglich eine Funktion der Wellenlänge ist, ähnlich wie bei anderen Interferenzvorgängen die Gruppengeschwindigkeit gegeben ist durch

$$C_g = C - L\ (dC/dL). \qquad 3.26\ (1)$$

Aus Gl. 3.251 (4) geht jedoch hervor, daß

$$L\,(dC/dL) = -2\,\beta\,(L/2\,\pi)^2$$

ist. Somit ist die Gruppengeschwindigkeit für eine Serie von ROSSBY-Wellen

$$C_g = C + 2\,\beta\,(L/2\,\pi)^2 = u + \beta\,(L/2\,\pi)^2. \qquad 3.26\ (2)$$

Nimmt man für die kurzen Wellen eine Geschwindigkeit $C = 12°$ Länge pro Tag an (vgl. Tab. 3.241), so ergibt sich daraus eine durchschnittliche Wellenlänge von 50° Länge und eine Frequenz von 1 Welle pro 4 Tage. Aus Gl. 3.26 (2) erhält man eine Gruppengeschwindigkeit von etwa 28° Länge pro Tag. Die Gruppengeschwindigkeit ist somit wesentlich größer als die Wellengeschwindigkeit. Sie übertrifft sogar die zonale Windgeschwindigkeit. Daraus ist die Tatsache erklärbar, daß sich manche Störungseffekte viel rascher stromabwärts fortpflanzen, als einer bloßen Advektion entsprechen würde (YEH 1949, GAMBO 1951, CARLIN 1953).

Der Durchzug der kurzwelligen Störungen durch das System der langen Wellen eines Kontinuitätsdiagramms läßt sich deutlich verfolgen, wobei die oben an-

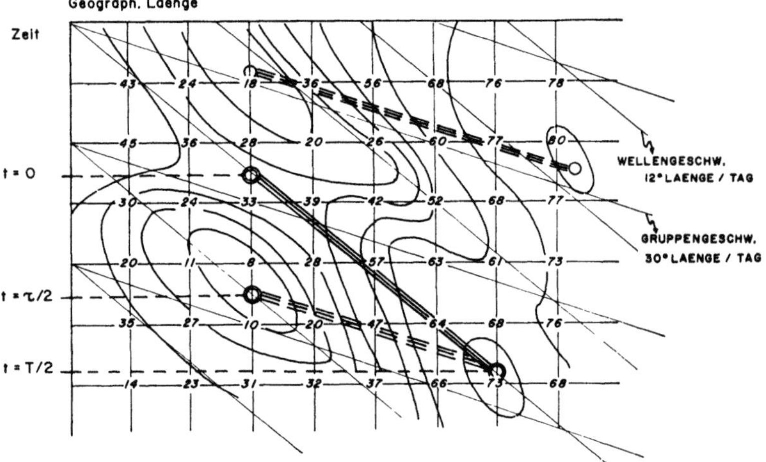

Abb. 3.26.2. Konstruktion eines Trog-Rücken-Diagramms (Kontinuitätsdiagramms). Die dreifach strichlierten Linien zeigen Verlagerungen mit Gruppengeschwindigkeit, die dreifache volle Linie gibt Verlagerungen mit Wellengeschwindigkeit an

gegebene Wellengeschwindigkeit von 12° Länge pro Tag den mittleren Verhältnissen gut zu entsprechen scheint. Die Verstärkung der Wellenamplituden schreitet jedoch mit Gruppengeschwindigkeit (etwa 30° Länge pro Tag) voran.

Diagramme dieser Art erweisen sich als schier unentbehrliches Hilfsmittel in der Mittelfristprognose des Höhenwindfeldes. Wenn auch die Position der Strahlstromachse in diesem Diagramm nicht zutage tritt, so können doch wertvolle Hinweise auf die Konfiguration der Höhenstromlinien gewonnen werden.

Um die meridionalen Strömungskomponenten abschätzen zu können, leistet das *Meridional-Zirkulations-Diagramm* (MZD) gute Dienste, das man erhält, indem man Isoplethen für die Höhendifferenz Δh in übergreifenden Intervallen von 20° Länge auf 500 mb und 45° Nord ähnlich wie im Kontinuitätsdiagramm analysiert. Der Durchzug von Kurzwellentrögen und -rücken läßt sich genau wie im oben beschriebenen HOVMÖLLER-Diagramm verfolgen. Viel deutlicher noch als vorhin geht jedoch aus diesem Diagramm hervor, daß sich *Verstärkungsten-*

denzen mit Gruppengeschwindigkeit verlagern. Es würde demnach ein Strahlstrommaximum, das sich z. B. einem Langwellentrog auf dessen Westflanke nähert, auf dessen Ostflanke, also bereits im Bereich des stromabwärts gelegenen Rückens, mit einer Fortpflanzungsgeschwindigkeit von etwa 30° Länge pro Tag durch eine Verstärkung der südlichen Windgeschwindigkeitskomponente seine Schatten vorauswerfen. Dieser Tatsache muß bei der Prognose der Strahlströme Rechnung getragen werden.

4. Die Struktur der Strahlströme

Es wurde bereits in Kap. 2 darauf hingewiesen, daß die Genauigkeit der Höhenwindmessung bei starken Höhenwinden zu wünschen übrig läßt. In Strahlstromwetterlagen ist also damit zu rechnen, daß die Qualität und auch die Zahl der Beobachtungen vermindert ist. Die Kenntnis der mittleren Struktur des Strahlstromes befähigt daher den Analytiker, aus wenigen Beobachtungen bestmögliche Resultate an Konsistenz und Zuverlässigkeit der Analyse zu erzielen. Andererseits ist aber auch die Aeronautik an zuverlässigen Strahlstrom„modellen“ interessiert, sowohl für die Flugplanung als auch für die Flugsicherheit. Es ist daher nicht verwunderlich, wenn jährlich große Mengen an Geld und Material für Detailstudien des Jet Stream aufgewendet werden.

Die Technik der meteorologischen Analyse (vgl. Kap. 3) vermittelt durch die übliche Überhöhung des vertikalen Maßstabes bei oberflächlicher Betrachtung den Eindruck, als seien die Windscherungen in der horizontalen und vertikalen Dimension einander annähernd gleichwertig. In Wirklichkeit erweist es sich, daß der Halbwert der im Strahlstromzentrum festgestellten Windgeschwindigkeit in der Horizontalen bei etwa 200 bis 300 km Entfernung von der Jet-Stream-Achse (je nach zyklonaler oder antizyklonaler Seite), in der Vertikalen dagegen im Mittel etwa 5 km oberhalb bzw. unterhalb des Niveaus maximalen Windes erreicht wird. Somit sind die Strahlströme äußerst *flache* Schichten großer Windgeschwindigkeit, welche in die Atmosphäre eingelagert sind und deren horizontale Dimensionen — quer zur Stromachse gemessen — die vertikalen Dimensionen um beinahe zwei Größenordnungen übertreffen (Raethjen 1960).

Entsprechend sind die vertikalen Gradienten wesentlich größer als die horizontalen (Sasaki 1958). Nehmen wir mit Kochanski (1956) innerhalb einer Frontalzone einen horizontalen Temperaturgradienten von 7° C pro Breitengrad an, so entspricht dies etwa $6{,}3 \cdot 10^{-5}$° C/m. Demgegenüber beträgt der adiabatische Temperaturgradient in der Vertikalen $dT/dz = 1 \cdot 10^{-2}$° C/m und das Verhältnis der beiden Gradienten zueinander ist $6{,}3 \cdot 10^{-3}$.

Die horizontalen Scherungen der Windgeschwindigkeit, $\nabla_h V$, sind im Bereich der Strahlströme von der Größenordnung des Coriolisparameters, also in mittleren Breiten etwa 10^{-4} sec^{-1} oder 21 Knoten pro Breitengrad. Die vertikale Scherung $\partial V/\partial z$ beträgt dagegen bei einer Strahlstromgeschwindigkeit von 100 Knoten in 10 km Höhe und bei der Annahme eines linearen Windprofils etwa $5 \cdot 10^{-3}$ sec^{-1}.

Sowohl in der Vertikalen als auch in der Horizontalen ist von vornherein anzunehmen, daß einer zeitlich nur allmählich sich ändernden Grundströmung Turbulenzelemente überlagert sind, welche die augenblicklich gemessenen Strömungsverhältnisse vom Mittelwert der Grundströmung abweichen lassen. Ihre Größe hängt vom jeweiligen räumlichen und zeitlichen Maßstab der Messungen ab. In Kap. 2.123 wurde bereits auf diese Turbulenzskala verwiesen.

Eine Einteilung der Struktur der Strahlströme nach verschiedenen Skalengrößen kann willkürlich getroffen werden (Flohn 1959a). Zweckmäßigerweise richtet man sich dabei nach Größenordnungen, welche durch bestimmte Strömungsverhältnisse bzw. durch die Meßtechnik vorgegeben sind.

Im allgemeinen wird man mit drei Bereichen das Auslangen finden, die wir mit

Makro-,
Meso- und
Mikrostruktur

bezeichnen wollen (Reiter 1960b). Unter „Struktur" verstehen wir jeweils die Störungskomponenten des betreffenden meteorologischen Parameters, welche einem quasistationären Grundzustand überlagert sind. Da die vertikale Erstreckung der Strahlströme um annähernd zwei Größenordnungen geringer ist als ihre horizontale Erstreckung, sind die im folgenden angegebenen Schwellenwerte analog zu reduzieren.

Die Makrostruktur: Dem Makrobereich mögen Störungen der Größenordnung $>10^6$ horizontale Meter angehören. Es sind dies die hemisphärischen Langwellen und die mit Zyklonen verbundenen Wellenstörungen sowie die einzelnen Jet-Maxima. Als Grundströmung des Makrobereiches kann die hemisphärische Zonalzirkulation angesehen werden. Im Vergleich zu den durchströmenden Luftmassen können die Störungen als annähernd stationär betrachtet werden. Bei einer Windgeschwindigkeit im Strahlstrom von der Größenordnung 10^2 m/sec werden diese Wellen in etwa $\geq 10^4$ sec durchlaufen. Dies wäre somit die korrespondierende Zeitskala für *individuelle* Änderungen (d/dt). Sie liegt an der unteren Grenze der aus synoptischen Beobachtungen erfaßbaren Änderungen. Nehmen wir mit Namias (1947a) eine Verlagerungsgeschwindigkeit der Wellen von etwa 12° Länge pro Tag oder 10 m/sec für gemäßigte Breiten an (vgl. Tab. 3.241), so kommen wir für *lokale* Änderungen ($\partial/\partial t$) auf die Zeitskala $\geq 10^5$ sec. Dies entspricht der Zeitspanne der interdiurnen Veränderungen des Höhenwindfeldes.

Innerhalb dieses zeitlichen und räumlichen Ausdehnungsbereiches sind Änderungen der Windgeschwindigkeit von Windstille auf Strahlstromstärke möglich, d. h. die Störungskomponenten haben dieselbe Größenordnung wie die Grundströmung. Die Änderungen gehen jedoch in der Regel so langsam vor sich, daß *geostrophische* Verhältnisse als erste Approximation angenommen werden dürfen.

Die vertikale Raumskala besitzt die Größenordnung $>10^4$ m und umfaßt die mittleren vertikalen Windprofile.

Die Mesostruktur: Dem Mesobereich wollen wir Störungen der Größenordnung 10^4 bis 10^5 horizontale Meter zuordnen. Als Grundströmung kommt für diese Größenklasse die Strahlströmung im Bereich einer planetarischen Langwelle bzw. eines Strahlstrommaximums mit dem dazugehörigen Einzugs- und Deltagebiet in Frage. Als Richtlinie sei eine Schwankungsbreite der Störungen bis zu etwa 20% der Grundströmung angegeben.

Die Zeitskala (in sec) scheint wie bei der Makrostruktur gegenüber der räumlichen Skala (in m) um ein bis zwei Zehnerpotenzen vermindert. Dies wird durch die Annahme befürwortet, daß diesem Störungstyp Schwere- und Trägheitswellen angehören, welche sich annähernd mit Windgeschwindigkeit verlagern. Nehmen wir als Strahlstromgeschwindigkeit wiederum 10^2 m/sec an, so bleibt als untere Grenze für lokale Änderungen 10^2 sec, als obere Grenze etwa 10^4 sec. In diesem Bereich der Struktur sind „Jet-Finger" und ausgedehnte Wolkenfelder zu suchen. Die Strömungsverhältnisse sind ageostrophisch.

In der Vertikalen entspricht diese Größenklasse mit 10^2 bis 10^3 m der Windänderung an Tropopause, Inversionen und Fronten bzw. der Detailstruktur des Strahlstromkernes.

Die Mikrostruktur: Zählen wir alles, was unterhalb 10^4 horizontalen Metern und 10^2 sec an Schwankungen anfällt, zur Mikrostruktur, so begeben wir uns in den Bereich der Scherungswellen, Leewellen, Wogenwolken und schließlich der Clear-Air Turbulence. Gerade aus dem Studium der Turbulenz wird offenkundig, daß beachtliche Schwankungen der Windgeschwindigkeit auf kleinstem Raum vorkommen können (Reiter 1960a, b). Wir müssen also in extremen Fällen der Schwankungsbreite mikrostruktureller Störungen dieselbe Größenordnung einräumen wie im Mesobereich. Im allgemeinen kann man jedoch weniger als 10% der Grundströmung als Störungsamplitude ansetzen, wenn wir als Grundströmung wiederum den um die Mesostruktur bereicherten Raum eines Strahlstrommaximums mit Einzugs- und Deltagebiet annehmen. Die Geschwindigkeitskomponenten dieser Störungen sind stark ageostrophisch.

Die Mikrostruktur äußert sich, soweit sie überhaupt meßtechnisch erfaßbar ist (Saucier 1956a), vor allem in Clear Air Turbulence und Wolkenformen.

Lassen wir die oben aufgezählte Strukturierung des Strahlstromes gelten, so ergeben sich aus den vorhandenen Beobachtungs- und Meßmethoden deutliche Begrenzungen der meteorologischen Forschung. Das weltweite Radiosondennetz mit seiner 12stündigen Beobachtungsfolge erschließt uns in der Horizontalen lediglich den Makrobereich (Eliassen et al. 1960). Der Abstand der einzelnen Stationen beträgt in dicht besiedelten Räumen (USA, Europa) etwa $5 \cdot 10^5$ m, liegt also im Grenzbereich zwischen Meso- und Makrostruktur. Dementsprechend können einer detaillierten Strahlstromanalyse etwa im 300- oder 250-mb-Niveau bereits Züge entnommen werden, die der Mesostruktur angehören, wie etwa das Vorhandensein sogenannter „Jet-Finger“, das sind Aufspaltungen eines Strahlstrommaximums in mehrere nebeneinanderliegende Äste (Dickson 1955, Reiter 1961a). (Derartige Jet-Finger werden häufig im Einzugs- und Deltagebiet eines ausgeprägten Strahlstrommaximums beobachtet.) Es bedarf dazu jedoch großer Sorgfalt in der Beurteilung des Beobachtungsmaterials und in der Analyse, die im routinemäßigen Wetterdienst kaum verlangt werden kann. Über den Ozeanen kann nach dem heutigen Stand der Beobachtungen nicht einmal die Makrostruktur des Strahlstromes mit Sicherheit festgestellt werden.

In der Vertikalen liegen die Verhältnisse wesentlich besser. Besonders die Temperaturmessungen erlauben an Hand der Originalregistrierungen ein Studium des Mesobereiches. Diese signifikanten Details der Aufstiege werden jedoch im Verschlüsselungsprozeß weitgehend eliminiert (Danielsen 1959).

Die Windmessungen unterliegen besonders im Strahlstrombereich wegen der geringen Höhenwinkel, unter denen die Ballone anvisiert werden, größeren Fehlern (Reiter 1958c, 1959e), so daß also Schlüsse auf die Mesostruktur aus diesen Messungen nur mit Vorbehalten möglich sind. Eine rasche Folge von Ballonaufstiegen, etwa in stündlichem Abstand (Barbé 1957), trägt nur wenig zur Erforschung der Mesostruktur bei, einerseits wegen der erwähnten Unsicherheiten in der Meßgenauigkeit, andererseits wegen der Tatsache, daß die Meßwerte jeweils nur einen zeitlich und räumlich isolierten Punkt charakterisieren (bzw. einen Mittelwert über ein Zweiminutenintervall oder 600 vertikale Meter), der selbst von der Meso- und Mikrostruktur beeinflußt wird, ohne daß dies eindeutig feststellbar wäre. Rasche Aufstiegsfolgen sind insofern in statistischem Sinne wertvoll, da aus ihnen die mittlere Variabilität meteorologischer Parameter in verschiedenen Niveaus berechnet werden kann und darin Möglichkeiten für eine Kürzestfristprognose liegen (U. S. A. W. S. 1956c).

Ganz anders sind die Verhältnisse bei Flugzeugmessungen, wie z. B. denen des „Project Jet Stream“ (Brundidge 1956, 1958, Endlich et al. 1954, et al. 1959, Landers 1955a, Reiter 1960c, d, e, 1961a, b, d, e, Saucier 1956b, 1958b). Das Instrumentenbrett wurde in Abständen von etwa 25 bis 30 Sekunden photographiert. Bei einer Fluggeschwindigkeit von 400 Knoten (740 km/h) ergibt dies einen Abstand der Meßpunkte von etwa 5 km. Lassen wir noch eine gewisse Ungenauigkeit der Meßwerte zu, die mit etwa 3 Knoten und 1° C in den Absolutwerten bzw. 1 Knoten und 0,1° C in den Gradientwerten angegeben wird, so kann eine Schwankung in Geschwindigkeit und Temperatur dann als reell angesehen werden, wenn sie über mindestens drei Meßpunkte demselben Trend folgt. Somit ist aus diesen Daten die Variabilität von Wind und Temperatur im horizontalen Erstreckungsbereich bis auf etwa 15 km bestimmbar. Der Mesobereich ist demnach durch diese Messungen noch erfaßt (Kasahara 1956). Es soll in Kap. 4.3 gezeigt werden, daß bei der Analyse dieser Mesostruktur auf die Größenordnung der Zeit- und Raumskala Rücksicht zu nehmen ist. Man soll davon Abstand nehmen, Makro- und Mesostruktur bzw. Meso- und Mikrostruktur in einer Analyse zu vereinen (Reiter 1960b, 1961a).

4.1. Die horizontale Struktur

4.11. Das Temperaturfeld

4.111. Geographische und jahreszeitliche Verteilung

Die jahreszeitlichen Schwankungen in der mittleren Position und Stärke der Strahlströme, insbesondere des PFJ, gehen Hand in Hand mit Positions- und Stärkeänderungen der Frontalzone in der Troposphäre. Im Sommer ist die barokline Zone schwächer ausgeprägt und weiter nach Norden verschoben als im Winter (Scherhag 1948b). Die Tatsache gründet im wesentlichen auf dem Umstand, daß im Sommer durch die Einstrahlung auf die Polarkalotte der meridionale Temperaturgradient vermindert wird. Daß mittlere Stärke und Position des Strahlstromes auf die jahreszeitlichen Schwankungen im Wärmehaushalt einer Hemisphäre reagieren, beweist, daß der troposphärische Jet Stream ein Phänomen der thermischen Differenzen zwischen Pol und Äquator ist — eine an sich triviale Feststellung, wenn man die thermische Windgleichung in Betracht zieht. Bemerkenswert ist jedoch, daß das Temperaturgefälle nicht mehr oder weniger gleichmäßig auf die Breiten zwischen thermischem Äquator und Pol verteilt, sondern in schmalen Frontalzonen konzentriert ist, ein Umstand, der für die Mischungstheorie der Strahlstrombildung sprechen würde (vgl. Kap. 4.121). Es bildet sich also keine breite, gleichmäßige Winddrift aus, wie sie der Theorie der Rossby-Wellen zugrunde liegt, sondern ein enges Band hoher Windgeschwindigkeiten — der Strahlstrom.

Die Existenz von Strahlströmen in der Atmosphäre ist an zwei notwendige und hinreichende Bedingungen geknüpft.

1. Ein meridionales Temperaturgefälle ruft eine auf die Luftmassen wirkende, bewegungserzeugende Gradientkraft hervor.

2. Durch eine rotierende Unterlage wird ein Drehimpuls vermittelt.

Der Beweis für die Richtigkeit dieser Behauptung wird durch geophysikalische Modellversuche geliefert: In rotierenden Wassertanks, in denen ein Temperaturgefälle vom Rand gegen das Zentrum hin aufrechterhalten wird, lassen sich unter gewissen Bedingungen der Rotationsgeschwindigkeit und der Temperaturdifferenz zwischen „Pol“ und „Äquator“ atmosphärische Strahlstromverhältnisse imitieren (vgl. Kap. 4.43).

Der Zusammenhang zwischen Temperaturgefälle und Strahlstromposition wird an Hand von Meridionalschnitten besonders anschaulich (Palmén 1948b, und Nagler 1948, und Newton 1948). Aus Abb. 3.211 kann der mittlere horizontale Temperaturgradient in 80° westlicher Länge auf den verschiedenen

Isobarenflächen für zwölf Wetterlagen im Dezember 1946 entnommen werden. Der stärkste Gradient ist demnach bei etwa 800 mb anzutreffen. Zwischen 300 bis 250 mb liegt das isopyknische Niveau, während im 200-mb-Niveau im Strahlstrombereich das meridionale Temperaturgefälle bereits umgekehrt ist. Bei 250 mb erscheint südlich des Strahlstromes ein Band etwas kälterer Luft, nördlich ein ausgeprägtes Gebiet wärmerer Luft (Bessemoulin et al. 1958, Reiter 1960d, e). Südlich des Kaltluftgebietes schließt sich wieder eine Zone mit „normal“ nach Norden gerichtetem Temperaturgradienten an. Über diesem Gebiet liegt also das Niveau maximalen Windes höher, wie auch aus der Windgeschwindigkeitsverteilung in Abb. 3.211 deutlich wird. Die Frontalzone ist ein Gebiet starker horizontaler Windscherung, wobei die größten Windgeschwindig-

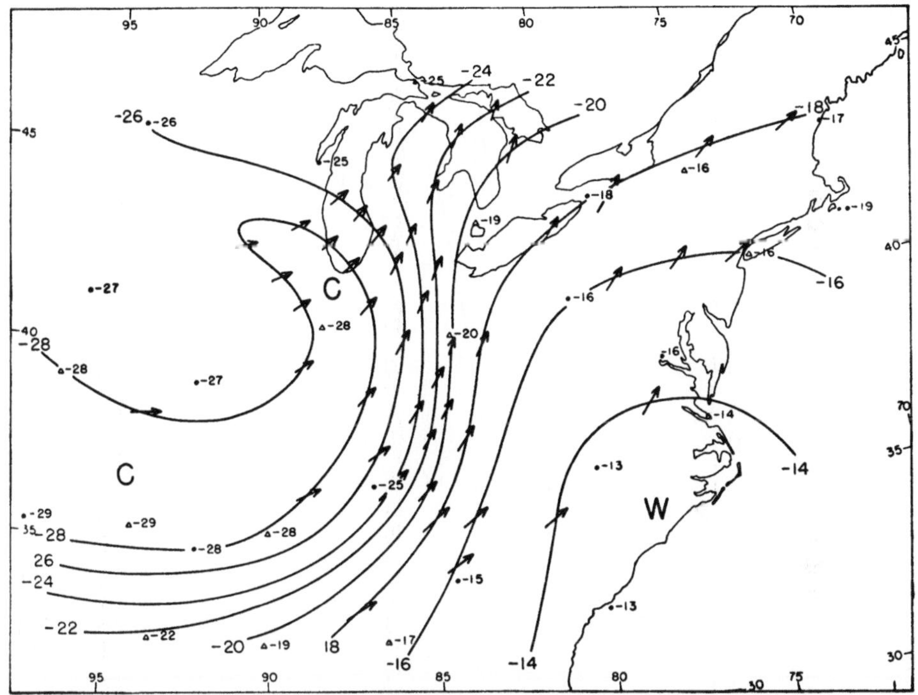

Abb. 4.112.1. 500-mb-Isothermen (°C), 24. März 1953, 03.00 GCT. Die Pfeile deuten die Schnittpunkte der Isothermen mit den Isohypsen der 500-mb-Topographie an. (Riehl 1954b)

keiten jeweils auf ihrer „warmen“ Seite zu finden sind. Das Strahlstromniveau bei 300 mb ist ungefähr über dem antizyklonalen Rand der Frontalzone im 500-mb-Niveau anzutreffen. Ein nur schwach ausgeprägter Strahlstromausläufer erscheint im 200-mb-Niveau in etwa 38° Breite. Von diesem Ausläufer soll noch später ausführlich die Rede sein.

4.112. Die Temperaturverteilung in synoptischen Einzelfällen

Die Temperaturverteilungen in der Troposphäre und unteren Stratosphäre sind in dem Beispiel vom 23. März 1953 charakteristisch für einen voll ausgeprägten Jet Stream. Die 500-mb-Isothermen (Abb. 4.112.1) zeigen eine deutliche Konzentration unter der Strahlstromachse (vgl. Abb. 4.122.4). (Der synoptische Termin dieser Karte — 24. März 1953, 03.00 GCT — liegt etwa 4 Stunden vor der Durchführung eines Forschungsfluges; dieser Zeitdifferenz muß also bei der Auswertung der Flugdaten Rechnung getragen werden.)

Bradbury (et al. 1953) findet auf Grund einer statistischen Untersuchung, daß im Winter im Mittel die $-28°$- bzw. $-29°$-Isotherme im 500-mb-Niveau der Lage der Frontalzone entspricht. Eine sekundäre Konzentration des horizontalen Temperaturgradienten ist bei etwa $-13°$ zu finden und gibt die mittlere Position des STJ an.

Im allgemeinen muß man jedoch den Wert derartiger statistischer Betrachtungen des Zusammenhanges zwischen Frontalzonen und Isothermen oder Isohypsen für analytische oder prognostische Zwecke mit Zurückhaltung betrachten. Es soll ja nur zum Ausdruck gebracht werden, daß zu einer bestimmten Jahreszeit die meridionalen Luftmassenunterschiede eine bestimmte, bevorzugte Größe annehmen und in dieser baroklinen Übergangszone den Strahlstrom bilden. Geht diese Statistik zu sehr ins

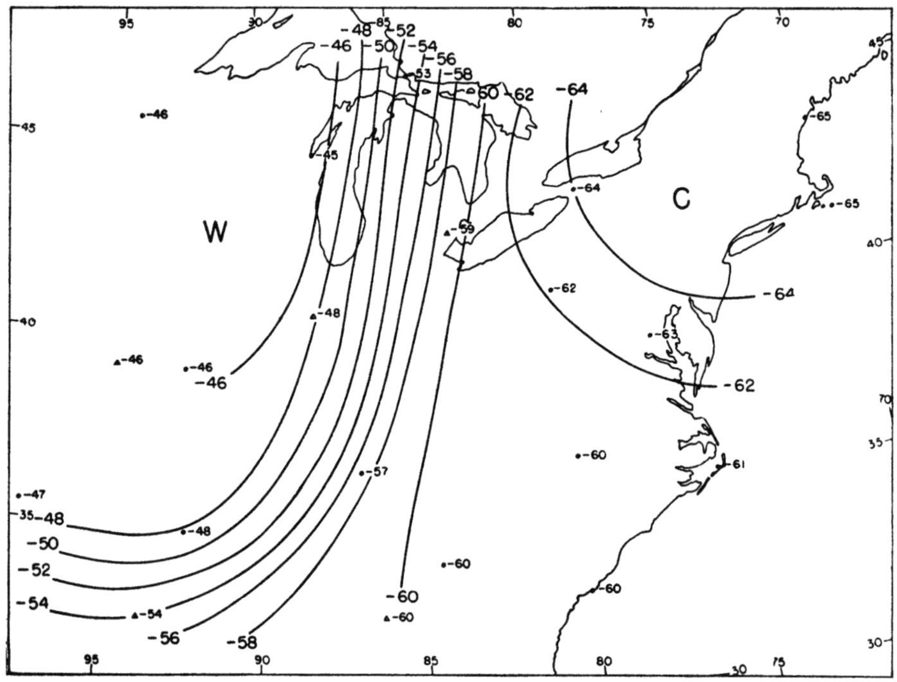

Abb. 4.112.2. 200-mb-Isothermen (°C), 23. März 1953, 21.00 GCT. (Riehl 1954b)

Detail (Clodman 1954), wie dies offensichtlich beim kanadischen Dreifrontenmodell der Fall ist (Anonym 1956), so ist die Gefahr gegeben, daß eine Analyse zugunsten des vorgefaßten Modells beeinflußt wird.

Daß die Lage der Frontalzone im 500-mb-Niveau im Mittel mit der Jet-Stream-Position zusammenfällt, stimmt mit den Ergebnissen umfangreicher Forschungen im pazifischen Raum überein (Beamer et al. 1953, Serebreny 1951, 1955, et al. 1953, 1954, 1954a, b, 1957). Die Frontalzone im 500-mb-Niveau stellt also einen brauchbaren Indikator für die Position des Strahlstromes dar. Für Interkontinentalflüge wurde dabei die Faustregel gefunden, daß in der mittleren Troposphäre die stärkeren Winde auf der antizyklonalen Seite, die schwächeren auf der zyklonalen Seite der Frontalzone zu finden sind. Laufende Thermometerablesungen können somit wertvolle Hinweise auf die zu erwartenden Windverhältnisse im Flugniveau geben. Der Pan American World Airways und auch anderen Luftverkehrsgesellschaften sind auf diese Weise mehrere Geschwindigkeitsrekorde für Ozeanüberquerungen gelungen.

Die kleinen Pfeile in Abb. 1 geben die Schnittpunkte der 500-mb-Isobaren mit den Isothermen an. Die Frontalzone scheint an ihrem Ostrand eine Tendenz zur Verstärkung, am Westrand eine Tendenz zur Abschwächung zu besitzen (vgl. Reed et al. 1953) und sich somit langsam nach Nordosten weiterzubewegen. Häufig — so wie auch hier — fällt das Gebiet mit starker Isothermenadvektion mit Absinkbewegungen und Schönwetter zusammen, wodurch die Isothermenbewegung verlangsamt wird (vgl. Abb. 4.122.5). Daß das Kaltluftreservoir, an dem die Sturmzyklone hängt, eine zungenförmige Gestalt wie in Abb. 1 aufweist, ist bei nordamerikanischen Stürmen, die auf der Ostseite eines Langwellen-

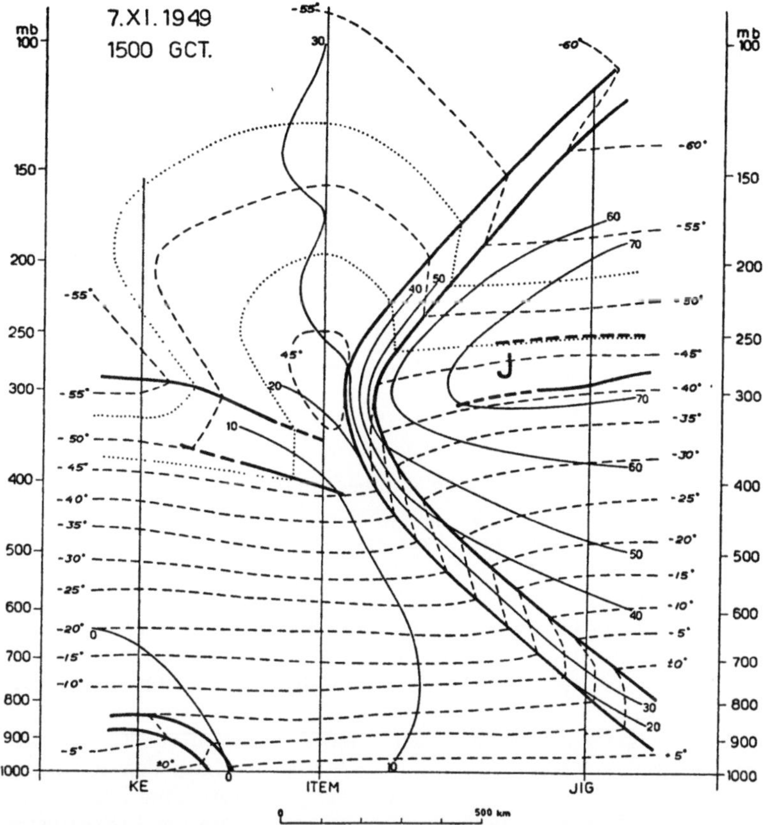

Abb. 4.112.3. Querschnitt durch die Atmosphäre, 7. November 1949, 15.00 GCT. Strichliert und punktiert: Isothermen (°C); volle Linien: Isotachen (m/sec) der *beobachteten* Windgeschwindigkeit normal zum Querschnitt; dicke Linien: Frontalzone und Tropopause. (Berggren 1953a)

troges nordostwärts wandern, häufig der Fall. Die Folge ist meist eine schwere Kälteinvasion in den Mittelweststaaten. In der Regel ist jedoch die Mündung des Frontalzonendeltas eher nach Osten gerichtet. Die im europäischen Raum mit Sturmtiefs über Atlantik oder Nordsee verbundenen Frontalzonen zeigen nicht selten eine Orientierung von Nordwest nach Südost.

Die Temperaturen der 200-mb-Fläche (Abb. 4.112.2) sind ebenfalls charakteristisch für einen ausgeprägten Strahlstrom. Das Niveau maximalen Windes liegt bereits unterhalb dieser Isobarenfläche, denn der Temperaturgradient normal zur Strömungsrichtung ist entgegengesetzt dem in der mittleren Troposphäre, wobei der *maximale Gradient ebenfalls mit der Strahlstromachse annähernd übereinstimmt* und unter Umständen beträchtliche Werte erreicht [von KOCHANSKI (1956) wurden 7° C pro Breitengrad gemessen]. Die Windgeschwindigkeit nimmt daher im Bereich des Jet-Maximums rascher mit der Höhe ab als in den umgebenden Gebieten. Es ist also auch im 200-mb-Niveau eine stark barokline Zone vorhanden (ZUBIAN 1956, 1957); die Solenoide in dieser Zone wirken jedoch bremsend auf die Zirkulation (vgl. ARAKAWA 1953h). Der Vorschlag BERGGRENS (1953a, b, 1952), die Frontenanalyse auch auf die Stratosphäre auszudehnen, erschiene somit gerechtfertigt (vgl. Abb. 4.112.3).

Es ist in dieser Abbildung durch den Isothermenverlauf in der Stratosphäre oberhalb der Kaltluftmasse angedeutet, daß hier eine regionale Erwärmung durch Absinkbewegung im Gange ist. Besonders im Bereich einer Warmluftzunge („Isentropengraben") auf der zyklonalen Seite der Jet-Achse scheint dieses Absinken vor sich zu gehen (REITER 1961e). Der Temperaturkontrast der „Frontalzone" im 200-mb-Niveau ist somit ausschlaggebend durch *dynamische* Vorgänge beeinflußt. Eine Frontenanalyse in der von BERGGREN vorgeschlagenen Form würde dagegen zu einem Analogieschluß mit der unteren Troposphäre verleiten, wo die *advektiven* Vorgänge im Vordergrund stehen. Eine vom Boden bis in die Stratosphäre reichende, kontinuierliche Frontalzone ist außerdem nicht immer anzutreffen. Der untere Teil der Front, der durch die Luftmassengegensätze zustande kommt, kann unter Umständen von der oberen, mit dem Jet Stream verbundenen baroklinen Zone separiert sein. Wie von REED und DANIELSEN (1959) außerdem gezeigt wurde, stellt die „Jet-Stream-Front" keine durch Mischungsprozesse „verwaschene" Luftmassengrenze dar, sondern besteht selbst — zumindest im Einzugsgebiet eines Jet-Maximums — aus absinkender Stratosphärenluft.

In der Stratosphäre verbreitert sich die Frontalzone mit zunehmender Höhe (vgl. Abb. 6.123). Darauf soll im Kap. 6 näher eingegangen werden. Das Erwähnte möge jedoch genügen, um die BERGGRENsche Darstellungsweise einer Frontalzone nur mit gewissen Reserven gültig erscheinen zu lassen.

Auf der antizyklonalen Seite des Strahlstromes erscheint oberhalb des Maximalwindniveaus oft eine Zunge kalter Luft („Isentropenbuckel"), die manchmal sehr schmal ist, besonders dann, wenn der höher gelegene, subtropische Strahlstrom in der Nähe des Polarfront-Jet verläuft (FOSTER et al. 1953, RIEHL 1948a, REITER 1960d, e, 1961e). In Abb. 2 ist die Normalisierung des Temperaturgradienten im Sinne einer weiteren Geschwindigkeitszunahme mit der Höhe über der Nordostküste der Vereinigten Staaten angedeutet. Es wäre demnach in diesem Gebiet das Niveau maximalen Windes oberhalb des 200-mb-Niveaus gelegen. Der Isothermenverlauf deutet in dieser Abbildung eine Difluenz zwischen dem Polarfront-Jet und einem schwächeren, subtropischen Strahlstrom an, welcher oberhalb von 200 mb verläuft.

4.12. Windfeld und Vorticity

4.121. Geographische und jahreszeitliche Verteilung. Die „Mischungstheorie" der Strahlstrombildung

Gleichlaufend mit dem Jahresgang des horizontalen Temperaturgradienten in der Troposphäre und seiner Verstärkung bzw. Abschwächung durchlaufen auch die Strahlströme — sowohl ihrer Intensität als auch ihrer Position nach — einen jährlichen Zyklus (vgl. POGOSIAN 1957b). In Abb. 4.121.1 und 4.121.2 sind die mittleren Strahlstromverhältnisse für Januar und Juli gezeigt (NAMIAS, CLAPP 1949). Ganz abgesehen von der unterschiedlichen Stärke der mittleren

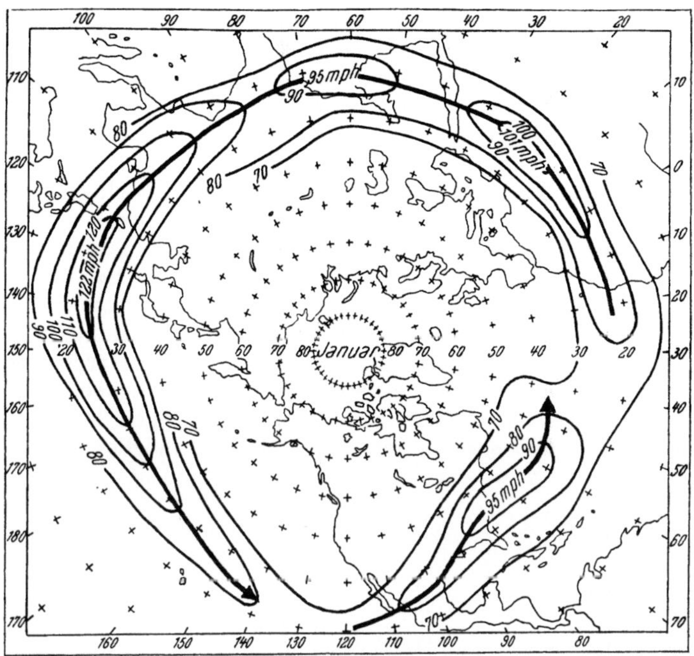

Abb. 4.121.1. Mittlere Position und Stärke (geostrophische Windgeschwindigkeit in Meilen pro Stunde im Niveau maximalen Windes) des Strahlstromes im Januar. (NAMIAS und CLAPP 1949)

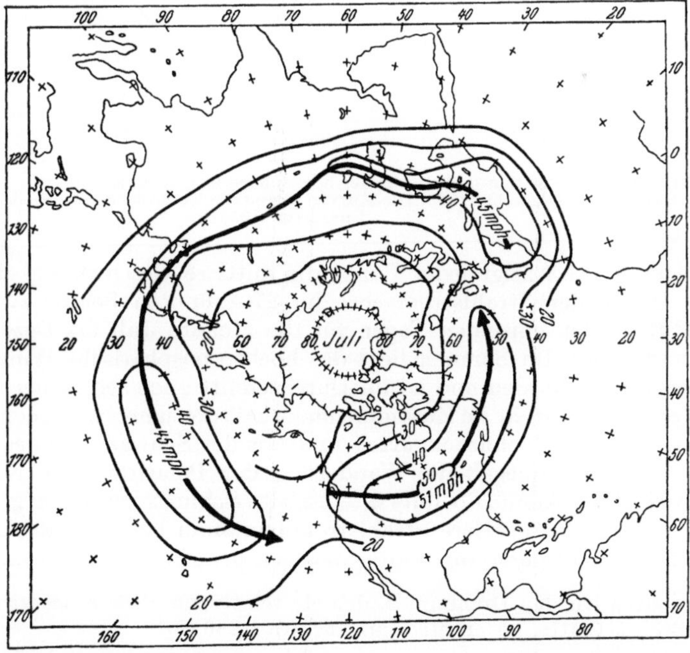

Abb. 4.121.2. Mittlere Position und Stärke (geostrophische Windgeschwindigkeit in Meilen pro Stunde im Niveau maximalen Windes) des Strahlstromes im Juli. (NAMIAS und CLAPP 1949)

Jet-Maxima im Winter und Sommer (im Sommer z. B. über dem Pazifik 45 mph, im Winter 122 mph), treten die markantesten Veränderungen im asiatischen Sektor auf. Während im Sommer die Achse eines relativ schwachen Jet Stream den Mittelmeerraum durchquert und, über die Mongolei ziehend, Japan aus einer nordwestlichen Richtung erreicht, ist im Winter die Position über die Sahara verschoben. Über Nordindien prägt sich südlich des Himalaja ein deutliches Windmaximum ab und die größten mittleren Windgeschwindigkeiten werden über Ostasien und Formosa aus einer südwestlichen Richtung gemessen. Da in den einzelnen Wetterlagen die Maximalgeschwindigkeiten in einem Jet Stream dieser Haupt-Strahlstromzone wohl interdiurne, aber keine großen geographischen Unterschiede aufweisen, muß aus dieser Abbildung der Schluß gezogen werden, daß der winterliche Strahlstrom über Südostasien zu den stationärsten Elementen der allgemeinen Zirkulation zählt. Auf die Bedeutung des hier Gesagten für den Monsun dieser Gebiete soll später noch näher eingegangen werden (vgl. Kap. 7.413). Da Abb. 1 und 2 lediglich Mittelwerte der Geschwindigkeit angeben, ist durch die veränderliche Position der Strahlstromachse auch keine Unterscheidung zwischen polarem und subtropischem Jet Stream möglich (vgl. Kap. 4.14).

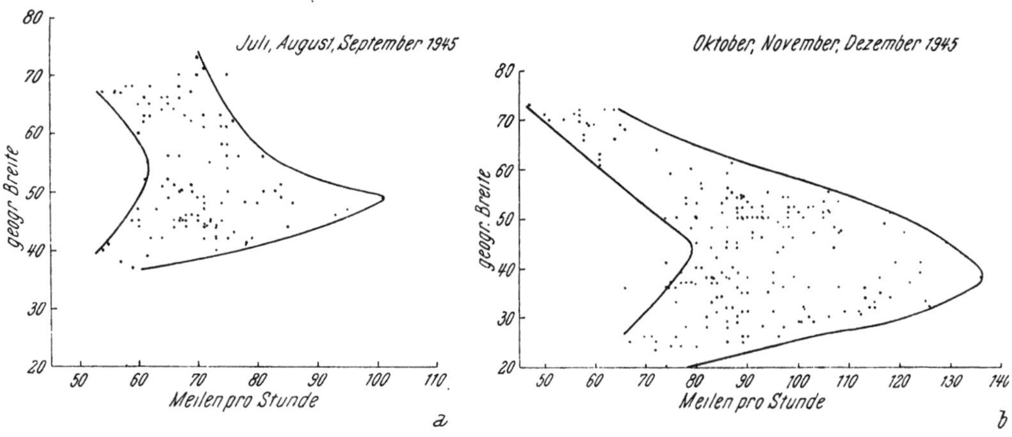

Abb. 4.121.3. Mittlere Position und Stärke der hemisphärischen Strahlströme von Juli bis September 1945 und Oktober bis Dezember 1945. Die Kurven zeigen die Einhüllende der Punktwolken an. (Nach CRESSMAN 1950)

In Abb. 4.121.3 zeigt jeder Punkt die mittlere Geschwindigkeit und geographische Breite der Strahlstromachse im 270° breiten Sektor zwischen 110° E und 20° E an den einzelnen Tagen für die Monate Juli bis Dezember 1945 an (CRESSMAN 1950). Im Sommer liegt das hochtroposphärische Windmaximum im Mittel weiter im Norden und ist im Durchschnitt auch schwächer als im Winter. Diese Verlagerung steht im Zusammenhang mit der jahreszeitlichen Verschiebung des subtropischen Hochdruckgürtels und mit der Schwankung des polaren Kaltluftreservoirs und spiegelt die Wanderung der Polarfront wider (BERRY et al. 1954). Aus Abb. 3 können bereits interessante Schlußfolgerungen gezogen werden. Im Sommer ist das mittlere Strahlstrommaximum bei etwa 40° Breite und mit etwa 105 mph zu finden, im Winter dagegen bei etwa 50° Nord mit 78 mph.

Betrachten wir den Drehimpuls, den ein relativ zur Erde *ruhendes* Luftteilchen in diesen Breiten hätte, so erhält man aus Gl. 1.236 (9)

$$G = u \cdot R \cdot \cos \varphi. \quad 4.121\,(1)$$

Bezeichnen wir mit $C_E = 2\,R\,\pi/86400 = 0{,}46$ km/sec die Äquatorialgeschwindigkeit der Erde, so können wir u in Prozenten von C_E ausdrücken und wir erhalten ($u/C_E = \cos\varphi$)

$$G = C_E\,R \cdot \cos^2\varphi. \qquad 4.121\ (2)$$

Die Drehimpulse in zwei verschiedenen geographischen Breiten stehen zueinander im Verhältnis

$$G_1 : G_2 = \cos^2\varphi_1 : \cos^2\varphi_2. \qquad 4.121\ (3)$$

Für $\varphi_1 = 50°$ und $\varphi_2 = 40°$ Breite erhält man $G_1 : G_2 = 0{,}70$, d. h. der Drehimpuls einer Bewegung beträgt in 50° Breite nur etwa 70% des Impulses in 40° Breite.

Der mittlere Geschwindigkeitsabfall der Strahlströme vom Winter zum Sommer entspricht laut Abb. 3 etwa 26%, d. h. in bezug auf ihre jeweilige geographische Breitenlage spiegeln die Strahlströme im Mittel die Drehimpulsverhältnisse der Erdoberfläche wider. Dies ist im Grunde nicht verwunderlich, denn die Erdoberfläche stellt infolge der Bodenreibung die einzige Drehimpulsquelle für die Atmosphäre dar: Bremsung der Ostwinde in der Passatregion bedeutet Erzeugung westlichen (positiven) Drehimpulses. Bremsung der Westwinde in den gemäßigten Breiten bedeutet Vernichtung dieses Impulses. Es muß also in der allgemeinen Zirkulation der Atmosphäre Drehimpuls aus niedrigeren in höhere Breiten transportiert werden, um die Zirkulation in einem stationären Gleichgewicht zu halten.

Den Impulstransport von der einen zur anderen Hemisphäre, wie er zur Erklärung der im Sommer und Winter verschiedenen Stratosphärenzirkulation notwendig ist, wollen wir hier unberücksichtigt lassen. Darauf soll in Kap. 4.414 noch näher eingegangen werden.

Verschieben sich nun im jahreszeitlichen Verlauf die quasistationären Hoch- und Tiefdruckgebiete, in deren Bereich die allgemeine Zirkulation verläuft, so wird mit der Änderung der Intensität der Quellen und Senken des Drehimpulses auch die Größe des Impulstransportes Veränderungen unterliegen. Die Bewegungsgröße ist in besonderem Maß in den Strahlströmen konzentriert; es ist daher leicht einzusehen, daß deren mittlere Windgeschwindigkeiten auf Änderungen im hemisphärischen Impulstransport reagieren werden. Daß dies in so guter Übereinstimmung mit den Drehimpulsgesetzen der rotierenden Erde geschieht, wie obige Abschätzung zeigte, mag als Beweis dafür gelten, daß die Strahlströme ein Phänomen der Erdrotation sind.

Abb. 4.121.4 zeigt die Funktion $\cos^2\varphi$ als Maß für den Drehimpuls und $\cos^2\varphi_2/\cos^2\varphi_1$ für $(\varphi_2 - \varphi_1) = 10$ Breitengrade in Abhängigkeit von der geographischen Breite. Aus letzterer Funktion geht hervor, daß einem prozentuellen Abfall von etwa 26% des Drehimpulses auf 10 Breitengrade ein Raum entspricht, der etwa 5° weiter südlich liegt als die mittleren Strahlstrommaxima der Abb. 3. Abb. 4 zeigt, daß in 45° Breite der Drehimpuls etwa 74% des in 35° Breite gemessenen Impulses beträgt. Die strichlierte Linie in Abb. 4 schneidet die Ordinate $\frac{\varphi_1 + \varphi_2}{2} = 40°$ nämlich bei etwa 0,74. Dies würde implizieren, daß — wollte man die Strahlströme als Phänomen charakterisieren, das unter Erhaltung des Drehimpulses abläuft — die Luftmassen nur einer relativ geringen Breitenverschiebung von Süd nach Nord bedürfen, um die geforderte Strahlstromgeschwindigkeit zu erlangen. Als Beispiel hierfür möge folgende Überschlagsrechnung dienen: Eine Luftmasse werde unter Beibehaltung ihres Drehimpulses von 42° N nach 46° N verfrachtet. Ihr Geschwindigkeitszuwachs relativ zur Erdoberfläche beträgt dann laut Gl. 1.236 (14) 29 m/sec.

Ein Vergleich mit Abb. 4.121.7 zeigt, daß die oben angegebenen Breitendifferenzen ungefähr dem Gebiet geneigter Isentropenflächen in der Frontalzone unterhalb des Strahlstromkernes entsprechen. Die hier zu erwartenden Aufgleitbewegungen führen zu einer Geschwindigkeitszunahme, wie sie laut Abb. 3.211 auf der antizyklonalen Seite des Strahlstromes tatsächlich beobachtet wird.

Somit scheint die Südseite ausgeprägter Strahlströme eine Tendenz zur Erhaltung des Drehimpulses aufzuweisen. Dies ist — wie bereits in Kap. 1.236 gezeigt wurde — auch aus der Tatsache evident, daß die absolute Vorticity in einem relativ schmalen Band südlich der Strahlstromachse gegen Null geht.

Auf der zyklonalen Seite der Strahlstromachse sind die Verhältnisse im Mittel anders. Abb. 4.121.5 zeigt, daß hier eine Tendenz zur Bildung konstanter absoluter Vorticity besteht (RIEHL, ALAKA et al. 1954, Univ. of Chicago 1947). Aus dieser

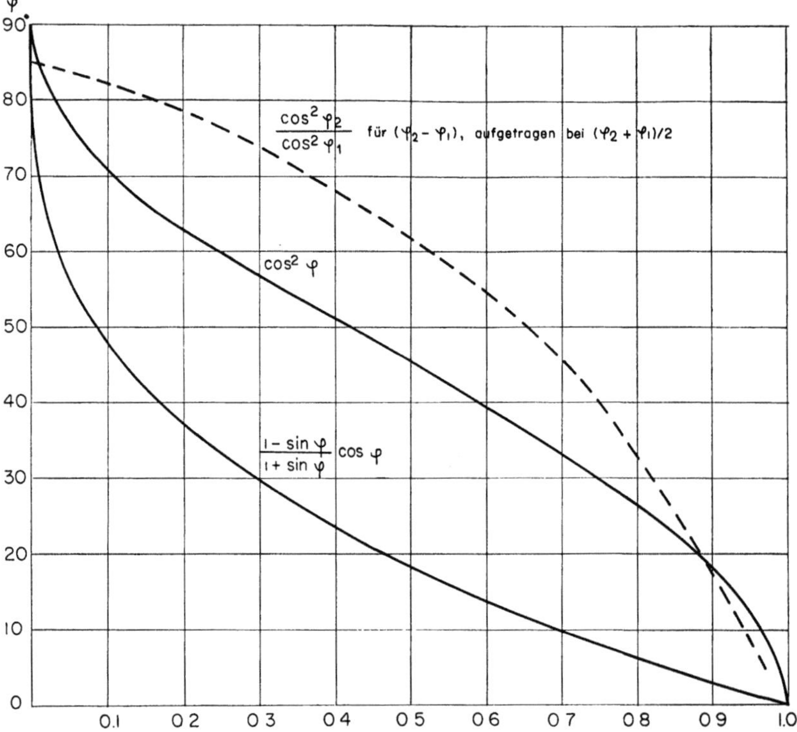

Abb. 4.121.4. Konstante Vorticity und Drehimpuls als Funktion der geographischen Breite (s. Text). Das Verhältnis $\cos^2\varphi_2/\cos^2\varphi_1$ wurde jeweils im Mittelpunkt des Breitenbandes von 10° Breite aufgetragen, das den Berechnungen zugrunde liegt

Abbildung ist ebenso wie aus Abb. 3 ersichtlich, daß die Intensität der Strahlströme mit zunehmender Breite abnimmt. Geschwindigkeitsangaben wurden in Abb. 5 in Einheiten der Rotationsgeschwindigkeit C_E des Äquators gemacht. Dadurch ist es möglich, Werte verschiedener rotierender Körper zu vergleichen, wie dies hier mit solaren und terrestrischen Daten geschehen ist (vgl. hierzu Kap. 4.431).

Die Vertikalkomponente der relativen Vorticity für zonale Bewegung besitzt die Form [vgl. Gl. 3.247 (13)]

$$q_z = -\partial u/\partial y + \frac{u}{R}\cdot\tan\varphi.$$

Substituiert man $\partial u = \partial\,(\omega\,R\cdot\cos\varphi)$ und $\partial y = R\cdot\partial\varphi$, worin ω die *absolute Winkelgeschwindigkeit* der zonal bewegten Atmosphäre in bezug auf den Pol bedeutet (Rossby 1947), so erhält man, da wir die *absolute* Bewegung betrachten, aus obigem Ausdruck direkt die *absolute* Vorticity

$$Q_z = -\ (1/\cos\varphi)\,\big(\partial/\partial\varphi\,(\cos^2\varphi\cdot\omega)\big). \qquad 4.121\ (4)$$

Für *konstante* absolute Vorticity, die sich infolge der durchmischenden Wirkungen von nordwärts und südwärts gerichteten Strömungen einstellen müßte, erhält man durch Integration von (4)

$$\omega\cdot\cos^2\varphi + Q_z\cdot\sin\varphi = \text{const.} \qquad 4.121\ (5)$$

Die Integrationskonstante wird durch die Bedingung bestimmt, daß die Winkelgeschwindigkeit ω der Lufthülle am Pol endlich bleiben möge. Man erhält für $\varphi = 90°$ aus Gl. (5) $Q_z = \text{const.}$ und somit

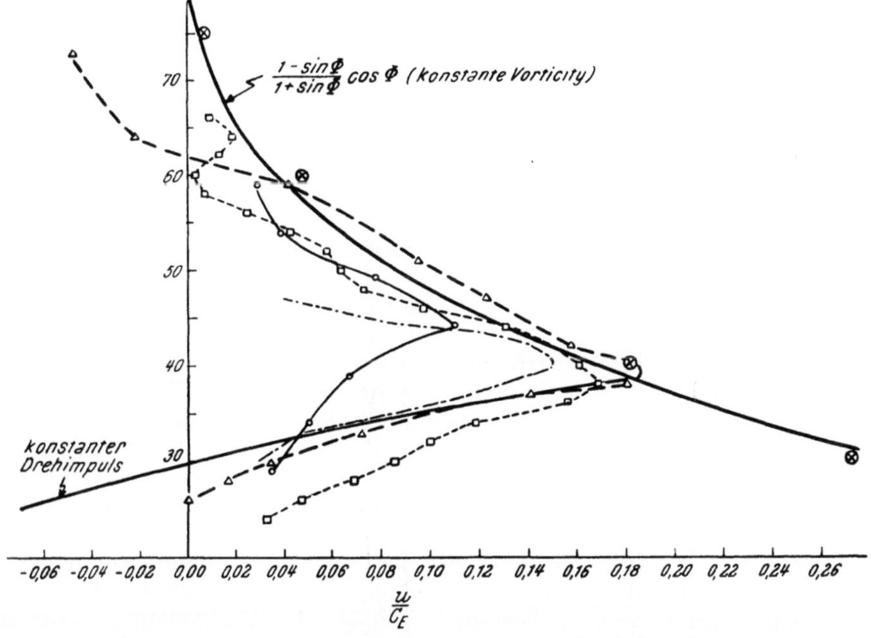

Abb. 4.121.5. Theoretische Windprofile konstanter relativer Vorticity und konstanten Drehimpulses (volle Linie) und einige beobachtete geostrophische Windprofile im Tropopausenniveau (dünne Linien). Rotationsverhältnisse auf der Sonne sind durch Kreise angedeutet. Alle Geschwindigkeiten sind in Einheiten der Äquatorialgeschwindigkeit C_E ausgedrückt

$$\omega\cdot\cos^2\varphi = Q_z\,(1-\sin\varphi). \qquad 4.121\ (6)$$

Für die Winkelgeschwindigkeit ω der zonal bewegten Luft ergibt dies

$$\dot\lambda = \omega = 2\,\omega_p/(1+\sin\varphi), \qquad 4.121\ (7)$$

denn $Q_z = 2\,\omega_p$, wobei ω_p die Winkelgeschwindigkeit der Lufthülle am Pol ist. Dies geht aus Gl. (6) für $\varphi = 90°$ hervor, wenn man $\cos^2\varphi = 1-\sin^2\varphi$ setzt und durch $(1-\sin\varphi)$ kürzt.

Gl. (7) gibt die Verteilung der Winkelgeschwindigkeit an, die in einer Lufthülle resultieren würde, welche die Polarkalotte bedeckt und durch meridionalen Austausch eine konstante Vorticity angenommen hat.

Die lineare Geschwindigkeit u relativ zur Erdoberfläche in der Lufthülle dieser Polarkalotte beträgt $u = (\omega - \Omega)\ R \cos\varphi$, oder unter Zuhilfenahme von Gl. (7)

$$u = R \cdot \Omega \frac{(2\,\omega_p - \Omega)/\Omega - \sin\varphi}{1 + \sin\varphi} \cos\varphi. \qquad 4.121\ (8)$$

Ω ist die Winkelgeschwindigkeit der Erdrotation. Die lineare Erdgeschwindigkeit am Äquator ist

$$C_E = R \cdot \Omega = 0{,}46\ \text{km/sec}. \qquad 4.121\ (9)$$

Die zonale Windverteilung in dimensionsloser Form erhält man zu

$$u/C_E = \frac{(2\,\omega_p - \Omega)/\Omega - \sin\varphi}{1 + \sin\varphi} \cos\varphi. \qquad 4.121\ (10)$$

Bei $Q = 2\,\omega_p < 2\,\Omega$ treten Ostwinde in höheren Breiten auf. Nimmt man an, daß die Vorticity der *durchmischten* Luftmasse über der Polarkalotte höchstens den Wert der Vertikalkomponente der Vorticity der Erde annimmt, also

$$Q = 2\,\omega_p = 2\,\Omega, \qquad 4.121\ (11)$$

so erhält man als Grenzwert für die *zonale Windverteilung* bei *konstanter absoluter Vorticity* in dimensionsloser Form

$$u/C_E = \frac{1 - \sin\varphi}{1 + \sin\varphi} \cos\varphi. \qquad 4.121\ (12)$$

Wie in Abb. 4.121.5 gezeigt ist, entsprechen die mittleren Windprofile auf der Nordseite des Strahlstrommaximums ganz gut diesem theoretischen Grenzwert (dicke Kurve). (Die strichlierte Kurve stammt aus einem Querschnitt im 300-mb-Niveau am 17. Januar 1947, 03.00 GCT, von Havanna bis Thule. Die ausgezogene dünne Linie stellt einen neuntägigen Mittelwert über Nordamerika bei annähernd zonaler Höhenströmung dar.)

Aus dieser guten Übereinstimmung der meridionalen Profile zonaler Windgeschwindigkeit bei konstanter absoluter Vorticity mit beobachteten mittleren Profilen leitet die Chikagoer Schule unter Rossby (1947, A. Defant 1949, Univ. of Chicago 1947) die „*Mischungstheorie*" der Strahlstrombildung her. Da die atmosphärischen Bewegungen nicht nur auf Kräfte zurückzuführen sind, die in Meridionalebenen enthalten sind, sondern da die Ost-West-Komponenten im horizontalen Druckgefälle und damit die meridionalen Strömungskomponenten eine *wesentliche* Rolle spielen, liegt der Schluß nahe, daß die Mischungsvorgänge eben zu einem großräumigen Austausch von Q_z, der Vertikalkomponente der Vorticity, führen. Die freie Weglänge dieser Austauschvorgänge ist dabei von der Größenordnung der Tief- und Hochdruckgebiete in den gemäßigten Breiten (A. Defant 1921). Der Beweis der Wirksamkeit der Mischungsvorgänge wird folgendermaßen erbracht: In der Westwindzone wird am Boden durch Reibung eine ageostrophische Strömungskomponente nach Norden erzeugt. Eine kompensierende Strömung in höheren Niveaus, die nach Süden gerichtet ist, müßte unter Erhaltung des Drehimpulses eine östliche Bewegungskomponente enthalten. Daß dies nicht der Fall ist, daß sich vielmehr, wie bereits oben an Hand der Abb. 5 gezeigt wurde, ein Profil mit konstanter absoluter Vorticity einzustellen sucht, ist den großräumigen Austauschvorgängen zuzuschreiben. Derartige Profile können in extremen Fällen bis 35° oder 30° Breite beobachtet werden. Hier wird das Profil wegen der großen horizontalen Scherung instabil: Südlich davon stellt sich ein Profil $Q_z = q_z + f = 0$ ein, welches konstantem Drehimpuls entspricht. Hsieh (1950b) nimmt an, daß nicht nur eine, sondern mehrere Zonen mit ausgeprägtem lateralem Vorticityaustausch existieren (vgl. auch Freeman 1953).

Eine analoge Durchmischung müssen wir auch für die Polarkalotte der Südhalbkugel annehmen, doch besitzt hier — im Gegensatz zur Nordhemisphäre — die zyklonale Vorticity negatives Vorzeichen. Würde die Durchmischung der Luftmassen und die folgende Entstehung eines meridionalen Windprofils konstanter absoluter Vorticity bis an den Äquator reichen, so würde sich hier eine Diskontinuität zwischen positiven und negativen Vorticitywerten einstellen. Entsprechend große Windscherungen wären zu erwarten. Nach den Beobachtungen enden die Mischungszonen bei etwa 30 bis 35° Breite, wo die Strahlströme verlaufen.

Im Gebiet eines Strahlstroms ist ein starker horizontaler Vorticitygradient vorhanden, welcher durch Austauschvorgänge einen ständigen Vorticitytransport nach Süden in der Richtung dieses Gradienten bewirkt. Rossby (1947) nimmt an, daß dieser Vorticitytransport (vorticity transfer) einen *konstanten Wert* besitzt und positive Vorticity von der Nord- in die Südhemisphäre schafft bzw. negative Vorticity in umgekehrter Richtung. In der Übergangszone zwischen den beiden Regionen, in denen einerseits $Q_z = \text{const.}$, andererseits $Q_z = 0$ ist, muß diese abtransportierte Vorticity von unten her durch Aufwärtsbewegungen nachgeführt werden, denn sonst würde sich die Vorticity der Polarkalotte rasch verringern. Dies entspricht den tatsächlich beobachteten Verhältnissen, denen zufolge in den Deltagebieten der Frontalzone maximale Aufgleitbewegungen unterhalb der Strahlstromachse vorhanden sind (vgl. Kap. 4.221 und 4.232).

Infolge der Mischungsvorgänge nördlich des Polarfront-Jet wird hier das absolute Rotationsmoment lediglich neu verteilt, ohne daß dessen Gesamtbetrag

$$G = 2\pi R^4 \int_{\varphi_0}^{\pi/2} \dot{\lambda} \cos^3 \varphi \, d\varphi \qquad 4.121\,(13)$$

eine Änderung erfahren würde. φ_0 ist die geographische Breite, bis zu der sich die Durchmischung vollzieht. In dieser Gleichung wurde angenommen, daß die Masse pro Flächeneinheit der von der Polarfront begrenzten Kalotte die Größe 1 habe[1]. Nach Durchmischung nimmt $\dot{\lambda}$ den in Gl. (7) angegebenen Wert an und man erhält für den gesamten Drehimpuls durch Integration von Gl. (13)

$$G = 2\pi R^4 \omega_p (1 - \sin \varphi_0)^2. \qquad 4.121\,(14)$$

Geht man von der Annahme aus, daß die Lufthülle ursprünglich wie ein starrer Körper rotierte (solid rotation) mit der konstanten Winkelgeschwindigkeit $\dot{\lambda}_i$, so erhält man durch Integration von Gl. (13)

$$G = 2\pi R^4 \dot{\lambda}_i (1 - \sin \varphi_0)^2 (2 + \sin \varphi_0)/3. \qquad 4.121\,(15)$$

Für die Breite φ_0, in der sich die maximale Winkelgeschwindigkeit einstellt, erhält man aus Gl. (7)

$$\dot{\lambda}_{\varphi_0} = 2\omega_p/(1 + \sin \varphi_0). \qquad 4.121\,(16)$$

Substituiert man aus diesem Ausdruck in Gl. (14) für $2\omega_p$, so ergibt dies

$$G = \pi R^4 \dot{\lambda}_{\varphi_0} (1 + \sin \varphi_0)(1 - \sin \varphi_0)^2. \qquad 4.121\,(17)$$

Abb. 4.121.6 zeigt in Einheiten der Äquatorialgeschwindigkeit C_E das Windprofil, das sich bei konstanter Winkelgeschwindigkeit (Rotation eines starren Körpers)

[1] Laut Gl. 1.236 (9) beträgt der Drehimpuls pro Masseneinheit $R^2 \cos^2 \varphi \cdot \omega$. Dieser Ausdruck wird über das Areal $2 R \pi \int_{\varphi_0}^{\pi/2} \cos \varphi \cdot R \, d\varphi$ der Polarkalotte integriert.

einstellen würde (dünne, kaum gekrümmte Linie). Die dickere Linie gibt die neue Geschwindigkeitsverteilung an, die sich unter den lateral wirksamen Austauschvorgängen mit konstanter Vorticity einstellt. In 40° Breite wurde die südlichste Begrenzung der Polarluftkalotte angenommen. Der totale absolute Drehimpuls in der Kalotte bleibt erhalten. (Flächengleichheit der Gebiete mit Abnahme und Zunahme des Drehimpulses ist in dieser Darstellung nicht erreicht, da die geographische Breite linear und nicht ihrem Cosinus nach aufgetragen wurde.) An der südlichen Begrenzung der durchmischten Kalotte erfolgt ein scharfer Geschwindigkeitsabfall auf den ursprünglichen Geschwindigkeitswert für starre Rotation. Die Größe dieses Abfalls ergibt sich aus Gl. (15) und (16)

$$\Delta\dot{\lambda} = \dot{\lambda}_{\varphi_0} - \dot{\lambda}_i = = (1/3)\,\dot{\lambda}_i\,(1 - \sin\varphi_0)/(1 + \sin\varphi_0). \qquad 4.121\ (18)$$

$\dot{\lambda}_i$ entspricht in erster Annäherung der Rotationsgeschwindigkeit Ω der Erde. Näherungsweise gilt daher

$$\Delta\dot{\lambda} = (\Omega/3)\,(1 - \sin\varphi_0)/(1 + \sin\varphi_0). \qquad 4.121\ (19)$$

Dementsprechend beträgt der Geschwindigkeitsabfall an der Diskontinuität wegen $\Delta u = \Delta\dot{\lambda}\,R\cos\varphi_0$ und wegen Gl. (9)

$$\Delta\,(u/C_E) = = (1/3)\cos\varphi_0\,(1 - \sin\varphi_0)/(1 + \sin\varphi_0). \qquad 4.121\ (20)$$

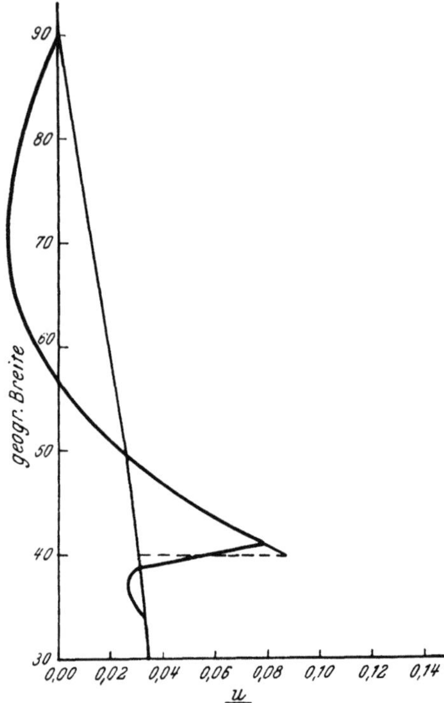

Abb. 4.121.6. Effekt lateraler Mischungsvorgänge auf die Verteilung der vertikalen Vorticity innerhalb einer Polarluftkalotte. Die ursprüngliche Windverteilung mit konstanter Winkelgeschwindigkeit ist durch die dünne Linie gegeben. Die resultierende Windverteilung – unter Erhaltung des Gesamtdrehimpulses innerhalb der Polarluft – ist durch die dicke Linie veranschaulicht. Der Mischungsprozeß reiche bis 40° Breite, wo die zonale Windgeschwindigkeit ihr Maximum besitze. Alle Geschwindigkeiten sind in Einheiten der äquatorialen Rotationsgeschwindigkeit ausgedrückt. (Univ. of Chicago 1947)

Für $\varphi_0 = 30°$ Breite macht der Geschwindigkeitsabfall annähernd 100 mph (45 m/sec) aus, was wegen $\lambda_i \cong \Omega$ auch größenordnungsmäßig der Geschwindigkeit der Strahlströmung gleichkommt. Hört die Mischungszone bereits weiter nördlich auf, so ist die Geschwindigkeit des Polarfront-Jet entsprechend niedriger. Dies entspricht im Durchschnitt ebenfalls den Beobachtungen (vgl. Abb. 4.121.3). Die geringeren Strahlstromgeschwindigkeiten im Süden stammen offenbar zum Großteil von subtropischen Strahlströmen, die in obige Überlegungen nicht einbezogen sind. Wie in Abb. 6 angedeutet, breitet sich die Diskontinuität an der Südgrenze der Austauschzone wegen lateraler Austauschvorgänge aus, und zwar stellt sich eine Scherung $\partial u/\partial y = f$ ein. Man erhält die Breite dieser dynamisch labilen Zone, indem man Δu durch diese kritische Scherung dividiert. Für 30° N erhält man 615 km oder $5^1/_2$ Breitengrade, was ebenfalls von Beobachtungen bestätigt wird (vgl. Abb. 4.121.5 und Kap. 4.122). Es wurde bereits früher darauf hingewiesen, daß der mittlere Geschwindigkeitsabfall der extrem starken Strahlstrommaxima vom Winter zum Sommer der Drehimpulsabnahme einer Zone entspricht, die etwa 5° südlich der Strahlstromachse liegt. Diese Abschätzung stimmt also ebenfalls mit obigen Ergebnissen gut überein.

In den bisherigen Ableitungen war angenommen worden, daß die lateralen Austauschvorgänge auf eine Polarluftkalotte beschränkt sind, welche eine scharf ausgeprägte südliche Begrenzungslinie besizt. Diese Beschränkung ist natürlich für den Ausgangszustand nicht notwendig. Es wird sich vielmehr die Mischungszone langsam südwärts ausbreiten, und durch die Vergrößerung des Gebietes mit konstanter absoluter Vorticity steigt die Intensität des Strahlstromes an dessen südlicher Begrenzung (vgl. Abb. 6), bis dynamische Labilität erreicht ist. Dieser allmähliche Verstärkungsprozeß unter Beibehaltung des gesamten Drehimpulses der Polarluftkalotte kann an mittleren meridionalen Windprofilen beobachtet werden und äußert sich in einer nach Süden gerichteten Verlagerungstendenz des Windmaximums im Trenddiagramm. Gleichzeitig mit der Verstärkung des Windmaximums nimmt die Baroklinität in den darunter liegenden Atmosphärenschichten zu. Sobald die kritische Größe dynamischer Labilität erreicht ist, entwickeln sich meridionale Zirkulationszellen. Der Vorticitytransport nach Süden entlang dieser meridionalen Strömungskomponenten im Strahlstromniveau wird durch aufsteigende Bewegung kompensiert. Den Analysen NEWTONS zufolge (vgl. Kap. 4.221) sind derartige Zirkulationen, die im Jet-Stream-Niveau einen Vorticitytransport nach Süden gestatten, im frontolytisch wirkenden Frontalzonendelta zu erwarten. Es handelt sich dabei um indirekte Zirkulationsräder, d. h. Aufsteigen von Kaltluft und Absinken südlich der Westwindzone in der Warmluft. Die ageostrophische Bewegungskomponente, die den Vorticitytransport nach Süden bewirkt, ist gleichzeitig gegen *höheren* Druck gerichtet, was im Einklang mit dem beobachteten Bodendruckfall steht. Die Aufwärtsbewegung wird durch Niederschlagsmaxima unterhalb der Strahlstromachse gut belegt.

Im Einzugsgebiet einer Frontalzone herrscht eine ageostrophische Bewegungskomponente gegen tieferen Druck und damit auch eine Beschleunigung der Luftmassen. Dynamische Labilität ist hier noch nicht erreicht.

In vielen Einzelfällen folgt das meridionale Windprofil auf der zyklonalen Seite nicht konstanter absoluter Vorticity, sondern es weist ein ausgesprochenes Vorticitymaximum auf. Somit ist die „Mischungstheorie" der Entstehung der Strahlströme nicht allseits befriedigend (vgl. auch Kap. 4.123 und BOLIN 1952, KUO 1951 a, b, 1953).

Abb. 4.121.7 zeigt auf der zyklonalen Seite ein derartiges ausgeprägtes Vorticitymaximum, durch welches sich die Luftmassen relativ rasch durchbewegen und dadurch kräftigen Vergenzen unterliegen (vgl. auch HSIEH 1950 b). Dies bedeutet also, angewandt auf die „Mischungstheorie" der Strahlstrombildung, daß die gegen den tiefen Druck im Norden gerichteten ageostrophischen Komponenten im Einzugsgebiet einer Frontalzone größeren Drehimpuls aus Süden in einem Maße gegen den Vorticitygradienten herantransportieren, daß eine Durchmischung bis zur Erreichung konstanter Vorticity nicht augenblicklich erfolgen kann. Offensichtlich reichen die herrschenden Austauschkoeffizienten (ROSSBY 1947) hierfür nicht aus. Es stellen sich dementsprechend in individuellen Fällen höhere Windgeschwindigkeiten im Strahlstromzentrum und stärkere Windscherung auf der zyklonalen Seite der Jet-Achse ein, als konstanter absoluter Vorticity entsprechen würde (NYBERG 1949), so daß sich ein Vorticitymaximum an der Nordseite des Strahlstrommaximums bildet (vgl. auch Abb. 3.247.5). Erst weiter nördlich wird der Vorticitygradient so schwach, daß Q_z als ungefähr konstant angesehen werden kann.

4.122. Windprofile und Vorticity in synoptischen Einzelfällen

Die im folgenden berichteten Ergebnisse stützen sich vor allem auf Flugzeugmessungen (DICKSON 1955, REITER 1960d, e, 1961a, b, d, e, f, et al. 1961, RIEHL 1954b, c, RIEHL, MAYNARD 1954, U. S. B. A. 1953a, b). Wie bereits im vorhergehenden Abschnitt erwähnt wurde, zeichnen sich die ausgeprägten Strahlstromzentren durch ein Maximum an positiver Vorticity an ihrer zyklonalen Seite aus (Abb. 4.121.7 und 3.247.5). Diese Vorticitybeträge fallen zum Großteil auf das Konto der horizontalen Windscherung. Nur in stark elongierten Trögen kann auch der Anteil an Krümmungsvorticity beträchtlich werden. Es erhebt sich nun die Frage, ob die Windscherungen zu beiden Seiten von voll ausgeprägten Strahlströmen irgendwelchen Gesetzmäßigkeiten unterliegen, aus denen sich dann die mittlere Struktur der Strahlströme ableiten ließe.

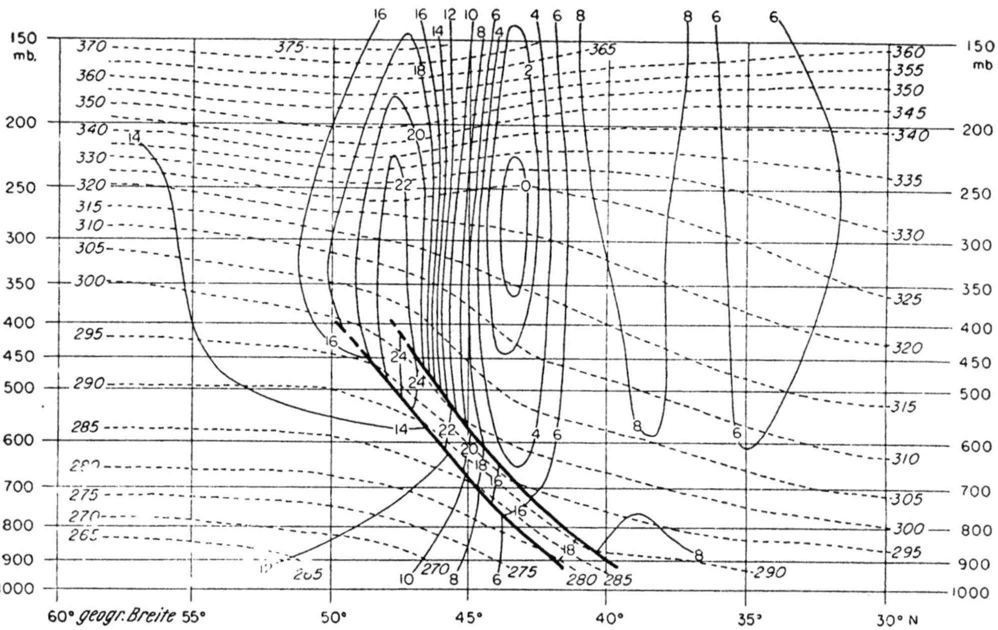

Abb. 4.121.7. Mittlere absolute Vorticity (10^{-5} sec^{-1}) und potentielle Temperatur (° K), aus dem Querschnitt der Abb. 3.211 berechnet. (PALMÉN und NEWTON 1948)

Für die antizyklonale Seite haben wir bereits einen derartigen Grenzwert der Verteilung in der Bedingung $Q = 0$ kennengelernt (Kap. 1.236), welche gleichbedeutend mit der Tatsache ist, daß die Bewegung auf einer Isentropenfläche in diesem Gebiet mit konstantem Drehimpuls vor sich geht. Für die zyklonale Seite wurden bisher nur statistisch-empirische Zusammenhänge zwischen Windgeschwindigkeit und Abstand von der Strahlstromachse aufgestellt. Es zeigt sich dabei, daß die horizontale Windscherung auf dieser Seite die Scherung auf der antizyklonalen Seite meist bei weitem übertrifft (JOHNSON 1952, 1953a, b, c).

Traversierungen des Jet Stream über Nordamerika mittels Flugzeuges ergaben folgende interessante Ergebnisse (RIEHL, MAYNARD 1954, RIEHL, BERRY et al. 1955): Auf der antizyklonalen Seite ausgeprägter Strahlströme, welche in vier Fällen angeflogen wurde, ist die Bedingung $Q = 0$ bis etwa 150 bis 200 km südlich der Strahlstromachse erfüllt. Die geringen negativen Werte absoluter Vorticity, welche stellenweise in der Nähe der Strahlstromachse aufscheinen (GUSTAFSON 1949), sind bei vorliegenden Messungen RIEHLS noch innerhalb der Fehlergrenzen der Geschwindigkeitsberechnung (für die Navigation während dieses Projektes war das „Omnirange"-System verwendet worden).

Etwas höhere Werte negativer absoluter Vorticity ($-0{,}4 \cdot 10^{-4}$ sec^{-1}) werden auch von BRUNDIDGE (1956) und vom Verfasser (REITER 1960d, e, 1961d, e) mit besseren Meßmethoden südlich der Strahlstromachse gemeldet. Dynamische Labilität scheint somit auf der antizyklonalen Seite starker Strahlstrommaxima möglich zu sein.

In größerer Entfernung von der Strahlstromachse (>150 km) stellen sich schwach positive Vorticitywerte ein, die bei etwa 0,3 bis $0{,}4 \cdot 10^{-4}$ sec^{-1} (RIEHL) bzw. $1{,}6 \cdot 10^{-4}$ sec^{-1} (BRUNDIDGE) einen annähernd konstanten Wert erreichen. Die Flüge wurden in etwa 30000 Fuß (9 km) Höhe durchgeführt. Es ist anzunehmen, daß entlang einer *Isentropenfläche* gemessen das Gebiet mit $Q=0$ unter Umständen bis etwa 500 km Entfernung von der Strahlstromachse gereicht hätte.

Ein Vergleich der Wind- und Vorticityverhältnisse auf der *zyklonalen* Seite von vier Strahlströmen der RIEHLschen Meßserie ergab, daß zwischen den beiden Größen ein annähernd linearer Zusammenhang besteht

$$Q/V=K. \qquad 4.122\ (1)$$

K ergab den empirischen Wert (150 km)$^{-1}$. Kombiniert man Gl. (1) mit Gl. 1.231 (3), so erhält man

$$f+(K_S-K)\,V-\partial V/\partial n=0, \qquad 4.122\ (2)$$

worin $K_S=1/r_s$ das Krümmungsmaß der Stromlinie bedeutet. In den untersuchten Fällen war $K_S \ll K$ [$K_S <$ (2200 km)$^{-1}$], so daß man näherungsweise schreiben kann

$$f-K\,V-\partial V/\partial n=0. \qquad 4.122\ (3)$$

Vernachlässigen wir auch die Breitenabhängigkeit des Coriolisparameters, so läßt sich diese Gleichung leicht integrieren und wir erhalten

$$dV/(V-f/K)=-K\cdot dn$$

und daraus

$$V=f/K+(V_0-f/K)\,e^{-Kn}. \qquad 4.122\ (4)$$

$V=V_0$ für $n=0$. V_0 ist die Windgeschwindigkeit in der Strahlstromachse. Setzen wir für $f=10^{-4}$ sec^{-1}, was dem Wert des Coriolisparameters in etwa 45° Breite entspricht, und für $K=$ (150 km)$^{-1}$, so erhalten wir die Beziehung für V in m/sec

$$V=15+(V_0-15)\cdot e^{-n/150}. \qquad 4.122\ (5)$$

In Abb. 4.122.1 stellt diese Gleichung die zyklonale Seite der Strahlströmung dar, während die antizyklonale Seite Profile mit $Q=0$ bis $Q=0{,}2\cdot 10^{-4}$ zeigt. Die Abszisse enthält die Windgeschwindigkeit und die Ordinate den Abstand n von der Strahlstromachse. Die einzelnen Windprofile, die bei den Forschungsflügen beobachtet wurden, ebenso zwei Profile, die HURST (1952, 1953) über England gemessen hat, wovon nur eines eingetragen wurde, fügen sich sehr gut den zyklonalen Scherungsverhältnissen ein, welche durch Gl. (5) gegeben sind. Es ist allerdings anzunehmen, daß diese Gleichung eher *maximale* als *mittlere* Scherungsverhältnisse auf der zyklonalen Seite eines Strahlstromes angibt. [Nach RIEHLS Gleichung würde die Scherung in einem Jet Stream mit 100 m/sec Spitzengeschwindigkeit innerhalb von 100 km zur Linken der Strahlstromachse

$4{,}3 \cdot 10^{-4}$ sec^{-1} betragen (SAUCIER 1958b).] Die Breitenabhängigkeit dieser Gleichung konnte im Bereich der vorliegenden Untersuchung vernachlässigt werden.

Aus Gl. (4) ist ersichtlich, daß die beobachteten Windprofile in einem semilogarithmischen Koordinatenpapier mit log V und dem Abstand n von der Strahlstromachse als Koordinaten Gerade ergeben, ebenso wenn man log $V^2/2$, den Logarithmus der kinetischen Energie, als Ordinate gewählt, was ebenfalls einem exponentiellen Windprofil entspricht:

Die Bedingung für eine Gerade in einem derartigen Koordinatensystem lautet

$$d\,(\ln V^2/2)/dn = -A = \text{const.} \qquad 4.122\ (6)$$

Durch Umformung erhält man daraus

$$(dV/dn) = -A\,V/2$$

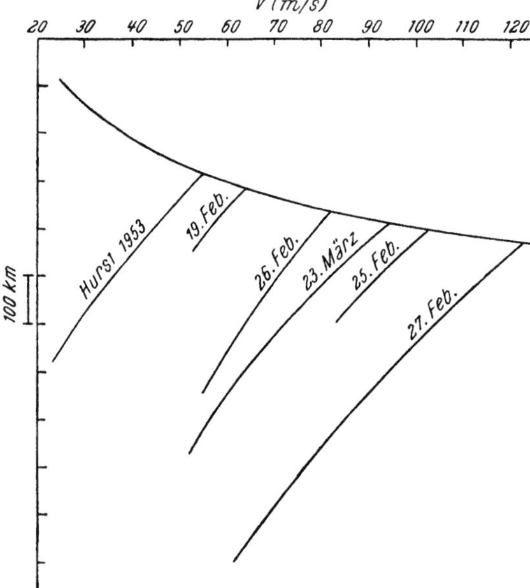

Abb. 4.122.1. Beobachtete horizontale Windprofile in Strahlströmen, 1953. (Nach RIEHL, BERRY et al. 1955)

und durch Integration

$$\ln (V_2/V_1) = -(A/2)\,(n_2 - n_1) + B.$$

Für die Strahlstromachse ($n = 0$) ist $V_1 = V_0$: somit ist

$$V_2 = V_0 \cdot e^{-(A\,n/2 - B)}.$$

Da für $n = 0$ die Bedingung $V_2 = V_0$ erfüllt sein muß, erhält man für die Integrationskonstante $B = 0$. Somit ist

$$V_2 = V_0 \cdot e^{-A\,n/2}. \qquad 4.122\ (7)$$

Hat man je eine verläßliche Windbeobachtung zu beiden Seiten des Jet Stream, so kann aus Gl. (5) oder (7) für die zyklonale Seite und aus $Q = 0{,}2 \cdot 10^{-4}$ sec^{-1} für die antizyklonale Seite sowohl die Position der Strahlstromachse als auch die maximale Windgeschwindigkeit berechnet werden (vgl. auch MORLEY 1957, FAWCETT et al. 1959). PAULY und MENIN (1954) schlagen für die Berechnung des Windes in der Jet-Achse aus je einer Beobachtung zu beiden Seiten des Strahlstroms eine Näherungsformel vor, die unter Annahme einer doppelten COUETTE-Strömung (lineare Gradienten der Windgeschwindigkeit zu beiden Seiten der Strahlstromachse) berechnet wird.

$$V_m = 2\,\overline{V} + \frac{V_1 + V_2}{2} + \frac{(V_1 - V_2)^2}{4\,\overline{V}}. \qquad 4.122\ (8)$$

wobei

$$\overline{V} = \frac{g}{f}\,\frac{z_A - z_B}{L}.$$

Es ist anzunehmen, daß diese Formel der oben angegebenen an Genauigkeit nachsteht, wenn die Entfernung von der Jet-Achse 200 km übersteigt. In dieser Formel sind z_A und z_B die Höhen der Isobarenfläche in den zwei Stationen zu beiden Seiten des Jet Stream. L ist die Entfernung der beiden Stationen voneinander, V_1 und V_2 sind die Windkomponenten normal zur Verbindungslinie $\overline{AB}$; V_m ist die Komponente in der Strahlstromachse normal zu dieser Verbindungslinie.

Die Windprofile, wie sie in Abb. 1 gezeigt sind, würden eine *Diskontinuität* der Vorticity in der Strahlstromachse zur Folge haben. In den von Palmén und Newton (1948) (vgl. Abb. 4.121.7) analysierten Querschnitten ist wohl ein starker Vorticitygradient in der Strahlstromachse zu finden, jedoch keine ausgesprochene Diskontinuität. In diesem Falle wäre also ein im Maximum gerundetes Windprofil anzunehmen. Welcher der beiden Analysenarten der Vorzug einzuräumen ist, läßt sich schwer sagen, denn keine der Messungen läßt eine zuverlässige Erfassung der Mikro- und Mesostruktur (Größenordnung bis etwa 10^5 m) zu.

Windprofile, die aus Forschungsflügen des Project Jet Stream im Raume von Florida — also hauptsächlich im Bereich des STJ bzw. des weit nach Süden

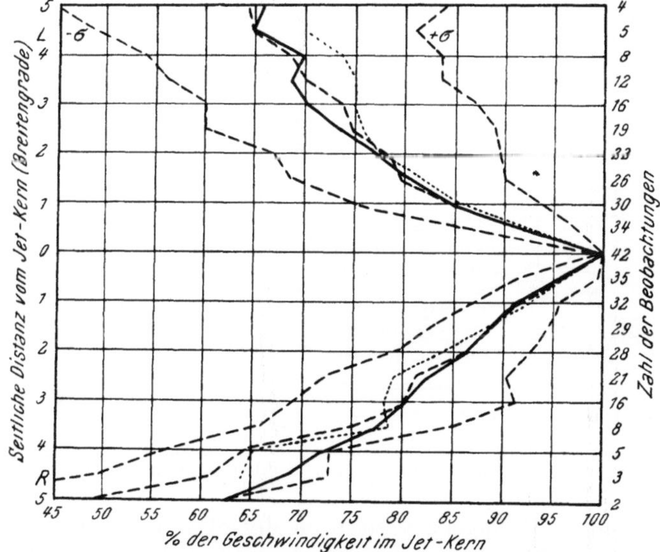

Abb. 4.122.2. Mittel über 42 horizontale Windprofile aus Project-Jet-Stream-Daten. Volle Linie: $(V_0 - V)/\overline{V}_0$; strichliert: V/V_0 bzw. „standard deviation" $\pm\sigma$ dieser Größe; punktiert: Verteilung der Medianwerte. (V_0 = Geschwindigkeit in der Strahlstromachse.) (Nach Saucier 1958b)

vorgedrungenen PFJ — gewonnen wurden (Saucier 1956b, 1958b), zeigen innerhalb der Meßgenauigkeit die Tendenz für die Ausbildung eines spitzen Windprofils. Die Windgeschwindigkeiten wurden allerdings auch bei diesen Profilen nur als Mittelwert über 56 km lange Flugstrecken berechnet, besitzen also bestenfalls mesostrukturelle Genauigkeit. Abb. 4.122.2 enthält das mittlere Geschwindigkeitsverhältnis V/V_0 (mittlere strichlierte Kurve) für 42 Windprofile. Die ausgezogene Kurve gibt dagegen die Mittelwerte von $(V_0 - V)/\overline{V}_0$ in Prozenten wieder. $\overline{V}_0$ ist der Mittelwert der Geschwindigkeiten in der Strahlstromachse. Größere Unterschiede zwischen dieser und der strichlierten Kurve treten erst in einiger Entfernung von der Strahlstromachse auf. Der Abb. 2 ist zu entnehmen, daß auch bei diesen Forschungsflügen die zyklonale Seite im Mittel größere Scherungen aufweist als die antizyklonale Seite, zumindest in einem Bereich bis zu etwa 350 km beiderseits der Strahlstromachse. Wie die Verteilung der „standard deviation" σ der

Größe V/V_0 anzeigt, ist die Streuung der Windprofile um das mittlere Profil auf der zyklonalen Seite größer als auf der antizyklonalen. Der Zentralwert (Median) der Verteilung (punktierte Kurve) zeigt an, daß auf der zyklonalen Seite die schwach scherenden Profile etwas häufiger vorkommen als die stark scherenden. Horizontale Windprofile mit großer zyklonaler Scherung sind also — zumindest bei weit südwärts vorgestoßenen Strahlströmen — relativ selten.

Was nun den detaillierten Strömungsverlauf im Strahlstromniveau bei etwa 300 mb anbelangt, so kann sowohl durch theoretische Überlegungen (FAUST 1959, REITER 1959c, f, HOLLMANN 1959a) als auch an Hand von Meßergebnissen (RIEHL 1954b) einiges ausgesagt werden. Es wurde bereits in Kap. 3.248 darauf hingewiesen, daß ein Divergenzmaximum gleichbedeutend ist mit einem Wendepunkt in der Verteilung der Vertikalgeschwindigkeiten [vgl. Gl. 3.248 (10)]. Im Niveau maximalen Windes gilt

$$\frac{\partial \mathbf{v}}{\partial p} = 0. \qquad 4.122\ (9)$$

Nehmen wir die Maximalwindfläche als quasihorizontal an, so ist unter dieser Voraussetzung auch

$$\partial D / \partial p = 0,$$

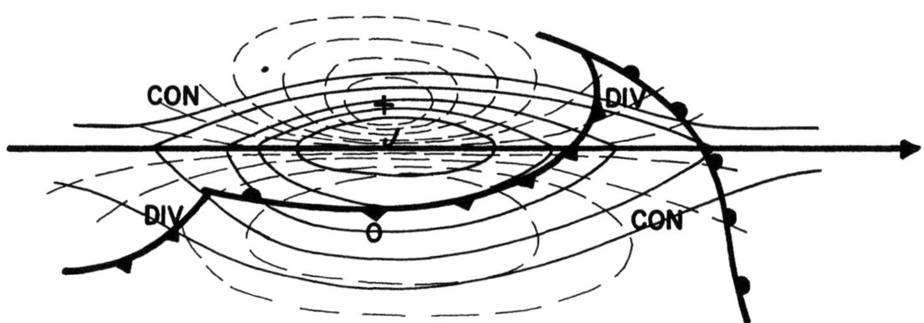

Abb. 4.122.3. Schematische Darstellung der Bodenfronten sowie der Vorticityverteilung (strichliert) und der Divergenz im 300-mb-Niveau im Bereich eines Strahlstrommaximums (Isotachen = volle Linien)

d. h. die horizontale Divergenz besitzt im Jet-Stream-Niveau ein Extremum.

Wie bereits in Kap. 3.248 erwähnt wurde, ist der geostrophische Wind divergenzfrei bis auf ein Glied

$$D_g = -\ (v_g/R) \cot \varphi, \qquad 4.122\ (10)$$

das durch die Breitenabhängigkeit des Coriolisparameters verursacht wird und das wegen seiner Kleinheit meist vernachlässigt werden kann. Das Divergenzmaximum im Strahlstromniveau muß also durch *ageostrophische* Strömungskomponenten hervorgerufen sein. Bezeichnen wir diese, der Gl. 1.224 (2) folgend, mit u^* und v^*, so erhält man

$$D = \partial u^*/\partial x + \partial v^*/dy = \nabla \cdot \mathbf{v}^*. \qquad 4.122\ (11)$$

Das Maximum positiver Vorticity liegt links neben dem Strahlstrommaximum. Die durchströmende Luft erfährt im Gebiet positiver Vorticityadvektion, also im linken vorderen Quadranten eines Jet-Maximums, eine Divergenz, im Gebiet negativer Advektion (linker hinterer Quadrant) eine Konvergenz (Abb. 4.122.3). Im rechten vorderen und rückwärtigen Quadranten eines Strahlstrommaximums ist die Vorticityverteilung nicht eindeutig gegeben, sondern hängt vom Überwiegen des Krümmungs- oder Scherungstermes in Gl. 1.231 (3) ab. Dementsprechend sind auch die Vergenzen in diesen beiden Quadranten weniger deutlich ausgebildet.

In Gl. 1.224 (1) wurde bereits gezeigt, daß die Beschleunigung in einem rechten Winkel zur ageostrophischen Komponente angreift:

$$\dot{\mathbf{v}} = f\mathbf{v}^* \times \mathbf{k}.$$

Im linken vorderen Quadranten ist $D > 0$, also ist laut Gl. (11)

$$\nabla \cdot \mathbf{v}^* = \partial V^*/\partial s > 0,$$

d. h. die positive ageostrophische Komponente nimmt in Strömungsrichtung zu. Somit ist $\dot{\mathbf{v}}$ in diesem Gebiet gegen höheren Druck gerichtet, und zwar stromabwärts in zunehmendem Maße. Es erfolgt somit ein Massenfluß gegen höheren Druck hin, der durch die Strömungsdivergenz bewirkt wird und diese wiederum durch die Vorticityverteilung.

Zum selben Ergebnis gelangt man auch, wenn man überlegt, daß für $\mathbf{v}^* = \mathbf{v} - \mathbf{v}_g > 0$ die tatsächliche Windgeschwindigkeit größer ist als die geostrophische. Da sich das Windfeld an das gegebene Druckfeld anzugleichen sucht (Adaptationsprinzip), erfolgt eine Ablenkung des Windes gegen höheren Druck und eine Verzögerung der Bewegung, denn die Corioliskraft überwiegt die Gradientkraft.

Die Existenz dieser übergradientischen Strömungskomponente wird auch von Faust (1955a) und anderen (Böhme 1956, Dahler 1955, Flohn 1956a, Hollmann 1955b, Reinecke 1950, 1951, Schneider 1956) bestätigt. Palomares (1956) berechnet den Einfluß des turbulenten Austausches vom Strahlstrombereich in die darunter liegenden Luftschichten und erhält hier ebenfalls eine Strömungskomponente zum höheren Druck — wohl deshalb, da der zusätzliche Impuls übergradientische Geschwindigkeiten erzeugt. Von Faust wird dieses Ausströmen zum hohen Druck hin als „Nullschichteffekt" bezeichnet (Faust 1955c, 1959b). Die ageostrophische Strömungskomponente besorgt somit das „Auspumpen" der Tiefdruckwirbel und ist in ihrer Wirkung dem reibungsbedingten Einströmen in der Grundschicht entgegengesetzt (Schneider-Carius et al. 1953). Wir erhalten nach dieser Vorstellungsweise ein Zyklonenmodell, das den Bodendruckfall in einer frontalen Wellenstörung wohl zu erklären vermag. Die von Faust im Mittel gefundenen übergradientischen Winde im Strahlstrombereich werden von Experimenten in rotierenden Wassertanks nicht bestätigt. Bei diesen Versuchen wurde im Jet-Stream-Bereich eine mittlere *direkte* Zirkulation festgestellt, die auf einen Massenfluß vom hohen zum tiefen Druck zurückgeht. Wird in der Atmosphäre im Maximalwindniveau im Mittel eine indirekte Zirkulation gefunden, so müßte der Strahlstrom seine kinetische Energie offensichtlich aus einer anderen Quelle als der ageostrophischen, meridionalen Massenzirkulation beziehen. Als solche bliebe noch die Wirkung großräumiger horizontaler Wirbel vom Ausmaß planetarischer Wellen.

Es soll im Kap. 4.433 noch ausführlich gezeigt werden, daß die Streitfrage, ob der Jet Stream im Mittel mit einer direkten oder indirekten Zirkulation gekoppelt ist und somit die meridionale Massenzirkulation beschleunigend oder hemmend auf die Strahlströmung wirkt, nicht ohne weiteres gelöst werden kann, da die Ergebnisse von der Wahl des Koordinatensystems entscheidend beeinflußt werden.

Daß der Faustsche „Nullschichteffekt" nicht überall im Strahlstrombereich existieren kann, ist leicht einzusehen, denn dadurch würde die kinetische Energie der Strömung rasch aufgebraucht und in potentielle Energie umgewandelt werden. Es muß also innerhalb der Strahlströmung auch Prozesse geben, welche potentielle in kinetische Energie verwandeln. Ebenso wie in den Modellexperimenten sind in der Atmosphäre Zirkulationsprozesse, welche kinetische Energie erzeugen oder verbrauchen, von der Lage des Beobachtungspunktes in bezug auf die Langwellenphase bzw. das Jet-Maximum abhängig. Es kann sich daher auch hier die Wahl des Koordinatensystems auf die Ergebnisse auswirken. Die momentan gemessenen Winde mögen in den *Stromlinien* zwar im Mittel eine gegen höheren Druck gerichtete Komponente aufweisen, doch bewegt sich das Druckfeld gleichzeitig unter dem momentanen Stromlinienfeld hinweg. Es wäre also möglich, daß der Gesamteffekt in den *Trajektorien* ein Einströmen gegen tieferen Druck hin zeigt. Statistische Untersuchungen in dieser Richtung wären eine lohnende Aufgabe. Auf die Berücksichtigung der Verlagerungsgeschwindigkeit der Wellenstörungen bei der Berechnung der Gradientwindgeschwindigkeit wurde in Kap. 3.243 hingewiesen.

Es gilt nunmehr, den Fall zu untersuchen, für den die Vertikalkomponente der Windgeschwindigkeit im Strahlstromniveau nicht nur einen Wendepunkt besitzt, sondern Null wird. In diesem Fall hat das Strahlstromniveau — nach der Terminologie von FAUST (1953) — den Charakter einer *Nullschicht* (definiert als Schicht, in der $\omega = 0$ ist).

Aus der Bewegungsgleichung geht durch Differentiation nach ∂p unter Berücksichtigung von Gl. 4.122 (9) und $\partial^2 \mathbf{v}/\partial p\, \partial t = 0$ hervor (HOLLMANN 1959b)

$$\omega \frac{\partial^2 \mathbf{v}}{\partial p^2} = -\nabla \frac{\partial \Phi}{\partial p}.$$

Unter Zuhilfenahme der statischen Grundgleichung und der Zustandsgleichung ergibt dies

$$\omega \frac{\partial^2 \mathbf{v}}{\partial p^2} = \frac{R}{p} \nabla T. \qquad 4.122\ (12)$$

Wendet man schließlich den Operator $\nabla \times$ auf diese Gleichung an, so erhält man als Differentialgleichung für die Vertikalbewegung in einer Isobarenfläche extremer Windgeschwindigkeit

$$\frac{\partial^2 v}{\partial p^2} \frac{\partial \omega}{\partial x} - \frac{\partial^2 u}{\partial p^2} \frac{\partial \omega}{\partial y} + \frac{\partial^2 q}{\partial p^2} \omega = 0. \qquad 4.122\ (13)$$

Aus Gl. (12) und (13) können folgende Aussagen über die Maximalwindschicht gemacht werden:

1. Die Vertikalbewegung verschwindet in einer isobaren, isothermen Schicht maximalen Windes.

2. Da wegen $-\partial^2\omega/\partial p^2 = 0$ die Vertikalgeschwindigkeit in dieser Schicht gleichzeitig einen Wendepunkt besitzt, muß sich das Vorzeichen der Geschwindigkeit ω in dieser Schicht umkehren.

3. Da die Vertikalbewegung Null ist, wird in der „Nullschicht" auch die vertikale Vorticityadvektion $\omega \frac{\partial q}{\partial p}$ und die Vorticityschwenkung (vgl. Kap. 1.233) $\frac{\partial v}{\partial p} \frac{\partial \omega}{\partial x} - \frac{\partial u}{\partial p} \frac{\partial \omega}{\partial y}$ gleich Null. Wir können daher aus Gl. (13) folgern: Beiderseits einer isobaren Fläche extremer Windgeschwindigkeit, die gleichzeitig Nullschicht ist, hat die Summe aus Vorticityadvektion und Vorticityschwenkung gleiches Vorzeichen.

Gl. (13) hat, wie HOLLMANN (1959a) zeigte, eine nichttriviale Lösung $\omega \neq 0$ im Maximalwindniveau, wenn die Charakteristiken dieser Differentialgleichung gleichzeitig Isothermen sind. Die Knotenlinien, für die $\omega = 0$ ist, sind dann wegen Gl. (12) *Isothermen extremer Temperatur*.

In der Praxis muß die Voraussetzung einer *isobaren* Schicht maximaler Windgeschwindigkeit fallengelassen werden, wie Abb. 3.246.4 erkennen läßt. Daß im

Strahlstromniveau noch Vertikalgeschwindigkeiten beobachtet werden, die größenordnungsmäßig mit denen im 500-mb-Niveau durchaus vergleichbar sind (DANIELSEN 1959, ENDLICH 1953, REITER 1961a, e, et al. 1961, VUORELA 1957a), deutet darauf hin, daß der Nullschichtcharakter der Strahlstromschicht nur im Mittel gewahrt bleibt, in Einzelfällen jedoch nicht erfüllt sein muß. Vielfach treten die den Nullschichtforderungen widersprechenden Ergebnisse erst in der Mesostruktur detaillierter Flugmessungen zutage. Neueste Untersuchungen (REITER 1961e), in denen die Vertikalgeschwindigkeit aus Fluggeschwindigkeit und Neigungswinkel des Flugzeuges („pitch") abgeschätzt wurde (KUETTNER, MCLEAN 1958), lassen im Strahlstromniveau Vertikalbewegungen beiderlei Vorzeichens bis zu 2,5 m/sec erwarten.

In einer neueren Arbeit läßt HOLLMANN (1959b) die Bedingung, daß die Maximalwindschicht isobar sein muß, fallen. Er führt eine vertikale Koordinate $\zeta = \frac{z}{H(x, y, t)}$ ein. H ist die Höhe der Fläche maximalen Windes. Im Strahlstromniveau ($z = H$) besitzt ζ den Wert 1, am Boden den Wert 0. $\zeta' = \frac{d\zeta}{dt}$ ist die generalisierte Vertikalgeschwindigkeit in dieser neuen Koordinate.

Aus den Bewegungsgleichungen in einem natürlichen Koordinatensystem läßt sich folgende Beziehung für $\zeta = 1$ und $\frac{\partial V}{\partial \zeta} = 0$ (gültig auf der Maximalwindfläche) herleiten:

$$\zeta' = \left(\frac{\partial G_s}{\partial \zeta} - V\left(\frac{\partial V}{\partial n}\right)_\zeta \frac{\partial \alpha}{\partial \zeta} - \frac{\partial F_s}{\partial \zeta}\right) \Big/ \frac{\partial^2 V}{\partial \zeta^2}.$$

Der Index ζ deutet eine Differentiation an, bei der diese Variable konstant gehalten wurde. G_s ist die Gradientkraft entlang der Stromlinien: $G_s = -\frac{1}{\varrho}\frac{\partial p}{\partial s}$ und α ist die Windrichtung (der Winkel, den der Windvektor mit der positiven x-Richtung einschließt). Im Strahlstromniveau ist $\frac{\partial^2 V}{\partial \zeta^2} < 0$. F ist die Reibungskraft.

Die Maximalwindfläche besitzt Nullschichtcharakter ($\zeta' = 0$, d. h. die Vertikalgeschwindigkeit verschwindet im Strahlstromniveau) unter folgenden Bedingungen:

1. G_s weist in der vertikalen Verteilung hier ein Extremum auf, denn $\partial G_s / \partial \zeta = H \, \partial G_s / \partial z$. Dies ist gleichbedeutend mit extremen ageostrophischen Strömungsverhältnissen.

2. Die horizontale Scherungsvorticity $(\partial V / \partial n)_\zeta$ verschwindet nur in der Strahlstromachse und erreicht beiderseits davon hohe Werte. In der Maximalwindfläche muß dann $\frac{\partial \alpha}{\partial \zeta} = 0$ sein, d. h. die Windrichtung muß hier ein Extremum aufweisen.

3. Auch $\frac{\partial F_s}{\partial \zeta}$ muß 0 sein, d. h. die Reibung muß ebenfalls in der Strahlstromschicht ein Extremum haben, soll diese Nullschichtcharakter besitzen.

Wie HOLLMANN jedoch ausführt, gelten diese Bedingungen nur dann, wenn die Maximalwindfläche eine *substantielle* Fläche ist, d. h. wenn sie immer von denselben Luftteilchen gebildet wird. Mit der Erfüllung dieser Voraussetzung ist in der Praxis kaum zu rechnen.

Auf Grund dieser und der statistischen Ergebnisse von FAUST und seiner Mitarbeiter (ATTMANNSPACHER 1959, 1960, 1960a, FAUST 1954a, b, 1955a, b, 1960, HARSÁNY 1960, SOOS 1959) kann geschlossen werden, daß Schichten extremer Windgeschwindigkeit und „Nullschichten" in quasistationären Druckgebilden annähernd im selben Niveau verlaufen. Im Bereich von Strahlströmen muß dagegen mit einem komplizierten Aufbau des dreidimensionalen Strömungsfeldes gerechnet werden. Dies vor allem deshalb, weil die Schicht maximalen Windes hier augenfälligen Höhenänderungen unterliegt und auch nicht substantiell ist, daher ein Massenaustausch zwischen Stratosphäre und Troposphäre möglich ist. Die Tropopause kann wegen ihrer blättrigen Struktur (vgl. Kap. 3.249) nicht als Sperrschicht für vertikalen Massenaustausch angesehen werden.

Für reibungsfreie horizontale Bewegung ohne vertikalen Impulstransport gilt [vgl. Gl. 1.224 (1)]

$$\dot{\mathbf{v}} = f\mathbf{v} \times \mathbf{k} - \alpha \nabla p.$$

Multiplizieren wir diese Gleichung skalar mit $\mathbf{v}$, so ergibt dies

$$\mathbf{v} \cdot \dot{\mathbf{v}} = -\alpha \mathbf{v} \cdot \nabla p + f\mathbf{v} \cdot (\mathbf{v} \times \mathbf{k})$$

oder

$$(1/2)\, dV^2/dt = -\alpha V \cdot \partial p/\partial s.$$

Da aber

$$dp/dt = \partial p/\partial t + V \cdot \partial p/\partial s,$$

erhalten wir

$$(1/2)\, dV^2/dt = -\alpha\, (dp/dt - \partial p/\partial t).$$

Im stationären Zustand ist $\partial p/\partial t = 0$, und man erhält die Bernoullische Gleichung in der Form

$$V^2/2 + p/\varrho = \text{const.} \qquad 4.122\ (14)$$

Diese Gleichung besagt ebenfalls, daß die Geschwindigkeit zunimmt, wenn die horizontalen Stromlinien gegen tieferen Druck gerichtet sind. Das Gegenteil gilt für abnehmende Geschwindigkeit.

Die hier abgeleitete Bernoullische Gleichung gilt den Voraussetzungen zufolge nur für eine horizontale und stationäre Strömung. Diese einschränkenden Bedingungen sind allerdings in einem Strahlstrom kaum erfüllt. Es sind vielmehr Vertikalbewegungen im Gange, welche — soweit sie als adiabatisch angesehen werden können — Isentropenflächen folgen. Um die Geschwindigkeitsänderung eines Luftteilchens zu berechnen, müßten wir also dessen Trajektorie im dreidimensionalen Raum und nicht auf einer horizontalen Fläche verfolgen (Danielsen 1959, Reiter und Danielsen 1960).

Trotz dieser Einschränkungen werden die theoretischen Überlegungen durch Beobachtungsergebnisse bestätigt. Als Beispiel sei wiederum die Wetterlage vom 23. März 1953 angeführt. Am Spätnachmittag dieses Tages wurde von der Ostküste der Vereinigten Staaten zum Michigansee auch ein Forschungsflug durchgeführt (vgl. Abb. 1). Das Strahlstrommaximum erscheint um 21.00 GCT, annähernd zur Zeit des Fluges, deutlich ausgeprägt über dem Staate Michigan. Radiosondenwinde und Flugzeugwinde stimmten gut überein. Abb. 4.122.4 enthält die Strahlstromachse, welche annähernd einer Stromlinie entspricht, und die mittlere 300-mb-Topographie zwischen 23. März, 15.00 GCT, und 24. März, 03.00 GCT, die also ungefähr dem Zeitpunkt 21.00 GCT gerecht wird. Der Strahlstromsektor mit positiver Beschleunigung fällt mit einer Ablenkung der Stromlinien von der geostrophischen Richtung zusammen — und zwar gegen tieferen Druck hin, wie dies vorhin theoretisch abgeleitet wurde. Der Sektor mit negativer Beschleunigung liegt bereits außerhalb des Kartenausschnittes. Ein Vergleich der Höhenströmung mit der Bodenwetterkarte vom 24. März 1953, 00.30 GCT (Abb. 4.122.5), zeigt, daß die Höhendivergenz im Bereich positiver Vorticityadvektion im linken, vorderen Sektor (Deltagebiet) des Strahlstrommaximums einer ausgeprägten Bodenkonvergenz im Bereich eines Tiefdruckwirbels mit

Bewölkung und Niederschlag überlagert ist, wie dies auch in Kap. 3.248 angedeutet wurde. Der Sektor mit Höhenkonvergenz im Einzugsgebiet des Strahlstrommaximums ist einer ausgeprägten Bodendivergenz in einem Hochdruckkeil mit Schönwetter überlagert.

Bei Flügen, die in größerer Höhe (bei etwa 11 km = 35000 Fuß) durchgeführt wurden, scheint sich eine Aufspaltungstendenz des Strahlstromes einzustellen. Abb. 4.122.6 zeigt die Messungen während eines Forschungsfluges senkrecht zu einem aus nordwestlicher Richtung kommenden Jet-Maximum. Der Flug erfolgte am 7. Januar 1954 auf der Rückseite eines Höhentroges entlang der amerikanischen Ostküste von Florence (Süd-Carolina) bis Poughkeepsie (New York). Während bei etwa 9 km Höhe das horizontale Windprofil nur ein einziges Maximum aufweist, sind bei etwa 10,5 bis 11 km Höhe deutlich zwei Maxima

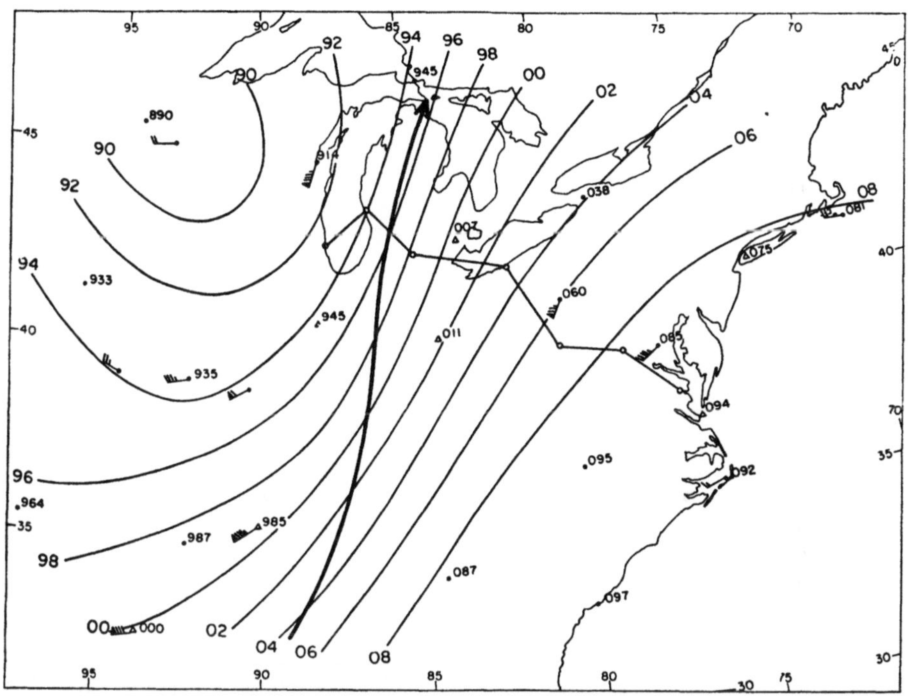

Abb. 4.122.4. Absolute Topographie der 300-mb-Fläche (200 Fuß Konturenabstand), kombiniert aus den synoptischen Terminen 23. März 1953, 15.00 GCT und 24. März 03.00 GCT. Die dicke Linie mit Pfeil gibt die Position der Strahlstromachse an. (Riehl 1954b)

zu unterscheiden, die auch durch den horizontalen Temperaturgradienten belegt sind. Zu einem ähnlichen Resultat der detaillierten Struktur des Höhenwindfeldes auf der Rückseite eines Höhentroges gelangen auch Reed und Danielsen (1959) an Hand von mittleren Querschnitten. Die warme Zunge („Isentropengraben"), welche im 200-mb-Niveau auf der zyklonalen Seite des Strahlstromes erscheint (Abb. 4.112.2), erstreckt sich weit in die Stratosphäre und deutet eine starke Absinkbewegung in diesem Gebiet an (Reiter 1961e). Die Vertikalbewegung im Bereich eines Jet Stream beeinflußt also wesentlich sowohl die vertikale als auch die horizontale Struktur des Windfeldes dadurch, daß stellenweise die Baroklinität zerstört, stellenweise verstärkt wird. Durch die *bandförmige Struktur* des Gebietes größter Absinkbewegung [dasselbe gilt für Aufgleitvorgänge, welche

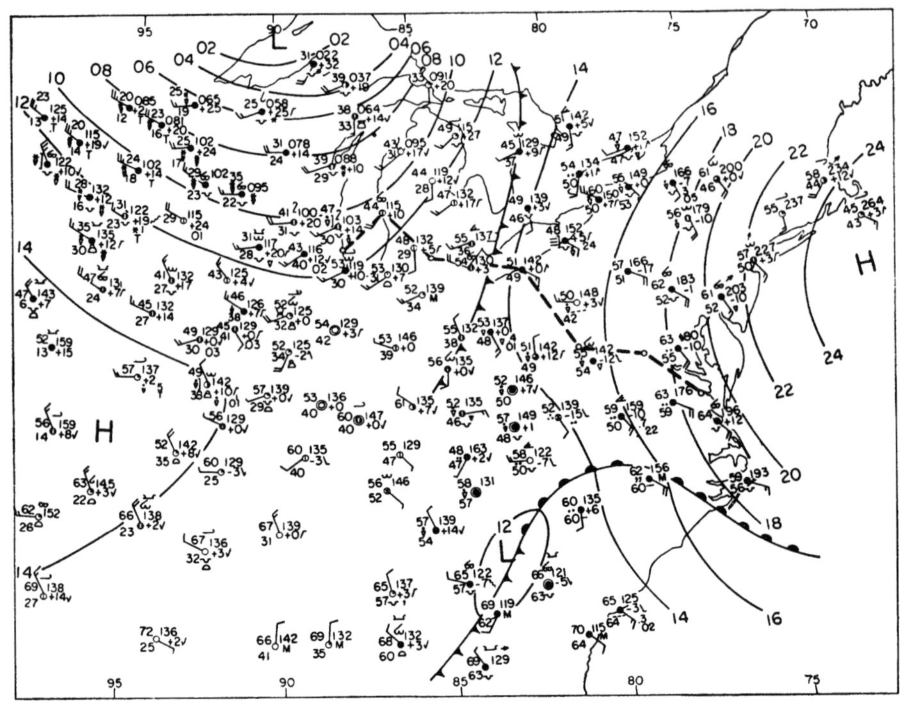

Abb. 4.122.5. Bodenwetterkarte, 24. März 1953, 03.00 GCT. Flugroute des in Abb. 4.122.4 eingezeichneten Fluges vom 23. März strichliert eingetragen. (Riehl 1954 b)

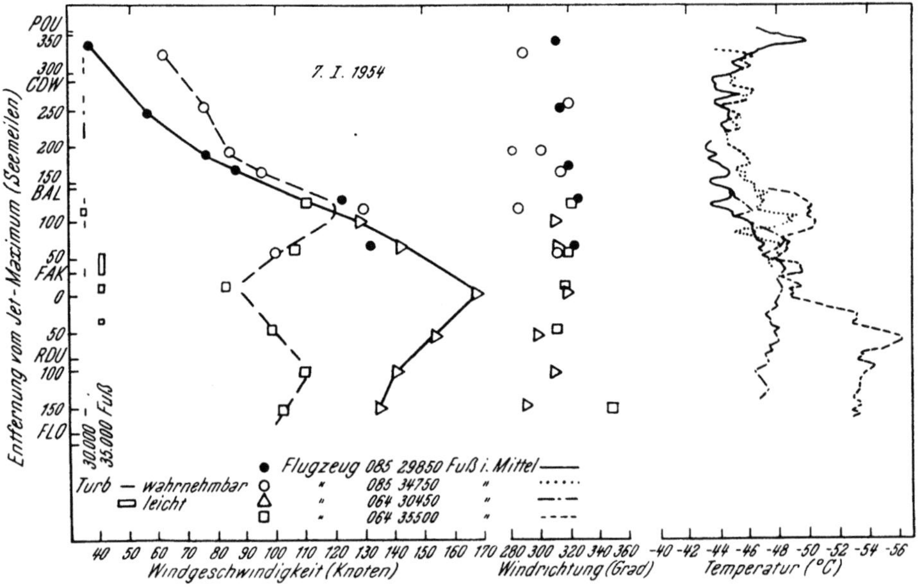

Abb. 4.122.6. Flugmessungen der Windgeschwindigkeit, Windrichtung und Temperatur quer zum Strahlstrom, am 7. Januar 1954. *POU* = Poughkeepsie, New York; *FLO* = Florence, South Carolina. (Dickson 1955)

die kalte Zunge („Isentropenbuckel") im 200-mb-Niveau auf der rechten Vorderseite eines Jet-Maximus entstehen lassen] wird der im 300-mb-Niveau als einheitliches, konzentriertes Band hoher Windgeschwindigkeiten erscheinende Strahlstrom in höheren Niveaus in mehrere Äste aufgespalten (Reiter 1959e). Es kann somit die Struktur der Strahlströme nur in dreidimensionaler Schau betrachtet und verstanden werden.

4.123. Strahlstrommaxima und ihre Entstehung

Es wurde bereits in den vorangehenden Kapiteln mehrmals auf Maxima der Windgeschwindigkeit hingewiesen, welche innerhalb der Strahlströmung existieren (vgl. Abb. 4.122.3 und 4.122.4). Es handelt sich dabei um Gebiete, in denen die Luftteilchen starken Beschleunigungen — und damit *ageostrophischen* Strömungskomponenten — unterliegen. Im Strahlstrommaximum selbst ist $\frac{\partial V}{\partial s} = 0$ und $\partial^2 V/\partial s^2 < 0$. (Streng genommen dürfte die Differentiation nicht nach der Richtung der Stromlinie s erfolgen, sondern in einem kurvilinearen Koordinatensystem, dessen eine Achse parallel zur Strahlstromachse verläuft. Vgl. Kap. 4.433.)

Im wesentlichen sind also die Strahlstrommaxima ein *ageostrophisches* Phänomen. Aus den amerikanischen Transosondenflügen (Neiburger und Angell 1956, Durst und Gilbert 1950) geht dies in eindrucksvoller Weise hervor. Abb. 4.123.1 zeigt den ageostrophischen Massenfluß, wie er aus Transosondenflügen direkt beobachtet werden kann. Die einzelnen Segmente dieser Abbildung stellen Ausschnitte aus der 300-mb-Fläche zu den jeweils angegebenen Terminen dar. (Zur Orientierung sind die Grenzen des Staates Colorado angegeben.) Zweistündige Transosondenpositionen sind durch Punkte und Pfeile angedeutet. Die Länge der Pfeile und die darüber angeschriebene Zahl gibt ein Vierstundenmittel der Windgeschwindigkeit. Konventionelle Ballondaten sind in der herkömmlichen Weise eingetragen. In der Umgebung jedes Transosondenmeßpunktes sind außerdem noch durch zwei dickere Striche die Isohypsengradienten zum Zeitpunkt der Messung angegeben. Dieser Abbildung ist sehr deutlich zu entnehmen, daß Beschleunigungen und Verzögerungen der Luftteilchen durch Strömung gegen tieferen bzw. höheren Druck eingeleitet werden. Würde es sich bei den Pendelungen, welche die Transosonde dieses Fluges Nr. 993 mehrmals gegen tieferen und höheren Druck ausführt, um einfache *Trägheitsschwingungen* handeln, so müßte eine Periode dieser Schwingung der Umlaufzeit des Trägheitskreises

$$\tau_i = \frac{2\pi}{f} \qquad 4.123\ (1)$$

genügen (vgl. Kao und Neiburger 1959). Die *Trägheitsperiode* entspricht also einem halben Pendeltag $\frac{2\pi}{\Omega \sin \varphi} \cdot \frac{1}{2}$. In 35° N — dem unteren Teil der Abb. 1 — hat τ_i die Größe von etwa 21 Stunden. Tatsächlich braucht die Transosonde, um den Weg vom Geschwindigkeitsminimum bei El Paso (ELP) bis zum Maximum bei Fort Smith, Ark. (FMS), zurückzulegen, etwas über 10 Stunden, was der Trägheitsbewegung sehr gut entsprechen würde. Bis zum nächsten Geschwindigkeitsminimum südwestlich von Greenbay (GRB) sind es allerdings nur 6 Stunden, doch wird hier die Bewegung von einer durchwandernden Druckwelle stark beeinträchtigt, so daß von vornherein nicht mit einer ungestörten Trägheitsoszillation gerechnet werden kann. Für die geostrophische Breite von Greenbay (44° 29′ N) ist mit einer Trägheitsperiode von etwa 17 Stunden zu rechnen. In guter Übereinstimmung damit legt die Transosonde den Weg bis zum nächsten Geschwindigkeitsmaximum (südlich von Omaha) in etwa 8 Stunden zurück.

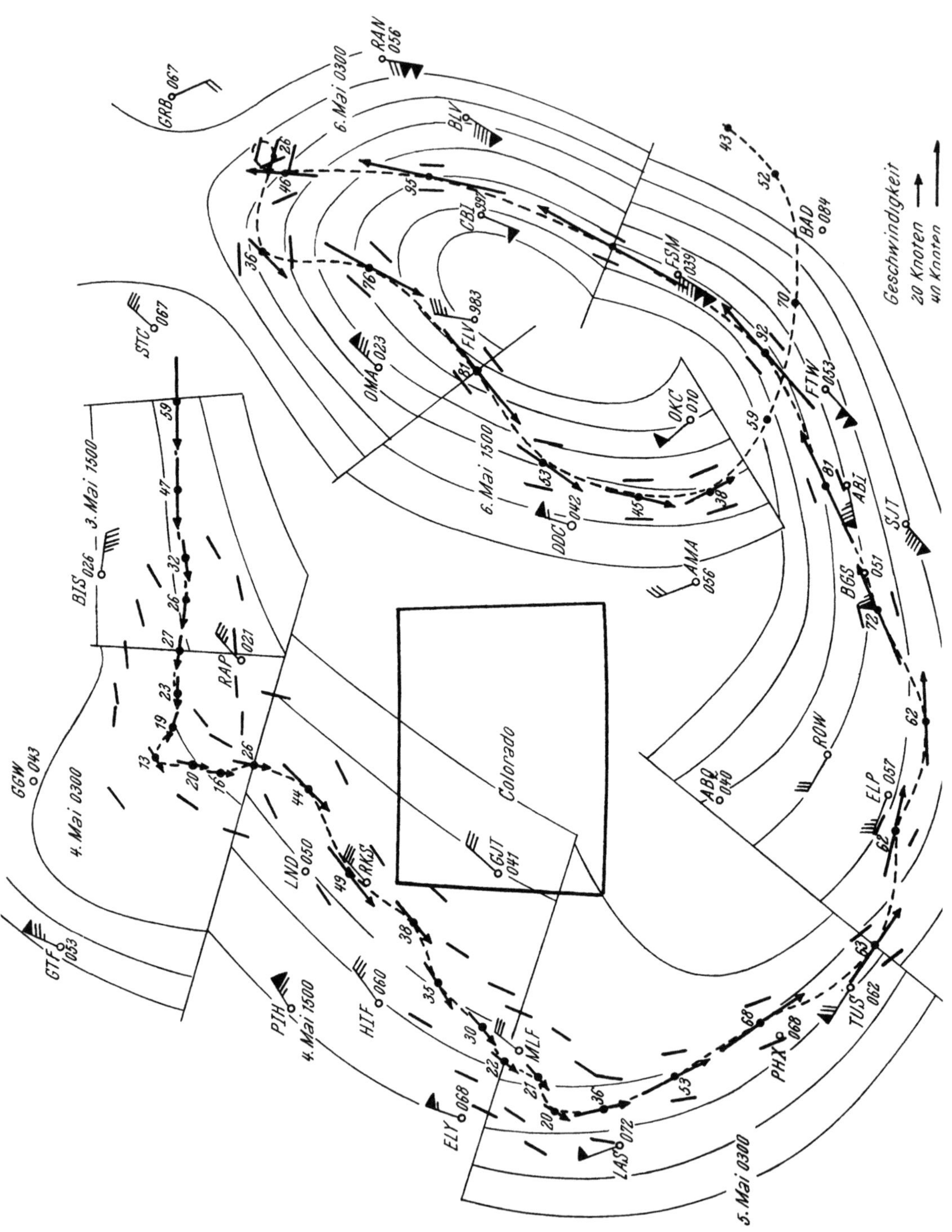
Colorado
Geschwindigkeit
20 Knoten
40 Knoten
3. Mai 1500
4. Mai 0300
4. Mai 1500
5. Mai 0300
6. Mai 0300
6. Mai 1500
GRB 067
RAN 056
BLV
CBI 991
FSM 039
BAD 084
STC 067
OMA 023
FLV 983
OKC 010
FTW 053
DDC 042
AMA 056
ABI
SJT
BIS 026
RAP 021
BGS 051
GGW 043
ROW
ABQ 040
ELP 057
LND 050
RKS
GJT 041
GTF 053
PIH
HIF 060
MLF
PHX 068
TUS 062
ELY 068
LAS 072

ANGELL (1958a, b, 1960, 1960a) unterzog eine Reihe von Transosondenflügen einer statistischen Bearbeitung. Er konnte zeigen, daß die stärksten zonalen Windkomponenten im Mittel der analysierten Flüge zwischen *Hochdruckrücken* und *stromaufwärts gelegenem Wendepunkt* auftreten, also im Bereich zunehmender antizyklonaler Krümmung. Dies würde gut mit den bereits in Kap. 4.121 angestellten Überlegungen übereinstimmen: Luftmassen, die östlich der Trogachse aufsteigen, würden aus südlicheren Breiten größeren Drehimpuls importieren und im antizyklonalen Teil des Jet Stream erhöhte Windgeschwindigkeiten verursachen. Auch einige Ansichten RAETHJENS (1958) über die Entstehung der Strahlstrommaxima, wonach Konvektivbewegungen zu einer Störung des geostrophischen Gleichgewichtes in der Höhenströmung und zur Bildung ageostrophischer Strömungskomponenten führen, decken sich damit. Diese Aufwärtsbewegung relativ langsam (subgeostrophisch) strömender Luftmassen ist ebenfalls im Bereich der Warmluft auf der Ostseite eines Troges zu erwarten. Um die Adaptation des Strömungsfeldes an das Druckfeld herbeizuführen, hat sich hier eine ausgeprägte, quer zu den Isobaren (Isohypsen) gegen tieferen Druck hin gerichtete Strömungskomponente einzustellen. In den erwähnten statistischen Arbeiten von ANGELL wird tatsächlich die stärkste Strömungskomponente quer zu den Konturlinien im stromauf vom Hochdruckrücken gelegenen *Wendepunkt* bzw. nahe der Troglinie festgestellt, also etwas westlich des Punktes, in welchem im Mittel die stärkste Zonalgeschwindigkeit vorherrschte.

Es ist von vornherein zu erwarten, daß sich die oben berechnete Trägheitsschwingung nur unter idealen Bedingungen einstellt. JOHANNESSEN (1956) leitete eine Schwingungsperiode von $^1/_2$ Pendeltag für eine Störbewegung ab, welche einem *konstanten, geostrophischen Windfeld* überlagert ist.

Diese Voraussetzung muß jedoch im Bereich eines Strahlstrommaximums fallengelassen werden. Die Luftteilchen, welche das Geschwindigkeitsmaximum durcheilen, sehen sich nämlich einem *räumlich* und *zeitlich variablen Druckgradienten* gegenüber. Gleichzeitig lassen die im Strahlstromniveau beobachteten Beschleunigungen auf das Vorhandensein *ageostrophischer* Strömungskomponenten schließen. Aus den Mäanderungen der Strahlstromachse gegen höheren und tieferen Druck (vgl. Abb. 4.122.4) kann man schließen, daß Windmaxima in der Regel supergeostrophisch (oder — bei gekrümmten Stromlinien — supergradientisch) sind, Windminima dagegen subgeostrophisch. NEWTON (1959) nimmt an, daß im Strahlstromkern

$$\frac{d\mathbf{v}_g}{dt} = \frac{1}{2}\frac{d\mathbf{v}}{dt}. \qquad 4.123\ (2)$$

Die Adaptation zwischen Strömungs- und Druckfeld müßte demnach einem einfachen statistischen Gesetz genügen. Wegen Gl. 1.224 (2) ist dann auch $\dot{\mathbf{v}}^* = \frac{1}{2}\,\dot{\mathbf{v}}$, und wegen Gl. 1.224 (1) muß

$$\frac{d\mathbf{v}^*}{dt} = \frac{d\mathbf{v}_g}{dt} = \frac{f}{2}\,\mathbf{v}^* \times \mathbf{k} \qquad 4.123\ (3)$$

sein. Es wird also angenommen, daß die Hälfte der beobachteten Beschleunigungen durch Änderungen des Druckfeldes und damit der geostrophischen Windgeschwindigkeit verursacht wird, die andere Hälfte dagegen durch ageostrophische Strömungsvorgänge.

Die Geschwindigkeits- und Beschleunigungsverhältnisse sind schematisch in Abb. 4.123.2 wiedergegeben. $\overline{\mathbf{v}}_g$ ist der mittlere geostrophische Wind, von NEWTON als $(\mathbf{v}_{\max} + \mathbf{v}_{\min})/2$ angenommen, wobei $\mathbf{v}_{\max}$ die Geschwindigkeit im Strahlstrommaximum ist, $\mathbf{v}_{\min}$ dagegen das *Mittel* aus den beiden auf derselben Jet-Achse liegenden Minima. Somit ist die Gesamtgeschwindigkeit $\mathbf{v} = \overline{\mathbf{v}}_g + \mathbf{v}_g' + \mathbf{v}^*$.

$\mathbf{v}_g'$ bedeutet die variable Komponente des geostrophischen Windes, welche durch den veränderten Druckgradienten zwischen den Punkten des Jet-Maximums und des Jet-Minimums gegeben ist. Nach Gl. (3) ist $\mathbf{v}_g' = \mathbf{v}^*$. Die Gesamtgeschwindigkeit variiert für $\overline{V}_g > 2\,V^*$ zwischen

$$(\overline{V}_g - 2\,V^*) \leq V \leq (\overline{V}_g + 2\,V^*). \qquad 4.123\ (4)$$

Die Beschleunigung greift mit konstanter Größe rechts der Vektoren $\mathbf{v}_g'$ und $\mathbf{v}^*$ an (s. Abb. 2). Der Schwingungskreis mit dem Radius $|\mathbf{v}_g' + \mathbf{v}^*| = |2\,\mathbf{v}^*|$ wird laut Gl. (3) und Abb. 2 mit der Winkelgeschwindigkeit $|f\,\mathbf{v}^* \times \mathbf{k}|/|2\,\mathbf{v}^*| = f/2$ durchlaufen. Die Periode dieser Bewegung beträgt somit

$$\tau^* = \frac{2\pi}{f/2} = \frac{1\,\text{Tag}}{\sin\varphi} = 2\,\tau_i. \qquad 4.123\ (5)$$

Ein Luftteilchen würde demnach *einen Pendeltag* benötigen, um von einem Jet-Maximum zum nächsten bzw. von einem Minimum zum nächsten zu gelangen.

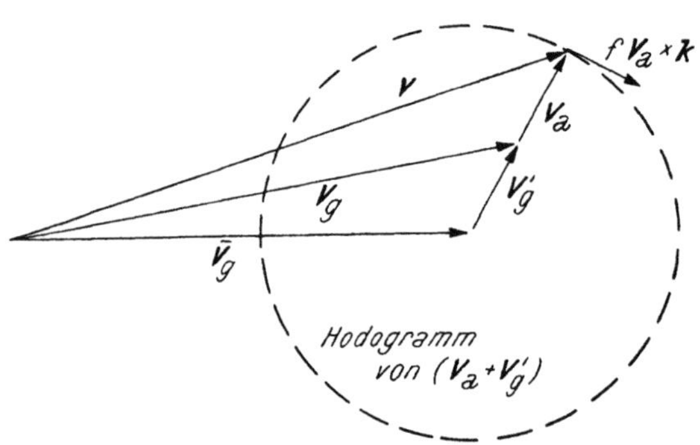

Abb. 4.123.2. Geschwindigkeitsänderung im Strahlstrom für $\mathbf{v}_g = \frac{1}{2}\,\dot{\mathbf{v}}$ (s. Text). Die ageostrophische Komponente $\mathbf{v}^*$ ist in der Abbildung mit $\mathbf{v}_a$ bezeichnet. (Nach Newton 1959)

Daß die von Newton abgeleitete Periode der Schwingungen um die mittlere geostrophische Windgeschwindigkeit $\overline{V}_g$ gleich der *doppelten* Trägheitsperiode [Gl. (1)] ist, entspricht der Annahme in Gl. (2), welche willkürlich getroffen wurde und im Einzelfall nicht erfüllt sein muß. Es ist daher mit einer gewissen Streuung der beobachteten Perioden um den theoretischen Wert $2\,\tau_i$ zu rechnen.

Abb. 4.123.3 läßt erkennen, daß sich die Beobachtungen im *Mittel* um die Periode $2\,\tau_i$ gruppieren. Als Grundlage der Messungen dienten 250-mb-Karten. Die Schwingungsperiode wurde aus der Gleichung

$$\tau^* = \frac{L_j}{\overline{V} - C_j} \qquad 4.123\ (6)$$

berechnet. L_j ist der Abstand zweier Jet-Minima voneinander, entlang der Strahlstromachse gemessen. $\overline{V}$ gibt die (auch zeitlich gemittelte) Größe der mittleren Windgeschwindigkeit in der Strahlstromachse zwischen den beiden Jet-Minima an. C_j ist die Verlagerungsgeschwindigkeit des Jet-Maximums.

Gl. (5) und (6) gelten nur für geradlinige Strömung. Newton (1959) konnte zeigen, daß im Falle gekrümmter Stromlinien unter Zugrundelegung von Gradientwindverhältnissen die Bedingung gilt:

$$\tau^* = \frac{L_j}{\overline{V} - C_j} = 2\,\tau_i\left(1 - \frac{\Delta\alpha}{4\pi}\right) \qquad 4.123\ (7)$$

$\Delta\alpha$ ist die Windrichtungsänderung (im Gegenuhrzeigersinn positiv) während der Periode τ^*.

Daß in Abb. 3 nur wenige Punkte in den Bereich einer Schwingung mit der Periode τ_i fallen, läßt die Bedeutung der variablen Komponente $\mathbf{v}_g'$ des geostrophischen Windes auf die Strömungsvorgänge im Bereich von Jet-Maxima erkennen. Diese stellt jedoch selbst eine Störung des einheitlichen Grundstromes $\overline{V}_g$ dar, welche in der Ausbildung von Jet-Maxima resultiert, was wiederum nicht ohne ageostrophische Strömungskomponenten denkbar ist.

Die NEWTONschen Untersuchungsergebnisse, wie sie in Abb. 3 dargelegt sind, lassen sich auch folgendermaßen interpretieren: Die Ausbildung von Jet-Maxima in der Atmosphäre mit einer *mittleren* Schwingungsperiode der durchströmenden Luftteilchen von etwa $2\,\tau_i$ läßt deutlich das Vorhandensein eines *Adaptationsmechanismus* erkennen (vgl. RAETHJEN 1950, 1957, 1957a, 1958, 1959), welcher einen Angleich der Druck- an die Strömungsverhältnisse zu schaffen sucht, der aber doch mit einer merklichen *Dämpfung* wirksam ist. Bliebe das Druckfeld von *ageostrophischen* Strömungskomponenten unbeeinflußt, so wäre im Mittel eine Schwingungsperiode τ_i zu erwarten. Würde sich dagegen das Druckfeld

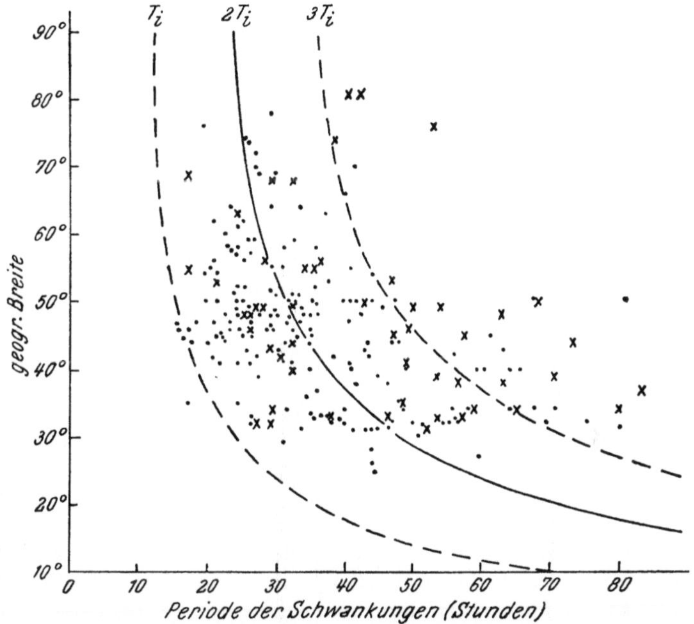

Abb. 4.123.3. Periode der beobachteten Geschwindigkeitsschwankungen entlang der Strahlstromachse im 250-mb-Niveau, Oktober bis Dezember 1958. Kreuze deuten unsichere Messungen der Wellenlänge und Windgeschwindigkeit an. (Nach NEWTON 1959)

ohne jede Dämpfung an momentan bestehende ageostrophische Strömungsverhältnisse angleichen, d. h. wäre die Adaptation vollkommen, so wären überhaupt keine Trägheitsschwingungen vorhanden.

Aus Gl. (6) läßt sich erwarten, daß die „Wellenlänge“ L_j der einzelnen Strahlstromabschnitte proportional der relativen Windgeschwindigkeit $\overline{V} - C_j$ ist. Eine entsprechende Auswertung von NEWTON zeigt eine ziemlich große Streuung der Punkte, die vorwiegend auf ungenaue Abschätzungen von $\overline{V} - C_j$ bzw. L_j zurückzuführen sein dürfte.

Bemerkenswerterweise ordnen sich die von KRISHNAMURTI (1959) analysierten Maxima des Subtropen-Jet (vgl. Abb. 4.412.2) im Mittel sehr gut in die theoretischen Überlegungen NEWTONS ein. Im STJ gelten folgende Größen: $\overline{V} =$

131 Knoten, $\bar{L}_j = 6330$ Seemeilen (11730 km), $\bar{C}_j = 0$, $\bar{\tau}^* = 48{,}4$ Stunden. Aus der mittleren geographischen Breite (28°) errechnet man $2\,\tau_i$ zu 51 Stunden.

NEWTONS Berechnungen gelten für die Strahlstromschicht. Außerhalb dieser Schicht sind laut Gl. (6) wegen der geringeren Relativgeschwindigkeiten größere Perioden der ageostrophischen Schwankungen zu erwarten. Damit erscheinen aber auch die ageostrophischen Strömungskomponenten $\mathbf{v}^*$ außerhalb des Strahlstromkernes stark abgeschwächt, was im Einklang zu den im vorangehenden Kapitel angestellten Überlegungen steht. $\mathbf{v}^*$ besitzt also in der Strahlstromschicht maximale Größe.

Die *Trajektorien* von Luftteilchen, welche der Strahlstromachse folgen, beschreiben eine Zykloide, die als Summe der geradlinigen Bewegung $\bar{\mathbf{v}}_g$ und des antizyklonal rotierenden Vektors $(\mathbf{v}_g' + \mathbf{v}^*) = 2\,\mathbf{v}^*$ angesehen werden kann (Abb. 2). Ist $2\,V^* \geq \bar{V}_g$, so bilden sich an den Punkten, an denen V ein Minimum ist, Schleifen oder Spitzen im Verlauf der Trajektorien.

Die Wellenlänge der *Trajektorienzykloide* beträgt $\bar{V}_g\,\tau^*$, während die Wellenlänge der Jet-Achse durch $(\bar{V}_g - C_j)\,\tau^*$ gegeben ist. Die Amplitude der ageostrophischen Schwingungen, welche zur Bildung von Strahlstrommaxima führen, beträgt $(V_{\max} - V_{\min})/f = 4\,V^*/f$ für eine *wellenförmige* Trajektorie. [JOHANNESSEN (1956) erhält unter der Annahme $\mathbf{v}_g = \text{const.}$ eine Amplitude von V^*/f. RAETHJEN (1958) gelangt unter der Annahme einer elliptischen statt einer kreisförmigen Störbewegung zu ähnlichen Ergebnissen.]

Nach den vorangehenden Überlegungen kann somit die Existenz von Strahlstrommaxima auf die Wirkung von ageostrophischen Störbewegungen zurückgeführt werden, welche einer geostrophischen (bzw. der Gradientwindgleichung genügenden) Grundströmung überlagert sind und infolge der Adaptation des Druckfeldes an das Strömungsfeld zu einer Veränderung dieser geostrophischen Grundströmung Anlaß geben.

Es erhebt sich nunmehr die Frage, welchen Mechanismen diese ageostrophischen Störungskomponenten ihre Entstehung verdanken. Ihr Ursprung ist nach RAETHJEN (1957, 1958) dort zu vermuten, wo die ageostrophischen Komponenten ihr Maximum besitzen, wo also die Adaptation noch nicht wirksam wurde. Es erscheint in diesem Zusammenhang bemerkenswert, daß die vom ageostrophischen Massenfluß hervorgerufenen Oszillationen eine *Verstärkung* der Windgeschwindigkeiten *stromabwärts* bewirken, auch wenn die lokal auftretenden Effekte zu einer *Bremsung* der Höhenströmung und dadurch zu subgeostrophischen Verhältnissen führen. SUTCLIFFE (1938) weist darauf hin, daß in Zonen mit starker Konfluenz oder Difluenz stark ageostrophische Strömungen vorhanden sein müssen. Die „Konfluenztheorie" von NAMIAS und CLAPP [1949, (Kap. 4.142)] beruht auf ähnlichen Überlegungen. SEKERA (1949) erhält durch die Betrachtung von Perturbationen in den u- und v-Komponenten ebenfalls theoretische Verteilungen von Windgeschwindigkeitsmaxima, die der synoptischen Erfahrung gut entsprechen.

Die Konfluenz selbst kann jedoch nicht als letzte Ursache eines ageostrophischen Massenflusses angesehen werden, denn sie stellt selbst bereits eine Störung eines einheitlichen zonalen Grundstromes dar. Es fällt jedoch nicht schwer, im Bereich hoher Gebirgsketten (Himalaja, Rocky Mountains) Gebiete zu lokalisieren, in denen der Atmosphäre ständig Störungsenergie zugeführt wird (vgl. Kap. 7.3). Auch die Land-Meer-Verteilung und die dadurch bedingten Temperaturgradienten in der unteren Troposphäre können Störungen einer gleichförmigen Grundströmung hervorrufen.

Rossby (1951 b) hält es für möglich, daß eine *Intensivierung der Höhenströmung* — und damit verbunden ein Druckfall in Richtung der Stromlinien — durch den Entzug von Bewegungsgröße in den unteren Atmosphärenschichten (etwa an Gebirgen) hervorgerufen werden kann, wenn der gesamte Volumtransport in einer Strömung mit konstanter Breite vorgegeben ist.

In Kap. 4.121 war darauf hingewiesen worden, daß sich unter dem Einfluß horizontaler Austauschvorgänge auf der zyklonalen Seite eines Strahlstromes ein Windprofil mit konstanter absoluter Vorticity einstellen würde, daß jedoch Querschnitte durch einzelne Jet-Maxima erhebliche Abweichungen von einer derartigen mittleren Verteilung aufweisen. Vor allem zeichnen sich die Jet-Maxima durch begrenzte Gebiete mit Maximalwerten positiver Vorticity aus (Abb. 4.122.3), welche nach der Vorticitygleichung 1.233 (6) die Divergenz in der Höhenströmung und damit den Witterungscharakter im Bereich eines Strahlstromes bestimmen (vgl. Kap. 6).

Es ist leicht einzusehen, daß die Vorticitymaxima auf der zyklonalen Seite eines Jet-Maximums ebenfalls den ageostrophischen Strömungskomponenten zu verdanken sind. Wir wollen eine *geostrophische*, *zonale* Grundströmung annehmen, in der bereits Scherungsverhältnisse herrschen, die der „Mischungstheorie" genügen mögen. Es möge nun in der Strahlstromachse dieses geostrophischen Jet Stream, der noch keine Geschwindigkeitsmaxima aufweist, eine Störbewegung auftreten (etwa durch den Einfluß eines Gebirges), welche eine *Bremsung* der Luftteilchen an dieser Stelle bewirkt. Die Windgeschwindigkeit ist an dieser Stelle nunmehr subgeostrophisch, was eine Auslenkung der Trajektorien gegen die Tiefdruckseite hin bewirkt. Gleichzeitig wird jedoch auch durch die verminderten Windgeschwindigkeiten in der Strahlstromachse die horizontale Scherung und damit die absolute Vorticity abgeschwächt.

Stromabwärts von dieser Stelle beschleunigen sich die gegen die zyklonale Seite abgelenkten Luftteilchen und erreichen schließlich supergeostrophische Geschwindigkeiten. Dadurch erhält die absolute Vorticity auf der Tiefdruckseite des neu entstandenen Windgeschwindigkeitsmaximums *höhere* Werte, als der ursprünglichen Verteilung mit konstanter absoluter Vorticity entsprechen würde. Es kommt zur Ausbildung eines lokal begrenzten Vorticitymaximums.

Die „Mischungstheorie" der Strahlstrombildung wird also durch die Existenz von Vorticitymaxima nicht widerlegt. Es sind in der Atmosphäre zwei Prozesse wirksam: Einerseits *Austausch-* und *Mischungsvorgänge*, welche einem großräumigen Gleichgewichtszustand zustreben, andererseits *Störbewegungen*, welche diesem Gleichgewicht entgegenwirken. Letzteren entsprächen die Vorgänge, welche zur Bildung von Jet- und Vorticitymaxima führen. Die „Mischungstheorie" berücksichtigt dagegen nur die ausgleichenden Prozesse. Bemerkenswerterweise fügen sich *mittlere* Windprofile (bei denen sich ageostrophische Strömungskomponenten verschiedenen Vorzeichens gegenseitig aufheben) gut in Rossbys Theorie ein.

4.13. Die horizontale Struktur der Schicht maximalen Windes (SMW)

In den vorangehenden Kapiteln wurden etliche charakteristische Merkmale des Strahlstromes in quasihorizontalen (isobaren) Flächen besprochen. Da die Fläche maximalen Windes ($\partial \mathrm{v}/\partial p = 0$) nicht horizontal ist, muß von vornherein angenommen werden, daß eine Betrachtung der Strömungsverhältnisse auf dieser Fläche andere Ergebnisse zeitigen wird, die der dreidimensionalen Struktur der Strahlströme eher Rechnung tragen (Reiter 1957c, 1958c, et al. 1957, U. S. A. W. S. 1956d).

In Kap. 4.122 wurde bereits darauf hingewiesen, daß sich die Windgeschwindigkeitsverteilung auf der zyklonalen und antizyklonalen Seite eines Strahlstromes durch Potenzgesetze der Form

$$V_0 = V_s \cdot e^{An} \qquad 4.13\ (1)$$

darstellen lassen. V_0 ist die Windgeschwindigkeit in der Strahlstromachse, V_s die Geschwindigkeit im Abstand n von der Achse.

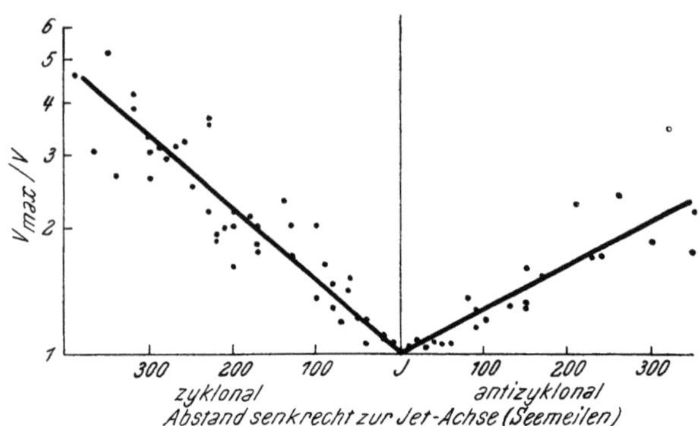

Abb. 4.13.1. Verhältnis der Geschwindigkeit in der Strahlstromachse zur Geschwindigkeit in der SMW in Stationen links und rechts der Achse

Die Verteilung der mittleren Geschwindigkeit in der Schicht maximalen Windes ist durch die Meßpunkte in Abb. 4.13.1 veranschaulicht. Auch für die SMW läßt sich somit der Geschwindigkeitsabfall zu beiden Seiten der Strahlstromachse durch ein Potenzgesetz der oben angegebenen Art annähern. Für die in den zitierten Arbeiten zur Verfügung stehenden Beispiele ergab die Konstante A auf der *zyklonalen* Seite den Wert $1{,}72 \cdot 10^{-3}$, auf der *antizyklonalen* Seite $1{,}03 \cdot 10^{-3}$ (n. mi.)$^{-1}$, wenn V in Knoten oder m/sec und n in Seemeilen angegeben wird. Für die Scherungsverhältnisse auf der 300-mb-Fläche [Gl. 4.122 (5)] erhält man den Exponenten $12 \cdot 10^{-3}\, n$, falls n ebenfalls in Seemeilen gemessen wird. Somit ist auf der zyklonalen Seite der Zusammenhang zwischen mittlerer Scherung auf einer Isobarenfläche und in der Schicht maximalen Windes gegeben durch

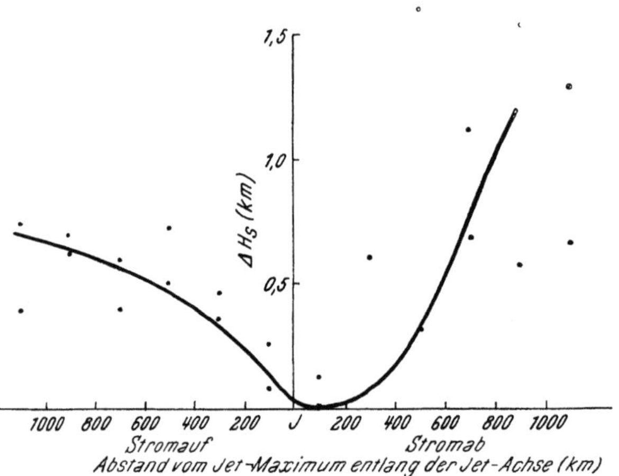

Abb. 4.13.2. Mittlere Höhe der SMW relativ zur Höhe des Strahlstrommaximums, entlang der Strahlstromachse gemessen

$$(V_p - 15)/(V_0 - 15) : (V_s/V_0) = 1 : 1{,}0140. \qquad 4.13\ (2)$$

V_p ist die Windgeschwindigkeit im Abstand n von der Strahlstromachse auf der Isobarenfläche. Der Unterschied in den Scherungen beträgt also auf der zyklonalen Seite etwa 1%. Auch auf der antizyklonalen Seite ist die Größenordnung dieselbe.

Gl. 4.13 (1) kann ebenso wie Gl. 4.122 (5) herangezogen werden, um aus zwei verläßlichen Windbeobachtungen zu beiden Seiten der Strahlstromachse die Position der Achse und die Windgeschwindigkeit dortselbst zu ermitteln.

Aus sorgfältigen Analysen der Schicht maximalen Windes (vgl. Abb. 3.246.3,

3.246.4 und 3.246.5) wurden einige Charakteristika des dreidimensionalen Windfeldes gewonnen, welche die Analyse der SMW-Karten wesentlich erleichtern:

1. Folgt man der Strahlstromachse, so liegt die Schicht maximalen Windes im Durchschnitt etwa 100 km stromabwärts vom troposphärischen Windmaximum am tiefsten. Stromaufwärts wird bis zu diesem Punkt ein langsames Absinken der Strahlstromachse beobachtet. Stromabwärts ist ein rascher Anstieg in der Höhe der SMW festzustellen, doch streuen die beobachteten Werte hier erheblich (Abb. 4.13.2).

2. Eine „Rinne" geringer Höhe der SMW erstreckt sich auf der zyklonalen Seite der Strahlstromachse und ist mit ihrem tiefsten Punkt im Mittel etwa 100 km von der Achse entfernt (Abb. 4.13.3) (vgl. auch Abb. 3.246.4). Die Strahlstromachse des Polarfront-Jet liegt nahe dem 9-km-Niveau. An Hand von Analysen der „Nullschicht" findet ATTMANNSPACHER (1959) ebenfalls, daß die Strahlstromschicht eine Rinne geringerer Höhe aufweist, die parallel zur Strahlstromachse verläuft.

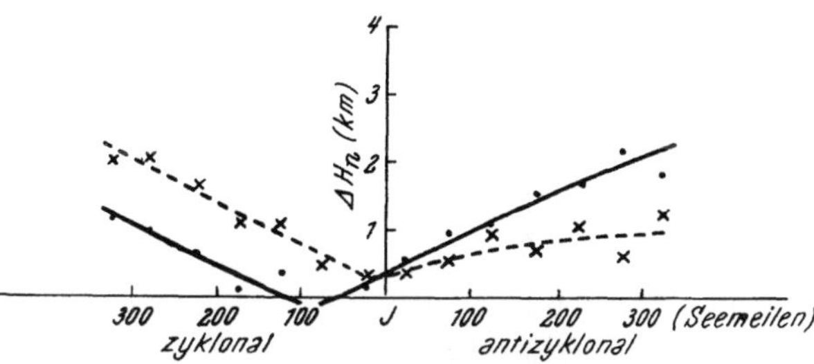

Abb. 4.13.3. Mittlere Höhe der SMW relativ zur Höhe der Strahlstromachse, quer zur Achse gemessen (Punkte, volle Kurve) und die mittlere Abweichung der Messungen (Kreuze, strichlierte Kurve)

3. Analysen der Schichtdicke der SMW zeigen ebenfalls eine „Rinne" geringer Mächtigkeit auf der zyklonalen Seite der Strahlstromachse, mit dem Zentrum in etwa 150 km Abstand von dieser (Abb. 4.13.4, vgl. auch Abb. 3.246.5). Dies ist das Gebiet größter vertikaler Windscherung, in welches auch BERGGREN (1953a) seine stratosphärischen Fronten verlegt (vgl. Abb. 4.112.3). Die verhältnismäßig große Streuung der Meßpunkte auf der antizyklonalen Seite der Stromachse, die durch die in Abb. 4 gezeigte mittlere Abweichung ausgedrückt wird, ist zum Teil dadurch verursacht, daß in diesem Gebiet eine Konfluenz des subtropischen und polaren Strahlstromes zu beobachten war, wie die Analyse in den Karten (Abb. 3.246.3 bis 5) andeutet.

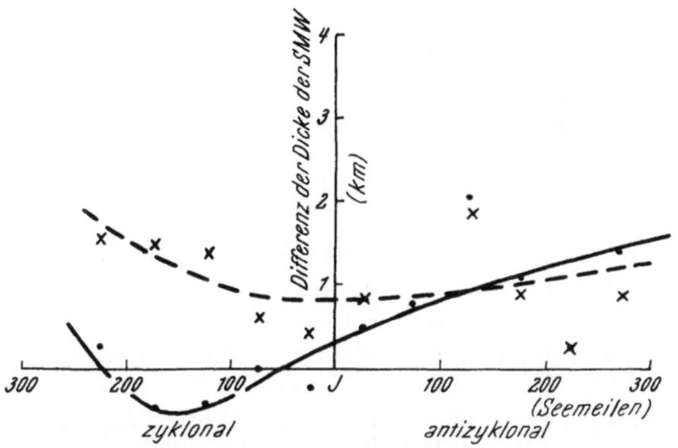

Abb. 4.13.4. Dicke der SMW (km), als Abweichung von der Dicke in der Strahlstromachse aufgetragen (Punkte, volle Kurve) und mittlere Abweichung der Messungen (Kreuze, strichlierte Kurve)

Aus dem Gesagten geht hervor, daß (zumindest im Winter) auf der zyklonalen Seite die Schicht maximalen Windes rasch ansteigt. Sie ist also hier im Mittel *oberhalb* der Tropopause zu erwarten, während auf der antizyklonalen Seite (im Bilde links) die Schicht maximalen Windes in der Regel unterhalb der Tropopause zu liegen kommt (vgl. Kap. 3.249).

4.14. Multiple, hochtroposphärische Strahlströme der gemäßigten Breiten

4.141. Polarer und subtropischer Strahlstrom

Die in den vorangehenden Kapiteln besprochenen strukturellen Charakteristika der Strahlströme sind Beobachtungsdaten entnommen, die hauptsächlich über den USA gewonnen wurden. Die dort auftretenden Strahlströme sind entweder mit einer ausgeprägten Polarfront in der unteren Troposphäre verknüpft, also Polarfront-Jets (PFJ), oder die den Jet Streams eigene barokline Zone ist nur in der oberen Troposphäre vorhanden, während die untere Troposphäre quasibarotrop ist. Strahlströme dieser Art werden als Subtropen-Jets (STJ) bezeichnet. Mögliche Übergänge zwischen den beiden Strahlstromsystemen scheinen zu existieren (Reiter 1959b, Reiter, Lang et al. 1961), so daß sich PFJ und STJ nicht immer einwandfrei unterscheiden lassen. Eine kurze Übersicht über beide Strahlstromtypen ist in Kap. 4.41 gegeben. Im folgenden sei auf das Zusammenspiel mehrerer, nebeneinanderliegender Strahlstromäste hingewiesen, von denen in der Regel einer als STJ und einer als PFJ angesprochen werden kann. In manchen Fällen ist eine derartige Unterscheidung wegen der erwähnten Zwischenstadien nicht möglich.

Schon in früheren Arbeiten (vgl. Riehl, Teweles 1953) wurde des öfteren darauf verwiesen, daß der Strahlstrom nicht als einheitliches, geschlossenes Band die Hemisphäre umschließt, sondern oft in mehrere, nebeneinanderliegende Jet Streams gespalten erscheint. Für den nordamerikanischen Kontinent sind solche Geschwindigkeitsverteilungen sehr charakteristisch: Der mit der Polarfront assoziierte Strahlstrom streicht über die Nordstaaten und Kanada hinweg, während über den Südstaaten und Mexiko ein aus Südwesten kommender Jet Stream besonders im 250- und 200-mb-Niveau gut ausgeprägt ist. Der südliche dieser beiden Strahlströme ist mit keiner Frontalzone verbunden, die bis zur Erdoberfläche reichen würde, sondern die barokline Zone, in der dieser Jet Stream seine Wurzeln hat, ist auf die obere Troposphäre beschränkt (Defant, Taba 1957). Beide Bänder mäandern um die Hemisphäre, wie Cressman (1950) zeigen konnte.

Aus Cressmans Analysen ergeben sich folgende Schlußfolgerungen:

1. Es wurde bereits früher darauf hingewiesen (vgl. Kap. 3.251), daß die Strahlstrommaxima hemisphärische Verlagerungstendenzen aufweisen. Die von Cressman beschriebene Tendenz entspricht offensichtlich Vorgängen, die einen Übergang von Low- zu High-Index charakterisieren. Ein polares Strahlstrommaximum (verbunden mit der Polarfront) bildet sich im Norden. Während es, einem südwärts gerichteten Trend folgend, in niedrigere Breiten vordringt und dabei in größere Höhen rückt, vergrößert sich die Wellenamplitude. Neubildung der Polarfront im Norden läßt schließlich zwei (unter Umständen auch drei) separierte Strahlstrombänder entstehen, deren südliches als Subtropen-Jet angesprochen wird (vgl. Murray 1952). Manche als STJ bezeichnete Strahlströme wären also ihrer Genetik nach Überreste einer baroklinen Zone, welche in der oberen Troposphäre von einer älteren Polarfront übriggeblieben ist. Am Boden, wo die luftmassenmodifizierenden Einflüsse der strömungsdivergenten, subtropischen Hochdruckgebiete wirksam sind, ist diese Baroklinität weitgehend zerstört, und daher erscheint der subtropische Jet mit keiner Frontalzone am Boden gekoppelt. Gleichzeitig mit der Südwärtsverlagerung der Strahlstromachse nimmt deren potentielle Temperatur zu (Phillips 1950) (vgl. Kap. 4.412).

2. Es gibt Gebiete, in denen sich die beiden Strahlströme bis auf wenige Breitengrade einander nähern oder sogar in ein einziges Strahlstromband zusammenfließen. Dann wieder schlagen die zwei Ströme divergierende Richtungen ein: der Polarfront-Jet folgt einem nordöstlichen Kurs, während der subtropische

nach Südosten abbiegt. Ein Vergleich mit der Anordnung der planetarischen Wellen zeigt, daß die Gebiete mit Konfluenz am häufigsten in stark ausgeprägten, kalten Höhentrögen liegen, in denen auf Grund der Isohypsendrängung auf hohe Windgeschwindigkeiten geschlossen werden kann.

Die difluenten Gebiete sind stromaufwärts von blockierenden Hochdruckgebieten oder abgeschnittenen Tiefdruckwirbeln zu suchen. Defant und Taba

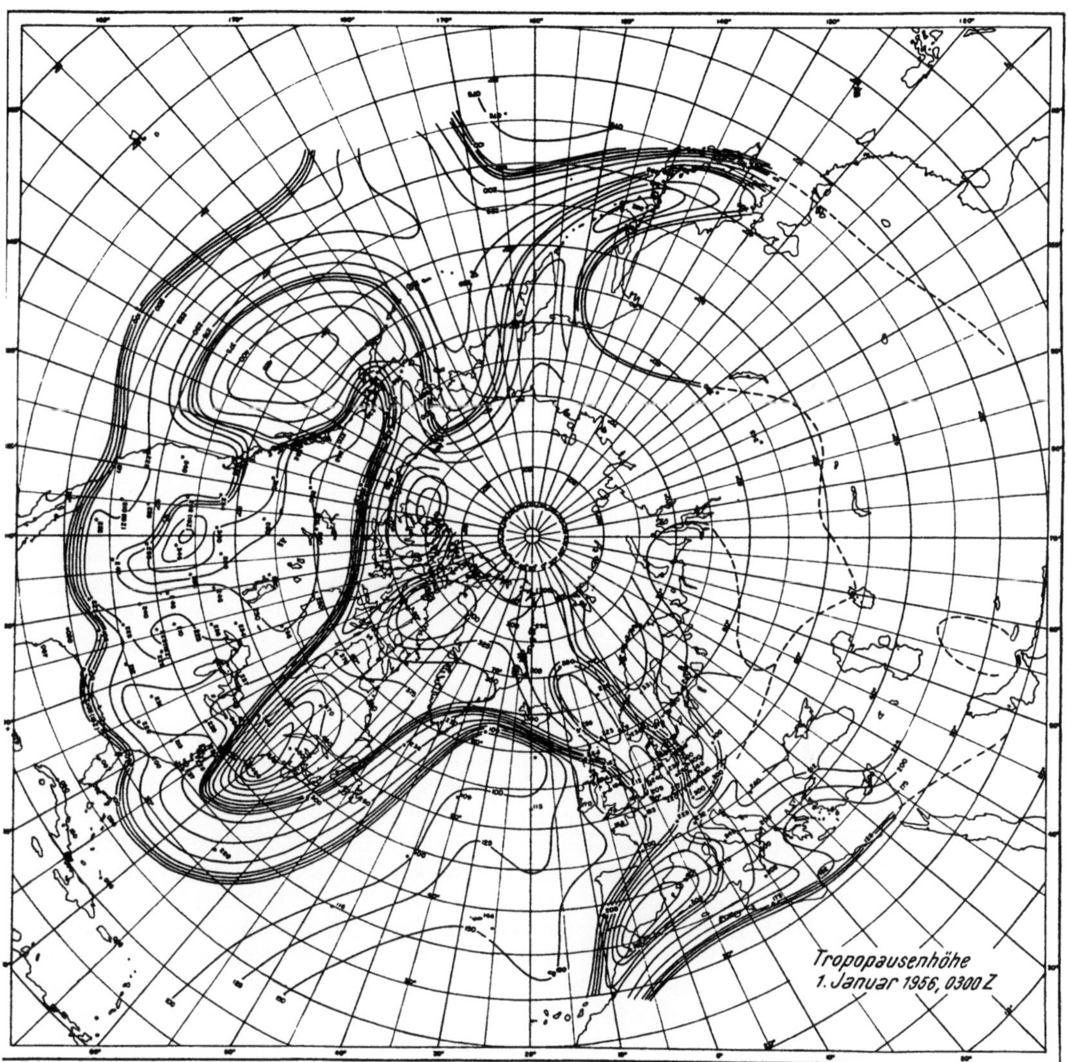

Abb. 4.141. Tropopausenhöhe (mb) am 1. Januar 1956 (03.00 GCT). Diskontinuitäten sind durch die Drängung der Isobaren angedeutet. (Defant und Taba 1958)

(1957, 1958a, b) gelangten zu ähnlichen Ergebnissen. Abb. 4.141 zeigt eine Analyse der Tropopausenhöhe (in mb) vom 1. Januar 1956, 03.00 GCT. Da — wie in Kap. 3.249 berichtet wurde — die Strahlströme mit einem steilen Anstieg in der Tropopausenhöhe zusammenfallen, können die Isobarendrängungen in Abb. 4 als Jet-Stream-Positionen interpretiert werden.

Aus dieser Abbildung wird an der amerikanischen Westküste ein Gebiet deutlich erkennbar, in dem PFJ und STJ difluieren. Andererseits liegt über dem Westatlantik eine konfluente Zone. Über Europa ist außerdem noch eine Scherungslinie ausgeprägt, an der zwei Strahlströme in entgegengesetzter Richtung entlangströmen.

Konfluenz und Difluenz ist aber nicht nur zwischen zwei verschiedenen Strahlstromsystemen, wie etwa PFJ und STJ, vorhanden, sondern auch im Einzugs- bzw. Deltagebiet einzelner Jet-Maxima.

4.142. Die Konfluenztheorie der Strahlstrombildung

Aus dem Zusammenhang zwischen Konfluenz und verstärkter Strahlstromgeschwindigkeit leiteten Namias und Clapp (1949) ihre „Konfluenztheorie" her.

Barokline Zonen entstehen in der Atmosphäre dann, wenn Luftmassen aus verschiedenen Breiten mit verschiedener Temperatur aneinandergeführt werden. Die Wirksamkeit des Advektionsmechanismus hängt einerseits vom Winkel zwischen Isothermen und Isobaren und von dem überlagerten Effekt der Vertikalbewegung ab, andererseits von der Windgeschwindigkeit selbst. Alle drei Faktoren zusammen bestimmen die Geschwindigkeit der Fortbewegung der Isothermen. Die auf der kalten und warmen Seite eines Strahlstromes verschiedene Winddrehung mit der Höhe (Barbé 1956) läßt auf die Wirksamkeit des Konfluenz- bzw. Difluenzmechanismus schließen (Dahler 1957, 1960). Ein Mechanismus, der den Konfluenzeffekt herbeiführt, kann in der verschiedenen Geschwindigkeit und Wellenlänge der planetarischen Wellen in höheren und niedrigeren Breiten gefunden werden (Namias 1947b, Czapski 1952).

Eine Möglichkeit der Konfluenz ist nach der „Mischungstheorie" auch dadurch gegeben, daß Trajektorien konstanter absoluter Vorticity bei höherer Windgeschwindigkeit größere Wellenlänge aufweisen, außer es nimmt auch die Amplitude in kompensierendem Maße zu [vgl. Gl. 1.234 (11) und (12)]. CAV-Trajektorien besitzen demnach in der Strahlstromachse eine größere Amplitude als in den Gebieten zu beiden Seiten der Achse. Dies würde zu einer Verstärkung der Gradienten an der Südseite größerer Tröge führen (Univ. of Chicago 1947).

Erfolgt eine Superposition der Wellenzüge, so daß Kaltluft zyklonal aus dem Norden und Warmluft antizyklonal aus dem Süden herangeführt wird, so wird im Einzugsgebiet der beiden Strahlströme die Baroklinität der Troposphäre verstärkt. Es kommt zur Neubildung oder zur Intensivierung eines bestehenden Strahlstrommaximums (Clapp und Winston 1951, Nyberg 1949). Gleichzeitig wird in diesem Gebiet durch die verstärkte Stromlinien- (Isobaren-) Drängung der ageostrophische Massenfluß gegen tieferen Druck hin verstärkt. Die Luftteilchen erfahren ja beim Einströmen in das Jet-Maximum eine Beschleunigung, was sie von der geostrophischen Strömungsrichtung abweichen läßt. Das konfluente Gebiet wäre also, besonders in seinem zyklonalen Sektor — wie bereits in Kap. 4.122 gezeigt wurde —, durch Höhenkonvergenz und Bodendivergenz gekennzeichnet. Es ist somit verständlich, wenn der konfluente Teil starker Strahlstrommaxima gerade über den Gebieten verläuft, in denen die Kerne der kalten Zwischenhochdruckgebiete und der subtropischen Bodenantizyklonen und damit die stärkste Bodendivergenz zu finden sind.

Eine wirksame Advektion verschiedener Luftmassen ist nur möglich, wenn verhältnismäßig große Meridionalkomponenten in der Höhenströmung vorhanden sind. Dies stimmt wiederum mit den in Kap. 4.121 angestellten Überlegungen überein, wonach eine relativ geringe meridionale Verfrachtung bei Erhaltung des

Drehimpulses zu starken zonalen Strömungskomponenten führt. Kräftige Jet-Maxima sind nach beiden Gesichtspunkten an der Nordwestflanke der subtropischen Hochdruckzellen zu erwarten, wo aus der Passatregion heraus Warmluft und westlicher Drehimpuls nach Norden transportiert wird. Andererseits ist zu erwarten, daß der östliche Tropen-Jet (vgl. Kap. 4.413) seine Impulse an der Südostflanke dieser Hochdruckzellen empfängt, dort, wo sie durch eine Tiefdruckrinne unterbrochen sind, die weit in die Tropen hineinreicht.

Eine sorgfältige Analyse des Einzugsgebietes eines Strahlstrommaximums zeigt, daß sich die Konfluenz meist durch ein Zusammenströmen mehrerer „Jet-Finger" äußert. Dies sind verhältnismäßig schmale Strahlstromäste, die von Norden und Süden in die Hauptstromachse einmünden und durch die Advektion verschieden temperierter Luftmassen zu der bereits erwähnten Intensivierung der Baroklinität beitragen. Abb. 4.232.2 enthält die 250-mb-Isotachenanalyse vom 4. April 1957, 15.00 GCT, welche über den Staaten des amerikanischen Mittelwestens deutlich eine derartige Konfluenzzone mit „Jet-Fingern" zeigt.

Im rechten rückwärtigen Sektor eines durch Konfluenz zweier Strahlströme gebildeten neuen Maximums kann, falls die zyklonale Krümmung nicht groß ist und die zunehmende antizyklonale Scherung überwiegt, leichte Höhendivergenz auftreten. Es wäre dies somit das Gebiet, in dem sich sekundäre Wellenstörungen an der Polarfront ausbilden können. Der linke rückwärtige Sektor des Strahlstrommaximums ist durch starke Höhenkonvergenz und Bodendivergenz gekennzeichnet. Hier kommt es zur Ausbildung kalter Bodenantizyklonen, die durch die frontolytisch wirkenden Prozesse mit den subtropischen Hochdruckzellen verschmelzen.

Das Deltagebiet einer Frontalzone (SCHERHAG 1948b) zeichnet sich durch entgegengesetzte Charakteristika in seiner Divergenzverteilung aus: Der zyklonale Sektor besitzt, wie bereits früher erwähnt, starke Höhendivergenz und Bodenkonvergenz. Es ist dies der am stärksten zyklogenetisch wirksame Sektor eines Strahlstrommaximums, und meist Sitz einer mehr oder weniger intensiven Bodenzyklone. Der antizyklonale Sektor besitzt — je nach Überwiegen der Krümmungs- oder Scherungsvorticity — mehr oder weniger schwache antizyklogenetische Tendenzen. Es ist dies das Gebiet, in dem sich warme Hochdruckkeile bilden.

Während das oben Gesagte grundsätzlich für jedes Einzugsgebiet oder Delta einer Frontalzone gilt, ist anzunehmen, daß bei der Konfluenz oder Difluenz zweier *Strahlstromsysteme* ähnliche Vergenzen in *verstärktem* Maße wirksam sind und dadurch grundlegende Umstellungen in der atmosphärischen Zirkulation eintreten.

Die „Konfluenztheorie" gibt zwar eine Möglichkeit, die Verstärkung von Strahlströmen bzw. die Bildung von Geschwindigkeitsmaxima qualitativ einzusehen. Die Entstehung des Jet Stream und seiner Maxima selbst vermag sie jedoch nicht zu deuten. Die Konfluenz verschieden temperierter Luftmassen in einer dicken Atmosphärenschicht ist gleichbedeutend mit Strömungskonvergenz, die Difluenz mit Strömungsdivergenz. Durch die einem Strahlstrommaximum eigene Vorticityverteilung und die daraus resultierende Vorticityadvektion ist jedoch bereits eine bestimmte Divergenzverteilung vorgegeben [vgl. Gl. 1.233 (6)]. Somit wäre die Divergenz und Konvergenz im Bereich eines Strahlstrommaximums gleichzeitig Folge und Ursache dieses Maximums und kann daher nicht zur Erklärung seiner Entstehung herangezogen werden. Dies wird von NAMIAS (1952b) selbst zugegeben, jedoch von anderen Autoren nicht immer entsprechend in Betracht gezogen (DAHLER 1957, 1960). Im Grunde genommen ist die Konfluenztheorie nichts anderes als die Umschreibung der Tatsache, daß die thermische Windgleichung in der freien Atmosphäre mit großer Näherung erfüllt ist (JANSÁ

1956). Jedes Windgeschwindigkeitsmaximum ist mit einem Maximum der Baroklinität in den darunter liegenden Schichten assoziiert. Die barokline Zone wiederum verdankt ihre Temperaturgegensätze zum Großteil advektiven Vorgängen, die in der verhältnismäßig labil geschichteten Troposphäre den Einfluß von Vertikalbewegungen bei weitem überwiegen.

Die Konfluenz verschieden temperierter Luftmassen bewirkt somit im Sinne der thermischen Windgleichung die *Verstärkung* der Windgeschwindigkeit in der höheren Troposphäre. Die eigentliche Ursache der Konfluenz muß dagegen anderswo gesucht werden, etwa im Wirksamwerden von Störbewegungen, die der Grundströmung überlagert sind und die z. B. von Gebirgsketten ausgelöst werden können (vgl. Kap. 4.123 und 7.3).

4.2. Die vertikale Struktur der Strahlströme

4.21. Mittlere Meridionalschnitte

4.211. Jahreszeitliche Unterschiede

Es wurde bereits in Kap. 4.111 und 4.121 darauf verwiesen, daß mit der jahreszeitlichen Verschiebung der baroklinen Zone in der Troposphäre auch die Strahlströme eine Wanderung durchführen. Abb. 4.211.1 zeigt die mittlere geostrophische Zonalkomponente im Winter und Sommer (gemittelt über die ganze Nordhemisphäre) (Petterssen 1950, vgl. Koslowski 1958). Aus dieser Abbildung ist ersichtlich, daß im Winter die hochtroposphärischen Westwinde ungefähr doppelt so stark sind wie im Sommer. Das zonale Windmaximum liegt im Winter bei etwa 25° Breite, im Sommer bei etwa 42° Breite. Ein getrenntes Maximum des subtropischen Strahlstromes (vgl. Kap. 4.14) ist nicht zu erkennen, denn es handelt sich bei dieser Darstellung um ein hemisphärisches und zeitliches Mittel. Infolge der Mäanderungen, denen sie unterworfen sind, verschmelzen subtropischer und polarer Jet Stream in ein einziges Maximum. Lediglich der Anstieg der Fläche maximalen Windes gegen Süden hin, der besonders im Winterquerschnitt deutlich in Erscheinung tritt, läßt auf einen Einfluß des subtropischen Strahlstromes in höheren Niveaus schließen. Im Sommer treten die stratosphärischen Ostwinde deutlich in Erscheinung, während im Winter bei etwa 70° Nord in 20 km Höhe ein Ausläufer des *arktischen* stratosphärischen Strahlstromes sichtbar wird (Moore 1956).

Vergleichen wir diese Abb. 4.211.1 mit Abb. 4.121.3, so sehen wir, daß die Position des mittleren Windmaximums nur schlecht mit dem Häufigkeitsmaximum der mittleren Strahlstrompositionen übereinstimmt. Das mittlere Windmaximum nach Petterssen (1950) ist nahe den südlichsten Positionen zu finden, welche der Strahlstrom gelegentlich, aber durchaus nicht am häufigsten, einnimmt. Auf diese Diskrepanz zwischen den Positionen des *mittleren* Windmaximums und der *häufigsten* Lage der Strahlstromachse hat Davis (1951) hingewiesen. Die Unterschiede kommen durch die verschieden starken Windscherungen auf der zyklonalen und antizyklonalen Seite des Jet Stream zustande, die bei einer Mittelbildung die Position des *mittleren* Jet Stream gegen die antizyklonale Seite hin verschieben und gleichzeitig die Scherungswerte stark dämpfen.

Folgendes Beispiel möge dies erläutern. Es stünden drei westliche Strahlströme zur Mittelbildung zur Verfügung, mit ihren Achsen bei 28, 34 und 40° Breite. Die horizontale Windscherung wird mit 100 Knoten pro 10 Breitengrade auf der antizyklonalen und 100 Knoten pro 4 Breitengrade auf der zyklonalen Seite angenommen. Es ergibt sich daraus folgendes Bild:

Breite	18	20	22	24	26	28	29	30	31	32	34	36	38	40	42	44	46
Jet bei 28°	50	70	90	110	130	*150*	140	130	105	80	30	30	30	30	30	30	30
Jet bei 34°	10	20	30	50	70	90	100	110	120	130	*150*	130	80	30	30	30	30
Jet bei 40°	10	10	10	10	20	30	40	50	60	70	90	110	130	*150*	130	80	30
Mittlerer Jet	23	33	43	57	73	90	93	*97*	95	93	90	90	80	70	63	47	30

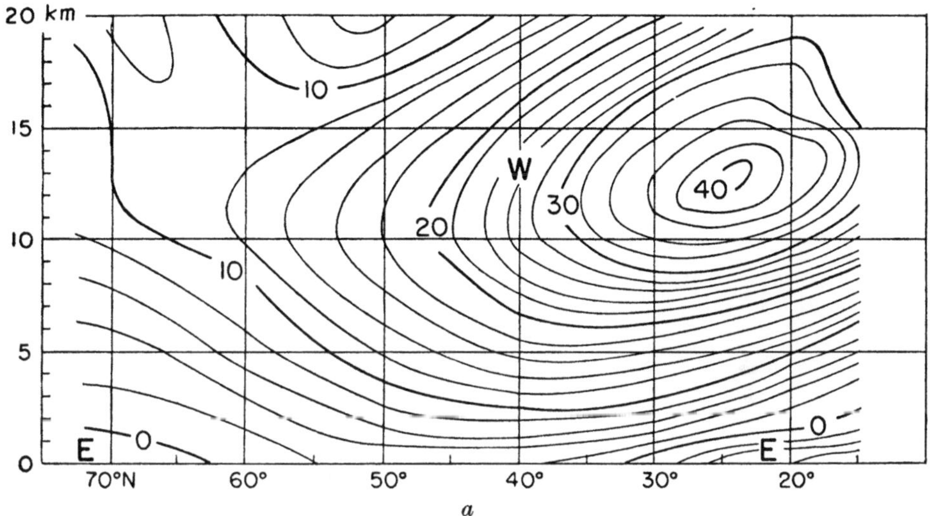

a

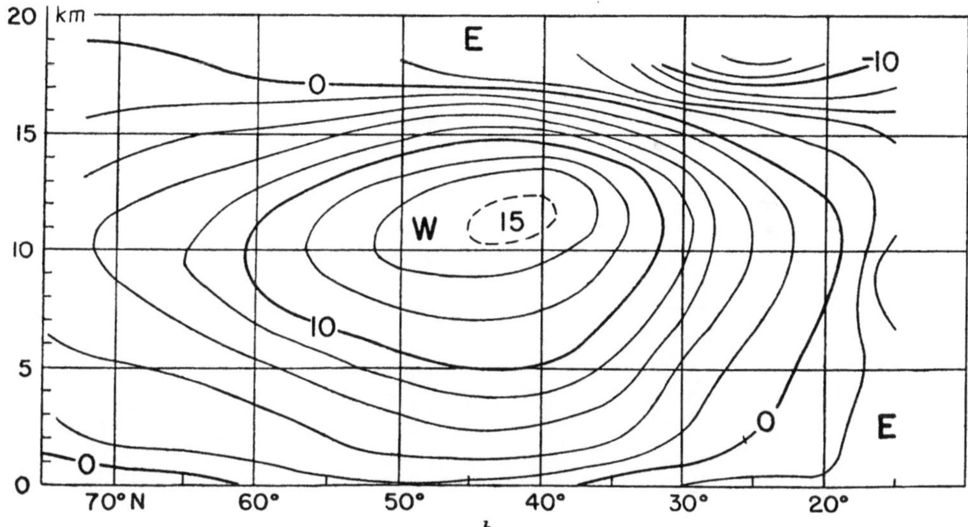

b

Abb. 4.211.1. Mittlere zonale geostrophische Windkomponente (m/sec); a) im Winter, b) im Sommer. (Petterssen 1950)

Die Position des mittleren Jet Stream bei 30° liegt somit sehr nahe der südlichsten Position, welche der Strahlstrom in diesem Beispiel jemals einnimmt.

Abb. 4.211.1 zeigt außerdem, daß die Scherung auf der antizyklonalen Seite des mittleren Strahlstromes größer ist als auf der zyklonalen, also gerade entgegengesetzt den Verhältnissen in synoptischen Einzelfällen. Dasselbe Phänomen ist aus einem Vergleich zwischen den einzelnen Strahlströmen und dem mittleren Jet Stream in obiger Tabelle evident. Es werden also durch die Mittelbildung ganz andere Scherungsverhältnisse vorgetäuscht, als sie in Wirklichkeit anzutreffen sind.

Durch die dem Jet Stream eigene Struktur der Windscherung kann es somit sein, daß von zwei Stationen auf verschiedenen Breitenkreisen die südlichere zwar die höhere *mittlere* Windgeschwindigkeit aufweist, trotzdem jedoch der Strahlstrom am häufigsten über der nördlicheren Station anzutreffen ist. Man muß sich also hüten, aus mittleren Querschnitten der Art, wie sie in Abb. 4.211.1 gezeigt sind, Schlüsse auf die mittlere Position des Jet Stream zu ziehen.

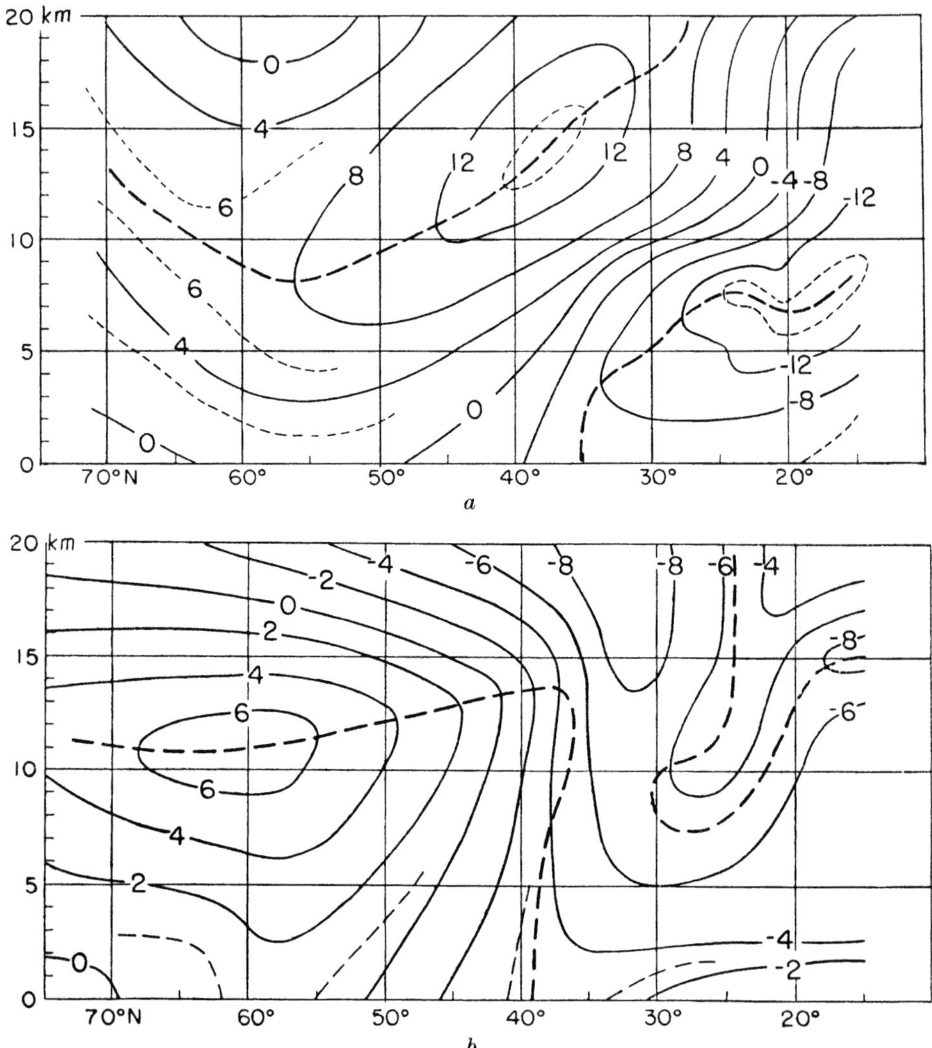

Abb. 4.211.2. Mittlere meridionale Verteilung der relativen Vorticity (10^{-5} sec^{-1}); a) im Winter, b) im Sommer. (PETTERSSEN 1950)

Die meridionale Verteilung der relativen Vorticity (Abb. 4.211.2) spiegelt in erster Linie den Einfluß der Windscherung wider. Der Verlauf der Nullinie deutet die Position der Strahlstromachse in den verschiedenen Niveaus an. Die verhältnismäßig kleinen Werte der relativen Vorticity haben ebenfalls ihre Ursache in der Mittelbildung.

Die mittlere Verteilung der absoluten Vorticity ist in Abb. 4.211.3 wiedergegeben. Maxima und Minima in der vertikalen Verteilung sind durch strichlierte Linien kenntlich gemacht.

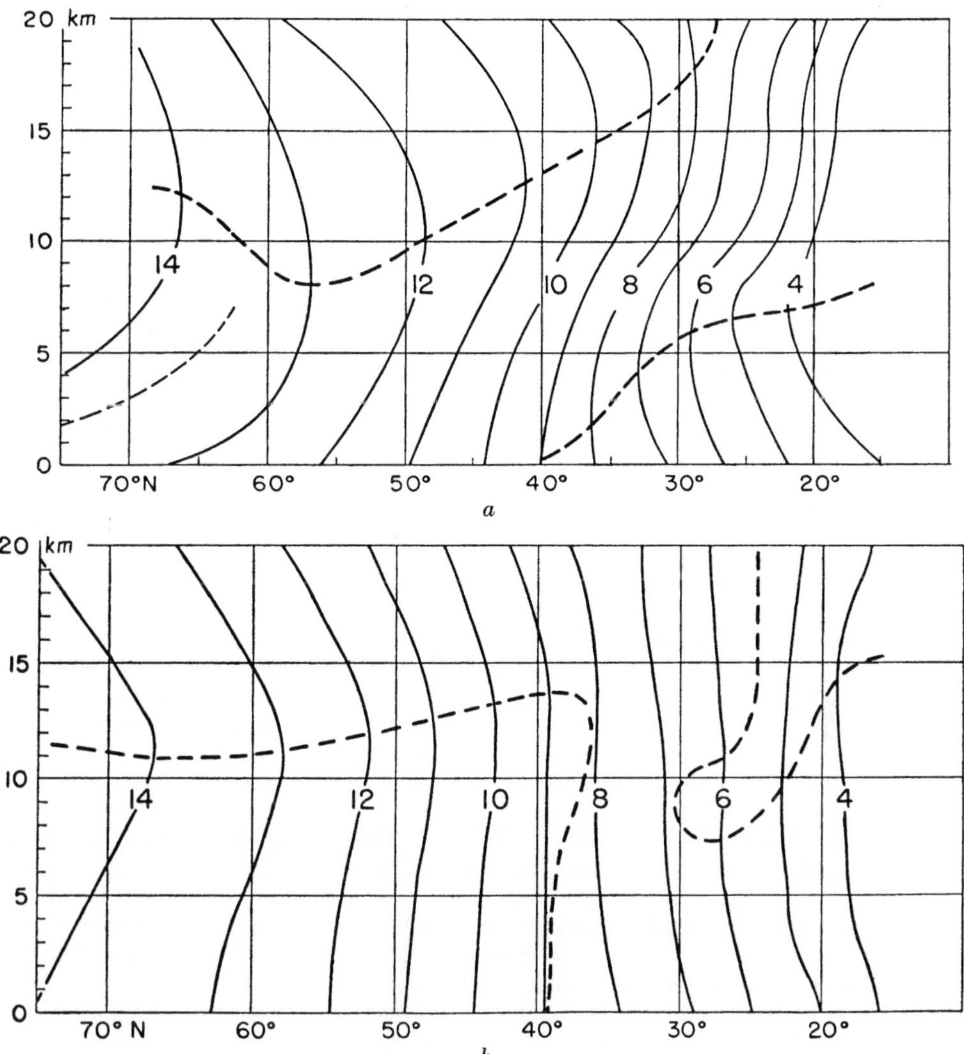

Abb. 4.211.3. Mittlere meridionale Verteilung der absoluten Vorticity (10^{-5} sec^{-1}); a) im Winter, b) im Sommer. (PETTERSSEN 1950)

Nähere Betrachtung dieser Abbildungen gibt einige Aufschlüsse, die für die allgemeine Zirkulation der Atmosphäre von Bedeutung sind (PETTERSSEN 1950). In der kalten Polarantizyklone wird durch Reibung negative relative Vorticity verbraucht bzw. zyklonale (positive) Vorticity erzeugt. Diese Vorticity wird annähernd entlang isentroper Flächen in die subpolare Tiefdruckrinne, dem Sitz des polaren Strahlstromes, exportiert und dort durch Bodenreibung aufgebraucht. Dementsprechend zeigt die Verteilung der relativen und der absoluten Vorticity (Abb. 2 und 3) hier einen gegen den Boden hin gerichteten Gradienten, der einen durch Austauschvorgänge wirksamen Vorticitytransport gegen den Boden vermuten läßt. Im subtropischen Hochdruckgürtel, vor allem in der Passatzone, wird positive Vorticity erzeugt. Der Vorticitygradient in der unteren Hälfte der Troposphäre ist in diesen Gebieten nach oben gerichtet. Ein Teil dieser Vorticity wird nach den äquatorialen Calmen exportiert und dort aufgebraucht, ein Teil geht, besonders im Sommer, in die monsunalen Tiefdruckgebiete; ein beträchtlicher Teil dieser Vorticity wird jedoch am Westende der subtropischen Hochdruckzellen nach Norden geführt und kommt der Strahlströmung der gemäßigten Breiten zugute. Es sind ja gerade die Westenden dieser Hochdruckzellen, in deren Bereich die Gebiete der Konfluenz zwischen polarem und subtropischem Strahlstrom liegen (Kap. 4.14) und die durch besonders intensive Jet Streams gekennzeichnet sind. Die Intensivierung der Strahlströme in diesem Gebiet wäre somit nicht nur vom thermischen Standpunkt — Aneinanderführung verschieden temperierter Luftmassen —, sondern auch an Hand von Vorticitybetrachtungen erklärbar: Es treten hier starke Injektionen zyklonaler Vorticity aus dem Süden auf. Stromabwärts dieser Konfluenzzone stellen sich gerne blockierende Antizyklonen ein (vgl. Kap. 6 und 7). Großräumige Zirkulationsumstellungen nehmen in diesen Gebieten bevorzugter Vorticityinjektionen in die Westwinddrift ihren Ausgang.

Aus den Abb. 2 und 3 kann somit der Schluß gezogen werden, daß die Strahlströmung im wesentlichen aus zwei Quellgebieten zyklonaler Vorticity genährt wird: eines in polaren und eines in subtropischen Breiten. Zirkulationsumbildende Vorticityinjektionen sind also sowohl aus hohen als auch aus niederen Breiten zu erwarten (Defant 1954, Elliot 1956).

Untersuchungen von Riehl, Yeh und La Seur (1950) ergaben, daß auf der 500-mb-Fläche zyklonaler Drehimpuls in wohlausgeprägten Tendenzen (abzulesen aus einem Trenddiagramm, das an Stelle der Windgeschwindigkeit Anomalien vom mittleren Drehimpuls für die betreffende Jahreszeit enthält) in zwei Dritteln der untersuchten Fälle von Süden nach Norden transportiert wurde und nur in einem Drittel der Fälle in umgekehrter Richtung. Der stärkste horizontale Transport von Drehimpuls erfolgt dabei im Strahlstromniveau (Mintz 1955). Dieser Nordwärtstransport von zyklonalem Drehimpuls verläuft also transversal zur mittleren Strahlstromachse, durch diese hindurch (Bolin 1952). Bewirkt wird dieser Transport in ausschlaggebendem Maße von den großräumigen „Turbulenzkörpern" der planetarischen Wellen. Eine Neigung der Trogachsen von Südwest nach Nordost, wie sie in der Regel beobachtet wird, läßt nämlich an der Ostseite der Tröge mehr zyklonalen Drehimpuls nordwärts fließen, als auf der Westseite der Tröge nach Süden transportiert wird. Durch diese Asymmetrie der langen Wellen wird also — bei ausgeglichenem Massenhaushalt der Hemisphäre — ein mittlerer Impulstransport nach Norden bewerkstelligt.

Da eine High-Index-Lage hemmend auf den meridionalen Austausch von Wärme und Bewegungsgröße wirkt, ist hier bereits qualitativ einzusehen, daß während dieser Zirkulationslage sowohl Vorticity als auch positive (negative) Wärmeenergie in den subtropischen (polaren) Gebieten gespeichert wird. Dies führt zur Beschleunigung der zonalen Zirkulation bis zu einem kritischen Wert, bei dem ein Zusammenbruch der Zirkulation und die Einstellung einer Low-Index-Lage mit verstärktem Meridionalaustausch erfolgt.

Überlegungen dieser Art wurden von Kuo (1951a, b, 1953) angestellt. Nimmt die Amplitude der Wellenstörungen ab, so ist dies gleichbedeutend mit einem Übergang von kinetischer Energie aus der Störung in den Grundstrom. Drehimpuls wird im Strahlstrom konzentriert und Vorticity von Süden nach Norden — also gegen den Vorticitygradienten — transportiert (vgl. Kap. 4.121). Nimmt dagegen die Amplitude der Wellenstörung zu, so wird offensichtlich der Störung kinetische Energie aus dem Grundstrom mitgeteilt. Es erfolgt eine weitgehende meridionale Durchmischung und ein Vorticitytransport von Norden nach Süden, wie er in der „Mischungstheorie" der Strahlstrombildung (Kap. 4.121) bereits gefordert wurde. Somit ist ein Indexzyklus mit der durchschnittlichen Dauer von etwa 4 Wochen durch Impulse aus verschiedener Richtung gekennzeichnet: Vorticityinjektionen aus Norden vergrößern die Amplitude der Wellenstörungen, wie dies bei der Bildung blockierender Hochdruckrücken tatsächlich beobachtet wird (Elliot 1955, 1956). Injektionen aus dem Süden tragen dagegen zur Verstärkung des Zonalindex und zum Zusammenbruch der Low-Index-Lagen bei (Defant 1954). Derartige Impulse erfolgen meist — wie bereits erwähnt — an den Westenden der subtropischen Hochdruckzellen. Ein bevorzugtes Gebiet dieser Art ist der subtropische Westatlantik. Im Pazifik existiert ein ähnlich wirksames Gebiet an der Ostküste Asiens.

Von den in Abb. 1 bis 3 angeführten hemisphärischen Mittelwerten in Querschnittdarstellung zeigen regionale Meridonalschnitte einige Abweichungen. Der Meridionalschnitt der Nordhemisphäre auf 80° West war schon mehrmals Gegenstand eingehender Untersuchungen (Hess 1948, Kochanski 1955, Mintz, Dean 1952). Eine Verlängerung dieses Querschnittes über die Südhemisphäre ist aus den Ergebnissen des Internationalen Geophysikalischen Jahres zu erwarten (Reiter 1957d). Auf der Nordhemisphäre ist dieser Querschnitt vor allem durch ein stationäres Höhentief mit dem Schwerpunkt bei etwa 70° Nord gekennzeichnet.

In Abb. 4.211.4a und b sind Querschnitte längs des Meridians 80° West für die Winter-, Sommer- und Übergangsmonate Januar, Juli, April und Oktober im Mittel von 1948 bis 1951 gezeigt. Das hochtroposphärische Strahlstrommaximum erscheint im Januar in etwa 40° Breite mit 100 Knoten, ein sekundäres Maximum mit 60 Knoten auf etwa 27° Breite. Es ist hier also eine Andeutung des subtropischen Strahlstromes enthalten. Ähnliches gilt für die Monate April und Oktober. Diese doppelte Struktur des troposphärischen Strahlstromes tritt zwar in manchen, aber nicht in allen Querschnitten auf, welche für dieses Gebiet analysiert wurden (Gilchrist 1953, Hess 1948), scheint also nicht in allen Jahren gleich deutlich ausgeprägt. Im Juliquerschnitt ist ebenfalls keine Andeutung eines doppelten Maximums enthalten (Landsberg 1958). Im Winter ist außerdem ein stratosphärischer westlicher Strahlstrom in mehr als 25 km Höhe über der Arktis zu finden, der im Sommer einer östlichen Strahlströmung Platz macht (Brasefield 1950). Ostwinde sind im Sommer bereits im 50-mb-Niveau im gesamten Bereich Nordamerikas anzutreffen (Chiu 1958, Conover et al. 1955, Hubert, Dagel 1955, Kochanski 1955, Kochanski und Wasko 1956b, Wege 1957), denn durch die ununterbrochene Einstrahlung während des Sommerhalbjahres unterliegt die Stratosphäre einer starken Erwärmung (Ohring 1958).

Ein östlicher subtropischer Strahlstrom ist in diesem Querschnitt im Sommer am stärksten, im Winter jedoch am schärfsten definiert. Äquatorwärts von diesem subtropischen Strahlstrom erscheinen mit Ausnahme von Juli nochmals westliche Höhenwinde in der Stratosphäre. In der Übergangsjahreszeit sind alle Strahlströme — mit Ausnahme des westlichen, hochtroposphärischen — weniger gut ausgeprägt und diffus. Die Ursache hierfür liegt einerseits in der Umkehr der Strahlungsbilanz der Stratosphäre zu diesen Jahreszeiten, andererseits in den starken Mäanderungen, welchen die Strahlströme unterliegen.

Ein mittlerer Querschnitt von PALMER et al. (1955) (bei LETTAU 1956), der sich über die tropischen Breiten beider Hemisphären erstreckt, zeigt die komplizierte Struktur der atmosphärischen Zirkulation und die Existenz einer Reihe von Strahlströmen, auf die in Kap. 4.4 noch weiter eingegangen werden soll (Abb. 4.211.5). Außer den hochtroposphärischen, westlichen Strahlströmen in beiden Hemisphären (W_J) und den tropischen, östlichen Jet Streams (E_J) erscheint noch ein östliches Passatwindmaximum (E_T). Über dem Äquator oberhalb etwa 20 km Höhe tritt — eingelagert in die östliche Höhenströmung —

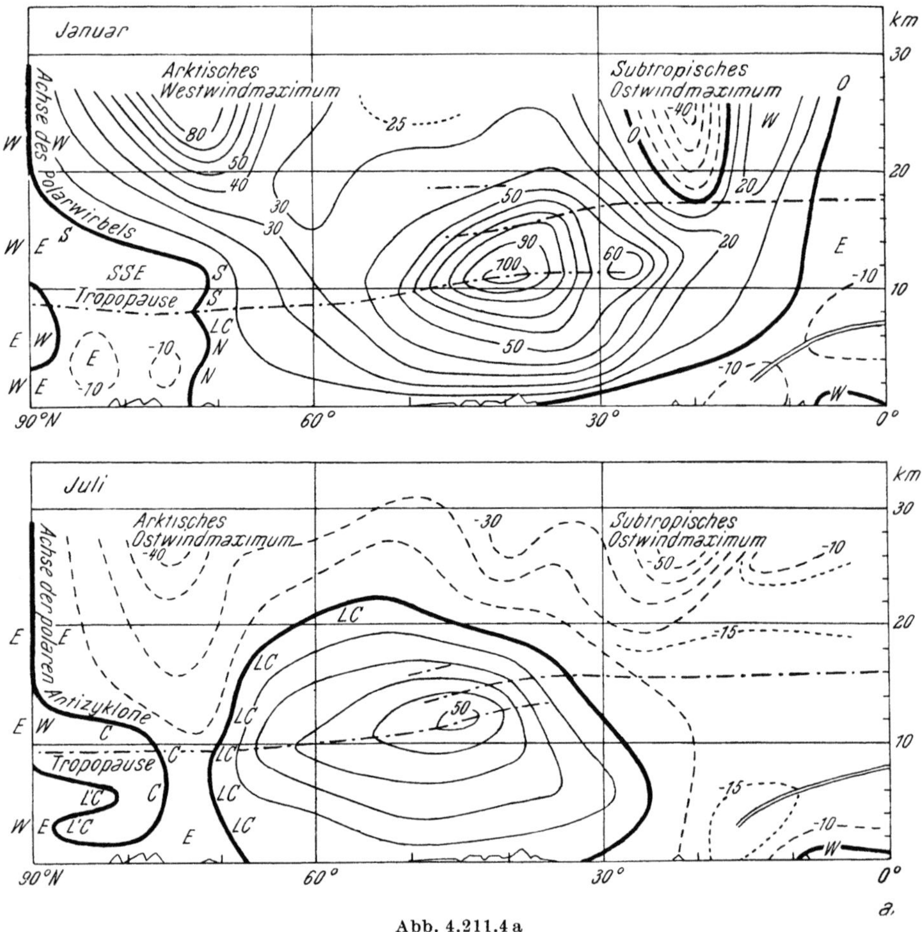

Abb. 4.211.4 a

ein *westlicher* Strahlstrom in Erscheinung, von PALMER „*Berson*"-*Westwinde* benannt (W_B), zum Unterschied von den mancherorts auftretenden, bodennahen äquatorialen Westwinden (PALMER 1954). Darüber schließen sich in großen Höhen die „*Krakatauwinde*" (E_K) an, welche durch den Aschentransport aus der Krakatauexplosion evident wurden. In den Ozeanen findet die Übereinanderlagerung von Strahlströmen mit verschiedener Richtung ihre Parallelen, wie während des Internationalen Geophysikalischen Jahres von der „Dolphin-Expedition" im Pazifik festgestellt werden konnte: Unterhalb des westwärts strömenden Südäquatorialstromes liegt in etwa 100 bis 800 Fuß (30 bis 250 m)

Tiefe der ostwärts gerichtete *Cromwell-Strom*, der eine Breite von etwa 250 Meilen und eine Geschwindigkeit von etwa 3,5 Meilen pro Stunde erreicht und damit um fast 2 mph schneller als der Südäquatorialstrom ist. Der Cromwell-Strom transportiert annähernd ebensoviel Wasser wie der Golfstrom in der Floridastraße. Darunter liegt nochmals ein langsamer, westwärts gerichteter Strom. Somit konnte im Pazifik die Existenz dreier übereinandergeschichteter, entgegengesetzt gerichteter Ströme festgestellt werden (Nat. Ac. Sci. 1958), ähnlich den in Abb. 5 für die Atmosphäre gezeigten.

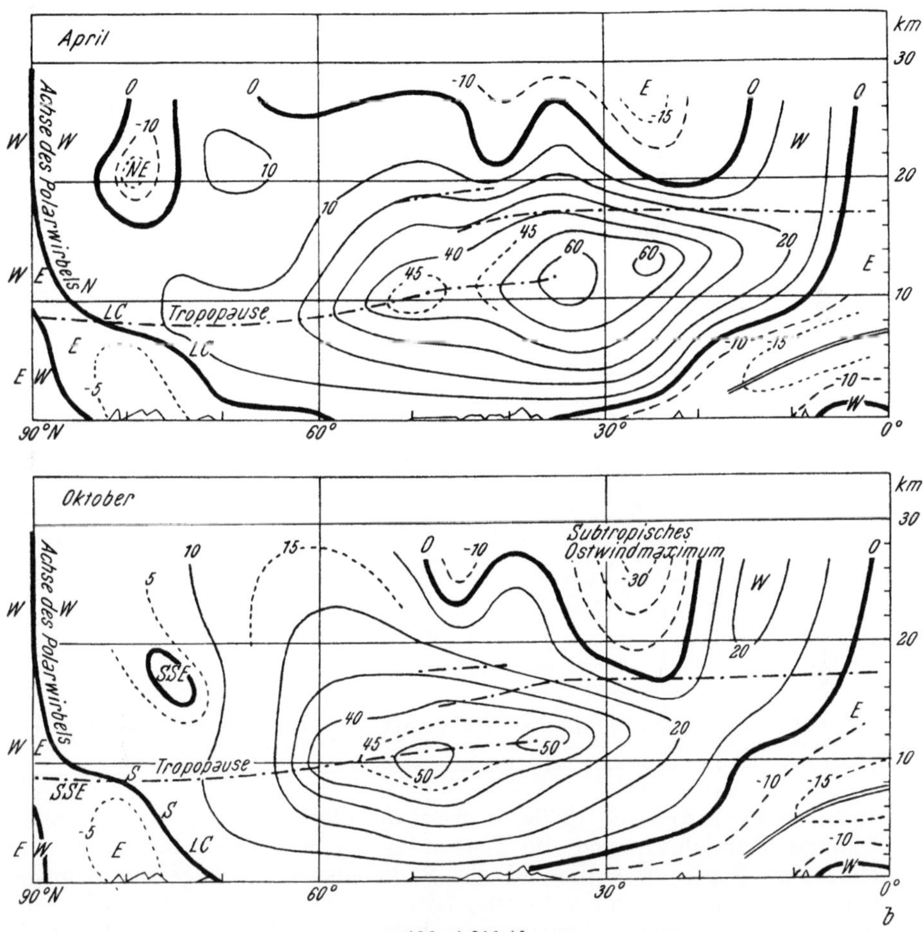

Abb. 4.211.4 b

Abb. 4.211.4. Mittlere geostrophische Zonalkomponente (Knoten) im Meridianschnitt 80° West. a) Januar und Juli, b) April und Oktober. *LC* = Tiefdruckkern, *C* = neutraler Punkt, *N* = mittlere nördliche Strömung, *S* = mittlere südliche Strömung. Ostwinde sind strichliert gekennzeichnet. Strichpunktiert: Tropopause. (Nach Kochanski 1955)

Ein mittlerer Meridionalschnitt von Mohri (1953) entlang des Meridians 140° Ost (Japanische Inseln) für die Monate Dezember 1950 bis Februar 1951 zeigt gegenüber den Analysen von Kochanski (1955) und Hess (1948) markante Unterschiede: War dort der polare Strahlstrom dominierend, so ist es nun hier der subtropische, der an der Südseite des Himalaja entlangstreicht und an der Ostflanke des Gebirgsmassivs durch Konfluenz subtropischer Luftmassen aus dem Golf von Bengalen und Polarluft aus dem chinesisch-sibirischen Raum hohe Geschwindigkeiten erreicht (YEH 1950). Die *mittlere* Windgeschwindigkeit von 70 m/sec (etwa 135 Knoten) übertrifft die von KOCHANSKI für den nordamerikanischen Raum angegebenen Werte (100 Knoten) bei weitem und hat vor allem in der größeren örtlichen und zeitlichen Beständigkeit dieses Strahlstromes ihre Ursache. Der kanalisierende Einfluß der Gebirgskette des Himalaja macht sich bis ins Jet-Stream-Niveau bemerkbar und ruft in diesem Gebiet einen äußerst regelmäßigen Witterungsablauf hervor. Näheres darüber soll noch in Kap. 7 gesagt werden.

4.212. Hemisphärische Unterschiede

Auf der Südhemisphäre liegen die Verhältnisse etwas anders, wie Querschnittstudien von LOEWE und RADOK (1950) und HUTCHINGS (1950, 1952) zeigen (vgl. LAMB 1952, 1958, HOFMEYER 1957, TAYLOR 1960). Das Westwindmaximum und seine jahreszeitliche Intensitätsänderung tritt klar zutage (GABITES 1952,

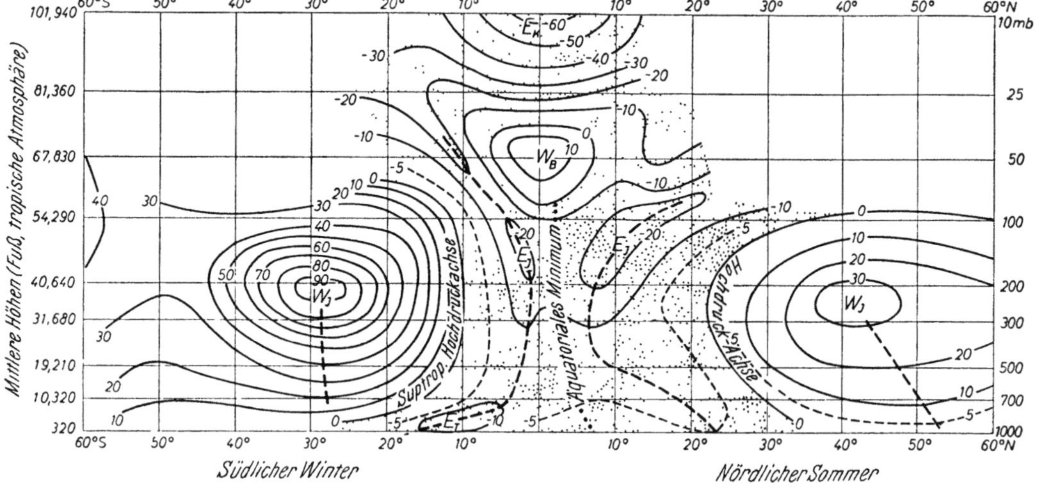

Abb. 4.211.5. Die zonale Zirkulation im südlichen Winter und nördlichen Sommer. W_J = westlicher Strahlstrom, E_J = östlicher Strahlstrom, E_T = Passatwindmaximum, W_B = „Berson"-Westwinde, E_K = Krakatauwinde. (Nach PALMER et al. 1955; bei LETTAU 1956)

1953). SCHWERDTFEGER (1960a, b) weist auf eine durch den Strahlungshaushalt bedingte Halbjahresperiode im Zonalindex der 300-mb-Fläche hin (Maxima im März und September), die auf der Südhemisphäre infolge der homogeneren Oberfläche deutlicher in Erscheinung tritt als auf der Nordhalbkugel. Im Sommerquerschnitt der Südhemisphäre sind keine Anzeichen von Ostwinden in der unteren Stratosphäre der polaren Regionen vorhanden (GIBBS 1953) (Abb. 4.212.1a, b). Im Sommer ist eine Aufspaltung in polaren und subtropischen Strahlstrom zu erkennen. Die gezeigten Querschnitte verlaufen auf ungefähr 170° Ost (Neuseeland). Schnitte entlang des 150. östlichen Meridians (Australien) (GIBBS 1952) lassen auch im Winter eine doppelte Struktur des Strahlstromes erkennen, während Schnitte entlang 130° Ost (Mittelaustralien), wie auch im

Abb. 4.212.1. Mittlere meridionale Querschnitte durch die Südhemisphäre von der Wake-Insel bis Little America. a) Südlicher Winter, b) südlicher Sommer. Dünne, volle Linien: Isothermen (° C); strichliert: Isotachen (m/sec) der geostrophischen Zonalkomponente. Dicke, volle Linien: Tropopause. (HUTCHINGS 1950)

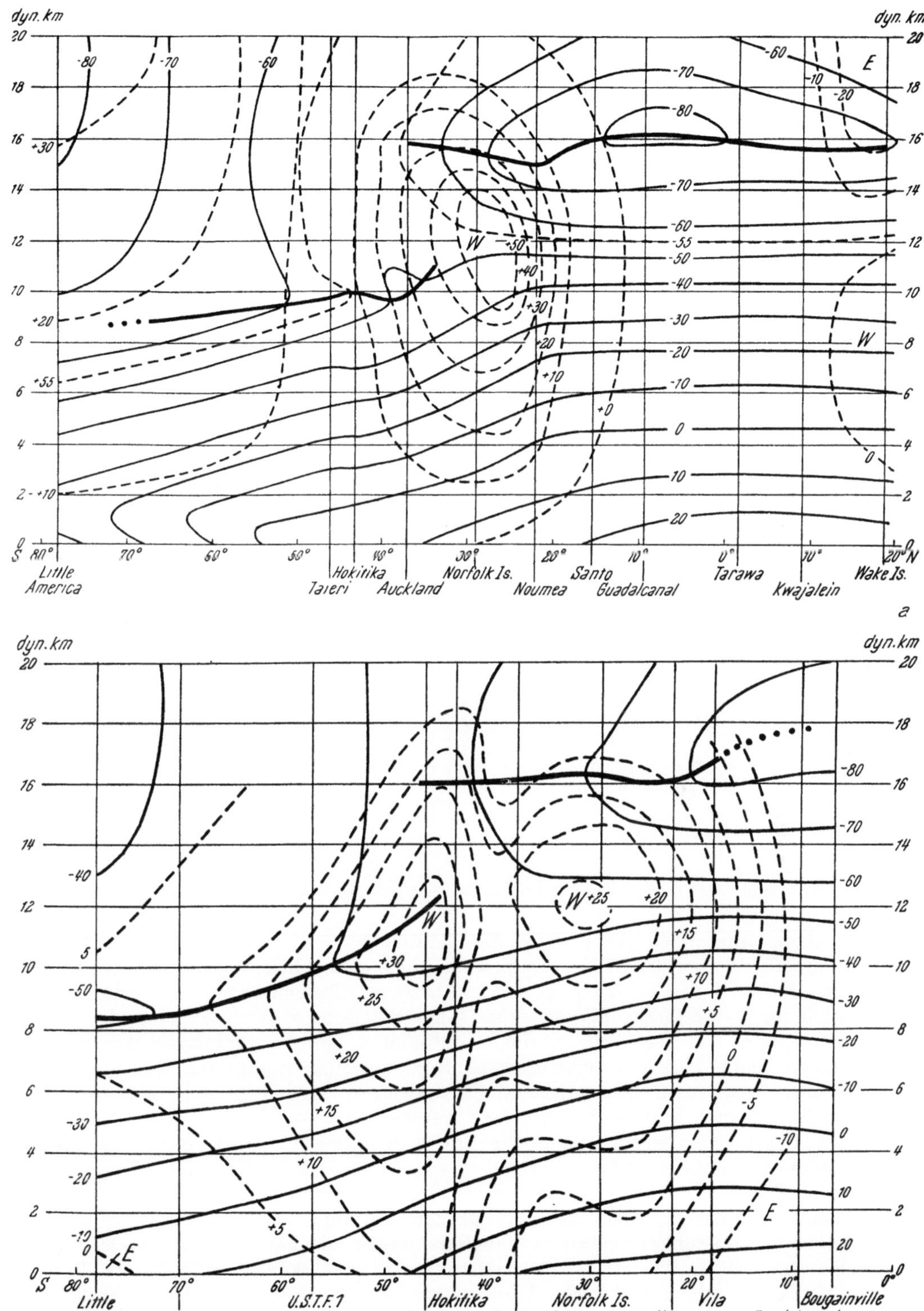
dyn. km
S 80°
70°
60°
50°
40°
30°
20°
10°
0°
10°
20° N
Little America
Hokitika
Taieri
Auckland
Norfolk Is.
Noumea
Santo
Guadalcanal
Tarawa
Kwajalein
Wake Is.
W
E
a
dyn. km
S 80°
70°
60°
50°
40°
30°
20°
10°
0°
Little America
U.S.T.F. 2
U.S.T.F. 1
Hokitika
Taieri
Auckland
Norfolk Is.
Noumea
Vila
Bougainville
Guadalcanal
W
E
b

Indischen Ozean (van Loon 1955), im Winter wie im Sommer nur ein einfaches Maximum der Windgeschwindigkeit zeigen. Somit scheint sich im Mittel über Westaustralien eine konfluente Zone einzustellen (Abb. 4.212.2; vgl. Phillpot 1959).

Erwartungsgemäß müßte sich stromabwärts dieses Konfluenzgebietes eine Zone relativ häufiger, blockierender Antizyklonen einstellen. Dies ist nach den Untersuchungen von Lamb (1959) auch tatsächlich der Fall.

Die jahreszeitliche Verschiebung des Strahlstrommaximums unterliegt auch geographischen Abhängigkeiten. Während Loewe und Radok (1950) für 150° Ost eine Verschiebung des Windmaximums von etwa 26° Süd im Winter auf 40° Süd im Sommer angeben, wird im Indischen Ozean eine Verlagerung in der Größenordnung von etwa drei Breitengraden (van Loon 1955) beobachtet.

Die markantesten Unterschiede in den Höhenströmungsverhältnissen der Südhemisphäre gegenüber denen der Nordhemisphäre bestehen in folgendem:

1. Der südliche Sommer weist eine stärkere mittlere zonale Windkomponente auf als der nördliche Sommer, während die Winterverhältnisse in beiden Hemisphären annähernd gleich sind. Es ist anzunehmen, daß die stärkere Zonalkomponente über der Südhemisphäre auf einen verstärkten thermischen Kontrast zwischen Pol und Äquator zurückzuführen ist. Einigen Einfluß vermag wohl auch die verminderte Bodenreibung über den ozeanischen Gebieten der Südhemisphäre im Vergleich zu den Kontinenten der Nordhalbkugel auszuüben (Lamb 1959). Dieser unterschiedliche Reibungseffekt müßte sich vor allem im hemisphärischen Drehimpulshaushalt auswirken. Modellversuche von Clarke (1960) scheinen in diese Richtung zu weisen und deuten auch eine Verstärkung der Baroklinität durch die hochgelegene Kühlfläche des antarktischen Kontinents an.

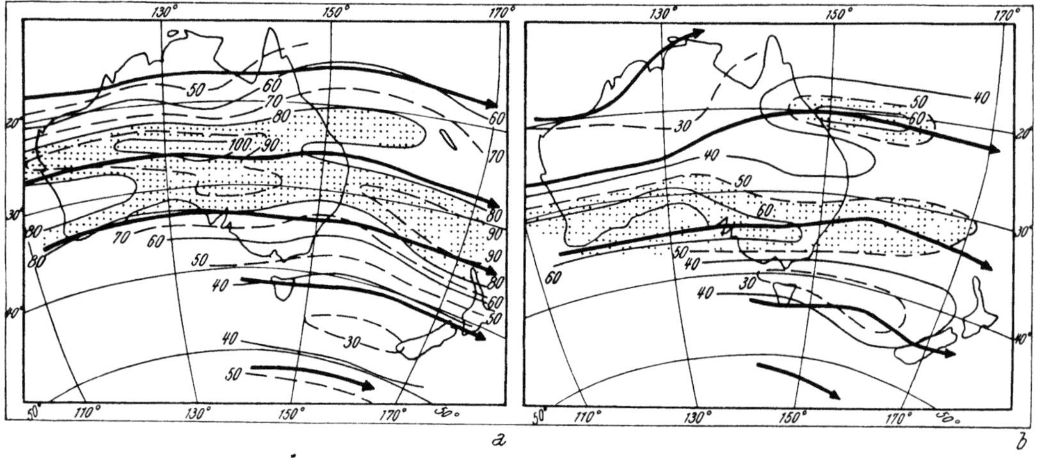

Abb. 4.212.2. Mittlere geostrophische Windgeschwindigkeit (in Knoten, $V > 80$ bzw. 50 Knoten schattiert) und Windrichtung (dicke Linien mit Pfeilen) im Juli (Winter) und Januar (Sommer). (Gibbs 1952)

2. Die stratosphärischen Ostwinde sind im Sommer der Südhalbkugel in manchen geographischen Längen nur ganz schwach angedeutet und erreichen keineswegs Strahlstromstärke. Manchmal fehlen sie ganz (de Q. Robin 1957, Barnett 1951, Farkas 1955, Hofmeyer 1953, Porter 1952a, Lamb 1959). Die sommerliche antarktische Troposphäre ist wesentlich kälter als die arktische Troposphäre zur gleichen Jahreszeit, so daß keine Umkehr des Druckgradienten

in der Höhe erfolgt. Dieser Unterschied wird auf die höheren Albedowerte der Antarktis (etwa 89%) zurückgeführt (FLOHN 1950a, b, MINTZ 1953, 1954, MIRONOVITCH 1953a, b, SCHUMACHER 1955, VAN ROOY 1957). Es ist jedoch anzunehmen, daß die Einflüsse der Höhenströmung, besonders die schwächere Meridionalzirkulation, an der Gestaltung des Temperaturverlaufes maßgeblich beteiligt sind. Darauf soll in Kap. 4.414 noch ausführlich hingewiesen werden.

4.22. Die Struktur der Frontalzone im Bereich des Polarfront-Jet

4.221. Einzugsgebiet und Deltagebiet

In einer detaillierten Studie hat NEWTON (1954) die Strömungsverhältnisse in einer gut ausgeprägten Frontalzone je nach Einzugs- und Deltagebiet eingehend untersucht. Im Lee der Rocky Mountains machten sich die ersten An-

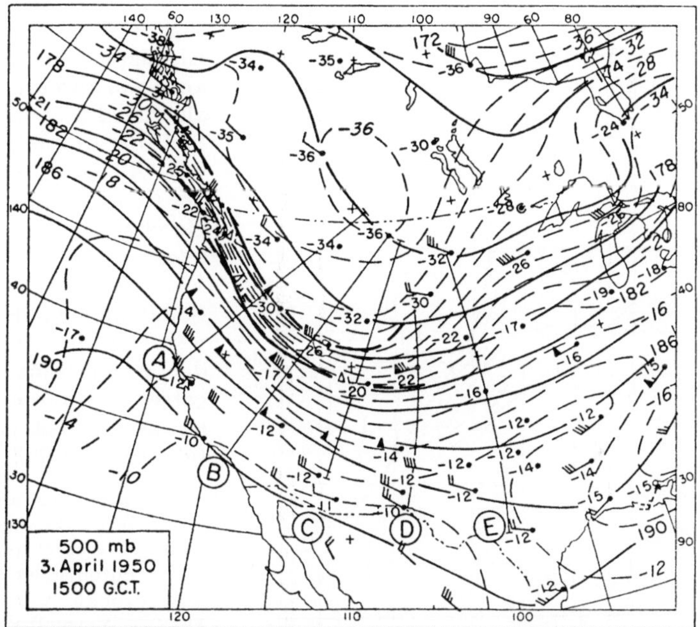

Abb. 4.221.1. Absolute Topographie und Isothermen der 500-mb-Fläche, 3. April 1950, 15.00 GCT. Dicke Linien markieren die Frontalzone. Dünne Linien *A* bis *E* geben die Lage der Querschnitte an. (NEWTON 1954)

zeichen einer Wellenstörung an einer Bodenfront bemerkbar, die von Kalifornien bis Neu-England verlief. Ein ausgedehntes Niederschlagsgebiet im Norden der Front von Nebraska bis Indiana zeigte an, daß großräumige Hebungsvorgänge eingesetzt haben. Abb. 4.221.1 zeigt die absolute Topographie der 500-mb-Fläche für 3. April 1950, 15.00 GCT (strichliert). Die dicken Linien geben die Lage der Frontalzone an, die dünnen Linien die Lage der Querschnitte, von denen in Abb. 4.221.2 nur *A*, *C* und *D* reproduziert sind. *Schnitt A* (Abb. 2*A*) liegt im Einzugsgebiet der Frontalzone und weist folgende charakteristische Merkmale auf: 1. Die Kaltluft fließt in einer flachen Schicht am Boden aus. 2. Die barokline Zone erstreckt sich mit nahezu gleichbleibender Intensität durch die ganze Troposphäre. Der horizontale Temperaturgradient besitzt bei etwa 600 mb ein Maximum. 3. Dieser Querschnitt weist die höchste Windgeschwindigkeit von

140 Knoten in der Strahlstromachse auf, liegt also ungefähr im Bereich des Strahlstrommaximums, während sämtliche anderen Schnitte stromabwärts vom Maximum liegen.

Querschnitt C (Abb. 2 *C*) nähert sich dem Deltagebiet der Frontalzone. Die barokline Zone ist zwar noch in der ganzen Troposphäre erhalten, ihre größte Intensität ist jedoch bereits auf den Bereich oberhalb 500 mb beschränkt.

In *Querschnitt D* (Abb. 2 *D*), der schon im Frontalzonendelta liegt, läßt sich keine eindeutige Frontalzone mehr definieren. Es ist lediglich ein mehr oder weniger diffuses, baroklines Gebiet vorhanden, dessen stärkster, horizontaler Temperaturgradient unmittelbar unterhalb des Strahlstromniveaus liegt (McIntyre 1955). Die Bodenfront ist nur auf die untersten Schichten beschränkt (vgl. Nyberg 1945).

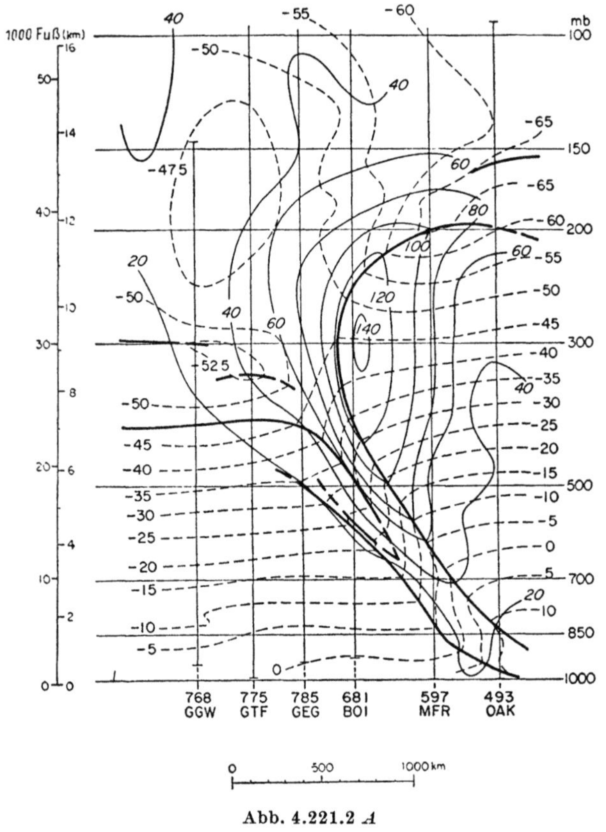

Abb. 4.221.2 *A*

Die Frontalzone bewegte sich mit etwa 30 Knoten Eigengeschwindigkeit stromabwärts, also etwas langsamer als die Luft an der kalten Seite der Frontalfläche. In den mit „*A*" bezeichneten Punkten der Abb. 2 *C* und 2 *D* betrug die Geschwindigkeit der Luft *relativ* zur Bewegung der Frontalzone etwa 30 Knoten. Somit müssen die Luftmassen während des Durchströmens der Frontalzone im Einzugsgebiet einem *frontogenetischen*, im Deltagebiet einem *frontolytischen* Einfluß unterliegen.

Frontogenese und Frontolyse kann durch die zeitliche Änderung des Gradienten einer Größe, z. B. potentieller Temperatur, ausgedrückt werden (Miller 1948a). Wir wollen im folgenden annehmen, daß die x-Achse parallel zu den Stromlinien im betrachteten Niveau liege. d/dt stelle die individuelle Änderung der betrachteten Größe dar, gemessen an einem durch die Frontalzone strömenden Teilchen.

Es gilt dann

$$\underset{+1{,}39}{(d/dt)\,(\partial\Theta/\partial y)} = (\partial/\partial t + u\cdot\partial/\partial x + v\cdot\partial/\partial y + w\cdot\partial/\partial z)\,(\partial\Theta/\partial y) =$$

$$= -\underset{+0{,}41}{(\partial u/\partial y)\,(\partial\Theta/\partial x)} - \underset{+0{,}60}{(\partial v/\partial y)\,(\partial\Theta/\partial y)} - \underset{+0{,}54}{(\partial w/\partial y)\,(\partial\Theta/\partial z)} \quad (10^{-9\,\circ}\mathrm{K\ m^{-1}\ sec^{-1}}). \qquad 4.221\ (1)$$

$$\underset{-1{,}67}{(d/dt)\,(\partial\Theta/\partial z)} = -\underset{-0{,}52}{(\partial u/\partial z)\,(\partial\Theta/\partial x)} - \underset{-0{,}97}{(\partial v/\partial z)\,(\partial\Theta/\partial y)} - \underset{+0{,}20}{(\partial w/\partial z)\,(\partial\Theta/\partial z)} \quad (10^{-7\,\circ}\mathrm{K\ m^{-1}\ sec^{-1}}) \qquad 4.221\ (2)$$

(Die Zahlen geben die von NEWTON in den Punkten „A“ der Abb. 2 C und 2 D gefundenen Werte der einzelnen Termini an.) Der Abstand der beiden Querschnitte C und D voneinander beträgt etwa 275 Meilen (440 km). Zum Durchströmen dieses Intervalls benötigen die Luftmassen etwa 8 Stunden.

Die horizontalen Gradienten nichtadiabatischer Temperaturänderungen, $(\partial/\partial y)$ $(d\Theta/dt)$, und auch $(\partial/\partial z$ $(d\Theta/dt)$, sind in der Regel klein, solange Kondensationsvorgänge keine Rolle spielen und wurden daher in obigen Gleichungen vernachlässigt. Bei REED und SANDERS (1953) werden auch die Glieder, welche $\partial\Theta/\partial x$ enthalten, vernachlässigt.

Aus der vollständigen Vorticitygleichung 1.233 (7) auf einer Isobarenfläche

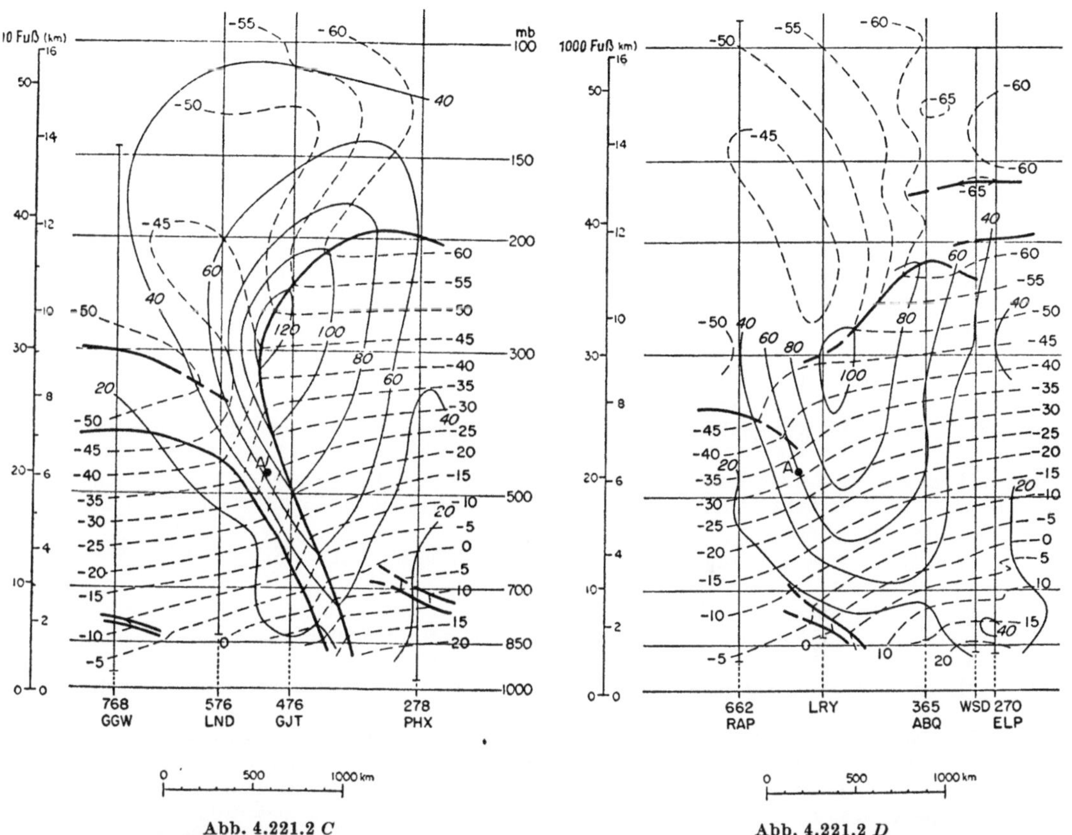

Abb. 4.221.2 C Abb. 4.221.2 D

Abb. 4.221.2. Querschnitte durch die Atmosphäre entlang der in Abb. 4.221.1 angegebenen Schnittlinien, deren Bezeichnung mit der Bezifferung der vorliegenden Abbildungen korrespondiert. Volle Linien: Isotachen (Knoten); strichliert: Isothermen (° C); dicke Linien zeigen Frontalzone bzw. Tropopause an. (NEWTON 1954)

(auf dieser Fläche fallen die Solenoidterme weg, da $dp = 0$ ist) erhalten wir, falls nur die wichtigsten Glieder berücksichtigt werden:

$$dQ_z/dt = -Q_z D_{xy} + (\partial u/\partial z)(\partial w/\partial y) \qquad 4.221\ (3)$$
$$-1{,}91 \qquad -0{,}67 \qquad -1{,}07\ (10^{-9}\ \text{sec}^{-2}).$$

In dieser Gleichung bedeutet $D_{xy} = \partial u/\partial x + \partial v/\partial y$ die Divergenz in der x-y-Ebene. Glieder mit $\partial w/\partial x$ wurden vernachlässigt, ebenso die Reibungskräfte.

Für die Vorticitykomponente in der y-Richtung erhalten wir, ebenfalls unter Vernachlässigung der Reibungskräfte, eine Gleichung analog zu 1.233 (7)

$$(d/dt)\,(q_y - e \cdot \cos\psi) = -(q_y - e \cdot \cos\psi) \cdot D_{xz} + \\ + (\partial v/\partial z)\,(f - \partial u/\partial y) + (\partial v/\partial x)\,(\partial w/\partial y) + \\ + (\partial/\partial x)\,(\alpha \cdot \partial p/\partial z) - (\partial/\partial z)\,(\alpha \cdot \partial p/\partial x). \qquad 4.221\,(4)$$

Hierin bedeutet $q_y = \partial u/\partial z - \partial w/\partial x$, $e = 2\,\Omega \cos\varphi$ ist die horizontale Komponente des Coriolisparameters und $D_{xz} = \partial u/\partial x + \partial w/\partial z$ die Divergenz in der x-z-Ebene, ψ ist der Winkel zwischen x-Achse und Ostrichtung.

Das 3. Glied auf der linken Seite dieser Gleichung liefert keinen wesentlichen Beitrag, das 4. Glied ist unter Heranziehung der statischen Grundgleichung 1.222 (3) Null. Im 5. Glied kann die geostrophische Windkomponente eingesetzt werden. Berücksichtigt man nur die wichtigsten Glieder von Gl. (4), vernachlässigt man also $\partial w/\partial x$ und e, so erhält man

$$\begin{array}{ccccc} (d/dt)\,(\partial u/\partial z) = & -(\partial u/\partial z)\,D_{xz} & + f\,(\partial/\partial z)\,(v - v_g) & - (\partial v/\partial z)\,(\partial u/\partial y). & \\ -3{,}19 & +1{,}55 & -1{,}89 \quad -1{,}35 & -1{,}97 & 4.221\,(5) \\ & & (10^{-7}\,\mathrm{sec}^{-2}) & & \end{array}$$

Daß in den Zahlenwerten die linken und rechten Seiten dieser Gleichungen nicht genau übereinstimmen, ist auf Analysenmängel zurückzuführen. Trotzdem liefern die Abschätzungen größenordnungsmäßig brauchbare Ergebnisse.

Betrachten wir zunächst Gl. (1): $-(\partial u/\partial y)\,(\partial\Theta/\partial x)$ zeigt an, daß die Kaltluftadvektion auf der warmen Seite der Frontalzone infolge der höheren Windgeschwindigkeit größer ist als auf der kalten Seite. Das Glied $-(\partial v/\partial y)\,(\partial\Theta/\partial y)$ gibt ein seitliches Auseinanderfließen an. $-(\partial w/\partial y)\,(\partial\Theta/\partial z)$ gibt den frontolytischen Effekt durch Aufgleitbewegungen und adiabatische Abkühlung in der Warmluft relativ zur Kaltluft. In Newtons Untersuchung waren alle drei Glieder von derselben Größenordnung, während Reed und Sanders (1953) fanden, daß das letzte Glied — also der Einfluß des horizontalen Gradienten der Vertikalgeschwindigkeit quer zur Strömung (stärkstes Absinken auf der warmen Seite der Frontalzone) — fast ausschließlich für die Frontogenese im horizontalen Temperaturfeld verantwortlich war. Reeds Ergebnisse wurden auch durch die Anwendung der Ertelschen Gl. 1.235 (3) bestätigt. Es zeigte sich dabei, daß der obere Teil der Luftmassen in der Frontalzone aus der Stratosphäre stammte (vgl. Kap. 6.2).

Die thermische Stabilität [Gl. (2)] ändert sich infolge differentieller Advektion in verschiedenen Höhen: Wegen der Windzunahme mit der Höhe $-(du/\partial z)\,(\partial\Theta/\partial x)$, hauptsächlich aber wegen verschiedener Advektion (quer zur Strömungsrichtung) in verschiedenen Niveaus $-(\partial v/\partial z)\,(\partial\Theta/\partial y)$. Vertikale Schrumpfung $(\partial w/\partial z)\,(\partial\Theta/\partial z)$ liefert einen geringen, entgegengesetzt gerichteten Beitrag.

Die Abnahme der vertikalen Vorticitykomponente [Gl. (3)] geschieht hauptsächlich (bei Reed und Sanders ausschließlich) durch vertikale Scherung und Vertikalbewegung $(\partial u/\partial z)\,(\partial w/\partial y)$ und nur zu etwa einem Drittel durch Divergenz.

An der Änderung der vertikalen Scherung [Gl. (5)] sind sämtliche Glieder in gleicher Größenordnung beteiligt. Daraus geht hervor, daß Strömungen, welche frontogenetisch bzw. frontolytisch verlaufen, im *wesentlichen ageostrophisch* sein müssen, denn bei geostrophischer Strömung würden sich das 2. und 3. Glied auf der rechten Seite von Gl. (5) gegenseitig aufheben und das letzte Glied wäre auf Grund der beobachteten Difluenz und Temperaturverteilung im Deltagebiet positiv. Gl. (5) wäre somit nicht einmal größenordnungsmäßig erfüllt. Die tatsächlich beobachtete Abnahme der vertikalen Scherung (vgl. Abb. 2*A* bis *D*) ist somit hauptsächlich eine Wirkung ageostrophischer Strömungskomponenten. Studien von Hovmöller (1948) zeigten, daß die ageostrophischen Komponenten besonders auf der antizyklonalen Seite der Frontalzone beträchtliche Werte erreichen (vgl. Endlich, Solot, Thur 1955), dabei sind die tatsächlich beobachteten Windgeschwindigkeiten in der Regel höher als die berechneten, wenn auch die *Konfiguration* der Isotachen durch Rechnungen mit der geostrophischen oder thermischen Windgleichung gut wiedergegeben wird (Boville et al. 1955).

Für die Frontogenese in Bodennähe sind die Terme $(\partial w/\partial y)$ in Gl. (1) und (3) belanglos. Die Vorticityänderungen sind somit in den unteren Niveaus auf Divergenz und die Änderungen der horizontalen Temperaturgradienten auf horizontale Advektion zurückzuführen.

Zu diesen Überlegungen von NEWTON ist kritisch zu bemerken, daß Vorticity und Stabilität getrennt betrachtet wurden. Da jedoch bei adiabatischen Strömungsverhältnissen die potentielle Vorticitygleichung 1.235 (4) erfüllt sein muß, sind Gl. 4.221 (2) und (3) voneinander abhängig, so daß sich unter Umständen eine Umgruppierung der Termini ergibt. Dies erklärt die stellenweise unterschiedlichen Ergebnisse, zu denen REED und SANDERS gelangten.

Abb. 4.221.3 zeigt die horizontalen und vertikalen Bewegungen, welche dem Querschnitt D (Abb. 2 D) entsprechen. Mit Ausnahme der bodennahen Schichten beherrschen frontolytische Vorgänge das Bild. Im frontogenetisch wirksamen, rückwärtigen Sektor der Frontalzone müßte die Richtung der Pfeile um 180° verdreht werden. Aus dieser Abbildung ist ersichtlich, daß die bodennahen,

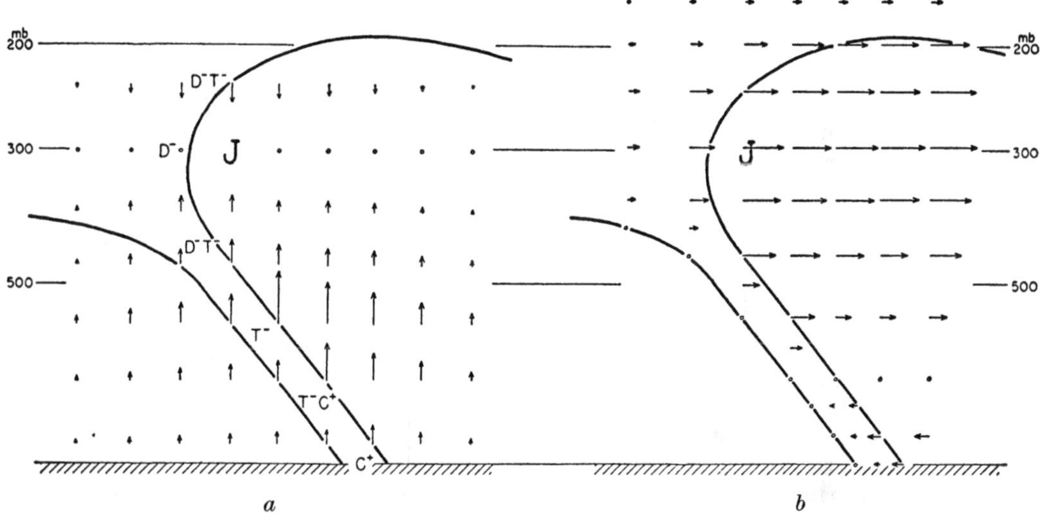

Abb. 4.221.3. Schematische Darstellung der Vertikalbewegung (a) und der Querströmung (b) im frontolytisch wirkenden Deltagebiet einer Frontalzone. (Im frontogenetischen Einzugsgebiet muß die Richtung der Pfeile umgekehrt werden.) J = Position des Strahlstromes. Die übrigen Großbuchstaben geben den Effekt verschiedener Terme auf die Vorticityänderung der Strömung an (das Vorzeichen dieser Terme ist als Index kenntlich gemacht): C = Konvergenz, D = Divergenz, T = Aufrichtung von horizontalen Wirbelröhren. (NEWTON 1954)

frontogenetischen Vorgänge bereits vor Ankunft der Hauptfrontalzone und des Strahlstrommaximums, also schon im Deltagebiet, wirksam sind. Schiebt sich dann die Höhenfront ostwärts, so überlagert sie sich der Bodenfront und die beiden baroklinen Zonen vereinigen sich in eine einzige, welche nun vom Boden bis zur Tropopause reicht. Aufgleitbewegungen sind laut Bodenwetterkarte nur im vorderen, frontolytischen Quadranten wirksam.

Aus den NEWTONschen Analysen geht somit hervor, daß die Luftmassen, welche die mit Frontalzonen verbundenen Strahlstrommaxima durcheilen, frontogenetischen und frontolytischen Prozessen unterworfen sind. Die *frontolytische* Vorderseite eines Jet-Maximums, an der positive Vorticity advehiert wird und — auf Grund der Vorticitygleichung 1.233 (6) — Höhendivergenz erwartet werden muß, liegt über dem Gebiet größten Bodendruckfalles, also größter *zyklogenetischer* Aktivität.

Dieses scheinbare Paradoxon kann anschaulich folgendermaßen erklärt werden: Die Luftmassen bewegen sich rascher als die Frontalzone selbst, sie unterliegen also im Deltagebiet einer starken Frontolyse. Da sich die Frontalzone jedoch langsam weiterbewegt, wird über dem ehemaligen Deltagebiet allmählich eine ausgeprägte Front aufgebaut, was sich als Frontogenese über dem betreffenden Gebiet äußert (vgl. Kaznacheeva 1958).

Auf den Ablauf des Bodenwetters im Zusammenhang mit der Strahlströmung soll später noch eingegangen werden (Kap. 6). Hier seien lediglich die Studien Newtons noch durch die von Berggren (1953a, b) ergänzt, welcher in seinen Analysen die Frontalzone in die Stratosphäre fortsetzt. In Kap. 4.112 wurde bereits erwähnt, daß im 200-mb-Niveau ein starker horizontaler Temperaturgradient zu finden ist, welcher entgegengesetzt dem im 500-mb-Niveau, jedoch ungefähr in derselben Position, verläuft (Murray, Johnson 1952). Abb. 4.112.3 zeigt die Analyse einer Kaltfront über Nordeuropa vom 7. November 1949, 15.00 GCT. Für die Luftmassen, welche sich durch die stratosphärische barokline Zone bewegen, gelten dieselben Überlegungen, wie sie Newton für die troposphärische Frontalzone anstellte. Es würde also auch in der Stratosphäre das Deltagebiet einer Frontalzone auf die durchströmenden Luftmassen frontolytisch wirken.

4.222. Das charakteristische Strömungsfeld einer Frontalzone

Für 12 Fälle im Dezember 1946 mit annähernd zonaler Strömung analysierten Palmén und Newton (1948) für den Meridian 80° West den in Abb. 3.211 gezeigten Querschnitt. Die Ausbuchtung der 35-m/sec-Isotache deutet das Vorhandensein eines schwachen subtropischen Strahlstromes an. Manche Querschnittanalysen, besonders solche in einem Gebiet der Difluenz zwischen polarem und subtropischem Strahlstrom, zeigen letzteren unter Umständen ebenso stark ausgeprägt wie ersteren (Defant, Taba 1958a, Hubert 1953). Aus Abb. 3.211 ist deutlich ersichtlich, daß das Windmaximum in der Troposphäre auf der warmen Seite der Frontalzone liegt, in der Stratosphäre dagegen auf der kalten Seite, und zwar ungefähr in dem Gebiet, in welchem die Frontalzone das 500-mb-Niveau schneidet.

Abb. 4.121.7 zeigt die Isothermen der potentiellen Temperatur und die absolute Vorticity in Einheiten 10^{-5} sec^{-1} der in Abb. 3.211 dargestellten Frontalzone. Das Strahlstrommaximum liegt bei etwa 46° N und 270 mb. Eine Diskontinuität in der horizontalen Windscherung wurde nur an den beiden Begrenzungsflächen der Frontalzone angenommen, während in der Strahlstromachse zwar ein starker Vorticitygradient, jedoch keine ausgesprochene Diskontinuität gezeichnet wurde. Dies ist für einen *mittleren* Querschnitt wohl zu rechtfertigen. Nach der Meßgenauigkeit bei Forschungsflügen scheint bei einem Analysenmaßstab >30 Meilen (45 km) eine Diskontinuität vorhanden zu sein (Endlich, McLean 1957). Neuere Messungen bei einem Analysenmaßstab von etwa 15 Meilen (23 km) zeigten dagegen in einem ausgeprägten Strahlstrom ein gerundetes horizontales Windprofil mit maximaler zyklonaler Scherung ($1{,}17 \cdot 10^{-4}$ sec^{-1}) etwa 180 km von der Strahlstromachse entfernt auf deren linker Seite. Maximale antizyklonale Scherung ($0{,}94 \cdot 10^{-4}$ sec^{-1}) wurde in ungefähr derselben Entfernung rechts von der Jet-Achse gemessen (Saucier 1958a). Rundungen des Profils wären bereits der Mesostruktur des Strahlstromes zuzuschreiben. Für die Makrostruktur ist diese Frage belanglos.

Bemerkenswert in Abb. 4.121.7 ist das Gebiet mit $Q = 0$, das sich auf der antizyklonalen Seite des Strahlstromes zwischen 230 und 360 mb erstreckt.

Man kann annehmen, daß in Einzelfällen dieses Gebiet wesentlich größer ist. In der Frontalzone selbst sind wegen der großen, horizontalen Windscherungen positive Werte der Vorticity zu finden. Auch die vertikale Windscherung ist in der Frontalzone diskontinuierlich (REED 1957b, vgl. Abb. 3.211).

4.23. Mittlere vertikale Struktur des Strahlstromes

4.231. Der „mittlere“ Strahlstrom

Während in den Kap. 4.21 und 4.22 einerseits die globale Struktur der Strahlströme, andererseits ihr Zusammenhang mit den tropo- und stratosphärischen Frontalzonen aufgezeigt wurde, sollen hier statistische Werte über den vertikalen Aufbau des Strömungsfeldes gefunden werden, die sich vor allem leicht auf flugtechnische Probleme anwenden lassen (ENDLICH, SOLOT, THUR 1955, REITER 1957c, 1958c).

Aus Radiopilotbeobachtungen über den Vereinigten Staaten zwischen 1. November 1952 und 31. März 1953 wurden 261 Windprofile mit Spitzengeschwindigkeiten > 80 Knoten einer Häufigkeitsanalyse unterzogen. Abb. 4.231.1 zeigt die prozentuelle Häufigkeit des Auftretens von Strahlstrommaxima in bestimmten Druckniveaus. Am häufigsten war der Strahlstrom etwas unterhalb 200 mb zu finden (bei etwa 37000 Fuß = 11,3 km). Die Variationsbreite des Kollektivs von 345 mb bis 120 mb (27000 bis 50000 Fuß = 8,2 bis 15,2 km) ist beträchtlich und wohl auf die Einbeziehung polarer und subtropischer Jet Streams zurückzuführen, wobei letztere wohl am häufigsten waren. Zwischen Höhe und Windgeschwindigkeit des Strahlstrommaximums konnte keine Korrelation gefunden werden.

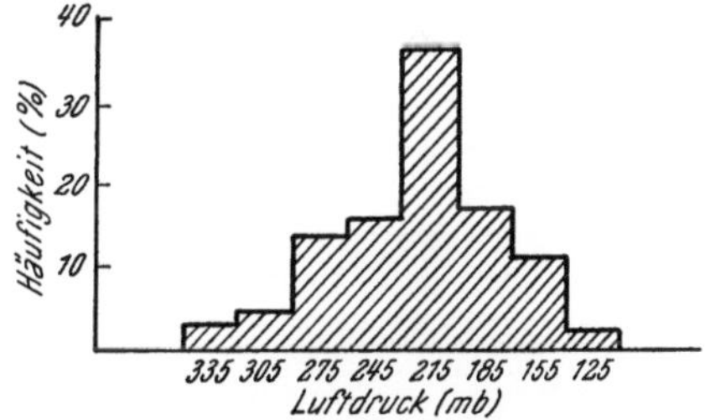

Abb. 4.231.1. Prozentuelle Häufigkeitsverteilung des Luftdrucks im Niveau maximalen Windes. (ENDLICH et al. 1955)

Daß in den mittleren vertikalen Windprofilen die vertikale Windscherung in unmittelbarer Nähe des Windmaximums am größten zu sein scheint, wird auf Interpolationsfehler zurückgeführt. Der Effekt könnte jedoch auch reelle Ursachen haben. Da vermutlich in dem verwendeten Kollektiv die subtropischen Strahlströme überwiegen und in ihrem Bereich die barokline Zone auf die obere Troposphäre und untere Stratosphäre beschränkt bleibt, ist in unmittelbarer Nachbarschaft des Windmaximums auch mit den größten vertikalen Scherungen zu rechnen. ENDLICH et al. geben folgende Formel als die beste Näherung für die beobachteten Windprofile:

$$V_p = V_0 \cdot e^{-k\,(p - p^*)/100}. \qquad 4.231\ (1)$$

V_p ist die Windgeschwindigkeit im Druckniveau p, V_0 die Spitzengeschwindigkeit und p^* der Druck im Windgeschwindigkeitsmaximum. Unterhalb des Strahlstrommaximums hat k den Wert $+0{,}33 \pm 0{,}15$; die Formel besitzt den Gültigkeitsbereich $(p - p^*) \leq 260$ mb. Oberhalb des Maximums ist $k = -0{,}56$ und die Formel gilt im Bereich $(p^* - p) \leq 100$ mb.

Durch diese Gleichungen wird die Spitzengeschwindigkeit um etwa 10% vermindert. Man erhält also Profile, wie sie aus der Analyse der Schicht maximalen Windes zu erwarten sind. Mittelwerte der SMW-Analysen über ein Gebiet von 1000 km Länge und 250 km Breite mit seinem Mittelpunkt im Jet Maximum ergeben das in Abb. 4.231.3 durch eine volle Kurve angedeutete Profil. Man erhält also bei einer Mittelung ohne Rücksicht auf die Windgeschwindigkeit, jedoch im

Bereich eines Strahlstrommaximums, in erster Annäherung nahezu konstante vertikale Windgradienten mit einer Diskontinuität im Niveau maximalen Windes. Dabei ist die Scherung oberhalb dieses Niveaus etwas größer als unterhalb, so daß der geometrische Mittelpunkt der SMW — deren mittlere Dicke 4,2 km beträgt — etwa 200 m unter das Niveau maximalen Windes zu liegen kommt. Für Flugroutenplanungen wird man in den meisten Fällen mit der Annahme eines konstanten vertikalen Geschwindigkeitsgradienten ober- und unterhalb des Niveaus maximalen Windes das Auslangen finden, solange man sich nicht zu weit von diesem Niveau entfernt und man sich innerhalb der SMW befindet.

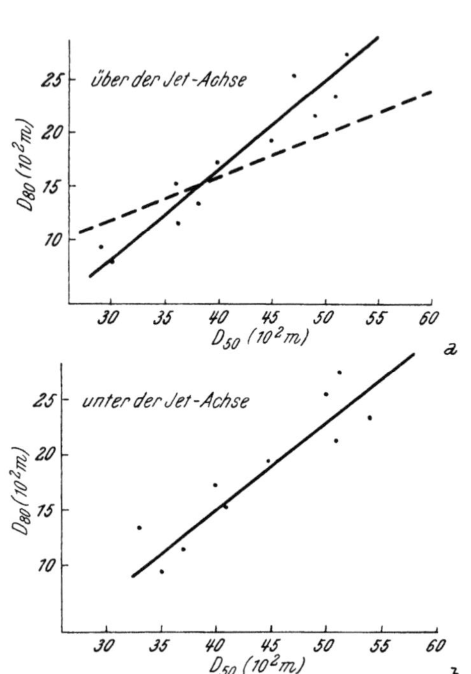

Abb. 4.231.2. Mittlere Korrelation der Dicken D_{50} und D_{80}, in denen die Windgeschwindigkeit auf 50 bzw. 80% des Spitzenwertes fällt, a) oberhalb, b) unterhalb des Niveaus maximalen Windes. Die strichlierte Kurve in Abb. *a* gibt die Korrelation an, welche bei linearen vertikalen Windprofilen gelten müßte

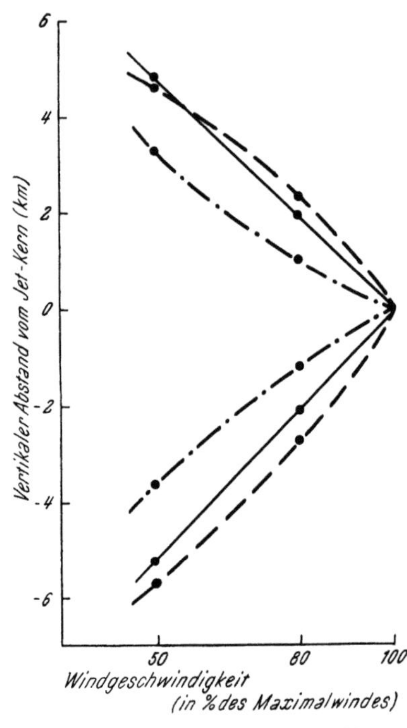

Abb. 4.231.3. Schematische Windprofile, aus der Regression der Abb. 4.231.2 gewonnen. Es wurde dabei berücksichtigt, daß im Mittel 45% der Dicke der SMW oberhalb, und 55% unterhalb der Strahlstromachse liegen. Strichpunktiert: Dicke der SMW 2200 m; strichliert: Dicke = 5000 m; die volle Linie entspricht einem linearen Profil

Für Extrapolationen der Geschwindigkeitsverteilung außerhalb der SMW kann die Größe $\partial^2 V/\partial z^2 \neq 0$ bereits eine Rolle spielen. Es wurde daher die Dicke der Schicht ober- und unterhalb des Niveaus maximalen Windes berechnet, in welcher die Geschwindigkeit auf 80 bzw. 50% des Spitzenwertes fällt. Diese Dicken sind mit D_{80} bzw. D_{50} bezeichnet und in Abb. 4.231.2 mitsammen korreliert. Es besteht zwischen den beiden Größen im Mittel ein annähernd linearer Zusammenhang der Form

$$D_{50} = 19{,}6 + 1{,}36 \cdot D_{80} \text{ unterhalb}$$
$$D_{50} = 20{,}7 + 1{,}17 \cdot D_{80} \text{ oberhalb} \qquad 4.231\ (2)$$
des Niveaus maximalen Windes,

wobei ein beobachtetes Windprofil mit etwa 85% Wahrscheinlichkeit bis auf

1 km dem berechneten Wert von D_{50} entspricht. In erster Annäherung kann für die Scherung ober- und unterhalb des Niveaus maximalen Windes ein Mittelwert aus den beiden obigen Gleichungen genommen werden, da die Konstanten einander sehr ähnlich sind. In zwei Dritteln aller untersuchten Fälle war die vertikale Windscherung oberhalb des Strahlstromniveaus größer als unterhalb.

In Abb. 4.231.2a ist strichliert die Regression für konstante Scherung eingetragen, wenn $D_{50} = 2{,}5\ D_{80}$ wäre. Daß sich diese auf einem Mittelwert basierende Regressionslinie mit der tatsächlich beobachteten Regression schneidet, zeigt, daß nur bei einer Schichtdicke D_{80} von 1500 m oberhalb des Strahlstromniveaus ein lineares Windprofil zu erwarten ist. Bei geringerer Dicke D_{80} wölbt sich das Profil konkav, bei größerer Schichtdicke konvex. Dies ist in Abb. 4.231.3 für *Gesamtdicken* der SMW von 2200 und 5000 m gezeigt (strichpunktierte bzw. strichlierte Linien). In dieser Abbildung wurde bereits berücksichtigt, daß im Mittel 45% der Dicke der SMW oberhalb und 55% unterhalb des Strahlstromniveaus liegen.

Um eine Verteilung der „konkaven" und „konvexen" Windprofile auf Einzugs- und Deltagebiet einer Frontalzone zu studieren, reichte das untersuchte Kollektiv nicht aus. Manche Untersuchungen erwecken den Anschein, als seien die geringen Schichtdicken und die „konkaven" Windprofile für das Einzugsgebiet des Strahlstrommaximums charakteristisch, wo starke Beschleunigungen stattfinden (U. S. Bur. Aeron. 1953), während die konvexen, stumpfen Profile eher im Frontalzonendelta angetroffen werden. Dies würde auch im Einklang mit den in Abb. 3.246.5 gezeigten Analysen der Dicke der SMW stehen.

Im unmittelbaren Bereich einer Frontalzone zeigt die Dicke der SMW — also die Schicht, in welcher der Wind bis auf 80% seiner Spitzengeschwindigkeit sinkt — jedoch den entgegengesetzten Verlauf in der Verteilung von „konkaven" und „konvexen" Windprofilen. Dies hat seine Ursache darin, daß im Einzugsgebiet in der gut entwickelten tropo- und stratosphärischen Frontalzone die vertikale Windscherung am größten ist. Da in diesem Gebiet jedoch die barokline Zone unmittelbar unterhalb der Strahlstromachse relativ schwächer ausgebildet ist, sind die vertikalen Windprofile innerhalb der SMW stumpf. Im Deltagebiet des Strahlstrommaximums dagegen, wo nur die hochtroposphärische, barokline Zone deutlich vorhanden ist, sind die Scherungen in unmittelbarer Nähe der Jet-Achse am stärksten (vgl. Serebreny et al. 1960). Einer Studie von Taba (1959) ist zu entnehmen, daß sich im Winter konvexe vertikale Windprofile auf der antizyklonalen Seite des Subtropenjet im Mittel bei einer Entfernung >200 km von der Strahlstromachse einstellen. Auf der zyklonalen Seite dagegen beträgt die mittlere Mindestentfernung für konvexe Profile etwa 600 km. Im PFJ treten auch in größerem Abstand von der Jet-Achse im Mittel noch konkave Profile auf.

4.232. Die Struktur des Strahlstromkernes

Während der Wintermonate 1953/54 und 1954/55 wurden von Florida aus mit Flugzeugen des Typs B-29 und B-47 regelmäßig Erkundungsflüge durch Strahlstrommaxima — hauptsächlich im STJ — unternommen. 1956 bis 1958 wurden in einer zweiten Phase des Projektes mit einem Flugzeug des verbesserten Typs B-47E vom Wright-Patterson-Flugstützpunkt in der Nähe von Dayton, Ohio, Erkundungsflüge in den PFJ durchgeführt (Saucier 1958c, Endlich und Rados 1959). Die Ergebnisse dieser Flüge stellen die detailliertesten Messungen dar, die bisher vom Aufbau des Strahlstromkernes — das ist das Gebiet in unmittelbarer Nähe der Strahlstromachse — gewonnen werden konnten.

In Abb. 4.232.1 ist ein Schnitt durch die Atmosphäre vom 4. April 1957 auf der

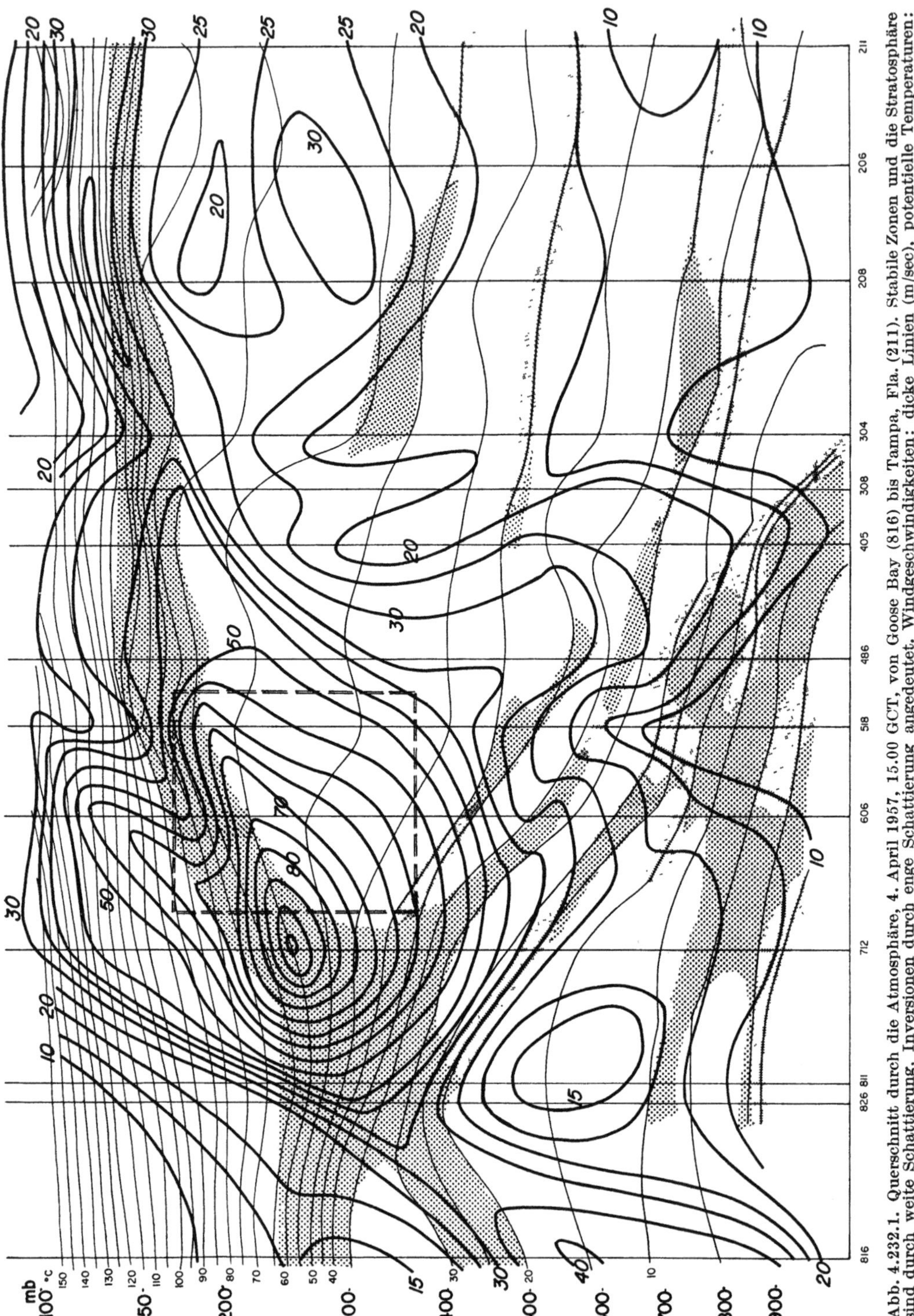

Abb. 4.232.1. Querschnitt durch die Atmosphäre, 4. April 1957, 15.00 GCT, von Goose Bay (816) bis Tampa, Fla. (211). Stabile Zonen und die Stratosphäre sind durch weite Schattierung, Inversionen durch enge Schattierung angedeutet. Windgeschwindigkeiten: dicke Linien (m/sec), potentielle Temperaturen: dünne Linien (° C)

Rückseite eines Höhentroges reproduziert. Die Höhenwetterlage und die Lage des Querschnittes bzw. des Fluges Nr. 29 ist in Abb. 4.232.2 wiedergegeben. Die schattierten Flächen in Abb. 1 zeigen stabile Schichten an. Im vorliegenden Falle

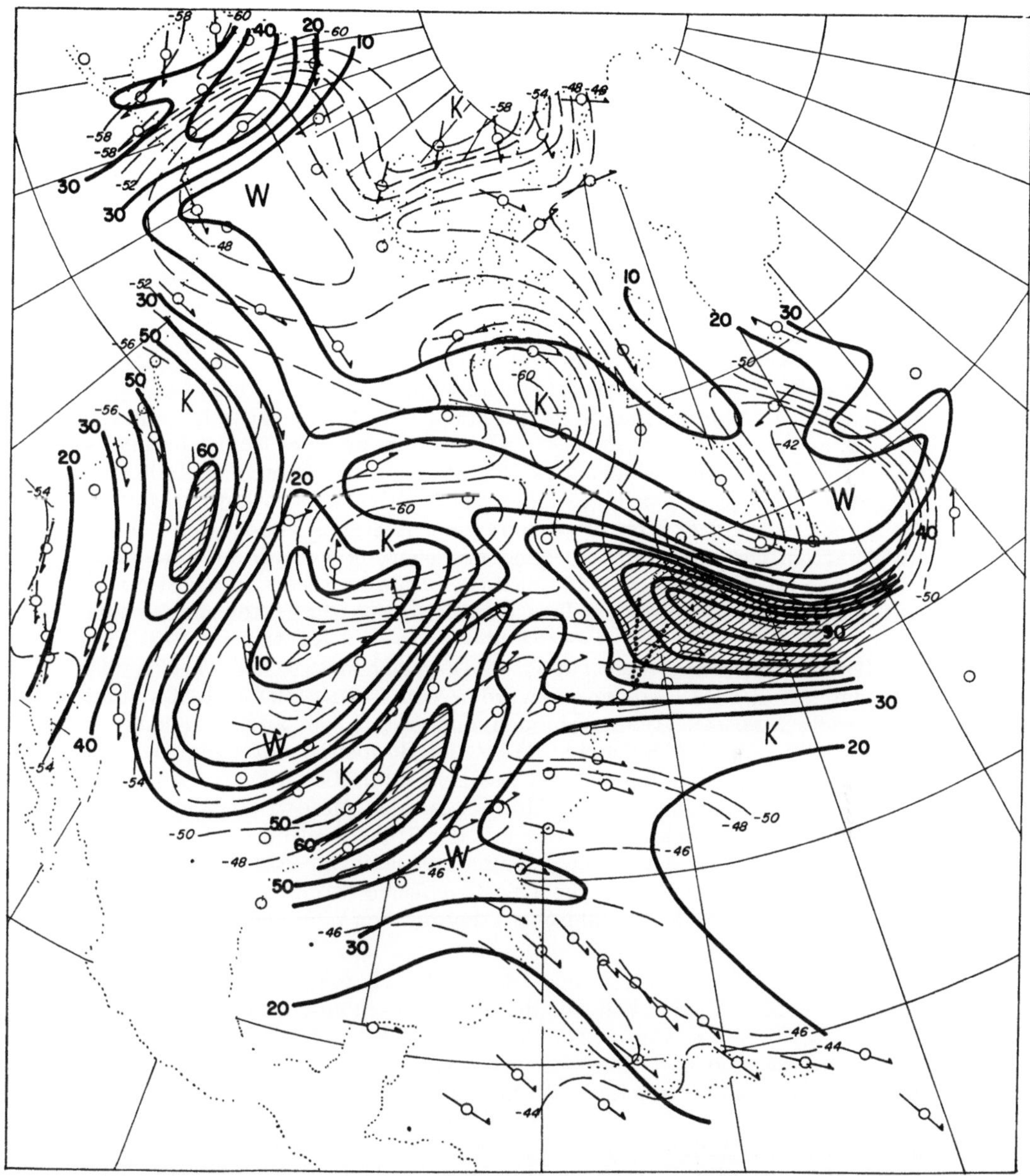

Abb. 4.232.2. 250-mb-Karte, 4. April 1957, 15.00 GCT. Dicke Linien: Isotachen (m/sec), dünn strichliert: Isothermen (° C). Windrichtungen sind durch Pfeile angegeben. Die Route des Fluges Nr. 29 ist punktiert eingetragen. *K* = kalt, *W* = warm

wurde ein Strahlstrom untersucht, der über einer die ganze Troposphäre durchmessenden, stabilen, baroklinen Zone lag. Die Isentropen (dünne Linien) lassen deutlich den Frontalzonencharakter dieser stabilen Schicht erkennen. Das strichlierte Rechteck zeigt die Position der in den folgenden Abschnitten wiedergegebenen Detailausschnitte an, die auf Grund der Messungen des Project-Jet-Stream-Fluges Nr. 29 gewonnen wurden. Wind- und Temperaturmessungen standen alle 30 Sekunden zur Verfügung, was bei einer Fluggeschwindigkeit von nahezu 830 km/h einer Distanz der einzelnen Meßpunkte von annähernd 7,6 km entspricht (Brundidge und Goldman 1958). Da etwa drei aufeinanderfolgende Meßpunkte notwendig sind, um einen Trend in den Wind- und Temperaturmessungen von irregulären Schwankungen unterscheiden zu können, beträgt die Auflösegenauigkeit der vorliegenden Messungen etwa 23 km, sie liegt also nach der eingangs des Kap. 4 aufgestellten Struktureinteilung noch eindeutig im Mesobereich. Darauf soll jedoch im folgenden Kapitel noch näher eingegangen werden. Hier möge es genügen, einige Charakteristika des Strahlstromkernes festzustellen.

Aus einem Vergleich des Verlaufes der Isothermen der potentiellen Temperatur (Abb. 4.232.3) mit den Isotachen der tatsächlich gemessenen Windgeschwindigkeit (Abb. 4.232.4, volle Linien) läßt sich die Gültigkeit der thermischen Windgleichung leicht überprüfen. An Hand von Messungen Endlichs und McLeans (1957) wurde bereits festgestellt, daß die tatsächlich beobachteten Windscherungen nicht mit den aus der thermischen Windgleichung berechneten übereinstimmen. Während z. B. aus einem dort analysierten Querschnitt an einer Stelle ein durchschnittlicher vertikaler Windgeschwindigkeitsgradient von 6 Knoten auf 1000 Fuß Höhenunterschied gemessen wurde, ließ der gleichzeitig beobachtete horizontale Temperaturgradient von 1,0° C pro Breitengrad eine Scherung von 2,4 Knoten pro 1000 Fuß erwarten. Die tatsächlich vorhandene Scherung war auf der antizyklonalen Seite des Strahlstromes *mehr als doppelt so groß* als der theoretisch bestimmte Wert. Auf der zyklonalen Seite desselben Strahlstromes wurde stellenweise eine Scherung von $-1{,}5$ Knoten/1000 ft beobachtet und $+4{,}8$ Knoten pro 1000 Fuß berechnet. Hier stimmen also nicht einmal die Vorzeichen zwischen Theorie und Praxis überein. Ähnliche Diskrepanzen wurden von Cunningham (1956a) und Brundidge und Goldman (1958) gefunden und lassen sich auch durch einen Vergleich der Abb. 3 und 4 erkennen. Trotz der doppelten Glättung, der die Messungen von Windgeschwindigkeit und Temperatur in diesen beiden Analysen unterworfen und durch welche sowohl Mikro- als auch Mesostruktur eliminiert wurden, ist die Geschwindigkeits*abnahme* mit der Höhe, welche im Isentropenverlauf bei 36000 Fuß in Abb. 3 angedeutet erscheint, in Abb. 4 keineswegs anzutreffen. Es müssen hier also starke ageostrophische Strömungskomponenten wirksam sein, welche in der (geostrophischen) thermischen Windgleichung 3.212 (2) nicht zum Ausdruck kommen.

Im linken oberen Teil der Abb. 3 und 4 ist eine stark barokline Zone mit rascher Abnahme der Windgeschwindigkeit mit der Höhe zu erkennen, die stratosphärische „Jet-Stream-Front" mit negativer Baroklinität. Im unteren Teil der Abbildungen ist ebenfalls eine barokline Zone vorhanden, die bis unter das Windgeschwindigkeitsmaximum hineinreicht und offensichtlich die „Jet-Stream-Front" nach einer Terminologie von Endlich und McLean (1957) darstellt (vgl. Reiter 1960d, e, 1961a, U. S. A. F. 1960). Diese Front verläuft annähernd isentrop, wie sich aus Abb. 1 erkennen läßt. Nach Abb. 4.232.5, welche die Verteilung der absoluten Vorticity Q zu dem in Abb. 3 und 4 gezeigten Querschnitt angibt, werden auf der zyklonalen Seite des Jet Stream beachtliche Werte positiver Vorticity gemessen. [Analysen von Brundidge (1958) weisen auf der zyklonalen Seite der Jet-Stream-Front sogar Werte bis zu $2{,}8 \cdot 10^{-4}$ sec^{-1} auf.] Auf der antizyklonalen Seite des Strahlstromes wird bei diesem und auch bei manchen anderen Flügen dynamische Labilität erreicht ($\left(\frac{\partial u}{\partial y}\right)_\Theta > f$), doch entspricht dies eher extremen als mittleren Wetterlagen (Saucier 1958b). Aus Untersuchungen von Reed und Danielsen (1959) geht hervor, daß auf der zyklonalen Seite dieser Jet-Stream-Front Absinkbewegungen aus der Strato-

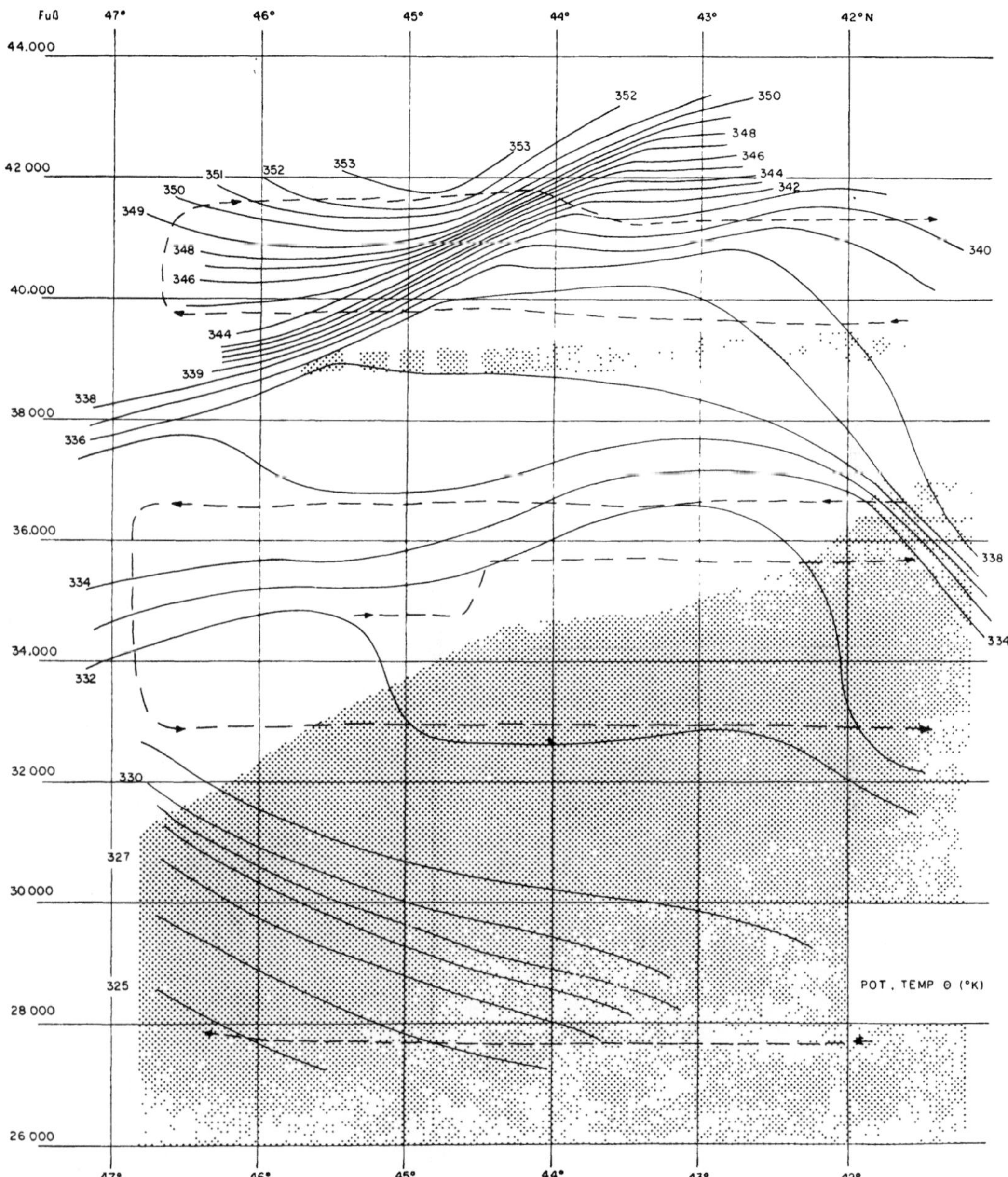

Abb. 4.232.3. Querschnitt durch den Strahlstromkern wie in Abb. 4, jedoch Isothermen der potentiellen Temperatur (° K). Die schattierten Gebiete deuten Bewölkung an

sphäre vorherrschen. Entsprechend ist hier mit relativ trockener und wolkenfreier Luft zu rechnen (McLean 1957), in der auch die Kondensstreifenbildung unterdrückt ist (Endlich und McLean 1957). Bei manchen Project-Jet-Stream-

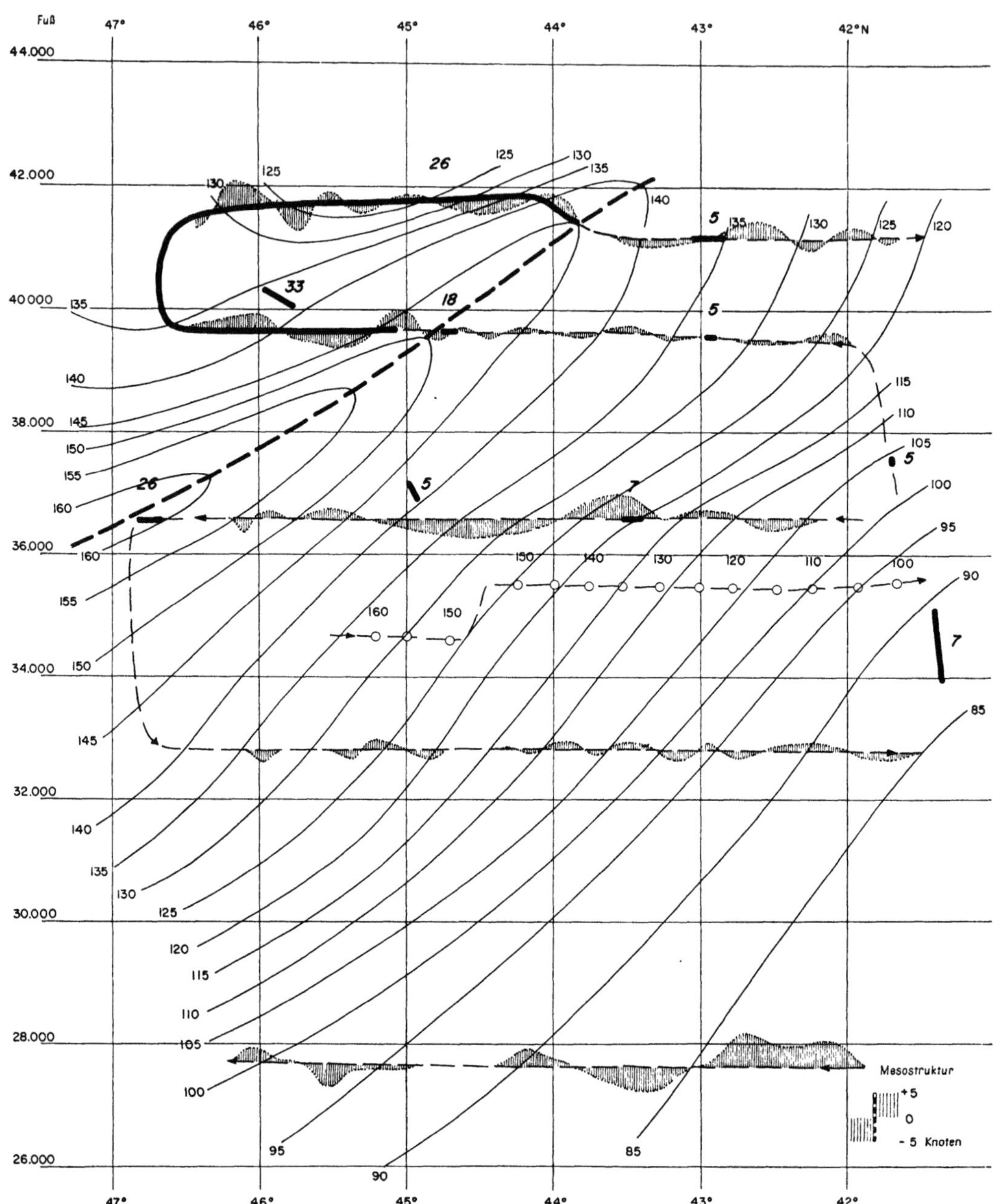

Abb. 4.232.4. Querschnitt der Windgeschwindigkeiten (Knoten) 4. April 1957, 15.37 GCT bis 22.11 GCT. Die vollen Linien sind Isotachen des doppelt geglätteten Windfeldes. Dicke Strichlierung zeigt die Position des Strahlstromkernes an. Die Mesostruktur des Windfeldes ist durch schraffierte Flächen wiedergegeben (die Amplituden in Knoten sind in bezug auf die Flugroute als Nullinie abzulesen). Die strichlierten Linien geben die Route des Fluges Nr. 29 an, dicke volle Linien die Position von Turbulenzzonen, die mit dem VGH-Instrument gemessen wurden. Die Zahlenwerte der maximalen Böengeschwindigkeiten (ft/sec) sind bei den einzelnen Turbulenzzonen eingetragen. Der Flugabschnitt bei 35000 Fuß verlief weiter östlich und wurde nicht zur Analyse herangezogen

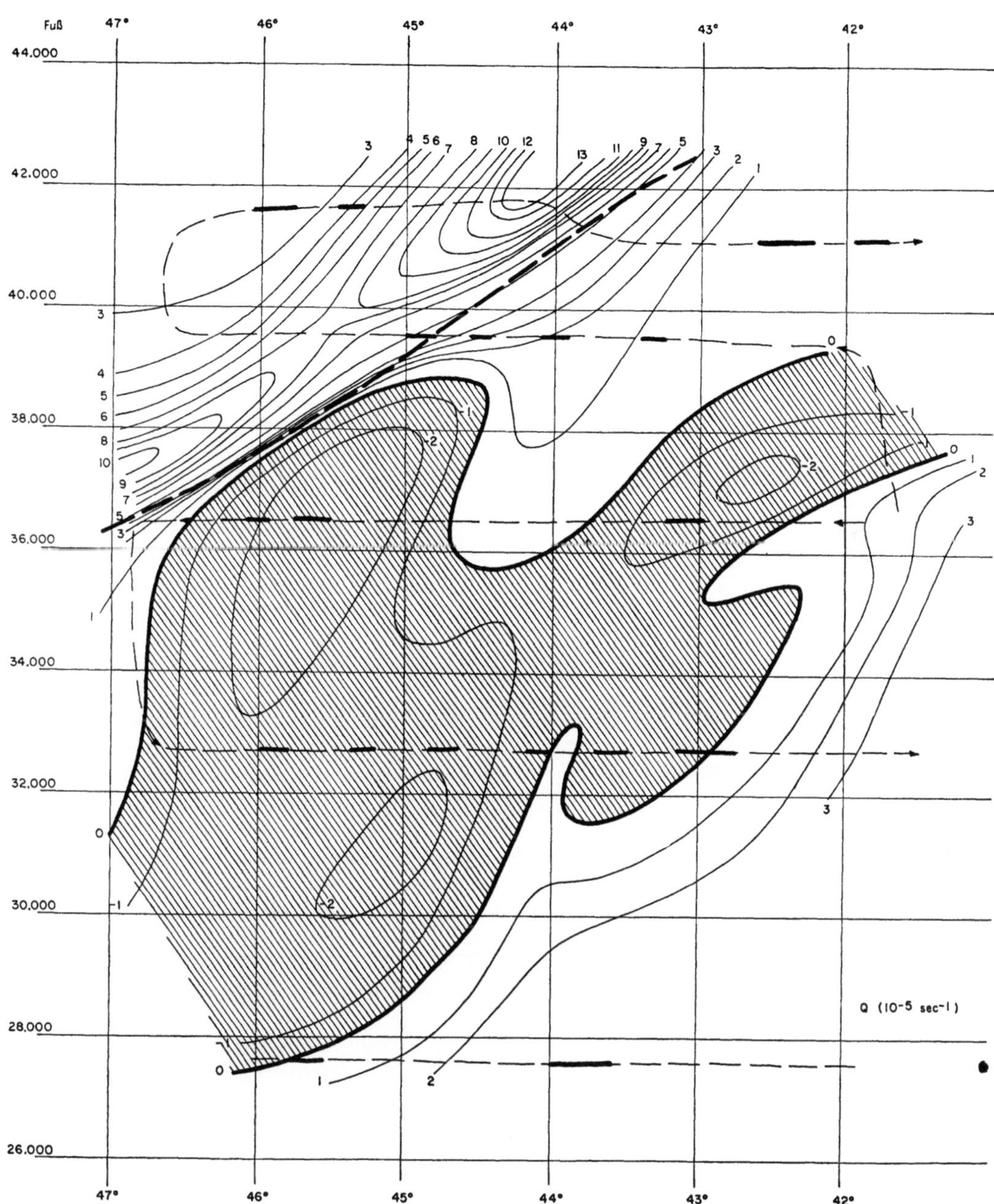

Abb. 4.232.5. Absolute Vorticity Q (in Einheiten 10^{-5} sec^{-1}), unter der Annahme berechnet, daß die Werte V/r, die man aus der 250-mb-Karte der Abb. 2 erhält, über die ganze vertikale Erstreckung des Querschnittes gültig sind. Schraffiert: Gebiete mit negativer absoluter Vorticity; dicke Linien entlang der Flugroute: Zonen, in denen die Mesostruktur des Windfeldes eine absolute Vorticity hervorruft, deren Vorzeichen entgegengesetzt dem der Vorticity des geglätteten (analysierten) Feldes ist. Die Jet-Achse wurde aus Abb. 4 übernommen

Flügen konnte im Strahlstrommaximum die Abwärtsbewegung auch direkt aus dem Verhalten des Flugzeuges festgestellt werden (Endlich und Rados 1959, Kuettner und McLean 1958, Reiter 1961e).

Die Wirkung von Vertikalgeschwindigkeiten kann größenordnungsmäßig aus Registrierungen der Fluggeschwindigkeit („true airspeed") und des Neigungswinkels („pitch") entnommen werden. Bei aufgleitender Luftbewegung neigt sich das Flugzeug, im Bestreben, konstante Höhe zu halten, mit dem Bug nach abwärts (negativer „pitch"). Gleichzeitig erhöht sich die Fluggeschwindigkeit. Bei absinkender Luftbewegung trifft das Gegenteil zu. Nach Kuettner und McLean (1958) erzeugt eine Vertikalbewegung von etwa 0,1 bis 0,2 m/sec an einer Maschine des Typs B-47E eine entsprechende Fluggeschwindigkeitsänderung von etwa 1 Knoten.

Neuesten Untersuchungen zufolge muß im Gebiet des Strahlstromkernes und des Niveaus maximaler Winde mit kleinräumigen Vertikalbewegungen beiderlei Vorzeichens bis zu 2,5 m/sec gerechnet werden. Diese Zahl ist allerdings nur als grobe, größenordnungsmäßige Abschätzung anzusehen. Absinkbewegungen treten vorzugsweise im Bereich des „Isentropengrabens" (warme Zunge nördlich der Strahlstromachse im 250-mb-Niveau) auf, während besonders die antizyklonale Seite des „Isentropenbuckels" (kaltes Gebiet südlich der Strahlstromachse im 250-mb-Niveau) durch aufsteigende Luftbewegung gekennzeichnet ist (Reiter 1961e).

Die Luftmassen auf der antizyklonalen Seite der Jet-Stream-Front weisen einen anderen Ursprung auf, wie aus der Verteilung der potentiellen Vorticity zu ersehen ist, die nach Gl. 1.235 (4) als konservative Größe angesehen werden kann. Während auf der Tiefdruckseite der baroklinen Zone im linken oberen Teil der gezeigten Querschnitte die potentielle Vorticity Werte über $90 \cdot 10^{-9}\,g^{-1}\,cm \cdot sec \cdot Grad$ annimmt, herrschen auf der antizyklonalen Seite Werte der Größenordnung $1 \cdot 10^{-9}$, unter Umständen sogar mit negativem Vorzeichen. Hier ist ein Gebiet mit bevorzugter Aufgleitbewegung, wie auch aus der Bewölkungsverteilung in Abb. 3 ersichtlich ist. Dies deutet ebenfalls darauf hin, daß im Bereich des Strahlstromkernes Gebiete mit Vertikalbewegungen verschiedenen Vorzeichens dicht nebeneinander liegen. *Die Vorstellung eines großräumigen, vertikalen Zirkulationsrades muß dahingehend korrigiert werden, daß die Vertikalbewegungen in der Umgebung eines Jet Stream als Gleitvorgänge in verhältnismäßig dünnen Schichten auftreten.* Im Bereich einer Frontalzone ist wegen des Vorhandenseins eines Gradienten nichtadiabatischer Temperaturänderungen und einer Komponente von $\nabla \times \mathbf{F}$ normal zu den Isentropenflächen die Konstanz der potentiellen Vorticity für die einzelnen Luftteilchen im allgemeinen nicht gewahrt (Staley 1960). Vermutlich sind diese beiden Faktoren auch für das Zustandekommen der Gebiete negativer absoluter und potentieller Vorticity verantwortlich.

Bei manchen Forschungsflügen wurden *neben-* und *übereinander*liegende Windmaxima beobachtet. Diese mehrfache Struktur des Strahlstromes kann im Winter über dem Süden der USA, besonders nach dem Durchzug einer Kaltfront, häufig beobachtet werden (Reiter 1959b, 1960d, e, 1961a, e, Endlich, Harney et al. 1954, Brundidge 1956). Die einzelnen Windmaxima stehen in guter Übereinstimmung mit dem komplizierten thermischen Aufbau der Atmosphäre über diesen flachen Kaltluftausbrüchen. Diese Eigentümlichkeiten wurden bei mehreren Project-Jet-Stream-Flügen festgestellt, so daß Brundidge und Goldman (1958) sie in drei Strahlstrommodellen zusammenfaßten (Abb. 4.232.6). Die Windgeschwindigkeiten sind in diesen Abbildungen als mittlere Anomalien relativ zum Wert in der Strahlstromachse analysiert. Nur Modell I und II weisen einige grundlegende Unterschiede auf. Modell I ist einem mittleren Querschnitt sehr ähnlich, der von Endlich und McLean (1957) als „Norm" betrachtet wurde.

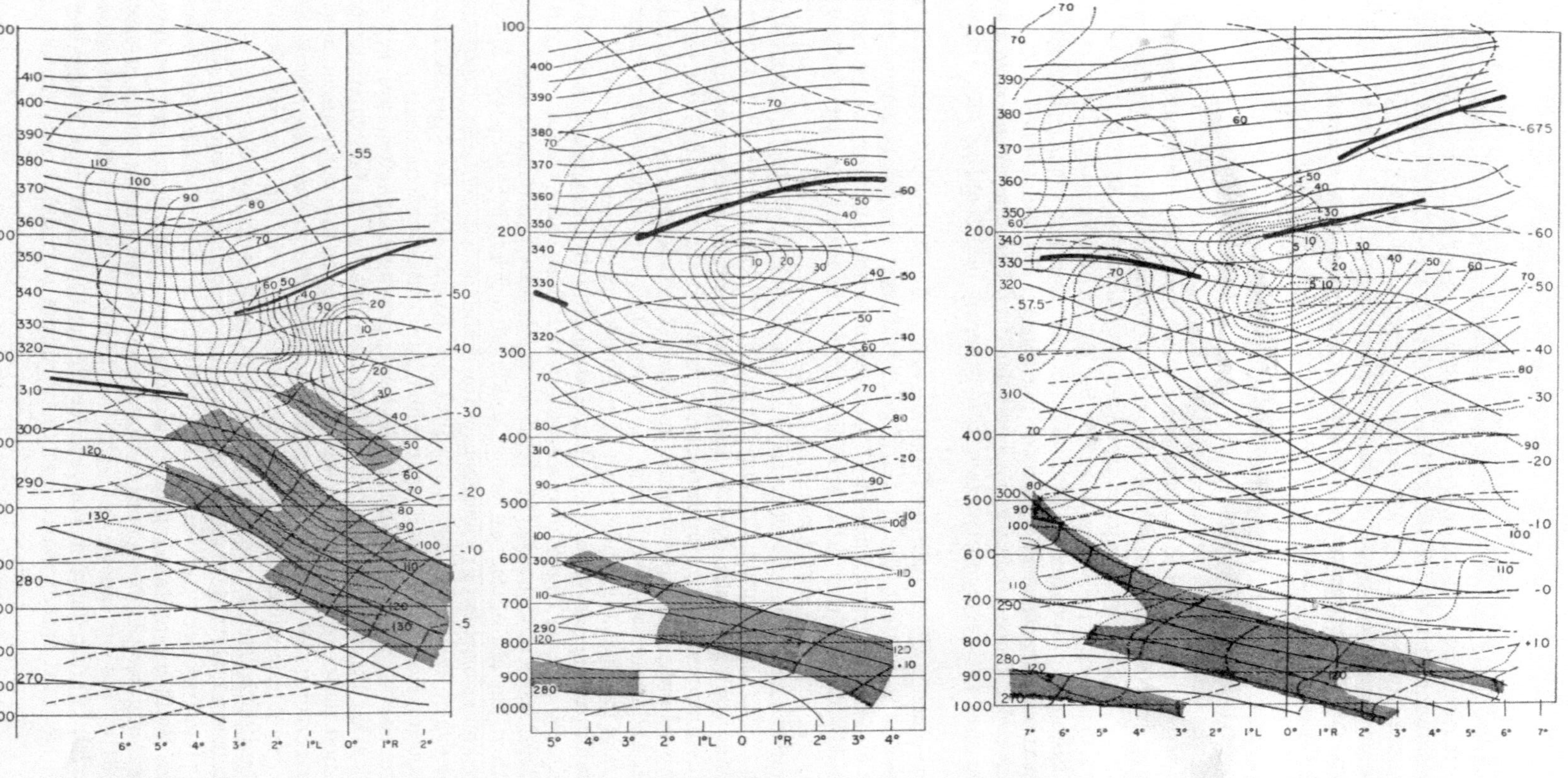

Abb. 4.232.6. Mittlere Jet-Stream-Modelle (s. Text). Geschwindigkeitsangaben als Anomalien (Knoten) zur Geschwindigkeit in der Strahlstromachse. (BRUNDIDGE und GOLDMAN 1958)

Das Wesentliche dieser Abbildung liegt im Vorhandensein einer ausgeprägten Frontalzone, der Polarfront, und einer relativ dünnen, stabilen Schicht unterhalb des Windmaximums, der ENDLICHschen „Jet-Stream-Front", die nicht mit der Polarfront zusammenhängt. Dies wurde bereits von VAN MIEGHEM (1939) in der Studie einer ausgeprägten Kaltfront festgestellt (vgl. auch REITER 1961a, d). Der Kern des Strahlstromes enthält außerdem deutliche Ausbuchtungen nach Norden, die auch ENDLICHS Modell aufzuweisen hat. Das Windgeschwindigkeitsmaximum liegt etwas oberhalb 300 mb.

Modell II entspricht dem Typ eines STJ, der bei etwa 250 mb seine größte Intensität besitzt. Eine nur schwach barokline, stabile Schicht in der unteren Troposphäre, die unter Umständen den Charakter einer Absinkinversion mit darübergelagerten trockenen Luftmassen besitzt, hat keine Verbindung mehr zum Jet Stream. Die horizontale Windscherung in der unteren Hälfte der Troposphäre ist nahezu Null. Erst im Bereich einer schwachen Baroklinität in der oberen Troposphäre, die in manchen Fällen so diffus ist, daß sie nicht mehr als „Jet-Stream-Front" bezeichnet werden kann, beginnt sich der Jet Stream zu formieren. Das Windmaximum besitzt seine stärkste horizontale Scherung auf der zyklonalen Seite. Auf der Südseite dagegen scheint der Strahlstromkern eine deutliche Ausbuchtung und geringere horizontale Scherung zu besitzen (REITER 1959b, 1961a).

Den verwaschenen Charakter der Frontalzonen und die schlecht ausgeprägte „Jet-Stream-Front" hat das Modell III (Abb. 6) mit dem Modell II gemeinsam. Dagegen hat die Strukturierung des Strahlstromkernes, besonders auf seiner Nordseite, große Ähnlichkeit mit dem Modell I. Bemerkenswert ist der doppelte Strahlstromkern. Aller Wahrscheinlichkeit nach dürfte es sich dabei um ein Übergangsstadium handeln (REITER, LANG et al. 1961). Abb. 4.232.7 zeigt die Isotachen in einem Querschnitt, der durch Flug Nr. 19 des „Project Jet Stream" am 16. Februar 1957 nahe der Spitze eines Troges über Ohio gewonnen wurde. Dieser Strahlstrom besitzt die doppelte Struktur des Modells III. Aus der eigentümlichen Anordnung der Flugstrecken (in Abb. 7 strichliert), ist es möglich, die zeitliche Änderung des Windfeldes in einem Teil dieses Querschnittes zu berechnen. [Die Zahlen am Ende jeder Flugstrecke geben die Zeit (GCT) an, da dieser Punkt erreicht wurde.] Die Ergebnisse sind in Abb. 4.232.8 als Geschwindigkeit (m/sec) der Südwärtsverlagerung der Isotachen von Abb. 7 mitgeteilt. Im Bereich des unteren Strahlstromkernes zeigt die Verlagerungsgeschwindigkeit deutlich ein Minimum, an seiner zyklonalen Flanke jedoch ein Maximum. Nach kinematischen Erwägungen wäre demnach zu schließen, daß die Isotachen niedriger Geschwindigkeit nördlich des Kernes den Kern selbst überholen. Der untere Kern unterliegt somit einer Auflösungstendenz.

Der obere Kern besitzt höhere Verlagerungsgeschwindigkeiten auf seiner antizyklonalen Flanke. Er müßte sich also nach kinematischen Gesichtspunkten vergrößern, und dabei wohl auch verstärken. Gleichzeitig mit einer allgemeinen Südwärtsverlagerung des gesamten Strahlstromsystems scheint sich somit der Kern hoher Windgeschwindigkeiten *diskontinuierlich* in ein höheres Niveau mit höheren potentiellen Temperaturen zu verlagern (vgl. Kap. 4.412).

BRUNDIDGE und GOLDMAN geben an, daß das Modell I an der Vorderseite eines Langwellentroges anzutreffen ist, also nach den in Kap. 4.221 festgestellten Tatsachen im Bereich einer ausgeprägten Frontalzone. [Eine dem Typ I entsprechende Anordnung des Strahlstromes und der Frontalzone konnte vom Verfasser (REITER 1961d) jedoch auch auf der Westseite eines Troges beobachtet werden.] Modell II trifft dagegen vorwiegend für die Rückseite eines Troges bzw. für einen Querschnitt durch einen Hochdruckrücken und durch die westlichen

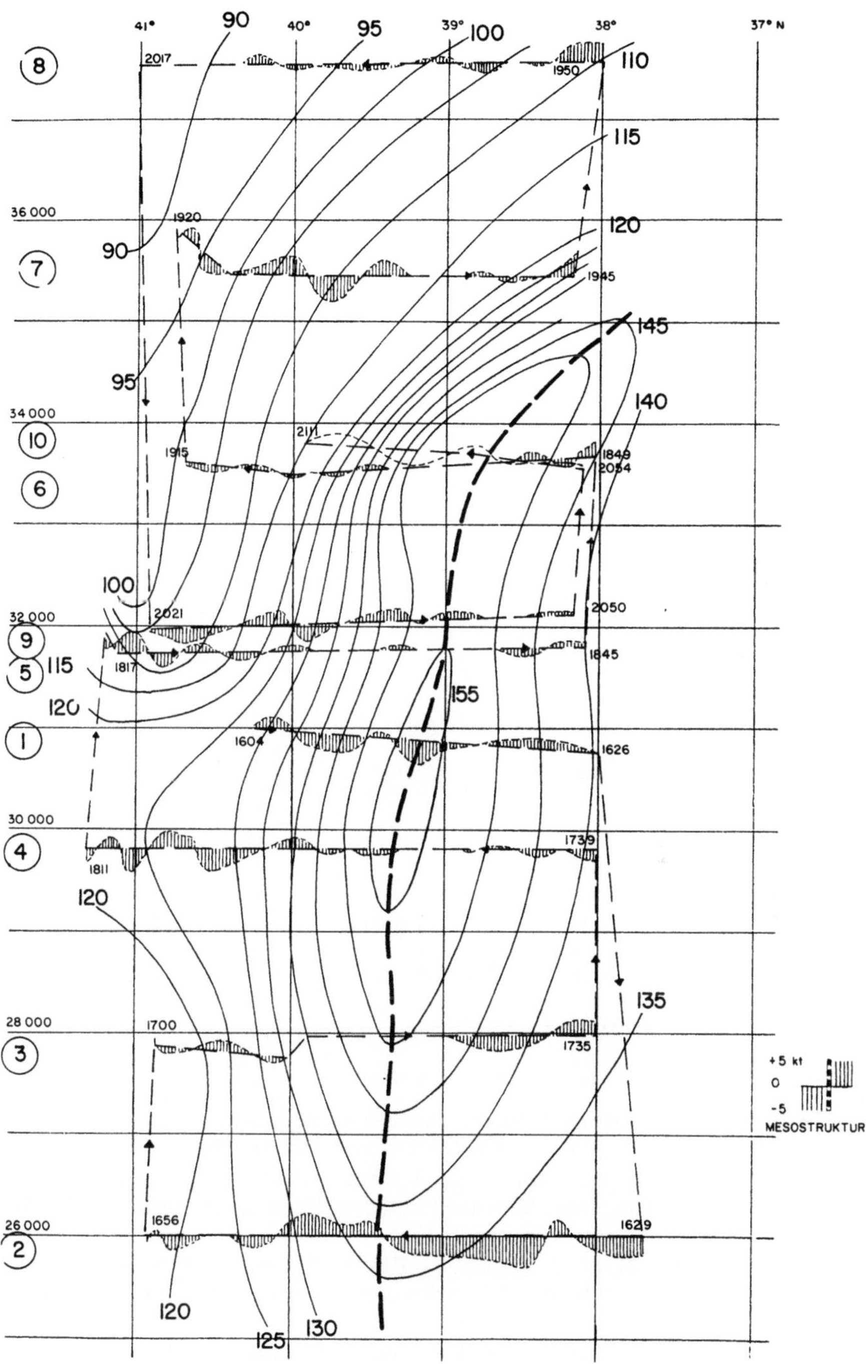

Abb. 4.232.7. „Project-Jet-Stream"-Flug Nr. 19, 16. Februar 1957. Dünne Linien: doppelt geglättete Isotachen (Knoten); dick strichliert: vertikale Strahlstromachse; dünn strichliert: Flugroute. Die Zahlen an den Enden der einzelnen Abschnitte geben die Zeit (GCT) an, da diese Punkte erreicht werden. Die Zahlen in den Kreisen am linken Rand der Abbildung zeigen die Nummer der Flugstrecke an. Ordinate: Höhe in Fuß. Schraffiert: Mesostruktur der Windgeschwindigkeit

Ausläufer einer Polarfront zu, die bereits unter dem Einfluß einer starken Absinkbewegung im Bereich eines (kalten) Zwischenhochs steht (REITER 1961a).

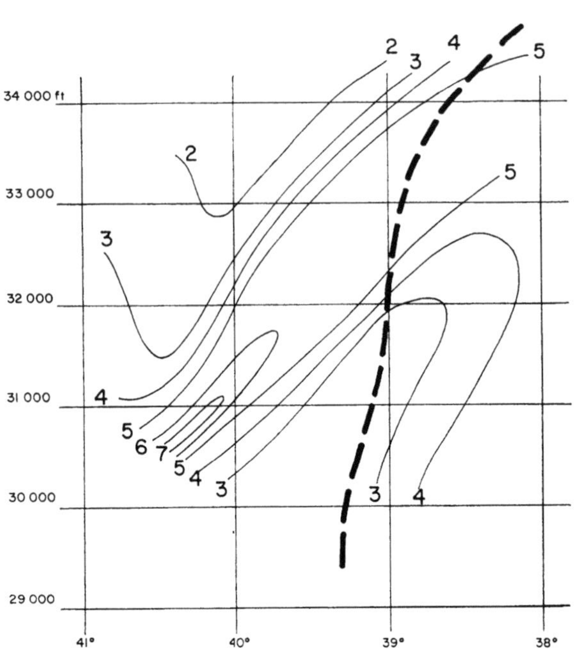

Abb. 4.232.8. Verlagerungsgeschwindigkeit nach Süden (m/sec) der Isotachen in Abb. 7. Dick strichliert: Strahlstromachse

ENDLICH und MCLEAN (1957) untersuchten an Hand von 65 Traversierungen des Jet Stream, die von Florida aus geflogen wurden, die mittlere Struktur des Strahlstromkernes. Wegen der geographischen Situation der Flugrouten können die folgenden Ergebnisse als hauptsächlich für den STJ geltend angesehen werden. Abb. 4.232.9 enthält mittlere Profile, nach verschiedenen Einteilungsgesichtspunkten gruppiert. Die an jedem Profil angeschriebenen Zahlen geben die Anzahl der in jeder Klasse enthaltenen Beobachtungen. Die Geschwindigkeit ist in Prozenten der Maximalgeschwindigkeit aufgetragen, wobei der horizontale Abstand der vertikalen Netzlinien jeweils 10% entspricht.

Einteilung der Klassen:

A .... mittleres Profil
B .... starke Strahlströme, $\geq$ 130 Knoten Maximalgeschwindigkeit
C .... Querschnitt mehr als 1000 Fuß (300 m) oberhalb der Strahlstromachse
D .... Querschnitt in der Strahlstromachse ($\pm$1000 Fuß, 300 m)
E .... Querschnitt 1000 bis 9000 Fuß (300 bis 2750 m) unterhalb der Strahlstromachse
F .... zyklonal gekrümmte Strömung
G .... gerade Strömung
H .... antizyklonal gekrümmte Strömung

Die mittleren Profile nach dieser Klasseneinteilung zeigen einige charakteristische Merkmale. Zunächst erscheint die von RIEHL, BERRY und MAYNARD (1954, 1955) gezeigte Diskontinuität in der horizontalen Scherung und damit auch in der Vorticity für einen Maßstab, der der Positionsbestimmung des Flugzeuges entspricht, bestätigt. Die prozentuelle Windscherung auf der antizyklonalen Seite des Strahlstromes ist für sämtliche Klassen nahezu dieselbe. Auf der zyklonalen Seite zeichnen sich stärkere Strahlströme durch überdurchschnittliche Scherung aus, ebenso die bei zyklonaler Krümmung gemessenen Profile und die Profile unterhalb der Strahlstromachse, da letztere die „Jet-Stream-Front" durchschneiden. Zu ähnlichen Ergebnissen gelangt auch SAUCIER (1958b) unter Einbeziehung von Flügen durch den PFJ. Nach diesen neueren Resultaten scheint die antizyklonale Scherung im Strahlstromniveau selbst bzw. etwas darüber (dem Profil *D* entsprechend) am stärksten zu sein.

Endlich und McLean (1957) geben auf Grund der oben erwähnten Beobachtungen folgende charakteristische Merkmale für den *voll ausgeprägten* PFJ und STJ der gemäßigten Breiten an:

1. Eine starke Abnahme der Tropopausenhöhe von mindestens 1 km auf 2 Breitengrade nördlich des Strahlstromes. [Der von Endlich gebrauchte Begriff „Diskontinuität“ scheint im Lichte der neueren Studien von Danielsen (1959; vgl. Kap. 3.249) irreführend, da die Tropopause an und für sich eine blättrige Struktur aufweist.]

2. Die Windgeschwindigkeit im Zentrum beträgt mehr als 100 Knoten und fällt auf der Südseite innerhalb von $2\frac{1}{2}$ Breitengraden, auf der Nordseite innerhalb von $1\frac{1}{2}$ Breitengraden auf 80% des Maximalwertes.

3. Eine mehr oder weniger ausgeprägte Schicht thermischer Stabilität neigt sich unterhalb des Strahlstromkernes nach Süden. Isentropen und Isotachen

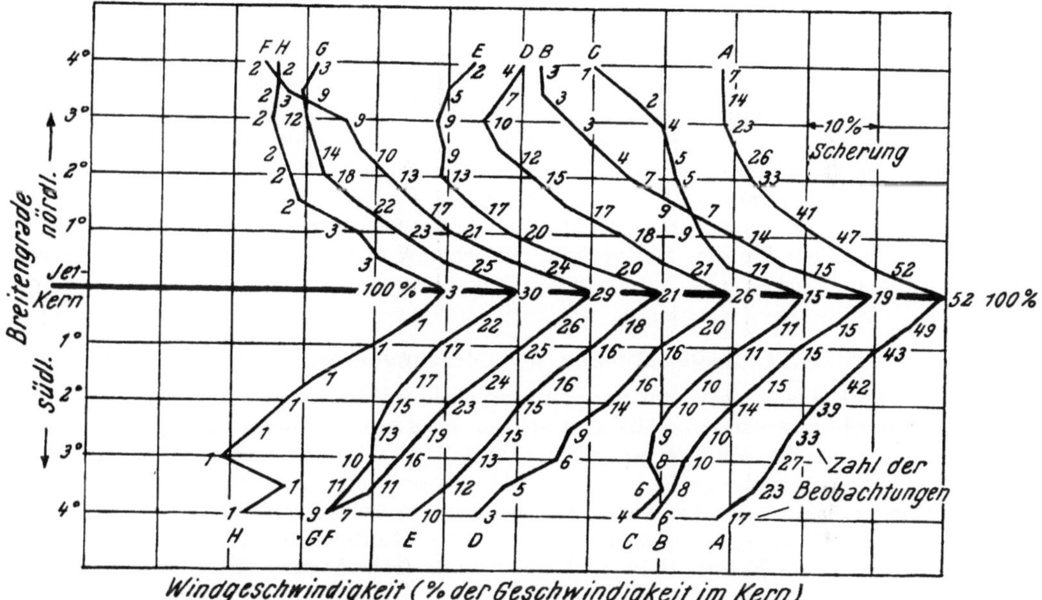

Abb. 4.232.9. Horizontale Windprofile [in Prozent der Maximalgeschwindigkeit für verschiedene Klassen (s. Text)]. (Nach Endlich et al. 1957)

zeigen eine Tendenz, innerhalb dieser Schicht parallel zu deren Grenzfläche zu verlaufen. Horizontale Temperaturgradienten und horizontale sowie vertikale Windgeschwindigkeitsgradienten sind innerhalb dieser „Jet-Stream-Front“ konzentriert.

Speziell für den PFJ gilt:

4. Die Lage der Polarfront unterhalb des Strahlstromes der gemäßigten Breiten ist in bezug auf die Strahlstromachse stark variabel, doch ist im allgemeinen die Bedingung gut erfüllt, daß der Schnitt der Frontalzone mit der 500-mb-Fläche ungefähr unterhalb des Strahlstromkernes zu liegen kommt.

Wie bereits erwähnt, wurden bei manchen Flügen etliche Geschwindigkeitsmaxima mit nach Süden ansteigender Position festgestellt. Einige von diesen Maxima waren auch mit schwachen Änderungen in der Tropopausenhöhe verbunden. Diese Maxima aus der Mesostruktur eines einheitlichen Strahlstromes herauszuschälen ist jedoch nur dann sinnvoll, wenn für jedes dieser Maxima die oben angeführten Kriterien erfüllt sind (Endlich und Harney 1954).

Manche Strahlströme sind schwächer, als in Punkt 2 gefordert wird, und weisen doch eine deutliche horizontale und vertikale Windscherung auf. Die Auslegung obiger Punkte muß daher etwas liberal gehandhabt werden. McLean et al. (1955) konnten z. B. während eines Forschungsfluges in der bereits erwähnten Serie von Flügen des „Project Jet Stream" über Florida in etwa 35000 Fuß Höhe einen kleinen Kaltluftwirbel feststellen, durch den eine deutlich ausgeprägte Scherungslinie des Höhenwindfeldes lief. An der Westseite dieser Scherung floß ein „Miniaturstrahlstrom" mit ungefähr 80 Knoten Spitzengeschwindigkeit. Auch die Tropopause zeigte eine Einsenkung. Der Wirbel hatte jedoch so kleine Ausmaße, daß er den Radiopilotbeobachtungen vermutlich entgangen wäre.

4.3. Die Feinstruktur der Strahlströme

Einleitend zu Kap. 4 wurde eine willkürliche Einteilung der Struktur der Strahlströme nach Makro-, Meso- und Mikrobereich getroffen. In den vorangehenden Abschnitten wurde hauptsächlich auf die Makrostruktur Bezug genommen. Nicht minder bedeutend sind jedoch die kleinräumigen und kurzzeitigen Schwankungen der Windgeschwindigkeit und -richtung. Einerseits bewirken sie nämlich die Austausch- und Mischungsvorgänge sowie den Impuls- und Wärmetransport in vertikaler und horizontaler Richtung, andererseits sind sie vor allem für den Luftverkehr mit schnell fliegenden Düsenmaschinen von Interesse, wirken sie sich doch in der Böigkeit und in der Clear-Air Turbulence aus.

4.31. Beobachtungen und Messungen der Feinstruktur

Die Frage, in welchem Frequenzbereich die Windschwankungen in der freien Atmosphäre auftreten, läßt sich schwer beantworten, denn die Meßtechnik ist noch nicht so weit fortgeschritten, als daß die Höhenwindänderung über jedes beliebig kleine oder große Zeitintervall lückenlos und genau erfaßt werden könnte. „Power-Spektrum"-Analysen, wie sie von Panofsky und seinen Mitarbeitern für Windmessungen aus den bodennahen Luftschichten angestellt wurden (Literatur bei Flohn 1959a), liegen für die freie Atmosphäre in derart weiten Frequenzbereichen bisher nicht vor. Die Varianz σ^2 der Windgeschwindigkeit (welche aus den quadratischen Abweichungen vom Mittelwert berechnet wird und der kinetischen Energie der Geschwindigkeitsschwankungen proportional ist) zeigt in Bodennähe zwei Maxima: eines bei einer „Wellenlänge" von etwa 100 Stunden (4 Tagen), also im makrometeorologischen Bereich, und ein zweites bei annähernd einer Minute, also im mikrometeorologischen Bereich. Ein sekundäres Maximum bei etwa 12 Stunden ist statistisch nicht einwandfrei gesichert. Eine breite Lücke der Geschwindigkeitsschwankungen tritt bei Wellenlängen zwischen 10 Minuten und 1 Stunde auf. Dieser Bereich wird von atmosphärischen Turbulenzvorgängen in Bodennähe also kaum benützt.

Für die freie Atmosphäre in der Umgebung von Strahlströmen können wir nur einige qualitative Überlegungen anstellen, die sich auf — leider noch zu spärliche — Detailvermessungen der Höhenwinde stützen.

„Power-Spektren" der *langwelligen* Störungen lassen sich aus synoptischen Höhenwetterkarten berechnen. Auf diese Ergebnisse der Erforschung der allgemeinen Zirkulation der Atmosphäre soll in Kap. 8 noch näher eingegangen werden. Kurzwellige Störungen sind dagegen erst sehr unzureichend untersucht.

In Kap. 2.123 (Abb. 1 und 2) wurde bereits auf Aufstiegsserien hingewiesen, welche in Trappes, Frankreich, durchgeführt und von Barbé (1956, 1957) einer Bearbeitung unterzogen wurden. Wie jedoch bereits bemerkt wurde, geben derartige Messungen wenig Aufschluß über die Feinstruktur der Strahlströme, da einerseits die Geschwindigkeitsberechnung über ein Höhenintervall von 600 m zu grob und auch unzuverlässig ist und andererseits der zeitliche Abstand (bei den erwähnten Messungen etwa 1 Stunde) noch zu lang ist.

Nähere Angaben über die Struktur *kurzwelliger* Schwankungen des Wind- und Temperaturfeldes bieten die Forschungsflüge des „Project Jet Stream“. Wir wollen die Ergebnisse dieser Flugmessungen nach Meso- und Mikrostruktur trennen.

4.311. Die Mesostruktur der Strahlströme

In einigen Veröffentlichungen (Reiter 1959b, 1960c, d, e, 1961a, b, d, e, f, Reiter, Lang et al. 1961) wurde darauf hingewiesen, daß die Schwankungen meteorologischer Parameter (z. B. Windgeschwindigkeit, Temperatur usw.) nur dann einem sinnvollen Studium unterzogen werden können, wenn es gelingt, diese lokalen Eigenheiten als Perturbationen eines glatten, „laminaren“ Grundzustandes der Atmosphäre zu definieren.

Zu diesem Zwecke wurde vom Verfasser ein doppelter (graphisch durchführbarer) Glättungsprozeß vorgeschlagen, der auf die Meßdaten Anwendung finden soll: Zunächst werden alle Schwankungen geglättet, bei denen ein Trend in der gemessenen Größe über weniger als drei Meßpunkte anhält. (Darauf wurde bereits in Kap. 4.232 hingewiesen.) Die Oszillationen, welche dieser erste Glättungsvorgang ausgeschaltet hat, werden als „Instrumentenfehler“ betrachtet, obwohl sie zum Teil von einer vorhandenen Mikrostruktur der Atmosphäre herrühren können.

In einem zweiten Glättungsverfahren werden die noch übriggebliebenen Schwankungen mit Wellenlängen von etwa 10^5 m, also mit mesostrukturellem Charakter, ausgeglichen. Diese Glättungsvorgänge entbehren leider nicht einer gewissen Subjektivität, die leicht durch numerische Verfahren übergreifender Mittelbildung zu beseitigen wäre, doch würden dann auch scharfe Diskontinuitäten, die in den horizontalen Gradienten existieren, „verwischt“ werden.

Die in Abb. 4.232.3, 4, 5 und 7 gezeigten Analysen beruhen auf den in der oben beschriebenen Weise doppelt geglätteten Meßdaten. Als schraffierte Flächen sind in Abb. 4.232.4 und 7 die „mesoskalaren“ Schwankungen der Windgeschwindigkeit eingetragen, die als Differenz zwischen den einfach und doppelt geglätteten Messungen aufzufassen sind und als lokale „Anomalien“ des Windfeldes gegenüber einer „quasi-laminaren“ Grundströmung angesehen werden können. [Die Amplituden der Mesostruktur wurden in bezug auf die strichliert eingetragene Flugroute als Nullinie aufgetragen. Dick ausgezogene Abschnitte der Flugroute in Abb. 4 zeigen Zonen mit Clear-Air Turbulence nach objektiven Beschleunigungsmessungen (mittels Fluggeschwindigkeitsmessers) an.] Da die Schwankungen in den Temperaturmessungen nicht unbedingt reell sein müssen (Endlich und Rados 1959), wurden sie in Abb. 4.232.3 unberücksichtigt gelassen.

Ein oberflächlicher Vergleich zwischen Abb. 4.232.3 und 4 zeigt, daß die Mesostruktur der Windgeschwindigkeit in *stabilen* und *baroklinen* Zonen ihre maximalen Amplituden erreicht. Dies steht in qualitativem Einklang mit einer vereinfachten, „geostrophischen“ Form der Richardsonschen Zahl $R_i{}^*$, die in Kap. 4.322 noch näher erläutert werden soll. Obzwar keine sehr scharfe Korrelation zwischen der Amplitude der mesoskalaren Schwankungen und der Zahl $R_i{}^*$ besteht, wie aus Abb. 4.311.1 hervorgeht, so kann man doch immerhin einen deutlichen Trend feststellen, welcher den Erwartungen der Gl. 4.322 (9) entspricht. Man kann daraus schließen, daß die Mesostruktur des Windfeldes den Charakter von Perturbationen besitzt, die sich hauptsächlich an stabilen Schichten in Form von Wellen ausbilden (KASAHARA 1956). Beobachtungen von Rauchwolken (DURST 1952) zeigen in Tropopausennähe die größte kurzperiodische Variabilität des Windvektors, was ebenfalls mit obigen Überlegungen in Einklang stünde.

Diese Schlußfolgerungen werden durch Analysen horizontaler Forschungsflüge erhärtet. Abb. 4.311.2 und 3 zeigen Isothermen und Isotachen der 222-mb-Fläche vom 24. Januar 1957, 15.00 GCT, unter Einbeziehung der Meßdaten des „Project-Jet-Stream-Fluges" Nr. 14. Wiederum zeigt die Mesostruktur der Geschwindigkeit (der Feinstruktur der Temperaturverteilung wollen wir keine allzu große Bedeutung beimessen, da sie von Turbulenz beeinflußt sein kann) dort ihre größten Amplituden, wo der horizontale Temperaturgradient die Existenz einer stabilen, baroklinen Schicht erkennen läßt, die durch die 222-mb-Fläche angeschnitten wird. Besonders groß sind die Schwankungsamplituden im Bereich der Gebirgskämme der Rocky Mountains (durch schräge Schraffierung angedeutet), was auf einen gewissen orographischen Effekt schließen läßt, der zur Bildung stehender Leewellen führt (vgl. REITER, LANG et al. 1961).

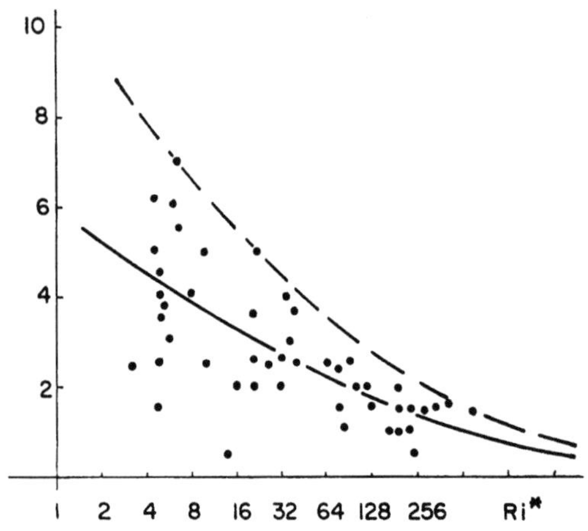

Abb. 4.311.1. Korrelation der Amplituden der Mesostruktur der Windgeschwindigkeit (Ordinate) mit der R_i^*-Zahl (Abszisse). Strichliert: Einhüllende

Aus den hier nur auszugsweise wiedergegebenen Analysen der Flugdaten (vgl. dazu REITER 1961 a, d) lassen sich einige interessante Schlußfolgerungen ziehen, welche den detaillierten Aufbau der Atmosphäre im Bereich von Strahlströmen charakterisieren.

1. Detaillierte Temperaturmessungen enthüllen eine Feinstruktur der atmosphärischen Schichtung, wie sie aus den verschlüsselten Radiosondenmeldungen nicht evident ist. Auf das Vorhandensein dünner stabiler Schichten innerhalb einer nahezu adiabatisch geschichteten Umgebung wurde bereits von DANIELSEN (1959) hingewiesen. Diese Schichten treten zwar aus den ursprünglichen Aufstiegsmessungen zutage, doch fallen sie dem Verschlüsselungsprozeß zum Opfer. Abb. 4.232.3 läßt deutlich den Verlauf derartiger Zonen im linken unteren Teil der Abbildung sowie bei etwa 36000 Fuß (11 km) und am rechten Rand der Abbildung erkennen.

Angesichts ihres Einflusses auf die Meso- und Mikrostruktur des Windfeldes kommt diesen dünnen stabilen Schichten erhöhte Bedeutung zu. Überdies scheinen sie den Mechanismus von Mischungsprozessen im Bereich des Strahlstromkernes anzudeuten. Abb. 4.311.4 gibt die „Normalkomponente" der Windgeschwindigkeit wieder (definiert als die Geschwindigkeitskomponente normal zur Windrichtung am Orte höchster Windgeschwindigkeit, die im Verlauf des betreffenden Fluges vermessen wurde). Daß die Nullinie dieser Größe in Abb. 4 nirgends die Strahlstromachse schneidet, hat seinen Grund darin, daß die höchste

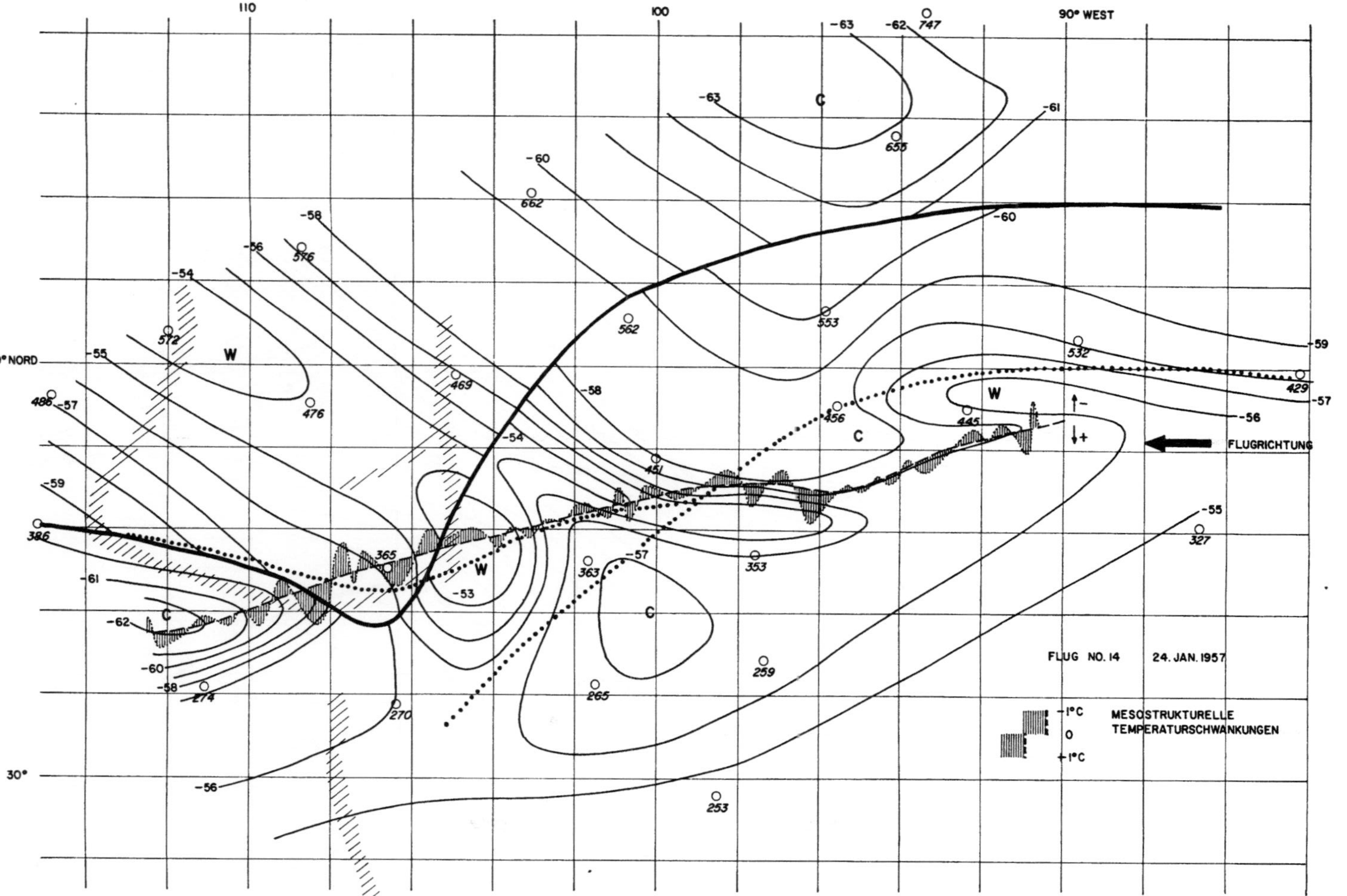

Abb. 4.311.2. Isothermen (° C) der 222-mb-Fläche, 24. Januar 1957, 15.00 GCT (Flug Nr. 14). Die Mesostruktur der Temperatur ist durch Schraffierung angedeutet (negative Anomalien nach oben, positive nach unten; Amplituden sind in bezug auf die Flugroute als Nullinie abzulesen). Punktiert: Strahlstromachsen, dicke Linie: Schnitt der Tropopause mit dem Flugniveau. Schräge Schraffur: Kamm der Rocky Mountains

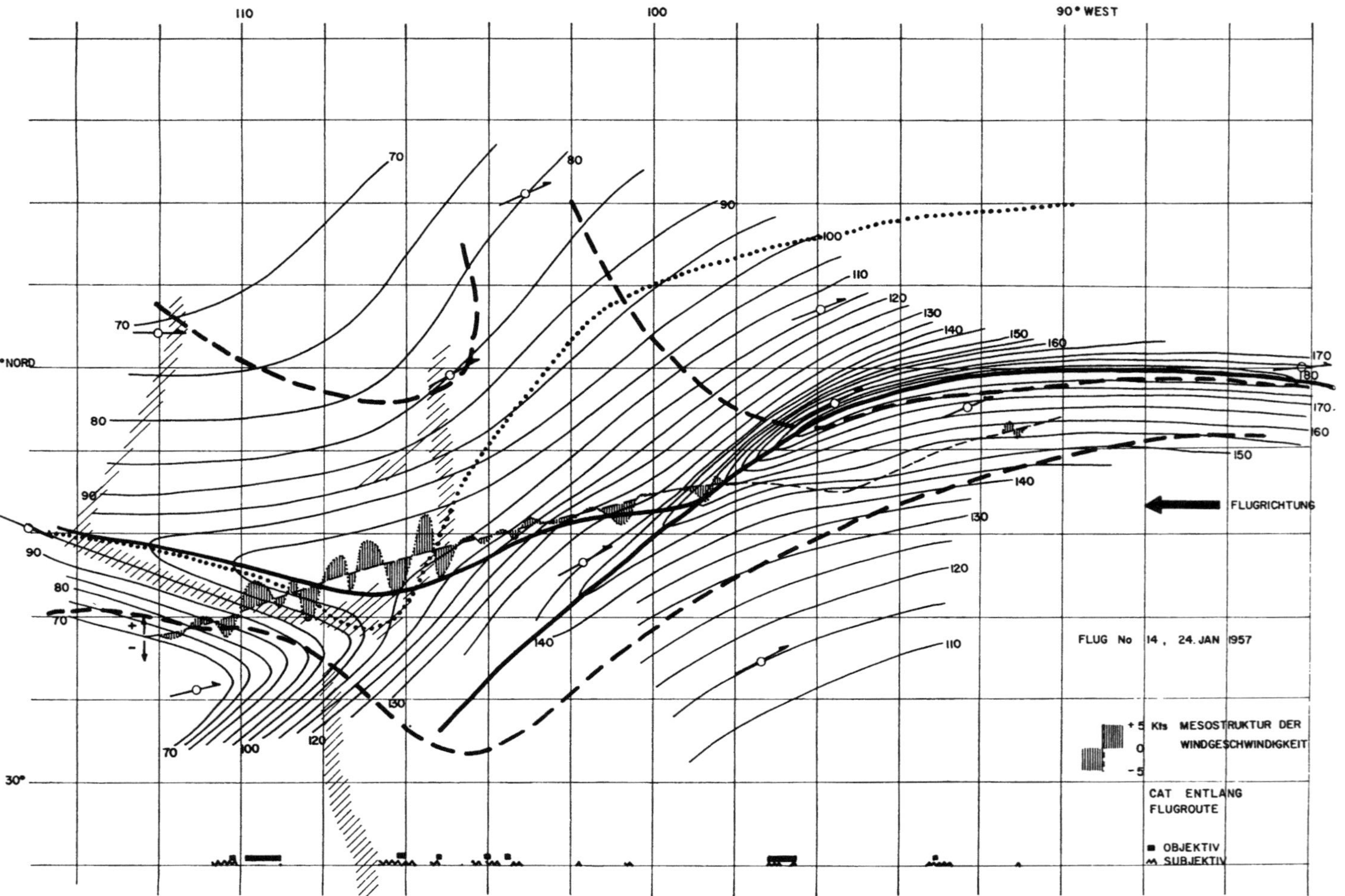

Abb. 4.311.3. Isotachen (Knoten) der 222-mb-Fläche (36000 Fuß Druckhöhe). Die Mesostruktur der Geschwindigkeit ist durch Schraffierung angedeutet (positive Anomalien nach oben, negative nach unten; Amplituden (Knoten) sind in bezug auf die Flugroute als Nullinie abzulesen). Dicke Linien: Strahlstromachsen; dick strichliert: Schnitt der Fläche maximalen Windes mit dem 222-mb-Niveau; punktiert: Schnittlinie der Tropopause. Objektive und subjektive Beobachtungen der CAT sind am unteren Rand der Abbildung in der angegebenen Form eingetragen

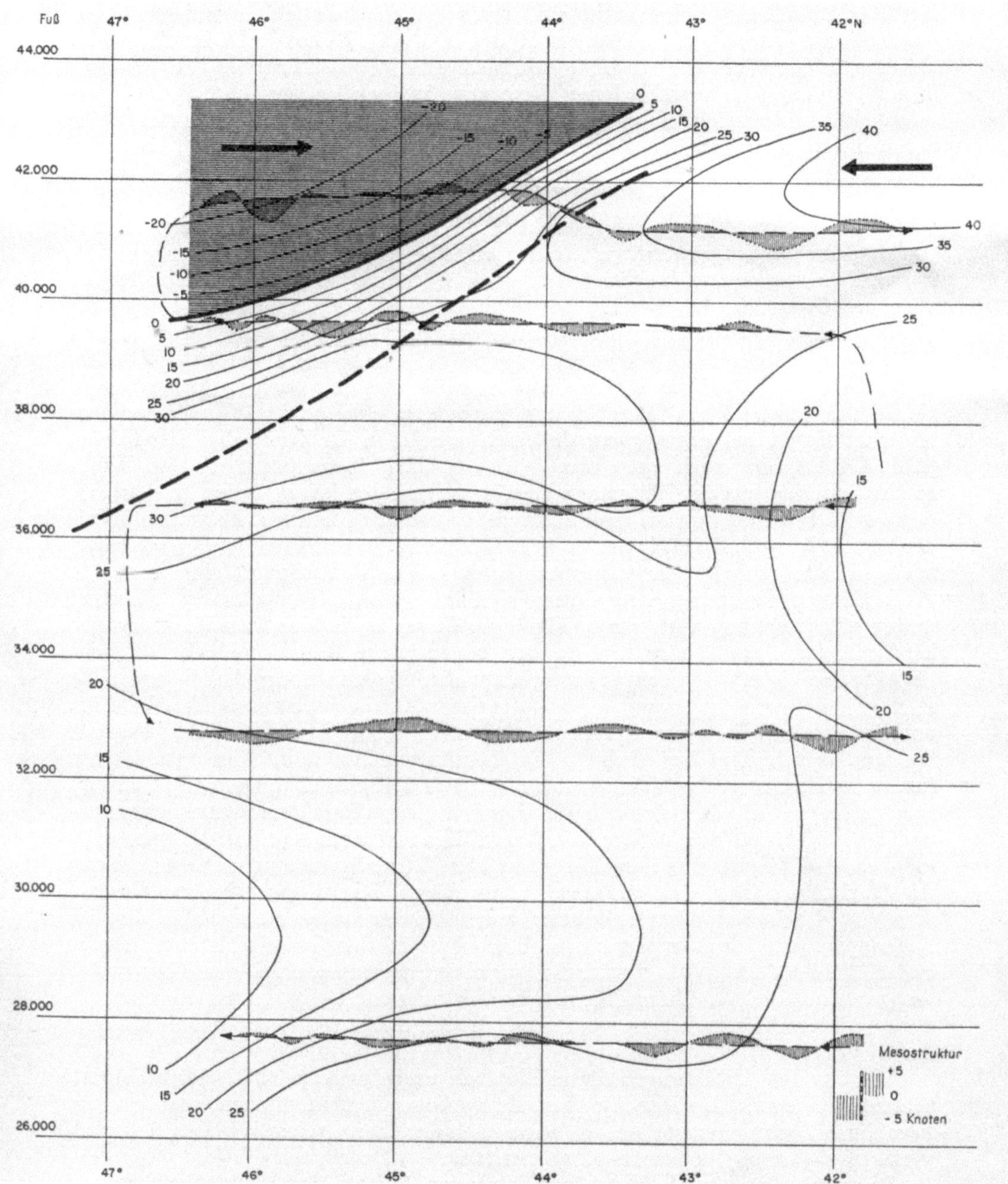

Abb. 4.311.4. Normalkomponente der Windgeschwindigkeit (Definition im Text) und ihre Mesostruktur (Knoten), Flug Nr. 29. Strömung von der antizyklonalen zur zyklonalen Seite besitzt positives Vorzeichen. Das Gebiet mit negativen Normalkomponenten ist schraffiert. Strahlstromachse wie in Abb. 4.232.4

Geschwindigkeit im Flugniveau 34600 Fuß gemessen wurde, welches jedoch nicht in die Analyse der Abb. 4.232.4 einbezogen wurde, da es weiter östlich verlief als die übrigen Flugstrecken. Maximale Südwindkomponenten (positiv) scheinen in der relativ labilen Schicht zwischen den erwähnten stabilen Zonen der Abb. 4.232.3 eingeschoben zu sein. Ähnliches konnte auch bei anderen Querschnitten festgestellt werden (Reiter 1961 a, b, d, e, f). Es hat somit den Anschein, als seien in der Nähe des Strahlstromkernes, und insbesondere der „Jet-Stream-Front", Luftmassen verschiedenen Ursprungs ineinander verzahnt. Diese „Verzahnung" äußert sich in geringfügigen Änderungen der Windrichtung quer durch die dünnen, stabilen Zonen. Diese stellen ihrerseits wiederum „Miniaturfrontalzonen" dar, an denen Meso- und Mikrostruktur für weitere Mischung sorgen.

2. Lassen wir für die Mesostruktur des Windfeldes Dimensionen in der eingangs zu Kap. 4 erwähnten Größenordnung zu, die von den vorliegenden Flugzeugmessungen gut bestätigt werden, so fällt eine „Wellenlänge" von 10^4 sec als obere Grenze in den Bereich des sekundären Maximums bei 10 Stunden im „Power-Spektrum" bodennaher Windmessungen, das von van der Hoven (1957) — allerdings nicht sehr stark ausgeprägt — festgestellt wurde (vgl. Flohn 1959a). Die Mesostruktur der Strahlströme scheint somit auch nach den Ergebnissen der statistischen Theorie der Turbulenz eine gewisse Fundierung zu besitzen. Es ist bemerkenswert, daß sich sowohl in Richtung der Stromlinien (Abb. 4.311.3) als auch quer dazu (Abb. 4.232.4) Schwankungen der Windgeschwindigkeit aus den Flugmessungen herausschälen lassen, deren Amplituden genügend groß sind, um als reell betrachtet werden zu können. Maximale Werte der Schwankungen liegen bei etwa 4 bis 9 m^2/sec^2, was sich den größenordnungsmäßigen Erwartungen der van der Hovenschen Statistik gut einordnet.

In diesem Zusammenhang öffnen sich interessante Perspektiven, die einer weiteren Erforschung wert wären. Allein die Tatsache, daß die Turbulenzvorgänge in der freien Atmosphäre und in der bodennahen Reibungsschicht ähnliche „Spektralbereiche" bevorzugen, mag zu vielen Spekulationen Anlaß geben. Es sei hier gleich vorweggenommen, daß die Clear-Air Turbulence als Manifestation von Geschwindigkeitsschwankungen von etwa 0,001 Stunden einen weiteren Spektralbereich der Turbulenz in Erscheinung treten läßt. Van der Hoven findet das Maximum der Mikrostruktur bei etwa 0,02 Stunden. Derartige Schwankungen liegen jedoch außerhalb des Bereiches von Beschleunigungsmessern — und noch nicht im Bereich der Wind- und Temperaturmessungen. Es wäre wohl möglich, daß die mit den derzeit verwendeten Düsenflugzeugen gemessene Clear-Air Turbulence nur den äußeren, kurzwelligen Rand eines Spektralbereichs darstellt, der in den Durchmischungsprozessen der freien Atmosphäre dieselbe Rolle spielt wie die kurzperiodische Turbulenz in der Grundschicht, welche in erster Linie auf die Wirkung der Bodenreibung zurückgeführt wird. Man müßte demnach auch im Strahlstrombereich die Wirkung von Reibungskräften innerhalb der vertikalen Windscherung vermuten, die zur Bildung dieser Turbulenzkörper Anlaß geben.

Wie aus den Abbildungen dieses Kapitels und des Kap. 4.232 ersichtlich ist, scheint sich auch die Clear-Air Turbulence bevorzugt in dünnen, stabilen und baroklinen Zonen einzustellen, in denen nach der thermischen Windgleichung die vertikale Scherung konzentriert sein müßte.

Leider sind unsere Meßdaten aus der freien Atmosphäre viel zu spärlich und zu lückenhaft, um den hier ausgesprochenen Vermutungen eine ausgedehnte experimentelle Basis verschaffen zu können.

3. In Abb. 4.232.5 wurde die Verteilung der absoluten Vorticity gezeigt und auf ein Gebiet mit dynamischer Labilität rechts der Strahlstromachse hingewiesen. Diese Analyse wurde aus den doppelt geglätteten Werten der Abb. 4.232.4 berechnet. Berücksichtigen wir jedoch die mesostrukturellen Geschwindigkeitsschwankungen, so ergeben sich — lokal beschränkt — horizontale Gradienten

$\partial V/\partial n$, welche das Vorzeichen der makrometeorologisch gemessenen Vorticity Q umzukehren vermögen. Derartige Zonen sind in Abb. 4.232.5 entlang der (strichlierten) Flugroute durch dicke Linien markiert. Das Gebiet negativer absoluter Vorticity wird demnach von schmalen Zonen dynamischer Stabilität durchsetzt, während Gebiete mit positiver Vorticity Q durch Zonen mit $\left(-\frac{\partial V}{\partial n}+f\right)<0$ aufgelockert erscheinen.

4. Die potentielle Vorticity besitzt nach Gl. 1.235 (4) auf der zyklonalen Seite der „Jet-Stream-Front" bzw. der stratosphärischen stabilen Zone in Abb. 4.232.3 Werte der Größenordnung $> 60 \cdot 10^{-9}$ g^{-1} cm · sec · Grad, während auf der antizyklonalen Seite dieser „Frontalzonen" nur geringe positive oder sogar negative Werte dieser Größe vorherrschen (Reed and Danielsen 1959, Reiter 1961d). Sehen wir $Q_z \cdot \partial\Theta/\partial p$ als konservative Größe an, so ist daraus zu schließen, daß die Luftmassen innerhalb und außerhalb der Jet-Stream-Front verschiedenen Ursprung haben. Die Jet-Stream-Front bzw. der hochtroposphärische Teil einer Frontalzone kann auf Grund der Aussagen von Reed und Danielsen auch nicht als „verwaschene" Diskontinuität zweier aneinandergrenzender, verschieden temperierter Luftmassen angesehen werden, sondern es handelt sich im Bereich der „Jet-Stream-Front" allem Anschein nach um absinkende Luft aus der Stratosphäre.

5. Aus den horizontalen Gradienten der Normalkomponente (Abb. 4) und aus den Höhenwetterkarten lassen sich die Größen $\partial v/\partial y$ und $\partial u/\partial x$ und daraus die horizontale Divergenz berechnen. Untersuchungen des Verfassers (Reiter 1961a, d) ergaben, daß die Divergenzverteilung, welche durch die in Abb. 4.122.3 angedeutete Vorticityadvektion bestimmt ist, nur makrometeorologisch als gültig angesehen werden kann. Man findet zwar im Einzugsgebiet eines Strahlstrommaximums links der Achse vorwiegend Konvergenz (in Abb. 4.311.5 durch Raster kenntlich gemacht), rechts der Achse dagegen Divergenz, doch sind in diese großräumigen Gebiete Vergenzen umgekehrten Vorzeichens eingelagert. Diese mesostrukturellen Störungen mit einer Wellenlänge von etwa 400 km scheinen der Ausdehnung der von Schäfer und Hubert (1955) beobachteten Wolkenfelder das Gepräge zu geben. Die Mesostruktur des Windfeldes (in der Gesamtgeschwindigkeit V wie auch in der Normalkomponente) mit einer Wellenlänge der Größenordnung 50 bis 100 km läßt ebenfalls einen gewissen Einfluß auf die Vergenzen erwarten, denn trotz der geringen Schwankungen in der Windrichtung ist wegen der hohen Windgeschwindigkeiten die Feinstruktur in der Normalkomponente beachtlich (Saucier und Brundidge 1956). Cirrenbänder, die nach Conover (1960a) einen mittleren Abstand von 185 km besitzen, mögen auf diese Struktur im Windfeld zurückzuführen sein. Kuettner (1952) hält es für möglich, daß die aus dieser Mesostruktur resultierenden Vertikalbewegungen für den Segelflug ausgenützt werden können.

6. Auf die Vertikalbewegung der Luftmassen kann aus den Normalkomponenten der Windgeschwindigkeit und den Isentropen in der Querschnittanalyse qualitativ geschlossen werden. Die Wolkenverteilung (in Abb. 4.232.3 durch Schattierung angegeben) scheint sich diesen Überlegungen anzupassen. Aber auch aus den in Abb. 4.311.2 ersichtlichen Temperaturgradienten in Richtung der Stromlinien lassen sich Vertikalbewegungen im Strahlstrombereich erwarten. So konnte z. B. für den Netzpunkt 38° N und 102° W eine Geschwindigkeitskomponente $w = 0{,}65$ m/sec berechnet werden.

Direkte Schätzungen der Vertikalgeschwindigkeit aus Schwankungen der Fluggeschwindigkeit und des Neigungswinkels („pitch") lassen wesentlich stärkere Vertikalbewegungen vermuten (vgl. Kap. 4.232). Der Durchmesser

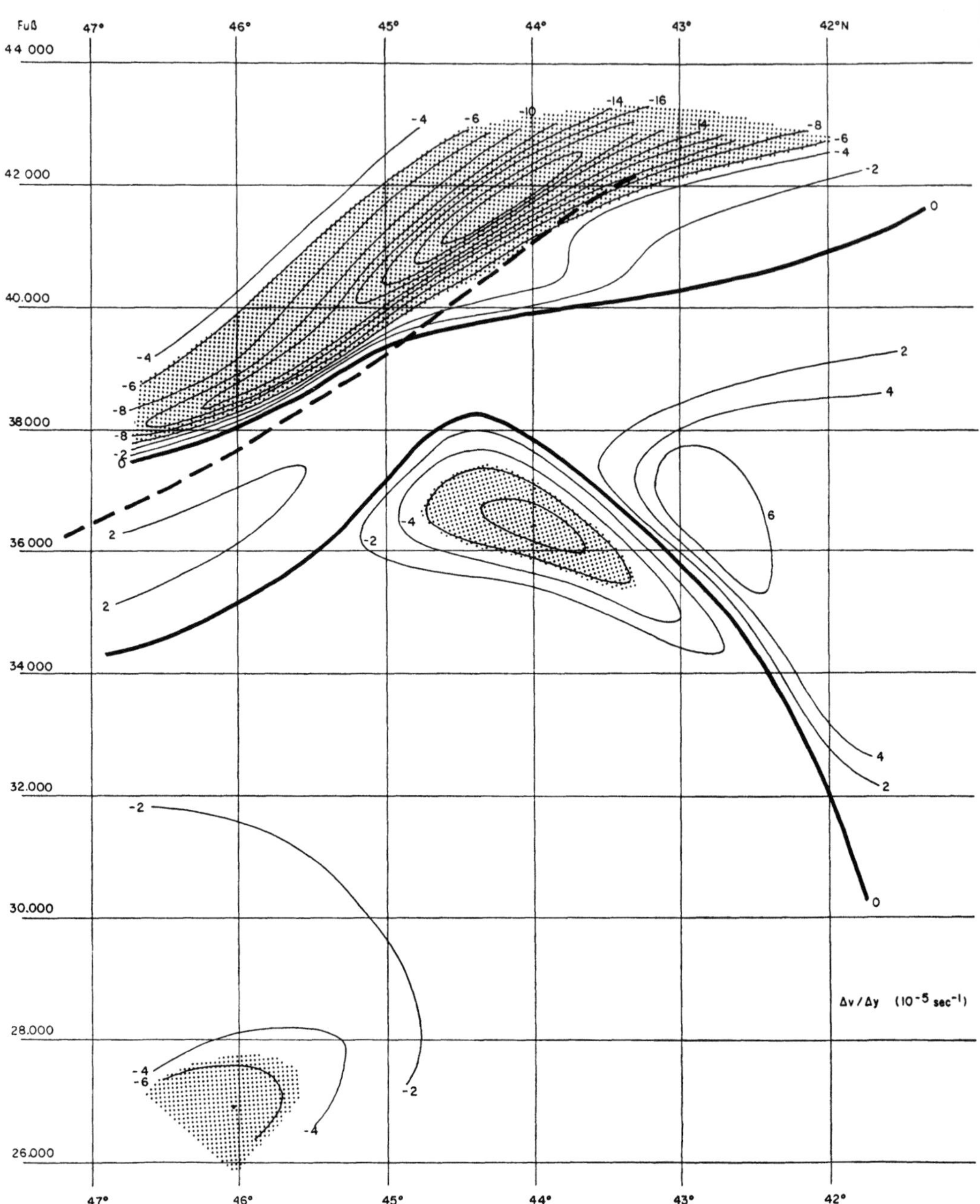

Abb. 4.311.5. Horizontaler Gradient der Normalkomponente, $\Delta v/\Delta y$, in Einheiten 10^{-5} sec^{-1}, Flug Nr. 29. Gebiete mit horizontaler Konvergenz wurden unter der Annahme berechnet, daß $\Delta u/\Delta x$ einheitlich $5{,}7 \cdot 10^{-5}$ sec^{-1} sei. Sie sind durch Schattierung gekennzeichnet. Jet-Achse wie in Abb. 4.232.4

dieser Gebiete positiver und negativer Geschwindigkeitskomponente w beträgt — quer zur Strahlströmung gemessen — größenordnungsmäßig 150 km, läßt sich also mit der „Wellenlänge“ von 400 km, die in der Divergenzverteilung festgestellt wurde, gut vergleichen.

Kleinräumigere Schwankungen in der Vertikalgeschwindigkeit (Wellenlängen quer zur Strömungsrichtung von der Größenordnung 50 km) lassen auf die Existenz mesostruktureller Wirbelröhren mit horizontaler Achse schließen, durch die sich die Luftteilchen „schraubenartig" durchbewegen. Langgestreckte Cirrenbänke bestätigen derartige Bewegungsvorgänge (Kuettner 1959).

Bei der Mesostruktur in den Wind- und Temperaturmessungen des „Project Jet Stream" scheint es sich durchaus nicht um ein Zufallsphänomen zu handeln, sondern um eine wohlorganisierte Anordnung der atmosphärischen Strömungsvorgänge. Schmale Bänder mit positiven und negativen Anomalien der Windgeschwindigkeit sind oft mehr als 400 km lang nebeneinander auf isentropen Flächen angeordnet. Manche dieser mesostrukturellen Schwankungen scheinen über einige Stunden lang ihre Identität beizubehalten (Reiter 1961a, Reiter, Lang et al. 1961). Die langgestreckten Wolkenbänder, die im Bereich der Strahlströme beobachtet werden, und die auch in Aufnahmen des Wettersatelliten „Tiros I" deutlich zu sehen sind, stehen somit in gutem Einklang mit diesen Flugmessungen (vgl. Kap. 6.3) und bestätigen die Existenz einer *bandartigen* Struktur der Atmosphäre in der Umgebung des Strahlstromes. Eine ähnliche Struktur mit geringerem Abstand der Bänder wird auch in den sogenannten „Wolkenstraßen" der unteren Troposphäre beobachtet, die meist mit einem niedertroposphärischen Windmaximum (Inversionswindmaximum und „Low Level Jet", vgl. Kap. 4.416) in Verbindung stehen. Kuettner (1959) schreibt die bandartige Struktur einer *Konvektionsbewegung* innerhalb einer Strömung mit strahlstromartig gekrümmten, vertikalem Windprofil zu, wobei die Krümmung der Windprofile stabilisierend auf die Strömung wirkt. Im wesentlichen deckt sich diese Vorstellung mit den Ableitungen in Kap. 4.32, wenn wir die Konvektionsbewegungen als Perturbationen auffassen, die einer scherenden Strömung überlagert sind. Die Bedeutung der in Abb. 4.232.3 und 4.311.2 aufscheinenden stabilen und baroklinen Schichten wird dadurch unterstrichen, daß hier die vertikalen und horizontalen Gradienten konzentriert sind.

Da die stabilen Zonen in den analysierten Querschnitten annähernd isentrop zu verlaufen scheinen, ist anzunehmen, daß ihre Neigung die vertikalen Gleitvorgänge in der Umgebung des Strahlstromkernes reguliert. Die dünnen, oft mehrfach übereinander gelagerten Cirrenschichten, die häufig im Bereich von Jet-Maxima beobachtet werden, bestätigen die *blättrige* Struktur der Atmosphäre.

4.312. Die Mikrostruktur der Strahlströme. Clear-Air Turbulence

Neben den bisher beschriebenen, großräumigen Turbulenzvorgängen im Bereich der Strahlströme existiert auch eine kurzperiodische „Unruhe", besonders in der Windgeschwindigkeit, die für den Flugverkehr als Clear-Air Turbulence (Turbulenz im wolkenfreien Raum) von Bedeutung ist. Dies kann mit verschiedenen Beobachtungsmethoden verdeutlicht werden (vgl. Reiter 1960b).

Die Diffusionsgeschwindigkeit von Rauchwolken aus Flugzeugen oder Flak-Granatan (Durst 1948, 1952, Roberts 1948, Sutton 1932), die Auflösung von Kondensstreifen (Clodman 1958), die Verbreiterung von künstlichen „Wolken" aus Aluminiumfolien (Warner und Bowen 1953) kann zum Studium kleinräumiger Austauschvorgänge herangezogen werden.

Auch aus manchen Ballonmessungen können Schlüsse auf den jeweils herrschenden Turbulenzgrad gezogen werden. Besonders ältere Meteorographenregistrierungen zeigen manchmal in Tropopausennähe und auch in der Stratosphäre starke, kurzperiodische Schwankungen in den registrierten Elementen, die auf Erschütterungen der Sonde in einer turbulenten Strömung zurückgeführt werden

(MIRONOVITCH und VIAUT 1938, PONCELET 1935). Änderungen der Windgeschwindigkeit, wie sie bei Radiosondenaufstiegen festgestellt werden (SCRASE 1954), müssen dagegen nicht turbulenzbedingt sein, sondern können von Meßfehlern vorgetäuscht werden. Darauf wurde in Kap. 2.122 bereits ausführlich hingewiesen. Zuverlässiger sind die Messungen mittels „Böensonden", welche einen Beschleunigungsschreiber mitführen (JUNGE 1938, ANDERSON 1957a).

Anzeichen atmosphärischer Turbulenz lassen sich auch in der Szintillation der Sterne feststellen, welche in geringfügigen Inhomogenitäten der Dichte ihre Ursache hat (BOUTET 1950, GIFFORD und MIKESELL 1953, KELLER 1952, PROTHEROE 1955, Roy. Met. Soc. 1954). Die Szintillationsamplitude kann photographisch festgehalten werden. Es scheint eine signifikante Korrelation zwischen Windgeschwindigkeit und Windscherung im Strahlstromniveau einerseits und der Szintillation andererseits zu bestehen. Die hochfrequenten Schwankungen (150 Hertz) des Sternbildes scheinen hauptsächlich im mittleren Tropopausenniveau ihren Ursprung zu haben, während die niederfrequente Szintillation (25 Hertz) keine ausgeprägte Korrelation zu Windgeschwindigkeiten unterhalb 20 km zeigt (GIFFORD 1955, GARDINER et al. 1956).

Die turbulenzbedingten Dichteschwankungen wirken sich nicht nur auf elektromagnetische Wellen der Wellenlänge sichtbaren Lichtes aus, sondern auch auf Radiokurzwellen (STARAS 1955, KAZÈS und STEINBERG 1957) und Radarwellen (FLEISHER 1959, ROGERS 1957). Die Szintillation von Radiosternen mag in ionosphärischen Turbulenzelementen ihre Ursache haben (BOOKER 1957, WELLS 1958).

Unser Hauptaugenmerk sei jedoch der kleinräumigen und kurzperiodischen Turbulenz zugewendet, die von Flugzeugen als „bumpiness" verspürt und im wolkenfreien Raum als „Clear-Air Turbulence" (CAT) bezeichnet wird. Eine umfangreiche Bibliographie über dieses Sachgebiet wurde vom Verfasser an anderer Stelle veröffentlicht (REITER 1960b, vgl. auch 1960a). Es mag daher hier genügen, einen kurzen Überblick über die Belange zu geben, die in unmittelbarem Zusammenhang mit dem Strahlstrom zu stehen scheinen.

Ein Großteil der CAT-Beobachtungen stammt von Flugzeugpiloten (FARTHING 1959). Es handelt sich dabei zwar um subjektive Berichte, die jedoch, wenn sie systematisch gesammelt werden (LAKE 1956), einen wertvollen Einblick in die räumliche Verteilung der CAT vermitteln. Da die Turbulenzverhältnisse während des Fluges sowohl vom Standpunkt des Passagierkomforts aus als auch für die Lebensdauer des Flugzeuges von Bedeutung sind (REITER 1959g), rückte die Erforschung der CAT mittels objektiver Meßmethoden in den letzten Jahren gewaltig in den Vordergrund. Zunächst werden aus registrierenden Beschleunigungsschreibern die Vertikalbeschleunigungen bestimmt, denen das Flugzeug während des Fluges unterliegt. Daraus kann unter der vereinfachenden Annahme einer scharf begrenzten Bö („sharp edged gust") in erster Annäherung die vertikale Windgeschwindigkeit berechnet werden, die zu der beobachteten vertikalen Versetzung des Flugzeuges führt (PRATT 1953).

$$W_{de} = \frac{2\, b\, \Delta n}{\varrho_0\, k\, a\, V_i}. \qquad 4.312\ (1)$$

W_{de} ist die abgeleitete Böengeschwindigkeit (ft/sec), ϱ_0 die Luftdichte im Meeresniveau, b die Flächenbelastung der Tragflächen (lb/ft^2), Δn der beobachtete Beschleunigungszuwachs in ganzzahligen Vielfachen der Erdbeschleunigung ($\Delta n = n - 1$). n bedeutet die Gesamtbeschleunigung in g-Einheiten. k ist der dimensionslose Böenfaktor („Abminderungsfaktor"), V_i die horizontale Fluggeschwindigkeit und a die Neigung der Auftriebskurve. b und a hängen vom Flugzeugtyp ab. Es rufen also Böen einer bestimmten Stärke verschiedene Beschleunigungen an verschiedenen Flugzeugtypen hervor. Die CAT ist daher keine Größe, die einen atmosphärischen Zustand objektiv charakterisieren würde.

Auch horizontale Geschwindigkeitsänderungen führen zu vertikalen Beschleunigungen der Flugzeuge, da sich die Auftriebskraft ändert, doch beträgt der Effekt nur etwa ein Viertel der Wirkung gleich starker Vertikalböen (HISLOP 1951). Um dennoch auch die horizontale Böigkeit wirksam darstellen zu können, ist man in neuerer Zeit dazu übergegangen, Schwankungen in der relativen Fluggeschwindigkeit des Flugzeuges zu registrieren. Diese Meßmethoden wurden vor allem bei den Forschungsflügen des „Project Jet Stream" erfolgreich angewendet (ENDLICH und RADOS 1959).

Ergebnisse der Messungen horizontaler Böengeschwindigkeiten und subjektive Turbulenzbeobachtungen, die in erster Linie auf vertikale Beschleunigungen reagieren, können — da sie verschiedenen Komponenten der Böigkeit entsprechen — nicht als gleichbedeutend angenommen werden. CLODMAN und BALL (1959) glauben aus den Diskrepanzen zwischen gemessenen horizontalen und abgeschätzten vertikalen Böengeschwindigkeiten auf eine gewisse Anisotropie der CAT schließen zu können. Ihren statistischen Untersuchungen zufolge scheinen in der Stratosphäre horizontale Böen, in der Troposphäre dagegen vertikale Böen zu überwiegen. Dies stünde in guter Übereinstimmung mit den Stabilitätsverhältnissen: Bei stabiler Schichtung werden Vertikalbewegungen unterdrückt, da ein großer Arbeitsaufwand gegen die Schwerkraft erforderlich ist.

Leichte Turbulenz tritt verhältnismäßig häufig auf. ESTOQUE (1958) findet, daß im Tropopausenniveau (250 mb) etwa 15% der durchflogenen Flugstrecken Böengeschwindigkeiten über 2 ft/sec aufweisen. 0,25 g wird als anhaltende Erschütterung bereits unangenehm empfunden, während 0,5 g bereits schwerer Turbulenz entspricht. Fälle mit starker Tubulenz treten jedoch selten auf, wie der Tab. 4.312.1 entnommen werden kann (CLODMAN und BALL 1959, REITER 1960b). HISLOP (1951) gibt auf Grund von Forschungsflügen mit zwei britischen „Mosquito"-Flugzeugen an, daß eine Luftflotte von 20 „Comets" mit etwa 3000 Flugstunden pro Jahr etwa alle 2 Wochen mit einem Bericht über Turbulenz von 1,5 g (36 ft/sec = 10,5 m/sec) und etwa einmal alle 4 Jahre mit 2,0 g (50 ft/sec = 15,2 m/sec) rechnen kann. Unter dem Einfluß orographischer Hindernisse, welche von einer Flugroute gekreuzt werden, kann durch die Bildung von Leewellen die Turbulenzhäufigkeit gegenüber den in Tab. 4.312.1 angegebenen Werten mitunter höher ausfallen.

Die horizontale Ausdehnung der turbulenten Gebiete ist in der Regel gering, doch begegnet man unter Umständen auch Turbulenz über mehrere hundert Kilometer. Als mittlere Richtwerte kann man etwa 900 m in der Vertikalen und 75 bis 100 km in der Horizontalen annehmen. Tab. 4.312.2 enthält eine prozentuelle Häufigkeitsverteilung für 168 Turbulenzgebiete aus „Project-Jet-Stream"-Flügen (FETNER 1956) nach Klassen horizontaler Erstreckung (CUNNINGHAM 1958).

Aus Überlegungen, die RICHARDSON (1920) anstellte und von denen in Kap. 4.322 noch näher die Rede sein soll, ist zu schließen, daß vertikale — und eventuell horizontale — Scherungen für die Bildung von Turbulenz maßgeblich sind (vgl. BERENGER et al. 1959). Unter diesem Gesichtspunkt erscheint der Jet Stream von vornherein als bevorzugter Ort für CAT. Dies kommt deutlich in einer klassischen Studie von BANNON (1952) zum Ausdruck, die seither mehrmals reproduziert wurde (BERGGREN et al. 1958, RIEHL, ALAKA et al. 1954, REITER 1960b, WEBER 1959). In einen normalisierten Strahlstromquerschnitt wurden CAT-Fälle $\geq 0{,}4$ g eingetragen, die oberhalb 20000 Fuß (6 km) beobachtet wurden. Von insgesamt 92 CAT-Beobachtungen lagen 56 in der Nähe des Strahl-

Tabelle 4.312.1. *Charakteristika*

1	2	3	4
Informationsquelle	Höhenbereich	Höhenbereich der Häufigkeitsmaxima	Intensität der Turbulenz
1. BANNON (1951 a,b)		28 000 bis 32 000 ft	
2. BINDON (1951)	24 000 ft		
3. CLEM (1957)	25 000 bis 45 000 ft	40 000 bis 44 000 ft Sekundärmax. bei 34 000 ft über NE der USA	leichte CAT mäßige starke
4. CLODMAN (1953)	18 000 bis 40 000	Keine nennenswerte Höhenabhängigkeit über Südkanada zw. 18 000 u. 38 000 ft	alle Stärken mäßig und stark stark
5. CUNNGINHAM (1958)			
6. ESTOQUE (1958)	150 mb 200 mb 250 mb 300 mb 350 mb	250 mb (Europa, Türkei, USA, Japan)	10 5 2 ft/sec 10 5 2 10 5 2 10 5 2 10 5 2
7. HEATH-SMITH (1955)		Abnahme bis 25 000 ft, darüber Zunahme	
8. HISLOP (1951)	25 000 ft 35 000 ft		4 ft/sec 8 ft/sec 12 ft/sec
9. HYDE (1954)	bis 49 000 ft bis 36 000 ft 22 000 bis 28 000 ft		leicht oder mäßig stark sehr stark
10. KUETTNER (1952a)	40 000 ft		
11. MURRAY (1953)	400 bis 200 mb		$\gtrsim$ 0,1 g $\gtrsim$ 0,2 g $\gtrsim$ 0,3 g
12. PINUS (1957)		Abnahme bis mittlere Troposph., darüber Zunahme um 15 bis 20% bis Tropopause	
13. PRESS et al. (1953)			

verschiedener CAT-Beobachtungen

5	6	7	8	9	10
Häufigkeit des Auftretens	Extreme Stärke	Ausdehnung der Turbulenzgebiete			
		horizontal		vertikal	
		Mittel	Extrem	Mittel	Extrem
	0,7 g				
	3 g				
19% aller Flüge 12% 2%		15 bis 60 km, länger als breit		500 bis 2000 ft	
1: 35 km 1: 85 km 1:440 km		~ 90 km	≥ 450 km	3000 ft	100 bis 15000 ft
		Gebiete starker Turbulenz sind meist ausgedehnter und dicker			
		50%<30 km	6,9 bis 328 km	~ 1500 ft	500 bis 3000 ft
0,02 0,16 2,0% 0,09 0,75 9,0 0,15 1,2 15 0,11 0,88 11 0,08 0,72 9,0 der geflogenen km					
	0,8 g oder 20 ft/sec				
1 Bö auf 13 km 1 Bö auf 97 km 1 Bö auf 650 km	1,5 g ≃ 35 ft/sec	75 bis 100 km		900 m	
28% aller Flüge 7% aller Flüge 1% aller Flüge	2,5 bis 4 g (geschätzt)				
	+ 3 g, − 2,5 g (Segelflug) (21 m/sec)				
37,4% aller Flüge 4,9% aller Flüge 0,2% aller Flüge	0,4 g				
		50% <80 km	>800 km	50% <2000 ft	100 bis 10000 ft
		Gebiete starker CAT meist ausgedehnter und dicker			

stromes. Der Hauptanteil der beobachteten Fälle konzentrierte sich auf der zyklonalen Seite und unterhalb des mittleren Jet-Maximums, also dort, wo nach dem ENDLICH-McLEANschen (1957) Modell die „Jet-Stream-Front" zu suchen wäre (vgl. BALZER und HARRISON 1959, HARRISON 1959). Eine zweite Turbulenzzone erstreckt sich in der Nähe der Tropopause, mit dem Schwerpunkt ebenfalls auf der zyklonalen Seite des Strahlstromes. Beide Zonen decken sich mit

Tabelle 4.312.2. *Horizontale Erstreckung von Turbulenzgebieten*

Ausdehnung (Meilen*)	<10	10—19,9	20—29,9	30—39,9	40—49,9
Prozent der Fälle	31,5	21,4	9,5	10,1	6,5
Ausdehnung (Meilen*)	50—59,9	60—69,9	70—79,9	80—89,9	90—99,9
Prozent der Fälle	4,8	2,4	2,4	0,6	1,2
Ausdehnung (Meilen*)	100—149,9	150—199,9	>200		
Prozent der Fälle	6,5	2,4	0,6		

* 1 Meile = 1,61 km.

Gebieten mit kleiner RICHARDSONscher Zahl (DEFANT 1959a). Abb. 4.312.1 enthält eine mittlere Verteilung der CAT in Prozenten der turbulenten Flugzeit von der Gesamtflugzeit für neun „Project-Jet-Stream"-Flüge 1956/57. Die BANNONschen Ergebnisse zeigen sich in dieser Abbildung bestätigt: Die zyklonale Seite des

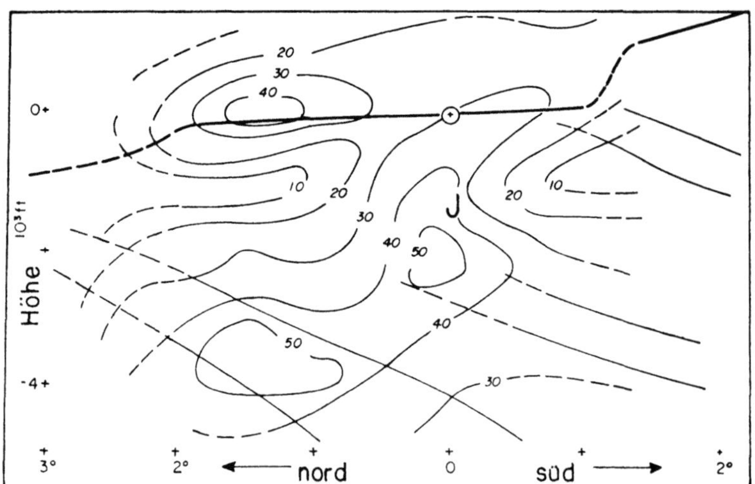

Abb. 4.312.1. Mittlere Verteilung der CAT in Prozent der turbulenten Flugzeit von der Gesamtflugzeit für neun Project-Jet-Stream-Flüge 1956/57. (Nach SASAKI 1958)

Strahlstromes überwiegt im Mittel die antizyklonale an Turbulenzhäufigkeit, obwohl auch letztere noch eine relativ große Zahl an CAT-Fällen aufzuweisen hat.

Die Position der einzelnen Turbulenzmaxima fällt deutlich mit der mittleren Lage stabiler, barokliner Zonen zusammen. Auch Abb. 4.232.3 und 4 und 4.311.2 und 3 lassen einen Zusammenhang zwischen Turbulenz und Stabilität bzw. Baroklinität der Atmosphäre vermuten, so wie dies bereits für die Mesostruktur der Strahlströme gezeigt wurde (Kap. 4.311). Die CAT stellt demnach ein Turbulenzphänomen dar, das zwar einem anderen Wellenlängenbereich angehört als die Mesostruktur, das aber denselben dynamischen Prinzipien gehorcht, die in der Perturbationstheorie zum Ausdruck kommen (vgl. Kap. 4.32).

Läßt man die Annahme gelten, daß — abgesehen von vertikalen Böen in Konvektionsströmen einer labil geschichteten Atmosphäre [„thermo-konvektive" Turbulenz nach GEORGII (1956, 1958a)] — in der Hauptsache stabile atmosphärische Schichtungsverhältnisse, wie sie in Gl. 4.322 (9) ausgedrückt werden, für das Auftreten von CAT maßgeblich sind, so erscheint es auf den ersten Blick verwunderlich, daß CUNNINGHAM (1958) die größte Turbulenzhäufigkeit bei verschwindend kleinen, horizontalen Temperaturgradienten beobachtet (Abb. 4.312.2). Diese scheinbare Diskrepanz erfährt jedoch eine sehr einfache Erklärung (REITER 1961a): Auf Grund der in Kap. 4.232 und 4.311 gezeigten Analysen erscheint DANIELSENS (1959) Schlußfolgerung gerechtfertigt, daß die in Frage stehenden stabilen und baroklinen Zonen relativ dünn sind. Ein Flugzeug, das diese Zonen in rechtem Winkel durchstößt, wird zwar eine gewisse Temperaturänderung registrieren, die Wahrscheinlichkeit für das Auftreten von Turbulenz ist jedoch nur gering. Bestenfalls wird sich die CAT in einigen kurzen Stößen äußern. Anders dagegen verhält es sich, wenn das Flugzeug eine derartige stabile Zone unter schleifendem Winkel anfliegt: Die registrierten Temperaturgradienten werden zwar minimal sein, dafür hält sich das Flugzeug längere Zeit in der Umgebung dieser Zone auf und die Wahrscheinlichkeit für das Auftreten von CAT ist relativ groß. Unter diesen Umständen erscheint es auch verständlich, daß Abb. 4.232.4 im Bereich stabiler Schichten auf der antizyklonalen Seite des Jet Stream nur wenige (objektive) CAT-Berichte aufweist, während in Abb. 4.311.2 und 3 eine derartige Korrelation besser bestätigt erscheint.

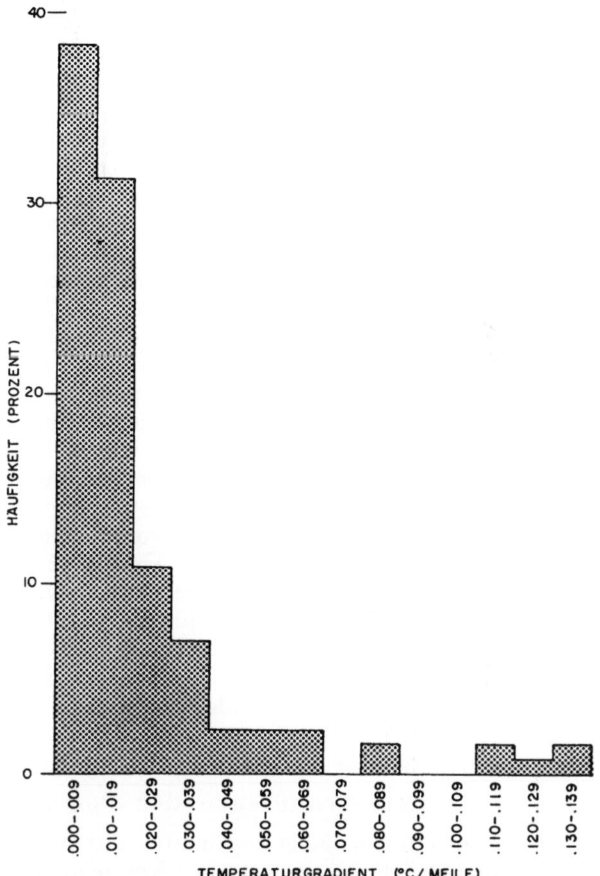

Abb. 4.312.2. Häufigkeitsverteilung von 128 CAT-Zonen nach Klassen des horizontalen Temperaturgradienten. (Nach CUNNINGHAM 1958)

Daß von vielen Beobachtern die CAT als „random phenomenon" (zufälliges Phänomen) beschrieben wird, hat ebenfalls seinen Grund in der geringen Ausdehnung und der schweren meßtechnischen Erfaßbarkeit der mesostrukturellen stabilen Schichten in der Atmosphäre. So werden z. B. Fälle berichtet, bei denen

Flugzeuge, welche dieselbe Stelle passierten, einmal CAT verspürten und kurze Zeit darauf nicht mehr (Hislop 1951). Während des Meßprogramms mit Böensonden (Anderson 1957a) wurde über den USA unter anderem festgestellt, daß innerhalb derselben 5000 Fuß (1400 m) dicken Schichten nur in etwa 8,4% der Fälle bei mindestens drei aufeinanderfolgenden Aufstiegen (also während mindestens 48 Stunden) Turbulenz registriert wurde. Damit ist aber noch nicht bewiesen, daß es sich in dieser Statistik um jeweils identische Turbulenzzonen handelte. Die Station Grand Junction fiel mit „lang anhaltender Turbulenz" in 49% der Fälle aus dem Rahmen der übrigen Stationen heraus. Grand Junction liegt jedoch im Bereich der Rocky Mountains, somit dürfte die Turbulenz in diesem Gebiet durch hochreichende, stehende Wellen verursacht worden sein. (62% aller Fälle mit lang anhaltender Turbulenz wurden über dieser Station im Höhenbereich zwischen 9 und 15 km registriert.)

Daß unter Umständen geringe Bodenwellen zu einem Anstieg in der Turbulenzhäufigkeit führen können, erscheint verständlich, denn es werden hier einer (laminaren) Grundströmung ständig durch die orographischen Verhältnisse Perturbationskomponenten der Bewegung aufgezwungen. Sind die Strömungsverhältnisse in der Grundströmung stabil, so kommt es zur Bildung von stehenden Wellen (Leewellen), deren Amplituden wesentlich von den vertikalen Stabilitäts- und Scherungsverhältnissen abhängen. (Auf eine Theorie der Leewellen von Scorer soll in Kap. 4.323 noch kurz eingegangen werden.) Clodman und Ball (1959) konnten an Hand einer Häufigkeitsverteilung der CAT-Fälle in der näheren Umgebung des Wright-Patterson-Flugstützpunktes, Dayton (Ohio), den deutlichen Einfluß niedriger Hügelketten demonstrieren. Bodenhindernisse sind jedoch keine notwendige Bedingung für das Auftreten von CAT. Eine Studie von Clodman et al. (1960) läßt erkennen, daß auch über den Ozeanen mit dem Auftreten von CAT zu rechnen ist (vgl. auch Crossley 1961). Vor allem scheint über See starke vertikale Windscherung die Bildung von Turbulenz zu fördern. Im Gegensatz zu den Messungen über Land, für die Abb. 4.312.1 eine repräsentative Verteilung gibt, scheint die CAT über dem Meer die antizyklonale Seite des Jet Stream — und besonders den Bereich oberhalb der Strahlstromachse — zu bevorzugen, wobei sich die Tropopause, ebenso wie über Land, durch ein Häufigkeitsmaximum an Turbulenz auszeichnet. Das Deltagebiet der Jet-Maxima wird über See häufiger von CAT heimgesucht als die übrigen Strahlstromsektoren.

4.32. Die Feinstruktur der Strahlströme im Lichte der Perturbationstheorie

4.321. Grundlagen der Perturbationstheorie

Wir können die an einem bestimmten Punkt des dreidimensionalen Geschwindigkeits- und Druckfeldes gemessenen Komponenten u, v, w, p als Resultante einer ungestörten, *quasistationären* Grundströmung $\overline{u}$, $\overline{v}$, $\overline{w}$, $\overline{p}$ und einer überlagerten, zeitlich und räumlich variablen *Störbewegung*, der sogenannten Perturbationsbewegung u^*, v^*, w^*, p^*, auffassen. Letztere sei im Vergleich zur ersteren klein, so daß quadratische Glieder vernachlässigt werden können. Die auf diese Weise *linearisierten* hydrodynamischen Gleichungen sind nun einer mathematischen Lösung leichter zugänglich. In der Meteorologie wurde die Perturbationstheorie von V. Bjerknes (1926, 1929, et al. 1933) mit Erfolg ausgebaut (vgl. Haurwitz 1941). Nach obiger Definition ist also

$$\begin{aligned} u &= \overline{u} + u^* \\ v &= \overline{v} + v^* \\ w &= \overline{w} + w^* \\ p &= \overline{p} + p^*. \end{aligned} \qquad 4.321\ (1)$$

Die Bewegungsgleichung 1.221 (1) gelte nicht nur für die Gesamtbewegung, sondern auch für die ungestörte Grundströmung. In Komponentenform erhalten wir dann unter Vernachlässigung der Reibung.

$$\frac{\partial u}{\partial t} + u\frac{\partial u}{\partial x} + v\frac{\partial u}{\partial y} + w\frac{\partial u}{\partial z} + 2\,\Omega_y w - 2\,\Omega_z v = -\frac{1}{\varrho}\frac{\partial p}{\partial x} \qquad 4.321\ (2)$$

und

$$\frac{\partial \bar{u}}{\partial t} + \bar{u}\frac{\partial \bar{u}}{\partial x} + \bar{v}\frac{\partial \bar{u}}{\partial y} + \bar{w}\frac{\partial \bar{u}}{\partial z} + 2\,\Omega_y \bar{w} - 2\,\Omega_z \bar{v} = -\frac{1}{\varrho}\frac{\partial \bar{p}}{\partial x}. \qquad 4.321\ (3)$$

Analoge Gleichungen ließen sich auch für die v- und w-Komponente angeben, wir wollen jedoch der Einfachheit halber *zonale* und *horizontale* Verhältnisse in der Grundströmung annehmen (Sasaki 1958). Setzen wir in (2) die Definitionen aus (1) ein, so erhalten wir:

$$\frac{\partial \bar{u}}{\partial t} + \frac{\partial u^*}{\partial t} + (\bar{u} + u^*)\frac{\partial(\bar{u} + u^*)}{\partial x} + v^*\frac{\partial(\bar{u} + u^*)}{\partial y} + w^*\frac{\partial(\bar{u} + u^*)}{\partial z} +$$

$$+ 2\,\Omega_y w^* - 2\,\Omega_z v^* = -\frac{1}{\varrho}\frac{\partial(\bar{p} + p^*)}{\partial x}.$$

Subtrahieren wir davon Gl. (3) und vernachlässigen wir quadratische Glieder in der Perturbationsbewegung, so bleibt:

$$\frac{\partial u^*}{\partial t} + u^*\frac{\partial \bar{u}}{\partial x} + \bar{u}\frac{\partial u^*}{\partial x} + v^*\frac{\partial \bar{u}}{\partial y} + w^*\frac{\partial \bar{u}}{\partial z} + 2\,\Omega_y w^* - 2\,\Omega_z v^* = -\frac{1}{\varrho}\frac{\partial p^*}{\partial x}. \qquad 4.321\ (3)$$

Die Kontinuitätsgleichung 1.221 (2) läßt sich in ähnlicher Weise umformen.

Wir wollen ferner annehmen, daß zwei atmosphärische Schichten (Index $i = 0, 1$) vorhanden seien, in denen ϱ_0, ϱ_1 und $\bar{u}_0$, $\bar{u}_1$ konstant seien. Außerdem werden nur die Perturbationen u^* und w^* betrachtet und Ω_y wird vernachlässigt. Gl. (3) nimmt unter diesen Voraussetzungen die Form an:

$$\frac{\partial u_i^*}{\partial t} + \bar{u}_i\frac{\partial u_i^*}{\partial x} = -\frac{1}{\varrho_i}\frac{\partial p_i^*}{\partial x}. \qquad 4.321\ (4a)$$

Ebenso erhält man für die Vertikalkomponente

$$\frac{\partial w_i^*}{\partial t} + \bar{u}_i\frac{\partial w_i^*}{\partial x} = -\frac{1}{\varrho_i}\frac{\partial p_i^*}{\partial z} \qquad 4.321\ (4b)$$

und aus der Kontinuitätsgleichung

$$\frac{\partial u_i^*}{\partial x} + \frac{\partial w_i^*}{\partial z} = 0. \qquad 4.321\ (4c)$$

In großer Entfernung von der Grenzfläche ($z = 0$) zwischen beiden Schichten mögen die Störbewegungen verschwindend klein werden ($u_i^* = w_i^* = p_i^* = 0$ für $z \to \pm\infty$). Außerdem sei der Druck an der Grenzfläche kontinuierlich, was in folgenden Grenzbedingungen zum Ausdruck kommt:

$$\begin{aligned} &\frac{\partial(p_0^* - p_1^*)}{\partial t} + \bar{u}_0\frac{\partial(p_0^* - p_1^*)}{\partial x} + w_0^*\frac{\partial(\bar{p}_0 - \bar{p}_1)}{\partial z} = 0 \\ &\frac{\partial(p_0^* - p_1^*)}{\partial t} + \bar{u}_1\frac{\partial(p_0^* - p_1^*)}{\partial x} + w_1^*\frac{\partial(\bar{p}_0 - \bar{p}_1)}{\partial z} = 0. \end{aligned} \qquad 4.321\ (5)$$

Folgende Lösungen der Gl. (4) befriedigen auch die obigen Grenzbedingungen:

In der Unterschicht

$$\begin{aligned} u_0^* &= A_0\, e^{kz} \cos k\,(x - c\,t) \\ w_0^* &= A_0\, e^{kz} \sin k\,(x - c\,t) \\ p_0^* &= \varrho_0\,(c - \bar{u}_0)\, A_0\, e^{kz} \cos k\,(x - c\,t). \end{aligned} \qquad 4.321\ (6)$$

In der Oberschicht

$$\begin{aligned} u_1^* &= -A_1\, e^{-kz} \cos k\,(x - c\,t) \\ w_1^* &= A_1\, e^{-kz} \sin k\,(x - c\,t) \\ p_1^* &= -\varrho_1\,(c - \overline{u}_1)\, A_1\, e^{-kz} \cos k\,(x - c\,t). \end{aligned} \qquad 4.321\ (7)$$

$k = \frac{2\pi}{L}$ ist die Wellenzahl, L die Wellenlänge und c die Wellengeschwindigkeit der periodischen Störbewegung. Setzen wir Gl. (6) und (7) in die an der Grenzfläche gültige Bedingung (5) ein, so erhalten wir unter Zuhilfenahme der statischen Grundgleichung 1.222 (3) und der Bedingung $z = 0$

$$\begin{aligned} k\,(c - \overline{u}_0)\,[\varrho_0\,(c - \overline{u}_0)\,A_0 + \varrho_1\,(c - \overline{u}_1)\,A_1] - g\,(\varrho_0 - \varrho_1)\,A_0 &= 0 \\ k\,(c - \overline{u}_1)\,[\varrho_0\,(c - \overline{u}_0)\,A_0 + \varrho_1\,(c - \overline{u}_1)\,A_1] - g\,(\varrho_0 - \varrho_1)\,A_1 &= 0. \end{aligned} \qquad 4.321\ (8)$$

Die beiden Amplitudenfaktoren A_0 und A_1 können aus Gl. (8) eliminiert werden.

$$\varrho_0\,(c - \overline{u}_0)^2 + \varrho_1\,(c - \overline{u}_1)^2 - \frac{g}{k}\,(\varrho_0 - \varrho_1) = 0. \qquad 4.321\ (9)$$

Aus dieser in c quadratischen Gleichung kann nun die Phasengeschwindigkeit der Störbewegung bestimmt werden:

$$c = \frac{\varrho_0 \overline{u}_0 + \varrho_1 \overline{u}_1}{\varrho_0 + \varrho_1} \pm \sqrt{\frac{g}{k}\,\frac{\varrho_0 - \varrho_1}{\varrho_0 + \varrho_1} - \frac{\varrho_0\,\varrho_1}{(\varrho_0 + \varrho_1)^2}\,(\overline{u}_0 - \overline{u}_1)^2}. \qquad 4.321\ (10)$$

Dieser Ausdruck entspricht der Wellengeschwindigkeit von Scherungs-Stabilitätswellen (Haurwitz 1941), deshalb so benannt, weil sie an der Grenzfläche zweier stabil geschichteter (inkompressibler) Flüssigkeiten unter dem Einfluß einer Windscherung $(u_0 - u_1)$ zustande kommen.

Aus den in Kap. 4.31 mitgeteilten Beobachtungsergebnissen ist ersichtlich, daß im Bereich der Strahlströme einerseits dünne, stabile Zonen auftreten, die in erster Annäherung als Diskontinuitätsflächen betrachtet werden können, andererseits sind die vertikalen Windscherungen erheblich. Scherungs-Stabilitätswellen sind daher in der Umgebung von Jet-Maxima sehr häufig zu erwarten.

Die Störungskomponenten in Gl. (6) und (7) wachsen exponentiell an, wenn der Wurzelausdruck in Gl. (10) imaginär wird. Die Bedingung für die Stabilität der Störung lautet somit:

$$\frac{g}{k} \cdot \frac{\varrho_0 - \varrho_1}{\varrho_0 + \varrho_1} \lessgtr \frac{\varrho_0\,\varrho_1}{(\varrho_0 + \varrho_1)^2}\,(\overline{u}_0 - \overline{u}_1)^2 \quad \begin{matrix}\text{labil}\\ \text{stabil}\end{matrix} \qquad 4.321\ (11)$$

Wir führen nunmehr folgende Abkürzungen ein:

$$\overline{\varrho} = \frac{\varrho_0 + \varrho_1}{2} \qquad \Delta\varrho = \varrho_0 - \varrho_1 \qquad \Delta\overline{u} = \overline{u}_1 - \overline{u}_0 \qquad 4.321\ (12)$$

und erhalten als Grenzbedingung für laminare und turbulente Strömung

$$\Delta\varrho \lessgtr \frac{k}{g}\,\frac{\varrho_0\,\varrho_1}{2\,\overline{\varrho}}\,(\Delta\overline{u})^2. \qquad 4.321\ (13)$$

Der Faktor $\frac{\varrho_0\,\varrho_1}{2\,\overline{\varrho}}$ kann folgendermaßen umgeformt werden:

$$\frac{\varrho_0\,\varrho_1}{2\,\overline{\varrho}} = \frac{-(\overline{\varrho} - \varrho_0)^2 + \overline{\varrho}^2}{2\,\overline{\varrho}} = \frac{-\left(\frac{\Delta\varrho}{2}\right)^2 + \overline{\varrho}^2}{2\,\overline{\varrho}} \simeq \frac{\overline{\varrho}}{2}.$$

da $\Delta\varrho \ll \varrho_1, \varrho_2$.

Das Labilitätskriterium nimmt mit dieser Vereinfachung die Form an:

$$R \equiv \Delta\varrho - \frac{k\,\overline{\varrho}}{2\,g}\,(\Delta\overline{u})^2 \lessgtr 0 \quad \begin{matrix}\text{labil}\\ \text{stabil}\end{matrix} \qquad 4.321\ (14)$$

4.322. Die Labilitätskriterien von Richardson und Sasaki

In einer stabil geschichteten Atmosphäre muß von der Turbulenz Arbeit gegen die Schwerkraft geleistet werden. Die dazu notwendige Energie wird von der Scherung und der daraus resultierenden Schubspannung nachgeliefert. Ein Grenzwert, bei dem die Turbulenz der Strömung gerade noch erhalten bleibt, wird offenbar erreicht, wenn Energiedissipation (Arbeitsleistung gegen Schwerkraft) und Energienachschub (aus der vertikalen Scherung) einander die Waage halten. Dieser von RICHARDSON (1920) abgeleitete Grenzwert — auch als *Richardsonsches Turbulenzkriterium* bezeichnet — besitzt die Form (SUTTON 1953, HAURWITZ 1941

$$R_i = \frac{\frac{g}{T}\left(\frac{\partial T}{\partial z} + \Gamma\right)}{\left(\frac{\partial u}{\partial z}\right)^2 + \left(\frac{\partial v}{\partial z}\right)^2} = \frac{\frac{g}{\Theta}\frac{\partial \Theta}{\partial z}}{\left(\frac{\partial V}{\partial z}\right)^2} \lessgtr 1 \quad \begin{matrix}\text{labil}\\ \\ \text{stabil}\end{matrix} \qquad 4.322\ (1)$$

Ein Faktor k_T/k_M wurde in diesem Kriterium gleich 1 angenommen. k_T ist der Austauschkoeffizient für Wärme, k_M der Austauschkoeffizient der Bewegungsgröße. In seiner ursprünglichen Formulierung gilt dieses Kriterium nur für kleinräumige Bewegungen, bei denen der Coriolisparameter ohne Bedeutung ist (VAN MIEGHEM 1961).

Ein Vergleich von 4.322 (1) mit 4.321 (14) zeigt die formelle Ähnlichkeit beider Kriterien. Es läßt sich also auch die RICHARDSON-Zahl aus der Perturbationstheorie herleiten.

Sie gibt die Grenzbedingung an, unter der eine beliebig kleine Störung ihre Amplitude vergrößert. Über die Wellenlänge dieser Störungen wird allerdings nichts ausgesagt.

Der tatsächliche Grenzwert der R_i-Zahl für ein Anwachsen der Turbulenz wird sehr verschieden angegeben. An festen Grenzflächen wurden z. B. im Laboratorium kritische Werte $R_i = 0{,}04$ bestimmt. Ein Grenzwert 1 ist kaum zu erwarten, da der Ableitung der R_i-Zahl einige Vereinfachungen zugrunde liegen (CALDER 1949, DUGSTAD 1956). So scheint nach einer Arbeit von PETTERSSEN und SWINBANK (1947) in der freien Atmosphäre die Bedingung $k_T/k_M = 1$ nicht erfüllt zu sein. Eine statistische Untersuchung über England läßt vielmehr einen Grenzwert $R_i = 0{,}65$ wahrscheinlich erscheinen.

SASAKI (1948) hält ebenfalls den Grenzwert in der Form der Gl. 4.322 (1) für unbefriedigend. Vor allem läßt sich das Auftreten von CAT im Niveau maximalen Windes ($\partial V/\partial z = 0$) und an der Tropopause ($\partial T/\partial z = 0$) nicht befriedigend erklären.

Ein großer Teil der Widersprüche in den Korrelationen, die zwischen dem Auftreten von CAT und der RICHARDSON-Zahl gefunden bzw. nicht gefunden wurden, läßt sich auf die verschiedene Größenklasse der korrelierten Daten zurückführen. Die CAT stellt ein ausgesprochen kleinräumiges, mikroskalares Phänomen dar. Die RICHARDSON-Zahl wird dagegen aus Radiosondenaufstiegen makroskalaren Charakters, bestenfalls aus Flugzeugquerschnitten berechnet, wie sie während des „Project Jet Stream" geflogen wurden.

Die Auswertungen von BRUNDIDGE (1956) lassen erkennen, daß sowohl das Windfeld als auch das Temperaturfeld starken Änderungen während verhältnismäßig kleiner Zeiträume unterworfen ist. Aus den Untersuchungen des Verfassers (1961a, d) kann entnommen werden, daß mesostrukturelle Geschwindigkeitsschwankungen von $\pm$ 5 m/sec und Temperaturschwankungen um $\pm$ 1° C im Bereich der Strahlströme durchaus möglich sind. Diese Schwankungen können die vertikalen Stabilitäts- und Scherungsverhältnisse auf kleinem Raum immerhin so stark verändern, daß makroskalar bestimmte R_i-Zahlen unrepräsentativ werden (REITER 1960b).

Das in Gl. 4.322 (1) angegebene Kriterium läßt eine Zunahme der Turbulenzwahrscheinlichkeit mit fortschreitender Labilisierung erwarten. Die in Kap. 4.232 und 4.311 gezeigten Analysen lassen jedoch erkennen, daß sowohl die mesostrukturellen Geschwindigkeitsschwankungen (Wellenlängen bis zu etwa 100 km) als auch die CAT eine Tendenz zeigen, in *stabilen* Schichten verhältnismäßig stark ausgeprägt zu sein (vgl. Abb. 4.311.1). Diese Ergebnisse lassen sich mit dem Turbulenzkriterium in Einklang bringen, wenn wir in 4.322 (1) die thermische Windgleichung in folgender Form substituieren (Radok und Clarke 1958, Reed 1960, Reiter 1960b, c, 1961a, d).

$$\frac{\partial}{\partial \Theta} \dot{v} + f \frac{\partial u}{\partial \Theta} = - \frac{g}{T} \left(\frac{\partial T}{\partial n}\right) \frac{\partial z}{\partial \Theta} . \qquad 4.322\ (2)$$

Wir erhalten dann

$$R_i = \frac{f^2\, \Theta}{g \dfrac{\partial \Theta}{\partial z} \left[\left(\dfrac{\partial z}{\partial n}\right)_\Theta - \left(\dfrac{\partial z}{\partial n}\right)_p - \dfrac{\Theta}{g} \left(\dfrac{\partial \dot{v}}{\partial \Theta}\right) \right]^2} . \qquad 4.322\ (3)$$

Dieser Ausdruck wurde unter Verwendung folgender Beziehungen hergeleitet:

$$\frac{\partial \Theta}{\partial z} = \frac{\Theta}{T} (\Gamma - \gamma), \qquad 4.322\ (4)$$

$$\frac{c_p}{g} \left(\frac{\partial T}{\partial y}\right)_\Theta = \left(\frac{\partial z}{\partial y}\right)_p - \left(\frac{\partial z}{\partial y}\right)_\Theta , \qquad 4.322\ (5)$$

$$\left(\frac{\partial T}{\partial y}\right)_\Theta = \left(\frac{\partial T}{\partial y}\right)_p + \frac{\partial T}{\partial z} \left(\frac{\partial z}{\partial y}\right)_\Theta , \qquad 4.322\ (6)$$

$$\left(\frac{\partial z}{\partial y}\right)_\Theta = \frac{- \left(\dfrac{\partial \Theta}{\partial y}\right)_p}{\dfrac{\partial \Theta}{\partial z}} \qquad 4.322\ (7)$$

und

$$\frac{\left(\dfrac{\partial T}{\partial y}\right)_\Theta}{\left(\dfrac{\partial T}{\partial y}\right)_p} = \frac{\Gamma}{\Gamma - \gamma} . \qquad 4.322\ (8)$$

$\left(\frac{\partial z}{\partial n}\right)_\Theta$ bedeutet die Neigung der Isentropenflächen, $\left(\frac{\partial z}{\partial n}\right)_p$ die der Isobarenflächen und $\frac{\partial \dot{v}}{\partial \Theta}$ die Änderung der horizontalen Beschleunigung nach der Vertikalen, die ein Maß für den vorhin erwähnten Einfluß der zeitlichen Änderung des Windfeldes angibt.

Vernachlässigen wir $\left(\frac{\partial z}{\partial n}\right)_p$ und nehmen wir $\partial \dot{v} / \partial \Theta = 0$ an, was bei geostrophischen Strömungsverhältnissen der Fall ist, so erhalten wir die einfache Beziehung:

$$R_i^* = \frac{f^2}{g} \frac{\Theta}{\dfrac{\partial \Theta}{\partial z} \left[\dfrac{\partial z}{\partial n}\right]_\Theta^2} . \qquad 4.322\ (9)$$

Es ist demnach um so eher mit dem Auftreten von mesostrukturellen Geschwindigkeitsschwankungen bzw. CAT zu rechnen, je stabiler und gleichzeitig je barokliner eine atmosphärische Schicht ist. Das Windfeld geht in diese Beziehung nicht direkt ein, sondern auf dem Umweg über die Neigung der Isentropenflächen.

Nach dieser Darstellungsweise tritt die Bedeutung der kleinen stabilen „Blätter" im Bereich der Strahlströme deutlich hervor, auf die bereits im Kap. 4.311 hingewiesen wurde. Die Feinstruktur des *Windfeldes* erscheint somit aufs engste verknüpft mit der *thermischen* Feinstruktur der Atmosphäre.

Das Kriterium für dynamische Labilität [Gl. 1.236 (4)]

$$\left(\frac{\partial u}{\partial y}\right)_\Theta \geq f,$$

kann mit Hilfe der Beziehung

$$\left(\frac{\partial u}{\partial y}\right)_\Theta = \frac{\partial u}{\partial z}\left(\frac{\partial z}{\partial y}\right)_\Theta + \left(\frac{\partial u}{\partial y}\right)_z, \qquad 4.322\ (10)$$

umgeformt werden. Man erhält daraus für die kritische Neigung der Isentropenflächen

$$\left(\frac{\partial z}{\partial y}\right)_{\Theta\,Kr} = \frac{f - \left(\frac{\partial u}{\partial y}\right)_z}{\frac{\partial u}{\partial z}}. \qquad 4.322\ (11)$$

Ist die horizontale Windscherung $\left(\frac{\partial u}{\partial y}\right)_z = 0$, so gilt

$$\left(\frac{\partial z}{dy}\right)_{\Theta\,Kr} = \frac{f}{\frac{\partial u}{\partial z}}. \qquad 4.322\ (12)$$

Setzt man diese Beziehung unter Berücksichtigung von

$$\frac{\partial u}{\partial z} = \frac{g}{f\Theta}\frac{\partial \Theta}{\partial z}\left\{\left(\frac{\partial z}{\partial y}\right)_\Theta - \left(\frac{\partial z}{\partial y}\right)_p\right\}.$$

in 4.322 (9) ein, so ergibt dies (unter den vereinfachenden Annahmen, daß $\left(\frac{\partial u}{\partial y}\right)_z = \left(\frac{\partial z}{\partial n}\right)_p = \frac{\partial \dot{v}}{\partial \Theta} = 0$)

$$R_i{}^*{}_{Kr} = 1. \qquad 4.322\ (13)$$

Als kritischer Grenzwert $R_i{}^*$ für das Anwachsen kleiner Störungsamplituden ist also nur dann 1 zu erwarten, wenn geostrophische Strömungsverhältnisse ohne horizontale Scherungen vorherrschen. Dies ist im Bereich von Strahlströmen nicht der Fall. Es wurde bereits in Kap. 4.232 darauf hingewiesen, daß in der Nähe des Strahlstromkernes starke ageostrophische Strömungskomponenten existieren. Auch die horizontale Scherung weist Größenordnungen von 10^{-5} sec $^{-1}$ auf. Daß jedoch eine Beziehung der in 4.322 (9) angegebenen Art für *mittlere* mesostrukturelle Verhältnisse in der Atmosphäre maßgeblich ist, geht aus Abb. 4.311.1 hervor.

Setzen wir Gl. (11) und einen analogen Ausdruck für $\left(\frac{\partial z}{\partial y}\right)_p$ ohne Vernachlässigung der horizontalen Scherung in Gl. (3) ein, so erhalten wir für geostrophische Strömungsbedingungen (Radok und Clarke 1958)

$$\frac{1}{R_{ik}} = 1 - \frac{1}{f}\left(\frac{\partial u}{\partial y}\right)_p. \qquad 4.322\ (14)$$

Dies entspricht dem Kriterium für die „potentielle dynamische Labilität", welches von Eady (1949) abgeleitet wurde.

Analog zum Kriterium 4.321 (14), welches auch in der Form

$$R \equiv \Delta T + \Gamma - m_i \Delta V^2 \qquad 4.322\ (15)$$

geschrieben werden kann $\left(m_i = \frac{T}{g\Delta z}\frac{k_M}{k_T}\right)$, gibt Sasaki (1958) ein Stabilitätskriterium an, welches auch die *Krümmung* (2. Ableitung nach der Höhe) der vertikalen Wind- und Temperaturprofile berücksichtigt:

$$\tau_i \equiv \overline{\Delta\Delta T} + 2 m_i \overline{\Delta V} \cdot \overline{\Delta\Delta V} \qquad 4.322\ (16)$$

in dieser symbolischen Schreibweise bedeutet

$$j \equiv \overline{\Delta\Delta V} \equiv \frac{\Delta V_{+1} - \Delta V_{-1}}{2} \qquad \Delta V_{+1} \equiv V_{+1} - V_0 \quad \Delta V_{-1} \equiv V_0 - V_{-1}.$$

Die Indizes +1, 0, −1 beziehen sich auf die Ober-, Mittel- und Unterschicht eines dreischichtigen Atmosphärenmodells. Für m_i wurde von SASAKI der empirische Wert 0,0198° C/Knoten² gefunden.

Mit diesem Kriterium (16) können kritische Strömungsverhältnisse an der Tropopause und im Strahlstromniveau studiert werden. [Eine etwas ausführlichere Übersicht über dieses Kriterium wurde von REITER (1960b) gegeben.] SASAKI erhält:

1. An der Tropopause: $|\tau_i| > m_i j^2$

stabil $0 < R < m_i j^2$ oder $|\tau_i| + m_i j^2 < R$

labil $R < 0$ oder $m_i j^2 < R < |\tau_i| + m_i j^2$.

2. Im Strahlstromniveau: $|\tau_i| < m_i j^2$

stabil $m_i j^2 - |\tau_i| < R < m_i j^2$ oder $m_i j^2 + |\tau_i| < R$

labil $R < m_i j^2 - |\tau_i|$ oder $m_i j^2 < R < m_i j^2 + |\tau_i|$.

R ist durch 4.322 (15) gegeben.

Aus den Auswertungen einer Reihe von „Project-Jet-Stream"-Flügen hat es den Anschein, als sei SASAKIS Kriterium dem RICHARDSONschen [Gl. 4.321 (14)] in der Erfassung von Gebieten mit CAT überlegen (SASAKI 1958, SANFORD 1958).

4.323. Das Scorer-Kriterium für die Leewellenbildung

Im Lee von Hügel- und Gebirgsketten, aber auch an einzelnen Gipfeln werden unter günstigen Bedingungen großartige Lenticularis-Wolken, die sogenannten „Moazagotl-Wolken", beobachtet. Sie geben Kunde von mächtigen „stehenden Wellen", die sich in einer kräftigen Höhenströmung unter dem Einfluß einer von außen (nämlich von der Bodenerhebung) aufgezwungenen Störung bilden[1].

Die nordamerikanischen Rocky Mountains und die südamerikanischen Anden liefern in ihrer Eigenschaft als Barrieren in der Westwindzone ein Häufigkeitsmaximum an Leewellenerscheinungen. Die Erforschung des Leewellenphänomens erstreckt sich jedoch auch auf andere Gebirgszüge und ist besonders in Europa sehr weit gediehen (FERRARI 1958, FÖRCHTGOTT 1956, GEORGII 1953, 1958, GERBIER und BERENGER 1960a, b, 1961, HARRISON 1956, 1957a, b, JENKINS 1952a, MACDONALD und HARRISON 1960, SINHA 1960).

Die Wellenbildung reicht mitunter bis in große Höhen und konnte noch im Niveau der Perlmutterwolken und der Ozonosphäre (DIETRICHS 1950, JENKINS und KUETTNER 1953, PAETZOLD und ZSCHÖRNER 1955, PALM und FOLDVIK 1960) nachgewiesen werden.

Nachdem bereits von LYRA (1940, 1943, vgl. auch KOSCHMIEDER 1951, ZIEREP 1958) und QUENEY (1941, 1947, dazu auch 1959) die Leewellen einer theoretischen Betrachtung unterzogen wurden, gelang SCORER und anderen

---

[1] Einen Überblick mit reichhaltigen Literaturangaben über diese Erscheinung findet man bei ALAKA (1958a). Vgl. auch GEORGII (1956a), QUENEY et al. (1960) und REITER (1960b).

die Ableitung von Beziehungen, die sich verhältnismäßig leicht aus Radiosondendaten berechnen und daher auch prognostisch verwenden lassen (Döös 1958, Palm 1958, Sawyer 1960, Scorer 1949, 1951, 1951a, b, 1952, 1953, 1953a, 1954, 1955, 1957, 1958, 1958a, 1959, Scorer und Klieforth 1959, Wurtele 1956). Da Leewellen besonders im Bereich von Strahlströmungen auftreten und somit ein meso- bzw. mikrometeorologisches Phänomen des Jet Stream darstellen, das im Hinblick auf das Auftreten von CAT für den Flugverkehr von Bedeutung ist, sei hier ein kurzer Überblick über die Ergebnisse von Scorers Forschungsarbeit gegeben.

Läßt man den Coriolisparameter außer acht, so beschreibt die Schwingungsgleichung

$$\frac{\partial^2 \psi}{\partial z^2} - \left(\frac{g}{C^2} + \beta\right)\frac{\partial \psi}{\partial z} + \left(\frac{g\,\beta}{V^2} - k^2 - \frac{1}{V}\,\frac{\partial^2 V}{\partial z^2}\right)\psi = 0 \qquad 4.323\ (1)$$

Störungen mit einer Wellenlänge < 50 km. Die Störungen seien periodisch in der x-Richtung. Die Stromfunktion ψ ist dann definiert durch

$$u = \frac{\partial \psi}{\partial z} - \frac{g}{C^2}\psi,$$

$$w = -\,i\,k\,\psi. \qquad 4.323\ (2)$$

c ist die Schallgeschwindigkeit $(C = \sqrt{\varkappa\,R\,T})$ und β die vertikale Stabilität $\frac{1}{\Theta}\frac{\partial \Theta}{\partial z}$ [vgl. Gl. 3.245 (5)]. Gl. (1) ist für konstante Koeffizienten lösbar, wenn ein Windgeschwindigkeitsprofil durch eine Lösung der Gleichung

$$\frac{g\,\beta}{V^2} - \frac{1}{V}\,\frac{\partial^2 V}{\partial z^2} = l^2 = \text{const.} \qquad 4.323\ (3)$$

angenähert werden kann. l^2 trägt die Bezeichnung „*Scorer-Parameter*". $\frac{g\,\beta}{V^2}$ ist die Lyrasche Wellenzahl. Der Term $\frac{1}{V}\,\frac{\partial^2 V}{\partial z^2}$ ist nur in den unteren Atmosphärenschichten ($<$900 m) und bei starken vertikalen Windscherungen von Bedeutung (Gazzola 1956). Gl. (1) besitzt für eine zweischichtige Modellatmosphäre die Lösung

$$\psi = A_1\, e^{L_1 z} + A_2\, e^{L_2 z}$$

$$L_1, L_2 = \tfrac{1}{2}\left\{\frac{g}{C^2} + \beta \pm \sqrt{\left(\frac{g}{C^2} + \beta\right)^2 + 4\,(k^2 - l^2)}\right\} \qquad 4.323\ (4)$$

$$\cong \pm\sqrt{(k^2 - l^2)} \qquad 4.323\ (5)$$

denn

$$\frac{g\,\beta}{V^2} \gg \left(\frac{g}{C^2} + \beta\right)^2. \qquad 4.323\ (6)$$

Sehen wir von einer trivialen Lösung $V = \text{const.}$ der Gl. (3) ab, so ist für $l^2 > 0$ und $\beta = \text{const.}$ das Windprofil periodisch und besitzt Maxima und Minima der Geschwindigkeit. Im Wendepunkt ist $l^2 = g\,\beta / V^2$. Der „Scorer-Parameter" l^2 charakterisiert die dynamischen Eigenschaften der Atmosphäre in jedem Niveau.

Berücksichtigen wir die Ungleichung (6), so kann (1) auf die vereinfachte Form

$$\frac{\partial^2 \psi}{\partial z^2} + (l^2 - k^2)\,\psi = 0 \qquad 4.323\ (7)$$

gebracht werden.

Scorer konnte zeigen, daß sich Leewellen nur bilden, *wenn l^2 mit der Höhe abnimmt.* Als Grenzbedingung für das Auftreten von Wellen gilt

$$l_1^2 - l_2^2 > \frac{\pi^2}{4\,h^2}\,. \qquad 4.323\ (8)$$

h ist die Schichtdicke der unteren Schicht (Index 1).

Die Auslenkung ζ_z der Stromlinien aus der ungestörten Lage im Niveau z berechnen CORBY und WALLINGTON (1956) aus

$$\zeta_z = -2\pi\, h\, b e^{-kb} \left(\frac{V_1}{V_z}\right) \psi_{z,k} \left(\frac{\partial \psi_{1,k}}{\partial k}\right)^{-1} \sin k\,x\,. \qquad 4.323\ (9)$$

(V_1 = Bodenwind, V_z = Höhenwind, k = Leewellenzahl, h = Höhe des Bergrückens, b = „Halbwertsbreite" des Berges, gegeben durch $\zeta = \frac{h\,b^2}{b^2 + x^2}$, wobei ζ die Höhe des Ortes ist, der in der Entfernung x vom Grat des Rückens liegt.)

Aus dieser Gleichung ist ersichtlich, daß die längsten Wellen, welche die Bedingung (8) erfüllen (kleine Wellenzahl k), zu größter Amplitudenbildung angeregt werden. Ebenso rufen schmale, aber steile Hindernisse große Wellenamplituden hervor.

Eine Abnahme des Parameters l^2 in der Vertikalen, die für die Wellenbildung vorausgesetzt wird, kann einerseits durch eine Abnahme der Stabilität β, andererseits durch eine Zunahme der Windgeschwindigkeit V mit der Höhe verursacht sein. Von zwei identischen l^2-Profilen wird dasjenige die größten Amplituden aufweisen, das stärkere Bodenwinde und daher einen größeren Faktor V_1/V_z in Gl. (9) besitzt.

Durch die Bedingung (8) erscheinen Strahlstromwetterlagen besonders bevorzugt für die Ausbildung stehender Leewellen, denn die kräftige *Zunahme* der Windgeschwindigkeit mit der Höhe verbürgt eine Abnahme des Parameters l^2. Eine effektvolle Wellenbildung tritt jedoch erst dann ein, wenn auch die bodennahe Strömung eine Komponente normal zur Gebirgskette aufweist. Nur so wird eine Störbewegung erzeugt, welche in die höheren Atmosphärenschichten gelangt. Da Leewellen, besonders wenn sie große Amplituden und eventuell „Rotoren" (das sind Gebiete, in denen die Strömung entgegengesetzt der Richtung des [ungestörten] Grundstromes verläuft) ausbilden, in der Regel mit CAT verbunden sind und dem Flugverkehr gefährlich werden können (GALES 1955, KUETTNER 1959a, LARSSON 1958, WALLINGTON 1959), kommt der SCORERschen Theorie in der Betrachtung der Feinstruktur der Strahlströme eine besondere Bedeutung zu. Es wurde bereits in Kap. 4.312 erwähnt, daß relativ niedrige Hügelketten einen markanten Einfluß auf die räumliche CAT-Verteilung ausüben. Diesem Umstand muß besonders bei Strahlstromwetterlagen Rechnung getragen werden und ermöglicht die Ausgabe wirksamer Turbulenzwarnungen.

Unter Umständen können mehrere Niveaus auftreten, in denen die Leewellen maximale Amplituden aufweisen. *Sie sind dort zu erwarten, wo die vertikale Verteilung von l^2 Maxima besitzt* (CORBY 1957, ALAKA 1958a). Es läßt also auch die SCORERsche Leewellentheorie maximale Wellenamplituden innerhalb stabiler Schichten im Strahlstrombereich erwarten, ähnlich wie dies mit Hilfe des R_i*-Kriteriums in Kap. 4.311 gezeigt wurde. Damit ist allerdings *nicht* gesagt, daß die gesamte Mesostruktur der Strahlströme ein Leewellenphänomen ist. Die Ähnlichkeit der Ergebnisse beruht vielmehr in der Ähnlichkeit der theoretischen Voraussetzungen: Sowohl die Ableitung der R_i*-Zahl als auch die SCORERsche Leewellentheorie gehen von den Perturbationsgleichungen aus. Der Unterschied liegt in der Annahme von zufälligen Störungen („random disturbances") einerseits und orographisch erzwungenen Störungen andererseits.

Als Beispiel sei die Wetterlage vom 10. Januar 1957 angeführt (REITER, LANG et al. 1961), die von „Project-Jet-Stream"-Flug Nr. 9 vermessen wurde.

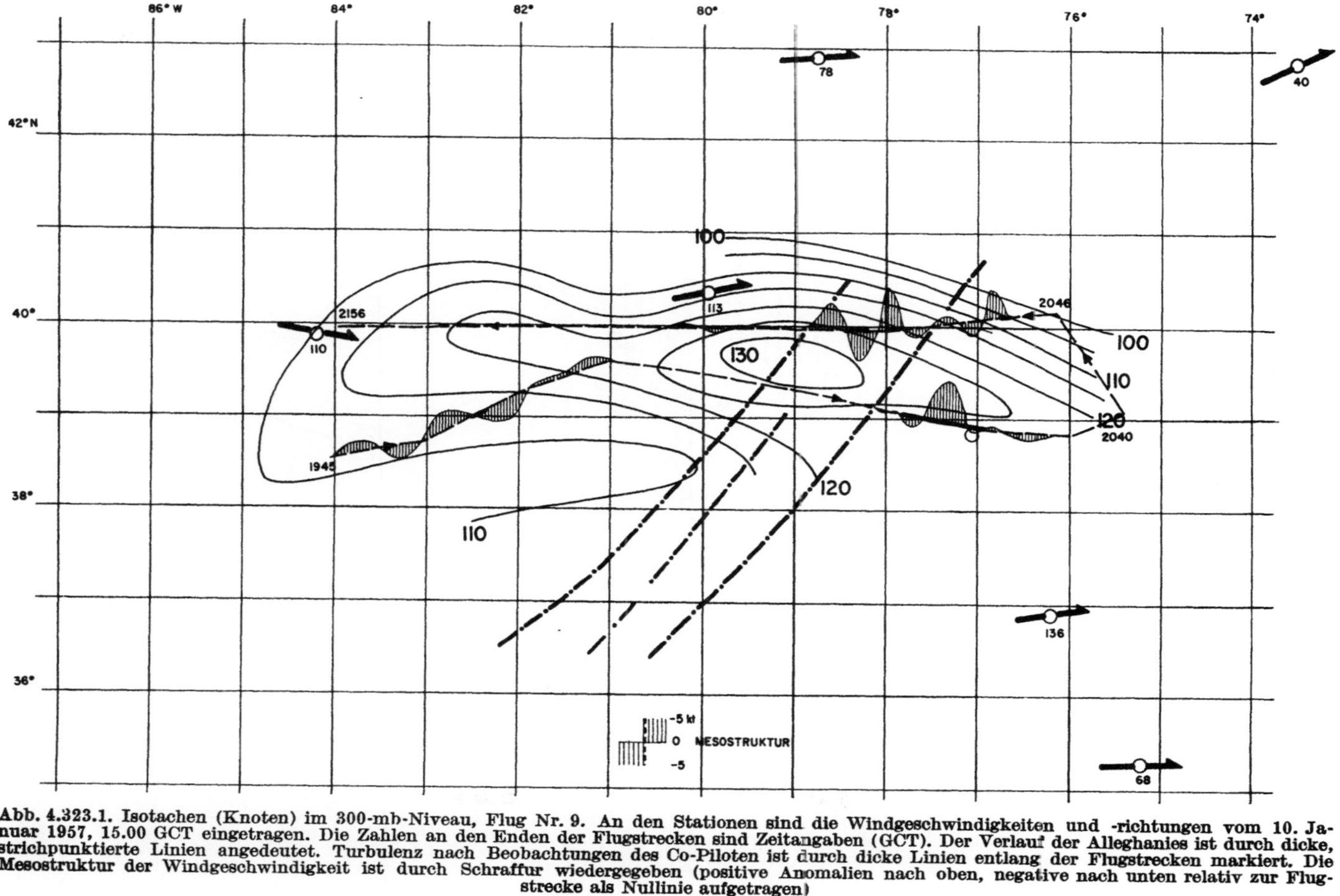

Abb. 4.323.1. Isotachen (Knoten) im 300-mb-Niveau, Flug Nr. 9. An den Stationen sind die Windgeschwindigkeiten und -richtungen vom 10. Januar 1957, 15.00 GCT eingetragen. Die Zahlen an den Enden der Flugstrecken sind Zeitangaben (GCT). Der Verlauf der Alleghanies ist durch dicke, strichpunktierte Linien angedeutet. Turbulenz nach Beobachtungen des Co-Piloten ist durch dicke Linien entlang der Flugstrecken markiert. Die Mesostruktur der Windgeschwindigkeit ist durch Schraffur wiedergegeben (positive Anomalien nach oben, negative nach unten relativ zur Flugstrecke als Nullinie aufgetragen)

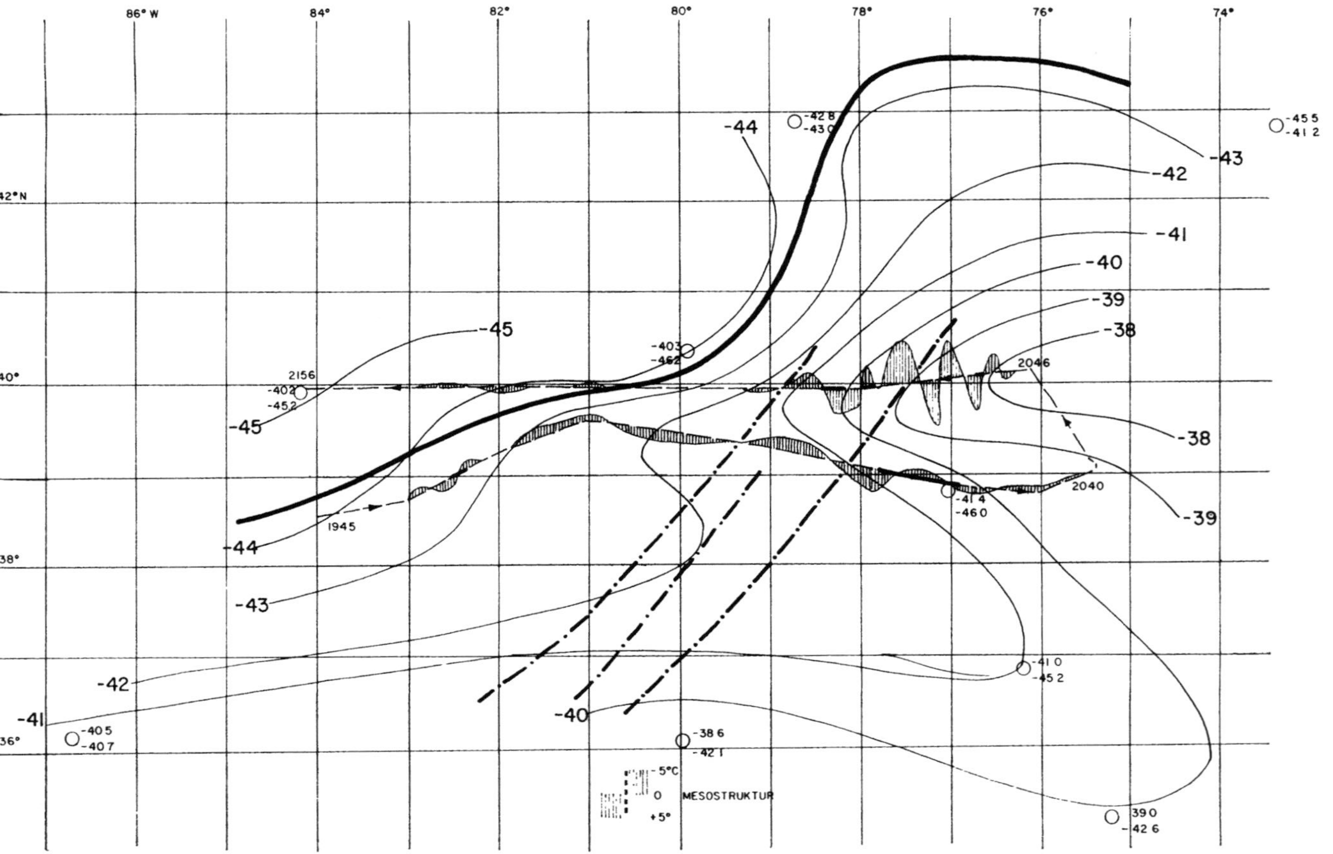

Abb. 4.323.2. Isothermen (° C) der 300-mb-Fläche und Mesostruktur (positive Anomalien nach unten, negative nach oben eingetragen) der Temperatur zur Zeit des Fluges Nr. 9. An den Radiosondenstationen sind die Temperaturen für 10. Januar 1957, 15.00 GCT (obere Zahl) und 11. Januar 1957, 03.00 GCT (untere Zahl) eingetragen. Dicke Linie: Schnitt der Tropopause. Sonstige Erklärungen mögen der Legende zu Abb. 1 entnommen werden

Abb. 4.323.1 zeigt die Isotachen der Windgeschwindigkeit in 300-mb-Niveau aus Flugmessungen und Rawinsondendaten. [Die vierstelligen Zahlen an den Flugstrecken geben die Zeit (GCT) an, zu der diese Punkte erreicht wurden.] Im Lee der Alleghanies — die strichpunktierten Linien geben schematisch die Lage der Höhenrücken an — zeigt sich in der schraffiert angedeuteten Mesostruktur der Strömung deutlich die Bildung stehender Leewellen. Abb. 4.323.2

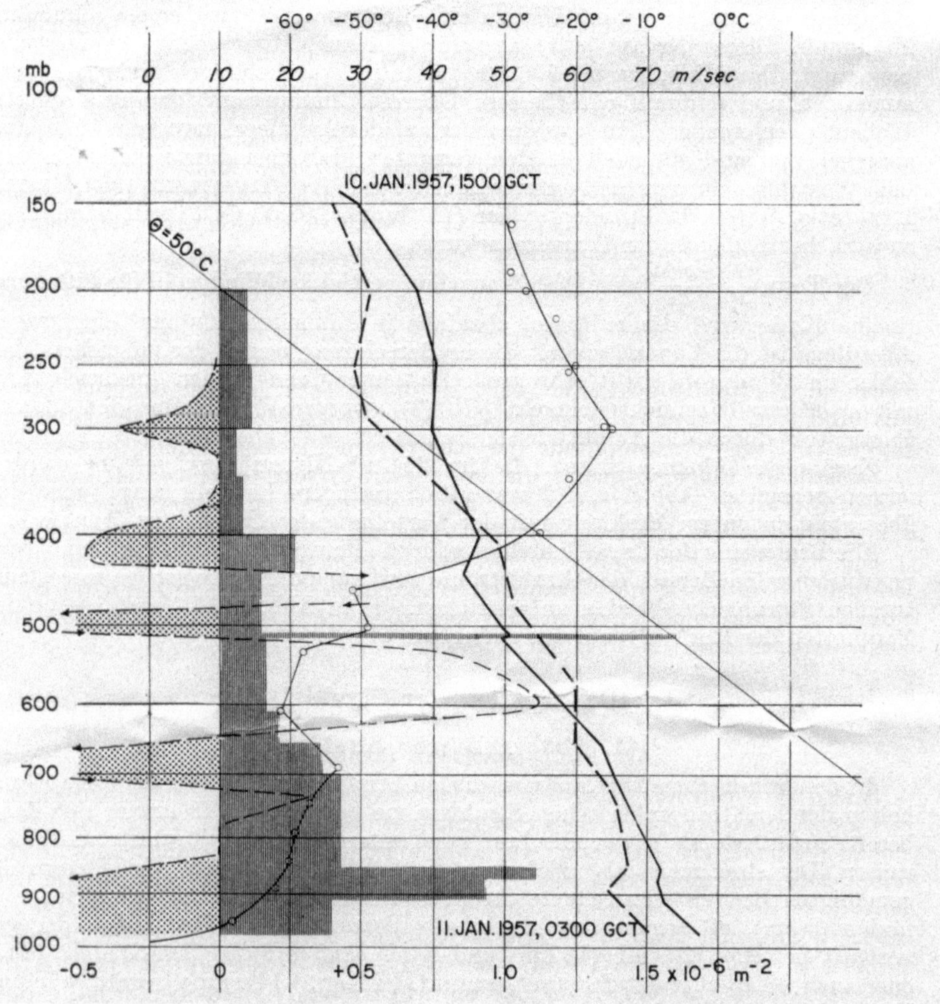

Abb. 4.423.3. Radiosondenaufstiege, Pittsburgh, Pa., am 10. Januar 1957, 15.00 GCT (volle Linie) und am 11. Januar 1957, 03.00 GCT (strichlierte Linie), dazu vertikales Windprofil, 10. Januar 15.00 GCT und Verteilung von $g\,\beta/V^2$ (senkrecht schraffiert) und $\frac{1}{V}\cdot\frac{\partial^2 V}{\partial z^2}$ (strichlierte Kurve bzw. punktierte Fläche im Diagramm links)

enthält die Temperaturanalyse für dasselbe Niveau. Die an den Radiosondenstationen eingetragenen Zahlen stehen für die Temperaturmessungen am 10. Januar 1957, 15.00 GCT (obere Zahl) und am 11. Januar, 03.00 GCT (untere Zahl). Die Schnittlinie der Tropopause mit der 300-mb-Fläche ist durch eine dicke Linie angedeutet. Große, leewellenbedingte Amplituden in der Mesostruktur treten besonders im nördlichen Flugabschnitt auf, wo der dort herrschende horizontale Temperaturgradient auf die Existenz einer stabilen und baroklinen Zone schließen läßt.

Abb. 4.323.3 zeigt die Radiosondenaufstiege von Pittsburgh, Pa., vom 10. Januar, 15.00 GCT (volle Linie) und vom 11. Januar, 03.00 GCT (strichliert). Aus ersterem Aufstieg wurde der Parameter $g\,\beta/V^2$ berechnet, und in Einheiten $10^{-6}\,m^{-2}$ schraffiert eingetragen. Wie die Abbildung erkennen läßt, zeigt dieser Parameter gerade im 300-mb-Niveau ein Minimum und darüber ein sekundäres Maximum. Dieses Niveau wäre also für die Ausbildung stehender Leewellen bevorzugt. Das Minimum bei 300 mb dürfte in Wahrheit noch geringere Werte annehmen und dadurch eine bessere Übereinstimmung mit den beobachteten Wellenlängen ergeben, denn aus dem Verlauf der Aufstiegskurve vom 10. Januar zwischen 300 und 400 mb läßt sich vermuten, daß eine dünne stabile Schicht beim Verschlüsselungsprozeß unterschlagen wurde (vgl. Danielsen 1959, Reiter, Lang et al. 1961). 12 Stunden später (11. Januar, 03.00 GCT) tritt nämlich ein zusätzlicher Knick in der Temperaturkurve auf.

Der Term $\frac{1}{V} \cdot \frac{\partial^2 V}{\partial z^2}$ ist in Abb. 3 aus dem vertiaklen Windprofil für Pittsburgh (kleine Kreise und dünne Linie) ebenfalls in Einheiten $10^{-6}\,m^{-2}$ eingetragen. Allerdings ist die Zuverlässigkeit dieser Berechnung wegen der möglichen Meßfehler im Windprofil nicht sehr groß. Da dieser Term in den Ausdruck für l^2 mit negativem Vorzeichen eingeht [Gl. (3)], werden die Maxima des Scorer-Parameters durch die Amplitude der schattierten Fläche in Abb. 3 angegeben.

Zusätzliche Flugmessungen, die im 264-mb-Niveau durchgeführt wurden, wiesen gegenüber Abb. 1 und 2 wesentlich geringere Leewellenamplituden auf. Dies steht in gutem Einklang mit der Verteilung des Parameters l^2 in Abb. 3.

Die Bedeutung der Leewellenbildung für die Feinstruktur des Wind- und Temperaturfeldes im Bereich der Strahlströme wird auch durch die großen mesostrukturellen Störungsamplituden unterstrichen, die in Abb. 4.311.2 und 3 über den Bergketten der Rocky Mountains auftreten.

4.4. Das System der Strahlströme

4.41. Atmosphärische Strahlströme

In den vorangehenden Kapiteln wurden bereits eingehend strukturelle Eigenheiten der hochtroposphärischen Strahlströme besprochen. Es erwies sich dabei bereits mehrmals als notwendig, auf zwei unterschiedliche Strahlströme hinzuweisen. Der eine, meist als „*Polarfront-Jet*" (PFJ) oder auch „Jet Stream der gemäßigten Breiten" bezeichnete Strom ist in der Nähe des 300-mb-Niveaus zu finden (9 km), oft sogar etwas unterhalb dieses Niveaus. Der andere dagegen verläuft bei etwa 200 mb (12 km) und wird „*Subtropischer Jet Stream*" (STJ) oder auch „Südlicher Jet Stream" genannt. In Kap. 4.14 wurde bereits auf einige Unterschiede in den beiden Strahlstromsystemen hingewiesen, soweit dies zum Verständnis der Konfluenztheorie notwendig war.

Eine scharfe Trennungslinie zwischen den beiden Strahlstromtypen läßt sich nicht immer ziehen, denn es scheinen verschiedene Übergangsstadien zu existieren, in denen die Strahlstromachse zwar bereits im 200-mb-Niveau und darüber anzutreffen ist, in denen aber die untere Troposphäre am Rande einer ausfließenden Kaltluftmasse noch immer eine ausgeprägte Baroklinität aufweist (Reiter 1959b).

Die Studien über die Struktur des Strahlstromes in Kap. 4.1 und 4.2 beschränkten sich bisher hauptsächlich auf den Polarfront-Jet. Nur Endlichs Messungen im Strahlstromkern (Kap. 4.232) wurden vorwiegend im subtropischen Jet Stream gewonnen. Die meisten der in den vorangehenden Kapiteln geschilderten Strukturmerkmale dürften wohl für beide Strahlstromsysteme, den PFJ und den STJ, symptomatisch sein. In Kap. 4.211 (Abb. 5) wurde auf weitere Strahlstromsysteme in den Tropen hingewiesen: den *Tropischen Jet* aus Osten und die *Berson-Westwinde* und *Krakatau-Ostwinde*. Die beiden letzteren weisen allerdings nur geringe laterale und vertikale Scherung auf und werden daher nach der WMO-Klassifikation (Kap. 1.1) nicht mehr als „Strahlstrom" angesprochen. Läßt man dagegen eine horizontale Scherung von der Größenordnung des Coriolisparameter als Grenzwert gelten, so müßte man sie wegen ihrer Äquatornähe wohl als Jet Streams bezeichnen. In der arktischen Stratosphäre wurde außerdem in jüngster Zeit — hauptsächlich mit Beobachtungsmaterial aus dem Internationalen Geophysikalischen Jahr 1957/58 — die Existenz eines räumlich begrenzten, der WMO-Definition entsprechenden Strahlstromes nachgewiesen, der im Winter aus einer westlichen Richtung weht, im Sommer dagegen auf der Nordhemisphäre schwächeren Ostwinden Platz macht. Es ist dies der *Arktische Stratosphären-Jet* (ASJ) (vgl. Pogosian 1957a).

In der unteren Troposphäre existiert bei manchen Wetterlagen ein Strahlstrom, der im Englischen als „Low Level" Jet (LLJ) bezeichnet wird. Er soll als *niedertroposphärischer Strahlstrom* gesondert behandelt werden. Im folgenden Abschnitt soll ein kurzer Überblick über die Charakteristika der einzelnen Strahlströme geboten werden.

4.411. Der Polarfront-Jet (PFJ)

Als typische Schnitte durch einen PFJ können Abb. 3.211, 4.221.2 und das Modell I von Brundidge (et al. 1958) (Abb. 4.232.6) angesehen werden. In allen diesen Fällen liegt das Windmaximum bei etwa 300 mb (10 km) (Berg 1949, Fotheringham 1953). Eine starke barokline Zone erstreckt sich durch nahezu die gesamte Troposphäre. Separiert davon erscheint unter Umständen die „Jet-Stream-Front" unmittelbar unter der Strahlstromachse. Diese „Frontalzone" mag, wie in Abb. 3.211 gezeigt, in einem Strich verlaufen oder auch, wie im Deltagebiet (Abb. 4.221.2), in der mittleren Troposphäre etwas diffuser Natur sein. Sie wird auch in den seltensten Fällen isentrop verlaufen, sondern in der Regel eine blättrige Struktur besitzen (Danielsen 1959, Reiter 1961a). Wesentlich jedoch ist, daß die Atmosphäre in einem mehr oder weniger breiten Band von der unteren Troposphäre an bis ins Strahlstromniveau baroklin verläuft. Die barokline Zone setzt sich — mit umgekehrten Vorzeichen — in die Stratosphäre fort. Die Position der Strahlstromachse ist dabei annähernd oberhalb der warmen Seite der 500-mb-Frontalzone (meist etwas rechts davon) oder unterhalb der 200-mb-Frontalzone zu suchen.

Dieses stark barokline Band läßt sich mitunter um die ganze Hemisphäre verfolgen (Bradbury et al. 1953), weist jedoch meist Unterbrechungen und Neuformierungen auf. Es ist also auch in seiner Längsausdehnung nicht als Kontinuum zu betrachten, sondern als eine ständig im Fluß befindliche Zone, die sich auflöst und anderswo neu bildet.

Die markante Baroklinität in der unteren Troposphäre war wohl die Ursache, daß der PFJ als erster entdeckt und erforscht wurde. Die Ansicht, daß die Frontalzone als Grenzfläche zweier Luftmassen auftritt, verbindet im PFJ die neueren dynamischen Aspekte mit der älteren norwegischen Polarfronttheorie und der „luftmassenmäßigen Arbeitsweise". Neuere Untersuchungen, von denen in Kap. 6 noch eingehender die Rede sein soll, zeigen jedoch, daß die „Frontalzone", zumindest in ihren oberen Teilen, vielfach ein luftmassenmäßiges „Eigenleben" führt, da sie einen Luftkörper darstellt, der aus der Stratosphäre durch Absinken importiert wurde (REED, DANIELSEN 1959, vgl. REITER 1960d, e, 1961d, REITER, LANG et al. 1961). Die Bedeutung der Frontalzone als Grenzschicht zweier Luftmassen wurde dadurch in den Hintergrund gedrängt und die *Dynamik* des mehr oder weniger *baroklinen Gebietes* tritt in den Vordergrund. Der Ausdruck ,,Front" möge daher im folgenden nicht so sehr als Auf- oder Abgleitfläche verschiedener Luftmassen mit entsprechenden Witterungsvorgängen verstanden sein, sondern als synonym mit ,,barokliner Zone".

Da der PFJ der einzige Strahlstrom ist, bei dem eine barokline Zone den Boden erreicht — oftmals in einer Schärfe, die den Ausdruck ,,Front" tatsächlich rechtfertigt —, ist diese Art des Strahlstromes charakteristisch für intensive Frontalzyklogenesen (Kap. 6). Der Name ,,Polarfront-Jet" ist insofern irreführend, als diese für Wellenstörungen gewisser Länge labil reagierende barokline Zone nicht unbedingt zwischen Polar- und Tropikluftmassen liegen muß, sondern auch zwischen Luftmassen verlaufen kann, die nach der Klassifikation der Luftmassentheorien andere Merkmale besitzen (etwa kontinentale Arktikluft und maritime Polarluft). BERGERON (1956) weist darauf hin, daß auch die Arktikfront mit einem mehr oder minder — je nach dem Maße ihrer Baroklinität — ausgeprägten Jet Stream assoziiert ist. Es ist daher durchaus möglich, daß hochtroposphärische Strahlströme noch in relativ hohen Breiten, wie z. B. über Grönland, beobachtet werden (BEDEL 1954, GODSON 1955). Zyklogenese tritt nicht nur an der Polarfront ein, sondern kann an jeder baroklinen Zone, selbst in Polnähe, stattfinden (BUGAEV 1947, REED und KUNKEL 1960). Diese Gedankengänge wurden im sogenannten ,,Kanadischen Dreifrontenmodell" weiterentwickelt (MCINTYRE 1958, GALLOWAY 1958, MCINTYRE et al. 1953). Der norwegischen Polarfrontschule folgend, wird jedoch hier wohl des Guten etwas zu viel getan, wenn versucht wird, sämtliche drei Fronten (Polarfront zwischen mT- und mP-, maritime Arktikfront zwischen mP- und mA- und kontinentale Arktikfront zwischen mA- und cA-Luftmassen) in drei geschlossenen Bändern zusammen mit drei Strahlströmen um die ganze Hemisphäre zu führen. Zugegeben, daß die eine oder andere der drei Fronten in manchen Gebieten sehr augenfällig wird und daß in manchen Querschnitten drei Strahlströme gleichzeitig existieren (NEWTON et al. 1953, SEREBRENY et al. 1960), doch darf man nicht vergessen, daß es sich bei frontogenetischen und frontolytischen Prozessen um *ständig* wirksame Vorgänge handelt. Fronten sind also keine ,,Grenzen", die um die ganze Hemisphäre zu führen man unbedingt trachten soll, sondern sie sind in ständiger Bildung und Auflösung begriffen. Selbst die Studien über den hemisphärischen Verlauf der Polarfront von BRADBURY und PALMÉN (1953) lassen deutlich Gebiete erkennen, in denen der scheinbar kontinuierliche Verlauf der 500-mb-Frontalzone, wie er etwa aus einer Isothermenanalyse hervorgeht, unterbrochen ist. Den Schwierigkeiten der ,,Fronten"analyse in einem frontolytisch aktiven Gebiet entgeht man, wenn man, wie bereits wiederholt erwähnt, den Begriff der Baroklinität und die Dynamik der Höhenströmung in den Vordergrund rücken läßt.

Da sich der Name ,,Polarfront-Jet" in der meteorologischen Literatur trotz der möglichen Assoziationen mit verschiedenen Luftmassen eingebürgert hat, soll er auch beibehalten werden, jedoch in der oben angeführten erweiterten Bedeutung:

Als ,,Polarfront-Strahlströme" sind solche Strahlströme anzusprechen, deren barokline Zone durch die ganze Troposphäre bis in Bodennähe reicht. Unter günstigen Umständen tritt Frontalzyklogenese ein.

Die bereits früher erwähnte (Abb. 4.122.3) und in ihrer Wirkung noch in Kap. 6 eingehend zu besprechende Verteilung von Divergenz und Konvergenz im Bereich des Strahlstromes gilt nicht nur für den PFJ, sondern auch für alle anderen Strahlströme mit ausgeprägter Vorticity-Verteilung, die durch Geschwindigkeitsmaxima oder Wellenbildung verursacht sein kann.

Ein detailliertes Studium des PFJ verdanken wir den Querschnitten, die aus Radiosondenaufstiegen und aus Flugzeugmessungen des schon oft zitierten Project Jet Stream über Nordamerika gewonnen wurden. Es mag sein, daß etliche Charakteristika dieses Jet Stream, wie etwa horizontale und vertikale Scherung sowie maximale Windgeschwindigkeiten, nicht für sämtliche Gebiete der nord- und südhemisphärischen Westwinddrift verallgemeinert werden dürfen, obwohl bisher keine Anhaltspunkte für bedeutende Abweichungen gefunden wurden (James 1951 a, Porter 1951). Vor allem darf die in manchen Querschnitten angegebene *mittlere Position* und *mittlere Stärke* nicht als bindend für andere Längengrade aufgefaßt werden (Kap. 4.211). Die Querschnitte auf 80° W zeichnen sich nämlich durch eine besonders weit nach Süden vorgeschobene Lage des PFJ aus (daher ist in Abb. 4.211.4 nur eine schwache Andeutung des Subtropen-Jet vorhanden, der hier meist mit dem PFJ verschmolzen ist). Die verhältnismäßig hohen Mittelgeschwindigkeiten sind aus der relativ geringen interdiurnen Veränderlichkeit der Strahlstromachse auf diesem Meridian zu erklären. Querschnitte, die weiter im Westen verlaufen, würden einerseits den PFJ weiter im Norden und wegen der schwankenden Position auch viel schwächer ausgeprägt erscheinen lassen. Das absolute Windmaximum wäre unter Umständen sogar — wegen seiner größeren Beständigkeit — auf den Subtropen-Jet verschoben, der aus dem Raum der kalifornischen Halbinsel kommt und der leider hier wegen des Mangels an Höhenwindbeobachtungen nur schwer und ungenau erfaßt werden kann.

Über Ostasien und Japan sind ebenfalls die hohen mittleren Windgeschwindigkeiten im Strahlstromniveau auf die geringe interdiurne Veränderlichkeit der Strahlstromachse zurückzuführen (vgl. Kap. 4.211). So wird z. B. als resultierender Windvektor über Tateno im Winter in 10 km Höhe 260 km/h aus Westen angegeben (Flohn 1944).

Eine interessante Studie über die Häufigkeit von Windgeschwindigkeitsmaxima im 500-mb-Niveau in Abhängigkeit von der geographischen Breite verdanken wir Essenwanger (1953; vgl. Flohn 1952c) (Abb. 4.411). Zum Vergleich sind in dieser Abbildung die Häufigkeiten aus einer Auszählung von Cressman (1950) in der 300-mb-Fläche angegeben, auf die bereits in Abb. 4.121.3 zurückgegriffen worden war. Die drei Meridiane, für welche Essenwanger seine Statistik aufstellte, zeigen etliche bemerkenswerte Unterschiede. Zunächst treten im Winter wie im Sommer drei Häufigkeitsmaxima in Erscheinung: bei etwa 80° N, 50° N und 35° N. Das nördlichste dieser drei Maxima, das nach der bereits erwähnten kanadischen Auffassung mit der Baroklinität zwischen Arktik- und Polarluftmassen assoziiert sein dürfte, ist über Amerika (80° N) weniger ausgeprägt und nach niedrigeren Breiten verschoben als über Europa. Das südliche Maximum tritt im Sommer nur bei 0° Länge in Erscheinung. Essenwanger vermutet darin die Wirkung des Temperaturkontrastes zwischen Mittelmeer und nordafrikanischem Festland. Dieses Häufigkeitsmaximum dürfte wohl durch den unteren Bereich des STJ verursacht sein, der über diesem Gebiet mit relativ großer Beständigkeit anzutreffen ist. Über dem Atlantik (30° W) liegt in dieser Jahreszeit das Azorenhoch, somit fehlt im 500-mb-Niveau das südliche Häufigkeitsmaximum. Über Nordamerika (80° W) erscheint dieses Maximum nur sehr schwach angedeutet. Es würde ebenfalls der Position des STJ entsprechen, doch ist, wie die Studien des Project Jet Stream (Saucier 1958b) zeigten, die untere Troposphäre auch im Gebiet des STJ quasibarotrop, so daß also im 500-mb-Niveau eine Andeutung des Windmaximums verhältnismäßig selten zu erwarten ist. Im Winter fehlt ebenfalls über dem Atlantik das südliche Maximum. Es ist jedoch nunmehr über den USA und Europa gleichermaßen vorhanden. Über den USA sind es wohl die tiefen Kaltluftausbrüche im Lee der Rocky Mountains, welche dieses Häufigkeitsmaximum verursachen. Es kann somit dieses südliche Maximum noch auf Polarfrontjets zurückzuführen sein und ist nicht unbedingt dem STJ zuzuschreiben. Das arktische Häufigkeitsmaximum erscheint im Winter über Europa und dem Atlantik deutlich bei etwa 81° N, während es über den USA bei etwa 65° N auftritt. Hier macht sich die Wirkung des nordamerikanischen Kältepols bemerkbar, der im Mittel nicht weit vom Magnetpol zu suchen ist.

Höhenwindstatistiken, die das Vorhandensein des PFJ erkennen lassen, existieren in großer Zahl für beide Hemisphären: z. B. Nordamerika: Henry et al. 1948; Europa: Berenger und Heissat 1959a, Holzapfel 1956a, Richter 1952; Asien: Shimada 1958; Südafrika: South Africa 1950; Australien: Porter

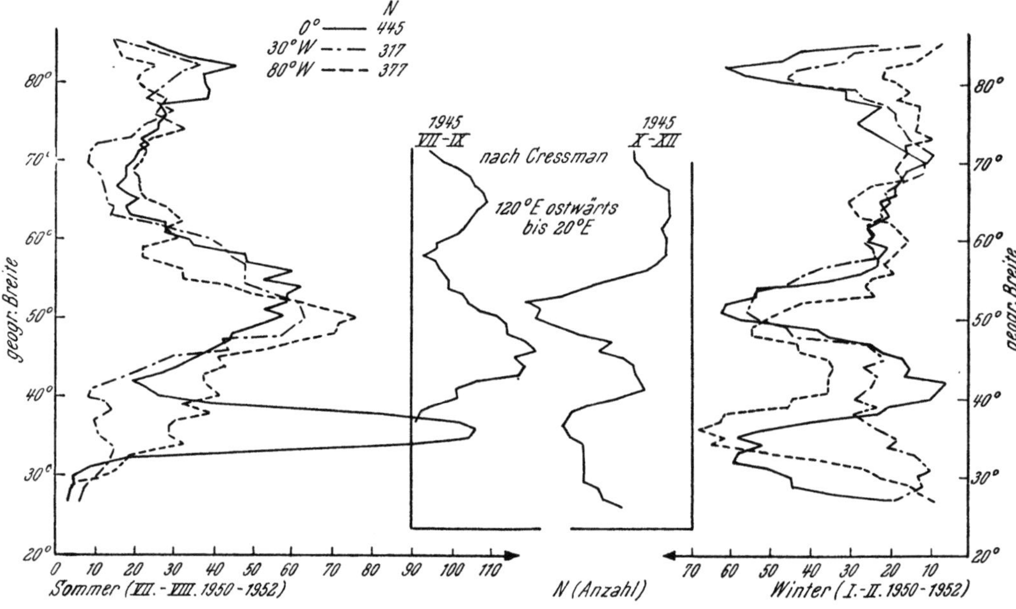

Abb. 4.411. Häufigkeit der Windmaxima im 500-mb-Niveau entlang 0°, 30° und 80° W für Sommer (Juli, August) und Winter (Januar, Februar) 1950 – 1952. (N = Anzahl der Fälle.) (Essenwanger 1953)

1953, Row 1951; Antarktis: Court 1949; Falkland-Inseln: Gray et al. 1951.

Trotz der zu erwartenden regionalen Unterschiede lassen sich für den PFJ auf Grund der in den vorangehenden Kapiteln beschriebenen Untersuchungsergebnisse einige allgemeingültige Kriterien aufstellen (Saucier 1958b).

1. In den Niveaus nahe dem Jet-Stream-Kern ist die zyklonale Scherung links etwas größer als die antizyklonale Scherung rechts von der Strahlstromachse, wo die absolute Vorticity meist leicht positive Werte besitzt (von der Größenordnung $1 \cdot 10^{-5}$ sec^{-1}). Im unmittelbaren Bereich von Jet-Maxima sind jedoch leicht negative Werte absoluter Vorticity möglich.

2. Das Niveau und auch die Schicht maximalen Windes spiegelt die baroklinen Verhältnisse in der Atmosphäre gut wider und neigt sich links der Strahlstromachse (Blick stromab) nach unten, rechts von der Achse nach oben.

3. Damit im Einklang steht die Tatsache, daß das Gebiet stärkster zyklonaler

Scherung etwas unterhalb, das Gebiet stärkster antizyklonaler Scherung etwas oberhalb des Niveaus des Jet-Kernes liegt.

4. Das Niveau des Maximalwindes fällt in der Regel *nicht* mit der Tropopause zusammen. Der Strahlstrom liegt rechts des „Tropopausenbruches". Auf der antizyklonalen Seite der Achse liegt das Maximalwindniveau *unterhalb* der Tropopause.

5. Ober- und unterhalb des Strahlstromkernes liegt die auf Niveauflächen analysierte Jet-Achse jeweils rechts von der Position des Kernes.

6. Die Position des Strahlstromkernes liegt etwas rechts oberhalb der Isothermenkonzentration im 500-mb-Niveau und unterhalb der Konzentration im 200- bzw. 175-mb-Niveau (Abb. 3.211) (Crocker 1952).

7. Die Baroklinität unterhalb des Strahlstromkernes steht in guter Übereinstimmung mit der beobachteten vertikalen Windscherung. Mesostrukturelle Abweichungen sind jedoch zu erwarten.

Über die höchsten in Strahlströmen möglichen Geschwindigkeiten sind die bisherigen Aufschlüsse sehr dürftig. Extreme Windgeschwindigkeiten führen zu beträchtlichen Meßschwierigkeiten, so daß die Messungen unzuverlässig sind (vgl. Kap. 2). Eine Geschwindigkeitsangabe über Philadelphia, N. J., von 396 Knoten (732 km/h) wurde durch das Versagen des Geräts vorgetäuscht (Ratner 1955). Die tatsächliche Windgeschwindigkeit wurde auf etwa 265 Knoten (490 km/h) geschätzt. Die höchsten, in einem PFJ gemessenen Windgeschwindigkeiten liegen nicht weit von 300 Knoten (etwa 550 km/h) (Sheppard 1951). Eine Messung von 192 m/sec über Shinomisaki, die Mohri (1953) angibt, vernachlässigt die Erdkrümmung und dürfte daher etwa 20% zu hoch sein. Arakawa (1959) gibt für den STJ in 13 km Höhe über Tateno 540 km/h als bisher höchsten Rawinsondenwert an. Frost (1953) beobachtete bei einem Flug über Tokio etwa 650 km/h.

Lettau (1948) schätzt die möglichen geostrophischen Maximalwindgeschwindigkeiten theoretisch ab. Er nimmt dabei allerdings willkürlich an, daß das Druckgefälle zwischen einem Hoch und dem benachbarten Tief einer Cosinusfunktion gehorcht.

Die Druckverteilung zwischen Hoch (p_H) und Tief (p_T) sei gegeben durch

$$p = p_0 + \frac{p_H - p_T}{2} \cos \frac{\pi}{A} n. \qquad 4.411\ (1)$$

A = Abstand zwischen Hoch und Tief, n die Koordinate normal zur Strömung, positiv in Richtung vom Hoch zum Tief, $p_0 = \frac{p_H + p_T}{2}$ ist der Mitteldruck.

Für $n = 0$ ist $p = p_H$.

Für $n = A$ ist $p = p_T$.

Für $n = \frac{A}{2}$ ist $p = p_0$.

Der Druckgradient ist gegeben durch

$$\frac{\partial p}{\partial n} = -\frac{\pi\,(p_H - p_T)}{2A} \sin \frac{\pi}{A} n. \qquad 4.411\ (2)$$

Der maximale Gradient wird erreicht für $\sin \frac{\pi}{A} n = 1$. Daraus erhält man für die maximale geostrophische Windgeschwindigkeit

$$|V_{\max}| = \frac{\pi\,(p_H - p_T)}{\varrho f 2A}. \qquad 4.411\ (3)$$

Der maximal mögliche Druckgegensatz zwischen Hoch und Tief ist durch die in Kap. 1.236 beschriebene dynamische Labilität gegeben (LETTAU 1947). Laut Gl. 1.236 (8) muß, wenn wir von der Krümmung der Stromlinien absehen wollen,

$$\frac{\partial V}{\partial n} < f \qquad 4.411\ (4)$$

sein. Es muß also für geostrophische Strömungsverhältnisse

$$-\frac{\partial^2 p}{\partial n^2} < \varrho f^2 \qquad 4.411\ (5)$$

sein, wenn wir die Breitenabhängigkeit von f vernachlässigen wollen. Durch nochmalige Differentiation von (2) erhält man, zusammen mit (5), die Maximalbedingung

$$(p_H - p_T) < \frac{2\varrho f^2 A^2}{\pi^2}. \qquad 4.411\ (6)$$

Eine zusätzliche Beschränkung ist dem Druckfeld im antizyklonalen Bereich durch die Grenzbedingung aus Gl. 1.223 (5) gegeben, nach der die Wurzel reelle Werte aufweisen muß. Es ist somit die maximale Gradientwindgeschwindigkeit

$$V_{\max} = \frac{r f}{2}$$

(r ist der Krümmungsradius, gleichgerichtet mit n) und da laut Gl. 1.223 (6) $V_{\max} = 2\, V_g$ ist, erhalten wir für den maximalen geostrophischen Geschwindigkeitsgradienten

$$\left(\frac{\partial V}{\partial n}\right)_{\max} = \frac{f}{4}. \qquad 4.411\ (7)$$

Ein Vergleich mit (4) ergibt, daß diese Bedingung wesentlich (vierfach) einschränkender ist. Für den antizyklonalen Bereich $\left(n = 0 \text{ bis } \frac{A}{2}\right)$ gilt somit,

$$p_H - p_0 < \frac{2\varrho f^2 A^2}{4\pi^2} \cdot \frac{1}{2}$$

und für die zyklonale Seite

$$p_0 - p_T < \frac{2\varrho f^2 A^2}{\pi^2} \cdot \frac{1}{2},$$

zusammen also

$$p_H - p_T < \frac{5\varrho f^2 A^2}{4\pi^2}. \qquad 4.411\ (8)$$

Führen wir (8) in (3) ein, so erhalten wir

$$V_{\max} < \frac{5}{8}\frac{f A}{\pi}. \qquad 4.411\ (9)$$

Nehmen wir für etwa 10 km Höhe den Tiefdruck am Pol, den Hochdruck am Äquator an, so würde aus Gl. (8) eine Maximalgeschwindigkeit von 738 km/h (etwa 400 Knoten) resultieren. Da jedoch der höchste Luftdruck nicht am Äquator, sondern in den Subtropen bei etwa 30° Breite zu suchen ist (RIEHL 1954c), ist diese Zahl um etwa ein Drittel zu vermindern. Die dann resultierenden 300 Knoten Maximalgeschwindigkeit stimmen mit den Beobachtungen überein.

4.412. Der Subtropen-Jet (STJ)

In seiner Struktur dem Polarfront-Jet sehr ähnlich ist der STJ, ein Band hoher Westgeschwindigkeiten, das bei etwa 12 km (200 mb) seine maximale Stärke erreicht (NOJIMA 1954).

In einzelnen Querschnitten kann der STJ bedeutend höher liegen (150 mb). Dies ist vor allem dann der Fall, wenn eine kräftige Polarfront weit südlich ihrer normalen Position verläuft. In derartigen Fällen liegt das wegen der hochreichenden baroklinen Zone als PFJ anzusprechende Windmaximum unter Umständen bereits zwischen 200 und 250 mb.

Da der STJ in seiner Schwankungsbreite in die Zone des Polarfront-Jet eingreift, geht seine separate Struktur in mittleren Querschnitten meist verloren (vgl. Abb. 4.211.1 und 4.211.4).

In Kap. 4.141 wurde bereits kurz darauf verwiesen, daß die Strahlstrommaxima in einem PFJ über den USA in der Regel eine Verlagerungstendenz nach Süden zeigen (vgl. auch Abb. 4.232.7 und 8). Durch Neubildung der baroklinen Zone im Norden entstehen zwei oder mehrere Jets. Nach Untersuchungen von Phillips (1950) scheint sich die Strahlstromachse bei dieser Südwärtsdrift gegen höhere Niveaus und höhere potentielle Temperaturen zu verlagern (vgl. Knepple 1960). Es hat somit den Anschein, als sei der STJ seiner Genetik nach der Überrest einer baroklinen Zone, die ursprünglich einem PFJ angehörte. McIntyre (et al. 1953) gelangt dagegen zur Ansicht, daß einzelne Strahlstrommaxima auf ihrer Wanderung nach Süden gegen tiefere Niveaus vordringen. Manche von ihnen scheinen allerdings dabei einen Teil ihrer kinetischen Energie diskontinuierlich an höhere Niveaus abzugeben, so daß sich neue Jet-Maxima bei höheren potentiellen Temperaturen bilden, während die alten langsam verschwinden. Palmén hält andererseits dafür, daß der Subtropen-Jet durch Import von Drehimpuls aus Süden entsteht (vgl. Sawyer 1957, Mohri 1958), wie auch aus dem von ihm entworfenen Zirkulationsschema (Abb. 4.412.1) hervorgeht. Demnach bilden sich die Strahlströme an der Nordflanke der meridionalen Zirkulationszellen (Sato 1951). Dieses Schema wird durch quantitative Untersuchungen von Palmén und Alaka (1952) erhärtet.

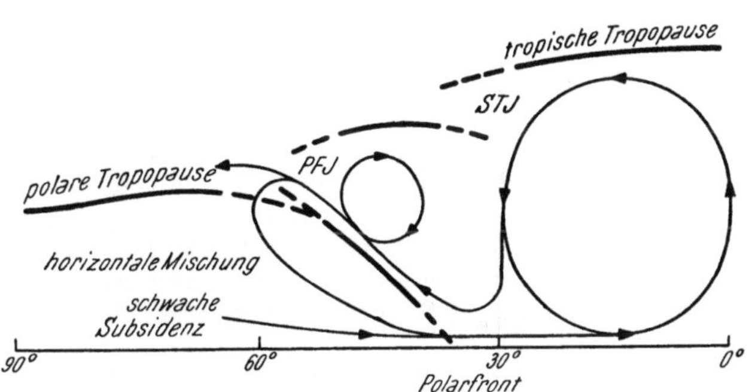

Abb. 4.412.1. Schema der mittleren Meridionalzirkulation der Nordhalbkugel im Winter. Dicke Linien: Tropopausen und Polarfront. (Nach Palmén 1954)

Der meridionale Impulstransport aus Süden, der zur Aufrechterhaltung des STJ erforderlich wäre, kann auf verschiedene Weise bewerkstelligt werden. Während eine Reihe theoretischer Arbeiten, auf die in Kap. 8 noch näher hingewiesen werden soll, den Impulstransport, der zur Aufrechterhaltung der Zonalzirkulation im Bereich des PFJ notwendig ist, durch großräumige Turbulenz (Turbulenzkörper von der Größenordnung der planetarischen langen Wellen) bewerkstelligt sehen, konnten Palmén und Alaka in der zitierten Arbeit nachweisen, daß zur Aufrechterhaltung des STJ eine mittlere Meridionalzirkulation der in Abb. 1 angedeuteten Art erforderlich ist. Der großräumige turbulente Austausch von Drehimpuls würde nämlich in der Zone maximaler Westwinde (im Winter zwischen 25° und 30° N) zu einer Divergenz im Impulsstrom führen, d. h. es würde mehr Impuls durch die Wirkung der planetarischen Langwellen nach Norden exportiert, als durch diese Turbulenzkörper nachgeliefert wird (Mintz 1951, Widger 1949). Diese Impulsstromdivergenz würde jedoch zum Zerfall des hemisphärischen Strahlstromes führen. Vorgänge dieser Art spielen wohl im Indexzyklus eine Rolle. Da sich jedoch die Westwindzone ständig neu regeneriert, muß der erforderliche Drehimpuls wiederum nachgeliefert werden.

Um die Existenz des STJ vom Standpunkt des Drehimpulshaushaltes (Übergang von absolutem Drehimpuls in relativen Drehimpuls, der sich als zonale Windgeschwindigkeit äußert [vgl. Ableitung der Gl. 1.236 (14)] verstehen zu können, ist also eine Betrachtung des horizontalen turbulenten Austausches nicht genug. Es müssen vielmehr folgende Größen berücksichtigt werden:

1. *Horizontaler und vertikaler Transport von Drehimpuls*, der durch den Massentransport einer *mittleren Meridionalzirkulation* (Abb. 1) verursacht wird. Dieser Massentransport zwischen den Isobarenflächen p_2 und p_1 über den Breitenkreis φ besitzt die Größe

$$m_\varphi = \frac{2\pi R \cos\varphi}{g} \int_{p_2}^{p_1} v\, dp. \qquad 4.412\ (1)$$

v ist die mittlere Meridionalkomponente der Strömung im Druckniveau p.

2. *Der turbulente Austausch des Drehimpulses* besitzt die Größe

$$M_z = -\mu \frac{\partial u}{\partial z} A\, R \cos\varphi. \qquad 4.412\ (2)$$

Der Austauschkoeffizient μ für den Drehimpuls wird im 700-mb-Niveau von Palmén und Alaka zu 120 g cm^{-1} sec^{-1} berechnet, wenn man für $\frac{\partial u}{\partial z} =$ $= 4 \cdot 10^{-3}$ sec^{-1} annimmt. A ist die Fläche zwischen den Breitenkreisen 20° und 30° N.

3. *Der Drehimpulsaustausch zwischen Erdoberfläche und Atmosphäre infolge der Schubspannung des Windes am Boden* wird von Palmén und Alaka als Residuum von 1. und 2. berechnet. Er betrug zwischen Äquator und 30° N im Januar 1949 61 $\cdot$ 10^{25} g cm^2 sec^{-2}. Da dies dem Gesamtimpulstransport über den 30. Breitengrad nach Norden entspricht (62 $\cdot$ 10^{25} g cm^2 sec^{-2} laut Tab. 4.412), wäre somit kein Drehimpulsnachschub aus der Südhemisphäre erforderlich, um die Zirkulation im STJ aufrechtzuerhalten.

Tabelle 4.412. *Gesamttransport des Drehimpulses im Januar nach Norden (in Einheiten 10^{25} g cm^2 sec^{-2})*

Breite	30°	25°	20°
Transport durch Meridionalzirkulation	6	11	14
Transport durch turbulenten Austausch	56	47	32
Verhältnis der beiden Transporte in Prozenten	11	23	44

Der Anteil der Meridionalzirkulation am Gesamttransport ist also in niederen Breiten verhältnismäßig hoch. Er vermag die Impulsstromdivergenz, die im Transport durch turbulenten Austausch (planetarische Langwellen) entstehen würde, auszufüllen. Neuere Untersuchungen von Tucker (1960) bestätigen dieses Ergebnis.

Im Lichte der Forschungen an geophysikalischen Modellen, über die in Kap. 4.433 noch ausführlicher berichtet werden soll, verlieren die hier angeführten Überlegungen etwas an Gewicht. Es wird dort nämlich gezeigt, daß der Einfluß der Meridionalzirkulation oder der horizontalen, großräumigen Wirbel auf den Transport verschiedener meteorologischer Elemente (Wärme, Impuls usw.) von der Wahl des Koordinatensystems abhängt.

Man muß annehmen, daß sowohl mittlere Meridionalzirkulation als auch planetarische Wellen eine Rolle bei der Bildung der STJ spielen. Das Palménsche Modell erhält seine Berechtigung dadurch, daß einerseits unter dem südlichen der in Abb. 1 skizzierten Strahlströme meist ausgedehnte Absinkinversionen festgestellt werden (BRUNDIDGE 1956) und daß andererseits manche Subtropen-Jets sehr wetterbestimmend sind, wie etwa über Indien im Winter oder über dem Ostatlantik, ohne daß ständige Intrusionen von absinkender Kaltluft aus Norden nachzuweisen wären. Es scheint also wohl ein Zirkulationsrad aktiv zu sein, das dem Schema PALMÉNS entspricht.

Andererseits können manche dieser Inversionen, besonders in den unteren Schichten, vermutlich als Überreste von Polarfronten angesprochen werden, deren Kaltluft einem Absinkprozeß unterlag. Diese Fronten sind nur sehr schwach baroklin. Die Strahlströme über derartigen Inversionen folgen offenbar einer auflösenden Tendenz, denn sie zeigen oft eine ausgeprägte Strukturierung und einen Zerfall in einzelne Teilmaxima (Jet-„Finger"). Unterhalb etwa 400 mb verlaufen die Isotachen nahezu horizontal, sehr zum Unterschied von den Polarfront-Jets. Dies ist auch der Grund dafür, daß der Subtropen-Jet in niedrigeren Niveaus aus Isotachenanalysen kaum in Erscheinung tritt.

BRUNDIDGE (1956) stellte Fälle fest, die eindeutig dem PHILLIPSschen Schema entsprechen: Eine Frontalzone stößt in den Golf von Mexiko vor und unterliegt dort Frontolyse, während der assoziierte Jet Stream — nunmehr aufgespalten in mehrere Submaxima — für etliche Tage erhalten bleibt. Bei einem neuerlichen Vorstoß frischer Polarluft, gekoppelt mit einem neuen PFJ, sind nun mehrere Möglichkeiten vorhanden: In manchen Fällen tritt eine Fusion der beiden Strahlströme ein. In anderen Fällen gewinnt der südliche Strahlstrom mit dem Herannahen eines neuen Jets aus Norden an Stärke, während der nördliche schwächer wird. Manchmal trennen sich auch die beiden Strahlströme wieder, ohne ihre Identität zu verlieren.

Daß diese südlichen Strahlströme meist bei höheren potentiellen Temperaturen vorkommen als die Polarfront-Jets, zeigt, daß deren barokline Zone nicht identisch ist mit dem ursprünglichen oberen Teil der Frontalzone. Wollte man also manche Subtropen-Jets als Überreste einer baroklinen Zone ansehen, die ehemals einem PFJ angehörte, so muß man gleichzeitig nach einem Mechanismus suchen, der andere Bereiche der potentiellen Temperatur in die barokline Zone einbezieht, als ursprünglich darin vorhanden waren. Ein derartiger Mechanismus bietet sich in der direkten Zirkulation im Einzugsgebiet eines Jet-Maximums. Das trockenadiabatische Absinken der Kaltluft und feuchtadiabatische Aufgleiten der Warmluft vermindern die Baroklinität der Frontalzone. Die stabile Schicht im unteren Bereich der Troposphäre wird durch das Ausfließen der Kaltluft am Boden innerhalb eines Zwischenhochs annähernd barotrop. Das Höhenwindfeld in der oberen Troposphäre bleibt erhalten, und mit ihm auch — vielleicht in abgeschwächtem Maß — die Vorticityverteilung. Damit besteht aber auch die Verteilung von Divergenz und Konvergenz im Strahlstromniveau weiter. Da nun oberhalb der „Nullschicht" (Schicht, in der $\omega = 0$) die Vertikalgeschwindigkeit ihr Vorzeichen ändert, erscheint die direkte Zirkulation, die in der Troposphäre den Temperaturgradienten vermindert, in der Stratosphäre umgekehrt (vgl. Abb. 4.221.3a, jedoch umgekehrte Pfeilrichtung), also im Sinne der Erzeugung eines Süd-Nord gerichteten Temperaturgradienten. In der stabilen Schichtung der Stratosphäre sind ja vertikale Bewegungsvorgänge auf die Temperaturverteilung von ebenso großem Einfluß wie horizontale Advektion (SAWYER 1951b). Dadurch wird das Maximalwindniveau, solange dieser Mechanismus wirksam ist, gegen höhere Niveaus und höhere potentielle Temperaturen fortschreiten. Dieser Mechanismus würde also einen *kontinuierlichen* Übergang des PFJ in einen STJ darstellen. Letzterer ist voll ausgeprägt, sobald die Baroklinität unterhalb etwa 400 mb nahezu völlig ausgelöscht worden ist.

Daneben wäre jedoch auch ein „diskontinuierlicher“ Übergangsmechanismus denkbar, der auch in das bereits erwähnte Schema von McIntyre (et al. 1953) passen würde. Wenn nämlich die im Bereich eines Jet-Maximums aufgleitende, bei diesem Hebungsvorgang sich feuchtadiabatisch abkühlende Warmluft, deren Zirkulation durch die Existenz von Cirrenbänken genügend belegt ist (vgl. Kap. 6.3), in bezug auf den PFJ das Maximalwindniveau erreicht hat, so mag diese Abkühlung ausgereicht haben, um am südlichen Rand der Hebungszone in der ursprünglich nahezu barotropen Warmluftmasse ein barokline Schichtung hervorzurufen. Diese würde zu einem höher gelegenen, zweiten Windmaximum Anlaß geben. Die Kaltluftzungen im 250-mb- und 200-mb-Niveau, die auf der antizyklonalen Seite eines Jet-Maximums auftreten, geben Kunde von diesen Hebungsvorgängen. Das sekundäre Windmaximum, das oft auf der Südseite eines PFJ in einem etwas höheren Niveau beobachtet wird, jedoch nicht immer deutlich als STJ ein eigenständiges Dasein führt, könnte durch einen derartigen Mechanismus gedeutet werden (vgl. Abb. 3.211 sowie 4.232.7 und 8).

Der Strahlstromast mit den Charakteristika eines STJ würde auch in diesem Fall eines diskontinuierlichen Übergangs aus dem PFJ hervorgehen, jedoch als *Neubildung* eines zweiten Windmaximums. Bei dieser Hypothese müßte man erwarten, daß die Bildung des Astes dann einsetzt, wenn ausgedehnte Warmluftmassen in einen Hebungsvorgang einbezogen werden. Andeutungen dieser Art scheinen über den USA vorhanden zu sein. Ein ausgeprägter STJ mit antizyklonaler Krümmung erscheint nämlich hier in der Regel über dem Golf von Mexiko, wenn ein Polarfront-Jet-Maximum in einem tief ausgeprägten Langwellentrog die Trogspitze erreicht. (Dies ist vorzugsweise über dem Raum von Colorado der Fall.) In der Trogspitze tritt häufig äußerst starke Zyklogenese ein, die zur Bildung sehr niederschlagsreicher, nordostwärts ziehender Sturmtiefs führt (Colorado-Lows). Die Niederschläge deuten auf aufgleitende Warmluft hin. Zu dieser Zeit ist der STJ meist deutlich ausgeprägt und annähernd parallel zum PFJ, nur etwas weiter südlich als letzterer.

Welcher der vorgeschlagenen Mechanismen in der Bildung des STJ den Ausschlag gibt, läßt sich bei dem vorliegenden Beobachtungsmaterial nur schwer sagen. Das Studium des Lebenszyklus des STJ wird ja durch den akuten Mangel an aerologischen Stationen im Subtropengürtel fast unmöglich gemacht. Dazu kommt noch die Schwierigkeit, daß man in den seltensten Fällen eine Neubildung des STJ beobachten kann, sondern höchstens eine Verstärkung eines bereits bestehenden, breiten Höhenwindbandes. Hier bedarf es also noch eingehender Untersuchungen, um einiges Licht auf den Lebenslauf der Strahlströme zu werfen. Vermutlich sind es sowohl die Vertikalzirkulationen aus dem PFJ als auch Impulse aus dem Tropenraum, welche den STJ am Leben erhalten. Letztere spielen vermutlich bei den in Kap. 6 erwähnten Warmluftvorstößen gegen höhere Breiten eine gewisse Rolle. Wären lediglich erstere wirksam, so müßte der STJ einer ständigen Dissipation unterliegen. Dies scheint jedoch gerade beim erwähnten winterlichen Jet Stream südlich des Himalaja nicht der Fall zu sein.

Es ist anzunehmen, daß die verschiedenen Mechanismen, die bei der Bildung des STJ als möglich aufgezählt wurden, eine regional verschiedene Wirksamkeit aufzuweisen haben. Die erwähnten Studien von Phillips (1950) und Brundidge (1956) wurden über den USA angestellt. Die geographische Lage im Lee der Rocky Mountains läßt hier eine Bevorzugung von Wetterlagen mit intensiven Kaltluftausbrüchen in einem Langwellentrog erwarten. Es wäre daher wohl möglich, daß die „Charakteristika“ des STJ, welche in diesem Raume gewonnen wurden, durchaus nicht auf die ganze Hemisphäre angewendet werden können. Wenn es über den USA den Anschein hat, als würde der STJ aus dem PFJ hervorgehen, so kann dies die Folge eines orographischen Effektes sein. Leider besitzen wir aus anderen Teilen der Erde noch keine zuverlässigen Detailmessungen im subtropischen Strahlstrom, um darüber eine gültige Aussage machen zu können.

Im Mittel scheint der STJ über den südlichen USA aus einer westsüdwestlichen Richtung zu kommen (CUNNINGHAM 1956b). Sein Ursprung ist noch wenig erforscht. Er kommt aus dem Ostpazifik, doch fehlen aus diesem Gebiet aerologische Messungen. Weiter westlich aus dem Raum der Hawaiischen Inseln sind wiederum Höhenwindmessungen verfügbar, die deutlich PFJ und STJ unterscheiden lassen (HOYLE 1955a).

KRISHNAMURTI (1959) hat in einem unveröffentlichten Bericht die Lage des STJ über den Kontinenten studiert. Abb. 4.412.2 zeigt die Isotachenverteilung auf der 200-mb-Fläche im Subtropengürtel am 25. Februar 1956. Das amerikanische Jet-Maximum tritt in dieser Abbildung deutlich in Erscheinung.

Aus Studien von F. DEFANT (1954) geht hervor, daß über dem Atlantik der STJ oft große Aktivität zeigt und in Warmluftvorstößen weit nach Norden vordringt, unter Umständen zur Bildung von blockierenden Hochdruckgebieten führend (vgl. Kap. 6). Diese Vorstöße können bis zum Westrand des Bermudahochs in den Raum der Antillen zurückverfolgt werden und haben offenbar in Impulsen aus dem Tropenraum ihre Ursache. Somit scheint hier, östlich des orographisch induzierten Langwellentroges, eher das PALMÉNsche Zirkulationsschema der Abb. 4.412.1 Anwendung zu finden.

Über der nordafrikanischen Mittelmeerküste und dem Vorderen Orient besitzt der STJ zeitweise eine verhältnismäßig stabile Position (vgl. Abb. 2 und Abb. 4.411) (AUSTIN et al. 1953, BANNON 1953a, 1954a, BUROLEAU 1937, GENÈVE et al. 1957, LAMB und FLEMING 1957, LAMB und ROBINSON 1957, REITER 1959e, SERRA 1955, SUTCLIFFE 1960). Leider lassen die aerologischen Messungen auch aus diesem Raume noch sehr zu wünschen übrig. Es kann daher nicht eindeutig festgestellt werden, ob die Stabilität dieser Jet-Stream-Lage durch den Temperaturkontrast zwischen Sahara und Mittelmeer an einer annähernd West—Ost verlaufenden Küste gesteuert wird (vgl. Kap. 4.411).

Abb. 4.412.3 zeigt die 200-mb-Stromlinien und Isotachen für Juli. Eine strenge Trennung zwischen STJ und PFJ ist in dieser Abbildung nicht gegeben. Ein verhältnismäßig breites Strahlstrommaximum, das im Winter (hier nicht reproduziert) über den nordöstlichen USA auftritt und eine Ausbuchtung in den Nordatlantik aufweist, wird wohl teilweise auf den PFJ zurückzuführen sein. Im allgemeinen entsprechen jedoch die hier angegebenen Strahlstrommaxima gut der Position des STJ.

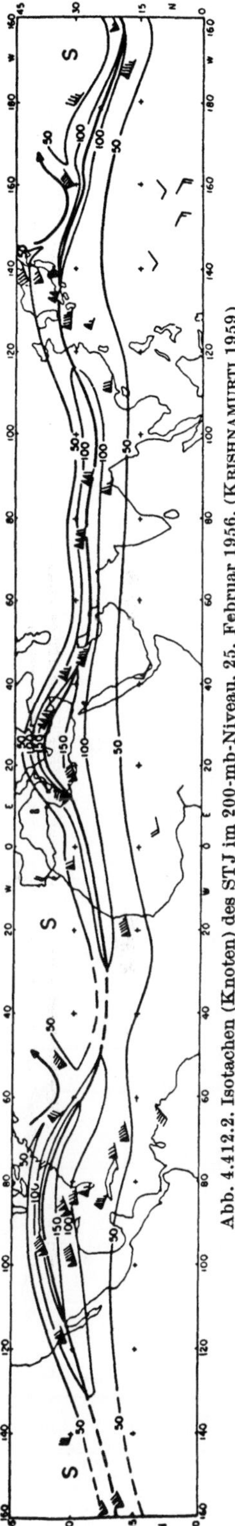

Abb. 4.412.2. Isotachen (Knoten) des STJ im 200-mb-Niveau, 25. Februar 1956. (KRISHNAMURTI 1959)

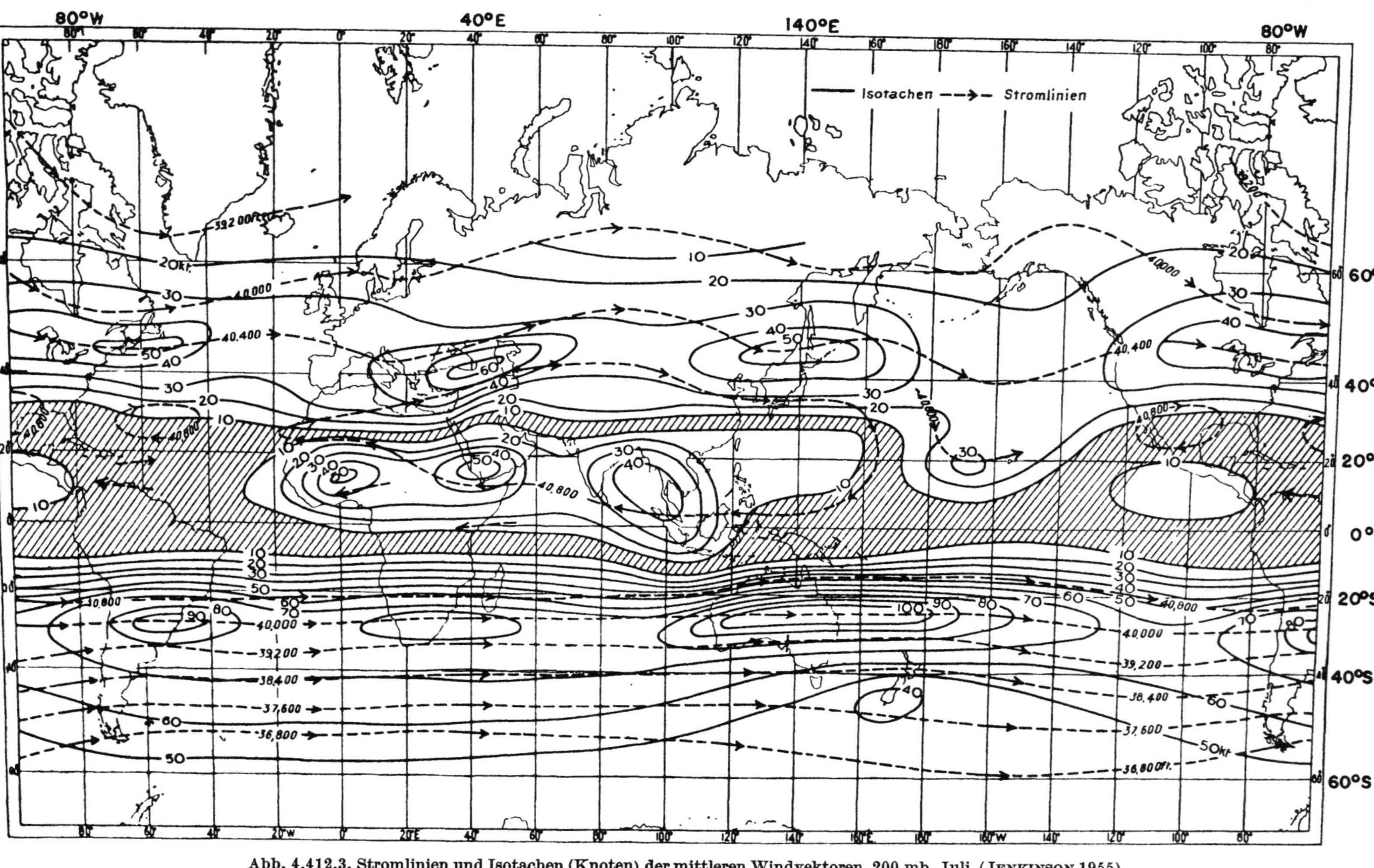

Abb. 4.412.3. Stromlinien und Isotachen (Knoten) der mittleren Windvektoren, 200 mb, Juli. (JENKINSON 1955)

Am markantesten tritt der STJ über Nordindien während des Wintermonsuns in Erscheinung (Abb. 2). Es wurden dabei über Indien Geschwindigkeiten von über 150 Knoten festgestellt (RAMAMURTHI 1955). *Mittelwerte* liegen nach einer Studie von JENKINSON (1955) bereits bei 120 Knoten und erreichen über Japan sogar 140 Knoten. Davon soll noch in Kap. 7.413 im Zusammenhang mit dem indischen Monsun die Rede sein. Im Winter erreicht der STJ an der Ostflanke des Himalaja und über dem Chinesischen Meer die größte auf der Nordhemisphäre gemessene Intensität und auch die größte Beständigkeit (vgl. Abb. 7.33.1) (BELL et al. 1953, Great Britain 1945, KAWAMURA 1956, KOBAYASHI 1950, MATSUMOTO et al. 1953, MOHRI 1956, 1958a, SUGIMOTO 1957, U. S. A. W. S. 1954b, 1955, YAMADA und MATSUHASHI 1951, 1957, et al. 1954, YAMADA und NAKAMURA 1954). ARAKAWA (1959) berichtet über eine Maximalgeschwindigkeit von 150 m/sec (540 km/h), die am 2. März 1954 über Tateno in einem von Honjo aus erfolgten Relaisaufstieg gemessen wurde.

Über dem Pazifik dringt der STJ mitunter in verhältnismäßig niedrige Breiten vor. So konnten bei einem Atombombentest über Bikini (etwa 12° N, 165° E) zwischen 3 und 17 km Höhe Westwinde mit einer Maximalgeschwindigkeit von 100 Knoten gemessen werden (OTSUKA et al. 1954).

In den übrigen Gebieten der Nordhemisphäre scheinen die Berichte über maximale Windgeschwindigkeiten im STJ denen im PFJ etwas nachzustehen. Damit fällt die Mischungstheorie ROSSBYS als Entstehungsursache aus (vgl. Kap. 4.121). Wegen der südlicheren Breite, in der der STJ verläuft, müßte ja nach dieser Theorie die Windgeschwindigkeit größer sein als die im weiter nördlich gelegenen PFJ.

Aus der Studie von JENKINSON (1955) ist zu entnehmen, daß im Winter auf der Südhemisphäre der STJ am deutlichsten über Australien ausgeprägt erscheint (EDWARDES 1952, PORTER 1952b). Es treten hier im Juli mittlere Windvektoren von über 100 Knoten auf, was für eine große Beständigkeit dieses Windsystems spricht (MOIR 1950). Eine ausführliche Studie des australischen STJ verdanken wir RADOK und CLARKE (1958). Demnach erreicht dieser Strahlstrom, dessen barokline Hauptzone nur die obere Hälfte der Troposphäre umfaßt, im Winter zwischen 25° und 30° S seine größte Häufigkeit und zwischen 20° und 25° S seine größte Intensität. Äquatorwärts fallen die Windgeschwindigkeiten der auf 147,5° E beobachteten Jet-Maxima rasch ab. Ihre Einhüllende beschreibt, ähnlich wie in Abb. 4.121.5, annähernd eine Kurve konstanten Drehimpulses. Dies würde darauf schließen lassen, daß für Strahlstrommaxima zwischen 12° und 22° S die Lage der Hauptachse des subtropischen Hochdruckrückens maßgeblich ist, von dem aus sie nach dem PALMÉNschen Schema durch südwärts strömende Luftmassen ihren westlichen Drehimpuls erhalten. Südlich der kritischen geographischen Breite (etwa 22° S) fällt die Intensität der beobachteten Jet-Maxima ebenfalls rasch ab. Es kann sich also bei diesen Maxima nicht mehr um Vorstöße handeln, die unter Erhaltung des Drehimpulses aus dem Subtropenraum kommen, sondern eher um Vorgänge, die aus der Zone des PFJ induziert werden. Eine gewisse Streuung in den Punkten wird allerdings auch durch die jahreszeitliche Verlagerung des subtropischen Hochdruckgürtels verursacht.

Wie RADOK und CLARKE nachweisen konnten, werden Zonen mit konstantem Drehimpuls, also $Q = 0$, auch auf der antizyklonalen Seite individueller subtropischer Strahlstrommaxima beobachtet. Stellenweise ist die vertikale Scherung so groß, daß die RICHARDSONsche Zahl R_i kleiner als 1 ist.

Auf der zyklonalen Seite individueller Jet-Maxima stellt sich — ähnlich wie beim PFJ — ein Vorticitymaximum ein, welches gegen die uneingeschränkte Gültigkeit der Mischungstheorie (Kap. 4.121) in diesem Bereich spricht. Erst polwärts dieses Maximums an Vorticity scheint diese einen quasikonstanten Wert anzunehmen, der jedoch nur etwa 80% der Vorticity der Erde am Pol entspricht. Eine Durchmischung könnte also selbst bei einer Anwendbarkeit der Mischungstheorie nicht bis zum Pol hin stattfinden, sondern nur eine kleinere Zone umfassen (vgl. ESTOQUE 1950).

Über Südamerika liegt laut JENKINSON (Abb. 3) bei etwa 30° S ein weiteres Maximum mit mittleren Geschwindigkeiten von 90 Knoten. Ein schwaches mittleres Maximum ist über der Südspitze Afrikas angedeutet (HOFMEYER 1952, 1953, 1954, Madagascar 1948). In synoptischen Einzelfällen werden jedoch auch hier beachtliche Windgeschwindigkeiten gemessen [BOOGARD (1954) meldet z. B. nördlich von Pretoria 130 Knoten].

Da über den Ozeanen kaum Höhenwindmessungen existieren, ist der Verlauf des STJ weder auf der Nordhemisphäre (vgl. Abb. 2) noch auf der Südhemisphäre mit Sicherheit gegeben. Es könnte wohl sein, daß über den Ozeanen noch weitere Windmaxima zu finden sind. Zu erwarten wären sie dort, wo die subtropischen Hochdruckzellen durch Langwellentröge in der Westwindzirkulation gespalten erscheinen. An diesen Stellen können Impulse aus dem Tropenraum in die gemäßigten Breiten vordringen und hier Anlaß zur Bildung eines Strahlstrommaximums geben.

Die Niederschläge, welche im Winter über Nordindien und in anderen Gebieten unter dem STJ fallen, deuten an, daß in diesem Strahlstrom ebenso Störungen entlangziehen wie im PFJ (MOOLEY 1957, PISHAROTY et al. 1956). Niederschlagstätigkeit im Zusammenspiel von STJ und PFJ wurde auch über den südlichen USA beobachtet (RIEHL 1945). Das PALMÉNsche Zirkulationsschema der Abb. 1 ist also nur im *Mittel* gültig. Einzelfälle können dagegen auch im Bereich des STJ eine Aufwärtsbewegung mit verstärkter Konvektions- und Gewittertätigkeit bringen. Da unter dem STJ die untere Troposphäre nahezu barotrop ist, kommt es im Bereich auftretender Höhendivergenzen zu keinen großräumigen Aufgleitbewegungen und — da keine Fronten vorhanden sind — zu keiner Frontalzyklogenese. Es tritt lediglich eine allgemeine Labilisierung der Atmosphäre ein, was am Wolkenbild besonders durch Cumulusbildung deutlich wird.

Die im *Mittel* vorherrschende Abwärtsbewegung im STJ, der die *subtropischen Hochdruckzellen überströmt*, wird durch Beobachtungen gut belegt (KOTESWARAM et al. 1954, MATSUMOTO et al. 1953). Nach dem PALMÉNschen Zirkulationsschema (Abb. 4.412.1) ist die stärkste Höhenkonvergenz im Bereich des STJ über den Gebieten mit maximaler Bodendivergenz, also über den Kernen der subtropischen Hochdruckgebiete, zu erwarten. Der subtropische Hochdruckgürtel ist in dieser Betrachtungsweise also keine stationäre Erscheinung, sondern — durch die Dynamik der Höhenströmung bedingt — in ständiger Auflösung und Neubildung begriffen.

Aufschlüsse über die Struktur des STJ über den USA verdanken wir vor allem den Forschungsflügen des Project Jet Stream (SAUCIER 1958b). Danach erstreckt sich die barokline Zone lediglich über die obere Hälfte der Troposphäre und variiert stark nach Breite und Intensität. Eine „Jet-Stream-Front", wie sie von ENDLICH (et al. 1957) analysiert wurde, entspricht einem extremen Fall dieser Baroklinität. In dieser Zone scheinen starke ageostrophische Komponenten wirksam zu sein. Eine Tendenz der Strahlstromachse, so wie beim PFJ ober- und unterhalb des Niveaus maximalen Windes *rechts* von der Position des Strahlstromkernes aufzutreten, konnte beim STJ nicht gefunden werden.

Ebenso wie der PFJ ist der STJ mit einem „Tropopausenbruch" verbunden und liegt unterhalb der höheren, tropischen Tropopause und im Mittel etwa 150 km rechts der „Bruchlinie". Im Vergleich zum PFJ ist beim STJ in der Regel das Verhältnis der vertikalen zur lateralen Ausdehnung geringer. Die vertikalen Scherungen beginnen oft erst in größeren Höhen (7 bis 8 km) bedeutend zu werden (Bannon 1954b; vgl. Brundidge und Goldman 1958). Die zyklonale Scherung übertrifft dabei bis zu einer Entfernung von etwa 450 bis 600 km von der Strahlstromachse die antizyklonale Scherung. Erstere ist auch von Fall zu Fall variabler als letztere. In der Regel nimmt die horizontale Windscherung mit der Windgeschwindigkeit in der Strahlstromachse zu, jedoch lassen sich wegen der größeren Variabilität keine ausgeprägten Korrelationen wie für den PFJ finden (vgl. Kap. 4.122 und 4.13).

Die Neigung des Niveaus maximalen Windes stimmt mit der für den PFJ angegebenen überein: ansteigendes Niveau südlich, abfallendes nördlich des Strahlstromkernes. Die Verteilung der Scherung ist analog der beim PFJ: stärkste zyklonale Scherung ist etwas unterhalb, stärkste antizyklonale Scherung etwas oberhalb des Niveaus des Strahlstromkernes anzutreffen.

4.413. Der östliche Strahlstrom der Tropen (TJ)

Wie aus der bereits erwähnten Studie von Jenkinson (Abb. 4.412.3) hervorgeht, ist über Indien und Nordafrika im Sommer ein ausgeprägter östlicher Strahlstrom zu finden. Die Größe des mittleren Windvektors beträgt im 200-mb-Niveau etwa 50 Knoten. Das Niveau maximalen Windes liegt für diesen Jet Stream zwischen 100 und 150 mb, wie aus einer Querschnittsanalyse von Koteswaram (1956) hervorgeht (vgl. Austin 1952). Der Schnitt vom 25. Juli 1955, 03.00 GTC, ist in Abb. 4.413.1 wiedergegeben. Er reicht von der Südspitze Indiens (Trivandrum) bis an die Hänge des Himalaja (Neu-Delhi). In diesem Strahlstrom werden demnach Windgeschwindigkeiten von über 100 Knoten erreicht.

Abb. 4.413.2 zeigt eine Analyse der 100-mb-Isotachen und Stromlinien, ebenfalls für den 25. Juli 1955. Ein ausgeprägtes östliches Strahlstrommaximum mit über 100 Knoten liegt nach dieser Analyse zwischen den beiden indischen Halbinseln. Seine Ausläufer reichen bis in den Sudan (Austin 1952, Clarkson 1956, 1958, Davies et al. 1952, Emery 1956, Frost 1952, 1953, Gilchrist 1955, Hay 1952a, b, 1953, Ryan 1958, Sutcliffe et al. 1956). Das Einzugsgebiet dieses TJ läßt sich bis Guam verfolgen (Otsuka et al. 1955, Ramsey 1955). Ein zweites Maximum erscheint über der afrikanischen Westküste mit Geschwindigkeiten von etwa 60 Knoten.

Diese östliche Höhenströmung ist auch in den von Scherhag (1948b) veröffentlichten Topographien der 96- und 41-mb-Fläche der Nordhalbkugel im Juli deutlich zu erkennen. Nach Abb. 4.412.3 zu schließen, reicht der Einfluß des TJ nicht weit in den tropischen Atlantik hinaus. Vuorela (1948) konnte ihn jedoch im Sommer noch eindeutig über den Kapverde-Inseln mit etwa 40 m/sec in etwa 14 km Höhe identifizieren. Oberhalb der Tropopause (nach Vuorela in diesem Gebiet bei etwa 17 km Höhe) scheint die Ostströmung des TJ in die Krakatau-Ostwinde überzugehen (Flohn 1958b). Auch Kuhlbrodt (1952) konnte östliche Höhenströmungen in diesem Raum feststellen.

Obwohl auf der ganzen Hemisphäre in dieser Breitenzone Ostwinde anzutreffen sind, erreichen sie im *Mittel* sonst nirgends Strahlstromstärke. Über Mittelamerika erscheint nur ein schwaches Windmaximum mit Mittelgeschwindigkeiten (Mittel für den Monat Juli) von etwas über 10 Knoten.

Wenn auch über den Ozeanen nur wenige verläßliche Höhenwindmessungen zur Verfügung stehen, so kann doch aus dem bisher vorliegenden Material geschlossen werden, daß der TJ ein Phänomen ist, das nur über dem indischen Subkontinent und über Afrika durch *quasistationäre Verhältnisse* ausgezeichnet ist und dadurch in Mittelkarten wie Abb. 4.412.3 in Erscheinung tritt. Außerdem erreicht der TJ hier nur im Sommer beachtliche Stärke. Im Winter (Januar) ist hier nur die Andeutung zweier östlicher Windmaxima von je 20 Knoten mittlerer Geschwindigkeit zu finden. Eines liegt über den Sundainseln und eines über Zentralafrika. Die Achsen beider Windmaxima verlaufen annähernd über dem Äquator. Sie können jedoch kaum als ausgeprägte Strahlströme angesehen werden.

Mit dieser ausgesprochen lokal und jahreszeitlich begrenzten Existenz des

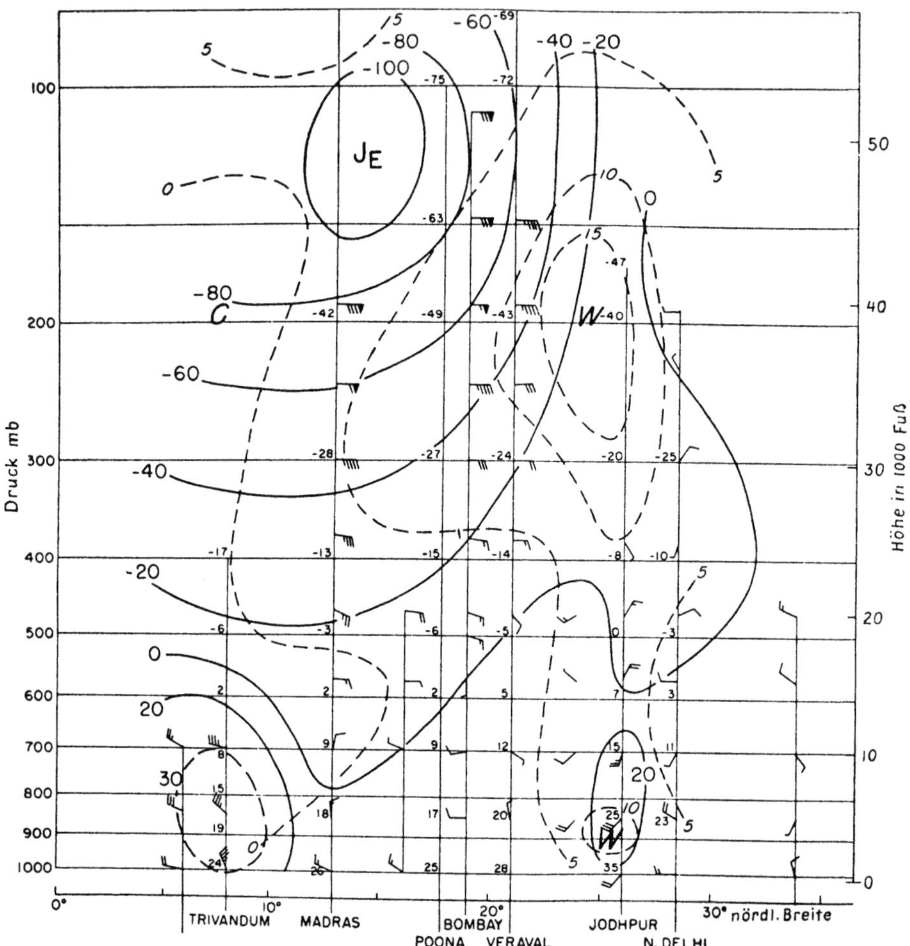

Abb. 4.413.1. Querschnitt durch die Atmosphäre über Indien, am 25. Juli 1955. J_E = östlicher Strahlstrom. Volle Linien: Isotachen (Knoten); strichliert: Isothermen der Temperaturanomalie (°C) von der mittleren tropischen Atmosphäre. (KOTESWARAM 1956)

TJ in Monatsmittelkarten fällt die Suche nach einer Ursache nicht schwer. Die Assoziation mit dem südasiatischen und afrikanischen Sommermonsun und der weit nach Norden verlagerten innertropischen Konvergenzzone (BANNON 1953b) liegt auf der Hand. Wie in Kap. 7 noch näher besprochen werden soll, ist die Monsunzirkulation über Indien eng mit dem Auftreten und Verschwinden des STJ südlich des Himalaja verbunden. Da dieser Übertritt des Strahlstromes über die Gebirgsschwelle verhältnismäßig schnell — innerhalb von wenigen Tagen — vor sich geht, bringt auch der Ausbruch („burst“) und der Rückzug („retreat“) des Sommermonsuns eine sehr markante Zäsur im Wetterablauf über Indien. Die eigentliche Monsunströmung über Indien (im Sommer der feuchte Südwestmonsun, im Winter der trockene Nordostmonsun) besitzt nur wenige Kilometer Mächtigkeit. Über der sommerlichen Südwestströmung und über der innertropischen Konvergenzzone, an der die Monsunniederschläge fallen und die im Sommer bis nach Nordindien vorrückt, liegt eine ausgeprägte östliche Höhenströmung: der Tropen-Jet. Die Niederschlagsverteilung über Indien und auch über Afrika entspricht dem Konvergenz- und Divergenzschema, das wir bereits in Abb. 4.122.3 kennengelernt haben und das lediglich für einen östlichen Strahlstrom adaptiert werden muß. Abb. 7.413.3 zeigt die Niederschlagsmaxima im rückwärtigen rechten und vorderen linken Quadranten des tropischen Jet-Maximums. Diese Niederschlagsverteilung gilt jedoch nicht nur für die großräumigen Verhältnisse. Ramanathan (1955) stellte fest, daß einzelne Störungen, welche für die Niederschläge über Vorder- und Hinterindien zur Monsunzeit verantwortlich sind, mit Wellen in diesem Strahlstrom gekoppelt sind.

Es sind somit die indischen Monsunniederschläge und die Regenzeiten Äquatorialafrikas vom TJ und seiner *Position* abhängig und nicht so sehr vom Zenit-

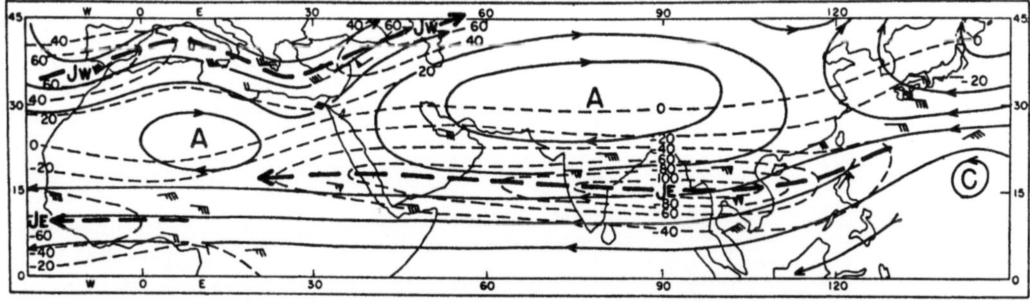

Abb. 4.413.2. Stromlinien (volle Linien) und Isotachen (strichliert) im 100-mb-Niveau, am 25. Juli 1955, 03.00 GCT, J_w = westliches Strahlstrommaximum, J_E = östliches Strahlstrommaximum. A = Antizyklonen, C = Zyklonen. Dicke, strichlierte Linien mit Pfeilen deuten den Verlauf der Strahlstromachsen an. (Koteswaram 1956)

stand der Sonne, wie er im Ausdruck „Zenitalregen“ impliziert wird (Lamb 1959). Es wäre ja an sich schwer einzusehen, daß sich die Konvektionstätigkeit in den regenzeitlichen Cumulonimben nach dem Sonnenstand und nicht etwa nach wirkungsmäßig viel prominenteren Terrainneigungen und Albedounterschieden richten sollte. Das Einsetzen der Regenzeit mit dem Auftreten einer starken *Höhendivergenz* im Bereich des TJ bietet dagegen eine dynamisch vertretbare Erklärung. In einer Arbeit von Tschirhart (1959) wird das Auftreten von Gewittern und Böenlinien mit der Gegenwart der innertropischen Konvergenzlinie (F. I. T. = front intertropical) und der afrikanischen Äquatorialfront (F. E. A. = front équatorial Africaine) erklärt. Letztere trennt die feuchten „Monsunluftmassen“, die aus Südwest über den Golf von Guinea in den afrikanischen Kontinent einströmen, von den aus Osten kommenden, trockeneren Luftmassen. Bemerkenswert ist, daß die gewittrigen Niederschläge weitab von beiden Fronten vorkommen, und zwar auf der Südseite der Innertropikfront, dort, wo man in der Höhe den TJ zu erwarten hat. Bemerkenswert ist überdies, daß sich die Gewitter in der Regel nach Westen weiterbewegen, also entgegengesetzt der Richtung der Bodenwinde, was auf eine östliche Höhenströmung schließen läßt, welche über der nur etwa 2 km tiefen monsunalen Luftmasse vorherrscht. Dies zeigt also, daß durch eine „Frontenanalyse" im Tropenraum nicht viel gewonnen wird. Sollte man sich dazu entschließen, in den Tropen weitere Radiosondenstationen mit Windmeßanlage zu installieren, so würden wir eher einem Verständnis der sehr verwickelten Wetterabläufe in diesem Breitengürtel unserer Erde näherrücken.

Die Frage, woher dieser TJ seinen Impuls bezieht, ist qualitativ und quantitativ leicht zu beantworten. Abb. 2 läßt erkennen, daß sich während der Zeit des Sommermonsuns über dem asiatischen Hochland eine quasistationäre Antizyklone aufbaut (darüber soll in Kap. 7 noch Näheres berichtet werden). Auf der Ostseite dieser Antizyklone fließen Luftmassen nach Süden und bringen so einen östlichen Drehimpuls mit sich. Erwartungsgemäß liegt das Einzugsgebiet des indischen Maximums des TJ dort, wo dieser Impulstransport nach Süden stattfindet, nämlich im Raume von Burma und Südchina. Das zweite Jet-Maximum, das über dem äquatorialen Westafrika zu erkennen ist, bezieht seine Energie aus einer Antizyklone, die mit ihrem Schwerpunkt über der Sahara liegt und durch einen Tiefdrucktrog von der asiatischen Antizyklone getrennt ist. Über Indien liegt die Strahlstromachse auf etwa 15° N. Laut Gl. 1.236 (14) würden Luftmassen, die aus 25° N unter Erhaltung des Drehimpulses bis auf 15° N vordringen, eine Geschwindigkeitszunahme von etwa 105 Knoten (54,2 m/sec) erfahren. KOTESWARAMS (1956, 1958) detaillierte Studien des TJ über Indien zeigen, daß das meridionale Windprofil über Indien und Thailand (Abb. 4.413.3) auf der antizyklonalen Seite tatsächlich konstanten Drehimpulsverhältnissen entspricht (die strichlierte Linie gilt für eine Windverteilung, bei der in 25° Breite die Geschwindigkeit mit Null angenommen wurde). Selbst mittlere Windprofile entsprechen über diesem Gebiet im Sommer, solange der TJ aktiv ist, auf der antizyklonalen Seite annähernd der Bedingung $Q = 0$. Auf der zyklonalen Seite sind die Profile durch Beobachtungen nur dürftig belegt. Es scheinen sich im 100-mb-Niveau jedoch Scherungen einzustellen, die etwas größer sind, als konstanter Vorticity entsprechen würde. Für die strichlierte Kurve auf der zyklonalen Seite wurde $Q = f_{15°}$ angenommen.

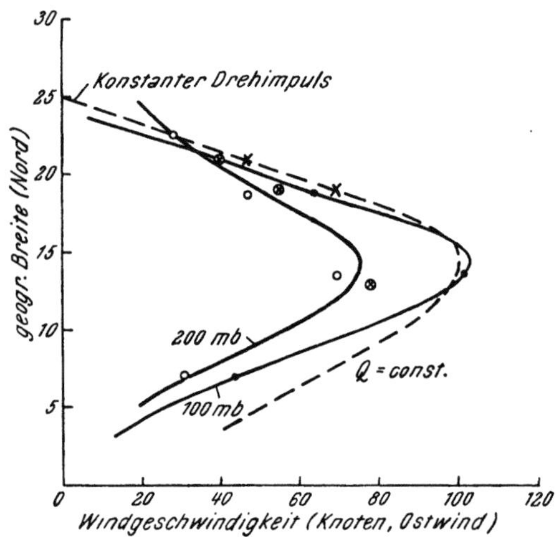

Abb. 4.413.3. Meridionales Windprofil der Ostwindkomponente über Indien und Thailand für 25. Januar 1955, bei 200 und 100 mb, dazu theoretische Windprofile konstanten Drehimpulses und konstanter absoluter Vorticity (strichliert). (Nach KOTESWARAM 1958)

Es wurde bereits darauf hingewiesen, daß die in Abb. 4.412.3 gezeigten mittleren Strömungsverhältnisse nicht so sehr die *Existenz* des TJ nachzuweisen vermögen als seine *Persistenz* (BANNON 1953 b). Es wurde oben ferner gezeigt, daß der TJ seinen Drehimpuls aus Gebieten empfängt, in denen die subtropische Hochdruckbrücke unterbrochen ist. Auch in anderen Gebieten treten derartige Unterbrechungen des Subtropenhochs auf, nämlich überall dort, wo ausgeprägte Tröge in der Westwinddrift bis in niedrige Breiten vorstoßen. ARAKAWA (1953 b) macht für die Koppelung außertropischer und tropischer Zirkulationen vor allem von Südwest nach Nordost geneigte Trogachsen verantwortlich. Da jedoch — mit Ausnahme des afroasiatischen Raumes — diese Unterbrechungen keinen quasistationären Charakter besitzen, ist anzunehmen, daß sie zwar zur Bildung eines östlichen Strahlstromes auf der Südseite des Subtropenhochs führen können, daß dieser TJ jedoch infolge seines sporadischen Auftretens in einer Mittelkarte nicht in Erscheinung tritt. Dies konnte von ALAKA (1955, 1958) nachgewiesen werden, der in einer synoptischen Studie vom 1. bis 4. August 1953 einen TJ über dem karibischen Raum verfolgte (Abb. 4.413.4). Der Ursprung dieses Jets ist eindeutig in einer Durchbrechung des Bermudahochs durch einen Langwellentrog in der Westwinddrift zu suchen. Bemerkenswerterweise konnte ALAKA feststellen, daß die zyklonale Scherung dieses Strahlstromes den in Gl. 4.122 (5) für den PFJ angegebenen Verhältnissen genügte. Ähnlich wie beim indischen TJ war auch in diesem Fall das aus Abb. 4.122.3 ersichtliche Divergenz- und Konvergenzschema — adaptiert für eine östliche Höhenströmung — durch die Bewölkungsverteilung deutlich belegt. Ein Bewölkungsmaximum über Kuba und Haiti entspricht dem divergenten linken Vorderquadranten des in Abb. 4 gezeigten Jets.

Auch LOWENTHAL und ARNOLD (1955) konnten mit hochreichenden Radiosondenaufstiegen im August 1954 über Florida einen östlichen Strahlstrom in etwa 30 km Höhe nachweisen, der aber wahrscheinlich dem Krakatau-Windsystem angehörte. Die Entstehung eines TJ-Windmaximums an den „Bruchstellen" des subtropischen Hochdruckgürtels ist vermutlich für die Bildung tropischer Zyklonen (Hurrikane, Taifune) von Bedeutung. RIEHLS (1951) Hurrikan-Modell sieht die Bildung einer Bodenstörung im Bereich einer antizyklonalen, stark divergierenden Höhenströmung vor, wie sie an derartigen „Bruchstellen" aufzutreten pflegt. Um die „Wärmemaschine" eines tropischen Wirbelsturmes in Gang zu halten, bedarf es eines effektvollen Kühlungsmechanismus, der die feuchtadiabatisch aufsteigenden Luftmassen in einer kräftigen Höhenströmung entführt. Die kinetische Energie der Höhenströmung stammt zum Teil aus der direkten Zirkulation und der freiwerdenden latenten Wärme der tropischen Zyklone. Würden diese Luftmassen nämlich in der näheren Umgebung absinken und sich dabei adiabatisch erwärmen, so würden dadurch die Solenoide, welche die Zirkulation bedingen, bald zerstört werden und der Hurrikan würde erliegen, noch bevor er seine volle Stärke erreicht hat (RIEHL 1954c, 1959). Die Höhenströmung, welche diesen Kühlungseffekt hervorruft, muß dabei allerdings nicht unbedingt Strahlstromstärke besitzen (RIEHL 1948b).

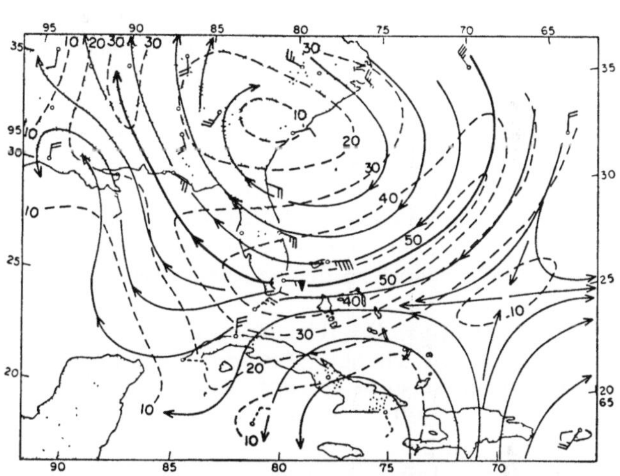

Abb. 4.413.4. 200-mb-Stromlinien (voll) und Isotachen (strichliert), 1. August 1953, 03.00 GCT. Die dicke Linie gibt die Position der Strahlstromachse an. (ALAKA 1958)

Auf der Südhemisphäre scheinen die Verhältnisse ähnlich zu liegen. So konnten z. B. von BOND (1953) über Australien im Januar und Februar 1953 östliche Strahlströme von 80 Knoten zwischen 14,5 und 17,5 km Höhe beobachtet werden.

Wenn auch die östliche Höhenströmung in den Tropen nicht immer strahlstromartigen Charakter annimmt, so zeigt sie doch ausgeprägte Wellenstörungen (Colon 1951, Vuorela 1950), die nach dem in Gl. 1.233 (6) ausgedrückten Zusammenhang zwischen Vorticityänderung und Divergenz den Wetterablauf in einem großen Teil der Tropen regulieren (Arakawa 1953c). Darauf näher einzugehen, würde den Rahmen dieses Buches übersteigen. Es sei auf die übersichtliche Zusammenfassung von Riehl (1954c) hingewiesen.

4.414. Der arktische Stratosphären-Jet (ASJ)

An Hand der Abb. 4.211.4 können wir sehen, daß in der Stratosphäre oberhalb 20 km ein markanter jahreszeitlicher Wechsel im Windregime der gemäßigten und höheren Breiten eintritt. Während im Winter ein starker westlicher Strahlstrom eine mittlere Position bei etwa 70° N bezieht, beherrscht im Sommer ein relativ schwacher östlicher Jet Stream das Bild (Goldie 1950, Haurwitz 1954, Kochanski 1959, U. S. Navy 1959a, Wege et al. 1958), der verhältnismäßig wenig Störungen zeigt (Hare 1960a). Die Übergangsjahreszeiten (April und Oktober) sind durch relativ schwache stratosphärische Winde in arktischer Breite gekennzeichnet, die überdies ausgeprägte Meridionalkomponenten besitzen. Auch im Südpolargebiet wird in großer Höhe im Winter ein westlicher Stratosphärenjet beobachtet (Alt et al. 1959).

Dieser jahreszeitliche Gang der stratosphärischen Strömung, der — wie bereits in Kap. 2.15 besprochen — durch Schallausbreitungsmessungen, Beobachtung leuchtender Nachtwolken, Meteorbahnen, künstlicher Schrapnellwolken (Murgatroyd et al. 1949) und hochreichende Ballonaufstiege bekannt wurde (Trowbridge 1907), gehört zu den markantesten Phänomenen der allgemeinen Zirkulation der Atmosphäre. Es erscheint daher die Bezeichnung „Monsunströmung" nicht unberechtigt. Das Umschlagen der Strömung von winterlichen West- zu sommerlichen Ostwinden (Bannon 1955, Darling 1953, Goody 1954, Holzapfel 1958, Kamata et al. 1955, Murgatroyd 1955, Paetzold 1956a, Pogosian 1959a, Scrase 1951, U. S. O. N. O. 1948/50) ist eindeutig durch den Strahlungs- und Wärmehaushalt der oberen Luftschichten, speziell der Ozonosphäre, bedingt (Godson 1957, Lee et al. 1957). Davon soll noch ausführlicher weiter unten die Rede sein. Zunächst seien einige charakteristische Merkmale des ASJ aufgezählt.

Abb. 4.414.1 zeigt einen Meridionalschnitt von Isachsen, Northwest Territory (074) bis Shreveport, La. (248), am 1. Februar 1957, 15.00 GCT. Dieser Querschnitt verläuft in der Nähe des 95. westlichen Längengrades (Godson et al. 1958). Bei etwa 300 mb ist nördlich von Shreveport der Polarfront-Jet deutlich ausgeprägt zu finden. Die Baroklinität innerhalb der Polarfront ist durch den Isothermenverlauf gekennzeichnet. Der PFJ liegt an der Bruchzone der Tropopause, die in der Analyse durch eine dicke Linie angedeutet ist. Eine zweite Frontalzone etwas nördlich der Polarfront ist offenbar mit der Arktikfront zu identifizieren. Ein ausgeprägter troposphärischer Strahlstrom scheint jedoch mit dieser Front nicht in Verbindung zu stehen. Dafür tritt zwischen 25 und 50 mb der ASJ mit über 200 Knoten in Erscheinung (vgl. auch Krishnamurti 1959a). Eine Verlängerung dieses Strahlstromes reicht durch die gesamte untere Stratosphäre bis in den Bereich der Arktikfront. Ob diese Verbindung rein zufällig ist, kann an Hand der wenigen bisher vorliegenden Analysen nicht festgestellt werden. In den bisher publizierten winterlichen Meridionalschnitten kann jedoch in der Regel eine vom PFJ schräg nach oben verlaufende Zone stärkerer Winde gefunden werden, die im ASJ endet, ähnlich wie dies in Abb. 1 der Fall ist (vgl. Meyer 1960).

Im Zusammenhang mit dieser Zone steht das Ansteigen der Höhe des Maximalwindniveaus, das im Winter nördlich des PFJ beobachtet wird (vgl. Abb. 3.246.4) (Reiter 1958c). Diese Zunahme wird auch aus dem Isothermenverlauf der höheren Isobarenflächen offensichtlich (Reiter 1959e). Mit dem Höherwandern des Niveaus maximalen Windes erscheint nördlich der Strahlstromachse im jeweiligen Druckniveau eine Zunge warmer Luft, doch weiter im Norden immer noch eine Baroklinität im Sinne zunehmender Windgeschwindigkeit mit der Höhe. Neuere Meridionalschnitte, die mit Hilfe der Daten des „Internationalen Geophysikali-

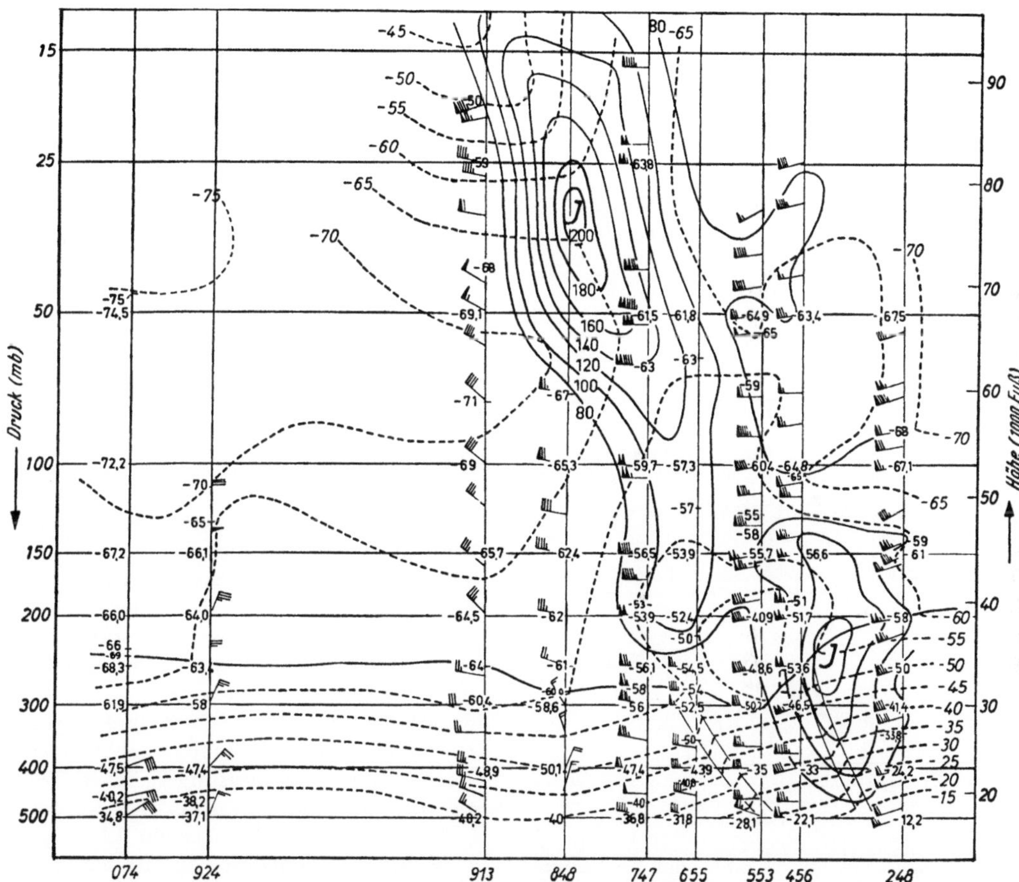

Abb. 4.414.1. Querschnitt durch die Atmosphäre, 1. Februar 1957, 15.00 GCT. Isotachen (Knoten) und Tropopause mit vollen Linien, Isothermen (° C) strichliert eingetragen. (Nach Godson und Lee 1958)

schen Jahres" auf 170° E gewonnen wurden, lassen sogar im *Mittel* im Nordwinter eine warme Zone zwischen 50° und 60° N, und im Südwinter zwischen 40° und 50° S erkennen. In beiden Fällen erstreckt sich diese Zone von der Tropopause bis mindestens zur 20-mb-Fläche (Taylor 1960). Der Isothermenverlauf der Abb. 1 zeigt dies ebenfalls sehr anschaulich. Eine barokline Zone erstreckt sich vom Boden bis oberhalb des 50-mb-Niveaus. Hier tritt nun eine augenfällige Umkehr des meridionalen Temperaturgradienten ein. Über der Polarkalotte nimmt die Temperatur mit der Höhe zu, während südlich des ASJ nahezu isotherme Verhältnisse herrschen. Ähnliches kann in anderen Querschnitten beobachtet werden, welche das stratosphärische Maximalwindniveau durchstoßen. Diese Temperaturverteilung ist insofern bemerkenswert, als sie den Erwartungen aus dem Strahlungshaushalt entgegenläuft. Über der Polarkalotte ist während der Polarnacht keine Einstrahlung vorhanden. Daher wären hier extrem tiefe Temperaturen zu vermuten. Tatsächlich tritt jedoch oberhalb der Stratopause [Trennungsfläche zwischen Stratosphäre und Ozonosphäre (Chapman 1950)] eine Temperaturzunahme mit der Höhe in Erscheinung, die über Resolute (74° 41′ N) durch vorzeitigen Abbruch des Aufstieges nur mehr schwach angedeutet ist. Churchill (58° 45′ N) liegt zwar bereits im Bereich zeitweiser Einstrahlung, doch sind die hohen Ozonosphärentemperaturen in etwa 30 km Höhe nicht durch Strahlung erklärbar, denn sonst wäre eher eine Temperaturzunahme nach Süden hin zu erwarten. Es muß sich also hier um eine *dynamische Erwärmung* im Bereiche des ASJ und seiner Vertikalzirkulation handeln.

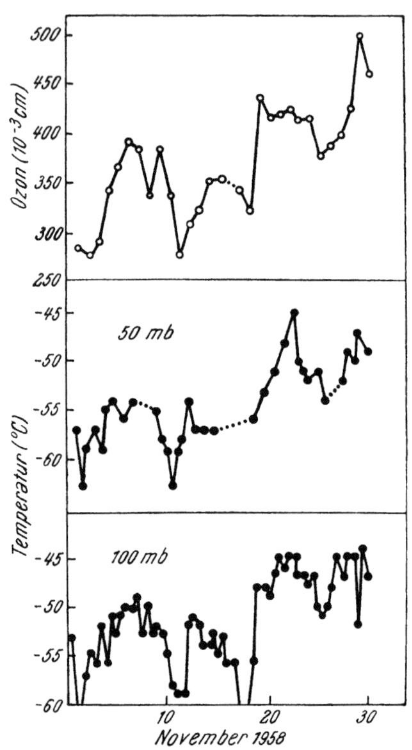

Abb. 4.414.2. Vergleich des Gesamtozongehaltes mit den 50- und 100-mb-Temperaturen über Moosonee, Ontario, November 1958. (Nach Teweles 1959)

Tatsächlich wurden in der Stratosphäre Vertikalgeschwindigkeiten von der Größenordnung cm/sec festgestellt, Werte, die in Anbetracht der stabilen Schichtung groß erscheinen (Craig et al. 1957, Epstein 1959, Kochanski 1954). Nun wird auch — besonders im Lichte dessen, was bereits über PFJ und STJ gesagt wurde — die Temperaturverteilung in Abb. 1 verständlich. Eine warme Zone erstreckt sich entlang der vertikalen Strahlstromachse aus der Ozonosphäre durch die gesamte Stratosphäre bis in den Bereich des PFJ [vgl. auch Querschnitte bei Teweles (1958)]. Es muß daraus geschlossen werden, daß der ASJ ein Bereich maximaler Absinkbewegung ist. Ähnliches wird auch für den PFJ und seine „Jet-Stream-Front“ an Hand von Wolkenbeobachtungen, Feuchte- und Ozonmessungen belegt, wie in Kap. 6 noch näher erläutert werden soll.

Mithin ist die alte Ansicht (die noch in vielen Lehrbüchern zu finden ist), wonach die Stratosphäre — wie bereits ihr Name andeutet — eine Zone ist, die hauptsächlich vom Strahlungsgleichgewicht „geschichtet“ wird, hinfällig. Die Dynamik der Strömung übt hier einen ebenso entscheidenden Einfluß aus wie in der Troposphäre, und wir können also mit Recht von einem „stratosphärischen Wetter“ sprechen.

Die an Hand der Temperaturverteilung in Abb. 1 festgestellte Vertikalzirkulation läßt sich jedoch noch durch weitere Messungen belegen. Abb. 4.414.2 zeigt eine Korrelation des Gesamtozongehaltes der Atmosphäre bei Standardtemperatur und -druck mit der 50- und 100-mb-Temperatur über Moosonee, Ontario (51° 16′ N). Hohe Stratosphärentemperaturen laufen demnach parallel mit großem Ozongehalt (vgl. Allington et al. 1960, Godson 1960, Ohring et al.

1960). Dies ist an Hand der Abb. 1 leicht verständlich, denn bei einer Abwärtsbewegung, welche durch die Warmluftzungen angedeutet erscheint, wird das Gleichgewicht zwischen Ozonproduktion und -zerfall durch einen zusätzlichen Import aus der Höhe gestört (PAETZOLD et al. 1959). Bei manchen Ballon- und Raketenaufstiegen erscheinen mehrere Ozonmaxima übereinander. Es muß sich hier um ein advektives Phänomen (Ozonimport mit der Höhenströmung aus niedrigeren Breiten) handeln. PAETZOLD (1956b) schließt auf Grund derartiger Ozonmessungen auf Vertikalbewegungen in der Größenordnung von 1 bis 10 cm/sec, die noch in Höhen über 40 km anzutreffen sind. Eine derartig intensive Vertikalzirkulation in der Stratosphäre ist natürlich auch in der Lage, atomare Ausfallprodukte wesentlich schneller in die Troposphäre gelangen zu lassen, als dies bei einem reinen Schwebeprozeß der Fall wäre. Turbulente Mischung und andere diabatische Prozesse dürften bei diesen Transportbetrachtungen eine nicht zu übersehende Rolle spielen.

Mit dem bisher Gesagten sind wir nunmehr in der Lage, unser Bild einer *winterlichen Stratosphärenzirkulation*, wie es von KELLOGG (1956) entworfen wurde, zu vervollständigen. Der westliche ASJ bezieht seinen Drehimpuls — unter der Annahme einer Bewegung, die unter Erhaltung des Drehimpulses verläuft — aus niedrigeren Breiten. Um einen Jet von 200 Knoten bei 54° N (Trout Lake 848) hervorzurufen, müßte die Luft laut Gl. 1.236 (14) aus etwa 49,5° N kommen, sie bedarf also nur einer geringen Nordwärtsverlagerung, um eine große zonale Windkomponente zu erhalten. In Abb. 1 beträgt die horizontale Scherung auf der antizyklonalen Seite des ASJ etwa $0{,}9 \cdot 10^{-4}$ sec^{-1}. Der Coriolisparameter hat die Größe von etwa $1{,}1 \cdot 10^{-4}$ sec^{-1}. Strömungen unter konstantem Drehimpuls ($Q = f$) sind im Bereich des ASJ also durchaus denkbar.

Nach dem üblichen Bild einer meridionalen Stratosphärenzirkulation, wie es von KELLOGG (1956, et al. 1951) auf Grund von Ballonaufstiegen, Raketen- und Granatenbeobachtungen, Schallmessungen und Beobachtungen von leuchtenden Nachtwolken und Meteorbahnen entworfen wurde, herrscht in der Stratosphäre der Sommerhalbkugel eine aufsteigende, in der Winterhalbkugel dagegen eine absinkende Luftbewegung vor. GOLDIE (1952, 1953) schließt aus dem Verlauf der Isentropenflächen auf die Existenz einer stratosphärischen Meridionalzirkulation. Ein Großteil der adiabatischen Erwärmung (67 % im Winter) geht allerdings durch diabatische Ausstrahlung verloren.

Die Meridionalzirkulation äußert sich in einem *ageostrophischen* Massenfluß von der Sommer- zur Winterhalbkugel, also vom hohen zum tiefen Druck. Aus den in Kap. 4.122 angestellten Überlegungen wäre zu schließen, daß eine derart gerichtete mittlere ageostrophische Windkomponente zu einer Beschleunigung der Luftmassen führen müßte. Das Umschlagen der Zirkulation vom Sommer (50 Knoten Ostwinde) zum Winter (150 Knoten Westwinde — vgl. Abb. 4.211.4) würde eine Beschleunigung von etwas mehr als 1 Knoten pro Tag bedeuten. Da die wirksamen Beschleunigungen jedoch praktisch auf die relativ kurze Übergangsjahreszeit fallen, ist dieser Wert mindestens zu verdoppeln oder zu verdreifachen. Aus Abb. 1 ist ferner zu schließen, daß der Hauptanteil der stratosphärischen Vertikalzirkulation im Bereich des ASJ vor sich geht. Dies wurde aus der Temperaturverteilung offenkundig. Analog den Verhältnissen in den hochtroposphärischen Strahlströmen kann man annehmen, daß der *Hauptimpulstransport* ebenfalls im Bereich dieses stratosphärischen Jet vor sich geht. Ein Teil dieses Impulstransportes wird von der erwähnten *Meridionalzirkulation* besorgt. Es ist jedoch sehr wahrscheinlich, daß der größere Anteil des Drehimpulses ebenso wie in tieferen Atmosphärenschichten durch horizontalen Großaustausch im Bereich planetarischer Langwellen vor sich geht.

Daß die Stratosphärenzirkulation im Winterhalbjahr nicht streng zonal ist (Hovmöller 1950, Kochanski 1955, Moreland 1956, Panofsky 1956), zeigt die Topographie der 10-mb-Fläche vom 15. November 1957 (Abb. 4.414.3). In dieser Abbildung ist deutlich eine Neigung der Trogachse von SW nach NE festzustellen. Es ist dies dieselbe Anordnung, wie sie auch im Bereich der troposphärischen Langwellen für einen verstärkten Impulstransport nach Norden charakteristisch ist: an der Vorderseite des Troges fließt in einer aus WSW kommenden Strömung westlicher Drehimpuls nach Norden, an der Rückseite des Troges jedoch wird in einer nahezu nördlichen Höhenströmung bedeutend weniger westlicher Drehimpuls nach Süden verfrachtet. Der *horizontale Großaustausch* vermag also in derartig geneigten Trögen beträchtliche Impulsmengen zu transportieren. Weiträumige Wirbel in horizontalen Ebenen machen sich auch noch in den Tropen bemerkbar (Riehl, Higgs 1960).

In Abb. 3 liegt der nördliche Teil des Höhentroges über dem nordamerikanischen Kältepol im Lee der Rocky Mountains, während an der Ostküste Asiens ein zweiter Trog angedeutet erscheint. Diese Trogpositionen sind für die winterliche Stratosphärenströmung der Nordhalbkugel typisch (vgl. Hare 1960, Palmer 1959, Regula 1949, Scherhag 1957, 1948b, Wege 1958). Sie sind ebenso in der Troposphärenzirkulation vorhanden und beweisen, daß die Hochgebirgsketten des Himalaja und der Rocky Mountains ihren Einfluß selbst in diesen Höhen geltend machen und vermutlich in ihrer Wirkung noch viel höher reichen (vgl. Schallmessungen in Alaska von Crary 1953). Darauf soll jedoch noch in Kap. 7 eingegangen werden.

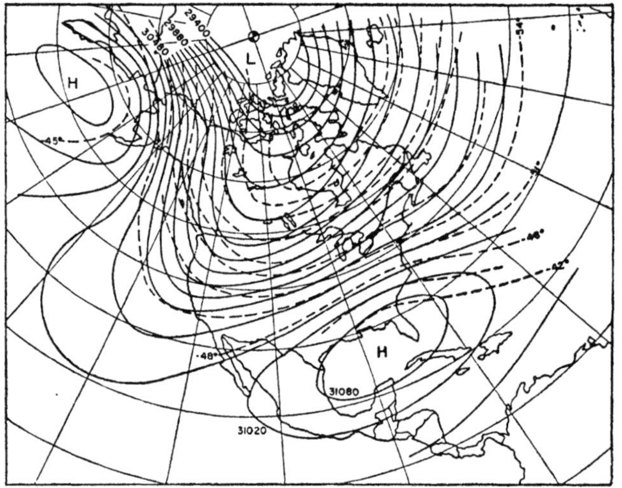

Abb. 4.414.3. 10-mb-Topographie (m, volle Linien) und Isothermen (° C, strichliert), 15. November 1957. (Teweles 1959)

Obwohl die Differenz im Strahlungshaushalt zwischen den Aleuten und dem grönländischen Inlandeis dem Vorzeichen nach mit der Position der warmen und kalten Zentren in der Stratosphäre übereinstimmt (Abb. 3), ist doch anzunehmen, daß die dynamisch-orographischen Einflüsse den Ausschlag geben (Teweles 1958). Vermutlich sind auch die kälteren Wintertemperaturen der antarktischen im Vergleich zur arktischen Stratosphäre in starkem Maße auf den höheren Zonalindex in der Südhemisphäre zurückzuführen und nicht nur auf die Verschiedenheit der Strahlungseinflüsse und die erhöhte Albedo (vgl. Literatur in Kap. 4.212). Die Südhemisphäre besitzt kein prominentes Hochgebirge wie den Himalaja, der die Strömung in derartigem Maße meridional auslenken würde. Ein Gegenstück zu dem warmen Stratosphärenhoch über den Aleuten fehlt also über der Antarktis. Da eine verstärkte Meridionalzirkulation auch einen erhöhten Wärmeaustausch bewirkt, wäre leicht einzusehen, warum sich die arktische Stratosphäre im Winter weniger abkühlt als die antarktische. Ein gewisser Unterschied zwischen arktischen und antarktischen Verhältnissen scheint auch im *Jahresgang* der Stratosphärentemperatur gegeben zu sein (BANNON 1958, WEXLER 1960a). Über den meisten [nicht über allen (GOLDIE et al. 1958)] Stationen der Südpolargebiete ist im Frühling (September, Oktober) ein scharfer Anstieg der Stratosphärentemperaturen zu verzeichnen. Eine derartige Asymmetrie scheint über der Arktis *im Mittel* nicht vorhanden zu sein. Außerdem weist die Schwankungsbreite der Temperatur der arktischen Stratosphäre in den einzelnen Wintermonaten bedeutend höhere Werte auf als die der antarktischen Stratosphäre. Aus einer statistischen Untersuchung McCLAINS (1960) geht dies in eindrucksvoller Weise hervor. Januartemperaturen *arktischer* Stationen zeigen mit zunehmender geographischer Breite und mit zunehmender Höhe die Tendenz zur Bildung einer *bimodalen* Häufigkeitsverteilung. (Doppelte Häufigkeitsmaxima treten besonders deutlich über Alert, 82° 33′ N, 62° 35′ W, im 50-mb-Niveau in Erscheinung.) Es scheint demnach das Auftreten abnormal warmer oder abnormal kalter Temperaturen über den Nordpolargebieten am wahrscheinlichsten zu sein — je nach der Größe des meridionalen oder zonalen Index der winterlichen Stratosphärenzirkulation. Die *mittleren* Januartemperaturen, dargestellt durch das arithmetische Mittel der Meßreihen, treten jedoch relativ selten auf. Diese Tatsache vermag die Diskrepanzen zu erklären, die zwischen einzelnen Meridionalschnitten im Nordpolargebiet herrschen (HESS 1948, KOCHANSKI 1955, H. GOLDIE et al. 1957, WEGE et al. 1958). *Südpolarstationen zeigen dagegen nur ein Häufigkeitsmaximum der Temperaturverteilung* in der Stratosphäre, was als Beweis für die große Stabilität und den vorwiegend *zonalen* Charakter der stratosphärischen Zirkulation der Südhemisphäre angesehen werden kann (WEXLER 1959, vgl. auch MORELAND 1960, und Häufigkeiten der Strahlstromrichtungen bei ASTAPENKO 1960a). Die Temperaturverhältnisse über der Arktis sind wegen der vorhandenen großen Meridionalkomponenten der Strömung vorwiegend dynamisch kontrolliert (AUSTIN, KRAWITZ 1956). Unter diesen Umständen wird im Jahresgang der Temperatur in Ozono- und Stratosphäre an einer Südpolarstation die *Strahlungserwärmung* bei der Rückkehr der Sonne dominant in Erscheinung treten. Über dem Südpol kann zu dieser Zeit im 50-mb-Niveau *im Mittel* mit einer Erwärmung von mehr als 1° C pro Tag gerechnet werden (TAYLOR 1960). In einem extremen Fall wurde ein Temperaturanstieg von 19° C innerhalb von 12 Stunden in 27 km Höhe festgestellt (HANSON 1960, vgl. auch FLOWERS 1960). Der Einfluß großräumiger Vertikalbewegungen spielt auch hier eine bedeutende Rolle (PALMER und TAYLOR 1960). Eine Nordpolarstation ließe dagegen einen ausgeglicheneren *mittleren* Temperaturgang erwarten, da die einzelnen,

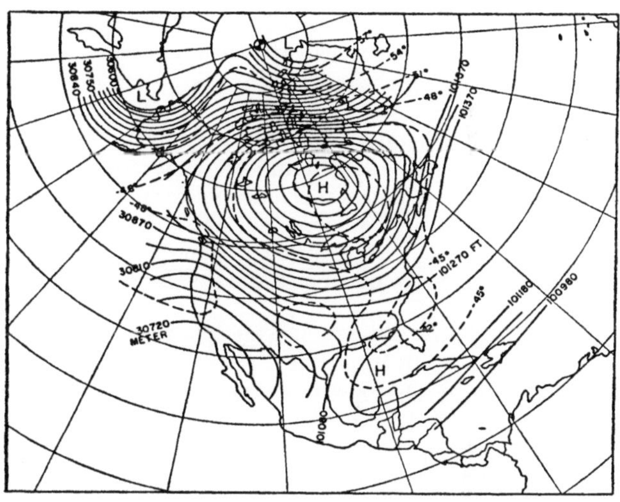

Abb. 4.414.4. 10-mb-Topographie (m, volle Linien) und Isothermen (° C, strichliert), 15. Februar 1958. (TEWELES 1959)

durch die Passage stark mäandernder Strahlströme bedingten Erwärmungsperioden nicht immer auf denselben Termin fallen (vgl. Abb. 5).

In der Übergangsjahreszeit erfolgt ein Umschlagen der Stratosphärenströmung aus einer westlichen in eine östliche Richtung, es muß also binnen kürzester Zeit eine enorme Impulsmenge in die andere Hemisphäre transportiert werden. Dazu ist die mittlere Meridionalzirkulation jedoch nicht imstande, und wir müssen daher erwarten, daß gerade in den Übergangsmonaten die Stratosphärenströmung einen stark zellularen „Low-Index"-Charakter besitzt (vgl. Behr et al. 1960, Mantis 1959, Teweles, Rothenberg et al. 1960, U. S. W. B. 1959). Dies wird aus Abb. 4.414.4 offenkundig, welche die Topographie der 10-mb-Fläche am 15. Februar 1958 zeigt. Die Neigung der Rückenlinie in dieser Abbildung aus NW (nördlich von Alaska) nach SE (Hudsonbay) erlaubt es, daß mehr westlicher Drehimpuls nach Süden als nach Norden strömt. Erst im Sommer stellt sich wiederum eine zonale „High-Index"-Lage mit östlicher Stratosphärenströmung ein, doch sind auch in dieser Jahreszeit unter Umständen bedeutende Meridionalkomponenten vorhanden (Kochanski und Wasko 1956a, b).

Der monsunale Charakter der Stratosphärenzirkulation wird auch vom Gesichtspunkt des Vorticitytransportes interessant. In Kap. 4.121 wurde festgestellt, daß nach der Rossbyschen Mischungstheorie in der Atmosphäre (die mit 20 km Tiefe angenommen wird) ein ständiger Transport positiver Vorticity aus der Nord- in die Südhemisphäre bzw. negativer Vorticity in umgekehrter Richtung stattfindet. Rossby (1947) nahm diesen Transport als konstant an. Schließen wir die Zirkulation der unteren Ozonosphäre in diese Betrachtungen ein, so sind wir wohl zu der Annahme gezwungen, daß diese „Konstanz" nur für mittlere Windprofile über kürzere Zeiträume angenommen werden darf, nicht aber für die jahreszeitlichen Schwankungen, die sich besonders in der Stratosphärenzirkulation manifestieren.

Der Isothermenverlauf der Abb. 3 läßt erkennen, daß die Windgeschwindigkeit im Winter oberhalb des 10-mb-Niveaus weiterhin zunimmt. Dasselbe gilt auch für die Sommerverhältnisse. Dieser Temperaturverlauf steht allerdings nicht im Einklang mit Abb. 1. Daß auch im Winter an der Untergrenze der Ozonosphäre eine Maximalwindfläche liegen kann, so wie dies Godson und Lee (Abb. 1) andeuteten, geht aus Untersuchungen von Kellogg (1956) und Murgatroyd (1957) hervor. Nach Murgatroyds Schema (Abb. 4.415.5) liegt das Maximalwindniveau des winterlichen westlichen Stratosphären-Jet bei etwa 60 km Höhe. Es besitzt allerdings Ausbuchtungen bis in etwa 25 bis 30 km Höhe. Es kann also wohl sein, daß in einzelnen Wetterlagen, die durch besonders intensive Vertikalzirkulation ausgezeichnet sind, ein Höhenwindmaximum schon in tieferen Niveaus auftritt, wie dies in Abb. 1 der Fall war.

Eine dritte Komponente des Impulstransportes liegt schließlich im *Vertikalaustausch* vor. Mit der Absinkbewegung, die bereits in der mittleren stratosphärischen Meridionalzirkulation angedeutet ist und im Bereich eines Strahlstroms (Abb. 1) verstärkt zum Ausdruck kommt, wird diese Komponente einen — wenn auch geringen — Beitrag zur Zirkulation der tieferen Schichten leisten. Eine Abschätzung, wie sie von Palmén und Alaka (1952) für den STJ gegeben wurde, ist an Hand des spärlichen Beobachtungsmaterials noch nicht möglich.

Kehren wir noch einmal zu Abb. 3 zurück. Aus der horizontalen Drängung der Isohypsen können wir schließen, daß nördlich der Beringstraße ein stratosphärisches Strahlstrommaximum liegt, dessen Deltagebiet über dem Northwest-Territory zu suchen wäre. Auf dieses Strahlstrommaximum können wir die selben Überlegungen in bezug auf Divergenz und Vorticityverteilung anstellen, wie wir dies bei PFJ und STJ getan haben [Gl. 1.233 (6)]. In der Art, wie die Konturlinien die Isothermen schneiden, findet man qualitativ das Schema der Vertikalzirkulation bestätigt, wie es für den PFJ abgeleitet wurde: Aufsteigen (Abkühlung) im rechten, Absinken (Erwärmung) im linken vorderen Quadranten. In den rückwärtigen Quadranten gilt die umgekehrte Anordnung. Dies ist allerdings nur unter der Voraussetzung zutreffend, daß sich die Isothermen in Abb. 3 *langsamer* bewegen, als es der Windgeschwindigkeit entspricht. Dies kann jedoch mit Recht angenommen werden, da die Luft relativ rasch durch die Anordnung der planetarischen Wellen strömt.

Da wir im ASJ auch in bezug auf Vertikalzirkulation dieselben Verhältnisse wiederfinden wie im PFJ, ist anzunehmen, daß sich die stratosphärische „Frontalzone“ bei adiabatischen Strömungsbedingungen im Deltagebiet langsam verstärkt, im Einzugsgebiet jedoch langsam auflöst. Somit wird sich auch das stratosphärische Jet-Maximum langsam stromabwärts verlagern, so wie es beim PFJ der Fall ist (vgl. Kap. 4.221). Starke Mäanderungen in diesem Jet Stream innerhalb einer baroklinen Stratosphäre sind ebenfalls zu erwarten (Hare 1960). Die Scherung auf der antizyklonalen Seite in der Nähe des Strahlstromkernes der Abb. 1 besitzt die Größenordnung von etwa $0{,}9 \cdot 10^{-4}$, ist also dynamisch nicht sehr stabil. Dynamisch labile Strömungsverhältnisse, die zu einer Amplitudenvergrößerung und zum Zusammenbruch der Wellen führen könnten, wären also auch im ASJ nicht ausgeschlossen (vgl. Behr et al. 1960). Wie Palmer und Taylor (1960) zeigen konnten, ist der Zusammenbruch der winterlichen Stratosphärenzirkulation auf der Südhalbkugel auf eine derartige Amplitudenvergrößerung einer labilen Welle zurückzuführen, die sich im betrachteten Falle im Lee von Graham-Land einstellte. Aus einer Arbeit Fleagles (1958) ist zu schließen, daß besonders die Zone zwischen ozonosphärischem Temperaturmaximum und Mesopause (wegen der hier herrschenden Temperaturabnahme auch „Mesodecline“ genannt) im Winter für Störungen anfällig ist, die in mittleren und hohen Breiten ihre Amplitude vergrößern. Wexler und Moreland (1957) konnten zeigen, daß sich die winterliche Stratosphärenzirkulation in kurzer Zeit umstellen kann. Es wird sogar die Möglichkeit der Bildung stratosphärischer „blockierender“ Antizyklonen erwogen, ähnlich wie sie im Bereich des PFJ auftreten (vgl. Kap. 6.125). Dieses stratosphärische „Blocking“ vermöchte den abnorm hohen Ozongehalt zu erklären, der in manchen Jahren längere Zeit hindurch über Tromsö beobachtet wurde (vgl. Larsen 1959). An der Rückseite eines derartigen „Blocks“ würde ständig Ozon aus niederen Breiten importiert und gelangte dann durch Absinkbewegung allmählich in tiefere Luftschichten.

Passiert ein Stratosphären-Jet-Maximum eine Radiosondenstation, so manifestiert sich dies in eindrucksvoller Weise im Temperaturgang einer Isobarenfläche (Hare 1960, Lee et al. 1957, Namias 1958, Teweles et al. 1958). Abb. 4.414.5 zeigt übergreifende 10-Tage-Mittel der Temperatur der 100-mb-Fläche für vier Stationen der nordamerikanischen Arktik. Besonders eindrucksvoll ist der plötzliche Temperaturanstieg im Januar 1955 und im Februar 1957 (letzterer steht wohl in Zusammenhang mit dem in Abb. 1 gezeigten Strahlstrom). Beide Male werden mitten im Winter Temperaturen erreicht, wie sie für diese Stationen sonst für die Sommermonate charakteristisch sind. Dies muß unsere bisherigen Ansichten über eine von der Strahlung kontrollierte Stratosphärentemperatur völlig umstoßen. Ein plötzlicher Temperaturanstieg um nahezu 30° C innerhalb weniger Tage (Alert, Februar 1957, erscheint durch die übergreifende Mittelbildung erheblich geglättet) kann durch keinerlei Strahlungseffekt erklärt werden. Das sogenannte „Berlinphänomen“ und das „Thulephänomen“, d. i. die plötzliche stratosphärische Erwärmung, die im Januar und Februar 1952 über Berlin und Thule festgestellt worden war und damals auf einen solaren Ausbruch zurückgeführt wurde (SCHERHAG 1952, 1957), dürfte seine wahren Ursachen in der Passage der stratosphärischen Strahlstromachse haben (FLOHN 1960a). Wie SCHERHAG (1952) selbst andeutet, treten große interdiurne Temperatur-

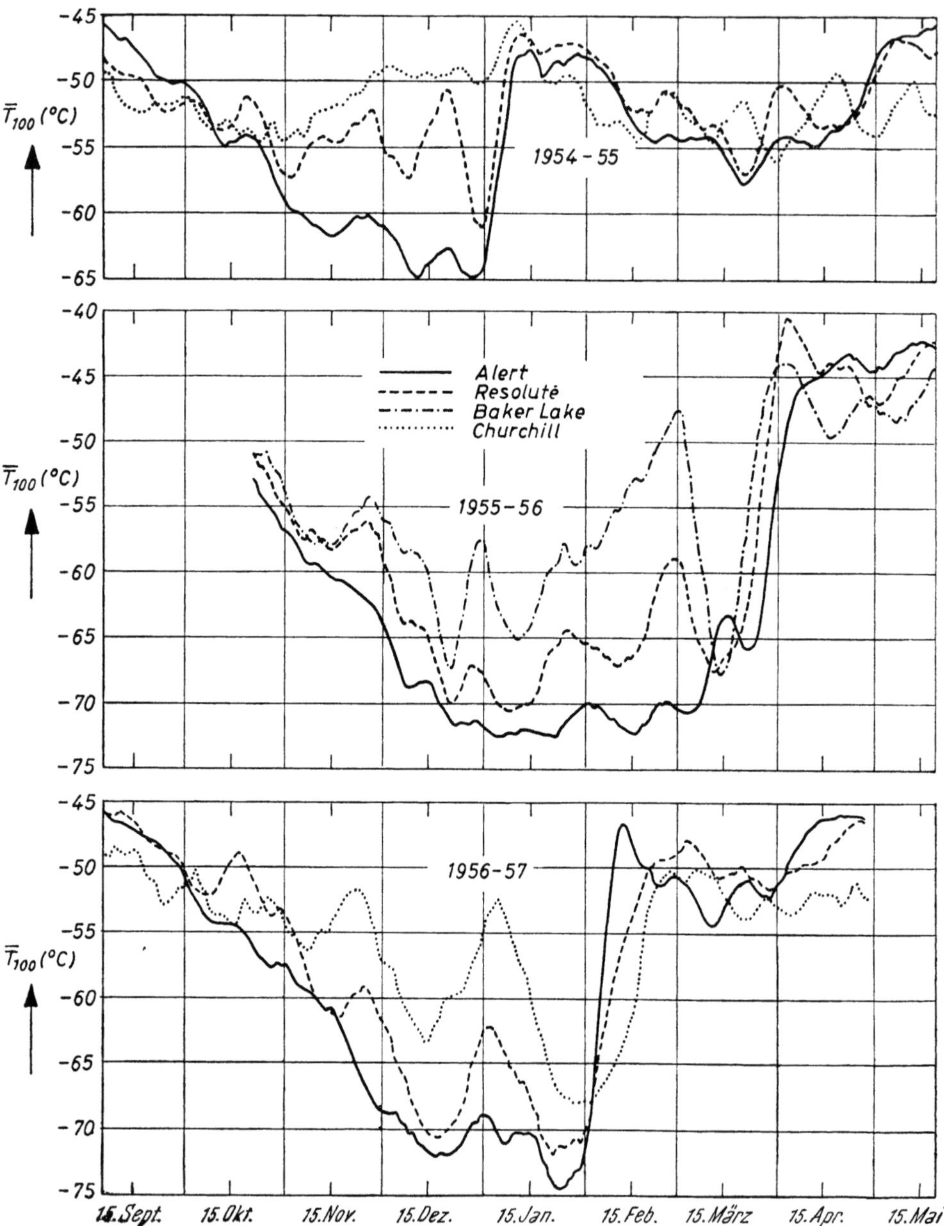

Abb. 4.414.5. Übergreifende Zehntagemittel der 100-mb-Temperatur für vier arktische Stationen, die annähernd auf einem Meridian liegen. (GODSON, LEE 1958)

änderungen in der Stratosphäre im Winter, vor allem im Spätwinter, auf. Warum also wäre die Wirkung von Sonnenausbrüchen vorwiegend auf die erstere Jahreszeit beschränkt und warum würde sie so lokal in Erscheinung treten? Der horizontale Temperaturgradient einer stratosphärischen Frontalzone, wie sie in Abb. 1 gezeigt wurde, genügt dagegen, um interdiurne Temperaturänderungen von mehr als 20° C auf plausible Weise zu erklären (WARNECKE 1956). Neben der horizontalen Advektion spielen auch Vertikalbewegungen eine bedeutende Rolle im Temperaturgang (REINECKE 1952, BEHR 1960, SCHERHAG 1958, U. S. Navy 1960a, WEXLER 1958). Die Infrarotstrahlung tieferer Atmosphärenschichten vermag über längere Zeiträume hin ebenfalls die Stratosphärentemperaturen zu beeinflussen (KRAUS 1960a, MORELAND 1960). In der antarktischen Stratosphäre scheint dieser Effekt mitunter sogar dominierend zu sein.

Ein gewisser solarer Einfluß mag bei sommerlichen Stratosphärenerwärmungen, wie sie SCHERHAG (1960) im 20-mb-Niveau feststellte, wohl vorhanden sein. Die im Juli 1958 beobachtete Wärmewelle schritt dabei sehr gleichmäßig von Ost nach West, also in Richtung der stratosphärischen Ostströmung, fort und umkreiste die Nordhemisphäre innerhalb von 12 Tagen. Für winterliche Wärmezentren im 25-mb-Niveau konnte SCHERHAG im Januar und Februar retrograde Bewegungen — also ebenfalls von Ost nach West — feststellen. Die Erwärmung schien bis in große Höhen zu reichen, denn sie manifestierte sich noch in einer deutlichen Zunahme der Bremsung des Sputnik β 1, 1957. Parallel mit der Bremsung des Satelliten war eine Zunahme der Emission solarer Radiowellen beobachtet worden. Es läßt sich jedoch schwer sagen, ob zwischen diesen Phänomenen ein ursächlicher Zusammenhang besteht, da die Wellenemission nur mit den 25-mb-Temperaturen in 55° N und 10° E eine deutliche Korrelation zeigte. In anderen Sektoren der Hemisphäre wäre die Korrelation wohl weniger augenfällig. Da die stratosphärischen Störungen meist nur langsam ziehen, ist die Wahrscheinlichkeit sehr groß, daß ein solarer Vorgang mit abnormal hohen Stratosphärentemperaturen an einer Stelle der Hemisphäre zeitlich zusammenfällt. Dadurch ist jedoch ein Kausalzusammenhang noch nicht unbedingt erwiesen (TEWELES, ROTHENBERG et al. 1960).

Daß derartige plötzliche Erwärmungen vorzugsweise im Spätwinter auftreten, würde darauf schließen lassen, daß die durch Ausstrahlung in der Polarnacht langsam sich verstärkenden meridionalen Temperaturgradienten zu einem Zusammenbruch der Zonalzirkulation führen. Der Höhenströmung wird ja durch die Wirkung der Hochgebirge, vor allem des Himalaja, ständig kinetische Perturbationsenergie zugeführt, die sich in meridionalen Störbewegungen äußert. Es ist anzunehmen, daß diese Störungen von einem kritischen Wert der Zonalgeschwindigkeit ab labilen Charakter annehmen und ihre Amplituden rasch vergrößern (vgl. PALMER und TAYLOR 1960). Erfolgt der Zusammenbruch im Spätwinter, so stellt sich neuerdings ein, wenn auch schwächerer, zyklonaler Zirkumpolarwirbel ein. Tritt die Zirkulationsumstellung im Frühjahr auf, so kann sie den Aufbau der sommerlichen antizyklonalen Strömungsverhältnisse einleiten. Es wurde bereits darauf hingewiesen, daß auf der Südhemisphäre eine orographisch bedingte Quelle an kinetischer Energie der Störbewegung im Ausmaß des Himalaja fehlt. Dies mag die Ursache dafür sein, daß die stratosphärische Zonalzirkulation der Südhemisphäre seltener und vor allem später „Zusammenbrüche" zeigt als über den Nordpolargebieten. Einer Studie PALMERS (1959; vgl. auch PALMER und TAYLOR 1960) zufolge stellt sich die Zirkulation der Südhemisphäre erst nach dem Frühlingsäquinoktium um, während laut Abb. 5 in der Nordhemisphäre der Zusammenbruch in der Winternacht — an keinen bestimmten Zeitraum gebunden — eintritt.

Der starke Temperaturgradient, der sich im Winter zwischen Alert und Churchill bemerkbar macht (Abb. 5), spricht ebenfalls für die Gegenwart eines kräftigen Stratosphären-Jet. Die regelmäßigen Maxima und Minima der Temperatur deuten den Durchzug von *Wellenstörungen* in dieser stratosphärischen Strahlströmung an. Es muß also damit gerechnet werden, daß in den stratosphärischen Winden große *interdiurne* Veränderungen möglich sind.

Es sind aber auch *diurne* Schwankungen zu erwarten, denn die Temperaturverhältnisse in der Ozonosphäre reagieren sehr empfindlich auf den Tagesgang der Strahlung (Weeks 1954). Kennedy et al. (1954, 1955) konnten tatsächlich derartige Schwankungen in den Höhenwinden nachweisen. Nach Mantis (1960) beträgt die Amplitude der diurnen Änderungen in der Meridionalkomponente der Windgeschwindigkeit bei 45° N und in 29 km Höhe etwa 1 m/sec. Bei Messungen im Raume Denver zeigte sich dabei, daß Temperatur und westliche Höhenwinde im Bereich von 30 bis 60 km eine Phasenverschiebung von 10 bis 14 Stunden aufweisen. Maximale Höhenwindgeschwindigkeiten waren also zur Zeit minimaler Temperatur (etwa 10 Uhr morgens) zu erwarten. Es wäre wohl möglich, daß diese Phasenverschiebungen auf Intertialbewegungen zurückzuführen sind. Die halbe Trägheitsperiode beträgt ja im Raume von Colorado etwa 9,5 Stunden. Würde also durch Einstrahlung der meridionale Temperaturgradient verstärkt und das geostrophische Gleichgewicht gestört, so könnte man erst etwa 10 Stunden später mit maximaler Windgeschwindigkeit rechnen. Es ist in diesen Höhen auch mit der störenden Wirkung solarer und lunarer Gezeiten zu rechnen (Haurwitz 1950). Nach Kennedys Messungen fällt das Temperaturminimum nämlich in die Zeit *nach* Sonnenaufgang.

Sawyer (1961) stellt an Hand von Radarwindmessungen mittels einer Transponderanlage das Vorhandensein einer vertikalen Feinstruktur in der unteren Stratosphäre (<20 km) fest, die auf Inertialbewegungen schließen läßt. Sie äußert sich in etwa 1 km dicken Schichten verschiedener Windrichtung und -geschwindigkeit, die während mehrerer Stunden ihre Identität bewahren.

Auf kürzerperiodische Schwankungen mit Wellenlängen von 30 bis 200 km und Amplituden von 10 bis 20 km innerhalb der sommerlichen Ostströmung weisen Flohn et al. (1959) hin. Diese Daten wurden aus Transosondenmessungen in Höhen oberhalb 20 km im Raum von Sardinien gewonnen. Die stratosphärischen Ostwinde erwiesen sich dabei als unabhängig von der wechselnden Windstruktur der Troposphäre. Es wäre wohl möglich, daß solch mesometeorologische Schwankungen im Höhenwindfeld ebenfalls zum Impulstransport beitragen.

Bei der Diskussion der Abb. 1 wurde bereits auf die scheinbare Koppelung zwischen PFJ und ASJ hingewiesen. Teweles (1958) stellte an Hand einer eingehenden Analyse desselben synoptischen Termins (1. Februar 1957) fest, daß sowohl in der oberen Troposphäre als auch im 25- und 15-mb-Niveau das Jet-Maximum an der Ostflanke eines ausgeprägten Langwellentroges lag, der durch das Kältezentrum über der nördlichen Hudsonbay gebildet wurde. Drei Tage vorher herrschten ähnliche Verhältnisse. Der 300-mb-Jet erschien in zwei „Finger" gespalten: Ein südlicher Ast folgte einer leicht antizyklonalen Krümmung und brachte offenbar den Einfluß subtropischer Luftmassen zutage, während ein nördlicher Ast in auffallender Weise dem zyklonal gekrümmten Stratosphären-Jet folgte.

Ein Zeitschnitt der Höhen einzelner Standard-Isobarenflächen über Keflavik (Island) für Januar und Februar 1957 (Abb. 4.414.6) zeigt deutlich die Koppelung zwischen ASJ und PFJ. Die Zirkulationsumstellungen in diesem Raume scheinen sich zunächst in der Stratosphäre und erst etliche Tage später in der Troposphäre bemerkbar zu machen (vgl. auch Palmer 1959). So zeichnet sich z. B. der Übergang von einer Trog- in eine Rückenlage, welcher im 300-mb-Niveau am 3. Februar in Erscheinung tritt, im 15-mb-Niveau schon zwischen 24. und 26. Januar ab. Sollten derartige Zusammenhänge zwischen stratosphärischer und troposphärischer Zirkulation auf globaler Basis verwendbar sein, so hätte man damit ein wertvolles Instrument für die Mittelfristprognose gewonnen.

Ob die Verzögerung, mit der die stratosphärische Erwärmung bzw. der Druckanstieg in tieferen Niveaus auftritt, auf das langsame Wirken des turbulenten Vertikalaustausches (Fortak 1959) zurückzuführen ist, ist fraglich. Eher scheint sich hier die *Dynamik* der Höhenströmung abzuzeichnen, welche mit ihren Druck-

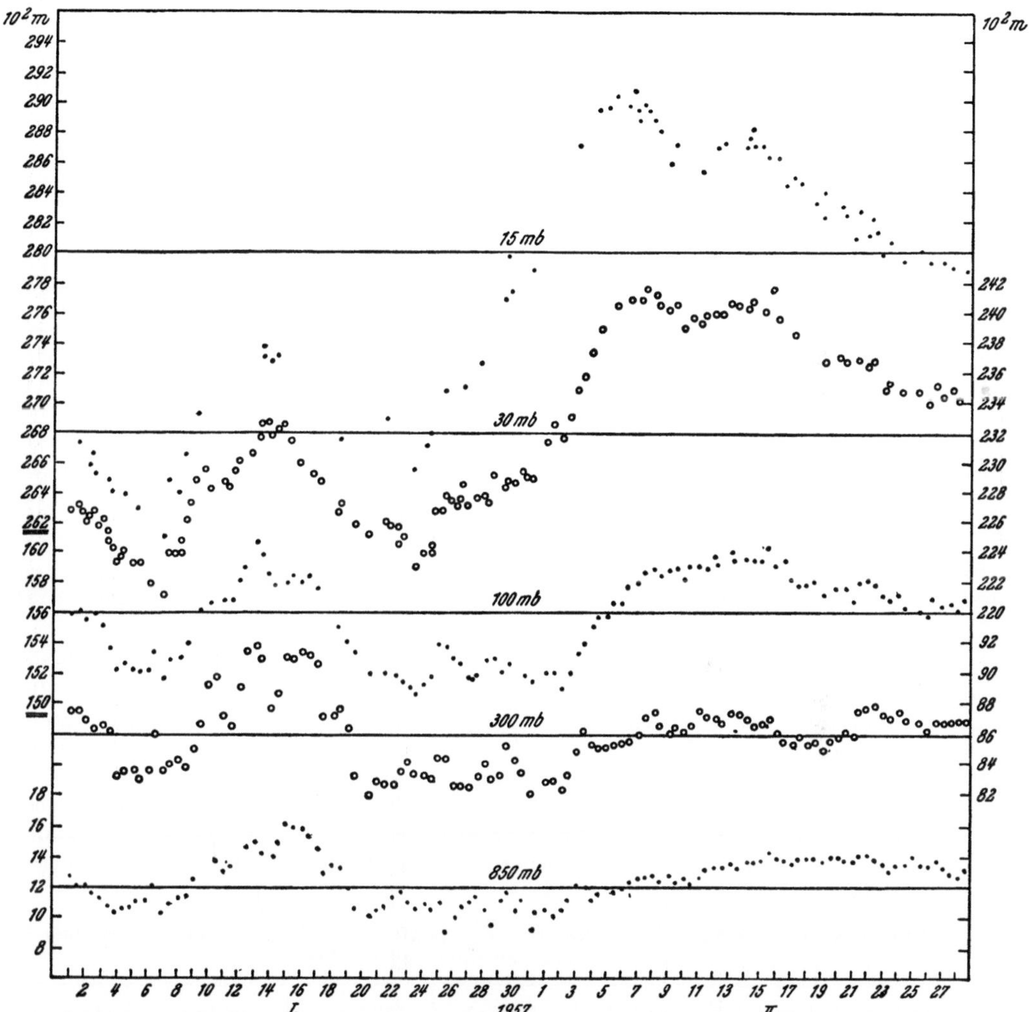

Abb. 4.414.6. Höhe der 850-, 300-, 100-, 30- und 15-mb-Flächen über Keflavik (Island), Januar und Februar 1957. Höhenangaben für Punkte links, für Kreise rechts. Datumsangaben beziehen sich auf 00.00 GCT. (Teweles 1958)

änderungen eine langsame Umstellung der großräumigen Strömungsverhältnisse auch in tieferen Niveaus bewirkt. Craig und Hering (1957) betrachten dieselbe Periode, der die Abb. 1 entnommen ist, in bezug auf Änderungen der troposphärischen Zirkulation. Es konnte festgestellt werden, daß die stratosphärische Erwärmung in hohen Breiten eine augenfällige Abnahme des troposphärischen Zonalindex zur Folge hatte.

Eine gewisse Beeinflussung der stratosphärischen (50 mb) Druck- bzw. Höhentendenzen in hohen Breiten wird natürlich auch durch intensive kurzperiodische troposphärische Druckgebilde hervorgerufen. Die Tendenzen erscheinen in diesem Fall in der Stratosphäre stark gedämpft. Eine statistische Untersuchung von Austin und Krawitz (1956) zeigt dagegen, daß großräumige Druckgebilde im 50-mb-Niveau einen nicht unbeträchtlichen Einfluß auf die Drucktendenzen und somit auf das Wettergeschehen in der Troposphäre ausüben (vgl. Barbé 1959). Obzwar bei einer Phasenverschiebung zwischen troposphärischem und stratosphärischem Druckfeld die Einflüsse der Troposphäre auf das Bodendruckfeld überwiegen, erscheint die Entwicklung von Bodenhoch- oder Tiefdruckzellen doch erheblich gegenüber den Fällen abgeschwächt, die eine Phasenparallelität zwischen Tropo- und Stratosphäre aufweisen (Tab. 4.414.1).

Tabelle 4.414.1. *Mittlere Höhenänderungen (Fuß) der Standardisobarenflächen in hohen Breiten. (In Klammern: Zahl der Fälle.)* (Austin et al. 1956)

	50 mb	100 mb	200 mb	300 mb	500 mb	700 mb	1000 mb
Mittel aller Fälle	−1670 (58) +1740 (51)	−1210 +1220	− 890 + 850	− 770 + 660	− 550 + 450	−370 +280	−160 +110
Vorwiegend stratosphärische Systeme (50 mb)	− 1950 (20) +2060 (25)	−1430 +1520	−1050 +1070	− 920 + 910	− 640 + 670	−410 +450	−140 +220
Vorwiegend troposphärische Systeme	−1140 (7) 0 (0)	−1310 0	−1750 0	−1800 0	−1280 0	−950 0	−540 0
Troposphäre und Stratosphäre 180° phasenverschoben	−1600 (16) +1560 (13)	−1010 +1080	− 340 + 600	− 80 + 290	− 60 + 100	+ 50 − 80	+110 −220
Troposphäre und Stratosphäre phasengleich	−1760 (12) +1310 (13)	−1150 + 790	− 930 + 570	− 870 + 530	− 670 + 370	−550 +290	−430 +270

Man darf jedoch nun nicht erwarten, daß der Stratosphären-Jet mit seinen hohen Windgeschwindigkeiten im Winter sämtliche Vorgänge im Bereich des PFJ regulieren würde. Trotz der geringeren mittleren Geschwindigkeit besitzt letzterer wegen der größeren Luftdichte auch die größere kinetische Energie. Dies wird aus einer Tabelle von Scherhag (1948b) anschaulich: In dieser Tabelle ist als Maß für die zonale Windgeschwindigkeit die Höhendifferenz Δz (in dynamischen Dekametern) zwischen Catania und Tromsö 1942 bis 1944 für Januar verwendet. $\varrho\,(\Delta z)^2$ gibt somit ein Vergleichsmaß für die kinetische Energie der zonalen Strömung.

Tabelle 4.414.2. *Vergleich der kinetischen Energie der mittleren zonalen Strömung im Januar zwischen Catania und Tromsö*

Isobarenfläche...	1000 mb	500 mb	225 mb	96 mb	41 mb
Luftdichte ϱ	1,250	0,738	0,360	0,165	0,065
Δz	8	31	50	62	71
Δz^2	64	961	2500	3844	5041
$\varrho\,(\Delta z)^2$	80	709	900	634	328

4.415. Windsysteme der hohen Atmosphäre

Die bisher besprochenen Strahlstromsysteme können mit den heutigen Mitteln der meteorologischen Meßtechnik synoptisch erfaßt werden. Darüber hinaus existieren jedoch Strömungen in der hohen Atmosphäre, von deren Existenz man wohl durch verschiedene direkte und indirekte Messungen weiß, doch sind die Beobachtungen räumlich und zeitlich nicht dicht genug, um über den genaueren Verlauf dieser Höhenwinde Aufschluß zu geben.

Bleiben wir zunächst in der *Strato-* und *Mesosphäre*. Erstere stellt nach einer Definition von Chapman (1950) den annähernd isothermen Bereich oberhalb der *Troposphäre* dar. An der *Stratopause* (etwa 30 km) beginnt die *Mesosphäre* [obere Ozonosphäre; der Teil mit abnehmender Temperatur zwischen 60 und 100 km wird von Gerson (et al. 1951) auch *Chemosphäre* genannt] mit einer Temperaturzunahme entlang der „Mesoincline" bis zum „Mesopeak", dem Niveau maximaler Temperatur bei etwa 50 bis 60 km. Darüber erfolgt entlang der „Mesodecline" eine Temperaturabnahme bis zur „*Mesopause*", dem Niveau minimaler Temperatur bei etwa 90 bis 100 km Höhe. Auf diese Temperaturverteilung in der oberen Atmosphäre soll weiter unten noch näher eingegangen werden. Der ASJ ist, wie im vorangehenden Kapitel beschrieben wurde, ein Phänomen, das sich vorwiegend an der Stratopause der winterlichen Polarkalotte, also in etwa 30 km Höhe, einstellt (vgl. Abb. 4.414.1).

An Hand der Abb. 4.211.5 konnte festgestellt werden, daß in Äquatornähe in etwa 20 km Höhe in der Ostströmung ein Westwindband eingelagert erscheint, die sogenannten *Berson-Westwinde*.

Sie liegen bei etwa 50 mb in einem höheren Niveau als der östliche Tropen-Jet (100 mb) und sind auf die äquatoriale Stratosphäre beschränkt. Erstmals wurden sie von Berson (1910) 1908 auf einer Expedition ins Gebiet um den Victoriasee in Zentralafrika festgestellt (Sellick 1950). Van Bemmelen (1924) fand über Batavia ebenfalls eine Zone sehr persistenter Westwinde in etwa 20 km Höhe. Radiosondenaufstiege, die im Zuge von Atombombentests über einigen äquatorialen Pazifikinseln gemacht wurden, bestätigten diese Ergebnisse (Korshover 1954a, b, Flohn 1960), so daß Palmer (1954) zu dem bisher unbestätigten Schluß gelangte, daß diese Berson-Westwinde bei 20 km die ganze Erde umschließen. Der Übergang zu den darüberliegenden Krakatau-Ostwinden (vgl. Abb. 4.211.5) variiert von Monat zu Monat und ist auch in den einzelnen Jahren, für welche die pazifischen Meßreihen zur Verfügung stehen, sehr verschieden. Die Berson-Westwinde zeigen jedoch *kein jahreszeitliches Umschlagen* wie etwa die Stratosphärenzirkulation der gemäßigten Breiten (Palmer 1953).

Die Beständigkeit dieser Berson-Westwinde ist äußerst groß. Im Februar 1954 findet Dean (1956) für die Berson-Winde über Kusaie (äquatorialer Westpazifik) in 65000 Fuß (20 km) Höhe eine mittlere Windgeschwindigkeit von 15 Knoten und ein Maximum an Beständigkeit von über 80% (definiert als $\frac{\mathbf{v}}{c} \cdot 100$, wobei $\mathbf{v}$ der mittlere resultierende Windvektor und c die mittlere skalare Windgeschwindigkeit ist) (Abb. 4.415.1). In manchen Monaten erreichte die Beständigkeit den Wert von 97% (Flohn 1960, Palmer 1954). Ein Minimum an Beständigkeit findet man an den Übergängen zwischen Berson-Westwinden und den anderen Windsystemen. Diese Übergangszonen weisen also verhältnismäßig große Schwankungen auf.

Eine neuere Untersuchung von Ebdon (1960) weist darauf hin, daß die Berson-Westwinde nicht in allen Jahren aufzutreten scheinen. So zeigte z. B. der mittlere Windvektor an allen verfügbaren äquatorialen Stationen (Singapur, Philippinen, äquatorialer Pazifik, Albrook Field — Panamakanal, Zentralafrika) im Januar 1957 östliche Winde im 50-mb-Niveau (21 km Höhe) an. Die Ostwinde traten in diesem Jahr als geschlossenes Band zwischen 20° S und 20° N auf, wobei der mittlere Windvektor am Äquator über dem Pazifik maximale Werte bis zu 50 Knoten erreichte.

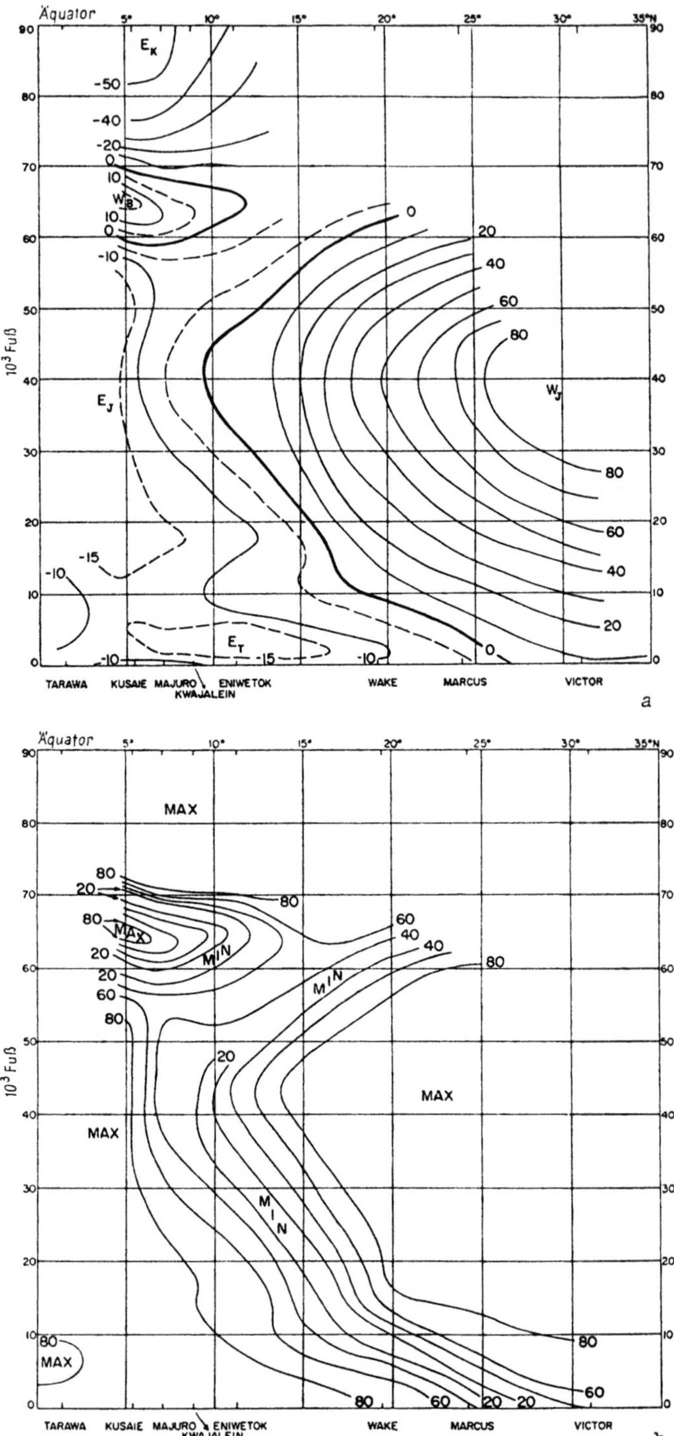

Abb. 4.415.1. Februar 1954: Mittlere zonale Windkomponente in Knoten (*a*) und Beständigkeit des Windes in % (*b*) bei 167° E. (Nach DEAN 1956)

Im Januar 1958 zeigten dieselben äquatorialen Stationen dagegen im Mittel Westwinde mit maximalen Geschwindigkeiten von 25 bis 35 Knoten bei etwa 5° N an.

Beobachtungen auf Canton-Island (02° 46′ S, 171° 43′ W) lassen eine merkwürdige zweijährige Periodizität im Auftreten der Berson-Winde erkennen, wie der Tab. 4.415 zu entnehmen ist. Diese Periodizität scheint auch noch über den weiter östlich gelegenen Weihnachtsinseln (02° 00′ N, 157° 23′ W) aufzutreten, wo im 50-mb-Niveau im Januar folgende mittlere Windvektoren gemessen wurden:

1957: 091°, 40 Knoten (52 Beobachtungen),
1958: 271°, 27 Knoten (29 Beobachtungen),
1959: 091°, 31 Knoten (3 Beobachtungen).

Tabelle 4.415. *Mittlere und maximale Winde, Canton-Island (02° 46′ S, 171° 43′ W)*

Januar des Jahres	Niveau	Zahl der Tage mit Beobachtungen	Zahl der Aufstiege	Zahl der Fälle mit zonalen Komponenten aus		Mittlerer Windvektor		Maximaler Wind	
				Ost	West	Grad	Knoten	Grad	Knoten
1954	65000 Fuß	10	10	0	10	270	14	290	46
1955	65000 Fuß	11	11	10	1	091	25	090	38
1956	50 mb	20	26	1	25	275	12	260	30
1957	50 mb	27	36	36	0	090	44	088	68
1958	50 mb	24	30	0	30	270	18	264	36
								282	36
1959	50 mb	31	51	48	3	095	22	085	56

Die Geschwindigkeit der Berson-Westwinde erreicht kaum die von der WMO vorgeschlagene untere Schwelle. Da es sich jedoch dabei um ein eng begrenztes Strömungsband handelt, das in relativ starke Ostwinde eingelagert ist, soll es im folgenden zumindest als ein strahlstrom*artiges* Phänomen angeführt werden.

Eine äquatoriale Westwindzone in der höheren Atmosphäre scheint auch auf anderen Himmelskörpern, wie z. B. der Sonne, vorhanden zu sein (Quiring 1953). Die Entstehung dieser Westwinddrift am Äquator ist als Strömung unter Erhaltung des Drehimpulses schwer zu verstehen. Selbst Luftmassen, die aus der anderen Hemisphäre importiert werden (Hubert 1949), können keinen Drehimpuls größer als den der Erde am Äquator mitbringen. Welchen Umständen verdanken diese Winde also ihre Entstehung und wie werden sie innerhalb einer entgegengesetzt gerichteten Ostströmung am Leben erhalten? Lettau (1956) hat eine theoretische Beantwortung dieser Fragen versucht. Er geht dabei von einem *idealisierten* vertikalen Windprofil aus, von dem er annimmt, daß es über einen großen geographischen Längenbereich die mittleren Strömungsverhältnisse am Äquator charakterisiert. Außerdem seien die Berson-Winde in ihren horizontalen Scherungsverhältnissen symmetrisch zum Äquator. Letztere Voraussetzung scheint allerdings nach den Untersuchungen von Ebdon (1960) nicht ganz erfüllt.

Auf Grund von größenordnungsmäßigen Abschätzungen aus dem idealisierten Windprofil und dem thermischen Aufbau der äquatorialen Atmosphäre gelangt Lettau zu dem Schluß, daß im Bereich der Berson-Westwinde — ähnlich wie in nächtlichen Inversionswindmaxima — die turbulente Zähigkeit sehr kleine Werte annimmt und dadurch die große Beständigkeit dieses Windsystems unterstützt. In den darüberliegenden Krakatauwinden nimmt die turbulente Zähigkeit wiederum stark zu. Der Abtransport westlichen Drehimpulses durch turbulenten Austausch aus dem Kerngebiet der Berson-Strömung scheint ebenfalls sehr gering zu sein.

Als Lösungsversuch für die Verteilung der Vertikalgeschwindigkeit über dem Äquator präsentiert LETTAU folgende Möglichkeit: In der Nähe der tropischen Tropopause herrscht schwache, innerhalb der Krakatauwinde stärkere Aufwärtsbewegung. Die dazwischenliegenden Berson-Westwinde besitzen in ihrer oberen Hälfte kaum nennenswerte Vertikalgeschwindigkeiten, während die untere Hälfte der Westwindzone durch Absinkbewegungen (maximal —0,7 cm/sec in etwa 21 km Höhe) gekennzeichnet ist. Dies wurde auch durch die Drift der Krakatau-Asche bestätigt: Innerhalb der Ostwindzone sank die Asche in der aufwärts gerichteten Luftbewegung nur langsam ab (etwa 3 km pro Monat). Außerdem wurde durch die horizontale Konvergenz in diesem Bereich die Aschenbahn seitlich nur geringfügig verbreitert. Erst als die divergente Berson-Zone erreicht wurde, verbreitete sich die Aschenwolke rasch und die Trübung gelangte im November 1883 auch in gemäßigte Breiten. Diese leichte Absinkbewegung mag vielleicht auch die sehr blättrige Strukturierung der unteren Gebiete der tropischen Stratosphäre hervorrufen (FLOHN 1960).

Energetische Betrachtungen führen LETTAU dazu, den *oberen* Teil der Berson-Winde als reibungsbedingt anzusehen, d. h. die Strömung bezieht hier ihre kinetische Energie überwiegend aus turbulenten Austausvorgängen. Daß die äquatorialen Berson-Winde nicht unter Erhaltung des Drehimpulses ohne gleichzeitige andersgeartete Vorgänge entstehen können, zeigt folgende überschlagsmäßige Berechnung: Würde ein Luftteilchen unter Erhaltung des Drehimpulses über dem Äquator aus etwa 28 bis 18 km Höhe absinken, so würde es laut Gl. 1.236 (9) eine Westwindgeschwindigkeit von etwa 1,5 m/sec erhalten. Die Geschwindigkeiten von etwa 10 m/sec, wie sie in den Berson-Westwinden auftreten, könnten dadurch nicht erklärt werden.

FLOHN und HINKELMANN (1952) betrachten eine vereinfachte Form der Bewegungsgleichungen, welche sie zu dem Schluß führt, daß die beobachteten Westwinde in der Grundschicht der Atmosphäre *subgeostrophisch* und mit mittlerer aufsteigender Bewegung w verbunden seien. HOLLMANN (1955a) argumentiert dahingehend, daß eine Westströmung, die unter *Erhaltung des Druckgradienten* in niedrige Breiten gelangt, wegen des abnehmenden Coriolisparameters kinetische Energie aufnehmen muß, was durch Einströmen gegen tieferen Druck geschieht. Durch diese „Breitenadaptation" wäre die Westströmung in Äquatornähe ebenfalls *ageostrophisch*. Die Annahme EXNERS (1925), daß es sich bei diesen Westwinden um eine Eulersche Strömung handelt, die der Form $\frac{\partial \bar{u}}{\partial t} = -\bar{\alpha}\,\frac{\partial \bar{p}}{\partial x}$ genügt, erscheint durch die große Beständigkeit und die globale Ausdehnung der Berson-Winde unzureichend.

LETTAU betrachtet die Möglichkeit, daß die Berson-Westwinde *geostrophisch* sind. Da Gl. 1.222 (7) am Äquator versagt, differenzieren wir nach y (HOLLMANN 1955a) und erhalten, da

$$\frac{\partial f u_g}{\partial y} = \beta\, u_g + f\,\frac{\partial u_g}{\partial y}$$

ist, und $f = 0$

$$u_g = -\frac{1}{\beta}\,\frac{\partial\left(\alpha\,\frac{\partial p}{\partial y}\right)}{\partial y}. \qquad 4.415\ (1)$$

Diese Form der geostrophischen Windgleichung besitzt auch am Äquator für $\varphi = 0$ Gültigkeit.

Aus der Näherungsform der thermischen Windgleichung 3.212 (2) erhalten wir analog durch Differentiation nach y die am Äquator brauchbare Form:

$$\frac{\Delta u_g}{\Delta z} = - \frac{g}{\beta} \frac{\partial^2 \ln T}{\partial y^2}. \qquad 4.415\,(2)$$

(Ein Term $\frac{u_g}{T} \frac{\partial T}{\partial z}$ wurde wegen seiner Kleinheit in dieser Gleichung vernachlässigt.) Die zonalen geostrophischen Winde über dem Äquator werden also mit der Höhe zunehmend westlich, wenn die meridionalen Temperaturprofile eine negative Krümmung aufweisen.

Palmer (1954) konnte zeigen, daß die Krümmung $\partial^2 \ln T/\partial y^2$ wegen der Gegenwart je einer Kaltluftzunge in etwa 18 km Höhe etliche Grad nördlich und südlich des Äquators bei 20 km Höhe in 0° Breite die Größenordnung -10^{-18} cm^{-2} besitzt. Nach Gl. (2) wäre demnach $\frac{\Delta u_g}{\Delta z} = 40 \cdot 10^{-4}$ sec^{-1}, was mit dem von Lettau angenommenen Wert ausgezeichnet übereinstimmt. Die Krümmung der Temperaturprofile und die relativ warme Zunge über dem Äquator wäre durch adiabatische Erwärmung in der bereits besprochenen Absinkbewegung innerhalb der Berson-Region erklärbar (vgl. auch Meridionalschnitte bei Taylor 1960).

Auf Grund der Untersuchungen Lettaus kann also festgestellt werden, daß es sich bei dem Phänomen der Berson-Winde um eine Bewegung handelt, die ihre Energie vorwiegend durch turbulenten Austausch aus den darüber- und darunterliegenden Schichten bezieht und durch die ihr eigene mittlere Vertikalbewegung ein horizontales Temperaturfeld aufbaut, mit dem sie in geostrophischem Gleichgewicht steht. Ob diese Hypothese den tatsächlichen Gegebenheiten standhält, läßt sich an Hand des derzeit vorhandenen dürftigen Beobachtungsmaterials aus äquatorialen Breiten nicht aussagen.

Über der Berson-Schicht liegt die Zone der östlichen *Krakatauwinde*.

Sie wurden durch die Aschenausbreitung nach dem Ausbruch des Krakatau im August 1883 evident (Krakatoa 1888, Pernter 1889, Wexler 1951). Abb. 4.211.5 läßt auf eine mittlere Geschwindigkeit von mehr als 60 Knoten schließen (vgl. Clarkson et al. 1958). Die Beständigkeit dieses Windsystems ist sehr groß (Dean 1956, Palmer 1954). Es scheint keinen jahreszeitlich bedingten Umschlag zu erleiden. Lediglich die Übergangszone zu den Berson-Westwinden unterliegt verhältnismäßig großen Schwankungen.

Nach Lettaus Untersuchungen herrscht im Mittel eine mit der Höhe zunehmende Aufwärtsbewegung. Die Krakataueströmung ist also konvergent, was auch zur Erklärung des Umstandes beiträgt, daß die Aschenwolke lange Zeit ohne wesentliche seitliche Ausbreitung nach Westen driftete. Die Erklärung äquatorialer Ostwinde bereitet keine Schwierigkeiten. Es handelt sich offensichtlich um Luftmassen, die aus höheren Breiten kommen. Sollte unter Erhaltung des Drehimpulses am Äquator eine Geschwindigkeit von 30 m/sec erreicht werden, so müßten die Luftteilchen laut Gl. 1.236 (14) aus etwa 14° N oder Süd kommen. Nach Abb. 4.211.5 erscheint dies durchaus möglich.

Bemerkenswert ist die Tatsache, daß die Krakatauwinde ihre größte Stärke anscheinend über dem Äquator besitzen. Dies legt — auch im Hinblick auf die in Kap. 4.414 erwähnte Stratosphärenzirkulation — den Schluß nahe, daß es sich bei diesen Winden um eine Manifestation des monsunalen, interhemisphärischen Massenaustausches handelt. Gleichgültig, ob die stratosphärische Meridionalzirkulation von der Süd- zur Nordhemisphäre oder umgekehrt gerichtet ist — jedesmal würde die Strömung zum Äquator unter Erhaltung des Drehimpulses über diesem ein Ostwindmaximum erzeugen, das nach beiden Himmelsrichtungen annähernd symmetrische horizontale Scherungsverhältnisse besitzt. Erst in einiger Entfernung vom Äquator würden auf der Winterhemisphäre die Ostwinde den stratosphärischen Westwinden weichen, während auf der Sommerhemisphäre die Krakatauwinde eine Verbindung zum östlichen Tropen-Jet und zur — ebenfalls östlichen — Stratosphärenzirkulation besitzen.

Eine Umkehr der Meridionalzirkulation würde am Äquator aus Symmetriegründen die Krakatauströmung unverändert lassen. Dies würde auch die beobachtete äußerst große Beständigkeit dieses Windsystems erklären. Schwankungen werden nur — wie bereits erwähnt — in der Übergangszone zu den Berson-Westwinden bedeutend. Sie hängen vermutlich mit Veränderungen im Aufbau und in der Intensität der Divergenz- und Konvergenzfelder in diesem Höhenbereich zusammen.

Es ergibt sich somit die interessante Tatsache, daß die über den gemäßigten und polaren Breiten beobachtete jahreszeitliche Umkehr der Stratosphärenwinde für die äquatoriale Atmosphäre bis in etwa 60 km Höhe *nicht* zutrifft. Hier herrschen äußerst beständige Windsysteme vor, die in ihrer Persistenz durch die monsunalen Strömungsänderungen außertropischer Breiten nicht beeinträchtigt werden. Aus Abb. 4.415.5 ist außerdem zu ersehen, daß die Krakatauwinde sowie der sommerliche subtropische Ost-Jet nur einen Ausläufer der mesosphärischen planetarischen Ostzirkulation der Sommerhalbkugel darstellen, die im Temperaturmaximum der Mesosphäre in etwa 55 km Höhe auch ihr Geschwindigkeitsmaximum erreicht (Flohn et al. 1959).

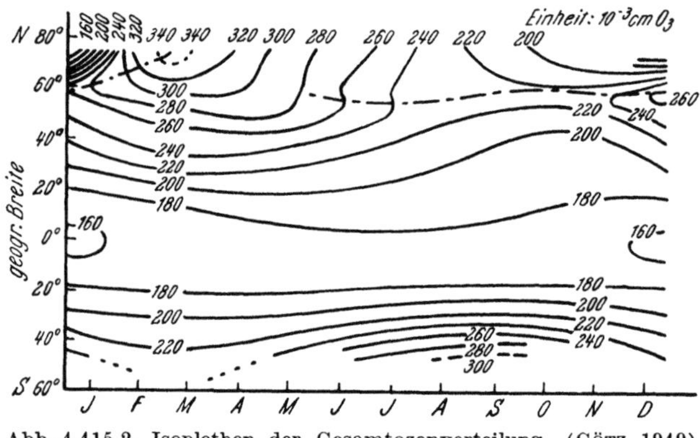

Abb. 4.415.2. Isoplethen der Gesamtozonverteilung. (Götz 1949)

Der Abb. 4.211.5 ist zu entnehmen, daß die Krakatauwinde bereits der Ozonosphäre angehören. Die Zirkulation in diesem Höhenbereich müßte sich also auch in der globalen Ozonverteilung widerspiegeln (Craig 1950, Götz 1931, 1938, 1949, Goody 1954). Daß dies tatsächlich der Fall ist, zeigt Abb. 4.415.2, deren Details einerseits durch den Anfall der kurzwelligen Strahlung und durch *Produktion* und *Zerfall* von Ozon, andererseits aber durch den *horizontalen* und *vertikalen Ozontransport* bestimmt werden (vgl. auch Ramanathan et al. 1960, U. S. Navy 1958).

Betrachten wir zunächst den Einfluß der Strahlungsabsorption. Wellenlängen kleiner als 1800 Å werden oberhalb 100 km absorbiert — mit Ausnahme einiger „Fenster" im Absorptionsspektrum zwischen 1000 bis 1300 Å, welche Reste dieser kurzwelligen Strahlung bis in etwa 80 km Höhe vordringen lassen. Molekularer Sauerstoff in 100 km Höhe absorbiert im Bereich 1300 bis 2000 Å. Unterhalb 70 km beherrscht die Absorption durch Ozon zwischen 2000 und 2900 Å das Bild. Die Absorptionskoeffizienten sind so groß, daß in der Hauptozonschicht (15 bis 35 km) nur noch relativ schwache Banden im nahen Ultraviolett und Violett Energie absorbieren. [Auf die weitverzweigte Literatur zu diesem Problemkreis kann hier nicht weiter eingegangen werden. Es wird auf ein sehr übersichtliches Resümee von

MURGATROYD (1957) verwiesen.] Die Temperaturänderung infolge Strahlungsabsorption läßt sich aus der Beziehung berechnen:

$$\frac{dH}{dt} = c_p\,\varrho\,\frac{dT}{dt} = -\int \frac{d\Phi_\lambda}{dt}\,d\lambda. \qquad 4.415\ (3)$$

H ist die zugeführte Wärmemenge und $\Phi_\lambda\,d\lambda$ der vertikale Zustrom an Strahlungsenergie im Niveau z und im betrachteten Wellenbereich $d\lambda$.

In Abb. 4.415.3 ist die Erwärmung durch Einstrahlung dargestellt. Es ist demnach im Sommer am Pol in etwa 50 km Höhe eine maximale Strahlungserwärmung in der Ozonschicht zu erwarten. Über dem Äquator liegt das Niveau maximaler Erwärmung etwas tiefer (bei etwa 47 km). Auf der Winterhalbkugel steigt dieses Niveau wegen des tangierenden Strahleneinfalles rasch an. Die Absorption nimmt entsprechend geringere Werte an. Über die langwellige Ausstrahlung in der höheren Atmosphäre ist noch zu wenig bekannt, als daß ein gesamtes Wärmebudget aufgestellt werden könnte.

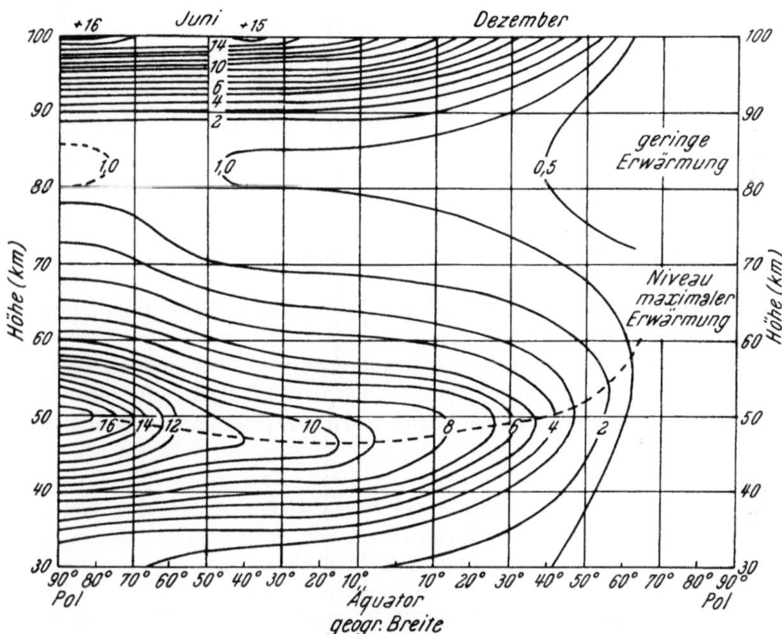

Abb. 4.415.3. Erwärmung durch Einstrahlung in verschiedenen Höhen, Juni und Dezember, in °C/Tag. (Nach MURGATROYD 1957)

Aus den Absorptionsverhältnissen der Abb. 3 müßte man schließen, daß der Ozongehalt der Atmosphäre eine ähnliche meridionale Verteilung aufweist wie die Erwärmung in der Mesosphäre. Die Abweichungen von diesem Konzept, die in Abb. 2 deutlich zutage treten, müssen auf *Ozonadvektion* zurückgeführt werden, welche das ansonst bestehende photochemische Gleichgewicht zwischen Produktion und Zerfall stört. Das winterliche arktische Ozonminimum deckt sich gut mit MURGATROYDS Verteilung der Strahlungserwärmung, ebenso der sommerliche, nach Süden gerichtete Ozongradient über dem Nordpolargebiet. *Strahlungsmäßig* unerklärbar ist dagegen das sekundäre Ozonmaximum nördlich von 60° N, das auch im Winter auftritt, sowie das äquatoriale Ozonminimum. Letzteres erscheint jedoch verständlich, wenn im unteren Bereich der Krakatauwinde Konvergenz und Aufwärtsbewegung herrscht. Dadurch werden ozonarme

Luftmassen von unten nachgeführt und die ozonreiche Luft wird in der herrschenden Meridionalzirkulation gegen die Winterhemisphäre hin entführt (vgl. z. B. den Jahresgang der $180 \cdot 10^{-3}$-cm-Ozonisoplethe in den subtropischen und tropischen Breiten der Nord- und Südhemisphäre).

Das Ozonmaximum in subpolaren Breiten hängt offensichtlich mit dem Import ozonreicherer Luftmassen im Bereich des arktischen und antarktischen Stratosphären-Jet zusammen (vgl. BREWER 1949). So ist anzunehmen, daß im Bereich dieses Jet Stream nicht nur der meridionale Impulstransport ähnlich wie beim PFJ, sondern auch der Ozontransport ein Maximum erreicht. Verstärkt wird diese Abweichung in der Ozonverteilung noch durch die Vertikalbewegungen (vgl. Abb. 4.414.2). So mag die aufwärts gerichtete mittlere Vertikalbewegung in der Stratosphäre über dem Sommerpol der Grund dafür sein, daß das Ozonmaximum über den Nordpolargebieten bereits im März eintritt, also zu einer Jahreszeit, da der Strahlungseinfluß erstmals zur Geltung kommt, ohne daß sich die ozonvermindernde Vertikalzirkulation schon eingestellt hätte. Ebenso scheint das winterliche polare Ozonminimum bereits im November erreicht. Wenn der meridionale Temperaturgradient durch fortwährende Ausstrahlung im Januar/Februar sein Maximum erreicht hat, sorgt bereits ein (turbulenter und mittlerer) Meridionaltransport des Ozons aus gemäßigten Breiten für eine Ozonzunahme im arktischen Raum.

Das einfache Meridionalzirkulationsschema PALMÉNS, das wir in Abb. 4.412.1 kennengelernt haben, gibt nach dem oben Gesagten nur einen kleinen Ausschnitt aus der atmosphärischen Zirkulation wieder. Östlicher Tropen-Jet und stratosphärische Strahlströme bleiben darin unberücksichtigt. Die bisherigen Messungen reichen noch nicht aus, um diese neu hinzugekommenen Strömungssysteme in vertikale Zirkulationsräder ähnlich denen in Abb. 4.412.1 einzugliedern.

Schließen wir auch noch die Ionosphäre in eine kurze summarische Betrachtung ein, so öffnet sich ein weiterer Fragenkomplex, der jedoch den Rahmen dieses Buches übersteigen würde. MURGATROYD (1957) gibt auf Grund umfangreicher Literatur die in Abb. 4.415.4 und 4.415.5 reproduzierte Temperatur- und Windverteilung bis in etwa 120 km Höhe an (vgl. dazu auch BERG 1956, Kap. VII in BEYNON 1960, GERSON 1952, HULBURT 1952, JENKINS 1952, LA GOW et al. 1958, SPRENGER 1960, U. S. Navy 1958). Das Höhenwindfeld scheint mit den aus den horizontalen Temperaturgradienten zu erwartenden Bedingungen gut übereinzustimmen (PANT 1955, 1956). Es ist allerdings wegen der möglichen Meßfehler verläßlicher, die Temperaturverteilung aus den Windbeobachtungen zu berechnen, als den umgekehrten Weg einzuschlagen (MURGATROYD 1957). Nach den hier angeführten Beobachtungen hat es den Anschein, als herrsche zwischen Ozono- und Ionosphäre eine Gegenläufigkeit der zonalen Bewegung. Somit scheiden Absorptionseffekte an kurzwelliger Strahlung für die Erklärung der beobachteten Ionosphärendriften aus. Handelt es sich bei der Umkehr des meridionalen Temperaturgefälles, die hinter diesen gegenläufigen Luftbewegungen vermutet werden muß, um einen Kompensationseffekt, der als adiabatische Erwärmung oder Abkühlung auf die Dynamik tieferliegender Luftschichten zurückzuführen ist? (KELLOGG 1956.) Stehen der hohen Atmosphäre in der polaren Winternacht zusätzliche Energiequellen, wie etwa Korpuskularstrahlung oder chemische Prozesse, zur Verfügung? Da es sich bei den Strömungen in 100 km Höhe und darüber bereits um ionisierte Materie handelt, ist u. a. die Kraftwirkung des erdmagnetischen Feldes neben der Gradientkraft des Druckes in den Bewegungsgleichungen zu berücksichtigen (BOOKER 1959). In diesen Höhen sind sowohl im Temperatur- als auch im Windfeld große deiurn Schwankungen durch den thermischen Einstrahlungseffekt der Sonne und den Gezeiteneffekt

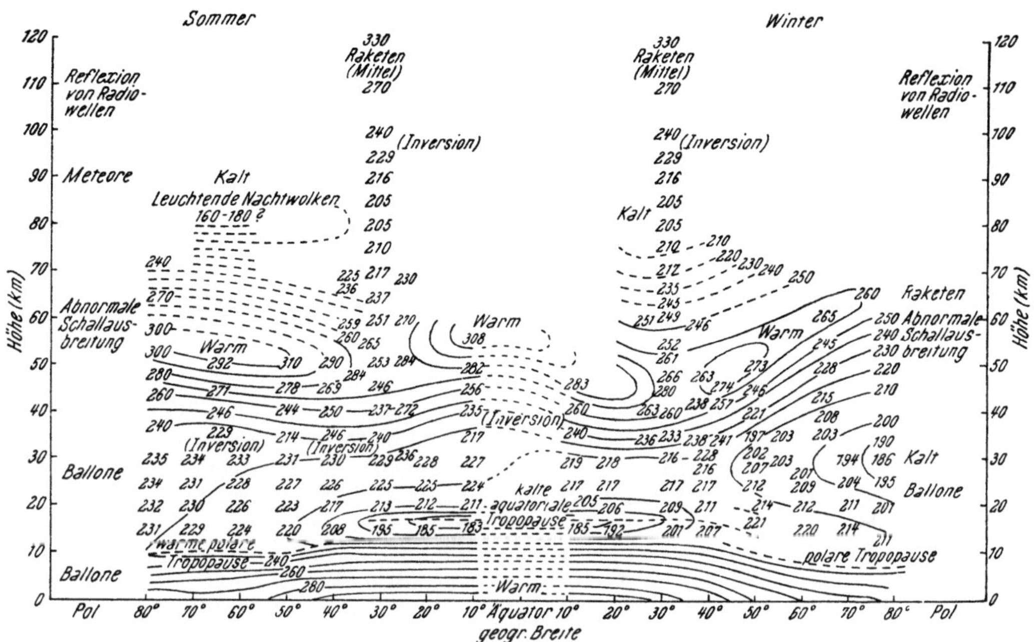

Abb. 4.415.4. Beobachtete Temperaturverteilung (° K). (Nach MURGATROYD 1957

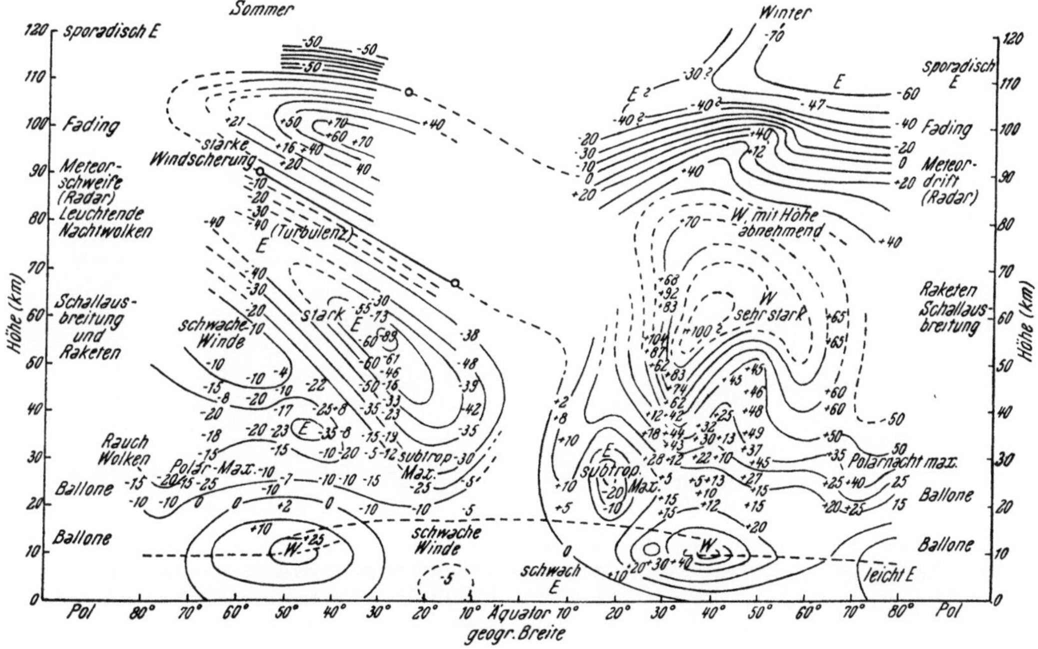

Abb. 4.415.5. Beobachtete zonale Strömungskomponente (m/sec). (Nach MURGATROYD 1957)

zu erwarten [Größenordnung 50 bis 100 m/sec in 100 km Höhe (Greenhow et al. 1956, 1959, Stolov 1955)]. Eine Trennung dieser Effekte von den mittleren Strömungsverhältnissen läßt sich wegen der spärlichen Meßdaten nicht immer einwandfrei durchführen.

Ein Vergleich der beobachteten Windgeschwindigkeiten (Abb. 5) mit Temperaturbestimmungen (Abb. 4, wobei letztere in der hohen Atmosphäre meist unzuverlässiger sind als erstere) läßt erkennen, daß PFJ, STJ und wohl auch TJ in engem Zusammenhang mit der Tropopause stehen. Das Westwindmaximum der Polarnacht und das östliche Maximum des Polartages scheint sich an der Inversion über einer nahezu isothermen Stratosphäre (an der „Stratopause") auszubilden. Die ozonosphärischen West- und Ostwindmaxima in etwa 60 km, die wir vielleicht als *Ozonosphären-Jets* bezeichnen können, liegen ebenfalls im Bereich einer ausgeprägten Änderung des vertikalen Temperaturgradienten, am mesosphärischen Temperaturmaximum (Mesopeak). Darüber schließt sich bis zur Mesopause (etwa 80 km) ein Bereich mit Temperaturabnahme an, der nach Meteorbahnbeobachtungen lebhafte konvektive Strömungen und turbulente Mischung aufweist (California 1950). Das Westwindmaximum in etwa 90 km Höhe scheint an der Obergrenze der Mesosphäre (also an der Mesopause) zu liegen.

Der Zusammenhang zwischen Maximalwindschichten und Flächen mit einer starken Änderung des vertikalen Temperaturgradienten läßt sich leicht einsehen. Sind letztere nämlich nicht horizontal, so kehrt an ihnen auch die Baroklinität, die in der Unterschicht zur Ausbildung hoher Windgeschwindigkeiten beigetragen hat, in der Oberschicht ihr Vorzeichen um und vermindert so laut thermischer Windgleichung die Windgeschwindigkeit. Die beobachteten Höhenunterschiede zwischen Tropopause und Maximalwindschicht im Bereich des PFJ und STJ stellen ein Detail sekundärer Bedeutung dar und sind wohl auf die Wirkung von Vertikalzirkulationen und somit auf die Dynamik des Strahlstromes zurückzuführen. Über die ozonosphärischen und ionosphärischen Strahlströme („Elektro-Jets") kann zu diesem Zeitpunkt noch nichts ausgesagt werden. Hier hat sich die Forschung erst jüngst ein weiteres Betätigungsfeld eröffnet.

4.416. Niedertroposphärische Strahlströme (Low Level Jet Streams, LLJ)

In der meteorologischen Literatur wird manchmal, besonders im Zusammenhang mit der Entstehung von Böenlinien (squall lines) und Tornados auf die Existenz eines Strahlstromes hingewiesen, der im unteren Teil der Troposphäre, oft unterhalb der 500-mb-Fläche, sein Windgeschwindigkeitsmaximum erreicht.

Bevor dieser LLJ kurz besprochen werden soll, wollen wir jedoch den Begriff des „Strahlstromes", soweit wir ihn hier heranziehen wollen, abgrenzen. Die WMO-Spezifikation von 60 Knoten Minimalgeschwindigkeit wollen wir fallen lassen, jedoch sei auf die Existenz ausgeprägter horizontaler und vertikaler Geschwindigkeitsgradienten nach wie vor Bedacht genommen.

Wir wollen hier außerdem von kleinräumigen Strömungsvorgängen absehen, bei denen die Erdrotation noch nicht berücksichtigt zu werden braucht. Eulersche $\left(\frac{\partial u}{\partial t} = -\alpha \frac{\partial p}{\partial x}\right)$ und antitriptische Winde $\left(\nu \frac{\partial^2 u}{\partial z^2} = \alpha \frac{\partial p}{\partial x}\right)$ stehen also ebenfalls nicht zur Diskussion (Brunt 1944). In diesem Zusammenhang scheiden auch Berg- und Talwindsysteme aus. Weisen sie auch in ihrem Querschnitt einen strahlstromartigen Charakter auf, so ist dieser doch in erster Linie von Reibungseinflüssen des Bodens und der Talwände und deren Mikrometeorologie geprägt. Vertikale „Jets", wie sie in Konvektionsströmen, Wolken usw. auftreten, seien ebenfalls hier ausgeschlossen.

Eine ausführliche Studie über das Windmaximum an nächtlichen Inversionen verdanken wir BLACKADAR (1957). Obwohl für dieses Windmaximum ebenfalls die Bezeichnung „low level jet stream" eingeführt wurde, so besteht doch ein Unterschied gegenüber dem Strahlstrom, der manchmal in der unteren Troposphäre (etwa 850 mb) beobachtet wird. Während letzterer in horizontaler *und* vertikaler Scherung Strahlstromcharakter besitzt (wenn auch mitunter die Minimalwindgeschwindigkeit von 60 Knoten nicht erreicht wird), so tritt das von BLACKADAR beschriebene Phänomen über weiten Gebieten, besonders über dem amerikanischen Mittelwesten, auf, besitzt also lediglich eine signifikante vertikale, aber keine nennenswerte horizontale Scherung. Wir wollen demnach hier eine Differenzierung treffen: Mit *Inversionswindmaximum* (IWM) wollen wir das Maximum der Windgeschwindigkeit an (nächtlichen) Inversionen bezeichnen, während der Begriff des „low level jet" (LLJ) für eine echte, auch lateral begrenzte Strahlströmung vorbehalten bleibe.

Die starken vertikalen Scherungen im Bereich eines LLJ oder IWM haben Anlaß zu mehreren praktischen Überlegungen gegeben. BYRAM (1954) konnte zeigen, daß Waldbrände plötzlich stark angefacht werden (sogenanntes „Blow up"-Phänomen), wenn ein IWM-Windprofil vorhanden ist: Ein Konvektionsschlot, der offensichtlich die Inversion durchbricht, verursacht eine plötzliche Verstärkung und Ausbreitung des Brandes. Differentielle thermische Advektion im Bereich derartiger starker Windscherungen kann zu dem beobachteten nächtlichen Gewittermaximum über den amerikanischen Mittelweststaaten beitragen (MEANS 1944, 1952).

Die extrem starke Windabnahme in Bodennähe (unter Umständen 3 Knoten/10 m innerhalb der untersten 100 m) im Bereich eines IWM kann zu Unfällen bei der Landung eines Flugzeuges führen, wenn die Gegenwindkomponente überschätzt wird.

Wie BLACKADAR zeigen konnte, weist das IWM in den frühen Morgenstunden ausgeprägt *supergeostrophische* Geschwindigkeiten auf, welche *oberhalb* des Maximalwindniveaus die geostrophische Windgeschwindigkeit etwa um ebensoviel übertreffen, als sie am vorangehenden Nachmittag *subgeostrophisch* waren. Das Maximalwindniveau fällt dabei in der Regel mit der Oberseite der nächtlichen Inversionsschicht zusammen.

Als Bedingung für die Ausbildung einer nächtlichen Inversion leitet BLACKADAR ab, daß die RICHARDSONsche Zahl (vgl. Kap. 4.322) mit zunehmender Inversionsschichtdicke h größer wird, also $\partial Ri/\partial h \geq 0$. Dies ist dann zu erwarten, wenn das Windmaximum ebenfalls in der Höhe h der Inversionsoberfläche liegt. Nimmt die Windgeschwindigkeit oberhalb der Inversion weiterhin zu, so wird diese durch turbulenten Austausch abgebaut.

Tagsüber wird durch turbulente Austauschvorgänge Impuls gegen den Boden hin transportiert. In Bodennähe herrschen subgeostrophische Strömungsverhältnisse. Sobald sich die nächtliche Inversion — etwa bei Sonnenuntergang — zu bilden beginnt, wird dieser vertikale Mischungsvorgang weitgehend unterbunden.

Infolge der erhöhten vertikalen Windscherung wird zwar ein gewisser Restbetrag an Turbulenz aufrechterhalten. Dadurch wird Wärme und Impuls gegen den Boden transportiert und geht hier durch Strahlung bzw. Reibung verloren. Dadurch vermag sich die Inversionsschicht im Laufe der Nacht zu vertiefen.

Wir wollen annehmen, daß der horizontale Druckgradient zeitlich und räumlich konstant sei. Die ageostrophische Komponente $\mathbf{v}^*$, die in Gl. 1.224 (2) definiert ist, ändert sich dabei nur lokal und nicht advektiv. Wir erhalten die Bewegungsgleichung für *horizontale* Bewegung oberhalb der Inversion (unter Vernachlässigung der Reibung) durch Subtraktion der Gl. 1.222 (6) von 1.222 (1):

$$\frac{\partial \mathbf{v}}{\partial t} - \frac{\partial \mathbf{v}_g}{\partial t} = -\alpha\, \nabla p + f\, \mathbf{v} \times \mathbf{k} + \frac{\alpha}{f}\, \frac{\partial}{\partial t}\, \nabla p \times \mathbf{k}.$$

Das letzte Glied fällt jedoch wegen der angenommenen Konstanz des Druckgradienten weg, so daß wir schließlich erhalten

$$\frac{\partial \mathbf{v}^*}{\partial t} = f\, \mathbf{v}^* \times \mathbf{k} \qquad 4.416\ (1)$$

oder in Komponentenform

$$\frac{\partial u^*}{\partial t} = f\, v^*$$

$$\frac{\partial v^*}{\partial t} = -f\, u^*, \qquad 4.416\ (2)$$

wobei $u^* = u - u_g$ und $v^* = v - v_g$ die Komponenten der „geostrophischen Abweichung“ sind [vgl. Gl. 1.224 (2)]. Definieren wir analog dem Vektor $\mathbf{v}^*$ in der komplexen Zahlenebene die Zahl $V^* = u^* + i\, v^*$, so erhält man aus Gl. (2)

$$\frac{\partial V^*}{\partial t} = -i\, f\, V^*. \qquad 4.416\ (3)$$

Integration dieser Differentialgleichung ergibt

$$V^* = V_0^*\, e^{-ift}. \qquad 4.416\ (4)$$

Die „geostrophische Abweichung“ bleibt unter obigen Voraussetzungen ihrer Größe nach konstant, sie rotiert jedoch im Uhrzeigersinn und vollführt im Laufe eines halben Pendeltages eine volle Umdrehung, besitzt also die Periode der Trägheitsbewegung [vgl. Gl. 4.123 (1)]. Ist V_0^* die geostrophische Abweichung bei Sonnenuntergang, die zu subgeostrophischen Strömungsverhältnissen führte, so ist 6 Pendelstunden später (in 45° Breite entspricht dies $8^3/_4$ Stunden) mit einem supergeostrophischen Windmaximum zu rechnen. Weist der Vektor $\mathbf{v}^*$ bei Sonnenuntergang nicht genau in die dem Vektor $\mathbf{v}_g$ entgegengesetzte Richtung, so tritt das Windmaximum nach einem entsprechend veränderten Zeitpunkt ein. Es braucht auch nicht in allen Niveaus gleichzeitig aufzutreten.

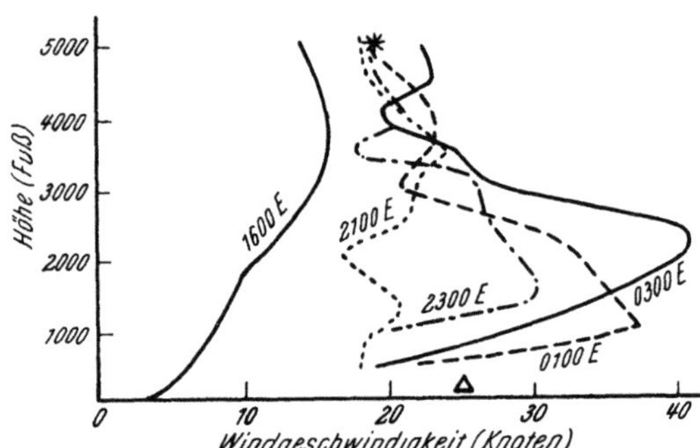

Abb. 4.416.1. Entstehung eines Inversionswindmaximums, Silver Hill, Md., in der Nacht vom 30. auf 31. Oktober 1950. * mittlerer Gradientwind, 31. Oktober 03.00 bis 15.00 GCT, △ geostrophischer Wind am Boden, 30. Oktober 21.30 bis 31. Oktober 15.30 GCT. (Nach GIFFORD 1952, aus BLACKADAR 1957)

V_0^* ist eine Funktion der Höhe. Entsprechend ist auch V_t^* eine Funktion der Höhe. Die Obergrenze der Inversion wird letzten Endes durch die Turbulenzverhältnisse in der starken Windscherung innerhalb der Inversionsschicht bestimmt. Nimmt die *geostrophische* Windgeschwindigkeit mit der Höhe ab, so erscheint das jetähnliche, vertikale Windprofil verschärft und tritt unter günstigen Umständen auch tagsüber auf. Nimmt dagegen der geostrophische Wind mit der Höhe stark zu, so wird die Bildung eines Windmaximums auch nachts unterbunden.

BLACKADARS theoretische Überlegungen scheinen an Hand einer Untersuchung von GIFFORD (1952) bestätigt. In Abb. 4.416.1 ist der Tagesgang des Windes mit der Höhe in der Nacht vom 30. zum 31. Oktober 1952 über Silver Hill, Maryland, wiedergegeben. Würde man die Achse zwischen dem mittleren Gradientwindwert (*) in 5000 Fuß (1524 m) Höhe und dem geostrophischen Wind am Boden

(△) als charakteristisch für quasistationäre Druckverhältnisse ansehen, so ist das Windprofil, das sich bis 03.00 ostamerikanischer Zeit einstellt, offensichtlich aus dem 16-Uhr-Profil durch Überlagerung der Trägheitsperiode hervorgegangen. Lediglich bei 4000 Fuß (1219 m) tritt eine Abweichung auf, doch wurde hier bereits zu einem früheren Termin (01.00 Uhr) ein Windmaximum angetroffen, das annähernd der zu erwartenden geostrophischen Abweichung in diesem Niveau entsprach.

Das IWM kann nach all dem Gesagten nicht als ein echtes Jet-Stream-Phänomen angesehen werden. Es entsteht aus der Superposition von Trägheits- und Reibungseffekten und hat nichts mit einer echten Baroklinität in der unteren Troposphäre zu tun.

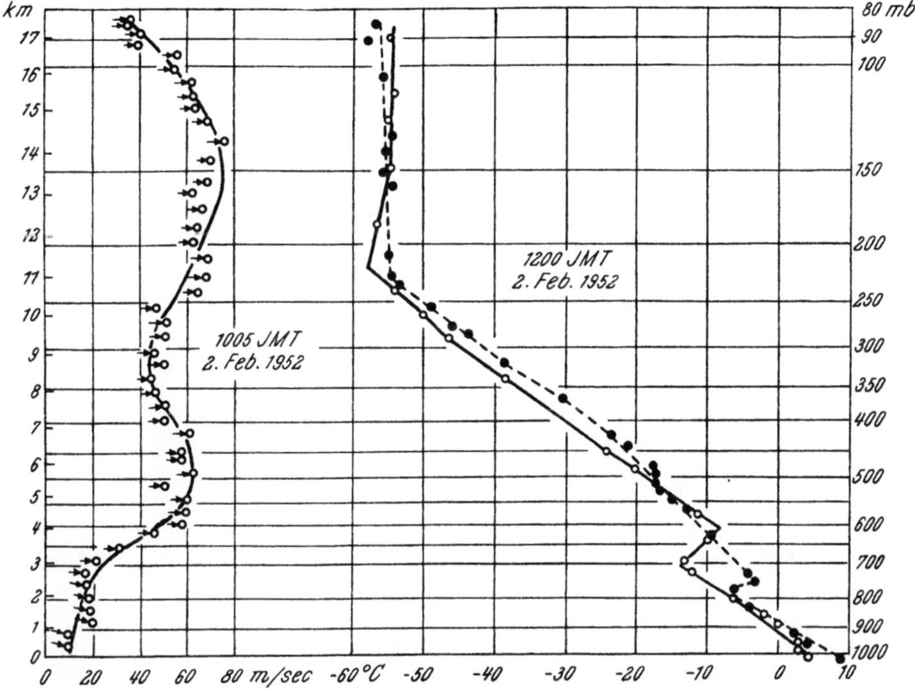

Abb. 4.416.2. Links: Höhenwinde über Tateno, 2. Februar 10.05 JMT (die Pfeile „fliegen" mit dem Wind); rechts: Radiosonden Tateno (volle Linie) und Shinomisaki (strichliert) um 12.00 JMT. (Nach ARAKAWA 1956b)

ARAKAWA (1956b) dagegen beschreibt ein echtes Strahlstromphänomen, das die Bezeichnung „low level jet" verdient: Es handelt sich um ein tiefliegendes Windmaximum über Japan, das den Bedingungen der thermischen Windgleichung genügt und daher mit einem isopyknischen Niveau zusammenfällt. Dieses wird, wie in Abb. 4.416.2 an Hand der Aufstiege von Tateno und Shinomisaki vom 2. Februar 1952 belegt ist (rechter Teil der Abbildung), durch die Neigung und Struktur einer Frontalinversion hervorgerufen. Im linken Teil der Abbildung ist das vertikale Windprofil über Tateno aufgetragen. Nach ARAKAWA ist ein derartiger LLJ über Japan in der Regel mit Niederschlag verbunden. Dies ist nicht verwunderlich, denn an derartig geneigten Frontalzonen finden meist ausgeprägte Aufgleitbewegungen statt.

Studien von FAY (1958) über den USA bestätigen die Existenz verhältnismäßig kleiner thermischer Gradienten, die in der unteren Troposphäre (Häufigkeitsmaximum bei 5 km Höhe) zur Bildung eines Windmaximums führen können. Diese Gradienten müssen jedoch nicht unbedingt frontalen Charakter wie etwa in Abb. 2 besitzen. Sowohl von BLACKADAR als auch von FAY konnte gezeigt werden, daß Windmaxima in der mittleren und tiefen Troposphäre durchaus nicht selten sind. So zeigten z. B. von den Aufstiegen über den USA von August 1955 bis August 1956 27,3% ein derartiges Maximum. Ein Großteil davon dürfte allerdings auf das BLACKADARsche Inversionsphänomen zurückzuführen sein.

Studien aus dem äquatorialen Afrika zeigen, daß auch die östliche Passatströmung vielfach strahlstromartigen Charakter annehmen kann, mit Maximalgeschwindigkeiten in etwa 3 bis 4 km Höhe und ausgeprägten horizontalen und vertikalen Scherungen. Ein gewisser Zusammenhang mit dem Wetterablauf scheint gegeben zu sein (NEVIÈRE 1959).

Haben wir es mit einem echten LLJ zu tun, so gelten — vorausgesetzt, daß die Windgeschwindigkeit größer als die Fortbewegungsgeschwindigkeit des Strahlstromes ist und die Luft also durch das Windmaximum durchströmt — dieselben Überlegungen in bezug auf Vorticity und Divergenz, wie wir sie für den hochtroposphärischen PFJ und STJ angestellt haben (BEEBE et al. 1955) (vgl. Abb. 4.122.3). Im rückwärtigen linken Quadranten ist mit Konvergenz, im vorderen linken mit Divergenz zu rechnen, wenn die Strömung geradlinig oder zyklonal gekrümmt ist. Die Verhältnisse in den übrigen Quadranten und bei antizyklonaler Krümmung können aus Gl. 1.233 (6) leicht hergeleitet werden ($\frac{\partial Q}{\partial t}$ kann gegenüber $\mathbf{v} \cdot \nabla Q$ meist vernachlässigt werden).

Der LLJ dürfte bei der Bildung von schweren Gewittern, Böenlinien und Tornados eine bedeutsame Rolle spielen. Für diese Wetterlagen scheint eine Zunge feuchter Luft charakteristisch zu sein, welche sowohl feuchtlabil als auch latent labil ist, wobei das freie Konvektionsniveau in der Regel tiefer als 650 mb liegt. Über einer Inversion, die die Konvektionstätigkeit stark hemmt, liegt eine tiefe, extrem trockene Schicht, welche ebenfalls feuchtlabil ist (BREILAND 1958, SHOWALTER 1943, et al. 1943). Die in Gewittern und Tornados offenkundige Labilität wird erst ausgelöst, wenn die untere, feuchte Schicht eine Hebung erfährt, so daß von den Luftmassen das Niveau freier Konvektion erreicht wird. Diese Hebung könnte von einer heranziehenden Kaltfront verursacht werden. Oft bilden sich jedoch die Böenlinien schon viele Kilometer vor der Front, so daß nach einem anderen wirksamen Mechanismus gesucht werden muß. SHOWALTER (1943) führt als weiteres Kriterium für die mögliche Entstehung von Tornados die Existenz eines schmalen Bandes starker Westwinde an (35 Knoten bei 600 mb, vgl. CONNER 1956), welches die Achse der Feuchtluftzunge in schrägem Winkel schneidet (GODSKE et al. 1957). Es werden jedoch auch Fälle beobachtet, in welchen der LLJ, aus einer südlichen Richtung kommend, parallel zur Warmluftzunge an der Vorderseite eines Troges verläuft (BREILAND 1958). Derartige Wetterlagen können über den zentralen USA wegen der damit verbundenen Feuchtezufuhr in den unteren Schichten zu ausgedehnten Niederschlägen führen (MEANS 1954). Manche der im Lee der Rocky Mountains (besonders über Colorado) aus südlicher Richtung auftretenden Windgeschwindigkeitsmaxima der unteren Troposphäre (850 mb) scheinen durch die Reibungskräfte, die sie an ihrer linken Flanke am Abhang des Gebirges auslösen, einen nicht unbedeutenden Einfluß auf die Erhöhung der zyklonalen Vorticity und damit der Zyklogenese in diesem Gebiet zu besitzen (NEWTON 1956a).

Unter entsprechenden Umständen wäre nach der Vorticityverteilung mit einer kräftigen Konvergenz innerhalb der Feuchtluftmassen zu rechnen. SHOWALTER gibt den antizyklonalen (rechten) vorderen Quadranten dieses LLJ als Konvergenzgebiet an, was mit den aus der Vorticityadvektion zu erwartenden Überlegungen gut übereinstimmen würde. Ist durch diese auf engem Raum wirksame Bodenkonvergenz und die daraus resultierende Hebung die Sperrschicht, welche feuchte und trockene Luftmassen trennt, einmal durchbrochen, so kann die Feuchtlabilität der tiefen Oberschicht zur raschen Ausbildung von großen Cumulonimben beitragen (BREILAND 1958, HOUSE 1959).

BEEBE und BATES (1955) halten diesen erzwungenen Hebungsvorgang für besonders effektvoll, wenn der LLJ von einem hochtroposphärischen Strahlstrom überlagert wird (unter Umständen mit verschiedener Windrichtung), und zwar so, daß ein konvergenter Quadrant des ersteren von einem divergenten Quadranten des letzteren gedeckt wird. Dies scheint auch aus einer Untersuchung von NEWTON und NEWTON (1959) hervorzugehen, wonach der *linke vordere* Quadrant des Windmaximums im 500-mb-Niveau (welches ja bereits die hochtroposphärischen Strömungsverhältnisse charakterisiert) durch größte Häufigkeit an Tornados und schweren Gewittern ausgezeichnet ist.

Welchem Umstand der LLJ im Einzelfall seine Entstehung verdankt, ist an Hand der bisher vorliegenden Analysen schwer zu entscheiden. Handelt es sich dabei um verhältnismäßig kleinräumige Unregelmäßigkeiten im thermischen Aufbau der unteren Troposphäre, ist das Windmaximum also quasigeostrophisch, oder handelt es sich um einen vertikalen Impulstransport, bei dem durch starke Absinkbewegung kinetische Energie aus größeren Höhen importiert wird und nun in Bodennähe in einem begrenzten Gebiet zu übernormalen Windgeschwindigkeiten Anlaß gibt? NEWTONS (1950) Studie einer präfrontalen Böenlinie scheint einen Schluß in dieser Richtung plausibel zu machen. In den von ihm untersuchten Fällen eilte die Böenlinie der nachfolgenden Kaltfront unter ständiger Vergrößerung des Abstandes voraus. Daß an ausgeprägten Frontalzonen starke Absinkbewegungen auftreten können, wird in Kap. 6 noch an Hand von Feuchte- und Wolkenverteilungen sowie Ozonquerschnitten genügend belegt werden. Ein Mechanismus für den Transport von kinetischer Energie in tiefere Schichten innerhalb eines begrenzten Gebietes und damit eine Entstehungsmöglichkeit für den LLJ wäre also gegeben. Sobald durch die Konvergenz in Bodennähe innerhalb einer sich bildenden Böenlinie eine bis in große Höhen reichende Konvektionsbewegung ausgelöst ist, wird ständig neuer Impuls gegen den Boden hin transportiert (Abb. 6.121). Da die Böenlinie ihre Bewegungsgröße aus rascher strömenden Schichten in der Höhe empfängt, ist leicht einzusehen, daß sie sich schneller bewegt als die nachfolgende Front (NEWTON 1956b). Die vertikale Windscherung stellt somit eine zusätzliche Energiequelle dar, welche die Bildung von konvektiven Vertikalströmen unterstützt (NEWTON und NEWTON 1959).

Die Bildung von Böenlinien wurde jedoch auch ohne das Vorhandensein einer Front berichtet. Aber auch in diesen Fällen war eine kräftige vertikale Windscherung vorhanden, die auf die Gegenwart eines LLJ schließen läßt. Sobald sich in dieser Scherung die ersten Cumulonimben bilden, wird der in Abb. 6.121 skizzierte Regenerationsmechanismus wirksam. Es würde den Rahmen dieses Buches weit überschreiten, wollte man hier näher auf die einzelnen Theorien und Untersuchungen über Böenlinien (squall lines) eingehen. Es sei jedoch auf Arbeiten von TEPPER (1950, et al. 1954) und FUJITA (1955, et al. 1956) hingewiesen, welche eine Druckunstetigkeit (pressure jump), die als Schwerewelle an der Inversion zwischen feuchter und trockener Luft entlangwandert, für die Bildung von Böenlinien und Tornados verantwortlich machen.

4.42. Ozeanische Strahlströme

Für die großräumigen atmosphärischen Bewegungen konnten wir die horizontalen Temperaturgradienten verantwortlich machen, die letzten Endes durch die Abhängigkeit des Strahlungshaushaltes von der geographischen Breite und der Jahreszeit entstehen. Der Haushalt des Impulses wird von den Reibungsverhältnissen an der Erdoberfläche gesteuert.

Im Ozean sind die Verhältnisse etwas komplizierter. Horizontale Dichtegradienten werden nämlich durch die Temperatur und den Salzgehalt des Meerwassers bestimmt. Letzterer wird durch das Angebot (Niederschlag, Abfluß von den Kontinenten in Form von Wasser und Eis) und den Verlust (Verdunstung) an Süßwasser reguliert. Die durch diese Dichtegradienten bestimmten thermohalinen Zirkulationen sind nicht sehr intensiv. Die großen ozeanischen Zirkulationssysteme besitzen noch eine zusätzliche Antriebskraft, nämlich die Schubkräfte, welche die Winde auf die Meeresoberfläche ausüben. So sind also die großen Meeresströme der Oberfläche in erster Linie windgetrieben.

Da es sich hierbei um großräumige, langandauernde Strömungsvorgänge handelt, spielt in den Bewegungsgleichungen die Corioliskraft eine ebenso bedeutsame Rolle wie in der Atmosphäre. Hierauf näher einzugehen würde jedoch zu weit führen. Es sei auf die ozeanographische Fachliteratur verwiesen (Dietrich 1957, Proudman 1953, Sverdrup 1952). Da die Bewegungen in Atmosphäre und Ozean in einer verhältnismäßig dünnen Schicht mit meridionalem Dichtegradienten auf einer rotierenden Unterlage vor sich gehen, sind gewisse Parallelen zu erwarten (Iselin 1950).

An der Westseite der Ozeane bildet sich eine starke Gradientströmung aus, welche ähnlichen Bewegungsgesetzen gehorcht wie der Gradientwind in der Atmosphäre und welche die Wassermassen, die in der Passatregion westwärts transportiert wurden, nun polwärts verfrachtet (Munk 1950, Munk, Groves et al. 1950). In den schwachwindigen Subtropen breitet sich diese Strömung jedoch nicht fächerförmig aus, sondern bleibt als konzentriertes Band hoher Strömungsgeschwindigkeit — als *ozeanischer Strahlstrom* — erhalten. Am stärksten entwickelt — und auch am gründlichsten erforscht — sind der Golfstrom und der Kuroshio. Analoge Strömungen existieren jedoch auch auf der Südhemisphäre (Brasilstrom, Ostaustralstrom, Agulhasstrom).

Daß der Golfstrom aufs engste mit dem Wassertransport in der Passatwindregion zusammenhängt, zeigen die jahreszeitlichen Schwankungen der Oberflächenstromgeschwindigkeit in der Floridastraße, die entweder direkt gemessen oder aus den Pegeldifferenzen zwischen Florida und den Bahama-Inseln berechnet werden können. Die mittlere Geschwindigkeit beträgt im November etwa 105 cm/sec, im Juli-August dagegen 140 cm/sec. Eine ganz analoge Schwankung stellt sich einen Monat früher in der mittleren Windgeschwindigkeit der Passatzone ein. Die Phasenverzögerung ist leicht einzusehen, da die Floridastraße bereits außerhalb der Passatregion liegt.

In der Nähe von Kap Hatteras verläßt der Golfstrom den Kontinentalschelf, behält aber weiterhin seinen strahlstromartigen Charakter bei: Abb. 4.42 zeigt einen Querschnitt durch den Golfstrom in der Richtung Chesapeake Bay—Bermuda (vgl. Theorie bei Ichiye 1960). Aus einem Vergleich der Isotachen mit den Isothermen geht hervor, daß der Golfstrom nicht nur warme, sondern auch kalte Wassermassen transportiert. Ähnlich wie der atmosphärische Strahlstrom liegt auch der Golfstrom über einer stark baroklinen Zone. Der Verlauf der Isothermen, der im wesentlichen die Dichteverteilung bestimmt, steht auch in Einklang mit der schwachen Gegenströmung, die zu beiden Seiten des Golfstromes erkennbar ist. An der linken Seite des Golfstromes ist der horizontale Temperatur- und Dichtegradient so stark ausgeprägt, daß er fast einer Diskontinuität gleichkommt, die als „*kalter Wall*“ bezeichnet wird. An Hand dieser Diskontinuität läßt sich der Golfstrom leicht synoptisch verfolgen, indem man vom Flugzeug aus Messungen der langwelligen Temperaturstrahlung der Meeresoberfläche anstellt.

Aus Abb. 4.42 lassen sich auf der antizyklonalen Seite maximale Scherungen in der Größenordnung $0{,}3 \cdot 10^{-4}\ \text{sec}^{-1}$ berechnen (vgl. NAN'NITI 1958). Dies entspricht zwar noch nicht dynamischer Labilität, wie wir sie im Bereich ausgeprägter atmosphärischer Jet Streams kennengelernt haben, doch sind andererseits an Hand von Schiffspeilungen bedeutend höhere Stromgeschwindigkeiten (etwa 3 m/sec) gemessen worden. Es wäre also wohl denkbar, daß auch in ozeanischen Strömungen, wie etwa im Golfstrom und im Kuroshio, in begrenzten Gebieten dynamische Labilität auftreten kann.

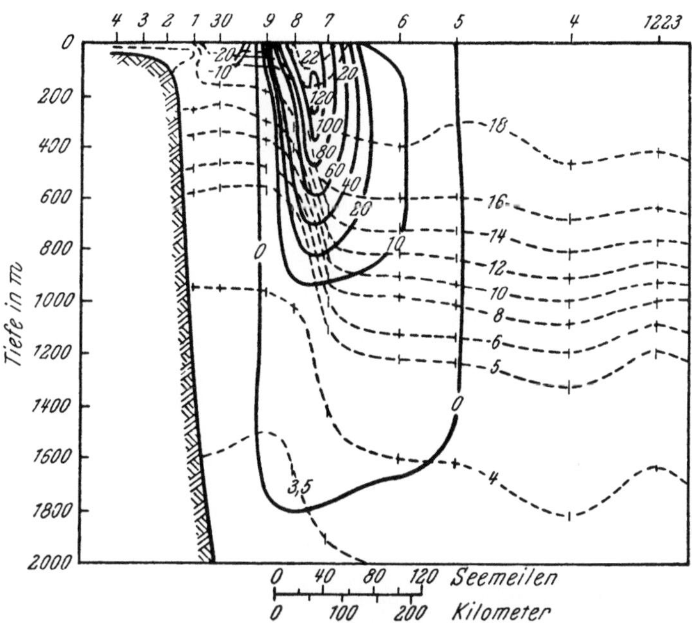

Abb. 4.42. Querschnitt durch den Golfstrom auf der Höhe von Chesapeake Bay. Die ozeanographischen Stationen sind am oberen Rand der Abbildung eingetragen. Isothermen (° C) strichliert, Isotachen (cm/sec) in vollen Linien. (Nach ISELIN 1936, aus NEWTON 1959a)

Eine weitere Analogie mit den atmosphärischen Jets ergibt sich aus den Geschwindigkeitsschwankungen, die in der Floridastraße gemessen wurden (O'HARE et al. 1954) und denen zufolge sich der Wassertransport innerhalb von 10 Tagen verdoppeln kann (STOMMEL 1954). Wir hätten es hier also mit einem ähnlichen Phänomen zu tun wie bei den atmosphärischen „Jet-Maxima“.

Sobald der Golfstrom die Führung durch den Kontinentalschelf verläßt, beginnt er Mäander zu bilden, die unter Umständen zu regelrechten Cut-off-Prozessen und geschlossenen zyklonalen Wirbeln führen können. Diese Mäander tragen wesentlich zum turbulenten Austausch in horizontaler Richtung bei (STOMMEL 1951). [Als atmosphärisches Analogon könnte man etwa den winterlichen Subtropen-Jet über Nordindien erwähnen, der vom Himalaja „geführt“ wird und sich durch außerordentliche Beständigkeit auszeichnet, jedoch ebenfalls in Mäander fällt, sobald er den führenden Einfluß des Hochgebirges verläßt, sowie den LLJ, der mitunter aus südlicher Richtung an der Ostflanke der Rocky Mountains auftritt und ebenfalls vom Gebirge begrenzt wird (NEWTON 1959a).] In dem in Abb. 4.42 gezeigten Querschnitt weist der Kern des Golfstromes eine Breite von etwa 50 km auf, die Amplitude seiner horizontalen Pendelungen beträgt jedoch etwa 150 km.

Studien, die 1950 mit Hilfe mehrerer Schiffe (Multiple Ship Survey — Operation Cabot) über die Feinstruktur des Golfstromes angestellt wurden (FUGLISTER et al. 1951), vermittelten ein recht anschauliches Bild dieser Mäanderbildung: Wellen mit einer Wellenlänge von etwa 200 bis 300 km wandern mit einer Geschwindigkeit von etwa 11 Seemeilen pro Tag stromabwärts. Ähnliche Verlagerungen der Strömung wurden auch im Kuroshio festgestellt (FUKUOKA 1958, MASUZAWA 1960). Wellenlänge und Amplitude sind wesentlich geringer als in den analogen atmosphärischen Strahlströmungen. Aus der Gl. 3.251 (5) ist jedoch zu erwarten, daß die stationären Wellenlängen in Ozean (oz) and Atmosphäre (at) zueinander im Verhältnis

$$\frac{L_{oz}}{L_{at}} = \sqrt{\frac{U_{oz}}{U_{at}}} \qquad 4.42\,(1)$$

stehen (ROSSBY 1951a).

Diese Mäanderungen sind offenbar zum Teil labilen Charakters (HAURWITZ et al. 1950), d. h. sie vergrößern ihre Amplitude und führen schließlich zu einem „Cut-off-Wirbel". Die in diesen Wirbeln beobachtete Strömung folgt annähernd den Isothermen, ist also quasigeostrophisch. Es handelt sich hier um einen Vorgang ähnlich dem der Bildung eines „Kaltlufttropfens" (vgl. auch Literatur bei NEWTON 1959a).

Zwischen dem warmen Sargasso-Wasser und dem kalten „Randwasser" in der Nähe des Kontinentalschelfs besteht ein sehr markanter Farbunterschied, der sich vom Flugzeug aus in eindrucksvoller Weise feststellen läßt. Das kalte Tiefenwasser besitzt eine grünblaue Farbe, während das warme Wasser auf der rechten Seite der Strömung tiefblau ist (DIETRICH 1957). Wie an Hand der Beobachtung von Farbflecken während der erwähnten „Operation Cabot" festgestellt werden konnte, ist die visuell feststellbare Grenzlinie auch gleichzeitig eine Geschwindigkeitsdiskontinuität und eine Konvergenzlinie. Es strömt hier warmes, salzreiches Oberflächenwasser von der rechten Seite ein, während auf der linken Seite des Golfstromes kaltes, nährstoffreiches Tiefenwasser aufsteigt. Es handelt sich also hierbei um eine indirekte Zirkulation, die entgegengesetzt dem Umlaufsinn der isobar-isosteren Solenoide verläuft, also potentielle Energie auf Kosten kinetischer Energie erzeugt. Letztere bezieht der Golfstrom als windgetriebenes Zirkulationssystem aus der Atmosphäre.

Wie während des „Multiple Ship Survey" festgestellt werden konnte, weist der Golfstrom im Gebiet der Neufundlandbänke mehrere voneinander getrennte Bänder hoher Geschwindigkeit auf, von denen jedes eine barokline Zone besitzt. Dazwischen treten relativ schwache Gegenströme auf (FUGLISTER 1951). Im Bereich des atmosphärischen PFJ und STJ wird ebenfalls oft eine multiple Struktur beobachtet, ohne daß jedoch dazwischen Gegenströme aus östlicher Richtung vorhanden wären (ROSSBY 1953).

4.43. Strahlströme im geophysikalischen Modellversuch

Das atmosphärische Wettergeschehen liefert uns zwar jede erdenkliche Vielzahl an Meßwerten, die nach beliebigen physikalischen und statistischen Gesichtspunkten kombiniert und verarbeitet werden können. Doch entzieht sich der Ablauf der Ereignisse der Willkür des Beobachters, und dadurch geht eines der wesentlichen Merkmale eines „Experimentes" verloren, nämlich dessen Wiederholbarkeit. Es war daher schon seit langer Zeit das Bestreben der Meteorologen, in geeigneten Versuchsanordnungen „quasiatmosphärische" Bedingungen zu schaffen und durch eine Variation in den einzelnen Elementen dieser Anordnung den Einfluß verschiedener Faktoren auf die atmosphärischen Strömungsvorgänge zu studieren.

Es würde zu weit führen, all die Vorversuche zu schildern (vgl. FULTZ 1951a), erwähnt sei jedoch, daß bereits F. VETTIN in den achtziger Jahren des vorigen Jahrhunderts auf eine Versuchsanordnung hinweist, die sich eines rotierenden zylindrischen Gefäßes bedient, in dessen Rotationsmittelpunkt ein Eisstück als „Kühler" liegt (VETTIN 1884). An der Peripherie des Gefäßes werden aufsteigende, im Mittelpunkt absteigende Luftströme angenommen. Von dieser einfachen Anordnung bis zu den modernen „dish-pan"-Experimenten (dish-pan = Abwaschschüssel, so genannt wegen der verhältnismäßig primitiven Form der verwendeten rotierenden Wassertanks) hat zwar die Technik, nicht aber das Prinzip einen weiten Weg zurückgelegt. Eine ausführliche Bibliographie mit etwa 350 Referenzen über Modellversuche atmosphärischer Zirkulation und ihre Ergebnisse wurde von FULTZ und seinen Mitarbeitern zusammengestellt (FULTZ et al. 1956). Im folgenden seien einige Versuche neueren Datums, soweit sie zum Verständnis des Aufbaues und des Mechanismus der atmosphärischen Strahlströme beitragen, besprochen.

4.431. Sphärische Modelle

Als Versuchsanordnung benützte man zunächst zwei halbkugelige Glasschalen mit verschieden großem Durchmesser, die ineinandergepaßt waren und in deren Zwischenraum sich Wasser befand (FULTZ 1949). Diese sphärische „Hohlschale" wurde in Rotation versetzt und gleichzeitig am *Pol* erwärmt. Um die im Wasser entstehende Zirkulation sichtbar zu machen, wurde an bestimmten Meridianen der Schale organischer Farbstoff oder Tinte eingeführt. Auch Tabak-Mosaik-Virus eignet sich zu diesem Zweck, da sich die länglichen Partikel in Zonen mit horizontaler Scherung in der Richtung der Streckungsachse des Deformationsfeldes anordnen und nun durch Polarisation im durchfallenden Licht einen Helligkeitsunterschied gegenüber der isotropen Anordnung der Partikel in einer nicht scherenden Umgebung ergeben.

Diese Versuche zeigen das bemerkenswerte Ergebnis, daß bis etwa 30° Breite in dieser Hohlschale eine Strömung aus östlicher Richtung herrscht, ähnlich wie in der atmosphärischen Passatregion. Nördlich davon stellt sich eine Westwindzone ein, in der ähnliche Geschwindigkeiten gemessen werden wie in der Erdatmosphäre. Mit zunehmender Wärmezufuhr am Pol wird bei gleichbleibender Rotationsgeschwindigkeit die Zirkulation intensiver. Gleichzeitig nimmt auch die Streuung der gemessenen Geschwindigkeiten um ein mittleres meridionales „Wind"profil erheblich zu, was auf eine Zunahme des nichtstationären Charakters und der Turbulenz der Zirkulation schließen läßt. Die Rotationsgeschwindigkeit scheint bei diesen Versuchen keinen großen Einfluß auf die Gestaltung der *mittleren* „Wind"profile auszuüben. Bemerkenswerterweise ergeben sich Verhältnisse, wie wir sie schon in Abb. 4.121.6 kennengelernt haben: Auf der polaren Seite der Westwindzone stellt sich ein *mittleres* Windprofil mit konstanter absoluter Vorticity gleich der Winkelgeschwindigkeit Ω der rotierenden Schale ein, während sich äquatorwärts ein Profil abzeichnet, das Verhältnissen mit konstantem Vorticitytransport (vorticity transfer) ab etwa 62° oder 63° Breite entspricht (einzelne Windprofile zeigen, ebenso wie in der Atmosphäre, erhebliche Abweichungen von diesem mittleren Profil). Die mittleren Strömungsverhältnisse scheinen bei diesem Experiment also der in Kap. 4.121 besprochenen Mischungstheorie von Rossby zu entsprechen.

Bei dieser soeben beschriebenen Versuchsanordnung ist der Coriolisparameter ebenso wie auf der rotierenden Erde gegeben durch $2\,\Omega \sin\varphi$. Die Anordnung läßt eine Variation der Rotationsgeschwindigkeit und der Wärmezufuhr zu. Überraschend ist dabei das Ergebnis, daß die *Wärmequelle* am Pol eine Westwindzirkulation ähnlich der auf der Erde hervorzurufen vermag. Die Vorgänge innerhalb der rotierenden Hohlschale wären also mit der *Sommerzirkulation* zu vergleichen, welche ebenfalls unter der fortwährenden Einstrahlung am Pol in der Stratosphäre eine Wärmequelle besitzt.

Bezeichnen wir die äußere Kugelschale des Modells als Tropopause, so ergibt sich ebenfalls eine Parallele zur atmosphärischen Tropopause, die in den Polargebieten warm, über dem Äquator dagegen kalt ist.

In Abb. 4.431.1 ist einerseits das mittlere „Wind"profil (dicke volle Linien) für 16,27 Umdrehungen pro Minute und 30 Volt Heizspannung zusammen mit der Streuung der beobachteten Geschwindigkeiten (strichliert) angegeben, andererseits sind die von Willett (1944) veröffentlichten Verteilungen der mittleren Zonalgeschwindigkeit im Winter und Sommer in 12 km Höhe zwischen Havanna und Thule eingetragen. Die *Sommerverteilung* fügt sich in bemerkenswerter Weise in das experimentelle Zirkulationsschema ein, sowohl der Maximalgeschwindigkeit als auch der meridionalen Geschwindigkeitsverteilung nach. Neuere Querschnitte von Hess (1948) zeigen zwar gegenüber den Willettschen Daten einige Abweichungen, doch sind diese in bezug auf den in Abb. 1 angestellten Vergleich ohne Belang.

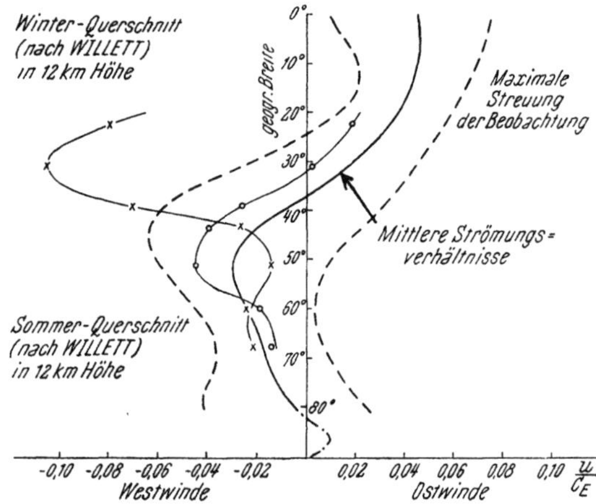

Abb. 4.431.1. Mittlere Geschwindigkeitsverteilung und ihre Streuung in einer rotierenden Hohlschale in Einheiten u/C_E für 16,27 Umdrehungen pro Minute und 30 Volt Heizspannung. Dazu mittlere zonale Windgeschwindigkeit der Atmosphäre in 12 km Höhe für Winter und Sommer. (Nach Fultz 1949)

In dieser Darstellung wurde, wie bereits in Abb. 4.121.5, $\frac{u}{C_E} = Ro$ als Abszissenwert gewählt. Diese dimensionslose Form der Geschwindigkeitsangabe erlaubt es, Daten von verschiedenen rotierenden Körpern miteinander zu vergleichen. Von Fultz (1951c) wurde diese Zahl „*Rossby-Zahl*" genannt.

Aus Abb. 1 kann, wegen der guten Übereinstimmung mit den tatsächlichen Verhältnissen in der Atmosphäre, der Schluß gezogen werden, daß die vorliegende Versuchsanordnung imstande ist, die wesentlichen Ursachen der allgemeinen Zirkulation der Atmosphäre nachzubilden. Diese Übereinstimmung wurde zwar zum Teil durch die Abmessungen der Apparatur und die Variierbarkeit der Drehgeschwindigkeit und der Wärmezufuhr beeinflußt (Univ. of Chicago 1947). Daß jedoch die Größe der dimensionslosen Geschwindigkeit u/C_E und die Abgrenzung der Zonen zwischen Ost- und Westwinden im Tropopausenniveau in so verblüffender Weise koinzidiert, muß vor allem auf drei Faktoren zurückgeführt werden, die sowohl den atmosphärischen Gegebenheiten als auch dem geophysikalischen Modell anhaften:

1. Die Breitenabhängigkeit des Coriolisparameters wurde naturgetreu ins Modell übertragen. Wir werden allerdings weiter unten noch sehen, daß dies keine notwendige Voraussetzung für die Bildung von Strahlströmen ist. Jet Streams kann man auch in flachen, rotierenden Wasserpfannen erhalten, in denen der Coriolisparameter eine Konstante ($= 2\,\Omega$) ist.

2. Die Zirkulation spielt sich in der Atmosphäre wie auch im Modell in einer relativ dünnen Schicht ab.

3. Es existieren offenbar sowohl in der Atmosphäre als auch im geophysikalischen Modell Mischungsprozesse, welche über Breitenkreise hinweg wirksam sind und welche die Eigenschaft besitzen, daß horizontale substantielle Flächenelemente horizontal zu verbleiben trachten, d. h. die Austauschprozesse sind vor allem in horizontaler Richtung wirksam.

Soll ein Modellversuch mit den Verhältnissen in der freien Atmosphäre verglichen werden, so kann man sich das Ähnlichkeitsprinzip zunutze machen, das auch bei der Erprobung von Flugzeugmodellen und dergleichen im Windkanal Anwendung findet. Aus einem Vergleich der Bewegungsvorgänge in Modell und Wirklichkeit können dimensionslose Ähnlichkeitsbeziehungen abgeleitet werden, die als Basis für die Versuchsanordnungen dienen. Das Ähnlichkeitsproblem wurde in der frühen meteorologischen Literatur dahingehend betrachtet, daß die Variablen A_{im} im Modell mit den korrespondierenden Variablen A_{ip} des Prototyps (in unserem Fall: der Atmosphäre) durch die Beziehung

$$A_{im} = \alpha_i A_{ip} \qquad 4.431\ (1)$$

verknüpft sind (Abbè 1907, Helmholtz 1873, Weickmann et al. 1929). Diese Transformationen werden nun systematisch in sämtliche Differentialgleichungen und ihre Grenzbedingungen eingesetzt. Aus der Bedingung, daß sämtliche Terme für Modell und Prototyp einander numerisch gleich sein müssen, erhält man eine Reihe von Ähnlichkeitsbedingungen für die Faktoren α_i. Bemerkenswert ist eine Studie von Rossby (1926), die in dieselbe Richtung zielt, jedoch eine Analyse der Bedingungen enthält, unter denen der vertikale Maßstab in einer Schicht der Modellflüssigkeit in geringerem Maße im Vergleich zum Prototyp reduziert werden kann als der horizontale Maßstab. Würde man nämlich eine Flüssigkeitsschicht streng nach *geometrischer* Ähnlichkeit mit der Atmosphäre reduzieren, so würde die Schicht so dünn werden, daß die Effekte molekularer Zähigkeit dominieren würden.

In die vereinfachte Bewegungsgleichung im Prototyp (Index p)

$$\varrho_p \frac{du_p}{dt_p} = -\frac{\partial p_p}{\partial x_p} \qquad 4.431\ (2)$$

und in die statische Grundgleichung

$$\varrho_p\, g = -\frac{\partial p_p}{\partial z_p} \qquad 4.431\ (3)$$

kann man die Transformationsgleichungen

$$dx_p = L\, dx_m, \quad dy_p = L\, dy_m, \quad dz_p = l\, dz_m, \quad dt_p = T\, dt_m \qquad 4.431\ (4)$$

einsetzen. L ist dabei der Reduktionsmaßstab in der Horizontalen, l in der Vertikalen und T im Zeitmaßstab.

Man erhält

$$\frac{L}{T^2}\,\frac{\varrho_p}{\varrho_m}\,\varrho_m \frac{du_m}{dt_m} = -\frac{1}{L}\left(\frac{\partial p_p}{\partial p_m}\right)_{\text{horizontal}} \cdot \frac{\partial p_m}{\partial x_m} \qquad 4.431\ (5)$$

und

$$\frac{\varrho_p}{\varrho_m}\,\varrho_m\, g = -\frac{1}{l}\left(\frac{\partial p_p}{\partial p_m}\right)_{\text{vertikal}} \cdot \frac{\partial p_m}{\partial z_m}. \qquad 4.431\ (6)$$

Setzen wir hierin aus den Gleichungen des Modellexperiments (Index m)

$$\varrho_m \frac{du_m}{dt_m} = -\frac{\partial p_m}{\partial x_m} \tag{4.431 (7)}$$

und

$$\varrho_m\, g = -\frac{\partial p_m}{\partial z_m} \tag{4.431 (8)}$$

für $\frac{\partial p_m}{\partial x_m}$ bzw. $\frac{\partial p_m}{\partial z_m}$ ein, so erhalten wir

$$\left(\frac{dp_p}{dp_m}\right)_{\text{horizontal}} = \frac{\varrho_p}{\varrho_m}\, \frac{L^2}{T^2} \tag{4.431 (9)}$$

und

$$\left(\frac{dp_p}{dp_m}\right)_{\text{vertikal}} = \frac{\varrho_p}{\varrho_m}\, l. \tag{4.431 (10)}$$

Da aus Gründen dynamischer Ähnlichkeit (9) und (10) einander gleich sein müssen, gilt

$$l = \frac{L^2}{T^2}\,. \tag{4.431 (11)}$$

Diese Beziehung wurde ohne Berücksichtigung der Effekte molekularer Zähigkeit abgeleitet.

Eine andere Möglichkeit, Modell und Prototyp mitsammen zu vergleichen, besteht darin, sämtliche Bewegungsgleichungen und Grenzbedingungen durch bestimmte *Vergleichsgrößen* B_j zu dividieren, so daß sämtliche Variable in *dimensionsloser* Form (durch den Apostroph angedeutet) A'_{ip} und A'_{im} erscheinen. In den resultierenden Gleichungen sind nunmehr dimensionslose Variable A' und gewisse, ebenfalls dimensionslose Parameter Π_{km} und Π_{kp}, welche Kombinationen der B_j darstellen und für das betreffende System — Modell oder Prototyp — konstant sind (Fultz 1951c, vgl. Rouse 1951). Die Ähnlichkeitsbedingungen lauten dann:

$$A'_{im} \equiv A'_{ip} \quad \text{und} \quad \Pi_{km} \equiv \Pi_{kp}. \tag{4.431 (12)}$$

Die Π_k können in der Regel als Größenordnung in den verschiedenen Termen der Gleichungen angesehen werden.

Diese Methode des Vergleichs bietet den Vorteil, daß die experimentellen Resultate leicht als A'_i dargestellt werden können und daß die Π_{km} und Π_{kp} an den Stellen der Gleichungen auftreten, an denen sie tatsächlich die fundamentalen Beziehungen zwischen Modell und Prototyp beeinflussen.

Freilich wird es in der Praxis nicht immer gelingen, sämtliche Π_k in Modell und Prototyp einander gleichzumachen. Es wird vielfach die Erfahrung entscheiden müssen, welche Π_k vernachlässigt werden dürfen oder nur näherungsweise bestimmt werden müssen, nachdem die dominierenden Variablen A'_i und die Parameter Π_k in Modell und Prototyp aufeinander abgestimmt worden sind.

Wir wollen die Bewegungsgleichung in folgender Form betrachten:

$$\frac{\partial \mathbf{v}}{\partial t} + \mathbf{v}\cdot\nabla\,\mathbf{v} + 2\,\mathbf{\Omega}\times\mathbf{v} = -\alpha\,\nabla p - g\,\mathbf{r} + \nu\,[\nabla^2\mathbf{v} + \tfrac{1}{3}\nabla(\nabla\cdot\mathbf{v})]. \tag{4.431 (13)}$$

$\mathbf{r}$ sei ein Einheitsvektor, nach oben und senkrecht zu den Niveauflächen gerichtet, und ν ist der Koeffizient der kinematischen Zähigkeit.

Wir wollen nun die A'_i folgendermaßen definieren:

$$\mathbf{v}' = \frac{\mathbf{v}}{R\Omega} \qquad t' = \Omega t \qquad p' = \frac{p}{D R^2 \Omega^2} \tag{4.431 (14)}$$

$$\alpha' = \alpha D \qquad \nabla' = R\,\nabla \qquad \nabla'^2 = R^2\,\nabla^2.$$

R ist der Radius der Sphäre (Erde oder Modell), Ω die Größe der Winkelgeschwindigkeit des bewegten (relativen) Koordinatensystems, D ist eine Referenzdichte und U eine relative Geschwindigkeit, auf die rotierende Sphäre bezogen. Definieren wir die ROSSBY-Zahl

$$Ro = \frac{U}{R\,\Omega}, \qquad 4.431\ (15)$$

eine REYNOLDSsche Zahl

$$Re = \frac{U R}{\nu} \qquad 4.431\ (16)$$

und eine FROUDEsche Zahl

$$F = \frac{U^2}{g\,R}, \qquad 4.431\ (17)$$

(vgl. auch RAETHJEN 1958a) so erhalten wir die Bewegungsgleichung (13) in dimensionsloser Form als Kombination von A'_i und Π_k

$$\frac{\partial \mathbf{v}'}{\partial t'} + \mathbf{v}' \cdot \nabla' \mathbf{v}' + 2\,\mathbf{\Omega}' \times \mathbf{v}' + \alpha' \nabla' p' =$$

$$= -\frac{\mathbf{r}'\,(Ro)^2}{F} + [\nabla'^2 \mathbf{v}' + \tfrac{1}{3} \nabla' (\nabla' \cdot \mathbf{v}')] \frac{Ro}{Re}. \qquad 4.431\ (18)$$

$\mathbf{\Omega}'$ ist ein dimensionsloser Einheitsvektor parallel zum Rotationsvektor des Systems (Erde oder Modell) und $\mathbf{r}'$ ein dimensionsloser Einheitsvektor normal zu den Geopotentialflächen.

Die in (14) angegebenen Definitionen stellen zwar nicht die einzigen Möglichkeiten dar, dimensionslose Formeln zu erhalten, doch soll auf die übrigen hier nicht näher eingegangen werden. Auch bei anderen Definitionen der Variablen A_i' bleiben in Gl. (18) nur drei Parameter Π_k erhalten, die ungeachtet der Größe des betrachteten Systems die dynamische Ähnlichkeit neben der geometrischen Ähnlichkeit bewirken; es sind dies die Zahlen Ro, Re und F. Die *Ähnlichkeitsbedingung* besteht einfach in der *Identität* dieser drei Parameter in Prototyp und Modell, eine Bedingung, die sehr leicht zu überprüfen ist.

Die REYNOLDSsche Zahl Re kann als das Verhältnis der charakteristischen Zähigkeitskräfte zu den charakteristischen Trägheitskräften des Systems aufgefaßt werden. Die ROSSBY-Zahl Ro stellt dagegen in der Form $\frac{U^2/R}{\Omega\,U}$ eine Abschätzung des Größenordnungsverhältnisses von charakteristischer Trägheitskraft (vgl. CHARNEY 1948) oder Zentrifugalkraft zu charakteristischer Corioliskraft dar. *Je kleiner die Rossby-Zahl ist, desto besser entspricht die Bewegung geostrophischen Verhältnissen.* In der Form $\Omega\,U/R\,\Omega^2$ stellt die ROSSBY-Zahl das Verhältnis einer Coriolis- zu einer Zentrifugalkraft dar. Als $\frac{2U}{R}\Big/ 2\,\Omega$ finden wir das Verhältnis einer charakteristischen relativen Vorticity zur absoluten Vorticity der Rotation des Systems.

Die FROUDEsche Zahl kann als das Verhältnis des Quadrats einer charakteristischen Strömungsgeschwindigkeit U zur Geschwindigkeit einer langen Wasserwelle $(g\,R)^{1/2}$ bei einer Wassertiefe R interpretiert werden.

Durch Einbeziehung der Thermodynamik in die Ähnlichkeitsbetrachtungen an Modell und Prototyp werden neue Parameter Π_k eingeführt. Hier beginnen sich jedoch beträchtliche Schwierigkeiten einzustellen, da die einzelnen Strahlungs-, Diffusions- und Leitungsterme im Wärmehaushalt der Erde nicht so ohne weiteres bestimmbar sind. Wir wollen annehmen, daß die Zustandsgleichung in Modell und Prototyp genügend genau durch die Expansionsformel

$$\alpha = \alpha_0\,(1 + \varepsilon T) \qquad 4.431\ (19)$$

wiedergegeben wird. ε ist der kubische Ausdehnungskoeffizient. α_0 ist das spezifische Volumen bei der Temperatur $T = 0$. Nehmen wir als Referenzvariable $\Delta\Theta$, eine charakteristische Temperaturdifferenz zwischen Pol und Äquator, an, so erhalten wir als dimensionslose Temperaturgröße $T' = T/\Delta\Theta$ und demnach, unter Benützung der Referenzdichte D [s. Gl. 4.431 (14)],

$$\alpha' = \alpha_0'\,[1 + (\varepsilon\,\Delta\,\Theta)\,T']. \qquad 4.431\ (20)$$

In $\varepsilon\,\Delta\Theta$ besitzen wir einen neuen dimensionslosen Parameter Π_k, der durch den Term $\alpha \nabla p$ in die Bewegungsgleichung eingeht.

Eine der Schwierigkeiten bei Modellversuchen mit sphärischen Hohlschalen, wie wir sie eingangs dieses Kapitels beschrieben haben, liegt darin, daß der dimensionslose Einheitsvektor $\mathbf{r}'$ in Gl. (18) im Modell nicht dieselbe Richtung einnimmt wie auf der Erde, nämlich parallel zur Richtung des Radiusvektors der Sphäre. Dazu müßte man im Modellversuch die Schwerkraft der Erde ausschalten können. Der störende Term, der die Schwerkraft enthält, kann jedoch eliminiert werden, wenn die Bewegung als zweidimensional, homogen, inkompressibel und reibungslos betrachtet werden kann. Auch im Versuch mit „flachen" Modellen (Kap. 4.432) fällt dieses Problem weg.

In den Modellversuchen, welche die in der Abb. 1 gezeigten Ergebnisse lieferten, waren die meisten Π_k zwar nicht identisch mit den Verhältnissen auf der Erde, jedoch immerhin von annähernd derselben Größenordnung. Offenbar genügt dies, um Zirkulationsverhältnisse ähnlich denen auf der Erde zu schaffen. In Tab. 4.431 sind die einzelnen Parameter zum Vergleich angegeben. δ bedeutet hierin die Tiefe der Flüssigkeitsschicht (1,6 cm) bzw. die Atmosphärenhöhe, die bis zur Tropopause (etwa 12 km) gerechnet wird. Die Wassertiefe δ im Modell ist tief genug, um auch Vertikalbewegungen im Rahmen einer Meridionalzirkulation erwarten zu lassen.

Aus dieser Tabelle geht hervor, daß die beiden letztgenannten Parameter wegen ihrer großen Verschiedenheit in Modell und Atmosphäre entweder auf die

Tabelle 4.431. *Vergleich der dimensionslosen Grundparameter für Modell (sphärische Hohlschale: innerer Radius 9,2 cm, äußerer Radius 10,8 cm, Flüssigkeitstiefe 1,6 cm, Flüssigkeitsinhalt 1050 cm³, $\Delta\Theta = 2°$ C) und Prototyp (Atmosphäre: Troposphärenhöhe etwa 12 km, $\Delta\Theta = 30°$ C)*

	Erde	Modell
δ/R	$2{,}0 \cdot 10^{-3}$	$1{,}7 \cdot 10^{-1}$
$\dfrac{g}{R\,\Omega^2} = \dfrac{1}{F}$	$2{,}9 \cdot 10^{2}$	$3{,}4 \cdot 10$
$\varepsilon\,\Delta\Theta$	$1{,}2 \cdot 10^{-1}$	$1{,}0 \cdot 10^{-3}$
$R^2\,\Omega\,\dfrac{\varrho}{\mu} = Re$*	$1{,}4 \cdot 10^{14}$	$3{,}4 \cdot 10^{4}$
$\dfrac{\nu_c}{R^2\,\Omega}$ *	$5{,}5 \cdot 10^{-15}$	$8{,}2 \cdot 10^{-6}$

* $\nu = \dfrac{\mu}{\varrho}$ kinematische Zähigkeit, gegeben durch die Beschleunigung infolge von Reibung $\dfrac{du}{dt} = \nu\,\dfrac{\partial^2 u}{\partial z^2}$.

μ = dynamische Zähigkeit, gegeben durch das Verhältnis von Schubspannung τ zur Scherung: $\tau = \mu\,\dfrac{\partial u}{\partial z}$.

ν_c = Temperaturleitfähigkeit, gegeben durch die Temperaturzunahme infolge einer Temperaturverteilung $\dfrac{dT}{dt} = \nu_c\,\dfrac{\partial^2 T}{\partial z^2}$ bzw. durch $\nu_c = \dfrac{k}{c_p\varrho}$, wobei k der Wärmeleitkoeffizient und c_p die spezifische Wärme bei konstantem Druck ist. k ist gegeben durch die Wärmemenge H, die pro Zeit- und Flächeneinheit abgeleitet wird, wenn $H = k\,\dfrac{\partial T}{\partial z}$ (List 1958, Hann, Süring 1939).

Bildung der beobachteten Zirkulationsverhältnisse keinen Einfluß haben oder in einer Kombination wie etwa der PRANDTLschen Zahl $\sigma = \frac{\mu}{\varrho\, \nu_c}$ auftreten, welche für die Erde etwa 0,7 und für das Modell etwa 3,6 beträgt. Das verwendete Modell bildet also die atmosphärischen Verhältnisse in bezug auf Dimensionierung $\left(\frac{\delta}{R}\right)$, auf Verhältnis von Schwerkraft zu Fliehkraft ($g/R\,\Omega^2$), auf Baroklinität infolge thermischer Expansion ($\varepsilon\Delta\Theta$) und auf Verhältnis zwischen Temperaturleitfähigkeit und kinematischer Zähigkeit mit brauchbarer Annäherung ab.

Die Versuchsanordnung, welche eingangs dieses Kapitels beschrieben wurde, kann in mannigfacher Weise abgeändert werden. FULTZ (1950a) und LONG (1951, 1951a) beschreiben ein Experiment, bei dem die Hohlschale mit zwei verschieden dichten, nicht vermischbaren Flüssigkeiten gefüllt wird, welche durch ein Rührwerk relativ zur rotierenden Schale in Bewegung gesetzt werden können. Auf diese Weise kann der Einfluß einer breitenabhängigen Corioliskraft auf einen symmetrischen Wirbel studiert werden. ROSSBY (1948, 1949b) hatte darauf hingewiesen, daß kalte Hochdruckgebiete eine Tendenz zur Verlagerung gegen den Äquator, Zyklonen eine Tendenz zur Polwärtsverlagerung zeigen. In den Antizyklonen herrscht dabei eine Absinkbewegung — verbunden mit einer gleichzeitigen Ausbreitung der Luftmassen —, welche zur Erzeugung von kinetischer Energie auf Kosten potentieller Energie führt. Zyklonale Zirkumpolarwirbel sind in ihrer Anordnung stabil und führen lediglich, wenn sie eine Auslenkung aus der Pollage erfahren (etwa durch einen minimalen äußeren Anstoß im Modell oder durch die Verteilung der Hochgebirge auf der Erde), eine stabile Nutationsbewegung aus, mit der Periode (in Tagen)

$$T = \frac{R}{r} \sqrt{2\,d}, \qquad 4.431\ (21)$$

welche die Größenordnung einer Woche besitzt (R = Erdradius, r = Radius des Wirbels, d = Periode [in Tagen] der Wirbelbewegung).

Antizyklonale Zirkumpolarwirbel sind dagegen labil und werden gegen niedrigere Breiten befördert, wo ihre potentielle Energie in kinetische umgewandelt wird.

In der beschriebenen Versuchsanordnung mit den verschieden dichten, übereinander geschichteten Flüssigkeiten in einer rotierenden Hohlschale tritt — eben durch die Schichtung — eine statische Stabilität auf, die in der Atmosphäre kein Analogon besitzt. Außerdem bleibt für die Flüssigkeitsbewegung relativ zur rotierenden Schale ein Fliehkraftterm vorhanden, der ebenfalls in den meteorologischen Bewegungsgleichungen nicht vorhanden ist. Dieser könnte allerdings durch eine parabolisch geformte Hohlschale beseitigt werden.

Trotz dieser experimentellen Unzulänglichkeit bestätigt die Versuchsanordnung von FULTZ und LONG die Ergebnisse ROSSBYS in sehr bemerkenswerter Weise. Rotiert das Rührwerk zyklonal relativ zur Hohlschale, so stellt sich bei langsamer Drehung desselben zunächst ein stationäres Dreiwellensystem her (drei Langwellen im Abstand von 180°), bei rascherer Drehung ein Zweiwellensystem (hemisphärische Wellenzahl = 2), beide mit einer symmetrischen Wellenanordnung in bezug auf den Pol. Wird die relative zyklonale Umdrehungsgeschwindigkeit des Rührwerkes weiter erhöht, so verliert das Zweiwellensystem zwar an Deutlichkeit, doch die Wellenanordnung bleibt symmetrisch, obwohl infolge der Fliehkraft unter Umständen die dichtere Flüssigkeit ganz aus den Polarregionen verdrängt wird.

Rotiert das Rührwerk antizyklonal relativ zur Hohlschale, so ist bei niedrigen Drehzahlen die Wellenanordnung ähnlich wie im zyklonalen Fall. Wird dagegen die Umdrehungsgeschwindigkeit des Rührwerkes weiter erhöht, so tritt plötzlich der Schwerpunkt der dichteren Flüssigkeit aus dem Rotationspol heraus. Es bildet sich eine mehr oder weniger regelmäßig geformte Einzelwelle (hemisphärische Wellenzahl = 1).

Eine weitere, sehr aufschlußreiche Versuchsserie, die an der University of Chicago angestellt wurde, befaßt sich mit dem Einfluß von Gebirgsbarrieren auf die allgemeine Zirkulation (FRENZEN 1955, und LA SEUR 1956, FULTZ 1950b, et al 1951, LONG 1952). In Kap. 7 soll noch näher auf die Wirkung der Hochgebirge der Erde und auf großräumige atmosphärische Strömungen eingegangen werden. Hier seien jedoch einige experimentelle Ergebnisse vorweggenommen, welche die Nützlichkeit geophysikalischer Modellversuche in besonders günstigem Licht erscheinen lassen.

In eine Hohlschale der früher beschriebenen Art wird ein kreisförmiger Hinderniskörper eingesetzt. Die Hohlschale wird in Drehung versetzt, bis die darin befindliche Flüssigkeit mit derselben konstanten Winkelgeschwindigkeit rotiert wie das Gefäß. Das Hindernis kann relativ zur Hohlschale mit beliebiger Geschwindigkeit nach Osten oder Westen bewegt werden. Es wird also statt der „Atmosphäre“ das „Gebirge“ bewegt. Das Hindernis füllt die gesamte Höhe der „Atmosphäre“ aus. Daneben wurde noch eine „Gebirgsbarriere“ von halber „Atmosphärenhöhe“ verwendet, welche vom Pol bis zum Äquator reichte. Ersteres Hindernis kann als Modell des Himalaja angesehen werden, letzteres ist in seiner Anordnung den nord- und südamerikanischen Anden ähnlich.

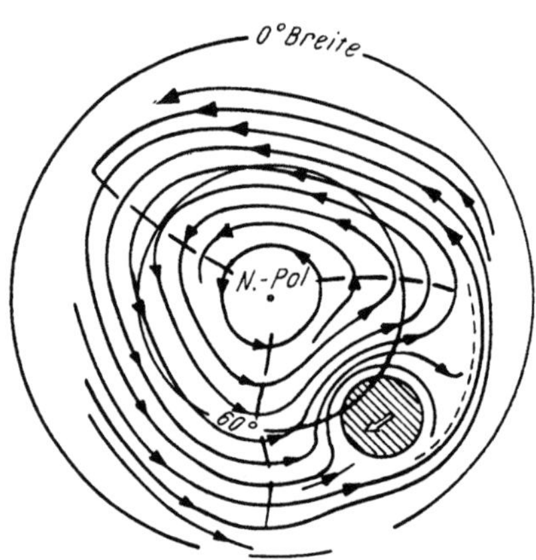

Abb. 4.431.2. Stromlinien bei Westwärtsverlagerung eines Hindernisses in einer rotierenden Hohlschale. $\omega_r/\Omega = -0{,}10$. (Nach FULTZ 1959b)

Dieser Versuch, der rein mechanischer Natur ist, also ohne nennenswerte Temperaturgradienten innerhalb der Flüssigkeit verläuft, zeigt bemerkenswerte Ergebnisse, wenn sich das Hindernis relativ zur Hohlschale nach Westen bewegt (Abb. 4.431.2). In dieser Abbildung wurde die Richtung der Stromlinien um 180° verdreht, so daß dadurch die Strömungsverhältnisse auf der Nordhemisphäre abgebildet werden.

Eine ungestörte Beobachtung der Strömungsverhältnisse wurde durch das sogenannte *Rotoskop* ermöglicht. Es ist dies ein mit der Hohlschale synchron rotierendes Prisma, dessen optische Achse genau parallel zur Rotationsachse ist und das durch ein Fernrohr ein scheinbar *ruhendes* Bild der Schale erzeugt und so die Flüssigkeitsbewegung *relativ* zur Schale deutlich sichtbar macht (FRENZEN, KAYLOR et al. 1956). Der entscheidende Vorteil dieser Anordnung gegenüber den Göttinger Versuchen (FETTE 1933, PRANDTL 1926)[1], bei denen das gesamte Laboratorium einschließlich des Beobachters rotierte, ist offensichtlich.

Im Falle einer Westwärtsverschiebung ($\frac{\omega_r}{\Omega} = -0{,}10$, wobei ω_r die Winkelgeschwindigkeit des Hindernisses relativ zur hemisphärischen Hohlschale ist,

[1] Die Versuchsanordnung steht im Max-Planck-Institut für Strömungsforschung (ehemals: Kaiser-Wilhelm-Institut für Strömungsforschung).

Ω die Winkelgeschwindigkeit der Hohlschale selbst) stellt sich rings um das „Gebirge" eine ausgeprägt antizyklonale Zirkulation ein. In der zonalen Strömung der übrigen Hemisphäre treten ausgeprägte Rücken und Tröge auf.

Diese Strömungsverhältnisse sind denen im Jet-Stream-Niveau in der Umgebung des Himalaja sehr ähnlich (vgl. Kap. 7.413). Aber auch blockierende Hochdruckzellen zeigen einen ähnlichen Verlauf der Höhenströmung.

Eine Variation der Höhe des Hindernisses ergab, daß — solange das Hindernis mindestens die halbe Höhe der „Atmosphäre" besitzt — durch den nun eintretenden Überströmungseffekt und die dabei auftretenden Divergenzen die Amplituden der planetarischen Wellen im „Westwindfalle" (Hindernis wird nach Westen bewegt) größer sind als dann, wenn das Hindernis den Abstand zwischen den beiden Kugelschalen ganz ausfüllt. Selbst dann, wenn das Hindernis nur ein Viertel der Atmosphärenhöhe aufweist, ist noch eine deutliche Wellenbildung zu beobachten (LONG 1952). Eine Verlangsamung der Umdrehungsgeschwindigkeit der Hohlschale in diesem Experiment (gleichbedeutend mit einer Verlangsamung der zonalen Windgeschwindigkeit) führt zu einer Vergrößerung der Wellenamplituden, während eine Verringerung des Durchmessers des Hindernisses die entgegengesetzte Wirkung hat.

Die Zahl s der durch das Hindernis angeregten planetarischen Wellen wird von der ROSSBY-Zahl, also von „Wind"geschwindigkeit und Coriolisparameter, bestimmt. LONG (1952) findet die Beziehung

$$Ro = \frac{2}{(s+1)\,(s+2)}\,. \qquad 4.431\ (22)$$

Für Wellenzahlen 1, 2, 3 und 4 wären demnach ROSSBY-Zahlen $Ro = 0{,}333$, 0,167, 0,100 und 0,067 verantwortlich.

Wird eine „Gebirgskette", die vom Pol bis zum Äquator reicht und die halbe „Atmosphären"höhe besitzt, also von der Flüssigkeit überströmt werden kann, in eine Hohlschale mit „Westwinden" eingeführt, so erhält man ein Zirkulationsschema, wie man es für mittlere Höhenströmungsverhältnisse über den USA gewohnt ist (vgl. Kap. 7.3). Im Lee des Hindernisses bildet sich in verhältnismäßig niederen Breiten ein stark ausgeprägter Strahlstrom (FULTZ et al. 1955).

Dieser Strömungsverlauf verleitet LONG zur Annahme, daß die intensiven Strahlströme an der Südostflanke von polaren Kaltluftkuppen durch einen ähnlichen „Barriereneffekt" zustande kommen, indem ein westlicher Strahlstrom die — wenn auch nur verhältnismäßig niedrige — Kaltluftbarriere zu überströmen trachtet.

FRENZEN (und LA SEUR 1956) weist darauf hin, daß die von LA SEUR (1954) beobachtete Exzentrizität des Zirkumpolarwirbels als Effekt des Gebirgshindernisses des Himalaja gedeutet werden kann. Nach Gl. (22) würde sich der Übergang von der Wellenzahl 2 zur Wellenzahl 1 bei einer ROSSBY-Zahl von 0,2 bis 0,3 vollziehen, was in 35° N (Südflanke des Himalaja) einer Strahlstromgeschwindigkeit von 150 bzw. 225 Knoten, in 45° N (Nordflanke des tibetanischen Hochlandes) dagegen von 130 bzw. 195 Knoten entspräche. In diesem Übergangsstadium stellt sich im Modellversuch etwa 100 Längengrade stromabwärts des Gebirgshindernisses ein einzelner, stark exzentrischer Wirbel ein. Auf atmosphärische Verhältnisse angewendet, ist der Mittelpunkt des exzentrischen Zirkumpolarwirbels tatsächlich etwa 100 Längengrade stromabwärts des Himalaja zu finden. Daß die mittleren Windgeschwindigkeiten in der Atmosphäre nicht unbedingt den von FRENZEN errechneten Wert von nahezu 200 Knoten zu erreichen brauchen, mag daran liegen, daß die atmosphärischen Strömungsverhältnisse eine gewisse Resonanz zwischen Himalaja und Rocky Mountains zum Ausdruck bringen, welche in dem beschriebenen Modellversuch nicht berücksichtigt ist. Außerdem wird die Lage der Wärmequellen im Winter über den westlichen Teilen der Ozeane zur Verstärkung der orographisch induzierten Wellenamplituden beitragen (SMAGORINSKY 1953).

4.432. Flache Modelle

Auf Versuche von TAYLOR (1921, 1924) zurückgreifend, wurde im hydrodynamischen Laboratorium der University of Chicago mit großem Erfolg zum Studium von Strömungsvorgängen ähnlich denen in der Atmosphäre eine *flache* rotierende Schüssel („dish-pan") verwendet (FULTZ 1951b). Zunächst wurden in dieser Schüssel zwei verschieden dichte Flüssigkeiten in Rotation versetzt. Die dichtere der beiden Flüssigkeiten wölbt sich dabei, ähnlich wie in der Atmosphäre die Kaltluft, am Pol auf (FULTZ 1952). Dort, wo die Grenzfläche zwischen dichterem und dünnerem Medium maximale Neigung zeigt, kann entsprechend der MARGULESschen Formel [Gl. 6.11 (1)] ein westlicher Strahlstrom beobachtet werden. Die „Kaltluftkappe" weist in diesem Experiment zunächst einen kreisförmigen Rand auf, doch tritt bald eine gewisse Labilisierung ein, und an der Grenzfläche zwischen „Warm"- und „Kaltluft" bildet sich ein nach Osten wandernder Wellenzug, der ähnlich wie in der Atmosphäre deutlichen Okklusionsprozessen unterliegt.

In einer späteren Versuchsanordnung, die auch von HIDE (1953, 1956) u. a. (DAVIES 1952, FALLER 1956) beschrieben wird, tritt an Stelle der beiden verschieden dichten Flüssigkeiten eine einzige Flüssigkeit (Wasser, 2 bis 15 cm tief), die vom Rande der Schüssel her erwärmt wird (unter der metallenen Schüssel läuft eine Heizspirale, der Schüsselboden kann jedoch wärmeisoliert sein, so daß die Heizung nur am Rande wirksam wird), in der Mitte jedoch gekühlt wird (ein kleiner Metallzylinder, der ständig mit Kühlwasser beschickt wird, steht am Rotationspol der Schüssel). Wärmezufluß und -abfuhr lassen sich genau messen und regulieren. Die Bewegung innerhalb des Wassers in der Schüssel kann durch Aluminiumpulver sichtbar gemacht werden, das auf der Oberfläche schwimmt, oder auch durch Malachitgrün-Kristalle, die langsam untersinken und im klaren Wasser einen Farbstrich hinterlassen, an dem „Wind" und „Wind"scherung deutlich abgelesen werden können.

Diese Experimente zeichnen sich gegenüber denen mit sphärischer Hohlschale durch eine größere Übersichtlichkeit aus. Die Beobachtung der Bewegungen ist wegen der einfacher gebauten Grundapparatur wesentlich erleichtert. Mit Hilfe des bereits erwähnten Rotoskopes kann die Relativbewegung des Wassers in einfacher Weise studiert werden. Photographische Zeitaufnahmen des schwimmenden Aluminiumpulvers geben — wenn durch das Rotoskop gewonnen — in anschaulicher und verhältnismäßig leicht auszuwertender Darstellung eine Verteilung der relativen „Wind"vektoren an der Oberfläche des zwischen dem äußeren und inneren Rand der Schale rotierenden Wasserringes. Es lassen sich auf Grund dieser Aufnahme synoptische Studien anstellen, die unter gewissen Versuchsbedingungen eine verblüffende Ähnlichkeit mit Analysen atmosphärischer Wetterlagen aufweisen (CORN et al. 1955). Aber auch quantitative Berechnungen über Impulstransport usw. sind möglich (STARR et al. 1953). Wir verdanken diesen Studien eine Reihe verblüffender Ergebnisse, die uns einen tiefen Einblick in den Aufbau und Mechanismus des Strahlstromes und der allgemeinen Zirkulation gewähren (HIDE, 1953, FULTZ 1956a, b, FULTZ, LONG et al. 1959, RIEHL, FULTZ 1957, 1958).

Bereits im vorangehenden Kapitel wurde darauf hingewiesen, daß die Bewegungen in einem Modellversuch am vorteilhaftesten durch dimensionslose Größen beschrieben werden, um dadurch eine Vergleichsmöglichkeit mit anderen Systemen herzustellen. Wir haben drei Parameter kennengelernt, welche die Bewegungsverhältnisse charakterisieren: die ROSSBY-Zahl [Gl. 4.431 (15)], die REYNOLDSsche Zahl [Gl. 4. 431 (16)] und die FROUDEsche Zahl [Gl. 4.431 (17)]. Von letzterer wird meist der Reziprokwert gebraucht, wir wollen ihn mit

$$G^* = \frac{1}{F} = g/R\,\Omega^2 \qquad 4.432\ (1)$$

bezeichnen. R ist eine charakteristische Länge, wie etwa der Radius des rotierenden Tanks oder der Erdradius. Die ROSSBY-Zahl kann in verschiedener Weise ausgedrückt werden. In der Form

$$Ro_T^* = \frac{u_T}{R\,\Omega} \qquad 4.432\ (2)$$

stellt sie die sogenannte „thermische ROSSBY-Zahl“ dar. u_T ist der thermische Wind in der Schicht mit der Dicke δ. Die thermische ROSSBY-Zahl in der von KUO gewählten Form (1954b) lautet dann:

$$Ro_T^* = \frac{g\,\varepsilon\,(\Delta_r\,\Theta)\,\delta}{2\,\Omega\,(R\,\Omega)\,(\Delta r)}\,. \qquad 4.432\ (3)$$

$\Delta_r\,\Theta$ ist der Temperaturunterschied, über den Abstand Δr gemessen, und $2\,\Omega$ der Coriolisparameter, der bemerkenswerterweise im flachen Modell konstant und unabhängig von der „geographischen Breite“ ist. In die ROSSBY-Zahl geht also der durch Erwärmung am „Äquator“ und Kühlung am „Pol“ aufrechterhaltene Temperaturgradient ein.

Als zweiter Parameter zur Charakterisierung der Versuchsanordnung dient uns das Verhältnis der Schwerkraft zur Zentrifugalkraft. Diese Zahl wird ausschließlich durch die Rotationsgeschwindigkeit und nicht durch die Temperaturverhältnisse kontrolliert. Schließlich wird noch die TAYLORsche Zahl

$$T^* = 4\,\Omega^2\,\delta^4/\nu^2 \qquad 4.432\ (4)$$

eingeführt, welche aus der REYNOLDSschen Zahl [Gl. 4.431 (16)] hervorgeht und ebenfalls rotationsbedingt ist.

Durch Variation des Temperaturgradienten $\Delta_r\,\Theta$ (dies wird durch Veränderung der Wärmezufuhr bzw. der Kühlung erreicht) und der Umdrehungsgeschwindigkeit Ω können die beiden Parameter Ro_T^* und G^* innerhalb weiter Grenzen beliebig verändert werden (LONG 1955). Dabei zeigt sich, daß sich je nach der Größe dieser Parameter bei geringer Rotationsgeschwindigkeit eine Passatwindzelle bildet, die bei einer kritischen ROSSBY-Zahl in eine Westwindzirkulation mit planetarischen Langwellen übergeht, deren Zahl wiederum von der Größe des meridionalen Temperaturgradienten und der Umdrehungsgeschwindigkeit abhängt (vgl. BRINDLEY 1960).

1. Das Hadley-Regime

Das erwärmte Wasser steigt über der Wärmequelle (am Rande des rotierenden Tanks) auf, strömt nach Norden und wird als Antipassat gegen Osten abgelenkt. Die Westwinde werden in den polaren Breiten gegen den Boden des Gefäßes geführt und gehen hier schließlich in einen Nordostpassat über. Auf die frühen Experimente von VETTIN (1884) wurde bereits hingewiesen. Die erste theoretische Behandlung der Strömung verdanken wir OBERBECK (1877).

Ein HADLEY-Regime stellt sich ein, wenn die charakteristischen Parameter niedrige Werte aufweisen, also etwa folgende Größenordnung besitzen:

$(G^*)^{-1}$	$\cong 10^{-6}$	bis 10^{-3}	vgl. 4.432 (1)
Re^*	$\cong 10$	bis $5 \cdot 10^3$	vgl. 4.431 (16)
T^*	$\cong 10$	bis $5 \cdot 10^5$	vgl. 4.432 (4)
Ro_T^*	$> 0{,}2$	bis 0.6	vgl. 4.432 (2)

$Ro_j^* = \mathbf{v}'_{\max}$, die dimensionslose Geschwindigkeit im Strahlstrom, ist wegen des Krümmungseffektes der stark zyklonalen Strömung kleiner als Ro_T^*. Es herrschen also *stark ageostrophische* Strömungsverhältnisse vor. Wird die Kühlung nicht durch einen am Pol aufgestellten Zylinder, sondern durch einen Wasserstrahl besorgt, der gegen den Boden des rotierenden Tanks gerichtet ist — die Wassermassen können bei dieser Versuchsanordnung den Pol frei überfluten —, so stellt sich regelmäßig eine Asymmetrie der HADLEY-Zelle gegenüber dem Rotationspol ein. Die Wellenzahl 1 verschwindet auch dann nicht, wenn die Drehzahl (und damit auch Re^* und T^*) auf ein Minimum reduziert wird.

In Abb. 4.432.1 ist die mittlere meridionale Geschwindigkeitsverteilung an der Oberfläche für ein HADLEY-Regime dargestellt [vgl. dazu auch KUO (1954b)]. Die Ordinate gibt darin die Relativgeschwindigkeit des Wassers in cm/sec an. Die dimensionslose Geschwindigkeit $\mathbf{v}'$ erhält man aus diesen Werten nach Division durch $C_E = 0{,}320$ cm/sec.

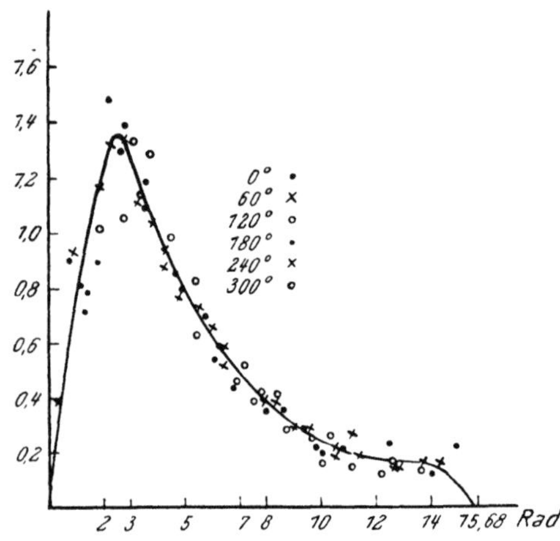

Abb. 4.432.1. HADLEY-Regime: Mittlere Geschwindigkeitsverteilung an der Wasseroberfläche, zusammengesetzt aus den beobachteten Geschwindigkeiten (Ordinate, cm/sec) in den angegebenen Längengraden. *Rad* = Radius des Wassertanks (cm). (Versuchsbedingungen: $2\,\Omega = 0{,}0408\ \text{sec}^{-1}$, $C_E = 0{,}320\ \text{cm sec}^{-1}$, Wärmezufuhr am Äquator 6 cal. sec^{-1}.) (Nach FULTZ et al. 1956)

Dem Versuch kann folgendes entnommen werden:

1. Ein starkes Westwindmaximum mit Strahlstromcharakter (Ro_j^* von der Größenordnung 4,2 in C_E-Einheiten) bildet sich in geringem Abstand ($r' = \frac{r}{R}$ etwa 0,1 bis 0,2) vom Pol aus. Je höher die Geschwindigkeit des Strahlstromes ist, desto enger schmiegt er sich an die Rotationsachse an.

2. Auf der antizyklonalen Seite dieses Jet Stream nähert sich das Windprofil einem *konstanten* Wert des *absoluten Drehimpulses* an. Bei stärkerer Erwärmung am „Äquator" ($r' = 1$) ist die Annäherung noch besser als in dem in Abb. 1 gezeigten Fall.

3. Am Boden stellen sich Ostwinde erst außerhalb eines Radius r' von etwa 0,7 bis 0,8 ein, wenn die Kühlung durch einen Wasserstrahl besorgt wird, der von außen gegen den Boden des Tanks gerichtet ist. Wird dagegen am Pol ein Zylinder mit Kaltwasser als Kühler verwendet, so treten überall am Boden des Tanks Ostwinde auf. Diese Verschiedenheiten haben ihre Ursache im Drehimpulshaushalt: Ist kein innerer Zylinder vorhanden, so wirkt der äußere Rand des Wassertanks und die relativ schmale Nordostpassatzone als Quelle für westlichen Drehimpuls. Die bodennahen Westwinde in polaren und mittleren Breiten sind dagegen Drehimpulssenken. Ist ein Kühlzylinder am Pol vorhanden, so wirkt seine Wand wegen der auftretenden Reibung als zusätzliche Impulssenke. Der gesamte Boden des Wassertanks wird nunmehr zur Impulsquelle.

Wird die Rotation über die vorhin angegebenen Größenordnungen hinaus erhöht (Re^* und T^* erhöht, Ro_T^* und Ro_j^* vermindert), so wird das HADLEY-Regime labil. Es treten Langwellentröge auf, deren Achsen eine starke Neigung nach Südwesten aufweisen. Eine derartige Neigung der Trogachsen läßt einen ausgeprägten, polwärts gerichteten Impulstransport zu (ARAKAWA 1953b). Gleichzeitig verschiebt sich die Achse der maximalen Westwindgeschwindigkeiten sehr rasch gegen mittlere Breiten. Die Strömung nimmt nun unter *quasigeostrophischen* Verhältnissen einen schmalen, strahlstromartigen Charakter an. Asymmetrien in der Strömungsanordnung verschwinden, sobald als Kühler ein — wenn auch nur kleiner — Zylinder am Pol angebracht wird.

2. Das Rossby-Regime

Wird die Umdrehungszahl erhöht ($Ro_T{}^*$ und $Ro_j{}^*$ verkleinert), bis quasigeostrophische Werte erreicht werden, so geht aus dem symmetrischen HADLEY-Regime eine Anordnung von 2, 3, 4 und mehr ROSSBY-Wellen hervor (DAVIES 1956). Diese Wellen sind äußerst stationär und bleiben während Tausender von Umdrehungen des Wassertanks erhalten (vgl. Kap. 4.433) (FULTZ et al. 1956). Ein kontinuierlicher, schmaler Jet Stream umschließt die ganze Hemisphäre. Die Wellen verlagern sich langsam ostwärts mit einer Geschwindigkeit von der Größenordnung $^1/_{10}\, Ro_j{}^*$. Die Wellenzahl nimmt mit wachsendem η und kleiner werdendem $Ro_T{}^*$ zu. η ist das Verhältnis des Radius des polaren Kühlzylinders

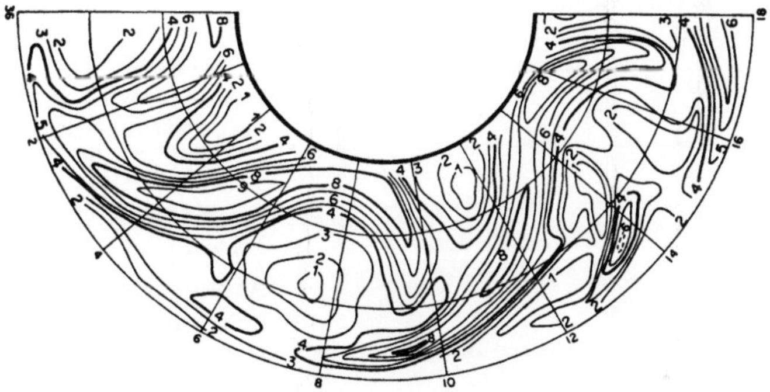

Abb. 4.432.2. Isotachen ($10^{-2}\, C_E$) einer nichtstationären 5-Wellen-Anordnung in einem flachen Wassertank mit Kühlzylinder am Pol. (FULTZ et al. 1956)

zum Radius des gesamten Wassertanks. Wird die ROSSBY-Zahl weiter herabgesetzt, so hört (bei sonst gleichen Verhältnissen für η und Wassertiefe) das Regime der stationären Wellen auf. Es bilden sich Wellen mit stark nach Südwesten geneigter Trogachse, die in ständiger Änderung begriffen sind, oft einen regelmäßigen Indexzyklus durchlaufen und sich in geschlossene zyklonale und antizyklonale Wirbel auflösen[1]. Die Wellenzahl bewegt sich für $Ro_T{}^*$ etwa 0,01 zwischen 5 und 6. Abb. 4.432.2 zeigt die Isotachenanalyse einer nichtstationären 5-Wellen-Anordnung (Geschwindigkeiten in Einheiten $C_E \cdot 10^{-2}$). Es treten in dieser Versuchsanordnung ganz deutlich ausgeprägte Strahlströme auf, die mitunter Scherungslinien und Wirbel bilden, wie wir sie in einer Analyse des atmosphärischen Höhenwindfeldes zu sehen gewöhnt sind. Wird die Kühlung *ohne* den Zylinder am Pol besorgt, so tritt der Übergang zu labilen Wellenanordnungen bereits bei etwas höheren ROSSBY-Zahlen ein. Die Ähnlichkeit mit der atmosphärischen Zirkulation ist hier besonders groß (Abb. 4.432.3). Wir haben ja bereits bei der Besprechung des HADLEY-Regimes gesehen, daß der Kühlerzylinder einen stabilisierenden Einfluß auf die allgemeine Zirkulation im Wassertank ausübt.

[1] Indexzyklen werden auch bei stationären Wellenanordnungen beobachtet, wenn der Wassertank am Äquator wesentlich tiefer ist als am Pol (FULTZ, KAYLOR 1959).

Die Analogie dieser irregulären Wellen zum atmosphärischen Wettergeschehen erstreckt sich auch auf die Strömungsverhältnisse in Bodennähe: Die Position der Zyklonen und Antizyklonen am Boden ist im Verhältnis zur Lage der Tröge und Rücken etwas nach Osten verschoben, so wie es auch bei wandernden atmosphärischen Wellenstörungen festzustellen ist. Mit Hilfe von Thermoelementen konnten sowohl im Falle stationärer als auch nichtstationärer Wellen Frontdurchgänge vermessen werden. Die Fronten scheinen im Regime der irregulären ROSSBY-Wellen schärfer ausgeprägt zu sein als bei stationären Wellen.

Manche Frontdurchgänge zeigen Temperaturabfälle im vollen Ausmaß des Temperaturunterschiedes zwischen Pol und Äquator. Es werden also hier an den Fronten Wassermassen aneinandergeführt, die noch kaum einem Wärmeaustausch und einer turbulenten Vermischung mit der Umgebung unterlegen sind. Die Baroklinität, die zur Ausbildung der Strahlströme führt, ist dementsprechend groß.

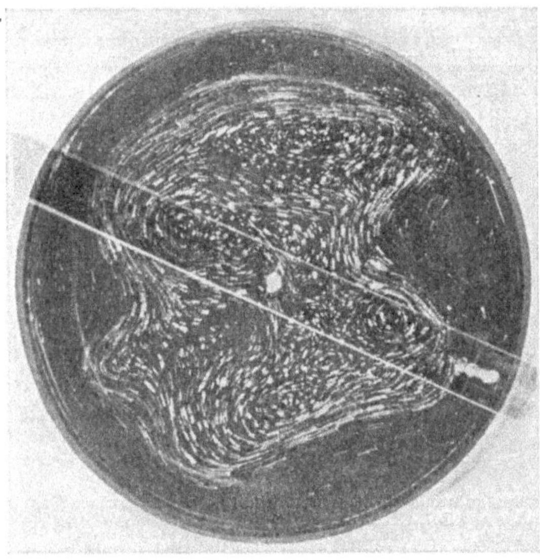

Abb. 4.432.3. Zeitaufnahme schwimmender Aluminiumteilchen in einem Wassertank, dessen „Pol" durch einen Wasserstrahl von unten her gekühlt wird. Rotationsverhältnisse entsprechen dem ROSSBY-Regime. (Photo: Hydrodynamics Laboratory, Department of Meteorology, University of Chicago; durch Vermittlung von Professor Dr. D. FULTZ)

Die horizontalen Scherungen im Wassertank-Jet sind durchaus mit denen atmosphärischer Strahlströme vergleichbar. Trotz dieser offensichtlichen Analogien zwischen Atmosphäre und Modell treten doch auch einige bemerkenswerte Unterschiede auf. So zeigt z. B. der turbulente Impulstransport in dimensionsloser Form $\left(\frac{u\,v}{C_E^2}\right)$ in der „dish-pan"-Werte, die um einen Faktor 3 bis 4 größer sind als in der Atmosphäre. Dies wird vermutlich durch die zusätzlichen Impulsquellen und -senken am Innen- und Außenrand des Tanks verursacht. In Kap. 4.433 soll dies noch etwas eingehender erläutert werden.

Abb. 4.432.4 bringt zusammenfassend einen Überblick über das Spektrum der verschiedenen Zirkulationsregime symmetrischer Wellen in einem ringförmigen, relativ hohen, rotierenden Wassertank (Kältequelle am inneren, Wärmequelle am äußeren Radius wirksam) in Abhängigkeit von der thermischen ROSSBY-Zahl [vgl. 4.432 (3)] und dem Parameter $(G^*)^{-1}$ [vgl. 4.432 (1)]. Die Beobachtungen stimmen mit einer von KUO (1954a, 1955, 1956a, 1957, 1960) entwickelten Theorie gut überein, wonach im HADLEY-Regime die Meridionalzirkulation die gesamte Produktion an kinetischer Energie übernimmt, im ROSSBY-Regime jedoch mit zunehmender Umdrehungs- und Wellenzahl die horizontalen Wirbel weitgehend diese Aufgabe übernehmen.

Die dicken Linien geben die Übergangszonen zwischen den verschiedenen Wellenregimen an (vgl. FULTZ 1960). Bei sehr niedrigen Ro_T^*-Zahlen ($\Delta_r\,\Theta$ klein) existiert eine Passatzirkulation mit nur langsamen Bewegungen. Diese Zone mit langsamer symmetrischer Strömung steht auf der *linken* Seite des Diagramms in Verbindung mit dem Gebiet der raschen HADLEY-Zirkulation ($\Delta_r\,\Theta$ relativ groß), die ebenfalls symmetrisch verläuft. Wird also bei niedrigen Drehzahlen $[(G^*)^{-1}$ etwa $2 \cdot 10^{-3}]$ der Temperaturgradient $\Delta_r \Theta$ von Null aus bis auf beträchtliche Werte erhöht, so bleibt die entstehende Zirkulation immer axialsymmetrisch.

Bei mäßig schneller Rotation $[(G^*)^{-1}$ kleiner als $2 \cdot 10^{-2}]$ wird ein kritischer Wert des Temperaturgradienten erreicht, bei dem die symmetrische Zirkulation plötzlich zusammenbricht und einem Regime von ROSSBY-Wellen Platz macht. Die Wellenzahl kann laut Abb. 4 bis zu dem genannten Wert von $(G^*)^{-1}$ 4, 5 oder 6 betragen — je nach der Größe dieses Parameters. Statt der Wellenzahl 6 tritt unter Umständen auch eine Anordnung mit 7 Wellen auf, die in Abb. 6 punktiert angedeutet ist. Bei noch rascherer Rotation $[(G^*)^{-1} > 2 \cdot 10^{-2}]$ treten entweder alternierende abgeschlossene Wirbel auf, welche sich aus Wellen bilden, oder es formiert sich eine neue Art von retrograden Wellen, die von Osten nach Westen fortschreiten.

Diese Abbildung läßt auch in Hinblick auf die atmosphärischen Strömungsverhältnisse einige Schlüsse zu. Nimmt bei gleichbleibender Drehzahl ($G^* = \text{const.}$) der Temperaturkontrast Pol—Äquator zu, so ist mit einer Verringerung der Wellenzahl zu rechnen (vgl. WINSTON 1960). Dies wird tatsächlich aus einem Vergleich der mittleren Topographien der 700-mb-Fläche für Winter und Sommer deutlich. Im Winter zeigen die Mittelkarten eine Wellenzahl $n = 3$, im Sommer erscheint dagegen $n = 4$ angedeutet. Die Wellenzahlen auf den täglichen synoptischen Höhenwetterkarten weisen jedoch gegenüber diesen Mittelwerten in der Regel erhebliche Abweichungen auf.

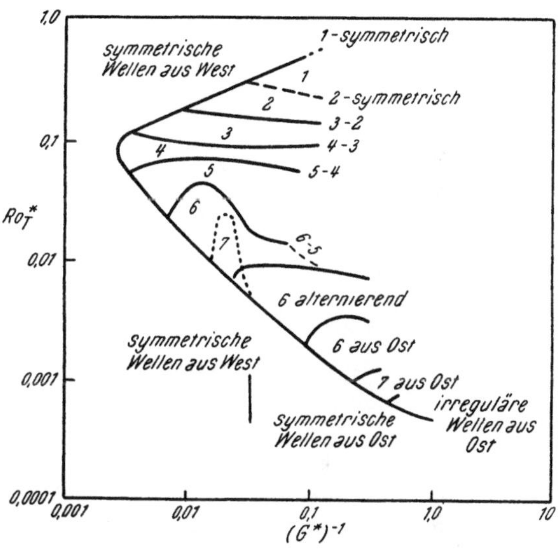

Abb. 4.432.4. Spektrum der Wellenanordnung (Wellenzahlen) in einem tiefen, rotierenden Wassertank (Tiefe 13 cm, Radius des Kühlzylinders 2,5 cm, Äquatorradius 4,95 cm). Die Wellen stellen sich ein, wenn bei konstanter Umdrehungszahl der Temperaturunterschied zwischen Pol und Äquator langsam erhöht wird. Die Koordinaten sind $(G^*)^{-1} = R\Omega^2/g$ und Ro^*_T. (Nach FULTZ 1960)

Natürlich können die atmosphärischen Verhältnisse nicht unmittelbar in das Schema der Abb. 4 übertragen werden. Der störende Einfluß der Hochgebirge läßt nämlich eine starke Regulierung der Wellenzahl gegenüber der des freien ROSSBY-Regimes erwarten.

Aus den vorliegenden ,,dish-pan"-Versuchen geht hervor, daß die Anordnung der planetarischen Langwellen und damit natürlich auch die Größe des turbulenten Meridionaltransportes von Wärme- und Bewegungsenergie sehr empfindlich auf meridionale Temperaturgradienten reagiert.

4.433. Der Strahlstrom in einer stationären Dreiwellen-Anordnung

Von RIEHL und FULTZ (1957, 1958) wurden die Zirkulationsverhältnisse, die sich im Falle stationärer ROSSBY-Wellen der Wellenzahl 3 in einem ringförmigen Wassertank einstellen, der am Äquator erwärmt, am Pol durch einen wasserbeschickten Kühlerzylinder gekühlt wird, einer eingehenden Analyse unterzogen.

Da diese Studien vom Standpunkt der Dynamik der Strahlströme äußerst aufschlußreich sind, soll hier näher darauf eingegangen werden.

Da bei diesem Experiment (Wassertiefe 4 cm, innerer Radius 6,5 cm, äußerer Radius 15,6 cm) die drei Wellen symmetrisch angeordnet sind, genügt es, wenn eine einzige Welle analysiert wird. (Eine gewisse Mikrostruktur des Windfeldes wurde eliminiert, indem Geschwindigkeits- und Temperaturverteilung über die drei Wellen gemittelt wurde.)

Das Koordinatensystem lassen wir, analog den Gepflogenheiten für die Analyse atmosphärischer Strömungsverhältnisse, mit dem Wassertank mitrotieren. Die Wellen bewegten sich mit einer Geschwindigkeit von 25 Längengraden pro Rotation des Tanks (= pro „Tag") nach Osten fort. Subtrahiert man diese Wellengeschwindigkeit vektoriell von den gemessenen „Wind"geschwindigkeiten, die in Abb. 4.433.1 gezeigt sind, so erhält man die Bewegung *relativ* zu den wandernden Wellen. Die Existenz einer Querzirkulation (die übrigens auch durch die Spuren von Farbpartikeln sichtbar gemacht werden konnte) wird durch die *relativen* Stromlinien evident (Pfeile in Abb. 1), welche an der Oberfläche vom warmen Rand des Wassertanks ausgehend die Strahlstromachse gegen die Tiefdruckseite hin schneiden, alle drei Wellen durchwandern und schließlich in der polaren Senke eines Tiefdruckwirbels enden. Durch dieses relative Stromlinienbild wird also bereits eine *direkte* Zirkulation (Aufsteigen von Warmluft, Absinken von Kaltluft) angedeutet, welche die Strahlströmung antreibt. Diese steht in Einklang mit dem von PALMÉN entworfenen und in Abb. 4.412.1 gezeigten Schema. Der „Nullschichteffekt" (übergradientische Winde in der oberen Troposphäre im Bereich von Windmaxima, mit einem Massenfluß gegen höheren Druck), der von FAUST (1954a) und HOLLMANN (1954) in Strahlstromwetterlagen gefunden und auf einen kinetischen Energiestrom zurückgeführt wurde, der in Zyklonen mit der dort vorhandenen positiven Vertikalbewegung nach oben gerichtet ist, wird durch dieses „dish-pan"-Experiment nicht bestätigt (vgl. Kap. 4.122).

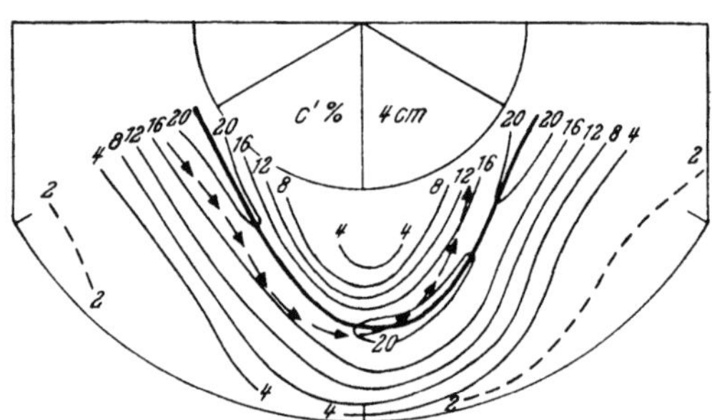

Abb. 4.433.1. Isotachen der Geschwindigkeit an der Wasseroberfläche (in Prozent von C_E). Die dicke Linie gibt die Strahlstromachse an. Eine *relative* Stromlinie ist durch die Pfeile angedeutet. (RIEHL und FULTZ 1957)

Übergradientische Winde und Nullschichteffekt scheinen an Zirkulationen mit ausgesprochenen Geschwindigkeitsmaxima gebunden zu sein. Die in Abb. 1 analysierten Isotachen zeigen dagegen eine nahezu homogene Verteilung der Windgeschwindigkeit entlang der Strahlstromachse (den beiden Windmaxima $V' > 20\%$ kann kaum Bedeutung beigemessen werden). Die durch die Wellenanordnung strömenden Wassermassen unterliegen also hier relativ geringeren Beschleunigungen und Verzögerungen als die Luftmassen im Bereich eines atmosphärischen Jet-Maximums.

Aber auch aus Kontinuitätsgründen ist ein Abweichen der „dish-pan"-Zirkulation von den FAUSTschen Untersuchungsresultaten zu erwarten: Ausgeprägte Windmaxima im 225-mb-Niveau, welche im Durchschnitt übergradientische Strömungsverhältnisse zeigen, sind in der Regel mit aktiven Zyklonen oder gar mit Zyklogenese verbunden. In diesen Zyklonen herrscht am Boden eine relativ starke Konvergenz, die in der Höhe durch Divergenz und Massenfluß gegen höheren Druck kompensiert sein muß, soll die Zyklone nicht einer unmittelbaren Auffüllung erliegen.

Die in Abb. 1 dargestellten Strömungsverhältnisse entsprechen dagegen *stationären* Bedingungen ohne Zyklogenese. Am Boden strömt das Kaltwasser gegen den Äquator hin aus, in den oberen Schichten ist daher ein kompensierender Massenfluß gegen den Pol hin zu erwarten. Diese ageostrophische Strömungskomponente gegen tieferen Druck findet FAUST bemerkenswerterweise deutlich ausgeprägt für Wetterlagen *ohne* Windmaximum zwischen 300 und 175 mb, die am ehesten quasistationäre Verhältnisse widerspiegeln.

Die Vorticityverteilung an der Oberfläche des rotierenden Wassertanks (Abb. 4.433.2) läßt erkennen, daß die horizontale Scherung im Modellversuch geringer ist als in der Atmosphäre, doch wird — wie in der Atmosphäre — die antizyklonale Scherung von der zyklonalen überwogen. Man erhält die Vorticity in dimensionsloser Form Q', indem man durch die Winkelgeschwindigkeit der rotierenden Unterlage dividiert

$$Q = 2\,\Omega + q,$$

$$Q' = 2 + q'. \qquad 4.433\ (1)$$

Die Linie $Q = 2$ oder ($q = 0$) verläuft nahe an der Strahlstromachse, besitzt jedoch eine etwas größere Amplitude als diese, was auf die Änderung der Stromlinienkrümmung entlang der Jet-Achse zurückzuführen ist. Ein Vorticityminimum erstreckt sich auf der antizyklonalen Seite des Strahlstromes, doch betragen die Werte der relativen Vorticity nur etwa 40% des Coriolisparameters. Den Wert Null erreicht die absolute Vorticity somit nirgends. Erst bei höheren Drehzahlen des Wassertanks werden meridionale Windprofile und Vorticityverteilungen erzeugt, die den atmosphärischen Verhältnissen gleichkommen. Im Bereich der oberflächennahen langen Wellen ist dabei wegen der geringen Divergenzen annähernd die Konstanz der absoluten Vorticity gewahrt. Dies wird bei *breitenunabhängigem* Coriolisparameter durch eine in Trog und Rücken verschiedene horizontale Scherung erreicht. In tieferen Niveaus scheint die *potentielle Vorticity* annähernd konstant zu bleiben.

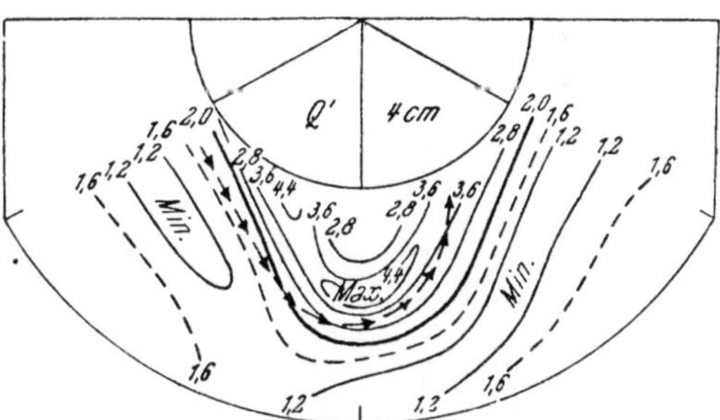

Abb. 4.433.2. Absolute Vorticity und relative Stromlinie (Pfeile) an der Wasseroberfläche. (RIEHL und FULTZ 1957)

Aus der Temperaturverteilung in meridionalen Querschnitten geht hervor, daß der horizontale Temperaturgradient an der Oberfläche des Wassertanks — so wie am Boden — gegen Norden weist, wenn auch nur mehr mit der Hälfte des Betrages am Boden (geringfügige Anzeichen einer Abkühlung an der Oberfläche sind auf Verdunstung zurückzuführen). Das Strahlstromniveau ist also *kein* isopyknisches Niveau. Ebensowenig sind bei diesem Experiment Anzeichen einer *Tropopause* oder *Stratosphäre* vorhanden. Diese Merkmale einer atmosphärischen vertikalen Temperaturverteilung scheinen also *keine notwendigen Bedingungen für die Bildung eines Strahlstromes* zu sein. Wohl sei aber hier auf einen Unterschied zwischen Modell und Prototyp hingewiesen: Das Modell besitzt — zum Unterschied von der Atmosphäre — eine freie Oberfläche, welche ebenso wie die Tropopause oder andere Niveaus mit ausgeprägten Diskontinuitäten im vertikalen

Temperaturgradienten (vgl. Kap. 4.415) den *vertikalen* Windprofilen im Strahlstrombereich das Gepräge gibt.

Der Verlauf der relativen Stromlinien läßt im Vergleich mit Analysen der Oberflächentemperatur im Wassertank eine deutliche Warmadvektion erkennen. Daß dennoch ein stationäres Temperaturfeld aufrechterhalten bleibt, ist der Wirkung der Verdunstung und eines gewissen turbulenten Austausches in der labilen, oberflächennahen Schicht zuzuschreiben.

Aus dem dreidimensionalen thermischen Aufbau der „dish-pan“-Zirkulation und den „Wind“geschwindigkeitsmessungen lassen sich mit Hilfe der geostrophischen Windgleichung in dimensionsloser Form

$$V_g' = \frac{1}{2} \frac{\partial D'}{\partial n'} \qquad 4.433\ (2)$$

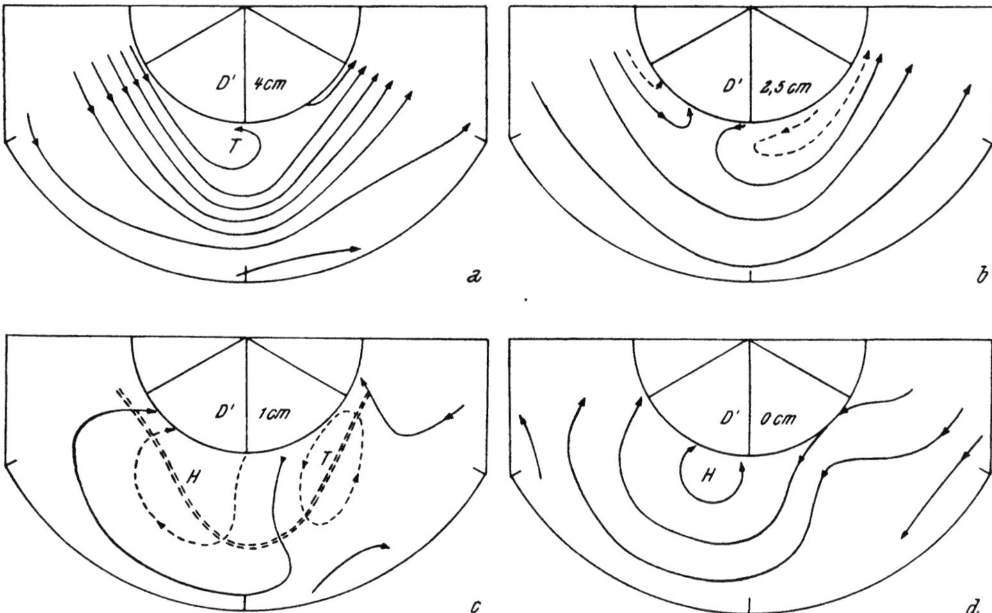

Abb. 4.433.3. Stromfunktion der geostrophischen Windgeschwindigkeit auf vier Isobarenflächen. Die doppelt strichlierte Linie entspricht der Strahlstromachse an der Oberfläche. (RIEHL und FULTZ 1957)

(D' ist die dimensionslose Altimeterkorrektur und n' der horizontale Maßstab in Einheiten von $R \equiv r_0$, dem „dish-pan“-Radius) die Druckverteilungen in beliebigen Tiefen berechnen. Abb. 4.433.3 zeigt die Analyse der geostrophischen Stromfunktion D' auf ausgewählten Isobarenflächen.

Der Strahlstrom verliert mit der Tiefe rasch an Intensität. Unterhalb des 2-cm-Niveaus löst sich die Zirkulation in geschlossene Wirbel auf, die besonders in 1 cm Wasserhöhe ein Analogon zur atmosphärischen Bodenzirkulation bilden. (Die Strahlstromachse ist in Abb. 4 c zum Vergleich eingetragen. Sie verläuft über die Hoch- und Tiefdruckzentren hinweg.) Etwas östlich des Höhentroges scheint in der Zirkulation der 1-cm-Fläche (ebenso wie in der nicht reproduzierten Temperaturverteilung) eine Kaltfront angedeutet, hinter der schwache Nordwestwinde herrschen. Die horizontale Temperaturdiskontinuität ist sehr seicht (sie reicht kaum bis ins 1-cm-Niveau) und scheint durch den Advektionsprozeß am Leben erhalten zu werden. Da es sich bei diesem Experiment um einen stationären Strömungszustand handelt, unterliegt die durch diese „Front“ angedeutete Welle *nicht* dem Okklusionsprozeß. Es mag wohl sein, daß die an dieser Front herrschenden Advektionsvorgänge aufs engste mit dem Fortbewegungsmechanismus der darüber liegenden planetarischen Jet-Stream-Welle gekoppelt sind.

Die östliche Strömung am Boden des Wassertanks besitzt keine Parallele in der Atmosphäre. An der Ausbildung dieser Ostwinde sind offenbar die veränderten Bedingungen im Drehimpulshaushalt maßgeblich beteiligt, die an der Innenwand des rotierenden Tanks eine zusätzliche Impulssenke aufzuweisen haben.

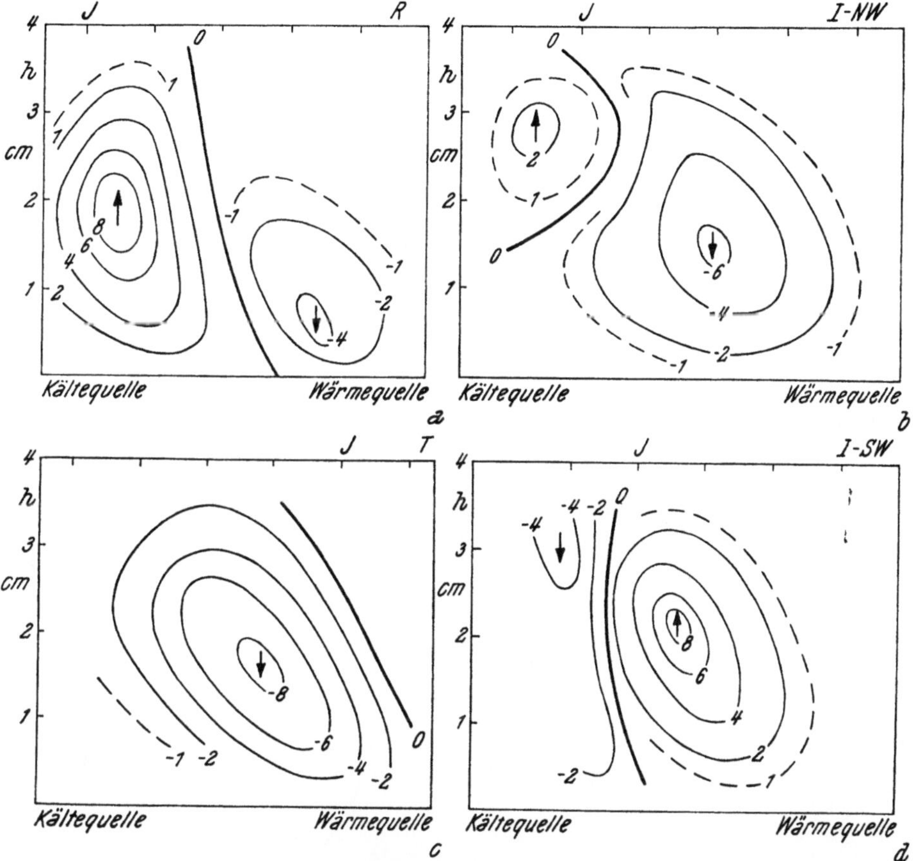

Abb. 4.433.4. Vertikalbewegung (in Promille von C_E) in verschiedenen Querschnitten (s. Text). (RIEHL und FULTZ 1958)

Der ganze Boden des Tanks wird unter dem Einfluß dieser Ostwinde zu einer Impulsquelle.

Vertikalbewegungen können mit Hilfe der Adiabatenmethode berechnet werden. Da in der inkompressiblen Modell„atmosphäre“ adiabatisch gleichbedeutend mit isotherm ist und außerdem wegen der stationären Verhältnisse die Ableitung $\frac{\partial}{\partial t}$ unberücksichtigt bleiben kann, reduziert sich die Gl. 3.248 (16) auf

$$w = \frac{dz}{dt} = V_{rg} \frac{\partial z_T}{\partial s_r}$$

(V_{rg} ist die geostrophische Geschwindigkeit *relativ* zur wandernden Welle, z_T die Höhe einer Isothermenfläche und s_r ein Element der dreidimensionalen, relativen Stromlinie) bzw. in dimensionsloser Form (Division durch $c_E = r_0\ \Omega$)

$$w' = V_{rg}'\,\frac{\partial z_T'}{\partial s_r'}\,. \qquad 4.433\ (3)$$

Abb. 4.433.4 zeigt Querschnitte der Vertikalbewegung (in Promille von c_E) für den Rücken (R), den Wendepunkt zwischen Rücken und Trog (I-NW), den Trog (T) und den Wendepunkt zwischen Trog und Rücken (I-SW). 5 Promille sind in dieser Darstellung wegen der 250fachen Überhöhung im Modell äquivalent 1 cm/sec in der Atmosphäre.

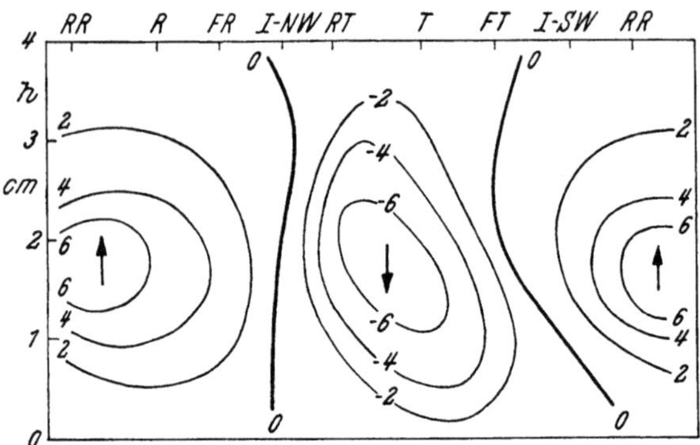

Abb. 4.433.5. Vertikalbewegung (Promille von C_E) in einem Vertikalschnitt entlang der Strahlstromachse (s. Text). (RIEHL und FULTZ 1957)

Das Ergebnis dieser Untersuchung bestätigt in überraschend klarer Weise, was wir bereits aus dem Studium der atmosphärischen Frontalzonen (Kap. 4.221) ableiten konnten: *Der Drehsinn der Vertikalzirkulation ist entlang der Strahlstromachse nicht konstant.* Waren es in der Atmosphäre hauptsächlich Einzugs- und Deltagebiet eines Jet-Maximums, die zwischen direkter und indirekter („solenoidaler" oder „antisolenoidaler") Zirkulation[1] unterscheiden ließen, so sind es hier im Modell wegen der wesentlich gleichförmigeren Windgeschwindigkeiten entlang der Strahlstromachse

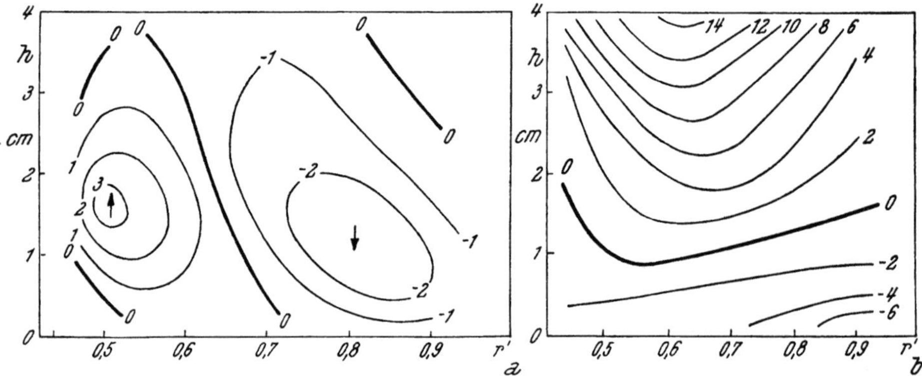

Abb. 4.433.6. Zonales Mittel a) der Vertikalbewegung (Promille von C_E), b) der Horizontalgeschwindigkeit (Prozent von C_E). (RIEHL und FULTZ 1957)

die Positionen der Wellentröge und -rücken und deren Verlagerung, welche den Zirkulationssinn bestimmen. Im Rücken und im nordwestlichen Wendepunkt herrscht „antisolenoidale" Zirkulation mit aufsteigendem Kalt- und absinkendem Warmwasser. In bezug auf den *Strahlstrom* hat jedoch nur der

[1] Zirkulation hier im Sinne der Thermodynamik!

nordwestliche Wendepunkt eine indirekte Zirkulation, denn im Rücken liegt das Zentrum der aufsteigenden Bewegung immer noch *südlich* der Strahlstromachse. Die Schnitte durch Trog und südwestlichen Wendepunkt weisen sowohl in bezug auf die Strahlstromachse als auch in bezug auf den Umlaufsinn der Solenoide eine direkte Zirkulation auf. Die direkte Zirkulation überwiegt die indirekte, wenn über den Verlauf der gesamten planetarischen Langwelle integriert wird.

Abb. 4.433.5 enthält die Vertikalgeschwindigkeiten in einem Schnitt *entlang* der Strahlstromachse (RR = Rückseite Rücken, R = Rücken, FR = Vorderseite Rücken, $I\text{-}NW$ = nordwestlicher Wendepunkt, RT = Rückseite Trog, T = Trog, FT = Vorderseite Trog, $I\text{-}SW$ = südwestlicher Wendepunkt). Die stärksten Absinkbewegungen finden wir in der mittleren Troposphäre auf der Rückseite der Tröge, die stärksten aufsteigenden Bewegungen zwischen Rücken und stromaufwärts gelegenem Wendepunkt. Die Übereinstimmung mit der Atmosphäre ist wiederum überraschend gut.

Daß eine *zonale Mittelbildung* der Horizontalgeschwindigkeit und der Vertikalbewegung unter Umständen zu einem völlig veränderten Bild der meridionalen Zirkulationsverhältnisse führen kann, geht aus Abb. 4.433.6 hervor. Hier wird der Eindruck erweckt, als sei die Strahlströmung im Mittel mit einer antisolenoidalen (indirekten) Zirkulation verbunden, denn im Norden sind im mittleren Querschnitt (Abb. 6a) Aufwärtsbewegungen, im Süden Absinkbewegungen angedeutet. Eine derartige Zirkulation würde auch dem FAUSTschen „Nullschichteffekt" zugrunde liegen. Beziehen wir schließlich noch die am äußeren Rand der „dish-pan" aufsteigenden und die am inneren Rand absinkenden Wassermassen in diese Zirkulation ein, so gelangen wir zu einer dreizelligen Struktur der Atmosphäre, wie sie auch in Abb. 4.412.1 aufscheint. In Wahrheit wird jedoch das „indirekte", mittlere Zirkulationsrad durch die weit nach Norden vorgeschobene Aufwärtsbewegung in den Hochdruckrücken und die nach Süden verlagerte Absinkbewegung in den Trögen vorgetäuscht. Obzwar eine „indirekte" Zirkulation stellenweise sowohl in der „dish-pan" als auch in der Atmosphäre existiert, kann sie kaum als mittlerer Zustand angenommen werden, da durch sie ja ständig kinetische Energie aufgebraucht würde und somit der Strahlstrom zum Erliegen käme. In mittleren Querschnitten verdankt diese indirekte Zirkulationszelle ihre Existenz der Tatsache, daß das Aufgleiten über einer Warmfront nördlich des Absinkens hinter einer Kaltfront vor sich geht.

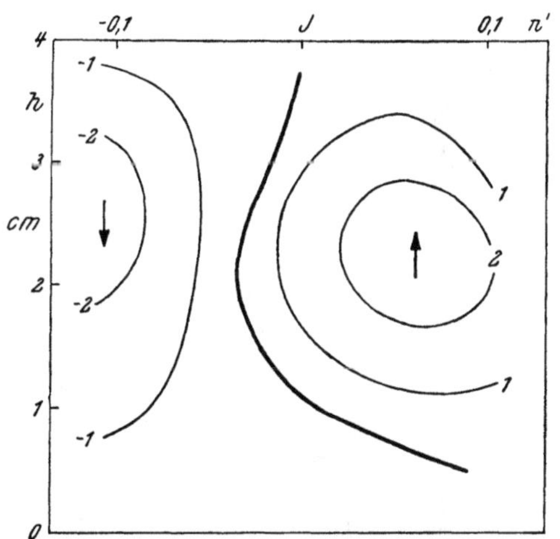

Abb. 4.433.7. Vertikalbewegung (Promille von C_B) in einem „kurvilinearen" Koordinatensystem, das der Strahlstromachse folgt. (RIEHL und FULTZ 1957)

Mittelt man dagegen die Vertikalgeschwindigkeiten in bezug auf die *Strahlstromachse* (kurvilineares Koordinatensystem), so erhält man den in Abb. 4.433.7 gezeigten Meridionalschnitt, der nur ein einziges direktes Zirkulationsrad in seiner tatsächlichen physikalischen Bedeutung, als Antriebsmechanismus des Strahlstromes, wiedergibt. Es mag sein, daß auch die oben angedeutete Diskrepanz zwischen den FAUSTschen Untersuchungen und dem meridionalen Wassertransport im Wassertank so erklärbar sind, denn der „Nullschichteffekt“ wurde in einem Koordinatensystem ermittelt, das mit der rotierenden Erde fix verbunden ist.

Die bemerkenswerte Tatsache, daß die mittlere Verteilung der Vertikalzirkulation im Bereich eines Strahlstromes von der Wahl des Koordinatensystems abhängt, ist auch für Wärme- und Impulstransportbetrachtungen von großer Bedeutung. Es gilt die Frage zu klären, welche immer wieder in der meteorologischen Literatur auftaucht (Bjerknes 1953 a, b, Palmén, Alaka 1952, Rossby 1949b, Starr 1948a): Wird dieser Transport durch quasigeostrophische horizontale Wirbel mit vertikaler Achse bewerkstelligt oder durch ageostrophische Strömungskomponenten, die notwendigerweise in einer Vertikalzirkulation ihren Ausdruck finden? Betrachten wir dieses Problem zunächst in einem zylindrischen Koordinatensystem. Der Wärmetransport H durch eine vertikale Fläche ist gegeben durch

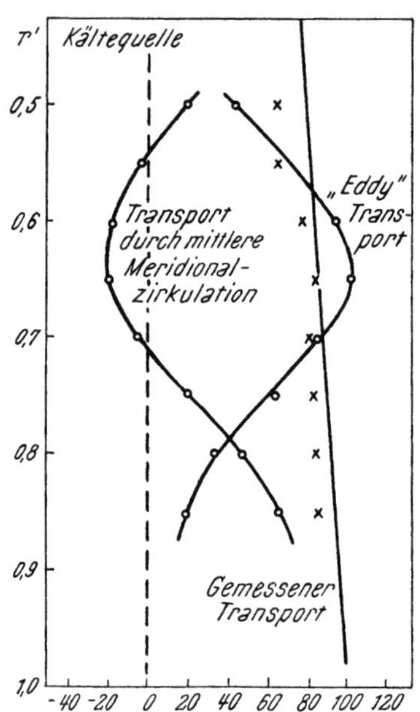

Abb. 4.433.8. Mittlerer meridionaler Wärmetransport in Zylinderkoordinaten (in Prozent der äquatorialen Wärmequelle). Die Gerade gibt den tatsächlichen, die Kreuze geben den berechneten Wärmestrom an. (Riehl und Fultz 1958)

$$\frac{H}{\varrho\, c_w} = 2\pi r \int_0^D \overline{T}\, \overline{v}\, dz + 2\pi r \int_0^D \overline{T^*\, v_g}\, dz. \qquad 4.433\ (4)$$

c_w ist die spezifische Wärme des Wassers, r der Radius, bei dem man sich die vertikale Kontrollfläche denken muß, D die Wassertiefe, $\overline{T}$ die mittlere Temperatur im Breitenkreis r und T^* die Abweichung davon, $\overline{v}$ ist die mittlere Meridionalkomponente der Geschwindigkeit (positiv nach Norden) und v_g die an den einzelnen Punkten vorhandene geostrophische Meridionalkomponente. Die Wärmemenge H wird zweckmäßigerweise dimensionslos in Prozenten der Energie der Wärmequelle ausgedrückt. Der erste Term auf der rechten Seite dieser Gleichung stellt den Wärmestrom dar, der durch eine *mittlere Meridionalzirkulation* verursacht wird, der zweite Term ist der Anteil des *turbulenten Transportes*, der dann von Wirkung ist, wenn Temperaturabweichungen und geostrophische Meridionalkomponenten mitsammen korreliert sind (bei positiver Korrelation erfolgt ein Wärmetransport nach Norden). Abb. 4.433.8 zeigt das Resultat der Berechnungen (die Auswertung von v wurde auf verschiedene Arten überprüft, so daß die Ergebnisse als zuverlässig anzusehen sind). Der turbulente Wärmetransport besitzt demnach in mittleren Breiten, also im unmittelbaren Bereich des Strahlstromes, den größten Anteil am Gesamttransport, ja es wird hier sogar zuviel transportiert, so daß die Meridionalzirkulation in diesem Breitengürtel einen Transport in entgegengesetzter Richtung (nach Süden) bewerkstelligen muß. In niedrigen Breiten überwiegt der Anteil, der durch die Meridionalzirkulation zustande kommt. Die Summe beider Anteile ergibt den Gesamttransport (in Abb. 8 durch Kreuze markiert), der größenordnungsmäßig mit den tatsächlichen Gegebenheiten (dick ausgezogene Gerade, berechnet unter der Annahme einer linearen Verteilung des Wärmeverlustes durch Verdunstung) übereinstimmt.

Die Verteilung der Meridionalzirkulation deutet demnach in mittleren Breiten die Existenz eines *indirekten* Zirkulationsrades an, das mittels ageostrophischer

Komponenten Wärmeenergie nach Süden verfrachtet. Da an der Wärme- und an der Kältequelle je ein *direktes* Zirkulationsrad vorhanden sein muß, gelangen wir zur selben *dreizelligen* Struktur der Zirkulation, die wir schon aus Abb. 6 ableiteten.

Führen wir dagegen die Berechnungen in einem ,,kurvilinearen" Koordinatensystem durch, in welchem die Mittelbildung entlang der Jet-Achse bzw. normal dazu erfolgt, so gelangen wir zu dem in Abb. 4.433.9 mitgeteilten Ergebnis. In dieser Darstellungsweise muß der turbulente Wärmetransport gegen die Strahlstromachse (*I*) hin abnehmen und hier — soweit die Genauigkeit der Berechnung es zuläßt — den Wert Null erreichen. Der *gesamte Wärmetransport* muß im Strahlstrombereich dieses Modells, also vom *ageostrophischen Massenfluß*, bewerkstelligt werden. Das in Abb. 7 dargestellte direkte Zirkulationsrad erfährt hier seine Bestätigung.

Wir sehen uns somit vor die Tatsache gestellt, daß wir zwei — und wohl noch mehr — Modelle der atmosphärischen Zirkulation aufstellen können, deren jedes mathematisch richtig ist, aber trotzdem verschiedene Transportgrößen bevorzugt, je nachdem, welches Koordinatensystem verwendet wird. Damit erscheint die Streitfrage, ob der geostrophische (in einer horizontalen Ebene erfolgende) oder der ageostrophische (in einer vertikalen Meridionalebene erfolgende) Wärmetransport überwiegt, in eine andere Sphäre gerückt. Dasselbe gilt auch für die Frage des Impulstransportes. Daß diese Probleme in ein so krasses Licht gestellt wurden, erscheint dem Verfasser eines der Hauptverdienste der hier beschriebenen ,,dish-pan"-Experimente von Riehl und Fultz zu sein — mehr noch als die sicherlich sehr wertvollen quantitativen Ergebnisse. Möge diese Versuchsserie als Ansporn dafür dienen, in der quantitativen Analyse der atmosphärischen Strömungen die ,,natürlichen" Koordinatensysteme, wie etwa die Strahlstromachse, mehr in den Vordergrund rücken zu lassen.

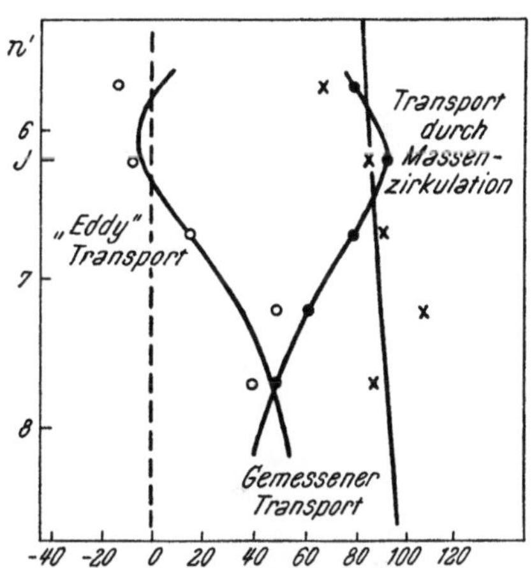

Abb. 4.433.9. Wärmetransport in einem kurvilinearen Koordinatensystem, sonst wie Abb. 8. (Riehl und Fultz 1958)

Schließlich seien noch einige Betrachtungen über den Energiehaushalt im Bereich eines Strahlstromes angestellt. Abb. 4.433.10 zeigt die Erzeugung der kinetischen Energie $\frac{dK_r}{dt}$ der *relativen* Bewegung, summiert über die gesamte Wassertiefe, in einem kurvilinearen Koordinatensystem. Die Energieproduktion (positives Vorzeichen) östlich des Troges übertrifft die Dissipation westlich davon. Im übrigen stimmt dieses Ergebnis ausgezeichnet mit Palméns Analyse einer Wetterlage über den USA überein, die in Kap. 6.122 noch ausführlich behandelt werden soll (Palmén 1958). An Hand des vorliegenden Experimentes konnte außerdem festgestellt werden, daß der gesamte, *überall polwärts* gerichtete Transport der kinetischen Energie im kurvilinearen System durch die *ageostrophische Massenzirkulation* bewerkstelligt wird. Der stärkste Transport tritt dabei im Bereich der Strahlstromachse auf. Die kinetische Energie wird also im Mittel an der Südseite der Strahlstromachse gebildet und auf der polaren Seite dissipiert. *Im Bereich der Strahlstromachse selbst wird kinetische Energie weder erzeugt noch aufgebraucht* (von Reibungseffekten soll hier abgesehen werden) (vgl. Abb. 10). Der Strahlstrom selbst ist also weder ein Ort der *Erzeugung kinetischer Energie*, die dann lateral verbreitet würde, um die kinetische Energie der Umgebung aufrechtzuerhalten, noch ist er eine *Senke*, welche kinetische Energie, die aus anderen Breitenzonen importiert wurde, verbrauchen würde.

Betrachten wir ein Volumen τ, welches die gesamte Wasserhöhe umfaßt und durch zwei Stromlinien im kurvilinearen Koordinatensystem (Index r) begrenzt wird — also durch zwei Linien, welche parallel zur Jet-Achse verlaufen und die ganze Hemisphäre umschließen —, so ist wegen des stationären Zustandes $\left(\frac{\partial}{\partial t} = 0\right)$ das Gleichgewicht der geostrophischen kinetischen Energie K_{rg} in diesem Volumen gegeben durch

$$\int_\tau \frac{d K_{rg}}{dt} d\tau = \int_\sigma v_{rn} K_{rg} d\sigma = -f_r \int_\tau (u_{ra} v_{rg} - v_{ra} u_{rg}) d\tau - \int_\tau F V_r d\tau. \qquad 4.433\ (5)$$

σ ist die Fläche, welche das Volumelement τ umschließt, v_{rn} die Komponente der

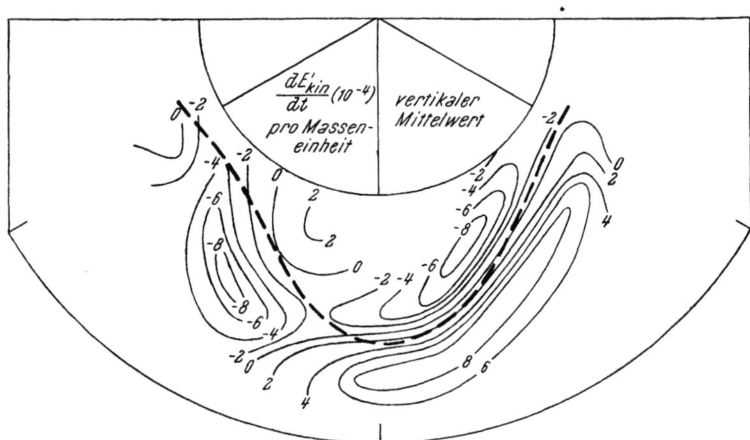

Abb. 4.433.10. Verteilung der vertikalen Mittelwerte der Erzeugung kinetischer Energie (dimensionslose Einheiten). (RIEHL und FULTZ 1958)

Geschwindigkeit V_r normal zur Fläche σ. Der Index a bezieht sich auf absolut gemessene, der Index g auf geostrophische Geschwindigkeiten und der Index r auf das kurvilineare Koordinatensystem, das sich mit den planetarischen Wellen mitbewegt. Der erste Term auf der rechten Seite dieser Gleichung stellt die Produktion von kinetischer Energie durch Druckkräfte dar. Er kann aufgespalten werden in einen Ausdruck $f_r \int_\tau \bar{v}_{rna}\, \bar{v}_{rng}\, d\tau$, welcher durch die ageostrophische *Massenzirkulation* zustande kommt, und in den Ausdruck $-f_r \int_\tau (u_{ra} v_{rg} - v_{ra} u_{rg})\, d\tau - f_r \int_\tau \bar{v}_{rna} \bar{v}_{rng} d\tau$, der auf die großräumige horizontale Turbulenz (Langwellen) zurückzuführen ist. Der zweite Term auf der linken Seite von (5) entspricht der Dissipation durch die Reibungskräfte F. Abb. 4.433.11 zeigt das Ergebnis der Berechnung für 5 Volumina, welche entlang des kurvilinearen Koordinatensystems ausgerichtet sind.

Die Gesamtproduktion von kinetischer Energie aus der Wirkung von Druckkräften — entsprechend dem ersten Term auf der rechten Seite von Gl. (5) — ist auf der äquatorialen Seite der Jet-Achse positiv, auf der polaren Seite negativ (Abb. 11, Diagramm *a*). Diagramm *b* in Abb. 11 enthält den Anteil, den die Massenzirkulation an der Erzeugung kinetischer Energie hat. Er ist in sämtlichen Breiten positiv. Entsprechend der Differenz zwischen *a* und *b* muß die Erzeugung durch horizontale Wirbel überall negativ sein (Diagramm *c*) und ein Maximum nördlich der Strahlstromachse besitzen. Hier kann der bremsende Mechanismus auch leicht überblickt werden: Die Amplitude der Isobaren nimmt mit der Tiefe zu (Abb. 3). Wenn also ein Wasserteilchen nördlich der Jet-Achse in der südwestlichen Strömung absinkt, so wird es — falls es seinen relativen Impuls über eine kurze Strecke beibehält — gegen höheren Druck hin strömen und einer entsprechenden Bremsung unterliegen.

Diagramm *d* enthält — als Residuum in Gl. (5) berechnet — den Reibungseinfluß. Die Berechnung kann zwar numerisch nicht als sehr zuverlässig angesehen werden, besitzt jedoch bemerkenswerterweise überall das richtige Vorzeichen.

Als Quelle für die beobachtete kinetische Energie in Atmosphäre und Modellversuch steht die potentielle Energie zur Verfügung. In der „dish-pan" liegen die

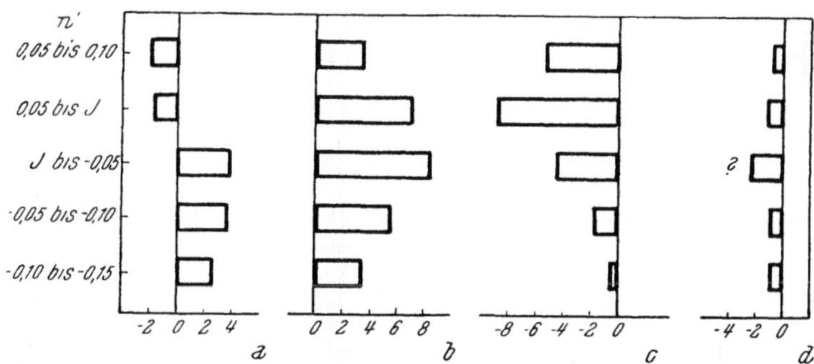

Abb. 4.433.11. Erzeugung von kinetischer Energie in fünf Volumina eines kurvilinearen Koordinatensystems, a) durch Druckkräfte, b) durch Massenzirkulation, c) durch Wirbelbewegung relativ zur Jet-Achse, d) Verbrauch kinetischer Energie durch Reibung, berechnet als Residuum zwischen Produktion und Divergenz im Transport. (Riehl und Fultz 1958)

Verhältnisse jedoch wesentlich einfacher als im Prototyp der atmosphärischen Zirkulation. Wir brauchen uns nämlich nicht um die latente Wärme von Kondensationsvorgängen zu kümmern, welcher in manchen atmosphärischen Zirkulationen — wie etwa in tropischen Hurrikanen — eine überragende Bedeutung zukommt. Nehmen wir außerdem adiabatische Verhältnisse an — im Modellversuch gleichbedeutend mit isotherm —, so bleibt auch die interne Energie eines strömenden Wasserteilchens konstant. Trotzdem stoßen wir auf eine Schwierigkeit, die auch in der Atmosphäre vorhanden ist: Ein unter den vorhandenen vertikalen Scherungsverhältnissen aufsteigendes Teilchen erhält sowohl potentielle als auch kinetische Energie mitgeteilt. Ein absinkendes Teilchen verliert dagegen *beide* Energieformen. *Das Prinzip von der Konstanz der Energie gilt also nicht für einzelne Flüssigkeitsteilchen, sondern nur für das abgeschlossene System.* Die Schwierigkeit ergibt sich in der atmosphärischen Analyse aus der Frage, wie dieses „System" zu begrenzen ist, damit es einerseits als abgeschlossenes angesehen, andererseits aber noch überblickt werden kann. In der „dish-pan" liegen auch hier die Verhältnisse einfacher: Die potentielle Energie des gesamten Tanks muß konstant bleiben. Wegen des stationären Zustandes gilt dies auch für jedes, im kurvilinearen Koordinatensystem fixierte Volumelement:

$$\int_\tau g\,\varrho\,z\,d\tau = \text{const.} \qquad 4.433\ (6)$$

bzw. durch Einführung der Kontinuitätsgleichung 1.221 (2), der Abweichung T der Temperatur von den Standardverhältnissen (durch Index s gekennzeichnet) und des Expansionskoeffizienten ε [Gl. 4.431 (19)]

$$g\,\varrho_s\,\varepsilon \int_\sigma T\,v_{rn}\,z\,d\sigma = g\,\varrho_s\,\varepsilon \int_\tau T\,w\,d\tau. \qquad 4.433\ (7)$$

Der Ausdruck auf der rechten Seite gibt die Größe der frei werdenden potentiellen Energie im betrachteten Volumelement τ an, die linke Seite von Gl. (7) stellt den Export durch die Begrenzungsflächen dieses Volumelements dar.

Entsprechend früherer Gepflogenheiten [vgl. (Gl. 4)] schreiben wir

$$T\,w = \overline{T}\,\overline{w} + \overline{T^*\,w^*}, \qquad 4.433\ (8)$$

wobei die mit * bezeichneten Größen Abweichungen vom Mittelwert darstellen. Der erste Term auf der rechten Seite steht für die Auslösung potentieller Energie durch die mittlere meridionale Massenzirkulation, der zweite Term für den Anteil von Wirbeln entlang der Strahlstromachse. Die Auswertung der Gl. (8) erfolgt im kurvilinearen Koordinatensystem. In den einzelnen Volumsstreifen τ, die in dem Koordinatensystem parallel zur Strahlstromachse angeordnet sind, kann jedoch $\overline{T}\,\overline{w}$ groß oder klein sein, je nachdem, ob $\overline{w}$ in diesem Band groß oder klein ist, ohne daß die Neigung der Isothermenflächen, welche für die Auslösung potentieller Energie maßgeblich ist, gebührend berücksichtigt wäre. Es wurden daher nochmals Mittel und Abweichungen entlang der *Normalenrichtung* n in diesem kurvilinearen Koordinatensystem gebildet und durch $\sim$ bzw. $^\circ$ gekennzeichnet:

$$\overline{T}\,\overline{w} = \tilde{\overline{T}}\,\tilde{\overline{w}} + \widetilde{\overline{T}^\circ\,\overline{w}^\circ}. \qquad 4.433\ (9)$$

Die Auslösung freier potentieller Energie ist dann gegeben durch

$$P = g\,\varrho_s\,\varepsilon \int_\tau \left(\overline{T^*\,w^*} + \widetilde{\overline{T}^\circ\,\overline{w}^\circ}\right) d\tau. \qquad 4.433\ (10)$$

Der erste Term unter dem Integral enthält den Einfluß der Wirbel, der zweite Term gibt den Beitrag der Massenzirkulation an.

Das Ergebnis der Berechnungen ist in Abb. 4.433.12 in dimensionslosen Größen mitgeteilt. Der Anteil der Wirbel konnte für den Bereich vom Innenrand des Tanks (Kältequelle) bis zum Abstand $n = 0{,}10$ von der Jet-Achse nicht bestimmt werden. Die meridionale Massenzirkulation trachtet danach, die Isothermenflächen horizontal auszurichten, wobei die Achse dieser Drehung (die jedoch wegen des stationären Zustandes nicht zustande kommt) mit der Strahlstromachse zusammenfällt. Entsprechend besitzt hier der Anteil der Massenzirkulation an der Auslösung der potentiellen Energie ein *Minimum*. Wiederum wird die *gesamte* Auslösung der potentiellen Energie durch die *meridionale Massenzirkulation* bewerkstelligt (vgl. dazu Kuo 1954a). Die Wirbel dagegen tendieren dazu, potentielle Energie — besonders nördlich der Jet-Achse — aufzuspeichern. Dies wird durch das Aufsteigen relativ kalter Wassermassen im Rücken und das Absinken warmer Massen in der nordwestlichen Strömung bewerkstelligt (Abb. 4, Querschnitt *R* und *I-NW*).

Vergleichen wir diese Abbildung mit dem Diagramm in 11*b*, so ergibt sich die bemerkenswerte Tatsache, daß die Auslösung der potentiellen Energie durch Massenzirkulation in polaren und äquatorialen „dish-pan"-Breiten, also weit ab vom Jet Stream, ein Maximum besitzt. *Die Umwandlung in kinetische Energie* *besorgt diese Massenzirkulation jedoch im Bereich des Strahlstromes.* Die mittlere Zirkulation in einem kurvilinearen Koordinatensystem stellt somit eine einfache Wärmemaschine dar, mit Erwärmung am Äquator und Kühlung am Pol.

Es erhebt sich schließlich die bedeutsame Frage, welcher Zirkulation der Strahlstrom seine Existenz verdankt. Aus der Schärfe des horizontalen Temperaturgradienten wurde auf die Existenz einer indirekten Zirkulation geschlossen, während andererseits die vorhandene kinetische Energie auf das Vorhandensein einer *direkten* Zirkulation deutet. Letztere würde allerdings durch die auftretenden Vertikalbewegungen den vorhandenen horizontalen Temperaturgradienten vermindern.

Unter der Annahme der Erhaltung der potentiellen Vorticity (diese Bedingung ist allerdings an der Oberfläche des Wassertanks wegen der herrschenden Verdunstung nicht genau erfüllt) wurde die Geschwindigkeitsverteilung berechnet, welche aus der Massenzirkulation hervorgehen würde, wenn sie allein für das Zustandekommen des Strahlstromes verantwortlich wäre. Auf der antizyklonalen Seite des Strahlstromes stimmen Theorie und Praxis gut mitsammen überein. Die Massenzirkulation würde jedoch den Strahlstrom bedeutend näher an die Kältequelle heranschieben und außerdem mit höheren Geschwindigkeiten ausstatten, als in Wirklichkeit beobachtet wird. Wir würden eine Geschwindigkeitsverteilung erhalten, wie sie für das HADLEY-Regime charakteristisch ist (vgl. Abb. 4.432.1), das ja bekanntlich nur von der Meridionalzirkulation getragen wird, ohne daß horizontale Wirbel vorhanden wären.

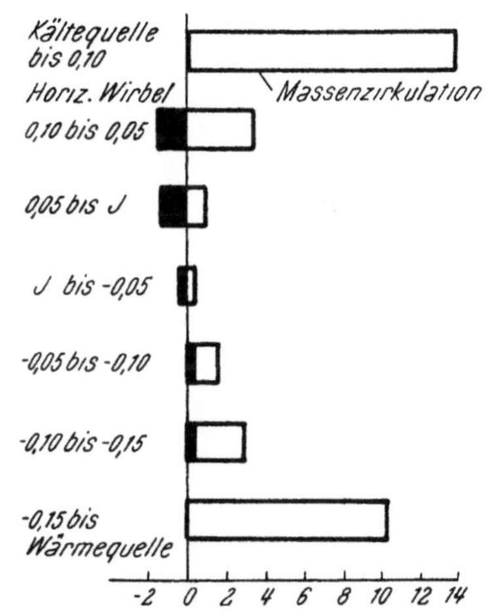

Abb. 4.433.12. Freiwerdende potentielle Energie durch Massenzirkulation (weiße Flächen) und durch Wirbel relativ zur Strahlstromachse (schwarze Flächen) in einem kurvilinearen Koordinatensystem. (RIEHL und FULTZ 1958)

Die in einem Jet Stream beobachteten *zyklonalen* Scherungen können dagegen nicht durch die Massenzirkulation erklärt werden. Außerdem würde die *direkte* meridionale Zirkulation, wie bereits erwähnt, den horizontalen Temperaturgradienten vermindern und so eine Abschwächung des Strahlstromes bewirken. Diesem Bestreben wird offenbar von den horizontalen großräumigen Wirbeln entgegengewirkt, ihnen ist also die *Aufrechterhaltung des horizontalen Temperaturfeldes* und eine gewisse *Geschwindigkeitsbeschränkung* in der Strahlstromachse und auf deren zyklonaler Seite zu verdanken.

Schreiben wir das Vorticitytheorem in der Form einer Kontinuitätsgleichung [Gl. 1.234 (4)], so erhalten wir im kurvilinearen System den Ausdruck

$$\frac{\partial}{\partial n} \oint_s \int_0^D v_{rn} Q_r \, ds \, dz = 0. \qquad 4.433\,(11)$$

Q_r ist die absolute Vorticity in diesem System. Laut Gl. (11), in welcher einige Termini der vollständigen Vorticitygleichung, die sich als unbedeutend erwiesen, vernächlässigt sind, ist mit einem konstanten Vorticitytransport $\overline{v}_{rn} Q_r \cdot s$ zu rechnen. Betrachten wir den Anteil der Massenzirkulation [erster Term auf der rechten Seite von (12)] und den Anteil der großräumigen Wirbel (zweiter Term) gesondert, so erhalten wir

$$v_{rn} Q_r \cdot s = \overline{v_{rna}} \cdot \overline{Q_r} \cdot s + \overline{v_{rng} Q_r^* \cdot s}. \qquad 4.433\,(12)$$

Diese Größen sind in Abb. 4.433.13 in dimensionsloser Form aufgetragen (Index g bedeutet „geostrophisch", $c \equiv v$). Die strichlierte Linie gibt den gesamten konstanten Vorticitytransport laut Gl. (11) an. Der Vorticitytransport durch die Massenzirkulation ist nördlich der Strahlstromachse zu groß. Es wirkt ihm hier der Transport durch die horizontalen Wirbel der planetarischen Langwellen entgegen. Dieser Transport kommt dadurch zustande, daß in der nordwestlichen Strömung an der Rückseite des Troges mit ihrer indirekten Zirkulation (vgl. Abb. 4) die zyklonale Scherung stärker ist als auf der Trogvorderseite innerhalb der südwestlichen Strömung.

Durch die oben beschriebenen „dish-pan"-Experimente wurde ein großer Fragenkomplex angeschnitten und wenn auch nicht gelöst, so doch in einem völlig neuen Lichte dargestellt. Vor allem sind wir vor die sokratische Erkenntnis gestellt, daß wir über den Mechanismus der allgemeinen Zirkulation nichts Endgültiges aussagen können, solange die Resultate von der Wahl des Koordinatensystems beeinflußt werden. PHILLIPS (1956) führte ein numerisches Experiment in der Berechnung der entstehenden Zirkulation unter Einbeziehung von Reibung und nichtadiabatischen Effekten (Erwärmung) in einem Cartesischen Koordinatensystem durch, das in der Auslegung der Termini dem Polarkoordinatensystem entspricht. Er gelangte dabei, wie schon manche Autoren vor ihm, zu dem Schluß, daß die Energie der allgemeinen Zirkulation von horizontalen, großräumigen und quasigeostrophischen Wirbeln stammt. *Die Meridionalzirkulation wirkt dagegen nur als „Bremse"* auf diese Energieentfaltung. Demgegenüber stellen die „dish-pan"-Experimente fest, daß in einem kurvilinearen Koordinatensystem, das sich auf die Strahlstromachse bezieht, die Verhältnisse gerade umgekehrt liegen: *Die gesamte kinetische Energie stammt von der meridionalen Massenzirkulation,* während die horizontalen Wirbel bremsend wirken (vgl. Abb. 11). (Auf numerische Werte soll hier nicht näher eingegangen werden, da Modell und Prototyp wegen des verschiedenen thermodynamischen Wirkungsgrades der „Zirkulationsmaschine" nicht genau in Einklang gebracht werden können.)

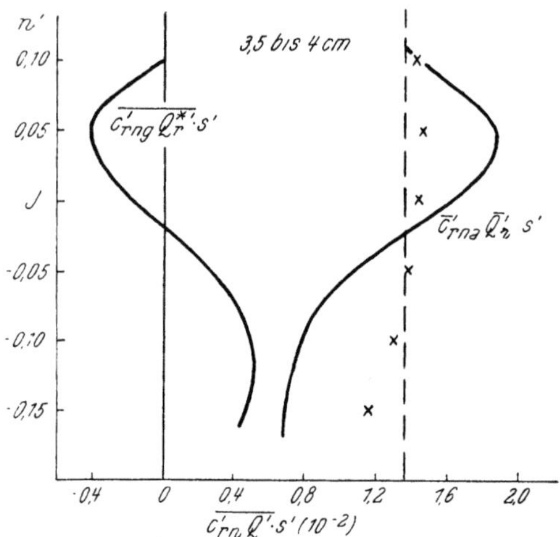

Abb. 4.433.13. Vorticitytransport (in dimensionslosen Einheiten) durch Massenzirkulation und durch Wirbel entlang der Strahlstromachse in einem kurvilinearen Koordinatensystem. Die strichlierte Linie gibt den Transport laut Gl. (11) an, die Kreuze stehen für den beobachteten Gesamttransport. (RIEHL und FULTZ 1958)

Der Mechanismus, der die Strahlströmung bedingt, hängt also vom Standpunkt ab, den wir in der Betrachtungsweise beziehen. Mithin wird die Frage nach der Entstehung der Strahlströme zu einer philosophischen Frage. Beziehen wir uns auf ein Polarkoordinatensystem, so wird in der Betrachtung der Abweichungen von zonalen Mittelwerten der Einfluß der Mäanderungen der Strömung in einer horizontalen Ebene betont, während vertikale Zirkulationen, welche durch die Strahlströmung selbst bedingt sind, in dieser Art der Mittelbildung stark geschmälert und verzerrt erscheinen. Ihr Einfluß auf den Transport verschiedener Größen ist als Korrelation der Massenzirkulation mit der Phase der Langwellen zu interpretieren.

Folgen wir dagegen in unserer Betrachtungsweise der Strahlstromachse, so werden die Einflüsse ihrer Mäanderungen in den Hintergrund gerückt, und die Wirkung von vertikalen Zirkulationen wird betont. Der Anteil der horizontalen Wirbel am Transport verschiedener Größen (Wärme, kinetische Energie usw.) muß in diesem Koordinatensystem ebenfalls als Korrelation mit der *Phase* der Langwellen angesehen werden.

Vermutlich wird die Bedeutung der Meridionalzirkulation in der üblichen meteorologischen Beobachtungsweise mittels Polarkoordinaten stark geschmälert. Gehen wir nämlich von der Betrachtung der Zirkulation in einem HADLEY-Regime aus, so erscheint hier die Massenzirkulation als einzige Trägerin der verschiedenen Größen, wie Wärme, Impuls usw. Die HADLEY-Zirkulationszelle kann nur dann stabil bleiben, wenn die Auslösung der potentiellen Energie direkt an der Wärme- und Kältequelle durch diabatische Prozesse bewirkt wird.

Treten jedoch in der Zirkulation Wellen in horizontalen Ebenen auf, so sind die Hauptgebiete der Auf- und Abwärtsbewegung nicht mehr am Rand, sondern im Innern der Flüssigkeit (Abb. 4 und 7), dort, wo Wärme- und Kältequelle nicht mehr *unmittelbar* wirksam sind. Soll dennoch ein stationärer Zustand aufrechterhalten bleiben, so müssen gewisse Asymmetrien vorhanden sein, welche die oben erwähnten Korrelationen besitzen und als die *eigentliche Eigenschaft der planetarischen Wellen* in Hinblick auf die allgemeine Zirkulation der Atmosphäre zu betrachten sind. Im „dish-pan"-Experiment wird dies durch die indirekte Zirkulation in der nordwestlichen und die direkte Zirkulation in der südwestlichen Strömung (Abb. 4) bewirkt.

Integriert über die gesamte Wassertiefe ist — analog zur Atmosphäre — die Rückseite der Tröge kalt, die Vorderseite warm. Durch diese Verteilung wird mittels der horizontalen Wellen ständig Wärme nach Norden geschafft und so das stationäre Temperaturgefälle, welches durch die Meridionalzirkulation beseitigt würde, aufrechterhalten.

Die hier in großer Ausführlichkeit beschriebenen Studien von RIEHL und FULTZ stellen einen Anfang dar, der große Hoffnungen auf eine Fortführung in weiteren, abgeänderten Modellversuchen setzen läßt.

5. Strahlstromprognose

5.1. Allgemeines

Der Windvektor wird an einer beliebigen Stelle im Raum durch Windrichtung und Windgeschwindigkeit bestimmt. Da beide Größen zeitlichen Änderungen unterliegen, ist eine Prognose des Höhenwindfeldes dementsprechend komplexer Natur. Es wurde bereits im vorangehenden Kapitel darauf hingewiesen, daß im Strahlstromniveau ageostrophische Komponenten maßgeblich am Strömungsvorgang beteiligt sind. Somit kann die Bestimmung des geostrophischen Windfeldes aus einer Vorhersagekarte einer Topographie nur als erste Näherungslösung betrachtet werden (Anonym 1952). Versuche über England ergaben Vorhersagefehler bis zu 26 Knoten bei einem Zeitintervall von 24 Stunden auf Grund ageostrophischer Abweichungen (MURRAY 1954). Die Qualität der Annäherung ist dabei für Windrichtung und Windgeschwindigkeit von verschiedener Güte. Eine Inspektion der Höhenwindkarten zeigt, daß der Abweichungswinkel zwischen tatsächlich beobachtetem und geostrophischem Wind die Größenordnung von 10° nur selten übersteigt (REITER, DANIELSEN 1960). Verhältnismäßig große Richtungsabweichungen werden nur in windschwachen Gebieten, den Zentren von Hoch- und Tiefdruckkernen, festgestellt, wo infolge der Eigengeschwindigkeit des Systems der Winkel zwischen Stromlinien und Trajektorien groß ist. Diese windschwachen Gebiete sind jedoch navigatorisch nur von untergeordneter Bedeutung. Nennenswerte Richtungsabweichungen treten außerdem in den Einzugs- und Deltagebieten von Frontalzonen auf, wo die positiven und negativen Beschleunigungen erheblich sein können (Riehl 1954b; vgl. Kap. 4.122). In den meisten Fällen wird die *Richtung* des geostrophischen Windes mit den tatsächlich gegebenen Stromlinienverhältnissen gut übereinstimmen und daher eine Vorhersage aus dem Isohypsenverlauf einer Topographie brauchbare Resultate liefern.

Anders ist es bei der Windgeschwindigkeit, also bei der Prognose der Isotachen. Infolge der starken horizontalen Windscherung in der Nähe der Strahlstromachse, besonders auf deren zyklonaler Seite, ist die Güte der Geschwindigkeitsprognose in erster Linie von der Richtigkeit der Positionsvorhersage der Strahlstromachse abhängig. Aus dem geostrophischen Windfeld einer Vorhersagekarte der 300-mb-Topographie läßt sich die Strahlstromachse jedoch nur unzuverlässig bestimmen, einerseits, weil durch verschiedene Glättungen bei Analyse und Prognose (Estoque 1956, 1957a, b, Fjørtoft 1952) das horizontale Windprofil „verwaschen" wird, andererseits, weil die Bildung des Strahlstromes ageostrophischen Vorgängen unterliegt (Kochanski 1958).

In der Regel sind „spot-wind"-Vorhersagen, die nur für einen Punkt in der Atmosphäre gelten, mit größeren Fehlern behaftet (bei 36stündigen Vorhersagen im 300- und 200-mb-Niveau über den USA nach Kochanski im Mittel mit 34 Knoten [vgl. dazu Elsaesser 1957, Garriock 1957]) als mittlere Winde entlang einer Flugroute. Über 1900 Seemeilen betrug der mittlere Vorhersagefehler bei denselben Daten nur etwa 17 Knoten. Auf der Flugroute Shannon – Gander liegen nach O'Carroll (1955) 92% der Vorhersagen im 700- und 500-mb-Niveau innerhalb einer Fehlergrenze von 12 Knoten. Studien auf der Transatlantikflugroute Idlewild—Frankfurt zeigen, daß mit der Boeing 707 in etwa 60% der Fälle die tatsächliche Flugzeit innerhalb von ± 10 Minuten der berechneten Zeit liegt (Bundesanst. f. Flugsich. 1959).

Die Vorhersage der zeitlichen Änderung des *dreidimensionalen* Windfeldes bringt ein weiteres Problem mit sich: Die Baroklinität, an welche die Existenz des Strahlstromes gebunden ist, bietet zwar für objektive, numerische Prognosen kein unüberwindliches Hindernis (Nabeshima 1957), doch ist in der Strahlstromzone die thermische Windgleichung, welche ja auf der geostrophischen Annahme beruht, nur *annähernd* erfüllt (vgl. Kap. 4.232). Es ist daher gerade im Jet-Stream-Bereich mit maximalen Fehlern numerischer Prognosen zu rechnen (Saucier 1958d). Für eine zuverlässige Prognose müßte das verwendete Atmosphärenmodell also auch ageostrophische Strömungskomponenten zulassen (Bundgaard 1956a). Kinematische Extrapolation der Parameter, die aus der SMW-Analyse gewonnen werden, bietet eine Möglichkeit, die geostrophische Approximation zu umgehen. Allerdings haften den Extrapolationsmethoden dieser Art selbst wiederum starke Beschränkungen in ihrer Zuverlässigkeit an.

Über den Ozeanen und über manchen kontinentalen Gebieten, wo das aerologische Beobachtungsnetz nicht genügend dicht ist, können auf qualitativer Basis einige Anhaltspunkte über die Verlagerung des Jet Stream gewonnen werden (Dickson 1955a). So zeigte z. B. Sawyer (1950a), daß die Normale durch den Ursprung, die man zu der Tangente des annähernd geradlinigen, die Höhenströmung wiedergebenden Stückes eines Hodogrammes konstruieren kann, in etwa die Verlagerungsrichtung und -geschwindigkeit der Strahlstromachse angibt.

Statistische Zusammenhänge zwischen Jet-Achse, Höhe der Isobarenfläche und geographischer Breite vermögen unter Umständen einige Anhaltspunkte zu geben (FLETCHER 1953), doch kann derartigen Korrelationen keine zu große Bedeutung beigemessen werden. Erfolgversprechender sind dagegen Versuche, welche die Windverhältnisse in einem höheren Niveau (etwa 100 oder 150 mb) aus einem tieferen Niveau (400 mb oder 500 mb) mittels Regressionsgleichungen räumlich und zeitlich extrapolieren (CHARLES 1959a, GRAYSTONE 1954, ELLISON, WALSHAW 1955, JOHNSON 1955, JULIAN et al. 1959; vgl. auch BROOKS et al. 1950, KNIGHTING 1954, U. S. Navy 1960, WEYANT 1960). VEDERMAN und DUBOFSKI (1959) geben ein Verfahren an, das eine Konstruktion der 200- und 300-mb-Karten aus der 500-mb-Vorhersagekarte gestattet. Es wird einerseits auf die zwischen den Höhen der betreffenden Isobarenflächen bestehenden Korrelationen zurückgegriffen, andererseits wird die Lage der Tropopause, die besonders die relative Topographie 200/300 mb beeinflußt, durch eine Korrelation mit der relativen geostrophischen Vorticity im 500-mb-Niveau berücksichtigt. MEYER (1957) findet zwischen den relativen Topographien 300/500 mb und 500/1000 mb folgenden statistischen Zusammenhang

$$\Delta Z\,(300/500) = 0.53\;\Delta Z\,(500/1000) + 70 \qquad 5.1\,(1)$$

wenn die Angaben für ΔZ in Dekametern gemacht werden. Diese Beziehung läßt sich zur Extrapolation des Druckfeldes in der Höhe heranziehen, indem man die Isohypsen der relativen Topographie Z (500/1000) entsprechend umbeziffert und dann zur absoluten Topographie der 500-mb-Fläche addiert (vgl. Bundesanstalt 1959).

In höheren Niveaus erscheinen Vorhersagen auf Grund der *Persistenz* des Windfeldes einer einfachen, klimatologischen Vorhersage überlegen (CHARLES 1959; vgl. dazu auch KOCHANSKI 1957).

Bereits eine mittelfristige, und noch viel mehr eine langfristige Vorhersage der Strahlströme, wie sie etwa für großangelegte Luftoperationen benötigt würde, begegnet — eben wegen der diffizilen Strukturierung der Jet Streams — erheblichen Schwierigkeiten. Eine auf mehrere Tage gültige und für den Flugwetterdienst brauchbare Detailprognose läßt sich mit den heute zur Verfügung stehenden Mitteln der meteorologischen Forschung selbst über den Kontinenten noch nicht geben. Bei der Abschätzung hemisphärischer Mittelwerte liegen die Verhältnisse etwas günstiger, doch findet auch hier der Forscher noch ein reiches Betätigungsfeld.

Im folgenden seien einige objektive Prognoseverfahren kurz geschildert.

5.2. Die Prognose der Windrichtung

Lassen wir die geostrophische Näherung zumindest für die Windrichtung gelten, so fällt die Prognose der Höhenstromlinien zurück auf das Problem der Vorhersage der absoluten Topographien von Flächen konstanten Druckes.

5.21. Numerische Vorhersage

Es würde den Rahmen dieses Buches bei weitem übersteigen, wollte man versuchen, auch nur einen zusammenfassenden Überblick über die Methoden und Probleme der numerischen Wetterprognose zu geben. Verwiesen sei jedoch auf die Darstellungen in verschiedenen meteorologischen Lehrbüchern (A. und F. DEFANT 1958, HALTINER et al. 1957, PETTERSSEN 1956, REUTER 1954) sowie auf grundlegende Arbeiten von CHARNEY (1948, et al. 1949, 1956), FJØRTOFT (1952), ESTOQUE (1956, 1957a, b) und anderen Autoren (BOLIN et al. 1952, Deutscher Wetterdienst 1957, PETTERSSEN, ESTOQUE et al. 1957).

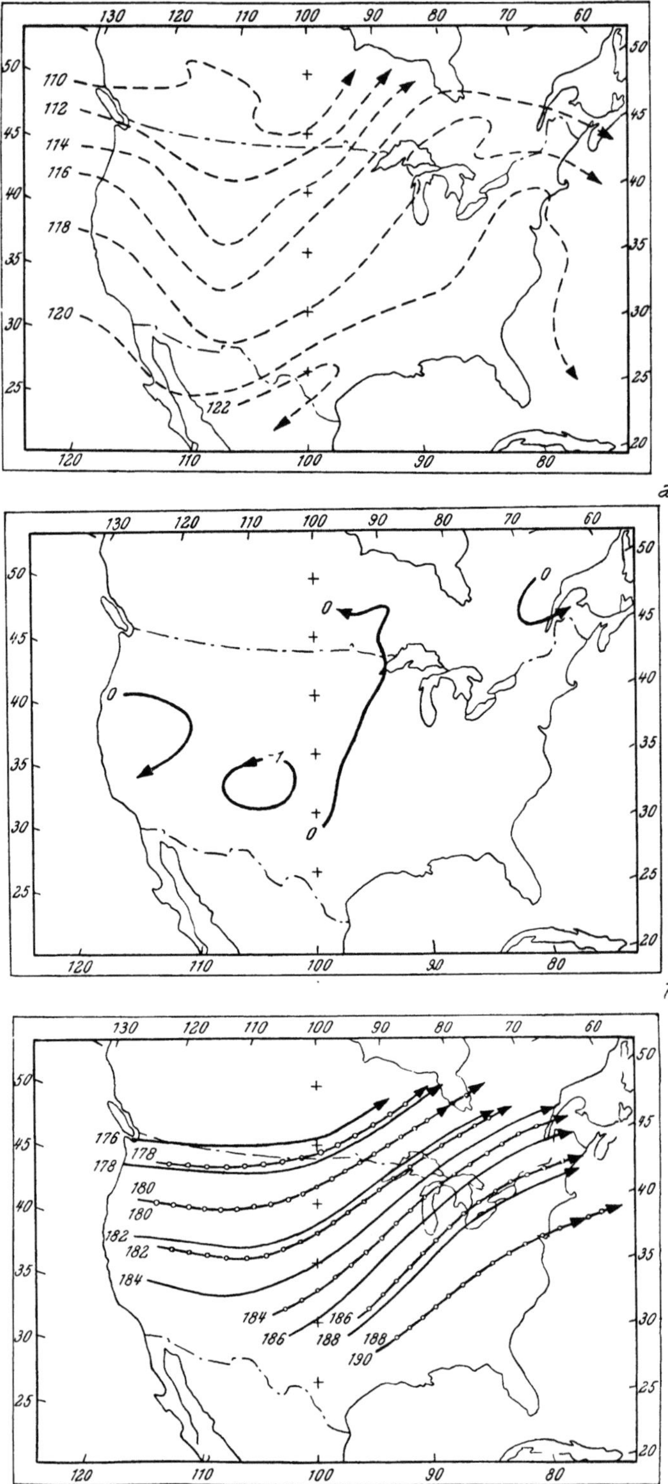

Abb. 5.21.1 a bis c

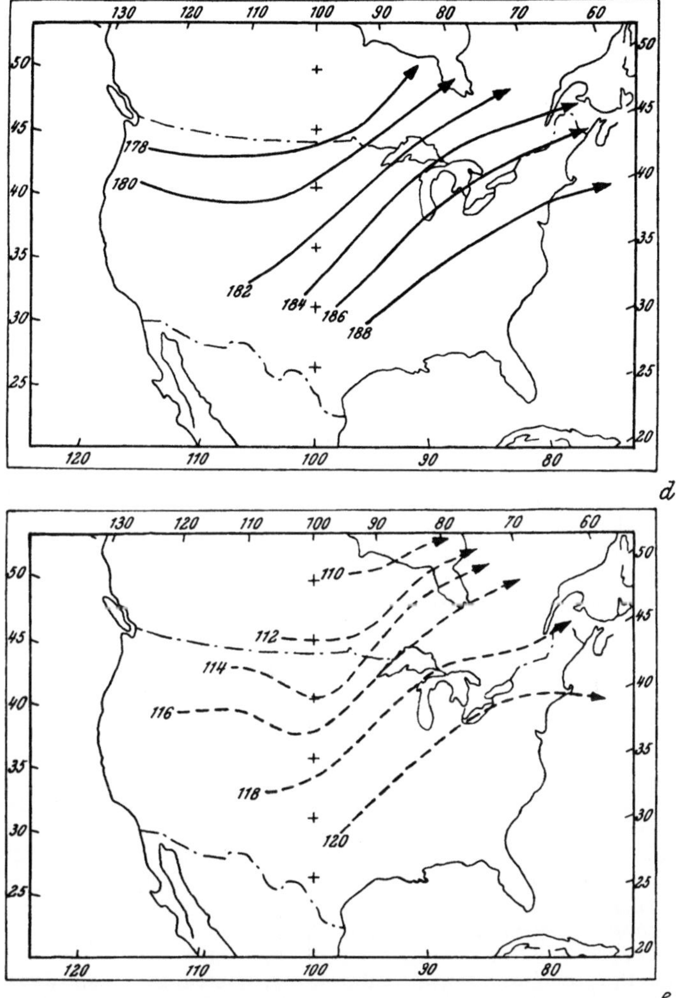

Abb. 5.21.1. Zur Prognose der 300-mb-Topographie: a) Relative Topographie 300/500 mb, 15. Februar 1954, 15.00 GCT; b) (1/2) $(z - \bar{z})$-Feld für 500 mb, 15. Februar 1954, 15.00 GCT; c) $\bar{z}$-Feld und (4/5) $\bar{z}$-Feld, 500 mb, 15. Februar 1954, 15.00 GCT; d) $\overline{F}$-Feld der 500-mb-Fläche, 15. Februar 1954, 15.00 GCT; e) Prognosekarte der relativen Topographie 300/500 mb, 16. Februar 1954, 15.00 GCT. (U. S. A. W. S. 1956 d)

In verschiedenen Vorhersagezentren, wie z. B. in Washington, D. C., und in Offenbach/Main, werden bereits regelmäßig numerische Prognosen im synoptischen Dienst herangezogen. Routinemäßig werden dabei Vorhersagen der absoluten Topographie der 500-mb-Fläche geliefert.

Da die Qualität der numerischen Prognosen von der Güte der Analysen der Ausgangswetterlage in gewissem Maße abhängt, bemüht man sich, auch die Analyse zu objektivisieren (Bergthorsson et al. 1955, Corby 1961, Cressman 1959, Döös 1956, et al. 1957). Soweit es sich um die Analyse einer Topographie und die daraus berechnete geostrophische Vorticity und deren zeitliche Änderung handelt, sind objektive Analysenmethoden der Art, daß an einem Netzpunkt des Vorhersagegebietes durch Korrelation mit den an umliegenden Stationen gemessenen

Werten der topographische Wert bestimmt wird, durchaus berechtigt. Soll jedoch der horizontalen Windscherung — durch eine quasigeostrophische Annäherung des Konturenabstandes — Rechnung getragen werden, so wird der objektive Analysenvorgang wesentlich komplizierter. Es müßte nämlich 1. die Position der Strahlstromachse bestimmt werden und 2. aus den statistischen Ergebnissen (Kap. 4.122) über die horizontale Scherung der Isohypsenabstand entsprechend modifiziert werden.

Der heutige Stand der Prognosetechnik läßt die Annahme zu, daß für die in der Nähe der divergenzfreien Fläche gelegene 500-mb-Topographie zuverlässige 24stündige und 48stündige Vorhersagen zur Verfügung stehen. Das Problem der Windrichtungsprognose im Strahlstromniveau besteht nun darin, aus den vorhandenen Unterlagen im 500-mb-Niveau eine brauchbare Prognose der 300-mb-Fläche zu konstruieren.

Bekanntlich können die Vorhersagegleichungen für eine barotrope Modellatmosphäre nach einer von Fjørtoft (1952) angegebenen Methode graphisch integriert werden. Von Estoque (1956) wurde diese Methode auf barokline Modelle ausgedehnt. Ein im amerikanischen Air Weather Service (U. S. A. W. S. 1956d) ausgearbeitetes Verfahren gestattet es, in Anlehnung an das Fjørtoftsche System eine objektive Vorhersage der 300-mb-Topographie durch Advektion des 300- bis 500-mb-Dickefeldes zu erhalten.

Bei divergenzfreien, isobaren Bewegungen ist die absolute, geostrophische Vorticity eine konservative Größe und es gilt

$$\partial Q_g/\partial t = -\mathbf{v}_g \cdot \nabla Q_g. \tag{5.21 (1)}$$

Ersetzt man hierin den Differentialoperator ∇ durch einen Differenzenoperator [vgl. Gl. 3.247 (6)], so erhält man

$$Q_g = -(4\,g\,m^2/f\,h'^2)\,(z-\bar{z}) + f, \tag{5.21 (2)}$$

worin $\bar{z} = (1/4)\,(z_1 + z_2 + z_3 + z_4)$ den Mittelwert der geopotentiellen Höhen in den umliegenden vier Netzpunkten bedeutet und z der Wert im zentralen Punkt ist.

Die 500-mb-Topographie (z-Feld) gibt laut geostrophischer Windgleichung ein Maß für den geostrophischen Windvektor $\mathbf{v}_g$, von dem wiederum ein gewisser Teilbetrag die Wellenstörungen in der oberen Troposphäre, die sich in der relativen Topographie 300/500 mb manifestieren, steuert. Man verwendet jedoch das $\bar{z}$-Feld an Stelle des z-Feldes zur Berechnung der geostrophischen Advektion, weil ersteres — wie sich in der Praxis herausstellte — durch den Glättungsprozeß, dem es in seiner Berechnung unterworfen wurde, konservativer ist als letzteres und dadurch bessere Vorhersageresultate liefert (Sanders et al. 1955).

Das Feld $(z-\bar{z})$ stellt ein Maß für die Rotation des Windfeldes dar, welche (bei divergenzfreier Bewegung) ebenfalls eine konservative Größe ist.

Das $\bar{z}$-Feld kann am einfachsten dadurch bestimmt werden, daß man zwei Kopien, A und B, derselben 500-mb-Topographie zunächst um den Abstand $2\,h$ in der x-Achse verschiebt, graphisch addiert und so den Mittelwert $(1/2)\,(z_1 + z_3)$ erhält. Hierauf werden die beiden Karten in der y-Richtung um den Abstand $2\,h$ verschoben, und durch graphische Addition gelangt man zum Mittelwert $(1/2)\,(z_2 + z_4)$. Durch graphische Addition (und Division durch 2) erhält man das Feld $\bar{z}$. Graphische Subtraktion von z ergibt das Feld $(z-\bar{z})$.

Abb. 5.21.2. Zur Prognose der 300-mb-Topographie: a) Das $(z-\bar{z})$-Feld der 500-mb-Fläche (volle Linien) und eine Isoplethe der relativen Topographie 300/500 mb vom 15. Februar 1954, 15.00 GCT (strichliert); deren Verlagerung während einer 24stündigen Vorhersageperiode gibt die punktierte Linie. b) Die punktierte Linie der Abb. *a* wird im 500-mb-$\bar{z}$-Feld (volle Linien) mit $^4/_5$ von dessen geostrophischem Wert advehiert (strichpunktierte Linie). c) Vergleich der in Abb. 5.21.1 dargestellten Prognosemethode (punktiert) mit der in Abb. 5.21.2b beschriebenen (strichpunktiert) und der tatsächlichen relativen Topographie 300/500 mb (strichliert). (U. S. A. W. S. 1956d)

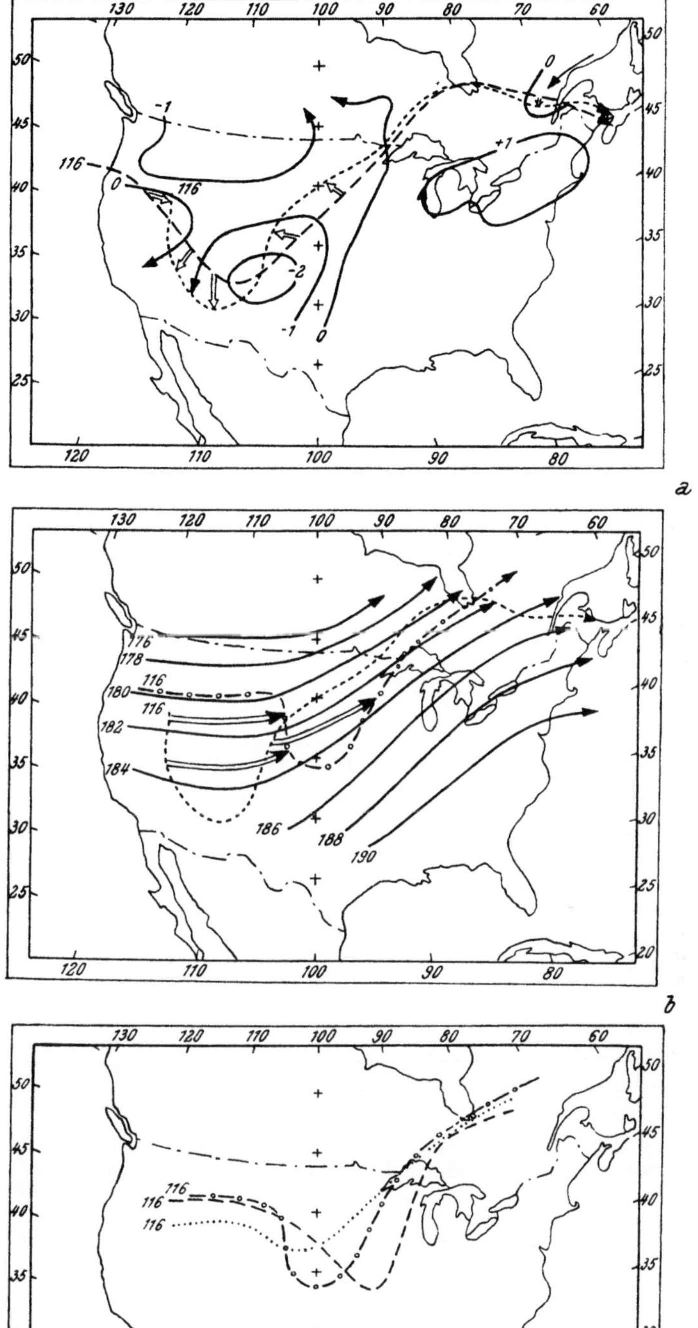
a
116
-1
0
-2
+1
176
178
180
182
184
186
188
190
b
c

Fjørtoft verwendete bei seinen ersten Versuchen eine Netzweite $h = 600$ km. Es zeigte sich jedoch, daß ein größerer Netzabstand $h = 1000$ km bessere Resultate zeitigt.

Versuche beim Air Weather Service (U. S. A. W. S. 1956d) ergaben, daß man sehr brauchbare 300-mb-Prognosen erhält, wenn man die relative Topographie 300/500 mb mit 80% des $\bar{z}$-Feldes der 500-mb-Fläche und mit 50% des $(z - \bar{z})$-Feldes dieser Fläche advehiert. Die hier angegebenen Prozentzahlen wurden empirisch gewonnen. Sie entsprechen der Erfahrung, daß nur ein gewisser Prozentsatz der Dickeänderungen auf reine Advektionsvorgänge zurückzuführen ist. Nyberg (1949) findet z. B. Verlagerungsgeschwindigkeiten der Isohypsen im 500-mb-Niveau von etwa 60% der Windgeschwindigkeit in diesem Niveau. Ein Teil der Dickeänderungen geht auf dynamische Entwicklung, also auf Vertikalbewegungen und damit verbundene Dehnungen oder Schrumpfungen zurück und ist durch die Geometrie der relativen Topographie gegeben, welche die vertikale Änderung des Vorticitytransportes beinhaltet. Dieser Teil wird durch das $(z - \bar{z})$-Feld berücksichtigt. Dickeänderungen auf Grund nichtadiabatischer Vorgänge spielen wohl eine gewisse Rolle, können aber hier nicht berücksichtigt werden (Sutcliffe et al. 1950).

Die auf diese Weise verlagerte relative Topographie 300/500 mb wird zur 500-mb-Prognosekarte graphisch addiert; das Resultat stellt die 300-mb-Vorhersagekarte dar. Abb. 5.21.1 zeigt diesen Vorgang an Hand eines Beispiels. Abb. 1a enthält die relative Topographie 300/500 mb. Als erster Schritt wird das Feld $(z - \bar{z})$ in der oben beschriebenen Weise konstruiert, jedoch numeriert man die Isohypsen nur mit dem halben Wert (50%). Abb. 1b zeigt das resultierende Feld $(1/2)\,(z - \bar{z})$. Als nächstes analysiert man das $\bar{z}$-Feld der 500-mb-Fläche in 250-Fuß-Intervallen oder 125-m-Intervallen, beschriftet die Isohypsen jedoch in 200-Fuß- (100-m-) Abständen. Man erreicht dadurch eine Multiplikation mit 4/5 (= 80%) (Abb. 1c). Addiert man nun $(1/2)\,(z - \bar{z}) + (4/5)\,\bar{z} = \bar{F}$, so ist $\bar{F}$ das Feld, das die geostrophische Advektion der relativen Topographie 300/500 mb angibt (Abb. 1d). Das Ergebnis dieses Advektionsvorganges ist in Abb. 1e gezeigt.

Ein etwas besseres Ergebnis erhält man, wenn man $(z - \bar{z})$- und $\bar{z}$-Advektion getrennt durchführt, und zwar in der hier angegebenen Reihenfolge, da das erste Feld konservativer ist als das letztere. In Abb. 5.21.2a ist die Verschiebung einer Isohypse der relativen Topographie 300/500 mb im Feld $(z - \bar{z})$ angedeutet. In Abb. 2b wird die so erhaltene Isoplethe im $\bar{z}$-Feld der 500-mb-Fläche mit 4/5 des geostrophischen Windwertes advehiert. Abb. 2c enthält schließlich einen Vergleich der beiden Advektionsmethoden mit dem tatsächlich beobachteten Verlauf der relativen Topographie.

Versuche mit diesen beiden Vorhersagemethoden ergaben recht befriedigende Resultate, soweit nicht die 500-mb-Prognose, auf welche die 300-mb-Vorhersage abgestimmt wurde, schon fehlerbehaftet war.

5.22. Kinematische Extrapolationsmethoden

5.221. Kontrollinienmethode

Von F. Defant (1952, vgl. Riehl, La Seur et al. 1952) und Wasko (1952) wird eine Methode angegeben, die es gestattet, Änderungen einer absoluten Topographie auf Grund der vorausgegangenen Änderungen in die Zukunft zu extrapolieren. Von den beiden erwähnten Autoren wurde diese Methode vor allem auf den Isohypsen der 500-mb-Fläche erprobt, doch läßt sich das Verfahren auch auf andere Größen und Felder, wie etwa die 300-mb-Fläche und die Schicht maximalen Windes, ausdehnen (Reiter 1957c, 1958c, Sherman 1954).

Das Verfahren besteht im wesentlichen darin, daß die Fortbewegung und Bahnänderung charakteristischer Punkte in Topographien oder SMW-Analysen von Karte zu Karte verfolgt werden, wobei als Hilfslinien sogenannte „Kontrolllinien" gezeichnet werden. Der Abstand Δs dieser charakteristischen Punkte von einer Karte zur nächsten ist gegeben durch $\mathbf{C} \cdot \Delta t$, wobei $\mathbf{C}$ die Fortbewegungsgeschwindigkeit des Systems ist und Δt den Zeitraum zwischen aufeinanderfolgenden Karten angibt. Stehen zur Extrapolation lediglich zwei Karten zur Verfügung, so muß notwendigerweise angenommen werden, daß während des gesamten Vorhersagezeitraumes $\mathbf{C}$ konstant bleibt. Dies kann unter Umständen zu erheblichen Fehlprognosen sowohl im *Betrag* der Fortbewegung des charakteristischen Punktes, mehr noch in der *Richtung* der Bewegung führen.

Sind drei Karten für die Vorbereitung der Prognose verfügbar, so ist $\Delta\mathbf{C}/\Delta t$ als konstant anzunehmen, $\mathbf{C}$ kann jedoch variabel sein. Auch diese Annahme kann noch zu Fehlprognosen Anlaß geben (vgl. Abb. 5.221). Die Qualität der Prognose wird in der Regel nicht erhöht, wenn man noch weiter zurückliegende synoptische Termine zu Rate zieht. Die Erfahrung zeigt nämlich, daß Beschleunigungsänderungen eines Isobaren- oder Isohypsensystems verhältnismäßig plötzlich, womöglich zwischen zwei synoptischen Terminen, auftreten. Dadurch, daß die Interpolation zwischen zwei Terminen nur die Bildung von Differenzen, nicht aber von Differentialen, zuläßt, werden Beschleunigungsänderungen nur im Mittel des Zeitraumes Δt erfaßt, was unter Umständen zu einer falschen Abschätzung ihrer wahren Größe führen kann. Diesem Übel kann jedoch nicht abgeholfen werden, indem noch weiter zurückliegende Termine konsultiert werden, denn zu dieser Zeit waren die Beschleunigungsänderungen noch gar nicht wirksam. Eine Verbesserung würde man eher erzielen, wenn man den letzten, dazwischenliegenden, sechsstündigen Termin — zumindest für ein paar Stationen — in die Prognose einbaut. Die Unterlegenheit der Differenzen gegenüber den Differentialen läßt sich jedoch grundsätzlich nicht beseitigen.

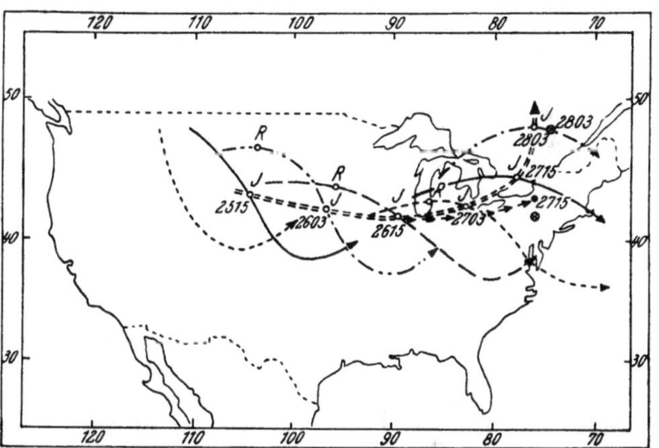

Abb. 5.221. Kontrollinienmethode der Vorhersage: 25. bis 28. Februar 1954: Die Zugbahn des Strahlstrommaximums ist durch eine strichlierte Doppellinie kenntlich gemacht. Die mit Pfeilen versehene, strichlierte Linie und der schwarze Punkt geben eine 24stündige Prognose mittels der Kontrollinienmethode, die durchkreuzten Kreise je eine Prognose mit der „box"-Methode an. R = Rücken

Eine zweite Beschränkung der Anwendungsmöglichkeiten der kinematischen Prognose ist implizite im vorhin Gesagten bereits enthalten: Es kann zwar das Verschwinden gewisser charakteristischer Eigenschaften des Druck- bzw. Strömungsfeldes prognostiziert werden, nicht aber die *Neubildung* solcher Eigenschaften. So kann z. B. aus einer geradlinig verlaufenden Strömung mit dieser Methode *nicht* die Neubildung einer Welle vorhergesagt werden, wohl aber die Veränderung oder das Verschwinden einer bereits vorhandenen Welle. Ist nämlich die Geschwindigkeit $\mathbf{C}$ eines charakteristischen Punktes unbestimmt, so sind auch die Differenzen von $\mathbf{C}$ unbestimmt und können nicht plötzlich reelle Werte annehmen.

Für kürzere Zeiträume, wie sie etwa für Flugberatungen notwendig sind, liefert diese Methode recht brauchbare Ergebnisse. Bei längeren Extrapolationszeiträumen wächst natürlich die Unsicherheit der Prognose, da die Annahme einer konstanten Beschleunigung des Systems mit der Länge des Zeitraumes immer unzutreffender wird.

Abb. 5.221 enthält das Beispiel einer 24stündigen Prognose des Strahlstrommaximums mit der Kontrollinienmethode (strichlierte Linie mit Pfeilen). Gegenüber der tatsächlichen Position (doppelt strichlierte Linie) ergibt sich eine Differenz von etwa 200 km, hervorgerufen durch eine plötzliche Änderung der Bewegungsrichtung, die zwischen 26. Februar 15.00 GCT und 27. Februar 03.00 GCT offenkundig wurde, jedoch in der Prognose nicht mehr zum Ausdruck kam.

5.222. Kinematische Extrapolationsformeln

Die zeitliche Änderung einer Größe in einem fix mit der rotierenden Erde verbundenen Koordinatensystem ist durch den Operator

$$d/dt = \partial/\partial t + \mathbf{v} \cdot \nabla \qquad 5.222\ (1)$$

gegeben. In bezug auf ein mit der Geschwindigkeit $\mathbf{C}$ bewegtes Koordinatensystem gilt

$$d/dt = \delta/\delta t + (\mathbf{v} - \mathbf{C}) \cdot \nabla. \qquad 5.222\ (2)$$

$\delta/\delta t$ gibt die lokale Änderung im bewegten Koordinatensystem an. Durch Subtraktion der beiden Gleichungen voneinander erhält man den Operator

$$\delta/\delta t = \partial/\partial t + \mathbf{C} \cdot \nabla. \qquad 5.222\ (3)$$

Diesen Operator kann man auf die Gleichungen für Isohypsen und charakteristische Punkte der Topographien anwenden und erhält dadurch Beziehungen, welche die Fortbewegungsgeschwindigkeit $\mathbf{C}$ angeben (Petterssen 1956). Die Gl. (3) wird vereinfacht, indem wir die x-Richtung in die Fortbewegungsrichtung legen, die im übrigen beliebig angenommen werden kann. Soll die Bewegung eines charakteristischen Punktes studiert werden, so ist $\delta/\delta t = 0$ zu setzen.

Für eine Isohypse ($z = \text{const.}$) erhalten wir

$$C = -(\partial z/\partial t)/(\partial z/\partial x), \qquad 5.222\ (4)$$

für eine Isallohypse ($\partial z/\partial t = \text{const.}$)

$$C = -(\partial^2 z/\partial t^2)/(\partial^2 z/\partial x\, \partial t), \qquad 5.222\ (5)$$

für einen Trog oder Rücken ($\partial z/\partial x = 0$)

$$C = -(\partial^2 z/\partial x\, \partial t)/(\partial^2 z/\partial x^2), \qquad 5.222\ (6)$$

wobei $\partial^2 z/\partial x^2 > 0$ für Tröge, < 0 für Rücken zutrifft.

Ersetzt man $\partial z/\partial x$ durch die geostrophische Windkomponente v_g, so erhält man analoge Extrapolationsformeln, die nun lediglich Ableitungen erster Ordnung der Windgeschwindigkeit benützen und bei *zuverlässigen* Windanalysen weniger empfindlich gegenüber Analysendetails sind (Mulky 1955).

Für Hoch- und Tiefdruckzentren erhält man ($\partial z/\partial x = 0$, $\partial z/\partial y = 0$):

$$\begin{aligned} C_x &= -(\partial^2 z/\partial x\, \partial t)/(\partial^2 z/\partial x^2) \\ C_y &= -(\partial^2 z/\partial y\, \partial t)/(\partial^2 z/\partial y^2) \end{aligned} \qquad 5.222\ (7)$$

$\partial^2 z/\partial x^2 > 0$, $\partial^2 z/\partial y^2 > 0$ in Zyklonen, < 0 in Antizyklonen. x- und y-Achse müssen nicht unbedingt orthogonal sein.

Da sich bei den gebräuchlichen 12stündigen Abständen zwischen den synoptischen Terminen der Höhenkarten die Tendenzen $\partial/\partial t$ nur mangelhaft bestimmen lassen, bleibt die praktische Anwendbarkeit dieser Extrapolationsformeln beschränkt. Auf den Bodenwetterkarten mit dreistündigen Drucktendenzen liegen die Verhältnisse wesentlich günstiger. Außerdem ist zu beachten, daß in obigen Formeln die *augenblicklichen* Tendenzen maßgeblich sind. Da die geopotentiellen Höhenänderungen jedoch nur als Mittelwerte über die abgelaufenen 12 Stunden verfügbar sind, kann die Verlagerungsgeschwindigkeit C nur für den Mittelpunkt dieses Zeitintervalles, d. i. also 6 Stunden vor der letzten Höhenwetterkarte, berechnet werden und verliert somit bedeutend an prognostischem Wert.

An der Universität Chikago (Univ. of Chicago 1955, 1956) wurden verschiedene Methoden zur Vorhersage der Verlagerungsgeschwindigkeit von Trögen und Rücken im 500-mb-Niveau einer kritischen Prüfung unterzogen. Es zeigt sich nämlich, daß dieses Niveau den Steuerungsstrom besser wiedergibt, als das 300-mb-Niveau (California Inst. 1948, Johannessen et al. 1952). Die besten Resultate lieferte — besonders für Trogbewegungen — die Wellengleichung 3.251 (8) nach Petterssen (Johannessen et al. 1952). Es folgten dann mit etwas geringerer Qualität in der Treffsicherheit der Vorhersage: die Rossbysche Wellengleichung 3.251 (4) (Clapp 1944, Cressman 1949), die „box"-Methode der geostrophischen Advektion (vgl. Kap. 5.32) und die kinematische Extrapolationsformel 5.222 (6). Sämtliche dieser Methoden lieferten bessere Ergebnisse als lineare Extrapolation und kommen somit für die objektive Vorhersage der Wellen im Höhenströmungsfeld in Betracht. CAV-Trajektorien und Fjørtofts graphische Integrationsmethode blieben gegenüber den oben genannten Verfahren in der Qualität etwas zurück, erstere wohl deshalb, weil $Q = \text{const.}$ für isentrope Flächen besser erfüllt ist als für isobare (Calstead 1953).

Prognoseversuche in Norwegen (Breistein et al. 1952) ergaben unter Verwendung einer Extrapolationsformel, welche die Erhaltung der Vorticity berücksichtigt, in 52° Breite einen durchschnittlichen Vorhersagefehler von 4 Längengraden. Das Vorhersageresultat war im allgemeinen bei Trögen besser als bei Rücken.

5.223. Abnormale Änderungen der relativen Topographie 300/500 mb

Im amerikanischen Air Weather Service (U.S.A.W.S. 1956d) wurde eine Prognosemethode für die 300-mb-Topographie versucht, welche die nichtadvektiven, durch Erwärmung und Abkühlung entstandenen, Dickeänderungen 300/500 mb ins Kalkül zieht. Versuche mit dieser Methode ergaben befriedigende Ergebnisse.

Zunächst wird die relative Topographie 300/500 mb mit 50% der geostrophischen Windgeschwindigkeit der 500-mb-Fläche adheviert. Daß nur ein Bruchteil des geostrophischen Windes zur Advektion verwendet wird, entspricht der Tendenz der Atmosphäre, einen Teil der advehierten Temperaturänderungen durch nichtadvektive Erwärmung bzw. Abkühlung — hauptsächlich im Zusammenhang mit Vertikalbewegungen — zu kompensieren. Eine systematische Abweichung von den so prognostizierten Dicken stellt sich gegenüber den beobachteten Werten vor allem in Gebieten mit südlichen Strömungskomponenten ein, für welche die vorhergesagte Dickeänderung bis zu 250 Fuß zu groß ausfällt. In diesen Gebieten sorgt also besonders starke Aufgleitbewegung für exzessive Abkühlung. Anomalien mit entgegengesetztem Vorzeichen — bis zu 300 Fuß — sind vor allem mit nördlichen Strömungskomponenten assoziiert und deuten Absinkbewegungen an. Werden diese abnormalen Dickeänderungen (etwa +200 Fuß in Gebieten mit Strömung aus Norden, −200 Fuß in Gebieten mit südlicher Strömung) zu den durch geostrophische Advektion erhaltenen addiert, so erzielt man in der Regel eine bessere Übereinstimmung mit den tatsächlichen Änderungen der relativen Topographie, als durch geostrophische Advektion allein.

5.224. Extrapolation auf Grund geometrischer Zusammenhänge

Ebenfalls vom amerikanischen Air Weather Service (U.S.A.W.S. 1956d) wird folgende Prognosemethode für die relative Topographie 300/500 mb angegeben: Die relative Topographie wird der absoluten Topographie der 500-mb-Fläche desselben synoptischen Termins überlagert. Korrespondierende Schnittpunkte der relativen mit den absoluten Isohypsen an *charakteristischen Punkten* der Topographie (z. B. an Trögen und Rücken) werden in die 500-mb-Vorhersagekarte übertragen, und daraus konstruiert man die neue relative Topographie. Die Dickelinie, welche also eine gewisse Isohypse der 500-mb-Fläche im Trog schneidet, soll demnach auch auf der Vorhersagekarte dieselbe Isohypse in der neuen Trogposition schneiden. Hat man die Vorhersage der relativen Topographie 300/500 mb, so kann man durch graphische Addition zur 500-mb-Vorhersage die Prognose der 300-mb-Fläche erhalten.

Keine der oben angegebenen Vorhersagemethoden für die 300-mb-Fläche ist in allen Fällen zuverlässig. Vor allem ist der Wert der Prognose dann zweifelhaft, wenn im Prognosezeitraum starke Entwicklungen, wie z. B. Vertiefung oder Auffüllung von Zyklonen usw., erwartet werden müssen. Mit zunehmender Länge des Prognosezeitraumes verliert jede Vorhersage an Zuverlässigkeit. Im Flugwetterdienst stehen in der Regel zwölfstündige Höhenwetterkarten zur Verfügung, so daß die Extrapolationsspanne nur selten 20 Stunden übersteigt — dies allerdings bei Interkontinentalflügen über beobachtungsmäßig und dadurch auch prognosemäßig schlecht belegten Gebieten. Für kürzere Zeiträume lassen die oben angeführten Methoden jedoch durchaus brauchbare Abschätzungen der zu erwartenden Höhenströmung zu.

5.23. Verwendung von Kontinuitätsdiagrammen

Die in Kap. 3.26 beschriebenen Arten von Kontinuitätsdiagrammen lassen eine Extrapolation der Trog- und Rückenpositionen zu. Wenn dadurch auch kein detailliertes Bild der entsprechenden Topographie (500 oder 300 mb) vermittelt wird, so leisten sie doch gerade in Gebieten mit spärlichen Beobachtungen wertvolle Dienste und füllen dadurch teilweise die Lücke, die durch die Unzuverlässigkeit der unter 5.22 geschilderten Methoden in diesen Gebieten entsteht.

Die Extrapolation der Wellenpositionen in den Kontinuitätsdiagrammen erfolgt nach klimatologischen Mittelwerten, wobei der Gruppengeschwindigkeitseffekt besonders zu berücksichtigen ist. Das Meridional-Zirkulationsdiagramm (Reiter 1958a) gibt wertvolle Hinweise auf die mittlere Windstärke in Nord-Süd-Richtung, was der Flugroutenplanung für Transatlantik- und Transpazifikflüge besonders zugute kommt; es kann daher als Hilfsmittel zur Berechnung der optimalen Route herangezogen werden. Die Stärke der Zonalkomponente der Windgeschwindigkeit ist derartigen Diagrammen allerdings nicht zu entnehmen. Zu deren Abschätzung müssen über Gebieten mit mangelhaften Beobachtungen Zeitschnitte und geostrophische bzw. Gradientwindberechnungen herangezogen werden.

5.3. Prognose des Geschwindigkeitsfeldes

Wie bereits zu Eingang dieses Abschnittes angedeutet wurde, geben geostrophische Windberechnungen aus den Vorhersagekarten nur unbefriedigende Resultate, einerseits wegen gewisser Glättungstendenzen, anderseits wegen der wichtigen Rolle der ageostrophischen Strömungskomponenten. Aus diesen Gründen konnte bisher keine numerische Prognosemethode für das Windgeschwindigkeitsfeld entwickelt werden, welche die Qualität der kinematischen Extrapolationsmethoden erreichen würde. Im folgenden sollen etliche dieser Prognoseverfahren im Detail besprochen werden.

5.31. Berechnung der Isotachengeschwindigkeit nach kinematischen Methoden

Von RIEHL und JENISTA (1952, vgl. RIEHL, LA SEUR et al. 1952, SHERMAN et al. 1953) wurde eine Methode ausgearbeitet, die zur Berechnung der Verlagerungsgeschwindigkeit eines Isotachenfeldes geeignet erscheint. Es wird von den in Kap. 5.222 angegebenen kinematischen Formeln ausgegangen.

Entlang der Stromlinien einer reibungsfreien Strömung gilt

$$dV/dt = \partial V/\partial t + V \cdot \partial V/\partial s = -g\,(\partial z/\partial s)_p. \qquad 5.31\,(1)$$

Die Eigengeschwindigkeit C einer Isotache ($V = \text{const.}$) ist laut Gl. 5.222 (3) gegeben durch

$$C_i = -\,(\partial V/\partial t)/(\partial V/\partial s). \qquad 5.31\,(2)$$

Somit ist

$$(V - C_i)\,\partial V/\partial s = -g\,\partial z/\partial s$$

und

$$C_i = V + g\,[(\partial z/\partial s)/(\partial V/\partial s)] = = V + g\,(\Delta z/\Delta V)_s. \qquad 5.31\,(3)$$

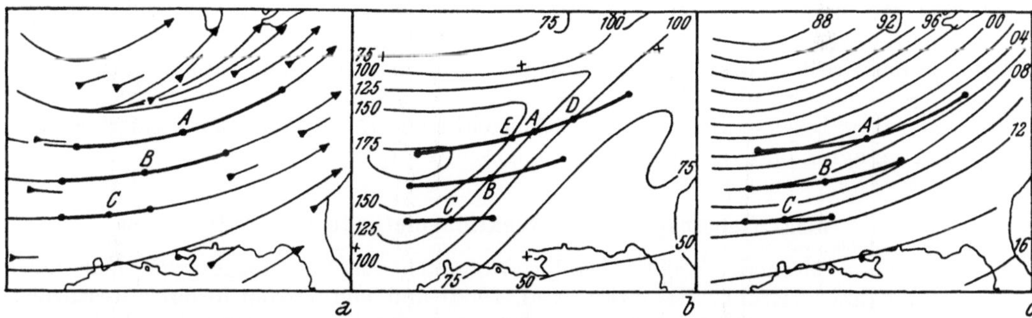

Abb. 5.31. Zur Berechnung der Fortbewegungsgeschwindigkeit von Isotachen. a) Stromlinien (300 mb), 2. November 1951, 04.00 GCT. b) Isotachen in Knoten (300 mb), derselbe Termin; überlagert sind die Stromlinien durch die Punkte A bis E. c) 300-mb-Topographie in 200 Fuß Konturenabstand, mit überlagerten Stromlinien durch die Punkte A, B, C. (RIEHL und JENISTA 1952)

Für ein Windgeschwindigkeitsmaximum oder -minimum gilt laut Gl. 5.222 (7)

$$C_m = -\,(\partial^2/\partial s\,\partial t)/(\partial^2/\partial s^2),$$

also

$$C_m = V + g\,(\Delta^2 z/\Delta^2 V). \qquad 5.31\,(4)$$

Gl. (4) war von RIEHL nicht erprobt worden. Gl. (3) gab im allgemeinen bessere Ergebnisse als eine geostrophische Windberechnung aus der 300-mb-Prognosekarte.

Der Prognosevorgang ist folgender: Zur Verfügung stehen eine Stromlinien- und eine Isotachenanalyse der 300-mb-Fläche und die absolute Topographie der 300-mb-Fläche mit 200 Fuß Isohypsenabstand (Abb. 5.31). Die Geschwindigkeit der Isotachen soll in den Punkten A bis E bestimmt werden.

Das Berechnungsbeispiel für den Punkt A sei hier angeführt: $\Delta s/2$ sei das Stromlinienstück zwischen dem Punkt A auf der 125-Knoten-Isotache und jenem Punkt stromaufwärts von A, an dem Stromlinien und Konturlinien parallel sind (Abb. 5.31c). Dieser Punkt liegt im Strahlstrommaximum (Abb. 5.31b). Ein gleich weit entfernter Punkt stromabwärts liefert die volle Entfernung Δs. Der Geschwindigkeitsabfall längs Δs beträgt $\Delta V = 85 - 175 = -90$ Knoten. Δz ist, über dieselbe Distanz gemessen,

+350 Fuß (Abb. 5.31c). Somit ist $g \cdot \Delta z/\Delta V \cong -50$ Knoten und $C = 75$ Knoten. Analog erhalten wir für den Punkt B eine Geschwindigkeit $C = 95$ Knoten, für Punkt C ebenfalls 95 Knoten, für D 55 Knoten und für E 105 Knoten.

Im vorliegenden Fall wird also das Isotachenfeld im Norden rascher bewegt als im Süden und außerdem der Geschwindigkeitsgradient im Norden verschärft.

Als Stromlinienprognose muß eine Vorhersage der 300-mb-Topographie herangezogen werden (vgl. Kap. 5.2). Aus den gegenwärtigen und den vorhergesagten Stromlinien werden die Trajektorien berechnet. Eine gangbare Methode hierfür gibt PETTERSSEN (1956) an. Die Isotachen werden mit der oben berechneten Geschwindigkeit entlang dieser Trajektorien advehiert. Man erhält auf diese Weise die Vorhersagekarte des Windgeschwindigkeitsfeldes, welche nun an Hand der 300-mb-Prognose auf ihre Konsistenz hin geprüft werden muß.

Da es sich bei der angegebenen Methode um eine rein kinematische Extrapolation handelt, kann keine Neubildung von Geschwindigkeitsmaxima oder Isotachen prognostiziert werden. Bewegt sich jedoch das rückwärtige Ende eines Strahlstrommaximums langsamer als seine Vorderfront, so kann in den meisten Fällen auf eine Verstärkung des Maximums geschlossen und dies in der Analyse berücksichtigt werden.

Versuche zeigten, daß der Fehler bei der Prognose der Windgeschwindigkeit im Mittel größer war als bei der Windrichtung. In rund 60% der Fälle war der Vorhersagefehler in der Geschwindigkeit jedoch kleiner als 25%. Die größeren Fehler in der Geschwindigkeitsprognose rühren von Extrapolationen auf der zyklonalen Seite eines Strahlstrommaximums her, wo infolge der großen horizontalen Windscherung bereits ein geringer Positionsfehler zu großen Differenzen zwischen vorhergesagter und beobachteter Windgeschwindigkeit führen kann.

5.32. Geostrophische Advektionsmethode („box"-Methode)

Diese Methode, welche bereits erfolgreich für Vorhersagen von Hurrikan-Zugbahnen (RIEHL, HAGGARD et al. 1956) und von Trögen in einer westlichen Höhenströmung (Univ. of Chicago 1956) verwendet wurde, gründet ebenso wie einige der oben beschriebenen Methoden auf der Annahme, daß das Strahlstrommaximum mit einem gewissen Prozentsatz des mittleren geostrophischen Windes seiner Umgebung advehiert wird. Diesen geostrophischen Steuerungsstrom findet man, indem man die mittleren Druckgradienten längs der Seiten eines Rechteckes („box") mißt, dessen Mittelpunkt im Jet-Maximum liegt.

Für die Strahlstromprognose erwies sich ein Rechteck der in Abb. 5.32.1 gezeigten Art als zweckmäßig (REITER 1957c, 1958c). Die Seitenlänge wurde empirisch mit 15 Breitengraden und 20 Längengraden (für den Bereich der USA) so gewählt, daß einerseits die Fläche groß genug ist, so daß die Wellenstörung und das Strahlstrommaximum selbst keinen Einfluß mehr auf den steuernden Strom haben. Andererseits darf sie nicht zu groß sein, so daß der Grundstrom, welcher nur für dieses Gebiet und diese Störung maßgeblich ist, erfaßt wird. Die Größe des Netzes ist bei dieser Prognosemethode also eine Funktion des Maßstabes des vorherzusagenden Phänomens.

In Abb. 5.32.2 ist die Verschiebung des Strahlstrommaximums in meridionaler Richtung mit den zonalen Höhendifferenzen aus der „box" korreliert. In der Ordinate ist

$$\Sigma \Delta_z h = (h_3 - h_1) + (h_5 - h_4) + (h_8 - h_6) \qquad 5.32\,(1)$$

aufgetragen. Die Indizes beziehen sich auf die Punkte in Abb. 1. Die Abszisse der Abb. 2 enthält die Geschwindigkeit der Strahlstrommaxima in Breitengraden pro Tag. Die Regression für die Verschiebung der Maxima in meridionaler Richtung (Breitengrade pro Tag) lautet

$$D_m = 0{,}1\ \Sigma\Delta_z\, h + 3. \qquad 5.32\ (2)$$

Analog wurde für die Verschiebung in zonaler Richtung eine Beziehung mit der meridionalen Höhendifferenz

$$\Sigma\Delta_m\, h = (h_6 - h_1) + (h_7 - h_2) + (h_8 - h_3) \qquad 5.32\ (3)$$

gesucht, doch konnte keinerlei Korrelation gefunden werden. Die untersuchten Fälle zeigten lediglich eine Streuung von $\pm 2°$ um den in Tab. 3.241 angegebenen Mittelwert für die Geschwindigkeit von kurzen Wellen von etwa 12 Längengraden pro Tag. Der klimatische Mittelwert für die Ostwärtsverlagerung wird also in der Regel befriedigende Prognoseergebnisse liefern, denn ein Fehler von 2° ist in Anbetracht der Tatsache, daß die Position des Strahlstrommaximums in longitudinaler Richtung mit den gegenwärtigen Beobachtungsmethoden nicht genau bestimmbar ist, nicht schwerwiegend. Auf die Qualität der Höhenwindprognose hat dieser Fehler bei zonal gerichteten Strahlströmen wenig Einfluß, denn $\partial u/\partial y \gg \partial u/\partial x$. Bei Low-Index-Lagen mit großen Amplituden im Strömungsfeld kann aber auch $\partial u/\partial x$ beträchtliche Werte annehmen. Es sind gerade diese Fälle, in denen die Ostwärtsverlagerung der Wellen erheblich vom klimatischen Mittelwert abweicht. Derartigen Wetterlagen muß also in der Höhenwindprognose besonderes Augenmerk geschenkt werden.

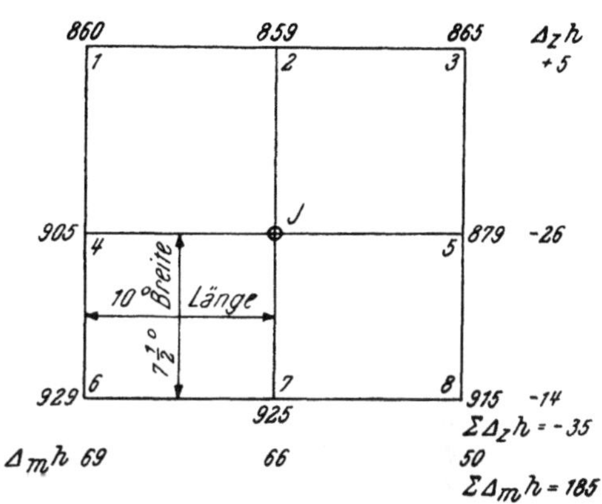

Abb. 5.32.1. Netz zur Berechnung der geostrophischen Advektion eines Strahlstrommaximums. Die Zahlen am Rande des Rechteckes sind Höhen der 300-mb-Topographie in Dekametern

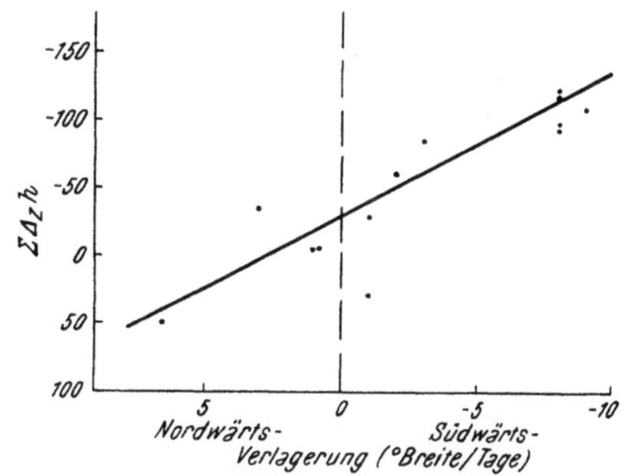

Abb. 5.32.2. Korrelation zwischen zonalem Höhengradienten der 300-mb-Topographie und der Verlagerung der Strahlstrommaxima in meridionaler Richtung während der darauffolgenden 24 Stunden

Eine bemerkenswerte Tatsache ist aus Abb. 5.32.3 ersichtlich. Auf der Ordinate ist das Verhältnis $\Sigma\Delta_z\, h/\Sigma\Delta_m\, h$ aufgetragen, auf der Abszisse der Gesamtbetrag D der Verlagerung während 24 Stunden (in Breitengraden pro Tag) ohne Rücksicht auf die Zugrichtung. Die Streuung der Punkte in dieser Abbildung ist bemerkenswert gering. $\Sigma\Delta_z\, h/\Sigma\Delta_m\, h$ stellt für die zentralen Vereinigten Staaten, wo 15 Breitengrade ungefähr 20 Längengraden äquivalent sind, den Tangens der Richtung des geostrophischen Steuerungsstromes dar. Somit wandern Strahlstrommaxima am schnellsten, wenn sie aus Nordwesten kommen ($\Sigma\Delta_z\, h/\Sigma\Delta_m\, h = -1$) und verlangsamen ihre

Zuggeschwindigkeit merklich, wenn sie den Langwellentrog umrunden. Das Beobachtungsmaterial, welches in Abb. 3 verwendet wurde, war nicht sehr umfangreich und es bedürfte weiterer Studien, um diese Ergebnisse zu erhärten.

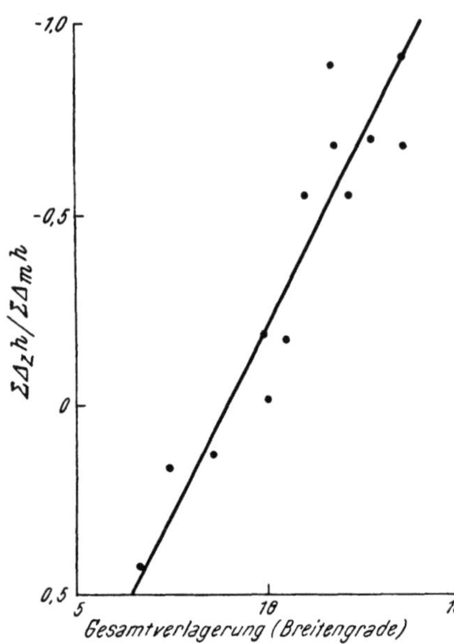

Abb. 5.32.3. Korrelation zwischen dem Verhältnis des zonalen zum meridionalen Höhengradienten und der Gesamtverlagerung der Strahlstrommaxima in den darauffolgenden 24 Stunden, ohne Rücksicht auf die Verlagerungsrichtung

Aus einer Kombination von D_m [Gl. (2)] und D (Abb. 3) kann die Position des Strahlstrommaximums über 24 Stunden vorhergesagt werden: Zunächst wird im Abstand D_m von der gegenwärtigen Position des Jet-Maximums eine breitenkreisparallele Linie gezeichnet, welche die meridionale Verlagerung angibt, dann wird mit einem Zirkel von der gegenwärtigen Position des Jet-Maximums aus der Abstand D aufgetragen. Der Schnittpunkt ergibt die Vorhersageposition.

Dieses Vorhersageverfahren versagt jedoch, wenn $D_m > 7{,}5$ Breitengrade pro Tag ist, denn es wäre dann $D < D_m$. Mit dem Vorkommen derartiger Fälle muß gerechnet werden.

Abb. 5.221 zeigt zwei Vorhersagen, die am 26. Februar 1954, 15.00 GCT, und am 27. Februar, 03.00 GCT, mit der „box"-Methode gemacht wurden. Sie sind durch je einen durchkreuzten Kreis in der Abbildung gekennzeichnet. Während die Vorhersage für 27. Februar, 15.00 GCT, schlechter ist als die mit der Kontrolllinienmethode gewonnene, zeigt die Prognose für 28. Februar, 03.00 GCT, beachtliche Qualität, obwohl während der vergangenen 24 Stunden die Zugbahn des Jet-Maximums ihre Krümmung geändert hat.

5.33. Die Kontrollinienmethode und die Prognose der Schicht maximalen Windes

Das Hauptproblem einer guten Strahlstromprognose besteht in der zuverlässigen Festlegung der Position der Jet-Stream-Achse. Verhältnismäßig geringe Verschiebungen in der Achsenposition können wegen der großen horizontalen Windscherungen zu bedeutenden Irrtümern in der Prognose der Windgeschwindigkeit führen.

Das Grundsätzliche der Kontrollinienmethode wurde bereits in Kap. 5.221 besprochen und auch zwei Beispiele für die Verlagerung von Strahlstrommaxima und Trog- und Rückenpunkten auf der Strahlstromachse wurden angeführt (Abb. 5.221). Die Deformation der Strahlstromachse während der nächsten 24 Stunden kann mit dieser Methode im allgemeinen sehr befriedigend prognostiziert werden. Eine zusätzliche Vorhersage der Intensitätsänderung des Strahlstrommaximums und der Parameter, welche die Schicht maximalen Windes bestimmen, würde somit das dreidimensionale Windfeld während des Prognosezeitraumes bestimmen.

Abb. 5.33 enthält einen Zeitquerschnitt der Windgeschwindigkeit durch ein Strahlstrommaximum, welches einen Langwellentrog in der Zeit zwischen 26. Februar und 2. März 1954 umrundete. Man sieht, daß die Geschwindigkeiten im Strahlstromzentrum und auch die Scherungen an der zyklonalen Seite während des ganzen Zeitraumes nahezu konstant blieben. Der geringe Abfall der Geschwindigkeit im Zentrum würde bei einer 24stündigen Prognose kaum in Erscheinung treten. Die Scherungsänderung auf der antizyklonalen Seite, die besonders am 28. Februar deutlich wird, rührt von einer Fusion des polaren Strahlstromes mit dem subtropischen her, die vorzugsweise in diesem Gebiet stattfindet und daher in einer Höhenwindprognose entsprechend berücksichtigt werden kann. Hielte man also die Strahlstromintensität für 24 Stunden konstant, so würde man im Mittel einen Fehler von kaum 10% in der Abschätzung der Windgeschwindigkeit machen. (Der stärkere Abfall in der Windgeschwindigkeit an der amerikanischen Ostküste ist beobachtungsmäßig nur schlecht belegt.)

Zeitschnitte für die Höhe der Schicht maximalen Windes und deren Dicke zeigen ebenfalls eine auffallende Erhaltungstendenz dieser Parameter in der Umgebung des Strahlstromzentrums. Somit scheint eine Prognose des dreidimensionalen Windfeldes, welche sich diese Erhaltungstendenz zunutze macht, große Wahrscheinlichkeit für Verifikation zu besitzen. Die Vorhersage dieser Parameter und auch der Konfiguration der Strahlstromachse ist mit der 300-mb-Prognose auf Konsistenz zu prüfen.

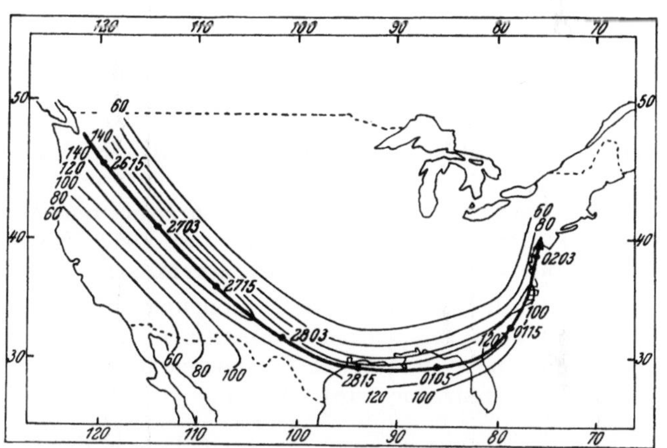

Abb. 5.33. Zeitquerschnitt der Isotachen der SMW (Knoten). Die dicke Linie gibt die Zugbahn des Strahlstrommaximums zwischen 26. Februar und 2. März 1954 an. Die Analyse zeigt die Windscherungsverhältnisse zu beiden Seiten der Strahlstromachse entlang einer Normalen zur Achse im Jet-Maximum

In einem vom amerikanischen Air Weather Service (U.S.A.W.S. 1956d) ausgearbeiteten Verfahren werden die 24stündigen Höhenänderungen des *Niveaus* maximalen Windes extrapoliert, ebenso die Konfiguration der Isolinien der vertikalen Windscherung ober- und unterhalb des Strahlstromniveaus. Die Prognose wird an Hand der 300-mb-Vorhersage überprüft. Harmantas et al. (1958) schlagen die Berechnung der vertikalen Windscherung aus der Prognose der relativen Topographien 300/500 bzw. 200/300 mb vor. Mit Hilfe dieser Scherungen könnte vom 300-mb-Niveau aus die Windgeschwindigkeit im Flugniveau extrapoliert werden.

Auf Grund der Vorhersage der SMW, unter Berücksichtigung ihrer vertikalen Struktur (Kap. 4.231), lassen sich Windprognosen auch für stratosphärische Niveaus erstellen. Dieser Umstand ist besonders für den Düsenluftverkehr von Bedeutung. Im allgemeinen wird die Qualität der Prognose mit der Entfernung vom 300-mb-Niveau abnehmen (Sutcliffe et al. 1954). Da die Windgeschwindigkeiten in höheren Niveaus jedoch schwächer sind, spielen prozentuelle Vorhersagefehler für Flugroutenplanungen keine so bedeutende Rolle mehr.

6. Strahlstrom und Wetter

6.1. Zyklonenmodelle

Unter dem „Wetter" eines bestimmten Ortes zu einer bestimmten Zeit verstehen wir die Resultante aus dem jeweiligen *atmosphärischen Zustand* und der *atmosphärischen Bewegung*. Der Zustand der Atmosphäre ist durch die Luftmassencharakteristika gegeben, welche über weite Räume hin einem Luftkörper — mehr oder weniger gleichmäßig verteilt — anhaften. Es war besonders die Meteorologie der dreißiger Jahre, welche in einer luftmassenmäßigen Betrachtungsweise (SCHINZE und SIEGEL 1943) die Probleme der Wetteranalyse und -prognose befriedigend zu lösen glaubte. Die Bemühungen der Forschung richteten sich vor allem auf die Erstellung eines Zirkulationsmodells, welches die atmosphärischen Wetterabläufe befriedigend zu veranschaulichen und zu erklären vermag. Als Krönung dieser meteorologischen Forschungsrichtung kann wohl die norwegische Polarfronttheorie angesehen werden, welche ihr Hauptaugenmerk auf die mehr oder weniger scharf definierten Grenzflächen zwischen verschieden gearteten Luftkörpern richtete. Ein verhältnismäßig breiter Raum in dieser Theorie war bereits dem zweiten der oben erwähnten Gesichtspunkte — der *Bewegung* der Luftmassen — gewidmet.

6.11. Die Polarfronttheorie

Es würde den Rahmen dieses Buches weit überschreiten, wollte man die Details und die historische Entwicklung dieser Theorie eingehend schildern. Es sei hier auf die ursprüngliche Literatur (BJERKNES und SOLBERG 1921) sowie auf die verschiedenen meteorologischen Lehr- und Handbücher verwiesen (DEFANT und DEFANT 1958, GODSKE et al. 1957, HALTINER und MARTIN 1957, HANN-SÜRING 1939, MALONE 1951, PETTERSSEN 1956).

Im wesentlichen beruht das Zyklonenmodell der norwegischen Meteorologenschule auf zwei verschieden temperierten Luftkörpern, welche in einer stark baroklinen Zone — der „Front"[1] — aneinandergrenzen. Die Neigung dieser Grenzfläche bzw. Grenzzone wird näherungsweise durch die MARGULESsche Formel

$$\tan \varepsilon = \frac{f}{g} \cdot \frac{(\varrho\, V_g - \varrho'\, V_g')}{\varrho - \varrho'} \qquad 6.11\ (1)$$

ausgedrückt. Aus dieser Gleichung geht hervor, daß eine Grenzfläche mit bestimmter Neigung nur dann stabil ist, wenn ein Windgeschwindigkeitsgradient normal zur Grenzfläche besteht, derart, daß die Warmluft sich relativ zur Kaltluft ostwärts bewegt.

Nach der Polarfronttheorie wird nun angenommen, daß durch die Wirkung senkrecht zur Frontfläche angreifender Störungskomponenten der Windgeschwindigkeit eine Deformation der Fläche entsteht, die einen labilen Charakter aufweist und sich von einer Wellenstörung über das Stadium einer Zyklone bis zum Okklusionsprozeß und zur schließlichen Verwirbelung vergrößert.

Diese Theorie trug viel zur Veranschaulichung der Wetterabläufe bei, doch war sie insofern ein Hemmschuh für die meteorologische Forschung, als man das

---

[1] Dieser Ausdruck wurde von BJERKNES und SOLBERG wohl unter dem Eindruck der Ereignisse des ersten Weltkrieges geprägt.

Hauptaugenmerk auf die Vorgänge in den bodennahen Luftschichten richtete und die Erforschung der Strömungsverhältnisse in der höheren Atmosphäre hintanstellte. Außerdem war durch eine zu greifbare Anschaulichkeit, besonders im Begriff der „Front", die Gefahr gegeben, daß Merkmale dieses Begriffes aus dem Sachgebiet, dem er entlehnt wurde, stillschweigend auf die Meteorologie übertragen wurden. So zeigte sich, wie später noch ausführlicher gezeigt werden soll, daß die „Front" im Strahlstrombereich nicht als eine substantielle Grenzfläche zwischen zwei Luftmassen aufgefaßt werden kann (FLOHN 1958b).

Die Schwierigkeiten, mit welchen die Polarfronttheorie von vornherein zu kämpfen hat, sind leicht einzusehen. Wir wollen annehmen, daß sich in Bodennähe eine Störungskomponente in der Warmluftströmung entwickelt hat, welche die Bildung eines Warmsektors einleitet. Diese Perturbation würde bewirken, daß die Warmluftmassen in einer Ausbuchtung nach Norden gegen die Kaltluftmassen geführt werden. Dieser Vorgang würde jedoch eine *Strömungskonvergenz* hervorrufen, welche in einem *Druckanstieg* resultieren würde. Zyklogenese wird jedoch von *Druckfall* eingeleitet. Der aus der Strömungskonvergenz zu erwartende Druckanstieg würde der Störung entgegenwirken, auf sie also dämpfend wirken und eine frontolytische Entwicklung einleiten. Tatsächlich wird jedoch die Bildung eines zyklonalen Wirbels gleichzeitig mit Bodendruckfall beobachtet. Das Argument, daß die nach Norden strömende Warmluft den Platz von Kaltluft vertritt und wegen ihrer geringeren Dichte einen Druckfall am Boden bewirkt, kann den Einwand nicht entkräften, daß der *Beginn* der Wellenströmung durch Konvergenz und Druckanstieg gekennzeichnet sein müßte (vgl. auch RAETHJEN 1949, HOLLMANN 1953).

Die Dichteunterschiede zwischen Warm- und Kaltluft vermöchten auch kaum den starken Bodendruckfall zu erklären, welcher der Entwicklung einer Frontalzyklone vorausgeht, noch bevor in den bodennahen Luftschichten ausgeprägte Störungskomponenten der Windgeschwindigkeit normal zur Grenzfläche in Erscheinung treten. Man ist daher zu dem Schluß gezwungen, daß die *zyklogenetischen Merkmale einer Bodendrucktendenz durch Vorgänge in höheren Schichten hervorgerufen werden*. Die Zyklogenese wird somit zu einem baroklinen Problem, bei dem das Windfeld eine Funktion der Höhe ist. Bodenkonvergenz wird von Höhendivergenz überlagert, die wiederum im Strahlstrombereich ihre maximalen Werte erreicht. Die Baroklinität als Voraussetzung dafür ist auch der Grund, warum numerische Prognosen, die auf *barotropen* Modellen beruhen, die zyklogenetischen Prozesse nur schlecht erfassen (BJERKNES 1954, BJERKNES und HOLMBOE 1944, HINKELMANN 1956, HOLLMANN 1953, REUTER 1955). Studien dieser Art (vgl. auch BJERKNES 1951) führten zu einer Revision der Polarfronttheorie, die man nun in ihrer umgearbeiteten Form als „*Vorticity-Advektions-Theorie*" bezeichnen könnte.

Überdies treten in der Praxis oft Abweichungen im Wettergeschehen ein, die sich nur schwer in das norwegische Zyklonenmodell eingliedern lassen, wie z. B. ausgedehnte Niederschläge im Warmsektor oder weitab von jeder Front. Es zeigt sich, daß für diese Erscheinungen die Erklärung ebenfalls in der Höhenströmung und deren Divergenz-Verteilung gesucht werden muß (DAHLER 1954). Die Bedeutung von Luftmassen und Fronten tritt somit in der modernen Meteorologie immer mehr in den Hintergrund, um von der Betrachtung der kontinuierlichen Felder von Druck und Temperatur abgelöst zu werden, welche breite, oft diffuse barokline Zonen enthalten, die auf das Wettergeschehen ihren entscheidenden Einfluß ausüben (REED 1957a).

6.12. Die Vorticityadvektions-Theorie

6.121. Vorticity und Divergenz — ihr Einfluß auf das Wettergeschehen

Die Vorticityadvektions-Theorie geht von der Betrachtung der Vorticitygleichung 1.233 (7) aus. In den meisten Fällen kommt man bei einer qualitativen Beurteilung der Zyklogenese oder Antizyklogenese mit der Annahme von *isobaren* Bewegungen als erste Annäherung aus, so daß die Vorticitygleichung in der einfachen Form 1.233 (6) unter Weglassung der Terme für die Vertikalbewegung verwendet werden kann. Diese Gleichung besagt, daß die relative Abnahme der absoluten Vorticity eines Luftteilchens entlang seiner Stromlinie gleich ist der horizontalen Divergenz der Strömung.

$$\frac{1}{Q}\frac{dQ}{dt} = -D. \qquad 6.121\ (1)$$

In vielen Fällen sind jedoch für die Zyklogenese auch die hier vernachlässigten Terme der Vorticitygleichung durch vertikale Vorticityadvektion und durch Umwandlung horizontaler in vertikale Vorticity von Einfluß (vgl. Kap. 4.221, ESTOQUE 1955, NEWTON 1954, RAETHJEN 1953b, REED 1951, SHERMAN 1953). Es muß daher in diesen Fällen die vollständige Vorticitygleichung 1.233 (7) herangezogen werden (VAN MIEGHEM 1956, SAWYER 1958, STALEY 1960).

Der zyklogenetische Einfluß der Vorticityadvektion würde obiger Gleichung zufolge bei gleichbleibenden Vorticitygradienten entlang der Stromlinien um so stärker sein, je kleiner der Absolutwert der Vorticity ist. Dies mag als Erklärung dafür dienen, daß die stärkste und häufigste Zyklogenese am Polarfront-Jet im Mittel dort auftritt, wo seine Position in niederen Breiten verläuft (vgl. PETTERSSEN 1950). Auf der antizyklonalen Seite eines Strahlstrommaximums wäre, da die absolute Vorticity in diesem Gebiet annähernd Null ist, mit einem verstärkten Divergenzfeld zu rechnen. Andererseits ist in diesem Gebiet $\mathbf{v} \cdot \nabla Q$ klein oder gar Null, so daß Gl. 6.121 (1) in diesem Gebiet eine unbestimmte Form annimmt, deren Wert erst durch weitere Differentiation bestimmt werden könnte. Es ist außerdem anzunehmen, daß die in Gl. (1) vernachlässigten vertikalen Terme der Vorticitygleichung in diesem Gebiet von relativ großem Einfluß auf die Divergenzentwicklung sind.

Schematisch gesehen kann man bei einem Jet-Maximum vier Sektoren unterscheiden, die je nach Überwiegen von Krümmungs- oder Scherungsvorticity deutlich ausgeprägt sind. Nehmen wir zunächst einen geradlinigen Strömungsverlauf an (Krümmungsvorticity gleich Null), so liegen die Verhältnisse besonders einfach. Abb. 4.122.3 zeigt die aus der Vorticityadvektion [Gl. 6.121 (1)] resultierende Divergenzverteilung. In guter Übereinstimmung mit diesem Höhenströmungsmodell stehen die Ansichten der Polarfronttheoretiker über die Bildung von Zyklonenfamilien (vgl. FLOHN 1959a, BLEEKER 1949, 1950).

Der Wetterablauf am Boden folgt demselben Schema, das von der norwegischen Schule aufgestellt wurde, doch löst die Betrachtung der Vorticityadvektion in der Höhenströmung die Schwierigkeiten der Phasenverschiebung zwischen beginnender Wellenstörung und Drucktendenz, mit denen die Polarfronttheorie zu kämpfen hatte. Das Primäre ist nun nämlich die *Höhendivergenz* im linken vorderen bzw. rechten rückwärtigen Quadranten eines Jet-Maximums. Diese Höhendivergenz leitet einen Druckfall am Boden ein, der nun seinerseits die Voraussetzungen für die beginnende Wellenstörung an der Bodenfront und für Konvergenz und Zyklogenese am Boden schafft.

Ob nun tatsächlich Zyklogenese eintritt, d. h. ob sich eine *Frontalzyklone* mit in sich geschlossenen Isobaren bildet, hängt von verschiedenen Umständen ab, die nicht immer erfüllt sein müssen. *Daher ist nicht jeder Jet Stream von einer Zyklone begleitet, wohl aber jede Zyklone von einem Jet Stream, wobei die Zyklone durch ihren Lebenszyklus den Strahlstrom verändert* (VEDERMAN 1954, TEWELES 1954).

Soll sich ein zyklonaler Wirbel am Boden aus einer anfangs ungestörten Strömung bilden, so ist vor allem folgendes zu bedenken: In Bodennähe tritt auf verhältnismäßig engem Raum (Größenordnung 10^6 km^2) eine Konzentration zyklonaler Vorticity in Erscheinung, welche durch Bodenreibung ständig aufgebraucht wird, daher im Falle einer sich vertiefenden Zyklone ständig neu nachgeliefert werden muß (STARR 1953a). Dies könnte dadurch geschehen, daß Luftmassen mit ursprünglich schwacher zyklonaler Vorticity am Boden in den Bereich der sich bildenden Zyklone einbezogen werden und einerseits durch diesen Import andererseits durch die auftretende Strömungskonvergenz im Sinne der Gl. 6.121 (1) die zyklonale Rotation verstärken. Da diese Luftmassen jedoch einen verhältnismäßig weiten Weg in der bodennahen Reibungsschicht zurücklegen müßten, um in den Einflußbereich der Zyklone zu gelangen, und dabei ihre Vorticity zum Großteil an die Erdoberfläche abgeben würden, ist kaum damit zu rechnen, daß eine durch Höhendivergenz hervorgerufene Zyklogenese durch die nun einsetzende Bodenkonvergenz am Leben erhalten oder gar verstärkt würde. Die Polarfronttheorie vermittelt uns also auch hierin ein Bild, das den tatsächlichen Verhältnissen nicht voll genügt.

Um den Verbrauch an positiver Vorticity und darüber hinaus noch deren Zunahme in einer sich vertiefenden Zyklone zu erklären, müssen wir vielmehr annehmen, daß ein ausreichender Nachschub an zyklonaler Wirbelgröße aus dem Konvergenzgebiet der Höhenströmung gegen den Boden hin erfolgt (FISHER 1956, SPAR 1956, SPAR et al. 1955). Dies stimmt auch tatsächlich mit den synoptischen Gegebenheiten überein: Starke zyklonale Isobarenkrümmung beobachtet man auf den Bodenwetterkarten in der absinkenden Kaltluft, während im Warmsektor die Isobaren nahezu geradlinig verlaufen. Wie DANIELSEN (1959) zeigte, kommen die absteigenden Luftmassen, einer Isentropenfläche folgend, aus höheren (unter Umständen stratosphärischen) Niveaus; ein Teil ihrer zyklonalen Vorticity geht allerdings unter Beibehaltung der potentiellen Vorticity [Gl. 1.235 (4)] durch horizontale Divergenz verloren, wenn die Luftmassen unter gleichzeitiger Stabilisierung am Boden ausfließen (AUSTIN 1954, REED und SANDERS 1953). Es werden jedoch auch Atmosphärenschichten mit einem vertikalen Gradienten der Abwärtsbewegung beobachtet, derart, daß sich eine vertikale Einheitsschicht dehnt und gleichzeitig labilisiert, was laut Gl. 1.235 (4) zu einer Verstärkung der zyklonalen Vorticity führt (RAETHJEN 1955). Diese Vorgänge scheinen sich besonders in der mittleren Troposphäre auf der Rückseite einer Zyklone abzuspielen. Auf der Vorderseite (feuchtadiabatisch) unter Niederschlagsbildung aufsteigende Luftmassen, die sich während des Aufgleitvorganges labilisieren, würden ebenfalls in zunehmendem Maße zyklonale Vorticity annehmen (vgl. KRUHL 1952, RAETHJEN 1953a).

Der zyklogenetische Einfluß dieses nichtadiabatischen Kondensationsvorganges wurde auch von KLEINSCHMIDT (1950, 1951) als Ursache für die Bildung potentieller zyklonaler Vorticity interpretiert, die wiederum für den zyklogenetischen Prozeß von Bedeutung sei. Da dieser Aufgleitvorgang als Vorticityquelle jedoch erst nach beginnender Zyklogenese wirksam wird, kann man ihn nur als Verstärkungsprozeß betrachten. Der ursprüngliche Anstoß kommt durch eine Advektion potentieller Vorticity mit dem Strahlstrom aus stromaufwärts liegenden Gebieten.

Die vertikale Dehnung und die Labilisierung der unteren Atmosphärenschichten, die laut Gl. 1.235 (4) zu Vorticityproduktion und eventuell zu Zyklogenese führt, ist besonders im Lee von Gebirgen begünstigt, wenn die Aufwärtsbewegung unterhalb des Strahlstromes sich der Abwärtsbewegung entlang der geneigten Erdoberfläche auf der Leeseite der Bergkette überlagert (HAGE 1957, NEWTON 1955, 1956a). *Dieser vertikale Gradient in der Vertikalbewegung* ist die Ursache für bevorzugte Zyklogenese auf der Ostseite der Rocky Mountains, besonders im Gebiet von Colorado, und wohl auch für die Bildung von „Genua-Zyklonen“.

Eine weitere Vorticityquelle steht der sich bildenden Zyklone in den Luftmassen zur Verfügung, die aus dem warmen Hochdruckgebiet antizyklonal in den Warmsektor einströmen, denn diese Luft verliert durch Bodenreibung etwas von dieser antizyklonalen Vorticity.

Es ist offensichtlich, daß die Vorticitytransporte — unter Annahme adiabatischer Zustandsänderungen und reibungsfreier Strömung — nur entlang isentroper Flächen erfolgen können. Die Transporte können nur dann das für Bodenzyklogenese erforderliche Maß erreichen, wenn die isentropen Flächen gegen die Isobarenflächen geneigt sind, die Atmosphäre in diesem Bereich also baroklin ist. *Die Baroklinität wäre somit eine notwendige, aber nicht hinreichende Voraussetzung für Zyklogenese* (PETTERSSEN 1955, SPAR 1956). NEWTON (1958) konnte zeigen, daß in vielen Fällen im Lee der Rocky Mountains seichte barokline Schichten über längere Zeit existieren, ohne zyklogenetisch wirksam zu sein. Zyklogenese tritt jedoch ein, wenn sich diesen niedertroposphärischen Frontalzonen eine hochtroposphärische „Front“ überlagert, die mit einem Jet-Maximum und ausgeprägten Vergenzen assoziiert ist und zu kräftigen Vertikalbewegungen Anlaß gibt (vgl. Kap. 4.221). Die Vorticityadvektion im Strahlstromniveau als Ursache dieser Vergenzen wird somit zu einem sehr brauchbaren Werkzeug für die Bodenwetterprognose (BREISTEIN 1954, BUGAEV 1955, Univ. of Chicago 1954, CLARKE 1956, GIBBS 1955, HOYLE 1955b, PETTERSSEN 1955a, b, PETTERSSEN und BRADBURY 1954, PETTERSSEN, DUNN et al. 1955, RAETHJEN 1956). Daß diese Baroklinität andererseits durch ihre statische Stabilität einen dämpfenden Einfluß auf den zyklogenetischen Vorgang haben kann, soll in Kap. 6.13 gezeigt werden.

Wir hätten somit als Kriterium für Frontalzyklogenese die Überlagerung eines Höhendivergenzfeldes, d. h. eines Gebietes positiver Vorticityadvektion laut Gl. 6.121 (1), *über eine barokline Zone in Bodennähe gegeben.* Ist die barokline Zone in Bodennähe *nicht* vorhanden, verlaufen die Isentropenflächen also annähernd horizontal, so wird der durch die Höhendivergenz einsetzende Bodendruckfall zu keiner organisierten Aufgleitbewegung längs Flächen konstanter potentieller Temperatur führen. Diese Flächen werden sich vielmehr unter dem Einfluß der über ein weites Gebiet verbreiteten und daher relativ schwachen Aufwärtsbewegung langsam heben. Dies führt zu einer allmählichen Labilisierung der bodennahen Atmosphärenschichten und — nach der Zerstörung sperrender Inversionen — zur Ausbildung kräftiger Konvektionsbewegungen, in denen die Aufwärtskomponente — über ein größeres Gebiet integriert — die Abwärtskomponente überwiegt. Wird die Schichtung schließlich feuchtlabil und wird von den Konvektionsströmen das Kondensationsniveau erreicht, so tritt über weite Landstriche hin Quellwolkenbildung und — falls die Nullgradgrenze von den vertikalen Strömungen genügend weit unterschritten wird — Gewitterbildung ein.

Diese Art der Labilisierung der unteren Atmosphärenschichten unter dem Einfluß eines divergenten Höhenwindfeldes beim Fehlen einer frontalen Aufgleitfläche ist vor allem für die subtropischen und tropischen Gebiete charakteristisch (COLON 1954). Es fehlen hier ausgeprägte Luftmassenunterschiede, und die thermische Struktur der unteren Atmosphärenschichten ist über weite

Gebiete hin nahezu homogen. In Kap. 4.413 wurde der östliche Strahlstrom der Tropen eingehend beschrieben, welcher genau so durch Wellenstörungen mit ausgeprägten Vergenzen gekennzeichnet ist wie der Polarfront-Jet. Es ist also zu erwarten, daß eine Station, die unter dem Tropen-Jet liegt, je nach Divergenz oder Konvergenz in diesem Strahlstrom vorübergehende Labilisierungen mit Niederschlagsneigung und Gewittertätigkeit bzw. Schönwetterperioden mit unterdrückter Konvektionswolkenbildung erfahren wird. Dies ist auch das charakteristische Bild der tropischen Regenzeiten, die weder durch Aufgleitvorgänge frontalen Charakters noch durch Konvektion infolge Insolation erklärt werden können. Ersteres scheidet wegen der nur unbedeutenden Luftmassenunterschiede aus, und würde letzteres zutreffen, so müßte sich der Niederschlag der Regenzeit in erster Linie nach Hangneigungen und Albedoverhältnissen richten, was allen Erfahrungstatsachen widerspricht.

Koteswaram (1956, 1958) konnte zeigen, daß dieser östliche Strahlstrom und seine Höhendivergenz für die Niederschläge während des indischen Sommermonsunregimes verantwortlich ist. Somit lassen sich auch monsunale Niederschlagsperioden, welche die Klimatologie vergangener Jahrzehnte auf einstrahlungsbedingte Überwärmung der Kontinente zurückzuführen suchte, ebenfalls auf den Einfluß des Höhenströmungsfeldes zurückführen. Näheres hierüber sei jedoch dem Kap. 7.413 vorbehalten.

Beruhen die Gewitter der tropischen Regenzeiten auf der Wirkung eines Jet Stream, der eine annähernd barotrope Grundschicht überstreicht, so liegt die Annahme nahe, daß die weit verbreiteten sommerlichen „Wärmegewitter“ der gemäßigten Breiten, die vorzugsweise am nördlichen Rande der subtropischen Hochdruckgebiete entstehen, ebenfalls der Wirkung des Höhenwindfeldes zuzuschreiben sind (Neuwirth 1954). Einstrahlung wird unter normalen Umständen kaum dazu ausreichen, eine großräumige Labilisierung hervorzurufen, wie sie bei verbreiteter Gewittertätigkeit beobachtet wird. Es muß hier also eine Divergenz im Höhenwindfeld unterstützend wirken. Gewitter, welche durch Konvergenzen in einer Land- und Seewindzirkulation entstehen (z. B. im Sommer über Florida), seien hier außer acht gelassen, obwohl auch hier die Gewitterneigung durch Höhendivergenz und -konvergenz entscheidend beeinflußt wird.

Eine statistische Untersuchung Petterssens (1949) kann in diesem Sinne verstanden werden. Über den britischen Inseln wurde für 150 Tage die Konvektionstätigkeit mit der relativen Vorticity laut Gl. 1.231 (3) korreliert. (Als „unbestimmte Fälle“ wurden dabei jene klassifiziert, bei denen der Krümmungs- und Scherungsterm entgegengesetztes Vorzeichen hatte.) Das Ergebnis der Untersuchungen ist in Tab. 6.121 wiedergegeben.

Tabelle 6.121. *Konvektion und Vorticity*

Vorticity	Obergrenze der Konvektionswolken		
	unterhalb 800 mb	600 bis 400 mb	oberhalb 400 mb
Antizyklonal .	41	1	0
Unbestimmt. .	30	14	6
Zyklonal	29	85	94

Schwache Konvektion kommt demnach auch bei antizyklonalen Wetterlagen mit verbreiteter Absinkbewegung vor und ist — zumindest teilweise — auf die Überwärmung des Bodens durch solare Einstrahlung zurückzuführen. Gewitterartige Cumuli sind dagegen nur in zyklonalen Wetterlagen mit Bodenkonvergenz und entsprechender Höhendivergenz und daraus folgender Aufwärtsbewegung zu erwarten. Die Labilisierung in Troglagen entspricht dabei der Erhaltung der potentiellen Vorticity [Gl. 1.235 (4)].

Eine interessante Reihe von Aufnahmen von Passatcumuli, die sich beim Herannahen eines Troges in der überlagerten westlichen Höhenströmung in große Cumulonimben auswachsen, konnte von Malkus und Ronne (1954b) vom Flugzeug aus gewonnen werden. Eine Aufnahme der Cumulonimben am 1. April, etwa 100 km nördlich von Anegada, zeigt deren Cirrenschirme unter dem Einfluß des starken Höhenwindes und der großen Windscherung wie gewaltige Rauchfahnen ausscherend. Vom Boden aus können derartige Beobachtungen wegen der niedrigen Wolkendecke kaum gemacht werden, doch dürften derartige Cirrenfahnen bei Gewittern im Strahlstrombereich ein häufiges Phänomen sein.

Eingehende Untersuchungen über den Zusammenhang zwischen Strahlstrom und Gewittern sind derzeit über den USA im Gange. Einzelheiten sind noch nicht bekannt, doch berichtet Schaefer (1955b, c, d, e, 1957) über vorläufige Ergebnisse, die während des „Project Skyfire" im Nordwesten des Landes (in den Staaten Montana, Idaho und Washington) während der Jahre 1952 und 1953 gewonnen wurden. Es zeigte sich, daß zwei Drittel der Waldbrände in diesem Gebiet von Blitzschlägen verursacht werden. Auf diese Weise entstanden z. B. an einem einzigen Augustnachmittag 1953 mehr als 400 Brände. Ein weitverzweigtes Netz von Gipfelstationen sollte einen Einblick in den Mechanismus der Gewittertätigkeit über diesem Gebiet vermitteln. Rasch ziehende Gewitter, die wenig Niederschlag liefern und weder als „Wärme-" noch als „Frontgewitter" angesprochen werden können, wiesen besonders großen Blitzreichtum auf. Aus der großen Zahl der Entladungen zwischen Wolke und Erde zu schließen, scheint das Potentialgefälle in der angegebenen Richtung bei diesen Gewittern stark ausgeprägt zu sein. Schaefer assoziiert diese Gewitter an Hand von Wolkenform- und Wolkenzugsbeobachtungen (vgl. Schaefer und Hubert 1955) mit dem Strahlstrom über diesem Gebiet. Man könnte somit die Niederschlagsarmut dieser Gewitter, aber auch ihre relativ große Zuggeschwindigkeit der vertikalen Windscherung zuschreiben, wie dies auch bei tropischen Cumuli zutrifft (Riehl 1954c). Andererseits muß man jedoch annehmen, daß die ladungserzeugenden und -separierenden Kräfte durch die Gegenwart des Jet Stream nicht gehemmt werden. Dazu ist vor allem erforderlich, daß sich die Labilität der Atmosphäre über eine tiefe Schicht erstreckt. Die Labilisierung wird einerseits durch großräumige Hebungsvorgänge und durch eine Zunahme der positiven Vertikalbewegung mit der Höhe erreicht, andererseits durch die differentielle Advektion verschiedener Luftmassen in der Höhe. Starke Kaltluftadvektion in höheren Schichten wurde schon früher als gewitterauslösender Mechanismus erkannt (Hoinkes 1951, Reidat 1930, Rodewald 1935). Die Wirksamkeit dieser Advektion hängt einerseits von den Unterschieden des vertikalen Gradienten der potentiellen Temperatur in den verschiedenen Luftkörpern ab, andererseits jedoch von der Größe der vertikalen Windscherung. Es ist also zu erwarten, daß dieser gewitterbildende Effekt besonders stark im Bereich eines Strahlstromes ausgeprägt ist.

Zu einer ähnlichen Ansicht gelangt auch Nakayama (1957), der in einer theoretischen Überlegung die Auftriebskraft eines Luftteilchens einerseits auf die horizontalen Dichteunterschiede zurückführt, welche besonders in den tieferen Schichten bei Beginn der Konvektion wirksam sind, andererseits auf einen Term, der als wichtigste Faktoren die Windgeschwindigkeit und die vertikale Windscherung enthält. Da die stärkste Gewittertätigkeit auch bei den von Nakayama untersuchten Fällen in der Nähe von Trögen in der Höhenströmung festgestellt wurde, käme man wohl auch durch eine Anwendung des Theorems für potentielle Vorticity zu brauchbaren Ergebnissen.

Penn (1955) untersuchte einen Fall von Höhengewittern und stellte fest, daß im 300-mb-Niveau eine schwache Strahlströmung (etwa 70 Knoten) an der Vorderseite eines Höhentroges und die darin auftretende Advektion zyklonaler Vorticity für die Höhendivergenz verantwortlich war. Im 500-mb-Niveau war dagegen aus den Strömungsverhältnissen Konvergenz zu erwarten. Konvektionsströme konnten daher von der Erdoberfläche aus bis in größte Höhen vorstoßen.

Die Bildung von Böenlinien (squall lines) und „Instabilitätslinien" (instability lines), die besonders häufig in den USA beobachtet wird und oft von Tornados begleitet ist, scheint ebenfalls mit vertikaler Windscherung und Kaltluftadvektion in der Höhe im Zusammenhang zu stehen (Baird 1956). Diese Böenlinien eilen meist den Kaltfronten ein erhebliches Stück voraus (manchmal bis über 400 km) und liegen somit *in* oder *vor* einem mehr oder weniger ausgeprägten Trog in der Höhenströmung, der mit der Kaltfront assoziiert erscheint (Fulks 1951). Der Fortpflanzungsmechanismus dieser Böenlinien scheint durch die Divergenz-Konvergenz-Verteilung gegeben zu sein, welche wiederum durch den vertikalen Austausch des horizontalen Impulses der Strömung erklärt werden kann: Luftmassen, die auf der Vorderseite einer Gewitterzelle aufsteigen, bringen geringeren Impuls aus Bodennähe mit (Reibungseinfluß). Dadurch wird die Höhenströmung innerhalb der Wolke vermindert und es entsteht an der Vorderseite der Gewitterzelle in der Höhe ein divergentes, auf der Rückseite ein konvergentes Gebiet. In letzterem sinken die Luftmassen zu Boden und importieren dabei größeren horizontalen Impuls aus der Höhe. Am Boden entsteht dadurch auf der Rückseite der Konvektionszelle Divergenz, auf der Vorderseite Konvergenz (Abb. 6.121). Durch diese ständige Auflösung und Neubildung wird die aus einer Reihe von Gewittern bestehende Böenlinie in Richtung der Höhenströmung weiterbewegt, und zwar in der Regel schneller als die Kaltfront, die selbst meist nur in den untersten, bodennahen Schichten ausgeprägt erscheint (Newton 1950). Ein ähnlicher Mechanismus kann für die „Störungslinie" in Zentralafrika unter der Wirkung der östlichen Höhenwinde gefunden werden (Hamilton, Archbold 1945). Die Entstehung der Tornados selbst ist an zusätzliche Faktoren gebunden, denn nicht alle Böenlinien sind von Wirbelwinden begleitet. Eine Abkühlung in der Höhe durch Niederschlag, der vor der Böenlinie fällt, könnte dabei die spontan auftretende Labilität erklären (Showalter und Fulks 1943). Andere Autoren halten wiederum die Hebung der gesamten Luftmasse vor der Böenlinie für die Labilisierung verantwortlich. Eine Studie von Lee und Galway (1956) korreliert die kalte Zunge (ein Gebiet, das von der $-60°$ C-Isotherme umschlossen wird) im 200-mb-Niveau südlich des Strahlstromes mit dem Auftreten von Tornados. Großräumige Hebung müßte sich ja in diesem Druckniveau durch tiefe Temperatur bzw. durch Warmluftadvektion äußern.

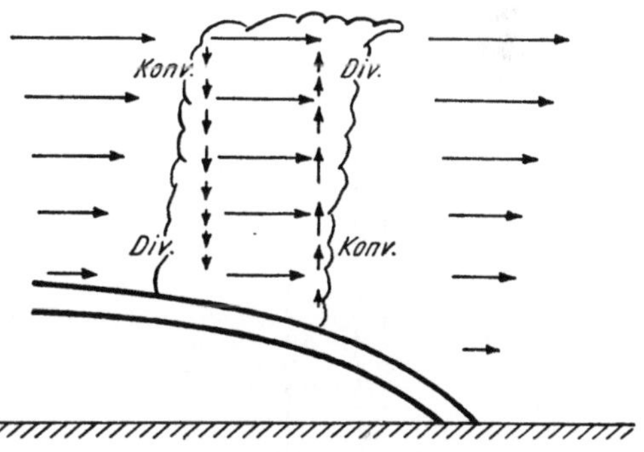

Abb. 6.121. Verlagerung einer Böenlinie in einer scherenden Strömung. (Nach Newton 1950)

Allgemein kann wohl gesagt werden, daß für die starke Konvektion, wie sie bei präfrontalen Böenlinien — unter Umständen mit Tornadobildung — beobachtet wird, eine ausgeprägte Bodenkonvergenz und Höhendivergenz vorhanden sein muß, wie man sie im Bereich der Strahlströme erwartet (vgl. GEORGII 1957). Auf den Einfluß, den ein niedertroposphärischer Strahlstrom auf die günstige Überlagerung von Divergenz- und Konvergenzgebieten hat, wurde bereits in Kap. 4.416 ausführlich hingewiesen.

Langsame Labilisierung durch Höhendivergenz und infolge eines vertikalen Gradienten in der aufsteigenden Luftbewegung kann dagegen auch bei schwächeren Höhenwinden außerhalb der Jet-Stream-Region eintreten. Das Höhenwindfeld muß lediglich die nötigen Divergenz- bzw. Vorticity-Advektionsmerkmale aufweisen (RAMASWAMY 1956). Darin ist, wie bereits erwähnt, der Grund für zunehmende Gewitterneigung an manchen Sommertagen zu suchen.

6.122. Energieumsätze bei Frontalzyklogenese

Eine weitere Betrachtungsweise des zyklogenetischen Vorganges, die man nicht unbeachtet lassen kann, ergibt sich aus der Umwandlung von potentieller in kinetische Energie und umgekehrt. In Abb. 4.122.3 wurde bereits schematisch angedeutet, daß sich die Bodenzyklone im vorderen linken Quadranten eines Jet-Maximums bildet, also in einem Gebiet, welches durch *abnehmende* Höhenwindgeschwindigkeit gekennzeichnet ist. In diesem Gebiet wird also in der oberen Troposphäre kinetische Energie verbraucht und potentielle Energie erzeugt (vgl. PIPER 1956). Dies geschieht durch die Hebung von Kaltluftmassen, die in den Bereich der Zyklone einströmen, und durch das Absinken von Warmluftmassen im Bereich der Höhenkonvergenz im warmen Hochdruckkeil südlich des Strahlstromes. Durch den Hebungsvorgang werden jedoch die Kaltluftmassen weiter abgekühlt, die Warmluftmassen werden dagegen durch den Absinkprozeß weiter erwärmt. Das heißt, durch die *indirekte* Zirkulation im Deltagebiet eines Jet-Maximums wird die Baroklinität in diesem Gebiet verstärkt, der Strahlstrom, den man mit der baroklinen Zone identisch setzen kann, pflanzt sich also durch einen selbstverstärkenden Mechanismus, der in der Vertikalzirkulation begründet liegt, stromabwärts fort.

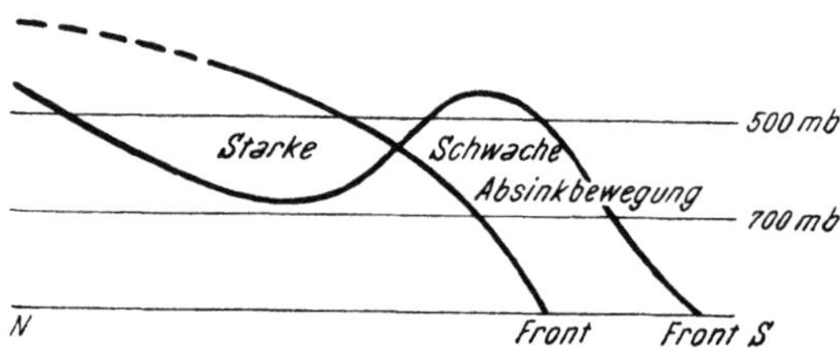

Abb. 6.122.1. Schematischer Schnitt entlang der Achse eines Höhentroges, der die Bildung eines Kaltlufttropfens durch verschieden starke Absinkbewegung zeigt. (PALMÉN 1949)

Durch die gegebene Verteilung der Divergenz im Strahlstromniveau wäre diese indirekte Zirkulation gerade im Raum einer sich vertiefenden Zyklone zu erwarten (SPAR 1950). Dies widerspricht zunächst der MARGULESschen Auffassung über die Energieumwandlung einer Zyklone. Während MARGULES jedoch nur das System „Kaltluft" und „Warmluft" an sich betrachtet und die kinetische Energie aus der Senkung des gemeinsamen Schwerpunktes bezieht, weisen die neueren Untersuchungen nunmehr darauf hin, daß die Erzeugung der kinetischen Energie nicht in der mit einer Kaltluftkuppe assoziierten Zyklone selbst vor sich geht, sondern weiter stromaufwärts im Einzugsgebiet des Strahlstrommaximums, in dessen Delta die Zyklone liegt. Die Zyklogenese wird somit durch eine direkte Zirkulation stromaufwärts hervorgerufen, die mit Absinken der Kaltluft bzw. Aufsteigen der Warmluft den Jet Stream am Leben erhält (UWAI 1952). Die MARGULESsche Betrachtungsweise darf also nicht nur auf den Bereich der Zyklone selbst erstreckt werden, sondern muß auch das gesamte Einzugsgebiet umfassen.

Eine Kaltluftkuppe kann sogar zeitweise durch den Import kinetischer Energie, welche stromaufwärts erzeugt wurde und im Delta des Jet-Maximums zum Teil in potentielle Energie umgewandelt wird, weiter „aufgepumpt" werden (Abb.

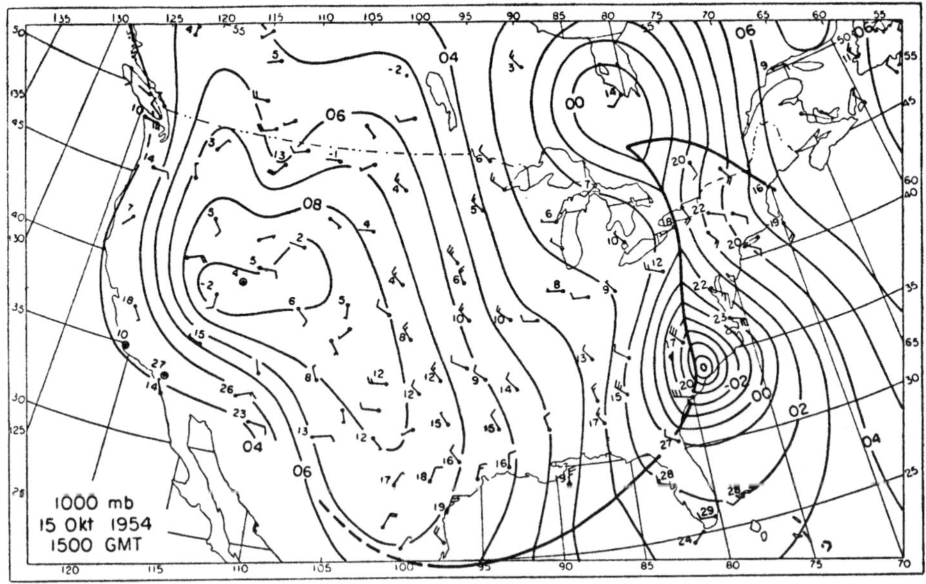

Abb. 6.122.2. Absolute Topographie der 1000-mb-Fläche, 15. Oktober 1954, 15.00 GCT. (Palmén 1958)

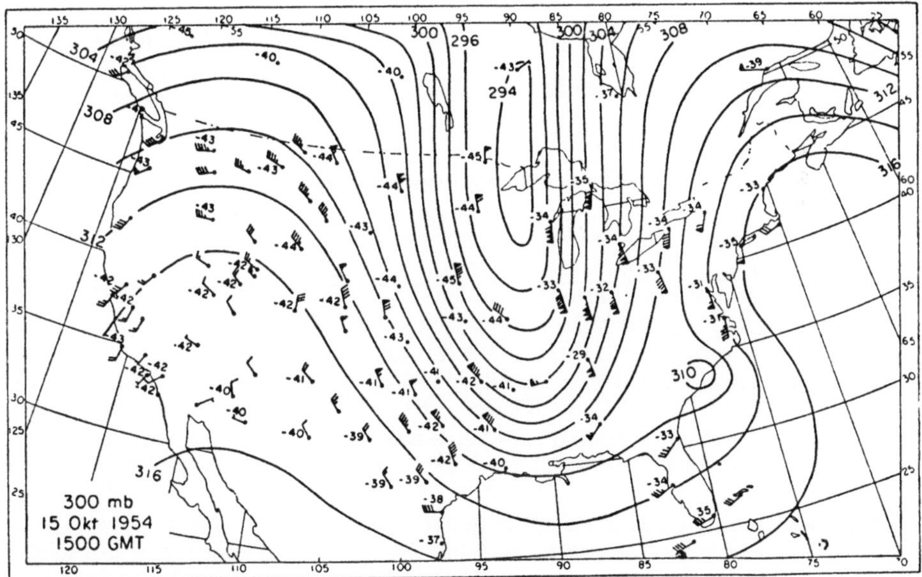

Abb. 6.122.3. Absolute Topographie der 300-mb-Fläche, 15. Oktober 1954, 15.00 GCT. (Palmén 1958)

6.122.1; vgl. auch Nyberg, Riehl 1953, Riehl, Teweles 1953). Durch diesen Vorgang wird einerseits die Frontalzone steiler und die Windgeschwindigkeit größer, andererseits wird doch im Endeffekt die Kaltluftkuppe durch Ausfließen am Boden abgebaut und potentielle Energie aufgebraucht.

Der in Kap. 4.221 gezeigte frontolytische Effekt des Frontalzonendeltas ist nun so zu verstehen, daß die Luftmassen, welche das Jet-Maximum durchströmen, im Bereich des Deltas infolge der starken Höhendivergenz (Abb. 4.221.3) zwar einem frontenauflösenden Einfluß unterliegen, daß sich aber gleichzeitig die gesamte Frontalzone — langsamer als die Strömungsgeschwindigkeit der Luft — stromabwärts bewegt.

Die Rückseite einer Zyklone (Einzugsgebiet der Frontalzone) besitzt nach dem in Kap. 4.221 Gesagten einen frontogenetischen Effekt auf die durchströmenden Luftmassen, selbst wird sie jedoch durch die adiabatische Erwärmung der absinkenden Kaltluftmassen und die dadurch verursachte Verminderung des horizontalen Temperaturgradienten abgebaut. Die direkte Zirkulation im Einzugsgebiet einer Frontalzone (Lee 1955) bzw. im Bereich der absinkenden Kaltluft einer Zyklone verbraucht potentielle Energie. Dasselbe läßt sich von der aufsteigenden Warmluft über der Warmfront erwarten. Diese potentielle Energie muß — sieht man von der Erzeugung von Reibungswärme und von der Erhöhung der internen Energie des gesamten Systems ab — in kinetische Energie umgesetzt werden, die sich in einer „Strahlstrom-Genese" stromabwärts der Bodenzyklone äußert. Kinetische Energie wird also aus dem zyklogenetisch aktiven Gebiet exportiert. Tatsächlich kann man bei starker Zyklogenese, besonders im Lee der Rocky Mountains (Colorado), feststellen, daß ein meist zyklonal gekrümmter Strahlstrom, an dessen Trogspitze die Zyklogenese erfolgte, langsam an Stärke abnimmt, während sich weiter nordöstlich (über den großen Seen) stromabwärts der Position des Bodentiefs ein antizyklonal gekrümmter Jet Stream neu bildet oder zumindest verstärkt.

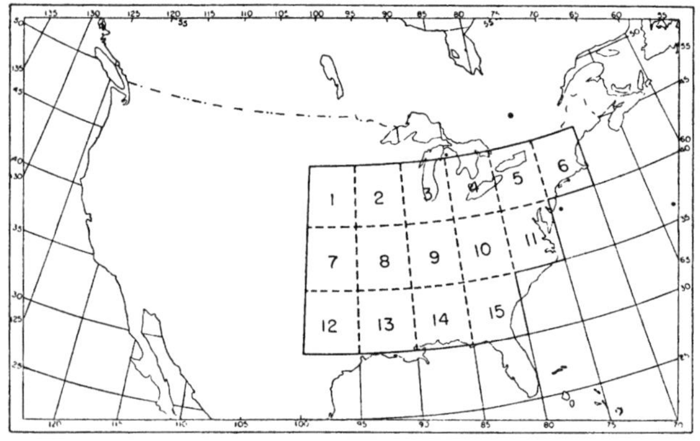

Abb. 6.122.4. Begrenzung der Flächenstücke (s. Text). (Palmén 1958)

Die Energietransformation während der Umwandlung des Hurrikans „Hazel" (15. Oktober 1954) in eine Zyklone der gemäßigten Breiten wurde von Palmén (1958) eingehend untersucht. Durch die Einbeziehung eines intensiven tropischen Zirkulationssystems wird dieser im folgenden betrachtete Fall zwar in mancher Hinsicht zu einem Extremfall, doch kann er trotzdem als typisch für starke Zyklogenese in außertropischen Breiten angesehen werden. Abb. 6.122.2 zeigt die Bodenwetterlage und Abb. 6.122.3 die 300-mb-Karte am 15. Oktober 1954, 15.00 Weltzeit. Zu diesem Zeitpunkt hatte der Hurrikan, aus Süden kommend, gerade die mit einem tiefen Trog in der Höhenströmung verbundene Front erreicht. Abb. 6.122.4 zeigt die Einteilung des Areals in einzelne Flächenblocks, über welche Palmén die mittleren Vertikalgeschwindigkeiten berechnete (Tab. 6.122.1).

Ein Vergleich dieser Werte zeigt, daß die aufsteigende Bewegung auf die antizyklonale Seite des Strahlstromes beschränkt ist. Die Strahlstromachse entspricht ungefähr der nordsüdlich verlaufenden Trennungslinie zwischen den Blocks 3, 9 und 4, 10. Die stärkste aufsteigende Bewegung ist in den unteren Schichten des Blocks 11 und in den oberen des Blocks 10 festzustellen. Es handelt sich hier um feuchte Tropikluftmassen, die durch die Zirkulation des tropischen Wirbelsturmes an dessen Nordflanke aus Südosten herangeführt wurden und nun in die Strahlstromzirkulation der sich bildenden außertropischen Zyklone einbezogen werden. Da es sich hier um das Aufgleiten von Warmluftmassen handelt, ist mit dem Freiwerden großer Beträge an potentieller Energie und deren Umsetzung in kinetische Energie zu rechnen.

Gleichzeitig sinken auf der zyklonalen Seite des Strahlstromes, dort, wo sich im 250-mb-Niveau für gewöhnlich eine warme Zunge parallel zur Strahlstromachse bildet, ebenso wie im Einzugsgebiet des Jet-Maximums, die Kaltluftmassen ab. Die größten Beträge des Absinkens stellt PALMÉN im Block 1, also auf der Rückseite des Troges, im 300-mb-Niveau fest. Block 8 ist als nächster an der Absinkbewegung maßgeblich beteiligt. Block 9 zeigt das Maximum der Abwärtsbewegung erwartungsgemäß bereits in der *mittleren* Troposphäre, während Block 14 von sämtlichen Blocks im 900- und 800-mb-Niveau die größten Werte negativer Vertikalbewegung aufweist. Hier erfolgt also das Ausfließen der bodennahen Kaltluft auf der Rückseite der Zyklone. Die bei weitem größten Werte der Vertikalbewegung werden jedoch im Strahlstromniveau (300 mb) gemessen. Es erfolgt hier der Hauptumsatz von potentieller in kinetische Energie. Bei der Mittelbildung über mehrere Blocks (Tab. 6.122.1 unten) ist dieses Verhältnis jedoch mehr zugunsten der 400-mb-Fläche verschoben.

Tabelle 6.122.1. *Vertikalgeschwindigkeit (cm/sec) in den einzelnen Blocks der Abb. 6.122.4*

Block	Isobarenfläche (mb)						
	900	800	700	600	500	400	300
1	−0,7	−2,4	−5,2	−9,8	−14,4	−19,0	−22,1
2	0,6	0,1	−1,2	−3,4	− 5,8	− 8,0	−10,6
3	−0,4	−0,8	−1,1	0,3	2,4	7,1	16,5
4	0,8	3,0	5,4	7,2	6,7	6,2	2,4
5	0,7	2,4	3,5	5,6	10,2	14,4	12,8
6	−1,3	−2,3	−2,0	−0,5	2,8	6,0	5,9
7	−0,2	0,1	−0,2	−1,2	− 1,3	− 2,0	− 3,5
8	−0,6	−1,4	−3,6	−6,6	−10,4	−15,1	−21,6
9	0,2	−0,6	−2,4	−5,0	− 6,6	− 6,6	− 3,0
10	1,5	3,6	7,2	11,6	16,8	23,0	27,6
11	5,9	10,3	13,1	14,7	13,7	9,4	2,6
12	−0,2	−0,1	−0,4	0,1	− 1,0	− 1,8	− 1,8
13	−0,8	−2,2	−3,4	−4,3	− 6,8	− 9,2	−10,6
14	−1,4	−3,6	−4,2	−3,2	− 4,0	− 6,4	− 9,8
15	−1,2	−0,1	1,2	2,7	2,6	2,1	− 0,1
Gesamtmittel.	0,2	0,4	0,5	0,5	0,3	0,0	− 1,0
Mittel 1, 2, 3, 7, 8, 9, 12, 13, 14	−0,5	−1,2	−2,4	−3,6	− 5,6	− 6,8	− 7,4
4, 5, 6, 10, 11, 15	1,1	2,8	4,7	6,9	8,8	10,2	8,5
2, 3, 8, 9, 13, 14	−0,4	−1,4	−2,7	−3,7	− 5,2	− 6,4	− 6,5
4, 5, 10, 11 Niederschlags-gebiet	2,2	4,8	7,3	9,8	11,9	13,2	11,3

Die vertikalen Umschichtungen in der Atmosphäre (Absinken kalter, Aufsteigen warmer Luft) scheinen sich vornehmlich in vertikalen, westost-orientierten Ebenen abzuspielen (PALMÉN 1959), wie auch von anderen Autoren festgestellt wurde (FLEAGLE 1947, WHITE, SALTZMAN 1956). Aus diesem Grunde ist die mittlere Meridionalzirkulation zwischen hohen und niederen Breiten, die zur Aufrechterhaltung der kinetischen Energie der allgemeinen Zirkulation gefordert wird, kaum zu finden (STARR 1954). Die Umstellung der die kinetische Energie erzeugenden vertikalen Zirkulationszellen auf westöstliche Vertikalebenen ist auf die Wirkung der Erdrotation zurückzuführen, die oberhalb eines kritischen Wertes liegt. Dies wurde durch Experimente an rotierenden Wasserpfannen bestätigt (HADLEY-Zellen brechen oberhalb dieses kritischen Rotationswertes zusammen. KUO 1953a; vgl. dazu Kap. 4.43). Während vertikale Umlagerungen in westost-orientierten Ebenen in der *Troposphäre* kinetische auf Kosten potentieller Energie erzeugen, scheint in der *unteren Stratosphäre* die Energietransformation im Mittel in umgekehrter Richtung zu verlaufen. Daraus wäre zu schließen, daß Bewegungsvorgänge in der unteren Stratosphäre den angrenzenden Atmosphärenschichten ihre Entstehung verdanken (WHITE und NOLAN 1960), mit denen sie durch vertikale Transportvorgänge in Verbindung stehen (STARR 1960).

PALMÉN (1958) unterzog den Energiehaushalt im oben angeführten synoptischen Beispiel intensiver Zyklogenese auch einer quantitativen Untersuchung. Er ging dabei von der Voraussetzung aus, daß *kinetische Energie* durch das *Druckfeld* über die ageostrophischen Strömungskomponenten erzeugt wird. Reibungskräfte brauchen einen Teil der kinetischen Energie auf. Der Überschuß wird aus dem Gebiet abtransportiert.

Die Gleichung für die Änderung der kinetischen Energie innerhalb eines Volumselements dV über einem abgegrenzten Gebiet lautet

$$\frac{\partial}{\partial t}\int\limits_V K\,dV = -\int\limits_V \left(\frac{\partial p}{\partial x}u + \frac{\partial p}{\partial y}v\right) dV - \int\limits_S \tfrac{1}{2}\,\varrho\,(u^2+v^2)\,v_n\,dS + \int\limits_V \left(\frac{\partial \tau_{xz}}{\partial z}u + \frac{\partial \tau_{yz}}{\partial z}v\right) dV. \qquad 6.122\ (1)$$

v_n ist die Strömungskomponente normal zum Flächenelement dS. τ_{xz} und τ_{yz} sind die zonalen und meridionalen Schubspannungen im Niveau z. Der erste Term auf der rechten Seite der Gleichung gibt die Erzeugung der Energie durch Gradientkräfte, der zweite Term den Export der Energie aus dem von der Fläche S begrenzten Volumen und der dritte Term die Dissipation der kinetischen Energie durch Reibung an.

Die ageostrophischen Strömungskomponenten, welche Beschleunigungen und Verzögerungen bewirken, wurden aus einer unabhängig voneinander angefertigten Analyse des Druck- und Windfeldes nach der Gl. 6.122 (2) berechnet.

$$\int\limits_V (\nabla p \cdot \mathbf{v})\,dV = A\int\limits_{p_2}^{p_1} (\mathbf{v}\cdot\overline{\nabla z})\,dp. \qquad 6.122\ (2)$$

V bedeutet das Volumen, A ist die Fläche, über die integriert wird, und $\bar{z}$ die mittlere Höhe der Isobarenflächen zwischen p_1 und p_2. Da die Abweichungen von den Mittelwerten der Strömung und die Neigung der Isobarenflächen in den einzelnen Blocks nur schwer bestimmt werden konnten, enthält Tab. 6.122.2 nur die Werte

$$A_i\int\limits_{p_2}^{p_1}\left[\bar{u}\frac{\partial z}{\partial x} + v\frac{\partial z}{\partial y}\right] dp.$$

Der Term

$$A_i \int_{p_2}^{p_1} \left[\overline{u^* \left(\frac{\partial z}{\partial x}\right)^*} + \overline{v^* \left(\frac{\partial z}{\partial y}\right)^*} \right] dp$$

wurde vernachlässigt.

Tabelle 6.122.2. *Arbeit in 10^8 kjoule · Centibar^{-1} sec^{-1}, die durch die Gradientkraft verrichtet wird*

Block	Isobarenflächen (mb)				
	850	700	500	400	300
1	0,32	1,75	0,85	3,00	−4,87
2	0,70	2,58	1,14	−0,58	−3,66
3	−0,83	0,04	2,43	1,00	37,61
4	−0,24	1,29	4,50	18,36	16,81
5	0,81	1,69	2,94	4,56	7,30
6	−0,21	0,19	2,29	0,71	−0,45
7	0,34	−1,48	−0,44	−4,73	−9,90
8	0,56	1,88	−0,23	6,94	−3,78
9	0,92	−1,50	−0,11	8,35	20,39
10	2,97	−1,17	2,96	5,65	17,92
11	1,98	2,17	−1,90	−0,12	−1,87
12	−0,51	1,34	−1,68	−5,58	−3,09
13	−0,62	−1,54	−0,26	−8,09	−5,86
14	0,52	−0,15	−4,20	−3,56	3,95
15	0,79	4,51	4,58	4,78	7,61
Summe..........	7,50	11,60	6,87	30,69	78,11

Aus dieser Übersicht geht hervor, daß Beschleunigungen und Verzögerungen in vertikalen Luftsäulen nicht gleichmäßig auf die einzelnen Niveaus verteilt sind. Die geschichtete Struktur der Atmosphäre wird dadurch verdeutlicht, die ja gerade für die großräumigen Mischungsvorgänge, wie sie in Zyklonen vor sich gehen, charakteristisch ist. Die größten Absolutwerte sind im 400- und 300-mb-Niveau anzutreffen. Abb. 6.122.5 zeigt den integrierten Wert der Arbeitsleistung durch die Gradientkräfte, getrennt nach dem östlichen und westlichen Teil der in Abb. 4 abgegrenzten Flächen. *Über weite Gebiete gemittelt liefert also das Strahlstromniveau den Hauptteil an kinetischer Energie durch ageostrophische Strömungskomponenten.*

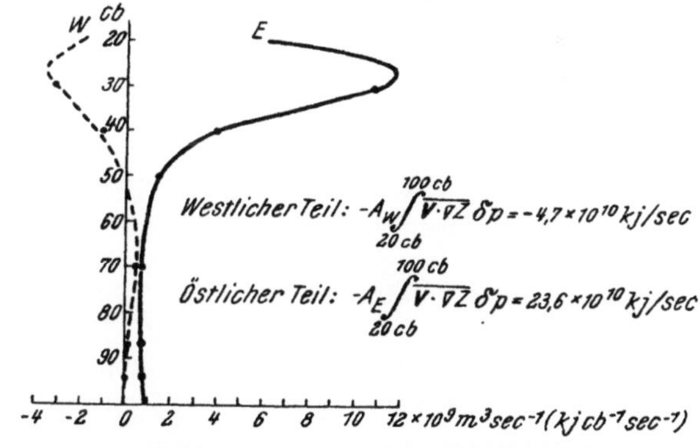

Abb. 6.122.5. Arbeit, die durch die horizontalen Druckkräfte pro 100-mb-Schicht verrichtet wird. Strichliert: westlicher Teil; volle Linie: östlicher Teil der in Abb. 4 gezeigten Flächenstücke. (PALMÉN 1958)

Daß die Arbeitsleistung des Druckfeldes im Mittel mit großen positiven Werten erscheint, hängt wohl mit der Wahl der Fläche zusammen, über welche sich die Integration erstreckt. Negative Werte werden in größerem Ausmaß nur westlich des Troges auf der Vorderseite eines neu in Erscheinung tretenden Strahlstrommaximums beobachtet. Die größten Beschleunigungen treten dagegen im Jet-Maximum auf, das mit der sich aus dem Hurrikan bildenden außertropischen Zyklone verbunden ist. Die Vorderseite dieses Maximums, auf der wir ebenfalls einen Verbrauch kinetischer Energie erwarten würden, wird von der Analyse nicht mehr erfaßt.

Der Export von kinetischer Energie aus dem zyklogenetisch aktiven Gebiet wird durch den sich verstärkenden oder unter Umständen neu sich bildenden Strahlstrom besorgt, wie Abb. 6.122.6 zeigt. Die in der Zyklone frei werdende Energie wird weit stromabwärts transportiert und erst allmählich in potentielle Energie umgewandelt bzw. durch Reibung aufgebraucht (vgl. auch STARR 1948b).

Für den von PALMÉN untersuchten Fall ergibt sich nun insgesamt folgende energetische Bilanz:

Produktion von kinetischer Energie aus potentieller Energie	$18{,}9 \cdot 10^{10}$ kjoule/sec
Export aus dem zyklogenetischen Gebiet	$18{,}7 \cdot 10^{10}$ kjoule/sec
Verbrauch von kinetischer Energie durch Reibung	$2 \cdot 10^{10}$ kjoule/sec

Man müßte also schließen, daß die Abnahme der kinetischen Energie des gesamten Gebietes ungefähr $2 \cdot 10^{10}$ kjoule/sec beträgt. Da die gesamte kinetische Energie des Gebietes $89 \cdot 10^{14}$ kjoule betrug, entspräche diese Abnahme etwa 19%, falls sie durch 24 Stunden anhielte. Gleichzeitig wurden in diesem Gebiet jedoch $155 \cdot 10^{10}$ kjoule/sec an latenter Wärme frei, also wesentlich mehr als kinetische Energie produziert wurde. Man kann daher die zeitliche Änderung der kinetischen Energie über dem Gebiet nicht aus einer Abschätzung des Verbrauches von potentieller Energie allein berechnen, obwohl anzunehmen ist, daß ein Großteil der Energie der latenten Wärme ebenfalls exportiert wird — einerseits durch den anfallenden Niederschlag, andererseits durch die abströmenden Warmluftmassen — und so ebenfalls einem stromabwärts gelegenen Gebiet zugute kommt.

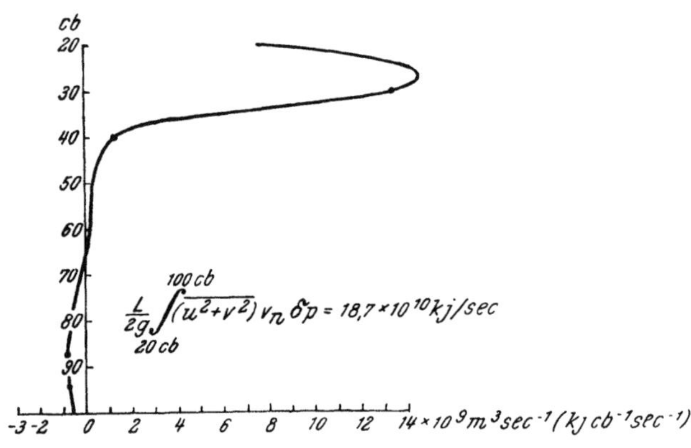

Abb. 6.122.6. Export von kinetischer Energie aus der Gesamtfläche aller Flächenstücke in Abb. 4. (PALMÉN 1958)

Daß die Zyklonen mit ihren kinetische Energie erzeugenden Prozessen einen für die Aufrechterhaltung der allgemeinen Zirkulation notwendigen Vorgang darstellen, läßt sich aus folgender Überlegung leicht einsehen.

Die Integrationsfläche des oben zitierten Falles ($366 \cdot 10^{10}$ m²) umfaßt etwa ein Fünfunddreißigstel der Hemisphäre nördlich von 30° Breite ($127 \cdot 10^{12}$ m²). Der Verbrauch an kinetischer Energie durch Reibung im Hurrikan „Hazel" beträgt $2 \cdot 10^{10}$ kjoule/sec bzw. $5{,}5 \cdot 10^{-3}$ kjoule/sec m². PISHAROTY (1955) berechnete für die Westwindzone einen Betrag von $2 \cdot 10^{-3}$ kjoule/sec m² als Energieverbrauch durch Reibung. Dies gibt für die gesamte Hemisphäre nördlich von 30° einen Wert von $37 \cdot 10^{10}$ kjoule/sec, während die für „Hazel" berechneten Dissipationswerte einen Gesamtbetrag von $70 \cdot 10^{10}$ kjoule/sec liefern würden. Es müßten also lediglich 2 bis 3,5 Störungen von der Intensität des Hurrikans

„Hazel" wirksam sein, um die gesamte Hemisphäre nördlich von 30° mit der kinetischen Energie zu beliefern, die notwendig wäre, um die Zirkulation aufrechtzuerhalten. In Wirklichkeit ist jedoch die zur Zirkulationserhaltung notwendige Zahl der Störungen noch kleiner, denn MINTZ (1955) und PISHAROTY (1955) berechneten einen Import an kinetischer Energie über den 30. Breitengrad aus südlichen Breiten von etwa 17 bis $20 \cdot 10^{10}$ jkoule/sec (vgl. PALMÉN et al. 1958, PALMÉN 1959).

Da wir in der Westwindzone (für gewöhnlich) mehr als zwei Zyklonen antreffen, liegt es also nahe, anzunehmen, daß ein Großteil der erzeugten kinetischen Energie in eben dieser Zone wieder durch Aufbau potentieller Energie verbraucht wird. Die Strahlstromzone mit ihren dahinwandernden Störungen stellt somit eine Folge von Quellen und Senken kinetischer Energie dar, die in ihrem Nettoeffekt die allgemeine Zirkulation der Atmosphäre gegen die wirksamen Reibungskräfte am Leben erhalten. Die Strahlstromregion und das Strahlstromniveau selbst ist das Hauptumsatzgebiet dieser Energien, wie die vorangehenden Erwägungen deutlich zeigen.

Mit dem Einbau der Höhenströmungsverhältnisse in die Betrachtungsweise der Polarfronttheorie ist der Überblick über den Mechanismus der allgemeinen Zirkulation nicht vereinfacht worden. Wir haben nun ein komplexes Ineinander von auf- und absteigenden Bewegungen, von direkten und indirekten Zirkulationen und von Vorticity- und Impulstransporten, die alle berücksichtigt werden müssen, um den Lebenslauf einer Zyklone verständlich zu machen. Trotz der zahlreichen Literatur, die sich mit der Beschreibung und Erforschung von Einzelfällen ausgeprägter Zyklogenese befaßt, fehlt es noch immer an eingehenden Studien, welche den dreidimensionalen Strömungsverlauf trajektorienmäßig festhalten und so ein Bild des mannigfaltigen und schichtweisen Ineinandergreifens der Strömungsverhältnisse vermitteln.

Daß die Strömungsvorgänge im Bereich einer Zyklone durchaus nicht so einfach sind, wie sie die Polarfronttheorie vielfach annahm, zeigen Studien von DANIELSEN (1959), welche die schichtweise Struktur der Atmosphäre, die sich in sorgfältig ausgewerteten Aufstiegskurven manifestiert, auf das Ineinandergreifen von Strömungen verschiedenen Ursprungs zurückführen. HISLOP (1951) berichtet z. B. von dünnen instabilen Schichten mit Cirrostratus, die man während britischer Forschungsflüge beobachtete und die oben und unten von isothermen Schichten flankiert wurden. REITER (1960 b, c, d, e, 1961 a, b, d, e) gelangt zu ähnlichen Ergebnissen (vgl. Kap. 4.3). Die großen horizontalen Wirbel im Bereich des Polarfront-Jet geben zu weiträumigen Mischungsvorgängen Anlaß, wie dies bereits von A. DEFANT (1921) errechnet wurde, wobei sich die Strukturierung der Luftkörper nur ganz allmählich verliert.

6.123. „Querzirkulation" und nichtgradientische Winde

In Gl. 4.122 (11) wurde gezeigt, daß horizontale Divergenz nur durch ageostrophische Strömungskomponenten möglich ist, wenn wir von dem in Gl. 4.122 (10) durch die Breitenabhängigkeit des Coriolisparameters hervorgerufenen Term absehen wollen. *Somit ist Zyklogenese und Antizyklogenese letztlich eine Folge der vertikalen und horizontalen Verteilung dieser ageostrophischen Strömungskomponenten.* In Kap. 4.221 wurde bereits gezeigt, daß im Deltagebiet eines Strahlstrommaximums die ageostrophische Strömungskomponente gegen den höheren Druck hin gerichtet ist. Dies ist aus Abb. 4.221.3 deutlich ersichtlich. Nach MURRAY und DANIELS (1951) herrscht diese Komponente gegen die Hochdruckseite auch noch im Zentrum des Jet-Maximums vor. Im Einzugsgebiet findet man dagegen die entgegengesetzten Verhältnisse: Die sich beschleunigende Strömung weist eine Komponente gegen tieferen Druck auf. Die ageostrophische (nichtgradientische) Komponente quer zur Strahlstromachse bezeichnen wir als „Querzirkulation“. Diese ist „direkt“ oder „indirekt“, je nach der solenoidalen Zirkulationsbeschleunigung, die sie bewirkt (VAN MIEGHEM 1950).

Um die Verhältnisse richtig abschätzen zu können, muß man das dreidimensionale Strömungsfeld betrachten. Die Luftmassen, welche im Delta der Frontal-

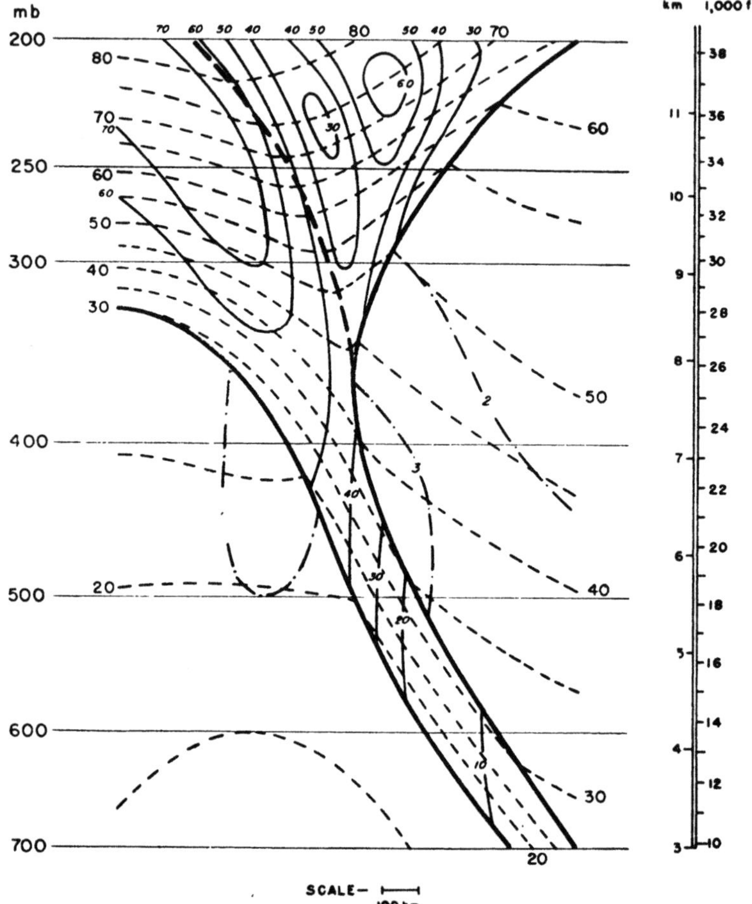

Abb. 6.123. Mittlerer Verlauf der Isentropen (dünn strichliert) und der Isoplethen der potentiellen Vorticity $-Q_z \cdot (\partial\Theta/\partial p)$ (dünne volle und strichpunktierte Linien) im Bereich eines Strahlstromes. Frontalzonenbegrenzungen und Tropopausen sind durch dicke Linien, die Warmluftachse (Isentropengraben) ist durch eine strichlierte Linie gekennzeichnet. (REED und DANIELSEN 1959)

zone gegen die antizyklonale Seite hin strömen (Abb. 4.221.3) und in einiger Entfernung vom Jet Stream konvergieren und absinken, haben, während sie diese relativ geringe laterale Distanz zurücklegen, den gesamten Frontalzonenbereich seiner Länge nach durchströmt. Betrachtet man Trajektorien dieser Luftteilchen, so kommt man zu dem Schluß, daß die Strahlstromachse nur unter sehr geringem Winkel geschnitten wird (STALEY 1960).

Studien von REED und DANIELSEN (1959) bekräftigen ebenfalls den Schluß, daß die Luftmassen eine Frontalzone und damit auch die Jet-Achse in kaum nennenswertem Maße durchqueren. Es zeigt sich nämlich, daß die potentielle Vorticity eine scharfe Diskontinuität an der warmen und kalten Seite einer Frontalzone aufweist (Abb. 6.123; vgl. auch Reiter 1961d). Da die potentielle Vorticity eine konservative Größe darstellt, muß angenommen werden, daß die Luftmassen im oberen Teil einer Frontalzone durch Absinken entlang isentroper Flächen aus der Stratosphäre importiert wurden (Reed und Sanders 1953). Die Absinkbewegung im linken Teil des Einzugsgebietes würde somit durch eine ageostrophische Komponente unter gleichzeitiger Beschleunigung Luftmassen aus der oberen Troposphäre und Stratosphäre heranbringen (Nyberg 1950). Derartige Absinkbewegungen von Stratosphärenluft konnten über Nordamerika bis ins 700- und 800-mb-Niveau festgestellt werden (Boville et al. 1957, Reed 1955, Staley 1960) und mögen auch die Ursache für die trockene Warmluft sein, die oft über der feuchten Kaltluft hinter einer Kaltfront angetroffen wird (Miles 1954). Diese Vertikalbewegungen machen sich in tiefen Stratosphärenschichten durch Temperaturänderungen bemerkbar, die nicht durch Advektion erklärbar sind. In der stabilen Schichtung der Stratosphäre wirken ja Vertikalbewegungen auf das Temperaturfeld viel drastischer als in der verhältnismäßig labilen Troposphäre (Reinecke 1952).

Absinkbewegungen würden auch die große Trockenheit der Luftmassen erklären, welche von Vuorela (1957a) an Hand von Querschnitten und von Sawyer (1955) bei der Auswertung von Forschungsflügen festgestellt wurde. So konnte z. B. eine sehr trockene Zunge innerhalb einer Warmfront an Hand von Trajektorien auf Isentropenflächen 36 Stunden zurückverfolgt und ihr Ursprung in der Stratosphäre über dem Einzugsgebiet der Frontalzone nachgewiesen werden.

Derartige trockene Zungen sind für die Wolkenverteilung an Fronten von großer Bedeutung. Die Wolken liegen in der oberen Troposphäre auf der warmen Seite der Frontalzone (Pothecary 1956) und hören meist an der Frontalzone selbst abrupt auf.

Die Absinkbewegungen aus der Stratosphäre im Bereich einer Frontalzone wurden bereits früher von Bjerknes und Palmén (1937) angedeutet und von Van Mieghem (1939) in einer eindrucksvollen Studie belegt und als „Föhn"-Phänomen interpretiert. Die von ihm konstruierten Querschnitte weisen bis ins Detail gehende Charakteristika späterer Studien von Endlich (Kap. 4.232) auf (vgl. auch Reed und Danielsen 1959), ohne daß jedoch der Strahlstromcharakter des Windfeldes hervorgehoben worden wäre.

Selbst wenn man zusätzliche wirksame Kräfte annimmt (Kleinschmidt 1955) — etwa Reibungskräfte (Hsieh 1949, Staley 1960)—, welche eine Änderung der potentiellen Vorticity eines Luftteilchens im Laufe der Zeit bewirken können, ist es schwer einzusehen, wie eine Trajektorie die Strahlstromachse in der in Abb. 4.221.3 angedeuteten Weise kreuzen könnte, da sie dabei einen starken Gradienten potentieller Vorticity durchmessen müßte. Der Ausdruck „Querzirkulation" erscheint somit irreführend, man muß vielmehr in der oben angedeuteten Weise argumentieren, daß Luftmassen, aus dem Einzugsgebiet der Frontalzone kommend, im Deltagebiet divergierend gegen die Hochdruckseite hin ausströmen. Das in Abb. 6.123 gezeigte Absinken der Stratosphärenluft erfolgt dabei vorwiegend auf der Rückseite der Zyklonen bzw. im Einzugsgebiet und Kern der Frontalzone.

Die bereits in Kap. 4.112 erwähnte Zunge kalter Luft ist aus Abb. 6.123 deutlich ersichtlich. Auch die von Dickson (1955) gefundene und in Kap. 4.122 beschriebene Aufspaltungstendenz des Jet Stream in zwei Äste bei etwa 11 km

Höhe scheint durch diesen Querschnitt bestätigt. Die warme Zunge, welche sich entlang der strichlierten Linie in Abb. 6.123 weit in die Stratosphäre erstreckt, ist das Ergebnis starker Absinkbewegung.

6.124. Der abgetrennte Kaltlufttropfen (cut-off low)

Der Einfluß von Vorticityadvektion und Vertikalzirkulationen auf den Witterungsablauf kommt besonders bei der Bildung von Kaltlufttropfen und Scherungslinien deutlich zum Ausdruck.

Cressman (1950) hat bereits darauf verwiesen, daß Cutting-off-Prozesse in der Regel nicht auf *ein* Gebiet beschränkt bleiben, sondern an mehreren Stellen der Hemisphäre in rascher Folge auftreten. Diese Prozesse sind auf Low-Index-Lagen mit großen Amplituden in der Höhenströmung beschränkt. Zusammenbrüche dieser Wetterlagen, die durch Neubildung eines Polarfront-Jet in höheren Breiten gekennzeichnet sind, pflanzen sich meist rasch um die gesamte Hemisphäre fort. Hsieh (1949) hat die Bildung eines Kaltlufttropfens über den Vereinigten Staaten eingehend studiert. Abb. 6.124.1 zeigt den schematischen Verlauf der 500-mb-Isohypsen und Isothermen.

Eine scharf ausgeprägte Frontalzone hat sich von der amerikanischen Westküste bis über das Gebiet von Colorado und New Mexico vorgeschoben. Ein neues Strahlstrommaximum erscheint bereits am nächsten Tag (Abb. 1b) aus südwestlicher Richtung über Alaska und führt durch die starke Warmluftadvektion zur Ausbildung eines kräftigen Hochdruckrückens. Auf dessen Vorderseite bewirkt die Advektion antizyklonaler Vorticity aus dem Rücken eine Vergrößerung der Wellenamplitude, also eine Vertiefung des stromabwärts gelegenen Troges und eine Neigung der Trogachse von Südwest nach Nordost (vgl. Bjerknes 1951). Würde nun die Höhenströmung der stark antizyklonalen Krümmung im Hochdruckrücken folgen und in den stark elongierten Tiefdrucktrog einfließen, so würde dies offensichtlich dynamische Labilität nach sich ziehen (vgl. auch Orihata 1957), denn der minimale antizyklonale Krümmungsradius, dem die Höhenströmung des nachfolgenden Jet-Maximums noch folgen kann, ist laut Gradientwindgleichung gegeben durch

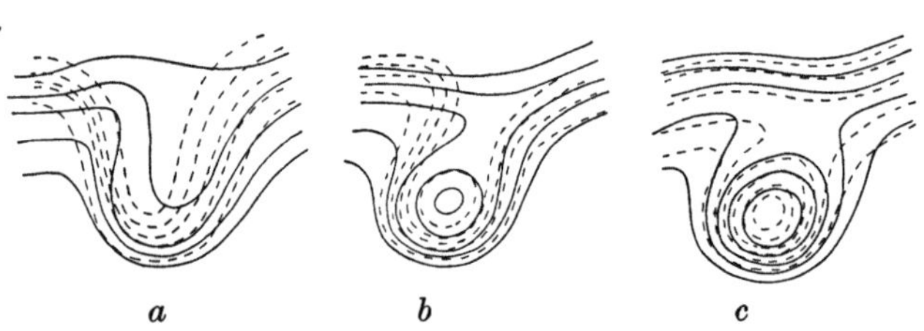

Abb. 6.124.1. Schematische Darstellung der Bildung eines Kaltlufttropfens. Volle Linien: Isohypsen der 500-mb-Fläche; strichliert: Isothermen der 500-mb-Fläche. (Hsieh 1949)

$$r = 4\, v_g / f \qquad 6.124\ (1)$$

[vgl. Gl. 1.223 (4) und (6)].

Zum selben Ergebnis kommt man auch durch die Betrachtung des Vorticitytheorems: Für annähernd divergenzfreie Bewegung können CAV-Trajektorien konstruiert werden, welche für den Hochdruckrücken in bezug auf das westlich davon anrückende Strahlstrommaximum zu große antizyklonale Krümmung ergeben. Wurde früher durch Advektion *antizyklonaler* Vorticity aus dem Rücken die Trogamplitude vergrößert, so wird nun durch Advektion *zyklonaler* Vorticity aus dem nachfolgenden Kurzwellentrog und Jet-Maximum die Amplitude der Welle plötzlich verringert. Eine neue Frontalzone bildet sich mit dem nunmehr über Nordkanada vorrückenden Jet Stream aus (Abb. 1c), während die vorher im elongierten Trog südwärts geströmten Kaltluftmassen vom Kältereservoir über Nordkanada abgeschnitten werden. Eine konfluente Zone erscheint über der amerikanischen Ostküste, zu einer Verstärkung des Strahlstromes über diesem Gebiete führend. Auf diese Weise wird die Tendenz zur Herstellung einer High-Index-Lage weiter stromabwärts, zum nächsten Tiefdrucktrog mit großer Amplitude, fortgetragen. Es ist nun verständlich, daß der „Cutting-off"-Prozeß an mehreren Stellen der Hemisphäre auftritt und eine Störung des Gleichgewichtes zwischen Länge der planetarischen Wellen und mittlerer zonaler Windgeschwin-

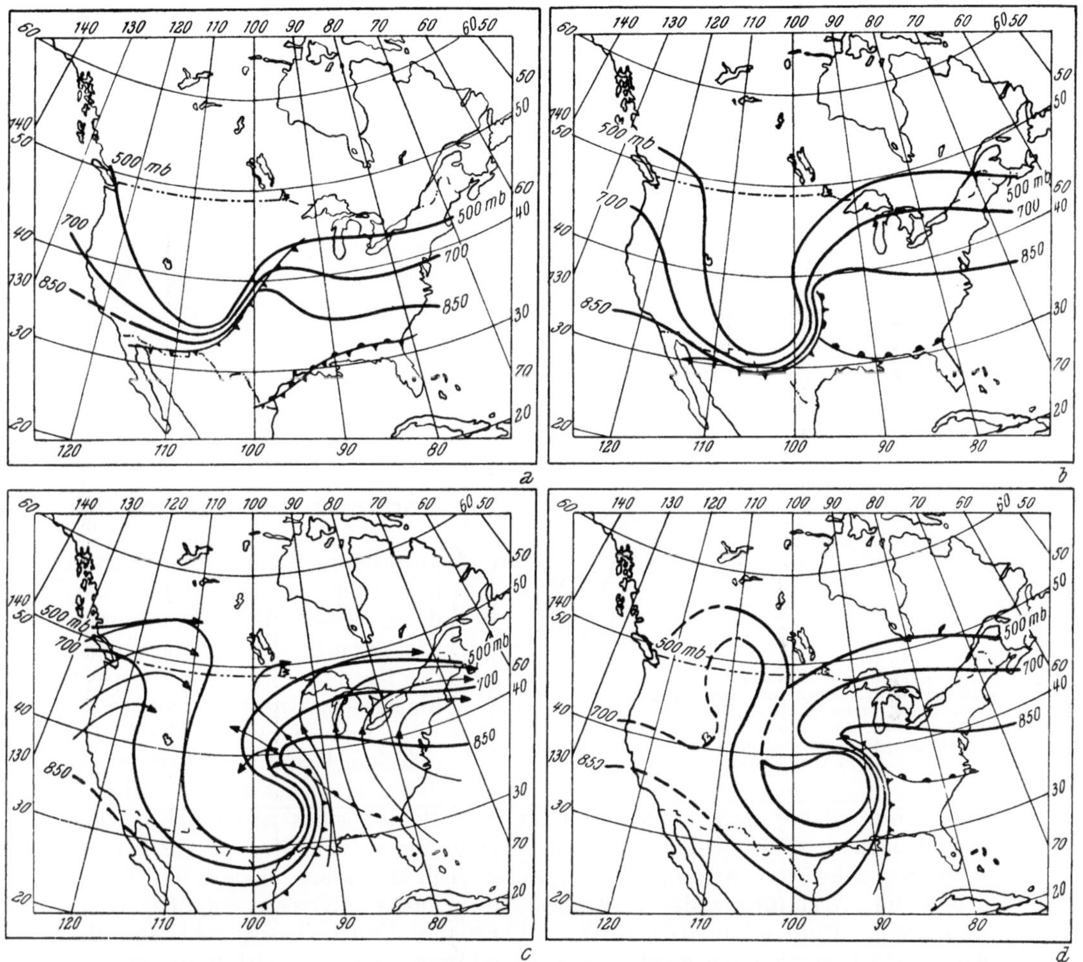

Abb. 6.124.2. Idealisierter Frontenverlauf am 18. und 19. November 1948, 03.00 und 15.00 GCT. Dünne Pfeile in Abb. *c* geben den Stromlinienverlauf an. Unsicherer Verlauf der Fronten ist durch strichlierte Linien angedeutet. (Palmén 1951 a)

digkeit [Gl. 3.251 (6)] stromabwärts um die ganze Hemisphäre fortgetragen wird (Rex 1950a).

Studien von Palmén (1951a, Palmén und Nagler 1949) bestätigen dieses Schema. Eine Analyse der Schnittlinien der Frontalzone mit verschiedenen Isobarenflächen während der Entwicklung eines Kaltlufttropfens zeigt folgende interessante Tatsachen (Abb. 6.124.2):

1. Die Frontalzone ist auf der Vorderseite des „Tropfens" am steilsten. Die

MARGULESsche Formel der Grenzflächenneigung 6.11 (1) zeigt, daß in diesem Sektor auch der Strahlstrom am stärksten ausgeprägt ist.

2. In den tieferen Schichten folgt die Frontalzone, soweit sie sich überhaupt noch identifizieren läßt, der Amplitude des Troges, während in den oberen Schichten der Abschnürungsvorgang zuerst in Erscheinung tritt (19. November 1948, 15.00 GCT). Es wurde in Kap. 4.221 gezeigt, daß die Baroklinität innerhalb einer Frontalzone je nach Einzugs- oder Deltagebiet in den unteren oder oberen Niveaus der Troposphäre stärker ausgeprägt ist. Rückt also das Deltagebiet eines neuen Strahlstrommaximums über den stromaufwärts gelegenen Rücken vor, so wird der Abschnürungsprozeß von der oberen, direkt mit dem Jet-Maximum verbundenen baroklinen Zone eingeleitet. Druckanstieg im Rücken bewirkt dabei eine Spaltung (Difluenz) des Strahlstromes und daraufhin den Durchbruch des neuen Maximums im Norden (NEWTON, PHILLIPS et al. 1951; Abb. 6.124.3). Auf diese Weise ist also der Strahlstrom selbst direkt für den Abschnürungsprozeß eines Kaltlufttropfens verantwortlich.

Der Kaltlufttropfen selbst unterliegt zunächst in den meisten Fällen einer ausgeprägten Bodendivergenz. Diese führt zu einer Vergrößerung der Fläche, die von den Schnittlinien der Frontalzone mit bodennahen Druckniveaus — etwa 850 mb — eingeschlossen wird (vgl. Abb. 2, 19. November, 03.00 und 15.00 GCT). Aus Kontinuitätsgründen verkleinert sich gleichzeitig die von der Kaltluft in höheren Niveaus (500 mb) beanspruchte Fläche. Die während der Absinkbewegung frei werdende potentielle Energie kommt der Frontalzone stromabwärts des Kaltlufttropfens in Form von kinetischer Energie zugute (PALMÉN und NEWTON 1951). Die stärkste Absinkbewegung erfolgt dabei im Rücken des Kaltluftausbruches — im antizyklogenetisch aktiven Sektor eines neuerlich um den Hochdruckkeil vorstoßenden Strahlstrommaximums (vgl. Kap. 6.122). Diese verstärkte Abwärtsbewegung im nördlichen Teil des stark elongierten Troges macht die Abschnürung der Kaltluftmasse im 500-mb-Niveau endgültig (PALMÉN 1949). Eine schematische Darstellung der Vertikalbewegung kann der Abb. 6.122.1 entnommen werden. Die Absinkbewegung der Kaltluft ist im Norden stärker als in der Trogspitze. Ein Vergleich mit Abb. 2 zeigt tatsächlich im rückwärtigen Sektor des Kaltlufttropfens die größte Distanz zwischen den Schnittlinien der Frontalfläche mit den Isobarenflächen; somit erreicht dort die Bodendivergenz der Kaltluftmasse die größten Ausmaße. An der Vorderseite bewirkt die an der Frontalfläche aufsteigende Warmluft verbreitete Niederschläge.

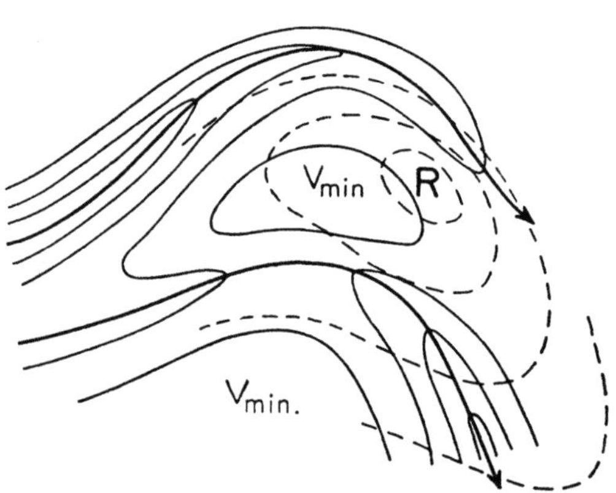

Abb. 6.124.3. Schematische Darstellung der Spaltung eines Strahlstromsystems, hervorgerufen durch Druckanstieg (R, strichliert) im nördlichen Teil eines Hochdruckrückens. V_{min} = schwachwindige Gebiete. Linien mit Pfeilen: Strahlstromachsen; dünne Linien: Isotachen. (NEWTON, PHILLIPS et al. 1951)

HSIEH (1949) konnte an dem bereits oben zitierten Fall eines nordamerikanischen Kaltlufttropfens feststellen, daß das Gebiet im Bereich des Tropfens zyklogenetisch aktiv werden kann. Es wird also die Bodendivergenz durch eine Konvergenz abgelöst. Dementsprechend muß in der Kaltluft eine Aufwärtsbewegung stattfinden und in der umgebenden Warmluft eine Abwärtsbewegung (vgl. auch

KUEI 1959). Dies entspricht einer indirekten Zirkulation (BJERKNES 1921). Durch adiabatische Abkühlung der aufsteigenden Kaltluft und Erwärmung der absinkenden Warmluft wird der horizontale Temperaturgradient in der oberen Troposphäre verstärkt. HSIEH schlägt als einen Mechanismus, der diese indirekte Vertikalzirkulation hervorrufen könnte, die Turbulenz der Höhenströmung vor (ROSSBY et al. 1937). Der in der Warmluft befindliche Strahlstrom beschleunigt die Luftmassen innerhalb der Kaltluftkuppe. Durch die erhöhte Fliehkraft entsteht eine Massendivergenz im Strahlstromniveau. Die Kaltluftkuppe hebt sich und die Tropopause sinkt. Dies ist in Abb. 6.124.4 durch West-Ost-Schnitte anschaulich belegt. Die Isentropenfläche 330° K entspricht annähernd der Tropopause und zeigt zwischen 4. und 7. März ein deutliches Absinken. Dagegen weist die Isentropenfläche 290° K, welche ungefähr der Frontalzone entspricht, einen ausgeprägten Anstieg während desselben Zeitraumes auf. In Anpassung des Druckfeldes an das Geschwindigkeitsfeld (ROSSBY 1938) versteilen sich die Frontflächen besonders an der Vorderseite des Kaltlufttropfens, wo die Warmluftadvektion intensiv ist.

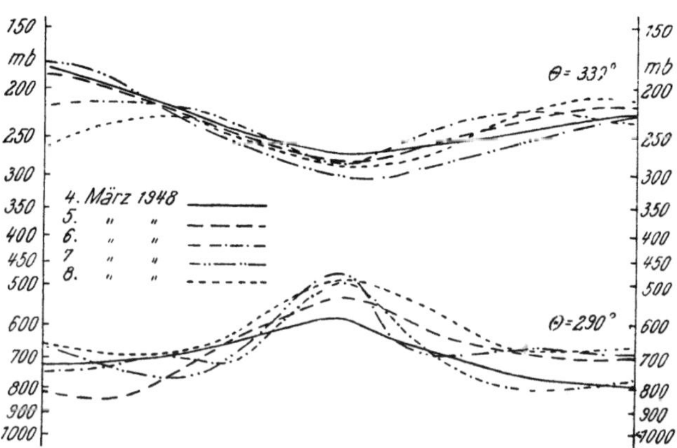

Abb. 6.124.4. Druckverlauf in einem west-östlichen Schnitt durch den nordamerikanischen Kaltlufttropfen vom 4. bis 8. März 1948 auf den Isentropenflächen 330° K (oben) und 290° K (unten). (HSIEH 1949)

Die Bodenzyklogenese erhält man aus der Drucktendenzgleichung

$$(1/g)\,(\partial p/\partial t)_0 = -\int_0^\infty \mathbf{v}\cdot\nabla\varrho\,dz - \int_0^\infty \varrho\nabla\cdot\mathbf{v}\,dz. \qquad 6.124\ (2)$$

Für horizontalen Boden fällt das Glied, welches die Vertikalgeschwindigkeit enthält, weg. $\mathbf{v}$ und ∇ beziehen sich auf eine horizontale Ebene. Setzen wir aus der Vorticitygleichung 1.233 (6) ein, so erhalten wir unter Berücksichtigung, daß durch die Reibung der Luft Vorticity zerstört wird, also

$$dQ/dt = -QD + (\nabla\times\mathbf{F})_z \qquad 6.124\ (3)$$

ist (vgl. PETTERSSEN 1950), folgende Gleichung:

$$(1/g)\,(\partial p/\partial t)_0 = -\int_0^\infty \mathbf{v}\cdot\nabla\varrho\,dz + \int_0^\infty (\varrho/Q)\,(dQ/dt)\,dz - \int_0^\infty (\varrho/Q)\,(\nabla\times\mathbf{F})_z\,dz. \qquad 6.124\ (4)$$

$(\nabla\times\mathbf{F})_z$ ist die Vertikalkomponente des Rotors der Reibungskraft.

Ist $\mathbf{C}$ die Geschwindigkeit des Kaltlufttropfens, so gilt in bezug auf ein Koordinatensystem, welches diese Bewegung mitmacht,

$$(\delta p/\delta t)_0 = (\partial p/\partial t)_0 + \mathbf{C}\cdot\nabla\,(p)_0. \qquad 6.124\ (5)$$

Hsieh konnte zeigen, daß im Falle des von ihm untersuchten Kaltlufttropfens $\mathbf{C} \cdot \nabla(p)_0 > 0$ war, da die Bewegung des Systems gegen ein Gebiet mit höherem Bodendruck gerichtet war. Ebenso war $dq/dt > 0$ und $df/dt > 0$, die Bewegung des Systems besaß nämlich eine nach Norden gerichtete Komponente. Somit kann die Abnahme des Bodendruckes $(\delta p/\delta t)_0$ nur auf das Reibungsglied zurückgeführt werden, wenn man von der vernachlässigbaren Wirkung der Dichteadvektion im abgeschlossenen Gebiet des Kaltlufttropfens absieht. Solange am Boden Hochdruckeinfluß herrscht, wird durch den Reibungseinfluß zyklonaler Drehimpuls erzeugt, was ja gleichbedeutend mit der Zerstörung antizyklonalen Impulses ist. Ebenso wird in der Höhe zyklonaler Drehimpuls produziert, wo die zyklonal rotierende Warmluft auf die Kaltluft wirkt. Sobald sich am Boden Tiefdruckeinfluß einstellt, wird hier nun durch Reibung zyklonaler Drehimpuls zerstört. Die Höhenströmung muß nun also durch ihre Reibung diesen Einfluß überkompensieren, so daß immer noch $\int (\varrho/Q)\,(\nabla \times \mathbf{F})_z > 0$ ist.

Die turbulenten Austauschvorgänge mit dem damit verknüpften Impulstransport spielen also auch in der freien Atmosphäre eine bedeutsame Rolle. Eine „reibungsfreie“ Atmosphäre kann somit nur als erste Annäherung der tatsächlich vorliegenden Verhältnisse angesehen werden.

Die Verlagerung der Kaltlufttropfen stellt den Prognostiker besonders im europäischen Raum oft vor schwere Probleme. Bodendruckverteilung und Temperaturgradienten sind im Bereich dieser Höhenzyklonen meist sehr verschwommen, so daß die Niederschlagsgebiete am Boden nicht mit Diskontinuitäten von frontalem Charakter identifiziert werden können. Hier dürfte sich eine eingehende Betrachtung der Höhenströmung in der Umgebung des Kaltlufttropfens als besonders fruchtbringend erweisen. Die Strömung innerhalb des Kaltlufttropfens hat auf dessen Weiterbewegung infolge der Breitenabhängigkeit des Coriolisparameters einen — allerdings nur untergeordneten — Einfluß (Rossby 1948). Für Verlagerungsprognosen wären Versuche mit Berechnungen des geostrophischen Steuerungsstromes mittels eines Netzes mit optimaler, empirisch zu bestimmender Netzweite empfehlenswert. Näheres über diese „Netz“- oder „box“-Methode ist in Kap. 5.32 dargelegt. Klug (1956) berechnet den Steuerungsstrom aus dem resultierenden mittleren Windvektor, der in einem kreisförmigen Gebiet (Radius etwa 300 bis 500 km) rings um das Zentrum des Tiefdruckwirbels angetroffen wird. Es ist ja gerade dieser Vektor, der als reine Translationsbewegung zu einer reinen Rotationsbewegung addiert die jeweiligen Windvektoren im Gebiet eines Wirbels ergibt (vgl. Scherhag 1958).

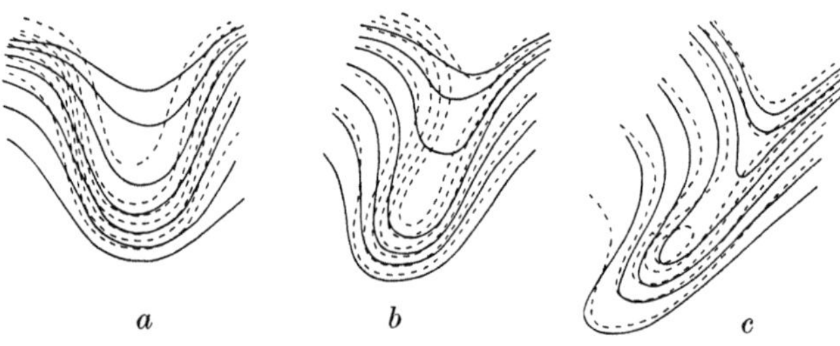

Abb. 6.124.5. Schematische Darstellung der Bildung einer Scherungslinie im Höhenwindfeld. Volle Linien: 500-mb-Topographie; strichliert: Isothermen. (Hsieh 1950a)

Vergleicht man die Bildung von Kaltlufttropfen mit der von *Scherungslinien* (Newton, Phillips et al. 1951, Newton und Carson 1953, Lee 1956, Hsieh 1950a), so ergeben sich zunächst einige Parallelen. Abb. 6.124.5 zeigt die schematische Darstellung einer Scherungslinienbildung. Die Ausgangslage ist der in Abb. 1 gezeigten sehr ähnlich, nur erfolgt die Warmluftadvektion in der Höhe gleichmäßig entlang der gesamten Rückseite des Troges und nicht nur — wie bei Ausbildung des Kaltlufttropfens — im Norden. Es kommt also eine direkte Zirkulation in Gang, bei der durch Absinken von Kaltluft und durch Aufsteigen von Warmluft an den Frontalflächen der Kaltluftkuppe potentielle Energie aufgebraucht wird. Eine schematische Darstellung dieser Vertikalzirkulation ist in Abb. 6.124.6 wiedergegeben. Durch das Ausströmen der Kaltluft am Boden und die durch Kontinuitätsgründe bedingte Verringerung des Kaltluftareals in der Höhe werden in der oberen Troposphäre zwei entgegengesetzt gerichtete Strahlströme einander näher gebracht. Dadurch wird die zyklonale Scherungsvorticity in der mittleren Troposphäre (500 mb), dort, wo die Scherungslinie am markantesten ausgeprägt erscheint, verstärkt (vgl. Abb. 3.242.1). Gleichzeitig wird jedoch beobachtet, daß das divergenzfreie Niveau verhältnismäßig hoch liegt — im Mittel des von Hsieh (1950a) untersuchten Falles bei etwa 400 mb. Unterhalb dieses Niveaus herrscht ausgeprägte Divergenz, welche — nach dem Vorticitytheorem — eine Abnahme der zyklonalen Vorticity zur Folge haben müßte. Da dies jedoch nicht beobachtet wird, ja im Gegenteil sogar eine Verstärkung der zyklonalen Scherung eintritt, muß daraus geschlossen werden, daß aus der Höhe *mehr* zyklonale Vorticity nachtransportiert wird, als in den tieferen Niveaus durch Divergenz aufgebraucht werden kann.

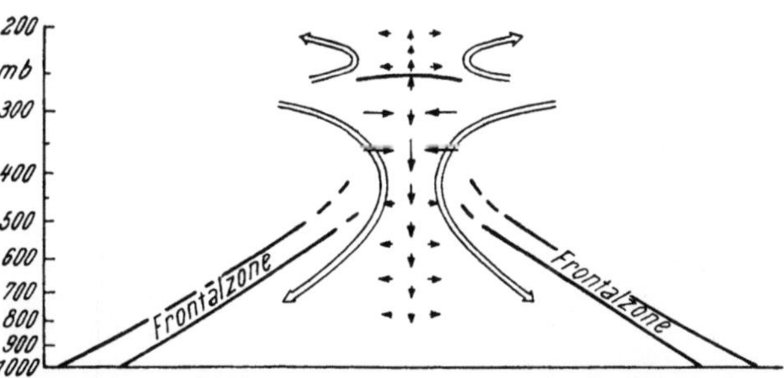

Abb. 6.124.6. Schematische Darstellung der Vertikalbewegung und der Divergenz während der Bildung einer Scherungslinie. Vertikale und horizontale Geschwindigkeiten sind proportional der Länge der schwarzen Pfeile. (Hsieh 1950a)

Ob sich im gegebenen Fall eine Scherungslinie oder ein abgeschnittener Kaltlufttropfen aus einem elongierten Trog bildet, hängt also von der Verteilung der direkten Zirkulation ab: Gleichmäßige Verteilung über die gesamte Troglänge und vor allem direkte Zirkulation an der Trogspitze führt zur Bildung einer Scherungslinie. Starke direkte Zirkulation im Norden und schwache direkte Zirkulation — oder womöglich indirekte Zirkulation — im Süden läßt einen Kaltlufttropfen entstehen. Unter einer Scherungslinie herrscht am Boden wegen der starken Divergenz heiteres Hochdruckwetter, während bei Kaltlufttropfen — wie oben erwähnt — die Hochdrucklage unter Umständen von Tiefdrucktätigkeit mit Niederschlag abgelöst wird.

6.125. Blockierende Antizyklonen

Unter einem „blockierenden Hoch" — oder kurz, einem „blocking" — versteht man die Bildung eines quasistationären, in die Westwindzone eingelagerten Hochdruckrückens, der sich auch in der Bodendruckverteilung noch bemerkbar macht (Mook 1954) und großräumigen Meridionalaustausch von Luftmassen verursacht. Gleichzeitig mit der Bildung des „blocking" nimmt der Zonalindex ab (Saito 1955).

War die Ursache der Kaltlufttropfenbildung die Difluenz zweier Strahlströme, so ist die Ausbildung eines blockierenden Hochs zunächst an die stromaufwärts des Rückens erfolgende Konfluenz des subtropischen und polaren Strahlstromes gebunden (vgl. Abb. 4.141: Defant und Taba 1957). Die konfluente Zone ihrerseits bildet sich östlich eines durch starke Vorticityadvektion entstandenen Troges aus (Elliot 1955, Gazzola 1954, 1955). Durch die resultierende kräftige Warmluftadvektion aus Südwesten wird der blockierende Rücken an seiner Westseite stets neu angebaut, durch Kaltluftadvektion aus dem Norden an seiner Ostflanke ständig abgetragen. Abb. 6.125 zeigt schematisch den Strömungsverlauf bei der Bildung einer blockierenden Welle. Wird der Hochdruckrücken schließlich durch den Trog auf seiner Ostseite und die dort erfolgende Kaltluftadvektion abgeschnürt, so wird der Block meist etwas retrograd (vgl. Kap. 7.33) und das Strahlstromsystem spaltet sich: Der PFJ umfließt die Antizyklone im Norden, während der STJ im Süden die Hochdruckbrücke überquert und in den Trog bzw. in den häufig anzutreffenden Kaltlufttropfen auf der Ostseite des Rückens einmündet. Er bildet dort mit dem Polarfront-Jet aus dem Norden neuerlich eine konfluente

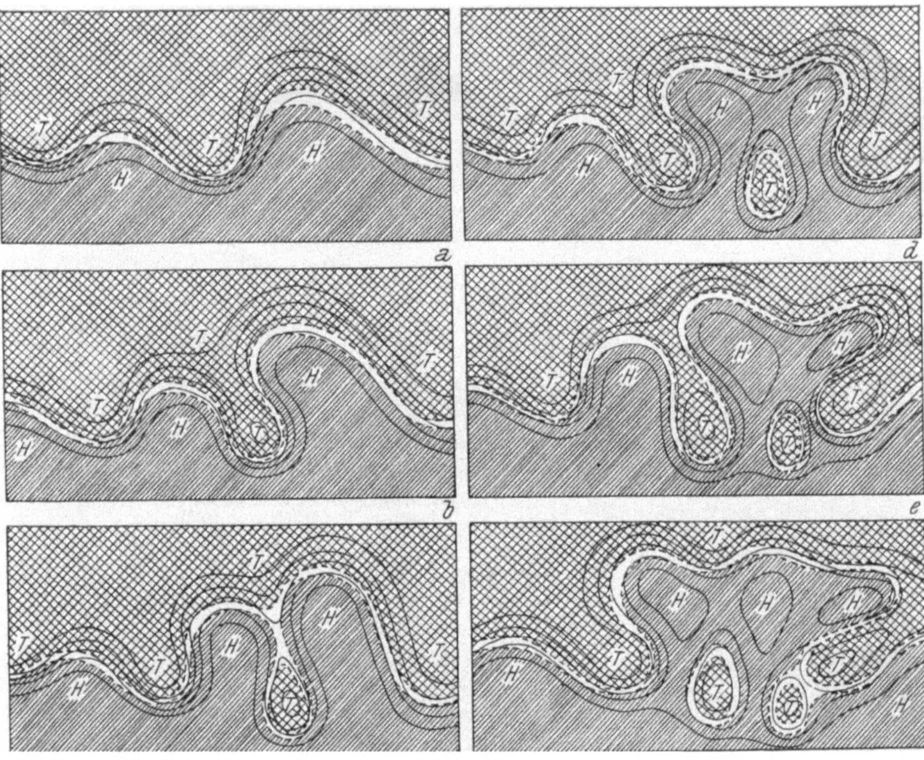

Abb. 6.125. Idealisierte Darstellung der Bildung einer instabilen Welle im 500-mb-Niveau, die zur Entstehung einer blockierenden Antizyklone im Norden führt. Volle Linien: Stromlinien; strichliert: Isothermen. Kalte und warme Gebiete sind durch verschiedenen Raster kenntlich gemacht. (Berggren et al. 1949)

Zone. Die Wellenstörungen, die entlang der beiden Strahlströme — einerseits im Nordmeer, andererseits im Mittelmeerraum — wandern, können verschiedene Geschwindigkeiten besitzen (Berg 1953). Jede der beiden Zugbahnen der Wellenstörungen ist durch eine Niederschlagszone gekennzeichnet (Rex 1950b).

Eingehende Studien von Rex (1950a) und anderen Autoren (Hawkins 1955, Stark 1957) bestätigen das oben dargelegte Entwicklungsschema eines „blocking“. Das konfluente Gebiet stromaufwärts der sich entwickelnden, blockierenden Antizyklone zeichnet sich durch verstärkte Zonalzirkulation aus (Rex 1950a, Miller und Vederman 1951). Hat sich das Hoch gebildet, so weist das zonale Windprofil zwei Maxima auf, die den Breiten des polaren und des subtropischen

Strahlstromes entsprechen. Zwischen diesen beiden Maxima herrschen östliche Höhenwinde vor. Niederschlagsgebiete, verbunden mit Aufgleitbewegungen, konzentrieren sich vorwiegend auf die Westseite des Blocks, während die Ostseite durch Absinken der Kaltluft gekennzeichnet ist (ELIASSEN und HUBERT 1953).

Blockierende Antizyklonen zeigen oft einen äußerst stabilen Charakter und halten sich unter Umständen mehrere Wochen lang (REITER und SZEKERES 1960). Sie spielen eine dominierende Rolle im Wärmeaustausch zwischen tropischen und polaren Breiten. Auf das Gefüge der planetarischen Wellen üben sie ebenfalls einen entscheidenden Einfluß aus. Meist ist die vom „blocking" hervorgerufene stationäre Welle länger als unter normalen Verhältnissen einer zonalen Strömung (ELLIOT und SMITH 1949, GARRIOT 1954, NAMIAS und CLAPP 1944, SANDERS 1953, SUMMER 1954). Der Einfluß dieser stationären blockierenden Antizyklonen auf die Strahlströme macht sich sowohl stromab- als auch stromaufwärts bemerkbar, oft in einer retrograden Verminderung des Zonalindex (ALLAN et al. 1940, BERGGREN et al. 1949, NAMIAS 1952a, ROSSBY 1949a, 1950, YEH 1949). An einem Beispiel vom Mai bis Juni 1955 konnte HAWKINS (1955) feststellen, daß sich blockierende Antizyklonen in diskontinuierlicher Retrogression stets neu bildeten. Diese blockierende Welle umkreiste in dem angegebenen Zeitraum zweimal die Nordhemisphäre von Ost nach West.

Die bevorzugten Gebiete der Bildung blockierender Antizyklonen erfahren in Kap. 7.33 noch eine eingehende Besprechung.

6.13. Zyklonen als Wellenstörungen einer Grundströmung

In der Bemühung, den zyklogenetischen Vorgang numerisch zu berechnen, wird von den Theoretikern in gewissem Sinne wieder auf das Konzept der Polarfronttheorie zurückgegriffen. Bei der mathematisch-analytischen Erfassung der Zyklogenese geht es ja nicht so sehr um eine physikalisch begründete Erklärung des zeitlichen Ablaufes der einzelnen wetterwirksamen Strömungsvorgänge, sondern um die Auffindung von Differentialgleichungen, welche in ihren Lösungen angeben, ob eine Störung von bestimmter Wellenlänge sich im Laufe der Zeit vergrößert (labiler Zustand) oder gleichbleibt (stabiler Zustand). Es wird also hier der Zustand der Grundströmung in bezug auf seine jeweilige Stabilität gegenüber einem Spektrum von Wellenstörungen untersucht. Dabei wird von der Perturbationstheorie (vgl. Kap. 4.321) Gebrauch gemacht. Auf Einzelheiten einzugehen, würde jedoch hier zu weit führen (vgl. FJØRTOFT 1951).

In der Betrachtung der Energetik der Störungen stehen vor allem zwei Auffassungen einander gegenüber: Nach CHARNEY (1947), EADY (1949) und FJØRTOFT (1951) verhält sich eine barokline oder *potentiokline* Strömung (in welcher die Flächen konstanter potentieller Energie geneigt sind und die Zahl der isosteren-isopotentiellen Solenoide pro Flächeneinheit ein Maß für die Potentioklinität darstellen) gegenüber Wellen genügend großer Länge instabil. Die Instabilität wird dabei durch den Übergang von potentieller in kinetische Energie der *Störungsbewegung* verursacht.

SOLBERG (1930) ist dagegen der Auffassung, daß keine „potentiokline" Energie beim zyklogenetischen Vorgang aufgebraucht wird. Die Energie der Wellenstörung wird vielmehr der kinetischen Energie der Grundströmung entnommen.

HÖILAND und PEDERSEN (1954) versuchten an Hand von synoptischen Daten das Für und Wider zwischen den beiden Auffassungen abzuwägen. Die Berechnungen der potentiellen Energie erwiesen sich jedoch als zu ungenau, um eine entscheidende Aussage zu gestatten. Die Änderung der potentiellen Energie zeigte sich so groß, daß der schwierig zu erfassende Transport von potentieller Energie nicht vernachlässigt werden darf.

Bei dem von HÖILAND und PEDERSEN untersuchten Fall nahm der mittlere meridionale Druckgradient in der Troposphäre über dem betrachteten Gebiet ab. Man wäre also eventuell zur Annahme berechtigt, daß die Grundströmung an kinetischer Energie verlor, doch könnte ebensogut durch eine *Verschärfung* des mittleren meridionalen Windprofils die kinetische Energie der Grundströmung zunehmen und doch gleichzeitig eine Verminderung des mittleren meridionalen Druckgefälles festgestellt werden. HÖILANDS Ergebnisse lassen in dieser Richtung leider keinen Schluß zu.

Um das zyklogenetische Problem zu studieren, muß die Schwerestabilität, die dynamische Stabilität (laterale Scherung und Konstanz des Drehimpulses), die barokline Stabilität (thermischer Wind) und die Stabilität an Geschwindigkeitsdiskontinuitäten geprüft werden (ARAKAWA 1951, EADY 1951, FLEAGLE 1957, FLEAGLE und IZUMI 1955, GODSON 1950a, b, PETTERSSEN 1955c, QUENEY 1952). Wie bereits aus Kap. 1.236 hervorgeht, besitzt die Erdrotation einen stabilisierenden Einfluß, der sich polwärts mit zunehmendem Coriolisparameter f verstärkt und am Äquator verschwindet (vgl. STARR 1959). In gemäßigten Breiten wirkt die Erdrotation auf den Umwälzungsvorgang benachbarter Luftmassen genügend stabilisierend, so daß der dynamischen Labilität wohl kaum ein größerer zyklogenetischer Effekt zugesprochen werden kann. In stark ausgeprägten Strahlströmen wird allerdings auf der antizyklonalen Seite eine Zone mit absoluter Vorticity $Q \leq 0$ festgestellt. Kleine Gebiete mit negativer absoluter Vorticity könnten somit auch hier zum Anwachsen der Störung beitragen.

Die Bedeutung des Strahlstromes — auch in dieser theoretischen Betrachtungsweise der Zyklogenese — kommt dadurch zur Geltung, daß statische Stabilität, Baroklinität und Windscherung im Bereich der mit einem Jet-Maximum assoziierten Frontalzone maximale Werte aufweisen.

6.2. Niederschlags- und Feuchteverteilung als Indikatoren der Vertikalzirkulation

Die Lage des Hauptniederschlagsgebietes im Bereich eines Strahlstromes hängt von der Lage des Höhendivergenzgebietes ab und steht *nicht* in unmittelbarem Zusammenhang mit den Bodenfronten (CURTIS und PANOFSKY 1958, SCHULTE-VENNBUR 1953). Diese beobachtete Tatsache steht ebenfalls in Widerspruch zum alten norwegischen Zyklonenmodell.

Tabelle 6.2. *Mittlere Divergenz, mittlere spezifische Feuchte $\bar{s}$ und deren Produkt in Block 11 (15. Oktober 1954, 15.00 GCT)*

Isobarenschicht (Centibar)	$\bar{s}$	$\overline{\nabla_H \cdot V}$	$\bar{s}\,\overline{\nabla_H \cdot V}$
100—90	$16{,}0 \cdot 10^{-3}$	$-6{,}2 \cdot 10^{-5}$	$-99{,}2 \cdot 10^{-8}$
90—80	13,8	−3,8	−52,4
80—70	11,5	−1,9	−21,9
70—60	9,0	0,1	0,9
60—50	6,2	2,4	14,9
50—40	3,8	3,7	14,1
40—30	1,7	4,0	6,8
30—20	0,4	3,2	1,3

In der bereits zitierten Arbeit von PALMÉN (1958) wurden die Beträge der Divergenz für die in Abb. 6.122.4 gezeigten Blocks berechnet. Die mittlere Divergenz über den Blocks 1, 2, 3, 7, 8, 9, 12, 13, 14 einerseits und 4, 5, 6, 10, 11,

15 andererseits sind in Abb. 6.2.1 dargestellt. Das divergenzfreie Niveau in der Nähe der 500-mb-Fläche tritt deutlich in Erscheinung.

Das Niederschlagsgebiet (Abb. 6.2.2) zeichnet sich durch starke Bodenkonvergenz aus. Es ist hauptsächlich auf Block Nr. 11 konzentriert. In Tab. 6.2 sind die Feuchte- und Divergenzwerte und deren Produkt für diesen Block zusammengestellt.

Den Wassertransport in eine Säule der Atmosphäre kann man ausdrücken durch

$$-\int_0^\infty \int_0^{L_i} s\, \varrho\, v_n\, dL\, dz, \qquad 6.2\ (1)$$

wobei L_i die seitlichen Begrenzungen des Flächenstückes angibt und v_n die Strömungskomponente normal zu dieser Begrenzung. Durch einfache Transformation erhält man

$$-\frac{L_i}{g} \int_0^{p_0} (\bar{s}\, \bar{v}_n + \overline{s^*\, v_n^*})\, dp. \qquad 6.2\ (2)$$

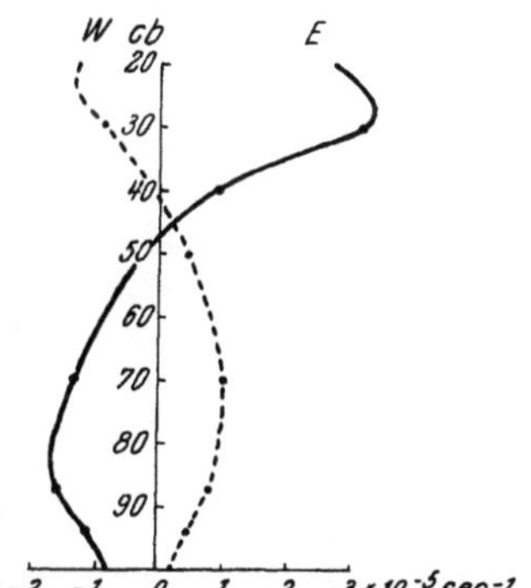

Abb. 6.2.1. Mittlere Divergenz im östlichen (volle Linie) und westlichen Teil (strichliert) der in Abb. 6.122.4 gezeigten Flächenstücke. (PALMÉN 1958)

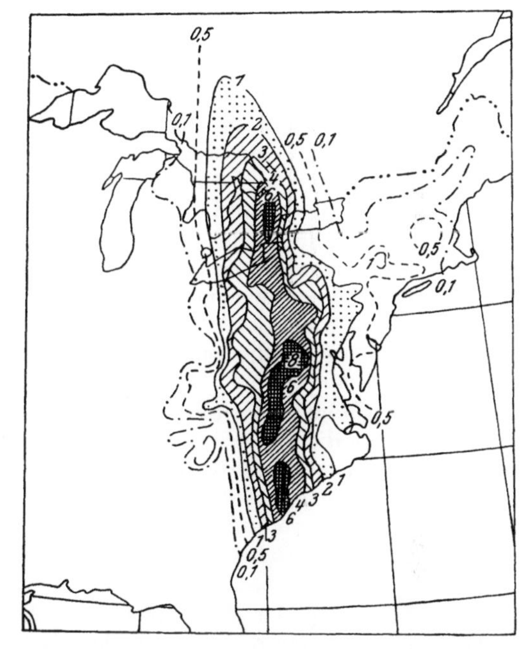

Abb. 6.2.2. Niederschlag (Inch) vom 15. Oktober 1954, 06.00 GCT bis 16. Oktober, 06.00 GCT. (PALMÉN 1958)

Die Querstriche deuten die Mittelwerte entlang der Begrenzung des Flächenstückes in einer bestimmten Isobarenfläche an, und die mit Sternchen versehenen Größen kennzeichnen die örtlichen Abweichungen von diesen Mittelwerten, also die Störungskomponenten, die — je nach der bestehenden Korrelation zwischen normaler Strömungskomponente v_n und Feuchte — unter Umständen einen Feuchtetransport entgegengesetzt dem der Grundströmung bewirken können. Der Niederschlag pro Zeiteinheit über dem betrachteten Gebiet ist gegeben durch

$$P = E - \frac{L_i}{g} \int_0^{p_0} (\bar{s}\, \bar{v}_n + \overline{s^*\, v_n^*})\, dp. \qquad 6.2\ (3)$$

E ist die Verdunstung pro Zeiteinheit innerhalb des betrachteten Blockes. In dem von PALMÉN behandelten Fall wurde die Verdunstung, da sie im Verhältnis zum Niederschlag nur gering war, vernachlässigt. Außerdem wurden die Störungsglieder in obiger Gleichung weggelassen, da sie sich schwer auswerten ließen. Man erhält also

$$P \cong -\frac{A_i}{g}\int_0^{p_0} \bar{s}\, \overline{\nabla_H \cdot \mathbf{v}}\, dp. \qquad 6.2\,(4)$$

$\overline{\nabla_H \cdot \mathbf{v}}$ ist die mittlere Divergenz über die horizontale Fläche A_i des Blockes.

Die Auswertung des Integrals in Gl. (4) ergibt für Block 11 eine theoretische Niederschlagsmenge von 30,6 mm innerhalb von 6 Stunden, während die tatsächlich beobachtete Menge 33 mm betrug. Die Übereinstimmung ist als äußerst gut zu bezeichnen.

Vergleicht man die Position des Niederschlagsgebietes in Abb. 2 mit der Lage des Strahlstromes im 300-mb-Niveau (Abb. 6.122.3), so sieht man, daß die enormen Regenfälle auf die Höhendivergenz im rechten rückwärtigen Quadranten eines leicht antizyklonal gekrümmten Jet-Maximums zurückzuführen sind. Dies stimmt gut mit dem in Abb. 4.122.3 gezeigten Strahlstrommodell überein. Da die Höhendivergenz wiederum mit der Vorticityadvektion laut Gl. 6.121 (1) zusammenhängt, ist damit eine Möglichkeit für Niederschlagsprognosen aus der Vorticityverteilung gegeben (Bailey 1958, Jenrette 1960, Riehl, Norquest, Sugg 1952; vgl. auch Riehl und Teweles 1953, Starrett 1949).

In Fällen, bei denen das Höhenwindfeld weniger ausgeprägt ist als in der von Palmén beschriebenen Zyklogenese, machen sich die Ungenauigkeiten in der Berechnung der Vorticity und der Divergenz stärker bemerkbar (Riehl und Teweles 1954, Teweles 1953). Es ist auch zu erwarten, daß die Verwendung der geostrophischen statt der tatsächlich beobachteten Vorticity zu Fehlabschätzungen führt (vgl. Kap. 1.239). Außerdem wirken orographisch erzwungene Vertikalbewegungen (Föhn und Stau) modifizierend auf die Niederschlagstätigkeit.

Werden für die Berechnung der Vertikalbewegung adiabatische Verhältnisse zugrunde gelegt, so muß die frei werdende latente Wärme bei einsetzendem Kondensationsprozeß berücksichtigt werden. Durch die verstärkte Labilisierung bei feuchtadiabatisch verlaufenden Vertikalbewegungen vergrößert sich die Aufwärtsbewegung beträchtlich (Smebye 1958).

Trotz all dieser Faktoren, die eine quantitative Prognose des Niederschlags aus der Bewegung der Atmosphäre ziemlich schwierig machen, erscheint eine objektive Vorhersage nicht unmöglich. Komabayasi et al. (1955) haben erfolgreich mittels einer graphischen Integrationsmethode nach Fjørtoft die Temperaturänderung (Änderung der relativen Topographie 500/700 mb) und Wasserdampfverteilung und daraus die zu erwartende Niederschlagsmenge berechnet. Die Ergebnisse erscheinen vielversprechend.

Die qualitative Übereinstimmung der Niederschlagsverteilung mit dem in Abb. 4.122.3 gezeigten Modell der Höhendivergenz- und -konvergenzverteilung ist auch im statistischen Mittel gewahrt. Antizyklonal gekrümmte Strahlstrommaxima zeigen eine besondere Tendenz zur Niederschlagsbildung in ihrem *rückwärtigen rechten* Quadranten, zyklonal gekrümmte Maxima dagegen in ihrem vorderen linken Sektor. Der dem Niederschlagssektor diagonal gegenüberliegende Sektor ist offenbar in seiner Höhendivergenz und in seinem Niederschlagsfeld weniger deutlich ausgeprägt (Jenista 1953, Kikuchi 1957, Wolff und Dickson 1953).

Strahlströme mit annähernd geradlinigem Verlauf der Achse zeigen im Einzugsgebiet den maximalen Niederschlag deutlich auf die rechte Seite verschoben. Im Deltagebiet des Jet-Maximums besitzt dagegen der linke Sektor ein deutliches

Übergewicht an Niederschlagsmenge, wobei die Hauptmenge im Mittel etwa 600 km nördlich der Strahlstromachse fällt (JOHNSON, DANIELS 1953).

Der niederschlagskontrollierende Einfluß des PFJ kann noch weit in die Subtropen hinein verfolgt werden. Eine Studie von YEH et al. (1951) zeigt z. B., daß die Niederschlagstätigkeit auf Hawaii mit der Entfernung des Strahlstromes von den Inseln und mit der antizyklonalen Scherung auf der Südseite des Jet zunimmt, mit der Windgeschwindigkeit im Jet jedoch abnimmt. Offensichtlich ist südlich des Polarfront-Jet mit einer Zone vorherrschender Absinkbewegung zu rechnen, welche die Niederschlagstätigkeit über den Hawaiischen Inseln hemmt, sobald die Jet-Stream-Position südlich von etwa 41° N verläuft.

Im allgemeinen kann die Niederschlagsverteilung als wertvoller Indikator für das Vorzeichen der Vertikalbewegung in der mittleren Troposphäre angesehen werden.

Durch die Studien von PALMÉN (1958) und von anderen Autoren (Kap. 6.122) wurde bereits ein schematischer Überblick über die Vertikalbewegungen in einem Ost-West-Schnitt durch die Atmosphäre vermittelt. Absinken ist demzufolge auf der Rückseite eines Troges, Aufsteigen auf dessen Vorderseite zu erwarten. Wie REED und DANIELSEN (1959) zeigten, ist die Vertikalbewegung durchaus nicht auf die Troposphäre beschränkt. Maximale Beträge der Absinkbewegung werden gerade unterhalb des Strahlstromniveaus beobachtet, und der vertikale Transport erstreckt sich, aus der Stratosphäre kommend, durch die Maximalwindfläche hindurch. Es wird auf diese Weise Stratosphärenluft innerhalb der Frontalzone bis in die mittleren Troposphärenniveaus eingeführt. Der von RAETHJEN (1954) im Rahmen einer remanenten Meridionalzirkulation über den polaren Breiten geforderte Transport von Stratosphärenluft in die Troposphäre, welcher die klaren Sichtverhältnisse in Polarluft erklären würde, wäre somit vorwiegend auf den Bereich der Strahlströme konzentriert. Die Annahme, daß Nullschicht und Maximalwindschicht identisch sind, ist demnach für den Bereich der Strahlströme höchstens im Mittel, nicht jedoch bei spezifischen Wetterlagen gültig (vgl. Kap. 4.122).

Beträchtliche Werte der Vertikalgeschwindigkeit wurden von ENDLICH (1953) aus Analysen der Höhenkarten unter Annahme adiabatischer Strömungsverhältnisse berechnet (bis zu 16 cm/sec als dreistündige Mittelwerte). Wenn sich auch gegen die Methode der Berechnung einiges einwenden läßt — vor allem dagegen, daß dreistündige Trajektorien und ein Viertel der 12stündigen Temperaturänderungen miteinander kombiniert werden (FLEAGLE und ENDLICH 1954) —, so dürften ENDLICHS Resultate doch größenordnungsmäßig stimmen, wie Untersuchungen von BRUNDIDGE (1956) und REITER (1961a) zeigen. Die berechneten Vertikalgeschwindigkeiten waren dabei im 500-mb-und 300-mb-Niveau größenordnungsmäßig einander gleich. Die Zentren maximaler Vertikalgeschwindigkeit lagen entweder auf oder in unmittelbarer Nähe der Strahlstromachse. [Mittlere Vertikalgeschwindigkeiten > 5 cm/sec werden nur selten in einer Entfernung größer als etwa 450 km vom Jet Stream angetroffen. SUGIMOTO (1958) findet in der Nähe der PFJ-Achse über Japan Aufwärtsbewegungen von 50 cm/sec.] Der Verfasser (REITER 1961e) stellte über den USA im Strahlstrombereich bis zu 2,5 m/sec fest.

Die weiteren Schlußfolgerungen ENDLICHS bedürfen allerdings einiger Korrekturen. ENDLICH betrachtete die Verteilung von Zentren mit Auf- und Abwärtsbewegung relativ zur Position der Jet-Achse, ohne auf Einzugs- oder Deltagebiet Rücksicht zu nehmen. Er kam dadurch zu dem Schluß, daß die Verteilung der Vertikalgeschwindigkeit mehr oder weniger zufällig sei. Eine genauere Betrachtung von ENDLICHS Analysen zeigt jedoch, daß die Zentren maximaler Vertikalgeschwindigkeit sowohl im 300-mb- als auch im 500-mb-Niveau gut mit dem Schema eines Ost-West-Schnittes, das von FLEAGLE (1947) gegeben wurde, übereinstimmen. Die Gebiete maximaler Aufgleitbewegung konzentrieren sich auf der

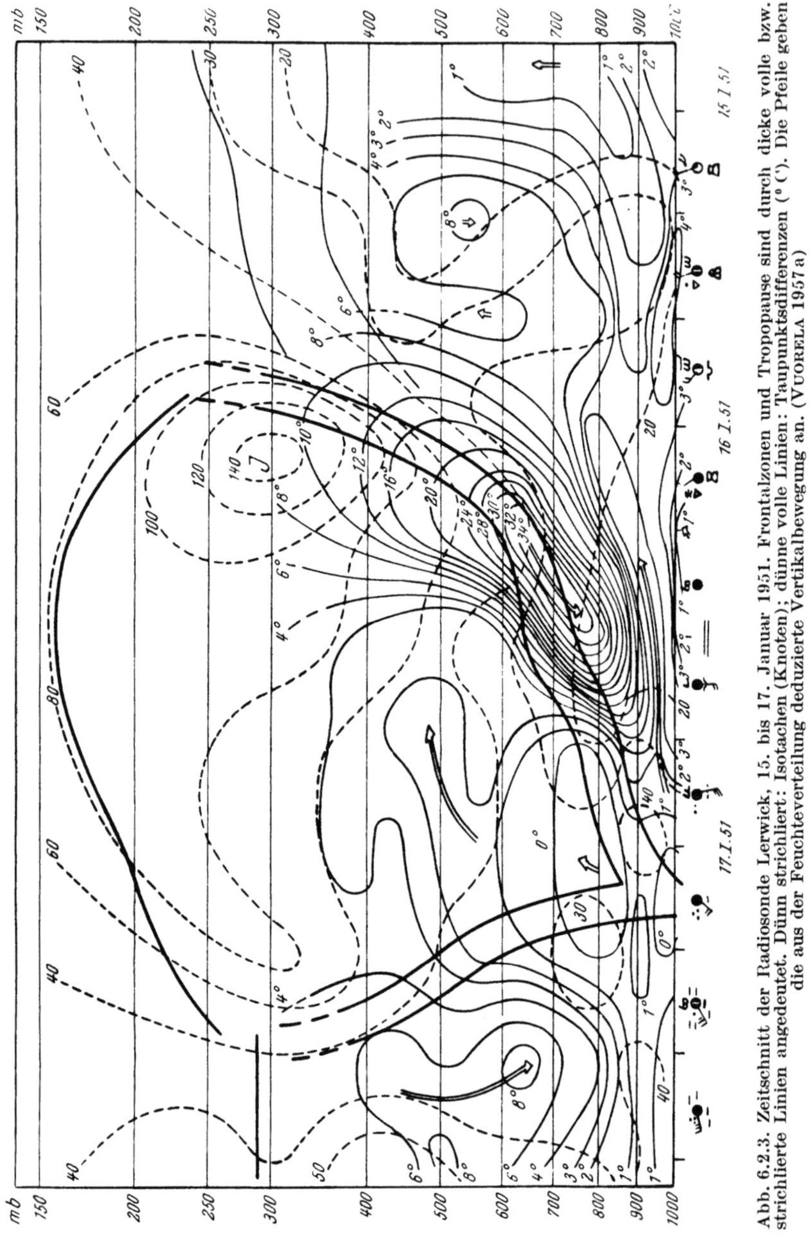

Abb. 6.2.3. Zeitschnitt der Radiosonde Lerwick, 15. bis 17. Januar 1951. Frontalzonen und Tropopause sind durch dicke volle bzw. strichlierte Linien angedeutet. Dünn strichliert: Isotachen (Knoten); dünne volle Linien: Taupunktsdifferenzen (° C). Die Pfeile geben die aus der Feuchteverteilung deduzierte Vertikalbewegung an. (VUORELA 1957 a)

Vorderseite zyklonal gekrümmter Jet-Maxima, also auch an der Vorderseite der Tröge, während die maximalen Absinkbewegungen vorwiegend auf die Rückseite der Jet-Maxima beschränkt sind. Antizyklonale Maxima scheinen bei ENDLICH nicht auf, doch würde man aus PALMÉNS (1958) Berechnungen auf maximales Aufgleiten auf deren *Rückseite* schließen.

Daß maximale Vertikalbewegungen in der Nähe der Strahlstromachse selbst auftreten, wird durch Untersuchungen von MONTALTO (1959) bestätigt, der seine Geschwindigkeitsberechnungen auf der Kontinuitätsgleichung basierte.

Durch Betrachtung der Winddrehung mit der Höhe, die aus der jeweiligen Strömungskomponente quer zur Strecke Radar—Ballon berechnet wird, gelangt BARBÈ (1956) zu einem Strahlstrommodell, das ebenfalls im Jet-Niveau starke Vertikalbewegungen vermuten läßt.

VUORELA (1953, 1957a) kommt auf Grund der Betrachtung der Differenz zwischen Taupunkt und Lufttemperatur zu einer qualitativen Abschätzung der Vertikalzirkulation im Bereich eines Strahlstromes, welche die oben abgeleiteten Schlüsse erhärtet. Abb. 6.2.3 zeigt die Taupunktdifferenzen im Zeitschnitt durch einen ausgeprägten Strahlstrom, der am 16. Januar 1951 mit nordwestlichen Höhenwinden über England lag. Die große Trockenheit der Luft in der Frontalzone muß in Übereinstimmung mit den von REED und DANIELSEN (1959) gefundenen Ergebnissen auf das Absinken von Luftmassen, unter Umständen aus der Stratosphäre, zurückgeführt werden. VUORELA berechnete die Vertikalgeschwindigkeiten in diesem Zeitschnitt mit verschiedenen Methoden, die leicht diskrepante Ergebnisse lieferten. Sämtliche Abschätzungen zeigten jedoch maximales Absinken im engeren Bereich des Strahlstromes (Größenordnung 10 cm/sec als Mittelwert über 12 Stunden). Die Werte für Aufgleitbewegungen (maximal 80 cm/sec) wurden unter Berücksichtigung feuchtadiabatischer Zustandsänderungen berechnet. Es zeigte sich auch an Hand dieser Analysen, daß Nullschicht und Maximalwindschicht im Bereich des Jet Stream nicht identisch sind. Alle übrigen von VUORELA analysierten Schnitte weisen ebenfalls ein Abwindmaximum im Jet Stream auf.

Die Analysen VUORELAS werden von SAWYERS (1953, 1955) und MURRAYS (1953, 1956) Bearbeitungen englischer Forschungsflüge bestätigt. Es zeigte sich, daß unterhalb des Strahlstromkernes in die Frontalzone trockene Luft mit sehr niedrigem Frostpunkt (gibt die relative Feuchte in bezug auf Eis an) eingelagert ist. Der Übergang vom Wolken- und Niederschlagsgebiet in diese trockenen „Zungen", die sich in vertikaler Richtung bis in den Strahlstrombereich fortzusetzen scheinen, ist wohlausgeprägt und unvermittelt. Auch SAWYER (1958) gelangt zum Schluß, daß es sich bei diesen Trockengebieten um Luftmassen handelt, die einer starken Abwärtsbewegung unterworfen waren, und nicht um horizontale Mischungsvorgänge zwischen den beiden in der Frontalzone aneinandergrenzenden Luftmassen. Der horizontale Gradient der Vertikalgeschwindigkeit (starke Abwärtsbewegung unterhalb des Jet, nur leichte dagegen in der Kaltluft), auf den man aus dieser Feuchteverteilung schließen kann und der mit dem ausgeprägten Gradienten des Divergenzfeldes normal zur Jet-Achse im Strahlstromniveau in Einklang steht, äußert sich in den im 500-mb-Niveau beobachteten starken horizontalen Temperaturgradienten. Im 600-mb-Niveau erscheint die „trockene Zunge" der SAWYERschen Messungen weniger deutlich ausgeprägt, auch der horizontale Temperaturgradient quer zur Front liegt wesentlich unterhalb der im 500-mb-Niveau beobachteten Werte. Die warme Seite der Frontalzone ist in diesem tiefer liegenden Niveau relativ feucht und wolkig. Dieser Teil der Front entspricht somit am ehesten dem Bild, das die norwegische Polarfronttheorie vom „Aufgleiten" der Warmluftmassen entwirft.

Im höheren Bereich der Frontalzone wird dagegen die Vorstellung einer Front als MARGULESsche Grenzfläche, die nach der Polarfronttheorie die Scheidewand zweier Luftmassen bildet, in ihren Grundfesten erschüttert. Die Frontal„zone", die man bisher als Mischungsbereich zwischen den zwei Luftkörpern verschiedener potentieller Temperatur angesehen hatte, entsteht in Wirklichkeit aus einem Einbruch hochtroposphärischer bzw. stratosphärischer Luftmassen. Damit ist die bereits eingangs des Kap. 6 kritisierte Polarfronttheorie von einem neuen Gesichtspunkt aus in Frage gestellt, aber auch die luftmassenmäßige Betrachtungsweise des Wetterablaufes büßt an Überzeugungskraft ein (vgl. Reed 1957a).

„Frontalzonen" sind nach der neuen Betrachtungsweise nicht nur Luftmassengrenzen, deren Existenz und Veränderung *kinematisch* erfaßt werden können, sondern lange und schmale Gebiete, in denen die Atmosphäre ihre Hauptumsätze zwischen kinetischer und potentieller Energie tätigt. Dies äußert sich in der Baroklinität und in der strahlstromförmigen Konzentration des horizontalen Impulses sowie in den hier auftretenden starken horizontalen Gradienten der Vertikalgeschwindigkeit. Die „Frontalzone" ist somit zu einem *dynamischen* Problem geworden.

Die oben beschriebene Feuchteverteilung wird durch Beobachtungen von Kondensstreifenbildung bestätigt (Murray 1956). Die Bildung derartiger Streifen

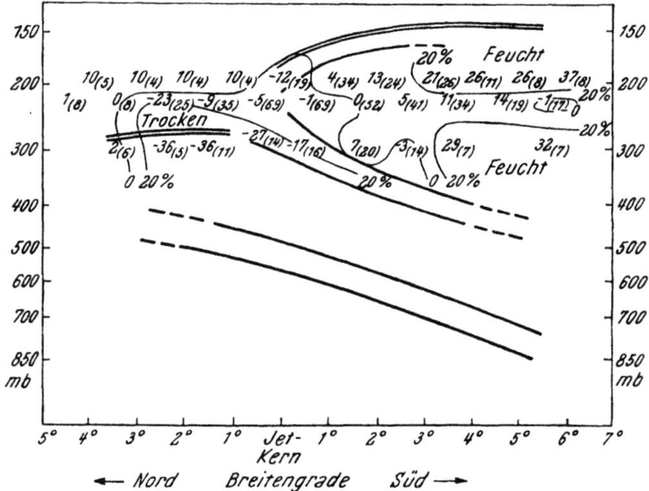

Abb. 6.2.4. „Überschußhäufigkeit" der Kondensstreifenbildung im Strahlstrombereich in %. In Klammern: Gesamtzahl der Beobachtungen (s. Text). (Nach Endlich und McLean 1957)

hängt vom Luftdruck, der Temperatur und der relativen Feuchte der umgebenden Luft und dem Mischungsverhältnis zwischen Auspuffgasen und Luft innerhalb der Kondensstreifenzone ab. Letzterer Faktor ist insofern von Bedeutung, als von den Verbrennungsgasen eine gewisse Wasserdampf- und Wärmemenge abtransportiert wird (Appleman 1952, 1953, U. S. A. W. S. 1956b). Man kann für einen gegebenen Luftdruck und eine gegebene relative Feuchte eine *kritische Temperatur* angeben, oberhalb der sich keine Kondensstreifen bilden können. Brundidge (1958) gibt $-47°$ als absolute obere Grenze der Kondensstreifenbildung für Forschungsflüge während des „Project-Jet-Stream" an. Sind Druck und Temperatur vorgegeben, so existiert dementsprechend eine minimale relative Feuchte, unterhalb der keine Kondensstreifenbildung einsetzt.

Bei der Bearbeitung von Strahlstromflügen durch Endlich und McLean (1957) wurde die Wahrscheinlichkeit der Kondensstreifenbildung aus Druck und Temperatur berechnet und mit den tatsächlichen Beobachtungen verglichen. Abb. 6.2.4 zeigt die „Überschußhäufigkeit" der Kondensstreifenbildung (definiert als beobachtete Häufigkeit minus theoretische Häufigkeit dividiert durch die Gesamtzahl der Beobachtungen) relativ zu dem von ENDLICH und McLEAN entworfenen idealisierten Strahlstromquerschnitt. Das trockene Gebiet (negative „Überschußhäufigkeiten") erstreckt sich entlang der baroklinen Zone in der oberen Troposphäre, gerade unterhalb des Strahlstrommaximums, und in der Stratosphäre auf der zyklonalen Seite der Jet-Achse (vgl. DUNNING et al. 1955). Die Existenz der Zungen trockener Luft wird dadurch bestätigt. Die Luft auf der antizyklonalen Seite der Frontalzone ist dagegen relativ feucht.

Ozon als weiterer Indikator für großräumige Vertikalbewegungen in der Atmosphäre ist durch eine verfeinerte chemische Meßtechnik neuerdings in das Blickfeld gerückt.

In Kap. 4.415 wurde bereits auf die Korrelation zwischen mittlerem Ozongehalt der Atmosphäre und mittlerem Zirkulationszustand hingewiesen. Es ist bereits

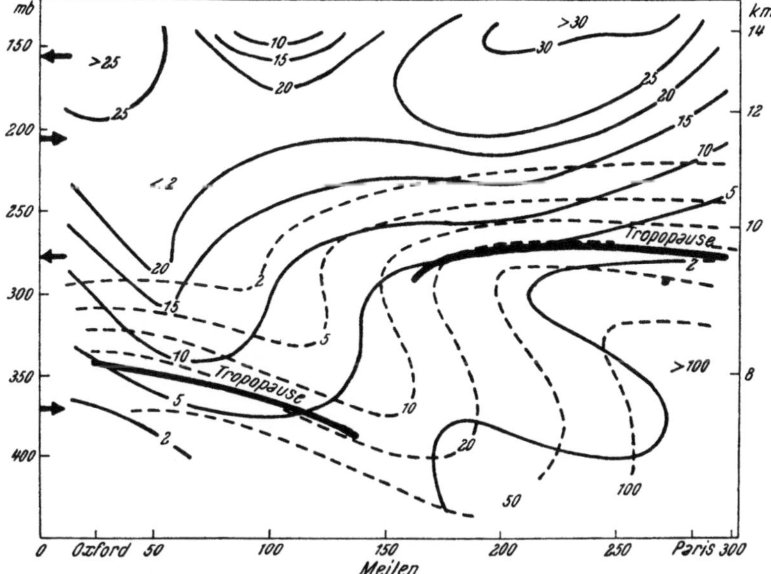

Abb. 6.2.5. Querschnitt durch einen Strahlstrom über dem Ärmelkanal, im Wendepunkt zwischen Trog und Rücken, 6. März 1959, 11.50 bis 14.00 GCT. Volle Linien: Ozongehalt (10^{-8} Mol/Mol); strichliert: Feuchtemischungsverhältnis (Milligramm/Gramm). Die Flugniveaus sind durch Pfeile am linken Rand angegeben. (MURGATROYD 1959)

seit langem bekannt, daß Polarluftmassen infolge der großräumigen Absinkbewegungen, denen sie unterworfen sind, einen höheren Ozongehalt aufweisen als Tropikluftmassen. Für den vertikalen Ozontransport aus der Stratosphäre ist einerseits die langsam wirkende Meridionalzirkulation verantwortlich, andererseits turbulente Austauschvorgänge. Als wirkungsvollstes Transportmittel muß jedoch der atmosphärische „Großaustausch" durch großräumige Vertikalbewegungen innerhalb wandernder Druckgebilde angesehen werden (RAMANATHAN 1954, REED 1953). Diese Ansicht wird durch den starken Ozonanstieg der Atmosphäre im Winter bestätigt, wenn die Zyklonentätigkeit ihr Maximum erreicht und daher auch der Vertikalaustausch am stärksten ausgeprägt ist. Es sind auch Anzeichen für ein Ozonmaximum bei 50 bis 60° N vorhanden. In dieser Breite erreichen die interdiurnen Druckänderungen, also die Zyklonenaktivität, ihre höchsten Werte. Dies läßt Schlüsse auf die Wirksamkeit der Vertikalbewegung zu, da die gemessenen Ozonschwankungen hauptsächlich auf Änderungen des Gehaltes unterhalb 20 km zurückzuführen sind. Bestimmungen der Ozonverteilung im Bereich von Zyklonen bestätigen durch das Ozonmaximum in der Nordströmung der Rückseite das Vorherrschen der Absinkbewegung. [Ausführliche Literatur hierüber ist bei CRAIG (1950) zu finden.]

In jüngster Zeit ist es gelungen, mit Erfolg Ozonmessungen in kurzen Abständen vom Flugzeug aus durchzuführen (MURGATROYD 1959, 1960). Die Ergebnisse des Forschungsfluges vom 6. März 1959 durch einen Strahlstrom auf der Ostseite eines Troges sind in Abb. 6.2.5 mitgeteilt. Der Ozongehalt der Luft zeigt im Bereich des Tropopausenbruches unterhalb und links des Strahlstromkernes ein deutliches Maximum, das auf den Import ozonreicherer Luftmassen aus größerer Höhe vom Einzugsgebiet des Jet-Maximums her schließen läßt (vgl. BREWER 1959, WEXLER, MORELAND et al. 1960). Die Feuchteverteilung, die gleichzeitig mit einem Frostpunkthygrometer nach DOBSON gemessen wurde (strichlierte Linien in Abb. 5), zeigt an derselben Stelle ein Minimum, was die Schlußfolgerungen auf das Vorzeichen der Vertikalbewegungen bekräftigt. In der Stratosphäre zeigt der Ozongehalt eine den troposphärischen Verhältnissen entgegengesetzte Verteilung. Man könnte daraus schließen, daß auch die großräumige Vertikalbewegung hier entgegengesetztes Vorzeichen besitzt.

Aus Untersuchungen des Verfassers (REITER 1961a, d) geht hervor, daß im Bereich der baroklinen Schichten ober- und unterhalb des Jet-Maximums starke horizontale Konvergenzen konzentriert sind. Da an der „Nullschicht“ eine Umkehr des Vorzeichens der Vertikalbewegung erfolgt, ist anzunehmen, daß diese Konvergenzen in Stratosphäre und Troposphäre einen entgegengesetzten Verlauf der Vertikalgeschwindigkeitsverteilung bewirken.

6.3. Wolken im Strahlstrombereich

Wolkenbeobachtungen im Strahlstrombereich lassen einerseits Schlüsse auf das Vorzeichen der Vertikalbewegung und auf die Feuchteverteilung in der Atmosphäre zu, andererseits vermögen sie ein Bild von der Position des Jet Stream zu vermitteln und außerdem enthüllen sie einiges über die Feinstruktur der Atmosphäre (vgl. BANNON et al. 1956, FROST 1954).

Während der „Project-Jet-Stream“-Flüge wurde wertvolles Material in bezug auf die Bewölkungsverteilung im Bereich eines Strahlstromes gewonnen, das von MCLEAN (1957) einer statistischen Bearbeitung unterzogen wurde. Abb. 6.3.1 gibt die prozentuelle Häufigkeitsverteilung der Beobachtungen bei „Project-Jet-Stream“-Flügen für *alle* Wolkenarten wieder. Die größte Wahrscheinlichkeit für Bewölkung herrscht auf der antizyklonalen Seite der baroklinen Zone (vgl. MURRAY 1953) sowie in einiger Entfernung von der Strahlstromachse (etwa 5 Breitengrade nördlich) in der Kaltluft (vgl. JAMES 1955, SAWYER und ILETT 1951). Das erstere der beiden Maxima ist offensichtlich auf die „direkte Zirkulation“ der Warmluft entlang Flächen konstanter feuchtpotentieller Temperatur zurückzuführen. Das zweite Maximum in der Kaltluft ist vermutlich ein Produkt der „indirekten“ Zirkulation, welche durch Divergenz im Strahlstromniveau eine Hebung der Luftmassen herbeiführt. Die barokline Zone selbst zeigt sich auch im statistischen Mittel der Abb. 1 wolkenarm, was auf ein Vorherrschen der Fälle mit Absinkbewegung in diesem Bereich schließen läßt.

Die in Abb. 1 enthaltenen Bewölkungsmaxima in der oberen Troposphäre (an der „Jet-Stream-Front“ und unterhalb der Tropopause in der Kaltluft) sind ausschließlich durch Wolken der Cirrusgruppe verursacht. Studien von BUNDGAARD (1956) ergaben eine gute Übereinstimmung der Gebiete mit Cirrostratusbedeckung mit solchen positiver Vorticityadvektion (vgl. FRENCH und JOHANNESSEN 1954). Unter der *polaren* Tropopause fielen dabei 75% der Beobachtungen auf Cirrus und 25% auf Cirrostratus. Etwa 5 bis 6 Breitengrade südlich des Strahlstromkernes betrug dagegen der Anteil von Cirrostratus 80% und der von Cirrus nur 20%. Cirrocumulus wurde nur selten beobachtet und scheint sich auf die warme Grenzfläche der „Jet-Stream-Front" zu beschränken. Die Bildung dieser Wolkenart könnte somit der Windscherung und der daraus resultierenden Mischung trockener und feuchter Luft an dieser Grenzfläche — also einer gewissen Labilität — zugeschrieben werden. Es kommt an dieser stabilen Zone häufig zur Ausbildung von Wellen, die oft sehr regelmäßige Anordnung von Cirrocumulus und Altocumulus zeigen (BARBÉ 1956, SCHAEFER 1953a).

Auf manchen der erwähnten Flüge wurde beobachtet, daß die Cirren im Kern des Strahlstromes in einer scharfen Diskontinuität enden (CONOVER 1960a, KUETTNER 1959, vgl. REITER 1961d). Nördlich des Kernes herrscht wolkenloses Wetter. Nach Beobachtungen von SCHAEFER (1953a) beginnt das Niederschlagsgebiet meist unterhalb der Strahlstromachse und erstreckt sich südlich davon. Sind Cirrenwolken nicht durch niedere Bewölkung verdeckt, so kann aus dem

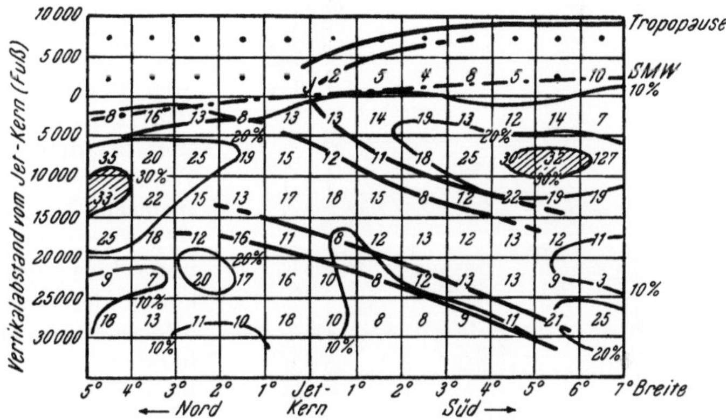

Abb. 6.3.1. Prozentuelle Häufigkeit der Bewölkung im Strahlstrombereich. (Nach MCLEAN 1957)

Abbruch der Wolkenbänke auf die Position der Strahlstromachse geschlossen werden. Derartige Beobachtungsmöglichkeiten sind meist im Einzugsgebiet eines Jet-Maximums gegeben, wo die Absinkbewegung in den unteren Schichten die Wolkenbildung verhindert (SAWYER und ILETT 1951).

Die Cirren ordnen sich auf der Südseite des Jet Stream oft in langgezogenen Bändern annähernd parallel zur Windrichtung an (CONOVER 1959, 1960a, BARBÉ 1956). Bei diesen Bändern konnten Längen von etlichen Hundert Kilometern (in einem Fall bis über 2000 km) beobachtet werden (KUETTNER 1959a). In 50% der von CONOVER untersuchten Fälle traten Cirrenbänder im Einzugsgebiet eines Jet-Maximums auf der antizyklonalen Seite der Strahlstromachse in weniger als 370 km Entfernung von der Achse auf. Cirrus wird auch auf der zyklonalen Seite von schwachen Jet Streams beobachtet, besonders dann, wenn weiter nördlich noch ein zweiter Strahlstrom liegt. Die windparallele Orientierung ist allerdings nur bei höheren Windgeschwindigkeiten und Windscherungen festzustellen (SEKERA 1948). Dies ließe auf die Existenz von „helikalen" Wirbeln mit horizontaler Achse schließen.

Die bandartige Struktur der Wolken tritt besonders deutlich in photographischen Aufnahmen aus großer Höhe in Erscheinung (CONOVER 1960b, FRITZ 1959, KUETTNER 1959a). Wettersatelliten von der Art des „Tiros" berechtigen zur Hoffnung, daß aus derartigen Wolkenaufnahmen auch auf die atmosphärischen Strömungsverhältnisse über Gebieten ohne sonstige aerologische Beobachtungen geschlossen werden kann (vgl. Anonym 1960, FRITZ et al. 1960, HUBERT et al. 1960, WEXLER und FRITZ 1960). Abb. 6.3.2 zeigt die vom Wettersatelliten „Tiros I" gewonnene Aufnahme Nr. 10 des Umlaufes Nr. 543 vom 8. Mai 1960, 20.48 GCT[1]. Der Satellit befand sich zu diesem Zeitpunkt bei 27° N und 70° W, die Blickrichtung [angegeben durch den Vektor, der die Bildmitte (29° N, 66° W) mit dem Mittelpunkt des sichtbaren Horizontbogens verbindet] weist gegen 63°. Die Wetterlage vom 9. Mai 1960, 00.00 GCT ist in der Bodenwetterkarte (Abb. 6.3.3) und in der 500-mb-Karte (Abb. 6.3.4) gezeigt. Beide Karten wurden dem „Täglichen Wetterbericht des Deutschen Wetterdienstes" entnommen. In Abb. 2 tritt deutlich ein Tiefdruckwirbel im Gebiet der Bermuda-Inseln in Erscheinung, welcher den Analysen in Abb. 3 und 4 entgangen ist. Das Wolkenbild ist ähnlich dem in einem tropischen Hurrikan, doch handelt es sich bei dem vorliegenden Wirbel um eine außertropische Zyklone. Die schmalen, langgestreckten und scharf begrenzten Wolkenbänder, bei denen es sich offenbar um größere Cumuli handelt, weisen auf eine bandartige Struktur der Konvergenzzonen hin (vgl. auch Kap. 4.311), die spiralenartig im Tiefdruckkern einmünden. Die etwas diffuseren weißen Flächen lassen auf das Vorhandensein von Cirrenfeldern schließen, die sich ihrer Orientierung nach gut in den mutmaßlichen Verlauf der Höhenströmung (Abb. 4) einfügen. Vermutlich weist das Höhenwindfeld wesentlich mehr Details auf, als der Abb. 4 entnommen werden können. Schon die Existenz eines separierten Tiefdruckwirbels allein würde das Vorhandensein eines gesonderten Strahlstromastes nahelegen, dessen Maximum wahrscheinlich südlich des Punktes *B* (Abb. 3) liegen dürfte und nach dem oben Gesagten mit den Wolkenbändern (vermutlich Cirren) in Zusammenhang stehen könnte, die in Abb. 2 von der Bildmitte nach unten verlaufen. Die Möglichkeiten, welche die Wolkenphotographie aus großer Höhe bietet, lassen es wünschenswert erscheinen, Studien, wie sie von SCHAEFER und CONOVER eingeleitet wurden, weiterzutreiben.

Abb. 6.3.2. Wettersatellit „Tiros I", Aufnahme Nr. 10, Umlauf Nr. 543, 8. Mai 1960, 20.48 GCT. (Photo: U. S. Weather Bureau und National Aeronautics and Space Administration)

[1] Die Aufnahme wurde freundlicherweise von Mr. LESTER F. HUBERT, U. S. Weather Bureau, zur Verfügung gestellt.

Die Wolkendrift in hohen Niveaus entspricht annähernd der dort herrschenden Windrichtung und -geschwindigkeit (SAITO und NARIKAWA 1954). Lange Virga

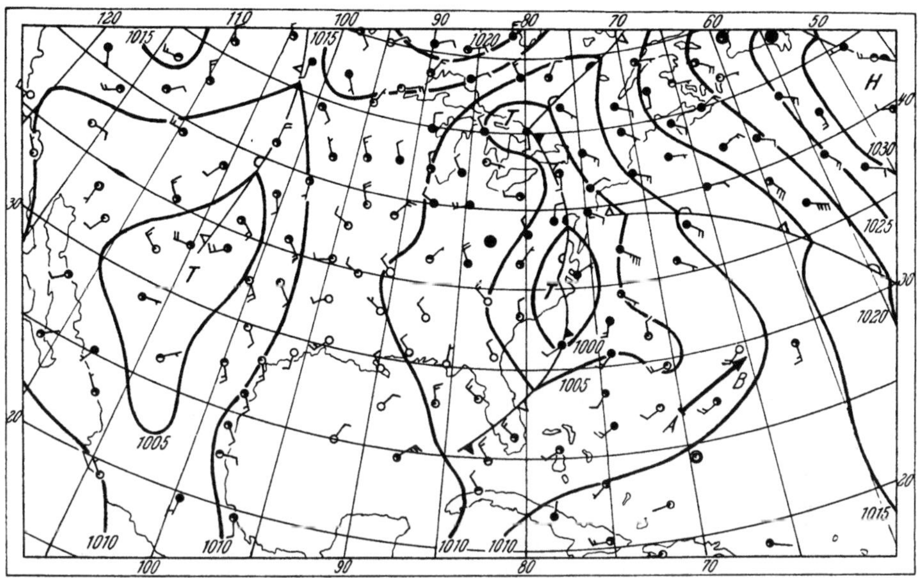

Abb. 6.3.3. Bodenwetterkarte (mb) vom 9. Mai 1960, 00.00 GCT. Der Pfeil gibt die Blickrichtung des Satelliten „Tiros I" an. A = Position des Satelliten, B = Mittelpunkt der Abb. 2. (Wetterkarte nach: Täglicher Wetterbericht des Deutschen Wetterdienstes)

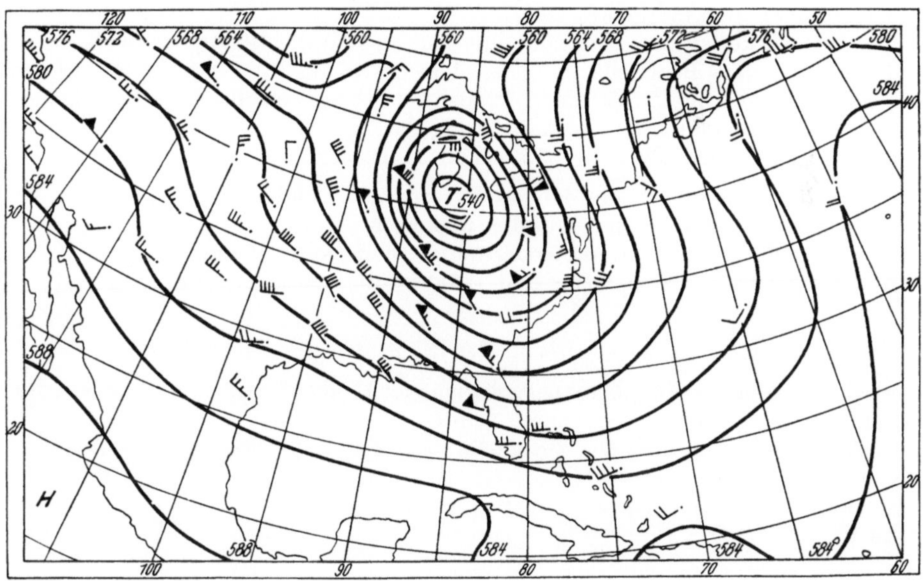

Abb. 6.3.4. Absolute Topographie der 500-mb-Fläche (Dekameter), 9. Mai 1960, 00.00 GCT. (Nach: Täglicher Wetterbericht des Deutschen Wetterdienstes)

fallen oft mit einer beträchtlichen seitlichen Abdrift aus Wolkenbändern und deuten eine markante Windscherung sowohl der Richtung als auch der Geschwindigkeit nach in der bereits erwähnten stabilen Schicht unterhalb des Jet-Maximums an.

Die vertikale Windscherung bewirkt, daß die RICHARDSONsche Zahl kleine Werte annimmt. SCHAEFER und HUBERT (1955) stellten fest, daß der Bereich der von ihnen beobachteten instabilen Jet-Stream-Wolken mit Virga an RICHARDSONsche Zahlen < 1 und an dynamische Labilität, also an starke horizontale Scherung, gebunden waren. Es ist durchaus denkbar, daß die Erfüllung dieser beiden Labilitätskriterien zur Bildung der in den Wolken beobachteten Turbulenz beiträgt.

Der blättrige Aufbau der Atmosphäre kann besonders gut dort beobachtet werden, wo die Wolkenbildung durch orographisch bedingte Hebungsvorgänge ausgelöst wird. Dies ist beim Auftreffen des Jet Stream auf ein Gebirge der Fall und bei der damit verbundenen Bildung von stehenden Wellen. Betrachtet man die Strukturierung der sich bildenden Lenticulariswolken, die man nicht selten bis ins Tropopausenniveau beobachten kann, so zeichnen sich deutlich feuchte und trockenere Schichten ab, die oft kaum hundert Meter mächtig sind und den Wolken manchmal ein eigenartiges, „pagodenähnliches" Aussehen verleihen. Daß die blättrige Struktur der Atmosphäre bis in stratosphärische Höhen reicht, geht aus Beobachtungen von HYDE (1954a) hervor, der über starke Dunstschichten berichtet, die von Flugzeugen noch in 46000 Fuß (14 km) Höhe angetroffen wurden.

Wolken der Altogruppe und niedere Wolken sind nach MCLEAN (1957) hauptsächlich an die bodennahe, barokline Zone der „Polarfront" gebunden. Auch diese Wolken ordnen sich oftmals in Walzen an, jedoch infolge der geringen vertikalen Windscherung meist senkrecht zur Windrichtung (SCHAEFER 1953a).

MCLEANs Statistik der tiefen Wolken ist leider lückenhaft, da die Beobachtungen aus großer Höhe vom Flugzeug aus gemacht und durch darüberliegende Wolkenschichten behindert wurden.

Die meisten der im Strahlstrombereich beobachteten Wolken weisen hohe Zuggeschwindigkeiten auf. Ausgenommen davon sind die Lenticulariswolken.

Eine sorgfältige Beobachtung, besonders der Cirrus- und Altuswolken, kann wertvolle Hinweise auf die Strahlstromposition geben. Vor allem sind es folgende vier Wolkengruppen, die eine Lokalisierung des Strahlstromes erlauben (SCHAEFER 1953b, vgl. auch DWYER 1955, Anonym 1953):

1. Cirren in Bändern oder langen Fasern und Bündeln.
2. Wolkenbänke von Cirrocumulus und einige Formen von Altocumulus.
3. Lenticularisformen in stehenden oder wandernden Wellen.
4. Vereinzelte Wolkenwalzen und -wogen, die nur Teile des Himmels bedecken.

Die Strahlstromachse verläuft in der Nähe der Station, wenn

1. mindestens drei der oben angegebenen vier Wolkenformen innerhalb etlicher Stunden an der Station beobachtet werden,
2. die Wolken ein Teil eines zusammenhängenden Systems sind, das sich über den ganzen Himmel erstreckt,
3. die Wolken Zeichen rascher Bewegung bzw. rascher Veränderung ihrer Struktur aufweisen.

6.4. Luftelektrische Phänomene im Strahlstrombereich

Bereits in Kap. 6.121 wurde darauf hingewiesen, daß Gewitter, die im Nordwesten der USA mit Strahlströmen assoziiert sind, durch großen Blitzreichtum auffallen. Untersuchungen, die in Schenectady (New York) mit einer radioaktiven Goldprobe an einem 12 m hohen Aluminiummast durchgeführt wurden, ließen die Vermutung zu, daß sich Strahlstromwetterlagen durch besondere luftelektrische Aktivität auszeichnen. Bei dieser Meßtechnik ergeben sich allerdings Schwierigkeiten, einerseits aus der Ionenproduktion durch die radioaktive Probe, welche die Messung windabhängig macht, andererseits aus der Definition und genauen Lokalisierung des Jet Stream (Falconer 1953, Falconer und Schaefer 1954, Schaefer 1955a), so daß Israël (1959) berechtigte Zweifel an der Zuverlässigkeit der Ergebnisse äußert. Während bei ruhigem, windschwachem Wetter, bei wolkenlosem Himmel, bei Schönwettercumuli, Stratusbedeckung oder langsam ziehenden Altocumuli oder Cirren ein positiver Strom der Größenordnung 0,0005 bis 0,01 μA je nach Exposition und Höhe des Mastes von der Spitze zur Erde fließt, zeichnen sich Niederschlagswetterlagen durch häufigen Vorzeichenwechsel des Stromes in etwa 10 bis 30 Minuten Zeitabstand aus (vgl. Israël 1957). Dieser Stromwechsel zeigt eine deutliche Korrelation mit Schnee- und Regenfällen, Blitzentladungen, dem Durchzug großer Konvektionswolkenzellen bzw. der Bewegung von Kalt- und Warmfrontsystemen. Der vertikale Potentialgradient erreicht dabei meist in der unteren Wolkenschicht sein absolutes Maximum, nimmt dann gegen die Tropopause hin ab und bleibt in der Stratosphäre annähernd konstant (Koenigsfeld 1955). Die Stromstärke ist bei derartigen Wetterlagen bei dem in Schenectady verwendeten Gerät $> 0{,}1\ \mu$A und überschreitet unter Umständen 5,0 μA, sowohl mit positivem als auch mit negativem Vorzeichen.

Neben dem positiven Schönwetterstrom und dem Strom wechselnden Vorzeichens bei Niederschlagswetter unterscheidet Schaefer (1955a) noch den sogenannten „Jet-Stream-Effekt", der sich in einem positiven Strom äußert, welcher den Schönwettereffekt um mindestens eine Größenordnung übertrifft (0,015 bis 0,10 μA). Derart hohe, anhaltend positive Werte wurden in der Regel beobachtet, wenn die Strahlstromachse in der Nähe der Meßstation verlief. Koenigsfeld (1955) berichtet ebenfalls über ein bis etwa 300 mb reichendes starkes Potentialgefälle nach der Passage einer Kaltfront, also im Bereich eines Strahlstromes. Im allgemeinen zeigen die Registrierungen einen sehr komplexen Verlauf. Die Bildung von Wasserwolken über der Station ist fast immer von einem Abfall des Potentialgradienten begleitet, dazu genügt schon eine dünne Stratocumulusdecke, die sich formiert. Dem hohen positiven Niveau können unter Umständen Niederschlags- und Gewitterstörungen des Potentialgradienten überlagert sein. Konvektionswolken und Gewittertätigkeit sind ja im Bereich des Jet Stream zu erwarten, wie in den vorangehenden Kapiteln eingehend beschrieben wurde. Dadurch erscheint der positive Strom von der radioaktiven Spitze zur Erde oft für etliche Stunden durch schwankenden bzw. negativen Strom ersetzt. So zeigt z. B. ein Fall, den Falconer und Schaefer (1954) studierten, daß der „Jet-Stream-Effekt" durch eintretende Gewitterbildung für längere Zeit durch zeitweilig äußerst starke negative Spitzen verdrängt wurde, die beim Auftreten von Tornados in der weiteren Umgebung der Station besonders hohe Werte erreichten. Nach Durchzug der Störung stellte sich jedoch wieder das positive „Jet-Stream-Niveau" in der Stromstärke ein. Graystone (1954) konnte dagegen über Lerwick keinen eindeutigen Jet-Stream-Effekt nachweisen. Es muß daher weiteren Untersuchungen vorbehalten bleiben, die Existenz eines „Jet-Stream-Effektes" beweiskräftig zu untermauern.

Radioaktive Staubdispersionen drücken den atmosphärischen Potentialgradienten, auch bei Jet-Stream-Wetterlagen, stark herab. Je nach der Halbwertszeit und Konzentration des am Boden aufgeschwemmten Materials, das für erhöhten Ionenanfall verantwortlich ist, dauert es oft mehrere Tage, bis sich das normale Niveau wieder einstellt.

Über den Ursprung des verstärkten Feldes unterhalb bzw. in der Nähe der

Strahlstromachse gehen die Meinungen stark auseinander. Die Messungen sind auch noch zu spärlich, um auf diesem Gebiet schlüssige Aussagen zu gestatten. FALCONER nimmt an, daß die positiven Ladungen, die man im vereisten Teil der Cumulonimben beobachtet, durch die Strahlströmung über weite Gebiete verfrachtet werden und dort dann den verstärkten Potentialgradienten verursachen. Unter diesen Umständen müßte sich die Annäherung eines Gewitterherdes über der betreffenden Station bereits im Potentialgefälle bemerkbar machen, was jedoch in der Praxis nicht beobachtet wird (vgl. ISRAËL 1959). Es mag auch sein, daß die elektrische Tönung des Gefriervorganges (REYNOLDS 1955) eine Rolle spielt, da ja gerade im Strahlstrombereich Vertikalbewegung, Wind, Scherung und Labilität in genügendem Maße vorhanden sind. Es käme also auf eine ähnliche Weise zu einer Ladungstrennung in der Horizontalen, wie sie die verschiedenen Gewittertheorien für die Vertikale postulieren.

Wenn im Strahlstrombereich nach den amerikanischen Messungen das Schönwetter-Potentialgefälle erheblich verstärkt wird, wäre es qualitativ einzusehen,

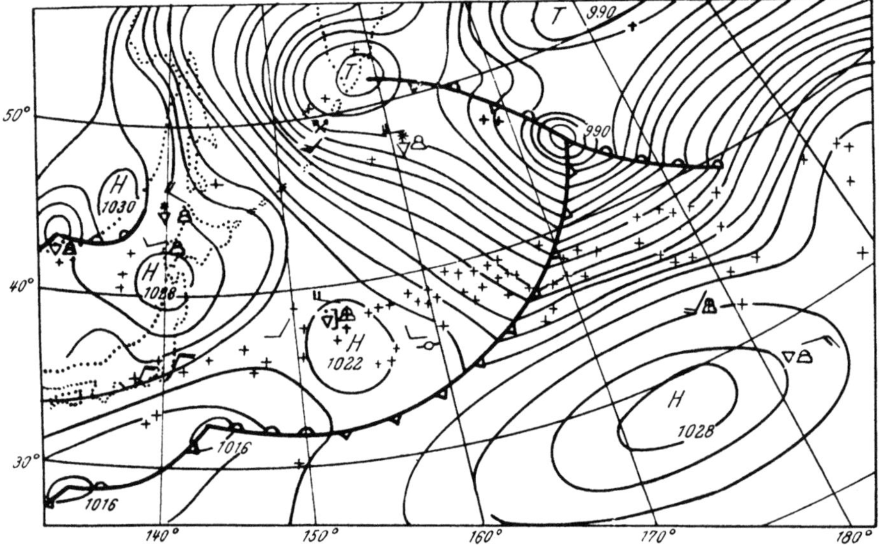

Abb. 6.4. „Sferics", durch Kreuze gekennzeichnet, im Bereich des Jet Stream, 1. Februar 1952, 02.50 JMT. (KIMPARA 1953)

daß nach den Induktions-Gewittertheorien, die mit einem äußeren Feld operieren, der ladungstrennende Vorgang im Jet-Stream-Bereich besonders aktiv verläuft. Dies würde auch im Sinne des Blitzreichtums der erwähnten nordamerikanischen Strahlstromgewitter liegen.

Im Einklang mit der beschriebenen Verstärkung der elektrischen Aktivität im Bereich des Jet Stream steht die Beobachtung atmosphärischer Funkstörungen, der sogenannten „Atmospherics" oder kurz „Sferics". Diese Störungen haben ihren Sitz meist in Gebieten starker Labilität und Gewittertätigkeit. Ihre Position kann durch Radiopeilung leicht ermittelt werden. „Sferics"-Meldungen stellen heute bereits ein wertvolles Hilfsmittel dar, um Beobachtungslücken, besonders über den Ozeanen, zu schließen (KIMPARA 1953). Die enge Beziehung zwischen Frontalzone bzw. Strahlstrom und „Sferics" zeigt die Abb. 6.4. Die Funkstörungen scheinen nach dieser Abbildung sehr deutlich im Strahlstrombereich konzentriert zu sein. Manche dieser Funkstörungen, die sogenannten

„Whistlers", äußern sich in einem pfeifenden Geräusch und hängen mit elektrischer Aktivität im magnetisch-konjugierten Gebiet der anderen Hemisphäre zusammen (HELLIWELL 1958). Ein Teil der elektromagnetischen Energie einer Blitzentladung tritt dabei in die Exosphäre ein und wird vom Magnetfeld der Erde in die andere Hemisphäre geleitet. So konnte z. B. MOOK (1959) „Whistlers" in Kap Hoorn mit Zyklonen an der Westküste der USA korrelieren, die wiederum im Bereich ausgeprägter Polarfront-Jets lagen.

Da die Meßmethoden und die Meßgenauigkeit bei der Erfassung der elektrisch-atmosphärischen Erscheinungen noch vieles zu wünschen übrig lassen, ist der Forschung in dieser Richtung noch manche Möglichkeit gegeben. Vor allem müßten die von SCHAEFER berichteten Ergebnisse mit verfeinerten Meßmethoden nachgeprüft werden und dem Ursprung des verstärkten positiven Ladungsangebots im Strahlstrom nachgegangen werden.

6.5. Das Bodenwetter und seine Prognose

Aus dem Zusammenhang zwischen Vorticityadvektion, Divergenz und Vertikalbewegung wurde bereits in Kap. 6.2 eine gute Korrelation zwischen Strahlstromposition und Niederschlagstätigkeit festgestellt. Mit Hilfe derartiger Korrelationen kann der atmosphärische Strömungszustand im Strahlstrombereich auch für eine Bodenwetterprognose ausgewertet werden.

Während sich die luftmassen- und frontenmäßige Arbeitsweise vorwiegend kinematischer Vorhersagemethoden bedient, welche die Advektion von Luftkörpern mit verschiedenen Charakteristiken vorauserkennen sollen, treten durch die Einbeziehung der Ergebnisse aus der Strahlstromforschung die Prognosemethoden in ein „dynamisches" Stadium. Man bemüht sich, nicht nur die Verlagerung von Fronten und Aktionszentren zu erfassen, sondern diese Verlagerungen aus ihren steuernden Ursachen heraus zu erkennen und zu deuten. Durch diese Betrachtungsweise, die letzten Endes auch der numerischen Wetterprognose eigen ist, gewinnt die Dynamik der Höhenströmung, und insbesondere der Strahlströme, in der modernen Wettervorhersage eine überragende Bedeutung.

Es wurde bereits mehrfach darauf hingewiesen, daß sich die Konzeption einer „Front" als impermeable Luftmassenscheide im Jet-Stream-Bereich der oberen Troposphäre nicht länger aufrechterhalten läßt. Es sind vor allem die vertikalen Bewegungsvorgänge, welche hier die horizontalen Temperaturgradienten entscheidend mitbestimmen. Auch andere Begriffe der „Polarfronttheorie" erfahren hier eine neue Deutung. So läßt sich z. B. die Bildung von „Tochterzyklonen" innerhalb einer „Zyklonenfamilie" aus dem Schema der Abb. 4.122.3 mit seiner charakteristischen Divergenzverteilung verstehen (LEESE 1957, ORIHATA 1956). Da das Vorwiegen von Divergenz und Konvergenz auf der zyklonalen oder antizyklonalen Seite des Strahlstromes auch von der Krümmungsvorticity erheblich beeinflußt wird (in Abb. 4.122.3 mit Null angenommen), läßt sich mit der Bildung von Sekundärzyklonen nur rechnen, solange der rechte rückwärtige Quadrant des Jet-Maximums ausgeprägte Divergenz der Höhenwinde aufweist. Dies wiederum ist nur der Fall, solange die Zunahme der antizyklonalen Scherung entlang der Stromlinien in diesem Gebiet eine eventuell vorhandene Zunahme der zyklonalen Krümmung bei weitem überwiegt. Derartige Voraussetzungen sind jedoch nur in geradlinigen oder schwach gekrümmten Strahlstrombändern gegeben. In Trögen mit stark zyklonaler Stromlinienkrümmung verliert dieser rückwärtige Quadrant seine zyklogenetische Aktivität und es bereitet sich ein intensiver, aber flacher Kaltluftausbruch vor.

Mit solchen Kaltluftausbrüchen ist daher besonders häufig in Gebieten zu rechnen, die durch orographischen Einfluß von Troglagen begünstigt werden. NAMIAS (1953, 1954) berichtet von periodischer Zyklogenese im Lee der Rocky Mountains, verbunden mit weit nach Süden vordringenden Kaltluftintrusionen. Auf der Südhemisphäre werden derartige intensive Kaltluftausbrüche aus dem Gebiet der Bellinghausen-See und Ellsworth Highland berichtet (SCHMITT 1952). Sie spielen sich ebenfalls im Lee des Hochlandes bzw. der Anden ab und zeichnen sich durch ihre große Intensität und Langlebigkeit aus. Manche dieser Ausbrüche lassen sich bis zu den Kerguelen im Südindischen Ozean verfolgen und sind von äußerst intensiven Strahlströmen (>250 Knoten) begleitet.

Mit Hilfe des Strahlstrommodells der Abb. 4.122.3 kann mit einiger Vorsicht aus der Lage der Bodenfronten auf die Position des Jet Stream geschlossen werden (MILDNER 1954, POGOSIAN 1957, vgl. auch SHIMIZU 1958). Dies ist besonders für die Höhenwinddiagnose und -prognose über den Ozeanen von Bedeutung, wo keine direkten Höhenwindmessungen verfügbar sind, eine Bodenwetteranalyse jedoch aus den Schiffsbeobachtungen möglich ist.

In der Regel wird jedoch der Schluß in umgekehrter Richtung geführt: Aus der Verlagerung der Jet-Maxima und der Richtung der Frontalzonen kann man die Zugbahnen der Zyklonen vorhersagen. Somit erfährt die klassische Studie VAN BEBBERS eine neue Interpretation. Ergänzt durch PETTERSSENS (1950) und anderer Studien (vgl. ASTAPENKO 1960, REED 1960a, VAN LOON 1960, WEICKMANN 1960) über die Häufigkeit von Zyklogenese und Antizyklogenese erhält man ein Bild der mittleren Position der Frontalzonen. Besonders im Winter sind zwei zyklogenetische Bänder deutlich ausgeprägt, das eine an der Ostküste Asiens beginnend und in zyklonaler Krümmung in das Aleutentief einmündend, das andere aus dem Lee der Rocky Mountains sich bis ins Nordmeer erstreckend. Beide Bänder folgen somit der mittleren Jet-Stream-Position. Das Gebiet der Genua-Zyklonen, die sich im Bereich eines nordwestlichen Strahlstromes bilden, erscheint besonders deutlich ausgeprägt (vgl. BERKES 1955). Im Sommer verschieben sich die zyklogenetisch aktiven Bänder mit der Lage des Strahlstromes nach Norden.

Antizyklogenese ist in zwei Bändern südlich der Strahlstromposition am häufigsten. Das in einige Teilgebiete aufgespaltene Maximum über Nordamerika ist auf die Kaltluftausbrüche im Lee der Rocky Mountains zurückzuführen und somit ebenfalls an die Höhenströmung gebunden. Analoges gilt für den südostasiatischen Raum, wo sich zyklogenetische und antizyklogenetische Gebiete überschneiden.

KLEIN (1958) betrachtet den Jahresgang der Häufigkeit von Zyklogenese und Antizyklogenese sowie von Zyklonen und Antizyklonen und findet eine gute Korrelation mit der Position des Strahlstromes. Die Zyklonen besitzen auf der linken, die Antizyklonen auf der rechten Seite der mittleren Jet-Stream-Position ihre größte Häufigkeit. Die niedrigsten Breiten werden im Februar, die höchsten im August erreicht.

Für den europäischen Raum von besonderem Interesse ist die Zugbahn der Vb-Zyklonen, die an der Vorderseite eines über dem Alpenraum gelegenen Troges im Donaubecken zu kräftigen Niederschlägen und Überschwemmungen führen können. Diese Niederschläge wurden vielfach als die Wirkung von kleinen Wellenstörungen betrachtet, die in einer Frontalzone an der Vorderseite des Troges von Süden nach Norden laufen. Es läßt sich jedoch auch dahingehend argumentieren, daß ein Jet-Maximum auf der Ostseite des Troges durch eine direkte Zirkulation, die hauptsächlich im Aufsteigen von Warmluftmassen besteht, gespeist wird, ähnlich wie dies bei dem von PALMÉN entworfenen Bild des Hurrikans „Hazel“ der Fall war (vgl. Kap. 6.122 und 6.2). Eine Interpretation dieser Art dürfte wohl auch der engen Konzentration des südnordorientierten Starkregenbandes gerecht werden, in dem die Niederschläge noch durch orographische Einflüsse verstärkt werden (Karpaten). Vb-Lagen bleiben manchmal längere Zeit erhalten, wenn auf der Westseite des Troges in einem nordwestlichen Strahlstrom ständig neue Kaltluft zugeführt wird. Über den USA fehlt bei derart ausgeprägter Troglage in der Regel der anhaltende Kaltluftnachschub aus Nordwesten, so daß die Störungen meist relativ rasch nach Nordosten abwandern. Im übrigen wäre eine eingehendere Untersuchung europäischer Wetterlagen von der Art der Vb-Lage gerade im Hinblick auf die Strahlstromposition und deren Änderung und auf die Energieumsätze sehr zu wünschen.

Aus der Verlagerung der Jet-Maxima kann nach dem oben Gesagten ein wertvoller Hinweis auf die Zugbahn der Störungen in der Bodenwetterkarte gewonnen werden. Es wirkt somit in erster Linie das Strahlstromniveau steuernd auf das Wettergeschehen. Diese Ansicht entspricht in einiger Weise der Lehrmeinung der deutsch-österreichischen Meteorologenschule (vgl. SCHERHAG 1948a). Daß dabei die Zuggeschwindigkeit der Störung nicht der Höhenwindgeschwindigkeit entspricht, sondern nur einem Bruchteil derselben, wird aus dem Verlagerungsmechanismus der Jet-Maxima und der Frontalzone deutlich: Auf der Vorderseite (Delta) erfolgt ein Anbau durch indirekte Zirkulation, auf der Rückseite ein Abbau durch direkte Zirkulation.

In Kap. 3.251 wurde bereits darauf hingewiesen, daß sich Verlagerungstendenzen des hemisphärischen Strahlstromgürtels unter Umständen aus einem Indexzyklus im Trenddiagramm vorauserkennen lassen (KOPCEWICZ 1954). Obwohl derartige Prognosen nicht sehr zuverlässig sind, lassen sie doch Möglichkeiten für eine Mittel- und Langfristprognose erkennen (SNELLMAN 1953).

Schlüsse über die Intensivierung bzw. Abschwächung von Bodendruckfeldern können ebenfalls mit Hilfe der Strahlstromanalyse und -prognose gemacht werden. Die Betrachtung der Vorticityadvektion spielt hierbei die bedeutsamste Rolle (REUTER 1955). Im allgemeinen wird sich eine Bodenzyklone verstärken, wenn sich das stromaufwärts gelegene Feld positiver Vorticity innerhalb der Strahlströmung verstärkt. Dies kann einerseits durch erhöhte zyklonale Krümmung, andererseits durch verstärkte horizontale Windscherung hervorgerufen werden. Abschwächung und Auffüllung der Bodenzyklonen tritt dagegen beim Verfall des erwähnten Vorticityfeldes ein. Man kann gerade bei amerikanischen Zyklonen beobachten, daß deren Auffüllung Hand in Hand geht mit einem „Ausschießen" des Strahlstrommaximums (das bislang seinen Sitz in der Trogspitze hatte) um den Trog herum, was zu einer Verminderung des Vorticitygradienten entlang der Stromlinien führt. Gleichzeitig vermindert sich auch bei nordwärts wandernden Sturmzyklonen die Amplitude und die zyklonale Krümmung des Höhentroges, so daß dadurch ebenfalls eine Abnahme der Vorticity gegeben ist. Schließlich wird durch den Aufbrauch der potentiellen Energie im Einzugsgebiet des Jet-Maximums (vorwiegend verursacht durch Absinken und Ausfließen der Kaltluft) die Windgeschwindigkeit des Strahlstromes und damit die horizontale Scherung vermindert.

Orographische Beeinflussung des Bodenwetters

Die durch Divergenz und Konvergenz der Höhenströmung verursachte Vertikalbewegung kann durch orographische Einflüsse verstärkt oder abgeschwächt werden. ESTOQUE (1957a) berücksichtigte den Hangneigungseffekt bei der graphischen Integration der Vorhersagegleichungen. Der Einfluß eines Gebirgszuges von genügend großer Ausdehnung, wie etwa der Alpen, Pyrenäen oder Apenninen, unter Umständen auch der britischen Inseln, macht sich einerseits durch Föhn, andererseits durch Stau bemerkbar.

Man unterscheidet antizyklonalen oder zyklonalen Föhn, je nachdem, ob in der Höhenströmung Konvergenz oder Divergenz überlagert ist. Antizyklonaler Föhn zeichnet sich durch große Trockenheit, ungewöhnliche Fernsicht und klaren bzw. leicht bedeckten Himmel aus. Auf der Luvseite des Gebirges kommt es kaum oder nur geringfügig zur Ausbildung von Staubewölkung. Bei zyklonalen Föhnwetterlagen dagegen erreicht die Staubewölkung auf der Windseite oft gewaltige Ausmaße (Föhnmauer). Je nach Labilität der an den Gebirgshängen aufgleitenden Luftmassen kann es zu schweren, oft gewittrigen Wolkenbrüchen kommen, die verheerende Überschwemmungen nach sich ziehen können. Auf der Leeseite herrscht zwar vorwiegend niederschlagsfreies Wetter mit guter Fernsicht, doch lassen sich bei dieser Wetterlage allenthalben bis hinauf ins Cirrenniveau stationäre Lenticulariswolken beobachten, die in ihrer wechselnden Strukturierung und Intensität ein eindrucksvolles Bild über den atmosphärischen Aufbau und das Durchziehen von divergenten und konvergenten Wellen von mehreren 100 km Länge geben.

Europäische Südföhnwetterlagen, besonders solche, die lang anhalten und niederschlagsarm (also vorwiegend antizyklonal) verlaufen, weisen bisweilen auffallende Lufttrübungen und optische Erscheinungen auf. Dies deutet auf das Vorhandensein von feinsten Staubpartikeln hin, die aus Nordafrika in den europäischen Raum verfrachtet werden („Dimmerföhn"; STREIFF-BECKER 1942). Derartige Staubfälle sind in der Regel auf die Vorderseite tiefer Troglagen beschränkt, wobei rasch voreilende Kaltfronten auf der Rückseite eines Tiefs Staubstürme über Nordafrika hervorrufen und den nötigen Aerosolgehalt verursachen (BRANDTNER 1948).

Im Raum der schweizerisch-österreichischen Alpen läßt sich die Passage der Strahlstromachse und eines Jet-Maximums in einer südlichen Höhenströmung sehr eindrucksvoll an den verschiedenen Föhnstadien verfolgen. Der rechte vordere Quadrant eines Maximums verursacht die typisch antizyklonalen Föhnwetterlagen. Der Import warmer Luftmassen wird in seiner Wirksamkeit dabei durch die adiabatische Erwärmung während des Absinkens verstärkt.

Mit dem Näherrücken der Strahlstromachse und ihrer Passage wird der Witterungscharakter zunehmend zyklonal. Bleibt infolge einer stationären Langwellenposition die südliche Höhenströmung über dem Alpenraum erhalten, so lassen sich in tagelanger Folge die durchziehenden Strahlstrommaxima am Wetter- und Bewölkungsgang identifizieren. Derartige stationäre Troglagen über Westeuropa sind besonders in den Monaten März bis Mai und September bis November häufig anzutreffen und sind für die große Föhnhäufigkeit in diesen Monaten verantwortlich (REITER 1958b).

Der Staueffekt macht sich ebenfalls in charakteristischer Weise im Alpenraum bemerkbar, manchmal eingeleitet durch kurze Nordföhnperioden im Lee der Vorgebirge, südlich des Hauptkammes meist von kalten, trockenen und böigen Nordwinden bei vorwiegend heiterem Wetter begleitet. Anhaltende Nordstaulagen sind im Alpenbereich an nördliche bis nordwestliche Höhenströmung gebunden. Das Herannahen des Jet Stream kündigt sich durch die früher beschriebene charakteristische Cirrenbewölkung an, die über dem Gebirge meist eine deutliche Strukturierung nach Leewellen aufweist. Auf der Rückseite der Bodenzyklone folgt dann im Alpenraum starke Quellwolkenbildung, die von unten gesehen den Eindruck einer geschlossenen Wolkendecke vermittelt und reichlich Niederschläge mit sich bringt. Hält die Wetterlage länger an (Juni 1954), so hat sie meist verheerende Überschwemmungen im Alpenvorland zur Folge. Im Winter sind derartige Wetterlagen mit erhöhter Lawinengefahr verbunden.

Trifft das aus Nordwest kommende Jet-Maximum die Alpen in ihren westlichen Ausläufern, so daß reichlich Kaltluft in den Mittelmeerraum einströmen kann, so kommt es meist zu ausgeprägter Leezyklogenese, vorzugsweise im Raum von Genua. Derartige Zyklonen leiten nicht selten eine Vb-Wetterlage ein. Überschreitet die Strahlstromachse den Alpenhauptkamm jedoch weiter östlich, so kommt es wohl im oberitalienischen Raum zu starkem Druckfall, jedoch nur selten zu Zyklogenese. Das zyklogenetisch aktive Gebiet unterhalb der Höhendivergenz im Strahlstrombereich liegt dann schon zu weit östlich. Die Alpen schirmen den Kaltluftimport in den Mittelmeerraum zumindest in den unteren Schichten ab. In der Höhe kann jedoch die Kaltluft nach wie vor den Alpenkamm überströmen und auf dessen Südseite starke Labilisierung, unter Umständen mit Gewitterbildung, hervorrufen.

Rückt die Frontalzone langsam nach Osten ab, so tritt südlich des Alpenhauptkammes in dem nun wirksam werdenden antizyklonalen Sektor des Strahlstromes in der Regel rasche Wetterbesserung ein. Auch im Alpenvorland ist mit allmählicher Wetterbesserung zu rechnen, und zwar in zunehmendem Maße, je größer die Entfernung vom Gebirge ist. Der Nordalpenbereich bleibt jedoch oft noch tagelang im Bereich starker Quellwolkenbildung. In maritimen Luftmassen herrschen dabei diesige, schlechte Sichtverhältnisse, die sich mit zunehmendem Einfluß großräumiger Absinkbewegung langsam bessern.

Hat sich dagegen eine Genuazyklone gebildet, so ist dies auch nördlich des Alpenhauptkammes an der oft tagelang anhaltenden hohen Stratusdecke erkennbar, die sich unter dem Einfluß des Aufgleitens der Warmluftmassen im weiter östlich liegenden Jet Stream bildet. Die Niederschläge aus derartigen Wetterlagen sind in den Westalpen meist nur sporadisch, im Ostalpenbereich dagegen ergiebiger.

6.6. Transport von Aerosolen

In allerjüngster Zeit ist die allgemeine Zirkulation der Atmosphäre und der Ozeane als Transportmittel für radioaktive Schwebestoffe in den Blickpunkt aufgeregter Meinungsäußerungen gerückt. Durch Versuchsexplosionen nuklearer Waffen sind große Mengen strahlender Materie in der Atmosphäre verbreitet worden und gelangen allmählich auf dem Umweg über Trinkwasser, Milch, Gemüse usw. in den menschlichen Stoffkreislauf. Besonders das radioaktive Isotop Strontium 90 hat wegen seiner Fähigkeit, sich im menschlichen Knochengerüst anzureichern, nicht unberechtigte Befürchtungen über gesundheitliche und genetische Schäden ausgelöst. Es ist nicht die Aufgabe dieses Buches, die Folgen atomarer Verseuchung aufzuzeigen. Es sei hier lediglich die Bedeutung des Strahlstromes als Transportmittel radioaktiven und anderen Aerosols aufgezeigt. Dazu gehören auch Staub, vulkanische Asche, Rauch usw.

Radioaktive Kernspaltungsprodukte gelangen bei Unfällen an Atomreaktoren und bei nuklearen Explosionen in die Atmosphäre (Sheppard 1959). Ein Großteil der strahlenden Materie ist an die Suspension von Staub und Sand gebunden, die innerhalb der charakteristischen Pilzwolke hochgeschleudert wird. Die schwereren Teilchen fallen in einiger Entfernung vom Explosionsherd aus, teils infolge ihrer großen Sinkgeschwindigkeit, teils in Kondensationsprodukten, denen sie entweder als Kondensationskerne dienen oder von denen sie durch Kollision eingefangen und mit dem Niederschlag ausgewaschen werden (Flohn 1959c). Diese in mehr oder weniger starker Konzentration in der näheren Umgebung des Explosionsherdes ausfallende radioaktive Materie stellt einen Teil der strategischen Wirkung der Nuklearwaffen dar. Die charakteristische Partikelniederschlagsverteilung als Funktion der Höhenwinde wird heute bereits für die größeren amerikanischen Städte im routinemäßigen Warndienst erstellt. Je schwächer die Höhenwinde, desto konzentrierter ist der Ausfall. Starke Höhenwinde separieren die Teilchen — ähnlich wie ein Massenspektrograph — nach ihrer Ausfallsgeschwindigkeit (Laird 1958, List 1954, McCabe und Potter 1959, Ratner 1955a, U. S. A. W. S. 1954d, U. S. Federal C. D. A. 1955, U. S. W. B. 1955, 1956). In Strahlstromwetterlagen entstehen langgestreckte „Ausfallsfahnen", welche die strategische Verwendbarkeit der Waffe in Frage stellen, dafür aber nichtmilitärische Ziele schwerstens gefährden können. Der Strahlstrom übt somit auf die Verlagerung der schweren Komponenten des Schwebestoffspektrums einen direkten Einfluß aus.

Während *Atombomben* vorwiegend die Troposphäre verseuchen, werden in der radioaktiven Pilzwolke der *Fusionsbomben* (Wasserstoffbomben) auch feinste bis submikroskopische Staubteilchen bis in etwa 40 km Höhe transportiert, wo sie sich durch Turbulenz- und Diffusionsvorgänge ausbreiten und infolge der stabilen atmosphärischen Schichtung lange Zeit suspendiert bleiben (Machta 1959, Sittkus 1958). Daß die verseuchte Materie tatsächlich in die Stratosphäre eindringt, läßt sich an Hand von Filmaufnahmen deutlich demonstrieren. In großer Höhe breitet sich, sobald an der Tropopause die stabile Schichtung erreicht ist, die vorerst vertikal orientierte Wolke in horizontaler Richtung „pilzförmig" aus.

Man rechnete allgemein, daß die in der Atmosphäre suspendierten Teilchen größenordnungsmäßig etwa 10 Jahre zu ihrem Ausfall benötigen würden. Diese Abschätzung wurde wohl unter der Annahme einer stabilen Atmosphäre ohne wesentliche Vertikalbewegungen gemacht, in der die Teilchen annähernd der Sinkgeschwindigkeit nach dem Stokesschen Gesetz folgen würden. Die tatsächliche Erfahrung lehrte jedoch, daß die radioaktiven Partikel kaum die Hälfte dieser Zeit benötigen, um zur Erde zurückzugelangen (Storebø 1960). Man muß damit rechnen, daß jährlich mindestens 10 bis 20% des in der Stratosphäre verteilten radioaktiven Aerosols in die Troposphäre gelangen (Machta 1959). Dieses rasche Absinken führt zu einem unerwarteten Ansteigen des Radioaktivitätsniveaus über weiten und oft dicht besiedelten Gebieten. Offensichtlich herrschen in der Stratosphäre Vertikalbewegungen, mit denen man bislang nicht gerechnet hat. Vertikalgeschwindigkeiten von etwa 1 cm/sec wurden im Bereich des arktischen Stratosphären-Jets in etwa 30 km Höhe errechnet (vgl. Kap. 4.414). Dies übersteigt die Sinkgeschwindigkeiten für feinste Suspensionen um mindestens zwei Größenordnungen.

Es wurde darauf hingewiesen, daß im Bereich stark ausgeprägter Strahlströme die Luft innerhalb der Frontalzone unter Umständen bis 700 mb durch Absinken aus der Stratosphäre kommt. Wenn wir annehmen, daß die Stratosphäre durch nukleare Serienversuche bereits in einem Grade radioaktiv verseucht ist, daß ein strahlendes Aerosol als Charakteristikum für Vertikalbewegungen betrachtet werden könnte, so müßte man — ähnlich wie beim Ozon — in Gebieten mit starken Absinkbewegungen einen Anstieg der radioaktiven Kernzahlen erwarten. Das radioaktive Aerosol würde sich dabei in Zonen mit starker Vertikalbewegung, wo Stokessche Sinkgeschwindigkeit und diabatische Mischungsvorgänge vernachlässigt werden können, annähernd entlang isentroper Flächen bewegen (Gabites 1954). Diese Tatsache macht es erklärlich, daß *nicht* in *allen* Hochdruckgebieten ein Ansteigen des Radioaktivitätsspiegels beobachtet wird, sondern nur in denen, die ihre Luftmassen entlang annähernd isentroper Trajektorien aus der Stratosphäre bezogen haben. Das Maximum an radioaktivem Strontium-90-Ausfall zwischen 30 und 50° N läßt sich eindeutig auf Intrusionen stratosphärischer Luftmassen in die Troposphäre zurückführen (Machta 1959, Stewart 1960). Diese Breitenzone entspricht etwa der jahreszeitlichen Verlagerungszone des PFJ (vgl. Abb. 4.211.4), dessen besondere Rolle bei der Ausbildung starker Sinkbewegungen bereits mehrmals festgestellt wurde. Da der Absinkvorgang oft viele Tage beansprucht und die Luftmasse dabei weite Strecken zurücklegt, haben nichtadiabatische Vorgänge auf den Trajektorienverlauf einigen Einfluß. *Isobare* Trajektorien erlauben nur eine größenordnungsmäßige Abschätzung der Zugbahn einer radioaktiven Schwade, da Vertikalbewegungen nicht gebührend berücksichtigt werden (Haarländer 1957, 1959).

Es werden somit die Strahlströme durch die ihnen eigene *Vertikalzirkulation* zu einem äußerst wichtigen Austauschfaktor, der binnen kurzer Zeit Partikel, die in der Stratosphäre und in der oberen Troposphäre suspendiert waren, zur Erdoberfläche bringt. Daß der Vertikalaustausch bis in die höchsten Atmosphärenschichten aktiv ist, wird ja dadurch demonstriert, daß sich schwerere und leichtere Gase der Atmosphäre nicht entmischen.

Da für den Abtransport radioaktiven Aerosols nicht nur die Absinkbewegungen maßgeblich sind, sondern auch die „auswaschende" Wirkung des Niederschlages, einerseits durch Aufbrauch von Kondensationskernen und andererseits durch Kollision, wird die Interpretation des gemessenen Ganges der langlebigen Spaltprodukte in Bodennähe oft zu einer komplizierten Angelegenheit (Machta und List 1956, vgl. auch Lockhart et al. 1960).

Durch die Betrachtung der Trajektorien atomar verseuchter Luftmassen bietet sich dem Meteorologen die Gelegenheit zu einem eingehenden Studium der allgemeinen Zirkulation der Atmosphäre (Bleichrodt et al. 1960, Herbst et al. 1953, 1954, Neuwirth 1955). Radioaktivitätsmessungen vom Flugzeug aus gestatten unter anderem eine direkte Schätzung der in der freien Atmosphäre wirksamen Diffusionsvorgänge (Machta et al. 1957). Die amerikanische Bombentestserie in Nevada 1953 gestattete es, radioaktives Aerosol als Luftmassenindikator zu verwenden. Auf dem Schauinsland bei Freiburg (1280 m) konnten die verseuchten Schwaden im Mittel 10 bis 20 Tage nach der Kernexplosion beobachtet werden. Eine günstige Strahlstromwetterlage ließ das Aerosol sogar schon nach 5 Tagen eintreffen. Die das Aerosol enthaltenden Luftmassen scheinen sich nur sehr langsam zu durchmischen. So konnten z. B. in Niederschlagswasserproben an der genannten Station durch Betrachtung der zeitlichen Abfallkurve Spaltprodukte einer Atombombenexplosion vom 31. März 1953 am 13. bis 14. April, am 27. bis 28. April und am 22. bis 26. Juni, also noch nach 84 Tagen, eindeutig nachgewiesen werden. Die Luftmasse zeigte dabei keine wesentliche Vermischung mit anderen Luftkörpern, die Spaltprodukte früherer und späterer Explosionen enthielten. Die Identität der einzelnen Luftkörper scheint somit lange erhalten zu bleiben (vgl. Dyer et al. 1960), obwohl sich die luftmassenmäßigen Charakteristika in der Zwischenzeit über die ganze Skala von Polarluft bis Tropikluft ändern können.

Mit der Entwicklung der Isotopenforschung tut sich die Möglichkeit auf, auch natürliche radioaktive Zerfallsprodukte, die in großen Höhen durch das Einwirken kosmischer Strahlung entstehen, als Spurenelemente beim Studium der allgemeinen Zirkulation der Atmosphäre heranzuziehen (Lal 1959, Peters 1959).

Früher boten sich zur Erforschung der großräumigen Zirkulation nur Aerosole an, die in Katastrophengebieten entstanden. So führten die Aschenausbrüche und die Explosion des Krakatau im Jahre 1883 zur Entdeckung der stratosphärischen Ostwindzone über dem Äquator, der „Krakatauwinde" (vgl. Kap. 4.415). Es wurden dabei auch Anhaltspunkte über den lateralen Austausch der Stratosphärenluftmassen gewonnen, der verhältnismäßig langsam vor sich geht (Brooks 1932).

Die großen kanadischen Waldbrände Ende September 1950 gaben Anlaß zu Studien der Höhenströmung über dem Nordatlantik (Elsley 1951, Haarländer

1959, SMITH 1950, WEXLER 1950). Die Trübung der Atmosphäre wurde bis Mitteleuropa (26. bis 27. September) beobachtet und gab zu abnormalen optischen Erscheinungen Anlaß („Blaue Sonne"; BULL 1951, RODEWALD 1952, RUNGE 1951).

Auf den Saharastaub, der bei manchen Südföhnlagen bis in den europäischen Raum verfrachtet wird, ist in Kap. 6.5 bereits kurz hingewiesen worden. Da der Transport dieser Partikel ebenfalls annähernd isentrop verläuft, ist leicht einzusehen, daß hauptsächlich die Strömungsverhältnisse in der unteren Troposphäre (etwa 500 mb) für die Trajektorien der Staubpartikel maßgeblich sind (vgl. HAARLÄNDER 1959). Mittlere Transportgeschwindigkeiten zwischen 81 und 95 km/h für etliche dieser Staubfälle deuten jedoch an, daß ein aus Südwesten kommender Strahlstrom an der Ausbildung dieser Wetterlagen maßgeblich beteiligt ist.

7. Strahlströme und Klima

7.1. Allgemeines

Unter „Klima" verstehen wir nach einer Definition KÖPPENS (1931) „den mittleren Zustand und gewöhnlichen Verlauf der Witterung an einem gegebenen Orte". Die *klassische Klimatologie* betrachtete es als ihre Aufgabe, diesen mittleren Zustand aus möglichst vielen lückenlosen und lange zurückreichenden Beobachtungsreihen zu ermitteln. Aus der Fülle des anfallenden Materials erwuchsen jedoch die beiden Hauptprobleme, mit denen eine „Klimatologie der Mittelwerte" zu kämpfen hat.

1. Mit der zunehmenden Dichte des Beobachtungsnetzes mußten die *klimatischen Einteilungen* immer mehr verfeinert und auf spezielle Bedürfnisse hin zugeschnitten werden. Mit der groben Aufteilung in ozeanische und kontinentale Klimate oder in polare, subpolare, gemäßigte, subtropische und tropische findet man nicht mehr das Auslangen. Vielfach richten sich die Klassifikationen nach pflanzengeographischen Gesichtspunkten, wie etwa die Einteilung von KÖPPEN und GEIGER (1953), welche sich auf Temperatur- und Niederschlagsverhältnisse aufbaut (vgl. HENDL 1960). Andere Klimaeinteilungen spiegeln die Erfahrungen der Seefahrt wider, deren Hauptaugenmerk auf die Windverhältnisse über den Ozeanen gerichtet war (Westwindzone, Roßbreiten [horse-latitudes], Passatzone [trade-winds], Doldrums). Vielen dieser Bedürfnisse, die aus den zu groben Klimaeinteilungen entstehen, wird die *synoptische Klimatologie* gerecht, welche nicht mehr den „gewöhnlichen Verlauf der Witterung an einem gegebenen Orte" festzustellen sucht, sondern den für *verschiedene Wetterlagen jeweils charakteristischen* Verlauf. In einer derartigen Betrachtungsweise wird also bereits die durch den jeweiligen Zustand der atmosphärischen Zirkulation über dem gegebenen Ort bedingte Veränderlichkeit der Witterung berücksichtigt.

2. Mit der wachsenden Länge der Beobachtungsreihen treten deutlich *Klimaschwankungen* zutage. Dadurch wird die Berechnung des „Normalzustandes" der Atmosphäre schwierig, denn wir wissen nicht, ob die über längere Zeiträume anhaltenden klimatischen Veränderungen einem normalen oder abnormalen Verhalten der Atmosphäre entsprechen.

Gerade die in den vorangehenden Kapiteln geschilderten Zusammenhänge zwischen Höhenströmung und Bodenwetter brachten es mit sich, daß die Strahlstrommeteorologie einen neuen Anstoß für die klimatische Forschung lieferte. In zunehmendem Maße richtet sich die Aufmerksamkeit auf die Strömungsvorgänge in höheren Atmosphärenschichten. Die Bodenwettererscheinungen werden nur mehr als sekundäre Erscheinungen betrachtet. Das Zweiggebiet der *synoptischen*

Klimatologie verdankt dieser Betrachtungsweise seine Entstehung. Klimaschwankungen können nun dahingehend interpretiert werden, daß in der allgemeinen Zirkulation geringfügige Änderungen eingetreten sind, welche sich an dem gegebenen Orte im beobachteten Umfang auswirken. Es braucht ja nur eine bestimmte Wetterlage, bedingt durch den Zustand der allgemeinen Zirkulation, mehr oder weniger häufig aufzutreten, um Monats- oder Jahresmittelwerte der meteorologischen Elemente spürbar zu verändern. Es wird also als wesentlicher Zweig eine Häufigkeitsstatistik der Wetterlagen in die Klimatologie eingeführt.

Durch die hier angedeutete Entwicklung fragt die Klimatologie in zunehmendem Maße nach der *Ursache* der klimatischen Ähnlichkeiten und Verschiedenheiten. Hier ist es ebenfalls die Erforschung der Strömungsverhältnisse in höheren Atmosphärenschichten und der *Kräfte*, welche diese Strömungen verursachen und aufrechterhalten, welche eine Antwort zu geben vermag. Das Zweiggebiet der Klimatologie, das sich mit der Frage der Kräfte und der durch sie verursachten Bewegungen, kurz: mit der atmosphärischen Zirkulation, ihrem Normalzustand und ihren Störungen, beschäftigt, wird vielfach als *dynamische* Klimatologie bezeichnet (Flohn 1950e, 1951a, Gião 1956).

Im folgenden wollen wir uns auf einige Gesichtspunkte dieser dynamischen Klimatologie beschränken, soweit sie direkt mit der Meteorologie der Strahlströme zusammenhängen. Auf Detailfragen der Klimakunde hier einzugehen würde den Rahmen dieses Buches zu weit spannen.

Das Klima eines Ortes wird außer vom lokalen Strahlungshaushalt sehr tiefgreifend von advektiven Phänomenen geregelt. Wärme- und Feuchtehaushalt eines Ortes stehen deshalb aufs innigste mit dem mittleren Zustand der allgemeinen Zirkulation der Atmosphäre in Verbindung, der über dem betreffenden Orte herrscht.

Es gilt daher zunächst einmal den Zusammenhang zwischen Strahlströmen und Klima aufzuzeigen. Die Beeinflussung der Strahlströme durch orographische und monsunale (jahreszeitliche) Effekte spiegelt sich in den Klimaten der Erde wider.

7.2. Strahlströme als klimabestimmende Faktoren der allgemeinen Zirkulation

Wir haben in Kap. 6 festgestellt, daß die Geschwindigkeitsmaxima durch eine ausgeprägte Vorticityverteilung gekennzeichnet sind, welche sich ihrerseits in einer charakteristischen Anordnung von Divergenz- und Konvergenzfeldern äußert. Diese wiederum geben Anlaß zu großräumigen Vertikalbewegungen der Luft, die unter Umständen mit Kondensationsvorgängen und Niederschlägen verbunden sind.

Im Bereiche des PFJ (und überhaupt eines Jet Stream, der durch eine barokline Zone in der *unteren* Troposphäre gekennzeichnet ist, mag dies nun die Polarfront oder die Arktikfront sein) spielen sich diese Vertikalbewegungen entlang isentroper Flächen ab. Da diese innerhalb der niedertroposphärischen baroklinen Zone stark geneigt sind, kann die Hebung von Luftmassen ohne großen Arbeitsaufwand erfolgen. Die Luftmassen besitzen daher im Bereich der Frontalzone des PFJ eine große Bereitschaft, aufzusteigen und Niederschläge zu bilden. Wir haben daher in der Zone, in welcher der PFJ im Mittel anzutreffen ist, eine erhöhte Niederschlagstätigkeit zu erwarten. Dies geht aus einer Darstellung der zonalen Verteilung der Niederschläge mit je einem Maximum bei etwa 50° N, 0° und 45° S deutlich hervor (Brooks et al. 1930). Das Niederschlagsmaximum der gemäßigten Breiten tritt auf der Südhemisphäre besser ausgeprägt in Erscheinung als auf der Nordhalbkugel (vgl. Trewartha 1954). Dies ist wohl dem Umstande zuzuschreiben, daß sich die Zirkulation der Südhemisphäre durch einen größeren Zonalindex auszeichnet und der Strahlstrom geringere Abweichungen von seiner mittleren Lage aufweist, als es auf der nördlichen Hemisphäre der Fall ist. Auf das äquatoriale Niederschlagsmaximum werden wir weiter unten noch zu sprechen kommen. Neben diesen zirkulationsbedingten Unregelmäßigkeiten in der meridionalen Niederschlagsverteilung spielt offenbar der temperaturbedingte Gang der Sättigungsfeuchte eine Rolle. In gemäßigten Breiten fällt daher wegen des geringen Sättigungsmischungsverhältnisses der kühlen Luftmassen weniger Niederschlag als in den Tropen.

Außerdem spielt die „Kontinentalität" des betrachteten Gebietes eine große Rolle. Wird durch Gebirgsbarrieren ein Teil des Wassergehaltes der Luft abgefangen, so sinkt die Niederschlagsbereitschaft der Luftmassen im Lee. Unter sonst gleichen Umständen im Einflußbereich eines Jet Stream ist nämlich jetzt im Mittel eine bedeutend höhere Hebung erforderlich, bis das Kondensationsniveau erreicht wird. Das Innere der Kontinente zeichnet sich daher im Vergleich zu den Westküsten durch Niederschlagsarmut selbst im Bereich des PFJ aus (vgl. Koeppe et al. 1958).

Daß die *Ostküsten* von Asien und Nord- und Südamerika in gemäßigten Breiten wieder niederschlagsreich sind, ist nicht der geringen Entfernung vom Meer zuzuschreiben, sondern der Tatsache, daß hier im Lee des Himalaja und der Anden ein *Konfluenzgebiet* zweier Strahlströme anzutreffen ist, in welchem verschiedene Luftmassen gegeneinander geführt werden. Dadurch erscheint auch in mehreren Meridionalschnitten dieser Gebiete eine verhältnismäßig stark barokline Zone, die eine bevorzugte Position von Aufgleitbewegungen andeutet.

Wir haben in Kap. 6 ferner festgestellt, daß das Deltagebiet einer Frontalzone zyklogenetisch aktiv ist, was auf die kräftige Massendivergenz im Strahlstromniveau zurückzuführen ist. Im Einzugsgebiet eines Strahlstrommaximums ist laut Abb. 4.122.3 im rückwärtigen linken Quadranten Höhenkonvergenz zu erwarten. Hier bilden sich die kalten Zwischenhochdruckgebiete, in denen die Polarluftmassen in die subtropischen Breiten ausfließen. Zyklone und nachfolgendes Zwischenhoch stehen beide im Einflußbereich eines einzigen Strahlstrommaximums. Wir haben somit entlang des Verlaufes des PFJ mit einem raschen und häufigen Wechsel zwischen Tief- und Hochdruckwetterlagen zu rechnen (Klein 1951). Aus einer Untersuchung von Petterssen (1950) geht dies deutlich hervor. Die Bänder größter Häufigkeit des Wechsels zwischen Zyklonen und Antizyklonen, welche sich über den Atlantik nach Europa und über den Pazifik erstrecken, können als häufigste Position des PFJ interpretiert werden.

Eine Übereinstimmung dieser Verteilung mit den mittleren Niederschlagsverhältnissen ist leicht einzusehen. Auch die jahreszeitliche Verschiebung der PFJ-Position spiegelt sich in den Niederschlagsmengen wider, besonders deutlich an der nordamerikanischen Westküste und über Europa. Die van Bebberschen Zyklonenzugbahnen, von denen heute lediglich der Vb-Wetterlage noch Bedeutung zukommt, geben ebenso wie die Petterssensche Darstellung häufige Strahlstrompositionen an. [Neuere Statistiken wurden für die Nordhemisphäre von Klein (1956), für die Südhemisphäre von Britton und Lamb (1956) bearbeitet.] Das winterliche Band erhöhter Niederschlagsmengen über dem Vorderen Orient, Nordindien und Assam ist den Wellenstörungen innerhalb des STJ zuzuschreiben. Die Sommerverhältnisse über diesem Gebiet werden dagegen vom indischen Monsun kontrolliert, der weiter unten noch ausführlich besprochen werden soll.

Es wurde bereits in Kap. 4.412 darauf hingewiesen, daß der Subtropen-Jet über den subtropischen Hochdruckrücken liegt und dabei im Mittel in der Höhe eine Konvergenz und Absinkbewegung aufweist. Dennoch gelten in Einzelfällen dieselben Zusammenhänge zwischen Vorticityadvektion, Divergenz und Vertikalbewegung, wie wir sie im Bereich des PFJ angewandt haben. Abb. 4.412.2 läßt bereits erkennen, daß auch entlang der Achse des STJ Vorticitymaxima und -minima zu erwarten sind. Damit erscheint auch dieser Strahlstrom von charakteristischen Wetterabläufen begleitet.

Da im STJ die barokline Zone nur in der oberen Hälfte der Troposphäre anzutreffen ist, kommt es selbst im Einflußbereich einer starken Höhendivergenz zu keinen großangelegten Aufgleitvorgängen. Aufgleiten kann nur im Cirrenniveau entlang der dort stark geneigten Isentropenflächen ohne große Arbeitsleistung erfolgen, was sich auch im Wolkenbild des STJ äußert. Innerhalb der quasibarotropen unteren Troposphäre bewirkt die Divergenz in der Höhe und

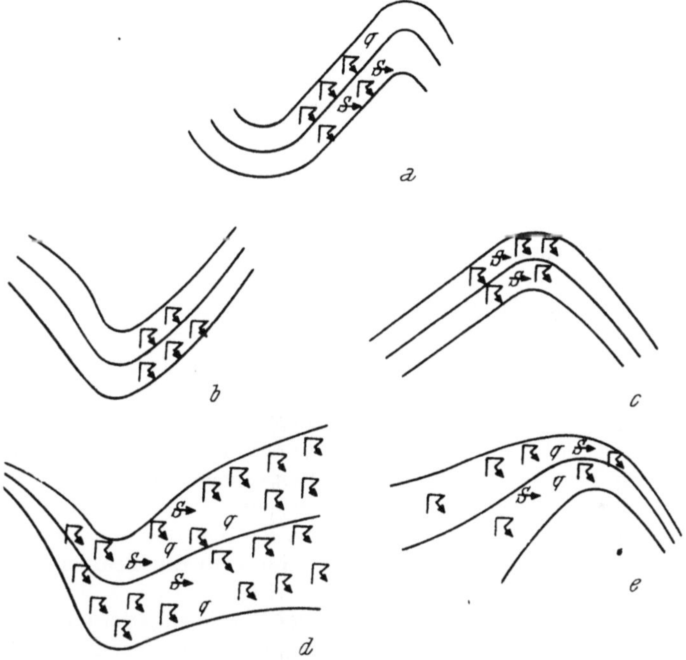

Abb. 7.2. Schematische Darstellung des Auftretens von Gewittern ( ), Sandstürmen ( ) und Böen ( ) in Nordindien und Pakistan im Zusammenhang mit der westlichen Strömung in der oberen Troposphäre. (RAMASWAMY 1956)

die durch den einsetzenden Druckfall am Boden bewirkte Konvergenz der Luftmassen nur eine langsame Labilisierung. Ist diese schließlich genügend weit fortgeschritten, um innerhalb von Konvektionswolken feuchtlabile Verhältnisse zu schaffen, so kommt es zur Ausbildung gewaltiger Cumulonimben, deren Cirrenschirme in der Höhenströmung des STJ unter Umständen 60 und mehr Kilometer abdriften (MALKUS et al. 1954a).

Aus einer Studie von RAMASWAMY (1956) geht hervor, daß Gewitterstörungen über Nordindien („Andhis" oder „Nor'western" genannt) aufs engste mit dem Charakter der westlichen Höhenströmung verknüpft sind (vgl. DESAI 1957, KOTESWARAM und SRINIVASAN 1958). Abb. 7.2 gibt einen schematischen Überblick über Höhenwetterlagen, bei denen trotz des in der Regel trockenen Wintermonsunregimes mit starker Gewittertätigkeit zu rechnen ist. Alle diese Höhenströmungstypen zeichnen sich über den Gewitterherden durch Vorticityabnahme entlang der Stromlinien aus. Synoptische Beispiele lassen sich diesen Schemata gut einfügen.

Diesen Störungen und der damit verbundenen Konvektionswolkenbildung ist es zuzuschreiben, daß über Nordindien und am Abhang des Himalaja — hier verstärkt durch Staueinflüsse — auch während der wintermonsunalen Trockenzeit Niederschläge fallen, die allerdings das Hochland von Dekan nicht mehr erreichen.

Die große Beständigkeit des STJ im indo-pakistanischen Raum kommt auch in einer Korrelation der Zahl der Tage mit Donner mit der *mittleren* Topographie der 300-mb-Fläche im Mai zum Ausdruck (Ramaswamy 1956). Daß sich die Gewittertätigkeit besonders deutlich an der Ostflanke des Troges im Raume von Kalkutta konzentriert, läßt auf die besonders große Persistenz der Troglinie in diesem Raum schließen. Hierauf soll jedoch erst in Kap. 7.413 eingegangen werden.

Es wurde in Kap. 4.413 darauf hingewiesen, daß das äquatoriale Niederschlagsmaximum zu Unrecht einer durch den Zenitstand der Sonne hervorgerufenen thermischen Labilisierung der Atmosphäre zugeschrieben wird. Für seine Existenz ist vielmehr der östliche Tropenjet und die Lage der innertropischen Konvergenzzone verantwortlich. Die Baroklinität der unteren Troposphäre ist in den äquatorialen Gebieten ebenfalls nur gering. Unterschiede zwischen trockenen kontinentalen und feuchten maritimen Luftmassen reichen nur in geringe Höhe. Es erscheint daher zweckmäßiger, von der innertropischen „Konvergenzzone" zu sprechen und nicht so sehr von der „innertropischen *Front*", denn es könnten sonst in Mißdeutung der Tatsachen Aufgleitbewegungen vermutet werden, wo es sich, ebenso wie im Bereich des STJ, nur um verstärkte Konvektionstätigkeit handelt. Über den Ozeanen verschwinden die Luftmassengegensätze an der innertropischen Konvergenzzone fast vollständig, so daß auch in der Bodentemperaturverteilung von keinem frontalen Charakter mehr die Rede sein kann. Die Bewölkungs- und Niederschlagszonen halten sich an die Vorticityverteilung in der Höhenströmung, wie in Kap. 4.413 ausführlich besprochen wurde.

Aus dieser kurzen Übersicht möge entnommen werden, daß sich die mittleren globalen Niederschlagsverhältnisse gut in das System der hochtroposphärischen Strahlströme einfügen lassen. Ähnliches gilt auch für die Temperaturverteilung, worauf im nächsten Kapitel noch zurückgegriffen werden soll.

Man könnte nun darangehen und statt eines Vergleiches der *mittleren* Zustände der Atmosphäre mit der *mittleren* Strahlstromposition spezifische Jet-Stream-Positionen herausgreifen und die ihnen charakteristischen atmosphärischen Zustände je nach Wetterlage gesondert mitteln. Dies würde dem Aufgabenbereich der regionalen synoptischen Klimatologie entsprechen und den Rahmen dieses Buches übersteigen.

7.3. Der Einfluß von Hochgebirgen auf die Bildung planetarischer Wellen

7.31. Theoretische Grundlagen

Bolin (1950) untersuchte in einer klassischen Arbeit den Einfluß eines kegelförmigen Hochgebirges auf die Strahlströmung der gemäßigten Breiten. Theoretischen Überlegungen Charneys und Eliassens (1949) folgend, wird die Atmosphäre mit einer konstanten Obergrenze H_0 angenommen, wodurch diesem Modell ein gewisses Maß an Schwerestabilität vermittelt wird und ähnliche Resultate erhalten werden wie bei Queney (1948), der die vertikale Stabilität der Atmosphäre ins Kalkül zieht (Colson 1949).

In einer inkompressiblen Atmosphäre stehe einem einheitlichen, zonalen Grundstrom ohne laterale Scherung, der die Geschwindigkeit u besitzt, ein Hindernis mit der Höhe $h = h(x, y)$ im Wege. Die Strömung sei durch Konstanz der potentiellen Vorticity [Gl. 1.235 (2)] charakterisiert:

$$d/dt\ (q_z + f)/H = 0. \tag{7.31 (1)}$$

H ist die Atmosphärendicke, die gegeben ist durch

$$H + h = H_0 = \text{const.} \tag{7.31 (2)}$$

Die Kontinuitätsgleichung lautet unter Berücksichtigung von Gl. 1.235 (1)

$$-(1/H)\ dH/dt = \partial u/\partial x + \partial v/\partial y. \tag{7.31 (3)}$$

Gl. (1) und (3) bilden ein System von Differentialgleichungen, welches lösbar ist, wenn man es linearisiert, d. h. Produkte aus Ableitungen wegen ihrer relativen Kleinheit vernachlässigt. Führt man die Störungsglieder u^* und v^* in den horizontalen Geschwindigkeitskomponenten ein und berücksichtigt man ferner, daß u^* und $v^* \ll u$, $h \ll H_0$ und $q_z \ll f_0$ ist, so erhält man

$$-(1/H)\ dH/dt = \partial u^*/\partial x + \partial v^*/\partial y = (u/H_0)\ (\partial h/\partial x). \tag{7.31 (4)}$$

Für stationäre Strömungsverhältnisse ($\partial/\partial t = 0$) erhält man aus Gl. (1) und (4) unter Linearisierung

$$u\ (\partial q_z/\partial x) + \beta\ v^* = -(f_0\ u/H_0)\ (\partial h/\partial x). \tag{7.31 (5)}$$

Führt man eine neue Variable Ψ folgender Definition ein

$$\begin{aligned} u^* &= -\partial\Psi/\partial y + u\ h/H_0 \\ v^* &= +\partial\Psi/\partial x, \end{aligned} \tag{7.31 (6)}$$

so ist dadurch die Kontinuitätsgleichung (4) identisch erfüllt und Gl. (5) erhält die Form

$$\partial/\partial x\ (\partial^2\Psi/\partial x^2 + \partial^2\Psi/\partial y^2) + (\beta/u)\ (\partial\Psi/\partial x) = (u/H_0)\ (\partial^2 h/\partial x\ \partial y) - (f_0/H_0)\ (\partial h/\partial x).$$

Integration nach x ergibt

$$\partial^2\Psi/\partial x^2 + \partial^2\Psi/\partial y^2 + \beta\ \Psi/u = (u/H_0)\ (\partial h/\partial y) - (f_0/H_0)\ h, \tag{7.31 (7)}$$

wobei die Integrationskonstante durch die Randbedingung $q = 0$, $\Psi = 0$ und $h = 0$ für $x = \infty$ bestimmt wurde.

Die homogene Gl. (7) (für $h = 0$) beschreibt die freien Perturbationen, welche in dieser Strömung ohne orographischen Einfluß existieren können, während eine partielle Lösung von (7) die stationären Wellen angibt, welche vom Gebirgsmassiv angeregt werden.

Für ein Gebirge mit konzentrischen, kreisförmigen Isohypsen gibt Bolin folgende, in bezug auf die y-Achse symmetrische Lösung in Polarkoordinaten an, wobei der Radius r vom Mittelpunkt des Berggipfels aus gemessen wird:

$$\Psi = P(\varrho) + Q(\varrho) \cdot \sin\vartheta, \tag{7.31 (8)}$$

worin $\varrho = r \cdot \sqrt{(\beta/u)}$, $r^2 = x^2 + y^2$ und $\vartheta = \arctan(y/x)$ bedeuten. $P(\varrho)$ und $Q(\varrho)$ sind ihrerseits partielle Lösungen zweier aus Gl. (7) und (8) hervorgehender Differentialgleichungen und haben die Form

$$\begin{aligned} P(\varrho) &= -(\pi\ u\ f_0/2\ \beta\ H_0)\left[Y_0(\varrho)\int_0^\varrho h(\varrho)\ \varrho^3\ J_0(\varrho)\ d\varrho - J_0(\varrho)\int_\infty^\varrho h(\varrho)\ \varrho^3\ Y_0(\varrho)\ d\varrho\right], \\ Q(\varrho) &= +(\pi\ u/2\ H_0)\cdot\sqrt{(u/\beta)}\left[Y_1(\varrho)\int_0^\varrho (dh/d\varrho)\ \varrho^3 J_1(\varrho)\ d\varrho - J_1(\varrho)\int_\infty^\varrho (dh/d\varrho)\ \varrho^3 Y_1(\varrho)\ d\varrho\right]. \end{aligned} \tag{7.31 (9)}$$

$J_0(\varrho)$, $J_1(\varrho)$, $Y_0(\varrho)$ und $Y_1(\varrho)$ sind einfache Bessel-Funktionen.

Aus Gl. (6) und (8) kann somit das Geschwindigkeitsfeld berechnet werden. Zur Errechnung des Stromlinienfeldes muß jedoch, da $\nabla \cdot \mathbf{v} \neq 0$ ist, eine Stromfunktion Φ herangezogen werden, welche als Volumstransport in der gesamten Schicht H folgendermaßen definiert ist:

$$H\,(u + u^*) = -\,\partial\Phi/\partial y \qquad H\,v^* = \partial\Phi/\partial x \qquad 7.31\,(10)$$

und

$$\Phi = H_0\,(\Psi - u\,y). \qquad 7.31\,(11)$$

Laut Gl. (10) verläuft der Geschwindigkeitsvektor überall tangential zu Φ, was der Bedingung einer Stromlinie entspricht.

Abb. 7.31.1 zeigt die auf Grund der oben gegebenen Ableitung berechnete Strömungsverteilung für einen Berg, dessen Höhe gegeben ist durch

$$h = h_0 \cdot e^{-r^2/l^2} \qquad 7.31\,(12)$$

l wurde dabei so gewählt, daß $h{=}h_0/e$ in 1000 km Entfernung vom Berggipfel (h_0). Diese Dimension entspricht ungefähr den Rocky Mountains Nordamerikas, die im rechten Teil der Abb. 1 gezeigt sind. Für u wurde ein Wintermittelwert von 20 m/sec auf der 500-mb-Fläche angenommen. β wurde bei der Integration zwar als konstant betrachtet, seine Breitenabhängigkeit jedoch bei der Konstruktion der verschiedenen Stromlinien berücksichtigt. Um das tatsächlich beobachtete

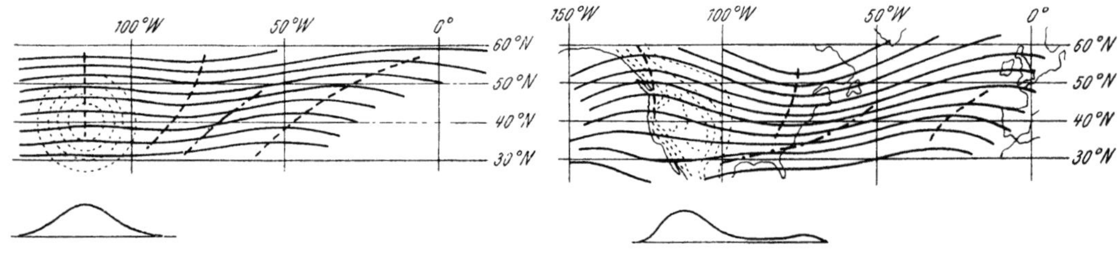

Abb. 7.31.1. Theoretischer Strömungsverlauf in einem gleichförmigen Grundstrom um einen Berg mit kreisförmigem Grundriß (links) und tatsächlich beobachteter Verlauf der Strömung im 20000-Fuß-Niveau, Winter, über den Vereinigten Staaten (rechts). Strichliert: Tröge und Rücken. Strichpunktiert: Gebiete mit maximaler zonaler Windgeschwindigkeit. (BOLIN 1950)

Stromlinienfeld (Abb. 1b) mit dem theoretisch berechneten (Abb. 1a) vergleichen zu können, wurde ersteres in Einheiten $\Delta z \cdot \sin\varphi$ Meter analysiert. Die strichlierten Linien markieren Tröge und Rücken, die strichpunktierten Linien Gebiete mit maximaler zonaler Windgeschwindigkeit u (vgl. auch KAWATA 1958, MAGATA 1957).

Aus dieser Abbildung geht deutlich hervor, daß östlich des *orographisch* induzierten Troges ein Gebiet maximaler Strahlstromintensität liegt (vgl. auch DEFANT 1959). Es ist dies gleichzeitig ein Gebiet *verstärkter Konfluenz*, wie der Verlauf der Stromlinien anzeigt. Der Hochgebirgseinfluß erstreckt sich noch weit stromabwärts und läßt sich in einem Hochdruckrücken im Ostatlantik feststellen, einem Gebiet, das sich durch häufige, blockierende Antizyklonen auszeichnet, wie weiter unten noch gezeigt werden soll.

Aus Gl. (9) geht hervor, daß das Stromlinienbild der gestörten Strömung stark von der horizontalen Dimension des Gebirges abhängt (ϱ^3 im Integranden). Nimmt man z. B. l^2 in Gl. (12) um die Hälfte kleiner an, so verringert sich der Wert von $P\,(\varrho)$ und $Q\,(\varrho)$ bereits auf ein Zehntel. Für die Beeinflussung planetarischer Wellen kommen also nur Hochgebirge von den Dimensionen der Rocky Mountains und des Himalaja in Frage. Die Alpen besitzen mit ihrer Nord-Süd-Ausdehnung nur einen geringen Effekt (HOLZAPFEL 1954, 1956b), der sich allerdings in synoptischen Einzelfällen in der Bildung von „Genua-Zyklonen" auswirkt (Čadež 1956).

Das Stromlinienbild hängt auch von den für u getroffenen Annahmen ab. Vor allem ist die Länge der erzwungenen Wellen der Quadratwurzel von u proportional [Gl. (8) und (9)]. Die allgemeinen Grundzüge der Strömung bleiben jedoch innerhalb weiter Grenzen von u erhalten.

In der obigen Ableitung wurde der zonale Strom u ohne seitliche Begrenzung angenommen, d. h. im Vergleich zur Ausdehnung des Gebirges als sehr breit angesehen. Anders liegen die Verhältnisse, wenn individuelle, schmale Strahlstrommaxima auf ein Gebirgsmassiv auftreffen.

Wir wollen annehmen, daß die Geschwindigkeit V der Luftschichten beim Umströmen des Berges konstant bleiben möge. Vertikale Schrumpfung der Luftsäule werde — unter Erhaltung der potentiellen Vorticity — durch laterale Dehnung kompensiert (vgl. dazu Gambo 1956). Der Index Null charakterisiere die Verhältnisse in der ungestörten Strömung vor Auftreffen auf das Gebirgsmassiv. Laut Gl. 7.31 (1) und (2) gilt für einen zonalen Strahlstrom

$$(q_0 + f_0)/H_0 = (q + f_0)/(H_0 - h)$$

bzw.

$$q = -f_0\, h/H_0 + q_0\, H/H_0. \qquad 7.31\ (13)$$

Setzen wir $q = VK$ [vgl. Gl. 1.231 (3)], so erhalten wir für das Krümmungsmaß den Ausdruck

$$\begin{aligned} K &= (d^2y/dx^2)/(1 + (dy/dx)^2)^{3/2} \\ &= -f_0\, h/V H_0 + q_0\, H/V H_0. \end{aligned}$$

Eine einfache Transformation ergibt

$$d\left(\frac{dy/dx}{(1 + (dy/dx)^2)^{1/2}}\right) = -(f_0\, h/V H_0)\, dx + (q_0\, H/V H_0)\, dx.$$

Da $dy/dx = \tan\psi$ ist, wobei ψ den Winkel zwischen Strahlstromachse und x-Richtung angibt, erhält man

$$d\,(\sin\psi) = -\,[(f_0\, h)/(V H_0) + (q_0\, H/V H_0)]\, dx$$

bzw. durch Integration

$$\sin\psi = -\,(f_0/V H_0)\int_{x_1}^{x_2} h \cdot dx + (q_0/V H_0)\int_{x_1}^{x_2} H \cdot dx. \qquad 7.31\ (14)$$

x_1 sei die Koordinate, bei welcher der Strahlstrom das Gebirge trifft. Der Strahlstrom wird das Gebirge überqueren, solange $0 > \psi \geq -90°$ ist bzw. $0 \geq \sin\psi \geq -1$. Laut Gl. (14) ist ψ eine Funktion von V (Berkofsky 1952), und es kann eine kritische Geschwindigkeit definiert werden, unterhalb welcher ein Strahlstrom so weit abgelenkt wird, daß er kammparallel fließt:

$$V_{kr} = (f_0/H_0)\int_{x_1}^{x_1+\Delta x} h \cdot dx - (q_0/H_0)\int_{x_1}^{x_1+\Delta x} H \cdot dx. \qquad 7.31\ (15)$$

Ist $V < V_{kr}$, so überschreitet der Strahlstrom das Gebirge nicht, sondern wendet sich in antizyklonaler Krümmung gegen seine Ausgangsposition zurück.

Nimmt man die Vorticity der ungestörten Strömung, q_0, mit Null an und vernachlässigt man die horizontale Scherung der Strömung, so wird das letzte Glied auf der rechten Seite von Gl. (15) Null, und es bleibt die von Bolin (1950) abgeleitete Form übrig

$$V_{kr} = (f_0/H_0)\int_{x_1}^{x_1+\Delta x} h \cdot dx. \qquad 7.31\ (16)$$

Für $f_0 = 10^{-4}$ sec^{-1}, $H_0 = 10$ km, $\Delta x = 1000$ km und $\bar{h}$, die mittlere Höhe des Gebirgszuges, gleich 2000 m, ist die kritische Geschwindigkeit $V_{kr} = 20$ m/sec. Es sind also wiederum nur Gebirgszüge mit einer Ausdehnung wie etwa die Rocky Mountains, die einen spürbaren Einfluß auf die Höhenströmung ausüben.

Wir wollen nun den zusätzlichen Term auf der rechten Seite von Gl. (14) und (15) einer näheren Betrachtung unterziehen.

$$-(q_0/H_0)\int_{x_1}^{x_1+\Delta x} H \cdot dx$$

gibt den Einfluß der Vorticity der ungestörten Strömung auf die Größe der kritischen Geschwindigkeit an. Dem Vorzeichen gemäß ist V_{kr} bei *zyklonaler* Vorticity q_0 *geringer*, bei *antizyklonaler* Vorticity dagegen *größer*, als den Verhältnissen für $q_0 = 0$ entspricht, d. h. die Luftmassen finden im ersteren Fall im Gebirgszug ein kleineres Hindernis als im letzteren Fall (Colson 1950). Ist $\bar{H} = H_0 - \bar{h}$ die mittlere Dicke der (endlichen) inkompressiblen Atmosphäre über dem Gebirge, so ist leicht einzusehen, daß der Einfluß der ursprünglichen Vorticity zu dem der Krümmungsänderung bei ursprünglich geradliniger Strömung im Verhältnis $(q_0\,\bar{H}) : (f_0\,\bar{h})$ steht. Betrachten wir die Gegebenheiten in der Strahlstromachse, wo die Windscherung Null ist und die Vorticity daher gegeben ist durch $q_0 = V/R_0$. Die Vorticity ist hier um etwa eine Größenordnung kleiner als der Coriolisparameter, wenn man den Krümmungsradius der Jet-Stream-Achse mit etwa 2000 km annimmt. Obiges Verhältnis erreicht somit den ungefähren Wert 0,4.

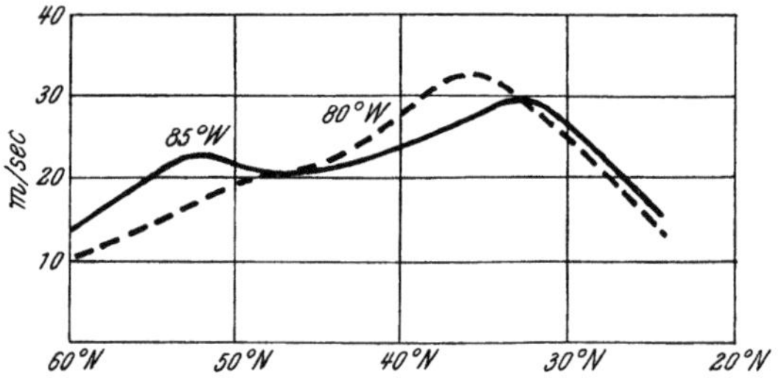

Abb. 7.31.2. Meridionale Profile des zonalen Windes im 20000-Fuß-Niveau. Volle Linie: Januarmittel, 85° West; strichliert: Wintermittel 80° West (nach Hess 1948). (Bolin 1950)

Für Stromlinien außerhalb der Strahlstromachse werden die Verhältnisse entsprechend komplizierter. Nehmen wir gemäß dem in Kap. 4.121 Gesagten auf der zyklonalen Seite der Strahlstromachse ein Windprofil an, das durch $q =$ const. charakterisiert ist, auf der antizyklonalen Seite jedoch eines, für welches $Q = 0$ oder $-q \cong f_0$ ist, so erhält man unter der Annahme, daß die individuellen Luftteilchen mit konstanter potentieller Vorticity das Gebirge überströmen, für die zyklonale und antizyklonale Seite des Strahlstromes laut Gl. 7.31 (14) je einen verschiedenen Wert für sin ψ. Hat q_0/V auf der Nordseite des Jet Stream entsprechend große positive Werte, so ist ψ positiv, d. h. die Strömung übersteigt das Gebirge in nordöstlicher Richtung. Auf der antizyklonalen Seite dagegen wirkt $q = -f$ ebenfalls im Sinne einer Ablenkung der Strömung nach Süden. Durch das verschiedene Vorticityregime auf den zwei Seiten des Strahlstromes wird also eine Spaltung der Höhenströmung an einem Gebirge angedeutet.

Abb. 7.31.2 zeigt ein mittleres meridionales Windprofil der Zonalkomponente im 20000-Fuß-Niveau für Januar auf 85° West (volle Linie) und für den ganzen Winter auf 80° West (strichliert). Im Lee der Rocky Mountains, die in etwa 40° Nord ihre größte Ausdehnung erreichen, scheint sich eine derartige Spaltung der Höhenströmung tatsächlich einzustellen. Weiter im Osten (80° West) vereinigen sich in einer breiten Konfluenzzone die beiden Strahlströme zu einem einzigen.

Über Ostasien herrschen unter dem Einfluß des Himalaja ähnliche Verhältnisse (vgl. Kap. 7.413).

7.32. Das System der planetarischen Wellen

Abb. 7.32.1 enthält die mittlere Höhe der absoluten Topographie 500 mb in der Zone zwischen 45° und 50° Nord im Sommer und zwischen 35° und 40° Nord im Winter. Abb. 7.32.2 gibt zum Vergleich die Verhältnisse in der Südhemisphäre. Die Wirkung der nordamerikanischen Rocky Mountains mit ihrem Schwerpunkt bei etwa 40° Nord und 110° West tritt im Sommer wie im Winter durch einen deutlich ausgeprägten Hochdruckrücken in Erscheinung (Wilkins 1949). Dasselbe tun die südamerikanischen Anden bei etwa 70° West. Ein markanter Tiefdrucktrog zeigt sich im Lee dieser Hochgebirge (Boffi 1949a, b). Auf beiden Hemisphären schließen sich deutlich hervortretende Wellenzüge weithin nach Osten an.

Die Strömungsverhältnisse auf der Nordhemisphäre werden durch *zwei* Gebirgsmassive beherrscht (Rocky Mountains und Himalaja), die zu einer gewissen Resonanz im Wellengefüge Anlaß geben. Trotz der orographischen Unterschiede in den beiden Hemisphären stellt sich auf der Südhalbkugel die gleiche mittlere Wellenzahl ein wie im Norden.

In Abb. 1 tritt vor allem der monsunale Einfluß Asiens deutlich in Erscheinung. Im Winter ist der Strahlstrom gespalten. Sein subtropischer Ast umfließt das Tibetische Plateau auf dessen Südseite, daher das Absinken der 500-mb-Topographie auf derart tiefe Werte. Im Lee des Gebirgsmassivs kommt es zur Bildung deutlich ausgeprägter Langwellen mit großer Amplitude. Die Konfluenz warmer und kalter Luftmassen im Lee tritt hier durch die Spaltung des Jet Stream über dem Gebirge besonders in Erscheinung, da der Himalaja im Winter auch als Luftmassenscheide wirksam ist. Über Südchina und dem angrenzenden Meer ist daher im Winter ein besonders intensiver Strahlstrom zu finden.

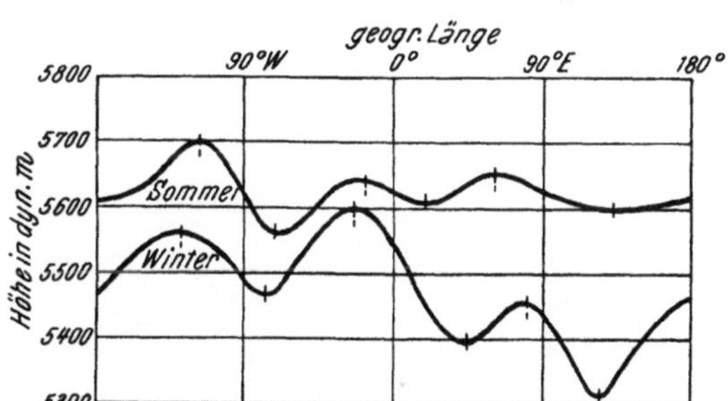

Abb. 7.32.1. Mittlere Höhe der 500-mb-Fläche in Abhängigkeit von der geographischen Länge, im Breitenband 45° bis 50° Nord (Sommer) bzw. 35° bis 40° Nord (Winter). (Nach Bolin 1950)

Im Sommer fließt der Strahlstrom weiter im Norden, wo er unter dem Einfluß der relativ niedrigen Gebirge nicht mehr gespalten erscheint und auch nur zu geringen Wellenamplituden stromabwärts Anlaß gibt. Auf die geringfügige Verlagerung der Langwellenposition vom Sommer zum Winter, die über Asien durch die Konfiguration des Himalaja erzwungen wird, soll in Kap. 7.413 noch näher eingegangen werden.

Die Südhemisphäre (Abb. 2) hat keine Gebirgszüge, welche sich mit dem zentralasiatischen Massiv vergleichen ließen. Die jahreszeitlichen Schwankungen der 500-mb-Fläche sind daher weniger augenfällig. Am größten sind sie jedoch — ebenso wie auf der Nordhemisphäre — bei etwa 120° Ost. Es hat somit den Anschein, als erstrecke sich der monsunale Einfluß des Himalaja auch auf die südhemisphärische *Höhenströmung*. Daß der Südostpassat der Südhalbkugel über dem Indischen Ozean in den sommerlichen Südwestmonsun der Nordhalbkugel einbezogen wird, ist ja bereits eine bekannte Tatsache. Eine Koppelung der Zirkulation in den beiden Hemisphären erscheint demnach angedeutet.

Rubin (1955) kommt durch einen Vergleich nord- und südhemisphärischer Zirkulationsindizes zu ähnlichen Ergebnissen. Eine dynamische Erklärung der

Existenz des winterlichen Troges auf der Südhemisphäre bei etwa 120° Ost durch die Landmassen Australiens kann nicht gegeben werden, da nach den Überlegungen in Kap. 7.31 hier eher ein Hochdruckrücken sein müßte. LAMB (1959) schreibt diesen Trog der Exzentrizität des antarktischen Zirkumpolarwirbels zu, welche ihrerseits durch die Asymmetrie der ausstrahlenden Fläche der Antarktis bewirkt zu sein scheint.

Auf die Temperaturverhältnisse in Bodennähe üben die planetarischen Langwellen natürlich einen entscheidenden Einfluß aus. Die Tiefdrucktröge im Lee der Gebirge sind durch häufige Kaltluftausbrüche gekennzeichnet (SUDA 1956, 1957, TRIEGAARDT 1956, WOLLSCHLÄGER 1959), während die stromabwärts gelegenen Rücken oft zum Ausgangspunkt intensiver Warmluftvorstöße nach Norden werden. Die Zyklonenbahnen folgen ebenfalls den orographisch induzierten planetarischen Langwellen (PETTERSSEN 1950).

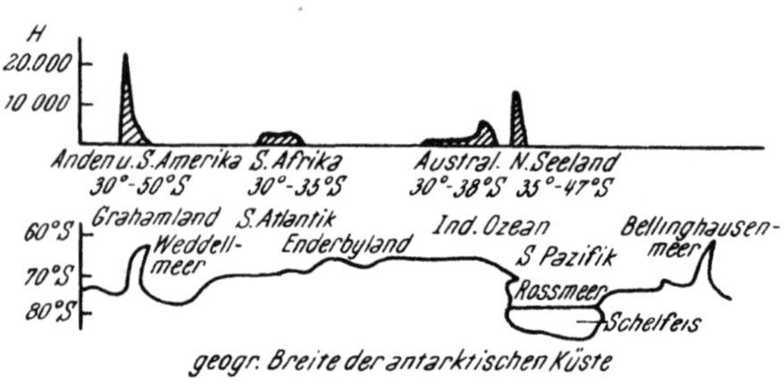

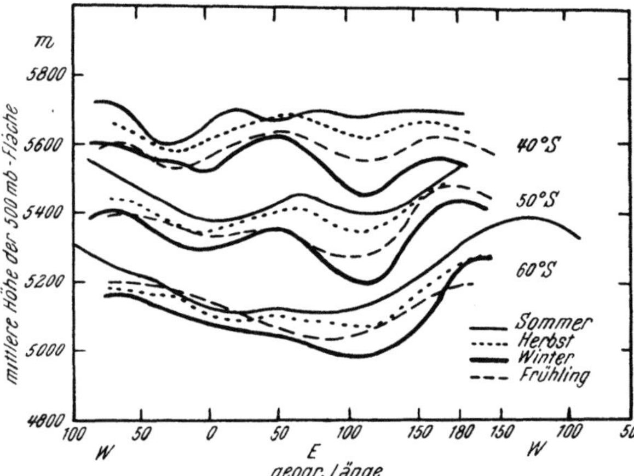

Abb. 7.32.2. Orographische Verhältnisse auf der Südhalbkugel und mittlere jahreszeitliche Profile (1952 – 1954) der 500-mb-Fläche entlang 40°, 50° und 60° Süd. (Nach LAMB 1959)

In Kap. 4.433 wurde darauf hingewiesen, daß der Impulstransport, welcher zur Aufrechterhaltung der Zonalzirkulation und der Strahlströme gegen den Einfluß der Reibung notwendig ist, zum Teil durch die planetarischen Wellen erfolgt. Westliche Bewegungsgröße wird von Süden nach Norden transportiert, wenn die Trogachsen von SW nach NE geneigt sind, was in der Mehrzahl der Fälle zutrifft. Es herrschen dann auf der Rückseite der Tröge Nord- oder Nordnordwestwinde, welche keinen oder nur wenig westlichen Impuls nach Süden verfrachten. Auf der Trogvorderseite dagegen wird in einer kräftigen Südweströmung wesentlich mehr Bewegungsgröße nach Norden befördert. In der Passatzone wird dieser westliche Impuls durch Bodenreibung erzeugt, in der Westwindzone dagegen aufgebraucht (STARR 1948 a). Da die zonale Zirkulation von den Hochgebirgen ständig mit Perturbationsenergie beliefert und dadurch zu Mäanderung angeregt wird, spielen die großen Massenerhebungen der Erde eine bedeutende Rolle für den Impulstransport. Aus einer Untersuchung von WHITE (1949) geht hervor, daß die Gebirge auch einen direkten Einfluß auf den Impulshaushalt nehmen, der größenordnungsmäßig mit dem der Bodenreibung vergleichbar ist. Durch die Druckgradienten, welche quer zum Gebirge in West-Ost-Richtung existieren, wird der Atmosphäre ein Drehimpuls mitgeteilt. Da innerhalb der Westwinddrift durch den orographisch induzierten Trog auf der Ostseite der Gebirge tieferer Druck herrscht als auf der Westseite, übt das Gebirge auf die Atmosphäre eine nach Westen gerichtete Kraft aus, die diesen Gradienten aufrechterhält und die bremsend auf die Zirkulation wirkt. In niedrigen Breiten dagegen wirken die Gebirge als Impulsquellen. Nur im Mai und Juni scheint nach WHITEs Berechnungen der bremsende Einfluß der Gebirge bis südlich von 25° N zu reichen.

7.33. Bevorzugte Gebiete für Konfluenz, Difluenz und Blocking

In Kap. 4.14 wurde auf die Bedeutung der Konfluenz für die Strahlstromintensivierung und für die Bildung blockierender Antizyklonen hingewiesen (vgl. auch Kap. 6.125). Aus Abb. 7.31.1 ist ersichtlich, daß sich konfluente Zonen im Lee eines großen Gebirgsmassivs einstellen, besonders dann, wenn das Gebirge zu einer Teilung des Strahlstromsystems Anlaß gab. In diesen konfluenten Zonen ist wegen der erhöhten Baroklinität mit einer Verstärkung der Höhenströmung zu rechnen. Ein Vergleich mit den Isotachen der mittleren Windgeschwindigkeit für Januar, welche in Abb. 4.121.1 gezeigt sind, bestätigt dies. Dieser Abbildung nach zu schließen halten sich im Mittel die maximalen Windgeschwindigkeiten nahe an die mittleren Trogpositionen der Abb. 7.32.1 (vgl. auch MURAKAMI 1956). Dies dürfte wohl den asymmetrischen Scherungsverhältnissen innerhalb der einzelnen Jet-Maxima zuzuschreiben sein (vgl. Kap. 4.211) und muß für individuelle Jet-Maxima durchaus nicht der Fall sein. Abb. 7.33.1 zeigt den intensiven Strahlstrom, der sich über Südchina und Japan im Winter mit großer Beständigkeit hält und der Konfluenz im Lee des Tibetischen Hochlandes seine Stärke verdankt (YEH 1950). Die Niederschläge, welche sich im Gefolge von Wellenstörungen im Jet Stream einstellen, sind in einer schmalen Zone unter der Strahlstromachse konzentriert, wie dieser Abbildung zu entnehmen ist. Das konfluente Gebiet dieses Strahlstromes erstreckt sich bis über Burma und Nordindien, wie Strömungsanalysen der winterlichen Wetterlagen in diesem Teile Asiens zu entnehmen ist (RAMAGE 1952, VENKITESHWARAN 1950 a, b).

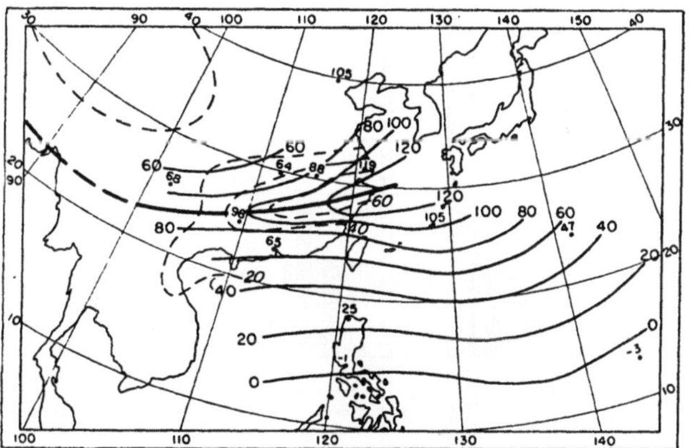

Abb. 7.33.1. Mittlere zonale Windgeschwindigkeit (Meilen pro Stunde) im Dezember 1945 und Januar 1946 im 40000-Fuß-Niveau (volle Linien) und Niederschlagsverhältnisse im Winter (cm, strichliert). Die dicke Linie deutet die Strahlstromachse an. (YEH 1950)

Analoge, aber weniger stationäre Verhältnisse findet man im Lee der Rocky Mountains (PALMÉN 1954). Der stabilisierende Einfluß einer Hochgebirgskette auf die atmosphärische Zirkulation geht aus einer Studie von JAMES (1951b, 1952) hervor, wonach der Jahresgang der Geschwindigkeit innerhalb des mittleren meridionalen Windprofils zwischen Charleston und Caribou (USA) kaum die Hälfte der Schwankung innerhalb des Profils Larkhill—Lerwick (Greenwich-Meridian) ausmacht.

Sowohl das asiatische als auch das nordamerikanische konfluente Gebiet zeichnet sich durch intensive Zyklogenesen aus. In den USA sind es vor allem die „Colorado-Stürme", welche sich besonders im Frühjahr im Lee des Felsengebirges über dem Staate Colorado bilden und — nach Nordosten ziehend — oft starke Schneefälle im Gefolge haben. Daß sich Tornados und Böenlinien vorzugsweise im amerikanischen Mittelwesten bilden, ist wohl den scharfen Luftmassengegensätzen innerhalb dieser Konfluenzzone zuzuschreiben (GODSKE et al. 1957). Die Stürme im Chinesischen Meer sind von der Küstenschiffahrt gefürchtet. Die Bereitschaft zur Zyklogenese in diesem Gebiet steht offensichtlich in Zusammenhang mit der Advektion positiver Vorticity innerhalb des quasistationären Langwellentroges.

Auf der Südhemisphäre scheint im Lee der Anden ein zyklogenetisch aktives Gebiet vorhanden zu sein (VIAUT 1956).

Eine konfluente Zone im Langwellentrog über Australien wurde bereits in Kap. 4.212 erwähnt. Auch südlich von Afrika scheint ein Konfluenzgebiet zu existieren (TRIEGAARDT et al. 1957).

Der stromabwärts der Konfluenzzone gelegene Rücken über dem Ostatlantik zeichnet sich vor allem durch seine Tendenz aus, blockierende Eigenschaften anzunehmen (ESSENWANGER 1953). Dasselbe gilt für den nordpazifischen Raum und für den Südpazifik östlich von Australien, dort, wo bereits in den mittleren Windprofilen polarer und subtropischer Strahlstrom getrennt erscheinen. Es ist in diesen Gebieten also schon in mittleren Querschnitten Difluenz angedeutet.

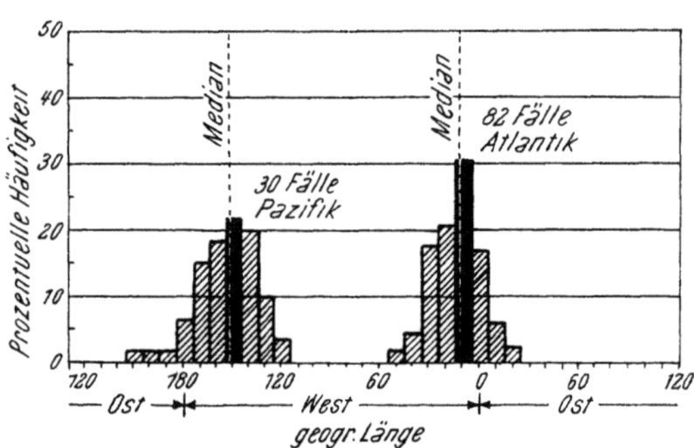

Abb. 7.33.2. Prozentuelle Häufigkeitsverteilung nach geographischer Länge des Auftretens blockierender Antizyklonen im 500-mb-Niveau über dem Atlantik und Pazifik (112 Fälle 1933 bis 1940 und 1945 bis 1949). (Nach REX 1950b)

Zunächst sei das ostatlantisch-europäische Blocking einer näheren Betrachtung unterzogen. Die größte Häufigkeit erreicht die Position des blockierenden Hochs bei etwa 0° bis 20° West, während die stromabwärts anschließende konfluente Zone bei etwa 40° bis 60° Ost liegt (BERG 1953). Abb. 7.33.2 enthält eine Häufigkeitsverteilung für die Jahre 1933 bis 1940 und 1945 bis 1949 (REX 1950b; vgl. dazu TEICH 1955). In dieser Abbildung ist auch der pazifische Block enthalten, der sich stromabwärts der konfluenten Zone über Ostasien einzustellen pflegt. Die mittlere Position der blockierenden Antizyklonen weist nur geringe jahreszeitliche Schwankungen auf, die parallel mit der Verlagerung des isländischen Tiefs verlaufen. Im Juli liegt der Block bei annähernd 0°, im November nimmt er seine westlichste Position bei etwa 25° W ein. Analoges gilt für den pazifischen Block und das Aleuten-Tief. Die Häufigkeit der blockierenden Antizyklonen zeigt im Atlantik wie im Pazifik ein deutliches Maximum in der Übergangsjahreszeit April-Mai und ein Minimum im September (Abb. 7.33.3) (vgl. BREZOWSKY et al. 1951). Dies ist zunächst überraschend, da die hochtroposphärischen Westwinde der gemäßigten Breiten im Winter die größte Intensität erreichen, man also ein Maximum in der Frequenz blockierender Hochdruckgebiete im Dezember und Januar erwarten würde. REX (1950b) erklärt den bis in den Frühling fortdauernden Anstieg der Aktivität mit einer raschen Verringerung der Strahlstrombreite, welche um diese Jahreszeit beobachtet wird. Um eine befriedigende Erklärung dieses Phänomens zu geben, müßte wahrscheinlich weiter auf die Grundlagen der atmosphärischen Zirkulation zurückgegriffen werden. Offensichtlich ist gerade in den Übergangsjahreszeiten der Wärmehaushalt der Hemisphäre — besonders über der Polarkalotte — empfindlich gestört und muß durch eine Umstellung im meridionalen Wärme- und Impulstransport kompensiert werden. Da gerade blockierende Antizyklonen einen sehr wirksamen Teil im Spektrum der meridionalen Austauschvorgänge darstellen, sind sie also — zusammen mit der beginnenden Einstrahlung in den Polargebieten — für eine Verminderung des mittleren meridionalen Temperaturgefälles verantwortlich und kennzeichnen den Zusammenbruch der winterlichen Zonalzirkulation, die unter diesem verminderten Temperaturgradienten nun nicht mehr bestehen kann. Daß sich die herbstliche Übergangsperiode nicht durch ein ähnliches Blockierungsmaximum bemerkbar macht, erscheint zunächst merkwürdig, doch erfolgt die herbstliche Abkühlung der polaren Atmosphäre infolge Ausstrahlung langsamer als die Erwärmung durch Einstrahlung im Frühling. Im Herbst hat die atmosphärische Zirkulation also eher Zeit, sich an die veränderten Bedingungen im Wärmehaushalt anzupassen.

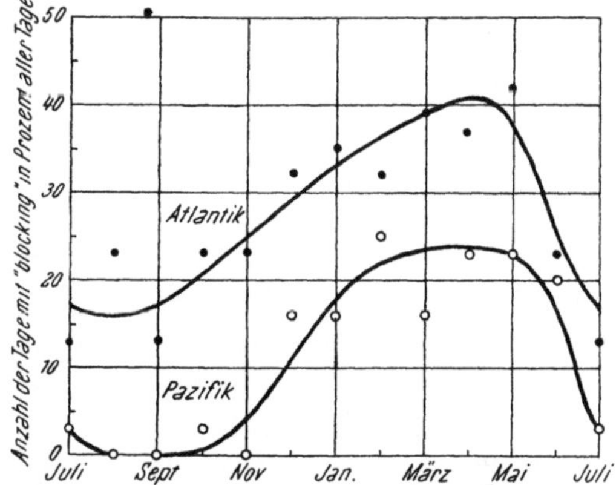

Abb. 7.33.3. Mittlere monatliche Anzahl der Tage (in Prozent), an denen blockierende Antizyklonen beobachtet werden. (Nach Rex 1950 b)

Lamb (1959) veröffentlichte eine vorläufige Untersuchung für die Südhemisphäre, in welcher eine Auszählung der blockierenden Antizyklonen für Sommer (Dezember, Januar, Februar) 1952/53 und Winter (Juni, Juli, August) 1952 vorgenommen wurde. Im Winter scheint die Häufigkeit der blockierenden Hochdruckrücken größer zu sein als im Sommer, wie dies auch den Verhältnissen auf der Nordhemisphäre entspricht (Van Loon 1956a; vgl. Abb. 3). Vor allem zeichnet sich das Gebiet östlich Australiens und Neuseelands — wie bereits erwähnt — durch relativ hohe Frequenz stationärer Hochdruckrücken aus. Im Winter wurde „blocking“ auch in dem Rücken beobachtet, der mit den Anden korrespondiert, und im Sommer auch östlich der Südspitze Afrikas (vgl. Abb. 7.32.2). In manchen dieser Blocks erreichte die 10tägige Bodendruckanomalie bis zu 30 mb (Grandoso et al. 1955). Seltene Fälle von Blocking wurden auch im mittleren Südatlantik beobachtet (Van Loon 1956b). Im allgemeinen zeichnet sich die Südhemisphäre im Vergleich zur Nordhalbkugel durch einen stärkeren Zonalindex aus (Du Jonchay et al. 1953), doch können, ebenso wie im Norden, Indexzyklen beobachtet werden. „Blocking“ wäre somit für Low-Index-Lagen charakteristisch (Rubin et al. 1954).

Dadurch, daß das Bodenwetter von den Frontalzonen und den damit assoziierten Strahlströmen kontrolliert wird, üben blockierende Hochdruckgebiete einen starken Einfluß auf das Klima des Hemisphärensektors aus, in welchem sie sich etabliert haben. Da die Zugbahnen der Wellenstörungen einerseits dem Polarfront-Jet folgen, welcher das blockierende Hoch im Norden umfährt, andererseits dem südlichen Strahlstrom, welcher die Hochdruckbrücke überquert (ROBINSON et al. 1955), sind zwei Gürtel mit übernormalem Niederschlag zu erwarten. Unter dem Hochdruckrücken selbst ist mit einer negativen Anomalie der Niederschlagsmenge zu rechnen. Ebenso ist die Westseite des Rückens durch positive, die Ostseite durch negative Temperaturanomalien gekennzeichnet (REX 1950b, 1951). Die Anomalien sind um so größer, je länger die betreffende Wetterlage anhält. So war zum Beispiel die große Dürre, unter der das nördliche Mitteleuropa im Sommer 1959 zu leiden hatte, auf eine blockierende Hochdruckwetterlage zurückzuführen, die sich seit den letzten Januartagen dieses Jahres bis in den Spätherbst hinein mit großer Beständigkeit und mit nur wenigen Unterbrechungen einstellte (REITER, SZEKERES 1960). Beim atlantischen Block lag von 82 untersuchten Fällen die größte Häufigkeit der Andauer bei 14 Tagen, der Mittelwert der Verteilung lag bei 16,6 Tagen. Es wurde im vorliegenden Kollektiv auch ein blockierender Rücken mit einer Persistenz von 34 Tagen beobachtet.

Detailliertes Studium der Position des atlantischen „blocking" zeigte, daß im Mittel in der ersten Woche nach Bildung des Hochdruckrückens eine leichte Retrogression festzustellen ist. Diese hält so lange an, als der Block an seiner Rückseite durch exzessive Warmluftadvektion verstärkt, an seiner Ostseite dagegen durch Kaltluftadvektion aus Norden abgebaut wird. Ist die endgültige Abschnürung des blockierenden Hochs und die Zweiteilung des Strahlstromsystems erfolgt, so ist in der Regel eine leichte Progression zu beobachten.

BREZOWSKY et al. (1951) unterzogen das atlantische „blocking" mit Hilfe einer 70jährigen Reihe von Großwetterklassifikationen (BAUR 1947, HESS et al. 1952) einer statistischen Untersuchung und fanden bei 10jähriger übergreifender Mittelbildung eine Periodizität der Blockierungshäufigkeit von 22 bis 23 Jahren. Inwieweit diese Periode mit solaren Vorgängen in Zusammenhang steht, bleibt weitgehenden Spekulationen überlassen.

7.34. Die Hochgebirge als klimakontrollierende Faktoren

In den vorangehenden Kapiteln wurde festgestellt, daß Hochgebirge vom Ausmaß des Himalaja oder der Rocky Mountains die Anordnung der planetarischen Wellen zu regulieren vermögen und dadurch einen markanten Einfluß auf die Verteilung der Klimazonen ausüben. Wir wollen hier von Föhn- und Staueffekten absehen, welche auch bei kleinen Bergketten bereits in der mittleren Anordnung der Isohyeten (Linien gleicher Niederschlagshöhe) zum Ausdruck kommen. Es sei vielmehr nur auf die großräumigen Zirkulationssysteme, denen die hochtroposphärischen Strahlströme angehören, und ihre Auswirkung auf die lokalen Klimate Rücksicht genommen.

Die beiden großen Hochgebirge (Himalaja und Rocky Mountains) induzieren je einen quasistationären Langwellentrog bei 130° E (geographische Länge von Korea) und bei 80° W (östliche USA), wie aus Abb. 7.32.1 deutlich ersichtlich ist. Diese beiden Tröge liegen in bezug auf den Rotationspol der Erde nicht symmetrisch, sondern sie bewirken eine gewisse Exzentrizität des Zirkumpolarwirbels. Wären beide Tröge gleichermaßen ausgebildet, so würde sich der Pol der atmosphärischen Zonalzirkulation bei etwa 155° W befinden. Aus Studien von LA SEUR (1954) geht hervor, daß der Zirkulationspol auf der 700-mb-Fläche im Winter tatsächlich diese geographische Breite bevorzugt (Abb. 7.34.1). Im 500-mb-Niveau ist dagegen die Lage des Zirkulationspols etwas weiter nach Westen verschoben (etwa 165° W). Offenbar wirken sich hier die sehr stationären Höhenströmungsverhältnisse über Ostasien (vgl. Kap. 4.412) stärker auf die globale Zonalströmung aus als die immerhin größeren Schwankungen unterworfenen Strömungsbedingungen im Lee der Rocky Mountains.

Die quasistationären Tröge im Lee der beiden großen Hochgebirge haben einen sehr augenfälligen Einfluß auf die Anordnung der Klimazonen. So kann zum Beispiel die Lage der beiden Kältepole der Nordhemisphäre — der eine über Ostsibirien, der andere über dem nordöstlichen Kanada — direkt auf orographische Einflüsse zurückgeführt werden (FLOHN 1950c, 1951b, KÜHN 1956, MAEDE 1956, SCHERHAG 1957). Daß die tiefsten Temperaturen an der Erdoberfläche im Winter der Nordhemisphäre in Sibirien gemessen wurden, ist wohl auf die ausgeprägte Kontinentalität dieses Gebietes zurückzuführen. In der mittleren Höhenströmung weist jedoch das *nordkanadische* Tief die niedrigsten Isohypsenwerte auf (TEICH 1955, U. S. W. B. 1952). Der Kern dieses kanadischen Höhentiefs liegt nicht weit vom magnetischen Nordpol, eine Tatsache, die zu interessanten Spekulationen Anlaß gegeben hat (FLOHN 1952 b, MIRONOVITCH 1956, REITER 1961c).

Abb. 7.34.2 enthält die mittleren Isohypsen der 300-mb-Fläche für den Winter und die magnetischen Meridiane (magnetische Nordrichtung) auf Grund neuerer russischer Messungen (Literatur bei MIRONOVITCH 1956). Die Lage des neuentdeckten Magnetpoles auf Kap Tscheljuskin (Sibirien) stimmt ebenso wie die des nordostkanadischen Magnetpoles in auffallender Weise mit der Position der mittleren atmosphärischen Zirkulationszentren überein. Isolinien der Horizontalintensität und der Vertikalkomponente des Magnetfeldes laufen über der Arktis den 300-mb-Isohypsen annähernd parallel. Die durch Kreise angedeutete Linie in Abb. 2 gibt die Lage des LOMONOSSOW-Rückens an, welcher nach der Meinung einiger russischer Geophysiker für die magnetischen Anomalien in diesem Gebiet verantwortlich ist (FLOHN 1959b). Er mag zwar einen gewissen Effekt auf das Magnetfeld besitzen, doch schneidet seine Achse die Verbindungslinien zwischen den beiden Magnetpolen und zwischen den atmosphärischen Zirkulationspolen, wenn auch nur unter einem relativ kleinen Winkel.

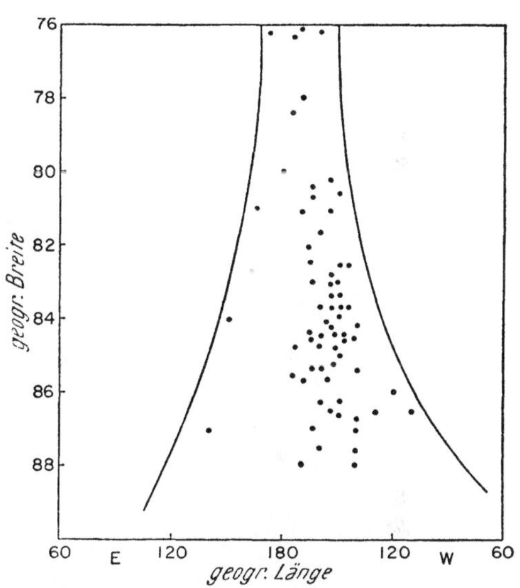

Abb. 7.34.1. Position des Zirkulationspoles im 700-mb-Niveau, ausgewählte Winterperioden 1945 bis 1948. (Nach LA SEUR 1954)

Auch auf der Südhemisphäre scheint eine gewisse Parallelität des Magnetfeldes mit der atmosphärischen Zirkulation gegeben zu sein. Der magnetische Südpol liegt bei 68,2° S und 145,4° E, also etwa 1600 km vom Antipodenpunkt des Nordpoles entfernt (LANOLT et al. 1952). An Hand der Abb. 7.32.2 hatten wir festgestellt, daß der südhemisphärische Zirkumpolarwirbel, wohl bedingt durch die Gestalt des antarktischen Kontinents und seiner Wirkung als abkühlende Fläche, auch eine gewisse Asymmetrie besitzt, wobei der Tiefdruckkern gegen 120° bis 130° E verschoben ist, also eine Abweichung vom Rotationspol der Erde aufweist, die ungefähr in die Richtung der Lage des Magnetpoles weist.

Eine weitere bemerkenswerte Parallelität zwischen atmosphärischer Zirkulation und Magnetfeld zeigt sich darin, daß der erdmagnetische Äquator (Inklination = 0) und der mittlere meteorologische Äquator (durch maximale Temperatur, minimalen Luftdruck und Windkonvergenz gegeben) Ausbuchtungen nach Norden oder Süden in fast denselben geographischen Längen besitzt. Auch das äquatoriale Minimum der kosmischen Höhenstrahlung weist dieselbe Anordnung auf (FLOHN 1959 b).

Was vermag dieses auffallende Ineinandergreifen zwischen terrestrischem Magnetfeld und atmosphärischer Aktivität zu erklären? Es ist kaum anzunehmen, daß das atmosphärische Druckfeld vom Magnetfeld gesteuert wird, da letzteres auf die Bewegungsgleichungen in der Troposphäre keinen Einfluß ausübt. Außerdem ist die kinetische Energie der Atmosphäre etwa 5000mal größer als der äußere Anteil des Magnetfeldes.

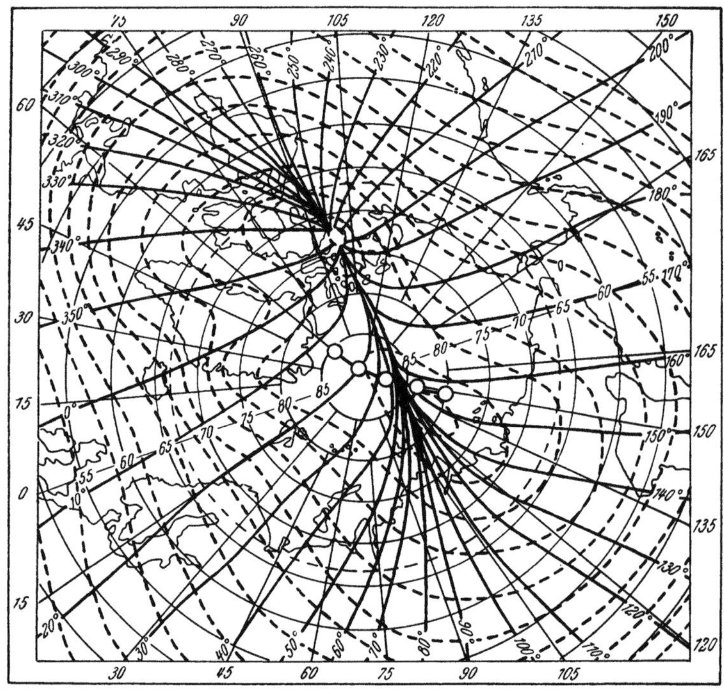

Abb. 7.34.2. Volle Linien: magnetische Meridiane; strichliert: mittlere Isohypsen des 300-mb-Niveaus im Winter. Kreise geben die Lage des LOMONOSSOW-Rückens an. (Nach MIRONOVITCH 1956)

Es wäre jedoch sehr wohl denkbar, daß die atmosphärische Zirkulation das ursprünglich rotationssymmetrische Magnetfeld beeinflußt, und zwar auf dem Umweg über die Ionosphärenzirkulation. Wir haben in Kap. 4.414 festgestellt, daß der orographische Einfluß noch in den Strömungsverhältnissen der unteren Ozonosphärenschichten feststellbar ist. Es fällt daher leicht, anzunehmen, daß sich dieser Einfluß auch noch höher erstreckt und die tagesperiodischen Windsysteme der Ionosphäre berührt. Tatsächlich wurde von CHAPMAN (1951) festgestellt, daß dieses Windsystem, welches auch mit magnetischen Stürmen in Zusammenhang steht, Verzerrungen aufweist, welche denen des hochtroposphärischen Druckfeldes ähnlich sind. Es könnte nun angenommen werden, daß sich die von der Troposphäre her induzierten Verzerrungen innerhalb des tagesperiodischen ionosphärischen Windsystems (vgl. CHAPMANs Dynamotheorie op. cit.) im

Verlaufe langer Zeiträume dem ursprünglich rotationssymmetrischen permanenten Magnetfeld der Erde aufprägen.

Hier öffnen sich einer Erforschung der atmosphärischen Zirkulation und ihrer Schwankungen ganz neue Aspekte. Es dürfte nicht nur ein Zusammenhang zwischen mittleren Zirkulationsverhältnissen und Magnetfeld vorhanden sein, sondern auch jahreszeitliche — ja sogar interdiurne — Veränderungen in den großräumigen Strömungsverhältnissen scheinen sich in magnetischen Registrierungen widerzuspiegeln (Wulf et al. 1950). Eine Koppelung zwischen troposphärischen Strömungsvorgängen und solchen in der hohen Atmosphäre, wie sie bereits in Kap. 4.414 angedeutet wurde, zeichnet sich hierin ab. Es erhebt sich nun die interessante Frage, ob die Zirkulation der unteren Atmosphärenschichten auch von „oben her" beeinflußt werden kann. Nehmen wir die Energie der Sonnenstrahlung nämlich nicht als konstant an, sondern — besonders im ultravioletten und im korpuskularen Teil — als schwankend, so wäre es durchaus denkbar, daß in Ionosphäre und Ozonosphäre durch den veränderten Strahlungshaushalt lokale Störungen in den Strömungsverhältnissen entstehen, die unter günstigen Bedingungen ihre Amplituden vergrößern und ihre Perturbationsenergie an tiefere Schichten weitergeben können. Da die kinetische Energie dieser hohen Atmosphärenschichten auch bei hohen Windgeschwindigkeiten relativ gering bleibt, ist der Einfluß ionosphärischer oder ozonosphärischer Störungen in der Troposphäre nur verschwommen ausgeprägt und Korrelationen zwischen solaren oder geomagnetischen Größen und dem terrestrischen Witterungsablauf weisen sehr unterschiedliche Ergebnisse auf (Clayton 1941, Macdonald et al. 1958, Mironovitch et al. 1958, Palmer 1956, Proudhomme 1950, Riehl 1956, Shapiro 1956, 1959, Trenkle 1957).

7.4. Periodische und aperiodische Schwankungen der allgemeinen Zirkulation, insbesondere der Strahlströme

7.41. Jahreszeitliche Schwankungen

7.411. Schwankungen globalen Ausmaßes

Betrachten wir Erde und Atmosphäre als abgeschlossenes System, so muß der Drehimpuls dieses Systems in Abwesenheit äußerer Kräfte zeitlich konstant bleiben (die Gezeitenreibung und ihre säkulare Wirkung werden hier vernachlässigt). Ändert die Atmosphäre ihren Drehimpuls, so wird dies durch eine Änderung der Rotation der Erde kompensiert. Der Impulsaustausch erfolgt in der reibungsbeeinflußten Grundschicht der Atmosphäre.

Wir haben in Kap. 4.414 festgestellt, daß zwischen den beiden Hemisphären im Laufe eines Jahres beträchtliche Impulsmengen ausgetauscht werden. Würde dieser Austausch völlig gleichmäßig verlaufen, so würde sich der Gesamtdrehimpuls der Atmosphäre dadurch nicht ändern. Tatsächlich ist dies jedoch nicht der Fall. Vor allem sind die Reibungsverhältnisse in der vorwiegend ozeanischen Südhemisphäre anders als im Norden. Van den Dungen, Cox und Van Mieghem (1952) berechneten die in Tab. 7.411 angegebene Größe des Impulshaushaltes der Atmosphäre (positives Vorzeichen deutet Impulsüberschuß gegenüber dem Mittelwert bzw. Transport von der Erdoberfläche in die Atmosphäre an).

Die relativen Schwankungen der Rotationsgeschwindigkeit der Erde $\frac{\Delta\Omega}{\Omega}$ und damit der Tageslänge, welche mittels genauester Zeitmessungen erfaßt werden können, verdanken ihre Entstehung zum größten Teil diesen globalen atmosphärischen Impulsschwankungen. $\Delta I_a\, \omega_a / I\, \Omega_e$ hat die Größenordnung $1{,}6 \cdot 10^{-8}$ (Munk,

Miller 1950). $I = I_e + I_a + I_o$ ist das Trägheitsmoment. Die Indizes stehen für Erde (*e*), Atmosphäre (*a*) und Ozean (*o*). ω ist die *relative* Winkelgeschwindigkeitskomponente parallel zur Erdachse. Von den Ozeanen wird nur ein Betrag von etwa $\frac{\Delta I_o \omega_o}{I \Omega_e} \cong 0{,}15 \cdot 10^{-8}$ zu den Schwankungen der Tageslänge beigesteuert.

Tabelle 7.411. *Impulshaushalt der Atmosphäre (Einheiten 10^{32} g · cm² sec⁻¹)*

	Atmosph. (Abweichung vom Jahresmittelwert)			Impulstransport vom Erdboden in die Atmosphäre		
	Nordhem.	Südhem.	global	Nordhem.	Südhem.	global
Februar	−0,6	+2,0	+1,4	+13,7	−12,3	+1,4
Mai	−1,4	−3,2	−4,6	+ 4,2	− 8,8	−4,6
August	+0,4	−0,8	−0,4	+ 0,8	− 1,2	−0,4
November	+1,4	+2,2	+3,6	+13,3	− 9,7	+3,6

Die Übereinstimmung der Rotationsschwankungen der Erde auf Grund von Drehimpulsänderungen der Atmosphäre mit astronomischen Messungen der Tageslänge ist überraschend gut (Rudloff 1950; vgl. dazu Sutcliffe 1950, van den Dungen et al. 1950, 1956, 1959, Van Mieghem 1952). Da die atmosphärischen Strahlströme den Hauptanteil an Drehimpuls in sich konzentrieren, sind ihre jahreszeitlichen Verlagerungen und Intensitätsänderungen an den oben beschriebenen Schwankungen maßgeblich beteiligt.

Es sind jedoch nicht nur die zonalen Strömungen, welche auf die Erdrotation einen gewissen Einfluß auszuüben vermögen. Auch Verlagerungen der Achse des Zirkumpolarwirbels relativ zur Rotationsachse der Erde können geringfügige Schwankungen in der Orientierung der letzteren hervorrufen (Bossolasco 1949).

7.412. Regionale Schwankungen

In Kap. 7.33 wurde gezeigt, daß die mittlere Position der atmosphärischen Aktionszentren einen gewissen Jahresgang aufweist. Dieser hängt offenbar mit der jahreszeitlichen Änderung der Intensität der mittleren Zonalströmung und der daraus resultierenden Änderung der mittleren Wellenzahl (im Sommer 4, im Winter 3) zusammen (U. S. W. B. 1952). Die Langwellentröge im Lee der Gebirge sind, da es sich dabei um ein orographisch induziertes Phänomen handelt, mehr oder weniger fest verankert (Abb. 7.32.1). Die stromabwärts gelegenen Rücken und Tröge spielen sich dagegen auf die mittleren zonalen Zirkulationsverhältnisse ein (vgl. auch Kap. 3.251).

Als besonders anfällig für Veränderungen in der Intensität der zonalen Strömung erweist sich der europäische Tiefdrucktrog. Dies wird aus einer Statistik der Föhnhäufigkeit in Innsbruck offenkundig (Reiter 1958b). Nun kann zwar Föhn in Innsbruck fast bei allen Wetterlagen auftreten, doch ist er am häufigsten mit einer südwestlichen Höhenströmung verbunden. Der Alpenraum kommt besonders im März, April und Mai sowie im September, Oktober und November, also gerade in den Übergangsjahreszeiten, an der Vorderseite eines ausgeprägten Troges in der Höhenströmung zu liegen. Diese Häufigkeitsverteilung ist insofern bemerkenswert, als *Mittelkarten* der 700-mb-Fläche im Winterhalbjahr (Oktober bis April) einen Hochdruckrücken über England erkennen lassen (U. S. W. B. 1952), der den Alpenraum im Mittel unter nordwestliche Strömungsverhältnisse bringen würde. Im Sommer dagegen, wo in Innsbruck ein Minimum an Föhnhäufigkeit herrscht, lassen die Mittelkarten eine leichte Südkomponente erkennen.

Dieser Jahresgang in der 700-mb-Fläche spiegelt sich auch in der Blockierungshäufigkeit wider, die in Abb. 7.33.3 gezeigt ist.

Die beiden Innsbrucker Föhnmaxima im Frühjahr und Herbst können also nicht aus der *mittleren* Position der planetarischen Langwellen gedeutet werden — wohl jedoch das atlantische Blocking. Daß die Föhnperioden gerade in die Übergangsjahreszeiten fallen, läßt den Schluß zu, daß die atmosphärische Zirkulation während dieser Monate *labil* ist. Wir haben diese Vermutung ja schon in Kap. 4.414 ausgesprochen, wo auf die großen Impulsverlagerungen zwischen Sommer- und Winterhemisphäre hingewiesen wurde, welche sich in der Übergangsjahreszeit vollziehen. Daß diese Impulsverlagerungen zu einem beträchtlichen Teil durch *meridionale Strömungskomponenten* innerhalb horizontaler Wirbel vom Ausmaß der planetarischen Langwellen vor sich gehen (vgl. dazu auch Kap. 4.433), scheint durch die Innsbrucker Föhnstatistik bestätigt.

Gewisse Witterungsumstellungen, welche besonders in den Übergangsjahreszeiten oft den Charakter von Singularitäten besitzen, lassen ebenfalls auf den labilen Charakter der atmosphärischen Zirkulation schließen. Besonders im europäischen Raum, wo das Regime der planetarischen Wellen durch keinen orographischen Effekt verankert ist, machen sich Verlagerungen in der Wellenposition deutlich im Witterungscharakter bemerkbar (CLAUSS 1957, GRÜNEWALD 1955, NAMIAS 1957, WAHL 1953, 1955).

Eine der augenfälligsten Auswirkungen einer Klimaschwankung innerhalb der letzten 50 Jahre, welche direkt auf eine Änderung der allgemeinen Zirkulation der Atmosphäre schließen läßt, ist ebenfalls der erwähnten Föhnstatistik zu entnehmen. Von 1916 mit 104 Föhntagen bis 1955 mit 21 Föhntagen ist eine von mehreren Zyklen unterbrochene Abnahme der Föhnhäufigkeit festzustellen. Demgegenüber weisen die West- und Nordwindkomponenten im Alpenraum (Sonnblick) eine säkuläre Zunahme auf (BREZOWSKY 1952, TOLLNER 1954). Dies könnte unter Umständen im Zusammenhang mit der von BJERKNES (1960) gefundenen Intensivierung des Azorenhochs und dem Druckfall in einer Zone zwischen Island und Labrador stehen. Durch diesen Trend würde offensichtlich sowohl die atlantische Passatzirkulation als auch die Westwindzirkulation verstärkt, was sich wiederum in einem deutlichen Anstieg der Wassertemperaturen in der Golfstromregion südlich von Neufundland bemerkbar macht (vgl. dazu auch LAMB et al. 1959). Auch in anderen Teilen der Erde können Klimaschwankungen festgestellt werden, die auf Verlagerungen der allgemeinen Zirkulation und des Jet Stream zurückzuführen sind (YAMAMOTO 1957, 1958).

Außer den jahreszeitlich variablen Strahlungsverhältnissen in der Atmosphäre, welche eine Verlagerung der Strahlstromsysteme in meridionaler Richtung bedingen und zu einer Umkehr der Zirkulation in der höheren Atmosphäre vom Winter zum Sommer führen, wird die atmosphärische Zirkulation auch von den verschiedenen Temperatureigenschaften der Heizfläche des Erdbodens bestimmt.

Als eine der augenfälligsten Wirkungen der differentiellen Erwärmung der Luftmassen in Bodennähe können wir den asiatischen Monsun ansehen, der im folgenden Kapitel noch ausführlich besprochen werden soll. Die Kälterückfälle, welche in Europa anfangs Mai beobachtet werden (Eisheilige), werden vielfach als europäischer „Monsuneffekt" bezeichnet, wohl nach der Vorstellung, daß die durch eine positive Strahlungsbilanz erwärmten Luftmassen über dem Festland eine aufsteigende Tendenz besitzen und durch nachfolgende kühle Meeresluft ersetzt werden. Tatsächlich lassen sich diese Singularitäten im europäischen Wetterablauf jedoch nicht mit den Verhältnissen über Indien und Südostasien vergleichen. Während dort ein sehr drastischer Wechsel in den Höhenströmungsverhältnissen eintritt, verschiebt sich über Europa lediglich die Position der planetarischen Langwellen, so daß auf der Rückseite eines Troges polare Kaltluft in diesen Raum verfrachtet wird (SEILKOPF 1952). Der Eintrittstermin einzelner Singularitäten scheint dabei stark an den jeweils herrschenden Index der Zonalzirkulation gebunden (WAHL 1953).

Wieweit an dieser Zirkulationsumstellung der allgemein labile Charakter der Strahlströmung während der Übergangsjahreszeiten schuld ist, oder der spezifische Temperaturkontrast zwischen Atlantik und europäischem Festland, läßt sich schwer entscheiden. Wahrscheinlich besitzt auch der letztere der beiden Faktoren eine gewisse Wirkung, doch wird der Einfluß der Land-Meer-Verteilung auf den Charakter der Höhenströmung manchmal überschätzt. Während die globale Bodendruckverteilung deutlich ein jahreszeitlich bedingtes Umschlagen der mittleren Druckgradienten zwischen Ozean und Meer zeigt (Tiefdruck im Sommer über den Kontinenten, im Winter über den Ozeanen) (MINTZ et al. 1952), weist der Konturenverlauf im 700-mb-Niveau außer der bereits besprochenen Abschwächung der meridionalen Gradienten im Sommer und damit der zonalen Windgeschwindigkeit sowie der dadurch bedingten Änderung der Zahl der Langwellen in allen Jahreszeiten dieselben Charakteristika auf: Eine Zweiteilung des polaren Kaltluftkernes, dessen beide Schwerpunkte im Raume von Grönland und Labrador und an der asiatischen Ostküste liegen, somit von den beiden großen Gebirgsketten der Nordhemisphäre gesteuert werden. Der Einfluß der Land-Meer-Verteilung läßt sich also unmittelbar nur in den untersten Schichten der Troposphäre feststellen.

Andererseits ist natürlich durch den Temperaturkontrast zwischen Kontinent und Ozean im Küstenbereich eine gewisse Baroklinität der *unteren Troposphäre* gegeben, welche sich dem hochtroposphärischen Windfeld überträgt. In Kap. 4.412 wurde bereits der möglicherweise steuernde Einfluß des nordafrikanischen Küstenverlaufes auf den STJ erwähnt (vgl. auch Abb. 4.411). Im selben Sinne würde der Verlauf der nordamerikanischen Ostküste auf den winterlichen, vorherrschend aus südwestlicher Richtung kommenden Strahlstrom verstärkend wirken. Diesbezüglich können die von SUTCLIFFE (1951) gemachten Einwände zugunsten barokliner, durch die Heizwirkung der Unterlage hervorgerufener Einflüsse auf die planetarische Zirkulation als zu Recht bestehend angesehen werden (vgl. auch GIRS 1955, HWANG 1955). Als *primär* muß jedoch — gerade im Hinblick auf die Ergebnisse der geophysikalischen Modellversuche (Kap. 4.431) — der Einfluß der großen Gebirgsketten auf die Position der planetarischen Wellen angesehen werden. Der thermische Einfluß der Kontinente und Ozeane kann — wie WIPPERMANN (1951) zeigte — auch durch Berechnung einer „*effektiven Bodenerhebung*" berücksichtigt werden. Diese enthält die mittleren Temperaturverhältnisse am Erdboden, welche mit Hilfe eines als konstant angenommenen vertikalen Gradienten der potentiellen Temperatur (0,6° C/100 m im Winter, 0,4° C/100 m im Sommer) in Höhenwerte umgerechnet werden. Obwohl bei der Berücksichtigung der thermischen Verhältnisse die Übereinstimmung zwischen beobachteten und berechneten mittleren Trogpositionen recht gut ist, kann doch damit der orographische Einfluß nicht als sekundär oder unbedeutend abgetan werden. Wie nämlich bereits CHARNEY und ELIASSEN (1949) andeuteten, ist die mittlere Bodentemperatur mit den mittleren Strömungsverhältnissen in der oberen Troposphäre deutlich korreliert. Dies zeigt auch der Verlauf der Januar- und Juliisothermen (vgl. HANN-SÜRING 1939, p. 175 und 176). Häufige winterliche Kaltluftausbrüche im Lee der Rocky Mountains und des Himalaja bestimmen die relativ niedrigen Temperaturen in diesem Gebiet, während der West- und Nordatlantik relativ hohe Temperaturen aufweist, die den häufigen Warmluftintrusionen im Bereich des atlantischen Rückens ihr Dasein verdanken. Im Sommer zeigt sich zwar eine deutliche Überwärmung der Kontinente, die Existenz des dynamischen Effektes der Hochgebirge läßt sich jedoch nicht leugnen. So ist z. B. die Temperatur in Bodennähe über den zentralen und östlichen USA niedriger als im Bereich der Rocky Mountains, was mit dem orographisch induzierten Trog in der Höhenströmung gut übereinstimmt. Über dem Atlantik zeigt sich nach wie vor die Tendenz zur Bildung eines Warmluftrückens, dessen Achse jedoch durch die Überwärmung des eurasiatischen Festlandblockes nach Osten verschoben ist.

Eine endgültige Trennung des Einflusses von Orographie und Temperaturverhältnissen läßt sich nur schwer durchführen, da beide — der oben erwähnten Korrelation wegen — zu sehr mitsammen verquickt sind und da sowohl die Land-Meer-Verteilung als auch die Lage der Hochgebirgsketten zu einer Resonanz in den planetarischen Wellen Anlaß geben kann (WITTERMANN 1952). Ein Versuch der getrennten Abschätzung der beiden Einflüsse auf theoretischer Basis wird von den Staff Members der Academia Sinica (1958a) angegeben. Daraus geht die phasenparallele Überlagerung des thermischen und orographischen Effektes besonders über Ostasien deutlich hervor. Als objektiver Hinweis in der getrennten Betrachtung der Einflüsse können die bereits erwähnten geophysikalischen Modellversuche angesehen werden. Auch auf der vorwiegend ozeanischen Südhemisphäre sind die Verhältnisse sehr komplex. So weist z. B. Australien zwischen Januar und Juli einen mehr als doppelt so großen Gang der Mitteltemperatur auf (von 32° auf etwa 16°) als Südafrika oder Südamerika. Die Flächenausdehnung der Kontinente kann diese merkwürdige Tatsache kaum erklären. Wir haben andererseits bei der Diskussion der Abb. 7.32.2 bereits bemerkt, daß sich die Höhenströmungsverhältnisse gerade westlich von Australien durch eine besonders große Schwankungsbreite auszeichnen — wobei jedoch bemerkenswerterweise keine jahreszeitliche Verschiebung in der mittleren Position der Langwellen eintritt, eine Tatsache, die sich *gegen* die Bedeutung des thermischen Einflusses der kontinentalen oder ozeanischen Unterlage richtet. Wir haben schon früher festgestellt, daß man den indischen und südostasiatischen Monsun und damit die Strahlstromverhältnisse auf der Nordhemisphäre für diese Schwankungen in der südhemisphärischen Zirkulation verantwortlich machen kann.

Den mittleren Advektionsverhältnissen entsprechend wirken die Ozeane *im Durchschnitt* in mittleren und hohen Breiten im Winter als ausgeprägte Wärmequellen, im Sommer dagegen als (schwächere) Wärmesenken. Hierin macht sich der unterschiedliche Einfluß von Kontinenten und Ozeanen am deutlichsten bemerkbar, doch zeigt sich der überlagerte Einfluß der planetarischen Wellen: Im Winter erfolgt die Wärmezufuhr vom Boden in die Atmosphäre hauptsächlich auf der Westseite der Ozeane, doch erstrecken sich die Gebiete mit einem aufwärts gerichteten Wärmestrom auch noch weit in die östliche Hälfte der Kontinente hinein. Offensichtlich werden die Kaltluftmassen auf der Rückseite der Langwellentröge in diesen Gebieten vom Boden her aufgeheizt. Der Ostpazifik und der Ostatlantik sind jedoch auch im Winter als *Wärmesenke* wirksam. Hier werden im Bereich quasistationärer Hochdruckrücken Warmluftmassen von Süden heranbefördert und vom Boden her abgekühlt. Die Erwärmung der Luft zwischen Boden und 10000 Fuß (3000 m) Höhe durch horizontale Advektion, die nach einer Untersuchung von AUBERT und WINSTON (1951) den Hauptteil der nichtadiabatischen Temperaturänderung innerhalb der unteren Troposphäre ausmacht, zeigt deutlich diese Korrelation mit den mittleren Strömungsverhältnissen im Jet-Stream-Niveau.

Daß die wärmsten Gebiete der Ozeane (Ostatlantik und Ostpazifik) im Mittel als Wärmesenken wirken, während die kalten Gebiete Nordostamerikas und Ostasiens Heizflächen für die Atmosphäre darstellen, spricht ebenfalls dafür, daß die planetarischen Wellen in erster Linie orographisch induziert sind.

Aus derselben Studie von AUBERT und WINSTON (1951) geht hervor, daß die Verteilung von Wärmequellen und -senken in den einzelnen Monaten in bezeichnender Weise von der Strahlstromposition abhängt. Die Erwärmung der unteren Troposphäre vom Boden her erfolgt hauptsächlich im rückwärtigen linken Quadranten eines Strahlstrommaximums, dort, wo die frischen Kaltluftmassen gegen wärmere Gebiete hin ausströmen. Der vordere rechte Quadrant ist dagegen im Mittel durch einen — wenn auch geringeren — Wärmestrom von der Atmosphäre zum Boden hin gekennzeichnet.

7.413. Der indische Monsun

Den augenfälligsten jahreszeitlichen Wechsel im Höhen- und Bodenwindregime erfährt der indische Subkontinent. Das arabische Wort „mausim" = Jahreszeit, welches für diese Luftströmungen bezeichnend wurde, bringt dies deutlich zum Ausdruck. Während nach älteren Theorien für den Ausbruch („burst") des indischen Sommermonsuns die Aufheizung des asiatischen Kontinents verantwortlich gemacht wurde und für den Wintermonsun entsprechend dessen Abkühlung, zeigt sich nach neueren Untersuchungen, daß es nicht so sehr der thermische Einfluß, sondern vielmehr der dynamische Einfluß der Höhenströmung ist, welcher die Plötzlichkeit des Witterungswechsels über Indien verursacht.

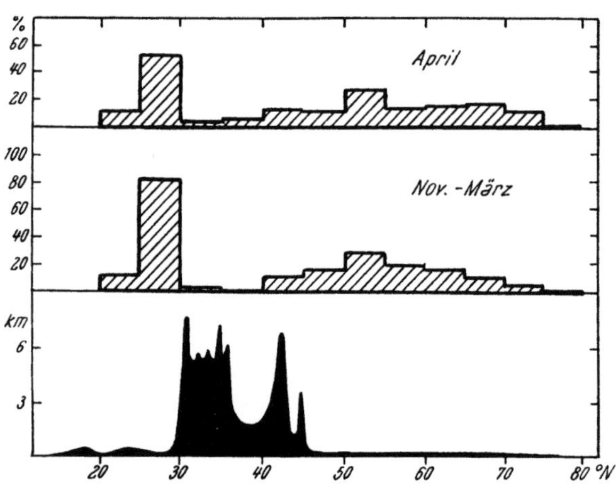

Abb. 7.413.1. Häufigkeit der Strahlströme im 500-mb-Niveau (1949 und 1950) und topographischer Querschnitt entlang 80° E. (RAMAGE 1952)

Eingeleitet wurden diese Überlegungen durch eine Studie von WAGNER (1931), in welcher er die Anschauung eines einfachen, geschlossenen Zirkulationsrades mit einem „Antimonsun" in der Höhe widerlegte und die seither durch zahlreiche Beobachtungen (FLOHN 1956, India 1942, KOTESWARAM 1951, 1953, 1957, MOOLEY 1956, Pakistan 1952, RAMASWAMY 1952) erhärtete Feststellung machte, daß die eigentliche Monsunströmung nur 5 bis 6 km Höhe erreicht (VENKITESHWARAN et al. 1951) und im Sommer von Ostwinden, im Winter von Westwinden überlagert ist. RODEWALD (1936) wies auf die Bedeutung der Strömungsvorgänge nördlich des Himalaja für den indischen Wetterablauf hin (vgl. auch PETTERSSEN 1953a). RIEHL (1954c) und seine Schule bauten diese Aspekte einer modernen Monsuntheorie weiter aus.

In Kap. 7.31 wurde bereits darauf hingewiesen, daß der Strahlstrom unter dem Einfluß ausgedehnter Gebirge eine Tendenz zur Spaltung aufweist. Von YEH (1950, 1956, et al. 1959) wurde ein derartiger gespaltener Strahlstrom über Ostasien während der Wintermonate tatsächlich festgestellt (vgl. Staff Members 1957). Ein Ast des Strahlstromes, und zwar der subtropische, umfließt den Himalaja im Süden, während der Polarfront-Jet das Plateau von Tibet im Norden umrundet. Aus einer statistischen Studie von Ramage (1952) geht dies deutlich hervor. In Abb. 7.413.1 wurde in einem Querschnitt entlang 80° E die Häufigkeit der Strahlstrompositionen mit der Topographie des Himalaja korreliert. Die „führende“ Rolle, die das Hochgebirge auf den südlichen Jet-Stream-Ast ausübt, geht aus dieser Abbildung besonders eindrucksvoll hervor. Beide Strahlströme münden über Ostasien in eine ausgeprägte Konfluenzzone.

Yin (1949) stellte in einer eingehenden Studie fest, daß der Ausbruch des indischen Sommermonsuns mit dem Verschwinden der westlichen Strahlströmung auf der Südseite des Himalaja gekoppelt ist. Gleichzeitig verschiebt sich der Langwellentrog von seiner Winterposition bei 85 bis 90° Ost in seine Sommerposition bei 75° Ost. Diese Verschiebung ist offensichtlich durch die Topographie des tibetischen Plateaus erzwungen. Über Nordindien treten östliche Höhenwinde auf, und die innertropische Konvergenzzone rückt weit nach Norden ins Landesinnere vor, in ihrem Gefolge die schweren Monsunniederschläge bringend.

Der Übergang vom Sommer- zum Wintermonsun folgt umgekehrten Verhältnissen: Der Strahlstrom spaltet sich plötzlich an der Westflanke des Gebirgsmassivs und über Nordindien wird die östliche Höhenströmung durch einen westlichen Strahlstrom verdrängt (Yeh et al. 1959). Daß die Umstellung des Regimes in der Höhenströmung sehr plötzlich vor sich geht, sei an Hand von Abb. 7.413.2 demonstriert, welche einen Zeitschnitt der Rawinsonde von New Delhi für die Monate September und Oktober 1954 wiedergibt (Reiter

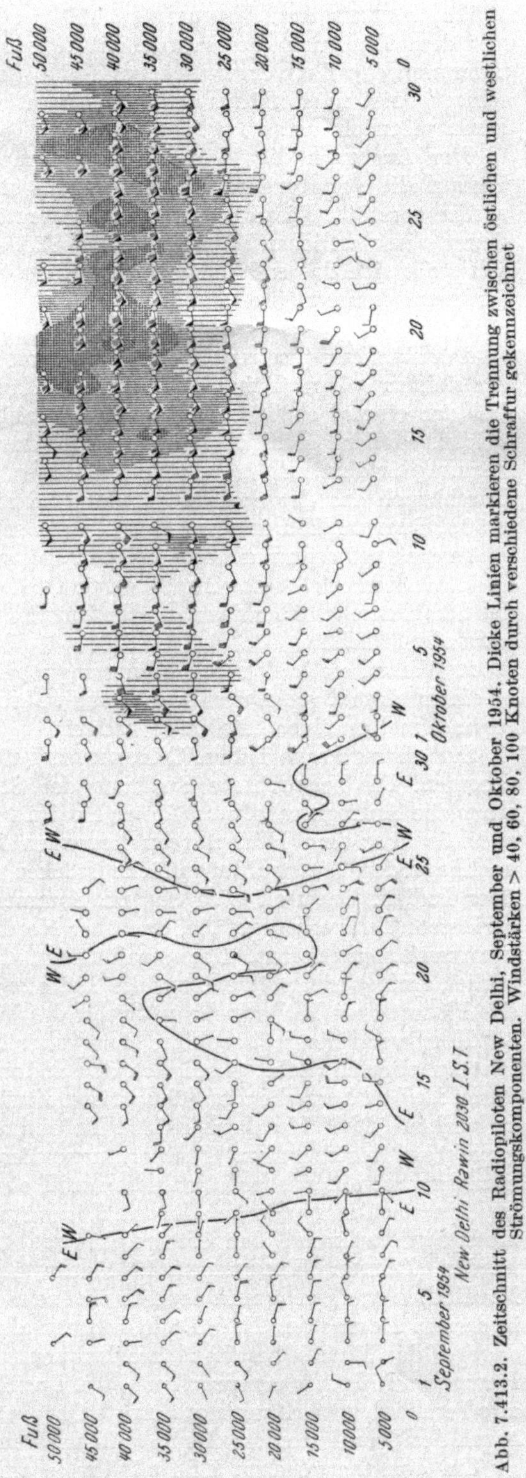

Abb. 7.413.2. Zeitschnitt des Radiopiloten New Delhi, September und Oktober 1954. Dicke Linien markieren die Trennung zwischen östlichen und westlichen Strömungskomponenten. Windstärken > 40, 60, 80, 100 Knoten durch verschiedene Schraffur gekennzeichnet

1959a, Reiter und Heuberger 1961, vgl. Koteswaram 1958). Gleichzeitig mit dem Einbruch der westlichen Höhenströmung über Nordindien wird die innertropische Konvergenzlinie und das damit verbundene monsunale Niederschlagsgebiet nach Süden vom Kontinent verdrängt: Die Monsunniederschläge hören plötzlich auf.

Der Ausbruch des Monsuns erfolgt meist in mehreren Etappen, in deren Verlauf die äquatoriale Konvergenzlinie sich mehrmals zurückzieht und dann wieder vorstößt. Diese Rückzüge und Vorstöße sind mit vorübergehenden Intrusionen von westlichen Winden auf der Südseite des Himalaja gekoppelt. Schließlich stellt sich das endgültige sommerliche Strömungsregime mit einer östlichen Strömungskomponente an der Südflanke des Himalaja ein (Chakravortty et al. 1957).

Der Rückzug („retreat") des Sommermonsuns scheint dagegen in einem Zuge vor sich zu gehen (Ramage 1952). An Hand der Abb. 2 ist bereits ersichtlich, daß der einmal etablierte westliche Strahlstrom über New Delhi nicht mehr weicht, sondern schließlich im Verlauf des November noch eine weitere Verstärkung erfährt. Es ist also ein einziges Strahlstrommaximum, welches den Durchbruch des Jet Stream auf der Südseite des Himalaja erzwingt (Reiter 1959a, Reiter, Heuberger 1961).

In diesem Zusammenhang erheben sich sofort zwei Fragen:

1. Warum erfolgt der Ausbruch und Rückzug des Monsuns bzw. der Sprung des Strahlstromes über das zentralasiatische Gebirgsmassiv so plötzlich und nicht etwa allmählich?

2. Warum stellt sich das Winterregime in der Höhenströmung anscheinend in einem einmaligen Durchbruch ein, während es zur Herstellung des Sommerregimes mehrmaliger „Anläufe" bedarf?

Zur ersten Frage haben Chaudhury (1950) und Flohn (1957) Stellung genommen. Die beobachtete Spaltung des Strahlstromes im Winter — und vor allem die Aufrechterhaltung dieser Spaltung — wird darauf zurückgeführt, daß sich die über dem Hochplateau liegenden Luftmassen durch die Wirkung der hochliegenden Ausstrahlungsfläche stärker abkühlen als die freie Atmosphäre über Indien. Dadurch wird das im Sommer herrschende, von Nord nach Süd gerichtete Temperaturgefälle, das über Nordindien eine östliche Höhenströmung hervorruft, umgekehrt. Der Strahlstrom, der bis dahin nördlich des Plateaus verlief, springt nun plötzlich auf die Südseite über. Durch die thermische Wirkung des Plateaus als Kältequelle während des Winters wird eine ansonst bei etwa 35° Nord verlaufende barokline Zone über Nordindien verstärkt und über dem Plateau abgeschwächt. [Lediglich der Südosten des Plateaus scheint im Winter durch die dort herrschenden föhnartigen Absinkbewegungen wie eine Wärmequelle zu wirken (Staff Members 1958)]. Es entstehen dadurch zwei Zonen mit ausgeprägtem horizontalem Temperaturgradienten und je ein damit assoziierter Strahlstrom: einer über Nordindien und einer am Nordhang des Hochplateaus im chinesisch-mongolischen Raum. Diese Auffassung konnte durch Temperaturmessungen während der österreichischen Cho-Oyu-Expedition 1954 bestätigt werden (Reiter, Heuberger 1961). Im September war die Baroklinität über Nordindien nur gering und deutete eine schwache östliche Strömungskomponente in diesem Raume an (New Delhi wärmer als Kalkutta). Ende September zeigte dagegen das Plateau bereits tiefere Temperaturen, als der gleichen Höhe über dem Raum von Kalkutta entsprochen hätte. Das Hochplateau wurde zu diesem Termin also bereits thermisch wirksam. Am 2. Oktober begann auch tatsächlich der Durchbruch des Strahlstrommaximums einzusetzen (vgl. Abb. 7.413.2).

Um den thermischen Einfluß des gesamten Gebirges richtig abzuschätzen, muß selbstverständlich über sämtliche lokalen Einflüsse und die daraus resultierenden kleinräumigen Zirkulationen, wie Berg- und Talwinde usw., integriert werden, welche sich in einem Tagesgang des Windes rings um das Plateau bemerkbar machen (Staff Members 1958). Vergleiche zwischen benachbarten Berg- und Talstationen können unter Umständen ein ganz anderes Bild der thermischen Struktur der Atmosphäre über dem Gebirge geben (RAMAGE 1952).

FLOHN (1953 a, 1955, 1957, 1958a, 1959 d) wies für den Sommer über dem Plateau die Existenz einer thermischen, quasistationären Antizyklone nach, deren Druckgradienten das sommerliche Ostwindregime über Nordindien hervorrufen (vgl. auch DAO et al. 1957 und Staff Members 1957).

Es sind somit drei Ursachen, die auf den Ausbruch und den Rückzug des indischen Monsuns ihren Einfluß ausüben:

1. Die jahreszeitliche Pendelung der Strahlstromposition zwischen höheren und niedrigen Breiten und die Tatsache, daß das zentralasiatische Hochgebirge gerade im *Bereich der südlichen Grenze dieser Pendelungsbreite* liegt. Die Gesetze des indischen Witterungsablaufes wären vermutlich völlig anders, wäre das Hochplateau 10 Breitengrade weiter nördlich oder südlich seiner tatsächlichen Position.

2. Die Tendenz des Strahlstromes, sich beim Aufprall auf ein ausgedehntes Gebirgsmassiv zu spalten.

3. Die thermische Wirkung der gehobenen Heiz- bzw. Abkühlungsfläche des Hochplateaus im Vergleich zu den Verhältnissen in der freien Atmosphäre über Nordindien.

Es wäre somit in erster Linie die Wirkung des Gebirgsmassivs auf die Strahlströmung und nicht so sehr die Größe des asiatischen Kontinents, welche die dem Monsunablauf eigentümlichen Höhenströmungsverhältnisse produziert (REITER 1959a, d).

Was nun die zweite der oben angeschnittenen Fragen betrifft, warum sich das Winterregime anscheinend leichter einstellt als das Sommerregime, so sind zu ihrer Klärung noch detaillierte synoptische und theoretische Studien notwendig, welche die Strömungsverhältnisse der gesamten Hemisphäre ins Kalkül ziehen.

Geht man in der Definition des Sommer- und Wintermonsuns von den jeweils charakteristischen Strömungsverhältnissen über Indien aus, so wird es offenkundig, daß vieles, was landläufig als „Monsunregen" bezeichnet wird, nichts mit der äquatorialen Konvergenzzone zu tun hat, sondern andersgearteten Störungen entspringt. FLOHN hat darauf hingewiesen, daß es irrig ist, die Begriffe „Monsun" und „Niederschlag" für den indischen Raum zu identifizieren. Manche Niederschläge am Ende der Monsunperiode fallen bereits im Bereich einer westlichen Höhenströmung.

Der winterliche Strahlstrom auf der Südseite des Himalaja zeichnet sich durch seine große Trockenheit aus, die auf großräumige Absinkbewegungen schließen läßt. Gelegentlich fallen auf der Vorderseite von Strahlstrommaxima Niederschläge, die an den Gebirgshängen durch Stauwirkung unter Umständen beachtliche Mengen erreichen. Besonders das Hochland von Dekan bleibt jedoch im Winter trocken. Erst weiter im Süden über Ceylon fallen auch zu dieser Jahreszeit im Zusammenhang mit einer östlichen Höhenströmung ergiebige Niederschläge. KOTESWARAM (1953, et al. 1953) zeigte, daß das Maximum der Absinkbewegung unterhalb der Strahlstromachse liegt, was in guter Übereinstimmung mit dem Konfluenzmechanismus der Entstehung dieses Jet Stream und mit PALMÉNS (1951b, 1954) Zirkulationsschema steht. Die Absinkbewegung geht am Boden im winterlichen Nordostmonsun in eine kräftig divergierende Strömung über.

Das in der Höhenströmung konfluente Gebiet zeichnet sich besonders an der Ostseite des tibetischen Plateaus durch sehr langlebige Absinkinversionen und Schönwetter aus (Koo 1955, Y. Kao 1958).

Auch die *sommerlichen* Monsunniederschläge beschränken sich auf begrenzte Störungsgebiete, die mit Wellen in einem östlichen Strahlstrom assoziiert sind (Koteswaram 1956). Darüber wurde ausführlich in Kap. 4.413 berichtet. Durch den vorübergehenden Einbruch der westlichen Höhenströmung über Nordindien wird dieser Strahlstrom nach Süden abgedrängt und es stellen sich die sogenannten „Monsunpausen" („breaks") ein (Ramaswamy 1958).

Dieser östliche Strahlstrom erreicht im 100- bis 150-mb-Niveau seine größte Intensität (Abb. 4.413.1 und 4.413.2; vgl. Krishna 1952). Seine quasistationäre Lage wird offensichtlich ebenfalls durch die hochliegende Heizfläche des tibetischen Plateaus verursacht. Die Monsunniederschläge, die im Bereich dieses Strahlstromes und der damit assoziierten äquatorialen Konvergenzzone fallen, stehen im Einklang mit dem Vorticitytheorem: Höhendivergenz ist im Bereich abnehmender zyklonaler oder zunehmender antizyklonaler Vorticity zu erwarten. Dementsprechend fallen die mit Wellenstörungen gekoppelten Monsunregen vorwiegend im rechten rückwärtigen bzw. im linken vorderen Quadranten des

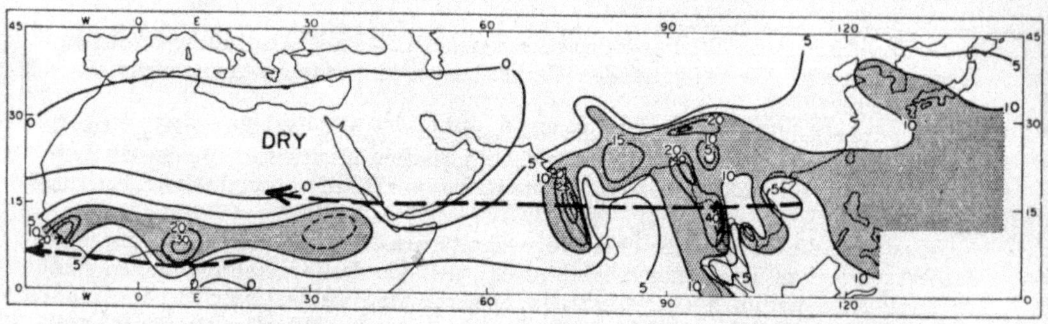

Abb. 7.413.3. Mittlerer Juli-Niederschlag (Inch) und Position des östlichen Strahlstromes im August 1955. (Koteswaram 1956)

mittleren Strahlstrommaximums (Abb. 7.413.3). Zwischen diesen niederschlagbringenden Störungen kommt es oft, wie erwähnt, zu länger andauernden Monsunpausen („breaks") (Raman 1955).

Aus dem Gesagten geht hervor, daß der indische Monsun ein sehr komplexes Phänomen ist, das nur im Zusammenhang mit den dynamischen Aspekten der Höhenströmung verstanden werden kann.

Jahreszeitliche Änderungen der mittleren Bodenwindverhältnisse in anderen Teilen der Erde weisen mitunter Entstehungsursachen auf, die von denen des indischen Monsuns sehr verschieden sind. Man sollte daher in der Verwendung des Begriffes „Monsun" einige Vorsicht walten lassen. Am ehesten läßt sich eine Parallele über Westafrika finden. Flohn (1950d, 1951a) erklärt den westafrikanischen „Monsun" als einen Teil der äquatorialen Westwindzone, die auch in manchen anderen Gegenden angetroffen wird (so z. B. über den Philippinen und nördlich von Neu-Guinea; vgl. Riehl 1954c). Die Existenz dieser Westwindzone kann durch das Übertreten südhemisphärischer Luftmassen auf die Nordhalbkugel erklärt werden: Diese Luftmassen bringen negative Vorticity mit, die sich auf der Nordhalbkugel in einer (antizyklonalen) Rechtsdrehung äußert. Über Afrika tritt diese Zirkulation besonders deutlich in Erscheinung, da sie hier im Sommer — wohl infolge des Heizungseffektes der Sahara — besonders weit nach

Norden reicht. Es wird hier zwar nicht eine neue subtropische Antizyklone gebildet wie über Tibet, dafür aber eine bestehende Antizyklone nach Norden verschoben und intensiviert (U. S. W. B. 1952), was im wesentlichen denselben Effekt hervorruft: Die innertropische Konvergenz rückt nach Norden vor und die an der Südostflanke des Subtropenhochs gegen den Äquator strömenden Luftmassen geben (unter Erhaltung des absoluten Drehimpulses) Anlaß zur Bildung eines östlichen Tropenjet-Maximums (vgl. Kap. 4.413), in dessen Gefolge wiederum die Niederschläge fallen.

Der Witterungsablauf über Ostasien wird in weitgehendem Maße von der Strahlströmung nördlich und südlich des Himalaja und deren Jahresgang kontrolliert (Ozawa et al. 1956, Sorochan 1957, Suda 1955, Vitvitskii 1956, Yeh et al. 1959). So sind z. B. die Niederschläge des Frühsommers im Jangtse-Gebiet fast gleichzeitig mit dem Ausbruch des Sommermonsuns über Indien zu beobachten (chinesisch: „Mai-yü", japanisch „Bai-u" = Pflaumenregen). Über Japan und Korea treten die Niederschläge etwas später auf. Sie stehen in Zusammenhang mit einer Frontalzone und dem Jet Stream, die sich beide im Lee des Himalaja quasistationär erhalten. Eine Konvergenzzone besteht zwischen dem Trog über Ostchina und der subtropischen Hochdruckzelle des Westpazifik. Der Trog im Lee des Himalaja durchschneidet somit den subtropischen Hochdruckgürtel. Eine Zelle liegt über Tibet und gibt den Anlaß für das sommerliche Ostwindregime über Indien. Die andere Zelle über dem Westpazifik führt an ihrer Westflanke feuchte Meeresluft nach Norden (diese Strömung wird vielfach als ostasiatischer *Südostmonsun* bezeichnet), die nun an den kalten, durch den Trog aus NW herangeschafften Luftmassen zu ausgedehnten Aufgleitprozessen und den erwähnten Niederschlägen führt (Dao et al. 1957, Flohn 1950d, Kamiko 1956, Kobayashi 1956, Saito 1953, Suda 1955). Während der „Bai-u"-Zeit werden über Ostasien zwei Strahlströme beobachtet: der südliche liegt bei etwa 35 bis 40° N und ist mit der „Bai-u"-Front assoziiert: Der nördliche liegt bei etwa 60 bis 70° N über Sibirien (Murakami 1951, 1953, Nakamura et al. 1957). Das Ende des „Bai-u" tritt mit einer Nordwärtsverlagerung des Jet Stream ein (Chen 1957).

7.42. Die atmosphärische Zirkulation in vergangenen geologischen Epochen

Es ist die Aufgabe der *Paläoklimatologie*, Aussagen über den mittleren Witterungszustand vergangener Epochen zu machen, für die wir keine direkten Meßdaten zur Verfügung haben, sondern auf indirekte Methoden der Bestimmung angewiesen sind. Es würde hier zu weit führen, auf diese Bestimmungsmethoden näher einzugehen (vgl. Shapley 1953). Es sei lediglich darauf hingewiesen, daß man mittels verschiedener physikalisch-chemischer Methoden heute in der Lage ist, einerseits das Alter gewisser Ablagerungen direkt zu bestimmen (radioaktive Kohlenstoffisotope, Bleimethode usw.), andererseits aus Sedimenten auf die Temperaturverhältnisse zu schließen, unter denen gewisse Lebewesen existierten (Sauerstoffisotopen-Methode). Mittels derartiger Aufschlußmethoden kann man Schlüsse auf größenordnungsmäßige klimatische Bedingungen in verschiedenen Perioden der Erdgeschichte ziehen. Wir wollen uns im folgenden aus der Fülle interessanter Probleme nur einige herausgreifen, die im Hinblick auf die atmosphärischen Strahlströme bedeutsam erscheinen.

Eine Frage, welche die Paläoklimatologen seit Jahrzehnten beschäftigt und die noch immer nicht als gelöst angesehen werden kann, ist die nach der Ursache der Eiszeiten und nach den klimatischen Bedingungen während dieser Epoche. Es soll hier nicht versucht werden, alle Eiszeittheorien kritisch zu beurteilen, sondern es soll wiederum nur das Zirkulationsproblem in den Vordergrund gerückt werden.

Betrachtungen über die permo-carbonen Eiszeiten müssen hier zurückstehen, da wir über die Landmassen dieser Epoche zu wenig detaillierte Angaben besitzen. Es erscheint plausibel, daß eine veränderte Lage des Rotationspoles der Erde am Zustandekommen dieser glazialen Epoche maßgeblich beteiligt war und daß die Kontinentalschollen in darauffolgenden geologischen Zeitaltern einer Driftbewegung ausgesetzt waren (JARDETZKY 1948, WEGENER 1929). Die BROOKSsche Annahme (1950, 1951) kalter Meeresströme auf einer Südhalbkugel mit annähernd derselben Festlandsverteilung, die sie heute besitzt, wäre für eine wachsende Vereisung unzuträglich, da über einer kalten Meeresoberfläche durch die einsetzende Stabilisierung der unteren Luftschichten mit einem Niederschlagsminimum zu rechnen ist.

Wir können annehmen, daß während der *pleistozänen* Vereisungsepoche die *Kontinente und Ozeane in ihrer heutigen Form bestanden haben.* Theorien, welche kurzperiodische Hebungen und Senkungen von Festlandsblöcken zur Erklärung der Gletscherbildung heranziehen, müssen als geophysikalisch unhaltbar zurückgewiesen werden, da sie den nahezu isostatischen Gleichgewichtszuständen der Kontinentalschollen keinerlei Rechnung tragen.

In Kap. 4.43 konnte nachgewiesen werden, daß die großräumige atmosphärische Zirkulation in weitgehendem Maße von der Orographie und vom meridionalen Temperaturgefälle bestimmt wird[1]. Dabei scheint letzteres in der Erdatmosphäre nicht einmal in seinen jahreszeitlichen Schwankungen genügend Einfluß zu besitzen, um die planetarischen Langwellenpositionen entscheidend zu verschieben, wie der Abb. 7.32.1 entnommen werden kann. Es besteht im Sommer lediglich die Andeutung der Ausbildung einer vierten Welle, während im Winter die Wellenzahl 3 dominant in Erscheinung tritt und außerdem durch den indischen Wintermonsun und die stationäre Lage des STJ auf der Südflanke des Himalaja der Zirkumpolarwirbel eine relativ große Exzentrizität aufweist.

Die Mitteltemperatur der Erdoberfläche beträgt im Januar und Juli am Nordpol $-41°$ bzw. $-1°$, am Äquator dagegen 26,4° bzw. 26,6°. Im Juli liegt das Temperaturmaximum mit 27,2° bei 20° N (HANN-SÜRING 1939). Der meridionale Temperaturgradient ist also im Sommer wesentlich geringer als im Winter, obwohl er sich in der warmen Jahreszeit über eine etwas geringere Breitenzone erstreckt. Die Mitteltemperatur der Nordhemisphäre schwankt zwischen 8,1 (Januar) und 22,4° (Juli). Die Jahresschwankung der Temperatur der ganzen Hemisphäre (14,3°) ist also wesentlich geringer als die des Poles (etwa 40°).

Für die pleistozänen Vereisungsperioden wird im allgemeinen eine globale Mitteltemperatur angenommen, die um etwa 10° tiefer liegt als die gegenwärtige (WEXLER 1953). Für diese Klimaverschlechterung ist wahrscheinlich eine veränderte Strahlungsemission der Sonne verantwortlich zu machen (SCHELL 1959, SHAPLEY 1953). Eine derartige Temperaturänderung würde zwar eine Senkung der Schneegrenze um mindestens 500 m (bei Annahme eines durchschnittlichen vertikalen Temperaturgradienten von 0,5° C/100 m) bewirken, doch würde sich die planetarische Zirkulation dadurch nicht ändern. Dies können wir auf Grund der „dish-pan"-Experimente schließen (Kap. 4.43). Die Zirkulationsform hängt ja nicht von der Mitteltemperatur des Wassers im rotierenden Tank, sondern vom *mittleren meridionalen Temperaturgradienten* zwischen Äquator und Pol ab.

In unseren gegenwärtigen klimatischen Verhältnissen zeichnet sich der Winter nach den oben angeführten Daten durch einen kräftigen meridionalen Temperaturgradienten und durch einen entsprechend hohen zonalen Zirkulationsindex aus, der die erwähnte Dreiwellen-Anordnung in Erscheinung treten läßt.

Während der Eiszeiten ist ebenfalls mit einem relativ hohen Zonalindex zu rechnen (KOSIBA 1949, WILLETT 1953, KRAUS 1960), denn einerseits erfolgt eine

[1] Änderungen in der Rotationsgeschwindigkeit der Erde kommen kaum in Betracht.

Konzentration des Temperaturgradienten entlang der weit nach Süden vorgestoßenen Eisschilder, andererseits können wir aus Sedimentuntersuchungen schließen, daß die tropischen Breiten dem Abkühlungstrend in geringerem Maße gefolgt sind als die polaren Gebiete (ausführliche Literaturhinweise bei Charlesworth 1957). Simpson (1959) nimmt sogar an, daß während der Eiszeiten die Äquatorialtemperaturen etwas höher lagen als heute.

Die Frage nach den Ursachen der Eisvorstöße im Quartär zu beantworten fällt sehr schwer. Offensichtlich waren die Zeiträume, während der sich die großen Eisschilder ausbreiteten, durch erhöhte Niederschläge in fester Form und durch erhöhte Akkumulation gekennzeichnet. Simpsons (1957, 1959, vgl. Brooks 1951, Wagner 1940) Annahme, daß der Ausbreitung des Eises eine Periode erhöhter solarer Einstrahlung voranging, welche zu erhöhter Verdunstung und entsprechendem Niederschlagsreichtum führte, erscheint in diesem Zusammenhang bemerkenswert, obzwar sie von manchen Beobachtungen aus den Tropen widerlegt wird. Eine Erwärmung der Tropen würde nämlich denselben Effekt auf die Zirkulationsform der Atmosphäre ausüben wie eine Abkühlung an den Polen. Duell (1948) und Craig (et al. 1951) stellten fest, daß die Aktivität der Sonne einen gewissen Einfluß auf die atmosphärische Zirkulation auszuüben vermag. So ist besonders im Winter nach solaren Ausbrüchen ein Ansteigen des Bodendrucks in hohen und ein Fallen in mittleren Breiten festzustellen. Erhöhte solare Aktivität scheint andererseits eine Tendenz zur Bildung eines erhöhten Zonalindex in der atmosphärischen Zirkulation nach sich zu ziehen, also Verhältnisse zu schaffen, die für eine Vergletscherung günstig sind (Willett 1953). Witterungsablauf und Sonnenfleckenzyklus sind oft recht widerspruchsvoll (vgl. Macdonald et al. 1958, Woodbridge et al. 1958, Müller-Annen 1960). Es kann daher hier nicht auf die damit zusammenhängende, umfangreiche Literatur eingegangen werden.

Die Eisbedeckung der Nordhemisphäre während des Pleistozäns läßt vor allem zwei große Eisschilde erkennen: einen über Nordamerika und Grönland mit dem Zentrum über der Hudsonbay und einen über Nordeuropa und dem nordwestlichen Rußland. Das übrige Asien weist dagegen nur geringe Vereisungen entlang der Gebirgsketten auf.

Kehren wir nochmals zu Abb. 7.32.1 zurück. Die winterlichen Zirkulationsverhältnisse scheinen wegen ihres mittleren „High Index" am ehesten den pleistozänen Bedingungen zu entsprechen. Der ausgeprägte Trog im Lee der Rocky Mountains läßt unter der Konfluenzzone an seiner Ostflanke ein quasipermanentes Niederschlagsmaximum erwarten, das unter günstigen Temperaturverhältnissen zur Akkumulation von Eis führen würde. Eine Polverschiebung braucht zur Erklärung dieser Eisansammlung nicht postuliert zu werden, solange wir zur Annahme berechtigt sind, daß sich die in Abb. 7.32.1 gezeigte winterliche Wellenverteilung mit großer Häufigkeit und relativer Beständigkeit einstellte und die globalen Mitteltemperaturen niedrig genug lagen, um vorwiegend feste Niederschläge in diesen Breiten fallen zu lassen. Letzterer Bedingung kommt der Umstand zugute, daß das Gebiet im Lee der Rocky Mountains bevorzugt von polaren Kaltluftmassen heimgesucht wird, die eine Ausbuchtung der mittleren Jahresisothermen nach Süden bewirken. Das Zusammentreffen dieser Kaltluftmassen mit maritimen Tropikluftmassen im Bereich des PFJ läßt auch unter den gegenwärtigen klimatischen Bedingungen im Nordosten der Vereinigten Staaten ein Niederschlagsmaximum erkennen (Kraus 1960, Flohn 1952 a).

Es überrascht daher nicht, wenn wir im Pleistozän über Nordamerika einen *Flachlandgletscher* finden, *dessen divergierende Eismassen über Labrador und der Hudsonbay ihr Zentrum besitzen* (Flint 1957) und im zentralen Kanada eine Strömungsrichtung nach *Westen* aufweisen. Erst an den Rocky Mountains bilden sich Gebirgsgletscher, deren Einflußbereich jedoch im verhältnismäßig trockenen Lee nicht weit nach Osten reicht.

Im atlantisch-europäischen Raum läßt sich aus Abb. 7.32.1 ein stark ausgeprägter Hochdruckrücken erkennen, der laut 7.33.3 zur Jahreszeit des maximalen Zonalindex ein Häufigkeitsmaximum an blockierenden Wetterlagen aufweist und außerdem zu dieser Zeit seine mittlere Position am weitesten nach Westen verschiebt. Während WILLETT (1953) in den Glazialperioden ein Maximum an Zonalindex und ein Minimum an Blocking annimmt, geht doch aus den in Kap. 7.33 beschriebenen Studien hervor, daß atlantischer und pazifischer Block in ihrer Häufigkeitsverteilung eher parallel als antiparallel zum Gang des Zonalindex verlaufen. Bei erhöhter Zirkulation, wie sie den gegenwärtigen Winterverhältnissen entsprechen würde, können wir damit rechnen, daß etwa 40% aller Tage ein blokkierendes Hochdruckgebiet im ostatlantischen Sektor aufweisen. Skandinavien steht dann unter dem Einflußbereich feuchter Luftmassen, die, aus dem Südwestatlantik kommend, den Hochdruckrücken umströmen und, unterstützt durch den orographischen Effekt, zu reichlichen Niederschlägen und zu einer Vergletscherung im Lee der skandinavischen Gebirgskette führen können (FLINT 1957, WEXLER 1960). NAMIAS (1957) gelangt an Hand einer Studie von Sommer- und Wintertemperaturen in Stockholm ebenfalls zur Ansicht, daß eine hemisphärische „High-Index“-Zirkulation für die Vergletscherung Skandinaviens günstige Bedingungen liefert. Es erscheint in diesem Zusammenhang bemerkenswert, daß die alpine Vergletscherung während der Eiszeit in keiner Weise mit den Ausmaßen des skandinavischen Eisschildes verglichen werden kann. Es erfolgte im mitteleuropäischen Raum wohl kein übermäßig hohes Angebot an Niederschlägen in fester Form, wie es ausgesprochen *zonalen* winterlichen Wetterlagen entsprechen würde (REX 1950b). POSER (1947, 1948, vgl. SCHWARZBACH 1950) gibt auf Grund der Schüttungsrichtung von Binnendünen aus dem Spätglazial mittlere Windrichtungen für Holland, Belgien, Deutschland, Polen und Ungarn an. Er rekonstruiert daraus eine Druckverteilung, welche über Mitteleuropa einen Ausläufer des Azorenhochs mit dem Schwerpunkt über dem Alpenraum vorsieht. Über Skandinavien nimmt POSER eine glaziale Antizyklone an. Abb. 7.42 enthält strichliert diese POSERsche Interpretation der Druckverteilung. Die vollen Linien geben unter *Berücksichtigung der Bodenreibung* eine andere Möglichkeit der Analyse, welche *keine* glaziale Antizyklone vorsieht. Bei der Interpretation dieser Abbildung ist allerdings zu berücksichtigen, daß es sich dabei um die Rekonstruktion der Luftdruckverhältnisse bei *stark windigem* Wetter handelt, und nicht um die *mittleren* Verhältnisse.

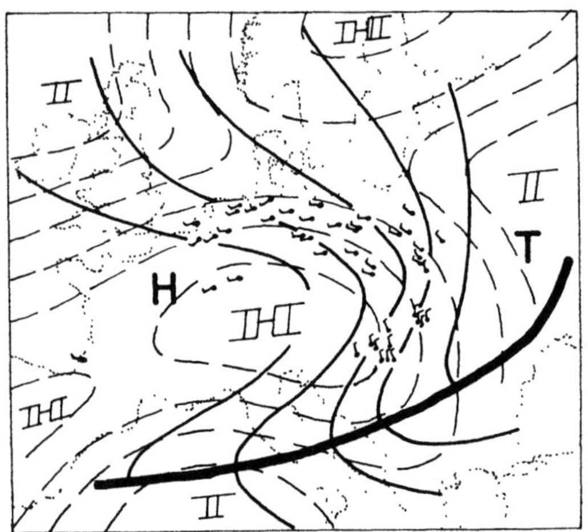

Abb. 7.42. Wind und Luftdruck im Spätglazial. Strichliert: Interpretation nach POSER; volle Linien: neuere Interpretation

Wie die gegenwärtige mittlere Luftdruckverteilung auf der Nordhalbkugel lehrt (U. S. W. B. 1952), werden die Bodendruckverhältnisse in entscheidender Weise von der Höhenströmung beeinflußt. So zeigt z. B. Grönland zu keiner Jahreszeit im Monatsmittel des Bodendruckes antizyklonale Verhältnisse. Der Kern des Islandtiefs sitzt vielmehr im Januar direkt über der Südspitze Grönlands. Die Bodendruckverhältnisse spiegeln gerade im Winter sehr eindrucksvoll die Position der planetarischen Langwellen wider, nur scheinen die Tiefdruckzentren im Meeresniveau im Vergleich zur 700-mb-Fläche um etwa 20 Längengrade nach Osten verschoben. Wenden wir diese Erkenntnis auf die in Abb. 7.32.1 gezeigte Anordnung der planetarischen Wellen an, so müßte man in der Bodendruckverteilung einen Hochdruckausläufer etwas westlich des Greenwich-Meridians erwarten. Der Tiefdruckkern wäre dagegen bei etwa 50 bis 60° Ost zu suchen. Die Dünenrichtungen der Abb. 7.42 scheinen sich diesem Schema ganz gut einzufügen. Beachten wir überdies, daß bei einem atlantischen Blocking, wie wir es für winterliche Wetterlagen häufig finden, die Tiefdrucktätigkeit im Mittelmeer auflebt, so erscheinen die Dünenrichtungen in Ungarn ebenfalls plausibel. Es kann jedoch bei all diesen Schlußfolgerungen nicht genug betont werden, daß es sich hierbei nur um Mutmaßungen handelt, die nicht unbedingt den tatsächlichen Gegebenheiten gerecht werden müssen.

Die geringe Vergletscherung Ostasiens ist der Kontinentalität dieses Gebietes zuzuschreiben, die sich in der Niederschlagsarmut äußert. Aus den Überlegungen, die in Kap. 7.413 angestellt wurden, müssen wir annehmen, daß die verstärkte Zonalzirkulation während des Pleistozäns über Indien einen Großteil des Jahres oder unter Umständen das ganze Jahr über Wintermonsunverhältnisse verursachte. Der subtropische Strahlstrom wäre demnach nahezu ständig auf der Südseite des Himalaja verlaufen und hätte im Bereich von Wellenstörungen mäßige Niederschläge gebracht. Daß die Eiszeiten in Südostasien nur geringe Spuren zurückließen, mag diesem vorwiegend wintermonsunalen Typus der Zirkulation zuzuschreiben sein (vgl. Charlesworth 1957). Die Hypothese, daß das zentralasiatische Hochgebirgsmassiv im Pleistozän wesentlich niedriger war als heute und daher nur relativ geringe Vergletscherungen aufwies, erscheint nicht plausibel (Klebelsberg 1949).

Aus Abb. 7.32.1 kann entnommen werden, daß die pazifische Antizyklone im Winter sehr stark ausgeprägt ist. Es wäre also zu erwarten, daß im Pleistozän die Passatströmung verstärkt auftritt. Dies scheint durch Sedimentuntersuchungen aus dem tropischen Pazifik (Nyberg 1951) bestätigt. Die meridionale Ausdehnung des subtropischen Hochdruckgebietes ist während der Eiszeit wahrscheinlich geringer gewesen als derzeit, denn die Hadleysche Passatzirkulationszelle verringert ihre Ausdehnung mit zunehmendem Zonalindex. Dies steht in guter Übereinstimmung mit den pleistozänen Pluvialepochen in den subtropischen und tropischen Breiten, welche während der Eiszeiten auftraten (Flohn 1952a, 1953b, Schwarzbach 1950).

Die Frage nach dem Zustand der atmosphärischen Zirkulation während *eisfreier* Epochen ist verhältnismäßig schwierig zu beantworten, da wir kein Analogon in gegenwärtigen Witterungsabläufen besitzen. Es ist wohl anzunehmen, daß der meridionale Temperaturgradient noch schwächer war, als unseren derzeitigen sommerlichen Verhältnissen entspricht. Die Passatzirkulation innerhalb der Hadley-Zelle erstreckte sich verhältnismäßig weit in die gemäßigten Breiten beider Hemisphären. Auch die ariden Zonen innerhalb des subtropischen Hochdruckgürtels müßten eine entsprechende Verbreiterung erfahren haben. Der PFJ war auf beiden Hemisphären relativ weit polwärts verlagert.

Solange wir mit der Existenz von Gebirgsketten rechnen können, die den gegenwärtigen Formen annähernd entsprechen, müssen wir auch das Vorhandensein quasistationärer Langwellen in der planetarischen Zirkulation annehmen. In Epochen ohne große Landerhebungen bleibt zwar noch die Land-Meer-Verteilung als wirksame Quelle von Perturbationen im Temperatur- und Strömungsfeld, doch ist anzunehmen, daß ihr Effekt nicht so wirksam ist wie der dynamische Einfluß von Hochgebirgen. Es wäre wohl denkbar, daß eine ausgeprägte Passatzirkulation im Mittel wesentlich weiter nach Norden reichte, als dies gegenwärtig selbst unter sommerlichen Verhältnissen der Fall ist. Ein relativ intensiver Strahlstrom, assoziiert mit einer niederschlagsreichen Zone, wäre unter diesen Umständen in subpolaren Breiten zu vermuten (vgl. Kap. 4.432).

8. Die Strahlströme als Glieder der allgemeinen Zirkulation der Atmosphäre

In den vorangehenden Kapiteln waren die Strahlströme ihren Einzelursachen und Einzelwirkungen nach betrachtet worden. Als großräumige atmosphärische Strömungsvorgänge stellen sie aber auch einen wesentlichen Bestandteil der allgemeinen Zirkulation der Atmosphäre dar. Seit dem Zirkulationsschema, das Bjerknes (1921) entworfen hatte und in dem die Polarfront eine dominierende Rolle spielte, sind unsere Kenntnisse über den Ablauf der Bewegungsvorgänge in der freien Atmosphäre durch das weltweite Radiosondennetz erheblich verbessert worden. Es ist nicht die Aufgabe dieses Buches, auf die einzelnen Probleme der Zirkulationsforschung näher einzugehen. Es möge hier nur ein kurzer Überblick über die Betrachtungsweisen gegeben werden, die zum Verständnis des Jet Stream als großräumiges Strömungsphänomen beitragen. Eine übersichtliche Zusammenstellung der Grundfragen der allgemeinen Zirkulation der Atmosphäre wurde von Bolin (1952) gegeben.

8.1. Strahlströme in planetarischer Betrachtungsweise

Als letzte Ursache für die Bewegungsvorgänge innerhalb der Lufthülle ist die Breitenabhängigkeit des Wärmehaushaltes anzusehen (Wexler 1955). Die Atmosphäre ist mit Recht mit einer „Wärmemaschine“ verglichen worden, der in niederen Breiten durch Einstrahlung von der Sonne Wärmeenergie zugeführt, in hohen Breiten durch Ausstrahlung entzogen wird. Der *maximale* Wirkungsgrad dieser Wärmemaschine beträgt unter der Annahme einer äquatorialen Mitteltemperatur von +30° C und einer polaren Mitteltemperatur von —30° C für einen Carnotschen Kreisprozeß 60/303, d. s. etwa 20%.

Nach Brunt (1944) beträgt die Absorption der Sonnenstrahlung etwa $1{,}1 \cdot 10^{17}$ Watt. Die Dissipation der kinetischen Energie der Atmosphäre (Gesamtmenge etwa $3 \cdot 10^{20}$ Joule) durch Reibung macht etwa $2{,}6 \cdot 10^{15}$ Watt aus. Es werden also etwa 2% der absorbierten Strahlungsenergie in Bewegungsenergie umgesetzt. Somit besitzt die atmosphärische „Wärmemaschine“ einen *thermodynamischen* Wirkungsgrad (definiert als Verhältnis von tatsächlicher Arbeitsleistung zur Arbeitsleistung unter maximalem Wirkungsgrad) von etwa 2:20 oder 10%.

Wulf und Davis (1952) versuchten nachzuweisen, daß in Wahrheit der thermodynamische Wirkungsgrad der Atmosphäre bei etwa 60% liegt. Dieser hohe Wirkungsgrad käme hauptsächlich dadurch zustande, daß Ausstrahlungsprozesse bei tieferen Temperaturen wirksam sind als Absorptionsprozesse. Die erwärmten Luftmassen müßten sich bei Aufgleitvorgängen annähernd adiabatisch abkühlen, während die dynamische Erwärmung bei großräumigen Absinkprozessen durch Ausstrahlung zum Teil kompensiert wird. Auch nach Lorenz (1960) besitzt die allgemeine Zirkulation annähernd ihre maximal mögliche Intensität.

Diese Schlußfolgerungen scheinen in der Zirkulation der Atmosphäre tatsächlich ihre Bestätigung zu finden. In Kap. 6.122 wurde gezeigt, daß die Hauptumsätze an kinetischer Energie im Bereich der Strahlströme stattfinden. Die Aufgleitbewegungen, die noch zusätzlich latente Wärme freimachen (Prandtl 1947, 1950), sind besonders im Jet-Stream-Bereich in relativ schmalen Zonen konzentriert und verlaufen genügend rasch, um die Annahme (pseudo)adiabatischer Strömungsverhältnisse zu rechtfertigen. Großräumige Absinkbewegungen sind hauptsächlich in ausgedehnten Antizyklonen wirksam, in denen wegen der geringeren Vertikalgeschwindigkeiten der Strahlungseinfluß an Bedeutung gewinnt.

In der Stratosphäre erreichen die Vertikalgeschwindigkeiten zwar nicht die Ausmaße wie in der Troposphäre, doch sind infolge der stabilen Schichtung die resultierenden Temperaturänderungen groß. Wiederum ist es der Bereich der Strahlströme, der davon in der Hauptsache betroffen wird. Die Annahme, daß die Stratosphäre im Strahlungsgleichgewicht stehe, erweist sich als nicht gerechtfertigt, sondern es sind in weitem Maße advektive und dynamische Effekte für den Wärmehaushalt maßgebend (vgl. Kap. 4.414).

Die Verschiedenheit der mittleren Temperaturgradienten in Troposphäre und Stratosphäre und die Existenz der Tropopause als planetarisches Phänomen legt andererseits den Schluß nahe, daß in den beiden atmosphärischen Schichten verschiedene energetische Regime herrschen. Die Temperaturverteilung in der Troposphäre wird maßgeblich vom Erdboden her, also von vertikalen Austauschvorgängen bestimmt, während oberhalb der Tropopause der Strahlungshaushalt in den Vordergrund tritt. Die dem Erdboden zur Verfügung stehende Energie der Strahlung richtet sich nach Einfallswinkel und Tageslänge und erzeugt bei etwa 60° Breite einen maximalen Temperaturgradienten (Hofmeyr 1950, Milankovitch 1930). (Vom Einfluß der Bewölkung, der Atmosphärendicke, der Erdalbedo usw. wollen wir hier absehen.) In der hohen Atmosphäre wird dagegen das Angebot der Strahlungsenergie in der Hauptsache von der Tageslänge bestimmt. Aus dieser Betrachtungsweise wäre zu erwarten, daß sich unter sommerlichen Verhältnissen das meridionale Temperaturgefälle in der Stratosphäre umkehrt — was auch tatsächlich beobachtet wird — und die Tropopause gleichzeitig zur Fläche maximalen Windes wird (Arakawa 1951 a). Daß tatsächlich die Maximalwindschicht unterhalb der Tropopause zu liegen kommt, ist ebenso wie das Vorhandensein des „Tropopausenbruches" dynamischen Effekten zuzuschreiben.

Während der Wintermonate verläuft der durch den Strahlungseffekt hervorgerufene Anteil des meridionalen Temperaturgradienten in der Stratosphäre parallel zum mittleren Gradienten in der Troposphäre. Nach diesem Gesichtspunkt würde dem winterlichen arktischen Stratosphären-Jet (Kap. 4.414) seiner Entstehung nach *primäre* Bedeutung zufallen, während der winterliche PFJ — der ebenso wie im Sommer an der Tropopause liegt — nur ein sekundäres Windgeschwindigkeitsmaximum darstellt, das durch die Dynamik der stratosphärischen Strahlströmung gesteuert wird. Die eventuelle Einbeziehung des ASJ in die Langfristprognose erhält dadurch eine plausible Begründung.

Aus diesen Gedankengängen ist auch ersichtlich, daß die Tropopause auf die vertikale Mächtigkeit der Strahlströmung und auf die Lage der Maximalwindschicht im Raum einen entscheidenden Einfluß ausübt. In Kap. 4.415 wurde bereits darauf verwiesen, daß auch die Strahlströmungen in der hohen Atmosphäre eine ähnliche Korrelation zu Schichten mit markanten Änderungen des vertikalen Temperaturgradienten zeigen (Stratopause usw.). Somit scheinen die Strahlströme in ihrer *vertikalen* Struktur ein „Pausen"-Phänomen zu sein, das aufs engste mit der thermischen Struktur der Atmosphäre verknüpft ist (Pogosian 1958, Zubian

1952). Die Schwierigkeiten in der theoretischen Bearbeitung ergeben sich hauptsächlich daraus, daß sich die dynamischen Effekte in der Temperaturverteilung nicht streng von den Strahlungseffekten trennen lassen.

Für die *horizontale* Struktur der Strahlströme müssen dagegen die Erhaltung des Drehimpulses und horizontale Austauschvorgänge als maßgebend angesehen werden. Die „Mischungstheorie" der Chikagoer Schule (vgl. Kap. 4.121) stellt einen verhältnismäßig einfachen Erklärungsversuch dar (vgl. auch Berson 1950, Bolin 1952, Grant 1952, Ishimaru 1954, Lucke 1952, Queney 1954). Die Polwärtsverlagerung der Strahlströme vom Winter zum Sommer steht im Einklang mit der jahreszeitlich bedingten Abnahme des Drehimpulses auf der Sommerhemisphäre (Kasahara 1950) und genügt somit ebenfalls der „Mischungstheorie". Arakawa (1953d) konnte die Theorie erweitern und die Geschwindigkeits- und Vorticityverteilung nördlich und südlich der Strahlstromachse in einem analytischen Ausdruck vereinen.

Die Entstehung der Jet-Maxima, welche einem homogenen Strahlstromband überlagert sind, konnte in Kap. 4.123 auf die Wirkung von Trägheitsschwingungen zurückgeführt werden.

Es wäre verfrüht, wollte man damit die Theorie der Strahlströme als vollständig ansehen. Zwar können wir einzelne Phasen in der Entstehungsgeschichte der Strahlströme plausibel erklären, doch fehlt noch immer die Synthese, welche diese einzelnen Phasen in einer lückenlosen, kausalen Kette aneinanderreiht. Auch die Tatsache der Koexistenz der verschiedenen, in Kap. 4.41 beschriebenen Jet Streams bedarf noch einer theoretischen Fundierung.

8.2. Strahlströme in hydrodynamischer Betrachtungsweise

Die Strahlstromforschung hat von der Hydrodynamik her einige wertvolle Anregungen empfangen, obzwar manche Analogieschlüsse in der freien Atmosphäre nicht gerechtfertigt erscheinen. Vor allem müssen die Versuche als zweifelhaft betrachtet werden, die den Jet Stream als „Freistrahlphänomen" betrachten, ähnlich dem Austreten einer Flüssigkeit aus einer Düse. Bei den atmosphärischen Strahlströmen handelt es sich ja um „geführte" Ströme, bei denen der durch das Druckfeld bestimmte geostrophische bzw. Gradientwind den überwiegenden Teil des Geschwindigkeitsfeldes ausmacht. Am ehesten hält den Vergleich mit einem „Freistrahl" noch das Deltagebiet eines Jet-Maximums aus, wo ageostrophische Komponenten eine starke Verzögerung der Luftteilchen bewirken.

Es würde zu weit führen, hier im einzelnen auf die theoretischen Überlegungen einzugehen, welche zu verschiedenen Jet-Stream-Modellen führten.

Rossby (1951b) errechnet die Bildung eines Geschwindigkeitsmaximums innerhalb einer stabilen Schicht, welche oben und unten von je einer Schicht konstanter potentieller Temperatur flankiert wird, unter der Annahme, daß der mit einem konstanten Massentransport verbundene Impulstransport pro Zeiteinheit im betrachteten Querschnitt einen Minimalwert annimmt. Die von Rossby berechneten vertikalen Windprofile stimmen recht gut mit tatsächlich beobachteten Profilen überein, obwohl die Annahme von Schichten konstanter potentieller Temperatur nur für *troposphärische* Verhältnisse unterhalb der Maximalwindfläche annähernd zutrifft.

Ozeanische Strahlströme, die ein Geschwindigkeitsmaximum unterhalb der Oberfläche aufweisen, leitet Rossby (1951a) ebenfalls unter Annahme eines minimalen Impulstransportes her. Es zeigt sich, daß unterhalb einer kritischen, gleichförmigen Geschwindigkeit die Strömung in einer relativ seichten Schicht nahe der Oberfläche konzentriert wird.

In einer theoretischen Arbeit diskutieren FREEMAN et al. (1956) verschiedene Jet-Stream-Modelle und ihre Anwendbarkeit auf die numerische Wetterprognose (vgl. auch QUENEY 1953). Es wird dabei von der Überlegung ausgegangen, daß die Strahlströmung im wesentlichen als zweidimensional betrachtet werden kann (vgl. BATTIN 1952). Integriert man nämlich die Bewegungsgröße nach der vertikalen Koordinate und trägt man die so erhaltenen Werte in Karten ein, so entspricht die Analyse des Impulsintegrals annähernd den Strömungsverhältnissen in der Nähe der Maximalwindschicht.

8.3. Planetarische Wellen

8.31. Stabilität der zonalen Strömung

Wie in Kap. 3.251 gezeigt wurde, wirkt die Strahlströmung bestimmend auf die Fortpflanzungsgeschwindigkeit der planetarischen Wellen, die als Perturbationen einer zonalen Grundströmung aufgefaßt werden können. Wie EADY (1950) feststellte, wird die Grundströmung ständig neu hergestellt, so daß sich in der allgemeinen Zirkulation die regenerierenden und die turbulenten Kräfte die Waage halten. Daß die mit der Strahlströmung verbundene Baroklinität auch gleichzeitig der Anlaß zur Bildung planetarischer Wellen ist, geht aus den zahlreichen Abhandlungen über die Stabilität der zonalen Zirkulation in einer baroklinen Atmosphäre hervor (z. B. KUO 1949, HOLMBOE 1959). Die Vergrößerung der Amplitude einer Wellenstörung stellt eine der Zentralfragen der Wetterprognose dar. Wie bereits in Kap. 6 beschrieben wurde, können aus einer Veränderung der Strahlstromposition Rückschlüsse auf den Ablauf des Bodenwetters gezogen werden.

Die Berechnung der planetarischen Wellen und ihrer Labilität wird vor allem für die numerische Wetterprognose zu einem Hauptanliegen. Ein Labilitätskriterium haben wir bereits in der Bedingung $Q < 0$ kennengelernt (Kap. 1.236). Für zyklonale Scherung erhält ARAKAWA (1951b, 1953e) als Labilitätskriterium

$$-\partial u/\partial y > (2\,u/R)\,\mathrm{tg}\,\varphi + \Omega \sin\varphi. \qquad 8.31\ (1)$$

u ist der zonale Gradientwind, R der Erdradius. DUGSTAD (1956) gelangt zu einem ähnlichen Kriterium (vgl. REITER 1960b).

CHARNEY (1947) konnte nachweisen, daß barokline Wellen, deren Wellenlängen unterhalb eines kritischen Wertes liegen, labil sind und ihre Amplitude vergrößern (BERSON 1950a, GAMBO 1950, KUO 1953b). Die kritische Wellenlänge entspricht etwa der mittleren Länge planetarischer Langwellen (EADY, SAWYER 1951.) Wie SPAR (1957) zeigte, ist die Labilität von Wellenstörungen im „thermotropen" Modell (in dem die *Richtung* des thermischen Windes konstant ist) von der Art des vertikalen Windprofils abhängig. So sind z. B. *konkave* „Jet-Stream"-Windprofile (in Abb. 4.231.3 strichpunktiert) bereits bei größeren Wellenlängen labil und störungsanfälliger als *konvexe* Profile (in Abb. 4.231.3 strichliert).

Ist die zonale Grundströmung für *einen* Wellenlängenbereich labil, so ist sie überhaupt labil, denn durch die Vergrößerung der Amplitude der betreffenden Wellenstörung wird das gesamte Strömungssystem verändert. Bei labilen Wellen wird potentielle Energie der Grundströmung in kinetische Energie der Störung umgewandelt (POCINKI 1955).

Unter dem Einfluß der normalerweise nach Norden zunehmenden absoluten Vorticity der Grundströmung besteht die Tendenz, daß zyklonale Wirbel nach Norden, antizyklonale Wirbel nach Süden wandern. KUO (1950) konnte zeigen, daß im Bereich starker Strahlströme mit einem ausgeprägten Vorticitymaximum nördlich und einem Minimum südlich der Strahlstromachse die Wanderungstendenz der Wirbel umgekehrt sein kann: Zyklonale Wirbel wandern nach Süden ab und führen zum „Cutting-off"-Prozeß, während Antizyklonen weiter im Norden eine blockierende Position einnehmen (vgl. auch Arakawa 1952a). In tiefer gelegenen Atmosphärenschichten, wo durch die geringere horizontale Windscherung und die schwächer ausgeprägte Vorticityverteilung diese umgekehrte Wanderungstendenz nicht in Erscheinung tritt, kann der hochtroposphärische Kaltlufttropfen von einer Bodenantizyklone begleitet sein.

Masuda (1950) erhält durch die Betrachtung einer baroklinen Störung in einer *variablen* zonalen Grundströmung (vgl. auch Izawa 1950) ebenfalls eine blockierende Welle: Die Störung wird labil, sobald die Grundströmung unter einen kritischen Wert sinkt. Diese Überlegungen entsprechen auch der synoptischen Erfahrung, wonach sich eine blockierende Antizyklone im Delta eines Strahlstrommaximums ausbildet.

8.32. Das Spektrum der Wellen

Die Perturbationen einer zonalen Grundströmung (welche selbst die Wellenzahl Null trägt) können ein ganzes Spektrum möglicher Wellenzahlen einnehmen, die einander überlagert sind und durch eine Fourier-Analyse separiert werden können. Statistische Untersuchungen über die Häufigkeiten und Amplituden der einzelnen Wellen geben interessante Aufschlüsse über den Zustand der atmosphärischen Zirkulation (Saltzman 1956, 1957).

Die Wellenzahl $n = 1$ stellt die Exzentrizität des Zirkumpolarwirbels dar. Auf die bevorzugte Lage des Zirkulationspoles bei etwa 155° W wurde bereits in Abb. 7.34.1 hingewiesen (La Seur 1954, vgl. theoretische Bearbeitung von Barrett 1958). Zwischen der Exzentrizität dieses Poles gegenüber dem geographischen Pol (in Breitengraden) und der aus einer harmonischen Analyse berechneten Amplitude der Welle $n = 1$ besteht ein linearer Zusammenhang.

Der Phasenwinkel dieser Welle wird durch orographische Effekte (Himalaja und Rocky Mountains) bestimmt. Aber auch die Wellenzahlen $n = 2, 3$ und 4 zeigen gewisse geographische Bindungen, welche einen Resonanzeffekt der Hochgebirge vermuten lassen (Eliasen 1958, White und Cooley 1956). Wie Abb. 7.32.1 deutlich erkennen läßt, treten diese Wellenzahlen selbst in jahreszeitlichen Mittelwerten der Druckverhältnisse innerhalb der Jet-Stream-Zone in Erscheinung, was auf den quasipermanenten Charakter dieser Wellen schließen läßt. Die quasistationären „Aktionszentren" auf den hemisphärischen Bodenwetterkarten stehen mit diesen Wellenzahlen in engstem Zusammenhang.

Die Wellenzahlen $n = 5$ bis 8 sind mit freien planetarischen Wellen in einer zonalen Grundströmung assoziiert. Wellenzahlen > 8 stehen im Zusammenhang mit rascher wandernden, kleinräumigeren Zyklonen und Antizyklonen. Wellenzahlen > 12 kann wegen der Analysenfehler, die den Wetterkarten anhaften, keine große Bedeutung beigemessen werden (Syono et al. 1955).

Eine umfangreiche statistische Arbeit verdanken wir Benton und Kahn (1958). Bis zur Wellenzahl 12 wurden für Winter und Sommer 1949 harmonische Analysen durchgeführt und die „Power-Spektra" der meridionalen und zonalen Windkomponente berechnet. Außerdem konnten aus diesen Daten noch Angaben über den meridionalen Transport von Drehimpuls, kinetischer Energie und Enthalpie gewonnen werden. Das „Power-Spektrum" der Zonalkomponente zeigt im jahreszeitlichen Mittel erwartungsgemäß ein Maximum bei der Wellenzahl $n = 1$ bzw., wenn über einer einzelnen Station betrachtet, bei langen Perioden (Chiu 1959, 1959a, 1960). Die maximale kinetische Energie in der u-Komponente wird also von der zonalen Grundströmung getragen, die eine gewisse Exzentrizität des Rotationspoles aufweisen mag.

Das „Power-Spektrum“ der v-Komponente weist Maxima bei den Wellenzahlen $n = 3$ und $n = 6$ auf (vgl. VAN MIEGHEM et al. 1959). Es sind also vorwiegend diese Wellen, welche für die kinetische Energie der Meridionalströmung verantwortlich sind. Die „Co-Power-Spektren“, in welche u- und v-Komponenten der Geschwindigkeit eingehen und die den meridionalen Transport von Drehimpuls, kinetischer Energie und Enthalpie angeben (vgl. PANOFSKY und WOLFF 1957), weisen dementsprechend Maxima bei $n = 1$, 3 und 6 auf (vgl. KUBOTA und IIDA 1954). Der Anteil der planetarischen Langwellen mit kleiner Wellenzahl am Transport dieser Größen besitzt überraschend hohe Werte (HENRY und HESS 1957, 1958, SALTZMAN und PEIXOTO 1957).

Die Maxima bei $n = 6$ sind besonders deutlich in mittleren und niedrigen Breiten ausgeprägt, während sie in hohen Breiten — wohl infolge des geringeren Erdumfanges — auf niedrigere Wellenzahlen übergehen. Die Sommerspektren zeichnen sich gegenüber den für Winter berechneten durch geringere Amplituden aus. Es ist im Sommer nicht nur die mittlere Zonalzirkulation energieärmer, sondern auch das Spektrum der Störungen. Die Aktivität in höheren Wellenzahlen erscheint gegenüber den Winterverhältnissen gesteigert.

Die Spektra der jahreszeitlichen *mittleren* Strömungsverhältnisse folgen in den niedrigen Wellenzahlen (< 4) dem Mittel der aus den einzelnen Tageswerten berechneten Spektra. Dies bedeutet, daß die mittlere Strömung bereits einen Großteil der Energie der Spektra und „Co-Spektra“ im *langwelligen* Teil beinhaltet. Der Energieanteil der kürzeren Wellenlängen geht dagegen erwartungsgemäß auf das Konto von Störungen, die im *mittleren* Strömungsbild nicht in Erscheinung treten.

Betrachten wir die planetarischen Wellen in der Strahlstromzone als großräumige Turbulenzerscheinungen, wie dies auch von DEFANT (1921) angenommen wurde, so erhebt sich die Frage, ob die statistische Theorie der Turbulenz (Literatur bei KOLMOGOROV et al. 1958), welche isotrope Verhältnisse voraussetzt, auch auf diese globalen Strömungsvorgänge anwendbar ist. Aus einer Studie von OGURA (1958) geht hervor, daß die Isotropiebedingung für Wellenlängen zwischen 60 und 20 Längengraden bei 20° und 70° N erfüllt zu sein scheint. Im Gebiet zwischen 30° N und 60° N, also in der Strahlstromzone, scheint dagegen die kinetische Energie der meridionalen *Störungs*komponenten diejenige der zonalen *Störungs*komponenten zu überwiegen.

Greifen wir auf die Turbulenztheorie von RICHARDSON (1920) zurück, so müßten wir annehmen, daß die Turbulenzbewegung ihre kinetische Energie aus der Grundströmung bezieht. Ist diese stationär — was wir im Mittel für die Zonalzirkulation der Atmosphäre annehmen können —, so müssen wir nach einem Mechanismus suchen, der die kinetische Energie der Grundströmung laufend ergänzt, denn sie würde sonst durch Reibungseinflüsse nach 5 bis 6 Tagen zum Erliegen kommen (SUTCLIFFE 1949, vgl. auch LETTAU 1954). [Von jahreszeitlichen Schwankungen der kinetischen Energie wollen wir zunächst absehen. Wie SPAR (1949) zeigen konnte, läuft der Zunahme der kinetischen Energie vom Sommer zum Winter eine Abnahme der potentiellen und internen Energie parallel (vgl. auch HAURWITZ 1949).] Naheliegend ist, diesen Mechanismus in einer Umsetzung von potentieller Energie zu suchen, deren Verminderung wiederum durch nichtdiabatische Vorgänge (Strahlung, Kondensation) kompensiert wird (ČADEŽ 1949, DEFANT 1951, NEIS 1950, VAN MIEGHEM 1952a, 1955). Wie in Kap. 6.122 gezeigt wurde, finden die Hauptumsätze von potentieller in kinetische Energie im Bereich von Wellenstörungen statt, und hier wiederum in nächster Umgebung des Strahlstromniveaus (vgl. LORENZ 1955, MINTZ 1947). *Es sind also die Perturbationen unter Umständen maßgeblich an der Belieferung der Grundströmung mit kinetischer Energie beteiligt*, und die klassischen Turbulenzanschauungen können in dieser globalen Größenordnung nicht angewendet werden.

Die eben dargelegten Gesichtspunkte sind zum Gegenstand mancher Untersuchungen geworden. CHARNEY 1953, KUO 1951c, 1953, PLATZMAN 1952, SALTZMAN 1959, YEH 1957a u. a. wiesen theoretisch nach, daß ein Übergang von kinetischer Energie aus den Perturbationen in die Grundströmung möglich ist. Dies ist vor allem dann der Fall, wenn die Grundströmung stabil ist und die kinetische Energie der Störungen durch andere Prozesse aufrechterhalten wird. Wir können folgenden „Energiezyklus" annehmen, der die großräumigen Bewegungen in der Strahlstromzone regiert (ARAKAWA 1957, VAN MIEGHEM 1952b):

1. Umwandlung von interner und potentieller Energie in kinetische Energie der Perturbationen.
2. Umwandlung der kinetischen Energie der Perturbationen in kinetische Energie der Grundströmung.
3. Dissipation beider Formen der kinetischen Energie durch Reibung.

Der durch großräumige (horizontale) Turbulenzkörper verursachte Transport von *Drehimpuls* ist über weite Strecken gegen den Drehimpulsgradienten der Grundströmung gerichtet. Somit wird der Grundströmung Drehimpuls zugeführt (LORENZ 1956).

Der Grundstrom erfährt dann eine Stärkung durch die Perturbationen, wenn er an sich schwach ausgeprägt und nur wenig detailliert ist. Ist er dagegen stark und deutlich profiliert, so tritt unter Umständen beim Einsetzen von Perturbationen eine Labilisierung in Erscheinung, und der Grundstrom gibt kinetische Energie an die Störungen ab (LORENZ 1953). In diesen theoretischen Gedankengängen spiegelt sich der Mechanismus des in Kap. 3.251 besprochenen *Indexzyklus* wider (vgl. auch ARAKAWA 1953g, BLAKADAR 1950, BOLIN 1952, SYONO, AIHARA 1957, WIPPERMANN 1956). Auf eine nähere Ableitung kann hier nicht eingegangen werden.

Aus Untersuchungen SALTZMANS (1958, et al. 1960) geht hervor, daß die Wellen mit der Wellenzahl 3 die Hauptlieferanten für die kinetische Energie der zonalen Grundströmung darstellen, während die Wellen $n = 5$ bis 8 zeitweise der Grundströmung kinetischer Energie entziehen, zeitweise an sie abgeben. Es wären also vorwiegend die letzteren Wellen, die sich in Indexzyklen besonders deutlich ausprägen. WIIN-NIELSEN (1959a) erhält für Januar und April 1959 ein weiteres Maximum an Erzeugung kinetischer Energie bei den Wellenzahlen $n = 6$ und 7 (Wellenlängen etwa 4700 und 4000 km). Dies entspricht den labilen baroklinen Wellen. Die kinetische Energie dieser Zyklonenwellen scheint einerseits den langen Wellen ($n = 1$ bis 5) und der zonalen Grundströmung ($n = 0$), andererseits den kurzen Wellen ($n = 11$ bis 15) zugute zu kommen (SALTZMAN und FLEISHER 1960).

ARAKAWA (1953f) konnte an Hand von Beobachtungsdaten aus der Nordhemisphäre (STARR, WHITE 1952) ebenfalls einen Übergang von kinetischer Energie in die Grundströmung nachweisen (vgl. auch MÖLLER 1952). Seinen Schlußfolgerungen nach wird die Bewegungsenergie dem Strahlstrom auf dessen Südseite aus dem Subtropen- und Tropenraum zugeführt, während der Abbau der kinetischen Energie auf der zyklonalen Seite des Jet Stream erfolgt.

STARR (1953) hält eine Regeneration der kinetischen Energie der Grundströmung durch die Energie der Störungen innerhalb von 2 Wochen für möglich, ein Zeitraum, der dem Übergang von Low- zu High-Index-Lagen größenordnungsmäßig entspricht.

8.4. Der Energiehaushalt der atmosphärischen Zirkulation

Im vorangehenden Abschnitt wurde gezeigt, daß die Grundströmung mit den überlagerten Störungen in einem wechselseitigen Austausch der kinetischen Energie steht, der als „Indexzyklus" beobachtet wird. Es erhebt sich nunmehr die Frage, woher diese Energie letzten Endes stammt, wie sie transportiert und wie sie schließlich aufgebraucht wird.

Die Atmosphäre stellt in ihrem Energiehaushalt kein abgeschlossenes System dar. Einerseits steht sie in einem ständigen Strahlungsaustausch, andererseits ist durch die Bodenreibung ein Impulsaustausch mit der rotierenden Erde gegeben. PALMÉN (1960) gibt die Dissipation der kinetischen Energie durch Reibung nördlich des 30. Breitengrades nach neuesten Untersuchungen mit mindestens $60 \cdot 10^{10}$ Kilojoule/sec an. Da wir in großräumiger Betrachtungsweise die atmosphärische Zirkulation als stationär ansehen können (von den Schwankungen, die in Kap. 7.411 besprochen wurden, wollen wir hier absehen), müssen sich einerseits die im Impulsaustausch zwischen Erde und Atmosphäre vorhandenen Quellen und Senken in ihrer Wirkung die Waage halten (FERREL 1889), andererseits bedarf es eines Transportmechanismus, der die Bewegungsgröße aus den Quellgebieten in die Senkengebiete befördert (WHITE 1951, vgl. REUTER 1960). Dasselbe gilt auch für die Wärmeenergie in sensibler und latenter Form.

Als Quellgebiete für westlichen Drehimpuls wurden in Kap. 4 die Passatzone und die polare Ostwindzone genannt. Hier wird durch Bodenreibung östlicher Drehimpuls aufgebraucht bzw. westlicher Impuls erzeugt. In der Westwindzone liegt die Senke des westlichen Drehimpulses. Es muß also hier aus dem Strahlstrom westliche Bewegungsgröße gegen den Boden hin transportiert werden (KAO 1960, SHEPPARD 1954, WIDGER 1949), vorzugsweise in der Absinkbewegung auf der Rückseite von Zyklonen, also in Form von großräumigen *vertikalen* Austauschvorgängen (WHITE, COOLEY 1952, STARR, WHITE, LORENZ 1950).

In Kap. 4.412 wurde auf eine *mittlere Meridionalzirkulation* hingewiesen, welche einen Teil des Drehimpuls- und Wärmetransportes aus dem Tropenraum in die gemäßigten Breiten besorgt. Die in Abb. 4.412.1 enthaltenen Zirkulationszellen erfahren ihre Berechtigung durch *ageostrophische* Strömungsvorgänge, welche in der bodennahen Reibungsschicht leicht zu beobachten sind, aber auch in der freien Atmosphäre vorhanden sein müssen (PALMÉN 1950, PRIESTLEY 1950, QUENEY 1959a). Wie jedoch in Kap. 4.433 gezeigt wurde, kann der Effekt dieser Zirkulation nicht eindeutig abgeschätzt werden, da er wesentlich von der Wahl des Koordinatensystems abhängt. Es ist also nur sinnvoll, die Meridionalzirkulation zusammen mit dem zweiten Transportmechanismus — den großräumigen, horizontalen Austauschvorgängen — zu betrachten.

In zahlreichen Studien wurde auf die Bedeutung dieser beiden Mechanismen für den Wärme- und Impulstransport und damit für die Aufrechterhaltung der allgemeinen Zirkulation der Atmosphäre hingewiesen. Daß die numerischen Ergebnisse der verschiedenen Untersuchungen mitunter stark divergieren, hat seine Ursache einerseits im lückenhaften Stationsnetz, das besonders über den Ozeanen sehr mangelhaft ist und unter Umständen gewisse Zirkulationsformen, die durch die Orographie bzw. die Land-Meer-Verteilung begünstigt werden, besonders in Erscheinung treten läßt; andererseits wurden viele Untersuchungen nur auf relativ kurze Zeiträume ausgedehnt, in denen ebenfalls gewisse dominierende Zirkulationsformen die Statistik verfälschen können.

Trotz dieser vielen Mängel sei hier kurz auf einige Ergebnisse der Zirkulationsforschung hingewiesen, da sie das Bild, das bisher über den Mechanismus der Strahlströme entworfen wurde, in großräumiger Schau ergänzen.

Über den Jahresgang des meridionalen Drehimpulstransportes quer zum 30. nördlichen Breitenkreis äußern sich STARR und WHITE (1952). Abb. 8.4 zeigt das Ergebnis der Berechnungen. Demnach ist der Impulstransport durch horizontale Austauschvorgänge — gegeben durch $(\overline{u^* v^*})$ — im Winter etwa doppelt so groß wie im Sommer (vgl. auch YEH 1957). Nach BJERKNES (1951a) und MINTZ (1951) beträgt der nordwärts gerichtete Drehimpulstransport im Winter in diesem Breitenkreis etwa $5 \cdot 10^{26}$ g cm² sec⁻² (vgl. dazu STARR, WHITE 1951). Ein Beitrag einer mittleren Meridionalzirkulation zum Impulstransport ist nach der Studie von STARR und WHITE von untergeordneter Bedeutung (vgl. EADY 1953, KUO 1951c, STARR 1951, 1951a, STARR und WHITE 1954a, VAN MIEGHEM 1956a). Bemerkenswerterweise tritt das Strahlstromniveau durch ein Maximum in der Transportgröße hervor (KAO 1954, MINTZ 1951, PISHATORY 1954, STARR und WHITE 1952a). Nur etwa ein Fünftel des gesamten meridionalen Impulstransportes spielt sich unterhalb 500 mb ab (VAN MIEGHEM 1956b). Dies ist nicht überraschend, denn in der oberen Troposphäre konzentriert sich an und für sich ein Maximum an Bewegungsgröße.

Da die Trogachsen im Mittel von Nordosten nach Südwesten geneigt sind, ist eine Korrelation zwischen u^* und v^* zu erwarten, derart, daß mehr westlicher Impuls auf der Ostseite der Tröge nach Norden fließt, als auf der Westseite nach Süden gelangen kann. YEH und YANG (1956) stellen fest, daß dieser Impulstransport nicht konstant verläuft, sondern hauptsächlich an Perioden mit „Low-Index" gebunden ist, in denen die planetarischen Wellen besonders große Amplituden aufweisen.

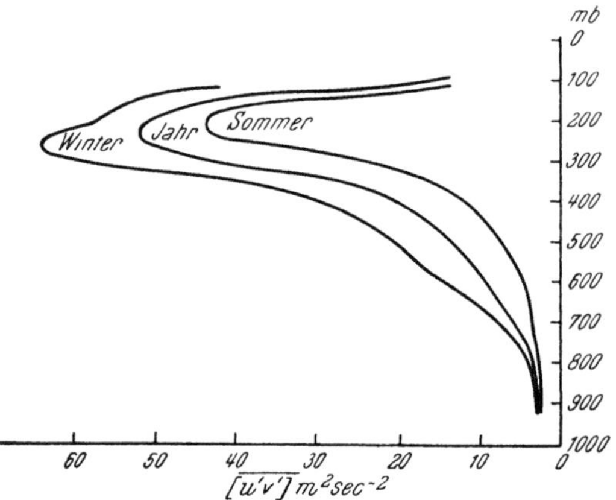

Abb. 8.4. Vertikale Profile des Impulstransportes durch großräumige turbulente Austauschvorgänge ($u'v' \equiv u^* v^*$). (STARR und WHITE 1952)

Da der Drehimpuls, welcher in der oberen Troposphäre durch horizontale Wirbel nach Norden verfrachtet wird, aus den bodennahen Schichten stammt, muß eine „direkte" vertikale Zirkulationszelle („HADLEY"-Zelle) wirksam sein (PALMÉN 1954a, PALMÉN, ALAKA 1952, YEH 1958). PALMÉN (1956) berechnet den Massentransport innerhalb dieser Zelle im Winter zu $2{,}2 \cdot 10^{14}$ g sec⁻¹. Konvektionsvorgänge in gestörten Wetterlagen, die zur Bildung von Cumulonimben bis ins Tropopausenniveau führen, vermögen zum vertikalen Impulstransport wesentlich beizutragen (SHEPPARD 1954a).

Aus Windbeobachtungen ist die mittlere Meridionalzirkulation nur schwer feststellbar, da die Geschwindigkeitskomponenten nur gering sind [nach theoretischen Untersuchungen von KUO (1956) weisen sie eine Größenordnung von cm/sec auf] und die Genauigkeit der Messungen noch zu wünschen übrig läßt. Einige Anhaltspunkte aus neuerem und größerem statistischem Material lassen allerdings die Existenz einer derartigen Zirkulation erkennen (MINTZ 1955a, PRIESTLEY, TROUP 1954, TUCKER 1957, 1959). STARR und WHITE (1954) schätzen den Anteil der mittleren Meridionalzirkulation am gesamten Impulstransport auf etwa 11 Prozent (vgl. dazu Kap. 4.412). Diese Zahl liegt wesentlich niedriger als ältere Schätzungen (PRIESTLEY 1951). Mit zunehmender geographischer Breite dominiert die Bedeutung der horizontalen Wirbel für die Transportvorgänge (Yeh 1951).

Die nichtadiabatischen Strahlungseinflüsse suchen innerhalb der Erdatmosphäre eine einzige, direkte Zirkulationszelle zwischen Äquator und Pol hervorzurufen, so wie es dem Hadley-Regime der Wassertankexperimente (Kap. 4.432) entspräche. Daß in der Atmosphäre eine Aufgliederung in drei Zellen zu beobachten ist (Abb. 4.412.1), von denen je eine direkte polare und tropische eine indirekte Zirkulationszelle (auch Ferrel-Zelle genannt) flankieren, führt Kuo (1956) in plausibler Weise auf die Wirkung von horizontalen Austauschvorgängen und Reibung zurück (vgl. A. Arakawa 1957).

9. Strahlstrom und Luftfahrt

Mit der Eroberung immer höher gelegener Lufträume durch die zivile und militärische Aeronautik rückten die Strahlströme der oberen Troposphäre und unteren Stratosphäre, also vornehmlich der Polarfront-Jet und der Subtropen-Jet, in das Blickfeld praktischer Interessen. Zunächst waren es navigatorische Probleme, welche durch das Vorhandensein der Strahlströme auf den Plan gerufen wurden. Aber auch erschwerte Flugbedingungen, wie etwa die Turbulenz im wolkenfreien Raum („Clear-Air Turbulence" = CAT), forderten die Aufmerksamkeit der meteorologischen Forschung. Es ist somit nicht verwunderlich, daß sich auf diesem Gebiet der angewandten Meteorologie im letzten Dezennium eine Fülle an Literatur anhäufte. Es sei hier lediglich der Versuch eines Überblicks über die Problemstellung geboten. Gerade auf flugtechnischem Gebiet befinden sich unsere Erkenntnisse über den Jet Stream noch stark im Fluß, bedingt durch die stets sich ändernden Flugbedingungen unserer modernen Luftfahrzeuge.

9.1. Navigatorische Probleme

9.11. Die optimale Flughöhe

Der heutige Luftverkehr verfügt — unter Vernachlässigung feinerer Unterscheidungsmerkmale — über vier Typen von Antriebsmitteln:

1. Kolbenmotoren,
2. Turbinenmotoren mit Propellerantrieb,
3. Düsenmotoren,
4. Raketen.

Typen 1 bis 3 verwenden für den Verbrennungsprozeß den Sauerstoff der Luft, sind also für den Betrieb an die Atmosphäre gebunden. Typ 4 führt sämtliche für den chemischen Reaktionsprozeß erforderlichen Stoffe mit sich und eignet sich daher auch zum Flug außerhalb der irdischen Atmosphäre. Typen 1 und 2 bedienen sich bei der Kraftübertragung zum Antrieb des Flugzeuges der Luftschrauben, während Typen 3 und 4 auf dem Rückstoßprinzip basieren.

Es zeigt sich, daß besonders bei Düsenflugzeugen der Wirkungsgrad stark von der Luftdichte oder — annähernd — von der Druckhöhe und der Temperatur abhängt (N. A. C. A. 1955, Alabaster 1953). Dies äußert sich einerseits in einer raschen Zunahme der Relativgeschwindigkeit („true air speed") des Flugzeuges mit der Höhe und andererseits in einer Zunahme des Verhältnisses „zurückgelegter Weg" : „Treibstoffverbrauch", ausgedrückt in n. mi./Gallone (Reiter 1957b). Die vertikalen Windscherungsverhältnisse üben einen gewissen Einfluß auf die effektive Leistung des Flugzeuges aus (Tolefson 1956), ausgedrückt in „ground speed" (Bodengeschwindigkeit) bzw. zurückgelegtem Weg pro Gallone.

Grundsätzlich unterscheidet man zwei verschiedene Arten von Operationen: solche, die unter einem Minimum an Treibstoffverbrauch ablaufen, und solche, die mit gleichbleibender maximaler Motorenbelastung (maximal continuous power) stattfinden. Erstere Operationsart findet wohl in erster Linie auf die Belange der zivilen Luftfahrt Anwendung, während letztere Art besonders für militärische Operationen in Frage kommt.

Es zeigt sich, daß beide Operationsarten verschieden stark auf die Höhenwindverhältnisse reagieren. Sie sollen daher im folgenden kurz beschrieben werden (Reiter 1957b).

9.111. Operationen unter minimalem Treibstoffverbrauch

Bei Windstille und Horizontalflug beträgt für das Schulflugzeug T-33 A bei etwa 26000 Fuß Flughöhe der Treibstoffverbrauch etwa die Hälfte des Verbrauches im Meeresniveau. Bei der Boeing 707 liegen die Verhältnisse ähnlich. Vernachlässigt man den zusätzlichen Kraftstoffverbrauch während des Steigens, so liegt das Niveau des wirtschaftlichsten Fluges nahe der Höchstfluggrenze des betreffenden Flugzeugtyps. Da diese mit abnehmender Last des Flugzeuges (infolge Treibstoffverbrauches) kontinuierlich in größere Höhen vorrückt, sehen wirtschaftliche Operationspläne für Düsenflugzeuge meist ein allmähliches

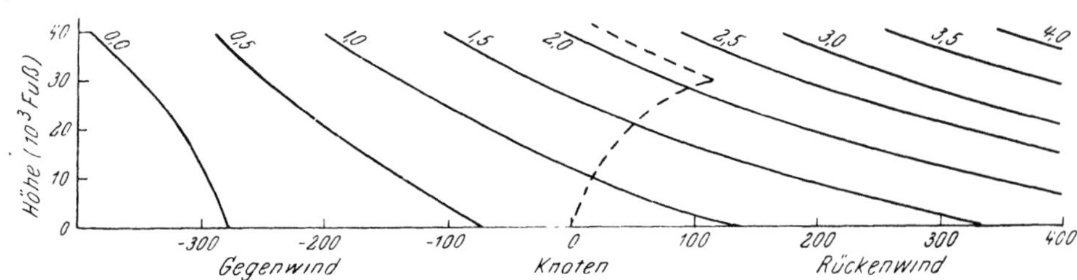

Abb. 9.111. Treibstoffverbrauch, n. mi./Gallone (USAF T-33 A), in Abhängigkeit von Druckhöhe und Windverhältnissen. Strichliert: hypothetisches vertikales Windprofil

Ansteigen der Flughöhe vor. So erreicht z. B. die T-33 A ihre optimale Flughöhe nach „climb-out", d. h. nach dem Aufstieg, bei etwa 30000 Fuß und steigt dann kontinuierlich bis etwa 42000 Fuß. Derartige Aufstiege lassen sich jedoch wegen der Verkehrsdichte aus Flugsicherungsgründen praktisch kaum durchführen.

Aus einem Diagramm, welches unter Berücksichtigung der Windgeschwindigkeit (Abszisse) den Wirkungsgrad (n. mi./Gall.) der Maschine als Funktion der Höhe (Ordinate) angibt, ist unmittelbar der Einfluß vertikaler Windscherungsverhältnisse auf die optimale Flughöhe ersichtlich (Abb. 9.111). Trägt man im selben Maßstab ein vertikales Windprofil ein — und zwar entsprechend den in der Abszisse vorgesehenen Windgeschwindigkeiten —, so ist ein Aufstieg in größere Höhen nur lohnend, solange dieses Windprofil immer noch einen Anstieg des effektiven Wirkungsgrades (n. mi./Gall.) andeutet. Bei dem (strichliert eingetragenen) Rückenwindprofil ist dies bis etwa 30000 Fuß der Fall. Darüber hinaus verläuft das Windprofil parallel zu den Kurven gleichen Wirkungsgrades. Ein weiteres Steigen der Maschine würde also die effektive Leistung des Flugzeuges nicht verbessern.

Die Abb. 9.111 läßt erkennen, daß im Falle der T-33 A nur bei sehr stark ausgeprägten Jet-Stream-Wetterlagen die optimale Flughöhe von den vertikalen Windscherungsverhältnissen beeinflußt wird. Im Falle der Boeing 707 liegen die Verhältnisse ähnlich. Nur in der Nähe des 40000-Fuß-Niveaus, das nicht weit von der maximalen Flughöhe für diesen Flugzeugtyp liegt, scheinen die vertikalen Windscherungen unter Umständen einige Bedeutung zu erlangen. Im allgemeinen läßt sich jedoch feststellen, daß man bei den gebräuchlichen Düsenflugzeugtypen in der Planung der ökonomischsten Flughöhe auf den Jet Stream kaum Rücksicht zu nehmen braucht (KELLY et al. 1954).

9.112. Operationen unter maximaler kontinuierlicher Motorenleistung

Bei Operationen, die eher auf maximale Geschwindigkeit (ground speed) als auf sparsame Flugweise zielen, ist der Jet Stream in seiner vertikalen Struktur von wesentlich größerer Bedeutung. Abb. 9.112 zeigt die vertikale Verteilung der „true air speed" (TAS, Relativgeschwindigkeit) des Flugzeuges, zusammen mit verschiedenen Windprofilen. Da für die Betrachtung der Einwirkung des vertikalen Windprofils auf die optimale Flughöhe ein relativer Geschwindigkeitsmaßstab (Abszisse) genügt, wurde die TAS-Kurve willkürlich verschoben. (Sie würde den wahren Verhältnissen unter normalen Gewichtsbedingungen für die T-33 A entsprechen, wenn in Abb. 9.112.1a die Geschwindigkeitsangaben

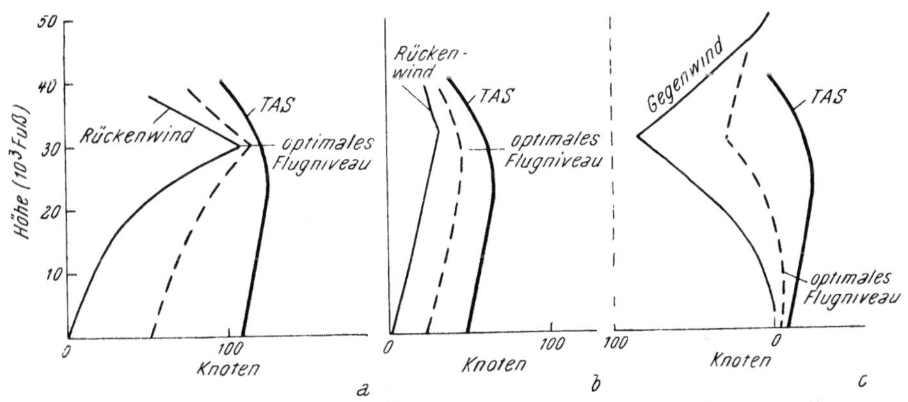

Abb. 9.112. Bestimmung des optimalen Flugniveaus für maximale Fluggeschwindigkeit (ground speed) unter verschiedenen Windverhältnissen

um etwa 300 Knoten vermehrt würden.) Das Maximum in der strichlierten Linie gibt das optimale Flugniveau für größte Fluggeschwindigkeit an. Es ist aus dieser Darstellung leicht ersichtlich, daß bei Flügen, die einem starken Strahlstrom folgen (*a*), das optimale Flugniveau im Jet-Stream-Kern liegt, bei schwächeren Strahlströmen dagegen (*b*) zwischen dem Niveau maximalen Windes und dem Niveau maximaler TAS. Gegenwindverhältnisse können unter Umständen zwei optimale Niveaus produzieren (*c*), wobei die endgültige Wahl wegen des geringeren Treibstoffverbrauches wohl in der Regel auf das höher gelegene fallen wird.

9.113. Flughöhenbestimmung in der routinemäßigen Flugberatung

Wie bereits in 9.111 festgestellt wurde, hat die vertikale Struktur des Jet Stream nur wenig Einfluß auf die Wahl des für zivile Luftfahrtgesellschaften interessanten Niveaus optimalen Treibstoffverbrauches. Um den Einfluß des Strahlstromes auf Luftoperationen abschätzen zu können, sind Karten der Art, wie sie in Abb. 3.246.2 gezeigt wurden, von großer Hilfe. Werden die Abb. 9.111 oder 9.112 in Form von kleinen Plexiglasauflagen im Maßstab der kleinen Windprofile der Abb. 3.246.2 hergestellt, so läßt sich die optimale Flughöhe über den verschiedenen Gebieten im Bereich des Jet Stream unmittelbar ablesen und aus einer geeigneten Kombination der so erhaltenen Werte ein optimaler Flugplan in bezug auf die einzuhaltende Flughöhe erstellen.

Die bestehenden Flugsicherungsvorschriften erlauben es jedoch nicht, ein Düsenflugzeug seine theoretisch bestimmte, optimale Flughöhe — unter Berücksichtigung des stetigen Steigens mit verminderter Treibstofflast — einhalten zu lassen. Besonders bei dichter werdendem Flugverkehr im Jet-Stream-Niveau ist es notwendig, jede Flugroute in Höhenschichten einzuteilen, die dem Hin- und Rückflug reserviert sind und etwa 2000 Fuß Höhenunterschied umfassen. Will man bei Langstreckenflügen der Verschiebung der optimalen Flughöhe in höhere Niveaus Rechnung tragen, so wird dies am besten in der Weise geschehen, daß die Flugstrecke in zwei oder mehrere Teilstrecken aufgegliedert wird, deren jede in immer größeren Höhen durchflogen wird, wobei jedoch die Flughöhe auf jeder Teilstrecke konstant gehalten wird. Es wird also statt eines kontinuierlichen Anstieges z. B. von 30000 auf 42000 Fuß ein stufenweiser Anstieg um je 4000 Fuß nach drei mehr oder weniger gleich langen Etappen vorzuziehen sein. Es ist leicht einzusehen, daß diese Art von Flugplanung — soll sie tatsächlich unter den gegebenen Flugsicherungsbedingungen eine ökonomische Flugweise garantieren — in verstärktem Maße auf verläßliche Höhenwindprognosen zurückgreifen muß. Wie aus Abb. 9.111 hervorgeht, ist der Treibstoffverbrauch von Düsenflugzeugen verhältnismäßig groß. Kann also durch Ausnutzung einer *verläßlichen* Höhenwindprognose an Treibstoff eingespart werden, so kann dafür Nutzlast (pay load) aufgenommen werden.

9.12. Pressure Pattern Flying

Unter Pressure Pattern Flying versteht man die Ausnützung des Windfeldes zwischen Start und Landung, das durch eine Prognose gegeben sei, für die Navigation des Flugzeuges. (Ausführliche Literatur bei U. S. A. W. S. 1954c, Great Britain, 1949, Davies 1950).

Ist die Beeinflussung der optimalen *Flughöhe* durch den Jet Stream bei einem Flugplan für minimalen Treibstoffverbrauch verhältnismäßig gering, wenn nicht vernachlässigbar, so tritt die *horizontale* Struktur des Windfeldes bei der Wahl der optimalen *Flugroute* viel markanter in Erscheinung (Buxton et al. 1955). Das Windfeld wird jedoch um so weniger Einfluß auf ein Flugzeug haben, je schneller dieses fliegt. Bei der Operationsplanung für Kurzstreckendüsenflugzeuge, wie z. B. die T-33 A, herrschte die allgemeine Auffassung, daß man auf den Jet Stream in der Flugplanung kaum Rücksicht zu nehmen braucht, da die Flugzeit dieser Maschinen verhältnismäßig gering und ihre Geschwindigkeit mehr als doppelt so groß als die starker Strahlströme ist. Somit blieb die Planung optimaler Flugrouten hauptsächlich auf langsam fliegende Langstreckenmaschinen mit Kolbenmotoren beschränkt.

Im modernen interkontinentalen Flugverkehr bedarf diese Ansicht jedoch einiger Revisionen. Abb. 9.12 zeigt die Zunahme ΔS des zurückzulegenden Weges zwischen zwei Punkten A und B, falls statt der Großkreisroute L zwischen A und B ein Dreieck in der durch die Abbildung angegebenen Art ausgeflogen wird. Der Abbildung kann entnommen werden, daß je nach der Lage des Kursänderungspunktes in diesem Dreieck (gegeben durch den Abstand x seiner Projektion auf die Linie L vom Punkt A) Abweichungen bis über 20% von L zulässig sind (gegeben durch die Höhe h des Dreieckes), ohne daß dadurch der Weg um mehr als 10% verlängert würde ($\Delta S < 10\%$ von L). Werden durch diesen Umweg günstigere Windverhältnisse erzielt, welche die Fluggeschwindigkeit (ground speed) im Vergleich zum Flug auf der Großkreisroute im Mittel um mehr als 10% steigern, so ist eine Abweichung vom Großkreis durchaus gerechtfertigt.

Aus der in Kap. 4.1 beschriebenen horizontalen Struktur des Polarfront-Jet ist ersichtlich, daß die horizontale Windscherung auf der zyklonalen Seite des Strahlstromes größer ist als auf der antizyklonalen Seite. Sollte also ein Gegenwindflug entlang der Jet-Achse geplant sein, so würde ein Ausweichen auf dessen Kaltluftseite am vorteilhaftesten sein. Es läßt sich an Hand der Abb. 9.12 und des in Kap. 4.1 Gesagten leicht einsehen, daß für Kurzstreckenflüge ein Ausweichen unrentabel bleibt, solange die Wegzunahme größer als der Gewinn an ,,ground speed" ist. Bei ausgeprägten Strahlstromwetterlagen ist auf der zyklonalen Seite in der Nähe der Jet-Achse mit einem Geschwindigkeitsabfall von etwa 40 Kno-

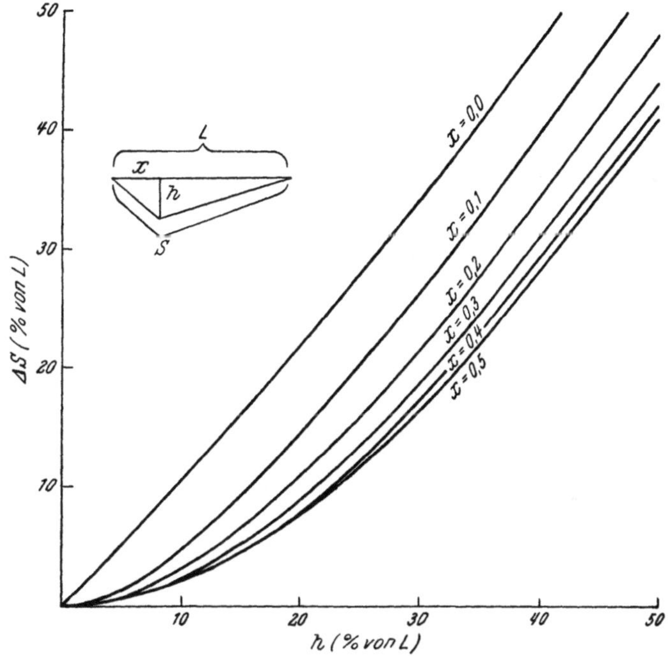

Abb. 9.12. Zunahme des Flugweges ΔS bei Abweichungen vom Großkreis L (s. Text)

ten/100 km zu rechnen. Wir wollen der Einfachheit halber annehmen, daß dieser Geschwindigkeitsabfall linear erfolge. Die Windgeschwindigkeit in der Strahlstromachse betrage 100 Knoten. Bei einem Gegenwindflug entlang der Jet-Achse würde somit eine Abweichung um 100 km gegen die kalte Seite hin in Form eines Dreieckskurses, wie er in Abb. 9.12 angedeutet ist, eine mittlere Windgeschwindigkeit entlang des gesamten Weges von etwa 80 Knoten bedeuten. Beträgt die TAS der Maschine 400 Knoten, so würde die Einsparung von 20 Knoten Gegenwind etwa 5% der Fluggeschwindigkeit ausmachen. Eine Kursabweichung um $h = 100$ km würde also nur dann in Frage kommen, wenn $\Delta S < 5\%$ von L ist. Wollen wir noch annehmen, daß der Flug entlang eines gleichschenkeligen Dreieckes erfolgt ($x = 0{,}5$ in Abb. 9.12), so könnte h etwa 15% von L betragen. Die Großkreisroute L müßte also mindestens 670 km lang sein, sollte eine Abweichung vom Kurs zu den oben gegebenen Bedingungen aus ökonomischen Gründen gerechtfertigt sein.

Diese überschlagsmäßige Berechnung wurde unter verhältnismäßig extremen Scherungsbedingungen durchgeführt. In einiger Entfernung von der Jet-Achse und insbesondere auf deren antizyklonaler Seite ist mit wesentlich geringeren Scherungen zu rechnen (vgl. Abb. 4.122.1). Nehmen wir eine horizontale Windscherung von nur 10 Knoten pro 100 km unter sonst gleichbleibenden Bedingungen an, so entspricht dies bei einer mittleren Windgeschwindigkeit entlang der Ausweichroute von 95 Knoten einer Einsparung von 5 Knoten, d. i. 1,25% der Fluggeschwindigkeit. $h = 100$ km dürfte dann nur etwa 7% von L sein, d. h. L müßte mindestens 1430 km lang sein.

Obige Überschlagsrechnungen wurden unter der Annahme einer Jet-Achse gemacht, die entlang der Großkreisroute L verläuft. In der Praxis dürfte dieser Fall kaum vorkommen. Die Stromlinien der Höhenströmung werden vielmehr die geplante Flugroute in einem bestimmten Winkel schneiden. Für die mittleren Windverhältnisse entlang einer Ausweichroute werden also geringere Scherungsverhältnisse gelten als die oben für den zyklonalen und antizyklonalen Fall angegebenen. Außerdem werden die mittleren Windgeschwindigkeiten für die verschiedenen Flugabschnitte verschieden sein. Das Problem der Vorausberechnung einer optimalen Flugroute ist also wesentlich komplizierter. Doch ist aus dem Gesagten bereits ersichtlich, daß die Planung einer optimalen Flugroute, die vom Großkreis abweicht, bei Langstreckenflügen über mehrere 1000 km durchaus in Erwägung zu ziehen ist, um so mehr, als jede Einsparung an Treibstoff durch zusätzliche Nutzlast aufgewogen werden kann. Zuverlässige Vorhersagen der Höhenwinde sind jedoch Grundbedingung (I. A. T. A. 1955, Chadwick 1955).

Um die Höhenwinde bei der Flugplanung in Rechnung zu stellen, sind verschiedene Verfahren gebräuchlich, die im folgenden kurz diskutiert werden sollen.

9.121. „Single-heading"-Flug (Das Ein-Kurs-Verfahren)

Das Single-heading-Verfahren stellt die einfachste Navigationsform dar, welche das Höhenwindfeld berücksichtigt. Aus einer Analyse des Druckniveaus der betreffenden Millibarfläche, auf der (oder in deren Nähe) der Flug stattfinden soll, bestimmt man den Höhenunterschied Δh der Topographie zwischen den Punkten A und B im Abstand Δl. Dieser Höhenunterschied kommt einer geostrophischen Querkomponente der Geschwindigkeit

$$V_{\text{quer}} = \frac{g}{f} \frac{\Delta h}{\Delta l} \qquad 9.121\ (1)$$

in m/sec gleich, falls h und Δl in m gegeben ist [vgl. Gl. 1.222 (7)]. Diese Querkomponente wird ein für allemal bei Erreichen der Flughöhe im Kurs berücksichtigt. Da V_{quer} nur die *mittleren* Verhältnisse zwischen A und B kennzeichnet, V jedoch im allgemeinen längs der Flugroute variabel ist, wird das Flugzeug *nicht* der kürzesten Verbindungsstrecke zwischen A und B folgen, sondern einer Linie, deren Krümmung von den lokalen Windverhältnissen abhängt.

Da bei dem vorliegenden Flugplan nur einmal — zu Begnn des Fluges — eine Kurseinstellung vorgenommen wird („single heading"), stellt diese Methode ein *Minimum* an navigatorischem *Arbeitsaufwand* dar. In bezug auf Treibstoffverbrauch und Flugzeit ist diese Methode jedoch nicht optimal (Corwin 1955).

Untersuchungen einer Anzahl von Flügen mit der B-47 (425 Knoten TAS) zeigten, daß der Fehler in der einmal angewandten Driftkorrektur auf 40° N etwa 7,6 nautische Meilen pro 100 Fuß Vorhersagefehler der Höhendifferenz zwischen Ausgangs- und Endpunkt der Route beträgt. Bei einer Reihenuntersuchung über den USA und dem Ostpazifik betrug der Vorhersagefehler im Mittel 203 Fuß. Man mußte also mit einem mittleren Fehler in der Driftberechnung von etwa 15,4 nautischen Meilen rechnen (Headquarters 1954). Wegen der großen horizontalen Druckgradienten im Jet-Stream-Bereich ist bereits bei geringen Fehlern in der Vorhersage der Position der Strahlstromachse mit großen Fehlern in der Prognose der Höhendifferenz, etwa des 300-mb-Niveaus, zwischen zwei Stationen zu rechnen. Es ist daher besonders im Jet-Stream-Bereich mit verhältnismäßig großen Fehlern in der Driftkorrektur zu rechnen.

9.122. Der Minimum-Flugweg (Minimum Flight Path)

1944 wurden in mehr als 100 Atlantiküberquerungen zwei Gruppen von Coronado-Flugbooten zwischen Neufundland und Nordirland eingesetzt. Während die eine Gruppe dem Großkreis folgte, wendete die zweite Gruppe Minimum-Flugpläne an. Es zeigte sich, daß letztere Gruppe im Durchschnitt über 10% mehr Nutzlast (pay load) befördern konnte als erstere. Flüge über dem Nordatlantik in der Nähe der 500-mb-Fläche gaben maximale Einsparungen von 33% an Flugzeit bei Minimum-Flugwegen (Fraser 1951, Davis 1954, vgl. Polson 1957, Reynolds et al. 1958).

Die Anwendung von Minimum-Flugplänen hat inzwischen weiten Eingang in die Aeronavigation gefunden. Es ist vor allem die ,,Zeitfronten"-Methode, welche universelle Anwendungsmöglichkeiten bietet.

,,Zeitfronten" sind die Linien, auf denen sich ein Flugzeug mit bestimmter TAS, unter Berücksichtigung des Höhenwindfeldes, nach Ablauf einer bestimmten Zeit (1, 2, 3 Stunden usw.) bei beliebiger Flugrichtung befinden würde. Man konstruiert sie in folgender Weise: Am Ausgangspunkt trägt man einen Kreisbogen auf, dessen Radius der TAS des Flugzeuges entspricht. Zu diesem Bogen addiert man bei Rückenwinden (bzw. subtrahiert man bei Gegenwinden) graphisch die *mittleren* Windvektoren, die entlang der verschiedenen Radiusvektoren beobachtet werden, und erhält auf diese Weise die erste Zeitfront T_1. Zu dieser ersten Zeitfront wird wiederum die TAS, vermehrt um den mittleren Windvektor addiert. Auf diese Weise erhält man die weiteren Zeitfronten T_2, T_3 usw. Den Minimum-Flugweg findet man, indem man im Zielpunkt (destination) den Windvektor nach rückwärts aufträgt und von dessen Endpunkt Q eine Lotlinie auf die vorangehende Zeitfront fällt, wo der Schnittpunkt P erreicht wird. PQ gibt den Kurs des Flugzeuges an (der unter Umständen noch um die magnetische Mißweisung auf den magnetischen Kurs korrigiert werden muß). Der Abstand von P bis zum Ziel gibt den Ground-speed-Vektor an. Man verfährt so weiter rückschreitend bis zum Ausgangspunkt. Die Folge aller Ground-speed-Vektoren gibt den Minimum-Flugweg.

Für die Konstruktion des Minimum-Flugweges müssen selbstverständlich die Windbedingungen zur *Flugzeit* verwendet werden. Es bedarf also einer detaillierten und verläßlichen Windprognose. Die Cook Research Laboratories (1954a, b, 1955, 1956, Bellamy 1954, Burkett et al. 1956) schlagen die Verwendung eines geostrophischen Rechenschemas vor: Es wird von der Analyse der dem Flugniveau nächstgelegenen Topographie einer Isobarenfläche ausgegangen, die zweckmäßigerweise, um der Aeronavigation entgegenzukommen, gleich in D-Werten (Altimeterkorrektur) bezeichnet ist (Bellamy 1945b, Woolcock 1952), wobei

$$D = z - z_p \qquad 9.122\ (1)$$

die Anomalie des betreffenden Höhenwertes z der Isobarenfläche gegenüber der Standard-Atmosphäre (z_p) ausdrückt. Falls der Flug nicht im Standard-Druckniveau stattfindet, wird die vertikale Windscherung zwischen benachbarten Druckniveaus linear angenommen und durch den thermischen Wind — ausgedrückt durch die Analyse der mittleren spezifischen Temperaturanomalie

$S^* = \frac{T^* - T_p}{T_p}$ — angegeben, wobei der Index p wiederum die Verhältnisse in der Standard-Atmosphäre angibt. T^* ist die virtuelle Temperatur im betrachteten Niveau.

Die zeitliche Änderung des Windfeldes wird durch eine Analyse der τ-Werte berücksichtigt, welche die vorhergesagte stündliche Änderung der D-Werte feldmäßig darstellt.

Zur praktischen Berechnung der Zeitfronten bzw. der Flugroute wird die Verwendung von Nomogrammen und Zeichengeräten vorgeschlagen (Cook Research Lab. 1956, BURKETT et al. 1956, DE JONG 1956, et al. 1953, CORWIN 1953, POWELL 1957).

Werden die vorhergesagten Winde während des Fluges nicht angetroffen, so stehen mehrere Möglichkeiten für eine Korrektion offen.

1. Der Navigator kann, falls die neue Windvorhersage nunmehr verläßlich erscheint, einen neuen Zeitfronten-Entwurf machen und von der gegenwärtigen Position des Flugzeuges weg einen Minimum-Flugplan auslegen (BURKETT et al. 1956, PEEL 1953).

2. Ist die Entfernung zum Zielpunkt nicht mehr groß, so kann nach einem Single-heading-Plan weiter verfahren werden, da dieser für geringe Entfernungen nur wenig von einem Minimum-Flugplan abweicht (DE JONG et al. 1953).

3. Mißt man, vom Zielpunkt ausgehend, den Winkel zwischen der tatsächlichen Position des Flugzeuges und der nach dem Minimum-Flugplan vorhergesehenen, so kann dieser Korrekturwinkel auf die noch verbleibenden „headings" des alten Minimum-Flugplans angewendet werden (DE JONG et al. 1953).

Die einzigen Einwände, welche sich gegen diese ansonst rationelle und zuverlässige Methode machen lassen, sind folgende:

1. Die Methode basiert auf der Annahme eines genau vorhersagbaren Windfeldes. Bei Flugplänen, die in der Nähe von Strahlstromachsen verlaufen, ist diese Voraussetzung unter den gegenwärtig zur Verfügung stehenden Meß- und Vorhersagemethoden besonders über den Ozeanen keineswegs gegeben, weshalb es wünschenswert wäre, wenn den Wetterämtern mehr Windbeobachtungen durch Flugzeuge zur Verfügung stünden (GARTINEAU 1951). Es muß also damit gerechnet werden, daß während des Fluges Änderungen am Flugplan vorgenommen werden müssen, die entweder die völlige Aufgabe eines Minimum-Flugplanes (Punkt 2 und 3, oben) oder eine Neuberechnung erfordern, die dem Navigator einiges an Geschicklichkeit und Zeit abverlangt.

2. Bei den gegenwärtigen Flugsicherungsvorschriften, welche fest vorgeschriebene Flugrouten und für den Flugverkehr gesperrte Gefahrenzonen vorsehen, ist ein Minimum-Flugplan der oben angegebenen Art oft schwer durchzuführen bzw. stark zu modifizieren (GRINGORTEN 1955, WILLIAMS 1957).

3. Die Zeitfront-Methode liefert als direktes Ergebnis die Flugzeit statt des Treibstoffverbrauches, der für die Fluggesellschaften zur Berechnung der Nutzlast in erster Linie interessant wäre.

9.123. Flugplanung entlang standardisierter Flugrouten

Zur Berücksichtigung obiger Punkte 1 und 2 finden sich Ansätze in einer Flugplanungsmethode, die in der Pazifik-Abteilung der Pan American World Airways erfolgreich angewandt wurde (STIEFELMAIER 1955). Zwischen Tokio und Honolulu wurden standardisierte Flugrouten ausgelegt, die je nach Position des Jet Stream gewählt werden. Diese Methode wäre durchaus ausbaufähig und würde es besonders den kommerziellen Luftverkehrsgesellschaften ermöglichen, ohne großen zeichnerischen Aufwand eine optimale Route festzulegen. Von MEEKER

(1954) wird ebenfalls eine Auswertemethode angegeben, die mit Hilfe von Nomogrammen aus einer Anzahl von Routen die günstigste auszuwählen gestattet.

Vom Verfasser (1957b) wurde ein Verfahren skizziert, das im folgenden kurz erläutert werden soll:

Abb. 9.123 gibt eine schematische Darstellung des Navigationsproblems: AB sei die Flugroute entlang eines Großkreises, aufgeteilt in eine Folge von Loxodromen (rhumb lines). TAS ist die „true air speed" des Flugzeuges im Flugniveau, U der Windvektor und GS_i der „Ground-speed"-Vektor zwischen C_i und D_i in der i-ten Teilstrecke des Fluges. GSR_i ist die Projektion des Vektors GS_i auf eine Linie parallel zur Loxodrome, die den Großkreis annähert. d bezeichnet die Windrichtung relativ zur Kompaßrichtung des Fluges und T, der „track angle", ist der Winkel, den die noch näher zu bestimmende optimale Route GS_i mit der Loxodrome GSR_i einschließt. Gesucht wird eine Gleichung, welche uns GSR_i als Funktion von U, d, T und TAS gibt. Sie kann aus Abb. 9.123 durch einfache trigonometrische Überlegungen erhalten werden.

$$GSR = \cos T \cdot (B + \sqrt{B^2 - U^2 + TAS^2}), \qquad 9.123\ (1)$$

worin

$$B = U \cos (d - T)$$

bedeutet.

Eine der vier Unbekannten kann man eliminieren, indem man sämtliche Geschwindigkeiten in Bruchteilen von TAS ausdrückt. Bezeichnen wir also $GSR' = GSR/TAS$ und analog $B' = B/TAS$ und $U' = U/TAS$, so erhalten wir schließlich eine Gleichung mit drei Unbekannten:

$$GSR' = \cos T \cdot [B' + \sqrt{B'^2 + (1 - U'^2)}]. \qquad 9.123\ (2)$$

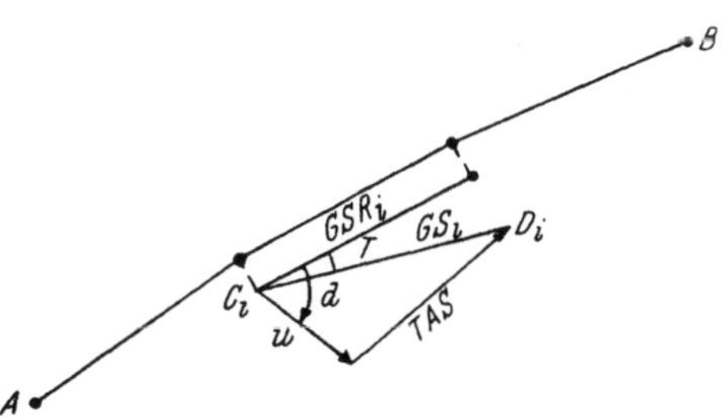

Abb. 9.123. Bestimmung des optimalen Flugweges (s. Text)

Der Pilot ist jedoch nicht so sehr an der Verbesserung der „ground speed" interessiert, sondern an der Einsparung an Flugzeit und Treibstoff. Die gewünschte Größe wäre daher

$$t' = t_a / t_{gc}. \qquad 9.123\ (3)$$

t_a ist die tatsächlich für eine Teilstrecke benötigte Flugzeit und t_{gc} die Zeit, welche zur Zurücklegung der Projektion dieser Teilstrecke auf den Großkreis (bzw. dessen Näherungs-Loxodrome) bei *Windstille* aufgewendet werden muß. Ist L die Länge des betrachteten Teilstückes des Großkreises (bzw. der Loxodrome), so gilt

$$t_a = L/GSR \qquad 9.123\ (4)$$

und

$$t_{gc} = L/TAS. \qquad 9.123\ (5)$$

Somit ist

$$t' = 1/GSR'. \qquad 9.123\ (6)$$

Es empfiehlt sich daher, den Reziprokwert der Gl. (2) in Tabellen als Funktion von U', d und T darzustellen. $(100 - 100\,t')$ gibt unmittelbar den Vergleich der Flugzeit auf der alternativen Route in Prozenten der Flugzeit auf dem Großkreis unter Windstille, positiv für eine Einsparung, negativ für einen Mehraufwand.

Werden die Teilstücke L_i der Gesamtroute *äquidistant* gewählt, so gibt das arithmetische Mittel aus den t_i' die Änderung der Flugzeit auf der gesamten alternativen Route im Vergleich zur gesamten Großkreisroute unter Windstille. Sind die einzelnen Teilstrecken L_i *nicht* äquidistant, so müssen die ihnen entsprechenden Prozentzahlen der Flugzeitänderung mit Gewichtsfaktoren multipliziert werden, die das Verhältnis der Teilstreckenlängen zueinander berücksichtigen.

Sind die etwas komplizierten tabulatorischen Rechenarbeiten ein für allemal erledigt, so können für beliebige Höhenwindverhältnisse für eine Reihe von Alternativrouten die Flugzeiteinsparungen unmittelbar in Prozenten angeführt werden. Die Praxis zeigt (Reiter 1957b), daß sich oft mehrere Routen nur unwesentlich oder gar nicht in der berechneten Flugzeit unterscheiden. Es kann somit für die endgültige Wahl der Flugroute die *Zuverlässigkeit* der Höhenwindvorhersage einkalkuliert werden. Steht z. B. die Position der Strahlstromachse nicht genau fest, so wird man für einen Flugplan, der in ihrer Nähe verlaufen soll, eher eine konservative Alternativroute wählen, die sich möglichst dem Großkreis anpaßt.

Für planmäßige interkontinentale Flugverbindungen können Gl. (2) und (6) bereits so tabelliert werden, daß im Winkel T die vom Flugsicherheitsdienst vorgesehenen Routen berücksichtigt werden.

Ist nicht die Änderung der Flugzeit, sondern die des *Treibstoffverbrauches* mit den verschiedenen Alternativrouten gefragt, so kann — ebenfalls in tabellenmäßiger Form — ein Faktor in den Prozentzahlen unter Berücksichtigung von Flugzeit (verminderte Treibstoffladung infolge kontinuierlichen Verbrauches) und „power setting" (Temperaturabhängigkeit) berücksichtigt werden. In den meisten Fällen dürfte es jedoch genügen, die prozentuelle Einsparung (oder den Mehraufwand) an Flugzeit direkt als Einsparung (Mehraufwand) im Treibstoffverbrauch zu interpretieren.

9.124. Methoden zur Auffindung des Strahlstromes

Mit den strikten Vorschriften der Flugsicherung ist es heute sehr selten möglich, dem Jet Stream „nachzujagen". Trotzdem wären Hinweise, die der Pilot en route auf die Position des Strahlstromes gewinnen könnte, von großem Wert. Sie würden ihn nämlich in die Lage versetzen, im voraus abzuschätzen, ob sich sein Flugplan verifizieren wird und mit welchen Korrekturen in Flugzeit und Treibstoffverbrauch er zu rechnen hat.

Bei Flügen unterhalb des Niveaus maximalen Windes kann eine aufmerksame Verfolgung der Temperaturanzeige wertvolle Aufschlüsse geben (Jacobs 1955). Die stärksten Winde sind auf der *warmen* Seite der Frontalzone zu finden.

Oberhalb des Strahlstromniveaus tritt ebenfalls eine barokline Zone deutlich in Erscheinung (vgl. Abb. 4.112.3), doch sind hier die stärksten Winde auf der *kalten* Seite der Frontalzone zu suchen. Das Maximum der horizontalen Windscherung liegt sowohl oberhalb als auch unterhalb der Jet-Stream-Niveaus in der baroklinen Zone. Wird also an Hand der Temperaturbeobachtung während des Fluges festgestellt, daß die Flugroute die Frontalzone anschneidet, so genügen meist geringe Kursänderungen — falls diese aus Flugsicherheitsgründen durchgeführt werden können —, um drastische Änderungen in der Stärke der Höhenwinde zu erreichen.

Existieren sorgfältige Höhenwetteranalysen im Flugniveau, so kann die mittlere Isotherme entlang der Jet-Stream-Position direkt mit den Temperaturbeobachtungen während des Fluges korreliert werden und so eine Korrektur der Höhenwetterkarte während des Fluges vorgenommen werden.

Im Strahlstromniveau selbst dienen „Isentropenbuckel" und -„graben" als Indikatoren für die Jet-Stream-Position (Reiter 1961e). Solange nicht detaillierte Forschungen mit brauchbaren luftchemischen oder anderen Methoden aufwarten können, sollen die Wolken (s. Kap. 6.3) als Hilfsmittel zur Festlegung der Strahlstromachse herangezogen werden (Frost 1953).

9.125. Klimatologie der Langstrecken-Fluglinien

Die oben beschriebenen Verfahren dienen dazu, unter den gegebenen Höhenströmungsverhältnissen die jeweils günstigste Route aus einer Anzahl von Möglichkeiten auszuwählen. Unter den gegenwärtig im Kurs befindlichen Flugsicherungsvorschriften ist allerdings, wie bereits erwähnt, die Anwendungsmöglichkeit dieser Verfahren stark eingeschränkt. Es wird daher bereits bei der Planung von interkontinentalen Flugrouten ein gewisses Augenmerk auf die Klimatologie der Höhenströmung zu richten sein (DURST und DAVIS 1949, GRAYSTONE 1956, HALDIMAN et al. 1959, HENRY 1957, LAHEY et al. 1960, ROBERT 1960, TANCK 1960). Wenn die SAS ihre Flüge nach den USA über den Nordpol lenkt, so geschieht dies nicht aus Sensationslust, sondern aus ökonomischen Gründen (REITER 1959g).

Sicher könnte auf dem Gebiet der Klimatologie des Jet Stream noch einiges errechnet werden, was besonders den Luftverkehrsgesellschaften zugute kommen würde. Sehr Brauchbares wurde bereits durch die Berechnung der „äquivalenten Gegenwinde" entlang bestimmter Flugrouten geleistet (COYLE 1950, CROSSLEY 1949, CRUTCHER 1956, U. S. Navy 1954, DURWARD und JONES 1955, Great Britain 1950, GABITES und PORTER 1952, 1952a, HARLEY 1952, KUHLBRODT 1952a, O'BYRNE et al. 1957, SAWYER 1950). Aus der Haufigkeitsverteilung der Höhenwinde werden die mittleren Gegen- und Rückenwinde berechnet, mit denen man bei der Befliegung der betreffenden Route zu rechnen hat. Aus der Häufigkeitsverteilung ist gleichzeitig ersichtlich, mit welchen Sicherheitsfaktoren in der Treibstoffladung zu rechnen ist, um die Route auch unter extremen Bedingungen befliegbar zu machen. Für den Düsenflugverkehr, bei dem die Temperaturverhältnisse außerdem eine Rolle spielen, können diese gleich in Form von scheinbaren Gegen- oder Rückenwinden in die Statistik eingebaut werden (CROSSLEY 1956).

Vor allem ist es die Beständigkeit des Jet-Stream-Regimes, welche in der Planung einer Verkehrslinie von Bedeutung ist. So können z. B. Fluglinien von Tokio nach Honolulu mit allergrößter Wahrscheinlichkeit auf kräftige Rückenwinde rechnen. Diese Strecke wird heute bereits mit konventionellen Maschinen im Nonstopflug bewältigt, während der Rückflug in der Regel eine Zwischenlandung auf Midway oder Wake vorsieht. Ohne Zweifel wird der Düsenflugverkehr Direktflüge von Tokio nach San Franzisko ermöglichen, die unter Ausnützung des Polarfront-Jet einer nördlicheren Route folgen werden. Der Rückflug wird, unter Vermeidung des Strahlstromes, vorteilhaft einer südlicheren Route folgen müssen.

Im Transatlantikverkehr liegen die Verhältnisse wegen der größeren Variabilität des Jet Stream weniger günstig. Es wurden bereits Statistiken über die Häufigkeit der Strahlstrominzidenz in den verschiedenen Meridianen veröffentlicht (BUXTON et al. 1955), welche zeigen, daß die Schwankungsbreite praktisch den Raum zwischen Grönland und den Azoren umfaßt. Es steht also nicht von vornherein fest, daß eine mitteleuropäische Fluglinie „westbound" über Island und Neufundland ökonomischer ist als etwa im Direktflug. Jahreszeitliche Schwankungen in der mittleren Position des Jet Stream wären zu berücksichtigen, so daß unter Umständen Westwärtsflüge im Sommer vorteilhaft auf eine südliche Route, etwa über die Azoren, verlegt werden könnten. Bei derartigen Entscheidungen müßte wohl eine Häufigkeitsauswertung der Minimum-Flugwege zu Rate gezogen werden (vgl. BUXTON et al. 1955, Bundesanstalt 1959). Fluglinien, bei denen die Streuung der Minimum-Flugwege um den Großkreis nur gering ist, lassen sich mit größerer Sicherheit in der Berechnung der Nutzlast (pay load) und des Treibstoffvorrates befliegen als Linien, welche große Abweichungen ökonomisch machen würden. Diese wären nämlich ein Zeichen für ein labiles Höhenströmungsfeld. So betrug z. B. im Oktober 1954 die Streuungsbreite der Minimum-Flugwege um den Großkreis bei Westwärtsflügen von Keflavik (Island) nach Idlewild (New York) etwa 7,5 Breitengrade, von London nach Idlewild während des gleichen Zeitraumes 18 Breitengrade.

Auf der Südhemisphäre liegen die Luftverkehrsverhältnisse wesentlich ungünstiger als auf der Nordhalbkugel. Es fehlen dort die Wetterschiffe und damit die Höhenwettermeldungen über den weiten Räumen der Ozeane. Als einzige Informationsquellen stehen Inselstationen und Flugzeugmeldungen zur Verfügung. Eine klimatische Bearbeitung des Jet Stream wäre in diesem Gebiet von eminenter Bedeutung (PHILLPOT et al. 1952).

9.2. Clear-Air Turbulence als aeronautisches Problem

Neben den oben erwähnten navigatorischen Fragen, die uns der Strahlstrom im Zeitalter des Düsenflugverkehrs zur Lösung aufgibt, tritt besonders ein Problem an den Konstrukteur und an den Piloten heran, das der *Clear-Air Turbulence*. Die Böigkeit während des Fluges verursacht selbst dann, wenn sie sich vom Standpunkt der Passagiere aus gesehen noch in erträglichen Grenzen hält, einen übernormalen Verschleiß des Materials („metal fatigue"), welcher an der Lebensdauer des Flugzeuges zehrt (REITER 1959g, 1960b). Der Ruf nach zuverlässigeren Turbulenzprognosen ist also durchaus verständlich, obwohl Fälle mit schwerer CAT relativ selten sind.

In Kap. 4.312 wurde an Hand der meteorologischen Faktoren, welche zur Bildung von CAT Anlaß geben können, gezeigt, daß Turbulenzzonen einen mesostrukturellen Charakter besitzen und daher einer unmittelbaren Prognose sehr schwer zugänglich sind. Daß Turbulenz im Bereich der Strahlströme am häufigsten auftritt, wurde in dem erwähnten Kapitel bereits gezeigt. Trotzdem erscheint es übertrieben, wenn grundsätzlich jeder Strahlstrom in den Höhenwetterkarten als „Turbulenzzone" markiert und von seiner Befliegung abgeraten wird. Der Abb. 4.312.1 kann entnommen werden, daß die größte Turbulenzhäufigkeit hauptsächlich in stabilen, baroklinen Zonen auftritt, dazwischen jedoch Schichten mit relativ laminarer Strömung eingelagert sind. Wollte man versuchen, mit den oben beschriebenen Navigationsmethoden vom Jet Stream erfolgreich Gebrauch zu machen, so müßte man nun zusätzlich ein Verfahren entwickeln, diesen stabilen Zonen effektvoll auszuweichen. Da diese Zonen jedoch meso- oder mikrostrukturellen Charakter besitzen, sind sie im einzelnen prognostisch kaum zu erfassen. Eine Ausnahme mag die „Jet-Stream-Front" bilden, die als Zone großer Turbulenzhäufigkeit bei fast allen Strahlstromtraversierungen in Erscheinung tritt.

In der Hauptsache ist man bei der Ausgabe von Turbulenzwarnungen gegenwärtig auf folgende statistische Erkenntnisse angewiesen, die im Einzelfall nicht zutreffen müssen (REITER 1960b, 1961e).

1. Im Bereich von Strahlströmen ist die Wahrscheinlichkeit des Auftretens von CAT etwa dreimal so groß wie in windschwachen Gebieten.

2. Über welligem Boden ist dort mit dem Auftreten von Leewellen und damit verbundener Turbulenz zu rechnen, wo die Höhenwinde annähernd parallel zu starken hangnormalen Winden im Kammniveau wehen und die Stabilität der Atmosphäre mit der Höhe abnimmt. Derartige Wetterlagen sind im Strahlstrombereich häufig anzutreffen. Maximale Wellenamplituden sind in Schichten maximaler Stabilität zu erwarten. Eine routinemäßige Berechnung des SCORER-Parameters für Gebirgsstationen in der Nähe von Flugrouten wäre zu empfehlen. Es ist dabei zu bedenken, daß bereits geringe Bodenerhebungen unter günstigen Umständen wellenbildend wirken können.

3. Im Bereich eines Strahlstromes zeichnen sich besonders drei Gebiete durch vermehrte Turbulenzhäufigkeit und durch Labilität der Strömung aus (vgl. Abb. 4.312.1):

a) auf der antizyklonalen Seite des Strahlstromes etwa im Niveau der Strahlstromachse;

b) auf der zyklonalen Seite der Strahlstromachse in der Nähe der Tropopause;

c) unterhalb der Strahlstromachse, im Bereich der baroklinen, statisch stabilen Schicht der „Jet-Stream-Front".

Von diesen drei Gebieten tritt c) am ehesten aus Radiosondenaufstiegen in Erscheinung, da die „Jet-Stream-Front" meist etwas mächtiger ist als die übrigen stabilen Zonen. Ihre Position relativ zum Strahlstromkern ist jedoch schwankend, so daß in mittleren Querschnitten dieses Gebiet c) weniger deutlich zum Ausdruck kommt als die Gebiete a) und b). Dies berechtigt zur Hoffnung, daß aus sorgfältigen Querschnittanalysen, zumindest über den Kontinenten, einige Anhaltspunkte gewonnen werden können, die eine wirksamere Turbulenzprognose ermöglichen.

4. An Diskontinuitätsflächen (Fronten, Inversionen, stabilen Schichten, Dunstschichten, Tropopause) ist mit erhöhter Turbulenzhäufigkeit zu rechnen, insbesondere wenn diese Diskontinuität mit einem Windsprung in der Vertikalen verbunden ist. Stärkere CAT scheint an „Isentropengräben" gebunden.

5. In Übereinstimmung mit den theoretischen Untersuchungen von SEKERA (1948) sind Schwerewellen im Bereich starker vertikaler Windscherung in Bändern parallel zur Windrichtung orientiert; bei schwacher Scherung dagegen senkrecht zur Windrichtung. Es wäre demnach zu erwarten, daß im Bereich schwacher vertikaler Windscherung eher bei Flügen parallel zur Strahlstromachse Turbulenz angetroffen wird als bei Flügen senkrecht zur Windrichtung. Dies würde vornehmlich für das Turbulenzgebiet a) (s. Satz 3) zutreffen [teilweise auch für das Gebiet b)]. Bei starker vertikaler Windscherung wäre besonders auf Flügen senkrecht zur Strahlstromachse mit Turbulenz zu rechnen. Dies trifft insbesondere für das Gebiet c), teilweise auch für das Gebiet b) zu.

Auf Grund der bisherigen Kenntnisse über die CAT können folgende Ausweichmanöver vorgeschlagen werden, wenn sie mit den geltenden Flugsicherungsbestimmungen vereinbar und im Interesse des Komforts der Flugpassagiere geboten erscheinen.

1. Verringerung der Fluggeschwindigkeit. Dadurch wird laut Gl. 4.312 (1) bei gleicher Böengeschwindigkeit W_{de} die Beschleunigung Δn herabgesetzt.

2. Bei Flügen parallel zum Strahlstrom: Änderung der Flughöhe um etwa 200 bis 300 m.

Bei Flügen senkrecht zur Windrichtung: Höhenänderung um etwa 200 bis 300 m im Turbulenzgebiet b), wo die Isentropenflächen, und damit die stabilen Zonen, annähernd horizontal verlaufen. Ansonsten ist unter Rücksichtnahme auf die zu erwartende Neigung der Isentropenflächen bei Flügen von der antizyklonalen (warmen) zur zyklonalen (kalten) Seite ein Ausweichen nach *unten*, bei umgekehrter Flugrichtung ein Ausweichen nach *oben* vorzuziehen.

Ist die Turbulenz mit einer gleichzeitigen Temperaturänderung verbunden, so ist mit großer Wahrscheinlichkeit die turbulente Zone in kurzer Zeit durchstoßen, wenn der Kurs beibehalten wird. Wird dagegen Turbulenz bei konstanter Außentemperatur verspürt, so ist eine Kursänderung zu erwägen, da die ursprüngliche Flugroute vermutlich parallel zu einer stabilen Zone verläuft (vgl. Abb. 4.312.2).

3. Im Bereich starker Leewellen an Gebirgsrücken ist eine Kursänderung zu erwägen, die das Flugzeug schräg gegen den Wind bringt. In den meisten dieser Fälle dürfte das Wolkenbild Aufschluß über die günstigste einzuschlagende Richtung geben.

Für die Flugsicherheit und den Flugkomfort ist die Sammlung und Verarbeitung einer großen Zahl von CAT-Berichten von Interesse. Vor allem wäre jedoch der Feinstruktur der Atmosphäre erhöhte Aufmerksamkeit zu widmen, um so den Mechanismus, der zur Bildung von CAT führt, genauer erforschen zu können.

Literaturverzeichnis

Abkürzungen

ACSI	Atti del Congresso Scientifico Internazionale sulle Correnti a Getto (Jetstream) e Ondulatorie; Torino (Italia) 4—6 Giugno 1959
AER	Aeronautical Engineering Review
AFS	US Air Force, Cambridge Research Center, Air Force Surveys in Geophysics
AGR	Annali di Geofisica, Roma
AM	Annalen der Meteorologie, Hamburg
AMGBA	Archiv für Meteorologie, Geophysik und Bioklimatologie, Serie A, Wien
AMGBB	Archiv für Meteorologie, Geophysik und Bioklimatologie, Serie B, Wien
AMMM	Australian Meteorological Magazine, Melbourne
AMO	Antarctic Meteorology, Proceedings of the Symposium held in Melbourne, February 1959. Oxford: Pergamon. 1960
AMS	American Meteorological Society
AMSP	Acta Meteorologica Sinica, Peking
AMST	American Meteorological Society, Proceedings of the Toronto Meteorological Conference, September 1953
AWS	Air Weather Service
A & M	Texas, Agricultural and Mechanical College, Department of Oceanography and Meteorology
BAMS	Bulletin of the American Meteorological Society, Boston
BDW	Berichte des Deutschen Wetterdienstes, Offenbach
BDWUS	Berichte des Deutschen Wetterdienstes in der US-Zone, Bad Kissingen
BPA	Beiträge zur Physik der (freien) Atmosphäre, Frankfurt a. M.
CM	Compendium of Meteorology, American Meteorological Society, Boston
CP	Royal Meteorological Society, Centenary Proceedings 1950, London
DFS	Deutsche Forschungsanstalt für Segelflug, München
GA	Geografiska Annaler, Stockholm
GBG	Gerlands Beiträge zur Geophysik, Leipzig
GH	Geophysica, Helsinki
GM	Great Britain Meteorological Office, Geophysical Memoirs
GMOPN	Great Britain Meteorological Office, Professional Notes
GMT	Geophysical Magazine, Tokyo
GP	Geofysiske Publikasjoner, Oslo
GPA	Geofisica Pura e Applicata, Milano
GRD	Geophysics Research Directorate, Air Force Cambridge Research Center
GRP	US Air Force, Cambridge Research Center, Geophysical Research Papers
IB	Időjárás, Budapest
IJMG	Indian Journal of Meteorology and Geophysics, Delhi
ISG	Izvestiia, Ser. Geof. Akademiia Nauk SSSR
IUGG	I. U. G. G., Association of Meteorology, Rome, September 1954, Scientific Proceedings. London: Butterworth. 1956
JATP	Journal of Atmospheric and Terrestrial Physics, London
JGR	Journal of Geophysical Research, Washington, D. C.
JINL	Journal of the Institute of Navigation, London
JM	Journal of Meteorology, Boston
JMRT	Journal of Meteorological Research, Tokyo
JMSJ	Journal of the Meteorological Society of Japan
LM	La Météorologie, Paris

MA	Meteorologiske Annaler, Oslo
MAB	Meteorologische Abhandlungen, Institut für Meteorologie und Geophysik, Freie Universität Berlin
MDW	Mitteilungen des Deutschen Wetterdienstes, Offenbach
MG	Meteorologiia i Gidrologiia, Leningrad
MIT	Massachusetts Institute of Technology
MM	Meteorological Monographs, AMS Boston
MML	Meteorological Magazine, London
MNM	Météorologie Nationale, Monographies, Paris
MR	Meteorologische Rundschau, Offenbach
MRP	Great Britain, Meteorological Research Committee, Meteorological Research Paper
MU	Meddelande, Uppsala Universitet, Meteorologiska Institutionen
MWR	Monthly Weather Review, Washington, D. C.
MZ	Meteorologische Zeitschrift, Braunschweig
N	Navigation, Los Angeles
NACA	National Advisory Committee of Aeronautics
NWRF	US Navy Weather Research Facility, Norfolk, Va.
NYU	New York University, College of Engineering
PMGT	Papers in Meteorology and Geophysics, Tokyo
QJRMS	Quarterly Journal of the Royal Meteorological Society, London
RM	Research Memorandum (NACA)
RMA	Rivista di Meteorologia Aeronautica, Roma
RMV	Rossby Memorial Volume: The Atmosphere and Sea in Motion, B. Bolin, Editor, New York 1959
RP	Research Paper
SAR	Schweizer Aero Revue, Bern
T	Tellus, Stockholm
TAGU	Transactions of the American Geophysical Union, Washington, D. C.
TAT	Tateno, Journal of the Aerological Observatory
TN	Technical Note
TP	Technical Paper
TR	Technical Report
UAL	United Air Lines, Denver
UCLA	University of California at Los Angeles
UofC	University of Chicago
USAWS	US Air Weather Service
USWB	US Weather Bureau
W	Weather, London
WMO	World Meteorological Organization
WW	Weatherwise, Boston
ZM	Zeitschrift für Meteorologie, Berlin

Die Zahlen in Klammern am Ende der einzelnen Literaturzitate beziehen sich auf die „Meteorological Abstracts and Bibliography" bzw. die „Meteorological and Geoastrophysical Abstracts", in denen die betreffende Arbeit referiert wurde.

Abbe, C., 1907: Projections of the globe appropriate for laboratory methods of studying the general circulation of the atmosphere. BAMS 13: 502—506.

Alabaster, R. C., 1953: The operation and navigation of jet airliners. JINL 6 (3): 213—237. (6. 10—46.)

Alaka, M. A., 1955: Case study of an easterly jet stream in the tropics. UofC, Contr. N6ori-02036, TR. (7.10—152.)

— 1958: A case study of an easterly jet stream in the tropics. T 10 (1): 24—42.

— 1958a: Aviation aspects of mountain waves. WMO-No. 68. TP. 26.

Allen, R. A., R. Fletcher, J. Holmboe, J. Namias und H. C. Willett, 1940: Report on an experiment in five-day weather forecasting. Papers in Physical Oceanography and Meteorology, MIT 8 (3): 51—53.

Allington, K., B. W. Boville und F. K. Hare, 1960: Midwinter ozone variations and stratospheric flow over Canada, 1958—1959. T 12 (3): 266—273.

ALT, J., P. ASTAPENKO und N. J. ROPAR Jr., 1959: Some aspects of the Antarctic atmospheric circulation in 1958. IGY World Data Center A (Nat. Acad. Sci. Wash. D. C.). IGY General Report Series No. 4, 28 pp. (10.11—18.)

AMBLE, OLE, 1945: Evaluation of the gradient wind. MA 2 (7): 247—262. (1.11—11.)

American Meteorological Society, 1950—60: Meteorological Abstracts and Bibliography. AMS Boston, Vol. 1—11.

ANDERSON, A. D., 1952: Meteorological trajectory study for test flights to be made from San Francisco. US Naval Research Laboratory, NRL Memorandum Report No. 23, May 21. (4 G—88.)

— 1955a: Estimate of the tracking effectiveness of high frequency radio direction finding for transosonde balloons. US Naval Research Laboratory, NRL Memorandum Report 502, Sept. (7.10—79.)

— 1955b: A study of the accuracy of winds derived from transosonde trajectories. US Naval Research Laboratory, NRL Memorandum Report No. 498. (7.3—88.)

— 1956: Experiments using window to measure high-altitude winds. BAMS 37 (9): 454—457, US Naval Research Laboratory, NRL Report No. 4682, Jan. 10. (9.3—207.)

— 1957: Comments on "Upper-air wind measurements with small rockets". JM 14: 473—474.

— 1957a: Free-air turbulence. JM 14: 477—494.

— H. J. MASTENBROOK und H. D. CUBBAGE, 1955: The transosonde: a new meteorological data-gathering system. US Naval Research Laboratory, NRL Report No. 4649, Nov. 3. (7.10—80.)

— und H. J. MASTENBROOK, 1956: A new upper air data system, the transosonde. BAMS 37 (7): 342—350. (8.4—105.)

ANDERSON, R., B. W. BOVILLE und D. E. MCCLELLAN, 1955: An operational frontal contour analysis model. QJRMS 81: 588—599. (7.3—167.)

ANDERSON, W. L., 1958: A low elevation angle radar refraction check. 7th Weather Radar Conference, Miami Beach, Florida, Nov. 17—20, 1958, Proceedings, Ser. E: 44—49. (11.1—143.)

ANGELL, J. K., 1957: Application of routine transosonde data to analysis and forecasting. USWB, Training Paper No. 13. (9.10—30.)

— 1958a: An analysis of routine 300-mb transosonde flights from Japan. MWR 86: 335—343.

— 1958b: Lagrangian wind fluctuations at 300 mb derived from transosonde data. JM 15 (6): 522—530.

— 1958c: Some evidence for tidal oscillations obtained from 300-mb transosonde data. JM 15 (6): 566—567.

— 1959: Estimating the frictional force at 300 mb by means of transosonde and radiosonde data. JM 16 (2): 216—217.

— 1959a: A summary of Navy-sponsored 300-mb constant level balloon (transosonde) flights from Japan in 1957—1958. Wash. D. C., USWB, 53 pp. A summary of Navy-sponsored 250-mb constant level balloon (transosonde) flights from Japan in 1958—1959. Wash. D. C., USWB, 53 pp. (11.4—200.)

— 1960: An analysis of operational 300-mb transosonde flights from Japan in 1957—1958. JM 17: 20—35.

— 1960a: A climatological analysis of two years of transosonde flights from Japan. MWR 87 (12): 427—439.

Anonym, 1938: Fireball shows superstratosphere winds blow at 200 m. p. h. BAMS 19 (9): 413. (4 G—130.)

— 1950: Constant height balloons. W 5 (10): 356. (2.2—19.)

— 1951: Operation "Moby Dick". WW 4 (6): 123. (4 F—82.)

— 1952: Forecasting winds at 30000—40000 ft. and above. MML 81 (975): 79—85. (3.9—69.)

— 1953: Cloud forms of the jet stream. Shell Aviation News, London, No. 180: 4—6. (6.7—240.)

— 1956: Three-front model. MML 85 (1005): 83—88. (7.8—86.)

— 1960: Tiros I concludes mission; Tiros II readied. WW 13 (4): 159—161, 180.

APPLEMAN, H., 1952: The forecasting of jet aircraft condensation trails. AER 11 (8): 30—32. (4.3—82.)

— 1953: The formation of exhaust condensation trails. BAMS 34: 14—20.

ARAKAWA, A., 1957: On the mean meridional circulation in the atmosphere. JMSJ, 75th Anniversary Volume, p. 230—236.

ARAKAWA, H., 1941: Stabilitäts- und Böigkeitsbedingungen der allgemeinen Zirkulation der Atmosphäre. MZ 58: 381—384 (7.4—196.)

ARAKAWA, H., 1942: Stabilitätskriterien der atmosphärischen horizontalen Turbulenz. GBG 58: 3—10.
— 1951: The criterion of dynamic stability of zonal motion including the vertical shear. GPA 20: 56—61. (3.9—91.)
— 1951a: Tropopause in a steady zonal wind field. JMSJ, 2nd. ser., 29 (3): 86—89. (4 G—58.)
— 1951b: Possible heavy turbulent exchange between the extratropical tropospheric air and the polar stratospheric air. T 3 (3): 208—211. (4.8—99.)
— 1952: Basic principles of the balloon bomb. Met. Res. Inst. Suginami, Tokyo. (5 E—126.)
— 1952a: Kinematics of meandering and blocking action of the westerlies. PMGT 3 (1): 12—18. (4.5—93.)
— 1952b: Severe turbulence resulting from excessive wind-shear in tropical cyclones. JM 9: 221—223.
— 1953a: The anticyclonic eddies just south of the jet stream. AMGBA 5 (1): 1—4. (4 G—89.)
— 1953b: Tilted-trough model as an interaction between low- and high-latitude disturbances. JM 10 (1): 64—66. (4.8—96.)
— 1953c: Vorticity waves in the tropical latitudes. PMGT 3 (4): 269—276. (5.2—109.)
— 1953d: Zonal wind-profile between the pole and the equator given by a single expression. AMGBA 5 (2): 129—135. (4.4—108.)
— 1953e: Clear-air turbulence near the jet stream. QJRMS 79 (339): 162—163. (4 G—120.)
— 1953f: On the time rate of work done by the eddy stresses in the free air, and the maintenance of westerlies in middle latitudes. JM 10 (5): 392—393. (5.3—132.)
— 1953g: On the maintenance of the westerlies and tropical revolving wind systems. JMSJ, 2nd ser., 31 (6): 195—205. (5.10—165.)
— 1953h: Baroclinity along some meridional cross sections through the atmosphere. AMGBB 6 (1): 53—58. (5.2—106.)
— 1956a: Basic principles of the balloon bomb. PMGT 6 (3/4): 239—243. (9.9—116.)
— 1956b: Characteristics of the low level jet stream. JM 13: 504—506.
— 1957: On the maintenance of zonal mean flow. PMGT 8 (1): 39—54. (10.6—182.)
— 1959: The worlds strongest winds as revealed by Tateno-Relay-Method Soundings. BAMS 40 (7): 343—347. (11.6—317.)
ARIZUMI, N., 1950: A diagrammatic method of computing vertical motion in the atmosphere and its applications. GMT 22 (2): 131—141. (2.6—89.)
ARMSTRONG, C. L., und R. D. GARRETT, 1960: High altitude wind data from meteorological rockets. MWR 88 (5): 187—190.
ARNOLD, A., 1956: Representative winds aloft. BAMS 37 (1): 27—30. (8.3—92.)
ASTAPENKO, P. D., 1960: Problems of the circulation of the atmosphere in the Antarctic. AMO: 241—255.
— 1960a: Atmospheric processes in the high latitudes of the southern hemisphere. Academy of Sciences, U. S. S. R. Moscow Committee of the International Geophysical Year.
ATTMANNSPACHER, W., 1959: Extreme der horizontalen Windgeschwindigkeit und Vertikalwind. MR 12 (4): 112—117.
— 1960: Nullschicht und Wetter. MDW No. 20: 28—49.
— 1960a: Über die Existenz einer hochstratosphärischen Nullschicht 1. Art. MR 13 (2): 38—45.
AUBERT, E. J., und J. S. WINSTON, 1951: A study of atmospheric heat-sources in the northern hemisphere for monthly periods. JM 8 (2): 111—125. (4 G—59.)
— — 1951a: Comparison of monthly geostrophic and gradient winds with resultant rawins. JM 8 (2): 126—127. (2.11—117.)
AUFM KAMPE, H. J., 1956: Upper-air wind measurements with small rockets. JM 13 (6): 601—602. (8.5—149.)
— 1960: Meteorological rocket network for measuring atmospheric parameters up to 250.000 ft. WW 13 (5): 192—195.
AUSTIN, E. E., 1952: Upper winds of Aden. QJRMS 79: 528—532. (4 F—91.)
— und J. K. BANNON, 1952: Relation of the height of the maximum wind to the level of the tropopause on occasions of strong wind. MML 81 (965): 321—325. (4 G—90.)
— und D. DEWAR, 1953: Upper winds over the Mediterranean and Middle East. MRP 811. (5.2—178.)
AUSTIN, J. M., 1954: The forecasting significance of the Reed-Sanders article. JM 11 (3): 253—254. (6.3—101.)

Austin, J. M., und L. Krawitz, 1956: 50-mb patterns and their relationship to tropospheric changes. JM 13: 152—159.

Badner, J., und M. A. Johnson, 1957: Relationship of tropopause and jet streams to rainfall in southeastern United States, Feb. 4—9, 1957. MWR 85 (62—68). (9.4—117.)

Bailey, R. E., 1958: Forecasting of heavy snowstorms associated with major cyclones. Eastern Airlines, Inc., Met. Dept., Contract AF 19 (604)—2073, Scientific Report No. 1, p. 142—157. (11.3—49.)

Baird, G. H., 1956: Composite charts of some synoptic features of squall lines. NYU, Res. Div. Dep. of Meteorology and Oceanography, Contract AF 19 (604)—1387, Scientific Report No. 1. (8.4—135.)

Balzer, M. E., und H. T. Harrison, 1959: The nature of high level clear air turbulence. UAL Meteorology Circular No. 48.

Bannon, J. K., 1951a: Meteorological aspects of turbulence affecting aircraft at high altitude. GMOPN No. 104. (4 G—60.)

— 1951b: Severe turbulence encountered by aircraft near jet streams. MML 80 (951): 262—269. (3 K—163.)

— 1952: Weather systems associated with some occasions of severe turbulence at high altitude. MML 81 (958): 97—101. (5 D—201.)

— 1953a: Note on the structure of the high altitude wind belt in the Middle East in winter. MRP 821. (5.2—180.)

— 1953b: Some aspects of the mean upper-air flow over the earth. AMST 109—121. (6.3—191.)

— 1954a: Note on the structure of the high altitude strong-wind belt in the Middle East in winter. QJRMS 80 (344): 218—221. (5.9—206.)

— 1954b: Note on the subtropical jet stream in January and April 1951. MML 83 (987): 257—263. (6.2—127.)

— 1955: The mean wind at 60 mb. MRP 925. (7.5—191.)

— 1958: Stratospheric temperatures over the Antarctic. QJRMS 84 (362): 434—436. (10.5—63.)

— B. C. Frost und T. H. Kirk, 1956: Some meteorological aspects of high level navigation. JINL 9 (3): 282—309. (7.10—49.)

— und M. P. Jackson, 1953: Relation between tropopause and level of maximum wind at Gibraltar. MML 82 (970): 100—102. (4 E—250.)

Barbé, G. D., 1956: Données numériques sur quelques courants "jets" mesurés au-dessus de la région Parisienne au cours de l'année 1956. LM, Ser. 4, No. 44: 339—354. (10.1—207.)

— 1957: Mesure précise du vent en altitude a l'aide de sondages rapprochés dans le temps. MNM No. 3. (9.1—17.)

— 1958: Sur l'étude expérimentale des courants jets atmosphériques. Académie des Sciences, Paris, Comptes Rendus 247 (2): 230—233.

— 1959: Sur l'établissement du régime d'été de la circulation stratosphérique entre 20 et 30 km au voisinage de la latitude 45° N. Caractère anormalement précoce de l'année 1959. Paris, Academie des Sciences, Comptes Rendus, 248 (22): 3196—3198. (11.3—149.)

Barford, N. C., G. Davis, A. J. Herz u. a., 1954: High altitude free balloon flying. JATP 5 (4): 219—229. (6.2—50.)

Barnett, M. A. F., 1951: Mean circulation at high levels over New Zealand. JM 8 (3): 202. (4 F—65.)

Barr, W. C., 1960: Theoretical evaluation of cylindrical chaff as a wind sensor at high altitude. US Army Signal Research and Development Laboratory. TR 2138, 22 July 1960.

Barrett, E. W., 1958: Eccentric circumpolar vortices in a barotropic atmosphere. T 10 (3): 395—400.

Bassus, K. von, 1906—07: Über die Windverhältnisse in der oberen Inversion. BPA 2: 92—95 (5 D—9).

Battin, R. H., 1952: Investigation of the dynamics of the general circulation. MIT, Contract AF-19-122-153, Gen. Circ. Proj., Scientific Report No. 4. (5. 2—105.)

Baur, F., 1936: Die Bedeutung der Stratosphäre für die Großwetterlage. MZ 53: 237—247. (2 A—79.)

— 1947: Musterbeispiele europäischer Großwetterlagen, 35 pp. Wiesbaden: Dietrich.

Beamer, C. C., und S. M. Serebreny, 1953: Pacific jet stream research, for the period 1 Febr.—30 April 1953. Pan. Am. World Airw., Inc., Pac. Alaska Div., Bur. Aeron., Project Arowa, Contr. N 189s—90981, Prog. Rep. No. 1, 1953. (4 I—279.)

BEDEL, B., 1954: Les observations météorologiques de la Station du Groenland 70° 55′ 03″ N — 40° 38′ 22″ W — Altitude 2993 m: Conditions atmosphériques en altitude du 17 septembre 1949 au 10 août 1951. Expéditions Polaires Françaises, Exp. Arctiques, Résultats Scientifiques, Ser. N. V. Paris. (8.9—31.)

BEEBE, R. G., und F. C. BATES, 1955: A mechanism for assisting in the release of convective instability. MWR 83 (1): 1—10.

BEELITZ, P., 1958: Bearbeitung der Ergebnisse der Radiosondenaufstiege anläßlich des zweiten Weltvergleiches von Radiosonden in Payerne (Schweiz), 1956. MAB 7 (4): 120 pp.

BEHR, K., 1960: Über markante Erwärmungen in der Stratosphäre, Entdeckung, Beispiele, Theorien. MAB 9 (2): 57 pp.

— K. PETZOLDT, R. SCHERHAG und G. WARNECKE, 1960: Tägliche Höhenkarten der 25-mb-Fläche für das Internationale Geophysikalische Jahr 1958. Teil I, 1. Vierteljahr. MAB 10: H. 1.

— I. JACOBS, K. PETZOLDT, R. SCHERHAG und G. WARNECKE, 1960: Tägliche Höhenkarten der 25-mb-Fläche für das Internationale Geophysikalische Jahr 1958. Teil II, 2. Vierteljahr. MAB 10 (2). Tägliche Höhenkarten der 50-mb-Fläche für das Internationale Geophysikalische Jahr 1958. Teil II, 2. Vierteljahr. MAB 12 (2).

— K. PETZOLDT, R. SCHERHAG und G. WARNECKE, 1960: Tägliche Höhenkarten der 10 mb-Fläche für das Internationale Geophysikalische Jahr 1958. Teil II, 2. Vierteljahr. MAB 13 (2).

BELL, G. J., und L. H. KWAI, 1953: Upper winds determined by radar 1949 to 1951. Hong Kong Roy. Obs., TN No. 5 (4 E—251, 5 B—304.)

BELLAMY, J. C., 1945a: Slide rule for constant vorticity trajectories. Anhang in: UofC. Dep. of Meteorol. Miscell. Rep. No. 19.

— 1945b: The use of pressure altitude and altimeter corrections in meteorology. JM 2 (1): 1—79.

— 1949: Objective calculations of divergence, vertical velocity and vorticity. BAMS 30 (2).

— 1951: Models and techniques of synoptic representation. CM 1951, pp. 711—714. (3.8—2.)

— 1954: Four dimensional flight planning. N 4 (3): 105—113. (6.7—91.)

BENTON, G. S., und A. B. KAHN, 1958: Spectra of large-scale atmospheric flow at 300 mb. JM 15 (4): 404—410.

BERENGER, M., und J. HEISSAT, 1959: Contribution a l'étude statistique et météorologique de la turbulence. MNM 17, 21 pp.

— — 1959a: Contribution à l'étude de la variation saisonnière des jets. LM Ser. 4, No. 53: 11—23. (11.6—314.)

BERG, H., 1949: Die Höhenwindverhältnisse über Westdeutschland. Wetter und Klima 2 (3/4): 97—103. (4 E—166.)

— 1953: Zur Blockierung der Westwinddrift. GPA 25: 92—100. (5.4—103.)

— 1956: Windmessungen in großen Höhen. BDW No. 22: 72—82. (8.7—110.)

BERGERON, T., 1956: Multiple frontal systems as links in the general atmospheric circulation (summary). IUGG, p. 289. (10.1—208.)

— 1959: Methods in scientific weather analysis and forecasting. An outline in the history of ideas and hints at a program. RMV: 440—474.

BERGGREN, R., 1952: The distribution of temperature and wind connected with active tropical air in the higher troposphere and some remarks concerning clear air turbulence at high altitude. T 4 (1): 43—53. (4 E—227.)

— 1953a: On frontal analysis in the higher troposphere and the lower stratosphere. MU No. 29. (5 D—220.)

— 1953b: On temperature frequency distribution in the free atmosphere and a proposed model for frontal analysis. T 5: 95—100. (5.2—146, 5 D—242.)

— B. BOLIN und C.-G. ROSSBY, 1949: An aerological study of zonal motion, its perturbation and breakdown. T 1 (2): 14—37. (4 G—18.)

— W. J. GIBBS und C. W. NEWTON, 1958: Observational characteristics of the jet stream. A survey of the literature. WMO, TN No. 19.

BERGTHORSSON, P., und B. R. DÖÖS, 1955: Numerical weather map analysis. T 7 (3): 329—340.

BERKES, Z., und J. BORSOS, 1955: A ciklonképzödési helyek eloszlása az északi félgömbön. (Distribution of locations of cyclogenesis over the Northern Hemisphere.) IB 59 (6): 321—330. (8.8—209.)

BERKOFSKY, L., 1952: Stationary mountain perturbations. JM 9 (1): 72—75. (3.11—114.)

Berry, F. A., W. H. Haggard und P. W. Wolff, 1954: On the analysis of 500-mb zonal wind profiles and index cycles. JM 11 (5): 380—386. (6.3—107.)

Berson, A., 1910: Bericht über die aerologische Expedition des Königl. Aeronautischen Observatoriums nach Ostafrika im Jahre 1910. Ergebn. d. Arb. d. Preuß. Aeronaut. Observat. Lindenberg, Braunschweig 1910.

Berson, F. A., 1950: On the role of long-wave instability in the general circulation; a study of five-day means in Nov. 1948. Svenska Meteorol. och Hydrolog. Inst. Medd. Ser. A. No. 3. (4 G—31.)

— 1950a: On the factors controlling the instability of long waves in zonal currents. Arkiv för Geofysik 1 (9): 187—236. (3.1—78.)

Bessemoulin, J., 1956: Erreurs introduites par l'inexactitude de la radiosonde sur le calcul de l'altitude d'une surface isobare. LM, Ser. 4, No. 41: 21—27. (8.9—136.)

— und A. Viaut, 1958: Courant-jets et front polaire. Académie des Sciences, Paris, Comptes Rendus, 246 (14): 2154—2156. (10.1—275.)

— H. M. de Jong, W. J. A. Kuipers, O. Lönnqvist, A. Megenine, R. Pône, P. D. Thompson und J. D. Torrance, 1960: Rapport préliminaire du groupe de travail de la Commission de Météorologie Synoptique sur les réseaux. WMO TN No. 30, WMO No. 94. TP 38.

Beynon, W. J. G. (editor), 1960: Some ionospheric results obtained during the International Geophysical Year. Proceedings of a symposium organized by the URSI/AGI Committee, Brussels 1959. Amsterdam: Elsevier. 401 pp.

Bielinski, L. S., 1960: Location of jet maxima. BAMS 41 (7): 368—371.

Bilancini, R., 1950: La "corrente a getto". RMA 10 (3): 3—13. (4 G—32.)

Bindon, H. H., 1951: Clear-air gusts in the upper troposphere over Eastern Canada. W 6 (5): 152—153. (3 K—165.)

Bjerknes, J., 1951: Extratropical cyclones. CM 577—598.

— 1951a: The maintenance of the zonal circulation in the atmosphere. Adresse Presidentielle, U. G. G. I. AIM 9c, Bruxelles.

— 1953a: Maintenance of the zonal circulation of the atmosphere. Presidential adress, I. U. G. G. Association of Meteorology, Brussels 1951. Procès-Verbaux des Séances, Mémoires et Discussions, pp. I—XXIII. (7.6.—118.)

— 1953b: The flux of angular momentum and heat in the general circulation. AMST 122—123. (6.3—111.)

— 1954: The problem of cyclogenesis from Helmholtz's time to present. AMST 133—138. (6.3—116.)

— 1960: Ocean temperatures and atmospheric circulation. WMO Bulletin 9 (3): 151—157.

— und J. Holmboe, 1944: On the theory of cyclones. JM 1 (1/2): 1—22. (3.5—155.)

— und E. Palmén, 1937: Investigation of selected European cyclones by means of serial ascents. GP 12 (2): 62 p. (4 E—87, 5 D—91.)

Bjerknes, V., 1898: Über die Bildung von Zirkulationsbewegungen. Videnskabsselskabets Skrifter, Oslo 1898.

— 1921: On the dynamics of the circular vortex with applications to the atmosphere and atmospheric vortex and wave motion. GP 2 (4): 88 p.

— 1926: Die atmosphärischen Störungsgleichungen. BPA 13: 1—14.

— 1929: Über die hydrodynamischen Gleichungen in Lagrangescher und Eulerscher Form und ihre Linearisierung für das Studium kleiner Störungen. GP 5 (11): 1—43.

— J. Bjerknes, H. Solberg und T. Bergeron, 1933: Physikalische Hydrodynamik. 797 pp. Berlin: Springer. (4 G—2.)

— und H. Solberg, 1921: Meteorological conditions for the formation of rain. GP 2: 60 pp.

Blackadar, A. K., 1950: The transformation of energy by the large scale eddy stress in the atmosphere. NYU, Meteorol. Papers, 1 (4). (5.5—93.)

— 1957: Boundary layer wind maxima and their significance for the growth of nocturnal inversions. BAMS 38: 283—290.

Bleeker, W., 1949: The relation between fronts and jet stream. BAMS 30 (5): 190—191.

— 1950: The structure of weather systems. CP. pp. 66—80.

Bleichrodt, J. F., W. Bleeker und F. H. Schmidt, 1960: Changes in the radioactivity regime during the passage of a cold front over the Netherlands. T 12 (2): 188—194.

Böhme, W., 1956: Der Impulsaustausch in der oberen Troposphäre und der Nullschichteffekt. ZM 10 (1): 12—22. (7.9—132.)

Boffi, J. A., 1949a: Efecto de la Cordillera de los Andes en la circulación general del aire sobre la Republica Argentina. Sociedad Cientifica Argentina, Anales 147 (3): 126—140. (2.2—67.)

— 1949b: Effect of the Andes Mountains on general circulation over the southern part of South America. BAMS 30 (7): 242—247. (2.7—76.)

Bolin, B., 1950: On the influence of the earth's orography on the general character of the westerlies. T 2 (3): 184—195. (2.2—60.)

— 1952: Studies of the general circulation of the atmosphere. Advances in Geophysics, New York, 1: 87—118. (4.8—3.)

— und H. Newton, 1952: Report on a conference on the application of numerical methods in forecasting atmospheric flow patterns. T 4 (2): 141—144. (5.2—63.)

Bond, H. G., 1953: Easterly jet streams over Darwin. W 8 (8): 252—253. (5.1—135.)

Boogard, H. M., v. d., 1954: Jet Stream between Pretoria and Maun. South Africa, Weather Bureau, News Letter, No. 63: 8. (6.4—144.)

Booker, H. G., 1957: Turbulence in the ionosphere with applications to meteor trails, radio star scintillation, auroral radar echoes, and other phenomena. Polar Atmosph. Symposium, Pt. 2, pp. 52—81. London: Pergamon.

— 1959: Summary lecture on motions in the E and F layer. BAMS 40 (12): 627.

Bossolasco, M., 1949: Variazioni del moto polare della terra e loro correlazioni meteorologiche. GPA 14 (3—4): 197—202. (2.7—77.)

Boutet, R., 1950: Sondage optique de l'atmosphere par mesure de la scintillation. Annales de Geophys. 6 (4): 322—330. (3.6—119.)

Boville, B. W., W. S. Creswick und J. J. Gillis, 1955: A frontal-jet stream cross section. T 7 (3): 314—321. (7.10—153.)

— — und R. J. Reed, 1957: Comments on "A study of a characteristic type of upper-level frontogenesis". JM 14: 91—93.

Bracelin, P., 1952: Notes on jet streams and turbulence at high levels. Great Britain, Naval Weather Service, Circular No. 15/52, NWS 161/52. (5 D—203.)

Bradbury, D., und E. Palmén, 1953: On the existence of a polar front at the 500-mb level. BAMS 34, 56—62. (5.1—145.)

Brandtner, E., 1948: Der Staubfall in Westeuropa am 29. März 1947. MR 1 (7—8): 222—226. (1.4—38.)

Brasefield, C. J., 1950: Winds and temperatures in the lower stratosphere. JM 7 (1): 66—69. (4 F—50.)

Breiland, J. G., 1958: Meteorological conditions associated with the development of instability lines. JM 15 (3): 297—302. (11.3—53.)

Breistein, P. M., 1954: Investigation of cyclone development, Storm 2. UofC, Dep. of Met., Contr. AF 19 (604): 390, TR No. 6. (6.8—212.)

— und S. J. Smebye, 1952: En anvendelse av prinsippet om hvirvlingens bevarelse til beregning av rygger og trågs forflytning i 500 mb.-nivået. (Application of the principle of conservation of vorticity to the calculation of movements of ridges and troughs at the 500-mb level.) Det Norske Videnskaps-Akademi i Oslo. Institutt for Vaer-og Klimaforskning, Report No. 3. (9.6—132.)

Brewer, A. W., 1949: Evidence for a world circulation provided by the measurements of helium and water vapor distribution in the stratosphere. QJRMS 75 (326): 351—363. (5 D—147.)

— 1959: Ozone and water vapor. BAMS 40 (12): 629.

Brezowsky, H., 1952: Sekuläre Schwankungen der Zirkulation. BDWUS 35: 48—56. (3.10—117.)

— H. Flohn und P. Hess., 1951: Some remarks on the climatology of blocking action. T 3 (3): 191—194. (3.11—115.)

Brindley, J., 1960: Stability of flow in a rotating viscous incompressible fluid subjected to differential heating. Phil. Trans. Roy. Soc. Ser. A, Vol. 253, A. 1020.

Britton, G. P., und H. H. Lamb, 1956: A study of the general circulation of the atmosphere over the far South. Pt. I and II. W 11 (9): 281—291; 11 (11): 339—354. (8.2—122.)

Brombacher, W. G., 1936: Wind direction and wind velocity derived from the travel of the balloon "Explorer III". National Geographic Society, Washington, Contributed Technical Papers, Stratosphere Series, No. 2: 144—146. (4 F—15.)

Brooks, C. E. P., 1932: The movement of volcanic dust over the globe. MML 67: 81—86. (1 F—26.)

— 1950: Climate through the ages, 2. Aufl. London: Benn.

— 1951: Geological and historical aspects of climatic change. CM, pp. 1004—1018.

— Ch. Durst et al., 1950: Upper winds over the world. GM, No. 85. QJRMS 72: 55—73. (4 E—186.)

Brooks, C. E. P., und N. Carruthers, 1953: Handbook of statistical methods in meteorology. London: H. M. Stationery Office.

— und T. M. Hunt, 1930: The zonal distribution of rainfall over the earth. Mem. Roy. Meteorol. Soc., Vol. 3 (28).

Brundidge, K. C., 1956: Analysis of selected Project Jet Stream flight data. A & M, Contract AF 19 (604)—559, Scientific Report No. 10. (8.7—174.)

— 1958: A preliminary study of eleven Project Jet Stream flights; 1956—1957 phase. A & M, Contract No. AF 19 (604)—1565. Final Report "Wind Field near the Tropopause" 86—108.

— und J. L. Goldman, 1958: Some new jet stream models. A & M, Final Report "Wind Field near the Tropopause", Contract No. AF 19 (604)—1565, p. 109—126.

Brunt, D., 1930: The present position of theories of the origin of cyclonic depressions. QJRMS 56, 345—350. Reprinted in: Some problems of modern meteorology. RMS, London 1934.

— 1944: Physical and dynamical meteorology. Cambridge: University Press.

Bugaev, V. A., 1947: B. L. Dzerdzeevskii. Tsirkuliatsionnye skhemy v troposfere tsentral'noi Arktiki. (B. L. Dzerdzevskii. Circulation patterns in the troposphere of the Central Arctic.) MG No. 3: 84—85. (2.9—76.)

— 1955: Planetarnye vysotnye frontal'nye zony i tsiklogenez. (Planetary high-altitude frontal zones and cyclogenesis.) Akademiia Nauk Uzbekskoi SSR. Institut Matematiki i Mekhaniki, Meteorologiia i gidrologiia v Uzbekistane. Tashkent. (9.11—185.)

Bull, G. A., 1951: Blue sun and blue moon. MML 80 (943): 1—4. (2.7—186.)

Bundesanstalt für Flugsicherung, Deutscher Wetterdienst, Deutsche Lufthansa, 1959: „Paper-Jet". Teil A. Offenbach, Frankfurt, Hamburg.

Bundgaard, R. C., 1956: Estimating vorticity advection. BAMS 37 (9): 465—472. (8.7—170.)

— 1956a: Computation of streamlines from the pressure field. JM 13 (6): 569—582. (8.4—82.)

Burkett, T. L., und I. I. Gringorten, 1956: Integration of weather forecasting, flight planning and flight watch. Inst. of Aeronaut. Sciences, Preprint No. 590. (9.8—59.)

Buroleau, M., 1937: Note sur les courants aériens à Dakar. Comité d'Etudes Historiques et Scientifiques de l'Afrique Occidentale Française, Publications Ser. B., No. 3: 35—40. (4 F—17.)

Buxton, E. B., und C. L. Chandler, 1955: Weather forecasts for jet airliners on the North Atlantic. Pan American World Airways, New York, Meteorological Office.

Byers, H. R., 1959: General Meteorology. 3rd ed. 540 pp. New York: McGraw Hill.

Byram, G. M., 1954: Atmospheric conditions related to blowup fires. Station Paper No. 35, Southeast Forest Experiment Station, Asheville, N. C.

Čadež, M., 1949: O pretvaranju energije u atmosferi. (On the formation of energy in the atmosphere.) Izdan'a Savezne uprave Khidrometeoroloshke sluzhbe pri Vladi FNRJ, Rasprave i studije, 2, Belgrade. (2.1—68.)

— 1956: Über die orographische Zyklogenese und Antizyklogenese. BDW 4 (22): 109—113. (9.4—132.)

Calder, K. L., 1949: The criterion of turbulence in a field of variable density, with particular reference to conditions in the atmosphere. QJRMS 75: 71—88.

California Institute of Technology, 1948: Evaluation of Forecast Aids. Contr. AF W 28—099 ac—430, Prelim. Report. (3.1—53.)

California, University at Los Angeles, Institute of Geophysics, 1950: Survey of data and theoretical analysis of the upper atmosphere. Contract Cwb 7904, Final Report. (4 F—52.)

Calstead, E. M., 1953: A study of constant absolute vorticity trajectories on isentropic surfaces. JM 10 (5): 356—361. (5.3—98.)

Carlin, A. V., 1953: A case study of the dispersion of energy in planetary waves. BAMS 34 (7): 311—318. (5.9—130.)

Carmichael, H., und E. G. Dymond, 1939: Upper air investigations in North-west Greenland. Royal Soc. of London, Proceedings, Ser. A, 171 (946): 345—359. (4 F—18.)

Chadwick, R. H., 1955: Operating and flight planning techniques for the Viscount. JINL 8 (4): 331—343. (7.3—64.)

Chakravortty, K. C., und S. C. Basu, 1957: The influence of "western disturbances" on the weather over northeast India in monsoon months. IJMG 8 (3): 261—272. (9.4—128.)

CHAPMAN, S., 1950: Upper atmospheric nomenclature. BAMS 31 (8): 288—290. JGR 55 (4): 395—399. JATP 1 (2): 121—124; 1 (3): 201, 1951. (2.3—49.)
— 1951: The earth's magnetism. London: Methuen.
CHARLES, B. N., 1959: Lag correlations of upper winds. JM 16 (1): 83—86.
— 1959a: Empirical models of interlevel correlation of winds. JM 16 (5): 581—585. (11.6—313.)
— 1959b: On some limitations of upper wind records. JGR 64 (3): 343—346. (11.2—227.)
CHARLESWORTH, J. K., 1957: The quarternary era. 2 Bände. London: Arnold.
CHARNEY, J. G., 1947: The dynamics of long waves in a baroclinic westerly current. JM 4 (5): 135—162. (2.11—71.)
— 1948: On the scale of atmospheric motions. GP 17 (2): 1—17.
— 1953: On baroclinic instability and the maintenance of the kinetic energy of the westerlies. International Union of Geodesy and Geophysics, Association of Meteorology, Brussels, August 1951, Assemblée Générale, Mémoires et Discussion, p. 47—63. (8.1—192.)
— und A. ELIASSEN, 1949: A numerical method for predicting the perturbations in middle-latitude westerlies. T 1 (2): 38—54. (1.2—48.)
— B. GILCHRIST und F. G. SHUMAN, 1956: The prediction of general quasi-geostrophic motions. JM 13 (5): 489—499. (8.2—92.)
CHAUDHURY, A. M., 1950: On the vertical distribution of wind and temperature over Indo-Pakistan along the meridian 76° E in winter. T 2 (1): 56—62. (4 G—34.)
CHEN, LUNG-SHUN, 1957: The variation of wind field along 140° E during the last stage of Mai-Yü. AMSP 28 (4): 294—302. (10.2—288.)
CHIU, WAN-CHENG, 1958: The observed mean monthly wind fields in the lower stratosphere and upper troposphere over North America. JM 15 (1): 9—16.
— 1959: The spectra of large-scale turbulent transfer of momentum and heat. NYU Research Div., Dept. of Meteorology and Oceanography, Contract AF 19 (604)—1755, Scientific Report No. 8. (11.5—272.)
— 1959a: The wind and temperature spectra of the upper troposphere and lower stratosphere over North America. JM 17 (1): 64—77. (11.4—223.)
— 1960: The wind and temperature spectra of the upper troposphere and lower stratosphere over North America. JM 17: 64—77.
CHVOSTIKOV, E. A., 1952: Serebristye oblaka. (Noctilucent clouds.) Priroda, Moskau 5: 49—59. (4 F—106.)
CLAPP, PH. F., 1944: Empirical studies of the motion of long waves in the westerlies. USWB, RP No. 20. (2 A—123.)
— und J. S. WINSTON, 1951: A case study of confluence as related to the jet stream. JM 8 (4): 231—243. (4 G—63.)
CLARKE, R. H., 1956: A study of cyclogenesis in relation to the contours of the 300-mb surface. AMMM No. 12: 1—21. (8.5—163.)
— 1960: An attempt to deduce the effect of Antarctica on the temperature of middle latitudes by a controlled model experiment. AMO 221—231.
CLARKSON, L. S., 1951: Evidence for a stratospheric circulation in vertical meridional planes between polar and equatorial regions in winter. MML 80 (953): 309—318. (5 D—179.)
— 1956: Analysis of winds at 40.000 feet and 50.000 feet over Singapore. MML 85: 1—9. (7.7—185.)
— 1958: Variation with time and distance of high-level winds over Malaya. MML 87 (1031): 143—151. (11.3—89.)
— and L. W. LITTLEJOHNS, 1958: A cross-section of equatorial upper winds at 103° E. MML 87 (1030): 105—107. (10.11—151.)
CLAUSS, J., 1957: Die Schwankungen des subtropischen Hochdruckgürtels als Indikator langanhaltender Trockenzeiten in Mitteleuropa, insbesondere langanhaltender Sommertrockenheit in Deutschland. MAB 5 (2). (9.11—16.)
CLAYTON, H. H., 1941: The zonal index and solar activity. TAGU: 420—423. (2 B—164.)
CLEM, LEROY H., 1955: Clear-air turbulence near the jet stream maxima. BAMS 36 (2): 53—60. (7.4—197.)
— 1957: Clear-air turbulence from 25.000 to 45.000 ft over the United States. USAWS, TR No. 105—147. (10.5—270.)
— D. COLSON und L. P. HARRISON, 1954: Corrections of the upper level wind computations for effect of earth's curvature. BAMS 35 (8): 357—362. (6.7—113.)
CLINE, D. E., 1957: Rocket-beacon wind-sensing system. US Signal Engineering Lab., Ft. Monmouth, N. J., Engineering Report E-1205. (10.11—110.)

CLODMAN, J., 1953: High level turbulence. Met. Branch., Dep. of Transport, Toronto, Technical Circular, TEC 160, CIR 2332.
— 1954: The interrelationship between wind-speed maxima, fronts and certain contour heights on isobaric surfaces. BAMS 35 (10): 464—467. (7.5—181.)
— 1958: Contrail dissipation and high level turbulent diffusion. Met. Branch., Dep. of Transport, Toronto, Technical Circular TEC 227, CIR 3088.
— und J. T. BALL, 1959: Clear-air turbulence. NYU, Research Division. Final Report under Contract No. AF 19 (604)—3068.
— G. M. MORGAN und J. T. BALL, 1960: High level turbulence. NYU Research Div., Final Report under Contract No. AF 19 (604)—5208, 84 pp.
COLE, R. O., und L. W. CHAMBERLAIN, 1958: Vertical wind shears near the core of the jet stream over the Northeastern United States, August 1—2, 1958. MWR 86: 319—327. (10.7—106.)
COLON, J. A., 1951: On the wind structure above the tropopause over Puerto Rico. BAMS 32 (2): 52—53. (4 F—68.)
— 1954: Case study of the high tropospheric wind field. UofC, Dep. of Met., Contr. N 6ori—02036, Project No. 085 003, Report on Research. (6.7—241.)
COLSON, D., 1949: Air flow over a mountain barrier. TAGU 30 (6): 818—830. (2.7—79.)
— 1950: Effect of a mountain range on quasi-stationary waves. JM 7 (4): 279—282. (2.1—72.)
CONNER, W. C., 1956: Structure of the 500-mb-jet in major tornado-genesis. USWB Jan. 9, 1956. (9.3—180.)
CONOVER, J. H., 1959: Cloud patterns and related air motions derived by photography. Harvard Univ., Blue Hill Met. Observ., Final Report, Contract No. AF 19 (604)—1589, June 1959.
— 1960a: Cirrus patterns and related air motions near the jet stream as derived by photography. JM 17 (5): 532—546.
— and J. C. SADLER, 1960b: Cloud patterns as seen from altitudes of 250 to 850 miles — preliminary results. BAMS 41 (6): 291—297.
— und C. J. WENTZIEN, 1955: Winds and temperatures to 40 kilometers. JM 12 (2): 160—164. (6.9—190.)
Cook Research Laboratories, Skokie Ill., 1954a: Computing paths for minimum flight time on vorticity charts. Contract AF 33 (038)—23324, Interim Progress Report PR 17—23. (7.6—50.)
— 1954b: Four dimensional flight planning. Contract AF 33 (038)—23324, Atmospheric Reconnaissance system studies, Interim Progress Report No. PR 17—19. (6.10—192.)
— 1955: Integration of weather forecasting, flight planning and flight watch. Contract AF 33 (038)—23324, Interim Progress Report PR 17—16. (7.9—54.)
— 1956: Project Wind Rider. Optimum flight planning and its meteorological aspects. Interim Manual IB 49—1, Contract No. AF 19 (604)—1504.
CORBY, G. A., 1957: The air flow over mountains. Notes for forecasters and pilots. Met. Rep. No. 18, pp. 53. London: H. M. Stationery Office.
— 1961: Some experiments in the objective analysis of contour charts. QJRMS 87 (371): 34—42.
— und C. E. WALLINGTON, 1956: Airflow over mountains: the lee wave amplitude. QJRMS 82 (353): 266—274. (7.11—234.)
CORN, J., und D. FULTZ, 1955: Synoptic analysis of convection in a rotating cylinder. GRP No. 34. (7.3—150.)
CORWIN, H. G., 1953: Flight planning based on prognostic charts. Trans World Airlines, Inc., Met. Dep. (8.7—85.)
— 1955: Pressure pattern flight planning: a comparison of the time front method with single average drift correction technique. Trans World Airlines, Inc., Meteorological Technical Bulletin No. 55—5. (10.1—96.)
COUDRON, J., 1952: Le jet et les courves de variation de la vitesse moyenne du vent avec l'altitude. Journal Scientifique de la Météorologie, Paris, 4 (16): 143—148. (5 D—247.)
COURT, A., 1949: Meteorological data for Little America III. Tabular and graphical results of observations made at the West Base of the United States Antarctic Service Expedition of 1939—41. MWR, Supplement No. 48. (4 F—40.)
COYLE, J. R., 1950: The nature of sub-stratospheric conditions on the Buenos Aires—London air route. Panair do Brasil, Meteorological Service, Brasilian Weather Study. (4 G—35.)
CRAIG, R. A., 1950: The observations and photochemistry of atmospheric ozone and their meteorological significance. MM No. 2.

Craig, R. A., und D. Hawkins, 1951: Atmospheric pressure changes and solar activity. Special Report No. 38. A. M. C. Contract W 19—122ac—17.
— und W. S. Hering, 1957: The stratospheric warming of January-February 1957. JM 16 (2): 91—107.
Crary, A. P., 1950a: Investigation of stratospheric winds and temperatures from acoustical propagation studies. GRP No. 5. (4 F—53.)
— 1950b: Stratospheric winds and temperatures from acoustical propagation studies. JM 7 (3): 233—242. (1.8—146.)
— 1952: Stratosphere winds and temperatures in low latitudes from acoustical propagation studies. JM 9 (2): 93—109. (4 F—92.)
— 1953: Annual variations of upper air winds and temperatures in Alaska from acoustical measurements. JM 10 (5): 380—389. (5.3—226.)
— und V. C. Bushnell, 1955: Determination of high altitude winds and temperatures in the Rocky Mountain area by acoustic soundings Oct. 1951. JM 12 (5): 463—471. (7.3—301.)
Cressman, G. P., 1948: On the forecasting of long waves in the upper westerlies. JM 5 (2): 44—57. (4 G—9.)
— 1949: Some effects of wave-length variations of the long waves in the upper westerlies. JM 6 (1): 56—60. (1.4—53.)
— 1950: Variations in the structure of the upper westerlies. JM 7 (1): 39—47. (4 G—36.)
— 1953: An application of absolute vorticity charts. JM 10 (1): 17—24. (4.8—59.)
— 1959: An operational objective analysis system. MWR 87 (10): 367—374.
Crocker, A. M., 1949: Synoptic application of the frontal contour chart: the motion of selected lows, 5—7 Nov., 1946. QJRMS 75: 57—70.
— 1952: Jet stream in eastern North America on the afternoon of May 20, 1952. Canada Met. Div., Cir., 2153, Tec. 119. (4 G—91.)
— W. L. Godson und C. M. Penner, 1947: Frontal contour charts. JM 4: 95—99.
Crossley, A. F., 1949: Equivalent head winds on air routes. JINL 2: 195—209.
— 1956: Temperature-compensated equivalent head-winds for jet aircraft. Great Brit. Met. Office, Meteorological Reports 3 (17). (8.6—66.)
— 1956a: Errors in the estimation of geostrophic winds. MML 85 (1012): 311—313. (8.2—200.)
— 1961: Ice accretion and turbulence on North Atlantic air routes. QJRMS 87 (371): 55—64.
Crutcher, H. L., 1956: Route equivalent winds. BAMS 37 (1): 14—18. (8.5—103.)
Culkowski, W. M., 1956: Tropopause analysis and surface forecasting. BAMS 37 (5): 199—204. (8.1—171.)
Cunningham, N. W., 1956a: A study of thermal wind in the vicinity of a jet stream. A & M Scientific Report No. 8, Contr. AF 19 (604)—559. (8.6—199.) 75th Anniversary Volume JMSJ, 165—172. A & M, Contributions in Oceanogr. and Meteorology 4 (No. 96): 51—58.
— 1956b: The frequency distribution of high velocity wind currents over Texas. The Texas Journal of Science, 8 (No. 4). A & M, Contributions in Oceanography and Meteorology No. 71, Vol. 3: 157—169.
— 1958: A study of the duration of clear-air turbulence near the jet stream and its relation to horizontal temperature gradient. A & M, Final Report "Wind Field near the Tropopause"; Contr. No. AF 19 (604)—1565, p. 75—85.
Curtis, R. C., und H. A. Panofsky, 1958: The relation between large-scale vertical motion and weather in summer. BAMS 39 (10): 521—531.
Czapski, U., 1952: Über den „cut-off“ Vorgang und die Wiederherstellung der Viererdruckfelder. AM 5 (7—12): 321—327.

Dahler, H., 1954: Neue Anschauungen über die wetterwirksamen Vorgänge in der Troposphäre und deren Vorhersage. Teil II: Die großräumigen anisobaren Vertikalbewegungen. Abschließende Betrachtung und Ausblick. ZM 8 (11—12): 323—352. (7.10—141.)
— 1955: Über die Winddrehung mit der Höhe und ein neuer Nachweis des Nullschichteffekts. MR 8 (11/12): 180—181. (7.7—133.)
— 1957: Zur Entstehung des jet stream und einige Folgerungen. MR 10 (3): 93—101. (10.1—209.)
— 1960: Die Bedeutung der Temperaturadvektion für die Bildung und Verlagerung von Strahlstrom und Tropopause. MDW No. 20: 12—13. ZM 13 (9/10): 205—211.

Dalziel, K., 1955: Rawin measurements at Heard Island. AMMM 10: 47—56. (7.8—72.)
Danielsen, E. F., 1959: The laminar structure of the atmosphere and its relation to the concept of a tropopause. AMGBA 11 (3): 293—332.
Dao, Shih-Yen, und Lung-Shun Chen, 1957: The structure of general circulation over continent of Asia in summer. JMSJ, 75th Anniversary Volume, 215—229. (10.6—187.)
Darling, E. M. Ir., 1953: Winds at 100 mb and 50 mb over the United States in 1952. BAMS 34 (10): 458—461. (5.8—178.)
Davies, D. A., und H. W. Sansom, 1952: Easterly jets over East Africa. W 7 (11): 343—344. (4 G—92.)
Davies, D. M., 1950: Atmospheric winds. Royal Aeronautical Soc., Journal 54 (477): 602—605. (4 G—37.)
Davies, T. V., 1952: The flow of a liquid which is heated from below. MIT, Contr. AF 19—122—153, General Circulation Project, Scientific Report No. 12. (5.2—104.)
— 1956: The forced flow due to heating of a rotating liquid. Roy. Soc. of London, Philosophical Transactions, Ser. A 249 (958): 27—64. (8.5—188.)
Davis, N. E., 1951: The mean position of the jet stream. MRP 615. (4 G—64.)
— 1954: A successful transatlantic crossing in a jet stream. MML 83 (987): 268—271. (6.2—128.)
Dean, G. A., 1956: Examples of the mean three-dimensional wind circulation over the tropical North Pacific Ocean. MWR 84 (3): 87—102. (8.7—175.)
Decca Radar Ltd., 1957: Decca windfinding radar. London. (9.2—164.)
Defant, A., 1921: Die Zirkulation der Atmosphäre in den gemäßigten Breiten der Erde. GA 3: 209—266.
— 1949: Neuere Ansichten über die allgemeine Zirkulation der Atmosphäre in mittleren Breiten. AMGBA 1 (3/4): 273—294. (4 G—19.)
— und F. Defant, 1958: Physikalische Dynamik der Atmosphäre. Frankfurt a. M.: Akademische Verlagsgesellschaft.
Defant, F., 1951: Die Änderung des meridionalen Windprofils durch Kondensationswärme und Turbulenzvorgänge. AMGBA 4: 156—175. (4 G—65.)
— 1952: A kinematic-graphical method for the 24 hour prognosis of the 500-mb chart. BAMS 33 (2): 83. (3 E—235.)
— 1953: On the mechanism of index changes. UofC Dep. of Met., Contract N 6ori-20, Task Order II, Project No. 082 003, Technical Report. (5 D—248.)
— 1954: Über den Mechanismus der unperiodischen Schwankungen der allgemeinen Zirkulation der Nordhalbkugel. Über charakteristische Meridionalschnitte der Temperatur für High- und Low Index-Typen der allgemeinen Zirkulation und über die Temperaturänderungen während ihrer Umwandlungsperioden. AMGBA 6 (3/4): 253—279, 280—296. (5.8—110.)
— 1956: Über die Struktur hochtroposphärischer Düsenströme, insbesondere des subtropischen Strahlstroms über Nordamerika. BDW 4 (22): 126—133. (8.7—152.)
— 1956a: Characteristic meridional temperature profiles and their changes during high- and low index types of the general circulation. IUGG, p. 302—304. (10.1—210.)
— 1958: Die allgemeine atmosphärische Zirkulation in neuerer Betrachtungsweise. GH 6 (3—4): 189—217.
— 1959: Die Westwärts-Intensivierung des Polarfront-Jetstream in den Winkel zwischen Polarfront und Tropopause an der Ostseite eines polaren Kälteausbruches, eine Erweiterung des klassischen Grenzflächenproblems von Margules. AMGBA 11 (2): 197—217.
— 1959a: On hydrodynamic instability caused by an approach of subtropical and polarfront jet stream in northern latitudes before the onset of strong cyclogenesis. RMV p. 305—325.
— und H. Taba, 1957: The threefold structure of the atmosphere and the characteristics of the tropopause. T 9 (3): 259—274.
— — 1958a: The details of wind and temperature field and the generation of the blocking situation over Europe (Jan. 1—4, 1956). BPA 31 (1/2): 69—88.
— — 1958b: The strong index change period from Jan. 1 to Jan. 7, 1956. T 10 (2): 225—242.
— — 1958c: The breakdown of zonal circulation during the period January 8 to 13, 1956, the characteristics of temperature field and tropopause and its relation to the atmospheric field of motion. T 10 (4): 430—450.
Defrise, P., H. Flohn, W. L. Godson und R. Pône, 1960: Les représentations graphiques en météorologie. WMO TN No. 31, OMM No. 95, TP 39.

De Jong, H. M., 1956: Theoretical aspects of aeronavigation and its application in aviation meteorology. Netherlands, Meteorologisch Instituut, Mededeelingen en Verhandelingen, No. 64. (9.5—64.)
— 1958: Errors in upper level wind computations. JM 15 (2): 131—137.
— und F. C. Bik, 1953: A report on the theory and application of the minimum flight path. Schiphol Airport, Amsterdam.
Denver University, Institute of Industrial Research, 1951: Determination of atmospheric winds and temperatures in the 30-to 60 km-region by acoustic means. Contract AF 19 (122)—252, Quarterly Progress Report No. 2. (4 F—69.)
— 1953: Determination of atmospheric winds and temperatures in the 30- to 60 km-region by acoustic means. Contract AF (122)—252, Quarterly Progress Reports No. 8, 9, 10, 11. (6.3—185.)
De Pasquale, O., 1955: Idee ed applicazioni precorritrici di oltre 30 anni addietro sulle "correnti a getto". (Ideas and applications of the jet stream theory 30 years ago.) RMA 15 (2): 32—34. (8. 1—198.)
De Q. Robin, G., 1957: Upper wind over an antarctic station. QJRMS 83: 533—536.
Desai, B. N., 1957: Comments on C. Ramaswamy: On the subtropical jet stream and its role in the development of large-scale convection. Reply by Ramaswamy. T 9 (1): 135—136. (9.4—127.)
Deutscher Wetterdienst, Bad Kissingen, 1957: Symposium über numerische Wettervorhersage in Frankfurt a. M. vom 23. bis 28. Mai 1956. BDW No. 38 (Bd. 5).
Di Benedetto, F., 1953: Su alcune proprietà notevoli del rotore del vento di gradiente. (Some remarkable properties of the curl of the gradient wind.) AGR 6 (4): 511—532. (6.2—110.)
Dickson, R. R., 1955: A case study of the jet stream. BAMS 36 (5): 195—203. (7.4—1944.)
— 1955a: Aids to jet stream forecasting. US Office of Naval Operations. NAVAER, 50-1 P-533. (8 C—67.)
Dieterichs, H., 1950: Über die Entstehung der Perlmutterwolken. MR 3 (9—10): 208—213. (2.2—155.)
— 1952: Schablone zum Zeichnen von Isohypsenabständen. ZM 6 (3): 89. (3.9—31.)
Dietrich, G., 1957: Allgemeine Meereskunde. Berlin: Borntraeger.
Dietzius, R., 1917: Die Geschwindigkeit des Windes in großen Höhen über Wien. BPA 7 (3): 174—184. (4 E—155.)
Dines, W. H., 1911: The vertical temperature distribution in the atmosphere over England, and some remarks on the general and local circulation. Phil. Trans. Roy. Soc. London, Ser. A., 211: 277—300.
— 1912: Total and partial correlation coefficients between sundry variables of the upper air. GM 2.
— 1919: The characteristics of the free atmosphere. GM 13.
— 1925: The correlation between pressure and temperature in the upper air with a suggested explanation. QJRMS 51: 31—38.
Dobson, G. M. B., 1920: Winds and temperature gradients in the stratosphere. QJRMS 46 (193): 54—62. (4 F—4.)
Döös, B. R., 1956: Automation of 500 mb forecasts through successive numerical map analysis. T 8 (1): 76—81.
— 1958: Effect of the vertical variation of wind and stability on mountain waves. Florida State University, Tallahassee, Dept. of Met., Contract Nonr-1600 (00). TR No. 13, Dec. 30. (10.11—207.)
— und M. A. Eaton, 1957: Upper air analysis over ocean areas. T 9 (2): 184—194.
Doporto, M., 1951: The computation of atmospheric pressure at the 8 km level of constant air density. Eire, Met. Service, Geophysical Publications 3 (4). (7.8—54.)
— und W. A. Morgan, 1947: The significance of the isopycnic level. QJRMS 73: 384—390.
Douglas, C. K. M., 1922: Observation of upper cloud drift as an aid to research and weather forecasting. QJRMS 4: 342—356.
— 1925: On the relation between the source of the air and the upper air temperature up to the base of the stratosphere. QJRMS 51: 229—238. (5 D—50.)
Droessler, E. G., 1950: "Skyhook" plastic balloons for high altitude soundings. BAMS 31 (6): 191—193. (1.8—16.)
Drouilhet, P. R., 1958: Transosonde balloons flying on a routine basis. BAMS 39 (2): 96—97. (10.11—107.)
Duell, B., und G. Duell, 1948: The behavior of atmospheric pressure during and after solar particle invasions and solar ultraviolet invasions. Smithsonian Miscell. Coll. 110 (No. 8).

Due Rojo, A., 1954: El "Jet Stream" o rio aereo estratosferico. (The jet stream or stratospheric river of air.) Granada, Observatorio de Cartuja. Trabajos Scientificos, Ser. B. 8 (66). (6.10—136.)

Dugstad, I., 1956: A generalization of Richardson's criterion of turbulence. A & M Sci. Rep. No. 11, Contr. AF 19 (604)—559.

Du Jonchay, I., und V. Mironovich, 1953: Les courants aeriens de l'hémisphère sud. I. U. G. G., Association of Met., Brussels 1951, Procès-Verbaux des Séances, Mémoirs et Discussion, p. 81—85, Brussels (7.7—137.)

Duncan, P. F., 1951: Wind measurement at great heights. Aeroplane, London 80 (2066): 234—235. (4 F—71.)

Dunning, H. H., und N. E. La Seur, 1955: An evaluation of some condensation trail observations. BAMS 36: 73—79. (6.9—248.)

Dursi, M., und V. Edgardo, 1954: Corriente de "chorro". (Jet stream.) Revista Nacional de Aeronautica, Buenos Aires, 14 (145): 54—55. (6.2—129.)

Durst, C. S., 1948: The fine structure of wind in the free air. QJRMS 74: 349—360. (1.2—132.)

— 1952: The variation of wind in short periods of time between 30.000 and 35.000 feet, Jan. 1950 to Jan. 1952. MRP 745. (4 E—231.)

— 1954: The accuracy of route wind forecasts for aviation. JINL 7 (1): 28—43. (6.10—102.)

— 1960: The statistical variation of wind with distance. QJRMS 86 (370): 543—549.

— und N. E. Davis, 1949: Jet streams and their importance to air navigation. JINL 2 (3): 210—218. (4 G—20.)

— — 1957: Accuracy of geostrophic trajectories. MML 86 (1019): 138—141. (8.9—208.)

— und G. H. Gilbert, 1950: Constant-height balloons — calculation of geostrophic departures. QJRMS 76: 75—88.

Durward, J., 1921: Diurnal variation of wind velocity and direction at different heights. GMOPN 15.

— 1925: The investigation of the winds in the upper air from information regarding the place of fall of pilot balloons and the distribution of pressure. GMOPN No. 42. (4 G—1.)

— 1936: Upper winds at Wadi Hafa (Sudan). GMOPN 72.

— 1937: Upper winds measured at MIY Imperia, Mirabella Bay, Crete. GMOPN 79.

— und D. C. E. Jones, 1955: Weather phenomena at high levels. Aeroplane 88: 18—21. (6.9—151.)

Dwyer, W. N., 1955: Cloud forms associated with "jet stream". AMMM No. 8: 55. (7.7—200.)

Dyer, A. J., und S.-A. Yeo, 1960: A radio-active fall-out study at Melbourne, Australia. T 12 (2): 195—199.

Dzhordzhio, V. A., 1956: Struinoe techenie. (Jet stream.) MG No. 6: 49—60. (8.9—171.)

— 1956a: O postroenii srednikh vertikal'nykh razrezov s tsel'iu izucheniia struinogo techeniia i drugikh osobennostei obshchei tsirkuliatsii atmosfery. (Construction of mean vertical cross sections for studying the jet stream and other characteristics of general atmospheric circulation.) Tashkent. Geofizicheskaia Observatoriia, Trudy No. 11/12: 87—112. (10.10—127.)

Eady, E. T., 1949: Long waves and cyclone waves. T 1 (3): 33—52. (1.2—84.)

— 1950: The cause of the general circulation of the atmosphere. CP 156—172. (2.3—61.)

— 1951: The quantitative theory of cyclone development. CM 464—469. (3.7—4.)

— 1953: The maintenance of the mean zonal surface currents. AMST 124—128. (6.3—156.)

— und J. S. Sawyer, 1951: Reviews of modern meteorology. 3. Dynamics of flow patterns in extra-tropical regions. QJRMS 77 (334): 531—551. (3.4—114, 4 G—66.)

Ebdon, R. A., 1960: Notes on the wind flow at 50 mb in tropical and subtropical regions in January 1957 and January 1958. QJRMS 86 (370): 540—542.

Edwardes, H. N., 1950: High altitude meteorological balloon techniques. Australia Commonwealth Scientif. and Industr. Research Organ. Div. of Radiophysics, RPR 107. (3.1—39.)

— 1952: Some measurements of velocity of high altitude winds at Sidney, N. S. W. BAMS 33 (2): 56—59. (4 F—94.)

Edwards, H. D., J. F. Bedinger und E. R. Manring, 1956: Emission from a sodium cloud artificially produced by means of a rocket. (In: The airglow and the aurorae: a symposium. London: Pergamon.) (8.7—198.)

EKHART, E., 1940: Zur Kenntnis der Windverhältnisse in der oberen Stratosphäre. Reichsamt für Wetterdienst. (4 F—20.)
ELIASEN, E., 1958: A study of the long atmospheric waves on the basis of zonal harmonic analysis. T 10 (2): 206—215.
ELIASSEN, A., und W. E. HUBERT, 1953: Computations of vertical motion and velocity budget in a blocking situation. T 5 (2): 196—206. (5.2—107.)
— J. S. SAWYER und J. SMAGORINSKY, 1960: Upper air network requirements for numerical weather prediction. WMO TN No. 29, WMO No. 94, TP 38.
ELLIOTT, R. D., 1955: Study of vorticity injections. Astrophysics Research Foundation, Santa Barbara, Calif. Contract N 189s—99279, Report 55—1. (9.5—146.)
— 1956: Low latitude vorticity injections and the development of large-scale anomalous circulation patterns. BAMS 137 (6): 270—275. (8.9—167.)
— und T. B. SMITH, 1949: A study of the effects of large blocking highs on the general circulation in the Northern Hemisphere westerlies. JM 6 (2): 67—85.
ELLISON, T. H., und C. D. WALSHAW, 1955: The evaluation of some regression coefficients for estimating the 150-mb wind at Liverpool. QJRMS 81 (349): 480—483. (6.11—154.)
ELSAESSER, H. W., 1957: Errors in upper-level wind forecasts. BAMS 38: 511—517.
ELSE, C. V., 1955: Wind finding trials of Radar A. A. No. 3 Mk. VII (Second series). MRP 922. (7.6—85.)
ELSLEY, E. M., 1951: Alberta forest fire smoke — 24 September 1950. W 6 (1): 22—24. (2.7—56.)
EMERY, P. F., 1956: Strong winds at high levels in the equatorial zone of the Far East. MML 85 (1011): 275—277. (8.2—128.)
ENDLICH, R. M., 1953: A study of vertical velocities in the vicinity of jet streams. JM 10 (6): 407—415. (5.6—117.)
— 1954: A note on pressure at the tropopause. BAMS 35 (3): 131—132. (6.3—98.)
— P. HARNEY et al., 1954: Project Jet Stream. The observation and analysis of the detailed structure of the atmosphere near the tropopause. BAMS 35: 143—153. (6.5—121.)
— und G. S. MCLEAN, 1957: The structure of the jet stream core. JM 14: 543—552.
— — 1960: Geostrophic and gradient departures in jet streams. JM 17 (2): 135—147.
— — 1960: Analyzing and forecasting meteorological conditions in the upper troposphere and lower stratosphere. AFS No. 121.
— und R. M. RADOS, 1959: The meteorological measurements and field program of project jet stream from 1956 to 1958. GRP No. 64.
— S. B. SOLOT und H. A. THUR, 1955: The mean vertical structure of the jet stream. T 7 (3): 308—313. (7.9—144.)
EPSTEIN, E. S., 1959: An empirical study of vertical velocities in the lower stratosphere. MWR 87 (3): 91—96.
ERIKSON, M., 1954: Study of turbulence and vertical motion in the upper atmosphere derived from the ascensional rates of the rubber balloons. GH 4 (4): 153—179. (7.4—198.)
ERTEL, H., 1936: Die Arten der Unstetigkeit des Windfeldes an der Tropopause. MZ 53 (12): 450—455. (5 D—83.)
— 1939: Singuläre Advektion und Zyklonenbewegung. MZ 56 (11): 401—407. (5 D—98.)
— 1942: Ein neuer hydrodynamischer Wirbelsatz. MZ 59 (9): 277—281.
ERVET, P., 1958: Utilisation de la distance oblique dans les sondages vent au radar. LM Ser. 4, No. 51: 209—221. (11.1—136.)
— und A. ROBUCHON, 1959: Mesure fin du vent en altitude à l'aide de deux radars à poursuite automatique. LM Ser. 4, No. 54: 121—128. (11.5—258.)
ESSENWANGER, O., 1953: Statistische Untersuchungen über die Zirkulation der Westdrift in 55° Breite. BDW No. 7. (5.11—87.)
ESTOQUE, M. A., 1950: On the properties of two-dimensional wave-motions in an atmosphere which is characterized by zonal winds. NYU, Met. Papers Vol. 1, No. 5.
— 1955: The mechanism of vorticity change associated with a selected cyclone. UofC, Dep. of Met., Contract AF 19 (604)—1293, TR No. 4. (7.8—118.)
— 1956: A prediction model for cyclone development integrated by Fjørtoft's method. JM 13: 195—202.
— 1957a: A graphically integrable prediction model incorporating orographic influences. JM 14: 293—296.
— 1957b: Graphical integrations of a two-level model. JM 14: 38—42.
— 1958: Some characteristics of turbulence at high altitudes. Geophysics Research Directorate, GRD Research Notes No. 4, AFCRC-TN-58-624.

Ewing, R. A., 1949: The determination of upper winds by electronic means. Sixth Pacific Science Congress 1947, Proceedings. Roy. Soc. of New Zealand, Transactions, 77 (5): 76—78. (2.6—22.)

Exner, F., 1925: Dynamische Meteorologie. 2. Aufl. Wien.

Falconer, R. E., 1953: A correlation between atmospheric electrical activity and the jet stream. General Electric Research Lab., Schenectady, N. Y., Report No. RL-900. (4 G—137.)

— und J. Schaefer, 1954: Cloud and atmospheric-electric observations of the formative stages of the Worcester, Massachusetts, Tornado. BAMS 35: 437—440.

Faller, A. J., 1956: A demonstration of fronts and frontal waves in atmospheric models. JM 13 (1): 1—4. (7.8—136.)

Farkas, E., 1955: Upper winds over Invercargill. New Zealand Met. Service, Technical Note 121. (7.9—186.)

Farthing, E. D., 1959: Analysis of high level PIREPS during the period Oct. 6—Nov. 6, 1958. Kansas City, Mo., Trans World Airlines, Inc., Meteor. Section, 1959. (11.1—239.)

Faust, H., 1953: Die Nullschicht, der Sitz des troposphärischen Windmaximums. MR 6 (1/2): 6—15. (4 E—253.)

— 1954a: Die Strahlströme als Erscheinung der Nullschicht. MR 7 (9/10): 161—166. (6.2—130.)

— 1954b: Nullschichteffekt und Frontalzonen. AMGBA 6 (3/4): 334—369. (5.8—89.)

— 1955a: Der Nullschichteffekt als Funktion der Schärfe des Maximums in der vertikalen Windverteilung. MR 8 (3/4): 48—50. (6.10—137.)

— 1955b: Übergradientische Winde in der Nullschicht und das Problem der Strahlströme. AMGBA 8 (1/2): 45—71. (6.8—10.)

— 1955c: Vertikale Änderung der Windgeschwindigkeit und Luftdruckänderungen. MR 8 (1/2): 19—23. (6. 10—123.)

— 1959a: Bemerkungen zum Aufsatz: „Zum Problem der Nullschicht" von E. Reiter. MR 12 (3): 96—97.

— 1959b: Nullschichteffekt und allgemeine Zirkulation. GPA 44: 257—264.

— 1960: Die Schwachwindschicht in der unteren Stratosphäre als Nullschicht. MR 13 (3): 77—85.

Fawcett, E. B., und L. W. Snellman, 1959: 300-mb isotach analysis. BAMS 40 (2): 78—84. (11.3—39.)

Fay, R., 1958: A note on the mid-tropospheric wind maximum. BAMS 39 (7): 360—362. (11.3—40.)

Fea, G., M. Montalto und A. Gazzola, 1957: Analisi obiettiva, a scala sinottica, dei campi di velocità troposferici. RMA 17 (1): 3—30. (8.10—195.)

Ference, M., 1951: Instrumentation and techniques for meteorological measurements. CM 1207—1222.

Ferrari, G., 1958: Carte des zones d'ascendance de nature ondulatoire, par trasmontane dans le Latium (Italie centrale). OSTIV Publication V, und SAR 1960/1.

Ferrel, W., 1889: A popular treatise on the winds. New York.

Fetner, M. W., 1956: Summary of location and extents of turbulent areas encountered during flight investigations of the jet stream from October 1953 to May 1954 and November 1954 to July 1955. NACA RML 55H04a.

Fett, W., 1956: Ein neues Höhenwind-Auswertgerät. ZM 10 (7): 207—216. (8.2—61.)

Fette, H., 1933: Strömungsversuche im rotierenden Laboratorium. Z. techn. Physik 14 (7): 257—266.

Fisher, E. L., 1956: Vertical motion and cyclogenesis. NYU, Research Division, Dep. of Met. and Ocean., Contr. Nonr-285 (09), Technical Paper No. 6. (8.6—269.)

Fjørtoft, R., 1951: Stability properties of large-scale atmospheric disturbances. CM 454—463. (3.8—3.)

— 1952: On a numerical method of integrating the barotropic vorticity equation. T 4: 179—194.

Fleagle, R. G., 1947: The fields of temperature, pressure and three-dimensional motion in selected weather situations. JM 4: 165—185.

— 1957: On the dynamics of the general circulation. QJRMS 83 (355): 1—20. (8.4—20.)

— 1958: Inferences concerning the dynamics of the mesosphere. JGR 63 (1): 137—146. (9.11—161.)

— und R. M. Endlich, 1954: Comments on "A study of vertical velocities in the vicinity of jet streams." JM 11 (6): 513—514. (6.5—116.)

FLEAGLE, R. G., und Y. IZUMI, 1955: Empirical and theoretical studies of baroclinic instability. Washington (State) Univ., Dep. of Met. and Climat., Contr. AF 19 (604)—314, Scientific Report No. 1. (9.4—125.)

FLEISHER, A., 1959: Some spectra of turbulence in the free atmosphere. JM 16 (2): 209—211.

FLETCHER, R. D., 1953: The association of wind speed with height of upper-air constant-pressure surface. BAMS 34 (4): 155—159. (4 G—131.)

FLINT, R. F., 1957: Glacial and pleistocene geology. New York: Wiley.

FLOHN, H., 1944: Die Intensität der zonalen Zirkulation in der freien Atmosphäre außertropischer Breiten. GBG 60: 196—209.

— 1950a: Die planetarische Zirkulation der Atmosphäre bis 30 km Höhe. BDWUS No. 12: 156—161. (4 F—56.)

— 1950b: Grundzüge der allgemeinen atmosphärischen Zirkulation auf der Südhalbkugel. AMGBA 2 (1): 17—64. (4 F—55.)

— 1950c: Neue Erkenntnisse über die Monsunzirkulation. MR 3 (7—8): 176. (1.11—103.)

— 1950d: Studien zur allgemeinen Zirkulation der Atmosphäre. BDWUS No. 18. (2.5—72.)

1950e: Neue Anschauungen über die allgemeine Zirkulation der Atmosphäre und ihre klimatische Bedeutung. Erdkunde 4: 141—162.

— 1951a: Allgemeine Zirkulation und natürliche Klimaeinteilung. AM 4 (1—6): 76—77. (3.3—107.)

— 1951b: Die Zirkulation der Atmosphäre in den Polargebieten. Polarforschung 3 (1): 58—64. (3.3—108.)

— 1952a: Allgemeine atmosphärische Zirkulation und Polarklimatologie. Geol. Rundschau 40: 153.

— 1952b: Atmosphärische Zirkulation und erdmagnetisches Feld. BDWUS No. 38: 46—51. (4.2—106.)

— 1952c: Probleme der großräumigen Synoptik. BDWUS No. 35: 12—23. (3.10—72.)

— 1953a: Hochgebirge und allgemeine Zirkulation. II. Die Gebirge als Wärmequellen. AMGBA 5 (3): 265—279. (4.6—101.)

— 1953b: Studien über die atmosphärische Zirkulation der letzten Eiszeit. Erdkunde 7 (4): 266—275.

— 1955: Zur vergleichenden Meteorologie der Hochgebirge. AMGBA 6: 193—206.

— 1956: Der indische Sommermonsun als Glied der planetarischen Zirkulation der Atmosphäre. BDW 4 (22): 134—139. (8.9—221.)

— 1956a: Investigations on the general atmospheric circulation especially in lower latitudes. IUGG 431—442. (8.8—202.)

— 1957: Large-scale aspects of the "summer-monsoon" in South and East Asia. JMSJ, 75th Anniversary Volume, 180—186.

— 1958a: Beiträge zur Klimakunde von Hochasien. Erdkunde 12 (4): 294—308.

— 1958b: Luftmassen, Fronten und Strahlströme (Grundbegriffe der synoptischen Meteorologie). MR 11 (1): 7—13.

— 1959a: Aktuelle Probleme der aerologischen Synoptik. (Einleitendes Referat.) BDW No. 51: 82—95. (11.3—41.)

— 1959b: Probleme der geophysikalisch-vergleichenden Klimatologie seit Alexander von Humboldt. BDW No. 59: 9—31.

— 1959c: Meteorologische Probleme bei der Ausbreitung radioaktiven Aerosols. GPA 44: 271—286.

— 1959d: Bemerkungen zur Klimatologie von Hochasien. Aktuelle Schneegrenze und Sommerklima. Akademie der Wissenschaften und der Literatur, Mainz, Abhandlungen der math.-naturw. Klasse, Jg. 1959, Nr. 14: 309—331.

— 1960: Mehrfachbildung der Tropopause und Windfeld im äquatorialen Pazifik. MDW No. 20: 50—57.

— 1960a: Strahlströme in der Stratosphäre. Wetterkarte des Seewetteramtes, Hamburg. Jahrg. 8, No. 76—78.

— und K. HINKELMANN, 1952: Äquatoriale Zirkulations-Anomalien und ihre klimatische Auswirkung. BDWUS 42: 114—121.

— R. HOLZAPFEL und H. OECKEL, 1959: Untersuchungen über die stratosphärische Oströmung auf der Sommerhalbkugel. BPA 31: 217—243. (11.1—206.)

FLOWERS, E. G., 1960: The atmosphere from the surface to 50 mb over the South Pole during 1957. AMO 453—462.

— und H. HANSEN, 1959: Comparison of various conditioning methods for rawinsonde balloons. MWR 87 (7): 261—267.

FÖRCHTGOTT, J., 1956: Active turbulent layer downwind of mountain ridges. OSTIV Publication IV. und SAR 1957 (6).

FORSDYKE, A. G., 1951: Zonal and other indices. MML 80 (948): 156—161. (3.2—17.)

FORTAK, H., 1959: Das Eindringen hochstratosphärischer Erwärmungen in die untere Stratosphäre als Austauschproblem. GBG 67 (1): 66—78.

— 1960: Gradientwindbestimmung aus Karten in stereographischer Projektion. BPA 32 (3/4): 249—256.

FOSTER, R. L., und E. F. ROBINSON, 1953: The strong jet over the Southwestern Plain States, Nov. 24—25, 1953. MWR 81 (11): 374—378. (5.11—88.)

FOTHERINGHAM, R. R., 1953: High altitude winds at O. W. S. "Polar Front". MRP 812. (5.2—181.)

Frankfurt a. M., Wetterdienststelle, 1932: Synoptische Bearbeitungen Nr. 1—5, Okt. 1932. Stratosphärische Steuerung. Frankfurt a. M. (2 A—72.)

FRASER, D. O., 1951: Optimum flight paths. JINL 4 (2): 178—200. (3.1—16.)

FREEMAN, J. C., 1953: A jet stream model. Abstract in: American Met. Soc., 120th National Meeting, Program, New York City, Jan. 26—29, 1953. p. 395. (4 G—122.)

— J. T. HURT und A. KASAHARA, 1956: Barotropic models of the planetary jet stream. A & M Contract AF 19 (604)—559, Scient. Report No. 12. (8.6—2.)

FRENCH, J. E., und K. R. JOHANNESSEN, 1954: Forecasting high clouds from high-level constant-pressure charts. AMST.: 160—171. (6.3—75.)

FRENZEN, P., 1955: Westerly flow past an obstacle in a rotating hemispheric shell. BAMS 36 (5): 204—210. (7.6—119.)

— R. KAYLOR, J. WEIL und G. GRAY, 1956: Experimental apparatus and techniques. In: D. FULTZ: Studies in experimental hydrodynamics applied to large-scale meteorological phenomena. Final Report, Part I, Contract AF 19 (122)—160. pp. C-2 bis C-36.

— und N. E. LA SEUR, 1956: Criteria for the occurrence of an eccentric circumpolar vortex in the atmosphere inferred from model experiments. JM 13 (1): 124—126. (7.8—127.)

FRITZ, S., 1959: On observing the atmosphere from satellites. I. Cloud observations. WW 12 (4): 139—144, 163—165.

— und H. WEXLER, 1960, Cloud pictures from satellite Tiros I. MWR 88 (3): 79—87.

FROST, B. C., 1953: Flying in jet stream winds. Shell Aviation News, London, No. 186: 4—8. (5.9—203.)

— 1954: More about the jet stream. Shell Aviation News, London, No. 195: 14—18. (7.7—62.)

FROST, R., 1952: The upper air circulation in low latitudes and its relation to certain climatological discontinuities. MRP 706. (4 G—94.)

— 1953: Upper air circulation in low latitudes in relation to certain climatological discontinuities. GMOPN No. 7 (107). (5.1—132.)

FUGLISTER, F. C., 1951: Multiple currents in the Gulf Stream system. T 3: 230—233.

— und L. V. WORTHINGTON, 1951: Some results of a multiple ship survey of the Gulf Stream. T 3 (1): 1—14. (2.11—196.)

FUJITA, T., 1955: Results of detailed synoptic studies of squall lines. T 7: 405—436.

— H. NEWSTEIN und M. TEPPER, 1956: Mesoanalysis, an important scale in the analysis of weather data. USWB, Washington D. C., RP No. 39.

FUKUOKA, J., 1958: The variations of the Kuroshio current in the sea south and east of Honshu (Japanese main island). The Oceanographical Magazine, Japan Meteorological Agency, 10 (2): 201—213.

FULKS, J. R., 1951: The instability line. CM 647—652. (3.8—4.)

FULTZ, D., 1945: Upper-air trajectories and weather forecasting. UofC, Miscell. Rep. No. 19.

— 1949: A preliminary report on experiments with thermally produced lateral mixing in a rotating hemispherical shell of liquid. JM 6 (1): 17—33. (1.3—43.)

— 1950a: Experimental studies of a polar vortex I. T 2 (3): 137—149. (2.2—61.)

— 1950b: Experimental studies related to atmospheric flow around obstacles. GPA 17 (3—4): 88—93. (2.5—60.)

— 1951a: Experimental analogies to atmospheric motions. CM 1235—1248.

— 1951b: Experiments combining convection and rotation and some of their possible implications. Midwestern Conference on Fluid Mechanics, Univ. of Illinois, May 12—13, 1950. Proceedings, Publ. Ann Arbor 1951. (7.7—139.)

— 1951c: Non-dimensional equations and modeling criteria for the atmosphere. JM 8 (4): 262—267. (3.5—138.)

— 1952: On the possibility of experimental models of the polar-front wave. JM 9 (6): 379—384. (4.11—131.)

Fultz, D., 1956a: A survey of certain thermally and mechanically driven systems of meteorological interest. US Office of Naval Research, Proceedings of the First Symposium on the use of models in Geophysical Fluid Dynamics, Sept. 1953. (9.4—172.)
— 1956b: Studies in experimental hydrodynamics applied to large-scale meteorological phenomena. Part I, II. Final Report, Contract AF 19 (122)—160.
— 1960: Experimental models of rotating fluids and possible avenues for further research. In: Dynamics of Climate; Editor: R. L. Pfeffer, pp. 71—77. New York.
— und P. Frenzen, 1955: A note on certain interesting ageostrophic motions in a rotating hemispherical shell. JM 12 (4): 332—338.
— und R. Kaylor, 1959: The propagation of frequency in experimental baroclinic waves in a rotating annular ring. RMV p. 359—371.
— und R. Long, 1951: Two-dimensional flow around a circular barrier in a rotating spherical shell. T 3 (2): 61—68. (3.2—71.)
— — G. U. Owens et al., 1956: Studies of thermal convection in a rotating cylinder with some implications for large-scale atmospheric motions. UofC, 64 p. (10.6—185.)
— — — W. Bohan, R. Kaylor und J. Weil, 1959: Studies of thermal convection in a rotating cylinder with some implications for large-scale atmospheric motions. MM No. 21 (Vol. 4).

Gaalswyk, A., 1958: Suggested uses of meteorological data collected by constant-pressure level balloon systems. General Mills, Inc., Mechanical Div., Contract AF 19 (604)—2170, Scientif. Report No. 1. (9.10—115.)
Gabites, J. F., 1952: Mean westerly wind flow between the 700- and 100 millibar levels over the New Zealand region. New Zealand Meteorological Service, TN No. 90. (4 G—95.)
— 1953: Mean westerly wind flow in the upper levels over the New Zealand region. New Zealand Journal of Science and Technology, Ser. B, 34 (5): 384—390. (4 G—123.)
— 1954: Drift of radioactive dust from the British nuclear bomb tests in October 1953. New Zealand Met. Office, Note No. 40. (7 E—88.)
— und E. M. Porter, 1951: Equivalent head winds at 30000 ft on South Pacific air routes during 1951. New Zealand Met. Service, TN No. 83. (4 E—234.)
— — 1952a: Equivalent head winds on air routes leading to New Zealand. New Zealand Met. Service, TN 86. (4 E—234.)
Gales, D. M., 1955: Air Weather San Francisco-Cheyenne. Trans World Air Lines Inc. (7.3—63.)
Galloway, J. L., 1958: Three-front model: its philosophy, nature, construction and use. W 13 (1): 3—10. (10.3—237.)
Gambo, K., 1950: The criteria for stability of the westerlies. Tokyo Univ., Geoph. Inst., Geophysical Notes 3 (29). (2.10—70.)
— 1951: Notes on the energy dispersion in the atmosphere. JMSJ Ser. 2, 29 (7): 215—232. (3.7—95.)
— 1956: The topographical effect upon the jet stream in the westerlies. JMSJ Ser. 2, 34 (1): 24—28. (9.5—258.)
Gardiner, A. J., J. F., Gifford, R. I. Mitchell et al., 1956: Optical studies of atmospheric turbulence. Flagstaff Arizona, Lowell Observatory, Contr. AF 19 (604)—953, Final Report 1956. (9.5—268.)
Garriock, A., 1957: Forecasting upper winds. AMMM No. 19: 1—14. (9.11—143.)
Garriott, E. B., 1954: Long-range weather forecasts. BAMS 35: 62.
Gartineau, A., 1951: Routes aériennes de durée minimum. LM 4th ser. No. 22: 113—127. (4.7—54.)
Gazzola, A., 1954: Le jet stream dans une situation de bloquage. IUGG 44—49.
— 1955: La corrente a getto durante una situazione di blocco. RMA 15 (1): 25—31. (8.1—193.)
— 1956: Sur la variabilité avec l'altitude du paramètre l^2 lors de la formation d'ondes de relief. RMA 16 (3): 21—30. (10.3—272.) SAR 32 (4): 217—220.
General Mills, 1951: The General Mills Aeronautical Research Laboratories. BAMS 32 (3): 111—112. (3.1—38.)
Genève, R., und G. Jacquemard, 1957: Coupe méridienne de l'atmosphère au-dessus du Nord-Ouest de l'Afrique. (Meridional section of the atmosphere over northwestern Africa.) Académie des Sciences, Paris, Comptes Rendus 244 (6): 793—796. (9.8—166.)
Georgi, J., 1950: Hochstürme über der Dänemarkstraße. Deutsche Hydrograph. Zeitschrift 3 (1/2): 136—143. (4 G—39.)

GEORGII, W., 1953: Problemas de la corriente ondulatoria y de chorro en la Argentina. (Problems of the air current and the jet stream in Argentina.) Revista Nacional de Aeronautica, Buenos Aires, 13 (131): 33—37. (5.7—128.)
— 1956: Beiträge zum Problem der Turbulenz der Strahlströme. DFS, Bericht No. 1.
— 1956a: Flugmeteorologie. Frankfurt a. M.: Akademische Verlagsgesellschaft. (9.8—5.)
— 1957: Strahlströme und Böenlinien. SAR 32 (6): 319—324. (10.3—228.)
— 1958: Forschungsflüge in alpiner Wellenströmung. SAR 33 (6): 307—314. (11.2—93.)
— 1958a: Problemi riguardanti la struttura e la turbolenza del corrente a getto. RMA 18 (3): 3—17. (11.1—241.)
— 1960: Monographie der Strahlströme, Teil 2. DFS Forschungsbericht No. 6.
— M. REINHARDT und M. SCHURER, 1957: Beiträge zum Problem der Turbulenz der Strahlströme. DFS, Bericht No. 3.
GERBIER, N., 1959: Écoulement de l'air au voisinage immédiat du relief. ACSI 88—93.
— und M. BERENGER, 1960a: Les ondes de ressaut. Ministère des Travaux Publics et des Transports, Secrétariat Générale à l'Aviation Civile & Commerciale. Service de la Formation Aeronautique, du Travail Aérien et des Transports.
— — 1960b: Études expérimentales des ondes dues au relief. MNM No. 20.
— — 1961: Experimental studies of lee waves in the French Alps. QJRMS 87 (371): 13—23.
GERSON, N. C., 1952: Unsolved problems in physics of the high atmosphere. Advances in Geophysics 1: 156—242. New York.
— und J. KAPLAN, 1951: Nomenclature of the upper atmosphere. JATP 1 (3): 200. (2.9—63.)
GIÃO, A., 1956: Introduction à la climatologie dynamique de l'Amérique du nord, de l'Atlantique nord et de l'Europe. GPA 34: 101—150. (8.6—343.)
GIBBS, W. J., 1952: Notes on the mean jet stream over Australia. JM 9 (4): 279—284. (4 G—96.)
— 1953: A comparison of hemispheric circulations with particular reference to the western Pacific. QJRMS 79 (339): 121—136. (4 G—124.)
— 1955: 200-mb divergence associated with rapid and intense cyclogenesis. AMMM 11: 17—35. (9.6—126.)
GIFFORD, F. A., 1952: The breakdown of a low-level inversion studied by means of detailed soundings with a modified radiosonde. BAMS 33: 373—379.
— 1955: The height of scintillation-producing disturbances. BAMS 36 (1): 35—36. (6. 11—351.)
— und A. H. MIKESELL, 1953: Atmospheric turbulence and the scintillation of starlight. W 8 (7): 195—197. (4.11—178.)
GILCHRIST, A., 1953: Upper winds in the tropics and subtropics. MRP 795. (5.2—179.)
— 1955: Winds between 300 and 100 mb in the tropics and subtropics. Great Brit. Met. Office, Met. Reports No. 16. (7.4—141.)
GILES, K. C., und R. E. PETERSON, 1956: Velocity departures from geostrophic flow as measured from constant level balloon data. General Mills, Inc. Mechanical Div., Contract AF 19 (604)—1180, Scientific Report No. 1. (8.11—120.)
— — 1957: A study of wind velocities measured from constant-pressure balloons. JM 14: 569—572.
GIRS, A. A., 1955: K voprosu ob izuchenii obshchei tsirkuliatsii atmosfery. (Investigation of the general circulation of the atmosphere.) ISG No. 4: 16—28. (7.10—149.)
GODSKE, C. L., T. BERGERON, J. BJERKNES und R. C. BUNDGAARD, 1957: Dynamic meteorology and weather forecasting. AMS Boston, Carnegie Inst., Wash. (8.7—5.)
GODSON, W. L., 1950: The structure of North American weather systems. CP 89—106.
— 1950a: Generalized criteria for dynamic instability. JM 7 (4): 268—278. (2.2—62.)
— 1950b: Synoptic significance of dynamic instability. JM 7 (5): 333—342. (2.3—35.)
— 1952: The relative accuracy of rawins and contour-measured winds. Canada, Met. Division, Circular 2076. (4 E—236.)
— 1955: Arctic jet streams and high-level turbulence. In: RUSSEL, P., und M. B. BALLABON: Informal papers in Arctic Meteorology. McGill Univ., Arctic Met. Group, Contract AF 19 (604)—1141, Scientific Report No. 1. (8.4—179.)
— 1955a: The relative accuracy of rawins and contour-measured winds in relation to performance criteria. WMO No. 51. TP 20, TN No. 15.
— 1957: The arctic winter stratospheric jet stream (abstract). Polar Atmosph. Sympos. Pt. 1, London: Pergamon.
— 1960: Total ozone and the middle stratosphere over arctic and subarctic areas in winter and spring. QJRMS 86 (369): 301—317.

GODSON, W. L., und R. LEE, 1958: High level fields of wind and temperature over the Canadian Arctic. BPA 31 (1/2): 40–68.
GÖTZ, F. W. P., 1931: Das atmosphärische Ozon. In: Ergebnisse der kosmischen Physik, herausgeg. von V. CONRAD und L. WEICKMANN, p. 180–235. Leipzig.
— 1938: Die vertikale Verteilung des atmosphärischen Ozons. In: Physik der Atmosphäre. (Gerlands Beiträge zur Geophysik, 3. Supplementband.) Herausgeber: V. CONRAD, p. 253–325. Leipzig.
— 1949: Der Stand des Ozonproblems. BDWUS No. 11: 7–13.
GOLD, E., 1953: The variation of wind near the tropopause. MML 82 (973): 194–198. (4.11–192.)
GOLDIE, A. H. R., 1937: Kinematic features of depressions. GM No. 72.
— 1939: Depressions as vortices. GM 79.
— 1947: The upper atmosphere. Estimated distribution of temperature, pressure and wind up to the 45 km level. MRP 360.
— 1950: The average planetary circulation in vertical meridian planes. CP 175–180. (4 F–58.)
— 1952: The global circulation of stratosphere air and the mechanism of change of tropopause level. MRP 734. (5 D–208.)
— 1953: Global circulation of air at high level and mechanism of change of tropopause level. MML 82 (973): 198–210. (5 D–225.)
— J. G. MOORE und E. E. AUSTIN, 1958: Upper air temperatures over the world. GM 13, No. 101.
GOODY, R. M., 1954: The physics of the stratosphere. Cambridge: University Press. (5 D–231.)
GOULD, R. C., 1956: An investigation of rawinsonde data techniques for computing winds aloft. US Naval Ordnance Test Station, China Lake, Calif., NAVORD Report, 5318. (9.1–122.)
GRAF, F., 1940: Untersuchungen über die Höhenwindverhältnisse benachbarter aerologischer Stationen. Univ. Berlin, Met. Inst., Veröffentlichungen, 3 (6): 1940. (7.3–90.)
GRAHAM, R. D., 1955: An empirical study of planetary waves by means of harmonic analysis. JM 12: 298–307.
GRANDOSO, H. H., und J. E. NUNEZ, 1955: Análisis de una situación de bloqueo en la parte austral de América del Sur. (Analysis of a blocking situation in the southern parts of South America.) Meteoros, Buenos Aires, 5 (1/2): 35–54. (7.10–151.)
GRANT, A., 1952: A re-examination of the zonal-wind profile under conditions of constant vorticity. JM 9 (6): 439–441. (4.7–73.)
GRAY, R., und N. CARRUTHERS, 1951: Upper air over the Falkland Islands. MML 80: 125–130. (2.11–181.)
GRAYSTONE, P., 1954: Estimation of mean winds and standard deviations at high levels. MML 83 (989): 325–329. (6.3–34.)
— 1956: Equivalent head-wind statistics for variable tracks. MRP 987. (8.1–120.)
Great Britain Meteorological Office, 1940: (a) Variation of wind with distance. (b) Variation of wind with time. Meteor. Office Monogr. 389, 8pp.
— 1945: Meteorological Report on the Ryukyu Islands. Great Britain, Met. Office, Aviation, Met. Report No. 28. (4 E–136.)
— 1949: Theoretical aspects of pressure pattern flying. Compiled by J. S. SAWYER. London: H. M. Stationery Office. (1.3–82.)
— 1950: Equivalent head winds on some of the principal air routes of the world. Met. Reports No. 7. London: H. M. Stationery Office. (1.11–116.)
Great Britain, Patent Office, 1955: Improvements in or relating to a method of forming a load-carrying balloon and the resulting product. Patent Specification 735, 614. (7.11–118.)
GREENHOW, J. S., 1959: Radio meteoritic phenomena. BAMS 40 (12): 627.
— und E. L. NEUFELD, 1956: The height variation of upper atmospheric winds. Philosoph. Magazine, Ser. 8, 1 (12): 1157–1171. (8.4–245.)
GRIMMINGER, G., 1941: The intensity of lateral mixing in the atmosphere as determined from isentropic charts. BAMS 22: 227–228.
GRINGORTEN, I. I., 1955: Conditional minimum flight paths. N 4 (7): 274–278. (8.3–78.)
GROVES, G. V., 1956a: Effect of experimental errors on determinations of wind velocity, speed of sound and atmospheric pressure, in rocket-granade experiments. JATP 9 (5/6): 237–261. (8.4–81.)
— 1956b: Introductory theory for upper atmosphere wind and sonic velocity determination by sound propagation. JATP 8 (1/2): 24–38. (7.8–280.)

GROVES, G. V., 1956c: Theory of the rocket-granade method of determining upper atmospheric properties by sound propagation. JATP 8 (4/5): 189—203. (7.10—126.)
GRÜNEWALD, G., 1955: Allgemeine Betrachtungen über die mitteltroposphärische Zirkulation der Nordhemisphäre im Hinblick auf europäische Witterungsumstellungen. DDR Met. und Hydr. Dienst, Abhandlungen 4 (29). (8.9—173.)
GUSTAFSON, A. F., 1949: Final Report on the upper wind project. Dep. of Met., UCLA.
— 1954: The error in rawin computations due to neglecting the earth's curvature. BAMS 35 (7): 295—300. (6.6—57.)
GUTENBERG, B., 1932: Die Schallausbreitung in der Atmosphäre. In: B. GUTENBERG, Handbuch der Geophysik, p. 89—145. Berlin: Borntraeger.
— 1946: Physical properties of the atmosphere up to 100 km. JM 3 (2): 27—30. (4 F—31.)

HAARLÄNDER, H., 1957: Eine kinematische Methode zur Vorhersage wahrer Luftbahnen mit Beispielen, I. BDW No. 31. (9.1—151.)
— 1959: Zum Problem der Verfrachtung radioaktiver Spurenstoffe in der Atmosphäre. BDW No. 55.
HAGE, K. D., 1957: On summer cyclogenesis in western Canada associated with upper cold lows. UofC, Dep. of Met., Contr. AF 19 (604): 2179. Scientific Report No. 1. (9.3—9.)
HAIG, T. O., 1954: Plastic balloons for high altitude research. Journal of Aviation Medicine, St. Paul, Minn., 25 (4): 351—353. (6.7—125.)
HALDIMANN, F., und H.-J. TANCK, 1959: Meteorological route description Europe—Dakar—Rio de Janeiro—Buenos Aires—Santiago/Chile. TR, Swiss Air and Lufthansa, Flight Operations, Meteorology, Zürich, Hamburg, 26 pp.
HALTINER, G. J., und Y. P. HSIEH, 1951: Upper-level vortices and the turbulent transfer of momentum. JM 8 (3): 202—204. (3.7—96.)
— und F. L. MARTIN, 1957: Dynamical and physical meteorology. New York: McGraw-Hill.
HAMILTON, R. A., und J. W. ARCHBOLD, 1945: Meteorology of Nigeria and adjacent territory. QJRMS 71: 231—264.
HAMMOND, R., 1955: Rockets for atmospheric research. Instrument Practice 9 (5): 427—430. (6.11—119.)
HANN, J., und R. J. SÜRING, 1939: Lehrbuch der Meteorologie, 5. Aufl. Leipzig: Keller. 1943. (4 F—26.)
HANSON, K. J., 1960: A case study of the explosive stratospheric warming over the Antarctic, October 1958. AMO: 128—137.
HARDING, J., 1955: The profile of jet streams in the Middle East. MRP 932. (7.5—121.)
HARE, F. K., 1960: The disturbed circulation of the arctic stratosphere. JM 17: 36—51.
— 1960a: The summer circulation of the arctic stratosphere below 30 km. QJRMS 86 (368): 127—143. 86 (370): 576—578.
HARLEY, D. G., 1952: Equivalent tail winds on the Shannon to Gander route. JINL and MRP 749.
HARMANTAS, L., und S. G. SIMPLICIO, 1958: A suggested approach to the problem of providing high-altitude wind forecasts for jet transport operations. BAMS 39 (5): 248—252. (11.3—90.)
HARRISON, D. N., 1955: Radar wind comparisons on the Ocean Weather Ships (second series). MRP 928. (7.5—66.)
HARRISON, H. T., 1956: Synoptic features of the mountain wave at Denver, Colorado. UAL Meteorology Circular No. 41.
— 1957a: Forecasting the mountain wave at Denver, Colorado. UAL Meteorology Circular No. 42. (11.3—22.)
— 1957b: Mountain wave zones in the United States. UAL Meteorology Circular No. 43.
— 1959: The use of horizontal wind shear in forecasting high level clear air turbulence. UAL Meteorology Circular No. 49. (10.11—72.)
HARSÁNYI, E., 1960: Nullschicht und Drucktemperaturkurven. MR 13 (3): 85—86.
HARTMANN, W., 1950: Die Genauigkeit der Ermittlung des Höhenwindes aus den Karten der absoluten Topographie. AM 3 (1—2): 27—34. (1.7—12.)
HAURWITZ, B., 1941: Dynamic Meteorology. New York: McGraw-Hill.
— 1949: Report on studies of atmospheric energy. NYU, Dep. of Met. (3.2—73.)
— 1950: Atmospheric oscillation. NYU, Contract AF 19 (122)—49, Progress Reports, Nos. 122-04 to 122-08. (4 F—74.)

HAURWITZ, B., 1954: Zonal wind field in the upper atmosphere. NYU, Contract AF 19 (122)—49, Scientific Report No. 7. (6.9—223.)
— und H. A. PANOFSKY, 1950: Stability and meandering of the Gulf Stream. TAGU 31 (5), Pt. 1: 723—731. (2.8—189.)
HAVENS, J. M., und W. A. BAUM, 1956: Frequency distributions of predominant tropopause heights along 80° W in summer. BAMS 37 (3): 87—93. (7.11—156.)
HAWKINS, H. F., 1955: The weather and circulation of June 1955, illustrating a circumpolar wave. MWR 83 (6): 125—131. (8.1—194.)
HAY, R. F. M., 1952a: Wind at high levels over Hong Kong. MRP 778. (4 E—239.)
— 1952b: Wind at high levels over Singapore (1950—52). MRP 770. (4 F—101.)
— 1953: High-level strong easterlies over Singapore and Hong Kong. W 8 (7): 206—208. (4.11—194.)
Headquarters, 1st Weather Group, 1954: Forecasting Manual for SAC Operations. Offutt Air Force Base, Nebraska.
HEATH-SMITH, J. R., 1955: Turbulence encountered by Comet 1 aircraft. Farnborough, England. Royal Aircraft Establishment, Report Structures 179. (7.11—70.)
HELLIWELL, R. A., 1958: Whistlers and very low frequency emissions. "Geophysics and the IGY", Am. Geoph. Union, Publ. No. 590. p. 35—44.
HELMHOLTZ, H. VON, 1873: Über ein Theorem, geometrisch ähnliche Bewegungen flüssiger Körper betreffend, nebst Anwendung auf das Problem, Luftballons zu lenken. Monatsber. K. Akad. Wiss., Berlin, 501—504.
HENDL, M., 1960: Entwurf einer genetischen Klimaklassifikation auf Zirkulationsbasis. ZM 14 (2): 46—50.
HENRY, R. M., und S. L. HESS, 1957: A study of large-scale spectra of atmospheric kinetic energy, wave speed, momentum flux, and heat flux. Florida State Univ., Dep. of Met., Contr. Nonr 1600 (00). Project NR-082-071, Techn. Report No. 9. (9.5—145.)
— — 1958: Study of large-scale spectra of some meteorological parameters. JM 15 (4): 397—403. (10.6—186.)
HENRY, T. J. G., 1957: Maps of upper winds over Canada. Toronto, Meteorol. Branch, Dept. of Transport. (10.11—204.)
— und G. R. ARMSTRONG, 1949: Aerological data for northern Canada. Toronto, Met. Division. (4 E—172.)
HERBST, W., und K. PHILIPP, 1953: Wanderweg eines atomtechnischen Aerosols. Naturwissenschaften 40 (2): 54. (7 E—69.)
— R. NEUWIRTH und K. PHILIPP, 1954: Betrachtungen über die Eignung radioaktiver atomtechnischer Aerosole als Markierungsmittel bei Arbeiten auf dem Gebiet der meteorologischen Strömungsforschung. Naturwissenschaften 41: 156—160. (5.8—276, 7 E—68.)
HERING, W., 1955: Verfahren zur Bestimmung der Aufstiegsgeschwindigkeit der Radiosonde, Modell Lang. ZM 9 (5): 153—155. (6.10—76).
— 1956: Betrachtungen über die Veränderlichkeit der Aufstiegsgeschwindigkeit der Radiosondenballone. ZM 10 (2): 57—62. (7.11—119.)
HESS, P., und H. BREZOWSKY, 1952: Katalog der Großwetterlagen Europas. BDWUS No. 33, 39 pp.
HESS, S. L., 1948: Some new mean meridional cross-sections through the atmosphere. JM 5 (6): 293—300. (4 G—10.)
— 1953: Variable vorticity trajectories. Florida State Univ., Dep. of Met., Contr. Nonr-988 (01), Project NR 082-071. TR. (6.1—224.)
HESSELBERG, TH., 1913: Die Luftbewegung im Cirrusniveau. Veröffentl. Geophys. Inst. Univ. Leipzig, Ser. 2, Bd. 1, 17—73.
HEYWOOD, G. S. P., 1933: The upper winds of Hong Kong from observations made with pilot balloons 1921—1932. Hong Kong, Royal Observ. (4 F—9.)
HIDE, R., 1953: Some experiments on thermal convection in a rotating liquid. QJRMS 79: 161.
— 1956: Geomagnetism: fluid motion in the earth's core and some experiments of thermal convection in a rotating liquid. Proceed. First Sympos. Geophys. Models, Baltimore, 1953, pp. 101—116. Washington: US Government Printing Office.
HILDEBRANDSSON, H. H., 1898: Études internationales des nuages 1896—1897. Observations et mesures de la Suède. Uppsala. (4 E—254.)
HINKELMANN, K., 1956: Ein Beitrag zur Theorie der Zyklonenentwicklung. BDW No. 22: 92—107.
HISLOP, G. S., 1951: Clear-air turbulence over Europe. Royal Aeronaut. Society, Journal 55 (484): 185—225. (5 D—188.)

HÖILAND, E., und K. PEDERSEN, 1954: Some computations of changes of kinetic energy and of momentum during a cyclone development. Norske Videnskaps-Akademi i Oslo. Institutt for Vaer- og Klimaforskning, Report No. 4. (7.6—121.)
HOFMEYR, W. L., 1950: Remarks on the theory of the jet stream. JM 7 (3): 245. (4 G—41.)
— 1952: A statistical analysis of radar winds over Pretoria in winter. Notos (South Africa, Weather Bureau). 1 (4): 186—192. (4 F—124.)
— 1953: A statistical analysis of Radar winds over Pretoria in summer. Notos 2 (3): 144—148. (5.8—181.)
— 1954: A statistical analysis of radar winds over Maun in summer. Notos 3 (3): 192—195. (7.8—183.)
— 1957: Upper air over the Antarctic. In: VAN ROOY, Meteorology of the Antarctic. Pretoria, pp. 183—184.
HOINKES, H., 1940: Regeneration und Teilung langlebiger Drucksteiggebiete. Sitzungsbericht der Akad. d. Wiss., Wien. Math. nat. wiss. Klasse, Abteilung IIa. Bd. 149 (H. 7 und 8), 367—391.
— 1951: Frontenanalyse mit Hilfe von Bergbeobachtungen. Ein Beitag zur Frage des Voreilens der Kaltluft in der Höhe. AMGBA 4: 238—262.
HOLLMANN, G., 1953: Beitrag zur Zyklonentheorie. MR 6 (3/4): 41—45. (4.10—113.)
— 1954: Zur Frage des Nullschichteffekts und der Strahlströme. MR 7 (9/10): 166—170. (6.2—133.)
— 1955a: Über die Beziehung zwischen Wind- und Druckfeld in Abhängigkeit von der geographischen Breite. MR 8: 79—82.
— 1955b: Über- und untergradientische barokline Zonalströmung als Lösung der hydrodynamischen Gleichungen. MR 8 (7/8): 105—107. (7.3—152.)
— 1958: Transformation der Grundgleichungen der dynamischen Meteorologie in Koordinaten der stereographischen Projektion zum Zwecke der numerischen Vorhersage. BPA 31 (3/4): 162—176.
— 1959a: Über die Nullschichteigenschaft von Flächen extremer Windstärke. MR 12 (6): 170—173.
— 1959b: Zur Frage des Vorzeichenwechsels der Vertikalbewegung beiderseits isobarer Flächen extremer Windgeschwindigkeit. MR 12 (5): 137—138.
— und K. O. WEGNER, 1958: Approximative Berechnung der Vertikalbewegung ausgewählter Wetterlagen. BPA 31 (3/4): 200—216.
HOLMBOE, J., 1959: On the behavior of baroclinic waves. RMV: 333—349.
HOLZAPFEL, R., 1954: Zur Einflußhöhe der Alpen auf die allgemeine Strömung. MR 7 (5/6): 92—95. (6.1—325.)
— 1956a: Ergebnisse aerologischer Beobachtungen in Deutschland. BDW No. 27. (8.5—21.)
— 1956b: Zum Einfluß von Gebirgen auf die allgemeine Zirkulation. BDW No. 22: 140—142.
— 1958: Über die Luftbewegung bis 30 km Höhe über Berlin. MR 11 (1): 34—36.
HOOPER, A. H., 1957: Radiosonde Trials at Payerne, 1956. MML 86 (1016): 33—36. (8.7—111.)
HOPPER, V. D., und J. E. LABY, 1960: High altitude studies with meteorological balloons. BPA 32 (3/4): 237—248.
— — 1960a: Importance of global wind study in the 30 km region. AMO 466—480.
HORROCKS, H., 1942: Winds at high levels relative to the fronts and occlusions of typical depressions. London, Met. Office. M. O. M. 431. (4 F—23.)
HOUSE, D. C., 1959: The mechanism of instability-line formation. JM 16 (2): 108—120
HOVMÖLLER, E., 1948: North-south cross section showing distribution of temperature, relative humidity and wind in a well-marked zonal current over Western Europe. JM 5 (2): 67—69. (4 G—11.)
— 1949: The trough-and-ridge diagram. T 1 (2): 62—66. (1.2—49.)
— 1950: Zonal and meridional air currents in the stratosphere over Europe. GPA 17 (3/4): 112—120. (4 E—194.)
HOYLE, H. D., 1955a: The sub-tropical jet stream of the eastern North Pacific in January and April 1952. MRP 924. (7.5—122, 9.1—183.)
— 1955b: Unusual behaviour of a depression, April 17—23, 1954. MML 84 (1000): 307—313. (7.3—161.)
HSIEH, Y.-P., 1949: An investigation of a selected cold vortex over North America. JM 6 (6): 401—410. (3—46.)
— 1950a: On the formation of shear lines in the upper atmosphere. JM 7 (6): 382—387. (2.4—74.)

HSIEH, Y.-P., 1950b: The mean wind and temperature distribution through a flat upper ridge in winter. T 2 (2): 130—133. (4 G—42.)
HUBERT, L. F., 1949: High tropospheric westerlies of the equatorial West Pacific Ocean. JM 6 (3): 216—224. (4 F—41.)
— S. FRITZ und H. WEXLER, 1960: Pictures of the earth from high altitudes and their meteorological significance. Proceedings COSPAR Space Symposium, January 1960.
HUBERT, W. E., 1953: A case study of variations in structure and circulation about westerly jet streams over Europe. T 5 (3): 359—372. (5.7—86.)
— und Y. DAGEL, 1955: Upper mean flow over the North Atlantic during January 1952. T 7 (1): 111—117. (6.10—193.)
HUGHES, G. D., und R. FOSTER, 1954: The tropopause during a major change in circulation over the Western United States, Nov. 25 to 28, 1954. MWR 82 (11): 343—354. (6.11—172.)
HUGHES, L. A., E. S. JORDAN und R. J. RENARD, 1952: On the computation of upper-level winds from constant pressure charts. UofC, Report to Office of Naval Research (unpublished).
HUGHES, R. F., 1959: Meteor trains. Smithsonian Contributions to Astrophysics 3 (8): 79—94.
HULBURT, E. O., 1952: Physical characteristics of the upper atmosphere of the earth. US School of Aviation Medicine, Randolph Field, Texas: Physics and Medicine of the Upper Atmosphere. Albuquerque. (5.1—114.)
HURST, G. W., 1952: The profile of a jet stream observed 18th January 1952. MRP 722. (4 G—98.)
— 1953: The profile of a jet stream observed 1st September, 1952. MRP 772. (4 G—97.)
— 1955: Wind derivations from vertical photographs. JINL 8 (3): 250—255. (6.11—97.)
HUTCHINGS, J. W., 1950: A meridional atmospheric cross-section for an oceanic region. JM 7 (2): 94—100. (4 G—43.)
— 1952: The winter jet stream in the Southern Hemisphere. W 7 (3): 73—77. (4 G—99.)
HWANG, S. S., 1955: Basic factors determining the main features of the general circulation of the atmosphere. AMSP 26 (1/2): 35—64. (8.9—168.)
HYDE, E. A., 1954: High altitude air turbulence. Flight 65 (2360): 492—493.
— 1954a: Clear-air turbulence and its allied phenomena. Shell Aviation News, No. 192: 14—15. (6.7—222.)

IAKOBI, N. O., 1929: Svecha krasnogo ognia dlia nochnykh sharopilotnykh nabliudenii v poliarnykh oblastiakh. (Use of a red light for observations of pilot balloons at night in Polar Regions.) Meteorologicheskii Vestnik, Leningrad, 39 (9/12): 268—271. (7.1—28.)
ICHIYE, T., 1960: On critical regimes and horizontal concentration of momentum in ocean currents with two-layered system. T 12 (2): 149—158.
IMAI, I., 1954: On the ascensional rate of a balloon. JMSJ Ser. 2, 32 (7/8): 183—191. (7.6—70.)
India, Met. Department 1942: Normals of upper air data. India, Met. Department, Upper air data 12, Pt. B. (4 F—24.)
International Air Transport Association (IATA), 1955: Long distance flights: a condensed record of discussions of operational problems of long distance flights (held during the 8th Annual Technical Conference of IATA, Puerto Rico, Apr.—May 1955). IATA Document Général 1537, Montreal. (9.6—73.)
International Civil Aviation Organization, 1956: Aeronautical Telecommunications. ICAO 1956, Annex 10.
International Meteorological Organization, 1950, 1951: État d'advancement du dépouillement des expériences pour la comparaison mondiale des radiosondes à Payerne, 1950, par la Délégation Suisse. Zurich Nov. 6, 1950. (3.10—62.) Comparaison mondiale des radiosondes: acte final de la première expérience à la Station Aérologique de Payerne, Suisse, 8 au 30 mai, 1950. v. 1 et 2, Feb. 1951. (3.10—63.)
ISELIN, C. O'D., 1936: A study of the circulation of the western North Atlantic. Pap. Phys. Ocean. and Met. 4 (4), 101 pp.
— 1950: Some common characteristics of the Gulf Stream and the atmospheric jet stream. New York Acad. of Science, Transactions, 2nd Ser., 13 (2): 84—86. (4 G—44.)
ISHIMARU, Y., 1954: On the zonal circulation and its perturbation. (Mechanism of the earth's atmosphere, 5th communication.) GMT 25 (1/2): 123—149. (5.9—127.)
ISRAËL, H., 1957: Atmosphärische Elektrizität. Leipzig.

ISRAËL, H., 1959: Luftelektrische Wirkungen des jet stream? ACSI, p. 23—24.
IZAWA, T., 1950: On the upper disturbances in the westerlies whose mean circulation have longitudinal wind gradient. JMSJ 2nd ser., 28 (7): 224—232. (2.7—80.)

JACOBS, L. E., 1955: Navigational aspects of the jet stream. N 4 (7): 242—249. (7.4—145.)
JAMES, D. G., 1955: Investigations relating to cirrus clouds. MRP 933. (7.5—100.)
JAMES, R. P., und G. C. HOLZWORTH, 1954: Some fluctuations in the jet stream and tropopause associated with cyclonic development and movement, Febr. 18—21, 1954. MWR 82 (2): 64—72. (6.6—173.)
JAMES, R. W., 1951a: A February cross-section along the Greenwich meridian. MML 80 (954): 341—346. (4 G—68.)
— 1951b: The structure of mean circulation. T 3 (4): 258—267. (4.1—98.)
— 1952: On the vertical structure of pressure and wind fields. AMGBA 5 (1): 17—35. (3.10—112.)
JANSÁ, G. und M. JOSÉ, 1956: La ecuación del viento térmico y la corriente a chorro. (The thermal wind equation and the jet stream.) Revista de Geofisica, Madrid 15 (59): 323—344. (9.5—152.)
JANZ, B., 1954: Tropopause analysis. Canada, Met. Division, Cir.-2496 TEC-188. (6.10—65.)
JARDETZKY, W., 1948: Bewegungsmechanismus der Erdkruste. Österr. Akad. d. Wiss., Math. naturwiss. Klasse, Denkschriften 108 (3).
JENISTA, C. O., 1953: A statistical study of precipitation distribution as related to various types of mean zonal motion. BAMS 34: 10—13. (4.11—220.)
JENKINS, C. F., 1952: A survey of available information on winds above 30000 ft. AFS No. 24, 35 pp. (4 F—103.)
— 1952a: Forecasting the mountain wave. AFS No. 15. (5.1—211.)
— und J. KUETTNER, 1953: Flight aspects of the mountain wave. AFS No. 35.
JENKINS, K. R. und W. L. WEBB, 1959: High-altitude wind measurement. JM 16 (5): 511—515.
JENKINSON, A. F., 1954: Upper winds from nephoscope observations. MML 83: 174—175. (5.9—207.)
— 1955: Average vector wind distribution of the upper air in temperate and tropical latitudes. MML 84 (995): 140—147. (6.10—197.)
JENRETTE, J. P., 1960: An objective application of vorticity principles to precipitation forecasting. BAMS 41 (6): 317—323.
JOHANNESSEN, K. R., 1956: Some theoretical aspects of constant pressure trajectories. AWS, Manual 105—47, Washington Hq. AWS (86 pp.).
— 1956a: Three-dimensional analysis of the jet stream through shear charts. Proceedings of the Workshop on Stratospheric Analysis and Forecasting, Feb. 1—3, 1956. (11.2—186.)
— und G. P. CRESSMAN, 1952: Verification of an equation for trough and ridge movement. BAMS 33 (7): 267—270. (4.11—79.)
JOHNSON, D. H., 1952: Further notes on the wind field of middle latitudes. MRP 761. (4 G—102.)
— 1953a: A further study on the upper westerlies; the structure of the wind field in the eastern North Atlantic and Western Europe in January 1950. QJRMS 79 (341): 402—407. (4.11—193.)
— 1953b: Jet stream of October 28, 1952. MML 82 (972): 178—182. (4 G—133.)
— 1953c: The jet stream. Part I and II. W 8 (9, 11): 270—274, 325—329. (5. 4—163.)
— 1955: The success achieved in forecasting upper winds by orthodox and statistical techniques. MRP 953. (7.10—109.)
— und S. M. DANIELS, 1953: Rainfall in relation to the jet stream. MRP No. 803. (5 H—96.) QJRMS 80: 212—217 (1954).
JOHNSON, N. K., 1946: Wind measurements at 30 km. Nature, London, 157: 24. (4 F—33.)
JONES, E. E., 1949: Radar as an aid to the study of the atmosphere. Journal of the Royal Astronautical Society, 53: 437—448.
— J. E. N. HOOPER, und N. L. ADLER, 1951: The radar-sonde system for the measurement of upper wind and air data. Institution of Electrical Engineers, London, Proceedings 98, Pt. II (64): 461—469. (3.10—64.)
JONES, F. E., und H. S. W. MASSEY, 1956: Rocket exploration of the upper atmosphere. Nature, London, 177 (4510): 643—645. (7.9—89.)
JULIAN, P. R., L. KRAWITZ und H. A. PANOFSKY, 1959: The relation between height patterns at 500 mb and 100 mb. MWR 87 (7): 251—260. (11.6—315.)

KAISER, T. R., 1954: A new technique in upper atmosphere research. In: BOYD, R. L. F. u. a.: Rocket exploration of the upper atmosphere, pp. 108—111. London: Pergamon. (8 H—104.)
KAMATA, T., und G. HORIUCHI, 1955: Stratospheric easterlies over Tateno. JMRT 7 (1): 34—39. (7.7—142.)
KAMIKO, T., 1956: Seasonal changes of long waves and belts of maximum westerlies in the Far East. JMRT 8 (2): 69—76. (8.5—197.)
KANITSCHEIDER, R., 1932—39: Beiträge zur Mechanik des Föhns. I. BPA 18: 27—49 (1932); II. BPA 24: 26—44 (1938); III. BPA 25: 49—58 (1939).
KAO, S.-K., 1954: The meridional transport of kinetic energy in the atmosphere. JM 11 (5): 352—361. (6.4—8.)
— 1958: Planetary waves and jet streams in the atmosphere. TAGU 39 (4): 620—623.
— 1960: Transfer of momentum vorticity and the maintenance of zonal circulation in the atmosphere. JM 17 (2): 122—129.
— und M. NEIBURGER, 1959: Oscillations and trajectories of air particles in some pressure systems. JGR 64 (9): 1283—1291.
KAO, Y.-H., 1958: On the high autumn clear weather in China. AMSP 29 (2): 83—92. (10.6—269.)
KASAHARA, A., 1950: On the dynamical mechanism of the high tropospheric jet stream. Tokyo Univ., Geophys. Inst., Geophysical Notes 3 (31). (4 G—45.)
— 1956: Three-dimensional structure of small-scale atmospheric perturbations aloft. A & M Contract AF 19 (604)—559, Scientific Report No. 7. (8.6—201.)
KATS, A. L., 1955: Kolichestvennaia kharakteristika gorizontal'nykh sostavliaiushchikh obshchei tsirkuliatsii atmosfery v severnom polusharii. (Quantitative evaluation of the horizontal characteristics of the general circulation of the atmosphere in the Northern Hemisphere.) MG No. 2: 7—12. (7.3—154.)
KAUFMANN, P., 1958: Atmosphärische Strömungsquerschnitte. GPA 40: 187—199.
KAWAMURA, A., 1956: Monthly mean winds aloft over Tateno in 1950 through 1953. JMRT 8 (1): 8—19. (8.6—267.)
KAWATA, Y., 1958: The influence of the Rocky Mountains on non-steady isobaric height patterns. In: Vortex. Collected Papers of Numerical Weather Prediction Group in Tokyo.
KAZÈS, I., und J. L. STEINBERG, 1957: Etude de la scintillation du soleil observée avec plusieurs antennes sur la longeur d'onde de 3,2 cm. Académie des Sciences, Paris, Comptes Rendus, 245 (7): 782—785. (10.1—344.)
KAZNACHEEVA, V. D., 1958: K voprosu dinamiki frontogeneza. (Problem of frontogenesis dynamics.) Akademiia Nauk Uzbekskoi SSR, Tashkent, Izvestiia, Ser. Fiziko-Matematicheskikh Nauk, No. 1: 47—64. (10.10—244.)
KELLER, G., 1952: Astronomical „seeing“ and its relation to atmospheric turbulence. Ohio State Univ., Research Foundation, Contract AF 19 (604)—41, TR No. 1. (8.1—243.)
KELLOGG, W. W., 1952: Diffusion of smoke in the stratosphere. Calif. UCLA, Institute of Geophysics, Contract AF 19 (122) 246, Air Transport Project, Final Report. (3 K—196.)
— 1956: Very high level observations. Proceedings of the Workshop on Stratospheric Analysis and Forecasting. USWB, Washington D. C., 84—97.
— und G. F. SCHILLING, 1951: A proposed model of the circulation in the upper stratosphere. JM 8 (4): 222—230. (4 F—76.)
KELLY, R. D., und H. B. KASTER, 1954: Simulated jet transport operation. Society of Automotive Engineers, N. Y., SAE Preprint No. 298. (6.7—92.)
KENNEDY, W. B., L. BROGAN, N. J. SIBLE et al., 1954: Diurnal variations of atmospheric winds and temperatures in the 30- to 50-km region over southwestern New Mexico by acoustical propagation studies, Oct. 20—24, 1952. Denver Univ., Denver Research Inst. Contract AF 19 (122)—252, Scientific Report No. 4. (6.3—187.)
— — — 1955: Further acoustical studies of atmospheric winds and temperatures at elevations of 30 to 60 kilometers. JM 12 (6): 519—532. (7.5—261.)
— — — und A. C. AUTEN, 1954: Atmospheric winds and temperatures in the 30- to 60-km region over Eastern Colorado as determined by acoustical propagation studies 31 Oct. 1951 to 28 Aug. 1952. Denver Univ., Denver Research Inst., Contract AF 19 (122)—252, Scientific Report No. 3. ...studies Oct. 20—24, 1952. Scientific Report No. 4. (6.3—186, 187.)
— — — und R. A. BROWN, 1953: Atmospheric winds and temperatures to 55 km altitude over southwestern New Mexico as determined by acoustical propagation studies 0600—1020 MST 22 October 1952. Denver Univ., Denver Research Inst., Contract AF 19 (122)—252, Scientific Report No. 2. (6.4—216.)

KESSLER, E., 1954: Curvature corrections for radiowind reports. BAMS 35 (7): 328—330. (6.11—102.)

KIKUCHI, T., 1957: The advection of jet stream core and the heavy rainfall. JMRT 9 (8): 560—565. (9.5—122.)

KIMPARA, A., 1953: Atmospherics due to fronts in the upper atmosphere. Nagoya Univ., Research Inst. of Atmospherics, Proc. 1, 45—49. (4 K—263.)

KIRKMAN, R. A., und J. M. LEBEDDA, 1948: Meteorological radio direction finding for measurement of upper winds. JM 5 (1): 28—37. (1.5—14.)

KLEBELSBERG, R. v., 1949: Handbuch der Gletscherkunde und Glazialgeologie. 2. Band. Wien: Springer.

KLEIN, W. H., 1951: A hemispheric study of daily pressure variability at sea level and aloft. JM 8: 332—346.

— 1956: Principal tracks and mean frequencies of cyclones and anticyclones in the Northern Hemisphere. USWB. (8.9—29.)

— 1958: The frequency of cyclones and anticyclones in relation to the mean circulation. JM 15 (1): 98—102.

KLEINSCHMIDT, E., 1935: Handbuch der meteorologischen Instrumente. Berlin: Springer.

KLEINSCHMIDT, E. Jr., 1941a: Stabilitätstheorie des geostrophischen Windfeldes. Ann. Hydrogr., Berlin, 69: 305—325.

— 1941b: Zur Theorie der labilen Anordnung. MZ 58: 157—163.

— 1950: Über Aufbau und Entstehung von Zyklonen. MR 3 (1—2): 1—6. MR 3 (3—4): 54—61. (1.11—70.)

— 1951: Über Aufbau und Entstehung von Zyklonen. MR 4 (5—6): 89—96. (3.1—93.)

— 1955: Die Entstehung einer Höhenzyklone über Nordamerika. T 7(1): 95—110. (7.11—178.)

— 1959: Nicht-adiabatische Abkühlungen im Bereich des Jetstream. BPA 32 (1/2): 94—108. (11.4—225.)

— 1960: Antwort auf vorstehende Bemerkungen. BPA 32 (3/4): 274—276.

KLUG, W., 1956: Der Mechanismus der Steuerung von hochreichenden Zyklonen. MAB 3 (2), 42 pp.

KNEPPLE, R., 1960: Die Breitenabhängigkeit der Maximalwindhöhe. MR 13 (5): 156—158.

KNIGHTING, E., 1954: Upper winds over the world. QJRMS 80 (344): 239—240. (6.9—81.)

KOBAYASHI, S., 1956: On the asymmetry of circumpolar currents. JMRT 8 (8): 503—507. (9.7—162.)

KOBAYASHI, Y., 1950: On the zonal component of upper wind at Tateno. TAT 5 (1): 37—41. (4 F—77.)

KOCHANSKI, A., 1954: Thermal structure and vertical motion in the lower stratosphere. AWS, TR 105—129, Washington D. C.

— 1955: Cross section of the mean zonal flow and temperature along 80° W. JM 12 (2): 95—106. (6.8—202.)

— 1956: Horizontal temperature gradient at 200 mb and adjacent levels. BAMS 37 (2): 47—54. (8.3—190.)

— 1957: Some objective methods for forecasting 300-mb und 200-mb winds: a preliminary report. US AWS TR 105—136. (11.3—91.)

— 1958: Ageostrophic deviations and wind prognosis. JM 15 (1): 84—90.

— 1959: Temperatures and winds at 25—30 km over Russia in July 1957. US AWS, Climatic Center, Technical Memorandum to the Director, CLIM CEN TM-59-1. (11.5—296.)

— und P. E. WASKO, 1956a: Daily wind flow at the 50- and 25-mb levels. BAMS 37 (1): 8—13. (9.3—206.)

— — 1956b: Mean wind flow at the 50- and 25-mb. BAMS 37 (2): 61—69. (8. 9—234.)

KOENIGSFELD, L., 1955: Study of the variation of potential gradient with altitude and correlated meteorological conditions. GRP No. 42: 21—26.

KOEPPE, C. E., und G. C. DE LONG, 1958: Weather and Climate. New York: McGraw-Hill.

KÖPPEN, W., 1931: Grundriß der Klimakunde, 2. Aufl. Berlin: de Gruyter.

KÖPPEN, W., und R. GEIGER, 1953: Klima der Erde. Wandkarte. Neu bearbeitet von R. GEIGER und W. POHL. Darmstadt.

KOLMOGOROV, A. N., A. M. OBUCHOW, A. M. JAGLOM und A. S. MONIN, 1958: Sammelband zur statistischen Theorie der Turbulenz. Herausgeber: H. GOERING. 228 pp. Berlin: Akademie-Verlag.

KOMABAYASI, M., K. MIYAKODA, M. AIHARA et al., 1955: The quantitative forecast of precipitation with the numerical prediction method. JMSJ Ser. 2, 33 (5): 205—216. (9.5—123.)

KOO, CH.-CH., 1955: A Tibeti-fennsik dinamikus hatása a keletázsiai légkörzésre. (Der dynamische Einfluß des Hochlandes von Tibet auf die ostasiatische Zirkulation.) IB 59 (4): 204—211. (8.3—160.)

KOPCEWICZ, T., 1954: Cirkulációs indexek, ciklonkeletkezés és ciklonpályák Európában. (Indices of circulation, cyclogenesis and cyclone tracks in Europe.) IB 58 (6): 397—406. (7.7—138.)

KORSHOVER, J., 1954a: Mean winds over the Marshall Islands, April 1951. UCLA, Inst. of Geophysics, Oahu Research Center, Contract AF 19 (604): 546, Scientific Report No. 8. (7.6—168.)

— 1954b: Mean winds over the Marshall Islands, March 1951. UCLA, Inst. of Geophysics. Oahu Research Center. Contract AF 19 (604)—546, Scientific Reports No. 1, 4 and 6. (6.2—41.)

KOSCHMIEDER, H., 1951: Dynamische Meteorologie, 3. Aufl. Leipzig: Akademische Verlagsgesellschaft.

KOSIBA, A., 1949: Niektore zagadnienia ogolnej cyrculacji atmosferycznej. (Some problems of atmospheric circulation.) Czasopismo Geograficzne, Lodz, Polen. 20 (1—4): 59—80. (2.3—60.)

KOSLOWSKI, G., 1958: Überlegungen zu einem Geschwindigkeitsdiagramm in der Atmosphäre. MAB 4 (2).

KOTESWARAM, P., 1951: Physical properties of the upper atmosphere over India. IJMG 2 (2): 101—112. (4 F—78.)

— 1953: An analysis of the high tropospheric wind circulation over India in winter. IJMG 4 (1): 13—21. (4 G—125.)

— 1956: Easterly jet stream in the tropics. UofC, Dep. of Met., Contract N6ori-02036, Project NR 082—120, Report. (8.6—202.)

— 1957: Mean zonal wind circulation over India. IJMG 8 (3): 346—347. (9.9—161.)

— 1958: The easterly jet stream in the tropics. T 10 (1): 43—57.

— und C. A. GEORGE, 1958: On the formation of monsoon depressions in the Bay of Bengal. IJMG 9 (1): 9—22. (9.10—180.)

— und S. PARTHASARATHY, 1954: The mean jet stream over India in the pre-monsoon and post-monsoon seasons and vertical motions associated with sub-tropical jet streams. IJMG 5: No. 2.

— C. R. V. RAMAN und S. PARTHASARATHY, 1953: The mean jet stream over India and Burma in winter. IJMG 4 (2): 111—122. (4 G—134.)

— und V. SRINIVASAN, 1958: Thunderstorms over Gangetic West Bengal in the pre-monsoon season and the synoptic factors favorable for their formation. IJMG 9 (4): 301—312.

Krakatoa Committee of the Royal Society of London, 1888: The eruption of Krakatoa. G. J. SYMONS, Ed. London: Trübner. (1 F—35.)

KRAUS, E. B., 1960: Synoptic and dynamic aspects of climatic change. QJRMS 86 (367): 1—15, 86 (370): 569—575.

— 1960a: Problems of long term interaction between the Antarctic and temperate latitudes. AMO 145—152.

KRISHNAMURTI, T. N., 1959: The subtropical jet stream of winter. Res. Report, Contract No. N6ori—02036, NR 082—120, UofC.

— 1959a: Vertical cross section through the "polar-night" jet stream. JGR 64 (11): 1835—1844. (11.6—269.)

KRISHNA RAO, R. P., 1952: Probable regions of jet streams in the upper air over India. Current Science, Bangalore, 21 (3): 63—64. (4 G—104.)

KRUHL, H., 1952: Über Warmfrontwellen und zur Dynamik warmer Hochdruckgebiete. AM 5 (1—2): 15—29.

KUBOTA, S., und M. IIDA, 1954: Statistical characteristics of the atmospheric disturbances. PMGT 5 (1): 22—34. (8.4—188.)

KÜHN, U., 1956: Die kalten Höhenzyklonen der Nordhalbkugel. GBG 65 (3): 246—262. (8.2—133.)

— 1957: Ein Beitrag zum Verhalten kalter Höhentiefs über Nordamerika. GBG Bd. 66: 330—348.

KUEI, P.-L., und Z.-SH. WANG, 1959: An analysis of the mechanism of development of a cyclone in northeastern China. AMSP 30 (2): 150—164. (11.6—274.)

KUETTNER, J., 1952a: Note on high level turbulence encountered by a glider. AFS No. 29. (6.2—204.)

KUETTNER, J., 1952: On the possibility of soaring on travelling waves in the jet stream. Soaring, Memphis, Tenn., 16 (3): 9—14. (4 G—105.)
— 1955: The exploration of the jet stream by sailplanes. Soaring, Dallas, 19 (3): 11—13, 16—17. (7.7—143.)
— 1959: The rotor flow in the lee of mountains. USAF, Cambridge Research Center GRD, Research Notes No. 6. Auch: SAR 1958 (4) und OSTIV Publication No. IV. (9.11—86), (11.1—230.)
— 1959a: The band structure of the atmosphere. T 11 (3): 267—294.
— und G. McLEAN, 1958: Vertical motions in the jet stream. In: OSTIV Publication V. und SAR 1960/4.
KUHLBRODT, E., 1952: Hochtroposphärische Winde über dem tropischen Atlantik. AM 5 (7—12): 274—280.
— 1952a: Höhenwinde auf dem Seeweg Kapverdenregion—La Plata. GPA 21: 19—31. (3.11—164.)
KUKHTO, A. P., 1956: K voprosu ob otklonenii fakticheskogo vetra ot geostroficheskogo. (Problem of the deviation of the actual wind from the geostrophic.) MG No. 2: 19—21. (8.9—235.)
KUO, H.-L., 1949: Note on the inertial stability of geostrophic zonal flow. JM 6 (5): 356—358. (1.2—76.)
— 1950: The motion of atmospheric vortices and the general circulation. JM 7 (4): 247—258. (2.2—66.)
— 1951a: Dynamical aspects of the general circulation and the stability of zonal flow. T 3 (4): 268—284. (4.10—115.)
— 1951b: Vorticity transfer as related to the development of the general circulation. JM 8 (5): 307—315. (3.4—122.)
— 1951c: A note on the kinetic energy balance of the zonal wind systems. T 3 (3): 205—207. (3.11—109.)
— 1953: On the production of mean zonal currents in the atmosphere by large disturbances. T 5 (4): 475—493. (5.10—110.)
— 1953a: On convective instability of a rotating fluid. Symposium on Hydrodyn. Model Experiments, Johns Hopkins Univ., Baltimore, Sept. 1—4.
— 1953b: The development of quasi-geostrophic motions in the atmosphere. GRP No. 24: 27—52.
— 1954a: Energy releasing processes and stability of thermally driven motions in a rotating fluid. MIT, Dep. of Met., Contract AF 19 (604)—1000, General Circulation Project, Scientific Report No. 1. und JM 13 (1): 82—101. (8.4—181.)
— 1954b: Symmetrical disturbances in a thin layer of fluid subject to a horizontal temperature gradient and rotation. JM 11 (5): 399—411. (6.3—104.)
— 1955: On convective instability of a rotating fluid with a horizontal temperature contrast. J. Marine Research 14: 14—32.
— 1956: Forced and free meridional circulations in the atmosphere. JM 13 (6): 561—568. (8.4—182.)
— 1956a: Energy-releasing processes and stability of thermally driven motions in a rotating fluid. JM 13 (1): 82—101. (7.8—120.)
— 1957: Further studies of thermally driven motions in a rotating fluid. JM 14: 553—558.
— 1960: Theoretical findings concerning the effects of heating and rotation on the mechanism of energy release in rotating fluid systems. In: Dynamics of climate, Editor: R. L. PFEFFER, p. 78—85. New York.

LAGOW, E. H., R. HOROWITZ und J. AINSWORTH, 1958: Rocket measurements of the Arctic upper atmosphere. Annales de Géophysique, Paris, 14 (2): 131—139. (10.6—39.)
LAHEY, J. F., und R. A. BRYSON, 1960: Atlas of 300-mb wind characteristics for the Northern Hemisphere. Wisconsin, Univ. Dept. of Met., Contract AF (604)—2278, Final Report Pt. 1. (11.5—13.)
LAIRD, H. B., 1958: Fallout forecast program for civil defense. BAMS 39 (7): 377.
LAKE, H., 1956: Meteorological analysis of clear-air turbulence: a report on the US Synoptic High-Altitude Gust Program. GRP No. 47. (8.5—24.)
LAL, D., 1959: Cosmic ray produced radioisotopes for studying the general circulation in the atmosphere. IJMG 10 (2): 147—154. (11.4—234.)
LAMB, H. H., 1952: The jet stream in the Southern Hemisphere. W 7 (8): 258. (4 G—106.)
— 1957: Some interesting properties of the "nullschicht" or maximum-wind layer. MML 86 (1019): 142—145. (8.9—157.)

LAMB, H. H., 1958: Differences in the meteorology of the northern and southern polar regions. MML 87 (1038): 364—379. (11.4—235.)
— 1959: The southern westerlies: a preliminary survey; main characteristics and apparent association. QJRMS 85: 1—23 and 299—301.
— J. FLEMING u. a., 1957: Jet streams over North Africa and the Central Mediterranean in Jan. and Feb. 1954. MML 86 (1018): 97—111. (8.8—203.)
— und A. I. JOHNSON, 1959: Climatic variation and observed changes in the general circulation. GA 41 (2—3): 94—134.
— und J. ROBINSON, 1957: Forecasting weather in the Mediterranean. MML 86 (1021): 214—217. (9.11—187.)
LAMP, W., 1958: Geostrophischer und zyklostrophischer Gradientwindzirkel. Benutzbar für Analysen auf Wetterkarten der Lambert-Projektion mit einem Maßstab 1:5 · 10^6. MR 11 (2): 57—60.
LANDERS, H., 1955a: Analysis of some "project jet stream" data. BAMS 36 (8): 371—378. (7.9—145.)
— 1955b: A three-dimensional study of the horizontal velocity divergence. JM 12 (5): 415—427.
— 1956: Vorticity distribution and advection in the lower and middle troposphere. JM 13: 511—520.
— 1957: A small-scale feature in the field of motion. BAMS 38 (3): 130—133. (10.1—199.)
LANDSBERG, H. E., 1958: Trends in Climatology. Science 128 (3327): 749—758.
LANDOLT-BÖRNSTEIN, 1952: Zahlenwerte und Funktionen aus Astronomie und Geophysik. Berlin-Göttingen-Heidelberg: Springer.
LARSEN, S. H. H., 1959: Measurements of atmospheric ozone at Spitzbergen (78° N) and Tromsö (70° N) during the winter season. GP 21 (5), 8 pp.
LARSSON, L., 1958: A method to study the structure of standing lee waves and rotors. In: OSTIV Publication V. und SAR 1960/5.
LA SEUR, N. E., 1954: On the asymmetry of the middle-latitude circumpolar current. JM 11 (1): 43—57. (5.7—87.)
LEE, J. T., und J. G. GALWAY, 1956: Preliminary report on the relationship between the jet at the 200-mb level and tornado occurrence. BAMS 37 (7): 327—332. (8.4—183) (10 B—106).
— — 1958: The jet chart. BAMS 39 (4): 217—223. (10 B—149.)
LEE, M. A., 1955: Loran in polar regions. N 4 (8): 323—326. (8.1—33.)
LEE, R., 1954: A method of jet stream analysis at 300 mb. Canada, Met. Div., CIR-2565, TEC-198. (8.10—144.)
— 1955: Synoptic evidence for a direct circulation about a jet stream. QJRMS 81 (349): 462—468. (6.11—201.)
— 1956: An example of shear-line formation in the upper troposphere. Canada, Met. Div., CIR-2558, TEC-195. (8.10—182.)
— und W. L. GODSON, 1957: The Arctic stratospheric jet stream during the winter of 1955/56. JM 14 (2): 126—135. (8.8—45.)
LEESE, H., 1957: Synoptisch-statistische Untersuchungen über den Zusammenhang zwischen Höhenströmung und Luftdruckänderung am Boden. MAB 5 (3).
LETTAU, H., 1947: Über maximale Gegensätze des Luftdruckes als Funktion der Erdrotation. MR 1 (3—4): 99—100.
— 1948: Maximalwerte der Windgeschwindigkeit als Funktion der Erdrotation. MR 1 (15/16): 451—453. (4 E—159.)
— 1954: A study of the mass, momentum and energy budget of the atmosphere. AMGBA 7: 133—157. (5.11—78.)
— 1955: Turbulence in the stratosphere. BAMS 36 (4): 178—179. (7.11—217.)
— 1956: Theoretical notes on the dynamics of the equatorial atmosphere. BPA 29 (2): 107—122.
LEVITON, R., 1954a: A method of correcting tabulated rawinsonde wind speeds for curvature of the earth. AFS No. 53. (8.1—116.)
— 1954b: Height errors in a rawin system. AFS No. 60. (8.1—143.)
LILLER, W., und F. L. WHIPPLE, 1954: High-altitude winds by meteor-train photography. In: Rocket exploration of the upper atmosphere. London: Pergamon. (6.8—266.)
LIST, R. J., 1954: On the transport of atomic debris in the atmosphere. BAMS 35 (7): 315—325. (7 E—99.)
— 1958: Smithsonian Meteorological Tables. 6th revised edition. Smithsonian Institution.

LOCKHART, L. B. Jr., und R. L. PATTERSON Jr., 1960: Measurements of the air concentration of gross fission product radioactivity during the IGY July 1957—December 1958. T 12 (3): 298—307.

LOEWE, F., und U. RADOK, 1950: A meridional aerological cross-section in the South-West Pacific. JM 7 (1): 58—65. (4 G—46.)

LONG, R. R., 1951: A theoretical and experimental study of the motion and stability of certain atmospheric vortices. JM 8 (4): 207—221. (3.6—78.)

— 1951a: Research on experimental hydrodynamics in relation to large-scale meteorological phenomena. UofC, Progress Report No. 5. (2.9—72.)

— 1952: The flow of a liquid past a barrier in a rotating spherical shell. JM 9 (3): 187—199. (4.2—102.)

— 1955: Sources and sinks at the axis of a rotating liquid. Johns Hopkins Univ., Dep. of Civil Engineering, Contract Nonr-248 (31), Project NR 082-104. TR No. 5. (8.3—167.)

LONGLEY, R. W., 1956: The rate of ascent of pilot balloons and the variation of wind as determined by them. Suffield Experimental Station, Ralston, Canada. Suffield TP No. 96. (9.2—158.)

LORENZ, E. N., 1953: The interaction between a mean flow and random disturbances. T 5 (3): 238—250. (5.8—105.)

— 1955: Available potential energy and the maintenance of the general circulation. T 7 (2): 157—167. (7.10—145.)

— 1956: A study of the general circulation and a possible theory suggested by it. IUGG 457—462 (8.10—141.)

— 1960: Generation of available potential energy and the intensity of the general circulation. In: Dynamics of Climate, Editor: R. L. PFEFFER, pp. 86—92. New York.

LOWELL, S. C., 1951: The boundary conditions at the tropopause. T 3 (2): 78—81. (5 D—191.)

LOWENTHAL, M., und A. ARNOLD, 1955: Signal Corps Air Weather Service high-altitude radiosonde flights, Aug. 1954. US Signal Corps Engineering Labs, Ft. Monmouth, N. J. Techn. Memorandum M-1711. (8.4—25.)

LUCKE, O., 1952: Über die allgemeine Zirkulation in der unteren Atmosphäre im Lichte der Hydrodynamik. ZM 6 (7): 202—215. (4.9—88.)

LUDLAM, F. H., 1957: Noctilucent clouds. T 9 (3): 341—364.

LUGEON, J., 1960: L'échosondage de l'atmosphère. Annalen der Schweizerischen Zentralanstalt, 1959: 1—7.

LUNZ, P., 1943: Mittlere Höhenwinde aus Registrierballonflugbahnen Lindenberg und München 1906— 1938. MZ 60: 132—136. (4 F—27.)

LYONS, H., J. J. FREEMAN und D. E. HEBERLING, 1947: Radar pulse repeaters for upper-air wind sounding. Paper presented at Amer. Met. Soc., Meeting Jan. 1947.

LYRA, G., 1940: Über den Einfluß von Bodenerhebungen auf die Strömung einer stabil geschichteten Atmosphäre. BPA 26: 197—206.

— 1943: Theorie der stationären Leewellenströmung in freier Atmosphäre. Zeitschrift für angewandte Mathematik und Mechanik 23 (1): 1—28.

MACDONALD, N. J., und H. T. HARRISON, 1960: Some observations of the mountain wave in Eastern Colorado. BAMS 41 (11): 627—632.

— und W. O. ROBERTS, 1958: The relationship of 300-mb circulation changes to geomagnetic disturbances from 1952 to 1958. BAMS 39 (7) 377 und Univ. of Colorado, High Altitude Observ., Institute for Solar-Terrestrial Research. TR No. 6. (11.1—203.)

MACHTA, L., 1959: Transport in the stratosphere and through the tropopause. Advances in Geophysics 6: 273—288.

— R. J. LIST u. a., 1956: World-wide travel of atomic debris. Science, Wash. D. C., 124 (3220): 474—477. (8.8—106.)

— H. L. HAMILTON Jr., L. F. HUBERT u. a., 1957: Airborne measurements of atomic debris. JM 14 (2): 165—175. (8.8—105.)

Madagaskar, Service Météorologique, 1948: Moyennes de vent et température en altitude. Tananarive 1948. (4 E—160.)

MAEDE, H., 1956: Über einige Beziehungen zwischen der Lage des Kältepols und der Zirkulation über Mitteleuropa. ZM 10 (7): 193—206. (8.2—171.)

MAGATA, M., 1957: On the topographical effect upon the perturbations of the middle latitude westerlies. PMGT 8 (1): 25—38.

MAINE, R., und C. PIERREHUMBERT, 1955: Constant absolute vorticity trajectories. AMMM No. 8, 37—47. (7.11—141.)

MALET, L. M., 1954: Diverses experiences de comparaison de radiosondes. WMO No. 35, TP 11, TN No. 5. (7.2—93.)

— 1955: Comparaison régionale des radiosondes, Bruxelles, 4-XI-54—19-XI-54, Tome I. Belgium, Institut Royal Météorologique, Publications Ser. A, No. 3. (8.6—144.)

MALKUS, J. S., und C. RONNE, 1954a: Concerning the structure of some cumulus clouds which penetrate the high tropical troposphere. TR No. 27, Woods Hole Oceanogr. Inst.

— — 1954b: On the structure of some cumulonimbus clouds which penetrated the high tropical troposphere. T 6 : 351—366.

MALONE, T., 1951: Compendium of Meteorology. Boston, AMS. (3.3—1.)

MALZEV, V., 1926: Luminous night clouds. Nature, London, 118 (2975): 14—15. (4 F—6.)

MANTIS, H. T., 1957: Accuracy of the Signal Corps transponder system of balloon positioning. Minnesota, Univ. School of Physics, Contr. Nonr 710 (22). TR. (9.8—15.)

— 1959: Winds and wind structure at 100,000 feet from constant altitude balloon trajectories. Minnesota, Univ. School of Physics, Contract AF 19 (604)—2207, Final Scientific Report (Technical Report) 84 pp.

— 1960: On a diurnal variation of stratospheric winds. JM 17 (4): 465—468.

MARC, V., H. TREUSSART und A. DARMAGNAC, 1959: Détermination des erreurs accidentelles affectant les mesures effectuées au moyen d'un radar WF_1 modifié "Omera". LM Ser. 4, No. 54: 129—145. (11.5—259.)

MARTIN, F. L., 1955: Generalization of constant absolute vorticity trajectories. US Naval Postgraduate School, RP No. 7. (7.2—128.)

MASTENBROOK, H. J., 1956: Transosonde flights for 1955, data report. US Naval Res. Lab., NRL Memorandum Report, No. 612, 523, 628. (9.7—112.)

— und A. D. ANDERSON, 1953: Evaluation of the transosonde system. Report for period Jan. 1952—March 1953. Data report for period April—Aug. 1953. US Naval Res. Lab., NRL Memorandum Reports No. 171 and 240. (5 E—141.)

— — 1954: The transosonde. WW 7 (4): 79—81. (6.7—124.)

MASUDA, Y., 1950: Dynamics of baroclinic disturbances in the upper troposphere. PMGT 1 (2—4): 188—197. (2.11—72.)

MASUZAWA, J., 1960: Statistical characteristics of the Kuroshio Current. The Oceanographical Magazine, Japan Meteorological Agency, 12 (1): 7—15.

MATSUHASHI, S., und K. FURUKAWA, 1954: Comparison of geostrophic and observed winds. TAT 5 (4): 337—343. (6.11—271.)

MATSUMOTO, S., H. ITOO und A. ARAKAWA, 1953: On the monthly mean distribution of temperature, wind and relative humidity of the atmosphere over Japan from March 1951 to Febr. 1952. JMSJ 31: 248—258. (5.10—42.)

MATTHEWMAN, A. G., 1950: Variation of geostrophic wind with potential temperature in the horizontal and in the vertical, with application to vertical cross-section diagrams. MML 79 (934): 97—102. (1.7—10.)

MATTHEWS, L. S., 1956: A direct-reading geostrophic wind scale. MML 85 (1011): 263—267. (8.2—63.)

McCABE, J. T., und TH. D. POTTER, 1959: A method for the construction of climatological fallout-dose patterns. BAMS 40 (11): 561—565.

McCLAIN, E. P., 1960: Thermal conditions in the Arctic stratosphere near 80 W in January. JM 17 (4): 383—389.

McCLELLAN, D. E., 1954: Jet stream analysis. Canada, Met. Div., CIR-2425 TEC-179. (6.2—72.)

McINTYRE, D. P., 1955: On the baroclinic structure of the westerlies. JM 12 (3): 201—210. (6.9—155.)

— 1958: The Canadian 3-front, 3-jet stream model. GH 6 (3—4): 309—323.

— und R. LEE, 1953: Jet streams in middle and high latitudes. AMST 172—181. (6.3—109.)

McLEAN, G. S., 1957: Cloud distribution in the vicinity of jet streams. BAMS 38: 579—583.

— und R. M. RADOS, 1955: Project Jet Stream observation of a small-scale high-level vortex. BAMS 36 (9): 469—474. (7.11—181.)

McTAGGART-COWAN, P. D., 1950: The jet stream. Roy. Met. Soc., Canadian Branch (Publications). 1 (1). (4 G—47.)

MEANS, L. L., 1944: The nocturnal maximum occurrence of thunderstorms in the Midwestern States. UofC Miscellaneous Reports No. 16.

— 1952: On thunderstorm forecasting in the central United States. MWR 80: 165—189.

MEANS, L. L., 1954: A study of the mean southerly wind maximum in low levels associated with a period of summer precipitation in the Middle West. BAMS 35 (4): 166–170. (6.4–145.)

MEEKER, R. I. Jr., 1954: A simple rapid method for approximating least time flight tracks. Amer. Airlines, Inc., Los Angeles. (6.9–224.)

MEISINGER, F., 1958: On the criterion for hydrodynamic instability of permanent, horizontal, isobaric motion. Rasprave (Papers) Beograd. 2: 18–25.

MEURERS, J., 1952: Zur Aerodynamik der Pilotballone. BDWUS 35: 143–149. (3.10–52.)

MEYER, H. K., 1957: Betrachtungen über Höhenvorhersagekarten. BDW 6 (40): 20 pp.

– 1960: Die kalte arktische Stratosphäre im Dezember 1959 und die Auswirkung auf die Strömungsverhältnisse in Mitteleuropa. MR 13 (4): 106–111.

Michigan, Univ. Engineering Research Institute, 1955–56: Rocket-granade experiment for upper atmosphere temperature and winds. Contr. DA-36-039-SC-64659, Project DA-3-17-02-001 etc. (9.3–155.)

MIDDLETON, W. E. K., 1943: Meteorological Instruments, 2nd edition. Toronto: University Press. (2.1–29.)

MILANKOVITCH, M., 1930: Mathematische Klimalehre und astronomische Theorie der Klimaschwankungen. In: Handbuch der Klimatologie von W. KÖPPEN und R. GEIGER, Band I, Teil A. Berlin.

MILDNER, P., 1933: Über die Turbulenz des Windes, beobachtet mit Hilfe von doppelt und einfach visierten Pilotballonen. BPA 20: 114–126. (3 K–36.)

– 1954: Über den Zusammenhang zwischen der Polarfront in den höheren Schichten der Troposphäre und der Entwicklung und Bewegung der Bodendruckgebilde. MAB 2 (3): 105–116. (7.10–154.)

MILES, M. K., 1954: A kata-front of notable structure. MML 83 (988): 289–293. (6.3–119.)

MILLER, A., und J. VEDERMAN, 1951: Blocking action over the Northeast during the latter half of Febr. 1951. MWR 79 (2): 39–44. (2.9–81.)

MILLER, J. E., 1948a: On the concept of frontogenesis. JM 5: 169–171.

– 1948b: Studies of large-scale vertical motions of the atmosphere. NYU Met. Paper 1 (1): 40–44.

MINTZ, Y., 1947: On the kinematics and thermodynamics of general circulation of the atmosphere in the higher latitudes. TAGU 28 (4): 539–544. (3.1–87.)

– 1951: The geostrophic poleward flux of angular momentum in the month of Jan. 1949. T 3: 195–200.

– 1953: The observed planetary circulation of the atmosphere. UCLA, Dep. of Met., Contr. AF (122) – 48, Scientific Report No. 3. (6.4–146.)

– 1954: The observed zonal circulation of the atmosphere. BAMS 35 (5): 208–214. (6.7–167.)

– 1955: The mean geostrophic poleward flux of angular momentum and of sensible heat in the winter and summer of 1949. Calif. UCLA, Dep. of Met., Contr. AF 19 (122) – 48, Scientific Report No. 7 und Final Report. (6.11–191.)

– und G. DEAN, 1952: The observed mean field of motion of the atmosphere. GRP No. 17. (4.6–9.)

– und J. LANG, 1955a: A model of mean meridional circulation. UCLA, Dep. of Met., Contr. AF 19 (122)–48, General Circulation Project, Final Report. (8.6–203.)

MIRONOVITCH, V., 1953a: Essai d'une coupe aérologique verticale à travers les deux hémisphères de 0 à 22 km. Ann. Geophysique 9: 285–290.

– 1953b: Répresentation de la circulation atmosphérique générale pour une coupe aérologique méridienne à travers les deux hémisphères. Académie des Sciences, Paris, Comptes Rendus 236 (4): 404–406. (4 G–126.)

– 1956: Les poles de la circulation atmospherique general et les poles magnetiques terrestres. BPA 29 (2): 123–128.

– und A. VIAUT, 1938: Turbulence et navigation aérienne dans la substratosphere. L'Aéronautique, Paris, 20: 202–206. (5 D–96.)

– und R. VIART, 1958: Interruption du courant zonal en Europe Occidentale et sa liaison avec l'activité solaire. MAB 7 (3).

MÖLLER, F., 1952: Die Aufrechterhaltung der Westwinddrift durch Großaustausch. BDWUS 35: 135–138. (3.10–115.)

MOHRI, K., 1953: On the fields of wind and temperature over Japan and adjacent waters during winter of 1950–1951. T 5 (3): 340–358. (5.9–131.)

– 1956: An analysis of jet streams over Japan on Nov. 3, 1952. JMSJ Ser. 2, 34 (1): 29–33. (9.7–163.)

MOHRI, K., 1957: A note on an extremely strong jet stream on February 8, 1953. JMSJ 75th Anniversary Vol.: 173—175.
— 1958: An example of upper frontogenesis over the Far East. GH 6 (3—4): 325—333.
— 1958a: Jet streams and upper fronts in the general circulation and their characteristics over the Far East, Pt. 1. GMT 29 (1): 45—126. (11.1—207.)
MOIR, R. W., 1950: A brief note on the upper winds at 30000 ft over Nandi, Fiji. New Zealand Met. Service, Circular Note No. 59. (4 E—196). (4 I—210).
MONTALTO, M., 1959: Correnti verticali a scala sinottica. ACSI: 136—140.
MONTGOMERY, R. B., 1937: A suggested method for representing gradient flow in isentropic surfaces. BAMS 18 (6—7).
MOOK, C. P., 1954: On the normal monthly variation of blocking patterns over the North Atlantic. BAMS 35 (8): 379—380. (6.9—153.)
— 1959: A preliminary meteorological study of the origin of whistlers. JGR 64 (7): 745—748.
MOOLEY, D. A., 1956: Zonal wind circulation and vertical temperature distribution along the Indian longitudes during monsoon and winter seasons. IJMG 7 (2): 113—128. (8.6—263.)
— 1957: Role of "western disturbances" in the production of weather over India during different seasons. IJMG 8 (3): 253—260. (9.9—163.)
MOORE, C. B., et al., 1948: Constant level balloons. NYU TR No. 1. (1.1—43.)
— J. R. SMITH und A. GAALSWYK, 1954: On the use of constant-level balloons to measure horizontal motions in the atmosphere. JM 11 (3): 167—172. (6.2—118.)
— — — 1955: Ein neues Hilfsmittel der Wettervorhersage: Ballone, die in einer bestimmten Höhe driften. Umschau 55 (9): 261—262. (6.10—74.)
MOORE, J. G., 1956: Cross-sections of the mean zonal component of geostrophic wind. MML 85 (1008): 167—171. (7.10—150.)
MORASCA, N., 1953: Le componenti verticali del vento nella libera atmosfera determinate mediante il sondaggio con due teodoliti ed errori dei comuni sondaggi per effetto di tali componenti. RMA 13 (4): 19—25. (7.5—80.)
MORELAND, W. B., 1956: The 100-mb and 50-mb map project — analysis problems and some 50-mb circulation features. Proceedings of the Workshop on Stratospheric Analysis and Forecasting. Washington, D. C. 58—77.
— 1960: Antarctic stratospheric circulation and ozone observations. AMO 394—409.
MORLEY, K. T., 1953: Investigation of the validity of the geostrophic wind flow assumptions in tropical areas of Australia. AMMM No. 4 : 39—47. (7.6—166.)
— 1957: The use of a jet stream nomogram. AMMM 19 : 29—35. (9.11—188.)
MÜLLER, H. G., 1944: Ein neues elektrisches Höhenwindmeßverfahren. Deutschland, Reichsamt für Wetterdienst, Forschungs- und Erfahrungsberichte, Ser. B, No. 20. (2.10—31.)
MÜLLER-ANNEN, H., 1960: Über Schwankungen der Zonalzirkulation: Teil I: Die Zonalzirkulation und die Höhe der Sonnenfleckenzyklen. MR 13 (6): 169—172. Teil II: Die Zonalzirkulation und ihre Beziehungen zu den Sonnenflecken-Relativzahlen und der Solarkonstante. MR 13 (6): 172—178.
MULKY, G. R., 1955: Kinematic analysis of upper wind fields. IJMG 6 (2): 163—170. (8.3—124.)
MUNK, W., 1950: On the wind-driven ocean circulation. JM 7 (2): 79—93.)
— G. W. GROVES und G. F. CARRIER, 1950: Note on the dynamics of the Gulf Stream. Journal of Marine Research 9 (3): 218—238. (2.8—190.)
— und R. L. MILLER, 1950: Variation in the earth's angular velocity resulting from fluctuations in atmospheric and oceanic circulation. T 2 (2): 93—101. (1.11—59.)
MURAKAMI, T., 1951: On the study of the change of upper westerlies in the last stage of Bai-u Season (Rainy Season in Japan). JMSJ 2nd ser. 29 (5): 162—175. (4 G—71.)
— 1953: On the seasonal variation of upper flow patterns. Part I: From winter to spring. JMSJ 31 (5): 173—193. (5.9—204.)
— 1956: The topographical effect upon the stationary upper flow patterns. PMGT 7 (2): 69—89. (10.3—274.)
MURGATROYD, R. J., 1955: Wind and temperature to 50 km over England. Anomalous sound propagation experiments 1944—55. GM No. 95. (7.11—205.)
— 1956: Meteorological Research in Aircraft. MRP 995. (8.2—74.)
— 1957: Winds and temperatures between 20 km and 100 km — a review. QJRMS 83 (358): 417—458. (9.2—27.)
— 1959: Jet stream flight of 6th March 1959. Unveröffentlichter Bericht.
— 1960: Some characteristic properties of jet streams over Northwestern Europe as shown by measurements from aircraft (Abstract). MDW No. 20: 4—5.

MURGATROYD, R. J., und C. J. B. CLEWS, 1949: Wind at 100000 ft over southeast England; observations and a discussion of the monsoon theory of wind at great heights. GM No. 83. (4 F—44.)

— und N. C. HELLIWELL, 1957: The measurement of wind at altitude by airborne instruments. MRP 1070. (10.6—237.)

MURRAY, R., 1951: Practical value of the contour chart as a method of representing upper winds. Summary of results. MRP 663.

— 1952: The jet streams over the British Isles during June 14, 1951. MML 82 (971): 129—140 and: MRP 743. (4 G—135.)

— 1953: The upper troposphere and lower stratosphere near jet streams: an examination of observations made by the Meteorological Research Flight, Farnborough. MRP 813. (5.3—143.)

— 1954: On the accuracy of contour charts in forecasting upper winds. GMOPN 7 (110). (5.8—69.)

— 1956: Some features of jet streams as shown by aircraft observations. GM No. 97. (7.6—9.)

— und S. DANIELS, 1951: Transverse flow at entrance and exit to jet streams. MRP 690. (4 G—72.)

— und D. J. JOHNSON, 1952: Structure of the upper westerlies; a study of the wind field in the eastern Atlantic and Western Europe in September 1950. QJRMS 78 (336): 186—199. (4 G—108.)

MURRAY, W. D., C. S. SCHNEIDER und J. R. SMITH, 1950: Development and utilization of constant-level balloons. TAGU 31 (6): 843—848. (2.5—27.)

NABESHIMA, Y., 1957: On the structure of atmosphere near the tropopause and the numerical prediction at the 300-mb level. JMSJ 75th Anniversary Vol.: 280—288.

NAGAI, T., und Y. MATUOKA, 1949: On the tropopause at Tateno. 1st report. TAT 4 (4): 129—137. (5 D—153.)

NAKAMURA S., und E. ARAI, 1957: An upper air wind analysis during the latter stage of "Bai-u" in 1952. TAT 6 (1): 9—16. (9.11—137.)

NAKAYAMA, A., 1957: Thermodynamic and dynamic effects on the development of strong thunderstorms. JMRT 9 (3): 157—161. (9.8—173.)

NAMIAS, J., 1947a: Extended forecasting by mean circulation methods. US Weather Bureau. (2 A—140.)

— 1947b: Physical nature of some fluctuations in the speed of the zonal circulation. JM 4 (4): 125—133. (4 G—7.)

— 1950: The index cycle and its role in the general circulation. JM 7 (2): 130—139. (1.7—41.)

— 1952a: The annual course of month-to-month persistence in climatic anomalies. BAMS 33 (7): 279—285.

— 1952b: The jet stream. Scientific American 187 (4): 26—31. (4 G—109.)

— 1953: Quasi-periodic cyclogenesis in relation to the general circulation. AMST p. 154. (6.6—176.)

— 1954: Quasi-periodic cyclogenesis in relation to the general circulation. T 6 (1): 8—22 (6.2—147.)

— 1957: Characteristic of cold winters and warm summers over Scandinavia related to the general circulation. JM 14: 235—250.

— 1958: Synoptic and climatological problems associated with the general circulation of the Arctic. TAGU 39 (1): 40—51.

— und PH. CLAPP, 1944: Studies of the motion and development of long waves in the westerlies. JM 1 (3/4): 57—77.

— — 1949: Confluence theory of the high tropospheric jet stream. JM 6 (5): 330—336. (4 G—22.)

— — 1951: Observational studies of general circulation patterns. CM. 551—567.

NAN'NITI, T., 1958: Relation between the vorticity and the location of the front of the Kuroshio off the Tohoku District. The Oceanographical Magazine, Japan Met. Agency 10 (2): 185—192.

National Academy of Sciences, 1958a: Oceanography Program: First twelve months. IGY Bulletin No. 16, p. 1—7.

— 1958b: Second and third US-IGY satellites. IGY-Bulletin 11: 13—16.

National Advisory Committee for Aeronautics, 1955: Meteorological problems associated with commercial turbojet-aircraft operation. NACA, RM 54L29.

NEIBURGER, M., und J. K. ANGELL, 1956: Meteorological applications of constant-pressure balloon trajectories. JM 13 (2): 166—194. (7.9—86.)

NEIBURGER, M., J. K. ANGELL, L. SHERMAN, W. W. KELLOGG und A. F. GUSTAFSON, 1948: On the computation of wind from pressure data. JM 5 (3): 87-92. (5.1-207.)

NEIS, B., 1950: Zum Begriff der allgemeinen Zirkulation der Atmosphäre. ZM 4 (3): 72—77. (1.10—66.)

NEUBER, H., 1959: Ein Flugzeug für die Erforschung der hohen Atmosphäre. ACSI p. 122—128.

NEUWIRTH, R., 1954: Die Anwendung der horizontalen Scherzahlen („Scherungs-vorticity") in synoptischen, biometeorologischen und Strahlungsuntersuchungen. MR 7 (5/6): 88—92. (6.2—120.)

— 1955: Meteorologische Auswertung von Messungen der künstlichen Radioaktivität der Luft und des Niederschlages. GPA 32: 147—158. (7 E—159.)

NEVIÈRE, E., 1959: Relations entre les courants rapides et les types de temps en Afrique équatoriale. MNM No. 14.

NEWELL, H. E. Jr., 1955: Rocket data on atmospheric pressure, temperature, density and winds. Annales de Géophysique, Paris, 11 (2): 115—144. (7.10—81.)

NEWTON, C. W., 1950: Structure and mechanism of the prefrontal squall line. JM 7: 210—222.

— 1954: Frontogenesis and frontolysis as a three-dimensional process. JM 11 (6): 449—461. (6.5—139.)

— 1955: Investigation of cyclone development, Storm No. 5. UofC, Dep. of Met., Contract AF 19 (604)—1293, TR No. 3. (7.10—158.)

— 1956a: Mechanism of circulation change during a lee cyclogenesis. JM 13 (6): 528—593. (8.4—194.)

— 1956b: Observational studies of squall line behaviour, and effects of environmental wind field. UofC, Dep. of Met., Contract Cwb 8613, TR. (9.4—164.)

— 1958: Variations in frontal structure of upper level troughs. GH 6 (3—4): 358—375. (10.10—241.)

— 1959: Axial velocity streaks in the jet stream: ageostrophic "inertial" oscillations. JM 16: 638—645.

— 1959a: Synoptic comparisons of jet stream and Gulf Stream systems. RMV p. 288—304.

— und J. E. CARSON, 1953: Structure of wind field and variations of vorticity in a summer situation T 5 (3): 321—339. (6.1—212.)

— und H. R. NEWTON, 1959: Dynamical interactions between large convective clouds and environment with vertical shear. JM 16 (5): 483—496.

— N. A. PHILLIPS, J. E. CARSON und D. L. BRADBURY, 1951: Structure of shear lines near the tropopause in summer. T 3 (3): 154—171. (4 G—74.)

NICOLET, M., 1950: Propositions pour une nomenclature de la haute atmosphere. Annales de Géophysique 6 (4): 318—321. (3.1—70.)

NOJIMA, H., 1954: The jet streams over Honjo and Tateno in the winter season 1951-1952. TAT 5 (3): 219—232. (8.4—184.)

NYBERG, A., 1945: Synoptic-aerological investigation of weather conditions in Europe, 17—24. April 1939. Statens Met. Hydrogr. Anstalt, Stockholm, Comm., Ser. of pap. No. 48, 122 pp.

— 1949: An aerological study of large-scale atmospheric disturbances. T 1 (1): 44—53. (4 G—23.)

— 1950: A study of vertical motion and formation of fronts and jet streams. CP p. 81—89. (4 G—49.)

— 1951: On the variation of the general circulation of the atmosphere during past ages. In: Reports of the Swedish Deep-Sea Expedition 1947—1948, Vol V/II. Royal Society of Arts and Sciences, Göteborg, 1951—1960.

— und H. RIEHL. 1953- Note on "A further study on the relation between the jet stream and cyclone formation". T 5 (3): 316—317. (5.7—88.)

OBERBECK, A., 1877: Über diskontinuierliche Flüssigkeitsbewegungen. Ann. Phys. N. S. 2: 1—16.

O'BYRNE, J. W., und M. J. CONNAUGHTON, 1957: An analysis of the wind components at the 300-mb level along the great circle track between Shannon and Gander. Eire, Met. Service, TN No. 24. (9.5—87.)

O'CARROLL, F. M., 1955: Investigation into the accuracy of wind forecasts prepared at Shannon airport for the Great-Circle Route Shannon—Gander. Eire, Met. Service, TN No. 20. (7.11—73.)

OCKENDEN, C. V., 1939: High altitude pilot balloon ascents at Habbaniya, Iraq. QJRMS 65 (282): 551—553. (4 F—19.)

OGURA, Y., 1958: On the isotropy of large-scale disturbances in the upper troposphere. JM 15 (4): 375—382. (10.6—195.)

O'HARE, J. E., Q. H. CARLSON und W. E. TAMBLYN, 1954: Some results of a tanker survey of the Gulf Stream. TAGU 35 (3): 420—430. (6.7—90.)

OHNSORG, F., 1957: Error estimates from constant-level balloon tracking. JM 14 (1): 81—83. (8.6—132.)

OHRING, G., 1958: The radiation budget of the stratosphere. JM 15 (5): 440—451.

— und H. S. MUENCH, 1960: Relationships between ozone and meteorological parameters in the lower stratosphere. JM 17 (2): 195—206.

OOI, S., S. MATSUMOTO und H. ITOO, 1951: A study on westerly troughs near Japan (I). PMGT 2 (3/4): 219—233. (4.11—116.)

ORIHATA, J., 1956: On the dynamical analysis of upper-air pressure pattern over Japan area. Met. Notes Ser. 2, No. 5, Met. Res. Inst., Kyoto Univ.

— 1957: High-level cyclones south of the subtropical jet stream. JMSJ Ser. 2, 35 (1): 45—51. (9.9—162.)

OTSUKA, R., und K. SHIMADA, 1954: On the upper currents in low latitudes of the Northwestern Pacific Ocean at the beginning of March 1954 (Meteorological investigation on the explosion at Bikini Island, Pt. 1). JMSJ Ser. 2, 32 (7/8): 225—239. (8.8—169.)

— — 1955: On the vertical structure of upper wind in low latitudes. JMRT 6 (12): 581—583. (7.7—183.)

OZAWA, T., und K. TOMATSU, 1956: On the mechanism of warm and cold weather in summer in the neighbourhood of Japan. JMRT 8 (8): 495—502. (9 G—89.)

PAETZOLD, H.-K., 1956a: Das heutige Bild der Stratosphäre. Umschau 56 (17): 528—531. (8.1—178.)

— 1956b: Die Meteorologie der Stratosphäre. BDW No. 22: 43—54.

— und F. PISCALER, 1959: Vertikale Ozonverteilung und Synopsis. BDW 51: 101—104. (11. 6—257.)

— und H. ZSCHÖRNER, 1955: Beobachtung eines „Ozonloches" über den Alpen. ZM 9 (8): 250—251. (8.2—113.)

Pakistan, Meteorological Department 1952: Upper air data, 1948. Monthly means of pilot balloon data (Karachi 1952). (4 F—111.)

PALM, E., 1958: Two-dimensional and three-dimensional mountain waves. GP 20 (3). (10.11—176.)

— und A. FOLDVIK, 1960: Contribution to the theory of two-dimensional mountain waves. GP 21 (6); 30 pp.

PALMÉN, E., 1935: Registrierballonaufstiege in einer tiefen Zyklone. Finska Vetenskaps-Societeten, Helsinki, Commentationes Physico-Mathematicae, 8 (3): 1—32. (5 D—79.)

— 1948a: Discussion of problems concerning frontal analysis in the free atmosphere. Societas Scientiarum Fennica, Helsinki, Commentationes Physico-Mathematicae, 8 (8). (2.6—31.)

— 1948b: On the distribution of temperature and wind in the upper westerlies. JM 5 (1): 20—27. (4 G—12.)

— 1949: Origin and structure of high-level cyclones south of the maximum westerlies. T 1 (1): 22—31. (4 G—24.)

— 1950: Contribution to the theory of the general atmospheric circulation. Finska Vetenskaps-Societeten, Helsingfors. Commentationes Physico-Mathematicae 5 (4). (10.1—205.)

— 1951a: The aerology of extratropical disturbances. CM 599—620. (5 D—239.)

— 1951b: The role of atmospheric disturbances in the general circulation. QJRMS 77 (333): 337—354. (4 G—75.)

— 1954: Über die atmosphärischen Strahlströme. MAB 2 (3): 35—50. (6.9—156.)

— 1954a: On the relationship between meridional eddy transfer of angular momentum and meridional circulations in the earth's atmosphere. AMGBA 7: 80—84. (5.11—81.)

— 1956: The mean vertical-meridional circulation in low latitudes of the Northern Hemisphere. IUGG 409—412. (8.10—142.)

— 1958: Vertical circulation and release of kinetic energy during the development of Hurricane Hazel into an extratropical storm. T 10 (1): 1—23. (10.3—234.)

— 1959: On the maintenance of kinetic energy in the atmosphere. RMV 212—224.

— 1960: On generation and frictional dissipation of kinetic energy in the atmosphere. Univ. of Helsinki, Inst. of Meteorology, Mitteilungen. — Papers No. 87, 15 pp.

PALMÉN, E., und M. A. ALAKA, 1952: On the budget of angular momentum in the zone between equator and 30° N. T 4 (4): 324—331. (5.1—128.)
— und K. M. NAGLER, 1948: An analysis of the wind and temperature distribution in the free atmosphere over North America in a case of approximately westerly flow. JM 5 (2): 58—64. (4 G—13.)
— — 1949: The formation and structure of a large-scale disturbance in the westerlies. JM 6 (4): 227—242. (4 G—25.)
— und C. W. NEWTON, 1948: A study of the mean wind and temperature distribution in the vicinity of the polar front in winter. JM 5 (5): 220—226. (4 G—14.)
— — 1951: On the three-dimensional motions in an outbreak of polar air. JM 8 (1): 25—39. (2.8—65.)
— H. RIEHL und L. A. VUORELA, 1958: On the meridional circulation and the release of kinetic energy in the tropics. JM 15 (3): 271—277.
PALMER, C. E., 1953: The Central Pacific Project. California Univ., Institute of Geophysics, Contract AF 19 (122)—414, 1st Quarterly Report, Append. A, Oct. 1951. Final Report March 1953. (4 F—127.)
— 1954: The general circulation between 200 mb and 10 mb over the equatorial Pacific. W 9 (11): 341—349. (6.3—110.)
— 1956: Solar radio noise and high-level zonal wind shear over the Central Pacific Ocean. JM 13 (3): 315—316. (7.10—210.)
— 1959: The stratospheric polar vortex in winter. JGR 64 (7): 749—764.
— und R. C. TAYLOR, 1960: The vernal breakdown of the stratospheric cyclone over the South Pole. JGR 65 (10): 3319—3329.
— C. W. WISE, L. J. STEMPSON und G. H. DUNCAN, 1955: The practical aspects of tropical meteorology. UCLA, Oahu Res. Center, Spec. Report No. 2 (AFCRC-TN-55-460) AWSM 105—48 (195 p).
PALOMARES, C. M., 1956: Efectos de la corriente aerea en chorro sobre las capas atmosféricas inferiores. (Effects of the jet stream on the lower atmospheric layers.) Revista de Geofisica, Madrid, 15 (58): 167—172. (9.1—187.)
PANOFSKY, H. A., 1944: The effect of vertical motion on local temperature and pressure tendencies. BAMS 25: 271—275.
— 1946: Methods of computing vertical motion in the atmosphere. JM 3: 45—49.
— 1951: Large-scale vertical velocity and divergence. CM 639—646. (3.8—7.)
— 1956: Flow patterns at 100 mb and above. Proceedings of the Workshop on Stratospheric Analysis and Forecasting, Washington, D. C., p. 146—155.
— und P. WOLFF, 1957: Spectrum and cross-spectrum analysis of hemispheric westerly index. T 9 (2): 195—200.
PANT, P. S., 1955: Circulation in the upper atmosphere. NYU, Research Div., Contract AF 19 (604)—1006, Scientific Report No. 1. (7.3—212.)
— 1956: Circulation in the upper atmosphere. JGR 61 (3): 459—474. (8.3—229.)
PARTL, W., und H.-J. TANCK, 1960: Die Bestimmung der Tropopause vom Strahlturbinenflugzeug aus. MR 13 (6): 178—180.
PATON, J., 1949: Luminous light clouds. MML 78 (930): 354—357. (1.3—140.)
— 1953: Direct evidence of vertical motion in the atmosphere at a height of about 80 km provided by photographs of noctilucent clouds. AMST: 31—33. (6.3—200.)
PAULY, J., und R. MENIN, 1954: Formule approchée donnant la vitesse maximum du vent dans un "jet". Journal Scient. de la Météorologie, Paris, 6 (22): 69—72. (8.11—121.)
PEEL, R., 1953: The use of pressure pattern flying by Trans-Canada Airline. JINL 6 (1): 15 —28. (4.9—131.)
PENN, S., 1955: A possible high-level thunderstorm mechanism in the case of August 20, 1951, over New England. BAMS 36 (6): 278—288. (7.2—145.)
PEPPLER, A., 1914: Zur Kenntnis der Luftströmungen in großen Höhen über Zyklonen und Antizyklonen. BPA 6: 73.
PERNTER, J. M., 1889: Der Krakatau-Ausbruch und seine Folgeerscheinungen. MZ 6: 329—339, 409—418, 447—466. (1 F—38.)
PETERS, B., 1959: On the use of cosmic ray produced isotopes for studying large-scale circulations in the atmosphere. Advances in Geophysics 6: 289—296.
PETERSON, R. E., 1956: A comparison of relative vorticities computed from geostrophic and observed winds. NYU Research Division, Contract Nonr-285 (09), TP No. 5. (8.3—152.)
— 1957: Comparative studies of relative vorticities computed from geostrophic and observed winds. JM 14 (4): 367—374. (8.11—163.)
PETTERSSEN, S., 1949: Associations between the vorticity of large-scale air currents and the occurrence of subsidence and convection. BAMS 30 (5): 191—192. (2.5—64.)

PETTERSSEN, S., 1950: Some aspects of the general circulation of the atmosphere. CP 1950: 120—155. (2.3—62.)
— 1952: On the propagation and growth of jet stream waves. QJRMS 78 (337): 337—353. (4 G—110.)
— 1953a: On the dynamics of the Indian monsoon. Indian Acad. of Science, Bangalore, Proceedings. Ser. A, 37 (2): 229—233. (5.1—197.)
— 1953b: On the relation between vorticity, deformation and divergence and the configuration of the pressure field. T 5 (3): 231—237. (5.4—98.)
— 1955a: Investigation of cyclone development. UofC, Dep. of Met., Contract AF 19 (604)—390. Final Report 1955. (7.3—160.)
— 1955b: On the magnitude of cyclone development and the possibility of large-scale modification. National Acad. of Sciences, Wash. D. C., Proceedings, 41 (11): 815—819. (9.7—144.)
— 1955c: A general survey of factors influencing development at sea level. JM 12: 36—42.
— 1956: Weather analysis and forecasting. Vol. 1, 2. New York: McGraw-Hill. (7.8—4.)
— und D. BRADBURY, 1954: An investigation of cyclone development. Storm No. 1. UofC, Dep. of Met., Contr. AF 19 (604)—390, TR No. 5. (6.8—211.)
— G. DUNN und L. L. MEANS, 1955: Report of an experiment in forecasting of cyclone development. JM 12 (1): 58—67. (6.5—72.)
— M. A. ESTOQUE und L. A. HUGHES, 1957: An experiment in prognostication. JM 14: 191—205.
— und W. C. SWINBANK, 1947: On the application of the Richardson criterion to large-scale turbulence in the free atmosphere. QJRMS 73: 335—345.
PHILLIPS, N. A., 1950: The behavior of jet streams over eastern North America during January and February 1948. T 2 (2): 116—124. (4 G—50.)
— 1956: The general circulation of the atmosphere: a numerical experiment. QJRMS 82 (352): 123—129. (7.9—142.)
PHILLPOT, H. R., 1959: Winds at 30000 and 40000 ft in the Australia-New Zealand-Fiji area. Bureau of Met., Melbourne, Project Report 59/2645.
— und D. G. REID, 1952: Equivalent head winds on Australian air routes. Comm. Australia Bur. Met., Melbourne, Bull. No. 41, 24 pp.
PINUS, N. Z., 1957: Atmospheric turbulence of dimensions which affect aircraft. ISG No. 3: 395—400.
PIPER, H., 1956: Beitrag zum Verhalten der kinetischen Energie bei Zyklonenvertiefung. MR 9 (9/10): 157—158. (8.2—134.)
PISHAROTY, P. R., 1954: The kinetic energy of the atmosphere. Calif. Univ. at Los Angeles, Dep. of Met., Contract AF 19 (122)—48, Scientific Report No. 6. (5.7—9.)
— 1955: General Circulation Project. Univ. of Calif., Final Report XIV.
— und B. N. DESAI, 1956: "Western Disturbances" and Indian Weather. IJMG 7 (4): 333—338. (8.10—147.)
PLAGGE, H., und L. B. SMITH, 1956: Project Rawijet: A study of the wind variability in space and time at the Salton Sea Test Base. Sandia Corporation, Research Report SC-3880 (TR). (9.1—230.)
PLATZMAN, G. W., 1947: Some remarks on the measurement of curvature and vorticity. JM 4 (2): 58—62.
— 1952: The increase or decrease of mean-flow energy in large-scale horizontal flow in the atmosphere. JM 9 (5): 347—358. (4.2—98.)
POCINKI, L. S., 1955: Stability of a simple baroclinic flow with horizontal shear. GRP No. 38. (8.4—185.)
POGOSIAN, KH. P., 1957: Futóáramlások mozgó légnyomási képzödmények rendszerében. (Jet streams within the systems of moving pressure formations.) IB 61 (6): 401—407. (10.3—226.)
— 1957a: Vysotnye frontal'nye zony i struinye techeniia v atmosfere. (High frontal zones and jet streams in the atmosphere.) MG 7: 3—11. (10.10—242.)
— 1957b: Sezonnye osobennosti raspredeleniia struinykh technii v severnom polusharii. (Jahreszeitliche Charakteristika der Verteilung der Strahlströme in der nördlichen Hemisphäre.) MG 9: 3—14. (11.1—208.)
— 1958: O nekotorykh osobennostiakh struinykh techenii v atmosfere. (Some characteristics of jet streams in the atmosphere.) ISG No. 4: 515—526. (10.6—188.)
— 1959: Obshchaia tsirkuliatsiia atmosfery. (Die allgemeine Zirkulation der Atmosphäre.) Leningrad: Gidrometoizdat, 259 pp. (10.11—9.)
— 1959a: Stratosfernoe struinoe techenie v kholodnoe polugodie. (Der stratosphärische Strahlstrom im kalten Halbjahr.) MG 2: 15—21. (11.6—270.)

POLSON, R. K., 1957: The case for flexible air navigational tracks on the North Atlantic. N 5 (7): 337–344. (10.4–84.)

PONCELET, L., 1935: Sour des mouvements de turbulence dans la stratosphère décelés par un ballon-sonde. Académie Royale des Sciences de Belgique, Bulletin de la classe des Sciences, Ser. 5, 21 (2): 195–215. (3 K–42.)

PÔNE, R., 1953: Resultats provisoires d'une méthode d'analyse en altitude utilisée en France. (Preliminary results of a method used in France for high-level analysis.) IUGG Association of Met., Brussels, Procès-Verbaux des Séances, Mémoires et Discussion, p. 104–105. (7.11–136.)

PORTER, E. M., 1951: Some observations of a "jet stream" in the New Zealand region. New Zealand Met. Service, Wellington, Circular Note No. 74. (4 G–76.)

— 1952a: Upper winds over Invercargill. New Zealand Met. Office, TN No. 94. (4 F–113.)

— 1952b: Upper winds over Nandi and Auckland. New Zealand Met. Office, TN No. 92. (4 F–114.)

— 1953: The westerly wind flow at 300 mb across Australia and New Zealand. New Zealand Met. Office, TN No. 98. (5.4–165.)

POSER, H., 1947: Dauerfrostboden und Temperaturverhältnisse während der Würmeiszeit im nichtvereisten Mittel- und Westeuropa. Naturwissenschaften 34 (8).

— 1948: Boden- und Klimaverhältnisse in Mitteleuropa während der Würmeiszeit. Erdkunde 2: 53–68.

POTHECARY, I. J. W., 1956: Comments on "A study of a characteristic type of upper-level frontogenesis". JM 13 (3): 316–317. (7.10–216.)

— und R. J. MURGATROYD, 1953: The use of aircraft to measure wind shear by observation of vertical smoke trails. MRP 810. (6.11–99.)

POWELL, P. G., 1957: Route analysis and flight planning with isotachs. JINL 10 (3): 264–270. (8.10–58.)

PRANDTL, L., 1926: Este Erfahrungen mit dem rotierenden Laboratorium. Naturwissenschaften 14 (19): 245.

— 1949: Wettervorgänge in der oberen Troposphäre. Akademie der Wissenschaften in Göttingen, Math.-Phys. Kl., Math.-phys.-chem. Abteilung, Nachrichten No. 2: 13–18. (4 G–26.)

— 1950: Dynamische Erklärung des Jet-Stream-Phänomens. BDWUS 12: 198–200. (1.10–63.)

— 1956: Strömungslehre. Braunschweig: Vieweg.

PRATT, K. G., 1953: A revised formula for the calculation of gust loads. NACA TN 2964.

PRESS, H., M. H. SCHINDLER und J. K. THOMPSON, 1953: Summary of pilots' reports of clear-air turbulence at altitudes above 10000 ft. NACA RM L 52L30a. (8.6–248.)

PREUSCHE, W., 1952: Ein Modell zur Veranschaulichung der Vertikalbewegung in der Jet-Zone. BDWUS No. 38: 42–46. (4 G–111.)

PRIESTLEY, C. H. B., 1950: On the dynamics of the general atmospheric circulation. Australian Journal of Scientific Research, Ser. A, Physical Sciences, 3 (1): 1–18. (4 G–51.)

— 1951: Physical interaction between tropical and temperate latitudes. QJRMS 77 (332): 200–214. (2.6–48.)

— und A. J. TROUP, 1954: Further studies of the physical interaction between tropical and temperate latitudes. Australia, Commonwealth Scientific and Industrial Research Organization, Section of Met. Physics, TP No. 1. (6.1–135.)

PRIMAULT, B., 1951: Des cartes en altitude et de leur influence sur le calcul des temps de vol. (Upper level charts and their role in calculation of flight time.) LM 4th Ser., No. 24: 250–258. (3.10–33.)

Project Jet Stream 1959: Flight data pertaining to jet streams. Project Jet Stream, GRD, Air Force Cambridge Research Center ARDC and Data Reduction Laboratory, Univ. of Dayton, Ohio.

PROTHEROE, W. M., 1955: Determination of shadow band structure from stellar scintillation measurements. Optical Soc. of Am., N. Y., Journal 45 (10): 851–855. (7.8–256.)

PROUDMAN, J., 1953: Dynamical Oceanography. London: Methuen.

PRUDHOMME, A., 1949: Les vitesses ascensionelles des ballons de radiosondage. Annales de Géophysique 5 (3): 225–232. (2.2–18.)

— 1950: Le rôle de l'activité solaire dans les phenomenes atmosphériques. LM Ser. 4, No. 18: 85–98. (2.3–5.)

QUENEY, P., 1941: Ondes de gravité produites dans un courrant aérien par une petite chaine de montagnes. Comptes Rendus de l'Académie des Sciences de Paris, p. 213—588.
— 1947: Theory of perturbations in stratisfied currents with applications to air flow over mountain barriers. UofC, Dep. of Met., Miscell. Report No. 23.
— 1948: The problem of air flow over mountains: A summary of theoretical studies. BAMS 29 (1): 16—26.
— 1952: Les ondes atmosphériques considérées comme associées aux discontinuités du tourbillon. (Atmospheric waves associated with vorticity discontinuities.) T 4 (2): 88—111. (4.8—89.)
— 1953: Phénomènes de résonance et d'instabilité dans les écoulements barotropes, avec application aux ondes atmosphériques de grande échelle. Annales de Géophysique 9: 185—226. (6.4—129.)
— 1954: Les grandes mouvements de l'atmosphére. LM Ser. 4, No. 35: 195—207. (6.11—195.)
— 1959: Ondes de relief dans un vent variable. ACSI 96—104.
— 1959a: Explication dynamique de la circulation générale de l'atmosphère sur la base des idées de Rossby. RMV 225—229.
— G. A. CORBY, N. GERBIER, H. KOSCHMIEDER und J. ZIEREP, 1960: The airflow over mountains. WMO TN No. 34, WMO-No. 98. TP 43, 135 pp.
QUIRING, H., 1953: Höhenwind und Keplerbewegung. Zeitschrift für Naturforschung 8a (6): 395—396. (4.10—181.)

RADOK, U., und R. H. CLARKE, 1958: Some features of the subtropical jet stream. BPA 31 (1/2): 89—108. (11.1—209.)
— und A. GRANT, 1951: A note on cross-section technique. Weather Development and Res. Bull. Melbourne, No. 17: 39—48. (3.6—86.)
— — 1957: Variations in the high tropospheric mean flow over Australia and New Zealand. JM 14 (2): 141—149. (8.8—257.)
RAETHJEN, P., 1925: Zur Mechanik der Pilotballone. Ann. d. Hydrogr. u. Marit. Met. 53 (1925): 273—284.
— 1949: Zyklogenetische Probleme. AMGBA 1: 295—346.
— 1950: Über den Dualismus der atmosphärischen Druckfelder. BDWUS 12: 185—197. (1.11—60.)
— 1951: Das planetarische Zirkulationssystem. AM 4 (1—6): 65—75. (5 D—193.)
— 1953a: Dynamik der Zyklonen. Probleme der kosmischen Physik, 384 pp. (5.3—10.)
— 1953b: The five types of vorticity variation and cyclogenesis. IUGG Association of Met., Brussels 1951, Procès-Verbaux des Séances, Mémoires et Discussion. (7.5—114.)
— 1954: Zirkulation der Atmosphäre. (Kurzer Abriß der Meteorologie, dynamisch gesehen, Teil 3.) Geophys. Einzelschriften No. 3, Hamburg. (8.1—6.)
— 1955: General circulation and cyclogenesis. New York Academy of Sciences, Transactions, Ser. 2, 18 (2): 144—160. (8.6—198.)
— 1956: The two types of sudden frontal cyclogenesis. IUGG p. 497—500. (9.5—161.)
— 1957: Die Entstehung des jet-stream und seiner Turbulenz. AM 8 (3/4): 108—114.
— 1957a: Über die Entstehung des „jet-stream“ und seiner Turbulenz. SAR 32 (7): 384—388. (10.2—252.)
— 1958: Trägheitsellipse und jet stream. GH 6 (3/4): 439—453. (11.1—256.)
— 1958a: Ähnlichkeitsbedingungen für geohydrodynamische Modellexperimente in rotierender Schale. AMGBA 10 (2/3): 178—193. (10.11—156.)
— 1959: Über die Bedeutung der Konvektion für die Entstehung des jet-stream und seiner Trogstörungen. ACSI 25—34.
— 1960: Über den „Scale“-Unterschied vertikaler und horizontaler Störbewegungen. BPA 32 (3/4): 257—264.
RAFTERY, T. J., und H. J. PLAGGE, 1957: Survey of fast-rising balloons and rawin reflectors. Sandia Corp., Albuquerque, N. M., Technical Memorandum 142-57-52. (11.1—154.)
RAHMATULLAH, M., 1952: Synoptic aspects of the monsoon circulation and rainfall over Indo-Pakistan. JM 9: 176—179.
RAMAGE, C. S., 1952: Relationship of general circulation and normal weather over southern Asia and the Western Pacific during the cool season. JM 9 (6): 403—408. (4.6—104.)
RAMAKRISHNAN, K. P., S. PARTHASARATHI und N. C. APHALE, 1957: Some high pilot balloon ascents at Poona. IJMG 8 (3): 273—288. (9.4—170.)

RAMAMURTHI, K. M., 1955: A "jet stream" over northern India revealed by a "Comet" debriefing report. IJMG 6 (3): 277—278. (8.6—264.)

RAMAN, C. R. V., 1955: Breaks in Indian southwest monsoon and typhoons in Southwest Pacific. Current Science, Bangalore, 24 (7): 219—220. (8.6—253.)

RAMANATHAN, K. R., 1954: Atmospheric ozone and the general circulation of the atmosphere. IUGG Scientific Proc., Intern. Ass. of Met., Rome, pp. 3—24.

— 1955: On upper tropospheric easterlies and the travel of monsoon and post-monsoon storms and depressions. In: UNESCO Symposium on Typhoons, Tokyo, Nov. 9—12 1954, Proceedings. (7.2—135.)

— und R. N. KULKARNI, 1960: Mean meridional distributions of ozone in different seasons calculated from *umkehr* observations and probable vertical transport mechanisms. QJRMS 86 (368): 144—155.

RAMASWAMY, C., 1952: Winds at 40000 ft and above over Calcutta during the south-west monsoon period. IJMG 3 (2): 157—158. (4 F—116.)

— 1956: On the subtropical jet stream and its role in the development of large-scale convection. T 8 (1): 26—60. (8.1—202.)

— 1958: A preliminary study of the behaviour of the Indian southwest monsoon in relation to the westerly jet stream. GH 6 (3/4): 455—477.

RAMSEY, B., 1955: Upper winds in the South-east-Asia—West Australia region. MML 84 (1002): 372—377. (7.6—167.)

RAND, W. M. Jr., 1956: Dewey and Almy Chemical Company — manufacturers of meteorological balloons. BAMS 37 (3): 118—120. (9.1—133.)

RAPP, R. R., 1960: The accuracy of winds derived by radar tracking of chaff at high altitudes. JM 17 (5): 507—514.

RATNER, B., 1955: The high wind over Philadelphia, Pa. January 23, 1955. MWR 83 (1): 31. (7.4—218.)

— 1955a: Winds and fallout: a climatological appraisal. Wash. D. C., USWB (7 E—164.)

REED, J. W., 1954: The representativeness of winds-aloft observations. BAMS 35 (6): 253—256. (6.11—100.)

REED, R. J., 1951: A study of atmospheric vorticity. MIT TR No. 10, Research on atmospheric pressure changes, 20 pp.

— 1953: Large-scale eddy flux as a mechanism for vertical transport of ozone. JM 10 (4): 296—297. (5.2—186.)

— 1955: A study of characteristic types of upper-level frontogenesis. JM 12: 226—237; 13: 316—317; 14: 91—93.

— 1957a: Arctic weather analysis. Polar Atmosph. Symposium, Part I. London: Pergamon.

— 1957b: Detailed wind structure in an intense frontal zone. BAMS 38 (6): 357—359. (8.10—183.)

— 1960: Some comments on "hodograph analysis as applied to the occurrence of clear-air turbulence". JM 17 (4): 476—477.

— 1960a: Principal frontal zones of the northern hemisphere in winter and summer. BAMS 41 (11): 591—598.

— und E. F. DANIELSEN, 1959: Fronts in the vicinity of the tropopause. AMGBA 11: 1—17. (10.10—243.)

— und B. A. KUNKEL, 1960: The Arctic circulation in summer. JM 17 (5): 489—506.

— und F. SANDERS, 1953: An investigation of the development of a mid-tropospheric frontal zone and its associated vorticity field. JM 10 (5): 338—349. (5.3—138.)

— und W. G. TANK, 1956: Miscellaneous studies of polar vortices. Wash. State Univ., Dep. of Met. and Climat., Contract AF 19 (604)—1298, Occasional Report No. 4, Scientific Report No. 1. (8.7—176.)

REGER, J., 1938: Doppelanschnitte von Registrierballonen am Observatorium Lindenberg in den Jahren 1936—1937. Deutschl., Reichsamt f. Wetterdienst, Wissenschaftliche Abhandlungen 5 (4): 1938. (2.6—20.)

REGULA, H., 1934: Seismische Untersuchungen des Geophysikalischen Institutes in Göttingen. XVI. Schallausbreitung in der Atmosphäre. Zeitschrift für Geophysik 10 (3/4): 167—185. (4 F—10.)

— 1949: Erforschung der Hochstratosphäre durch Schallwellen. MR 2 (9—10): 263—267. (1.4—40.)

REGULA, W., 1949: Temperaturen und Winde in der oberen Stratosphäre. MR 2 (9/10): 267—270. (4 F—45.)

REIDAT, R., 1930: Gewitterbildung durch Kaltlufteinbruch in der Höhe. BPA 16 (4): 291—297. (1 H—34.)

REINECKE, I., 1950: Untersuchungen über die Abweichungen vom Gradientwind in der oberen Troposphäre. MAB 1 (1). (2.8—73.)
— 1951: Abweichungen vom Gradientwind in der oberen Troposphäre. AM 4 (1—6): 226. (3.7—145.)
— 1952: Fronten in der Stratosphäre? AM 5 (7/12): 346—352. (5.5—114.)
REINHARD, H., 1951: Höhenwindverhältnisse im Gebiete des Ärmelkanals. AMGBB 3: 110—122. (3.2—127.)
REITER, E. R., 1957a: An aid for accurate wind plotting. BAMS 38: 617—618.
— 1957b: Jet stream and jet aircraft operations. N 5: 267—278.
— 1957c: The layer of maximum wind. Final Report, UofC, Contr. Noas-55-262-C with Project AROWA, US Navy.
— 1957d: Warum ein Geophysikalisches Jahr? Die Pyramide 5 (9/10 und 11/12): 127—134, 157—163.
— 1958a: Die Verwendung von Kontinuitätsdiagrammen in der nordalpinen Wetterprognose. AMGBA 10: 161—177.
— 1958b: Klima von Innsbruck 1931—55. (Anhang 1956 und 1957.) Statistisches Amt der Landeshauptstadt Innsbruck, 2. Sonderveröffentlichung.
— 1958c: The layer of maximum wind. JM 15 (1): 27—43.
— 1959a: Das Ende des Indischen Sommermonsuns 1954 mit Daten der österreichischen Cho-Oyu-Expedition. BDW 54: 293—297.
— 1959b: Die Mesostruktur der Strahlströme aus Project-Jet-Stream-Flügen No. 16 und 14. Zwischenbericht No. 1 an die Deutsche Lufthansa, Projekt „Streckenplanung", Publ. des Inst. f. Met. und Geophysik, Innsbruck, No. 95.
— 1959c: Entgegnungen zu vorstehenden Bemerkungen von Dr. HEINRICH FAUST. MR 12 (3): 97—98.
— 1959d: Neuere Ansichten über den indischen Monsun. Die Pyramide 7 (2): 51—52.
— 1959e: The layer of maximum wind as an aid in flight briefing. ACSI 35—47.
— 1959f: Zum Problem der Nullschicht. MR 12 (3): 95—96.
— 1959g: Flugzeuge im Strahlstrom. Die Pyramide 7, 89—90.
— 1960a: Turbulenz im wolkenfreien Raum. (Clear-Air Turbulence.) MDW No. 20: 8—9.
— 1960b: Turbulenz im wolkenfreien Raum. (Clear-Air Turbulence.) BDW No. 61.
— 1960c: Auswertung von amerikanischen Flugbeobachtungen über die Feinstruktur von Strahlströmen. Teil II: Auswertung der Project-Jet-Stream-Flüge No. 22, 24, 29, 30, 31, 32. Zwischenbericht No. 2 an das Zentralamt des Deutschen Wetterdienstes. Publ. des Inst. f. Met. und Geophysik, Innsbruck, No. 96.
— 1960d: The detailed structure of the atmosphere near jet streams. Publ. des Inst. f. Met. und Geophysik, Innsbruck, No. 102.
— 1960e: The detailed structure of the atmosphere near jet streams. GPA 46: 193—200.
— 1961a: Die nordamerikanische Strahlstromwetterlage vom 23. bis 27. Januar 1957 an Hand von Forschungsflügen des „Project Jet Stream". BPA 33: 244—279.
— 1961b: Project Jet Stream Research Flight No. 30, April 8, 1957. Erscheint: QJRMS.
— 1961c: Der Einfluß der Hochgebirge auf das Klima. Die Pyramide 9 (1): 16—22.
— 1961d: The detailed structure of the wind field near the jet stream. JM 18 (1): 9—30.
— 1961e: Die vertikale Struktur des Strahlstromkernes aus Forschungsflügen des Project Jet Stream. Erscheint: BDW.
— 1961f: The meso-structure of jet streams. Erscheint: SAR.
— und E. F. DANIELSEN, 1960: Bemerkungen zu E. KLEINSCHMIDT: „Nicht-adiabatische Abkühlung im Bereich des jet stream". BPA 32 (3/4): 265—273.
— und H. HEUBERGER, 1960: Jet stream and retreat of the Indian summer monsoon and their effect upon the Austrian Cho-Oyu-Expedition 1954. GA 42 (1): 17—35.
— H. LANG, R. MOOK und G. WENDLER, 1961: Analyse dreier Forschungsflüge des Project Jet Stream. AMGBA 12 (2): 183—221.
— H. RIEHL und J. W. HINKELMAN Jr., 1957: Jet stream and maximum wind level studies. Paper given at the 150th National Meeting of the AMS, Jan. 28—31, 1957, N. Y. BAMS 37 (10): 536.
— und E. SZEKERES, 1960: Witterungskalender. Meteorologischer Rückblick, Herbst 1959. Die Pyramide 8 (1): 27—28.
REUTER, H., 1954: Methoden und Probleme der Wettervorhersage. Wien: Springer.
— 1955: Bodendruckänderung und Winddivergenz auf isobaren Flächen. AMGBA 8 (4): 321—331. (7.2—103.)
— 1960: Zum gegenwärtigen Stand der Theorie der Allgemeinzirkulation. Wetter und Leben 12 (9—10): 177—191.

REUTER, H., und F. HUBER, 1956: Über den Anteil verschiedener Höhenschichten am Zustandekommen von Bodendruckänderungen. BDW 4 (22): 108. (11.3—28.)
REX, D. F., 1950a: Blocking action in the middle troposphere and its effects upon regionale climate. I. Aerological study of blocking action. T 2 (3): 196—211. (2.2—68.)
— 1950b: Blocking action in the middle troposphere and its effect upon regional climate. II. Climatology of blocking action. T 2 (4): 275—301. (2.8—64.)
— 1951: The effect of Atlantic blocking action upon European climate. T 3 (2): 100—111. (3.1—89.)
REYMANN, G., 1960: Die Strahlströme in der synoptischen Praxis. MDW No. 20: 14—27.
REYNOLDS, P. R. J., und C. L. CHANDLER, 1958: Flying the jet stream. Canadian Aeronautical Journal, Ottawa 4 (3): 86—93. (10.7—104.)
REYNOLDS, S. E., 1955: Thunderstorm charge structure and suggested electrification mechanism. GRP No. 42: 162—168.
RICHARDSON, J. M., und W. B. KENNEDY, 1952: Atmospheric winds and temperatures to 50 km altitude as determined by acoustical propagation studies. Acoustical Society of America, Journal. 24 (6): 731—741. (4 F—117.)
RICHARDSON, L. F., 1920: The supply of energy from and to atmospheric eddies. Proc. Roy. Soc. London, A, 97: 354—373.
RICHTER, K. H., 1952: Ergebnisse aus Radar-Höhenwindmessungen in Hannover-Langenhagen. BDWUS No. 42: 331—338. (4 F—118.)
RIEHL, H., 1945: Subtropical flow patterns in summer. UofC, hektographiert. (1 H—154.)
— 1948a: Jet stream in upper troposphere and cyclone formation. TAGU 29 (2): 175—186. (4 G—15.)
— 1948b: On the formation of typhoons. JM 5: 247—264.
— 1951: Aerology of tropical storms. CM 902—913. (4.2—13.)
— 1954a: Comments on quasi-periodic oscillation of the Norfolk rawin. US Navy Bureau of Aeronautics, Project AROWA, unveröffentlicht.
— 1954b: Jet Stream Flight, March 23, 1953. AMGBA 7: 56—66. (5.11—89.)
— 1954c: Tropical Meteorology. New York: McGraw Hill.
— 1956: On the atmospheric circulation at 500 mb in the auroral belt. JGR 61 (3): 525—534.
— 1959: On the production of kinetic energy from condensation heating. RMV p. 381—399.
— M. A. ALAKA, et al., 1953: The jet stream. Techn. Rep. under Contract between Project AROWA and UofC NAVAER 50-1 R-249.
— — C. L. JORDAN und R. J. RENARD, 1954: The jet stream. MM 2 (7) (6 B—201).
— J. BADNER, J. E. HOVDE, and others, 1952: Forecasting in middle latitudes. UofC, Dep. of Met. (2.11—39.)
— F. A. BERRY und H. MAYNARD, 1955: Exploration of the jet stream by aircraft during the 1952—1953 winter. JM 12 (1): 26—35. (6.5—123.)
— und D. FULTZ, 1957: Jet stream and long waves in a steady rotating-dishpan experiment: structure of the circulation. QJRMS 83 (356): 215—231 und 84: 186—187. (8.8—259.)
— — 1958: The general circulation in a steady rotating-dishpan experiment. QJRMS 84: 389—417.
— W. H. HAGGARD und R. W. SANBORN, 1956: On the prediction of 24-hour hurricane motion. JM 13 (5): 415—420.
— und R. HIGGS, 1960: Unrest in the upper stratosphere over the Caribbean Sea during January 1960. JM 17 (5): 555—561.
— und C. O. JENISTA, 1952: A quantitative method for 24-hour jet stream prognosis. JM 9 (3): 159—166. (4.3—81.)
— N. E. LA SEUR, et al., 1952: Forecasting in middle latitudes. MM 1 (5). (5.5—58.)
— und H. MAYNARD, 1954: Exploration of the jet stream by aircraft during the winter of 1953. UofC, Dep. of Met., Contract N 189 s-88360, Final Report. (6.2—136.)
— K. S. NORQUEST und A. L. SUGG, 1952: A quantitative method for the prediction of rainfall patterns. JM 9 (5): 291—298. (4.5—76.)
— und S. TEWELES Jr., 1953: A further study on the relation between the jet stream and cyclone formation. T 5 (1): 66—79. (4 G—127.)
— — 1954: Rainfall and vorticity advection. JM 11 (5): 425—428. (6.3—81.)
— T.-CH. YEH und N. E. LA SEUR, 1950: A study of variations of the general circulation. JM 7 (3): 181—194. (4 G—52.)
RINK, J., 1957: Der plastische Ballon, ein neues Hilfsmittel zur Untersuchung der oberen Atmosphäre. ZM 11 (12): 371—376. (11.2—135.)

ROACH, F. E., 1959: Airglow motions. BAMS 40 (12): 628.
ROBERT, J., 1960: Étude météorologique sur le trajet aérien Tontouta-Nandi (Nouvelle-Calédonie-Fidji). MNM No. 21.
ROBERTS, O. F. T., 1923: The theoretical scattering of smoke in a turbulent atmosphere. Proc. Roy. Soc. London A. 104: 640—654.
ROBERTSON, D. S., D. T. LIDDY und W. G. ELFORD, 1953: Measurements of winds in the upper atmosphere by means of drifting meteor trails. Pt 1. JATP 4 (4/5): 255—270. (7.5—65.)
ROBERTSON, G. W., und H. CAMERON, 1952: A planimetric method for measuring the velocity of the upper westerlies. BAMS 33 (9): 387—389. (4.9—30.)
ROBINSON, E. F., und E. J. JOSEPH, 1955: The effect of a blocking high on two consecutive lows over the central United States, June 7—11, 1955. MWR 83 (6): 132—136. (8.1—195.)
ROBUCHON, A., und P. ERVET, 1958: La mesure du vent en altitude à l'aide d'un radar. LM Ser. 4, No. 51: 153—159. (11.1—142.)
RODEWALD, M., 1935: Das norddeutsche Hochdruckgewitter vom 19. August 1932. Annalen der Hydrogr. und maritimen Met., 63: 23—29. 64: 143—153. (1936). (1 H—56.)
— 1936: Bemerkungen zu: KARL WIEN, Die Wetterverhältnisse am Nanga Parbat während der Katastrophe auf der deutschen Himalaja-Expedition 1934. MZ 53: 182—186.
— 1952: Die blaue Sonne vom 27. September 1950. Naturwiss. Rundschau 5 (1): 8—15. (3.4—248.)
RODRIGUEZ, F. P., 1955: Notas sobre las corrientas de chorro. (Notes on the jet stream.) Revista de Geofisica, Madrid, 14 (56): 313—346. (8.6—204.)
ROGERS, R. R., 1957: Radar measurement of gustiness. MIT Weather Radar Research Report No. 29.
ROSSBY, C.-G., 1926: On the solution of problems of atmospheric motion by means of model experiments. MWR 54 (6): 237—240.
— 1938: On the mutual adjustment of pressure and velocity distributions in certain simple current systems. II. J. Marine Research 1: 239—263.
— 1940: Planetary flow patterns in the atmosphere. QJRMS 66, Suppl.: 68—87. (5 F—5.)
— 1945a: Kinematic and hydrostatic properties of certain long waves in the westerlies. Dep. of Met., UofC, Miscellaneous Report No. 5, 37 pp.
— 1945b: On the propagation of frequencies and energy in certain types of oceanic and atmospheric waves. JM 2 (4): 187—204.
— 1947: On the distribution of angular velocity in gaseous envelopes under the influence of large-scale horizontal mixing processes. BAMS 28 (2): 53—68. (4 E—149.)
— 1948: On displacement and intensity changes of atmospheric vortices. J. Marine Research 7: 175—187.
— 1949a: Dispersion of planetary waves in a barotropic atmosphere. T 1 (1): 54—58.
— 1949b: On a mechanism for the release of potential energy in the atmosphere. JM 6 (2): 163—180.
— 1949c: On the nature of the general circulation of the lower atmosphere. In: KUIPER, "The atmospheres of the earth and planets". Chicago: University Press. (4 G—27.)
— 1950: On the dynamics of certain types of blocking waves. Chinese Geophysical Society, Nanking, Journal 2 (1): 1—13. (4 G—53.)
— 1951a: On the vertical and horizontal concentration of momentum in air and ocean currents. 1. Introductory comments and basic principles with particular reference to the vertical concentration of momentum in ocean currents. T 3 (1): 15—27. (4 G—77.)
— 1951b: Über die Vertikalverteilung von Windgeschwindigkeit und Schwerestabilität in Freistrahlbewegungen der oberen Troposphäre. AMGBA 4: 3—23. (4 G—78.)
— 1953: A comparison of current patterns in the atmosphere and the ocean basins. I.U.G.G. Association of Meteorology, Brussels 1951, Procès-Verbaux des Séances, Mémoires et Discussion. (7.8—125.)
— et al., 1937: Isentropic analysis. BAMS 18: 201.
— — 1939: Relations between variations in the intensity of the zonal circulation of the atmosphere and the displacement of the semipermanent centers of action. J. of Marine Research 2 (1): 38—55. (2 A—93.)
— und V. P. STARR, 1945: Basic principles of weather forecasting. Anhang von C. G. ROSSBY: Forecasting of flow patterns in the free atmosphere by a trajectory method. New York: Harper & Brothers.

Rossby, C.-G., und H. C. Willet, 1948: The circulation of the upper troposphere and lower stratosphere. Science, New York, (108): 643—652. (4 G—16.)
Rossi, V., 1957: A simple method for the computation of wind values from the Finnish radio theodolite record. GH 6 (2): 121—125.
Roth, A. L., und A. H. Palmer, 1911: Charts of the atmosphere for aeronauts and aviators. 98 pp., New York: Wiley.
Rouaud, A., 1957: Erreur dans la détermination du vecteur vent. Journal Scientifique de la Météorologie, Paris, 9 (33): 1—13. (11.2—126.)
Rouse, H., 1951: Model techniques in meteorological research. CM 1249—1254. (4.9—8.)
Row, A. L., 1951: Upper winds over Auckland. New Zealand Met. Serv., Circular Note No. 78, 1 p. (4 D—266) (4 E—247).
Royal Meteorological Society and Royal Astronomical Society, 1954: Stellar Scintillation, Joint Discussion, Dec. 16, 1953. QJRMS 80 (344): 241—260. (5.10—10.)
Rubin, M. J., 1955: An investigation of relationships between Northern and Southern Hemisphere parameters. Notos 4 (2): 122—126. (8.1—205.)
— und H. Van Loon, 1954: Aspects of the circulation of the Southern Hemisphere. JM 11: 68—76. (5.4—101.)
Rudloff, W., 1950: Zur jährlichen Schwankung der Erddrehung. (Vorläufige Mitteilung.) AM 3 (11—12): 376—378. (2.8—61.)
— 1951: Die Driftzahl oder der atmosphärische Drehimpuls als Zirkulationsmaß. AM 4 (1—6): 14—26. (3.4—116.)
Runge, H., 1951: Blaue Sonne, Blauer Mond. ZM 5 (2): 60—62. (2.5—193.)
Rutherford, G. T., 1954: A profile of the jet stream, 9th August 1953. AMMM 7: 13—25. (7.4—143.)
— 1955: Comparison of forecast winds with those reported by aircraft on high altitude flights. AMMM No. 8: 33—36. (7.4—82.)
— 1956: The accuracy of forecast and found winds. AMMM 12: 43—60. (8 C—78.)
Ryan, P., 1958: 40,000 ft. winds Singapore-Darwin. AMMM No. 20: 66—70. (10.11—202.)

Saito, T., 1951: Dynamics of the jet stream. PMGT 2 (2): 132—149. (4 G—79.)
— 1955: Preliminary study of blocking in the Far East. JMRT 7 (2): 81—83. (8.3—161.)
Saito, N., 1953: An aerological study of the cold vortex and stationary front in summer in the Far East. JMSJ 31 (2): 51—59. (5.4—59.)
Saito, S., und J. Narikawa, 1954: Report on cooperative observations of high clouds in West Japan. JMRT 6 (8): 299—314. (7.2—218.)
Salmela, H. A., und N. Sissenwine, 1959: A note comparing 1 km vertical wind shears derived from simultaneous AN/GMD-1 A and AN/GMD-2 winds-aloft observations. GRD Research Notes No. 22.
Saltzman, B., 1956: Equations for the study of the energetics of the larger scales of atmospheric turbulence. MIT, Dep. of Met., Contract AF 19 (604)—1000, Scientific Report No. 5. (8.4—224.)
— 1957: Equations governing the energetics of the larger scales of atmospheric turbulence in the domain of wave number. JM 14: 513—523.
— 1958: Some hemispheric spectral statistics. JM 15 (3): 259—263.
— 1959: On the maintenance of the large-scale quasi-permanent disturbances in the atmosphere. T 11 (4): 425—431.
— und A. Fleisher, 1960: Spectrum of kinetic energy transfer due to large-scale horizontal Reynolds stresses. T 12 (1): 110—111.
— — 1960a: The exchange of kinetic energy between larger scales of atmospheric motion. T 12 (4): 374—377.
— und J. P. Peixoto, 1957: Harmonic analysis of the mean Northern-Hemisphere wind field for the year 1950. QJRMS 83 (357): 360—364. (8.10—199.)
Sanders, F., und E. Kessler, 1955: A test of the application of vorticity charts. BAMS 36 (6): 251—255. (7.2—104.)
Sanders, R. A., 1953: Blocking highs over the eastern North Atlantic and Western Europe. MWR 81 (3): 67—73.
Sanford, T. E., 1958: A further study of jet stream turbulence. A & M Final Report, Contract No. AF 19 (604)—1565, p. 127—134.
Sasaki, Y., 1958: A theory and analysis of clear-air turbulence. A & M, Scientific Report No. 1, Contract AF 19 (604)—1565.
Saucier, W. J., 1955: Principles of meteorological analysis. Chicago: University Press. (7.3—7.)

SAUCIER, W. J., 1956a: Exploration of the jet stream by aircraft during the 1952—1953 winter. A & M, Contributions in Oceanography and Meteorology, No. 60—89, Vol. 3.
— 1956b: Project Jet Stream B-47 Flights 2, 6, 9, 11 and 14. A & M Final Report, Contract AF 19 (604)—559. p. 30—78.
— 1958a: Additional jet stream studies. A & M Final Report, Contract AF 19 (604)—1565, p. 135—137.
— 1958b: A summary of wind distribution in the jet streams of the Southeast United States investigated by Project Jet Stream. A & M Final Report, AF 19 (604)—1565. p. 6—57.
— 1958c: Background information regarding Project Jet Stream. A & M Final Report, Contract AF 19 (604)—1565. p. 1—3.
— 1958d: An error analysis of geostrophic 300-mb numerical wind-speed forecasts. US AWS TR 105—148.
— und K.C. BRUNDIDGE, 1956: Variability of wind direction in relation to wind speed. BAMS 37 (9): 462—464.
— und H. RIEHL, 1956: Exploration of the jet stream by aircraft during the 1953 winter. JM 13 (3): 312—314. (7.10—155.)
SAWYER, J. S., 1950: Equivalent headwinds. Application of upper-wind statistics to air-route planning. 20 pp. London: H. M. Stationery Office. (2.1—21.)
— 1950a: The movement of jet streams and the wind hodograph. MML 79 (942): 357—358. (4 G—54.)
— 1951a: Day to day variations in the tropopause. Their causes and significance. MRP 612. (5 D—194.)
— 1951b: The dynamical systems of the lower stratosphere. QJRMS 77 (333): 480—483. (5 D—195.)
— 1953: The free atmosphere in the vicinity of fronts — analysis of observations by the Meteorological Research Flight (1950—52). MRP 807. (5.5—113.)
— 1954: Day to day variations in the tropopause. GM 11 (92). (5 D—232.)
— 1955: The free atmosphere in the vicinity of fronts: analysis of the observations by the Meteorological Research Flight 1950—1952. GM No. 96. (8.8—215.)
— 1957: Jet stream features of the earth's atmosphere. W 12 (11): 333—344. (9.1—188.)
— 1958: Temperature, humidity and cloud near fronts in the middle and upper troposphere. QJRMS 84 (362): 375—388; 85 (365): 295—297.
— 1960: Numerical calculation of the displacement of a stratified airstream crossing a ridge of small height. QJRMS 86 (369): 326—345.
— 1961: Quasi-periodic wind variations with height in the lower stratosphere. QJRMS 87 (371): 24—33.
— und B. ILETT, 1951: The distribution of medium and high clouds near the jet stream. MML 80 (952): 277—281. (4 G—81.)
SCHAEFER, V. J., 1953a: Cloud forms of the jet stream. T 5 (1): 27—31. (4 G—128.)
— 1953b: The use of clouds for locating the jet stream. Aeroplane, London, 85 (2206): 599—602. (5.9—205.)
— 1953c: Track jet streams by cloud motions. Sci. News Letter, 63: 83—84. (5.1—137.)
— 1955a: Atmospheric electricity associated with jet streams. GRP 42: 59—66. (8.5—331.)
— 1955b: Jet Stream and Project Skyfire. Munitalp Foundation, Inc., N. Y., Occasional Paper No. 0006. (9.5—153.)
— 1955c: Jet streams, thunderstorms and Project Skyfire. AMGBA 8: 265—282. (6 J—332.)
— 1955d: Thunderstorms and Project Skyfire. New York Academy of Sciences, Transactions, Ser. 2, 17 (6): 470—473. (7.2—277.)
— 1955e: Gewitter, Strahlströme und „Skyfire"-Projekt. AM 7 (1/2): 149—151. (7.6—125.)
— 1957: Relationship of jet streams to forest wildfires. Journal of Forestry, Wash. D. C., 55 (6): 419—425. (10.10—232.)
— und W. E. HUBERT, 1955: A case study of jet stream clouds. T 7 (3): 301—307. (7.9—146.)
SCHEDLER, A., 1917: Über den Einfluß der Lufttemperatur in verschiedenen Höhen auf die Luftdruckschwankungen am Erdboden. BPA 7: 88—101.
SCHELL, I. I., 1959: On the nature and the origin of changes in climate. BAMS 40 (12): 632.

SCHERHAG, R., 1936: Bemerkungen zur Divergenztheorie der Zyklonen. MZ 53: 84—90.
— 1948a: Beispiel einer stratosphärischen Steuerung. MR 1 (9—10): 287—290. (1.4—27.)
— 1948b: Neue Methoden der Wetteranalyse und Wetterprognose. Berlin: Springer. (1—52.)
— 1952: Die explosionsartigen Stratosphärenerwärmungen des Spätwinters 1951/52. BDWUS 6 (38): 51—63.
— 1957: The role of the tropospheric cold-air poles and of stratospheric high-pressure centers in the Arctic weather. Polar Atmosph. Symposium, Pt. 1.: 101—117, London: Pergamon und JATP, Special Supplement, Pt. 1.
— 1960: Stratospheric temperature changes and the associated changes in pressure distribution. JM 17 (6): 575—582.
SCHINZE, G., und R. SIEGEL, 1943: Die luftmassenmäßige Arbeitsweise. Reichsamt für Wetterdienst (Luftwaffe), Wissensch. Abh.
SCHMIEDEL, K., 1937: Stratosphärische Steuerung und Wellensteuerung. Univ. Leipzig, Geophys. Inst., Veröffentlichungen Ser. 2., 9 (1): 1—102. (2 A—87.)
SCHMITT, W., 1952: Two intensive polar outbreaks in the southern oceans. Notos 1 (4): 193—201. (4G—116.)
SCHNEIDER-CARIUS, K., 1956: Grundschicht und Nullschicht, zwei polare Schichtbildungen in der Troposphäre. AMGBA 9 (3): 305—323. (8.2—111.)
— und H. FAUST, 1953: Grundschicht und Nullschicht der Atmosphäre. GPA 26: 119—126. (5.11—136.)
SCHULTE-VENNBUR, H., 1953: Niederschlagsstrukturen von Zyklonen in Nordamerika. GPA 26: 97—111. (6.6—178.)
SCHULZE, W., 1950: Platzhöhen von Radiosondenballonen und Ozongehalt der freien Atmosphäre. AM 3 (1—2): 42—48. (1.6—13.)
SCHUMACHER, N. J., 1955: Upper air temperature over an Antarctic station. T 7 (1): 87—95.
SCHWARZBACH, M., 1950: Das Klima der Vorzeit. Stuttgart: Enke.
SCHWERDTFEGER, W., 1960a: Der südliche Polarwirbel. MR 13 (3): 89—93.
— 1960b: The seasonal variation of the strength of the southern circumpolar vortex. MWR 88 (6): 203—208.
SCORER, R. S., 1949: Theory of waves in the lee of mountains. QJRMS 75: 41—56.
— 1951: Clear-air turbulence over Europe. W 6 (2): 59—60. (3 K—177.)
— 1951a: Gravity waves in the atmosphere. AMGBA 4: 176—193.
— 1951b: On the stability of stably stratified shearing layers. QJRMS 77 (331): 76—84. (2.7—73.)
— 1952: High-level winds and temperatures for jet aircraft operations. Discussion. QJRMS 78: 449.
— 1953: Forecasting mountain and lee waves. MML 82 (974): 232—234. (5.1—91.)
— 1953a: Theory of airflow over mountains. II. The flow over a ridge. QJRMS 79: 70—83.
— 1954: Turbulence generated in standing waves. QJRMS 80 (346): 629—630. (6.3—160.)
— 1955: Turbulence generated in standing waves. QJRMS 81 (350): 619. (7.5—174.)
— 1956: Airflow over and in the lee of an isolated hill. In: OSTIV Publication IV. und SAR 1957 (2).
— 1957: Clear-air turbulence in the jet stream. W 12 (9): 275—282. (9.2—212.)
— 1958: Natural aerodynamics. London: Pergamon.
— 1958a: Airflow over mountains: indeterminacy of solution. QJRMS 84 (360): 182—183. (10.6—242.)
— 1959: Turbulence produced in waves of large amplitude. ACSI 117—120.
— und H. KLIEFORTH, 1959: Theory of mountain waves of large amplitude. QJRMS 85 (364): 131—143.
SCRASE, F. J., 1949: Wind and temperature measurements up to 30 km. Nature, London, 164 (4170): 572. (4 F—46.)
— 1951: Radiosonde and radarwind measurements in the stratosphere over the British Isles. QJRMS 77 (333): 483—488. (4 F—85.)
— 1954: Turbulence in the upper air, as shown by radar- wind and radiosonde measurements. QJRMS 80 (345): 369—376. (5.11—123.)
SEILKOPF, H., 1939: Maritime Meteorologie. Handbuch der Fliegerwetterkunde, Bd. II. Berlin: Radetzki.
— 1952: Modelle der atmosphärischen Großzirkulation. BDWUS 35: 68—71. (3.10—77.)

SEKERA, Z., 1948: Helmholtz waves in a linear temperature field with vertical wind shear. JM 5: 93—102.
— 1949: The distribution of kinetic energy in certain steady barotropic currents. JM 6 (5): 321—329. (4 G—28.)
SELLICK, N. P., 1950: High winds over Southern Rhodesia. W 5: 67. (4 E—267.)
SEREBRENY, S. M., 1951: Some preliminary considerations of the jet stream over Japan. Pan American World Airways, Inc., Pacific Alaska Div., TR No. 41. (4 G—82.)
— 1955: The jet stream structure over the Pacific. N 4 (6): 231—241. (7.5—125.)
— und E. J. WIEGMAN, 1953: Characteristic properties of the jet stream over the Pacific. Case history No. 1, Pt. 1. Pan Am. World Airways, Inc., Pacific-Alaska Div., Contr. N 189s—90981, TR No. 1. (5.7—11.)
— — 1954: Certain characteristic features of the jet stream and their application to airline operations. Met. Section, Pan Am. World Airways, Inc., Pac.-Al.-Div., 37 pp. (6.7—173.)
— — und W. F. CARLSON, 1954a: Characteristic properties of the jet stream over the Pacific. Case history No. 1, Pt. 2. Pan Am. World Airways, Inc., Pac.-Al.-Div., Met. Dep. Contract N 189 s—96835, TR No. 4. (7.5—124.)
— — — 1954b: Characteristic properties of the jet stream over the Pacific. Case history No. 2, Pt. 1. Pan Am. World Airways, Inc., Pacific-Al.-Div., Met. Dep. Contract N 189 s—96835, TR No. 2. (6.7—172.)
— — und R. G. HADFIELD, 1957: Study of jet stream conditions in the Northern Hemisphere during summer. Pan Am. World Airways, Inc., Met. Dep. Contract N 600 (188)—44188 (Project AROWA), TR No. 6. (9.7—32.)
— — — 1960: Models of jet stream structure. Pan American World Airways, Inc., Pacific Alaska Division, Meteorology Dept., TR No. 9. US NWRF, Contract No. N 189 (188) 42246A NWRF 20-0160-031.
SERRA, A., 1955: Su alcune caratteristiche stagionale delle correnti atmosferiche nell'alta troposfera e bassa stratosfera sull'isola di Sardegna e sul Mediterraneo occidentale. RMA 15 (3/4): 3—22. (8.4—243.)
SHAFFER, R., 1957: On the existence of a systematic error in the measurement of winds aloft. BAMS 38 (3): 138—139. (8.9—117.)
SHAPIRO, R., 1956: Further evidence of a solar-weather effect. JM 13: 335—340.
— 1959: A comparison of the response of the North American and European surface pressure distributions to large geomagnetic disturbances. JM 16 (5): 569—572.
— und F. WARD, 1960: The time-space spectrum of the geostrophic meridional kinetic energy. JM 17 (6): 621—626.
SHAPLEY, H., 1953: Climatic change, evidence, causes and effects. Cambridge: Harvard Univ. Press.
SHAW, W. N., 1904: On the general circulation of the atmosphere in middle and higher latitudes. MWR 32: 264—267.
SHAW, Sir N., und E. AUSTIN, 1928: Manual of Meteorology. Vol. II.: Comparative Meteorology. Cambridge. (4 E—32.)
SHEPPARD, P. A., 1951: The jet stream and related phenomena. Science Progress 39 (155): 483—495. (4 G—83.)
— 1954: Momentum flux and meridional motion in the general circulation. AMST: 103—108. (6.3—112.)
— 1954a: The vertical transfer of momentum in the general circulation. AMGBA 7: 114—124. (5.11—82.)
— 1959: Dispersione di particelle radioattive nell'atmosfera. RMA 19 (3): 3—14.
SHERMAN, L., 1952: On the scalar-vorticity and horizontal-divergence equations. JM 9: 359—366
— 1953: Estimates of the vertical velocity based on the vorticity equation. JM 10 (5): 399—400. (5.6—128.)
— 1954: A note on extrapolation. BAMS 35 (5): 234—235. (6.7—141.)
— und H. RIEHL, 1953: On the propagation of isolines. JM 10 (3): 231-232. (4.11-78.)
SHIMADA, Y., 1958: Jet stream in the Far East. JMRT 10 (3): 217—221. (10.2—253.)
SHIMIZU, T., 1958: Upper wind pattern of extratropical cyclone at sea in the Far East. JMRT 10 (5): 383—396. (11.2—193.)
SHOWALTER, A. K., 1943: The tornado: an analysis of antecedent meteorological conditions. Washington, D. C., USWB, 161 pp.
— 1956: A simple technique for measuring radius of curvature of streamlines. BAMS 37 (7): 368—369. (9.5—92.)
— und J. R. FULKS, 1943: Preliminary report on tornadoes. Washington, D. C., USWB. (1 E—88.)

SIELAND, K., 1951: Scherungswindnomogramme. AM 4 (7/9): 399—402. (3.9—30.)
SILVESTER, R., 1955: Method of obtaining the gradient wind from the geostrophic wind. MML 84 (1001): 348—350. (7.4—83.)
SIMPSON, G. C., 1957: Further studies in world climate. QJRMS 83: 459—485.
— 1959: World temperatures during the Pleistocene. QJRMS 85 (366): 332—349.
SINHA, K. L., 1958: A method of working out the rate of ascent of the balloon from the value of the coefficient of aerodynamic resistance. BPA 30 (4): 297—303.
— 1959: Evaluation of the constant of the balloon-ascent formula at different Reynolds numbers from the value of the coefficient of aerodynamic resistance. JM 16: 692.
SINHA, M. C., 1960: Upper air standing waves over Kabul valley. BPA 32 (3/4): 215—236.
SITTKUS, A., 1958: Beobachtungen an radioaktiven Schwaden von atomtechnischen Versuchen im Hinblick auf atmosphärische Transport- und Austauschprobleme. BPA 30 (2/3): 200—206.
SMAGORINSKY, J., 1953: The dynamical influence of large-scale heat sources and sinks on the quasi-stationary mean motions of the atmosphere. QJRMS 79: 342—366.
SMEYBE, S. J., 1958: Computation of precipitation from large-scale vertical motion. JM 15 (6): 547—560.
SMITH, C. D., 1950: The widespread smoke layer from Canadian forest fires during late September 1950. MWR 78 (9): 180—184. (2.9—60.)
SMITH, J. R., 1958: Project Skyhook. Raven Industries, Inc., Sioux Falls, S. Dak., Contract Nonr 2358 (00) Report, May 1, 1957, and May 1, 1958. (11.2—136.)
SMITH, L. B., 1954: A study comparing winds aloft measuring equipment at Salton Sea test base. Sandia Corporation, Albuquerque. N. M., Report SC-3512 (TR). (9.7—127.)
— 1960: The measurement of winds between 100,000 and 300,000 ft by use of chaff rockets. JM 17 (3): 296—310.
SNELLMAN, L. W., 1953: On changes in the zonal wind profile and their relation to forecasting. BAMS 34 (3): 91—100. (5.6—83.)
SOLBERG, H., 1930: Das Zyklonenproblem. Verh. III. Intern. Kongreß für techn. Mechanik.
— 1939: Le mouvement d'inertie de l'atmosphère stable et son rôle dans la théorie des cyclones. Procès-Verbaux, Mét., Un. Géod. Géophys. Intern., Edinburgh 1936. II. 66—82.
SOOS, E., 1959: Windmaxima mit und ohne Nullschichtcharakter. MR 12 (4): 118—120.
SOROCHAN, O. G., 1957: Nekotorye soobrazheniia o periode letnego mussona Vostochnoi Azii. (Some considerations on the nature of summer monsoon in Eastern Asia.) Leningrad, Glavnaia Goefizicheskaia Observatoriia, Trudy, No. 71: 184—208.
South Africa, Department of Transport, Weather Bureau, 1950: Upper winds in Southern Africa, 282 pp. Pretoria. (4 E—200.)
SPANGENBERG, W. W., 1949: Über die leuchtenden Nachtwolken der Jahre 1932—1941. Wetter und Klima 2 (1—2): 15—23. (1.3—139.)
SPAR, J., 1949: Energy changes in the mean atmosphere. JM 6 (6): 411—415. (1.3—50.)
— 1950: Synoptic studies of the potential energy in cyclones. JM 7 (1): 48—53. (1.5—43.)
— 1956: Vorticity development in the cyclone of Nov. 6, 1953. NYU, Res. Div., Dep. of Oceanogr. and Met., Contr. Nonr-285 (09), Progress Report No. 3. (7.10—161.)
— 1957: A note on the stability of baroclinic waves. JM 14 (2): 136—140. (8.8—196.)
— E. L. FISHER, E. PAROCZAY und R. E. PETERSON, 1955: Vorticity changes in an east coastal cyclone. NYU, Res. Division, Contr. Nonr-285 (09), Progress Report No. 2. (8.1—186.)
— und S. PETTERSSEN, 1956: Comments on "A general survey of factors influencing development at sea level". JM 13 (1): 123—124. (7.8—138.)
SPRENGER, K., 1960: Die jahreszeitlichen Anomalien der Driftrichtung in der tiefen Ionosphäre nach Beobachtungen auf 245 KHz. ZM 14 (1): 6—16.
Staff Members, Academia Sinica, Peking, 1957: On the general circulation over Eastern Asia. I. T 9 (4): 432—446.
— 1958: On the general circulation over Eastern Asia. II. T 10 (1). 58—75.
— 1958a: On the General Circulation over Eastern Asia. III. T 10 (3): 299—312.
STALEY, D. O., 1957: A study of tropopause formation. BPA 29 (4): 290—316.
— 1960: Evaluation of potential-vorticity changes near the tropopause and the related vertical motions, vertical advection of vorticity, and transfer of radioactive debris from stratosphere to troposphere. JM 17 (6): 591—620.

STARAS, H., 1955: Forward scattering of radio waves by anisotropic turbulence. Institute of Radio Engineers, Proc. IRE 43 (10): 1374—1380.
STARK, P., 1957: The weather and circulation of Jan. 1957: a month with a persistant block in the Gulf of Alaska. MWR 85 (1): 19—27. (9.9—159.)
STARR, V. P., 1948a: Essay on the general circulation of the earth's atmosphere. JM 5 (2): 39—43. (7.8—128.)
— 1948b: On the production of kinetic energy in the atmosphere. JM 5 (5): 193—196. (8.1—187.)
— 1951: Applications of energy principles to the general circulation. CM 568—576. (3.5—10.)
— 1951a: The physical basis for the general circulation. CM 541—550. (3.8—9.)
— 1953: Note concerning the nature of the large-scale eddies in the atmosphere. T 5 (4): 494—498. (5.10—148.)
— 1953a: Some aspects of the dynamics of cyclones. GRP No. 24: 9—17.
— 1954: Commentaries concerning research on the general circulation. T 6: 268—272.
— 1959: Note concerning the influence of rotation on convection. T 11 (3): 360—363.
— 1960: Questions concerning the energy of stratospheric motions. AMGBA 12 (1): 1—7.
— und R. R. LONG, 1953: The flux of angular momentum in rotating model experiments. GRP 24: 103—113. (6.1—139.)
— und R. M. WHITE, 1951: A hemispherical study of atmospheric angular-momentum balance. QJRMS 77 (332): 215—225. (2.6—52.)
— — 1952: Note on the seasonal variation of the meridional flux of angular momentum. QJRMS 78 (335): 62—69. (3.4—121.)
— — 1952a: Schemes for the study of hemispheric exchange processes. QJRMS 78: 407—410. (3.10—116.)
— — 1954: Two years of momentum flux data for 13° N. MIT, Dep. of Met., Contr. AF 19 (122)—153. Studies of the atmospheric circulation, Final Report, Pt. 1. (8.1—196.)
— — 1954a: Balance requirements of the general circulation. GRP No. 35. (7.8—129.)
— — und E. LORENZ, 1950: Preliminary studies of the eddy momentum flux evaluated from observed wind soundings. MIT, General Circulation Project, Report No. 5. (3.5—148.)
STARRETT, L. G., 1949: The relation of precipitation patterns in North America to certain types of jet streams at the 300-mb level. JM 6 (5): 347—352. (4 G—29.)
STEVENS, A. W., 1936: The first photograph ever made showing the division between the troposphere and the stratosphere and also the actual curvature of the earth — photographed from an elevation of 72395 feet, the highest point ever reached by man. Nat. Geographic Magazine. (5 D—90.)
STEWART, C. D., 1924: The measurement of upper wind velocities by observations of artificial clouds. GMOPN No. 38.
STEWART, N. G., 1960: Radioaktive Indikatoren in der Atmosphäre. Endeavour 19 (76): 197—201.
STIEFELMAIER, C. A., 1955: Operational aspects of the jet stream. N 4 (6): 227—231. (7.5—126.)
STÖRMER, C., 1935: Measurements of luminous night clouds in Norway, 1933 and 1934. Astrophysica Norvegica, Oslo, 1 (3): 87—114. (4 F—12.)
STOLOV, H. L., 1955: Tidal wind fields in the atmosphere. JM 12 (2): 117—140. (6.8—267.)
STOMMEL, H., 1951: Determination of the lateral eddy diffusivity in the climatological mean Gulf Stream. T 3 (1): 43. (2.11—200.)
— 1954: Circulation in the North Atlantic Ocean. Nature, No. 173.
STOREBØ, P. B., 1960: The exchange of air between stratosphere and troposphere. JM 17 (5): 547—554.
STREIFF-BECKER, R., 1942: Neue Untersuchungen über Föhn in den Schweizer Alpen. Schweizerische Naturforschende Gesellschaft, Denkschriften 74 (4): 244—278. (1.11—104.)
SUDA, K., 1955: On the cold wave of January 1954 in the Far East. GPA 32: 159—169. (8.3—223.)
— 1956: A persistent cold-outbreak in the Far East related to the blocking situation. JMSJ Ser. 2, 34 (3): 137—146. (8.7—189.)
— 1957: A large-scale upper level cyclone over eastern Siberia and its effect on the Far Eastern weather. GMT 28 (1): 9—20. (9.11—193.)
— und T. ASAKURA, 1955: A study on the unusual "Bai-u" season in 1954 by means of northern hemisphere upper air mean charts. JMSJ 33 (6): 233—244.

SUGIMOTO, T., 1957: Fluctuation of jet stream in the Far Eastern Asia. JMRT 9 (7): 463—466. (9.9—217.)
— 1958: Fluctuation of jet stream in the Far East Asia. Pt. 2. JMRT 10 (7): 554—561. (10.6—239.)
SUMNER, E. J., 1954: A study of blocking in the Atlantic-European sector of the Northern Hemisphere. QJRMS 80 (345): 402—416. (5.11—97.)
SUTCLIFFE, R. C., 1938: On development in the field of barometric pressure. QJRMS 64: 495—504.
— 1939: Cyclonic and anticyclonic development. QJRMS 65: 518—524.
— 1940: Rapid development where cold and warm air masses move toward each other. Synopt. Div. Techn. Mem. No. 12, Air Min. Great Brit.
— 1947: A contribution to the problem of development. QJRMS 73: 370—383.
— 1949: The general circulation of the atmosphere. QJRMS 75 (326): 417—434. (1.2—81.)
— 1950: Variations in the length of the day. MML 79 (942): 353—354. (2.8—62.)
— 1951: Mean upper contour patterns of the Northern Hemisphere — the thermal synoptic view-point. QJRMS 77 (333): 435—440. (2.11—74.)
— 1960: The Mediterranean in relation to the general circulation. MAB 9 (1): 125—133.
— und J. K. BANNON, 1956: Seasonal changes in the upper air conditions in the Mediterranean-Middle East area. IUGG p. 322—334. (8.7—177.)
— und A. G. FORSDYKE, 1950: The theory and use of upper air thickness patterns in forecasting. QJRMS 76 (328): 189—217. (1.6—21.)
— und J. S. SAWYER, 1954: Forecasting winds up to the 100-mb level by the contour-chart technique. AMST.: 155—159. (6.3—78.)
SUTTON, O. G., 1932: A theory of eddy diffusion in the atmosphere. Proc. Roy. Soc. London A 135 (826): 143—165.
— 1953: Micrometeorology. London: McGraw-Hill.
SVERDRUP, H. U., 1952: Oceanography for Meteorologists. London: Allen & Unwin.
SYONO, S., und M. AIHARA, 1957: Some characteristic features of barotropic disturbances. Pt. 1. JMSJ Ser. 2, 35 (1): 12—18. 35 (2): 128—136. (9.11—132.)
— A. KASAHARA und Y. SEKIGUCHI, 1955: Some statistical properties of the atmospheric disturbance at the 500-mb level. JMSJ Ser. 2, 33: 23—30.

TABA, H., 1959: The horizontal and vertical wind profiles of the subtropical and polar jet for January 1—7, 1956, and the variation of the equivalent barotropic level. T 11 (4): 441—451.
TANATAR, I., 1948: Aerologiia: metod sharov-pilotov, nabliudaemykh s odnogo punkta. (Aerology: single station method of pilot balloon observations.) Moscow: Voen.-Izdat. (8.7—12.)
TANCK, H.-J., 1960: Einige Grundzüge des Klimas im Inneren des nordamerikanischen Kontinents (mit besonderer Berücksichtigung der Strecke Montreal—San Francisco). Technischer Bericht, Deutsche Lufthansa, Hamburg, 37 pp.
Tateno, Aerological Observatory 1954: The relay observation of upper wind over Honjo and Tateno in the winter season 1951, 1952. TAT 5 (3): 199—218. (7.8—55.)
TAYLOR, G. I., 1921: Experiments with rotating fluids. Proc. Roy. Soc. London A 100: 114—121.
— 1924: Experiments with rotating fluids. Proc. 1st Intern. Congress Appl. Mech., Delft, pp. 89—96.
TAYLOR, R. C., 1960: Mean monthly meridional cross-sections of temperature from the South Pole to the North Pole near 170° E — a preliminary note. AMO 439—452.
TEICH, M., 1955: Beitrag zum Problem der allgemeinen Zirkulation, insbesondere der mitteltroposphärischen Hochdruckgebiete der nördlichen Nordhemisphäre. DDR, Met. und Hydr. Dienst, Abhandlungen 5 (36). (8.9—170.)
TEISSERENC DE BORT, L.: 1887: Étude sur la synthése de la répartition des pressions à la surface du globe. Bureau Centr. Mét. de France, I Mémoires, p. C 1.
TEPPER, M., 1950: A proposed mechanism of squall lines: the pressure jump line. JM 7: 21—29.
— and Staff Members 1954: Pressure jump lines in Midwestern United States. USWB, Research Paper No. 37, Washington D. C.
TEWELES, S. Jr., 1953: A test of the relation between precipitation and synoptic patterns at 200 and 300 mb. JM 10: 450—456.
— 1954: Jet stream detail with respect to other meteorological factors. AMST 188—192. (6.3—190.)
— 1958: Anomalous warming of the stratosphere over North America in early 1957. MWR 86 (10): 377—396.

TEWELES, S. Jr., 1959: Structure and circulation of the stratosphere. IGY-Bulletin, National Academy of Sciences, No. 21.
— und F. G. FINGER, 1958: An abrupt change in stratospheric circulation beginning in Mid-January 1958. MWR 86 (1): 23—28.
— — 1960: Reduction of diurnal variations in the reported temperatures and heights of stratospheric constant-pressure surfaces. JM 17 (2): 177—194.
— L. ROTHENBERG und F. G. FINGER, 1960: The circulation at the 10-mb constant pressure surface over North America and adjacent ocean areas, July 1957 through June 1958. MWR 88 (4): 137—150.
THURONYI, G., 1959: Selective annotated bibliography on propagation of acoustic and explosion waves in the atmosphere. Supplement 1959. AMS, Met. Abstracts and Bibliography, 10 (7): 1072—1098.
TOLEFSON, H. B., 1956: An investigation of vertical wind shear intensities from balloon soundings for application to airplane and missile-response problems. NACA, TN No. 3732. (9.11—88.)
TOLLNER, H., 1954: Die meteorologisch-klimatischen Ursachen der Gletscherschwankungen in den Ostalpen während der letzten zwei Jahrhunderte. Mitt. der Geogr. Ges. 96 (1—4): 31—74.
TRELOAR, H. M., 1948: Extreme winds in high levels. Weather Development and Research Bulletin, Melbourne, 10: 15—18. (4 G—17.)
— 1954: Geostrophic wind approximation in low latitudes. AMMM No. 7: 7—12. (7.2—195.)
TRENKLE, H., 1957: Die zonale Windkomponente im atlantisch-europäischen Sektor in Abhängigkeit von kurzperiodischen Schwankungen der Sonnenaktivität. MR 10 (1): 35—38. (8.7—248.)
TREWARTHA, G. T., 1954: An introduction to climate. New York: McGraw-Hill.
— 1958: Climate as related to the jet stream in the Orient. Erdkunde 12 (3): 205—214.
TRIEGAARDT, D. O., und G. M. E. KRAUS, 1956: Aerological study of polar outbreak in the African sector, Aug. 27—Sept. 1., 1956. Notos 5 (4): 229—234. (9.3—176.)
— — 1957: An example of wave disruption over Southern Africa. Notos 6 (1/2): 6—12. (10.2—201.)
TROWBRIDGE, C. C., 1907: On atmospheric currents at very great altitude. MWR 35: 390—397. (4 F—1.)
TSCHIRHART, G., 1959: Les perturbations atmosphériques intéressants l'A. E. F. méridionale. MNM No. 13. (11.6—272.)
TUCKER, G. B., 1957: Evidence of a mean meridional circulation in the atmosphere from surface wind observations. QJRMS 83 (357): 290—302. (8.10—143.)
— 1959: Mean meridional circulation in the atmosphere. QJRMS 85 (365): 209—224 und 86 (368): 277—281 (1960).
— 1960: The atmospheric budget of angular momentum. T 12 (2): 134—144.
TULL, W. J., 1957: Doppler Navigation. N 5 (6): 290—298.

University of Chicago, Department of Meteorology, 1947: On the general circulation of the atmosphere in middle latitudes. BAMS 28: 255—280. (4 G—6.)
— 1954: Report on an experiment with forecasting of cyclone development. Contract AF 19 (604)—390, TR No. 4. (6.6—104.)
— 1955: Experiments in forecasting the displacement of troughs and ridges, by the staff members, Weather Forecasting Research Center. C. W. Newton, ed. Contract AF 19 (604)—1293, TR No. 5, July 1955. (9.6—1.)
— Weather Forecasting Research Center 1956: An experiment in forecasting the displacement of 500-mb troughs and ridges. JM 13 (5): 421—432. (8.2—135.)
US Air Force 1948: Comparative and functional test of the US Weather Bureau 500-gram and standard balloon ML-391/AM 1400-gram. Project No. 34824-5, Report Dec. 9, 1948. (3.7—55.)
— 1954: Comparison of high level aircraft and meteorological wind observations. MacDill Air Force Base, Florida. TN No. 3, Black Sheep Series VI, Sept. 1954.
— 1960: Handbook of Geophysics. Chapter 5.3.4: The structure of the jet stream. New York: Macmillan.
US Air Force, Cambridge Research Center, 1956: Compilations of meteorologically useful data from Project "Moby Dick". July 1956. 10 vol. (8.3—25.)
US Air Weather Service, 1950: Preparation of weather maps and charts. AWS, Manual 105—22. (3.1—55.)
— 1950a: Theory and design of a gradient wind scale. AWS, TR 105—69. (3.2—21.)

US Air Weather Service, 1951: High-level isotach analysis. AWS, Manual 105—26. (4 E—220.)
— 1952: Bibliography on the jet stream. AWS Bibliography No. 12, 9 pp. (4 G—117), (6 B—136.)
— 1952a: Tropopause analysis and forecasting. US AWS, TR 105—86. (5 D—241.)
— 1954a: Comparison of high-level aircraft and meteorological wind observations. TN No. 3, Black Sheep Ser. VI.
— 1954b: Mean contours, isotachs and isotherms over the Northern Hemisphere at the 300-, 200- and 100-mb levels. Jan., Feb., July and Aug. 1949. (No. 7 in a series of background reports for AWS Manual 105—50.) AWS TR 105—128. (9.8—9.)
— 1954c: Meteorological aspects of pressure pattern flight. AWS Manual 345—1 (rev.). (8.1—91.)
— 1954d: Radioactivity fall-out plots. AWS Manual 105—33. (7.4—294.)
— 1955: Winds over 100 knots in the Northern Hemisphere (No. 6 in a series of background reports for AWS Manual 105—50). TR 105—121. (8.9—237.)
— 1956a: 4-D analysis and forecasting procedures for optimum flight planning. AWS Manual 105—49. (8.8—82.)
— 1956b: Preliminary results of project cloud trail. AWS TR 105—132.
— 1956c: Studies of 2-hour and 4-hour upper-wind variabilities over Nevada. TR 105—141. (8.10—200.)
— 1956d: The Black Sheep System of forecasting winds for long-range jet aircraft. TR 105—139. (8 C—79.)
US Bureau of Aeronautics (Navy), 1953a: Operational research into the detailed structure of the jet stream. Project AROWA, Task 15, TR No. 1. (5.8—111.)
— 1953b: Operational research into the detailed structure of the jet stream. Project AROWA (TED-UNL-MA-501.15), Second Quart. Prog. Rep., Jan. 1 — April 1 1953. Techn. Rep. No. 2, Task 15, 59 pp. + appendix. (4 G—129, 5.8—111.)
US Federal Civil Defence Administration, 1955: Construction of fallout plots from coded messages provided by the US Weather Bureau. Advisory Bulletin No. 188. (7 E—180.)
US Navy, 1954: Tables of winds and their aiding and retarding effect at 850, 700, 500 and 200 mb. Part I: North Pacific area. Part II: North Atlantic area. NAVAER 50-1c-526, Aerology Branch, Off. Chief Nav. Oper., 275 and 261 pp.
— 1958: The upper atmosphere. Preliminary research report on Task 26. NWRF 26-0958-013.
— 1959: Jet stream probing, 1956—1958. NWRF 15-0159-017.
— 1959a: The synoptic stratosphere. NWRF 26-0359-023. (11.6—256.)
— 1960: Upper wind extrapolation from 500-mb data. NWRF 26-0660-034, 28 pp.
— 1960a: Supplement to the synoptic stratosphere. NWRF 26-0760-036, 11 pp.
US Office of Naval Operations, 1948—50: A study of the atmosphere between 30000 and 100000 feet. Preliminary report and Second, Third and Fourth Report. US Office of Naval Operations NAVAER 50-1 R-224, 224 A, 224 B, 224 C. (6.6—67.)
— 1952: Practical methods of weather analysis and prognoses. US Office of Naval Operations. NA 50 1 P 502. (5 D—216.)
US Weather Bureau, 1952: Normal weather charts for the Northern Hemisphere. TP No. 21.
— 1955: Fallout of radioactive debris. Circular Letter 7—55. (7 E—182.)
— 1956: Upper air fallout data code. USWB. (7 E—193.)
— 1959: 10-mb Synoptic Weather Maps, Three Times Monthly, July 1957 through June 1958, of the IGY Period. USWB.
Uwai, K., 1952: Analysis of a cyclone in middle latitudes near Japan. JMSJ 30 (10): 313—328. (5.3—103.)

Väisälä, V., 1928: Beobachtungen über die Anvisierungsgenauigkeit von Pilotballonen. MZ 45: 351—354.
— 1953: A new method of radio direction finding designed especially for the Finnish (Väisälä) radiosonde. I.U.G.G. Association of Met., Brussels 1951, Procès-Verbaux des Séances, Mémoires et Discussion. (7.3—116.)
— 1957: Radiation error of different radiosondes at Payerne 1956. GH 6 (1): 1—6. (9.7—129.)
— und Y. Wilska, 1957: A graphical method for computing wind values from the Finnish radiotheodolite record. GH 6 (1): 7—12. (9.6—109.)

VÄISÄNEN, A., 1954: Comparison between the geostrophic and gradient wind in a case of westerly jet. GH 4 (4): 203—217. (8.3—232.)

VAN BEMMELEN, 1924: Der intertropische Teil der allgemeinen Zirkulation nach Beobachtungen in Batavia. MZ 41: 133.

VAN DEN DUNGEN, F. H., J. F. COX und J. VAN MIEGHEM, 1950: Variations in the earth's angular velocity resulting from fluctuations in atmospheric and oceanic circulation. T 2 (4): 319—320. (2.8—63.)

— — — 1952: Les fluctuations saisonnières de la rotation du globe terrestre et la circulation atmosphérique générale. T 4 (1): 1—7. (4.2—105.)

— — — 1956: Seasonal fluctuations in the rate of rotation of the earth. In: BEER, A.: Vistas in astronomy, London 1955—1956. (11.2—185.)

— — — 1959: Sur les irrégularités de la rotation de la Terre. Brussels. Académie Royale de Belgique, Classe des Sciences, Bulletin, Ser. 5, 65 (1): 69—71. (11.4—236.)

VAN DER HAM, C. J., 1954: De Straalstrom. Hemel en Dampkring. 52 (11): 201—210. (6.11—203.)

VAN DER HOVEN, 1957: Power spectrum of horizontal wind speed in the frequency range from 0.0007 to 900 cycles per hour. JM 14: 160—164.

VAN LOON, H., 1955: A note on meridional atmospheric cross sections in the Southern Hemisphere. Notos 4 (2): 127—129. (8.4—103.)

— 1956a: Blocking action in the Southern Hemisphere. Pt. 1. Notos 5 (3): 171—175. (9.4—126.)

— 1956b: Description of a blocking situation in the central South Atlantic Ocean (April 29—May 11, 1956). Notos 5 (2): 117—119. (8.6—205.)

— 1960: Features of the atmospheric circulation in the South Pacific Ocean during the whaling seasons 1955—1956 and 1956—1957. AMO 274—280.

VAN MIEGHEM, J., 1939: Sur l'existence de l'air tropical froid et de l'effect de foehn dans l'atmosphère libre. Mém. Inst. Roy. Mét. Belg., No. 12, 32 pp. (5 D—105.)

— 1944a: Forme intrinsèque du critère d'instabilité dynamique de E. KLEINSCHMIDT. Bull. Acad. Belg. Cl. Sci., ser. 5, 30: 19—33.

— 1944b: Relation d'identité entre la stabilité de l'equilibre dynamique de E. KLEINSCHMIDT et la stabilité des oscillations d'inertie de l'atmosphère terrestre. Bull. Acad. Belg. Cl. Sci., ser. 5, 30: 134—143.

— 1945: Interprétations énergétiques du critère d'instabilité de E. KLEINSCHMIDT. Bull. Acad. Belg. Cl. Sci., ser. 5, 31: 345—352.

— 1946: Sur la stabilité du courant géostrophique. LM 9—33.

— 1948: L'instabilité hydrodynamique et les perturbations du courant zonal d'ouest. AMGBA 1 (2): 143—148. (1.4—50.)

— 1950: Sur la circulation transversale associée à un courant atmospherique. T 2: 52—55. (6—37, 4 G—56.)

— 1951: Hydrodynamic instability. CM. (3.8—11.)

— 1952: Seasonal fluctuations of the earth's rotation and the general circulation of the atmosphere. BDWUS No. 35: 24—26. (5.4—102.)

— 1952a: Sur les équations du mouvement de l'atmosphere integrées suivant la verticale. Belgium, Inst. Royale Mét., Publications Sér. B, No. 3. (6.4—141.)

— 1952b: Großräumige Energieumsetzungen in der Atmosphäre. AM 5 (6): 169—174. (4.6—100.)

— 1955: Note on energy transfer and conversion in large atmospheric disturbances. QJRMS 81 (347): 18—22. (6.5—120.)

— 1956: Vorticity transport in the atmosphere (Summary). IUGG 415—429. (8.10—136.)

— 1956a: Réflexions sur le transport et la production du moment et de l'énergie cinetiques dans l'atmosphère et sur l'existence de circulations méridiennes moyennes. BPA 29 (2): 55—82.

— 1956b: On the existence of mean meridional circulations. BDW 22: 124—125.

— 1959: Les ballons-sondes plafonnant à un niveau barique constant et les sondes transocéaniques. Brussels, Ciel et Terre, 75 (3/4): 77—90. (11.4—201.)

— 1961: Clear Air Turbulence. An Essay Review. WMO Bulletin 10 (1): 18—21.

— und P. DEFRISE und J. VAN ISACKER, 1959: On the selective role of the motion systems in the atmospheric general circulation. RMV 230—239.

VAN ROOY, M. P., 1957: Meteorology of the Antarctic. Weather Bur., Dep. of Transport, Pretoria. (Printed: Government Printer, Pretoria.)

VEDERMAN, J., 1954: The life cycles of jet streams and extratropical cyclones. BAMS 35 (6): 239—244. (6.7—174.)

VEDERMAN, J., und B. DUBOFSKY, 1959: An operational technique for the forecasting of flow patterns in the upper troposphere. BAMS 40 (5): 233–239. (11.3–6.)

VENKATESWARLU, V., und Y. H. GANGAL, 1955: Rate of ascent of pilot balloons. IJMG 6 (4): 363–366. (7.9–87.)

VENKITESHWARAN, S. P., 1950a: Winds at 10 km and above over India and its neighbourhood. National Institute of Sciences of India, Proc., 16 (1): 19–27 (5.4–167.)

— 1950b: Winds at 10 km and above over India and its neighbourhood. India, Met. Dep., Memoirs 28. Part 2: 55–120. (4 F–63.)

— und S. YEGNANARAYANAN, 1951: Radar measurements of upper winds over Poona during the southwest monsoon. IJMG 2 (3): 228–232. (3.7–146.)

VETTIN, F., 1884/85: Experimentelle Darstellung von Luftbewegungen unter dem Einfluß von Temperaturunterschieden und Rotationsimpulsen. MZ 1: 227–230; 1: 271–276; 2: 172–183.

VIALAR, J., 1950: Abaque pour la détermination des vents géostrophiques et du gradient. Journal Scientifique de la Météorologie 2 (8): 131–141. (2.3–14)

VIAUT, A., 1956: Quelques considérations sur le champ de pression et les perturbations du front polaire austral le sudouest de l'Océan Indien. IUGG 290–301. (8.10–104.)

VÍTEK, V., 1955: Analysa ageostroficke vorticity. (Analysis of ageostrophic vorticity). Meteorologicke Zprávy, Prague, 8 (4): 95–96. (8.3–153.)

VITVITSKII, G. N., 1956: Tsirkuliatsiia vozdukha nad Kitaem. (Atmospheric circulation over China.) ISG (Ser. Geog.) No. 2: 35–44. (10.6–183.)

VOSS, H., 1950: Lassen sich Vertikalbewegungen in der Atmosphäre mit Hilfe der Windmessung durch Funkmeßgeräte (elektrische Windmessung) erfassen? AM 3 (5–6): 175–178. (2.1–125.)

VUORELA, L. A., 1948: Contribution to the aerology of the North Atlantic. JM 5: 115–117.

— 1950: Synoptic aspects of tropical regions of the Atlantic Ocean, West Africa and South America. Helsinki Univ., Meteorologian Laitos, Mitteilungen No. 67. (2.4–27.)

— 1953: On the air flow connected with the invasion of upper tropical air over Northwestern Europe. Helsinki, Meteorologian Laitos, Mitteilungen No. 75. (5 D–244.)

— 1954: Über die Luftbewegung im Zusammenhang mit Vorstößen tropischer Luft in höheren Schichten über Nordwesteuropa. MAB 2 (3): 152–172. (8.3–125.)

— 1957a: A study of vertical velocity distribution in some jet stream cases over Western Europe. GH 6 (2): 68–90.

— 1957b: On the observed zonal and meridional circulations at latitudes 15° N and 30° N in winter. GH 6 (2): 106–120. (9.7–161.)

WAGNER, A., 1931: Zur Aerologie des indischen Monsuns. GBG 30: 196–238.

— 1940: Klimaänderungen und Klimaschwankungen. Braunschweig: Vieweg.

WAHL, E. W., 1953: Changes in the circulation reflected in the occurrence and intensity of weather singularities. GRP 24: 129–141. (6.7–168.)

— 1955: Singularitäten des Wetterablaufes und die allgemeine Zirkulation der Atmosphäre. Was verbirgt sich hinter Begriffen wie: Eisheilige, Schafskälte, Altweibersommer und Weihnachtstauwetter? Umschau, Frankfurt a. M., 55 (18): 545–547. (7.2–251.)

WALLINGTON, C. E., 1959: An introduction to lee waves in the atmosphere. SAR 34 (3): 187–190 und OSTIV Publication V. (11.1–231.)

WALTER, A., 1927: Results of observations on the direction and velocity of the upper air current over South Indian Ocean. GM 39, 32 p.

WARES, G. W., 1953: Terminology of atmospheric shells. BAMS 34 (5): 221. (8.3–65.)

WARNECKE, G., 1956: Ein Beitrag zur Aerologie der arktischen Stratosphäre. MAB 3 (3).

WARNER, J., und E. G. BOWEN, 1953: A new method of studying the fine structure of air movements in the atmosphere. T 5 (1): 36–41. (5.2–102.)

WASKO, P. E., 1952: The control-line method of constructing prognostic charts. BAMS 33 (6): 233–236. (4.6–58.)

WEBER, F., 1959: Monographie der Strahlströme. DFS Forschungsbericht No. 5.

WEBER, S., 1952: Studie über Vertikalgeschwindigkeiten in der hohen Troposphäre innerhalb starker Windfelder. BDWUS 35: 124–132. (3.11–166.)

WEEKS, K., 1954: Reviews of modern meteorology 11: The physical state of the upper atmosphere. QJRMS 80: 2–15.

WEGE, K., 1957: Druck-, Temperatur- und Strömungsverhältnisse über der Nordhalbkugel. MAB 5 (4).

— 1958: Druck- und Temperaturverhältnisse der Stratosphäre über der Nordhalbkugel in den Monaten März, Mai, September, November und Dezember. MAB 7 (1).

— H. LEESE, H. U. GROENING und G. HOFFMANN, 1958: Mean seasonal conditions of the atmosphere at altitudes of 20 to 30 km and cross sections along selected meridians in the Northern Hemisphere. MAB 6 (4).

WEGENER, A., 1929: Die Entstehung der Kontinente und Ozeane, 4. Aufl. Braunschweig: Vieweg.

WEICKMANN, L., und B. HAURWITZ, 1929: Mechanik und Thermodynamik der Atmosphäre. In: B. GUTENBERG, Lehrbuch der Geophysik, p. 917—935.

WEICKMANN, L. Jr., 1960: Häufigkeitsverteilung und Zugbahnen von Depressionen im mittleren Osten. MR 13 (2): 33—38.

WEISNER, A. G., 1956: Measurement of winds at elevations of 30 to 80 km by the rocket-granade experiment. JM 13 (1): 30—39. (7.8—185.)

WELLS, H. W., 1958: Upper atmospheric winds, absorption and other special projects in the US program in ionospheric physics. "Geophysics and the IGY", Amer. Geoph. Union, Publ. No. 590, p. 49—54.

WENGER, R., 1917: Die Steiggeschwindigkeit der Gummiballone und die Turbulenz in der Atmosphäre. Annalen der Hydrogr. u. Marit. Meteorologie 45 (4): 121—137. (3 K—8.)

WERNER, J., 1952: Radiosondehöhen und temperaturbedingte Druckdosenkorrektionen im Spiegel gleichzeitiger Radarmessungen. BDWUS 35: 320—322. (3.10—67.)

WEXLER, H., 1950: The great smoke pall — September 24—30, 1950. WW 3 (6): 129—134. (2.3—46.)

— 1951: Spread of the Krakatoa volcanic dust clouds as related to the high-level circulation. BAMS 32 (2): 48—51. (4 E—225.)

— 1953: Radiation balance of the earth as a factor in climatic change. In: H. SHAPLEY Climatic Change, p. 73—105. Harvard Univ. Press.

— 1955: Circulation of the atmosphere. Scientific Amer., N. Y., 193 (3): 114—124. (9.3—174.)

— 1958: A meteorologist looks at the upper atmosphere. In: American Academy of Arts and Sciences: "Atmospheric explorations." Cambridge, M. I. T. p. 79—100. (11.1—298.)

— 1959: Seasonal and other temperature changes in the Antarctic atmosphere. QJRMS 85 (365): 196—208.

— 1960: Possible causes of climatic fluctuations. In: Dynamics of Climate. Editor: R. L. PFEFFER, p. 93—95. New York.

— 1960a: Seasonal and other temperature changes in the Antarctic atmosphere (Summary). AMO p. 463.

— und S. FRITZ, 1960: Tiros reveals cloud formations. Science. 131 (3415): 1708—1710, 10. Juni, 1960.

— und W. B. MORELAND, 1957: Winds and temperatures in the Arctic stratosphere. Polar Atmosph. Sympos., Pt. 1: 71—84. London: Pergamon.

— — und W. S. WEYANT, 1960: A preliminary report on ozone observation at Little America, Antarctica. MWR 88 (2): 43—54.

WEYANT, W. S., 1960: Extrapolation to the 50-mb level from 100-mb data in Antarctica. MWR 88 (7): 251—255.

WHIPPLE, F. J. W., 1935: The propagation of sound to great distances. QJRMS 61 (261): 285—308.

WHITE, R. M., 1949: The role of mountains in the angular momentum balance of the atmosphere. JM 6 (5): 353—355. (1.2—83.)

— 1951: On the energy balance of the atmosphere. TAGU 32 (3): 391—396. (3.6—82.)

— 1956: On conversions between potential and kinetic energy in the atmosphere. T 8 (3): 357—368. (8.7—168.)

— und D. S. COOLEY, 1952: The large-scale vertical eddy stress in the free atmosphere. TAGU 33 (4): 502—506. (4.8—95.)

— — 1956: Kinetic-energy spectrum of meridional motion in the mid-troposphere. JM 13 (1): 67—69. (7.8—124.)

— und G. F. NOLAN, 1960: A preliminary study of the potential to kinetic energy conversion process in the stratosphere. T 12 (2): 145—148.

WIDGER, W. K. Jr., 1949: A study of the flow of angular momentum in the atmosphere. JM 6 (5): 291—299. (1.2—82.)

— 1952: Survey of available information on the wind fields between the surface and the lower stratosphere. AFS No. 25, 154 pp. (6.1—13), (6 B—140).

WIIN-NIELSEN, A., 1959: On a graphical method for an approximate determination of the vertical velocity in the mid-troposphere. T 11 (4): 432—440.
— 1959a: A study of energy conversion and meridional circulation for the large-scale motion in the atmosphere. MWR 87 (9): 319—332.
WILKINS, E. M., 1949: Relation between speed and latitudinal position of the belt of strongest westerlies and the location of troughs and ridges aloft. UofC, Dep. of Met., Contract N6ori, Task Order 23, Rep. Nov. 1949. (6.4—149.)
WILLETT, H. C., 1944: Descriptive Meteorology. New York: Academic Press. (4 G—5.)
— 1950: The circulation of the upper troposphere and lower stratosphere. Collected papers presented at the Centennial Celebration, Washington, D. C., Sept. 13—17, 1948. American Association for the Advancement of Science, p. 192—301. (2.5—70.)
— 1953: Atmospheric and oceanic circulation as factors in glacial-interglacial changes of climate. In: H. SHAPLEY, Climatic Change, p. 51—71.
— R. ALLEN, R. FLETCHER, and others, 1940: Report on experiment in five-day weather forecasting. MIT and Woods Hole; Papers in Physical Oceanography and Meteorology, 8 (3). (2 A—100.)
WILLIAMS, J. E. D., 1957: Navigational aspects of turboprop operation on the North Atlantic. JINL 10 (1): 31—46. (8.6—71.)
WINSTON, J. S., 1955: Physical aspects of rapid cyclogenesis in the Gulf of Alaska. T 7 (4): 481—500. (7.8—139.)
— 1960: Some new data on the longitudinal dimensions of planetary waves. JM 17 (5): 522—531.
WIPPERMANN, F., 1951: Zur Frage des Einflusses der Land- und Meerverteilung auf die Lage der quasistationären Tröge in einer atmosphärischen Zonalzirkulation. AMGBA 4: 112—121. (3.4—117.)
— 1952: Die Konfiguration mittlerer Höhenströmungsfelder und ihre Ursachen. T 4 (2): 112—117. (4.4—106.)
— 1956: Numerische Untersuchungen zur zeitlichen Änderung der Spektralverteilung kinetischer Energie für eine zweidimensionale, divergenz- und reibungsfreie Strömung. AMGBA 9 (1): 1—18. (7.5—118.)
WÖRNER, H., 1935: Beobachtung leuchtender Nachtwolken. MZ 52: 379. (4 F—14.)
WOLFF, P. M., 1955: Quantitative determination of long waves and their time variations. JM 12 (6): 536—541. (7.5—127.)
— und R. R. DICKSON, 1953: Precipitation and vorticity. US Navy, Bureau of Aeronautics, Project AROWA (TED-UNL-MA-501.13) TR Sept. 1953. (6.3—82.)
WOLLSCHLÄGER, H., 1959: Extreme Druck- und Temperaturabweichungen in der Troposphäre. MAB 8 (1).
WOODBRIDGE, D. D., 1959: Observed winds at high-level. BAMS 40 (11): 549—553.
— und W. C. DAVIS, 1958: Geomagnetic relationships to upper wind systems (a possible solar-weather relationship). US Army Ballistic Missile Agency, Redstone Arsenal, Alabama, DV Technical Note 68—58, July 30. (11.2—91.)
WOOLCOCK, A. F., 1952: Flying the "D value" in Australia. AMMM 2: 16—21. (8.5—108.)
WULF, O. R., und L. DAVIS Jr., 1952: On the efficiency of the engine driving the atmospheric circulation. JM 9 (2): 79—82. (3.9—97.)
— und M. W. HODGE, 1950: On the relation between variations of the earth's magnetic field and variations of the large-scale atmospheric circulation. JGR 55 (1): 1—20. (1.7—42.)
WURTELE, M. G., 1956: The vertical velocity pattern created by an isolated mountain. In: OSTIV Publication IV. und SAR 1957 (12).

YAMADA, H., und S. MATSUHASHI, 1951: On the winds aloft analysis by raob. TAT 5 (1): 20—31. (4 F—87.)
— — 1957: Seasonal variation of the jet stream over Japan. TAT 6 (1): 1—7. (9.7—164.)
— und S. NAKAMURA, 1954: Mean condition of wind aloft in winter over Japan. TAT 5 (4): 323—335. (7.2—196.)
— — S. MATSUHASHI und K. FURUKAWA, 1954: Mean charts of upper air in winter over Japan. TAT 5 (4): 283—322. (8.4—244.)
YAMAMOTO, T., 1957: Long-term variations of the jet stream. Übersetzung in: Canada, Defence Research Board, Translation 60 J, Feb. 1958. (11.2—187.)
— 1958: On the mechanism of the climatic changes in Japan. GMT 28 (4): 505—515. (10.11—238.)
YEH, T.-CH. 1949: On energy dispersion in the atmosphere. JM 6 (1): 1—16.

YEH, T.-CH., 1950: The circulation of the high troposphere over China in the winter of 1945—46. T 2 (3): 173—183. (4 G—57.)
— 1951: On the maintenance of zonal circulation in the atmosphere. JM 8 (3): 146—150. (4 G—86.)
— 1957: The mean meridional circulation and angular momentum balance in the atmosphere. Scientia Sinica, Peking, 6 (2): 339—346, und AMSP 27 (4): 304—321. (10.1—211.)
— 1957a: Maintenance of zonal circulation in the atmosphere. Acta Geophysica Polonia, Warschau 5 (2): 65—73. (9.5—149.)
— 1958: On the mechanism of maintenance of zonal circulation. GH 6 (3—4): 607—620. (11.1—205.)
— J. F. CARSON und J. J. MARCIANO, 1951: On the relation between the circumpolar westerly current and rainfall over the Hawaiian Islands. MM 1 (3): 47—55. (4 G—87.)
— S.-Y. DAO und M.-T. LI, 1959: The abrupt change of circulation over the Northern Hemisphere during June and October. RMV 249—267. (11.1—204.)
— und KOO-CHEN-CHAO, 1956: Vliianie Tibetskogo nagor'ia na atmosferniu tsirkuliatsiiu na pogodu Kitaia. (Influence of the Tibetan highland on atmospheric circulation and weather in China.) ISG Ser. Geog. No. 2: 127—138. (10.6—184.)
— und T.-SH. YANG, 1956: The annual variation of the atmospheric angular momentum of the Northern Hemisphere and the mechanism of its transfer. Scientia Sinica, Peking, 5 (3): 561—574. (9.2—193.)
YIN, M. T., 1949: A synoptic-aerologic study of the onset of the summer monsoon over India and Burma. JM 6: 393—400. (5 B—262.)

ZIEREP, J., 1958: Das Leewellenproblem der Meteorologie. Die Naturwissenschaften, Berlin 45 (9): 197—200. (10.7—108.)
ZISTLER, P., 1928: Die Windverhältnisse in der Stratosphäre über München. BPA 14: 65—74. (4 F—7.)
ZOBEL, R. F., 1958: The evaluation of winds at 200 mb from contour charts. MML 87 (1028): 44—49. (10.11—203.)
ZUBIAN, G. D., 1952: O planetarnoi vysotnoi frontal'noi zone. (On the planetary upper air frontal zone.) MG 7: 10—16. (5.1—156.)
— 1956: Planetarnaia frontal'naia zona v nizhnei stratosfere. (Planetary frontal zone in the lower stratosphere.) MG 9: 12—21. (10.10—240.)
— 1957: Issledovanie prostranstvennoi modeli fronta, okhvatyvaiushchei vsiu troposferu i nizhniuiu stratosferu. (Investigations on a spacial frontal model embracing the entire troposphere and the lower stratosphere.) MG No. 5: 3—11. (11.3—15.)

Sachverzeichnis

MIX
Papier aus verantwortungsvollen Quellen
Paper from responsible sources
FSC® C105338

If you have any concerns about our products,
you can contact us on
ProductSafety@springernature.com

In case Publisher is established outside the EU,
the EU authorized representative is:
Springer Nature Customer Service Center GmbH
Europaplatz 3, 69115 Heidelberg, Germany

Printed by Libri Plureos GmbH
in Hamburg, Germany